1 DVD | 配套高品质DVD光盘

光盘收录了本教程近1400个贴图、场景和效果文件，其中包含近450个贴图文件、近630个场景文件和310个效果文件，以及494段近600分钟的同步语音教学视频

3ds Max 2012
完全自学教程

徐 慧 张 林 李少勇 编著

完全视频 + 完全操作 + 完全手册 = 完全自学

完全视频 本教程444个知识点和50个常用功能的实例制作均录制了同步语音视频，时间长度达近600分钟，可谓目前同类教程中最多最全面的视频教学体系

完全操作 完全抛弃软件生硬难懂的理论学习，将其划分为494个操作技能点，化繁为简，功能细分，注重实战，使学习变得异常轻松简单

完全手册 本教程内容划分为入门、进阶、提高、案例4大部分，体系完整，内容全面、翔实，完全可以作为三维动画领域参考的学习手册

完全自学 “完全视频+完全操作+完全手册”三位一体的学习体系，为您打造无障碍完全自学的完美体验，真正做到一册在手，别无他求

兵器工业出版社

北京希望电子出版社
Beijing Hope Electronic Press
www.bhp.com.cn

内容简介

本教程为多媒体教学光盘的配套学习手册（含 1DVD 多媒体教学+配套手册），本教程全面、详细地介绍了 3ds Max 的各项核心技术与精髓内容，并通过 494 个技能大演练，及 494 段视频大观摩，帮助读者在最短的时间内从入门到精通软件，从新手成为高手。

多媒体光盘内容为实例的素材、源文件及 494 段语音教学视频。

本书内容涵盖了：初识 3ds max 2012、对象的基本操作、基础建模、二维图形的创建与编辑、创建植物和建筑对象、模型的编辑与修改、复合建模、高级建模、材质与贴图、灯光与摄影机、环境与效果、基本动画、粒子与空间扭曲、渲染输出等内容。

在本书的最后五章，根据当前实际应用为读者设置了“常用三维文字的制作”、“常用材质纹理的设置”、“动画制作入门练习”、“三维造型制作入门练习”、“广告片头的制作”五个领域精选实例，详细介绍了制作步骤，让读者融会贯通、举一反三，逐步精通，成为实战高手。

本书适用于 3ds Max 的初、中级读者，如家装设计人员、公装设计人员、效果图制作人员、效果图渲染人员、动画制作人员等。

同时，本书也可供大专院校及各类培训班作为教材使用。随书配套光盘的内容为书中部分实例素材及课件。

图书在版编目（CIP）数据

3ds Max 2012 完全自学教程 /徐慧，张林，李少勇编著.—北京：兵器工业出版社，2011.11

ISBN 978-7-80248-653-9

Ⅰ. ①3… Ⅱ. ①徐… ②张…③李…Ⅲ. ①三维动画软件，3ds Max 2012—教程 Ⅳ. ①TP391.41-62

中国版本图书馆 CIP 数据核字（2011）第 191281 号

出版发行：兵器工业出版社　北京希望电子出版社
邮编社址：100089　北京市海淀区车道沟 10 号
　　　　　100085　北京市海淀区上地三街 9 号
　　　　　嘉华大厦 C 座 611
电　　话：（010）82702660（发行）（010）82702675（邮购）
经　　销：各地新华书店　软件连锁店
印　　刷：大恒数码印刷（北京）有限公司
版　　次：2014 年 3 月第 1 版第 2 次印刷

封面设计：深度文化
责任编辑：王　强　刘俊杰
责任校对：小　亚
开　　本：787mm×1092mm　1/16
印　　张：34 （彩插 12 面）
印　　数：3501－4030
字　　数：771 千字
定　　价：66.00 元（配 1 张 DVD 光盘）

实战操作006　保存副本

实战操作007　合并场景

3ds Max 2012
完全自学教程

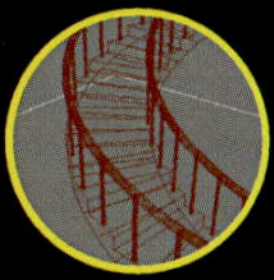

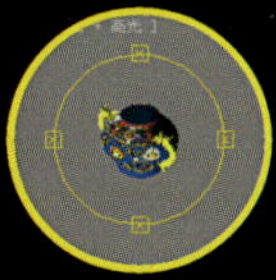

实战操作015　自定义颜色界面

实战操作030　平滑+高光显示

实战操作052　禁止渲染层

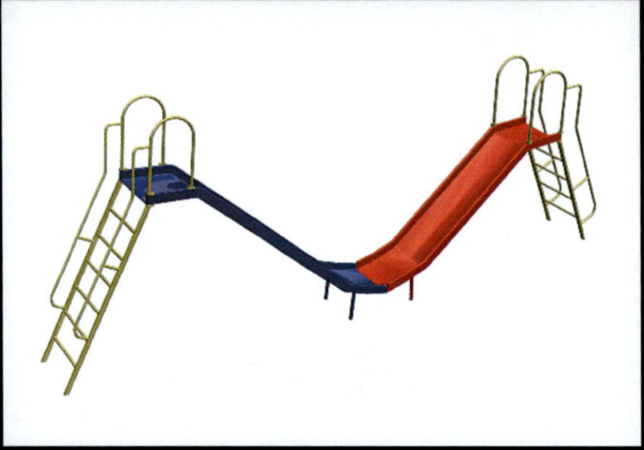

实战操作079　法线对齐

实战操作080　设置对象捕捉

3ds Max 2012
完全自学教程

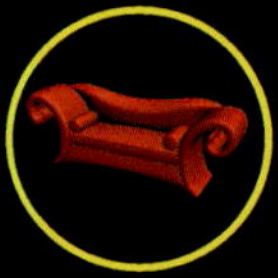

实战操作083　隐藏选定对象

实战操作084　隐藏未选定对象

实战操作085　按点击隐藏

实战操作086　全部取消隐藏

实战操作087　按名称隐藏

实战操作088　按名称取消隐藏

实战操作098　实例克隆

实战操作099　参考克隆

实战操作102　垂直镜像

实战操作103　XY轴镜像

实战操作104　YZ轴镜像

3ds Max 2012
完全自学教程

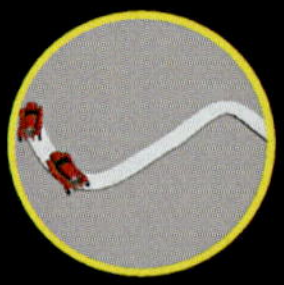

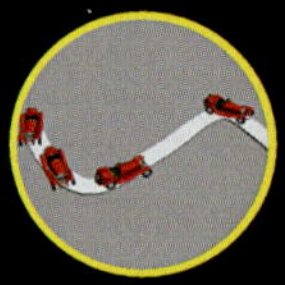

实战操作105　ZX轴镜像

实战操作106　移动阵列

实战操作107　旋转阵列

实战操作108　缩放阵列

实战操作109　按计数间隔复制

实战操作118　创建圆锥体

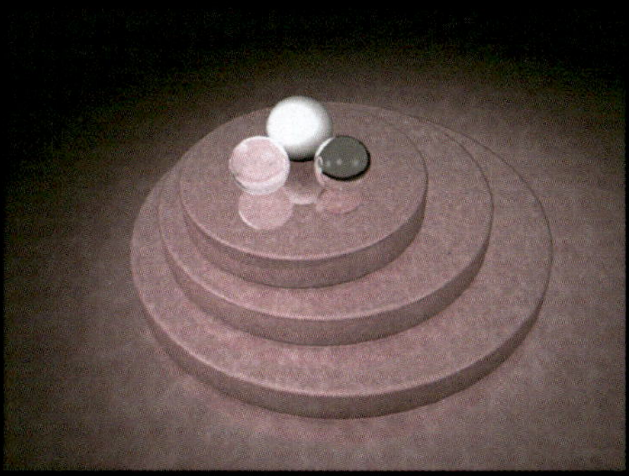

实战操作120　创建几何球体

实战操作121　创建圆柱体

实战操作125　创建茶壶

实战操作126　创建平面

3ds Max 2012
完全自学教程

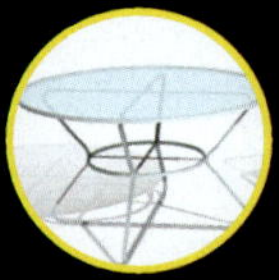

实战操作129　创建切角长方体

实战操作130　创建切角圆柱体

实战操作134　创建L-Ext

实战操作136　创建C-Ext

实战操作137　创建软管

实战操作144　创建弧

实战操作148　创建文本

实战操作149　创建螺旋线

实战操作151　创建墙矩形

实战操作154　创建T形

实战操作155　编辑Bezier角点

实战操作159　焊接顶点

3ds Max 2012
完全自学教程

实战操作160　圆角顶点

实战操作168　修剪样条线

实战操作169　并集二维样条线

实战操作170　差集二维样条线

实战操作172　创建孟加拉菩提树

实战操作173　创建一般的棕榈

实战操作174　创建苏格兰松树

实战操作177　创建美洲榆

实战操作183　创建墙

实战操作195　创建推拉窗

实战操作207 “贴图缩放”修改器

实战操作212 “删除网格”修改器

3ds Max 2012
完全自学教程

实战操作259 倒角面片

实战操作280 创建CV曲面

实战操作316 创建混合材质

实战操作329 使用棋盘格贴图

实战操作341　创建目标聚光灯

实战操作363　创建自由摄影机

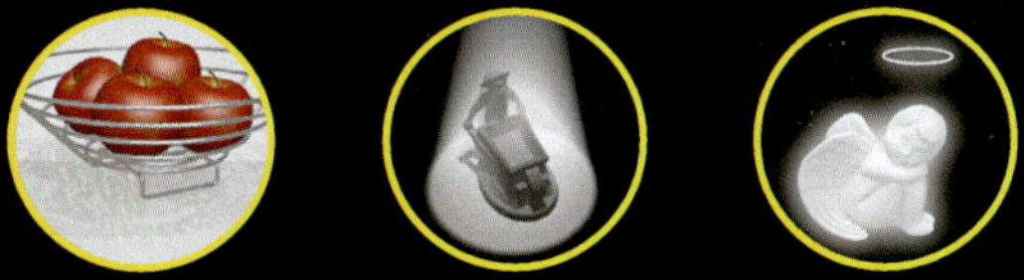

实战操作368　设置曝光

实战操作369　使用雾

实战操作372　使用镜头效果

实战操作375　使用胶片颗粒效果

实战操作384　设置交叉衰减

实战操作395　添加循环效果

3ds Max 2012
完全自学教程

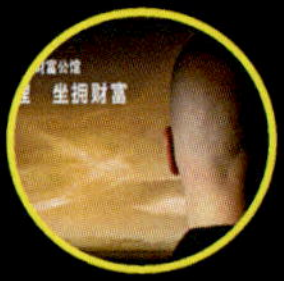
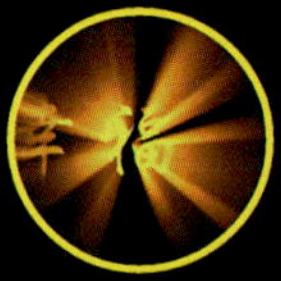

实战操作473　粒子系统——飘雪

实战操作475　镜头光斑——太阳耀斑

实战操作476　粒子系统——礼花

实战操作485　设置碎块的燃烧特效

前言 PREFACE

随着计算机技术的飞速发展，其应用领域也越来越广，三维动画技术也在各个方面得到广泛应用，结果是动画制作软件的层出不穷，3ds Max是这些动画制作软件中的佼佼者。使用3ds Max可以完成多种工作，包括影视制作、广告动画、建筑效果图、室内效果图、模拟产品造型设计和工艺设计等。

新版的3ds Max 2012在建模技术、材质编辑、环境控制、动画设计、渲染输出和后期制作等方面日趋完善；内部算法有很大的改进，提高了制作和渲染输出的速度，渲染效果达到工作站级的水准；功能和界面划分更合理，更人性化，各功能组有序的组合极大提高了三维动画制作的工作效率，以全新的风貌展现给爱好三维动画制作的人士。

本书以通俗简洁的语言、循序渐进的结构，深入浅出地介绍了3ds Max这一功能强大、应用广泛的软件，同时后面的几章内容以案例的形式列举了日常工作中常见的案例，帮助读者进行制作及思路的拓展。

本书内容涵盖了：初识3ds Max 2012、对象的基本操作、基础建模、二维图形的创建与编辑、创建植物和建筑对象、模型的编辑与修改、复合建模、高级建模、材质与贴图、灯光与摄影机、环境与效果、基本动画、粒子与空间扭曲、渲染输出等内容。

在本书的最后5章，根据当前实际应用为读者设置了“常用三维文字的制作”、“常用材质纹理的设置”、“动画制作入门练习”、“三维造型制作入门练习”、“广告片头的制作”5个领域精选实例，详细介绍了制作步骤，让读者融会贯通、举一反三，逐步精通，成为实战高手。

本书适用于3ds Max的初、中级读者，如家装设计人员、公装设计人员、效果图制作人员、效果图渲染人员、动画制作人员等，同时也可供大专院校及各类培训班作为教材使用。随书配套光盘的内容为书中部分实例素材及课件。

本教程全面、详细地介绍了3ds Max的各项核心技术与精髓内容，并通过494个技能大演练，及494段视频大观摩，帮助读者在最短的时间内从入门到精通软件，从新手成为高手。

本书主要有以下几大优点:

- 内容全面。几乎覆盖了3ds Max 2012中文版所有选项和命令。
- 语言通俗易懂，步骤清晰，前后呼应。以最短的篇幅、简洁易懂的语言来介绍每一项功能和每一个实例。
- 实例丰富，技术含量高，与实践紧密结合。每一个实例都倾注了作者多年的实践经验，每一个功能都经过技术认证。
- 版面美观，图例清晰，并具有针对性。每一个图例都经过作者精心策划和编辑。只要仔细阅读本书，就可从中学到相应的知识和技巧。

本书主要由徐慧、张林、李少勇编写，参与编写的还有于海宝、王雄健、刘蒙蒙、李向瑞、张凯、荣立峰、王玉、刘峥、张云、贾玉印、张春燕、刘杰、罗冰、陈月娟、陈月霞、刘希林、黄健、黄永生、田冰、徐昊；北方电脑学校的温振宁、黄荣芹、刘德生、宋明、刘景君老师；德州职业技术学院机械系的胡静、支保均老师以及计算机系的张锋、相世强、徐伟伟、王海峰位老师，在此一并表示感谢。

在编写的过程中，由于水平有限，错误在所难免，希望广大读者批评指正。

编著者

CONTENTS 目录

第1章 初识3ds Max 2012

第2章 对象的基本操作

第3章 基础建模

第4章 二维图形的创建和编辑

第5章 创建植物和建筑对象

第6章 模型的编辑与修改

第7章 复合建模

第8章 高级建模

第9章 材质与贴图

第10章 灯光与摄影机

第11章 环境与效果

第12章 基本动画

第13章 粒子与空间扭曲

第14章 渲染输出

第15章 常用三维文字的制作

第16章 常用材质的设置与表现

第17章 三维造型制作入门与练习

第18章 动画制作入门练习

第19章 广告片头的制作

Chapter

01

第1章

初识3ds Max 2012

3ds Max是计算机图形行业中最流行的三维制作软件，从它推出的第一天就引起了各界极高的赞誉。它广泛应用于广告、影视、建筑设计、游戏等领域。

本章主要介绍有关3ds Max 2012中文版的基础知识，包括安装、启动、退出3ds Max 2012系统。3ds Max属于单屏幕操作软件，它所有的命令和操作都在一个屏幕上完成，不用进行切换，这样可以节省大量的工作时间，同时创作也更加直观明了。作为一个3ds Max的初级用户，在没有正式使用和掌握这个软件之前，首先学习和适应软件的工作环境及基本的文件操作是非常重要的。

1.1 启动与退出3ds Max 2012

如果想要学习3ds Max 2012，首先要学会3ds Max 2012的安装、启动和退出等基础操作。下面介绍3ds Max 2012的安装、启动与退出操作。

实战操作001 安装3ds Max 2012

素材：无　　场景：无

难度：★★★★★　　视频：视频\Cha01\实战操作001.avi

下面详细介绍如何安装3ds Max 2012。

1 首先将安装光盘插入到光驱中，打开"我的电脑"，找到3ds Max 2012的安装系统，双击"setup.exe"图标，弹出"安装初始化"对话框，然后在弹出的如下图所示的对话框中单击"安装"按钮。

2 在弹出的如下图所示的对话框中选中右下角的"我接受"单选按钮，然后单击"下一步"按钮。

3 在弹出的如下图所示的对话框中选中"我有我的产品信息"单选按钮，然后在文本框中输入"序列号"和"产品密钥"，输入完成之后单击"下一步"按钮。

4 弹出如下图所示的对话框，在该对话框中设置产品的安装路径，在这里使用默认的安装路径，单击"安装"按钮。

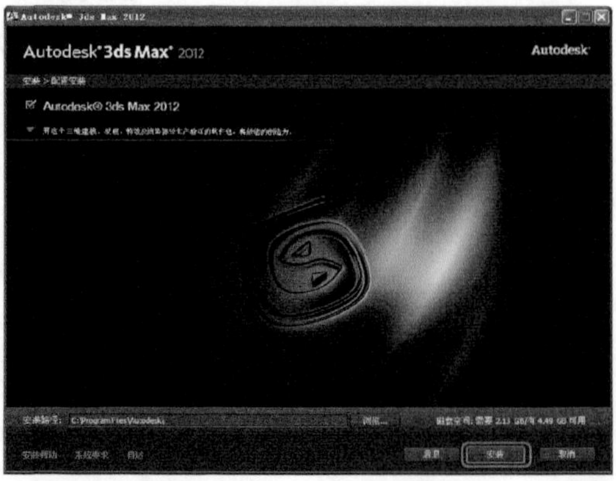

提示

单击“浏览”按钮可以自定义文件的安装位置。

5 弹出如下图所示的安装进度对话框。

6 安装完毕后会弹出一个如下图所示的对话框，单击“完成”按钮即可。

实战操作002 启动与退出3ds Max 2012

素材：无　　场景：无

难度：★★★★★　　视频：视频\Cha01\实战操作002.avi

安装完成后，下面介绍怎样启动与退出3ds Max 2012。

1 将鼠标拖曳至桌面上的Autodesk 3ds Max 2012快捷方式图标上，双击鼠标左键，即可启动Autodesk 3ds Max 2012程序，如下图所示。

2 程序启动后，即可进入Autodesk 3ds Max 2012工作界面，如下图所示。

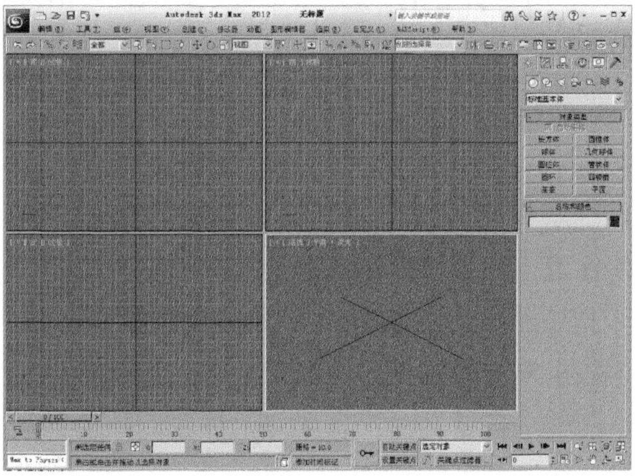

提示

除了用上述方法可以启动Autodesk 3ds Max 2012外，还可以在桌面上选择快捷方式图标并右击，在弹出的快捷菜单中选择“打开”命令。

3 如果要退出Autodesk 3ds Max 2012，则单击窗口右上角的“关闭”按钮即可，如下图所示。

4 若在工作界面中进行了部分操作，之前也未进行保存，则在退出该软件时，会弹出如下图所示的信息提示对话框，提示是否保存该场景。

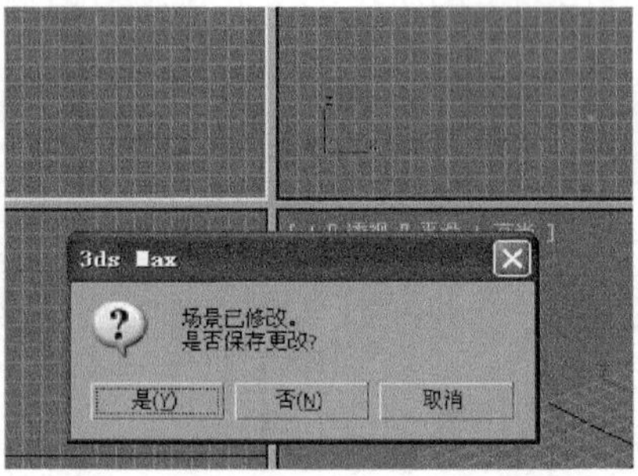

提示 除了用上述方法可以退出Autodesk 3ds Max 2012外，还可以使用下面的几种方法。方法1：单击窗口左上角的按钮，在弹出的下拉菜单中单击“退出3ds Max”按钮。方法2：按“Alt+F4”组合键。方法3：右击快速访问工具栏，在弹出的快捷菜单上选择“关闭”命令。

1.2 文件操作

在3ds Max 2012中主要介绍8个常用项目，位于顶端的按钮的下拉菜单中的项目如果带有小箭头，则表示还有次一级的菜单。大多数命令在按钮右侧的工具栏中都可以执行，建议直接使用工具栏中的命令。

实战操作003 新建文件

素材：无　　场景：无

难度：★★★★★　　视频：视频\Cha01\实战操作003.avi

新建文件可以清除当前屏幕的内容，但是保留当前系统的设置。下面介绍在3ds Max 2012中新建文件的方法，其操作步骤如下。

1 单击按钮，在弹出的下拉菜单中选择“新建”|“新建全部”命令，如右图所示，即可新建文件。

2 完成操作后，就可以新建一个空白场景，效果如右图所示。

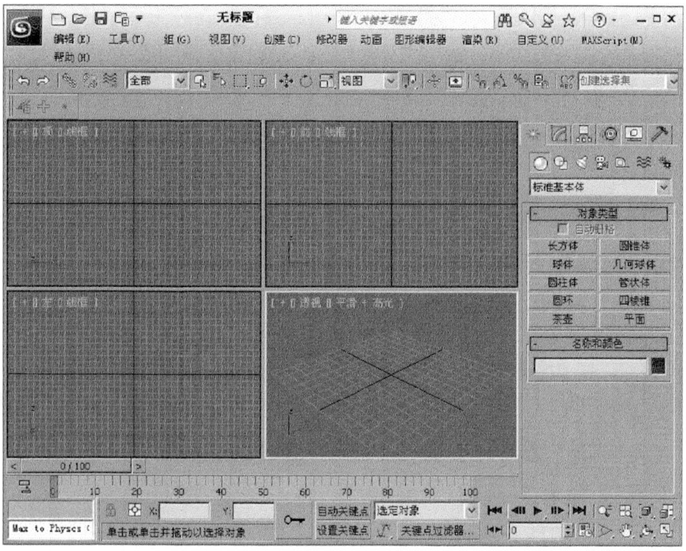

提示 除了使用上述方法外，还可以单击快速访问工具栏中的“新建场景”按钮。

实战操作004 打开文件

素材：Scene\Cha01\1-1.max　　场景：无

难度：★★★★★　　视频：视频\ Cha01 \实战操作004.avi

下面介绍在3ds Max中打开文件的方法，其操作步骤如下。

1 单击按钮，在弹出的下拉菜单中选择“打开”|“打开”命令，如下图所示。

2 弹出“打开文件”对话框，选择1-1.max素材文件后单击“打开”按钮即可，如下图所示。

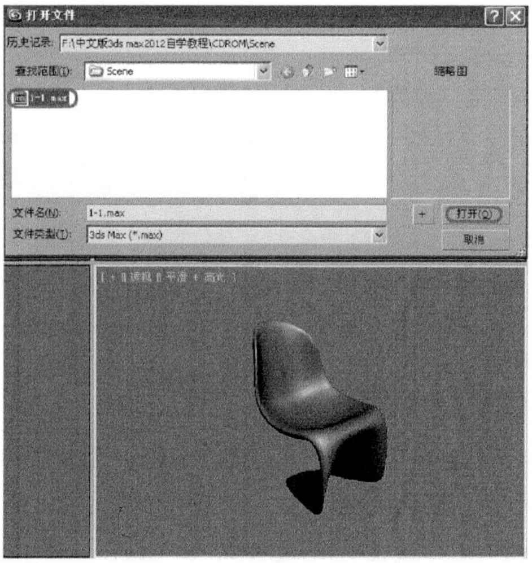

提示 除了使用上述方法外，还可以单击快速访问工具栏中的“打开文件”按钮。

实战操作005 保存文件

素材：Scene\Cha01\1-2.max　　场景：无

难度：★★★★★　　视频：视频\Cha01\实战操作005.avi

使用“保存”命令可以将当前场景快速保存，覆盖旧的同名文件。下面介绍保存文件的方法，其操作步骤如下。

1 单击按钮，在弹出的下拉菜单中选择“打开”|“打开”命令，打开1-2.max素材文件如下图所示。然后再单击按钮，在弹出的下拉菜单中选择“另存为”|“另存为”命令，如下图所示。

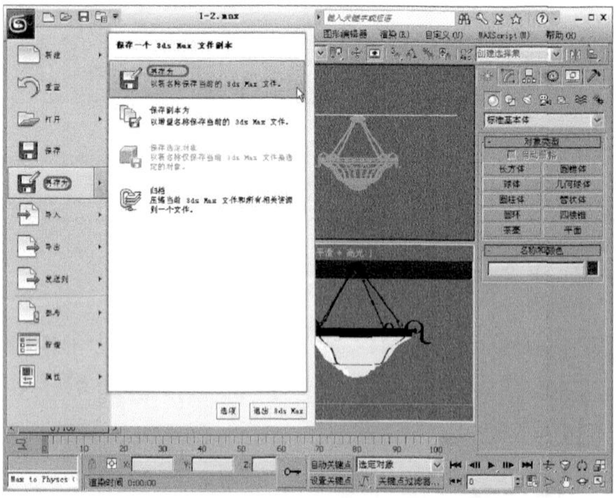

2 弹出“文件另存为”对话框，如下图所示，在该对话框中设置文件的保存路径、文件名和保存类型，设置完成后单击“保存”按钮即可。

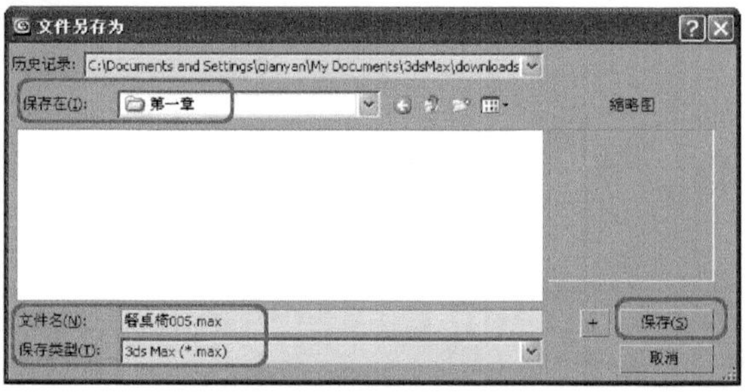

提示 除了使用上述方法外，还可以单击快速访问工具栏中的“保存文件”按钮。也可以选择“另存为”命令进行保存，区别在于：使用“保存”命令进行保存时，所有场景信息也将一并保存，而使用“另存为”命令对场景文件进行存储时，系统将以一个新的文件名称来存储当前场景，原来的场景文件不会改变。

实战操作006 保存副本

素材：Scene\Cha01\1-3.max　　场景：无

难度：★★★★★　　视频：视频\Cha01\实战操作006.avi

在保存文件时，也可以选择“保存副本”命令，其操作步骤如下。

1 单击按钮，在弹出的下拉菜单中选择“打开”|“打开”命令，打开1-3.max素材文件弹出“打开文件”对话框，如右图所示。

2 打开的素材文件，如下图所示。

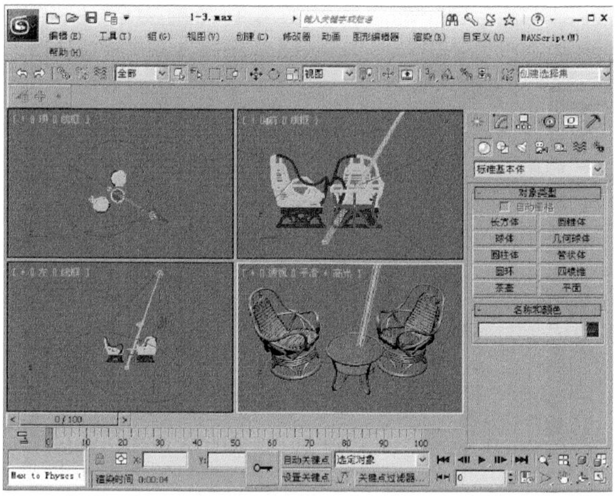

3 再单击按钮，在弹出的下拉菜单中选择“另存为”|“保存副本为”命令，如下图所示。

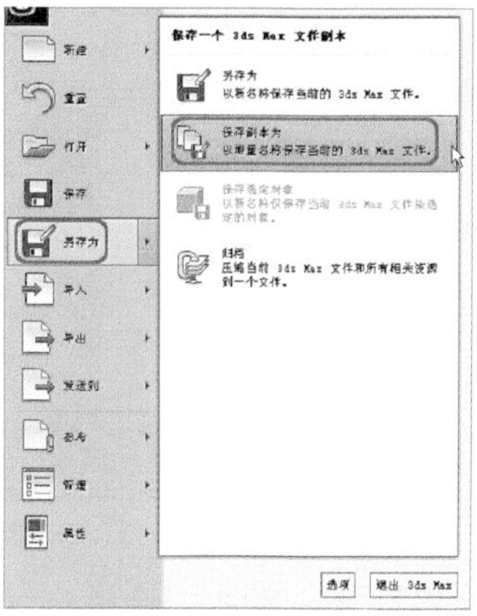

4 弹出如右图所示的“将文件另存为副本”对话框，在该对话框中设置文件的保存路径、文件名和保存类型，设置完成后单击“保存”按钮即可。

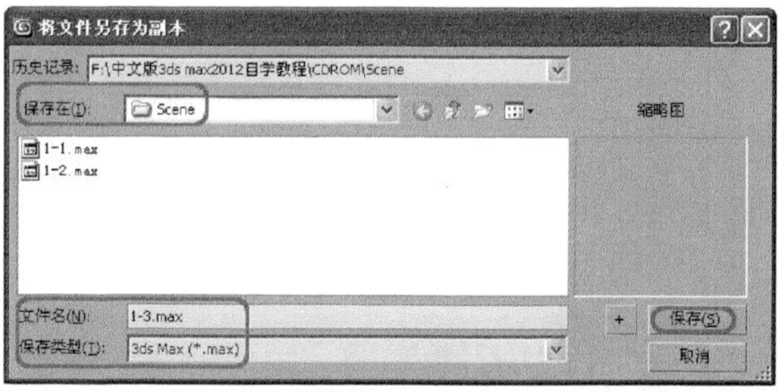

实战操作007 合并场景

素材：Scene\Cha01\1-4.max、1-5.max

难度：★★★★★

场景：Scene\Cha01\实战操作007.max

视频：视频\Cha01\实战操作007.avi

在3ds Max 2012中经常需要将其他场景中的对象加入到当前场景中，这就是合并场景，其操作步骤如下。

1 打开素材文件1-4.max，单击按钮，在弹出的下拉菜单中选择“导入”|“合并”命令，如右图所示。

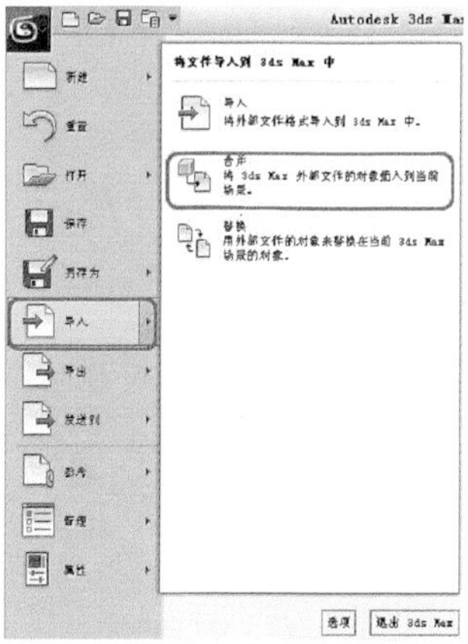

2 弹出如下图所示的“合并文件”对话框，在该对话框中选择素材文件“1-5.max”，单击“打开”按钮。

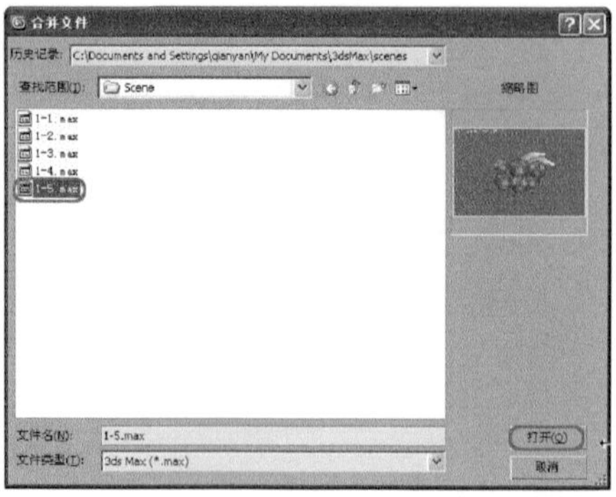

3 弹出“合并-1-5.max”对话框，在该对话框中选择如下图所示的“水果”选项，单击“确定”按钮即可将其合并到当前场景中。

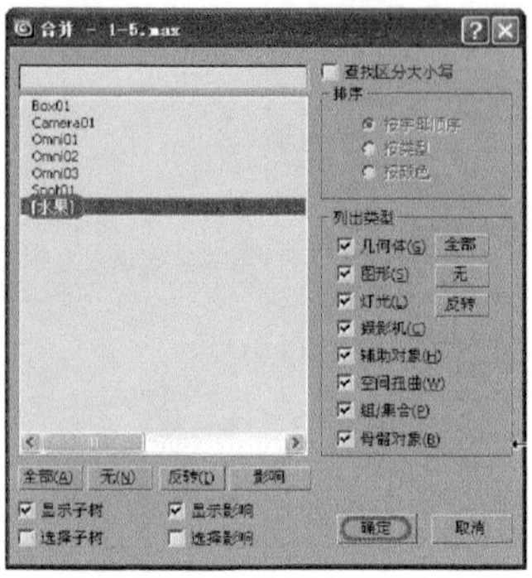

4 合并场景后，激活“摄影机”视图，按F9键快速渲染，渲染完成后的效果如右图所示。

实战操作008 重置文件

素材：Scene\Cha01\1-6.max　　场景：无

难度：★★★★★　　视频：视频\Cha01\实战操作008.avi

重置文件是将场景中所有的对象删除，并将视图和各项参数都恢复到默认的状态下，其操作步骤如下。

1 打开1-6.max素材，再单击按钮，在弹出的下拉菜单中选择“重置”命令，如下图所示。

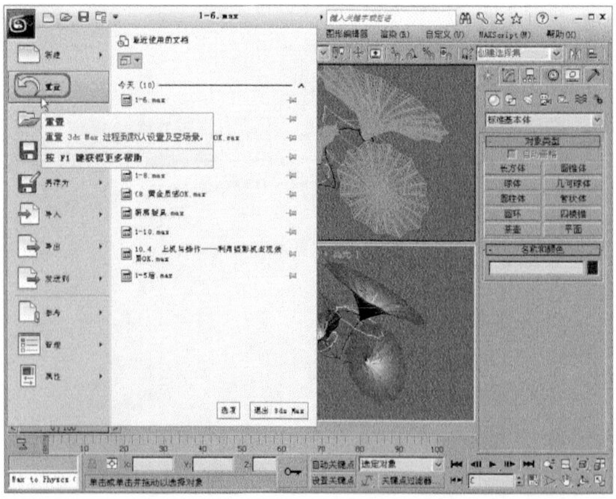

2 弹出“3ds Max”信息提示框，如下图所示，单击“是”按钮，即可重置一个新的场景。

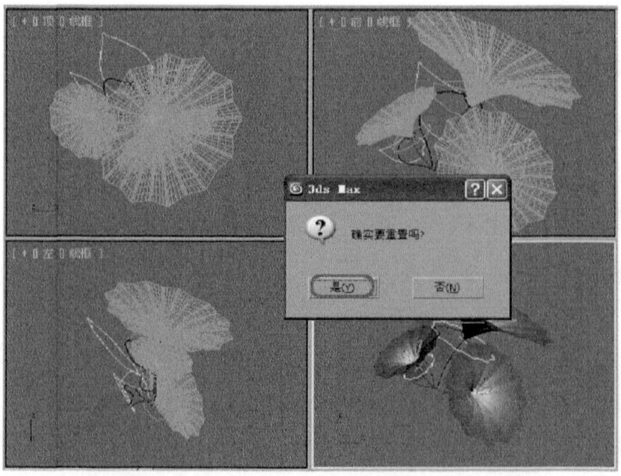

实战操作009 导入文件

素材：Scene\Cha01\1-7.dwg　　场景：无

难度：★★★★★　　视频：视频\Cha01\实战操作009.avi

如果要在3ds Max 2012中打开非max类型的文件（如DWG格式等），则需要选择“导入”命令，其操作步骤如下。

1 单击按钮，在弹出的下拉菜单中选择如下图所示的“导入”|“导入”命令。

2 弹出“选择要导入的文件”对话框，在该对话框中选择1-7.dwg素材文件，单击“打开”按钮，如下图所示。

3 弹出如下图所示的“AutoCAD DWG/DXF 导入选项”对话框，使用默认的设置即可。

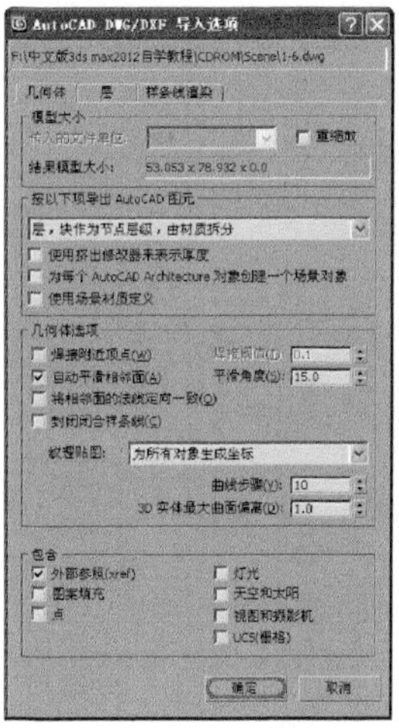

4 单击“确定”按钮，即可将文件导入到场景中，如下图所示。

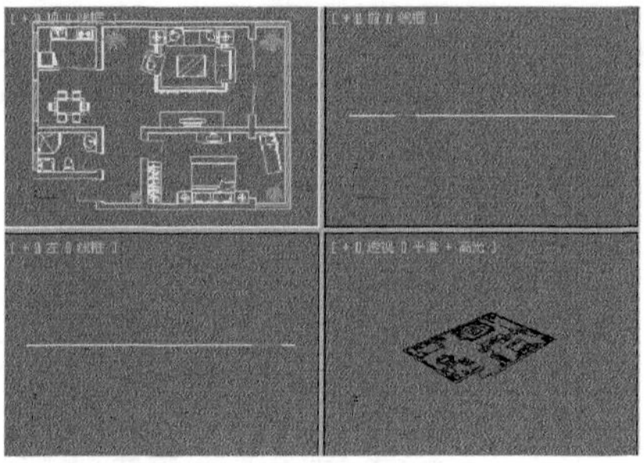

实战操作010 导出文件

素材：Scene\Cha01\1-8.max　　场景：无

难度：★★★★★　　视频：视频\Cha01\实战操作010.avi

在3ds Max 2012中可以将当前场景中的文件导出成外部文件格式，其操作步骤如下。

1 单击按钮，在弹出的下拉菜单中选择“打开”|“打开”命令，打开1-8.max素材文件，如下图所示。

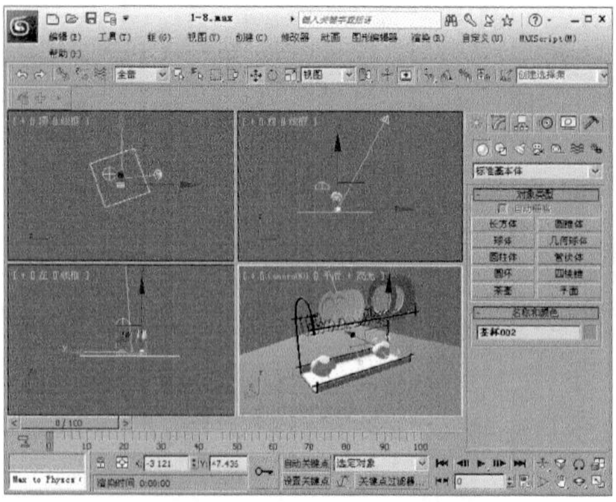

2 单击按钮，在弹出的下拉菜单中选择如下图所示的“导出”|“导出”命令。

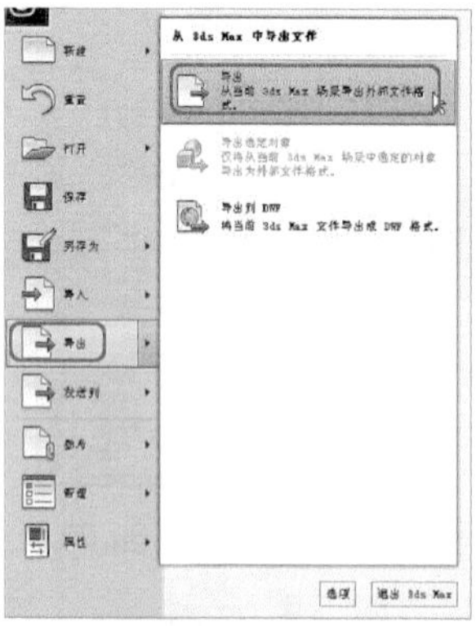

3 在弹出的“选择要导出的文件”对话框中设置文件的导出路径、文件名和保存类型，在这里选择的保存类型为“AutoCAD（*.DWG）”格式。如下图所示。

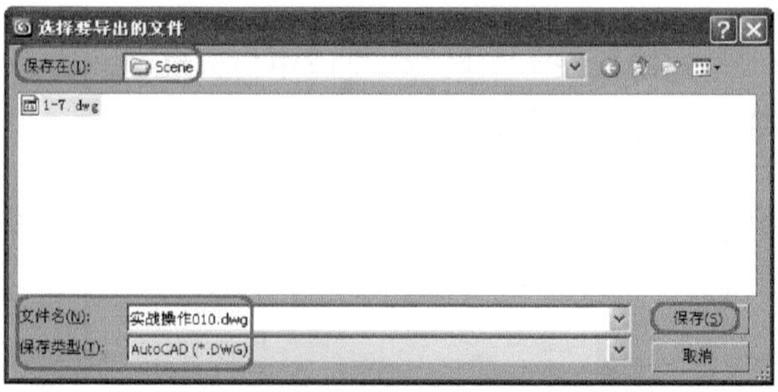

4 单击“保存”按钮，弹出如下图所示的“导出到AutoCAD文件”对话框，单击“确定”按钮，即可将文件导出成DWG格式。

实战操作011 查看文件属性

素材：Scene\Cha01\1-8.max　　场景：无

难度：★★★★★　　视频：视频\Cha01\实战操作011.avi

在操作中可以查看一下文件属性，以便了解文件。

1 打开1-8.max素材文件，单击按钮，在弹出的下拉菜单中选择“属性”|“文件属性”命令，如右图所示。

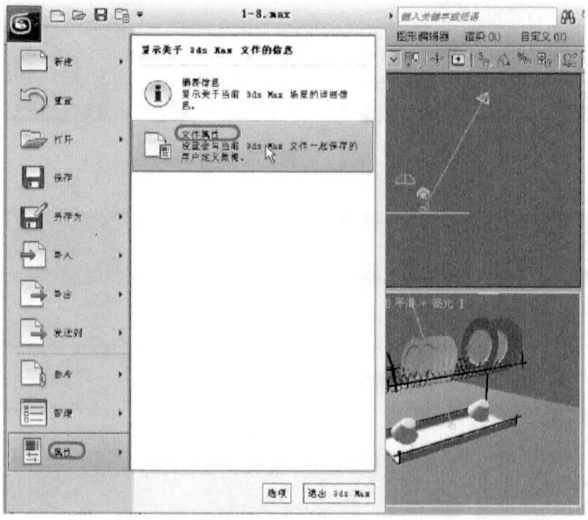

2 弹出“文件属性”对话框，单击“内容”选项卡，可以查看文件的一些属性，如右图所示。

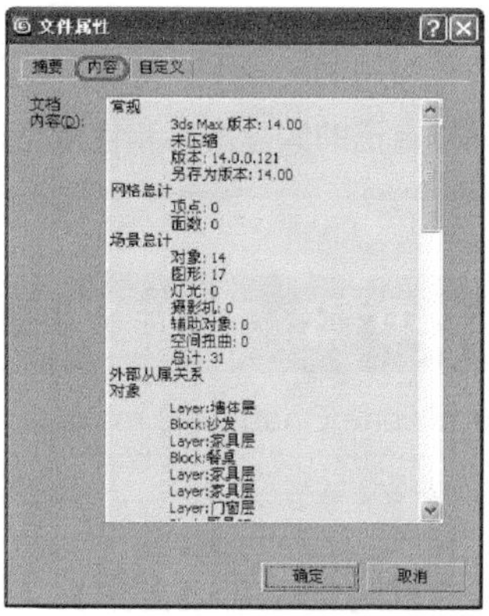

1.3 自定义工作界面

3dx Max 2012 的人性化设计特性允许用户根据自身的使用习惯来更改软件界面，包括工具栏、快捷键和界面颜色等。

实战操作012 自定义快捷键

素材：Scene\Cha01\1-9.max　　场景：无

难度：★★★★★　　视频：视频\Cha01\实战操作012.avi

在3ds Max 2012 中，对于没有快捷键的选项，或者用户需要更改系统自定义的选项时，可以自定义快捷键。自定义快捷键的方法非常简单，其操作步骤如下。

1 打开1-9.max素材文件，单击菜单栏中的“自定义”选项，在弹出的下拉菜单栏中选择“自定义用户界面”命令，如下图所示。

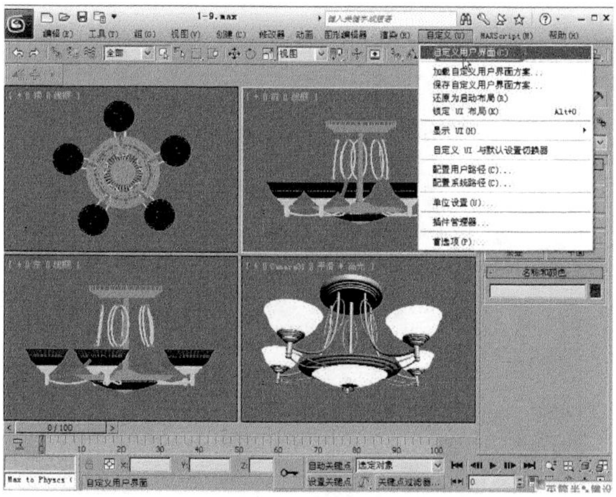

2 选择“键盘”选项卡，从左边的列表中选择要设置快捷键的命令，然后在“热键”文本框中输入快捷键字母，单击“指定”按钮后设置成功。其中“指定到”文本框中显示的是已经使用了的该快捷键的命令，以防止用户重复设置，“移除”按钮可以移除已设置的快捷键，如下图所示。

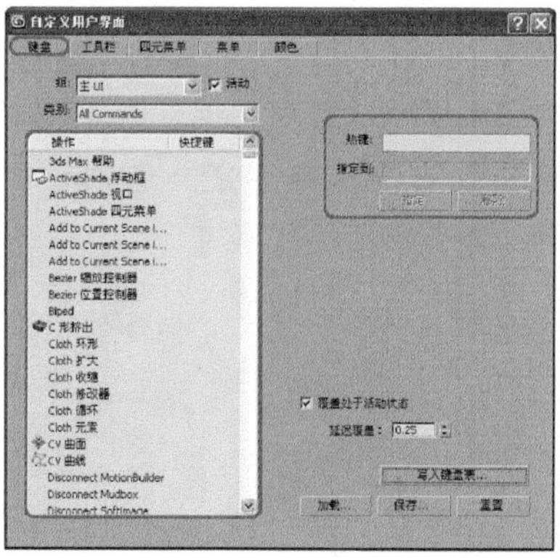

提示

对于常用的命令3ds Max 2012已经自动为其分配了快捷键，而大多数命令都是没有快捷键的，用户可以根据自己的实际需要和使用习惯来设置快捷键，以提高工作效率。

实战操作013 自定义工具栏

素材：Scene\Cha01\1-9.max　　场景：无

难度：★★★★★　　视频：视频\Cha01\实战操作013.avi

根据用户的习惯，可以自定义工具栏，其操作步骤如下。

1 打开1-9.max素材文件，在主工具栏中的空白处右击“自定义”选项，弹出如下图所示的“自定义”下拉菜单。

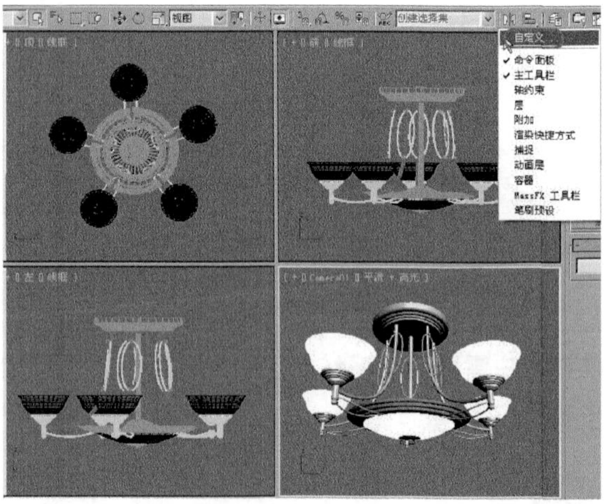

2 选择其中的“自定义”命令，将弹出“自定义用户界面”对话框，在该对话框中可以对各类工具栏中所要包含的各种按钮进行设置，如下图所示。

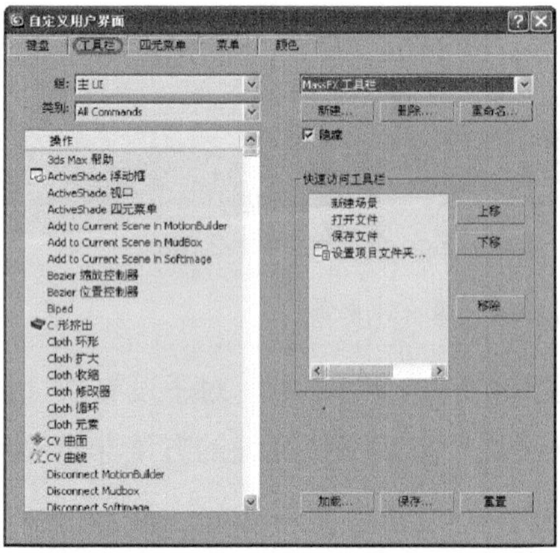

实战操作014 自定义菜单

素材：Scene\Cha01\1-9.max　　场景：无

难度：★★★★★　　视频：视频\Cha01\实战操作014.avi

用户可以根据自己的需要自定义菜单，其操作步骤如下。

1 打开1-9.max素材文件，在主工具栏中的空白处右击“自定义”选项，弹出如右图所示的“自定义”下拉菜单。

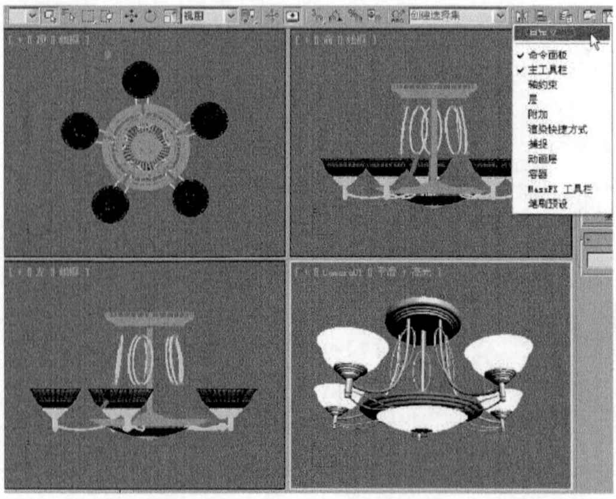

2 选择其中的“自定义”命令，将弹出“自定义用户界面”对话框，从“菜单”选项卡中可以编辑现有菜单或创建自己的菜单，也可以自定义菜单标签、功能和布局，如右图所示。

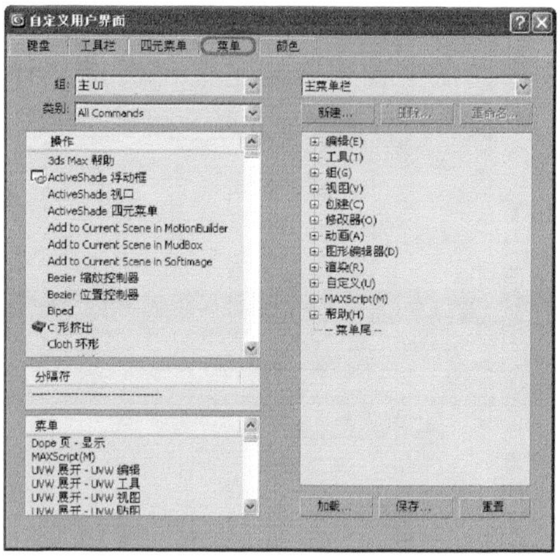

实战操作015 自定义颜色界面

素材：Scene\Cha01\1-9.max　　场景：无

难度：★★★★★　　视频：视频\Cha01\实战操作015.avi

在3ds Max 2012中用户可以根据自己的需要来更改界面的颜色，其操作步骤如下。

1 单击按钮，在弹出的下拉菜单中选择“打开”选项，打开素材文件1-9.max，如下图所示。

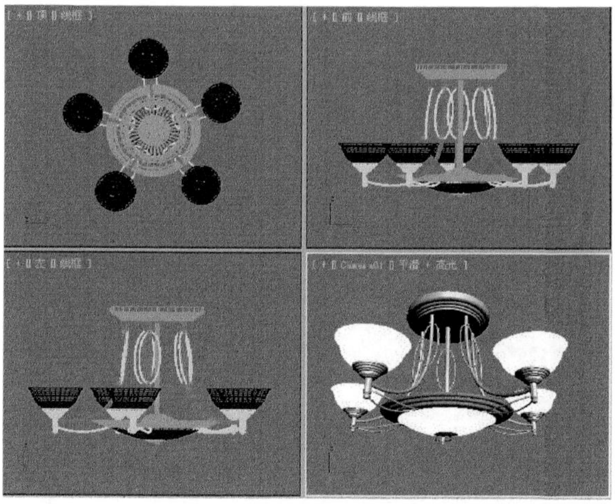

2 单击菜单栏中的“自定义”选项，在弹出的下拉菜单中选择“加载自定义用户界面方案”命令，如下图所示。

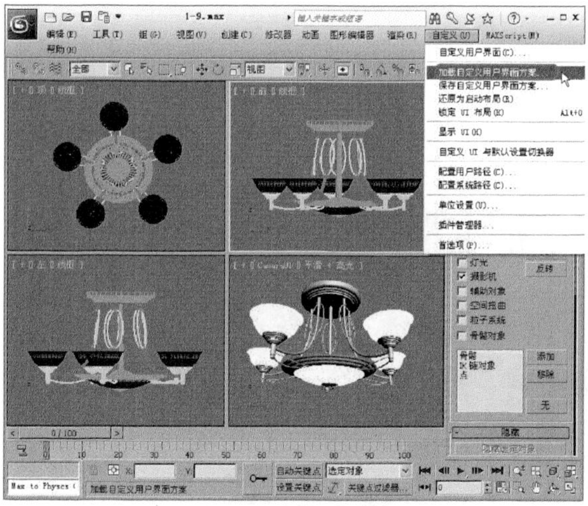

提示 如果想要恢复到默认界面，按照同样的步骤打开DefaultUI.ui文件即可。3ds Max 2012 中提供了不同的界面，用户可以根据自己的喜好进行选择。

3 弹出“加载自定义用户界面方案”对话框，从中找到安装路径，选择“ame-Light.ui”文件，界面变成灰色，如下图所示。

4 加载自定义用户界面完成后，效果如下图所示。

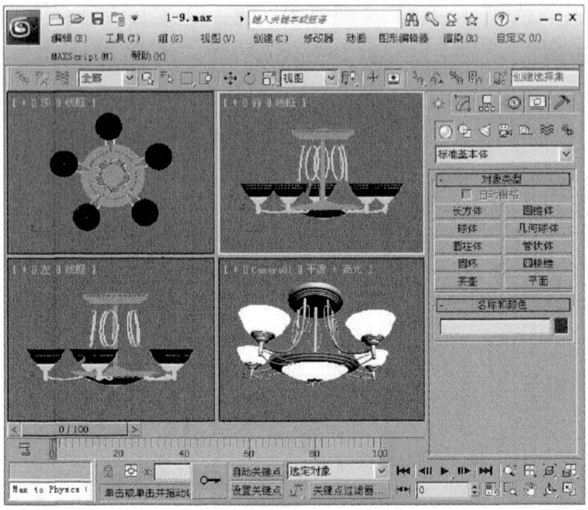

实战操作016 自定义四元菜单

素材：Scene\Cha01\1-10.max　　场景：无

难度：★★★★★　　视频：视频\Cha01\实战操作016.avi

在3ds Max 2012 中设置“四元菜单”的操作步骤如下。

1 打开素材文件1-10.max，在主工具栏中的空白处右击“自定义”选项，弹出如下图所示的“自定义”菜单。

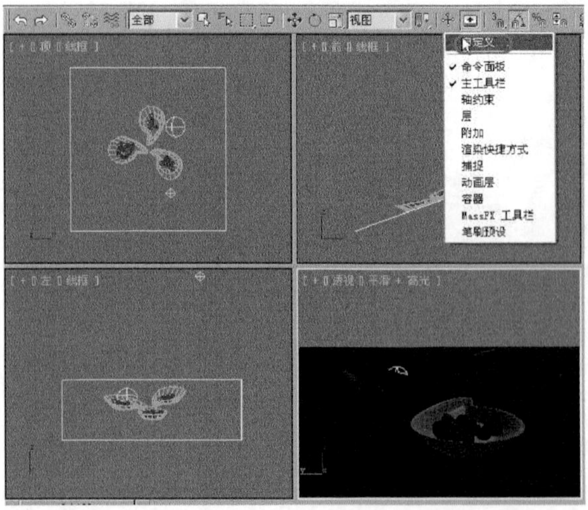

2 选择其中的“自定义”命令，将弹出“自定义用户界面”对话框，在该对话框中可以创建自己的四元菜单集，或编辑现有的四元菜单集。在“四元菜单”面板上，可以自定义菜单标签、功能、布局和快捷键，如下图所示。

实战操作017 自定义UI方案

素材：Scene\Cha01\1-10.max　　场景：无

难度：★★★★★　　视频：视频\Cha01\实战操作017.avi

在3ds Max 2012中“自定义UI方案”的操作步骤如下。

1 打开素材文件1-10.max，单击菜单栏中的“自定义”选项，在弹出的下拉菜单中选择“自定义UI与默认设置切换器”命令，如下图所示。

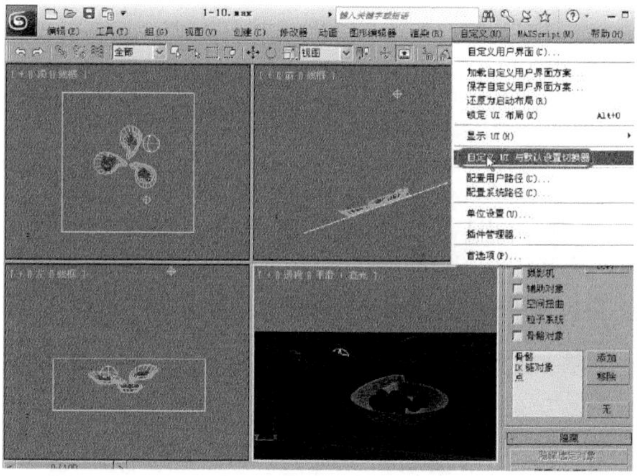

2 弹出“为工具选项和用户界面布局选择初始设置”的对话框，如下图所示。此列表包含 UI 文件夹中已定义的所有 UI 方案。3ds Max 附带了DefaultUI和ModularToolbarsUI两个 UI 方案，后者的主工具栏可以拆分为更小的工具栏。

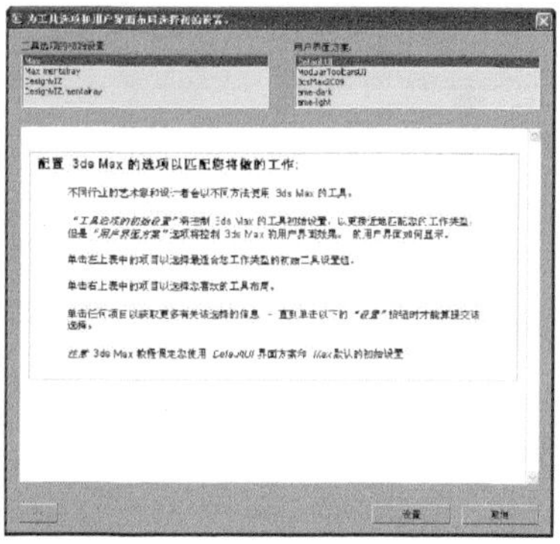

实战操作018 保存用户界面

素材：无　　场景：无

难度：★★★★★　　视频：视频\Cha01\实战操作018.avi

在3ds Max 2012 中可以将自己设置的界面进行保存，其操作步骤如下。

1 单击菜单栏中的“自定义”选项，在弹出的下拉菜单中选择“保存自定义用户界面方案”命令，如下图所示。

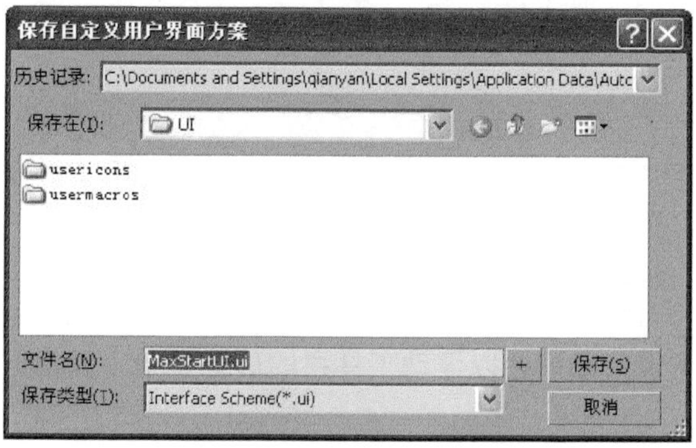

2 在弹出的对话框里选择保存“UI”文件，输入文件名并单击“保存”之后，将打开“自定义方案”对话框，可以在此定义将保存 UI 方案的哪些部分，如下图所示。

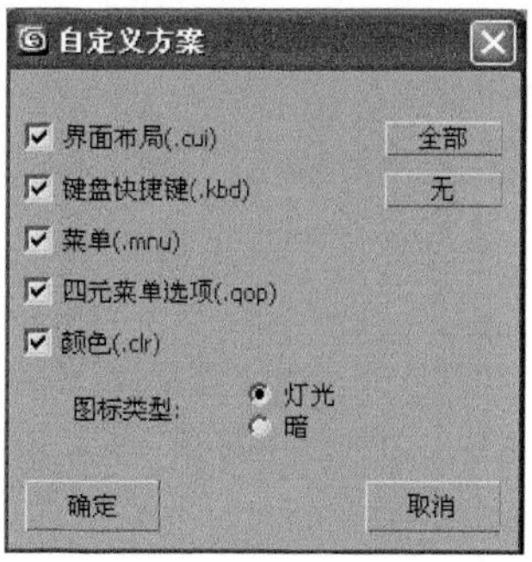

提示

在“自定义方案”对话框中，可以设置要保存的用户界面方案的类型。文件将被保存为所选的各类方案，每个类型都具有该类方案的特定扩展名。

1.4 工具栏操作

工具栏包括两部分，即主工具栏和标签工具栏。主工具栏包括各种选择工具、变动工具、着色工具等，还有一些是菜单中的快捷按钮，可以直接打开某些控制窗口，如材质编辑器、轨迹控制器等。

实战操作019 拖曳工具栏

素材：Scene\Cha01\1-11.max　　场景：无

难度：★★★★★　　视频：视频\Cha01\实战操作019.avi

在3ds Max 2012 中可以将工具栏拖曳到需要放置的位置处，其操作步骤如下。

1 单击按钮，在弹出的下拉菜单中选择“打开”选项，打开素材文件1-11.max，然后在3ds Max 2012中将鼠标放在工具栏最左侧，如下图所示。

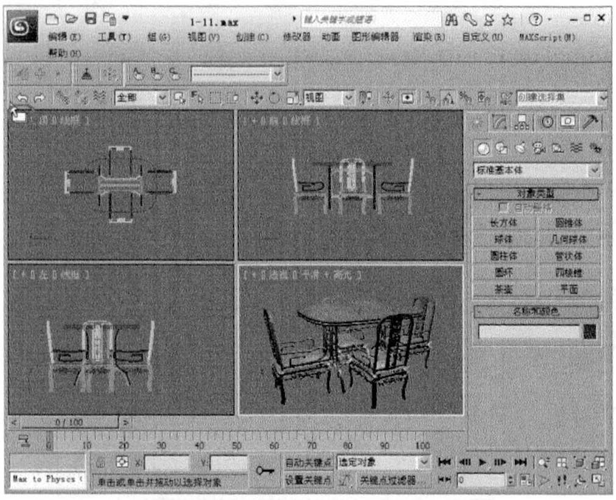

2 当鼠标下方出现白色方框时按住鼠标左键并同时向下拖动，原工具栏就拖曳到了下方，如下图所示。

实战操作020 显示隐藏工具栏

素材：Scene\Cha01\1-11.max　　场景：无

难度：★★★★★　　视频：视频\Cha01\实战操作020.avi

在3ds Max 2012 中还有一些工具未在工具栏中出现，它们会以浮动工具栏的形式显示。显示这些工具栏的操作步骤如下。

1 单击按钮，在弹出的下拉菜单中选择“打开”命令，打开素材文件1-11.max，单击菜单栏中的“自定义”选项，在弹出的下拉菜单中选择“显示”命令。如下图所示。

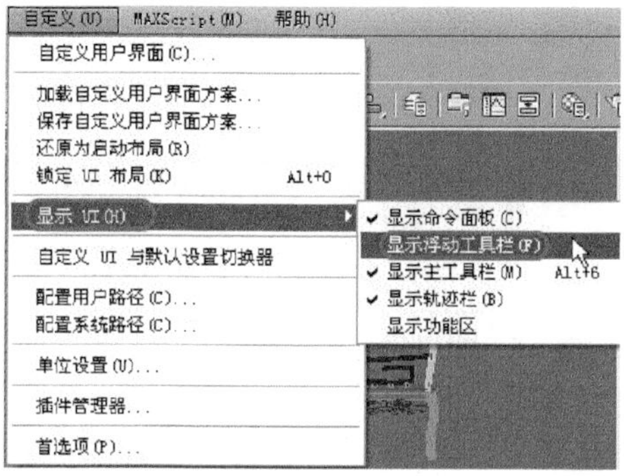

2 再选择其子菜单栏中的“显示浮动工具栏”命令会弹出浮动工具栏，如下图所示。

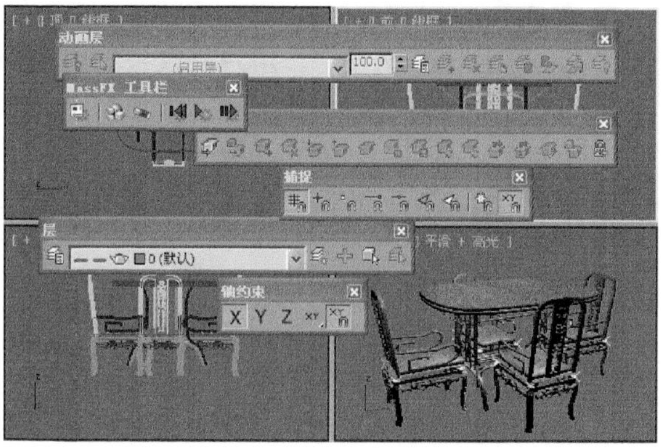

实战操作021　固定浮动工具栏

素材：Scene\Cha01\1-11.max　　场景：无

难度：★★★★★　　视频：视频\Cha01\实战操作021.avi

在3ds Max 2012 中根据自己的需要可以将浮动工具栏固定在标题栏下方。其操作步骤如下。

1 单击按钮，在弹出的下拉菜单中选择“打开”命令，打开素材文件1-11.max，单击鼠标左键按住浮动工具栏的边框，如下图所示。

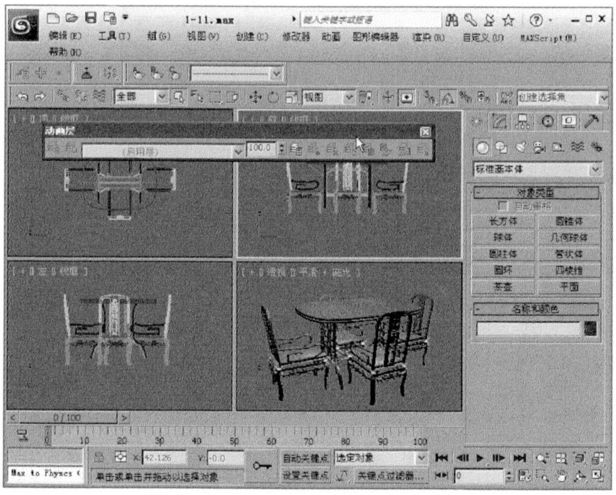

2 按住鼠标左键后将浮动工具栏与标题栏的边框连接，这样原本浮动的工具栏就固定到了标题栏的下方，如下图所示。

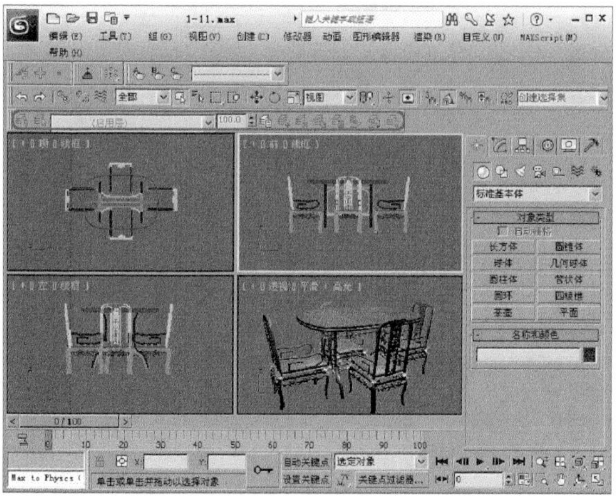

提示

当鼠标单击浮动工具栏边框时，鼠标下方会出现白色的方框，这时再按住鼠标即可拖动浮动工具栏。同时浮动工具栏还可以固定到窗口的左侧和右侧。

1.5 设置首选项

在3ds Max 2012 中的首选项菜单栏里包括常规、文件、视口等。在这些选项中，用户可以根据自己的需要进行设置。

实战操作022 设置单位

素材：Scene\Cha01\1-12.max　　场景：无

难度：★★★★★　　视频：视频\Cha01\实战操作022.avi

创建对象时，为了达到一定的精确程度，必须设置图形单位，打开“自定义”下拉菜单，选择“单位设置”命令，在弹出的对话框中按照自己的需求进行设置。设置单位的操作步骤如下。

1 按“Ctrl+O”组合键，打开素材文件1-12.max，单击菜单栏中的“自定义”选项，在弹出的下拉菜单中选择“单位设置”命令，如下图所示。

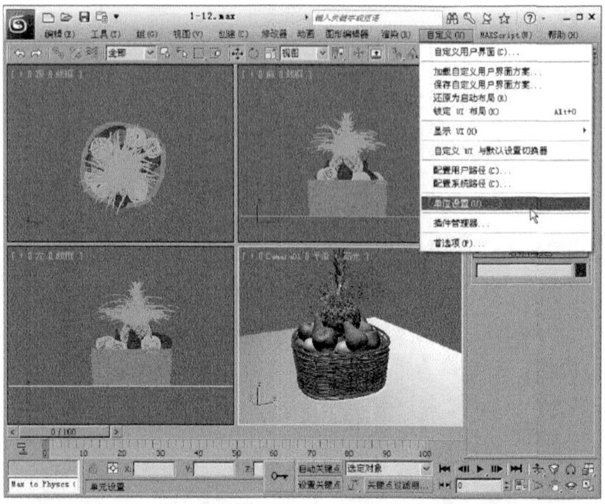

2 在弹出的对话框里选中“公制”单选按钮，然后从下拉列表框中选择“毫米”选项，将此单位改成毫米。单击“确定”按钮，此时的单位将变为“毫米”，如下图所示。

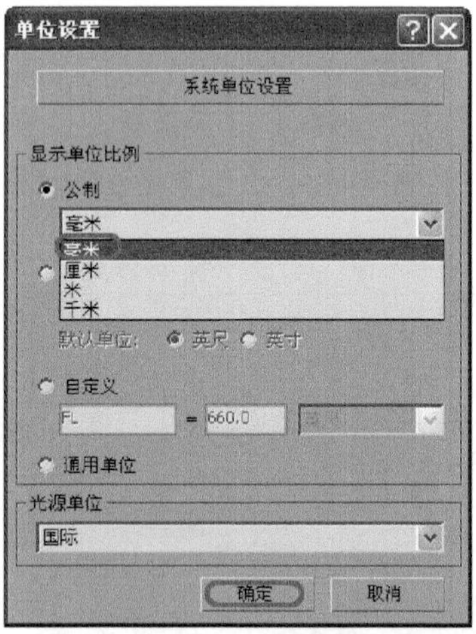

实战操作023 设置最近打开的文件数量

素材：Scene\Cha01\1-12.max　　场景：无

难度：★★★★★　　视频：视频\Cha01\实战操作023.avi

选择3ds Max 2012 中的“自定义”下拉菜单中的“首选项”命令，在弹出的对话框中进行设置。其操作步骤如下。

1 按“Ctrl+O”组合键，打开素材文件1-12.max，在菜单栏中单击“自定义”选项。在弹出的下拉菜单中选择“首选项”命令，如下图所示。

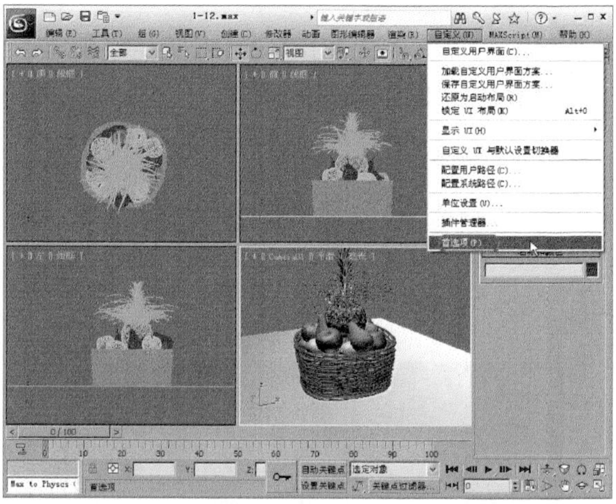

2 在弹出的对话框中选择“文件”选项卡，在“文件菜单中最近打开的文件”微调框中输入最近打开文件的数量，单击“确定”按钮，就可以查看最近打开的文件，如下图所示。

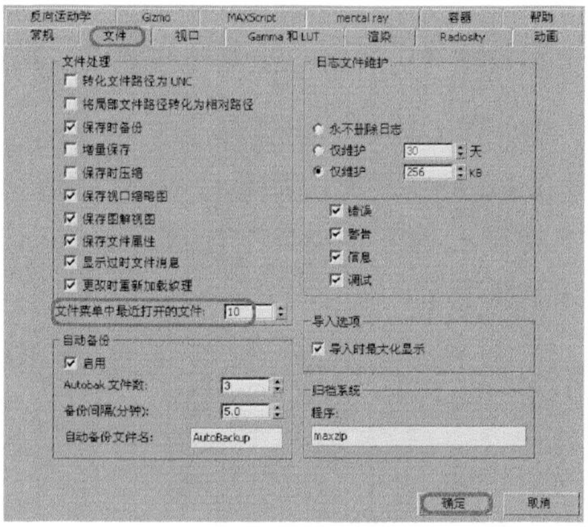

实战操作024 设置自动备份文件

素材：Scene\Cha01\1-12.max　　场景：无

难度：★★★★★　　视频：视频\Cha01\实战操作024.avi

在3ds Max 2012 中设置自动备份文件后，可以根据需要设置备份数量和间隔时间，其操作步骤如下。

1 按“Ctrl+O”组合键，打开素材文件1-12.max，单击菜单栏中的“自定义”选项。在弹出的下拉菜单中选择“首选项”命令，如下图所示。

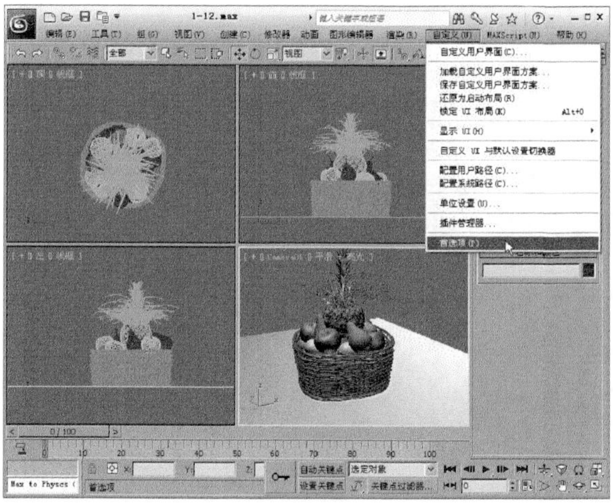

2 在弹出的对话框中选择“文件”选项卡，在“自动备份”选项区中选中“启动”复选框，同时在后面设置要备份的数量和间隔时间，如下图所示。

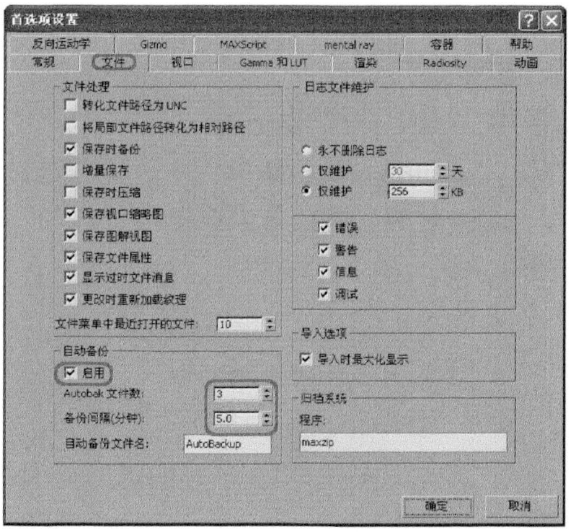

实战操作025 设置默认环境灯光颜色

素材：Scene\Cha01\1-12.max　　场景：无

难度：★★★★★　　视频：视频\Cha01\实战操作025.avi

在3ds Max 2012 中选择“自定义”的下拉菜单“首选项”命令，在弹出的对话框中的“渲染”选项卡中选择自己喜欢的环境灯光颜色。设置默认环境灯光颜色的操作步骤如下。

1 按“Ctrl+O”组合键，打开素材文件1-12.max，单击菜单栏中的“自定义”选项。在弹出的下拉菜单中选择“首选项”命令，如下图所示。

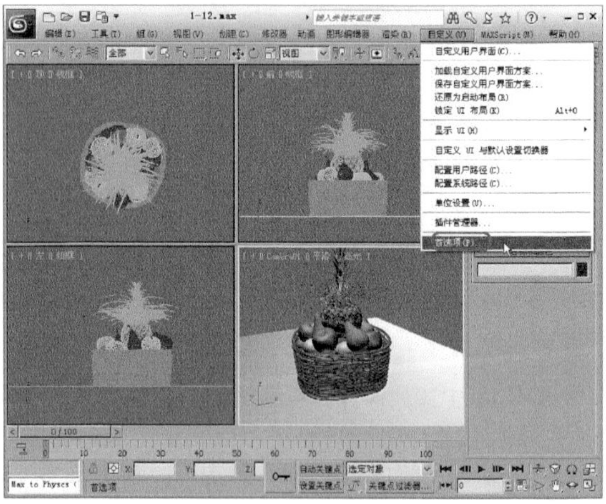

2 在弹出的对话框中选择“渲染”选项卡，在“默认环境灯光颜色”选项区中选择要设置的颜色，单击“确定”按钮，如下图所示。

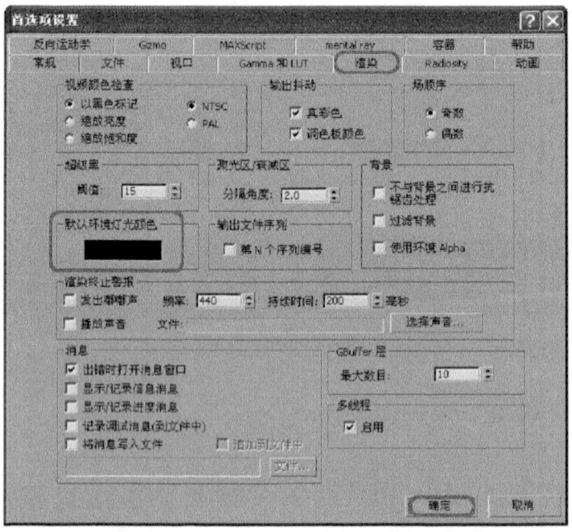

实战操作026 设置在渲染时播放声音

素材：Scene\Cha01\1-12.max　　场景：无

难度：★★★★★　　视频：视频\Cha01\实战操作026.avi

根据自己的喜好更改设置渲染时的声音，其操作步骤如下。

1 按“Ctrl+O”组合键，打开素材文件1-12.max，单击菜单栏中的“自定义”选项。在弹出的下拉菜单中选择“首选项”命令，如右图所示。

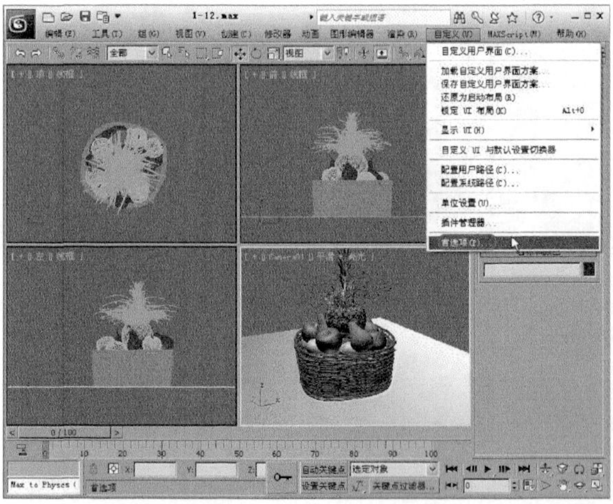

2 在弹出的对话框中选择“渲染”选项卡，在“渲染终止警报”选项区里选中“播放声音”复选框，单击“选择声音”按钮可从打开的对话框中选择播放时所需要的声音，如右图所示。

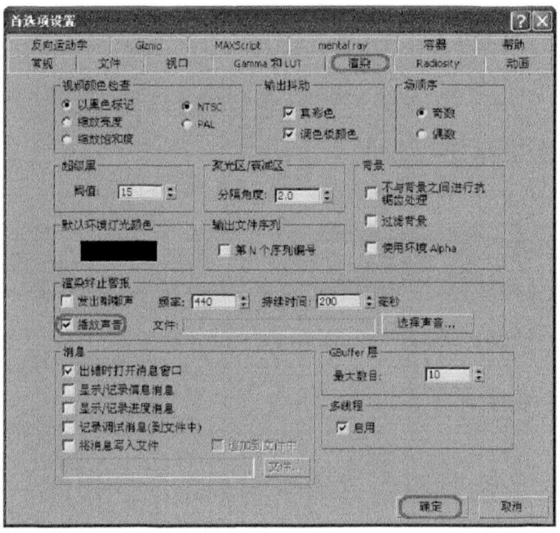

1.6 选择视图

在3ds Max 2012 中，是以4个视图的划分方式显示的，可以根据自己的需要选择不同的视图和不同的显示方式。

实战操作027 激活视图

素材：Scene\Cha01\1-13.max　　场景：无

难度：★★★★★　　视频：视频\Cha01\实战操作027.avi

在绘图过程中，需要哪个视图就用鼠标单击哪个视图。其操作步骤如下。

1 按“Ctrl+O”组合键，打开素材文件1-13.max，如下图所示。

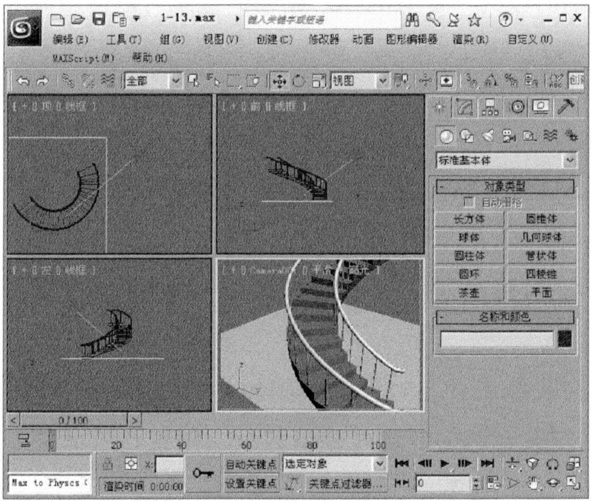

2 用鼠标单击“顶视图”，同时“顶”视图会出现一个黄色边框，表示此时“顶视图”处于被激活状态，如下图所示。

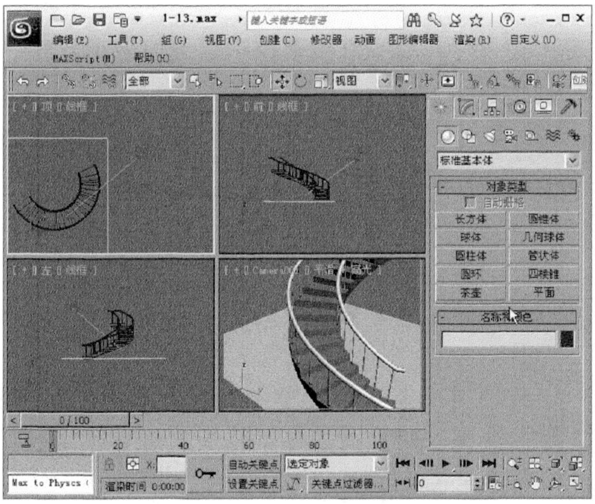

提示

视图分为“顶视图”（TOP）、“前视图”（Front）、“左视图”（Left）和“透视视图”（Perspective），这是标准的划分方式，也是比较通用的划分方式，可以根据绘图时的需要激活不同的视图来进行绘制。

实战操作028 变换视图

素材：Scene\Cha01\1-13.max　　场景：无

难度：★★★★★　　视频：视频\Cha01\实战操作028.avi

在绘图过程中可能会用到不同的视图，所以也要掌握视图的转换方法，其操作步骤如下。

1 打开素材文件1-13.max，在所需要转换的视图中，将鼠标放置在左上角所在视图的标题上，例如：所在视图是“前”视图，如下图所示。

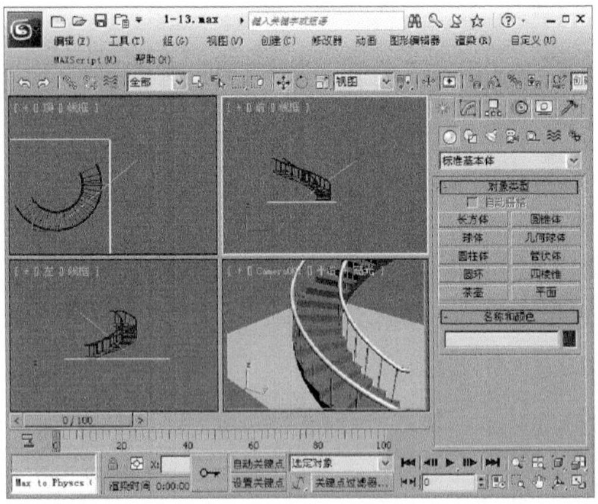

2 单击“前”将弹出菜单栏，从中选择要转换的视图即可，如下图所示。

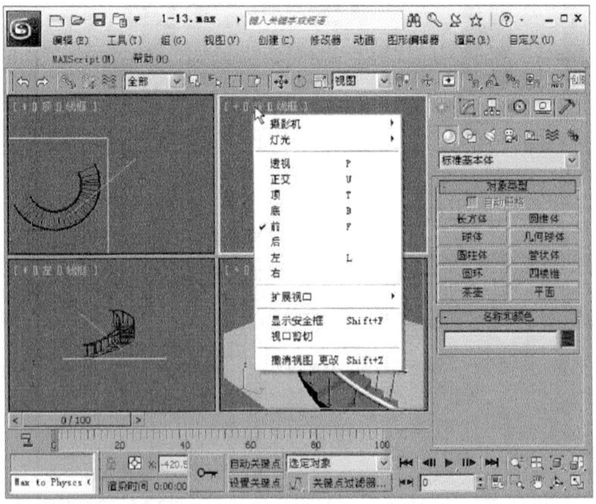

1.7 更改视图显示方式

在3ds Max 2012 中绘制图形的时候为了更好的体现绘制的效果可以自由调整当前图中模型的显示方式。

实战操作029 线框显示

素材：Scene\Cha01\1-13.max　　场景：无

难度：★★★★★　　视频：视频\Cha01\实战操作029.avi

“线框”是以网格线框的方式来渲染对象的，它只能表现出对象的线架结构。线框是一种视口显示设置，用于以线框网格形式查看给定视口中的对象，这是非透视视口的默认设置。显示“线框”的操作步骤如下。

1 打开素材文件1-13.max，在“摄影机”视图左上角单击“摄影机”后面的选项，会弹出菜单栏，如下图所示。

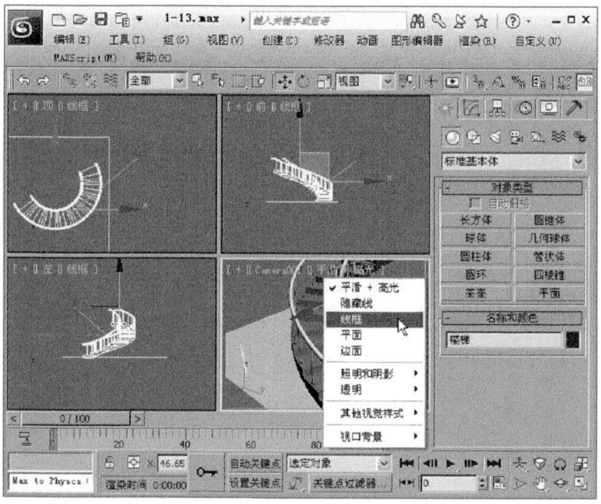

2 选择“线框”命令可将“平滑+高光”转换为“线框”样式，那么在“透视”视图中所显示的模型样式为“线框”，如下图所示。

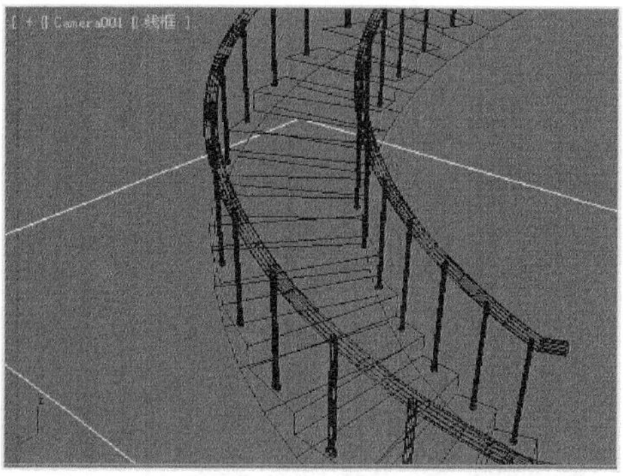

实战操作030 平滑+高光显示

素材：Scene\Cha01\1-13.max　场景：无

难度：★★★★★　视频：视频\Cha01\实战操作030.avi

在3ds Max 2012中平滑+高光显示对象的立体效果，其操作步骤如下。

1 打开素材文件1-13.max，在“透视”视图中左上角单击“透视”后面的选项，会弹出下拉菜单，如下图所示。

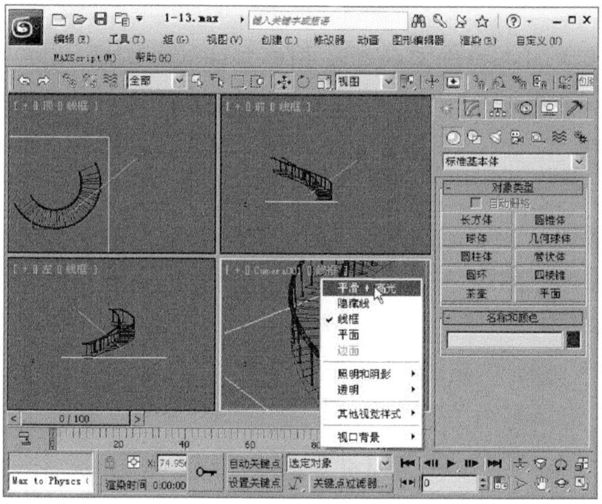

2 选择“平滑+高光”命令可将刚才的“线框”转换为“平滑+高光”样式，那么在透视图中所显示的模型样式为“平滑+高光”，如下图所示。

实战操作031 平面显示

素材：Scene\Cha01\1-13.max　　场景：无

难度：★★★★★　　视频：视频\Cha01\实战操作031.avi

在3ds Max 2012 中平面显示是二维的图像表现效果。将其转换为“平面”样式的操作步骤如下。

1 打开素材文件1-13.max，在“透视”视图中左上角单击“透视”后面的选项，会弹出下拉菜单，如下图所示。

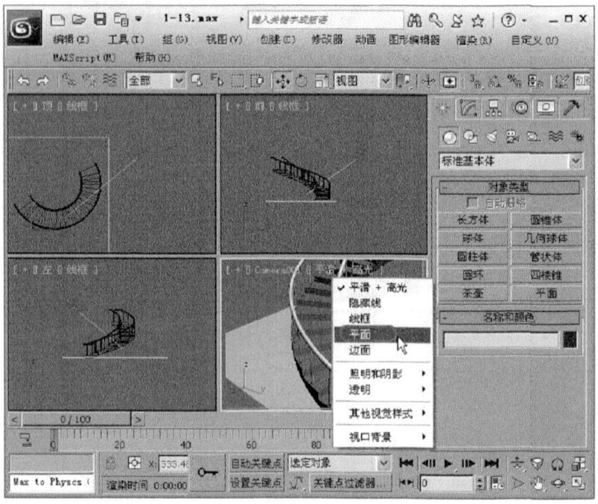

2 从中选择“平面”命令会将刚才的“平滑+高光”转换为“平面”样式，那么在“透”视图中所显示的模型样式为平面，如下图所示。

1.8 更改视口布局

在3ds Max 2012 绘制过程中有时会对视图的变换和显示状态有不同的要求，从而便于更灵活的操作。

实战操作032 手动更改视口大小

素材：Scene\Cha01\1-14.max　　场景：无

难度：★★★★★　　视频：视频\Cha01\实战操作032.avi

在3ds Max 2012中根据用户的需求可以手动更改视口大小，其操作步骤如下。

1 按“Ctrl+O”组合键，打开素材文件1-14.max，将鼠标放到要更改大小的视口边缘，鼠标显示变为↔，如下图所示。

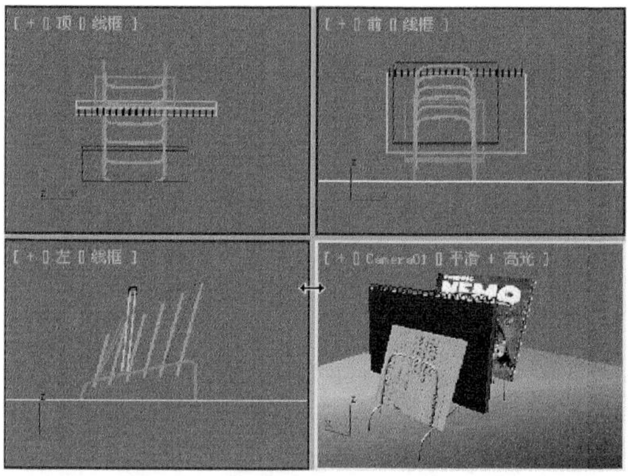

2 此时根据需要单击鼠标左键拖曳，来调整视口的大小即可，如下图所示。

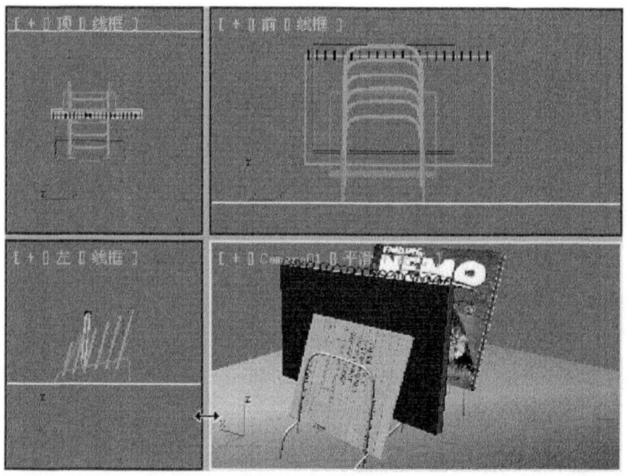

实战操作033 重置视口布局

素材：Scene\Cha01\1-14.max　　场景：无

难度：★★★★★　　视频：视频\Cha01\实战操作033.avi

手动更改视口大小后可以根据自己的需要重置视口布局。其操作步骤如下。

1 继续上面的实战操作，在场景中将鼠标放置在4个视图中心点处，鼠标变为✣，如下图所示。

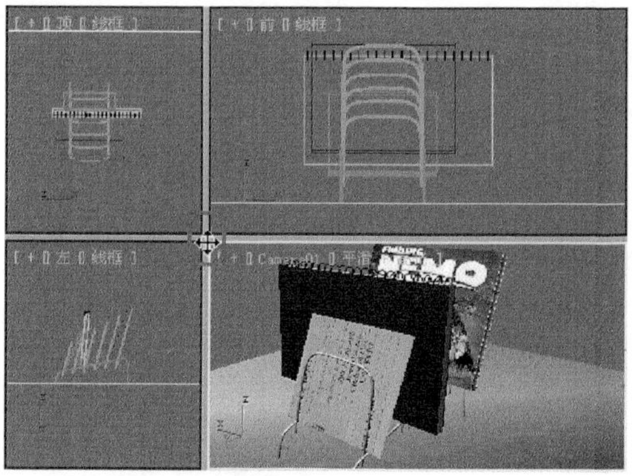

2 此时单击鼠标右键，屏面出现“重置布局”命令。若单击左键，此时的视口布局将回到原始视口布局，如下图所示。

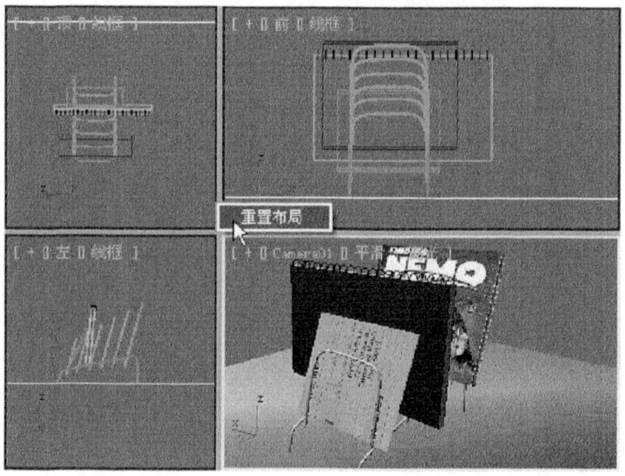

实战操作034 配置视口

素材：Scene\Cha01\1-14.max　　场景：无

难度：★★★★★　　视频：视频\Cha01\实战操作034.avi

选择“视口配置”命令会弹出“视口配置”对话框。可以使用此对话框中的控件来设置视口控制选项。其操作步骤如下。

1 打开素材文件1-14.max，单击菜单栏中的“视图”选项，在弹出的下拉菜单中选择“视口配置”命令，如下图所示。

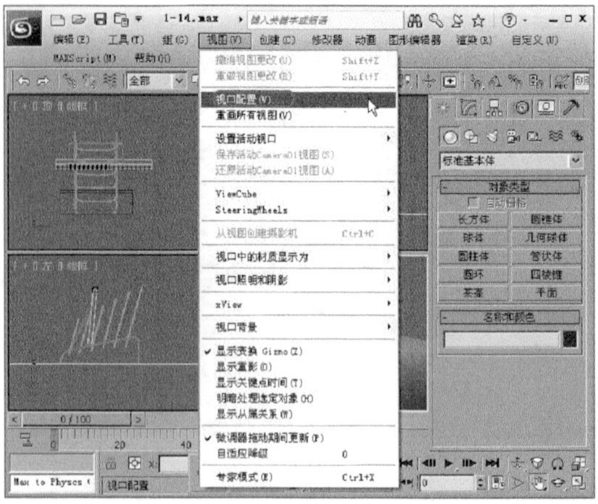

2 在弹出的对话框中可根据绘图所需要的操作对窗口进行设置，如下图所示。

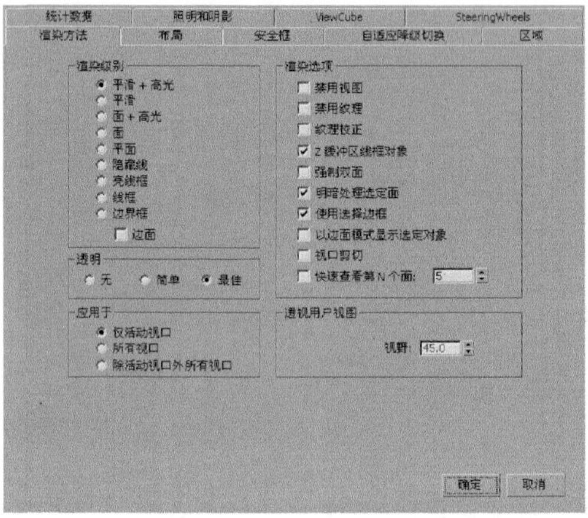

1.9 视图栅格

“栅格”主要用于控制栅格和辅助栅格物体。“栅格”是基于世界坐标系的栅格物体，由程序自动产生。辅助栅格是一种辅助体，根据制作的需要而手动创建的栅格物体。在视图标签处可通过右键菜单的选项控制它们在视图的显示。

实战操作035 隐藏栅格

素材：Scene\Cha01\1-15.max　　场景：无

难度：★★★★★　　视频：视频\Cha01\实战操作035.avi

在操作中可能用不到网格，就可进行隐藏，其操作步骤如下。

1 按“Ctrl+O”组合键，打开素材文件1-15.max，在3ds Max 2012中首先选择一个要隐藏栅格的视图，单击菜单栏中的“工具”选项，如右图所示。

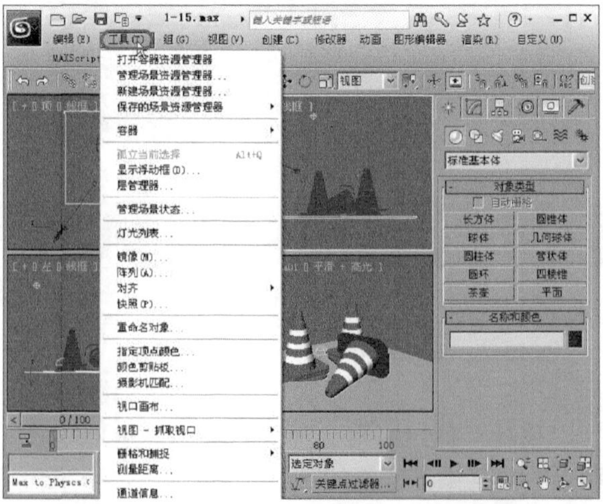

2 在弹出的下拉菜单中取消选择“栅格和捕捉”|“显示主栅格”命令，如右图所示。

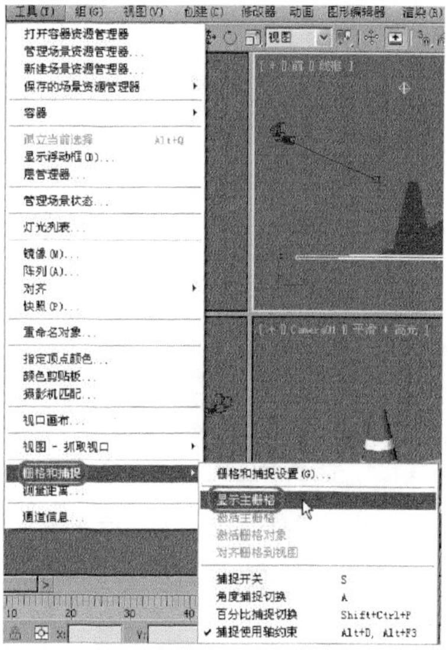

提示

在当视图左上角标志上单击鼠标右键，在弹出的快捷菜单中选择“显示栅格”命令，也可以控制栅格的显示与取消，或在键盘上按快捷键“G”。

实战操作036　设置栅格间距

素材：Scene\Cha01\1-15.max　　场景：无

难度：★★★★★　　视频：视频\Cha01\实战操作036.avi

在“栅格和捕捉设置”对话框中的“主栅格”选项卡中设置主栅格的间距和其他特性时，选择有用的主栅格可以简化构造过程。设置栅格间距的操作步骤如下。

1 打开素材文件1-15.max，单击菜单栏中的“工具”选项，在弹出的下拉菜单中选择“栅格和捕捉”|“栅格和捕捉设置”命令，如下图所示。

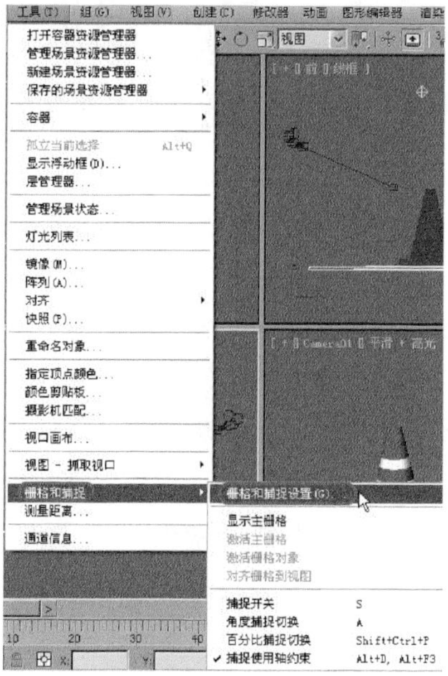

2 然后再在弹出的“栅格和捕捉设置”对快框中选择“主栅格”选项卡，在选项卡中设置所需要的栅格的间距，如下图所示。

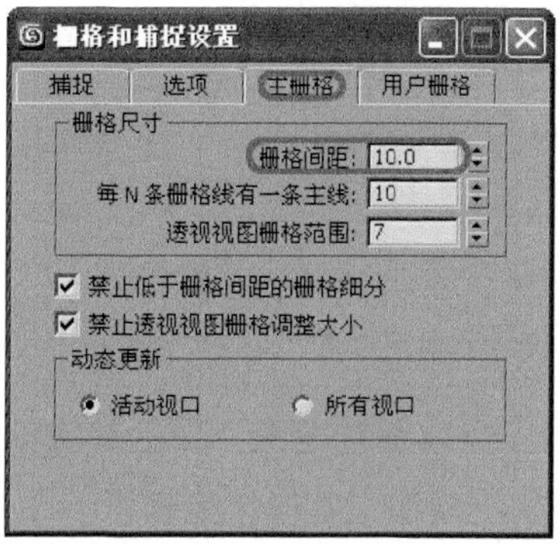

1.10 视图控制

在绘制的过程中对视图可能有不同的要求，例如对某个物体或某个视口放大与缩小等，这样会更有利于操作。

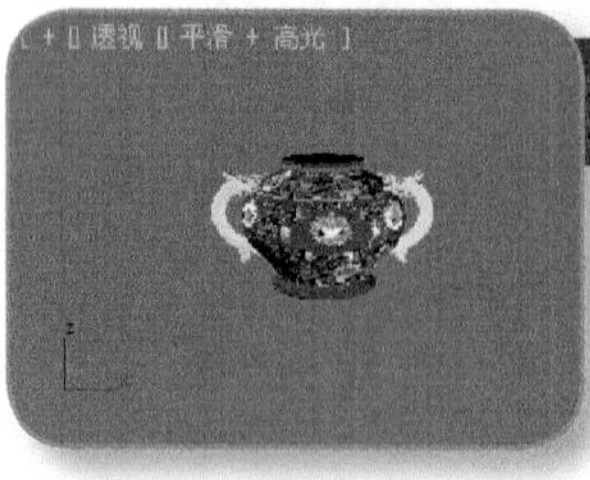

实战操作037 缩放视图

素材：Scene\Cha01\1-16.max　　场景：无

难度：★★★★★　　视频：视频\Cha01\实战操作037.avi

在任意视图中单击鼠标并上下移动可拉近或推远视景。缩放视图的操作步骤如下。

1 按“Ctrl+O”组合键，打开素材文件1-16.max，如下图所示。

2 在屏幕的右下角单击“视图缩放”按钮，在想要缩放的视图中按住鼠标即可进行缩放，如下图所示。

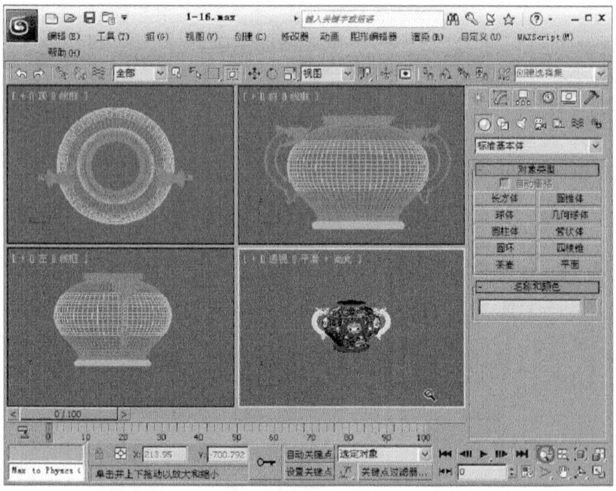

提示　在制作的场景中，如果创建了摄影机，则“视图缩放”工具不能在“摄影机”视图中使用，但在其他视图中仍然可以使用。

实战操作038 缩放所有视图

素材：Scene\Cha01\1-16.max　　场景：无

难度：★★★★★　　视频：视频\Cha01\实战操作038.avi

单击“缩放所有视图”并且在视口中拖动以使视图缩小。“缩放所有视图”可以同时更改所有非“摄影机”视图，其操作步骤如下。

1 按“Ctrl+O”组合键，打开素材文件1-16.max，如下图所示。

提示 在制作的场景中，如果创建了摄影机，则“缩放所有视图”工具不能在“摄影机”视图中使用，但在其他视图中仍然可以使用。

2 在屏幕右下角单击“缩放所有视图”按钮，将鼠标放置到任意一个视图中，按住鼠标左键对视图进行缩放，与此同时所有视图也同时随着变化，如下图所示。

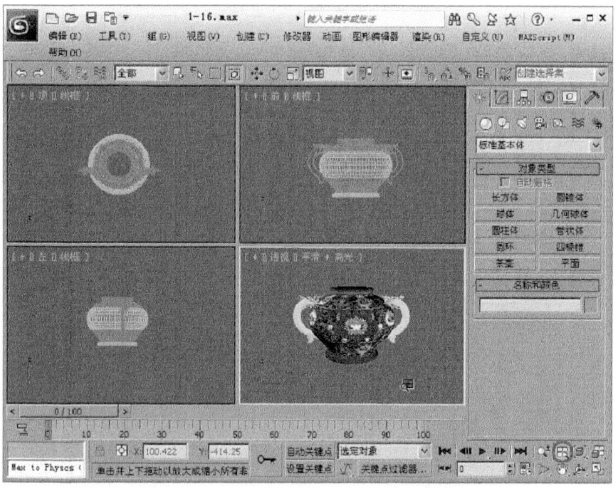

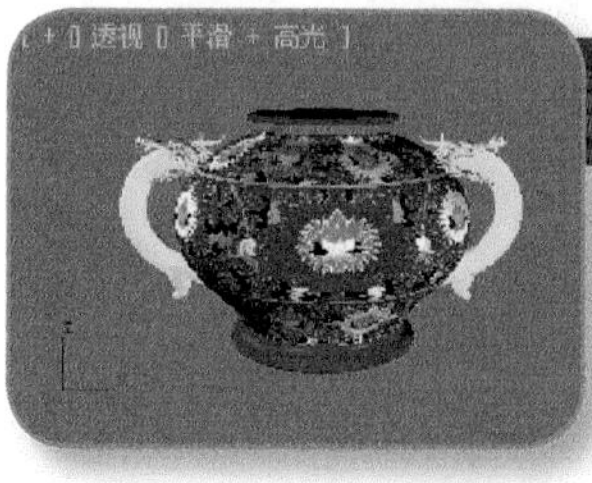

实战操作039 最大化显示选定对象

素材：Scene\Cha01\1-17.max　　场景：无

难度：★★★★★　　视频：视频\Cha01\实战操作039.avi

“最大化显示选定对象”将选定对象或对象集在所有视口中居中显示。当要浏览的小对象在复杂场景中丢失时，该控件非常有用。其操作步骤如下。

1 按“Ctrl+O”组合键，打开素材文件1-17.max，如下图所示。

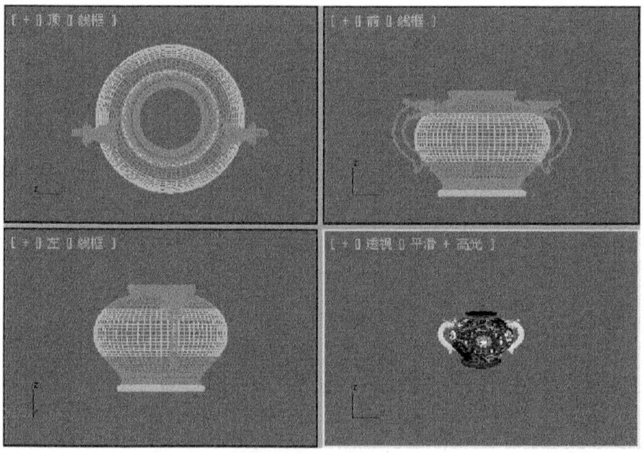

2 选中场景中的“室内丝绸装饰品”对象，在屏幕右下角单击“最大化显示选定对象”按钮，此时“前”视图中所选中的模型将会放大，如下图所示。

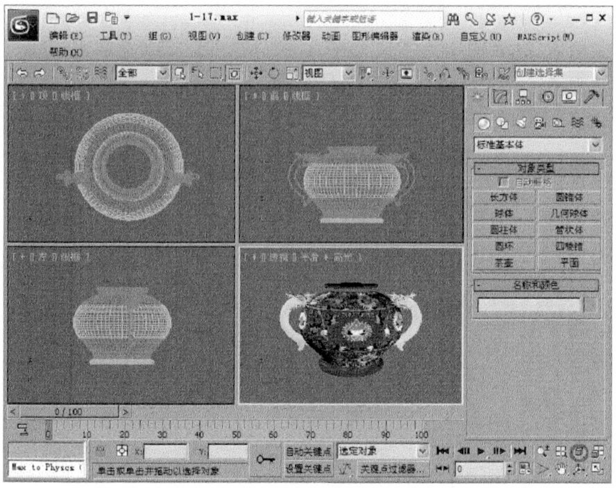

实战操作040 缩放区域

素材：Scene\Cha01\1-17.max　　场景：无

难度：★★★★★　　视频：视频\Cha01\实战操作040.avi

“缩放区域”用于拖动“关键点”窗口某个窗口中的一个区域以缩放该区域使其充满窗口。除非右键单击或单击另一个选项来取消，否则“缩放区域”将一直处于活动状态。缩放区域的操作步骤如下。

1 按“Ctrl+O”组合键，打开素材文件1-17.max，如下图所示。

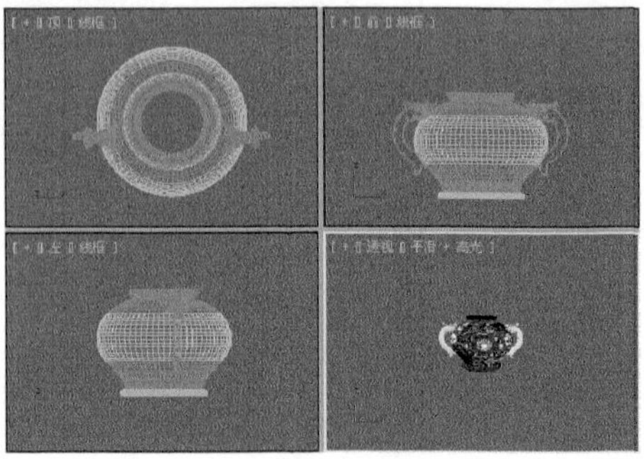

提示 在制作的场景中，如果创建了摄影机，则“缩放区域”工具不能在“摄影机”视图中使用，但在其他视图中仍然可以使用。

2 在屏幕右下角单击“缩放区域”按钮，在视图中框选所要缩放的区域，如下图所示。

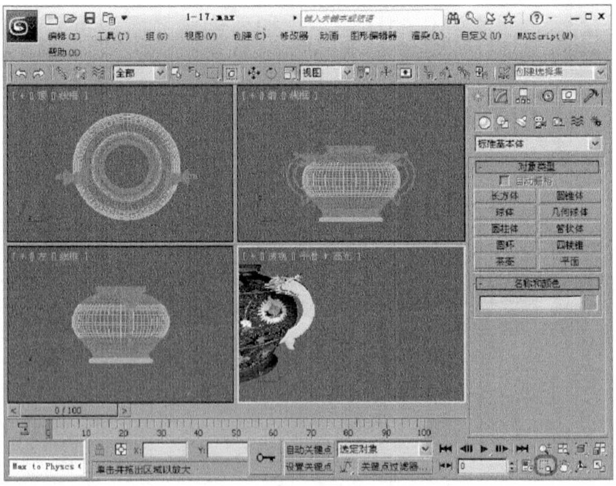

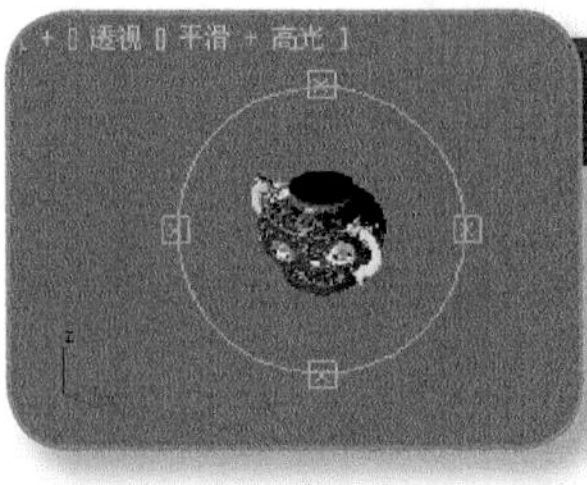

实战操作041 旋转视图

素材：Scene\Cha01\1-17.max　　场景：无

难度：★★★★★　　视频：视频\Cha01\实战操作041.avi

“环绕”弹出按钮包含“环绕”、“选定的环绕”和“环绕子对象”按钮。环绕使用某一隐藏的“虚拟目标”作为旋转中心。在右键单击或选择另一个命令之前，它始终保持活动状态。其操作步骤如下。

1 按“Ctrl+O”组合键，打开素材文件1-17.max，如右图所示。

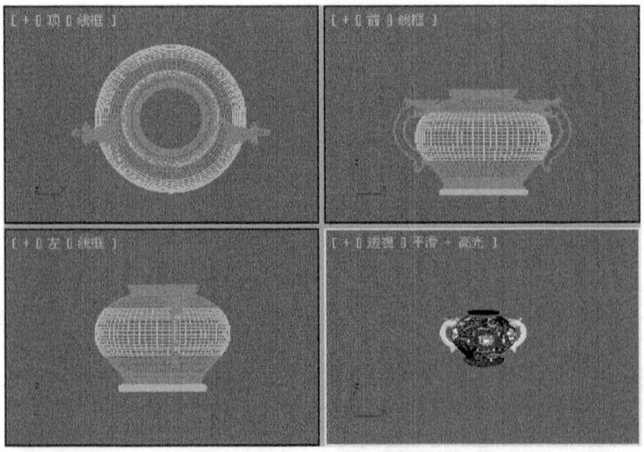

2 在屏幕右下角单击按钮，“环绕”选中视图。当模型周围出现圆环时可用鼠标对其进行旋转，如右图所示。

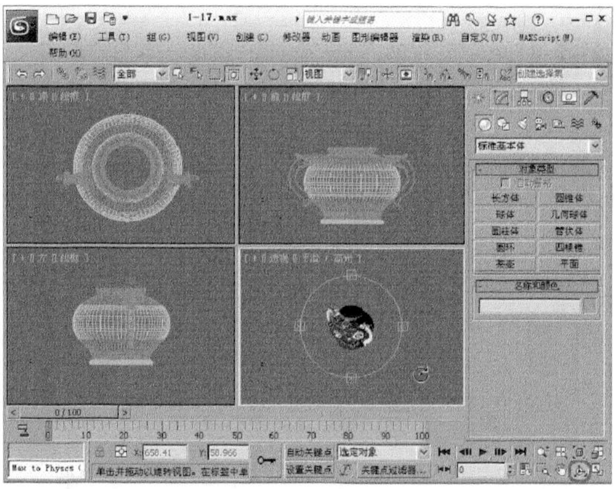

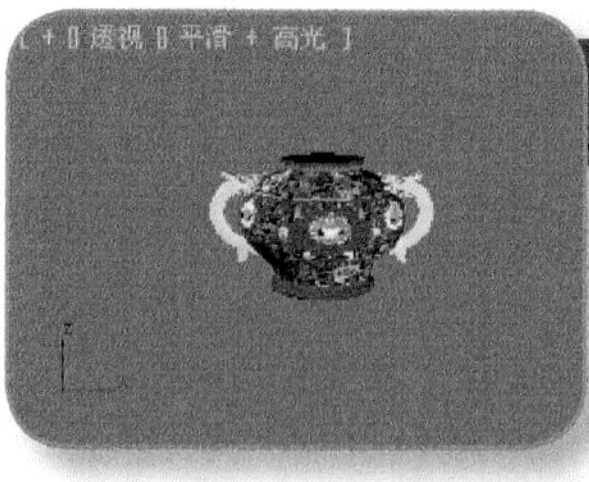

实战操作042 最大化视图

素材：Scene\Cha01\1-17.max　　场景：无

难度：★★★★★　　视频：视频\Cha01\实战操作042.avi

将当前激活的视图切换为全屏显示，可按“Alt+W”组合键，其操作步骤如下。

1 按“Ctrl+O”组合键，打开素材文件1-17.max，如下图所示。

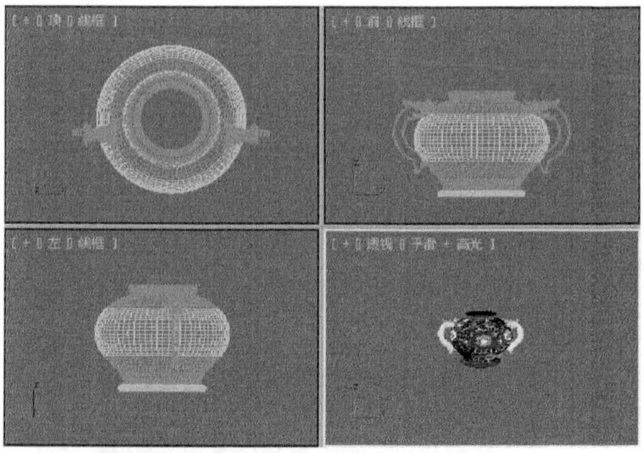

2 在屏幕右下角单击“最大化视口切换”按钮，这样选定的视图会显示最大化时的场景效果，如下图所示。

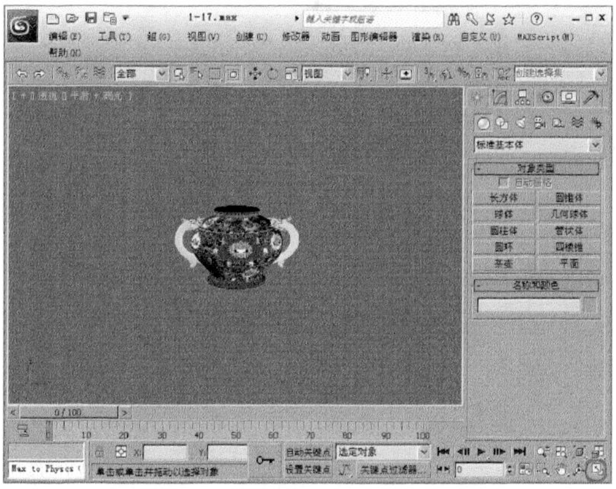

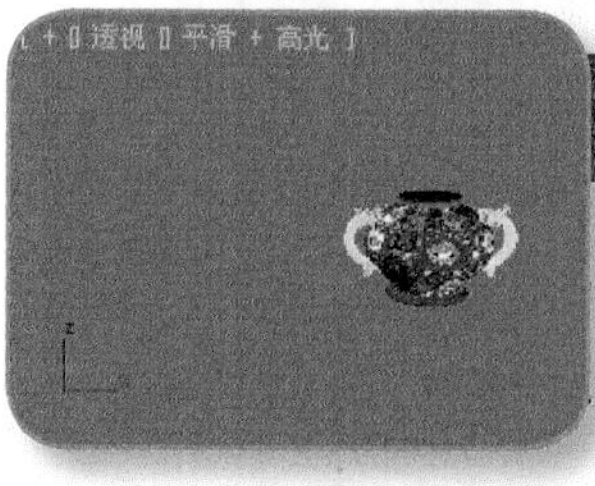

实战操作043 平移视图

素材：Scene\Cha01\1-17.max　　场景：无

难度：★★★★★　　视频：视频\Cha01\实战操作043.avi

按住鼠标左键后四处拖动，可以进行观察，配合按Ctrl键可以加速平移，也可按“Ctrl+P”组合键。其操作步骤如下。

1 按“Ctrl+O”组合键，打开素材文件1-17.max，如下图所示。

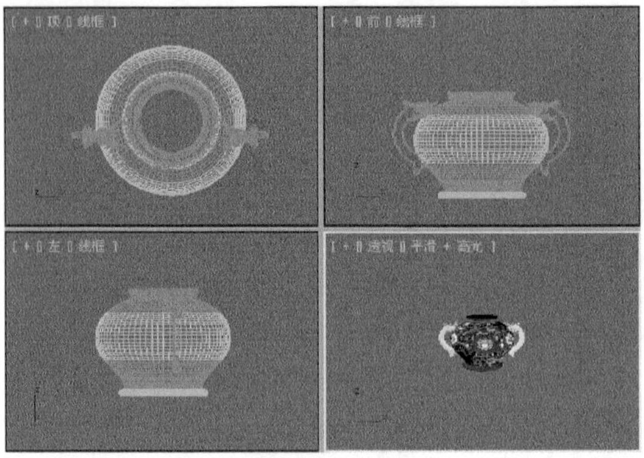

2 在屏幕右下角单击“平移视图”按钮，当出现一个小手图标时按住左键拖动视图即可，如下图所示。

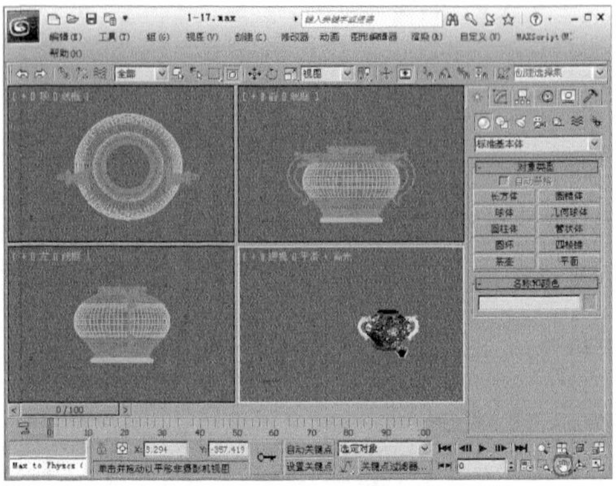

1.11 视图的高级控制

在3ds Max 2012 菜单栏中可以提供每个细节方案的控制能力，一旦对3ds.max的缺省设置感到厌倦，就可以通过它来设置自己喜欢的视图。

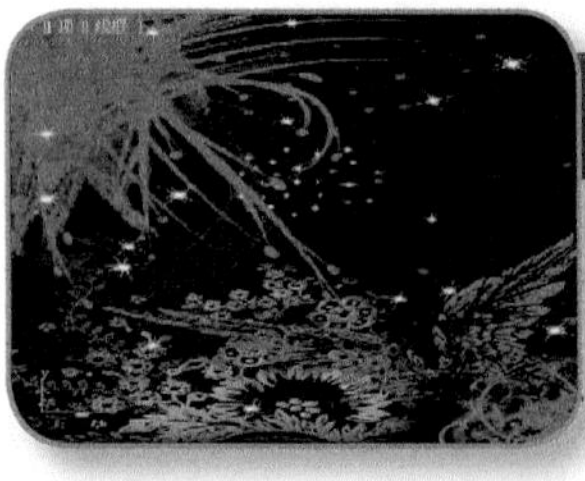

实战操作044 更改视口背景

素材：无　　场景：无

难度：★★★★★　　视频：视频\Cha01\实战操作044.avi

选择要在活动视口中显示的图像或动画，这些更改不影响渲染场景。其操作步骤如下。

1 单击菜单栏中的“视图”选项，在弹出的下拉菜单中选择“视口背景”|“视口背景”命令，如下图所示。

2 在弹出的对话框中，单击“文件”按钮，如下图所示。

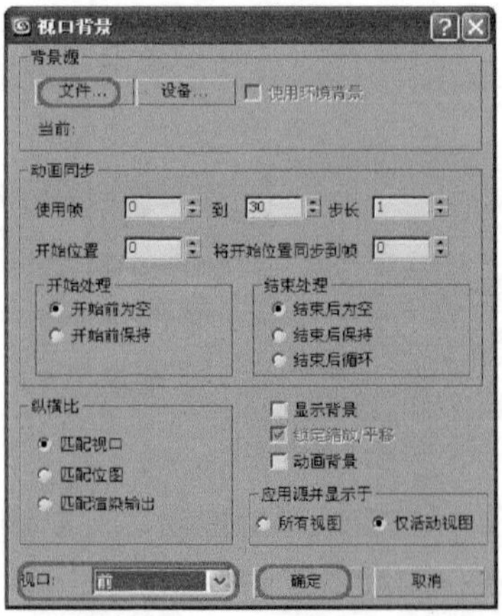

3 在弹出的菜单栏中选择随书附带光盘中的\map\131.jpg文件。在最下方“视口”下拉列表框中选择要更改背景的视口，如下图所示。

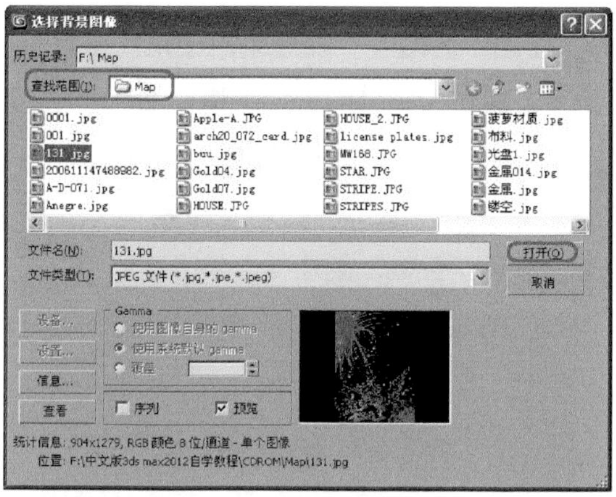

4 单击“确定”按钮，此时要更改背景的视图背景有了变化，如下图所示。

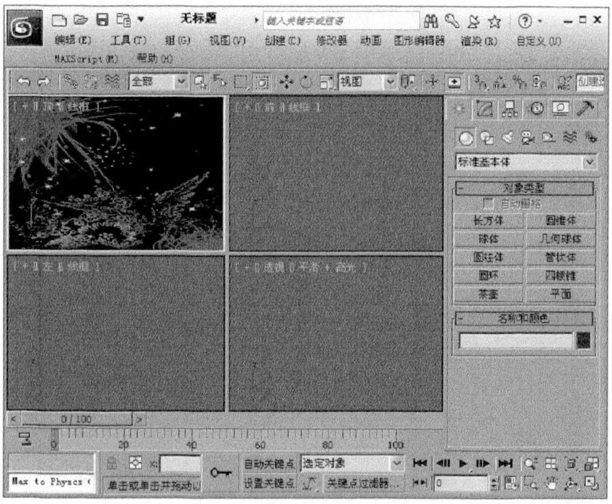

实战操作045 将视图切换成专家模式

素材：Scene\Cha01\1-18.max　　场景：无

难度：★★★★★　　视频：视频\Cha01\实战操作045.avi

“专家模式”启用后，屏幕上将不再显示标题栏、工具栏、命令面板、状态栏以及所有视口导航按钮，仅显示菜单栏、时间滑块和视口。将视图切换成专家模式的操作步骤如下。

1 按“Ctrl+O”组合键，打开素材文件1-18.max，单击菜单栏中的“视图”选项，在弹出的下拉菜单中选择“专家模式”命令，如下图所示。

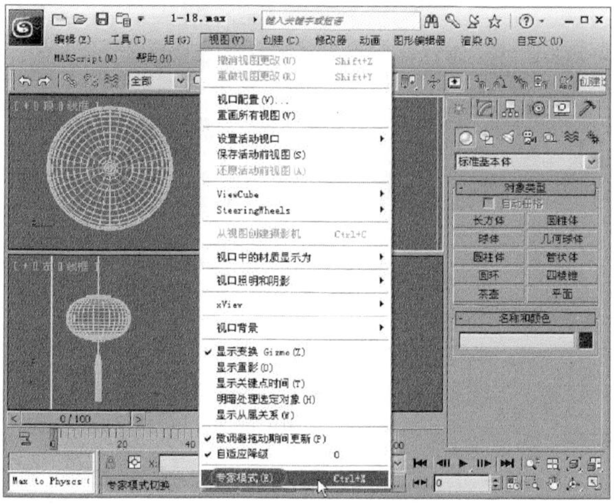

2 切换后的“专家模式”如下图所示。

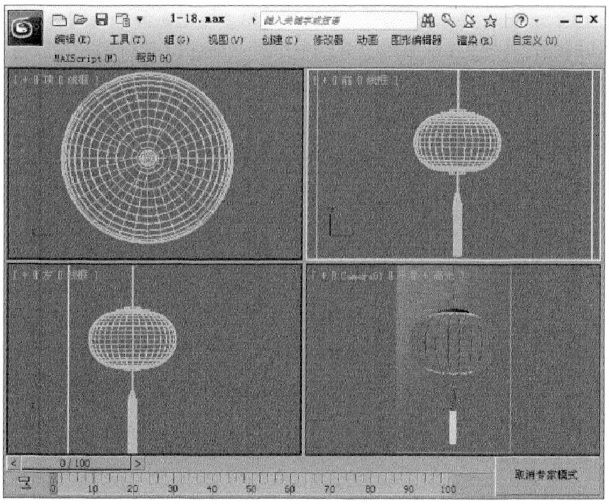

实战操作046 显示安全框

素材：Scene\Cha01\1-18.max　　场景：无

难度：★★★★★　　视频：视频\Cha01\实战操作046.avi

当安全框显示在视口中时，图像将限定在安全框的“活动”区域中。在渲染中使用安全框可以确保渲染输出的尺寸匹配背景图像尺寸，这样可以避免扭曲。显示安全框的操作步骤如下。

1 按“Ctrl+O”组合键，打开素材文件1-18.max，如下图所示。

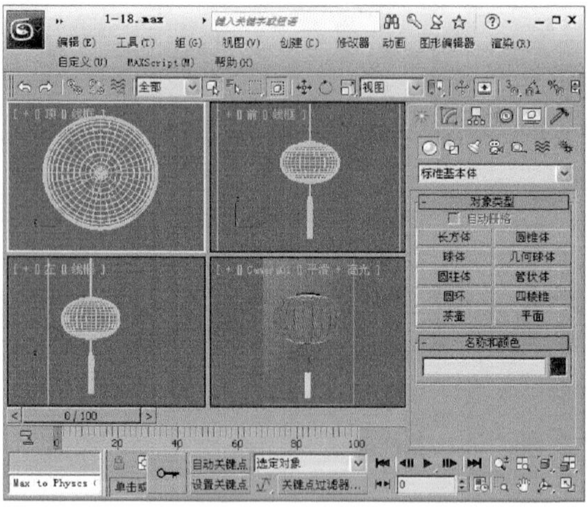

2 选择“摄影机”视口，单击菜单栏中的“视图”选项，在弹出的下拉菜单中选择“视口配置”命令，如下图所示。

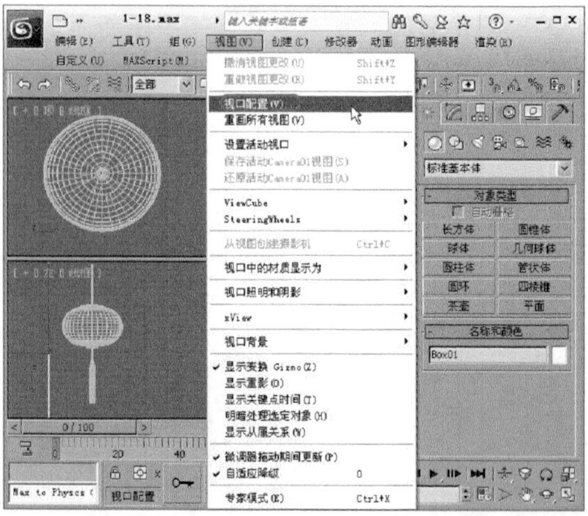

3 在弹出的对话框中选择“安全框”选项卡，在“应用”选项区中选中“在活动视图中显示安全框”复选框，如下图所示。

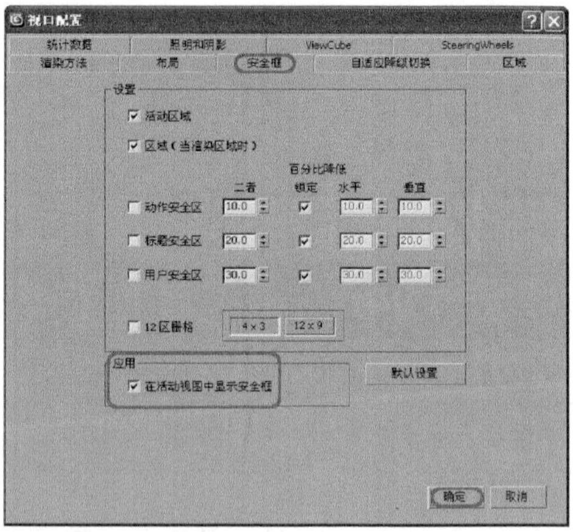

4 “透视”视图中安全框的显示效果如下图所示。

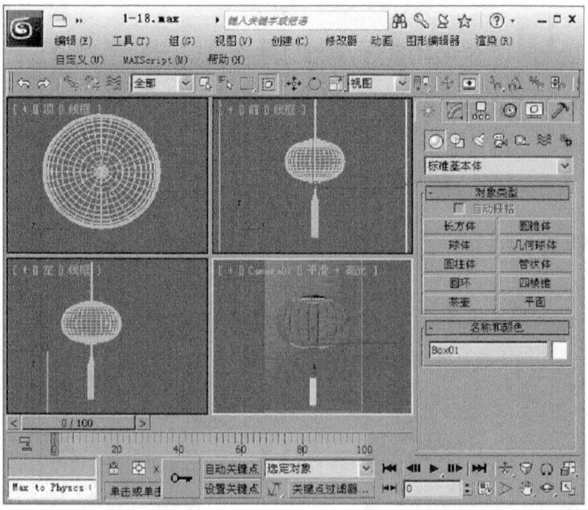

提示

在3ds Max 2012 中安全框的显示也可以在视图标志上单击鼠标右键，在弹出的快捷菜单中选择“显示安全框”命令也可以得到同样的效果。或者按“shift+f”组合键。

实战操作047　抓取窗口

素材：Scene\Cha01\1-18.max　　场景：无

难度：★★★★★　　视频：视频\Cha01\实战操作047.avi

在3ds Max 2012 中将抓取窗口相当于书签，保存场景某一瞬间的变化。其操作步骤如下。

1 单击按钮，在弹出的下拉列表中选择“打开”选项，打开素材文件1-18.max，如下图所示。

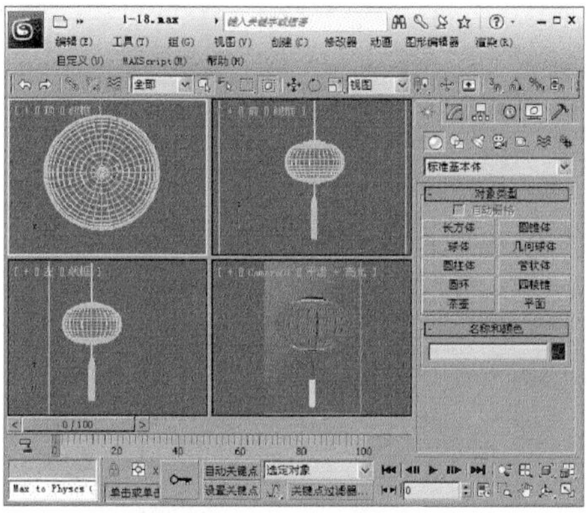

2 激活“摄影机”视图，单击菜单栏中的“工具”选项，在弹出的下拉菜单中选择“视图-抓取视口”|“创建静止图像文件”命令，如下图所示。

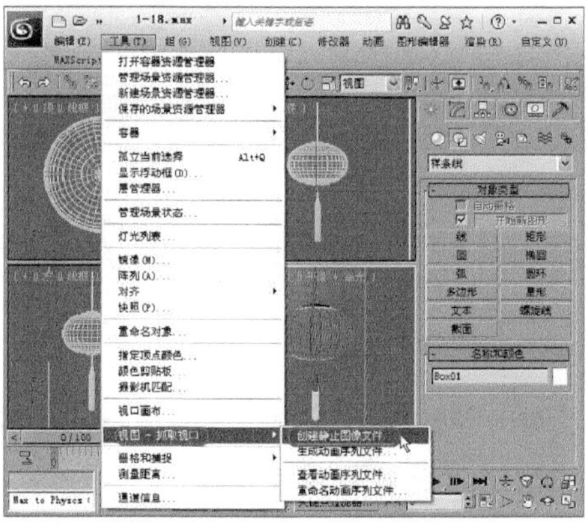

3 在3ds Max中将会弹出“抓取活动视口”对话框，在对话框内的文本框中输入“摄影机”，如下图所示。

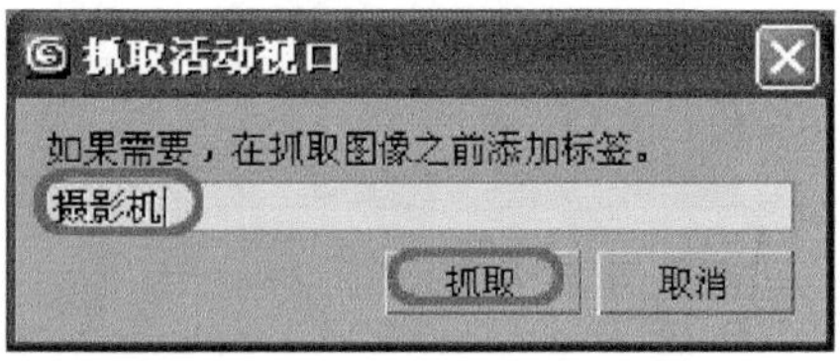

4 在“抓取活动视口”对话框中可以添加抓取前的标签，然后单击“抓取”按钮，如下图所示。

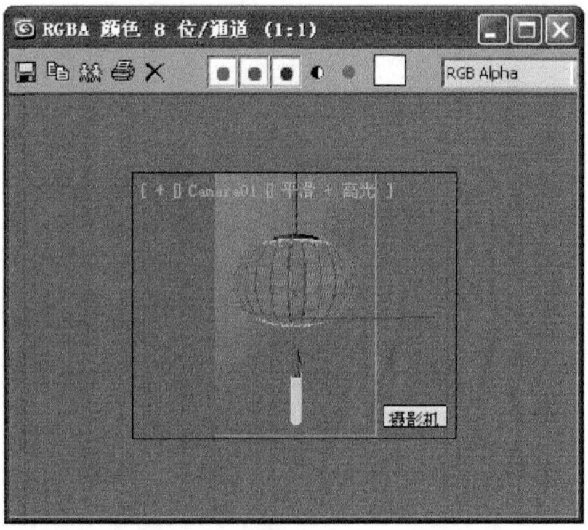

实战操作048　测量距离

素材：Scene\Cha01\1-18.max　　场景：无

难度：★★★★★　　视频：视频\Cha01\实战操作048.avi

使用“测量距离”工具可以只使用两次单击就可快速计算出两点之间的距离。其操作步骤如下。

1 按“Ctrl+O”组合键，打开素材文件1-18.max，如下图所示。

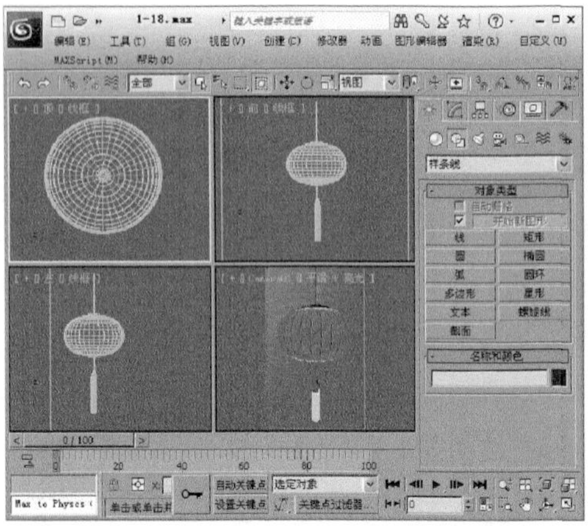

2 单击菜单栏中的“工具”选项，在弹出的下拉菜单中选择“测量距离”命令，如下图所示。

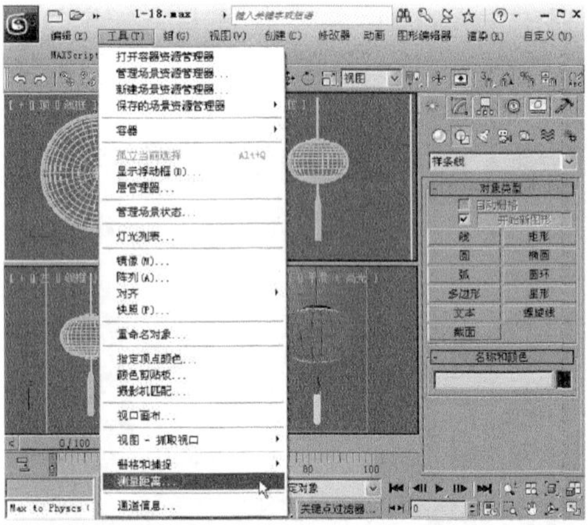

3 然后在视图中单击要测量距离的“起点”和“端点”，如下图所示。

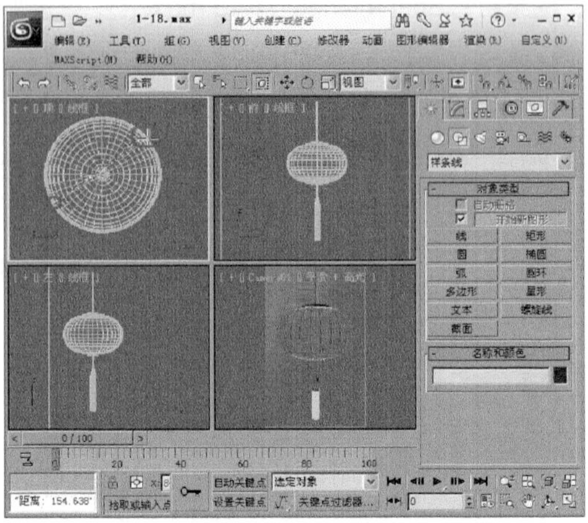

4 在屏幕的左下角将会出现测量的尺寸，如下图所示。

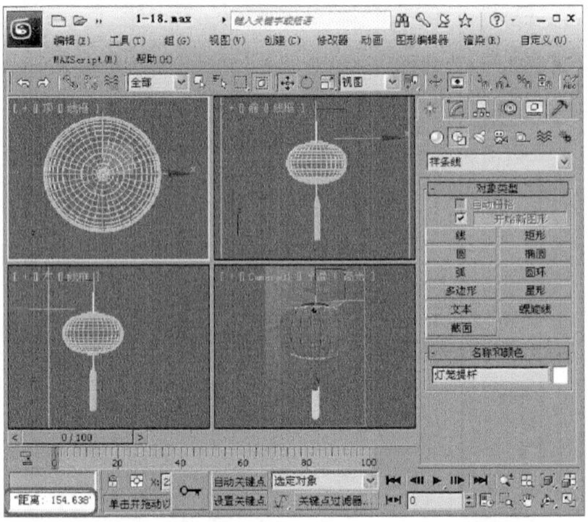

1.12 使用层管理器

3ds Max 2012中层管理器可以对一些暂时不需要的区域进行隐藏或冻结等，这样在绘制一些细小的局部或区域时更能灵活地处理。

实战操作049 创建新层

素材：Scene\Cha01\1-19.max　　场景：无

难度：★★★★★　　视频：视频\Cha01\实战操作049.avi

使用“创建新层”将创建一个新层，该层包含当前选定的对象。其操作步骤如下。

1 按“Ctrl+O”组合键，打开素材文件1-19.max，先选定要新建层的对象，再单击菜单栏中的“工具”选项，在弹出的下拉菜单中选择“层管理器”命令，如下图所示。

2 在弹出的“层：0(默认)”窗口中单击左上角“创建新层”按钮，在对话框里将出现新的层选项，可以将它命名为想要创建的模型，如下图所示。

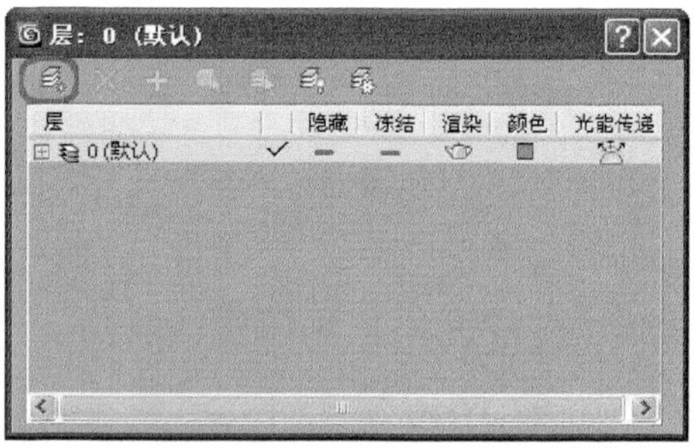

实战操作050 隐藏层

素材：Scene\Cha01\1-20.max　　场景：无

难度：★★★★★　　视频：视频\Cha01\实战操作050.avi

可以隐藏场景中的任何一个层的对象，这些对象将从视图中消失，使得选择其余对象更加容易。其操作步骤如下。

1 按“Ctrl+O”组合键，打开素材文件1-20.max，如下图所示。

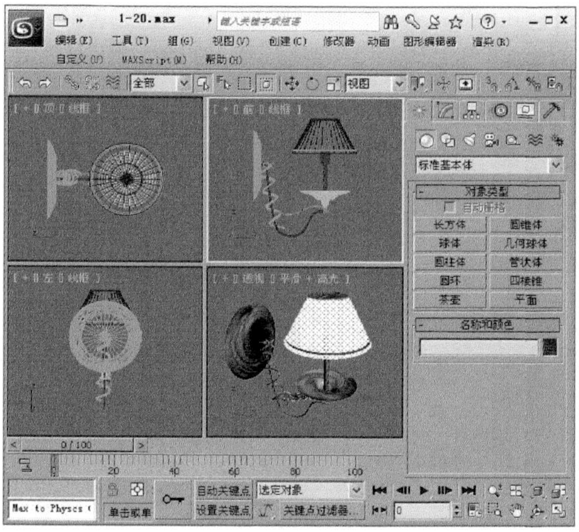

2 单击菜单栏中的“工具”选项，在弹出的下拉菜单中选择“层管理器”命令，如下图所示。

3 弹出“层：灯底座”窗口，单击“灯底座”右侧“隐藏”列中的“隐藏”按钮▬。如下图所示。

4 执行操作后，即可隐藏所选层的所有对象，如下图所示。

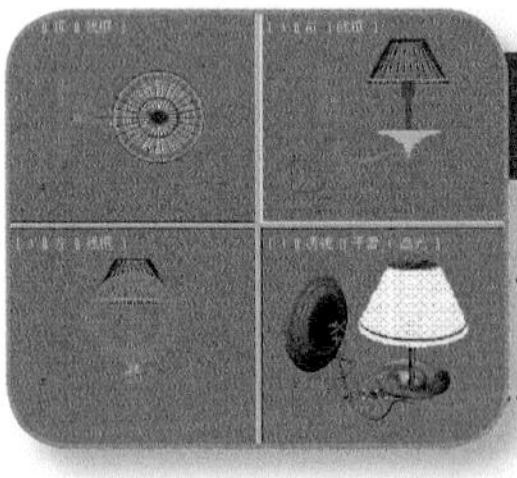

实战操作051 冻结层

素材：Scene\Cha01\1-20.max　　场景：无

难度：★★★★★　　视频：视频\Cha01\实战操作051.avi

可以冻结场景中的任何一个选择对象。默认情况下，无论是线框模式还是渲染模式，冻结对象都会变成深灰色。其操作步骤如下。

1 按“Ctrl+O”组合键，打开素材文件1-20.max，如下图所示。

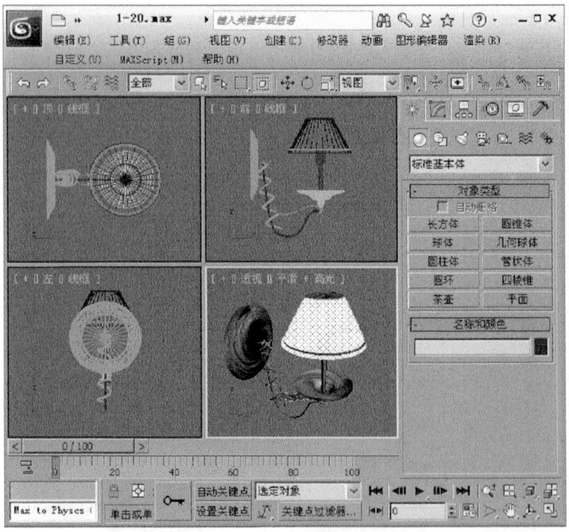

2 单击菜单栏中的“工具”选项，在弹出的下拉菜单中选择“层管理器”命令，如下图所示。

3 弹出“层：灯底座”窗口，单击“灯底座”右侧“冻结”列中的“冻结”按钮 。如下图所示。

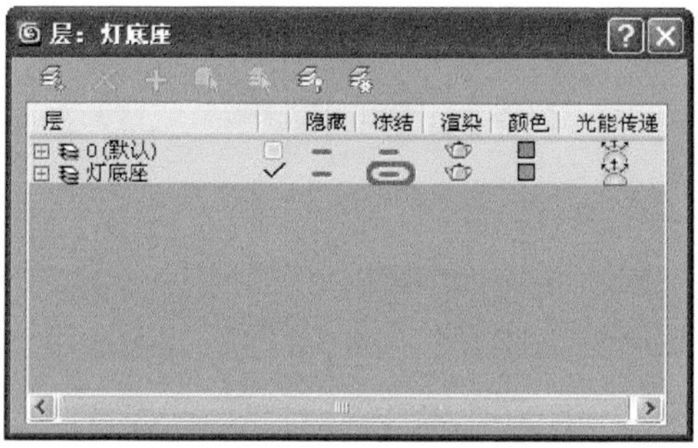

4 执行操作后，即可冻结所选层的所有选项，如下图所示。

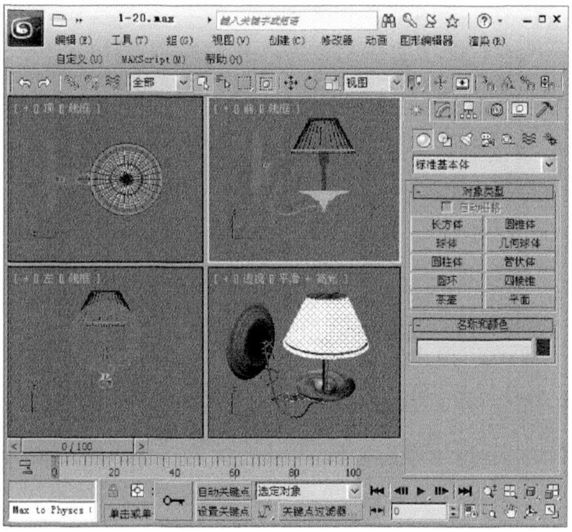

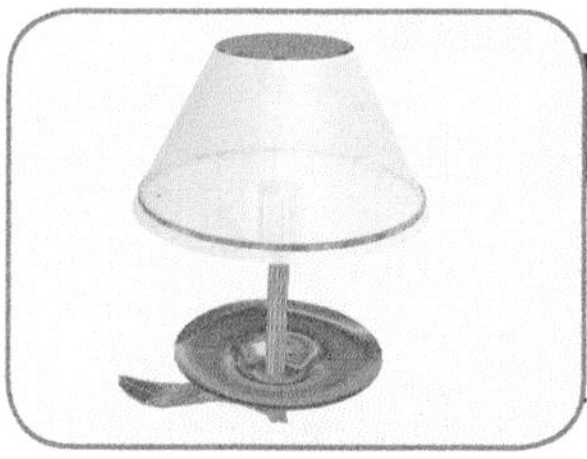

实战操作052 禁止渲染层

素材：Scene\Cha01\1-20.max　　场景：无

难度：★★★★★　　视频：视频\Cha01\实战操作052.avi

可以禁止渲染场景中的任何一个层的对象，使得渲染其他对象更加容易，其操作步骤如下。

1 按“Ctrl+O”组合键，打开素材文件1-20.max，如下图所示。

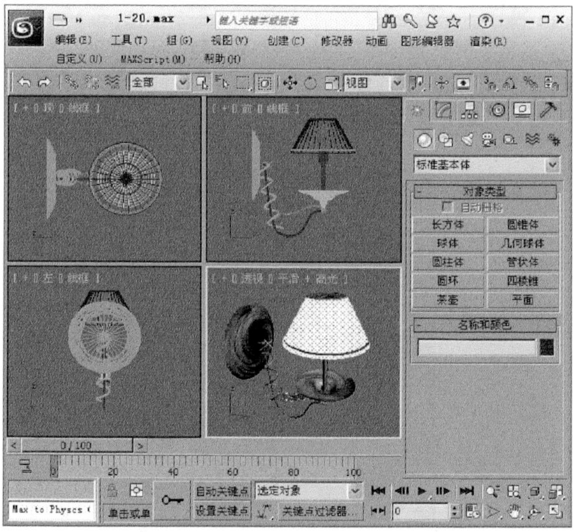

2 单击菜单栏中的“工具”选项，在弹出的下拉菜单中选择“层管理器”命令，如下图所示。

3 弹出“层：灯底座”窗口，单击“灯底座”选项前面的加号，再单击“禁止渲染”按钮，如下图所示。

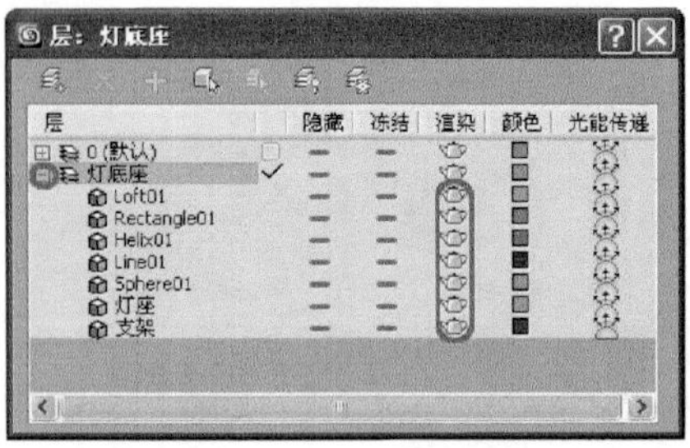

4 执行操作后，即可禁止渲染所选层的所有选项，如下图所示。

实战操作053 查看层属性

素材：Scene\Cha01\1-21.max　　场景：无

难度：★★★★★　　视频：视频\Cha01\实战操作053.avi

可以在此处更改渲染、运动模糊并显示一个或多个选项层的设置，其操作步骤如下。

1 按“Ctrl+O”组合键，打开素材文件1-21.max，如下图所示。

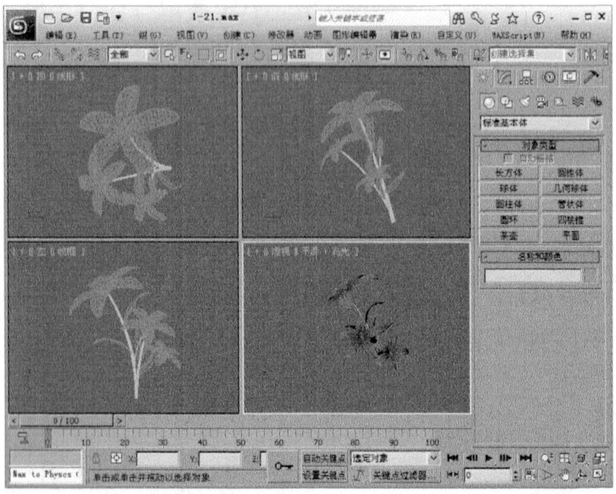

2 单击工具栏中的“层管理器”按钮，弹出“层：花朵”窗口，移动鼠标至“花朵”前面的加号处，如下图所示。

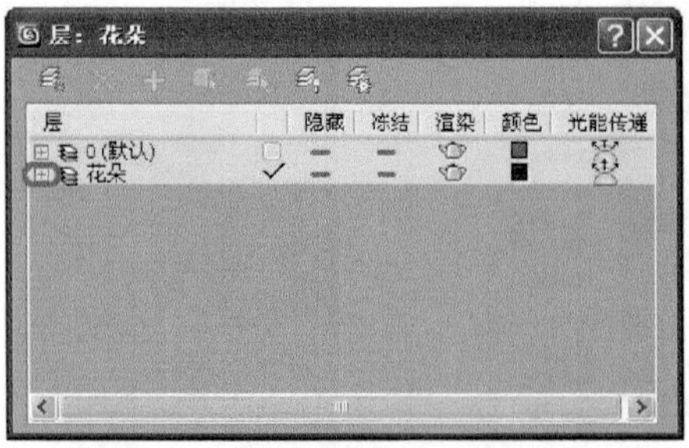

3 单击鼠标右键，在弹出的快捷键菜单中选择“层属性”命令，如下图所示。

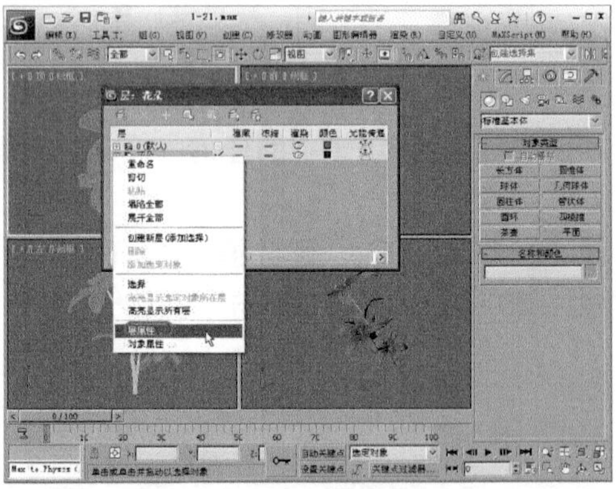

4 弹出“层属性”对话框，从中可查看层的属性，如下图所示。

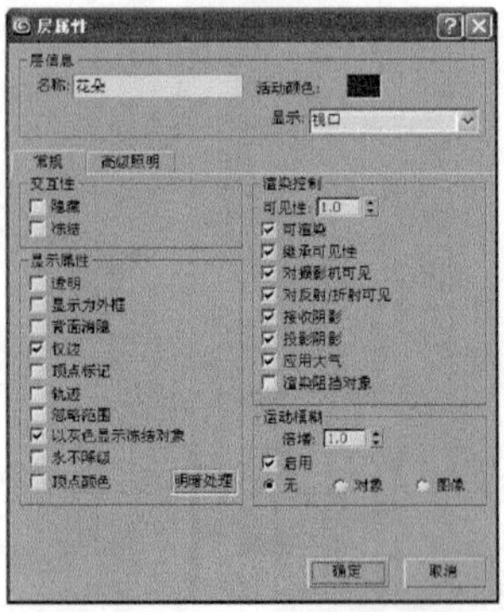

实战操作054 选定层中所有对象

素材：Scene\Cha01\1-21.max　　场景：无

难度：★★★★★　　视频：视频\Cha01\实战操作054.avi

在“工具”下拉菜单中选择“层管理器”命令，在弹出的对话框中可以根据自己的需要进行操作。其操作步骤如下。

1 按“Ctrl+O”组合键，打开素材文件1-21.max，如下图所示。

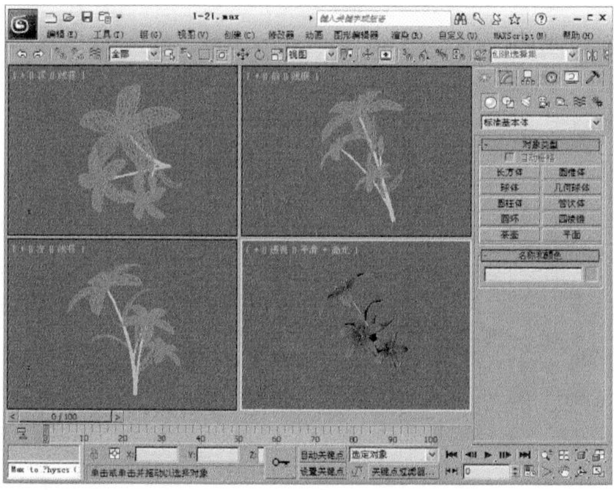

2 单击菜单栏中的“工具”选项，在弹出的下拉菜单中选择“层管理器”命令，如下图所示。

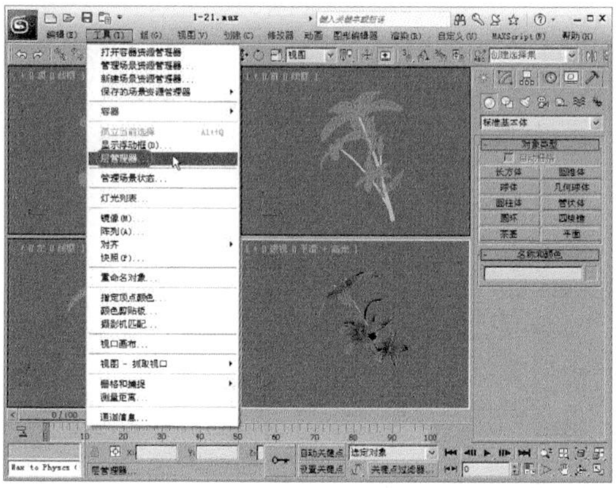

3 单击工具栏中的“层管理器”按钮，弹出“层：花朵”窗口，单击“选择高亮对象和层”按钮，如下图所示。

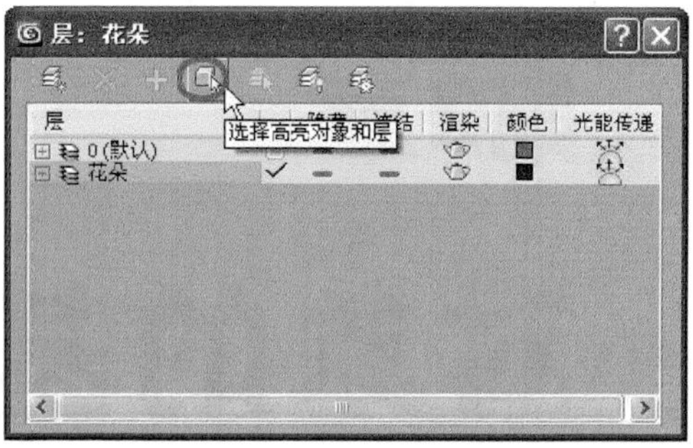

4 执行操作后，被选中物体呈白色线框显示，即可选择该层所有对象，如下图所示。

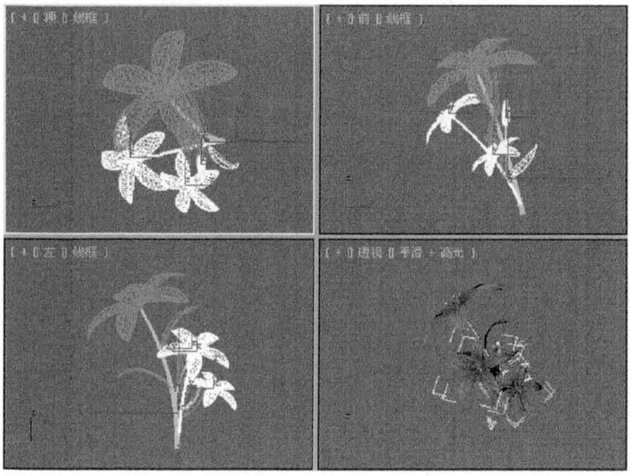

Chapter

02

第2章

对象的基本操作

作为一个3ds Max初级用户，首先熟悉软件的操作界面是非常有必要的，只有这样才能对这个软件运用自如，更方便、快捷、准确地进行操作。本章主要介绍有关3ds Max 2012工作环境中各个区域以及部分常用工具的使用方法，其中包括物体的选择、组的使用、动作的位移、对象的捕捉、对齐等内容。

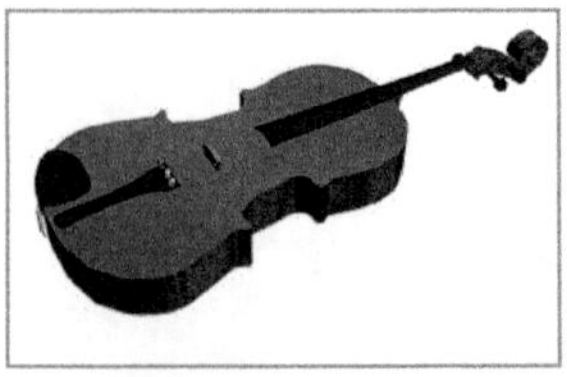

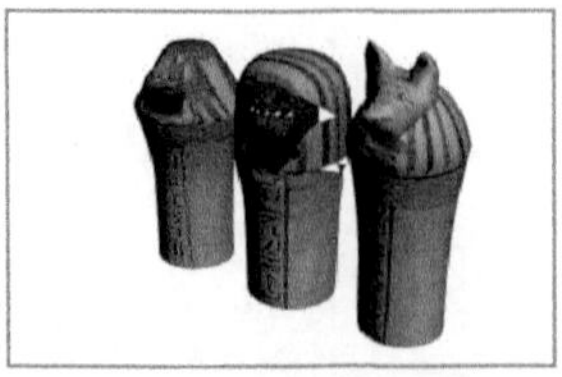

2.1 选择对象

大多数情况下，在对象上执行某个操作或者执行场景中的对象之前，首先要选中它们，因此，选择操作是建模和设置动画过程的基础。

实战操作055 运用矩形选框工具选择

素材：Scene\Cha02\2-1.max　　场景：无

难度：★★★★★　　视频：视频\ Cha02\实战操作055.avi

框选对象时选择区域的方式包括三种，而矩形选框工具就是框选方式之一，运用此工具选择对象的操作步骤如下。

1 按“Ctrl+O”组合键，打开一幅素材模型，单击工具栏中的“矩形选择区域”按钮，移动鼠标至“顶”视图中，按住鼠标并拖拽，出现一个虚线矩形框，如下图所示。

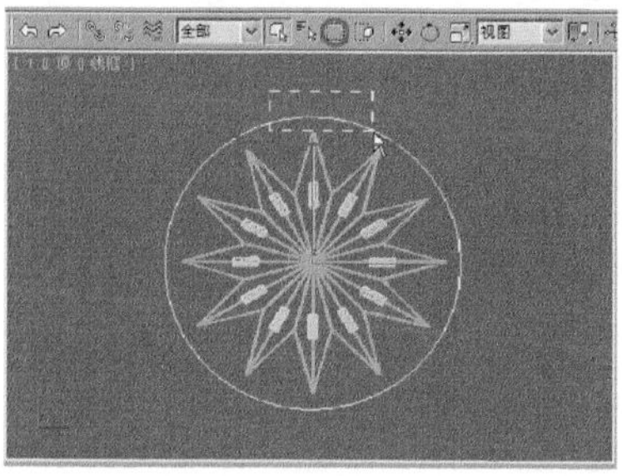

2 释放鼠标后，被选取的对象四周出现白色线框，如下图所示。

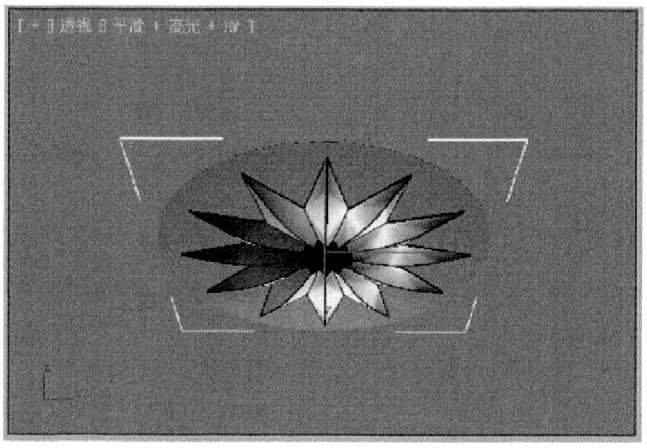

实战操作056 运用圆形选框工具选择

素材：Scene\Cha02\2-2.max　　场景：无

难度：★★★★★　　视频：视频\ Cha02\实战操作056.avi

“圆形选框”工具是以圆形样式拉出选择框。运用此工具选择对象的操作步骤如下。

1 按“Ctrl+O”组合键，打开一幅素材模型，如右图所示。

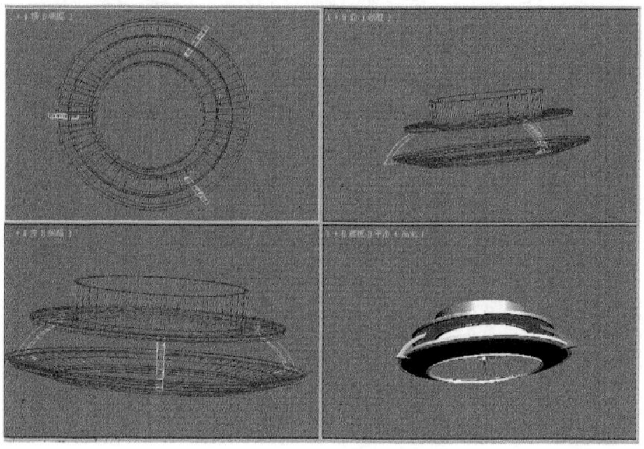

2 在工具栏“矩形选择区域”按钮处按住鼠标向下移动，单击“圆形选择区域”按钮后，“圆形选择区域”按钮显示在工具栏中，如下图所示。

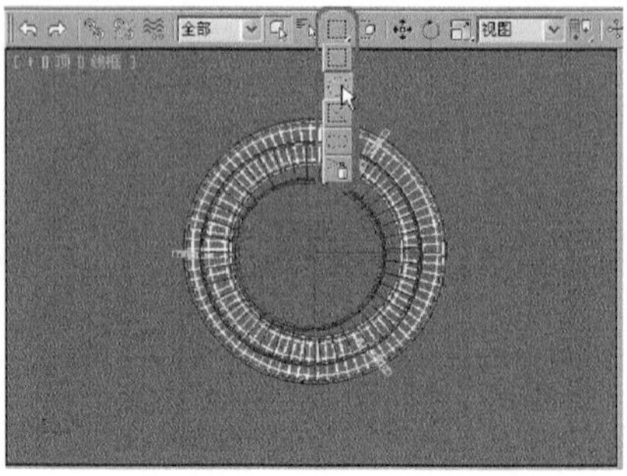

3 单击显示在工具栏中的“圆形选择区域”按钮，移动鼠标至“顶”视图中，按住鼠标并拖曳，出现一个虚线圆形框，如下图所示。

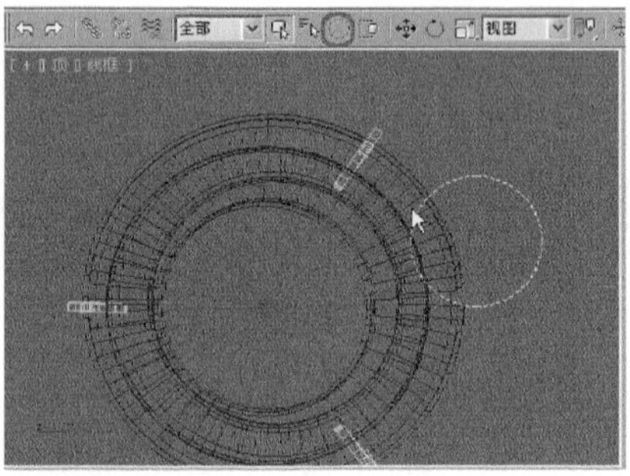

4 释放鼠标后，被选取的对象四周出现白色线框，如右图所示。

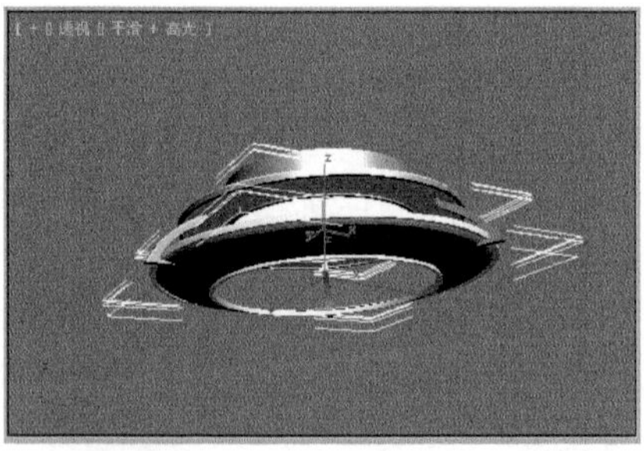

实战操作057 运用多边形选框工具选择

素材：Scene\Cha02\2-3.max　　场景：无

难度：★★★★★　　视频：视频\ Cha02\实战操作057.avi

“多边形选框”工具以手绘多边形方式绘制出选择区域。运用此工具选择对象的操作步骤如下。

1 按“Ctrl+O”组合键，打开一幅素材模型，如下图所示。

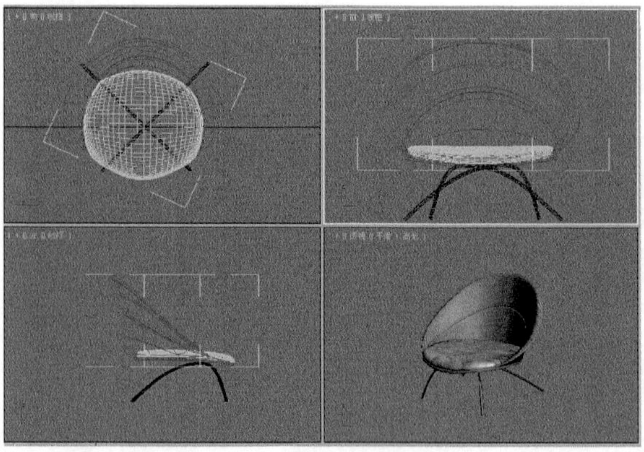

2 在工具栏“矩形选择区域”按钮处按住鼠标向下移动，单击“围栏选择区域”按钮后，“围栏选择区域”按钮显示在工具栏中，如下图所示。

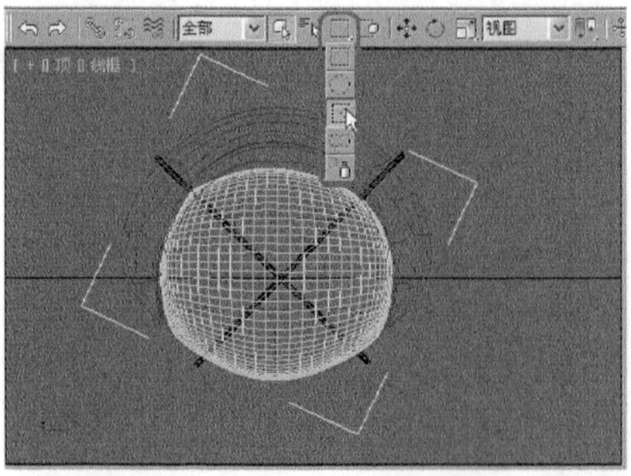

3 单击显示在工具栏中的“围栏选择区域”按钮，移动鼠标至“顶”视图中，通过交替使用鼠标移动和单击操作绘制一个不规则的选择区域轮廓，如下图所示。

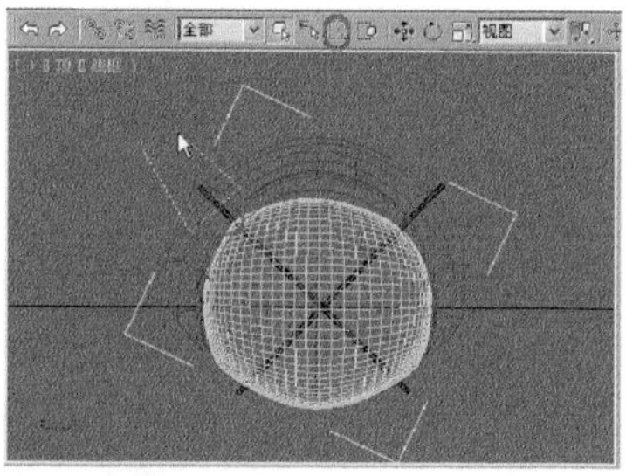

4 双击鼠标左键即可选择对象，被选取的对象四周出现白色线框，如下图所示。

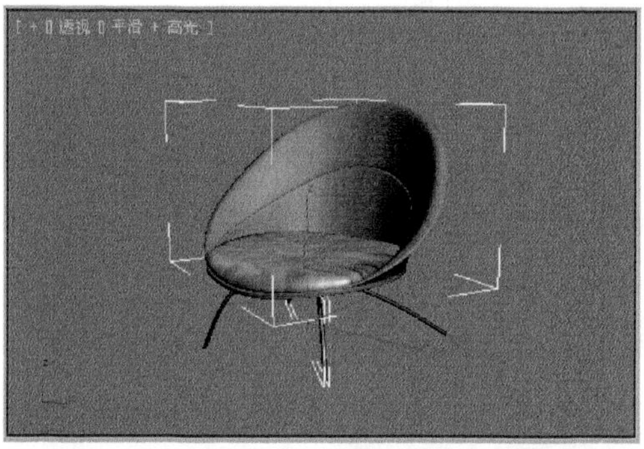

实战操作058　按名称选择

素材：Scene\Cha02\2-4.max　　场景：无

难度：★★★★★　　视频：视频\ Cha02\实战操作058.avi

通过按名称来选择对象的这种方式快捷更准确，在进行复杂场景的操作时必不可少。名称选择框提供了灵活多样的的选择控制方法。其操作步骤如下。

1 按“Ctrl+O”组合键，打开一幅素材模型，如下图所示。

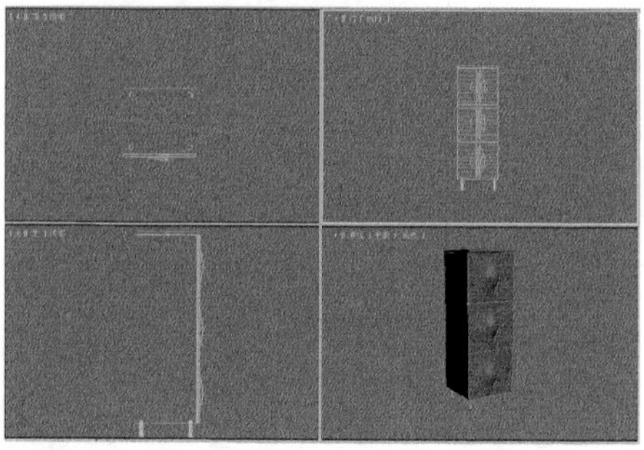

2 单击工具栏中的“按名称选择”按钮，弹出“从场景中选择”对话框，如下图所示。

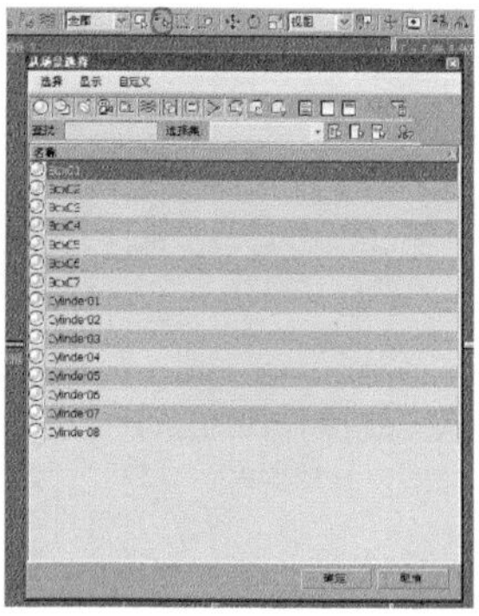

3 在“查找”后的文本中输入需要选择的对象名称，选择后的对象的名称呈现灰色状态，单击“确定”按钮，即可选取对象，如下图所示。

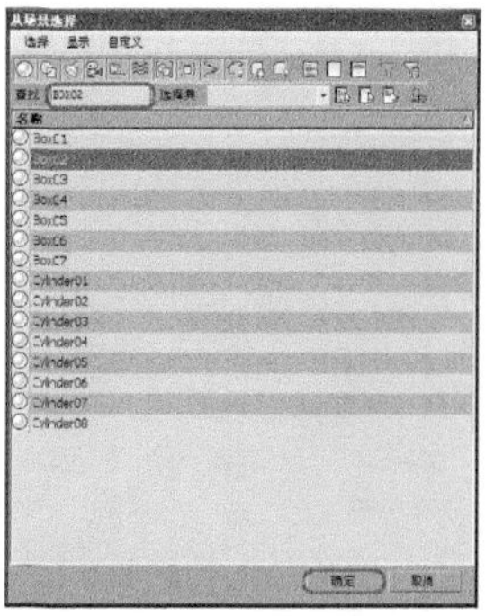

4 在视图中被选取的对象四周出现白色线框，如下图所示。

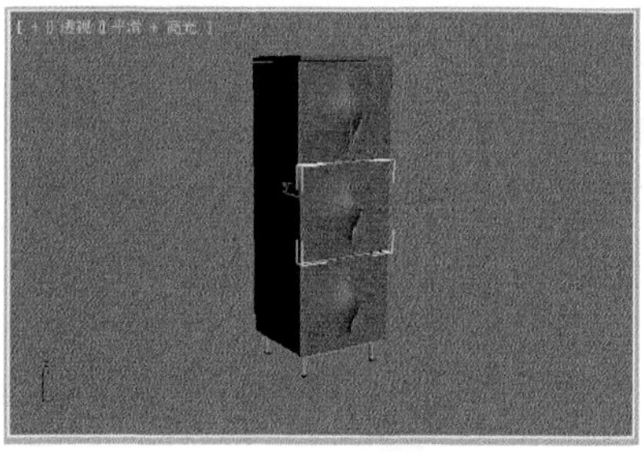

实战操作059 全选对象

素材：Scene\Cha02\2-5.max　　场景：无

难度：★★★★★　　视频：视频\ Cha02\实战操作059.avi

在“从场景中选择”对话框中选择“全部选择”命令即可将场景中的对象全部选择，其操作步骤如下。

1 按“Ctrl+O”组合键，打开一幅素材模型，如下图所示。

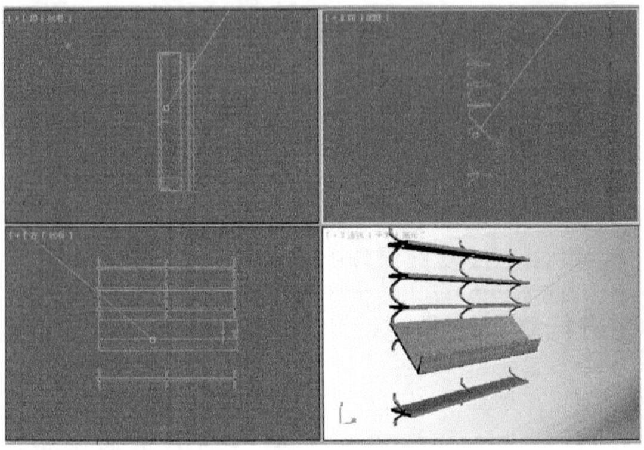

2 单击工具栏中的“按名称选择”按钮，弹出“从场景中选择”对话框，如下图所示。

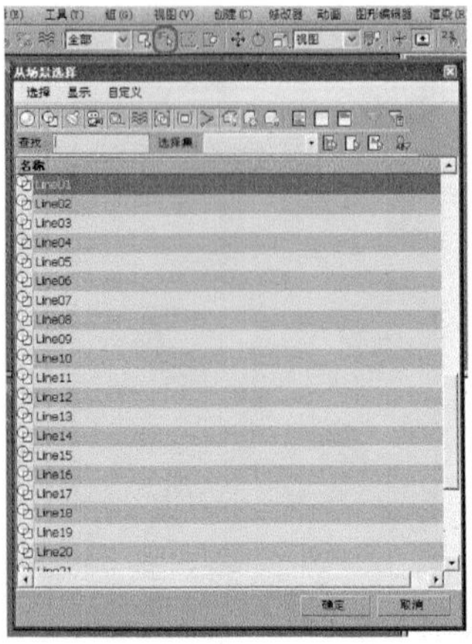

3 单击“选择”按钮，显示下拉菜单，选择“全部选择”命令，选中的对象名称呈现灰色状态，单击“确定”按钮，即可全部选中，如下图所示。

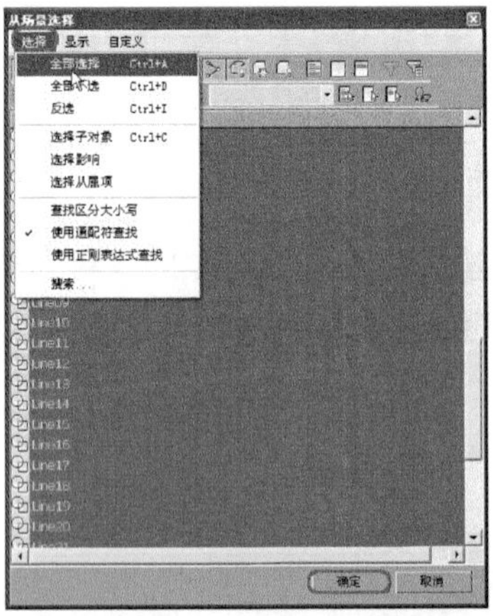

4 在视图中被选取的对象四周出现白色线框，如下图所示。

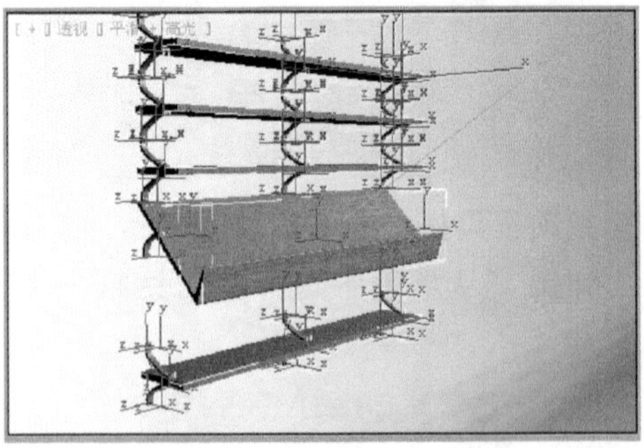

实战操作060 反选对象

素材：Scene\Cha02\2-6.max　　场景：无

难度：★★★★★　　视频：视频\ Cha02\实战操作060.avi

反选是将目前没有选中的对象进行选择，其操作步骤如下。

1 按“Ctrl+O”组合键，打开一幅素材模型，如下图所示。

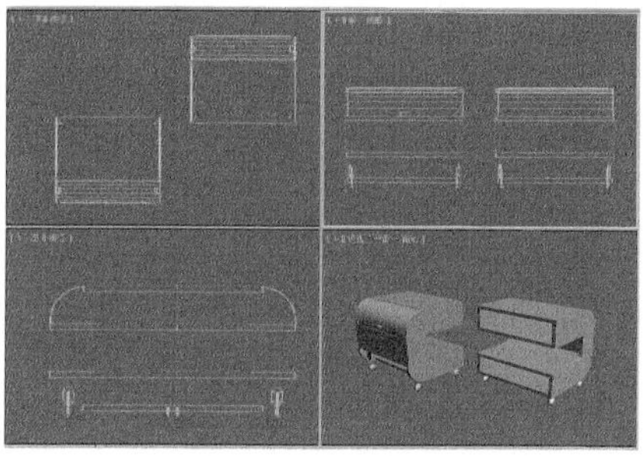

2 单击工具栏中的“按名称选择”按钮，弹出“从场景中选择”对话框，选择“Box09”选项，如下图所示。

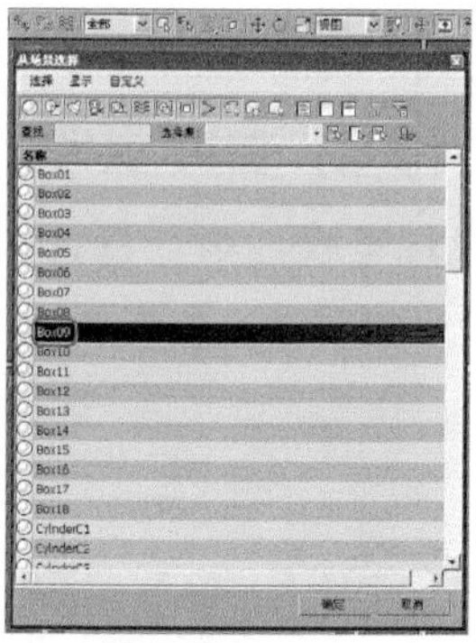

3 单击工具栏中的“选择”按钮，弹出下拉菜单，选择“反选”命令，选中的对象呈现蓝色状态，单击“确定”按钮确定，即可反选对象，如下图所示。

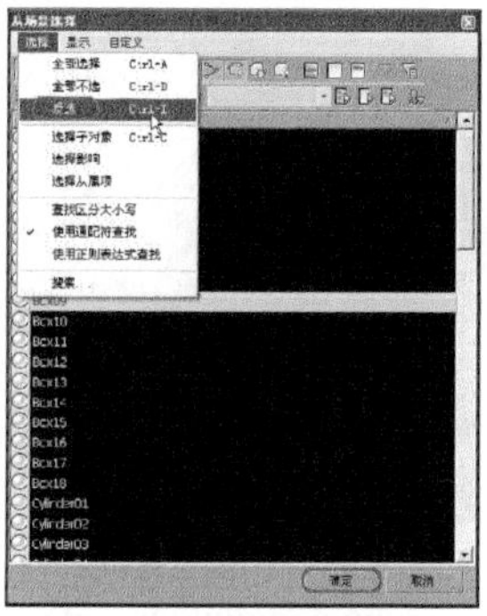

4 在视图中被选取的对象四周出现白色线框，如下图所示。

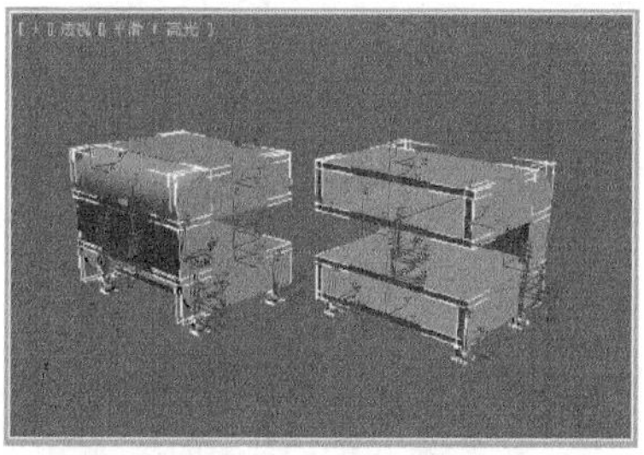

实战操作061 按颜色选择对象

素材：Scene\Cha02\2-7.max　　场景：无

难度：★★★★★　　视频：视频\ Cha02\实战操作061.avi

在场景中选择对象既可按名称选择，也可以按照对象的颜色选择，其操作步骤如下。

1 按“Ctrl+O”组合键，打开一幅素材模型，如下图所示。

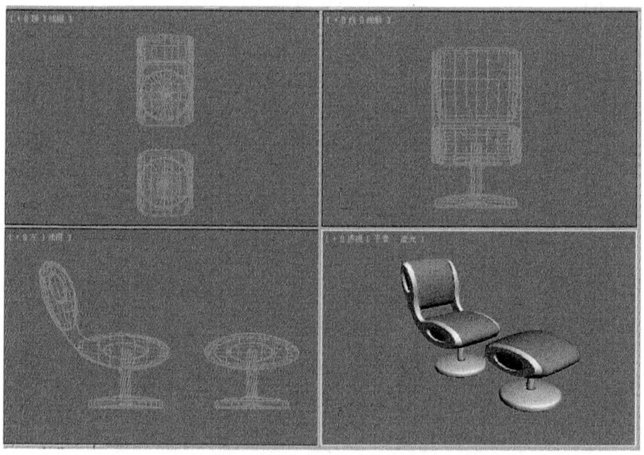

2 单击工具栏中的“编辑”按钮编辑(E)，弹出下拉菜单，在下拉菜单中选择“选择方式”|“颜色”命令，如下图所示。

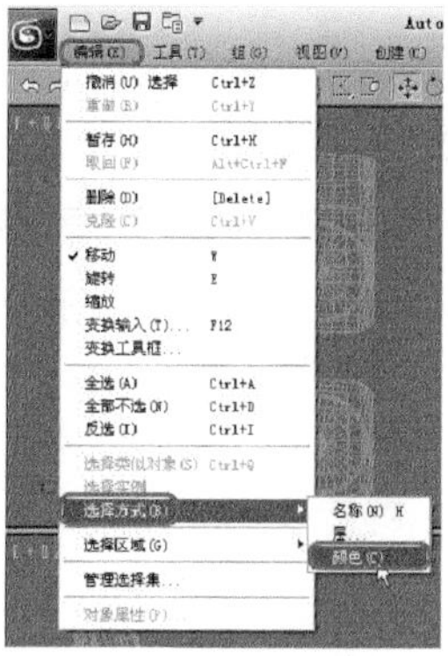

3 将鼠标移动到透视图中，当鼠标指针呈现形状时单击橘色对象，如下图所示。

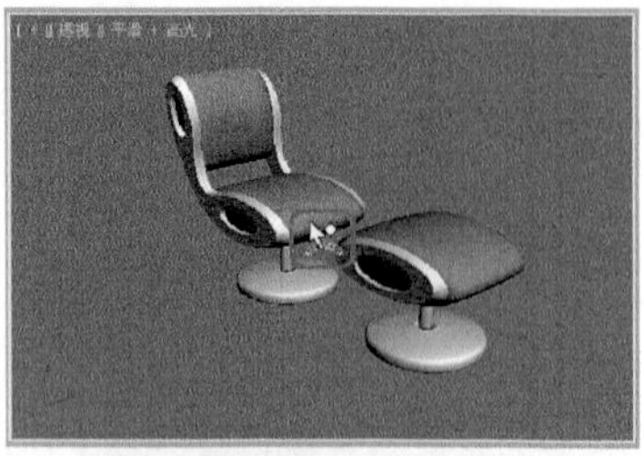

4 释放鼠标，相同颜色的对象即被选中，且选中的对象出现一个白色框线框，如下图所示。

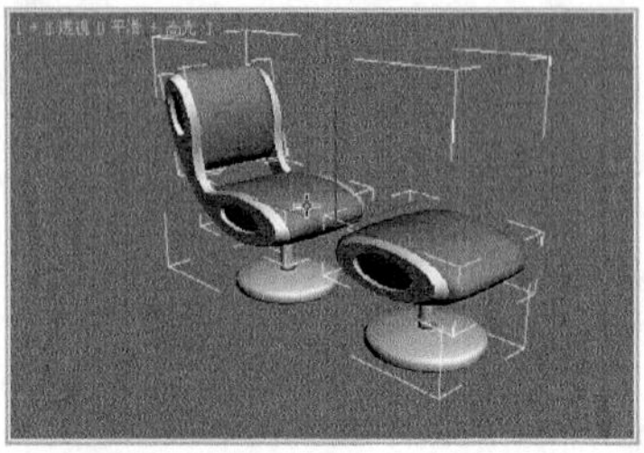

实战操作062 运用过滤器选择对象

素材：Scene\Cha02\2-8.max　　场景：无

难度：★★★★★　　视频：视频\ Cha02\实战操作062.avi

从宏观类型进行对象的选择过滤控制，它可以屏蔽其他类型的对象进行选择，其操作步骤如下。

1 按“Ctrl+O”组合键，打开一幅素材模型，单击工具栏中的“选择过滤器”右侧的小三角按钮，在弹出的列表中选择“L-灯光”选项，如下图所示。

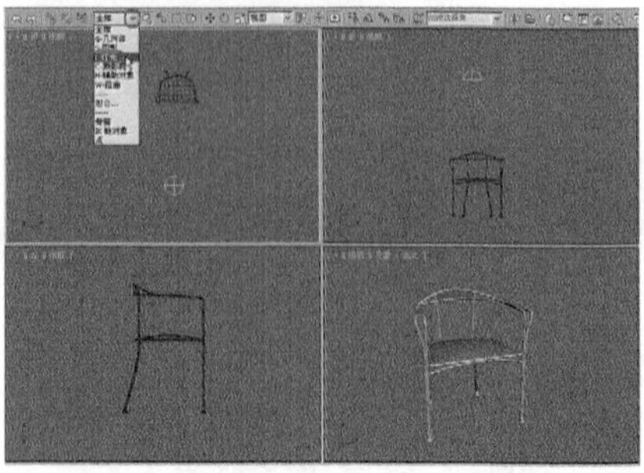

2 移动鼠标至视图中，框选所有对象，即可选择灯光对象，如下图所示。

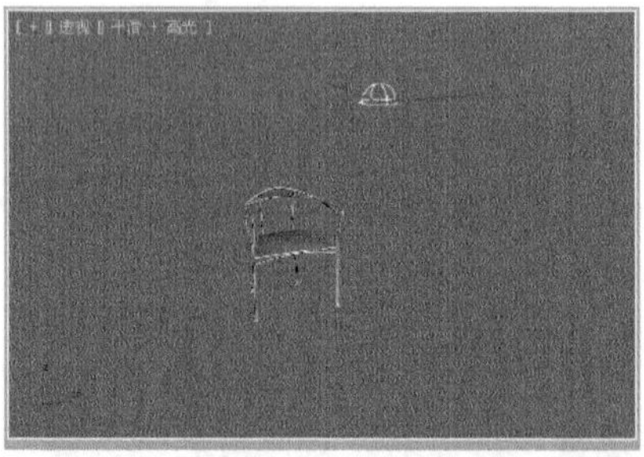

实战操作063 按材质选择

素材：Scene\Cha02\2-9.max　　场景：无

难度：★★★★★　　视频：视频\ Cha02\实战操作063.avi

在“材质编辑器”对话框中也可以根据对象的材质来选择对象，其操作步骤如下。

1 按“Ctrl+O”组合键，打开一幅素材模型，如右图所示。

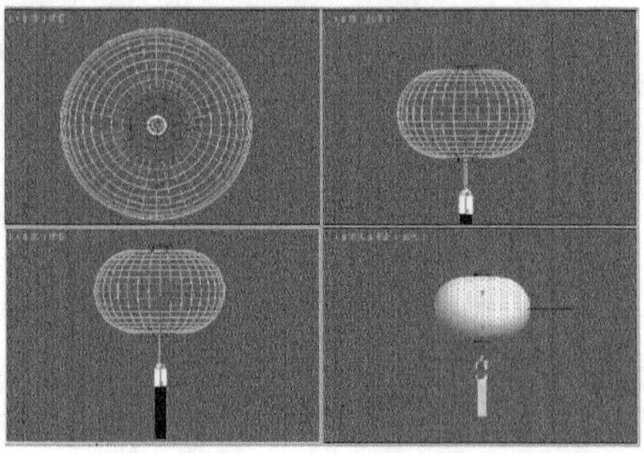

2 单击工具栏中的“材质编辑器”按钮，弹出“材质编辑器”对话框，单击材质球，然后单击右侧的“按材质选择”按钮，如下图所示。

3 弹出“选择对象”对话框，单击“选择”按钮，即可选择相同材质的对象，如下图所示。

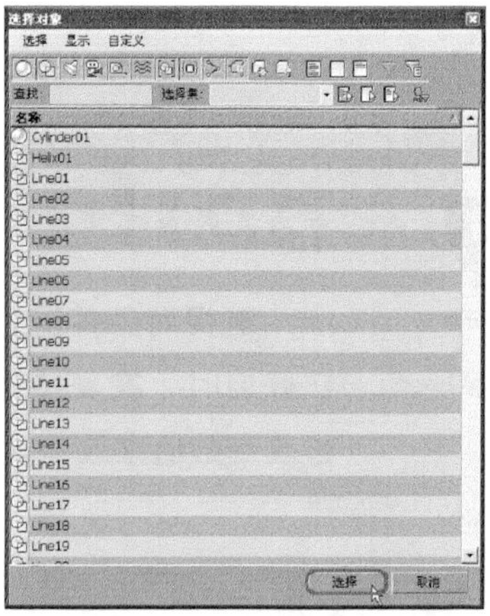

4 在视图中被选取的对象四周出现白色线框，如右图所示。

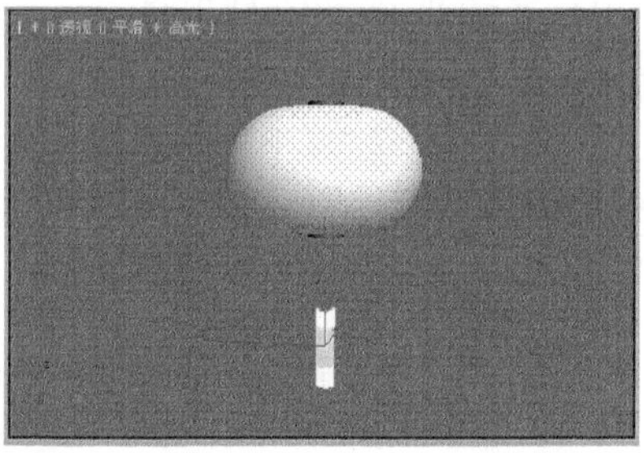

实战操作064　运用命名选择集选择

素材：Scene\Cha02\2-10.max　　场景：无

难度：★★★★★　　视频：视频\ Cha02\实战操作064.avi

运用命名选择集选择，可以准确地在场景中选择需要的对象，以方便选择集合的操作。其操作步骤如下。

1 按“Ctrl+O”组合键，打开一幅素材模型，单击工具栏上的“命名选择集”右侧的小三角按钮，在弹出的列表中选择“厨腿”选项，如右图所示。

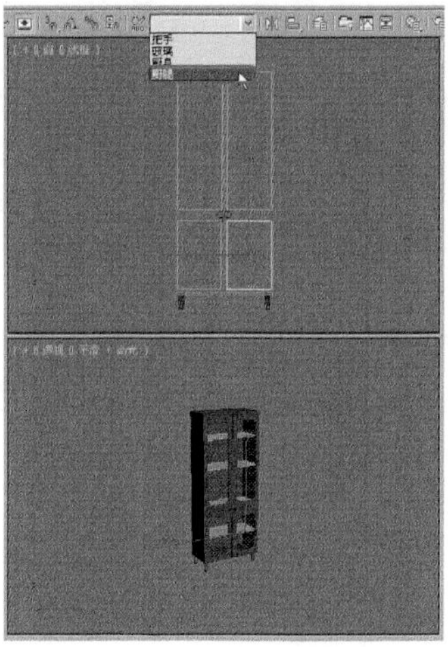

2 释放鼠标，“厨腿”被选择后，在视图中被选取的对象四周出现白色线框，如右图所示。

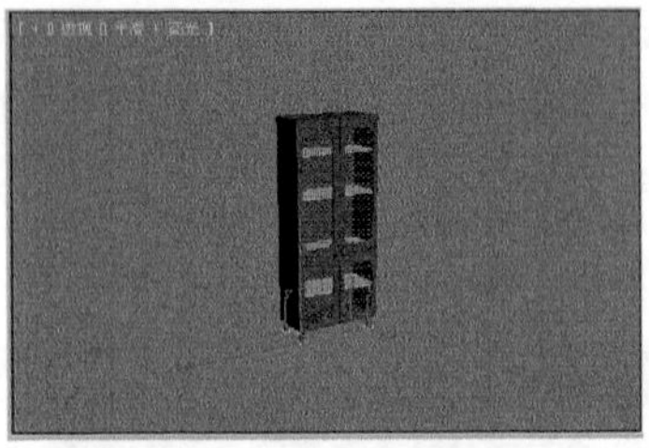

2.2 移动对象

选择对象并进行移动操作，移动时根据定义的坐标轴方向来进行。当其按钮开启时，在其按钮上按下鼠标右键，可以调出“移动变换输入”对话框，通过改变数值来改变对象的位置。

实战操作065 手动移动

素材：Scene\Cha02\2-11.max　　场景：无

难度：★★★★★　　视频：视频\ Cha02\实战操作065.avi

在场景中移动对象时，可以直接单击工具栏中的“选择并移动”按钮，然后进行手动移动。其操作步骤如下。

1 按“Ctrl+O”组合键，打开一幅素材模型，如下图所示。

2 单击工具栏上的“选择并移动”按钮，在视图中单击需要移动的对象，当鼠标指针呈形状时，按住鼠标左键移动即可移动对象。如下图所示。

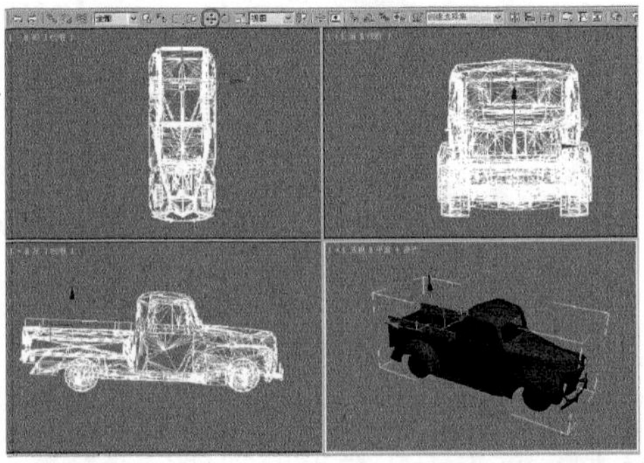

实战操作066 精确移动

素材：Scene\Cha02\2-12.max　　场景：无

难度：★★★★★　　视频：视频Cha02\实战操作066.avi

通过数值输入的方式来控制对象的位移变动，有助于精确的变动操作。其操作步骤如下。

1 按“Ctrl+O”组合键，打开一幅素材模型，如下图所示。

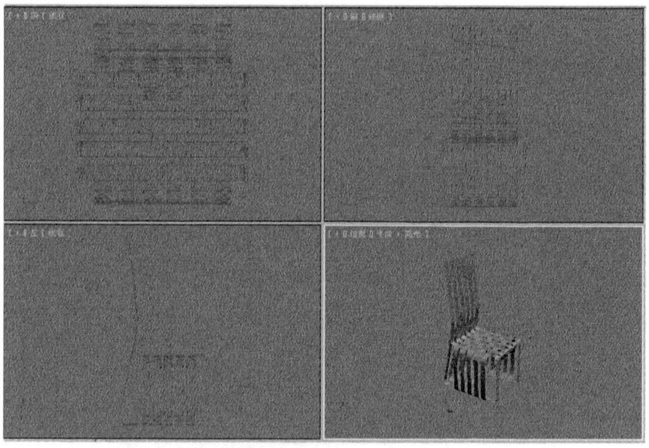

2 选择需要移动的对象，在工具栏“选择并移动”按钮处右击，弹出“移动变换输入”对话框，在“绝对：世界”选项区下的“X”、“Y”、“Z”后的微调框中输入移动的数值，按Enter键即可精确移动，如下图所示。

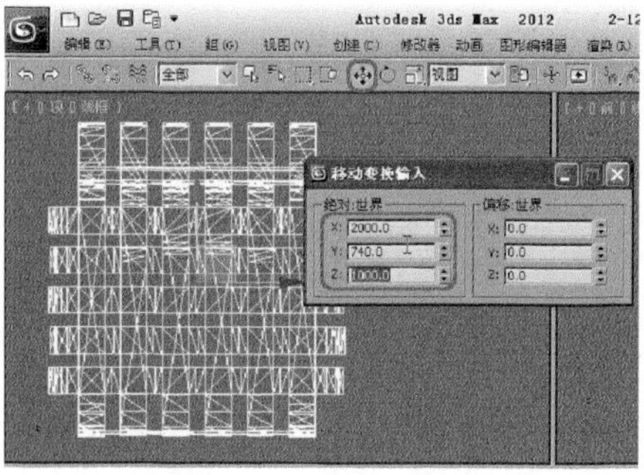

2.3 旋转对象

选择对象并进行旋转操作，旋转时根据定义的坐标轴定向来进行。

实战操作067 手动旋转

素材：Scene\Cha02\2-13.max　　场景：无

难度：★★★★★　　视频：视频\ Cha02\实战操作067.avi

在场景中旋转对象时，可以直接单击工具栏中的“选择并旋转”按钮，然后进行手动旋转。其操作步骤如下。

1 按“Ctrl+O”组合键，打开一幅素材模型，如下图所示。

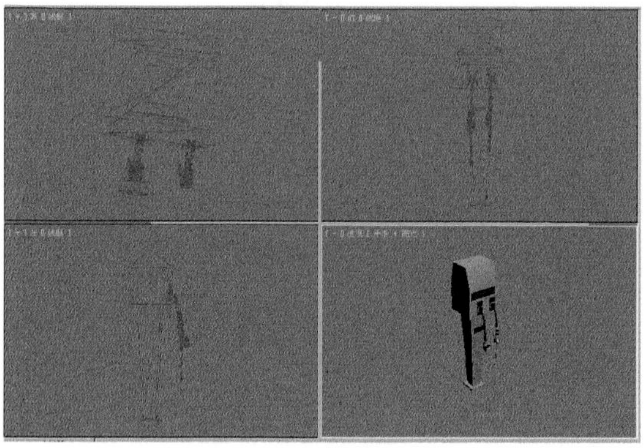

2 单击工具栏上的“选择并旋转”按钮，在视图中单击需要旋转的对象，当鼠标指针呈形状时，按住鼠标左键移动即可旋转对象。如下图所示。

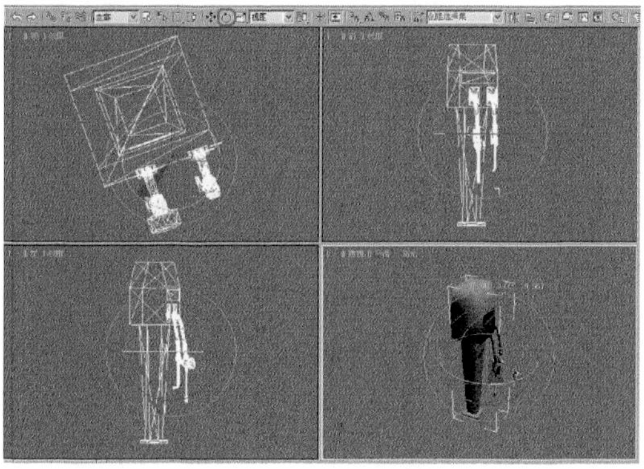

实战操作068 精确旋转

素材：Scene\Cha02\2-14.max　　场景：无

难度：★★★★★　　视频：视频\ Cha02\实战操作068.avi

通过数值输入的方式来控制对象的旋转变动，有助于精确的变动操作。其操作步骤如下。

1 按“Ctrl+O”组合键，打开一幅素材模型，如下图所示。

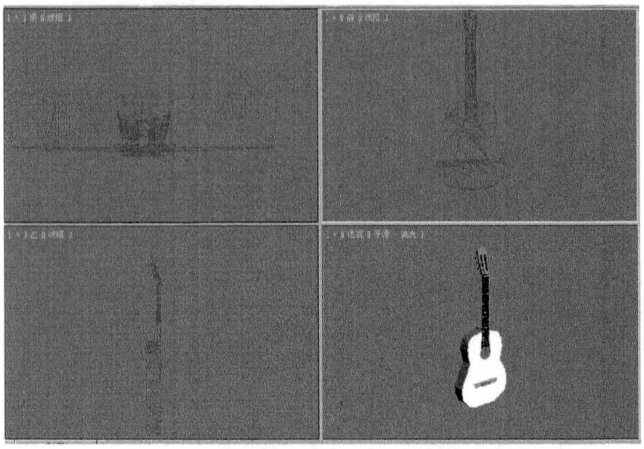

2 选择需要旋转的对象，在工具栏“选择并旋转”按钮处右击，弹出“旋转变换输入”对话框，在“绝对：世界”选项区下的“X”、“Y”、“Z”后的微调框中输入旋转的数值，按Enter键即可精确旋转，如下图所示。

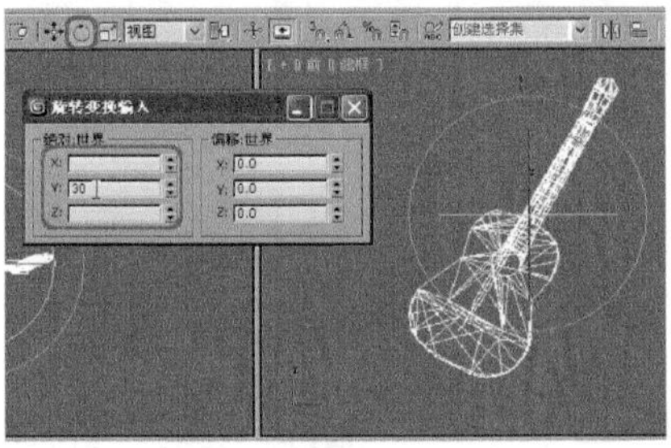

2.4 缩放对象

选择对象并进行缩放操作，其中包含选择并均匀缩放、选择并非均匀缩放、选择并挤压缩放3个缩放工具，其各自的功能不同。下面以“选择并均匀缩放”工具为例来介绍缩放工具。

实战操作069 手动缩放

素材：Scene\Cha02\2-15.max　　场景：无

难度：★★★★★　　视频：视频\ Cha02\实战操作069.avi

在场景中缩放对象时，可以直接单击工具栏中的“选择并缩放”按钮，然后进行手动缩放。其操作步骤如下。

1 按“Ctrl+O”组合键，打开一幅素材模型，如右图所示。

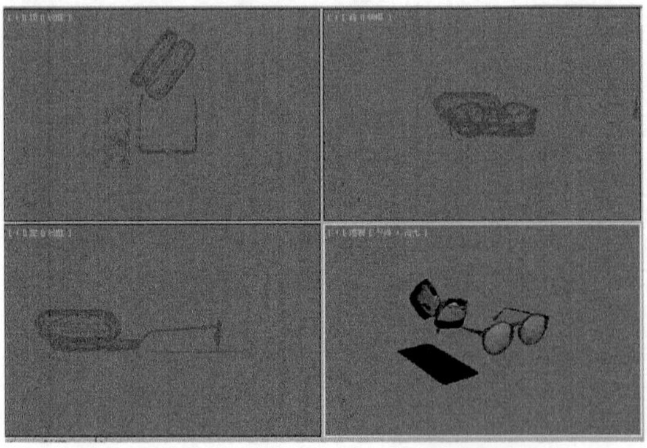

2 单击工具栏上的“选择并缩放”按钮，在视图中单击需要缩放的对象，当鼠标指针呈形状时，按住鼠标左键移动即可缩放对象。如右图所示。

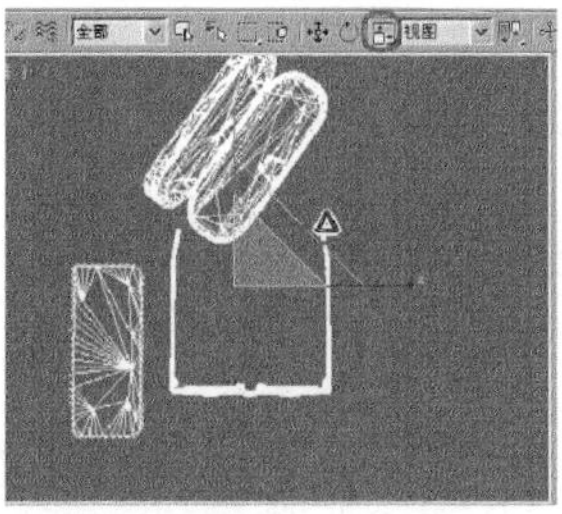

实战操作070 精确缩放

素材：Scene\Cha02\2-16.max　　场景：无

难度：★★★★★　　视频：视频\ Cha02\实战操作070.avi

通过数值输入的方式来控制对象的缩放变动，有助于精确变动操作。其操作步骤如下。

1 按“Ctrl+O”组合键，打开一幅素材模型，如下图所示。

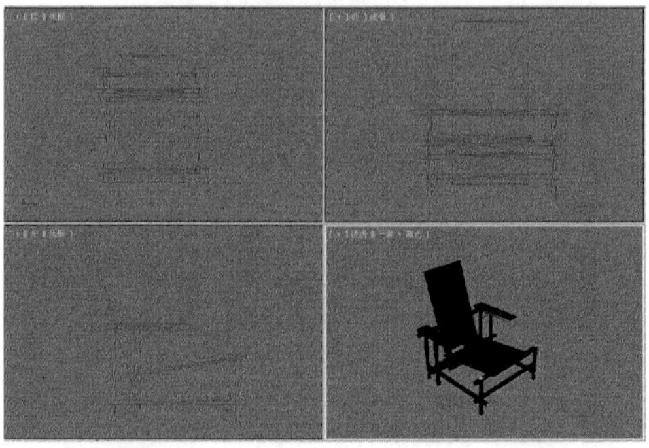

2 选择需要缩放的对象，在工具栏“选择并缩放”按钮处右击，弹出“缩放变换输入”对话框，在“绝对：局部”选项组下的“X”、“Y”、“Z”后的微调框中输入缩放的数值，按Enter键即可精确缩放，如下图所示。

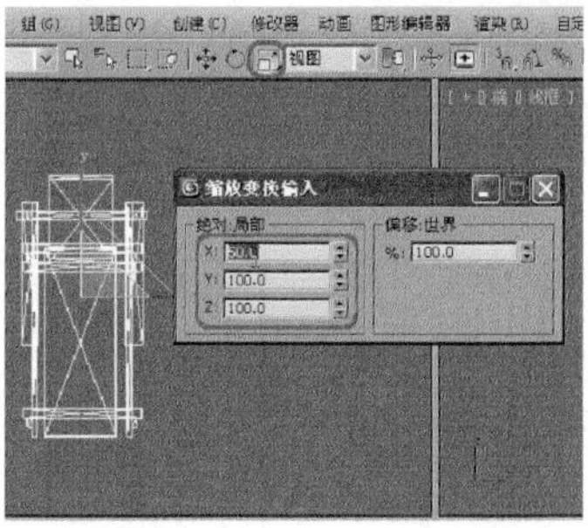

2.5 组合对象

组，顾名思义就是由多个对象组成的集合。成组以后不会对原对象作任何修改，但对组的编辑会影响组中的每一个对象。成组以后，只要单击组内的任意一个对象，整个组都会被选择，如果想单独对组内对象进行操作，必须先将组暂时打开。组存在的意义就是使用户同时对多个对象进行同样的操作成为可能。

实战操作071 组合对象

素材：Scene\Cha02\2-17.max　　场景：无

难度：★★★★★　　视频：视频\ Cha02\实战操作071.avi

将当前所有选择的对象制定为一个群组，在弹出的“组”对话框中输入名称，为群组取名。其操作步骤如下。

1 按“Ctrl+O”组合键，打开一幅素材模型，如下图所示。

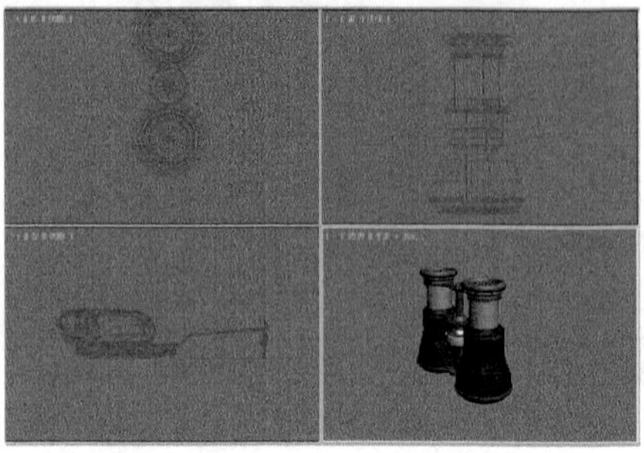

2 选择所有对象，单击菜单栏中的“组”按钮 组(G) ，在弹出的下拉菜单中选择“成组”命令，如下图所示。

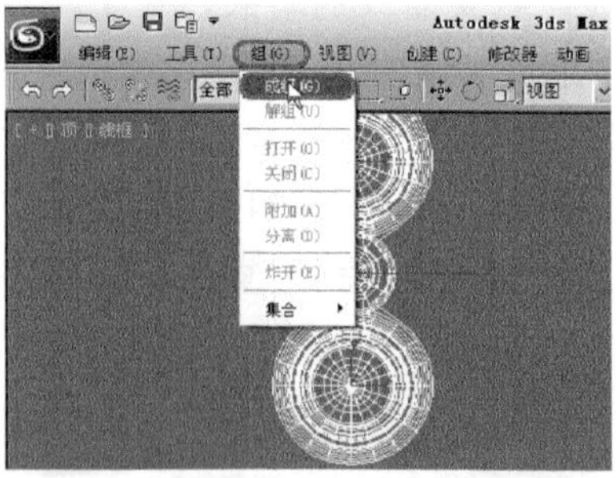

3 弹出“组”对话框，在“组名”后的文本框中输入组名，单击“确定”按钮，即可将所选对象合成一个组，如下图所示。

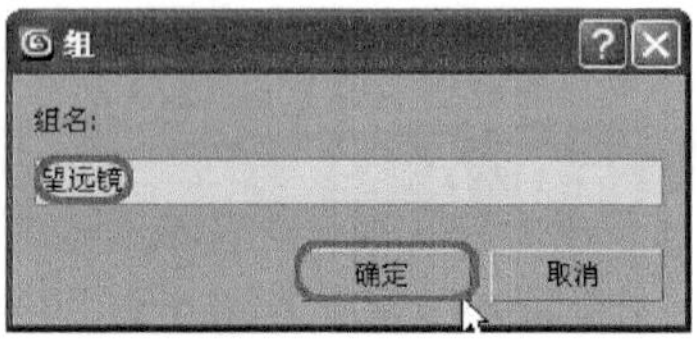

4 在视图中成组的对象四周出现一个白色线框，如下图所示。

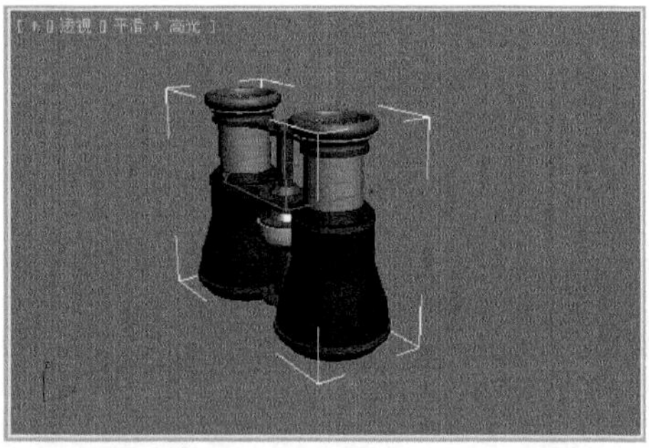

实战操作072 解除对象

素材：Scene\Cha02\2-18.max　　场景：无

难度：★★★★★　　视频：视频\ Cha02\实战操作072.avi

将当前选择组的最上一级打散，即解除组的设置，和它有类似功能的是“炸开”命令。其操作步骤如下。

1 按“Ctrl+O”组合键，打开一幅素材模型，如下图所示。

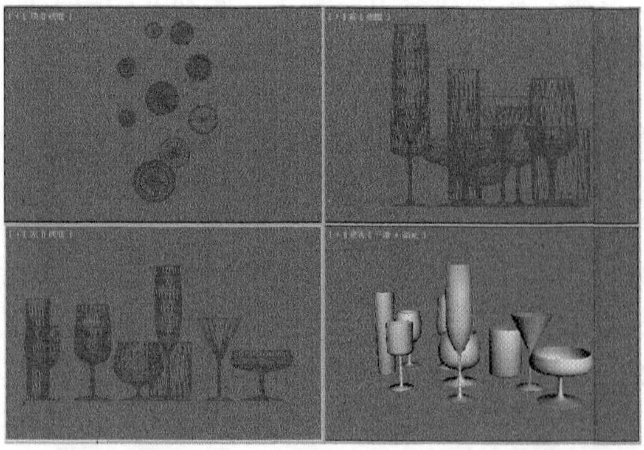

2 在视图中选择解除的对象，单击菜单栏中的“组”按钮 组(G) ，在弹出的下拉菜单中选择“解组”命令，即可解除对象，如下图所示。

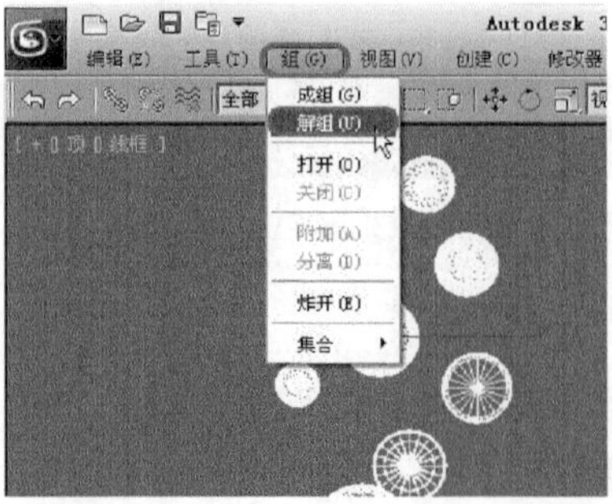

实战操作073 打开组

素材：Scene\Cha02\2-19.max　　场景：无

难度：★★★★★　　视频：视频\ Cha02\实战操作073.avi

使组内对象暂时独立，以便单独进行编辑操作。一次打开命令只能打开一级的群组，如果有嵌套的群组，只打开次一级的对象，因此应该根据级数，多次执行打开命令。“打开组”的操作步骤如下。

1 按“Ctrl+O”组合键，打开一幅素材模型，选择素材场景中的所有成组对象，单击菜单栏中的“组”按钮 组(G)，弹出下拉菜单，从中选择“打开”命令，如下图所示。

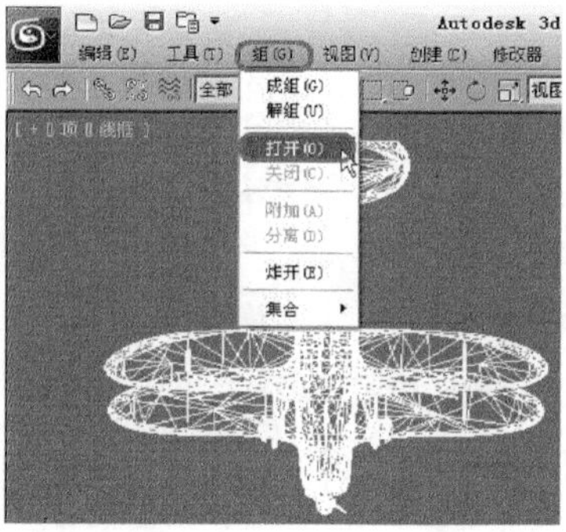

2 选择“打开”命令后，即可将组打开，白色框转换为粉红色框，如下图所示。

实战操作074 关闭组

素材：Scene\Cha02\2-20.max　　场景：无

难度：★★★★★　　视频：视频\ Cha02\实战操作074.avi

将暂时打开的群组进行关闭，返回到初始状态，在建立一个新组之前必须将前一个打开的组关闭。其操作步骤如下。

1 按“Ctrl+O”组合键，打开一幅素材模型，如下图所示。

2 在组打开的状态下，在视图中单击粉红色框，单击菜单栏中的“组”按钮 组(G)，弹出下拉菜单，选择“关闭”命令，即可将组关闭，如下图所示。

实战操作075 增加组对象

素材：Scene\Cha02\2-21.max　　场景：无

难度：★★★★★　　视频：视频\ Cha02\实战操作075.avi

先选择一个将要加入的对象，再选择“组”|“结合”命令，单击要加入的任何对象都可以把该对象加入到群组中。其操作步骤如下。

1 按“Ctrl+O”组合键，打开一幅素材模型，选择勺和刀成组，选择叉，单击菜单栏中的“组”按钮 组(G) ，在弹出的下拉菜单中选择“附加”命令，如下图所示。

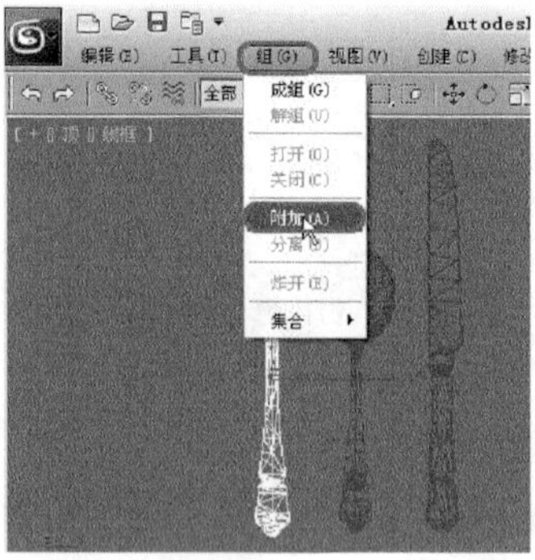

2 移动鼠标至视图中，单击勺和叉组，释放鼠标后，被选定的对象成为当前选定组的一部分，可以沿Z轴移动检查附加组对象，如下图所示。

实战操作076 分离组对象

素材：Scene\Cha02\2-22.max　　场景：无

难度：★★★★★　　视频：视频\ Cha02\实战操作076.avi

分离组对象就是将组中个别对象分离出组，其操作步骤如下。

1 按“Ctrl+O”组合键，打开一幅素材模型，在视图中选择组001，单击菜单栏中的“组”按钮 组(G) ，弹出下拉菜单，选择“打开”命令，打开组对象，如下图所示。

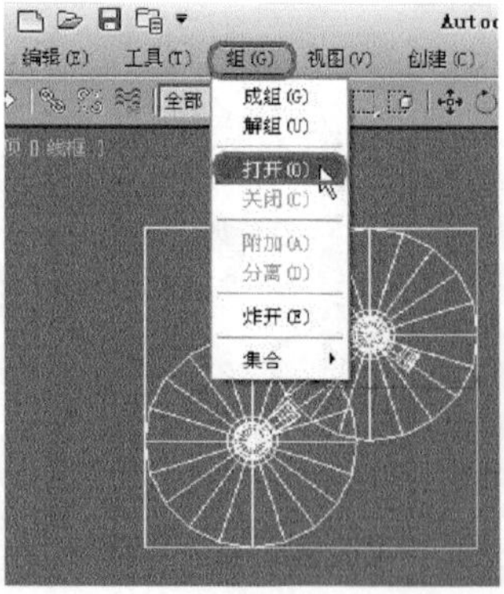

2 在视图中选择Line002,单击菜单栏中的“组”按钮 组(G) ，在弹出的下拉菜单中选择“分离”命令，即可将Line002从组中分离，如下图所示。

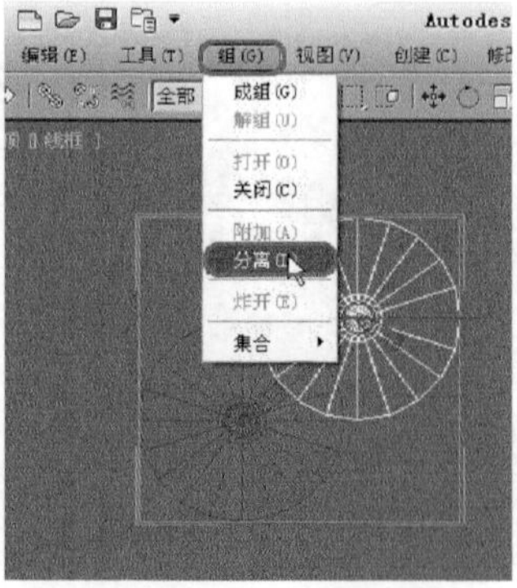

3 选择Line001，单击菜单栏中的“组”按钮 组(G)，在弹出的下拉菜单中选择“关闭”命令，如下图所示。

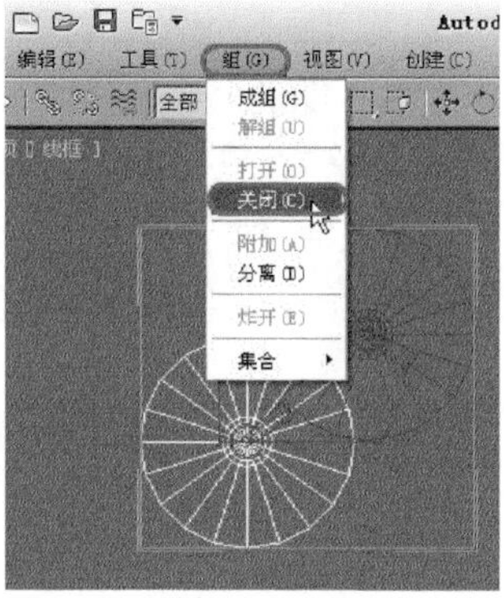

4 选择“关闭”命令后，即可将组关闭，在视图中可以沿Z轴检查分离对象，如下图所示。

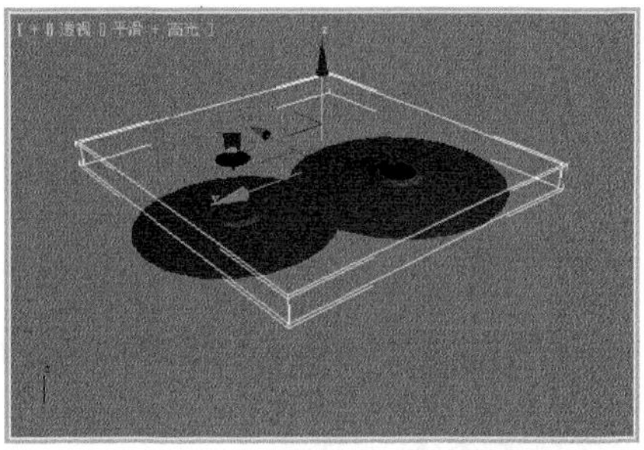

2.6 对齐对象

将选择的对象与目标对齐，它包括位置的对齐和方向的对齐，根据各自的轴心点三角轴来完成。常用于排列对齐大量的对象，或将对象置于复杂的表面。

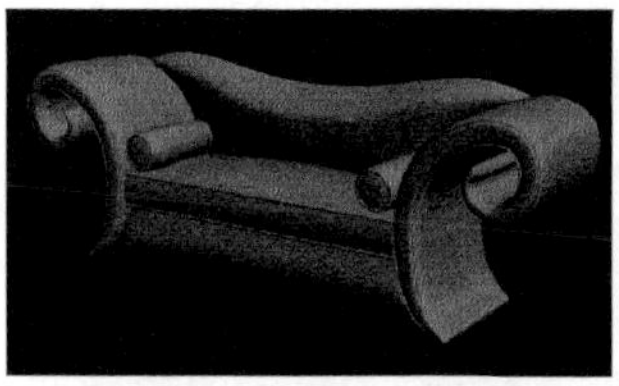

实战操作077 精确对齐

- 素材：Scene\Cha02\2-23.max
- 难度：★★★★★
- 场景：Scene\Cha02\实战操作077.max
- 视频：视频\ Cha02\实战操作077.avi

“精确对齐”命令可以将目标与对齐目标精确对齐，其操作步骤如下。

1 按“Ctrl+O”组合键，打开一幅素材模型，如下图所示。

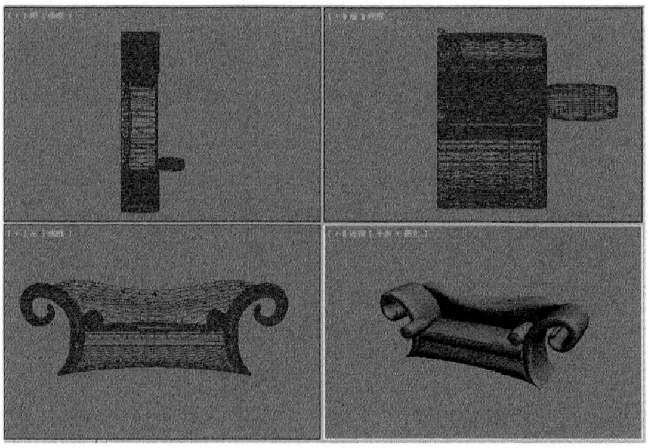

2 在视图中选择对象003，单击工具栏中的“对齐”按钮，如下图所示。

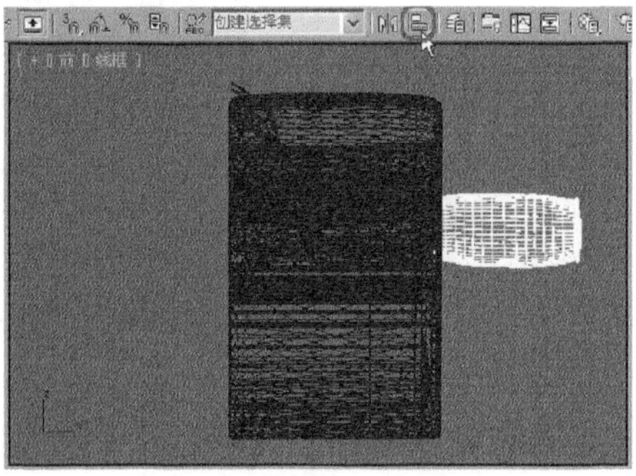

3 在视图中将鼠标移至对象002上，单击鼠标左键，弹出“对齐当前选择”对话框，在“当前对象”和“目标对象”选项区中均选中“轴点”单选按钮，如右图所示。

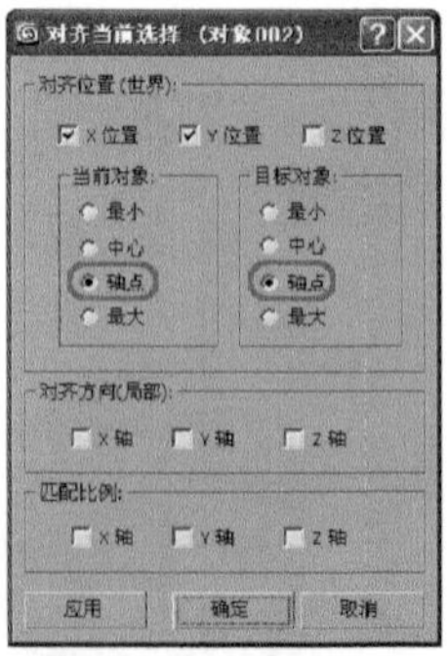

4 单击“确定”按钮即可精确对齐，效果如下图所示。

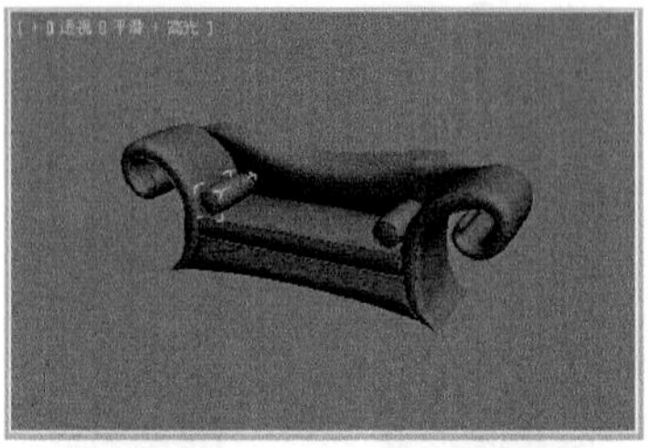

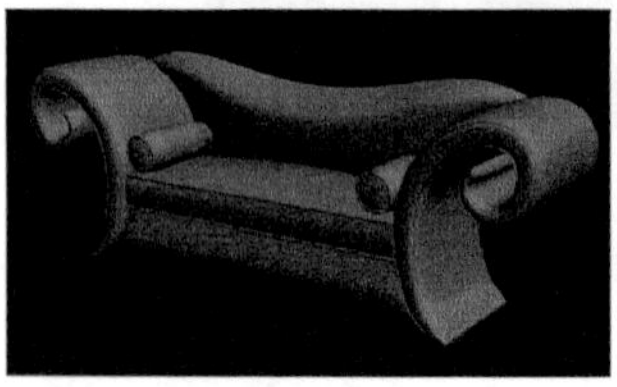

实战操作078 快速对齐

素材：Scene\Cha02\2-23.max

难度：★★★★★

场景：无

视频：视频\ Cha02\实战操作078.avi

“快速对齐”命令与“精确对齐”命令相似，“快速对齐”命令可以将目标与对齐目标快速对齐。使用快速对齐的操作步骤如下。

1 以实战操作077的素材为例，按“Ctrl+O”组合键，打开素材模型，在视图中选择对象003，单击工具栏中“对齐”下的“快速对齐”按钮，如下图所示。

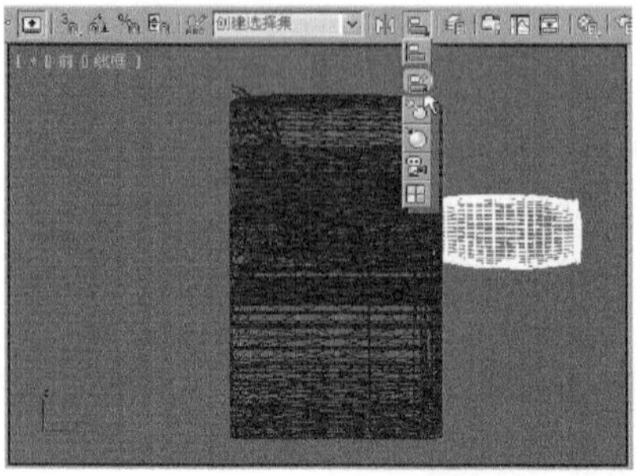

2 在视图中将鼠标移到对象002上，然后释放鼠标，即可快速对齐，如下图所示。

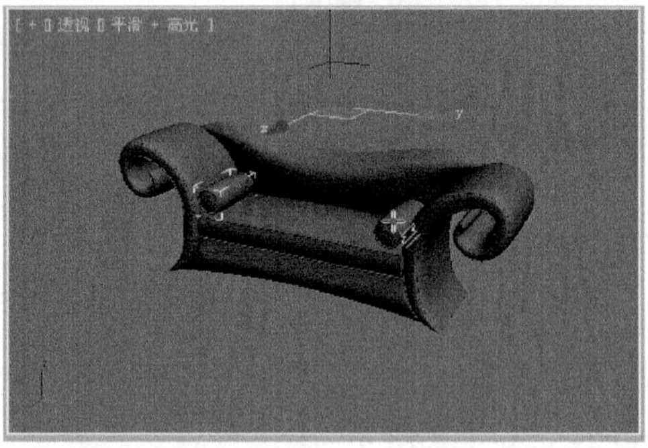

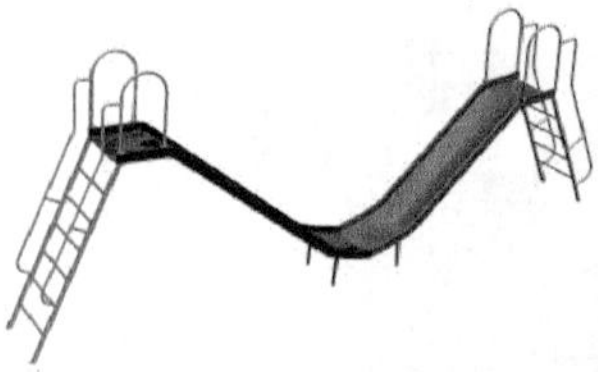

实战操作079 法线对齐

素材：Scene\Cha02\2-24.max

难度：★★★★★

场景：Scene\Cha02\实战操作079.max

视频：视频\ Cha02\实战操作079.avi

法线对齐可以作用于任何所选择的可变形物体，将两个物体的法线进行对齐，对于次物体或放

样物体，也可以将指定的面进行法线对齐，在次物体选择激活的状态下，只有选择的次物体可以法线对齐。使用法线对齐的操作步骤如下。

1 按“Ctrl+O”组合键，打开一幅素材模型，如下图所示。

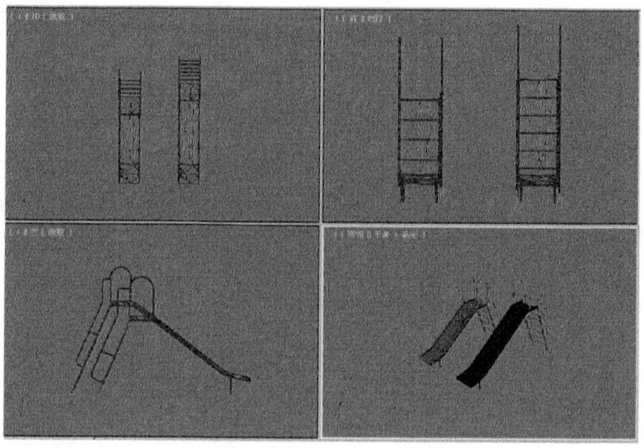

2 在视图中选择对象001，单击工具栏中“对齐”下的法线对齐按钮，如下图所示。

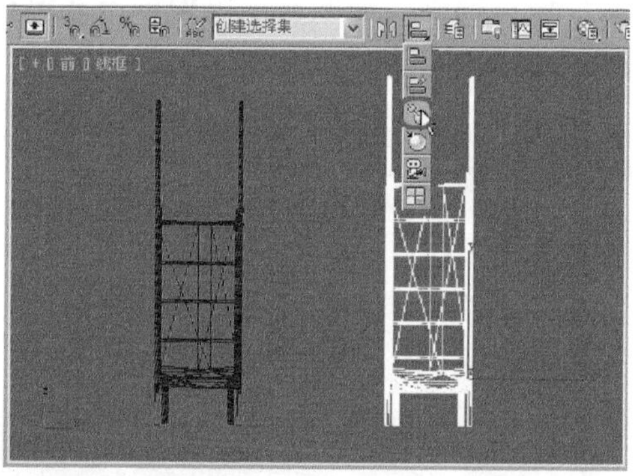

3 在选择的源对象上按住并拖动鼠标，选择对象的法线，光标下出现蓝色箭头表示已选定其表面法线，直到确定法线箭头的位置，如下图所示。

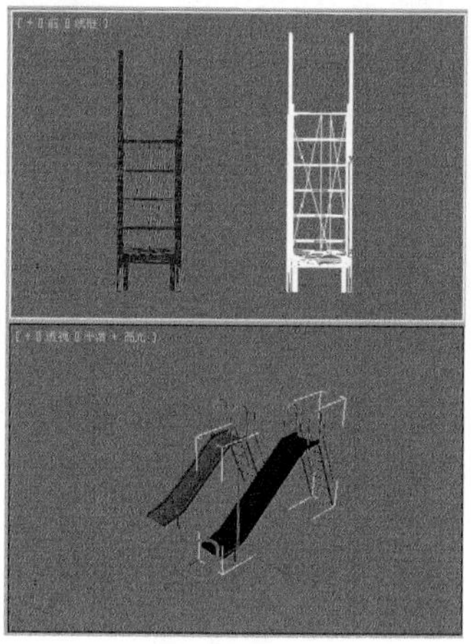

4 单击目标对象并拖动鼠标，找到表面的法线，光标显示为绿色的箭头表示已选定表面法线，直到确定法线箭头的位置，如下图所示。

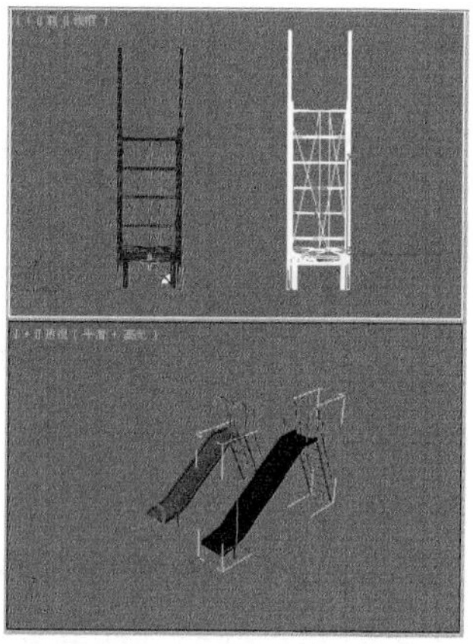

5 释放鼠标，弹出“法线对齐”对话框，从对话框中的数值可看出所选的对象随之变化，如下图所示。

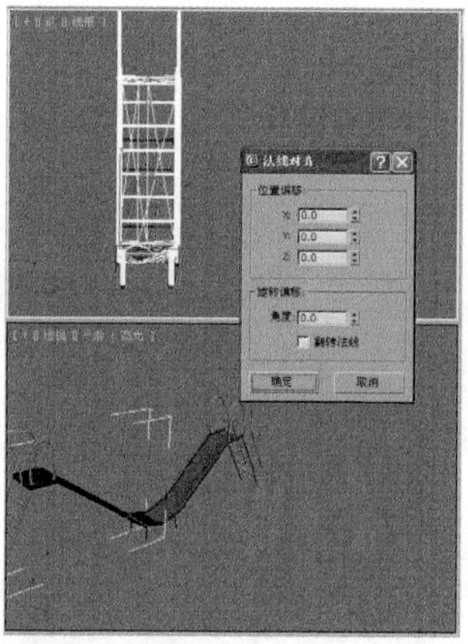

6 单击“确定”按钮，所选对象将按法线对齐目标对象，如下图所示。

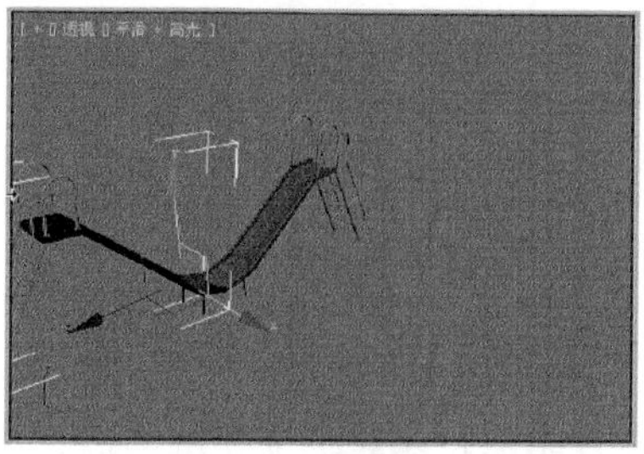

2.7 捕捉对象

3ds Max提供了更加精确地创建和放置对象的工具——捕捉工具。那么什么是捕捉呢？捕捉就是根据栅格和物体的特点放置光标的一种工具，使用捕捉可以精确地将光标放置到想要放置的地方。下面就介绍3ds Max的捕捉工具。

实战操作080 设置对象捕捉

素材：Scene\Cha02\2-25.max

难度：★★★★★

场景：Scene\Cha02\实战操作080.max

视频：视频\ Cha02\实战操作080.avi

用于设置对场景中点的捕捉，精确定位新创建的对象。设置捕捉类型取决于以何种方式进行屏幕捕捉，这主要针对不同的选择要求。设置对象捕捉的操作步骤如下。

1 按"Ctrl+O"组合键，打开一幅素材模型，在工具栏中的"捕捉开关"按钮上单击鼠标右键，弹出"栅格和捕捉设置"对话框，单击"清除全部"按钮，然后选中"顶点"复选框，如下图所示。

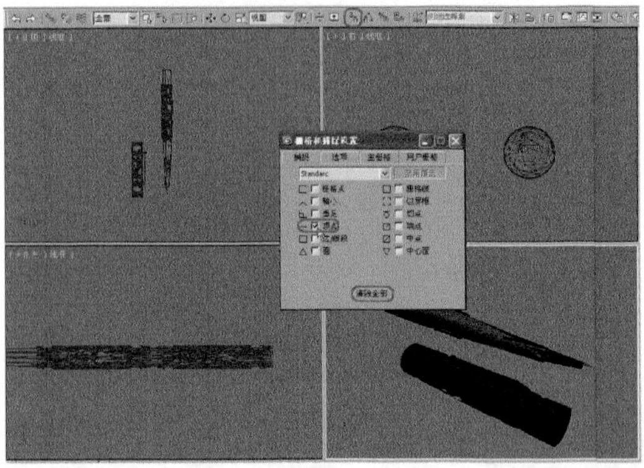

2 单击"捕捉开关"按钮，用移动工具在"顶"视图中将笔帽捕捉到笔身上，如下图所示。

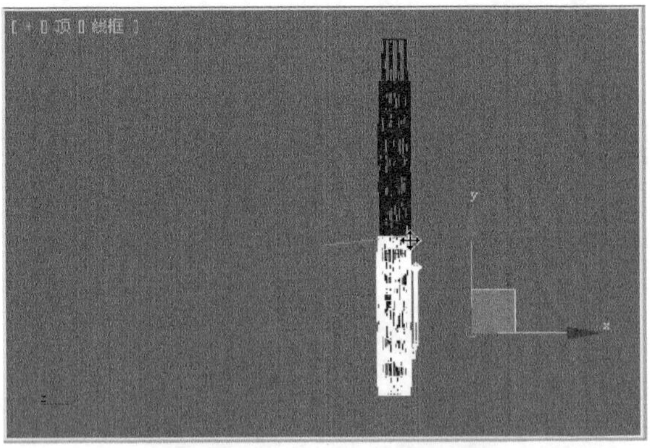

实战操作081 设置捕捉精度

素材：Scene\Cha02\2-26.max

场景：无

难度：★★★★★

视频：视频\ Cha02\实战操作081.avi

用于设置捕捉标记的大小、颜色及捕捉强度和捕捉范围。对于角度和百分比捕捉还可以设置角度值和百分比值。设置捕捉精度的操作步骤如下。

1 按住“Ctrl+O”组合键，打开素材模型，在工具栏中的“微调器捕捉切换”按钮处单击鼠标右键，如下图所示。

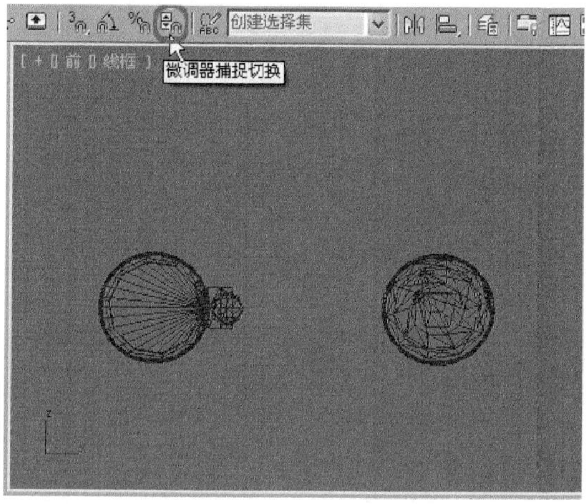

2 弹出“首选项设置”对话框，在“微调器”选项区中设置“精度”的数值，单击“确定”按钮，即可完成对捕捉精度的设置，如下图所示。

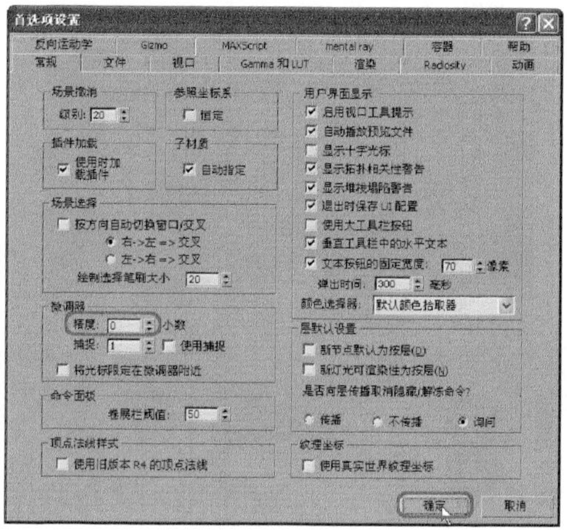

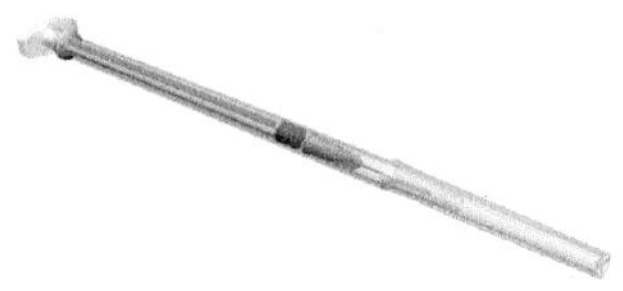

实战操作082　捕捉演习

- 素材：Scene\Cha02\2-27.max
- 难度：★★★★★
- 场景：Scene\Cha02\实战操作082.max
- 视频：视频\ Cha02\实战操作082.avi

下面以一个例子来介绍捕捉的使用，其操作步骤如下。

1 按“Ctrl+O”组合键，打开一幅素材模型，如下图所示。

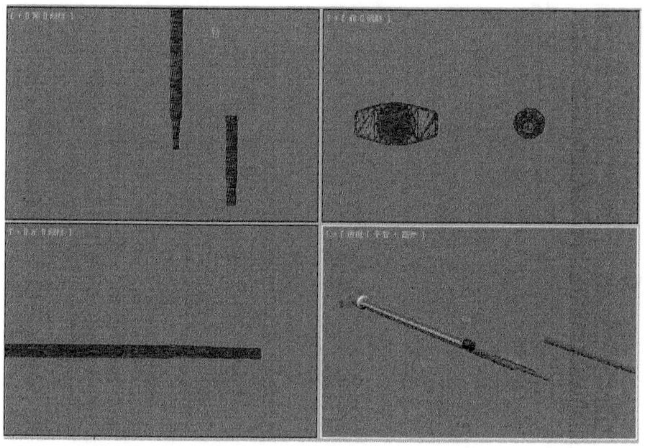

2 设置好捕捉选项后，在工具栏中的“捕捉开关”按钮处单击并按住鼠标向下移动，在弹出的列表中单击“2.5维捕捉”开关，如下图所示。

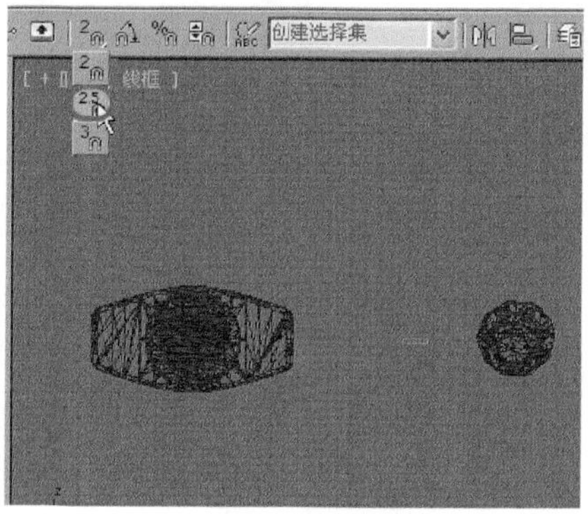

3 单击菜单栏中的“选择并移动”按钮，移动鼠标指针至顶视图中，选择对象并捕捉其顶点位置，如下图所示。

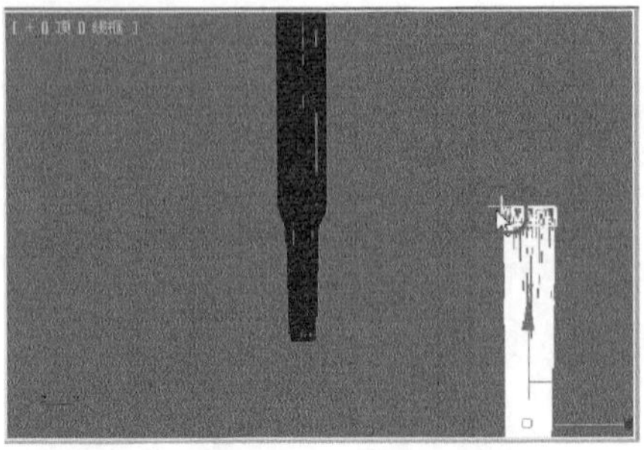

4 按住鼠标左键，拽曳目标对象到捕捉目标对象的顶点位置，释放鼠标后，两个对象以捕捉顶点位置对齐，如下图所示。

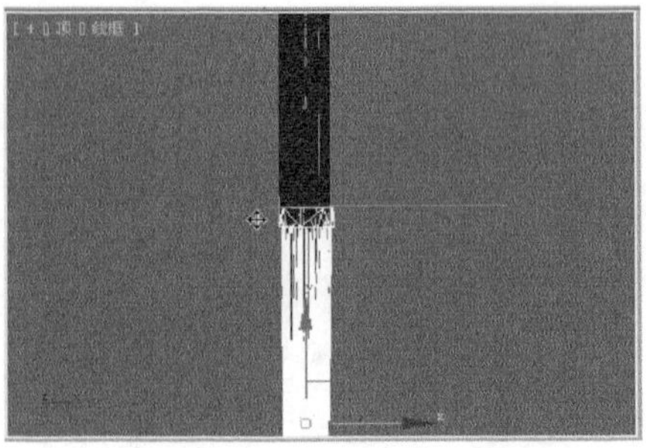

2.8 隐藏对象

隐藏时将所选择物体形体不显示在视图上，它们仍存在，但在视图中无法看到，渲染时也不会显示，主要用于加快显示速度，防止当前不需要的对象阻碍视线。

实战操作083 隐藏选定对象

- 素材：Scene\Cha02\2-28.max
- 难度：★★★★★
- 场景：Scene\Cha02\实战操作083.max
- 视频：视频\ Cha02\实战操作083.avi

在当前视图中可以将已经选择的对象进行隐藏，其操作步骤如下。

1 按“Ctrl+O”组合键，打开一幅素材模型，如下图所示。

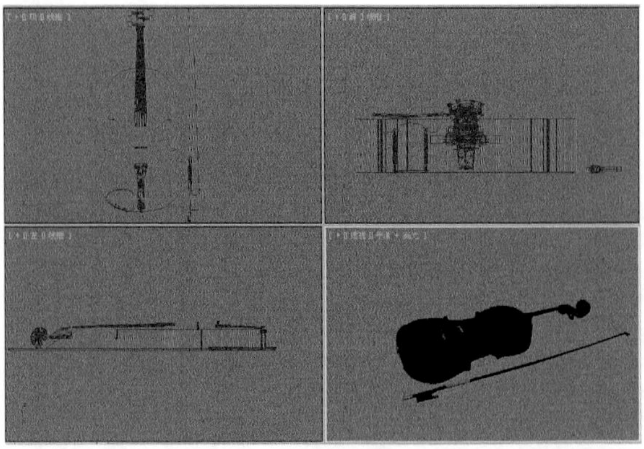

2 在视图中选定隐藏对象，单击“显示”面板下“隐藏”卷展栏中的“隐藏选定对象”按钮 隐藏选定对象 ，释放鼠标后，选定对象即被隐藏，如下图所示。

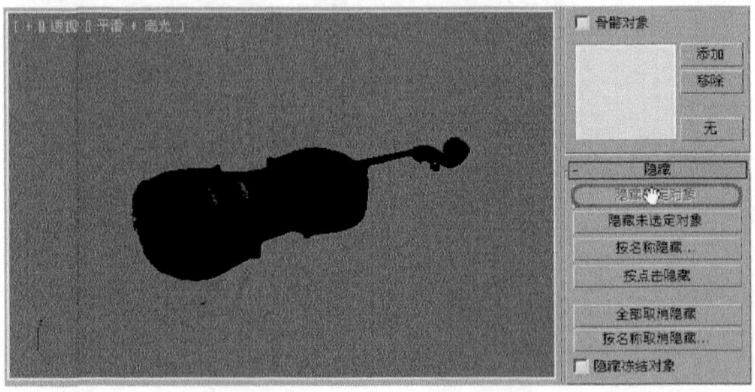

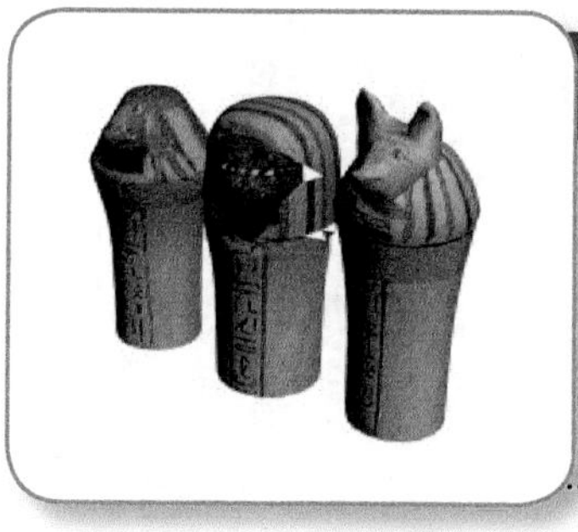

实战操作084 隐藏未选定对象

素材：Scene\Cha02\2-29.max

难度：★★★★★

场景：Scene\Cha02\实战操作084.max

视频：视频\ Cha02\实战操作084.avi

在当前视图中可以将未选定对象进行隐藏，其操作步骤如下。

1 按“Ctrl+O”组合键，打开一幅素材模型，如下图所示。

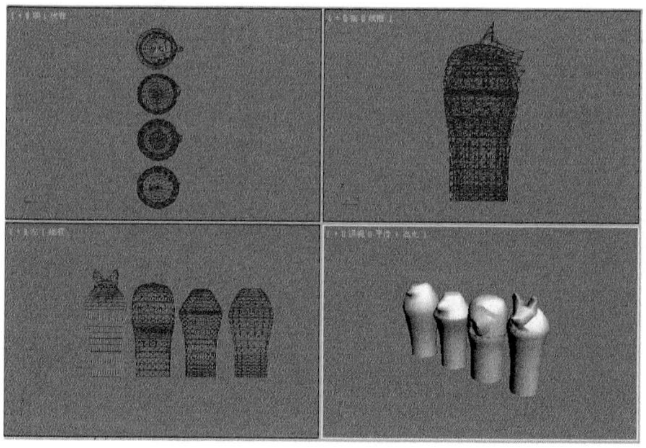

2 在视图中选定不需要隐藏的对象，单击“显示”面板下“隐藏”卷展栏中的“隐藏未选定对象”按钮 隐藏未选定对象 ，释放鼠标后未选定对象被隐藏，如下图所示。

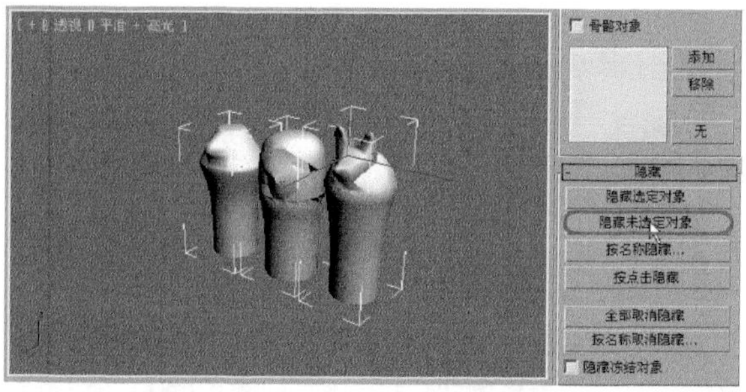

实战操作085 按点击隐藏

素材：Scene\Cha02\2-30.max

难度：★★★★★

场景：Scene\Cha02\实战操作085.max

视频：视频\ Cha02\实战操作085.avi

单击“按点击隐藏”按钮，这时可以在视图中点取要隐藏的对象，从而将它隐藏，再次单击此按钮即可关闭。其操作步骤如下。

1 按“Ctrl+O”组合键，打开一幅素材模型，如右图所示。

2 单击“显示”面板下“隐藏”卷展栏中的“按点击隐藏”按钮 按点击隐藏 ，移动鼠标至视图中，单击需要隐藏的对象，如右图所示。

实战操作086 全部取消隐藏

素材：Scene\Cha02\2-31.max

难度：★★★★★

场景：Scene\Cha02\实战操作086.max

视频：视频\ Cha02 \实战操作086.avi

单击“取消全部”按钮，可将当前视图中隐藏的对象全部取消隐藏，其操作步骤如下。

1 按“Ctrl+O”组合键，打开一幅素材模型，如下图所示。

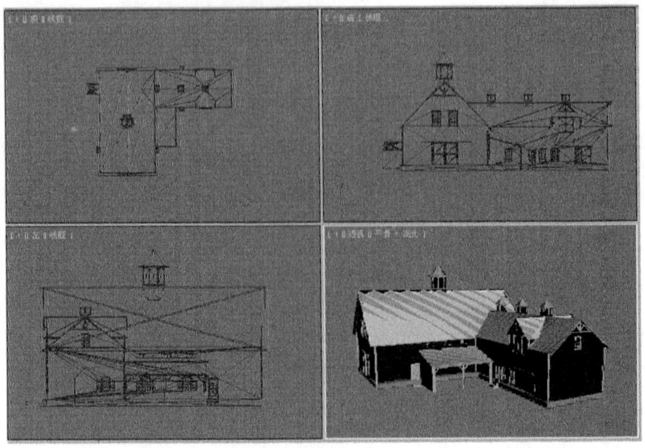

2 单击“显示”面板下“隐藏”卷展栏中的“全部取消隐藏”按钮 全部取消隐藏 ，即可将视图中隐藏的对象全部取消隐藏，如下图所示。

实战操作087 按名称隐藏

素材：Scene\Cha02\2-32.max

难度：★★★★★

场景：Scene\Cha02\实战操作087.max

视频：视频\ Cha02\实战操作087.avi

“隐藏对象”对话框与一般的名称选择框相同，列表中显示当前视图中存在的对象，可以有选择地进行隐藏，其操作步骤如下。

1 按“Ctrl+O”组合键，打开一幅素材模型，单击“显示”面板下“隐藏”卷展栏中的“按名称隐藏”按钮 按名称隐藏... ，如下图所示。

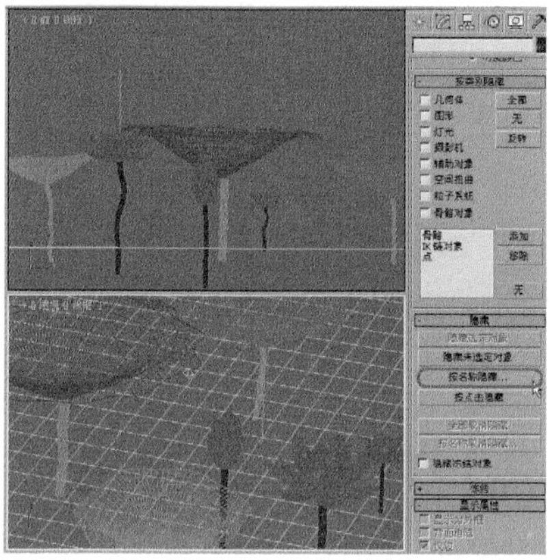

2 弹出“隐藏对象”对话框，在该对话框中选择隐藏对象的名称，单击“隐藏”按钮 隐藏 ，即可隐藏对象，如下图所示。

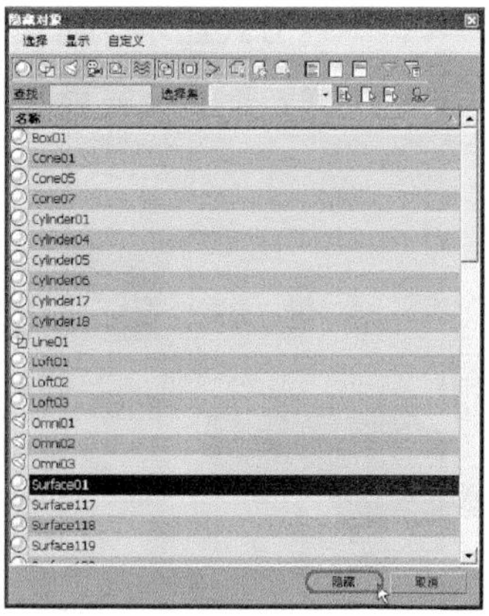

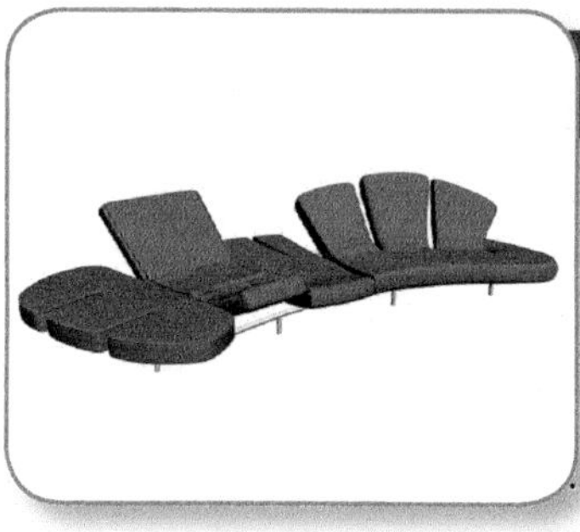

实战操作088　按名称取消隐藏

素材：Scene\Cha02\2-33.max

难度：★★★★★

场景：Scene\Cha02\实战操作088.max

视频：视频\ Cha02\实战操作088.avi

“取消隐藏对象”对话框与一般的名称选择框相同，列表中显示当前视图中隐藏的对象，可以单击需要取消隐藏对象的名称，即可将其取消隐藏，其操作步骤如下。

1 按“Ctrl+O”组合键，打开一幅素材模型，单击“显示”面板下“隐藏”卷展栏中的“按名称取消隐藏”按钮 按名称取消隐藏... ，如下图所示。

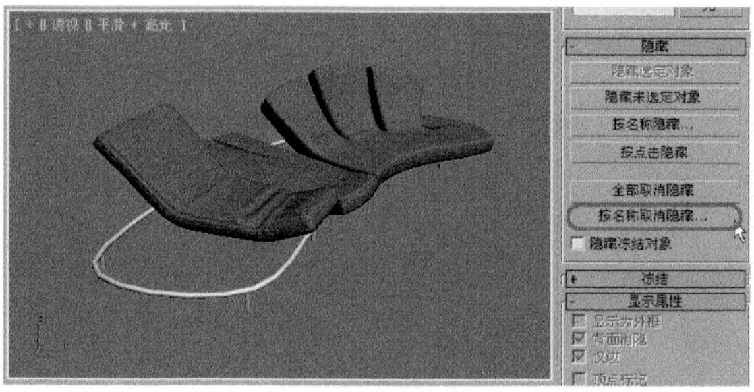

2 弹出“取消隐藏对象”对话框，在该对话框中选择取消隐藏对象的名称，单击“取消隐藏”按钮 取消隐藏 ，即可取消隐藏对象，如下图所示。

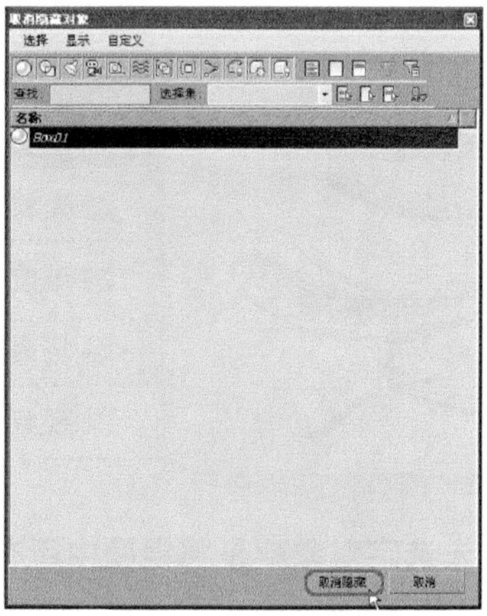

2.9 冻结对象

冻结时将所选择的对象固定，任何操作都不会再对它有影响，它将以灰色方式显示，防止它们阻碍操作，也避免对它们产生误操作。对于摄影机、灯光，冻结不会影响其照明和摄影功能。

实战操作089 冻结选定对象

- 素材：Scene\Cha02\2-34.max
- 难度：★★★★★
- 场景：Scene\Cha02\实战操作089.max
- 视频：视频\ Cha02\实战操作089.avi

冻结选定对象就是将当前视图中已经选择的对象进行冻结，其操作步骤如下。

1 按“Ctrl+O”组合键，打开一幅素材模型，如下图所示。

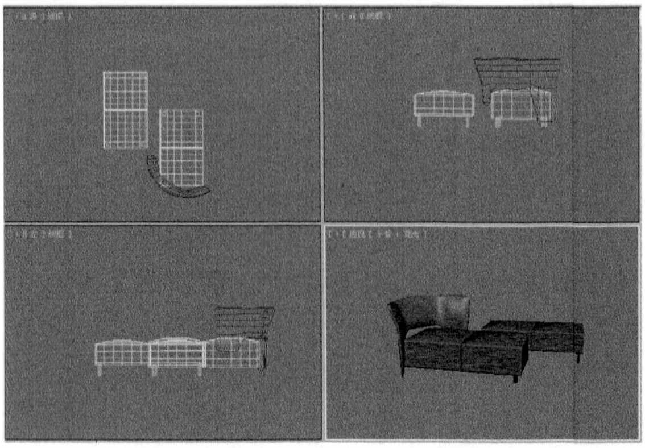

2 在视图中选定冻结对象，单击“显示”面板下“冻结”卷展栏中的“冻结选定对象”按钮 冻结选定对象 ，释放鼠标后，即将选定对象冻结，且呈灰色显示，如下图所示。

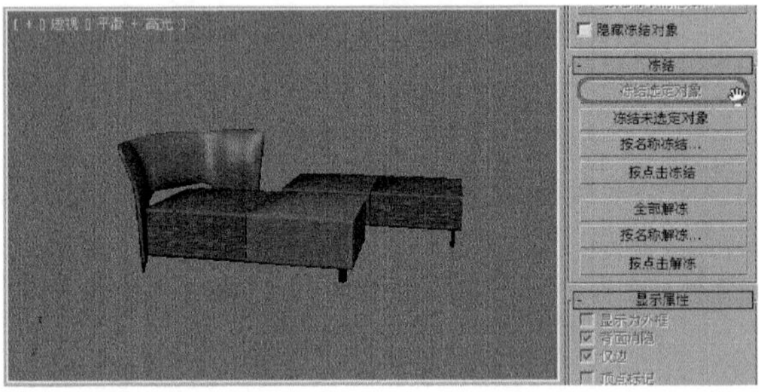

实战操作090 冻结未选定对象

- 素材：Scene\Cha02\2-35.max
- 难度：★★★★★
- 场景：Scene\Cha02\实战操作090.max
- 视频：视频\ Cha02\实战操作090.avi

冻结未选定对象就是将视图中所有未选择的对象冻结，其操作步骤如下。

1 按“Ctrl+O”组合键，打开一幅素材模型，如下图所示。

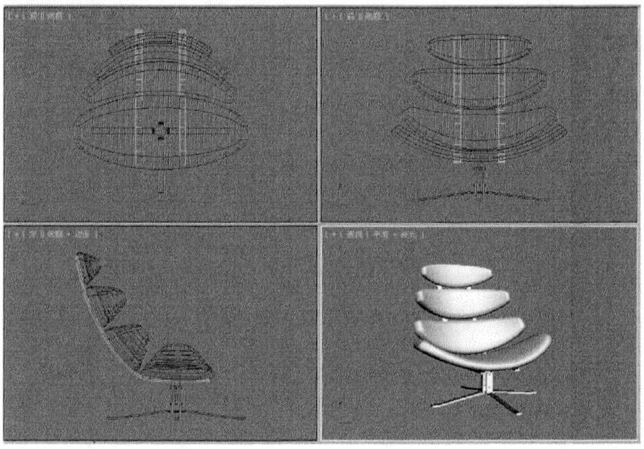

2 在视图中选定未冻结对象，单击“显示”面板下“冻结”卷展栏中的“冻结未选定对象” 冻结未选定对象 按钮，释放鼠标后，未选定对象被冻结，且呈灰色显示，如下图所示。

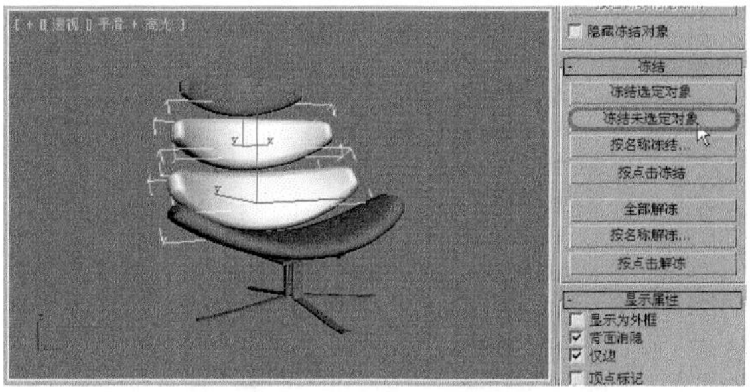

实战操作091 全部解冻

素材：Scene\Cha02\2-36.max

难度：★★★★★

场景：Scene\Cha02\实战操作091.max

视频：视频\ Cha02\实战操作091.avi

全部解冻即是将视图中已冻结的对象全部解冻，其操作步骤如下。

1 按“Ctrl+O”组合键，打开一幅素材模型，如下图所示。

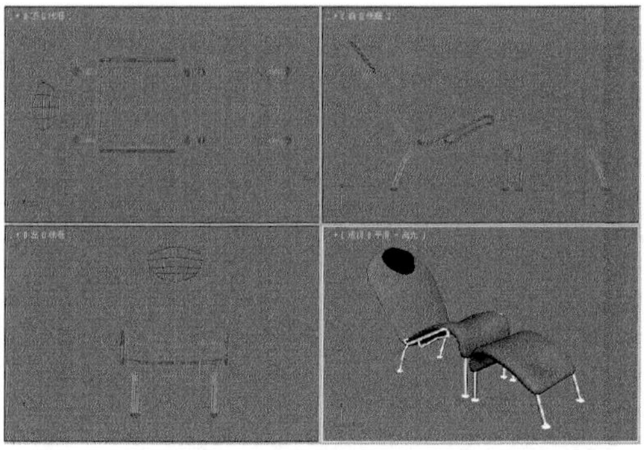

2 单击“显示”面板下“冻结”卷展栏中的“全部解冻”按钮 全部解冻 ，释放鼠标后，所有对象被解冻，如下图所示。

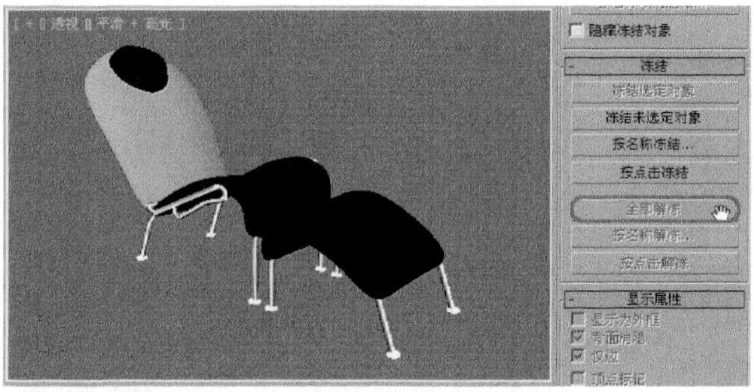

实战操作092 按名称冻结

素材：Scene\Cha02\2-37.max　　场景：无

难度：★★★★★　　视频：视频\ Cha02\实战操作092.avi

“冻结对象”对话框与一般的名称选择框相同，列表中显示当前视图中存在的对象，可以有选择地进行冻结，其操作步骤如下。

1 按“Ctrl+O”组合键，打开一幅素材模型，单击“显示”面板下“冻结”卷展栏中的“按名称冻结”按钮 按名称冻结... ，如下图所示。

2 弹出“冻结对象”对话框，在该对话框中选择冻结对象的名称，单击“冻结”按钮 冻结 ，即可冻结对象，如下图所示。

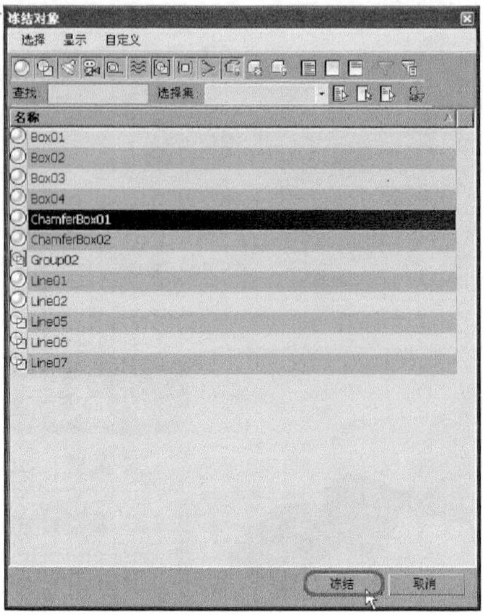

实战操作093 按点击冻结

素材：Scene\Cha02\2-38.max　　场景：无

难度：★★★★★　　视频：视频\ Cha02\实战操作093.avi

单击“按点击冻结”按钮，这时可以在视图中点取要冻结的对象，从而将它冻结，再次单击此按钮即可关闭，其操作步骤如下。

1 按“Ctrl+O”组合键，打开一幅素材模型，如下图所示。

2 单击“显示”面板下“冻结”卷展栏中的“按点击冻结”按钮 按点击冻结... ，移动鼠标至视图中，单击需要冻结的对象，如下图所示。

2.10 链接对象

链接主要用于控制有关层次链接方面的显示。

实战操作094 链接对象

- 素材：Scene\Cha02\2-39.max
- 难度：★★★★★
- 场景：Scene\Cha02\实战操作094.max
- 视频：视频\ Cha02\实战操作094.avi

将两个物体按父子关系链接起来，定义层级关系，以便进行链接运动操作，其操作步骤如下。

1 按“Ctrl+O”组合键，打开光盘中提供的素材文件2-39.max，如下图所示。

2 单击工具栏中的“选择并链接”按钮，如下图所示。

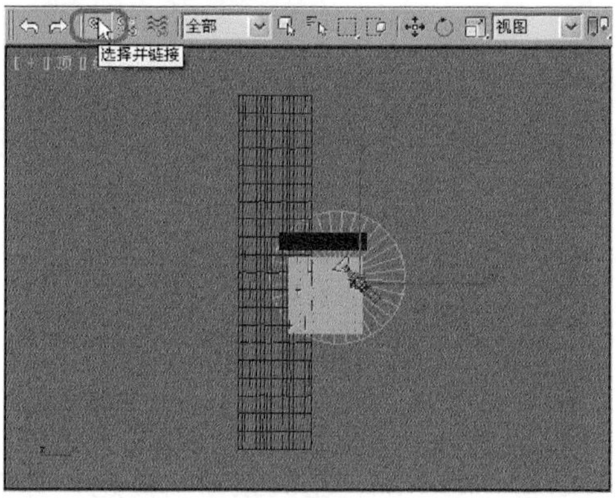

3 单击一个对象（子对象）并拖曳至另一个对象上（父对象），如下图所示。

4 单击目标对象并释放鼠标，即可建立两个对象之间的链接，如下图所示。

实战操作095 断开链接

素材：Scene\Cha02\2-39.max

难度：★★★★★

场景：Scene\Cha02\实战操作095.max

视频：视频\ Cha02\实战操作095.avi

断开链接就是取消两物体之间的层级关系，就是拆散父子关系，使子物体恢复独立，不再受父物体的约束，其操作步骤如下。

1 继续上一实例的操作，选择连接的对象，如下图所示。

2 选择要断开的子对象，单击工具栏中的“断开当前选择链接”按钮，如下图所示。

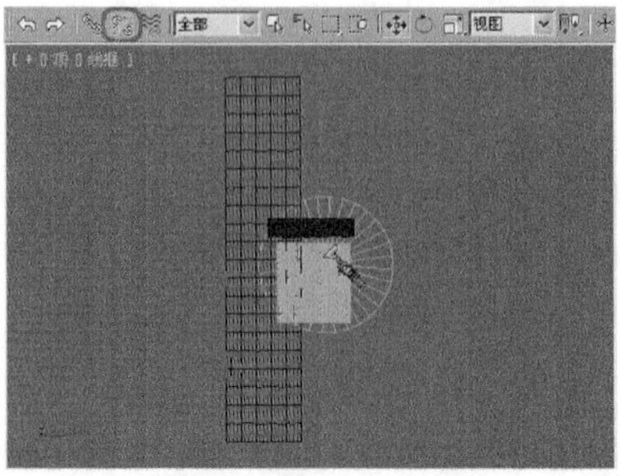

3 单击父对象，即可断开对象之间的链接，如下图所示。

4 激活“透视”视图，按F9键进行渲染，最终效果如下图所示。

实战操作096 绑定到空间扭曲

素材：Scene\Cha02\2-40.max

难度：★★★★★

场景：Scene\Cha02\实战操作096.max

视频：视频\ Cha02\实战操作096.avi

将选择物体绑定到空间扭曲物体上，使它受到空间扭曲物体的影响，空间扭曲物体是一类特殊的物体，它们本身不能被渲染，起到的作用是限制或加工绑定的物体，有不可估量的作用。绑定到空间扭曲的操作步骤如下。

1 按“Ctrl+O”组合键，打开一幅素材模型，单击工具栏中的“绑定到空间扭曲”按钮，如下图所示。

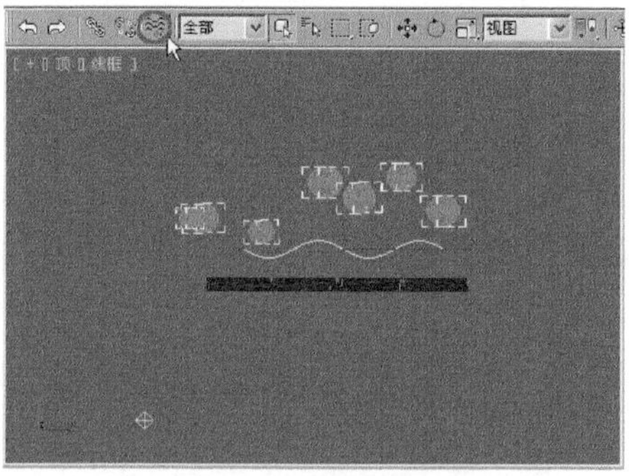

2 单击一个对象并拖曳到另一个对象上，单击鼠标并释放鼠标，即可制定对象进行绑定空间扭曲，如下图所示。

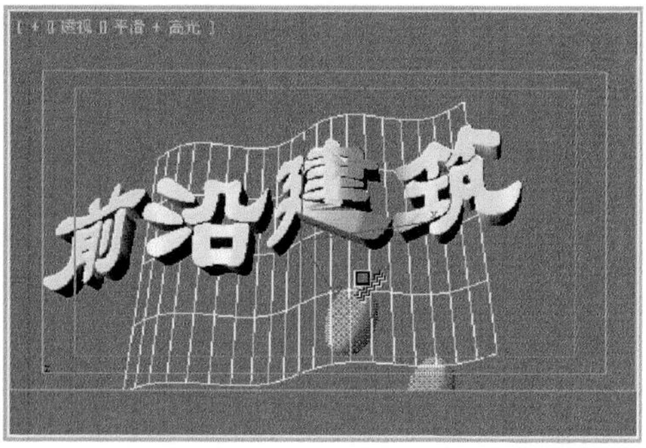

2.11 克隆建模

对当前选择的物体进行原地复制，复制的新物体将与原物体重合，占据相同的空间位置，可以再通过变换位置将它们移动到新位置。

实战操作097 克隆对象

- 素材：Scene\Cha02\2-41.max
- 难度：★★★★★
- 场景：Scene\Cha02\实战操作097.max
- 视频：视频\ Cha02\实战操作097.avi

将当前选择的物体进行原地复制，复制的对象与原对象相同，即为克隆对象，其操作步骤如下。

1 按“Ctrl+O”组合键，打开光盘中提供的素材文件2-41.max，如右图所示。

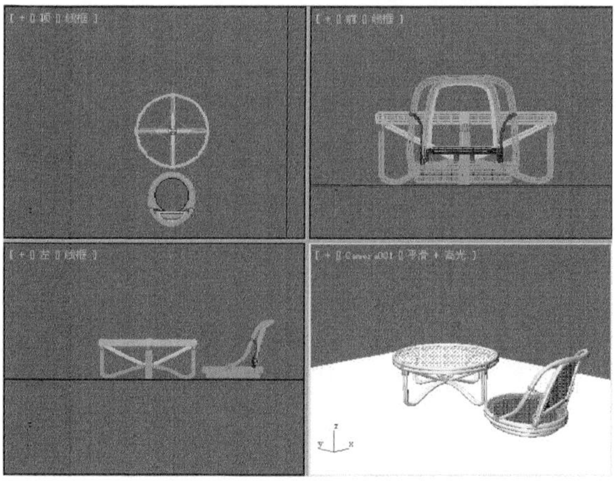

2 在视图中选择需要克隆的椅子对象，选择“编辑”|“克隆”命令，如下图所示。

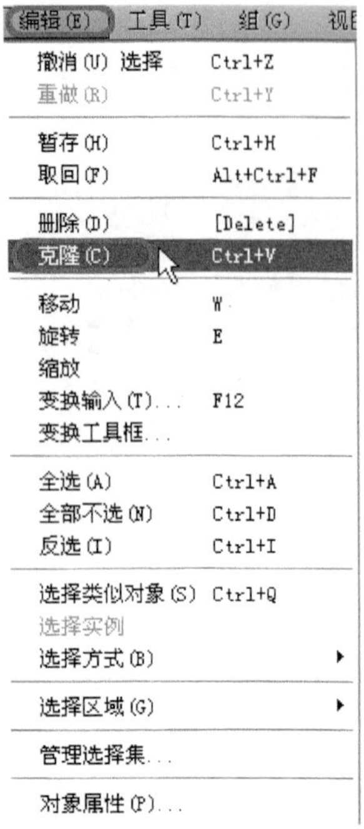

3 在弹出的“克隆选项”对话框中单击“确定”按钮，如下图所示，即可克隆出椅子对象。

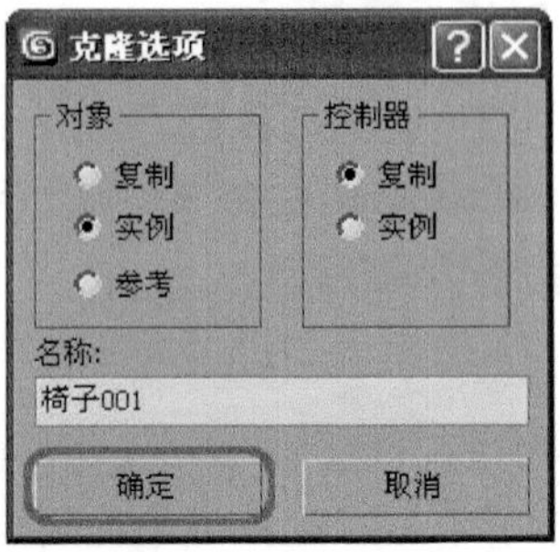

4 在视图中调整克隆对象的位置和角度，最终效果如下图所示。

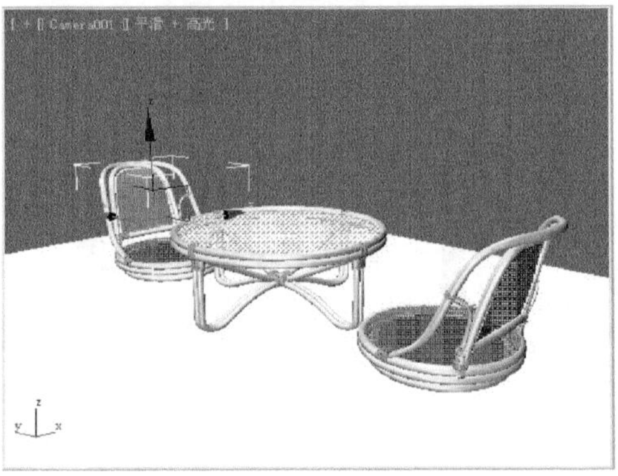

实战操作098 实例克隆

- 素材：Scene\Cha02\2-42.max
- 难度：★★★★★
- 场景：Scene\Cha02\实战操作098.max
- 视频：视频\ Cha02\实战操作098.avi

“实例克隆”是克隆的一种，克隆包括实例克隆、参考克隆、复制克隆。下面介绍实例克隆的应用，其操作步骤如下。

1 按“Ctrl+O”组合键，打开一幅素材模型，如右图所示。

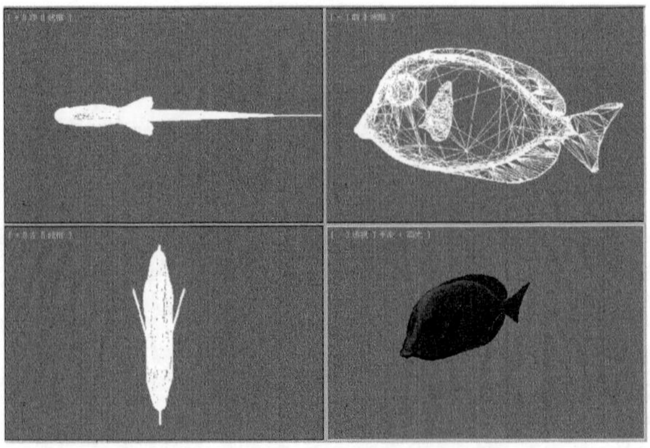

2 在视图中选择需要克隆的对象，单击菜单栏中的“编辑”按钮 编辑(E) ，在下拉菜单中选择“克隆”命令，如下图所示。

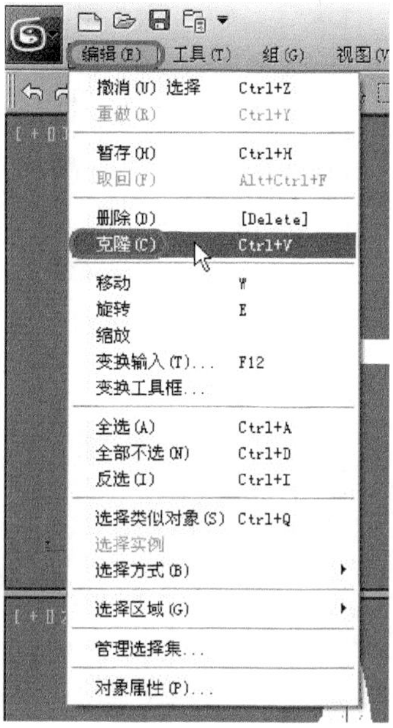

3 弹出“克隆选项”对话框，在“对象”选项区中选中“实例”单选按钮，单击“确定”按钮 确定 ，即可实例克隆，如下图所示。

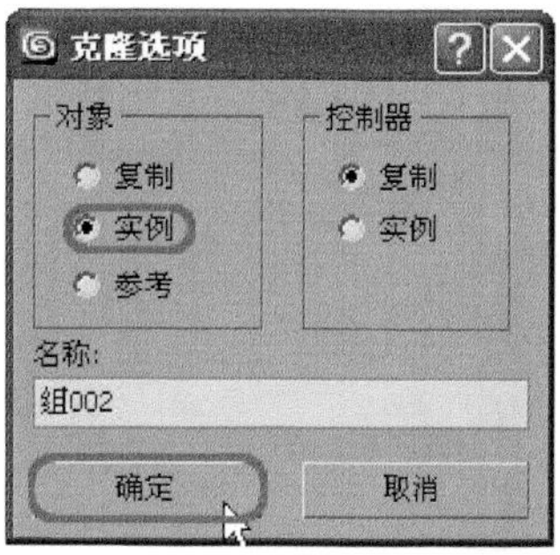

4 在视图中调整克隆对象的位置和角度，如下图所示。

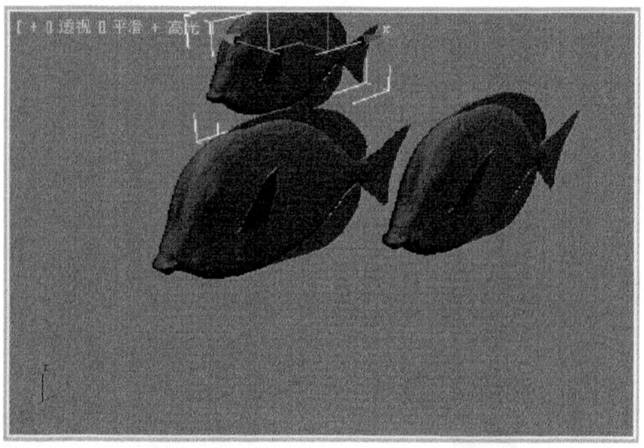

实战操作099 参考克隆

- 素材：Scene\Cha02\2-43.max
- 难度：★★★★★
- 场景：Scene\Cha02\实战操作099.max
- 视频：视频\ Cha02\实战操作099.avi

“参考克隆”与“实例克隆”相同，都是克隆的一种。下面介绍参考克隆的应用，其操作步骤如下。

1 按“Ctrl+O”组合键，打开一幅素材模型，如右图所示。

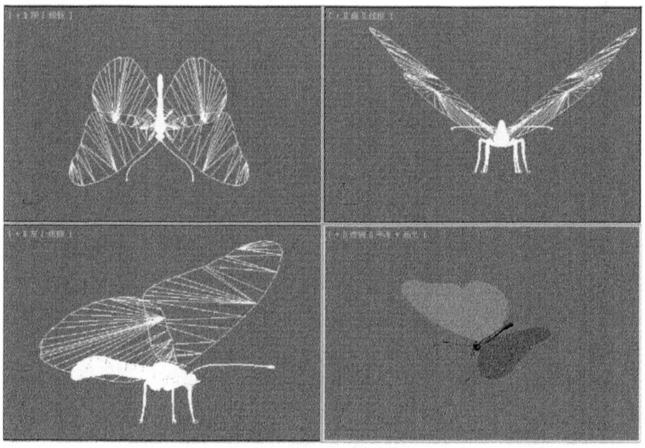

2 在视图中选择需要克隆的对象，单击菜单栏中的“编辑”按钮，在下拉菜单中选择“克隆”命令，如下图所示。

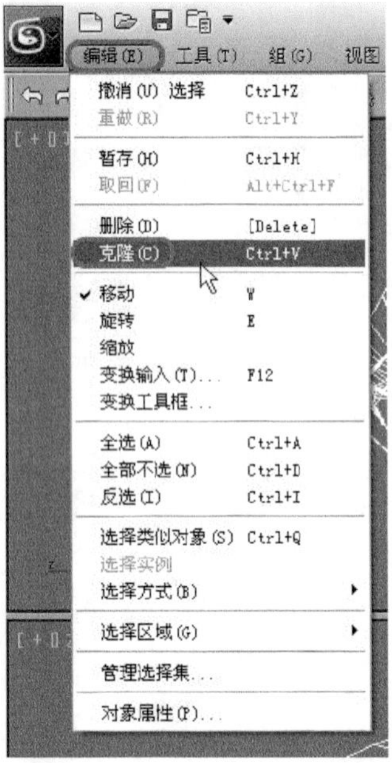

3 弹出“克隆选项”对话框，在“对象”选项区中选中“参考”单选按钮，单击“确定”按钮，即可参考克隆，如下图所示。

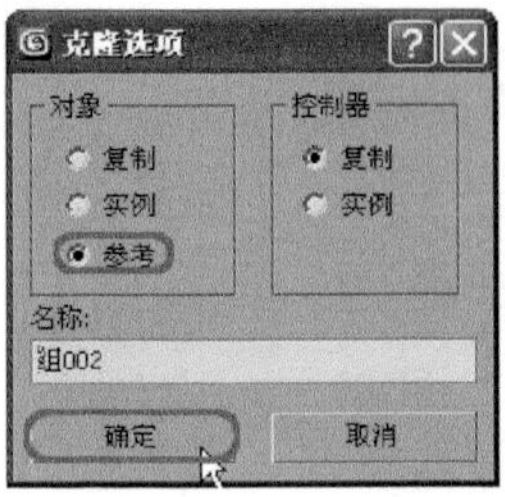

4 在视图中调整克隆对象的位置、角度和大小，如下图所示。

实战操作100 运用“Shift”键复制

- 素材：Scene\Cha02\2-44.max
- 难度：★★★★★
- 场景：Scene\Cha02\实战操作100.max
- 视频：视频\ Cha02\实战操作100.avi

Shift键通常与基本变换命令组合，包括移动、旋转、缩放，可以在变换物体的同时进行克隆，产生被变换的克隆物体，其操作步骤如下。

1 按“Ctrl+O”组合键，打开一幅素材模型，如下图所示。

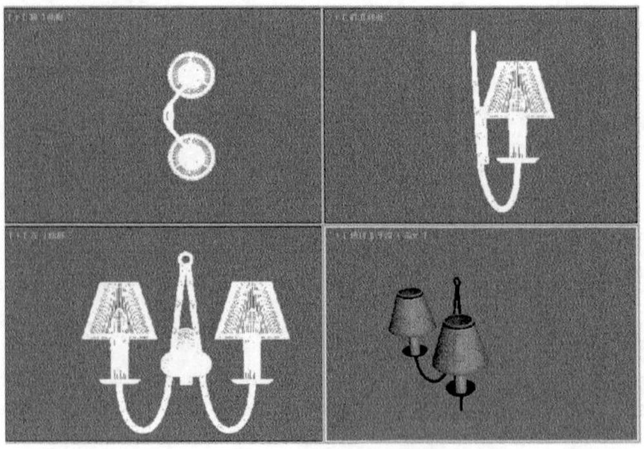

2 在视图中单击需要复制的对象，单击工具栏中的“选择并移动”按钮，按住鼠标左键并配合Shift键将其沿X轴方向移动，如下图所示。

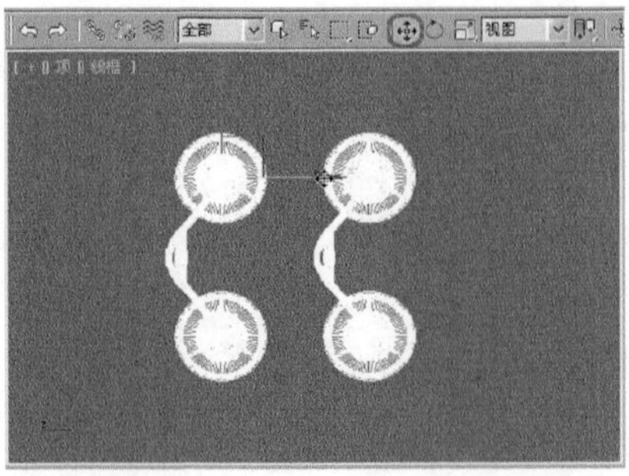

3 移动至适当位置处松开鼠标左键，在弹出的“克隆选项”对话框中选中“复制”单选按钮，将“副本数”设置为1，然后单击“确定”按钮，如下图所示。

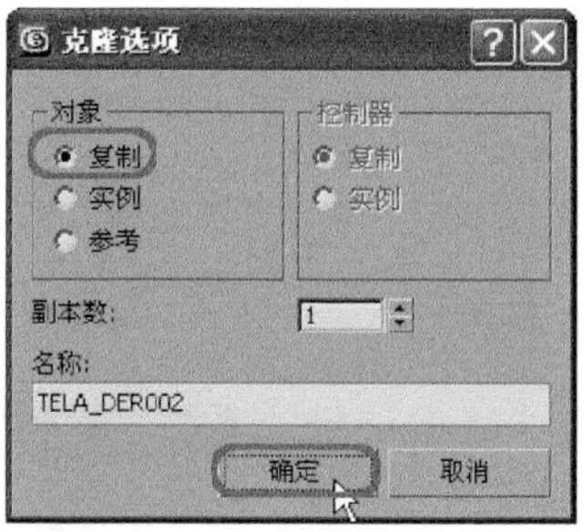

4 在视图中调整克隆对象的位置和角度，如下图所示。

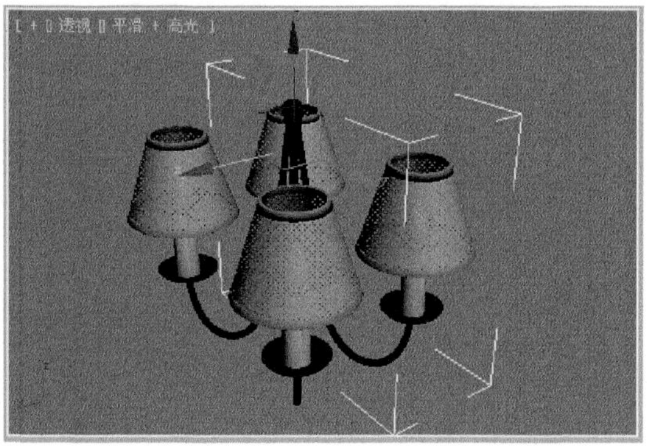

2.12 镜像建模

产生一个或多个物体的镜像。镜像物体可以选择不同的克隆方式，同时可以沿着指定大的坐标轴进行偏移。镜像工具可以镜像阵列，添加动画。

实战操作101　水平镜像

- 素材：Scene\Cha02\2-45.max
- 难度：★★★★★
- 场景：Scene\Cha02实战操作101.max
- 视频：视频\ Cha02\实战操作101.avi

镜像物体选择不同的镜像方式，以水平方式进行镜像即为水平镜像，其操作步骤如下。

1 按“Ctrl+O”组合键，打开素材模型，在视图中选择需要镜像的对象，单击工具栏中的“镜像”按钮，如下图所示。

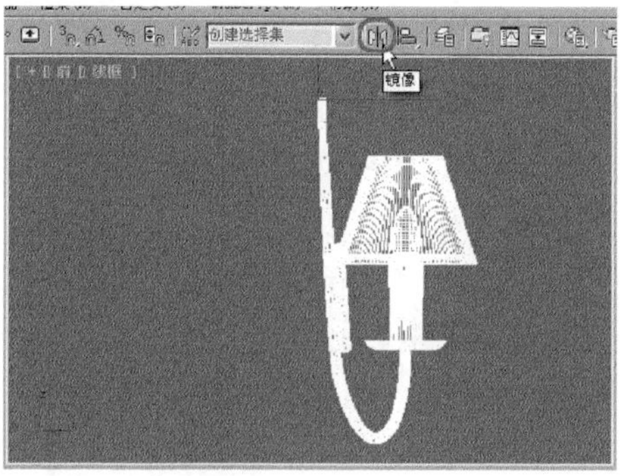

2 弹出“镜像：屏幕 坐标”对话框，在“镜像轴”选项区中选中“X”单选按钮，在“克隆当前选项”选项区中选中“复制”单选按钮，单击“确定”按钮，即可水平镜像，如右图所示。

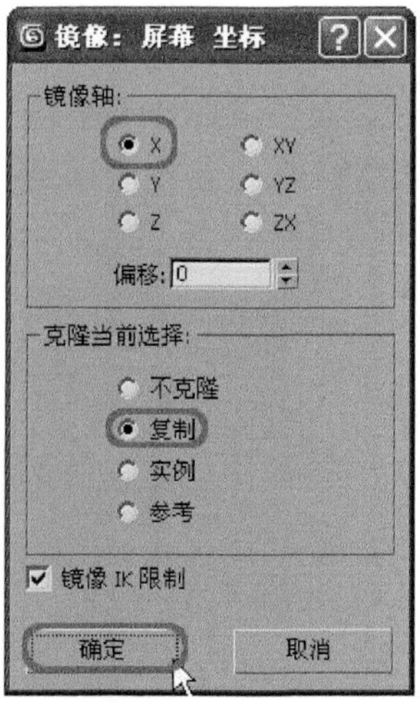

实战操作102 垂直镜像

- 素材：Scene\Cha02\2-46.max
- 难度：★★★★★
- 场景：Scene\Cha02\实战操作102.max
- 视频：视频\ Cha02\实战操作102.avi

镜像物体以垂直方向进行镜像即为垂直镜像，其操作步骤如下。

1 按“Ctrl+O”组合键，打开一幅素材模型，在视图中选择需要镜像的对象，单击工具栏中的“镜像”按钮，如下图所示。

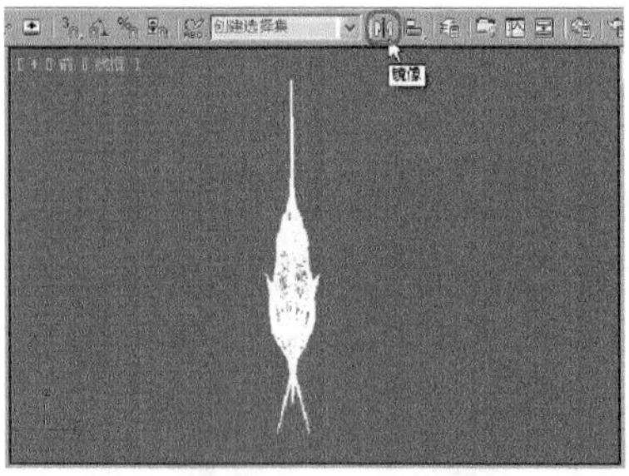

2 弹出“镜像：世界 坐标”对话框，在“镜像轴”选项区中选中“Z”单选按钮，在“克隆当前选项”选项区中选中“复制”单选按钮，单击“确定”按钮，即可垂直镜像，如右图所示。

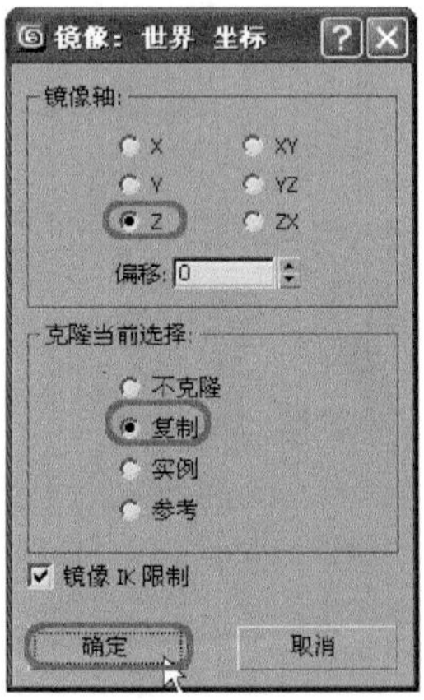

实战操作103 XY轴镜像

- 素材：Scene\Cha02\2-47.max
- 难度：★★★★★
- 场景：Scene\Cha02\实战操作103.max
- 视频：视频\ Cha02\实战操作103.avi

对象沿着XY轴镜像为XY轴镜像，其操作步骤如下。

1 按“Ctrl+O”组合键，打开一幅素材模型，在视图中选择需要镜像的对象，单击工具栏中的“镜像”按钮，如下图所示。

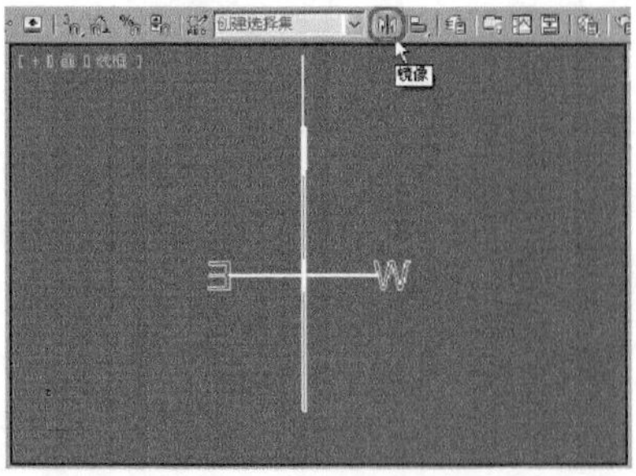

2 弹出“镜像：世界 坐标”对话框，在“镜像轴”选项区中选中“XY”单选按钮，在“克隆当前选项”选项区中选中“复制”单选按钮，单击“确定”按钮，即可将XY轴镜像，如右图所示。

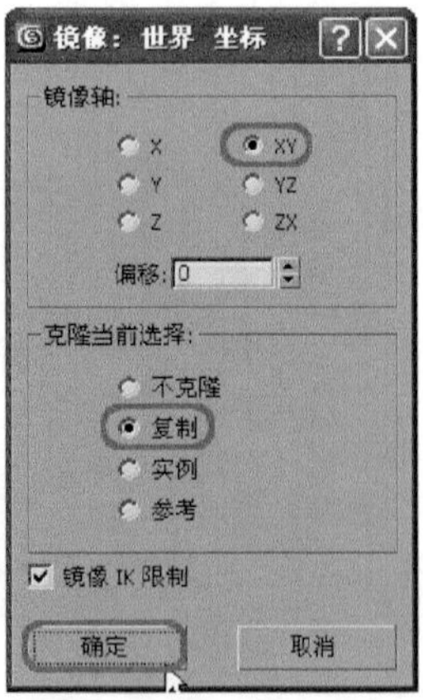

实战操作104　YZ轴镜像

素材：Scene\Cha02\2-48.max

难度：★★★★★

场景：Scene\Cha02\实战操作104.max

视频：视频\ Cha02\实战操作104.avi

对象沿着YZ轴镜像称为YZ轴镜像，其操作步骤如下。

1 按“Ctrl+O”组合键，在弹出的对话框中打开素材文件2-48.max，在视图中选择“调料瓶02”对象，然后单击工具栏中的“镜像”按钮，如下图所示。

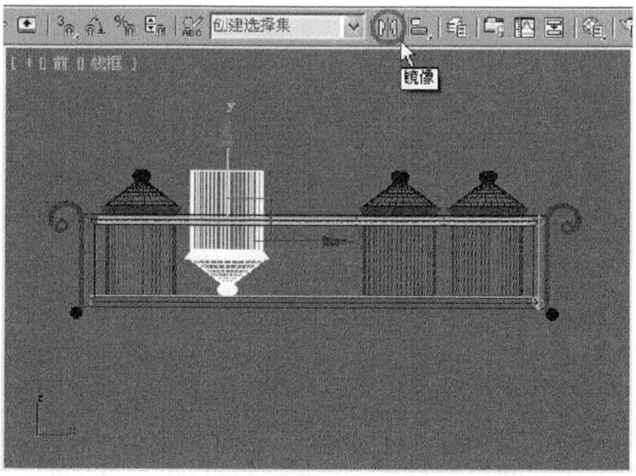

2 弹出“镜像：屏幕 坐标”对话框，在“镜像轴”选项区中选中“YZ”单选按钮，在“克隆当前选择”选项区中选中“不克隆”单选按钮，然后单击“确定”按钮，如下图所示。

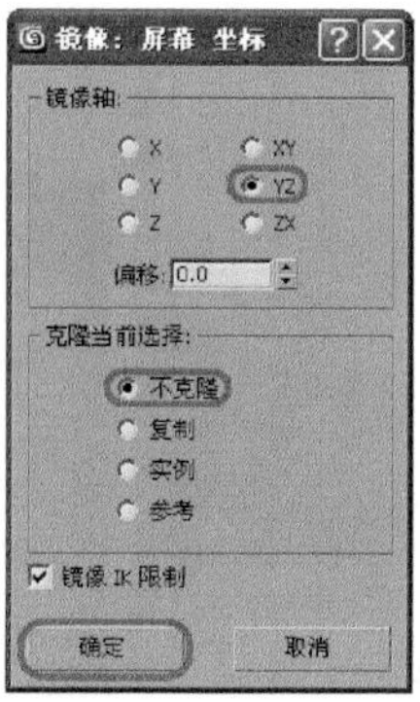

实战操作105　ZX轴镜像

素材：Scene\Cha02\2-49.max

难度：★★★★★

场景：Scene\Cha02\实战操作105.max

视频：视频\ Cha02\实战操作105.avi

对象沿着ZX轴镜像为ZX轴镜像，其操作步骤如下。

1 按“Ctrl+O”组合键，打开一幅素材模型，在视图中选择需要镜像的对象，单击工具栏中的“镜像”按钮，如右图所示。

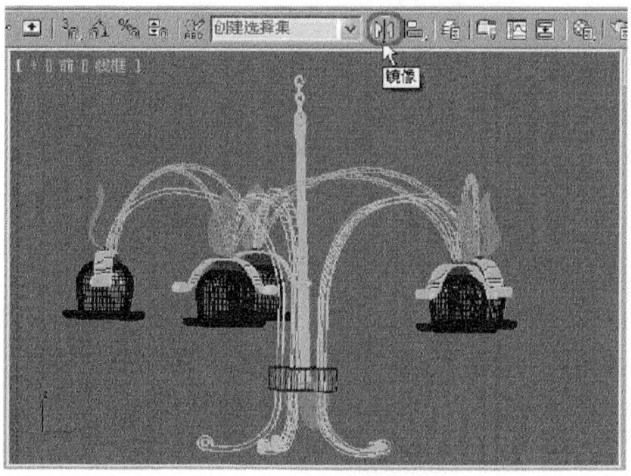

2 弹出“镜像：世界 坐标”对话框，在“镜像轴”选项区中选中“ZX”单选按钮，在“克隆当前选择”选项区中选中“不克隆”单选按钮，单击“确定”按钮 确定 ，即可ZX轴镜像，如右图所示。

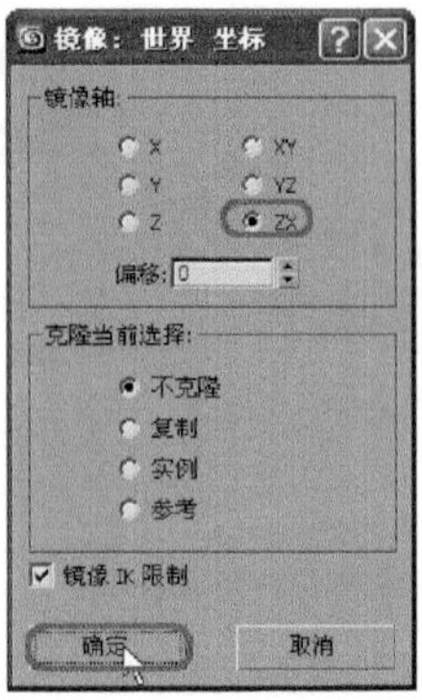

2.13 阵列建模

创建当前选择物体的阵列，它可以控制产生一维、二维、三维的阵列复制，常用于大量有序地复制物体。

实战操作106 移动阵列

- 素材：Scene\Cha02\2-50.max
- 难度：★★★★★
- 场景：Scene\Cha02\实战操作106.max
- 视频：视频\ Cha02\实战操作106.avi

在阵列中分别设置3个轴向的偏移量即可进行移动阵列，其操作步骤如下。

1 单击按钮，在弹出的下拉列表中选择“打开”选项，打开2-50.max素材文件，如下图所示。

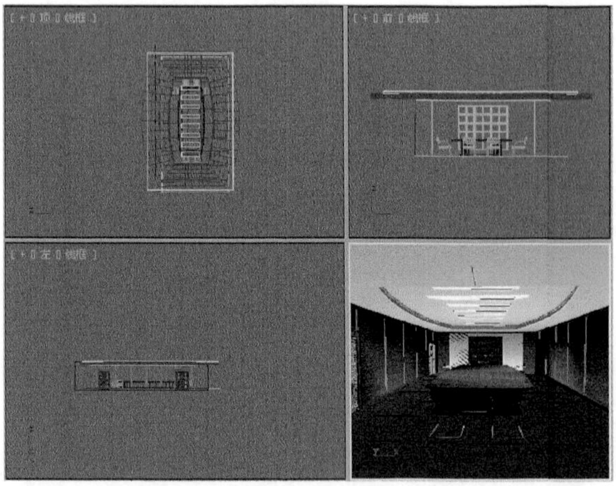

2 激活“顶”视图，在“顶”视图中选择需要阵列的两个椅子，单击菜单栏中的“工具”按钮，在下拉菜单中选择“阵列”命令，如右图所示。

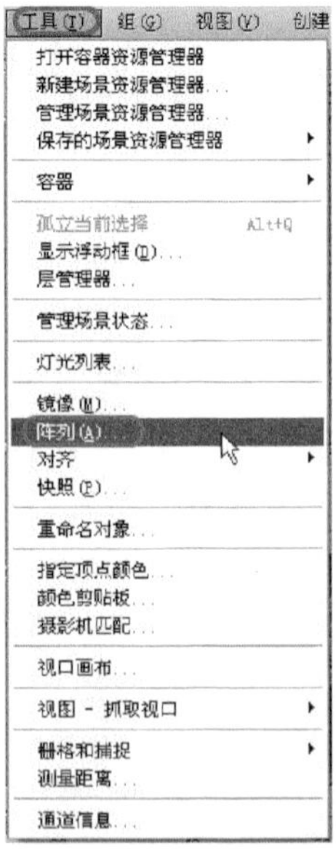

3 弹出“阵列”对话框，在“总计”选项下单击“移动”左侧的按钮 > ，并在“Y”下方的文本框中输入的值为-7600.0；在“阵列维度”选项区中的“1D”微调框中输入的值为7，单击“预览”按钮，可以在场景中看到阵列后的效果，单击“确定”按钮，如下图所示。

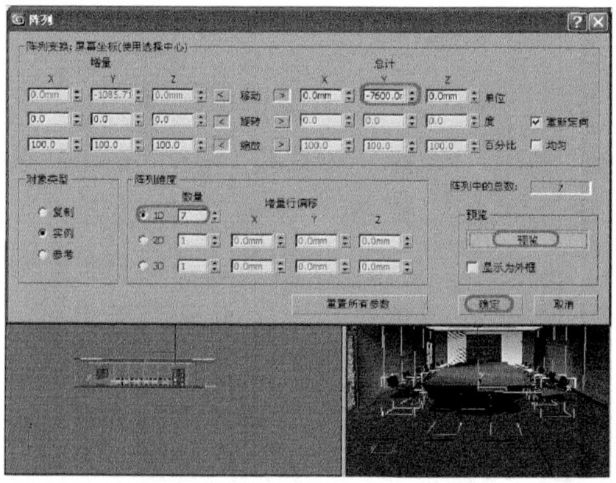

4 这样就完成了移动阵列。激活“摄影机”视图，按F9键进行快速渲染，渲染完成后的效果如下图所示。

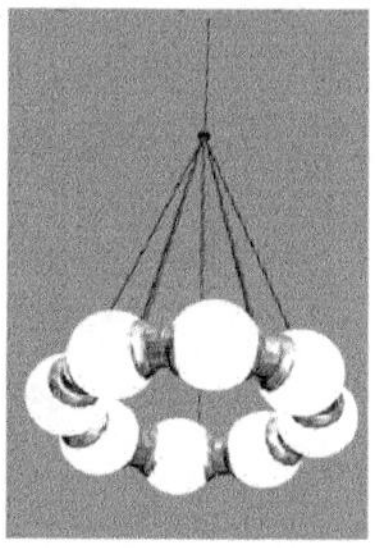

实战操作107 旋转阵列

素材：Scene\Cha02\2-51.max

难度：★★★★★

场景：Scene\Cha02实战操作107.max

视频：视频\ Cha02\实战操作107.avi

在阵列中分别设置沿3个轴向旋转的角度值即可进行旋转阵列，其操作步骤如下。

1 按“Ctrl+O”组合键，打开一幅素材模型，在视图中选择需要阵列的对象，单击菜单栏中的“工具”按钮 工具(T) ，在下拉菜单中选择“阵列”命令，如右图所示。

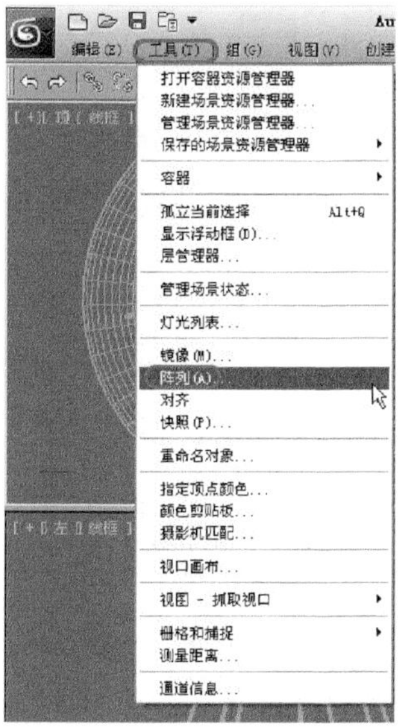

2 弹出“阵列”对话框，在“增量”选项下单击“旋转”左侧的按钮 < ，并在“Z”下方的微调框中输入的值为45；在“阵列维度”选项区中选中“1D”单选按钮，在其后的微调框中输入的值为8，单击“确定”按钮 确定 ，即可旋转阵列，如下图所示。

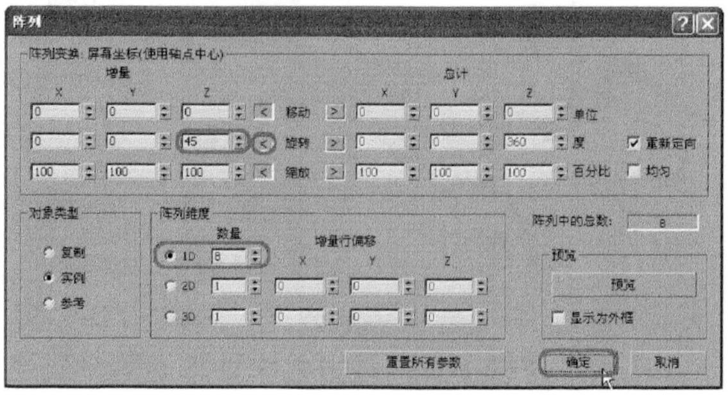

实战操作108 缩放阵列

- 素材：Scene\Cha02\2-52.max
- 难度：★★★★★
- 场景：Scene\Cha02\实战操作108.max
- 视频：视频\ Cha02\实战操作108.avi

在阵列中分别设置在3个轴向上缩放的百分比比例即可进行缩放阵列，其操作步骤如下。

1 按“Ctrl+O”组合键，打开素材模型，在视图中选择需要阵列的对象，单击菜单栏中的“工具”按钮 工具(T)，在下拉菜单中选择“阵列”命令，如下图所示。

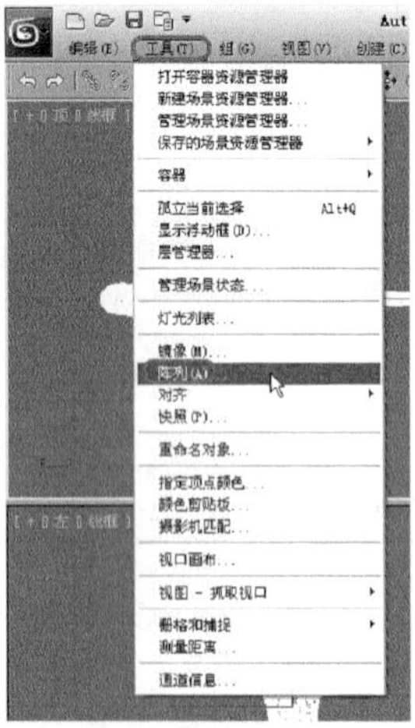

2 弹出“阵列”对话框，在“总计”选项下单击“缩放”右侧的按钮 >，并在“X”、“Y”、“Z”下方的文本框中分别输入的值为20，在“增量”选项下单击移动左侧的按钮，并在“X”、“Y”下方微调框中分别输入的值为180、45；在“阵列维度”选项区中选中“1D”单选按钮，在其后的微调框中输入的值为4，单击“确定”按钮 确定，即可缩放阵列，如下图所示。

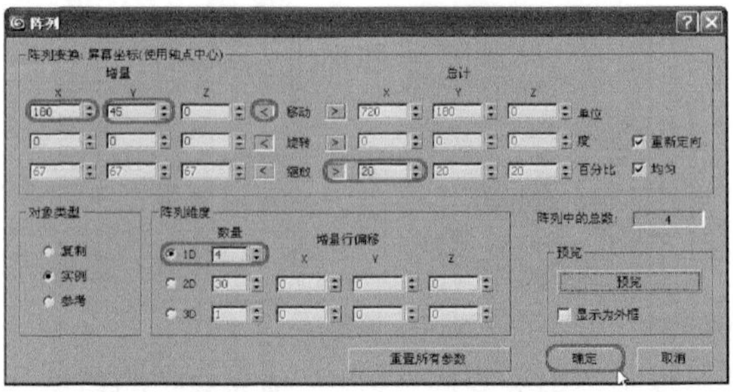

2.14 间隔建模

在一条曲线路径上将物体进行批量复制，并且整齐均匀排列在路径上，还可以设置物体的间距方式和轴心点是否与曲线切线对齐。

实战操作109 按计数间隔复制

- 素材：Scene\Cha02\2-53.max
- 难度：★★★★★
- 场景：Scene\Cha02\实战操作109.max
- 视频：视频\ Cha02\实战操作109.avi

在间隔建模中有两种方式，计数间隔复制是其中之一，其操作步骤如下。

1 按“Ctrl+O”组合键，打开一幅素材模型，如下图所示。

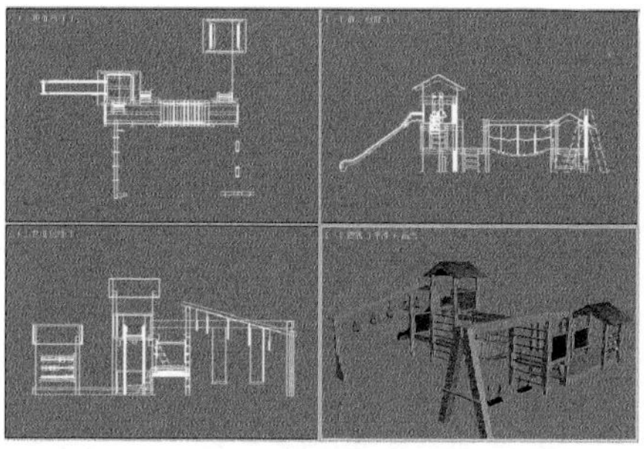

2 在视图中选择握手对象，单击菜单栏中的“工具”按钮，在下拉菜单中选择“对齐”|“间隔工具”命令，如下图所示。

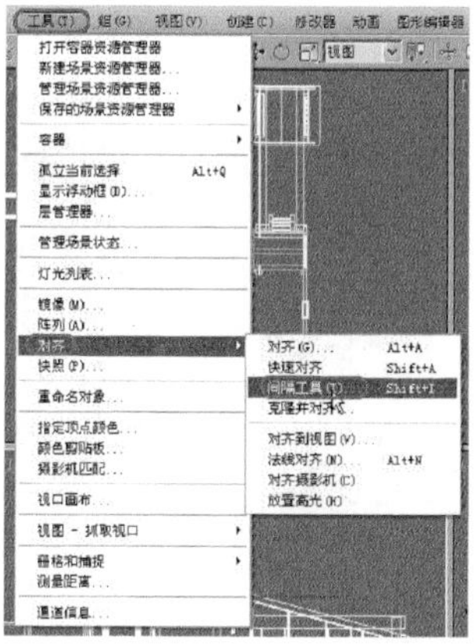

3 弹出“间隔工具”对话框，移动鼠标至左视图中拾取路径Line001,并在计数右侧的微调框中输入的值为5，单击“应用”按钮 应用 ，即可间隔复制握手，如下图所示。

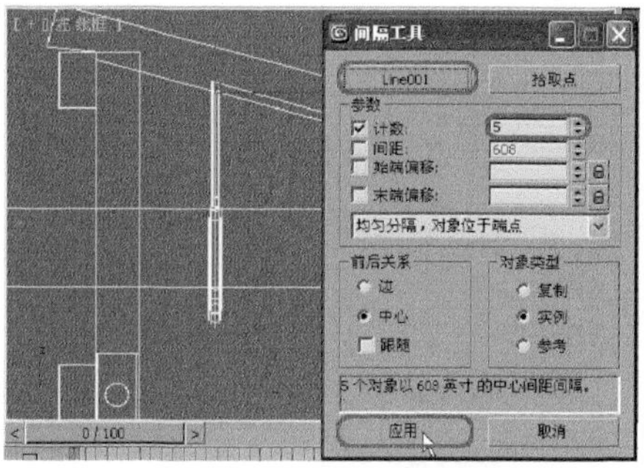

4 单击“关闭”按钮 关闭 ，关闭“间隔工具”对话框，选择并移动复制对象的位置，并删除源对象，如下图所示。

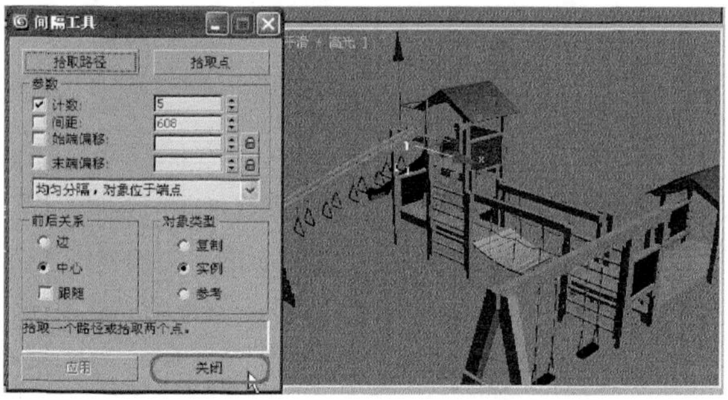

实战操作110　按间距间隔复制

素材：Scene\Cha02\2-54.max

难度：★★★★★

场景：Scene\Cha02\实战操作110.max

视频：视频\ Cha02\实战操作110.avi

通过间距间隔复制的方式进行建模，通过设定间隔数值来进行间距间隔复制，其操作步骤如下。

1 按“Ctrl+O”组合键，打开素材模型，如右图所示。

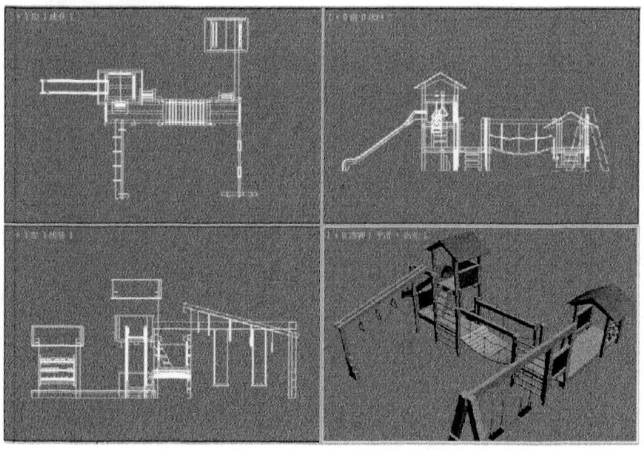

2 在视图中选择握手对象，单击菜单栏中的“工具”按钮 工具(T)，在下拉菜单中选择“对齐”|“间隔工具”命令，如下图所示。

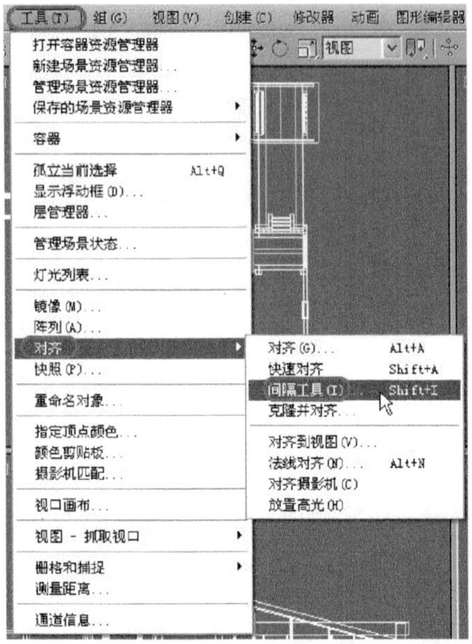

3 弹出“间隔工具”对话框，移动鼠标至左视图中拾取路径Line001，选中“间隔”复选框，并在其后的微调框中输入的数值为608，单击“应用”按钮 应用，即可间隔复制握手，如下图所示。

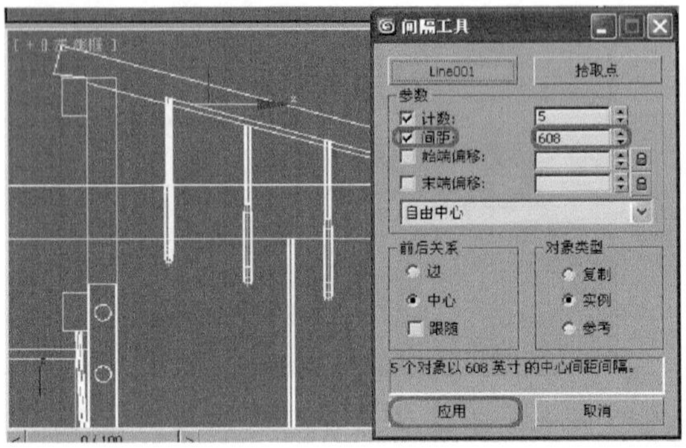

4 单击“关闭”按钮 关闭，关闭“间隔工具”对话框，选择并移动复制对象的位置，并删除源对象，如下图所示。

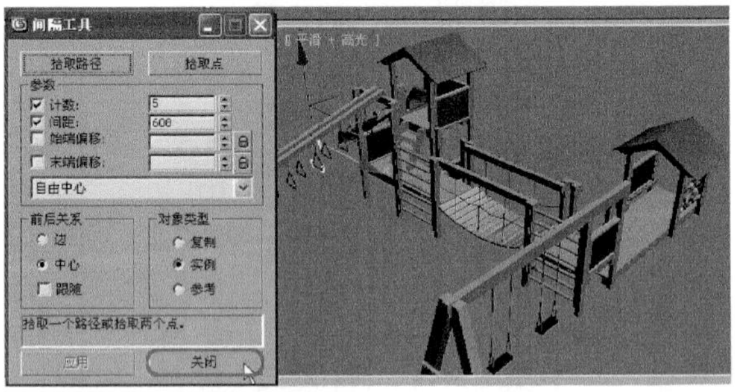

2.15 快照建模

将特定帧的物体以当时的状态克隆出一个新的物体，就像拍了一张照片一样，结果会得到一个瞬间的造型。快照工具不仅可以留下单帧造型，还可以进行连续拍摄，克隆一连串的动态造型。

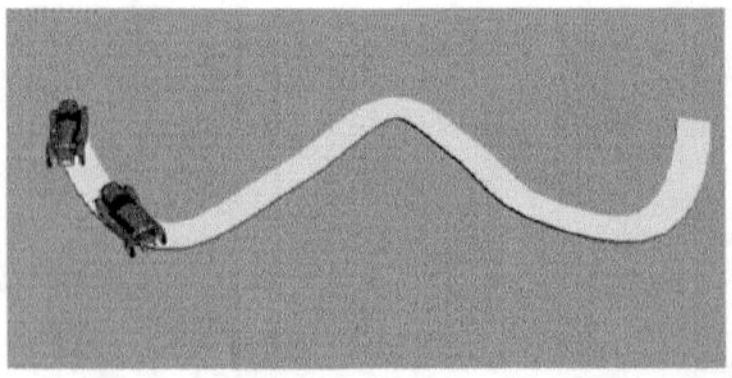

实战操作111 单一快照

- 素材：Scene\Cha02\2-55.max
- 难度：★★★★★
- 场景：Scene\Cha02\实战操作111.max
- 视频：视频\ Cha02\实战操作111.avi

单一快照就是在当前帧对选择物体进行快照，克隆一个新物体，其操作步骤如下。

1 按“Ctrl+O”组合键，打开一幅素材模型，选择车对象，在菜单栏中单击“工具”按钮，在下拉菜单中选择“快照”命令，如右图所示。

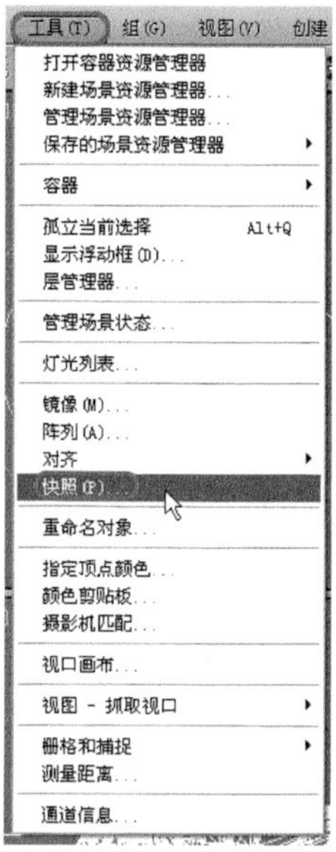

2 弹出“快照”对话框，选中“单一”单选按钮，单击“确定”按钮，即可快照复制车对象，并沿X轴拖曳快照出的车对象，如下图所示。

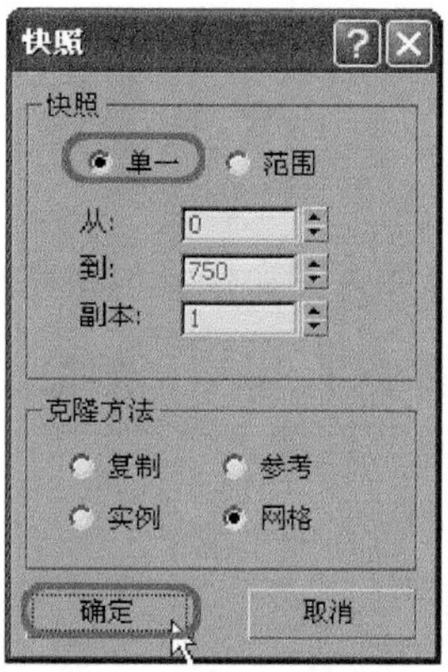

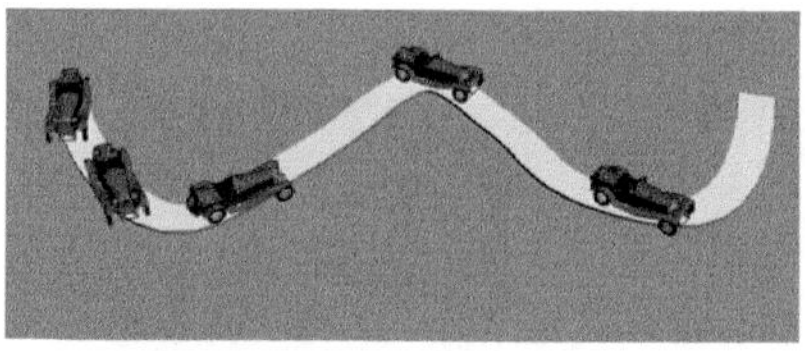

实战操作112 范围快照

- 素材：Scene\Cha02\2-56.max
- 难度：★★★★★
- 场景：Scene\Cha02\实战操作112.max
- 视频：视频\ Cha02\实战操作112.avi

控制对一段动画中的选择物体进行克隆即为范围快照，其操作步骤如下。

1 按“Ctrl+O”组合键，打开素材模型，选择车对象，在菜单栏中单击“工具”按钮，在下拉菜单中选择“快照”命令，如右图所示。

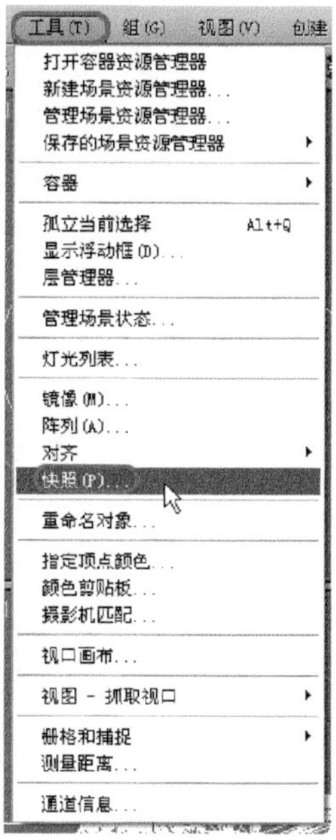

2 弹出“快照”对话框，选中“范围”单选按钮，并设置“副本”为5，单击“确定”按钮，即可范围快照出车对象，并沿Y轴拖曳快照出的第一个车对象，如下图所示。

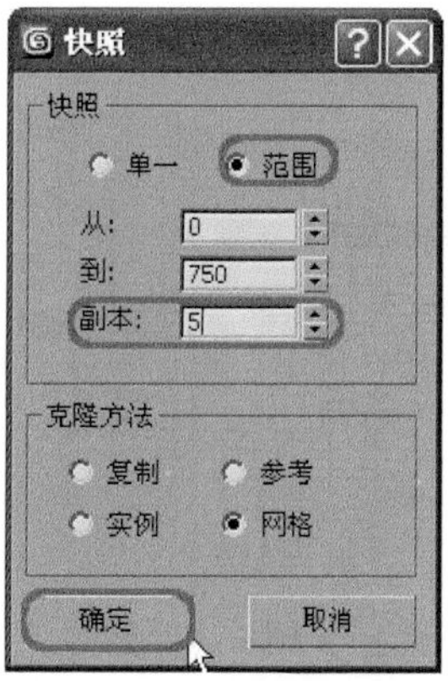

实战操作113 克隆并对齐

素材：Scene\Cha02\2-57.max

难度：★★★★★

场景：Scene\Cha02\实战操作113.max

视频：视频\ Cha02\实战操作113.avi

运用克隆并对齐命令，可将克隆的对象与源对象对齐，其操作步骤如下。

1 单击按钮，在弹出的下拉列表中选择“打开”选项，打开2-57.max素材文件，如下图所示。

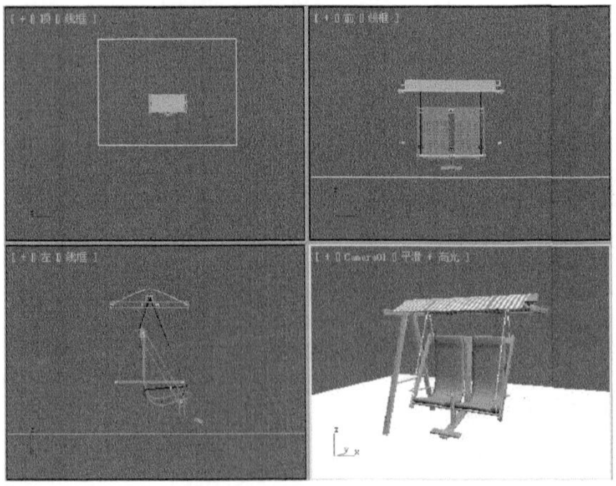

2 在场景中选择支架对象，在单栏中选择“工具”|“对齐”|“克隆并对齐”命令，如下图所示。

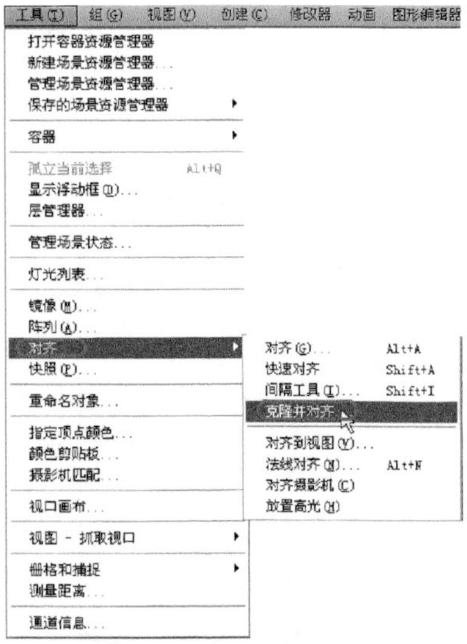

3 弹出“克隆并对齐”对话框，单击“目标对象”下的“拾取”按钮，移动鼠标至视图中，拾取摇椅支架对象，在“对齐参数”卷展栏中的“对齐位置”选项区中取消选中“X位置”和“Y位置”的复选框，在“对齐方向”选项区取消选中“X轴”和“Y轴”复选框，按Enter键确认，单击“应用”按钮，即可克隆并对齐对象，如下图所示。

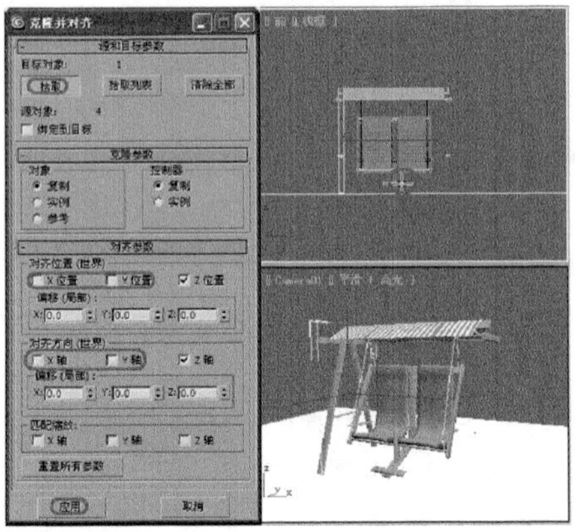

4 完成克隆以后，在场景中调整其位置，按F9键进行快速渲染，渲染完成后的效果如下图所示。

Chapter 03

第3章

基础建模

三维建模可以使用“基本几何形”、“扩展几何形”工具等来创建，但很多复杂的三维模型都是通过2D样条加工生成的 。本章将介绍如何在3ds Max 2012中使用“几何体”面板及“图形”面板中的工具进行基础建模，使读者对基础建模有所了解，并掌握基础建模的方法。

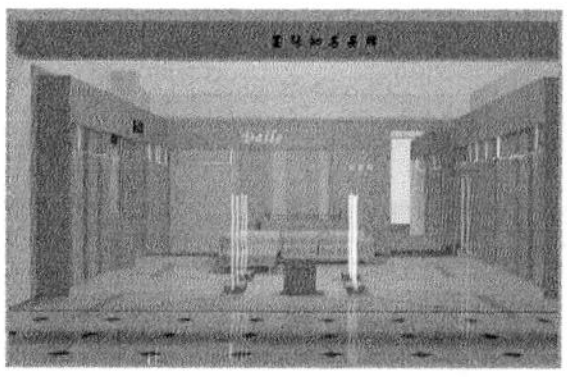

3.1 三维基础建模的基本操作

在本节中将介绍为模型命令，更改模型颜色等这些最基本的操作，为以后制作模型提供方便。

实战操作114 为模型命名

素材：Scene\Cha03\3-1.max　　场景：无

难度：★★★★★　　视频：视频\Cha03\实战操作114.avi

在3ds Max中建立许多比较大的场景时，需要对场景或模型进行命名，保存后，方便以后查找使用。为模型命名的操作步骤如下。

1 按“Ctrl+O”组合键，打开一幅素材模型，选择模型，单击“创建”按钮，展开“名称和颜色”卷展栏，显示对象的基本信息，如下图所示。

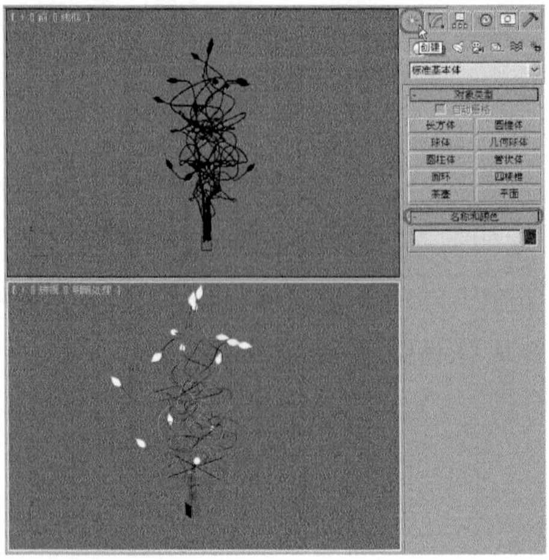

2 在“名称和颜色”卷展栏下面的文本框中输入“落地灯”，即可为模型命名，如下图所示。

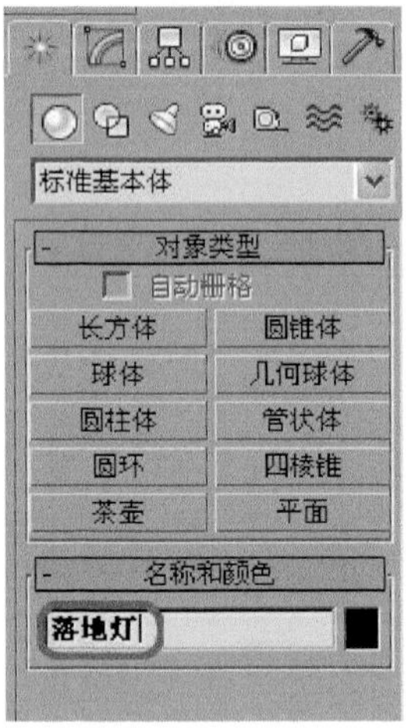

实战操作115 为模型更换颜色

素材：无　　场景：无

难度：★★★★★　　视频：视频\Cha03\实战操作115.avi

在Max场景中建立许多模型，有时需要更改模型的颜色，以方便观察和更改编辑。对象线框颜色主要用作组织工具使用。对象命名策略、命名的选择集、对象线框颜色策略将提供一整套用于组织的工具。为模型更换颜色的操作步骤如下。

1 单击场景中需要更换颜色的模型，单击3ds Max界面右侧的“创建”按钮，打开创建面板，如下图所示。

2 单击“对象名称”字段右侧的色块，弹出“对象颜色”对话框，更改颜色后单击“确定”按钮 确定 ，完成颜色更换，如下图所示。

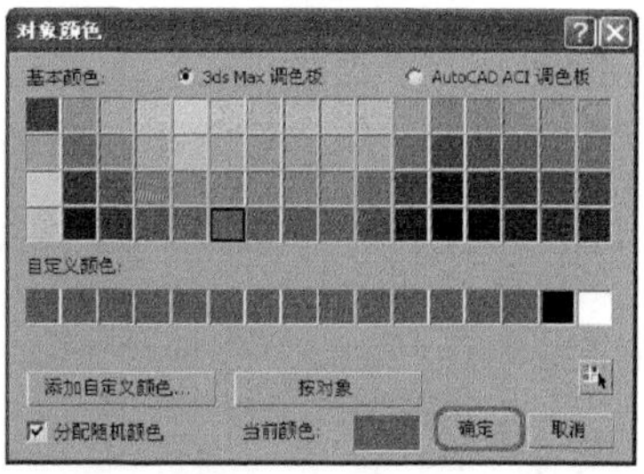

实战操作116 使用键盘输入

素材：无　　场景：无

难度：★★★★★　　视频：视频\Cha03\实战操作116.avi

使用键盘输入，可以准确地设置长宽高等数据来创建模型。在单个操作中，可以同时定义对象的初始大小和其三维位置。下面以创建长方体为例介绍键盘输入的使用，其操作步骤如下。

1 选择“创建” | “几何体” | “标准基本体” | “长方体”工具，单击“键盘输入”卷展栏按钮，如右图所示。

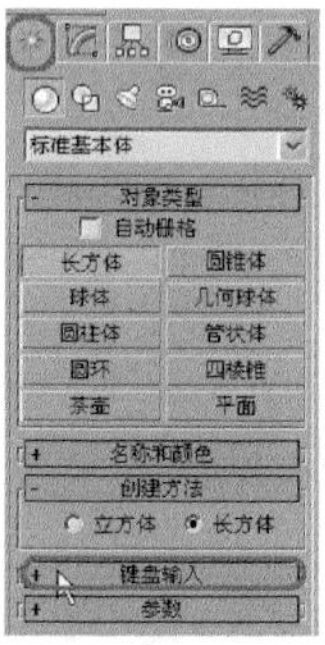

2 打开“键盘输入”卷展栏，设置“长度”为300.0，“宽度”为100.0，“高度”为50.0，单击“创建”按钮完成长方体的创建，对象出现在活动视口中，如右图所示。

3.2 创建标准基本体

在创建面板中选择相应的工具，再在任意视图中单击鼠标左键并进行拖动，即可创建出相应的标准基本体。

实战操作117 创建长方体

素材：Scene\Cha03\3-2.max

难度：★★★★★

场景：Scene\Cha03\实战操作117.max

视频：视频\Cha03\实战操作117.avi

“长方体”工具可以用来制作正六面体或矩形，其中，长、宽、高的参数用来控制立方体的形状，如果只输入其中的两个数值，则产生矩形平面。创建长方体的操作步骤如下。

1 单击按钮，在弹出的下拉列表中选择“打开”选项，打开3-2.max素材文件，如下图所示。

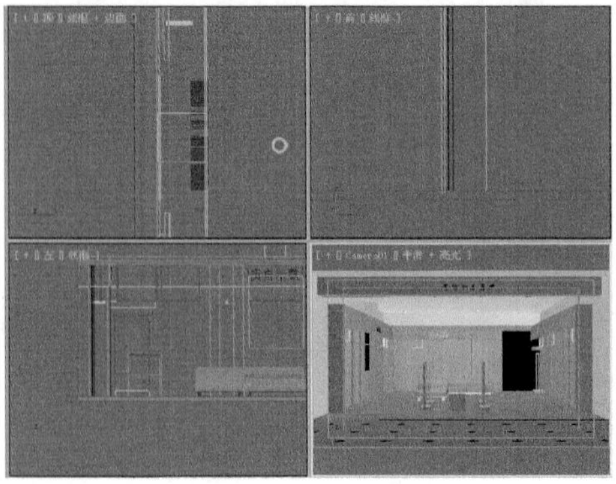

2 选择“创建”|“几何体”|“标准基本体”|“长方体”工具，如下图所示。

3 在“左”视图中按住鼠标左键并拖动鼠标，拉出矩形底面，释放鼠标，移动鼠标，确定长方体的高度，单击鼠标完成长方体的创建，如下图所示。

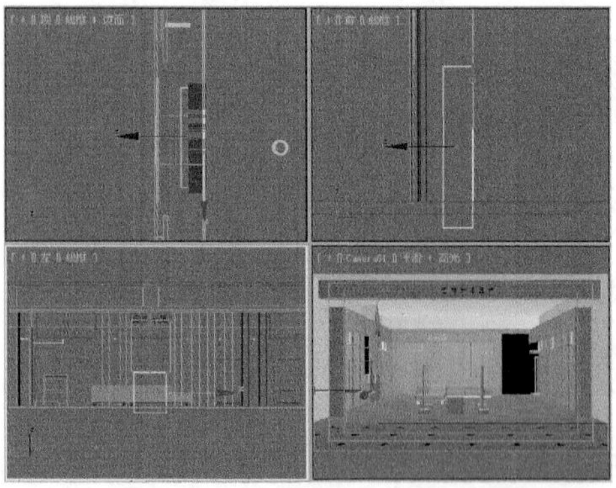

4 完成对象的创建后，移动到合适位置，单击“修改”按钮，进入“修改”命令面板，在“参数”卷展栏中将“长度”设为10.0，“宽度”设为13.0，“高度”设为3.0，如下图所示。

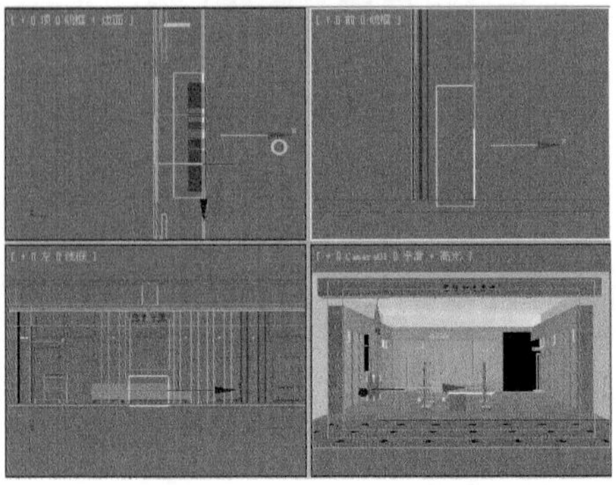

5 在菜单栏中单击“材质浏览器”按钮，在弹出的“材质编辑器”对话框中选择“木”材质，单击“将材质指定给选定对象”按钮，将材质指定给创建的长方体。如下图所示。

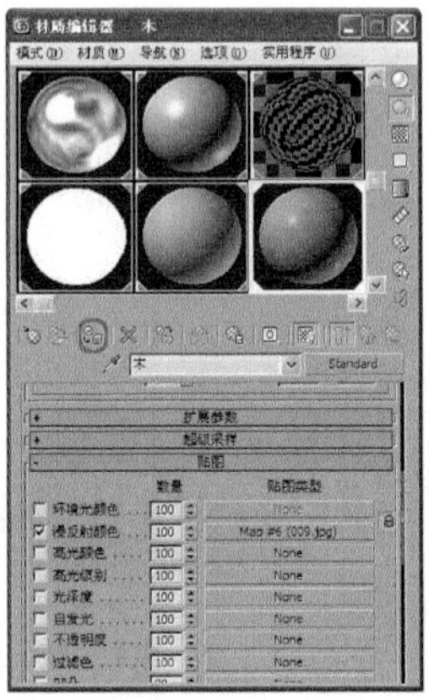

6 完成创建以后，长方体就制作完成了，按F9键进行快速渲染，渲染完成后的效果如下图所示。

实战操作118 创建圆锥体

- 素材：Scene\Cha03\3-3.max
- 难度：★★★★★
- 场景：Scene\Cha03\实战操作118.max
- 视频：视频\Cha03\实战操作118.avi

“圆锥体”工具可以用来制作圆锥、圆台、棱锥和棱台，以及创建它们的局部模型（其中包括圆柱、棱柱体），但使用圆柱体工具更方便，也包括四棱锥体和三棱柱体工具，这是一个制作能力比较强大的建模工具。其操作步骤如下。

1 单击按钮，在弹出的下拉列表中选择“打开”选项，打开3-3.max素材文件，如下图所示。

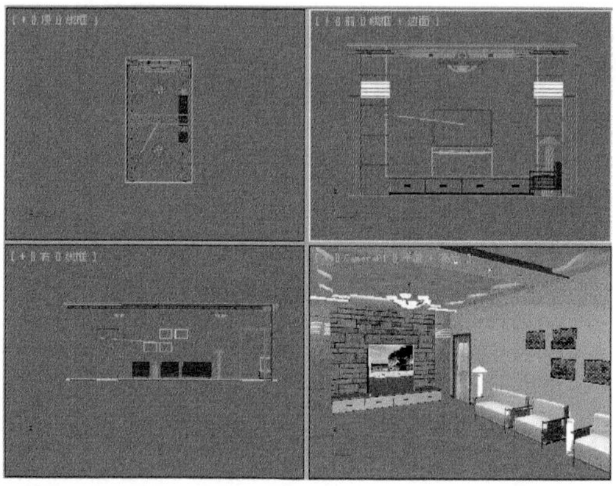

2 选择“创建” | “几何体” | “标准基本体” | “圆锥体”工具，在“顶”视图中单击鼠标左键并拖动鼠标，创建圆锥体的一级半径，如下图所示。

3 按住并移动鼠标，创建圆锥的高，并向圆锥体的内侧或外侧移动鼠标，创建圆锥体的二级半径，单击鼠标左键，完成圆锥体的创建，如下图所示。

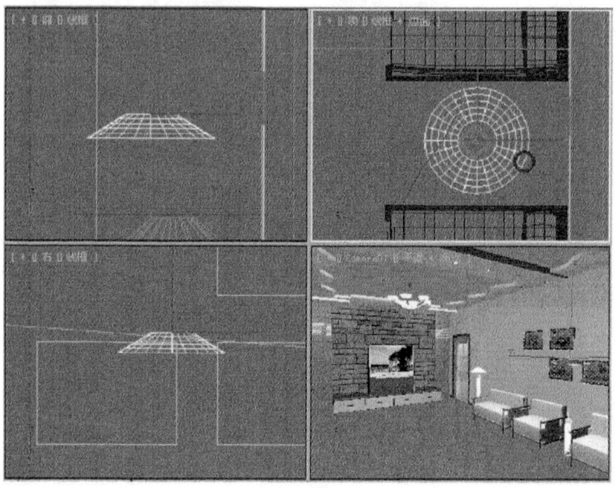

4 创建完成后，单击“修改”按钮，进入“修改”命令面板，在“参数”卷展栏中将“半径1”、“半径2”设为60、160，“高度段数”设为-130，并移动到合适位置，如下图所示。

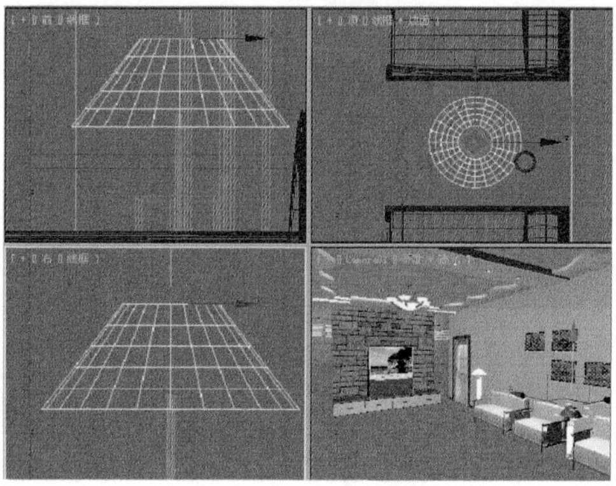

5 在菜单栏中单击“材质浏览器”按钮，在弹出的“材质编辑器”对话框中选择“灯罩”材质，单击“将材质指定给选定对象”按钮，将材质指定给“灯罩”对象。如下图所示。

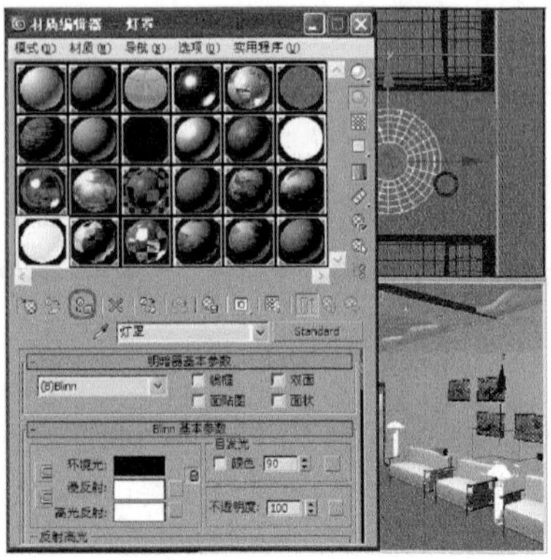

6 圆锥体制作完成后，按F9键进行快速渲染，渲染完成后的效果如下图所示。

实战操作119 创建球体

素材：Scene\Cha03\3-4.max

难度：★★★★★

场景：Scene\Cha03\实战操作119.max

视频：视频\Cha03\实战操作119.avi

“球体”工具可以用来创建球体，通过参数修改可以制作局部球体（包括半球体），其操作步骤如下。

1 按“Ctrl+O”组合键，打开一幅素材模型，如下图所示。

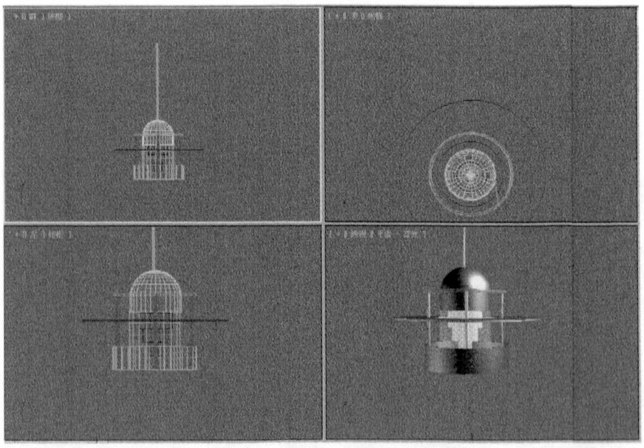

2 选择“创建”|“几何体”|“标准基本体”|“球体”工具，在“顶”视图中单击鼠标左键并拖动鼠标，创建球体，释放鼠标，完成球体的创建，如下图所示。

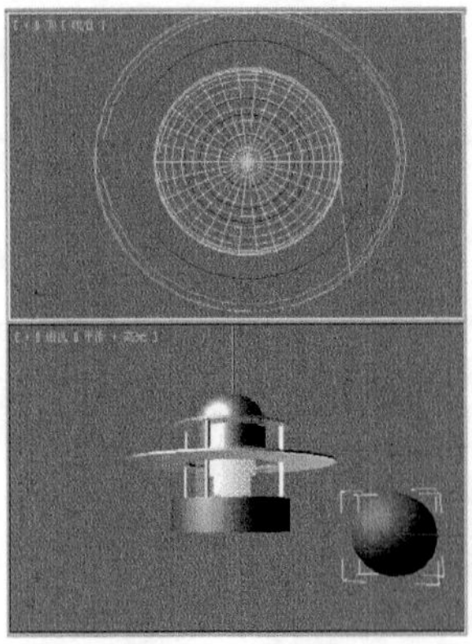

3 完成对象的创建后，将移动到合适位置，单击“修改”按钮，进入“修改”命令面板，在“参数”卷展栏中将“半径”参数设为60.0，“分段”参数设为32，并设置几何球体的颜色，如下图所示。

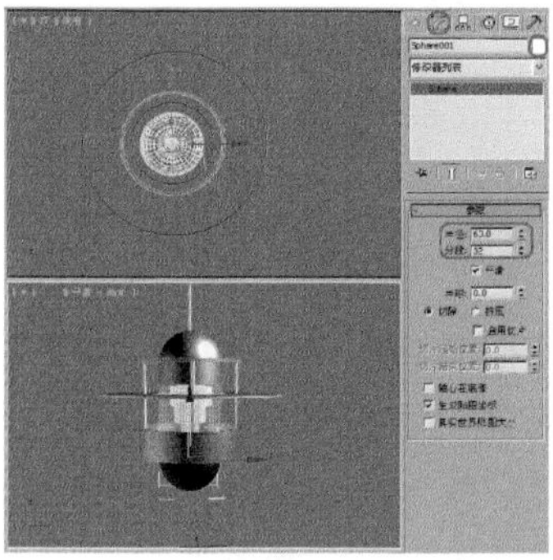

4 按键盘上的M键，弹出“材质编辑器”对话框，将“灯”材质赋予球体，如下图所示。

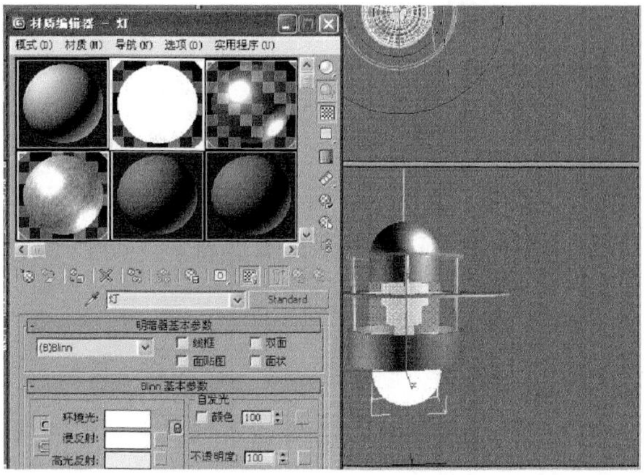

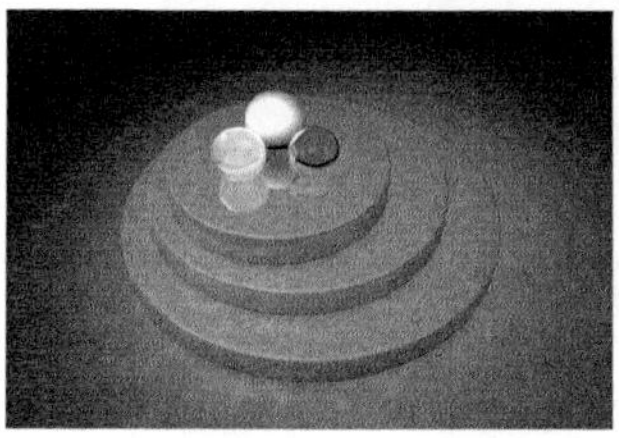

实战操作120 创建几何球体

- 素材：Scene\Cha03\3-5.max
- 难度：★★★★★
- 场景：Scene\Cha03\实战操作120.max
- 视频：视频\Cha03\实战操作120.avi

建立以三角面拼成的球体或半球体，几何球体在点面数一致的情况下，比球体更光滑，它是由三角面拼接组成的，在进行面的分离特效时，可以分解成三角面或标准的四面体等，无秩序而易混乱。创建几何球体的操作步骤如下。

1 按“Ctrl+O”组合键，打开一幅素材模型，选择“创建”|“几何体”|“标准基本体”|“几何球体”工具，在“顶”视图中单击鼠标左键并拖动鼠标，创建几何球体，释放鼠标，完成几何球体的创建，如下图所示。

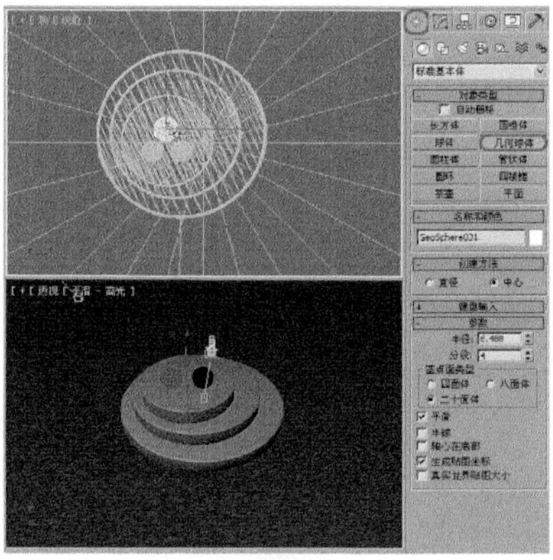

2 完成对象的创建后，移动到合适的位置，单击“修改”按钮，进入“修改”命令面板，在“参数”卷展栏中将“半径”参数设为6.5，“分段”参数设为4，并设置几何球体的颜色，如下图所示。

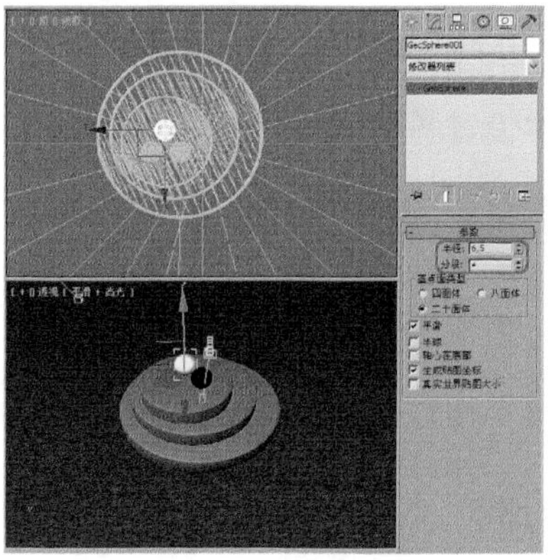

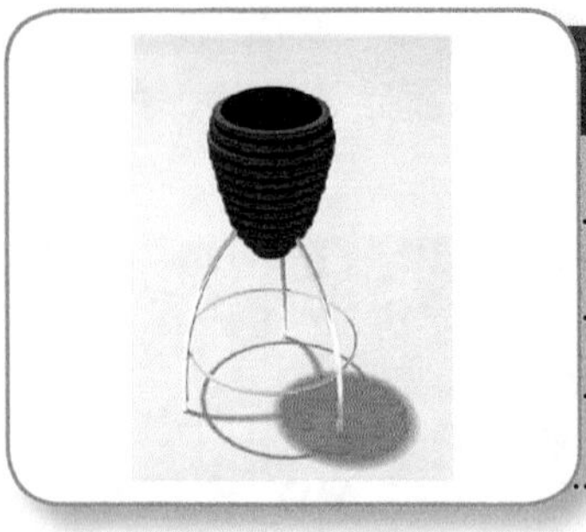

实战操作121 创建圆柱体

素材：Scene\Cha03\3-6.max

难度：★★★★★

场景：Scene\Cha03\实战操作121.max

视频：视频\Cha03\实战操作121.avi

“圆柱体”功能用于生成圆柱体，可以围绕其主轴进行“切片”，其操作步骤如下。

1 按“Ctrl+O”组合键，打开一幅素材模型，选择“创建”|“几何体”|“标准基本体”|“圆柱体”工具，在“顶”视图中按住鼠标左键并拖动鼠标，拉出底面圆形，释放鼠标，移动鼠标确定柱体的高度，单击鼠标左键，完成柱体的制作，如下图所示。

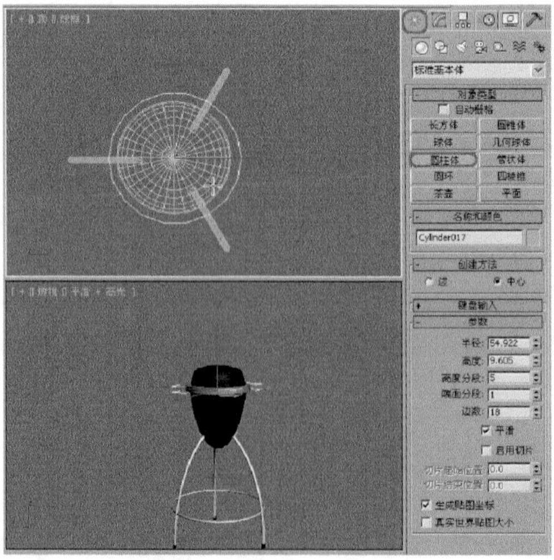

2 完成对象的创建后，移动到合适的位置，单击“修改”按钮，进入“修改”命令面板，在“参数”卷展栏中将“半径”设为55.0，“高度”设为9.0，“边数”设为18，并设置圆柱体的颜色，如下图所示。

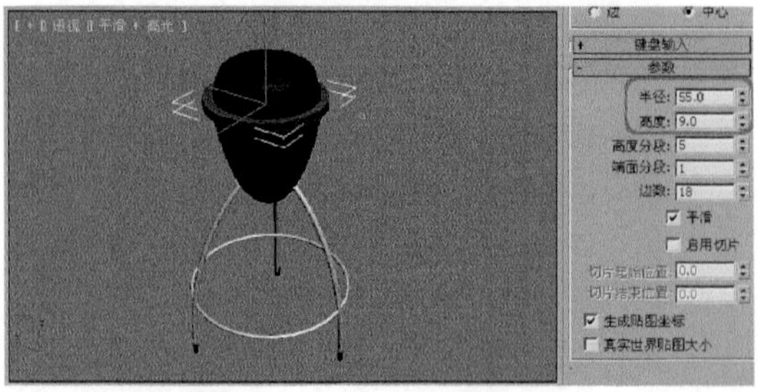

3 选择圆柱体，右键显示快捷菜单，在快捷菜单中选择“克隆”选项，弹出“克隆选项”对话框，单击“确定”按钮，即可克隆圆柱体，如下图所示。

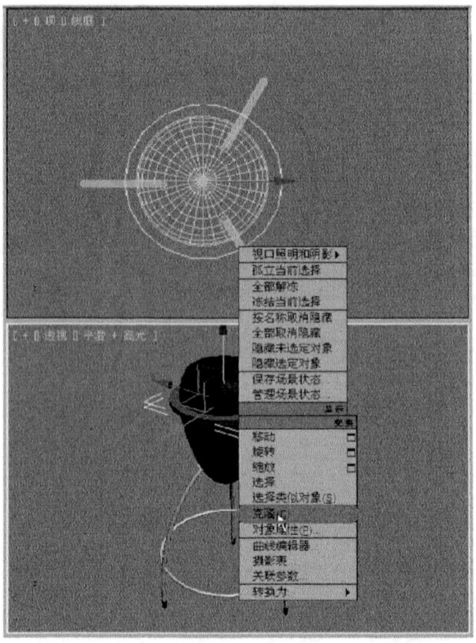

4 同样的方式继续克隆11个圆柱体，单击工具栏中的“选择并移动”按钮，将克隆的圆柱体移动到合适的位置，同时单击工具栏中的“选择并缩放”按钮，将圆柱体半径缩放到合适大小，如下图所示。

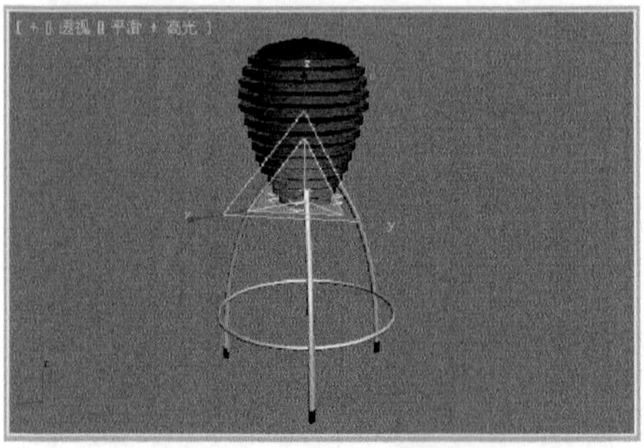

实战操作122 创建管状体

素材：Scene\Cha03\3-7.max

难度：★★★★★

场景：Scene\Cha03\实战操作122.max

视频：视频\Cha03\实战操作122.avi

“管状体”工具用来建立各种空心管状物体，包括圆管、棱管以及局部圆管等物体，其操作步骤如下。

1 按“Ctrl+O”组合键，打开一幅素材模型，如下图所示。

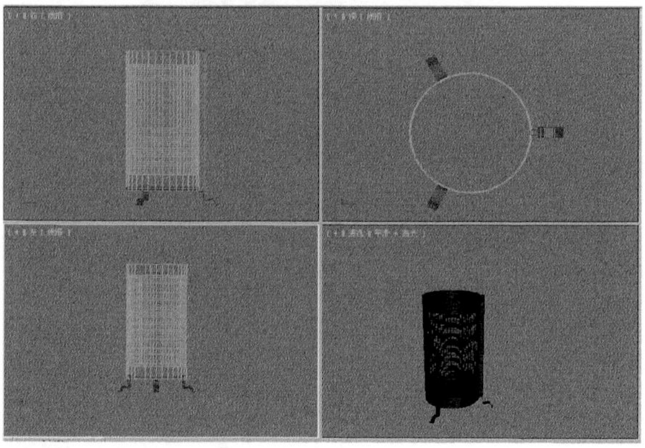

2 选择“创建” | “几何体” | “标准基本体” | “管状体”工具，在“顶”视图中按住鼠标左键并拖动鼠标，拖曳出一个圆形线圈，如下图所示。

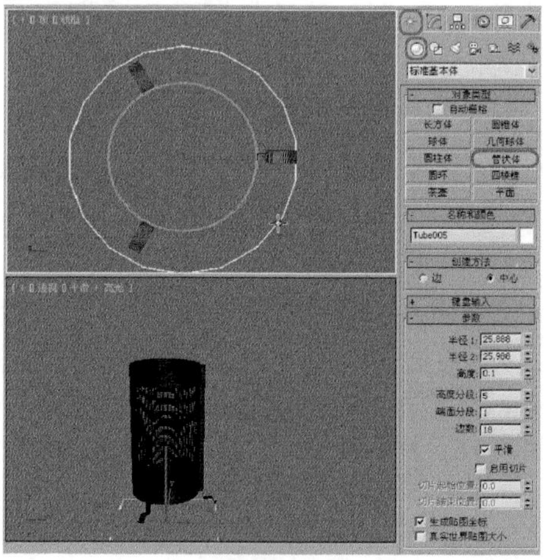

3 释放鼠标并移动鼠标，确定圆环的大小，按住鼠标左键并移动鼠标，确定圆管的高度，单击鼠标左键，完成管状体的创建，如下图所示。

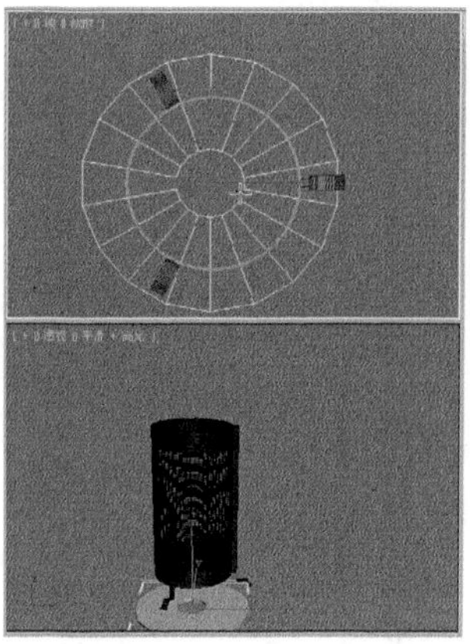

4 完成对象的创建后，移动到合适的位置，单击“修改”按钮，进入“修改”命令面板，在“参数”卷展栏中将“半径1”参数设为25.0，“半径2”参数设为6.6，“高度”参数设为1.0，并设置几何球体的颜色，如下图所示。

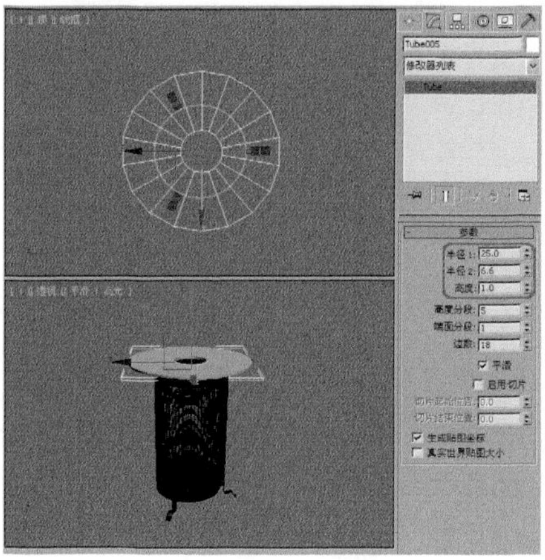

实战操作123 创建圆环

- 素材：Scene\Cha03\3-8.max
- 难度：★★★★★
- 场景：Scene\Cha03\实战操作123.max
- 视频：视频\Cha03\实战操作123.avi

“圆环”工具可以用来制作立体的圆环圈，截面为正多边形，通过对正多边形边数、光滑度以及旋转等的控制来产生不同的圆环效果。创建圆环的操作步骤如下。

1 按“Ctrl+O”组合键，打开一幅素材模型，如下图所示。

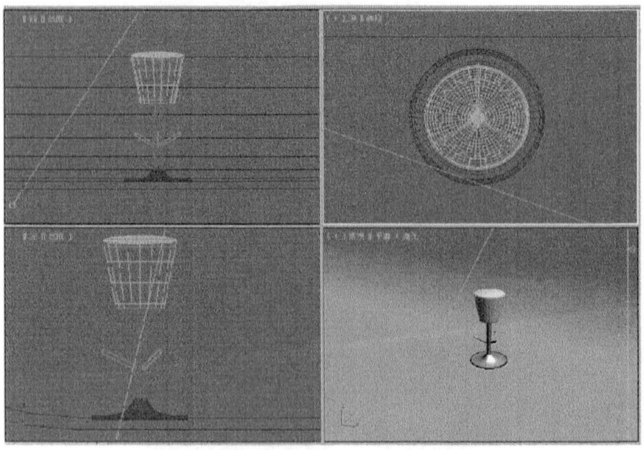

2 选择“创建” | “几何体” | “标准基本体” | “圆环”工具，在“顶”视图中按住左键并拖动鼠标，创建一级圆环，如下图所示。

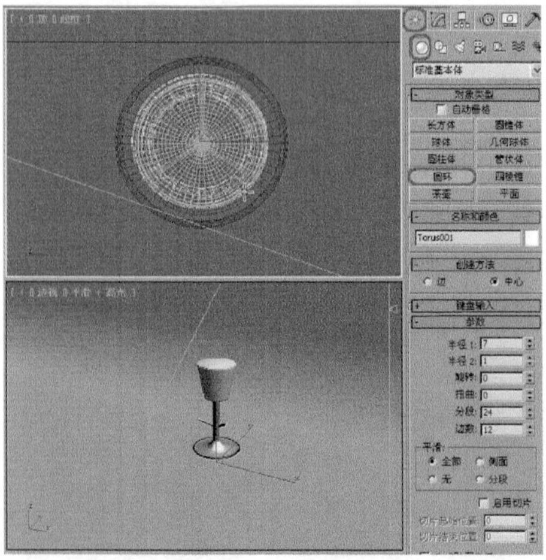

3 释放并移动鼠标，创建二级圆环，单击鼠标左键，完成圆环的创作，如下图所示。

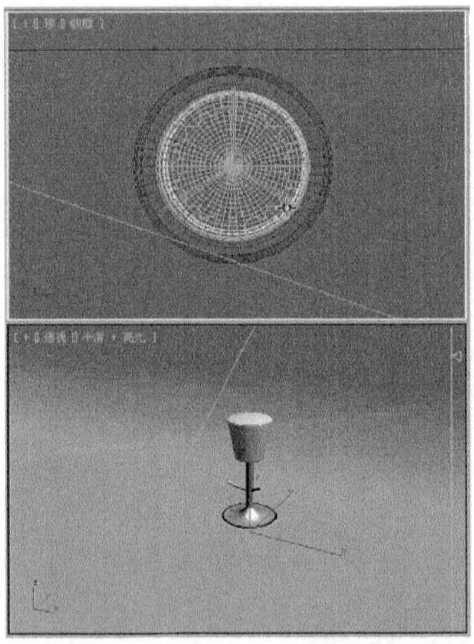

4 完成对象的创建后，移动到合适的位置，单击“修改”按钮，进入“修改”命令面板，在“参数”卷展栏中将“半径1”参数设为8，“半径2”参数设为0.35，“边数”参数设为12，并设置圆环的颜色，如下图所示。

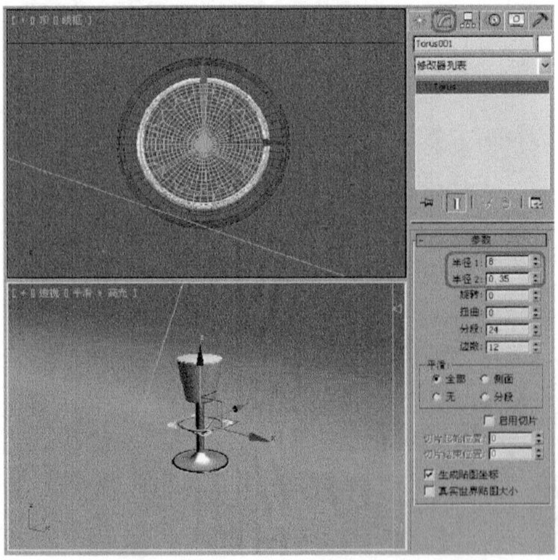

实战操作124 创建四棱锥

素材：无　　场景：无

难度：★★★★★　　视频：视频\Cha03\实战操作124.avi

“四棱锥”工具可以用来制作金字塔型造型，通过参数修改可以修改成不同的锥形，其操作步骤如下。

1 选择“创建” | “几何体” | “标准基本体” | “四棱锥”工具，在“顶”视图中按住左键并拖动鼠标，拖曳出一个矩形，释放并移动鼠标，确定四棱锥的高度，单击鼠标左键，完成四棱锥的创建，如下图所示。

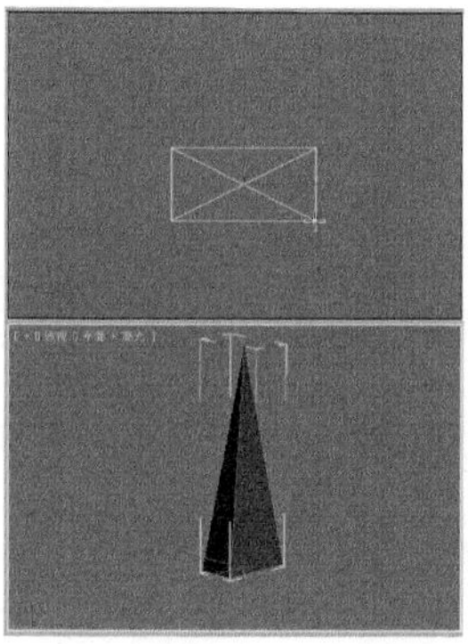

2 完成对象的创建后，可以在命令面板中对其参数进行修改，例如将“宽度”参数设为80.0，“深度”参数设为50.0，“高度”参数设为200.0，如下图所示。

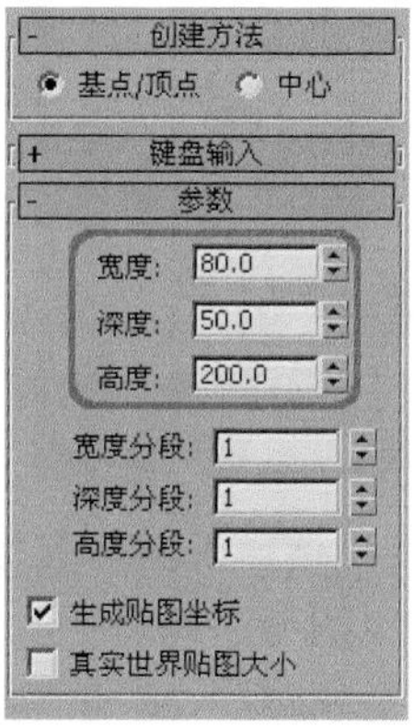

实战操作125 创建茶壶

素材：Scene\Cha03\3-9.max

难度：★★★★★

场景：Scene\Cha03\实战操作125.max

视频：视频\Cha03\实战操作125.avi

茶壶因为复杂弯曲的表面特别适合材质的测试以及渲染效果的评比，可以说是计算机图形学中的经典模型，利用茶壶工具不仅可以创建一只标准的茶壶，也可以创建茶壶的一部分。创建茶壶的操作步骤如下。

1 按“Ctrl+O”组合键，打开一幅素材模型，选择“创建” | “几何体” | “标准基本体” | “茶壶”工具，在“顶”视图中按住左键并拖动鼠标，拖曳出一个茶壶，如右图所示。

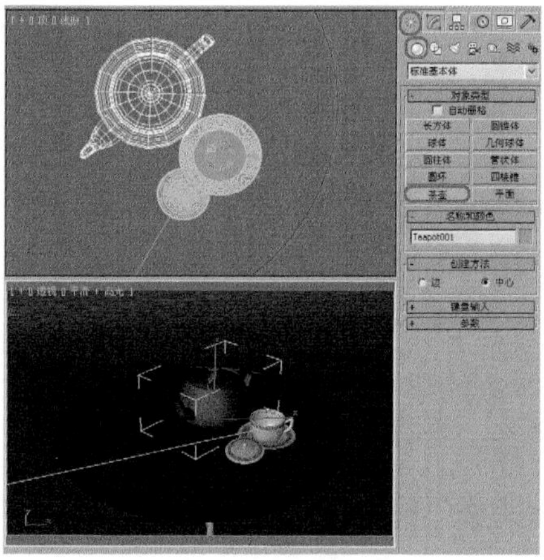

2 完成对象的创建后，并调整到合适的位置，单击“修改”按钮，进入“修改”命令面板，在“参数”卷展栏中将“半径”设为433.0，“分段”设为4，如右图所示。

3 单击“修改”面板上右侧的小三角按钮，在弹出的下拉菜单中选择“编辑网格”选项，如右图所示。

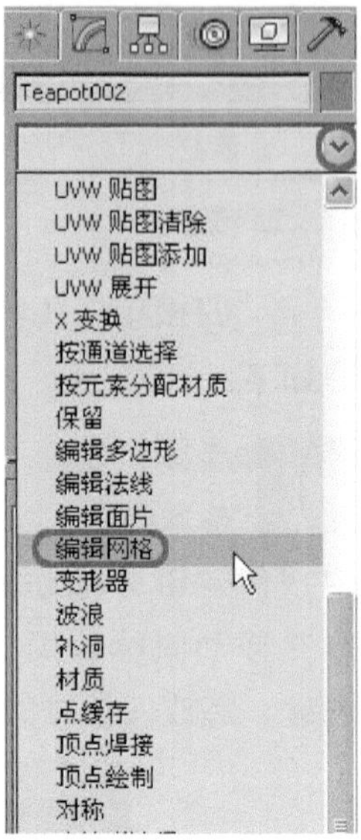

4 单击工具栏中的“材质编辑器”按钮，弹出“材质编辑器”的对话框，在“修改”面板中单击“选择”卷展栏中的“元素”按钮，在视图中选择茶盖和茶身，将“茶杯”材质赋予茶盖和茶身，同样的方法将“白色瓷器”材质赋予茶把和茶嘴，并将茶壶调整到合适的位置，如右图所示。

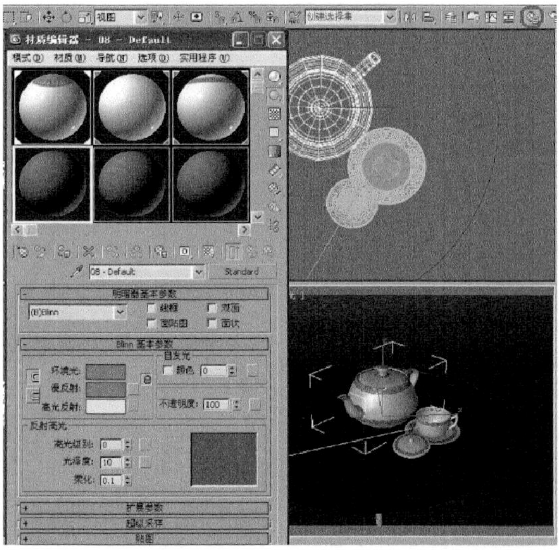

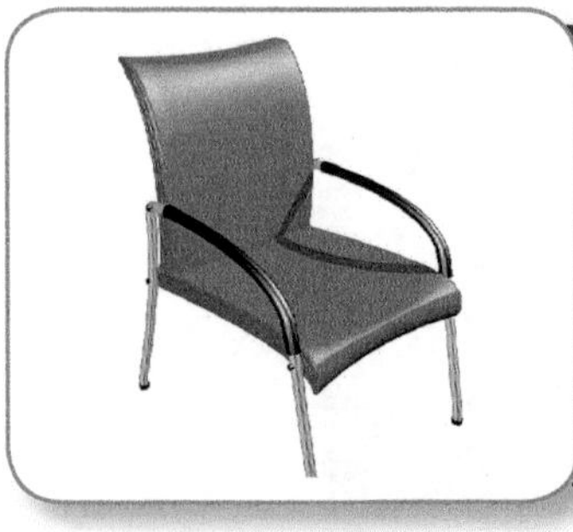

实战操作126 创建平面

素材：Scene\Cha03\3-10.max

难度：★★★★★

场景：Scene\Cha03\实战操作126.max

视频：视频\Cha03\实战操作126.avi

“平面”工具用于创建平面，与使用“长方体”命令创建平面相比，“平面”命令更显得非常特殊与实用，使用“平面”创建的对象没有厚度。创建平面的操作步骤如下。

1 按“Ctrl+O”组合键，打开一幅素材模型，选择“创建” | “几何体” | “标准基本体” | “平面”工具，在“顶”视图中创建一个平面，如下图所示。

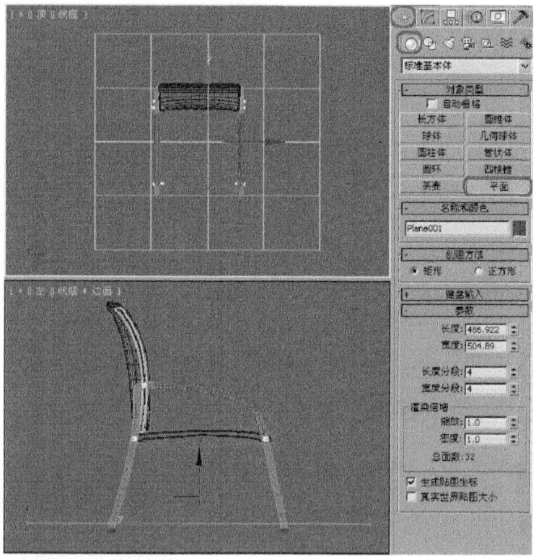

2 利用“选择并移动”工具在视图中调整平面的位置，切换至“修改”命令面板，在“参数”卷展栏中将“长度”、“宽度”分别设为400.0，并将平面颜色设为白色，如下图所示。

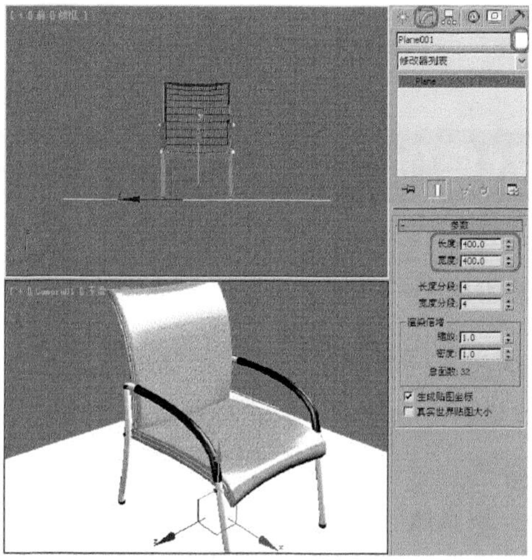

3.3 创建扩展基本体

扩展基本体是 3ds Max 复杂基本体的集合。后面的主题介绍每种类型的扩展基本体及其创建参数。

实战操作127 创建异面体

素材：无　　场景：无

难度：★★★★★　　视频：视频\Cha03\实战操作127.avi

“异面体”是用基础数学原则定义的扩展几何体，利用它可以创建四面体、八面体、十二面体，以及两种星体。创建异面体的操作步骤如下。

1 选择“创建” | “几何体” | “扩展基本体” | “异面体”工具，在“顶”视图中按住左键并拖动鼠标，拖曳出一个异面体，如右图所示。

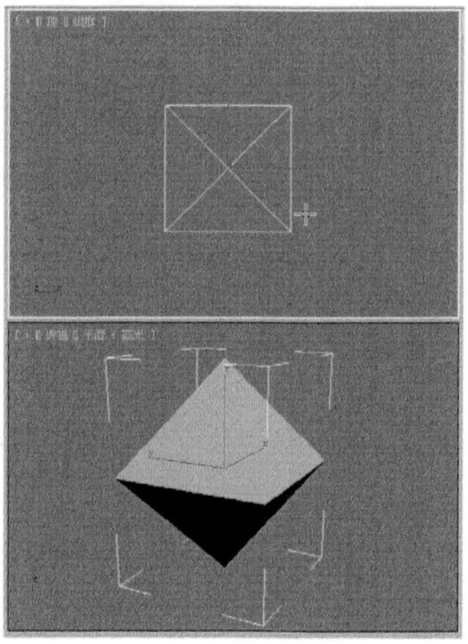

2 完成对象的创建后，单击“修改”按钮，进入“修改”命令面板，在“参数”卷展栏中将“系列”更改为“星形2”，如右图所示。

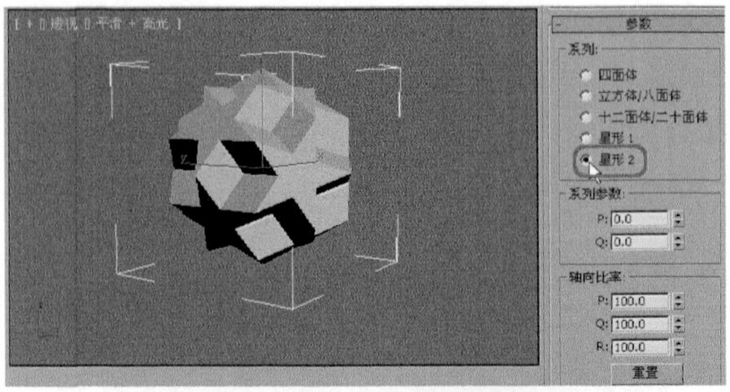

实战操作128 创建环形结

素材：无　　场景：无

难度：★★★★★　　视频：视频\Cha03\实战操作128.avi

使用“环形结”可以通过在正常平面中围绕 3D 曲线绘制 2D 曲线来创建复杂或带结的环形。3D 曲线既可以是圆形，也可以是环形结。创建环形结的操作步骤如下。

1 选择“创建”|“几何体”|“扩展基本体”|“环形结”工具，在“顶”视图中按住左键并拖动鼠标，创建一级环形结，释放并移动鼠标，创建二级环形结，单击鼠标左键，完成环形结的创作，如下图所示。

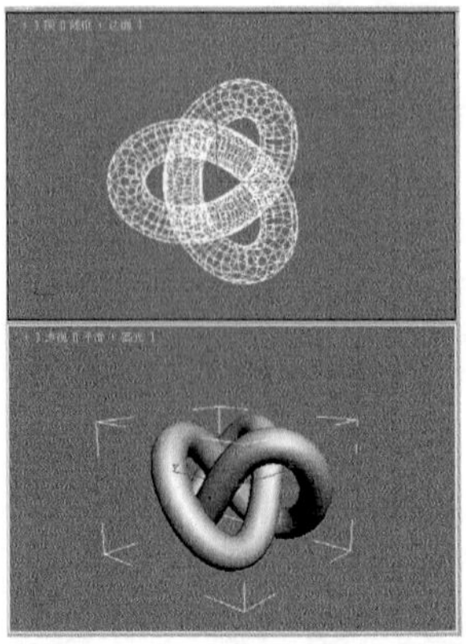

2 完成对象的创建后，单击“修改”按钮，进入“修改”命令面板，在“参数”卷展栏中将“基础曲线”卷展栏中的“半径”参数设为 35.0，将“横截面”卷展栏中的“半径”参数设为 15.0，如右图所示。

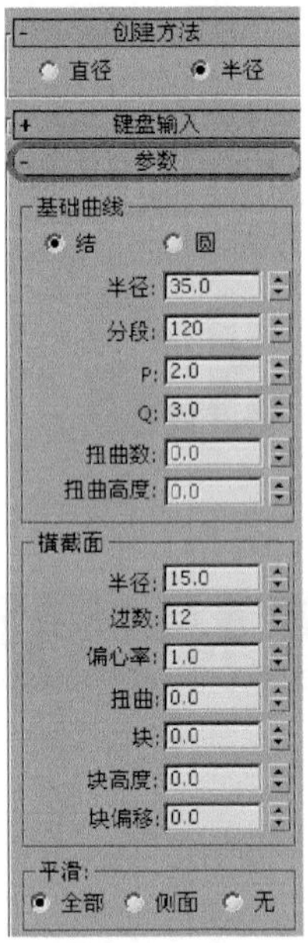

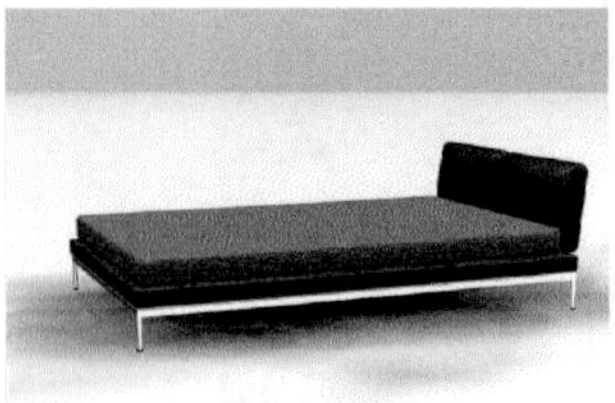

实战操作129 创建切角长方体

素材：Scense\Cha03\3-11.max

难度：★★★★★

场景：Scense\Cha03\实战操作129.max

视频：视频\Cha03\实战操作129.avi

在现实生活中物体的边缘普遍是圆滑的，即有倒角和圆角，于是3ds Max 2012提供了“切角长方体”工具，下面介绍切角长方体的创建。创建切角长方体的操作步骤如下。

1 按“Ctrl+O”组合键，打开一幅素材模型，如下图所示。

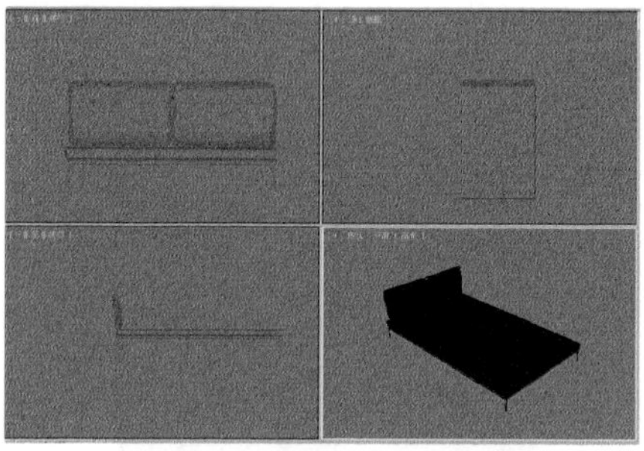

2 选择“创建”|“几何体”|“扩展基本体”|“切角长方体”工具，在“顶”视图中按住左键并拖动鼠标，创建切角长方体的长宽，如下图所示。

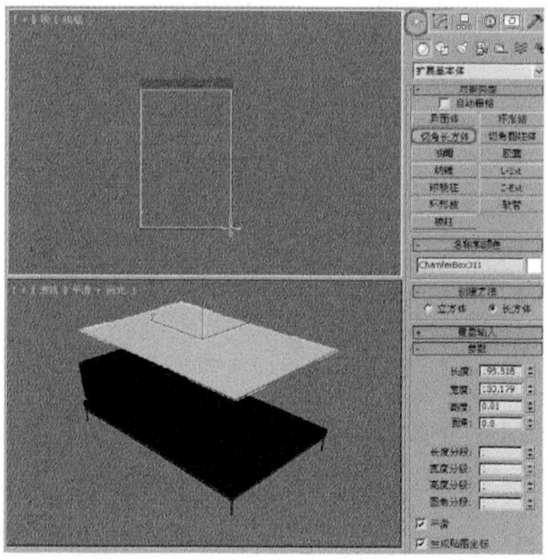

3 释放并移动鼠标，确定切角长方体的高度，单击鼠标左键，拖动鼠标，确定切角长方体的切角，单击鼠标左键完成切角长方体的创建，如右图所示。

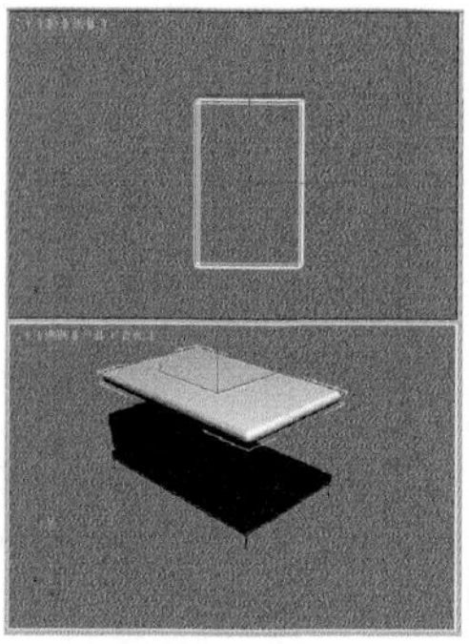

4 完成对象的创建后，并移动到合适的位置，单击“修改”按钮，进入“修改”命令面板，在“参数”卷展栏中将“长度”设为197.0，“宽度”设为124.0，“高度”设为12.0，“圆角”设为2.3，并设置几何体的颜色，如下图所示。

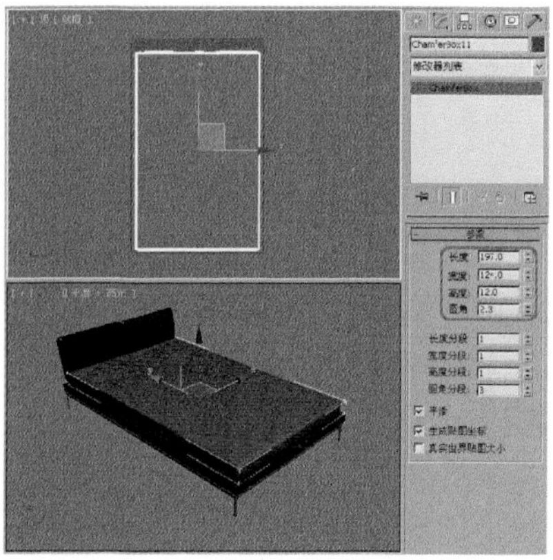

实战操作130 创建切角圆柱体

素材：Scene\Cha03\3-12.max

难度：★★★★★

场景：Scene\Cha03\实战操作130.max

视频：视频\Cha03\实战操作130.avi

使用“切角圆柱体”创建具有倒角或圆形封口边的圆柱体，其操作步骤如下。

1 按“Ctrl+O”组合键，在弹出的对话框中打开素材文件3-12.max，如右图所示。

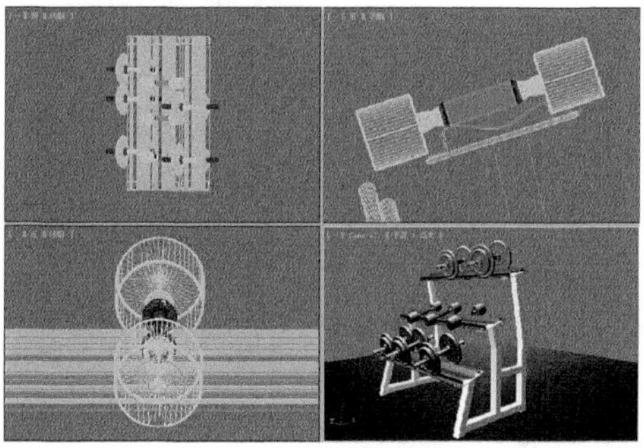

2 选择“创建” | “几何体” | “扩展基本体” | “切角圆柱体”工具，在“顶”视图中按住左键并拖动鼠标，创建切角圆柱体的半径，如下图所示。

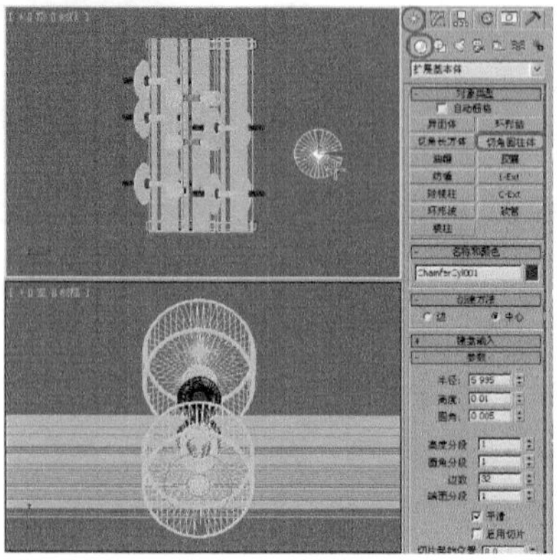

3 释放并移动鼠标，确定切角圆柱体的高度，单击鼠标左键，拖动鼠标，确定切角圆柱体的圆角，单击鼠标左键完成切角圆柱体的创建，如下图所示。

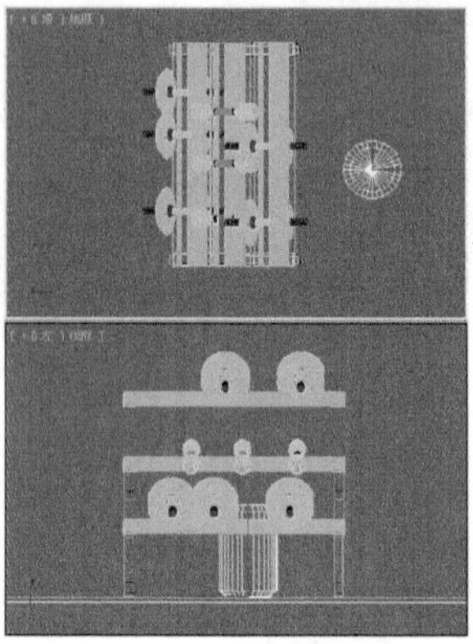

4 切换到“修改”命令面板，在“参数”卷展栏中将“半径”设为0.7，“高度”设为3.98，“圆角”设为0.09，并使用“选择并移动”工具和“选择并旋转”工具来调整其位置，如右图所示。按M键打开“材质编辑器”对话框，将“哑铃片1”材质指定给刚创建的切角圆柱体对象。

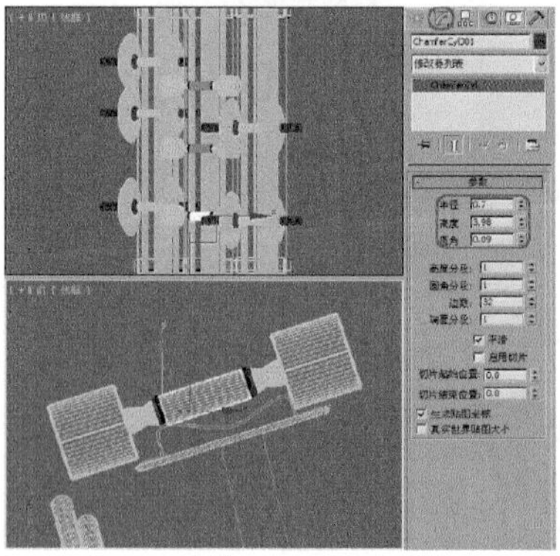

实战操作131 创建油罐

素材：无　　场景：无

难度：★★★★★　　视频：视频\Cha03\实战操作131.avi

使用“油罐”可创建带有凸面封口的圆柱体，其操作步骤如下。

1 选择“创建” | “几何体” | “扩展基本体” | “油罐”工具，在顶视图中按住左键并拖动鼠标，创建油罐的半径，释放并移动鼠标，确定油罐的高度，单击鼠标左键，完成油罐的创建，如右图所示。

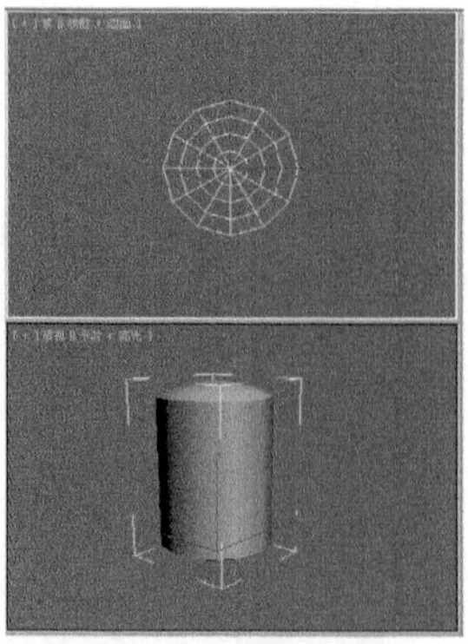

2 完成对象的创建后，可以在命令面板中对其参数进行修改，如将“半径”设为20.0，“高度”设为100.0，“封口高度”设为10.0，如右图所示。

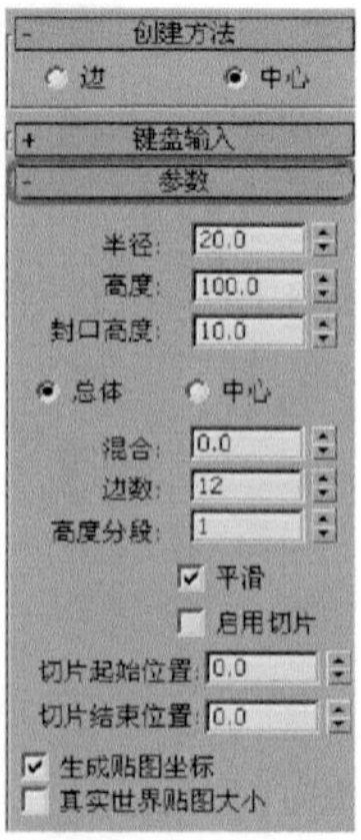

实战操作132 创建胶囊

素材：无　　场景：无

难度：★★★★★　　视频：视频\Cha03\实战操作132.avi

使用“胶囊”可创建带有半球状封口的圆柱体，其操作步骤如下。

1 选择“创建” | “几何体” | “扩展基本体” | “胶囊”工具，在“顶”视图中按住左键并拖动鼠标，创建胶囊的半径，释放并移动鼠标，确定胶囊的高度，单击鼠标左键，完成胶囊的创建，如右图所示。

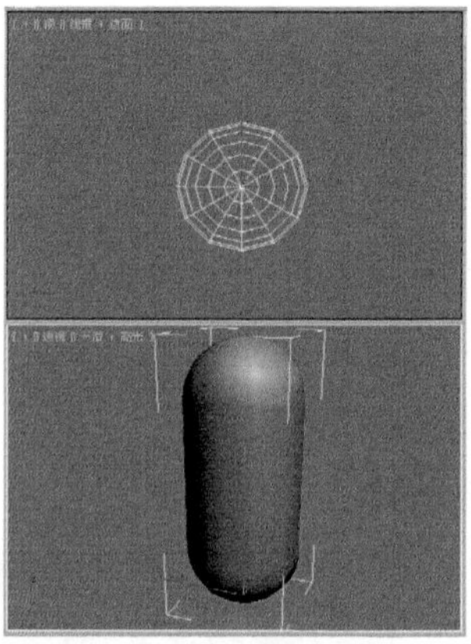

2 完成对象的创建后，可以在命令面板中对其参数进行修改，如将“半径”设为30.0，“高度”设为150.0，如右图所示。

实战操作133 创建纺锤

素材：无　　场景：无

难度：★★★★★　　视频：视频\Cha03\实战操作133.avi

使用“纺锤”基本体可创建带有圆锥形封口的圆柱体，其操作步骤如下。

1 选择“创建” | “几何体” | “扩展基本体” | “纺锤”工具，如下图所示。

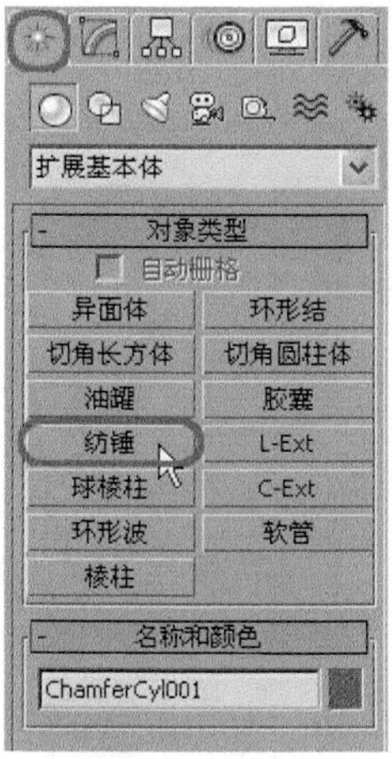

2 在“顶”视图中按住左键并拖动鼠标，创建纺锤的半径，如下图所示。

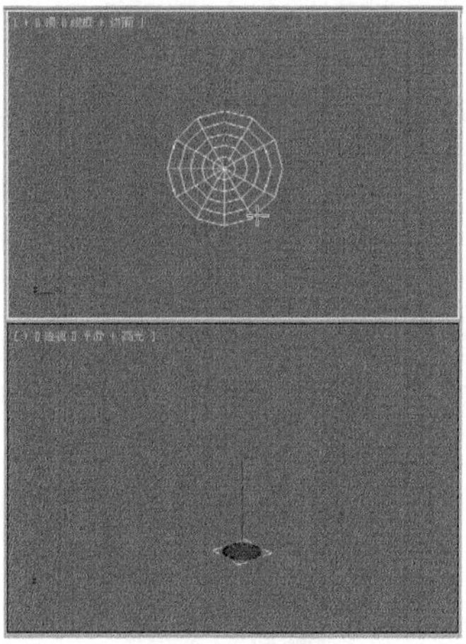

3 释放并移动鼠标，确定纺锤的高度，单击鼠标左键，拖动鼠标，确定纺锤的封口高度，单击鼠标左键完成纺锤的创建，如右图所示。

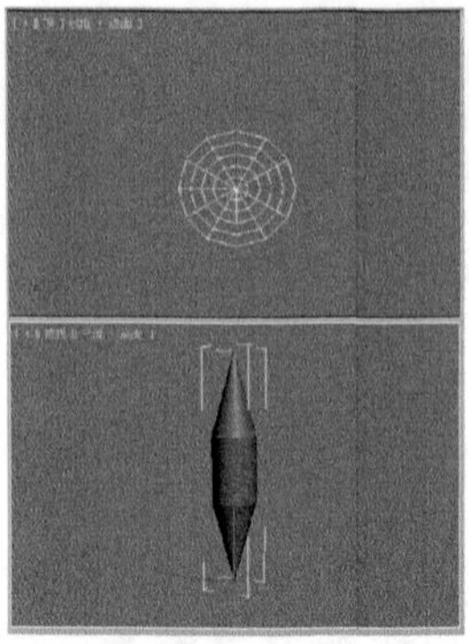

4 完成对象的创建后，可以在命令面板中对其参数进行修改，如右图所示。

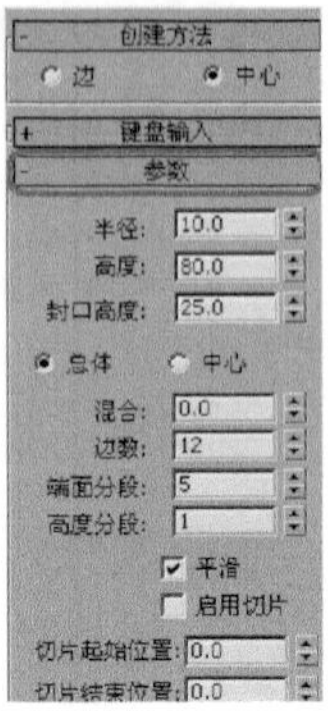

实战操作134 创建L-Ext

素材：Scene\Cha03\3-13.max

难度：★★★★★

场景：Scene\Cha03\实战操作134.max

视频：视频\Cha03\实战操作134.avi

“L-Ext”工具用来创建L形的立体墙模型，用于建筑快速建模，其操作步骤如下。

1 按“Ctrl+O”组合键，打开一幅素材模型，如右图所示。

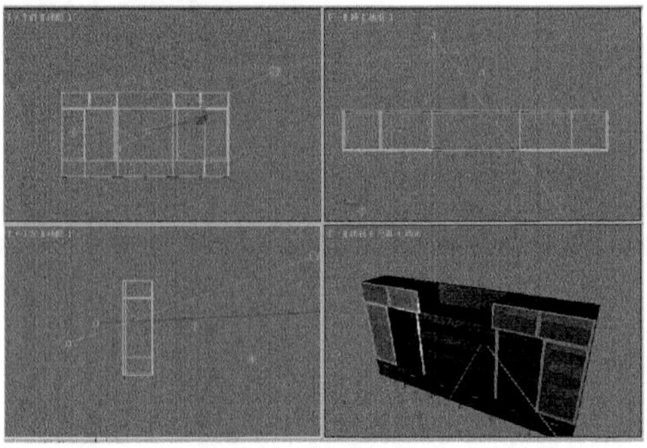

2 选择“创建”|“几何体”|“扩展基本体”|“L-Ext”工具，在“左”视图中按住左键并拖动鼠标，创建L-Ext的侧面长、宽度和前面的长、宽度，如下图所示。

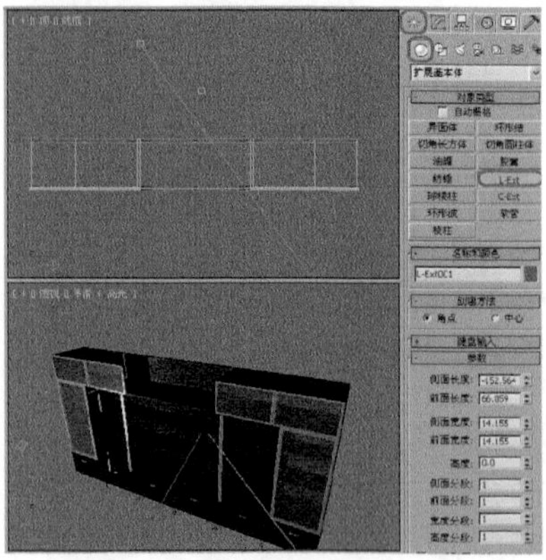

3 释放并移动鼠标，确定L-Ext的高度，单击鼠标左键，拖动鼠标，确定L-Ext的侧面宽度和前面宽度，完成对象的创建后，并移动到合适的位置，如下图所示。

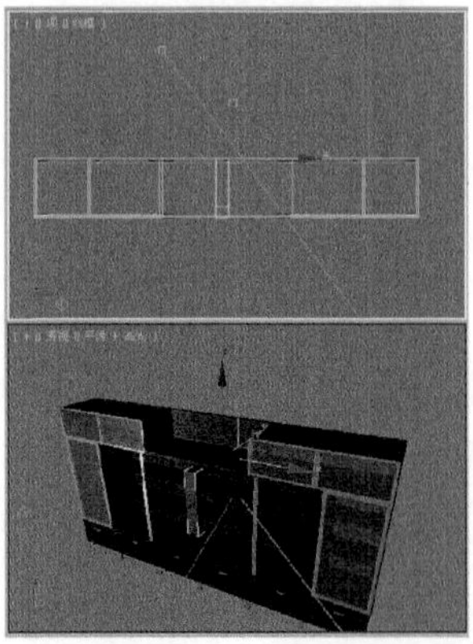

4 单击“修改”按钮，进入“修改”命令面板，在“参数”卷展栏中将“侧面长度”参数设为-158.0，“前面长度”参数设为66.0，“侧面宽度”设为1.7，“前面宽度”设为0.8，“高度”设为5.8，并设置几何体的颜色，如右图所示。

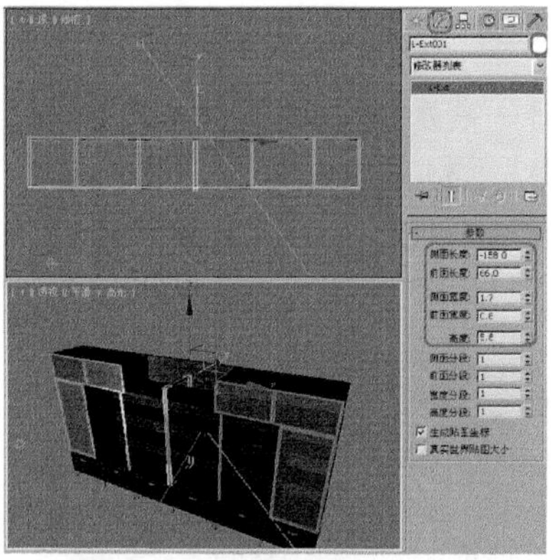

实战操作135 创建球棱柱

素材：无　　场景：无

难度：★★★★★　　视频：视频\Cha03\实战操作135.avi

“球棱柱”工具用来制作带有倒角棱的柱体，直接在柱体的边棱上产生光滑的倒角，其操作步骤如下。

1 选择“创建”|“几何体”|“扩展基本体”|“球棱柱”工具，在“顶”视图中按住左键并拖动鼠标，创建球棱柱的半径，如下图所示。

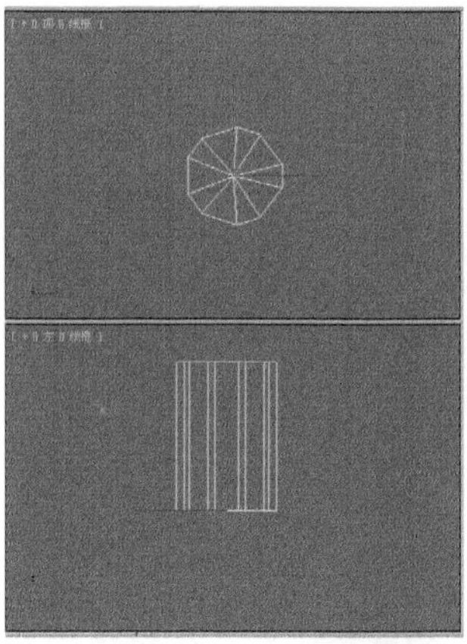

2 释放并移动鼠标，确定球棱柱的高度，单击鼠标左键，拖动鼠标，确定球棱柱的边数，单击鼠标左键完成球棱柱的创建，完成对象的创建后，可以在命令面板中对其参数进行修改，如下图所示。

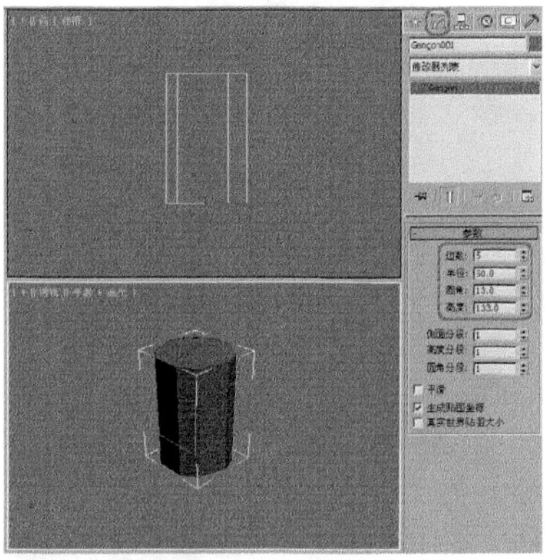

实战操作136 创建C-Ext

素材：Scene\Cha03\3-14.max

难度：★★★★★

场景：Scene\Cha03\实战操作136.max

视频：视频\Cha03\实战操作136.avi

“C-Ext”工具和“L-Ext”工具的功能相似，C-Ext用来制作C形夹角的立体墙模型，主要用于建筑快速建模。创建C-Ext的操作步骤如下。

1 打开一幅素材模型，选择“创建” | “几何体” | “扩展基本体” | “C-Ext”工具，在“前”视图中创建一个“C-Ext”对象，如下图所示。

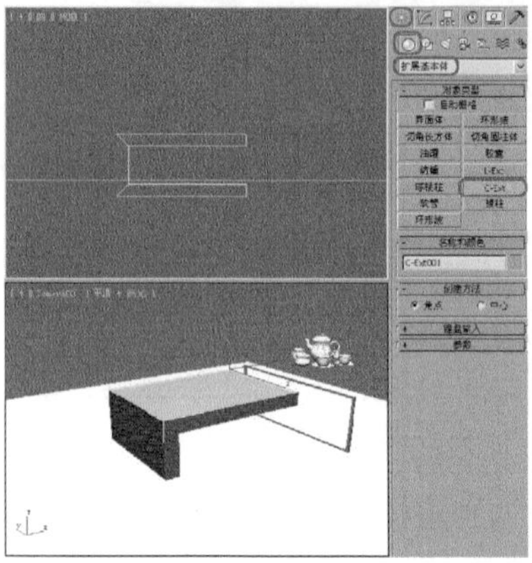

2 切换至“修改”命令面板，在“参数”面板中分别设置“背面长度”、“侧面长度”、“前面长度”、“背面宽度”等相应参数值，如下图所示。

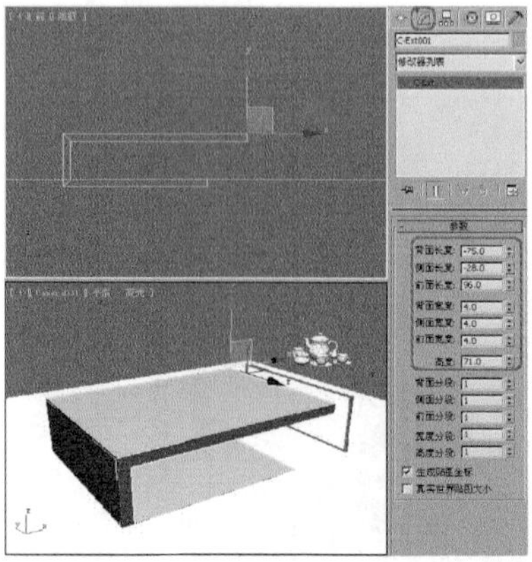

3 使用“选择并移动”工具将C-Ext对象和“茶具”等对象进行调整，调整后的效果如下图所示。

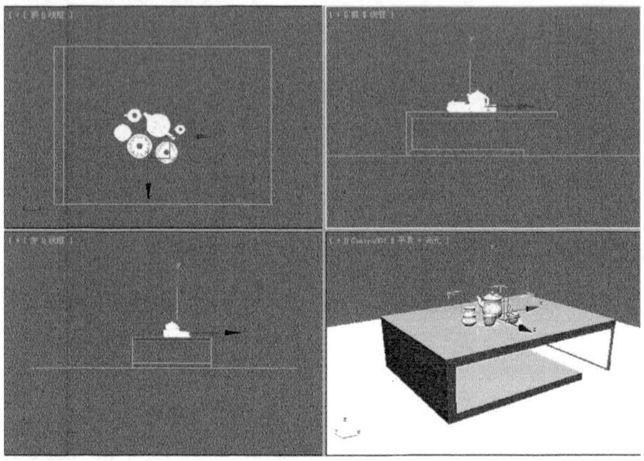

4 按M键打开“材质编辑器”对话框，将“木桌”材质指定给创建的“C-Ext”对象，激活“摄影机”视图，并按F9键进行渲染，效果如下图所示。

实战操作137 创建软管

素材：Scene\Cha03\3-15.max

难度：★★★★★

场景：Scene\Cha03\实战操作137.max

视频：视频\Cha03\实战操作137.avi

“软管”包括圆形软管、长方形软管、D截面软管形状，可以根据自己的需求来创建。下面以创建圆形软管为例来介绍软管的创建。创建软管的操作步骤如下。

1 按“Ctrl+O”组合键，打开一幅素材模型，选择“创建” | “几何体” | “扩展基本体” | “软管”工具，在“顶”视图中创建一个软管，在“软管参数”卷展栏中调整其参数，如下图所示。

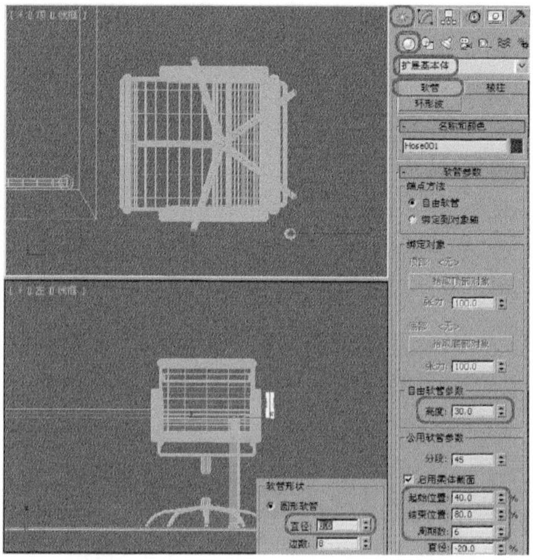

2 使用“选择并移动”工具 调整软管的位置，按M键打开“材质编辑器”对话框，将“软管”材质指定场景中的软管对象，如下图所示。

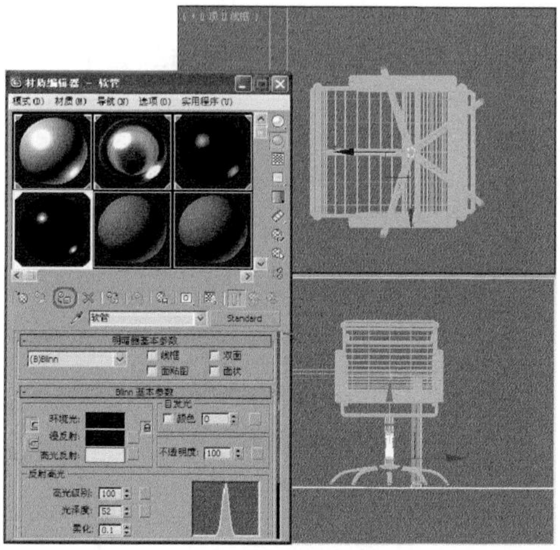

3 在“顶”视图中选择框选如下图所示的对象，并在菜单栏中选择“组”|“成组”命令，在打开的“组”对话框中将其命名为“椅子”。

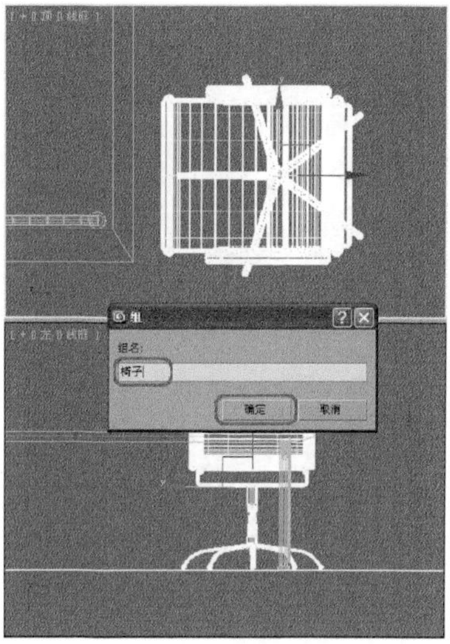

4 单击“确定”按钮，对椅子对象进行克隆并调整位置，效果如下图所示，最后对“摄影机”视图进行渲染。

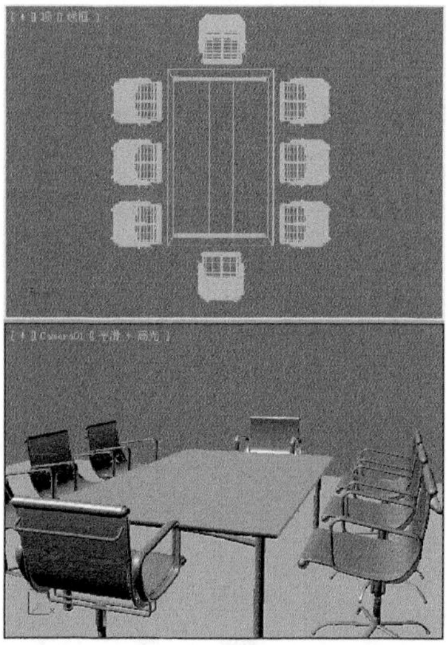

实战操作138 创建棱柱

素材：无　　场景：无

难度：★★★★★　　视频：视频\Cha03\实战操作138.avi

使用“棱柱”可创建带有独立分段面的三面棱柱。创建棱柱的操作步骤如下。

1 选择“创建” | “几何体” | “扩展基本体” | “棱柱”工具，在“顶”视图中按住左键并拖动鼠标，创建棱柱的侧面1、2、3的长度，如下图所示。

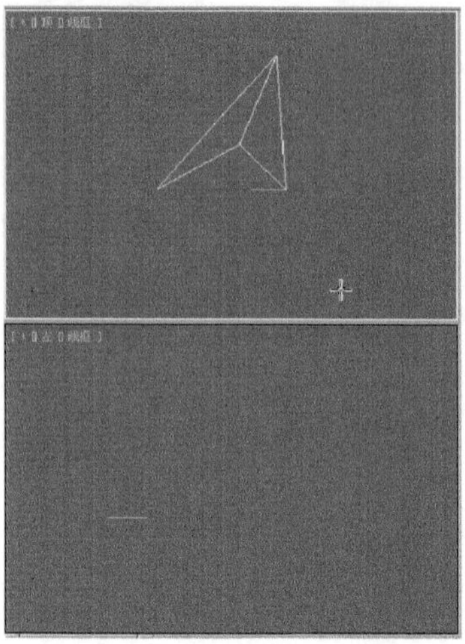

2 释放并移动鼠标，确定棱柱底面的形状，单击鼠标左键并移动鼠标，确定棱柱的高度，单击鼠标左键完成棱柱的创建，完成对象的创建后，可以在修改面板中对其参数进行修改，如下图所示。

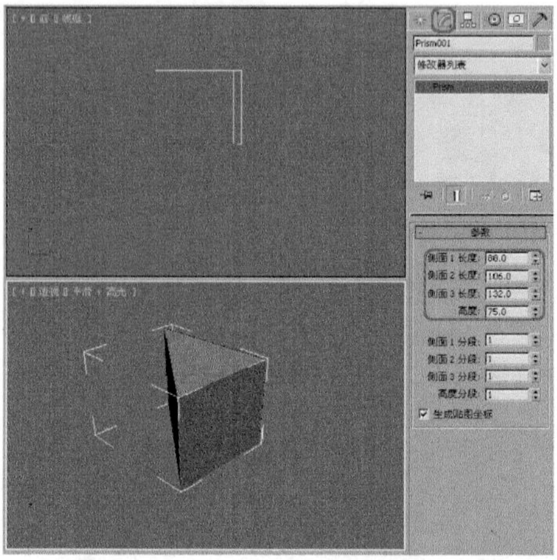

实战操作139 创建环形波

素材：无　　场景：Scene\Cha04实战操作139.max

难度：★★★★★　　视频：视频\Cha03\实战操作139.avi

“环形波”工具可以用来建立一个不规则边缘的特殊圆环。创建环形波的操作步骤如下。

1 选择“创建” | “几何体” | “扩展基本体” | “环形波”工具，在“顶”视图中按住左键并拖动鼠标，确定环形波的半径，释放并移动鼠标，确定环形宽度，如下图所示。

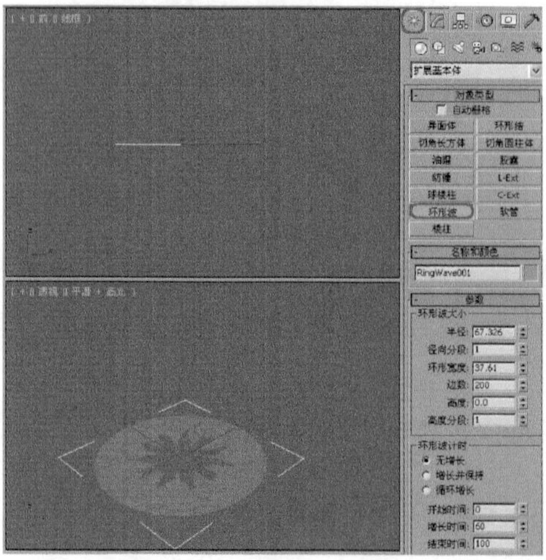

2 单击“修改”按钮，进入“修改”命令面板，在“参数”卷展栏中将“半径”设为30.0，“环形宽度”设为13.0，“高度”设为5.0，如下图所示。

Chapter
04

第4章 二维图形的创建和编辑

三维模型可以使用“基本几何体”、“扩展几何体”工具等来创建，但很多复杂的三维模型都是通过2D样条加工生成的。本章将介绍如何在3ds Max 2012中使用“图形”面板中的工具进行基础建模，使读者对基础建模有所了解，并掌握基础建模的方法，为深入学习3ds Max 2012打下坚实的基础。

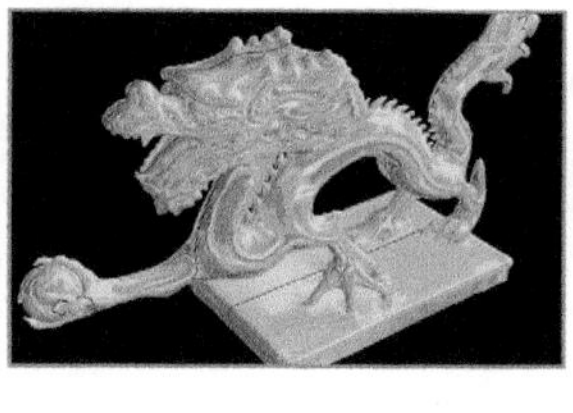

4.1 创建样条线

样条曲线一共有11种类型，每建立的一个曲线都可以作为一个新的独立的物体，创建的样条曲线可以作为挤压、旋转等加工成型的截面图形，还可以作为物体运动的路径。

实战操作140 创建线

- 素材：Scene\Cha04\4-1.max
- 难度：★★★★★
- 场景：Scene\Cha04\实战操作140.max
- 视频：视频\Cha04\实战操作140.avi

“线”工具可以绘制任何形状的封闭或开放型曲线，使用“线”可以创建多个分段组成的自由形式样条线。创建线的操作步骤如下。

1 按“Ctrl+O”组合键，打开一幅素材模型，如下图所示。

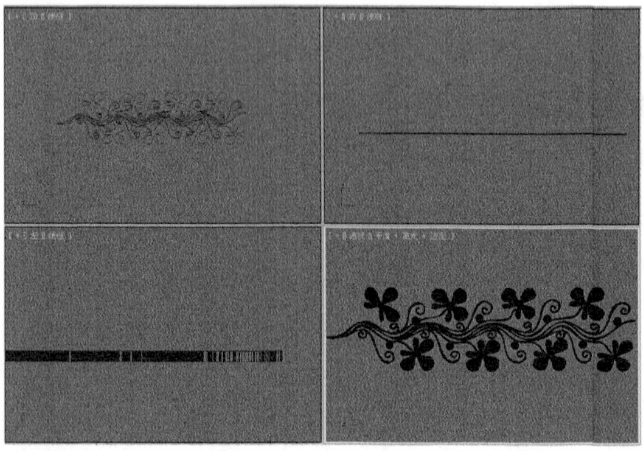

2 选择“创建” | “图形” | “样条线” | “线”工具，在“顶”视图中画一条封闭的样条线，如下图所示。

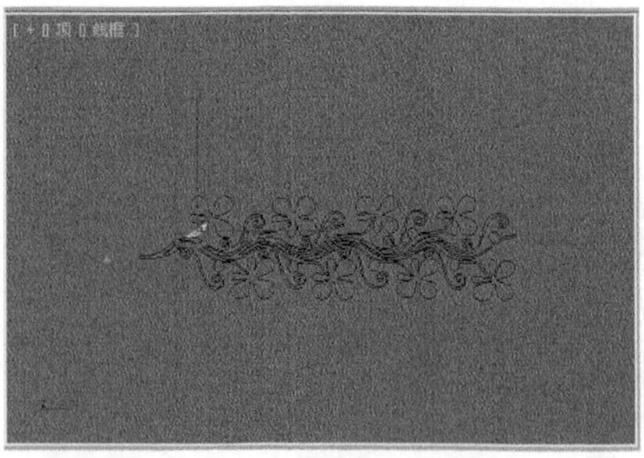

3 在“顶”视图中适当调节顶点的位置，如下图所示。

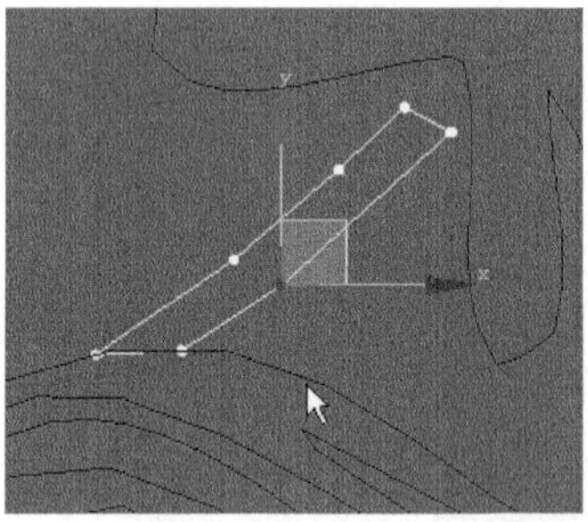

4 切换到“修改”面板，单击“修改”面板上右侧的小三角按钮，在下拉菜单中选择“挤出”选项，如右图所示。

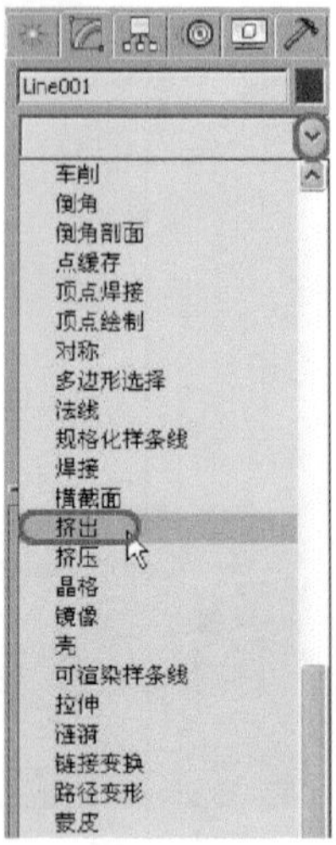

实战操作141 创建矩形

素材：Scene\Cha04\4-2.max

难度：★★★★★

场景：Scene\Cha04\实战操作141.max

视频：视频\Cha04\实战操作141.avi

“矩形”工具是一个经常用到的工具，可以创建方形和矩形样条线。创建矩形的操作步骤如下。

1 按“Ctrl+O”组合键，打开光盘中提供的素材文件4-2.max，如下图所示。

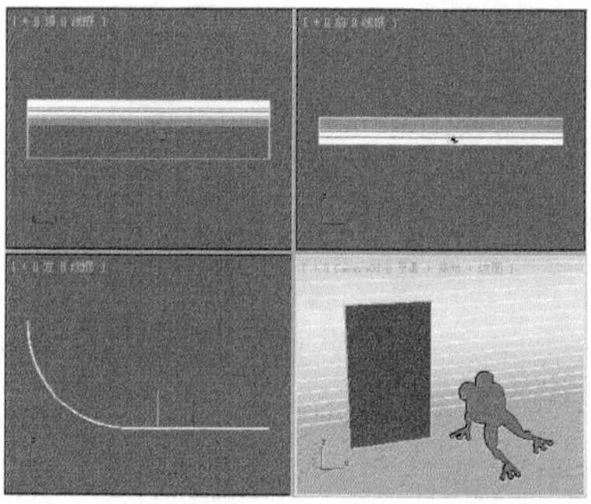

2 选择“创建”|“图形”|“样条线”|“矩形”工具，在“前”视图中创建矩形，如下图所示。然后将它的位置进行移动。

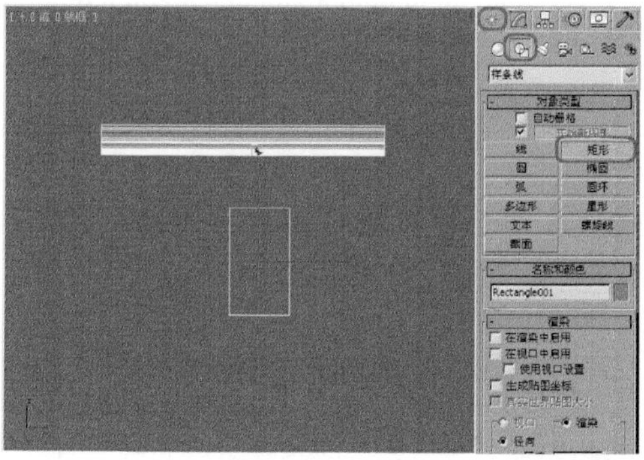

3 切换到“修改”命令面板，在“渲染”卷展栏中选中“在渲染中启用”和“在视口中启用”复选框，将“厚度”设为4.0cm，在“参数”卷展栏中将“长度”设为75.0cm，“宽度”设为46.0cm，如下图所示。

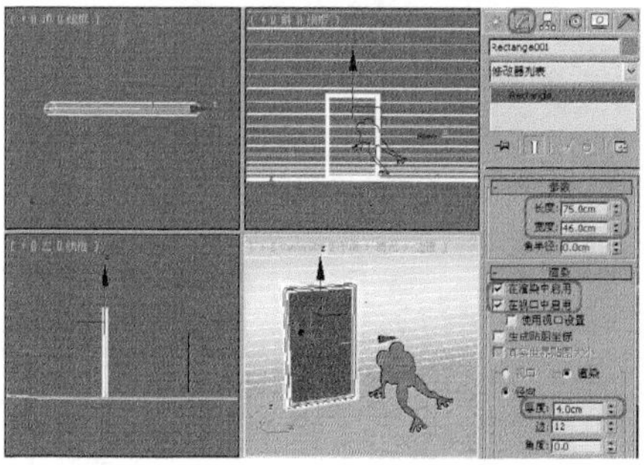

4 为矩形设置材质，激活“透视”视图，按F9键进行渲染，最终效果如下图所示。

实战操作142 创建圆

素材：Scene\Cha04\4-3.max

难度：★★★★★

场景：Scene\Cha04\实战操作142.max

视频：视频\Cha04\实战操作142.avi

“圆”工具可以用来创建圆形。创建圆的操作步骤如下。

1 按“Ctrl+O”组合键，打开一幅素材模型，选择“创建” | “图形” | “样条线” | “圆”工具，在“顶”视图中单击鼠标左键并拖动，单击鼠标右键完成圆的创建，如下图所示。

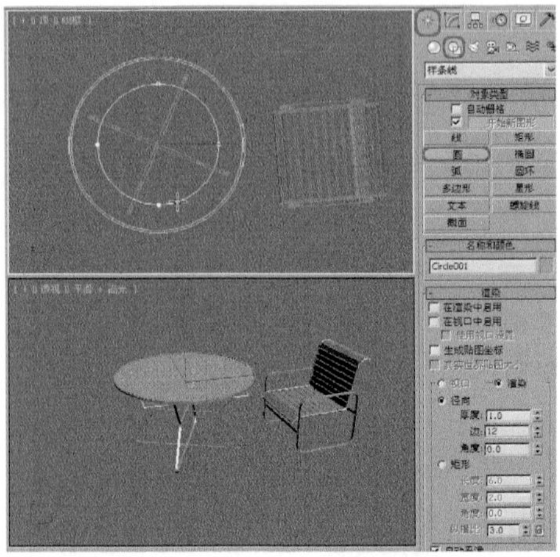

2 完成对象的创建后，将线段移动到合适的位置，单击“修改”按钮，进入“修改”命令面板，在“渲染”卷展栏中选中“在渲染中启用”和“在视口中启用”复选框，将“厚度”设为0.9，在“参数”卷展栏中将“半径”设为20，并设置圆的颜色，如下图所示。

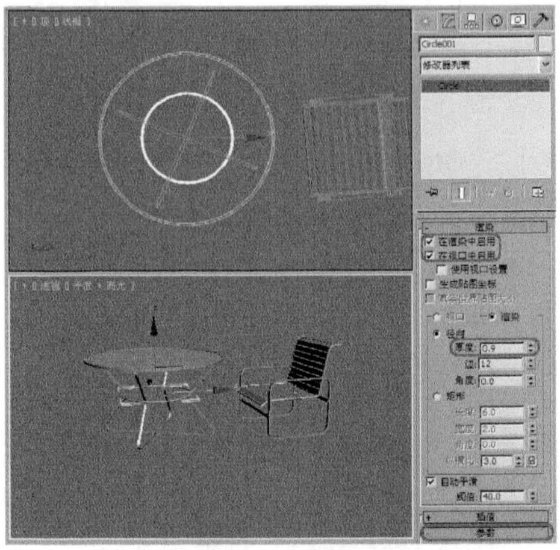

实战操作143 创建椭圆

- 素材：Scene\Cha04\4-4.max
- 难度：★★★★★
- 场景：Scene\Cha04\实战操作143.max
- 视频：视频\Cha04\实战操作143.avi

“椭圆”工具可以用来绘制椭圆形，“椭圆”的创建方法与“圆”的创建方法相同，只是椭圆使用“长度”和“宽度”两个参数来控制形状的大小。创建椭圆的操作步骤如下。

1 按“Ctrl+O”组合键，打开一幅素材模型，选择“创建” | “图形” | “样条线” | “椭圆”工具，在“顶”视图中按住鼠标并拖动，单击鼠标右键完成椭圆的创建，如右图所示。

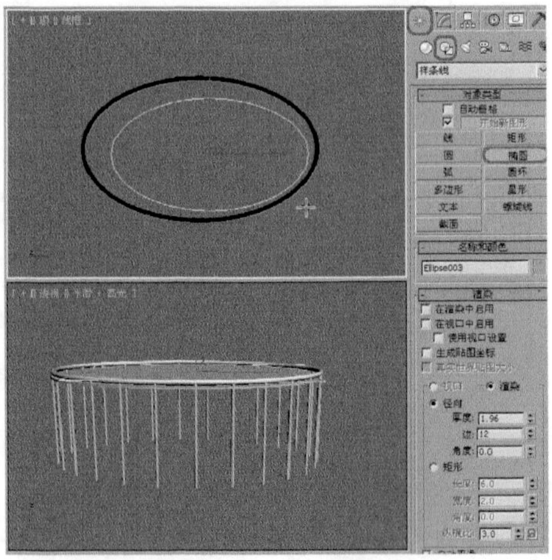

2 完成对象的创建后，将线段移动到合适的位置，单击“修改”按钮，进入“修改”命令面板，在“渲染”卷展栏中选中“在渲染中启用”和“在视口中启用”复选框，将“厚度”设为4.9，在“参数”卷展栏中将“长度”设为161，“宽度”设为263，并设置线段的颜色，如右图所示。

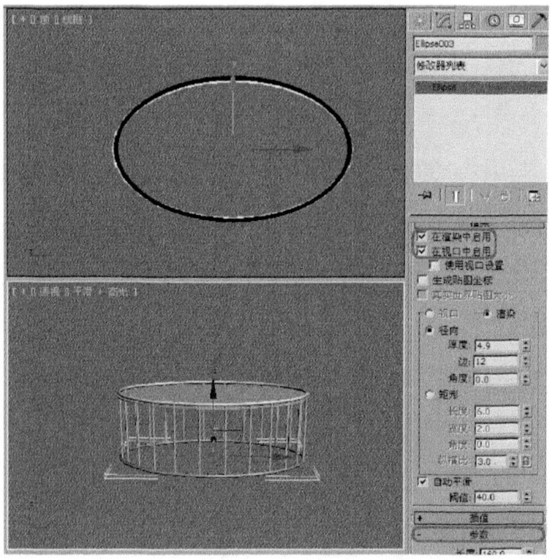

实战操作144　创建弧

- 素材：Scene\Cha04\4-5.max
- 难度：★★★★★
- 场景：Scene\Cha04\实战操作144.max
- 视频：视频\Cha04\实战操作144.avi

“弧”工具可以用来制作圆弧曲线和扇形。创建弧的操作步骤如下。

1 按“Ctrl+O”组合键，打开一幅素材模型，选择“创建”|“图形”|“样条线”|“弧”工具，在“左”视图中按住鼠标并拖动，拖出一条直线，如下图所示。

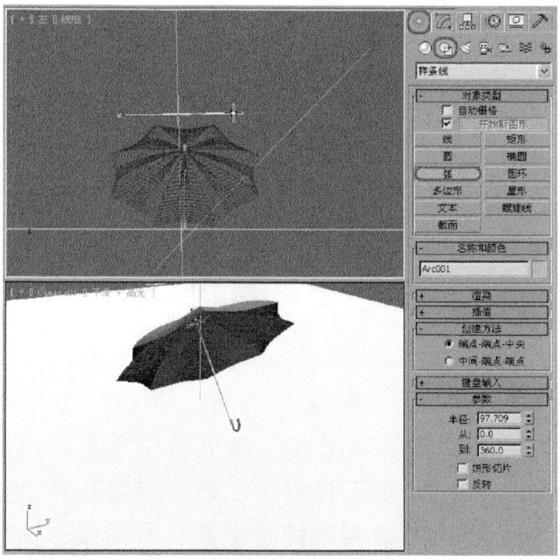

2 到达一定的位置后松开鼠标，移动鼠标确定圆弧的大小，单击鼠标左键完成弧的创建，如下图所示。

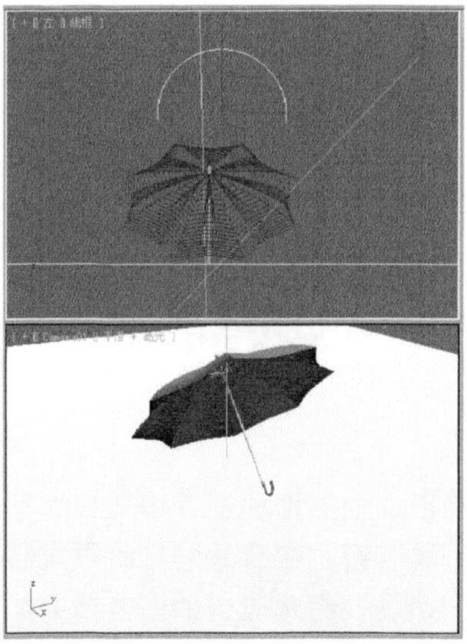

3 完成对象的创建后，单击“修改”按钮，进入“修改”命令面板，在“渲染”卷展栏中选中“在渲染中启用”和“在视口中启用”复选框，将“厚度”设为1.0，在“参数”卷展栏中将“半径”设为64，“从”设为359，“到”设为179，并设置弧的颜色，如下图所示。

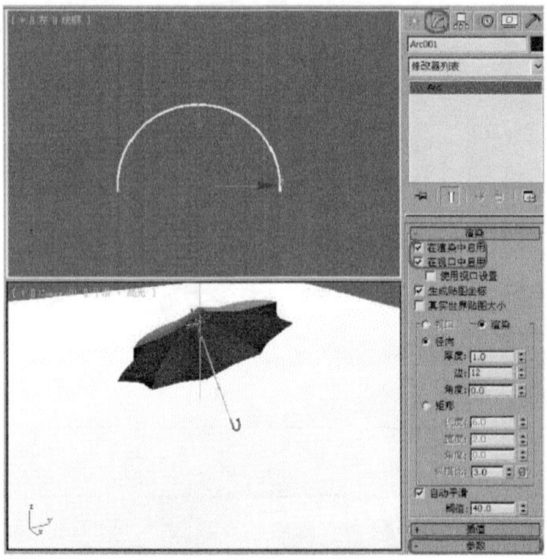

4 选择弧,切换到“修改”面板，单击“修改”面板上右侧的小三角按钮，弹出下拉菜单，在弹出的下拉菜单中选择“编辑样条线”选项，如下图所示。

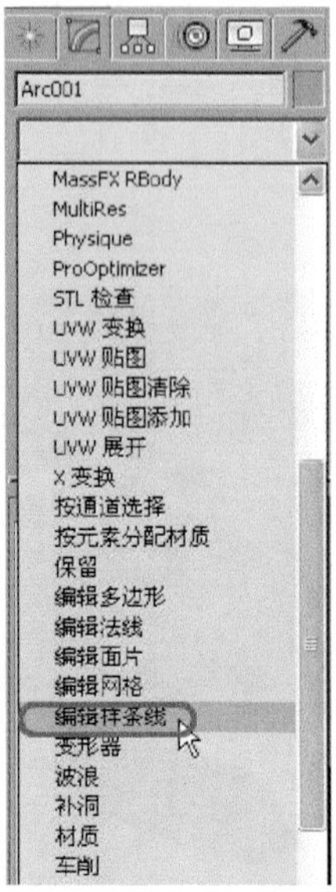

5 单击修改器堆栈中“编辑样条线”左侧的按钮，在展开的修改器堆栈中选择“顶点”选项，框选弧上的所有节点，单击鼠标右键，从弹出的快捷菜单中选择“角点”选项，如下图所示。

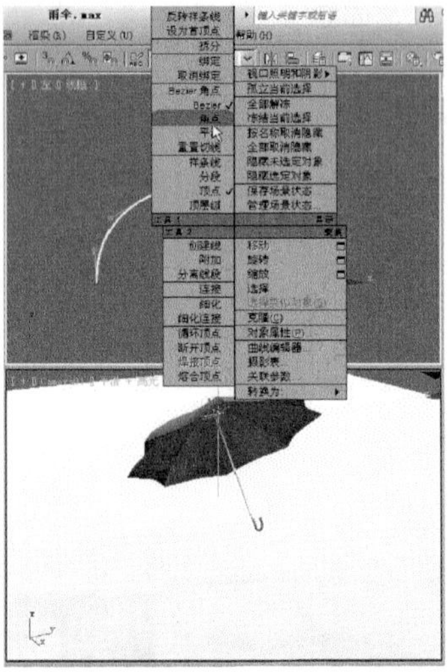

6 单击工具栏中的“选择并移动”按钮，在“左”视图中调节各个节点的位置，如下图所示。

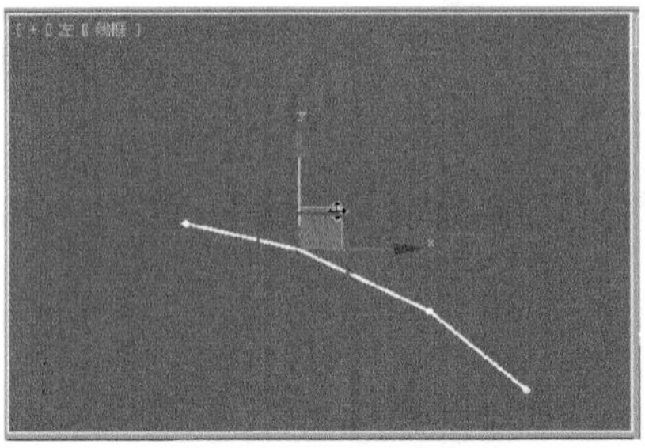

7 单击“几何体”卷展栏中“优化”按钮，在线段上单击鼠标左键，调节优化的节点，如下图所示。

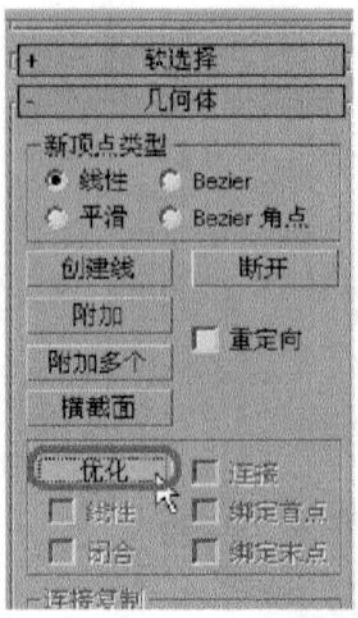

8 切换到“层级”面板，单击“轴”按钮，在“调整轴”卷展栏中单击“仅影响轴”按钮，在工具栏中右击“捕捉开关”按钮，弹出“栅格和捕捉设置”对话框，选中

"轴心"复选框，如下图所示。

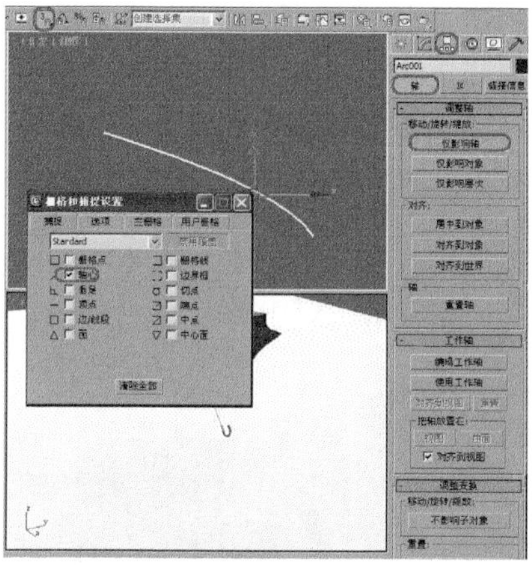

9 将轴心放置到弧的左顶点上，选择"工具"菜单中的"阵列"命令，弹出"阵列"的对话框，参照下图进行设置。

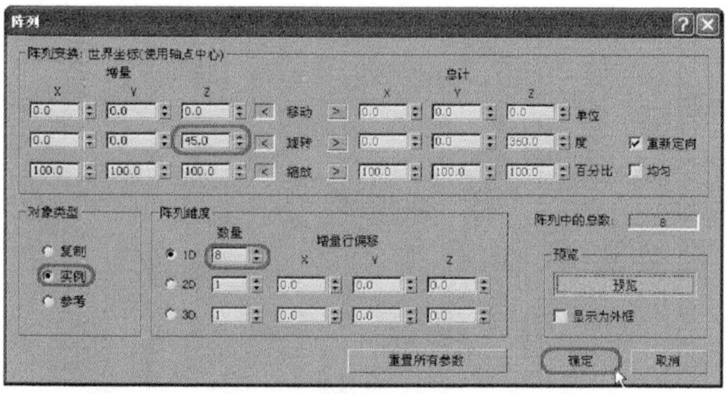

10 框选所有的弧形，选择"组"菜单中的"成组"命令，即所有的弧形成为一个组，单击工具栏中的"选择并移动"按钮，将成组的弧移至伞的合适位置，利用"选择并旋转"工具调整弧的角度，如右图所示。

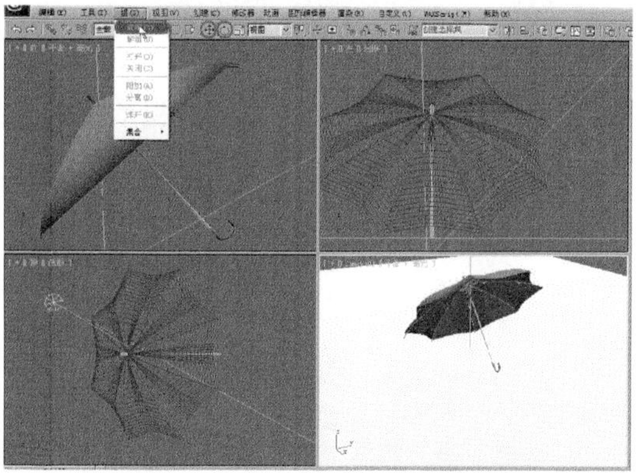

实战操作145 创建圆环

- 素材：Scene\Cha04\4-6.max
- 难度：★★★★★
- 场景：Scene\Cha04\实战操作145.max
- 视频：视频\Cha04\实战操作145.avi

使用"圆环"可以通过两个同心圆创建封闭的形状，而且每个圆都由4个顶点组成。创建圆环的操作步骤如下。

1 按"Ctrl+O"组合键，打开光盘中提供的素材文件4-6.max，如右图所示。

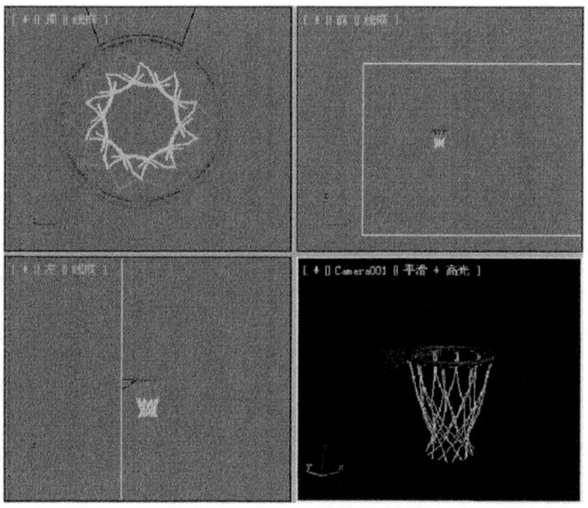

2 选择“创建” | “图形” | “样条线” | “圆环”工具，在“顶”视图中创建圆环，在“参数”卷展栏中将“半径1”设置为140.0，将“半径2”设置为134.5，如下图所示。

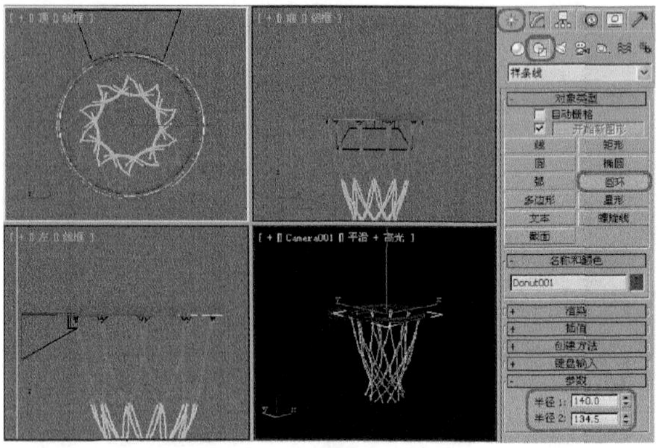

3 切换到“修改”命令面板，在“修改器列表”中选择“挤出”修改器，在“参数”卷展栏中将“数量”设为30.0，并在视图中调整圆环的位置，如下图所示。

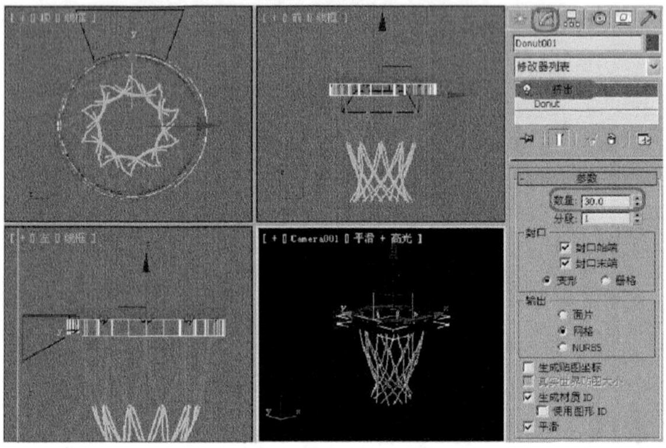

4 为圆环设置材质，激活“透视”视图，按F9键进行渲染，最终效果如右图所示。

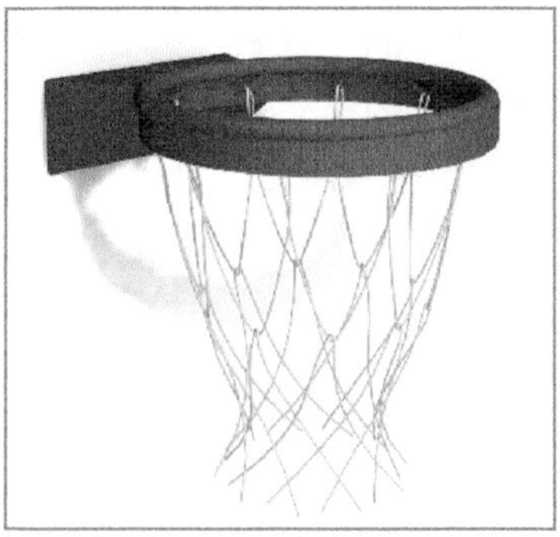

实战操作146 创建多边形

素材：无　　场景：无

难度：★★★★★　　视频：视频\Cha04\实战操作146.avi

“多边形”工具可以制作任意边数的正多边形，还可以产生圆角多边形。创建多边形的操作步骤如下。

1 选择“创建” | “图形” | “样条线” | “多边形”工具，在视图中按住鼠标并拖动，释放鼠标完成多边形的创建，如右图所示。

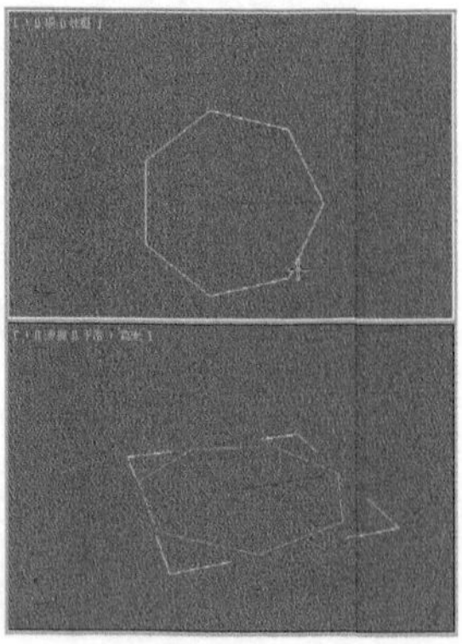

2 完成对象的创建后，可以在命令面板中对其参数进行设置，如右图所示。

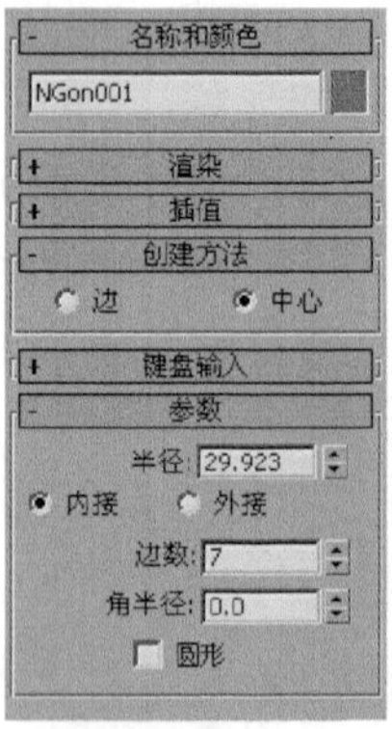

实战操作147　创建星形

素材：无

难度：★★★★★

场景：Scene\Cha04\实战操作147.max

视频：视频\Cha04\实战操作147.avi

“星形”工具可以建立多角星形，尖角可以钝化为圆角，制作齿轮图案；尖角的方向可以扭曲，产生倒刺状锯齿；参数的变换可以产生许多奇特的图案。创建星形的操作步骤如下。

1 选择“创建” |“图形” |“样条线”|“星形”工具，在“顶”视图中按住鼠标并拖动，拖曳出星形的一级半径，松开鼠标并移动鼠标，拖曳出二级半径，单击鼠标并完成星形的创建，如下图所示。

2 单击“修改”按钮，进入“修改”命令面板，在“渲染”卷展栏中选中“在渲染中启用”和“在视口中启用”复选框，在“参数”卷展栏中将“半径1”设为101，“半径2”设为44，“点”设为5，如右图所示。

3 在“修改器列表”中选择“挤出”修改器，在“参数”卷展栏中将“数量”设为15.0，这样五角星就有了厚度，如下图所示。

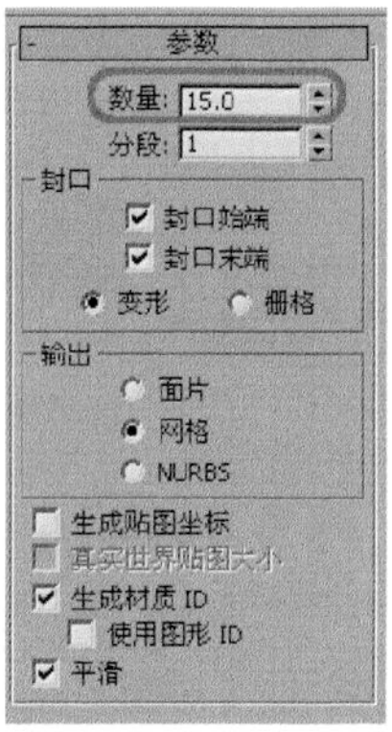

4 在“修改器列表”中选择“编辑网格”修改器，将当前选择集定义为“顶点”，在“前”视图中拖出一个可以包含五角星顶部一组顶点的虚线框，选择这些点，如下图所示。

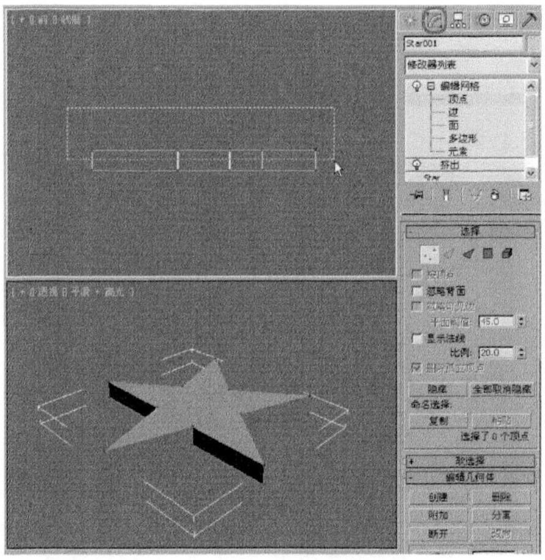

5 单击工具栏中的“选择并均匀缩放”按钮，在“前”视图中将鼠标放置在选择的顶点上，然后拖动鼠标缩放顶点，直到不能缩放为止，如下图所示。

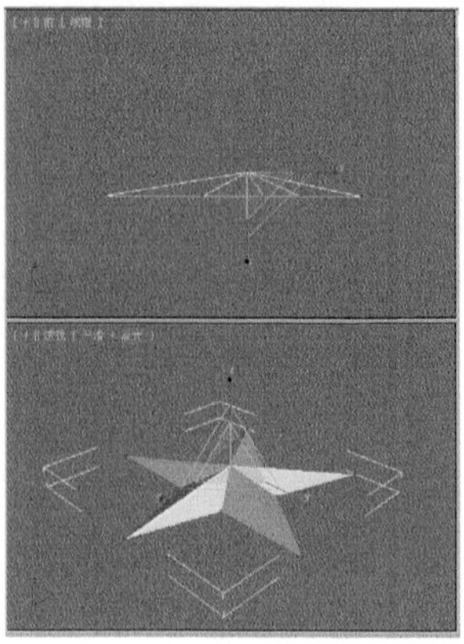

6 重新为五角星设置颜色，在右侧命令面板中对象名称的右侧单击小色块，在打开的“对象颜色”对话框中选择红颜色，如下图所示。

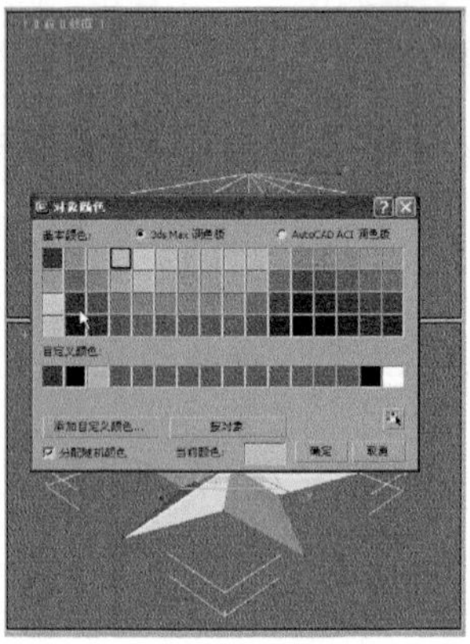

实战操作148 创建文本

- 素材：无
- 难度：★★★★★
- 场景：Scene\Cha04\实战操作148.max
- 视频：视频\Cha04\实战操作148.avi

“文本”工具可以直接产生文字图形，在中文Windows平台下可以直接产生各种字体的中文字形，字形的内容、大小、间距都可以调整，在完成了动画制作后，仍可以修改文字的内容。创建文本的操作步骤如下。

1 选择“创建”|“图形”|“样条线”|“文本”工具，在“参数”卷展栏中的文本框中输入“3ds Max 2012”，在视图中单击鼠标即可创建文本图形，如下图所示。

2 在“参数”卷展栏中可以对文本的字体、字号、间距以及文本的内容进行修改，将“大小”参数设为100.0，“字间距”参数设为-2.5，“行间距”设为0.0，字体设为Impact，如下图所示。

3 切换到“修改”面板，在“修改器列表”下拉列表中选择“倒角”修改器，如右图所示。

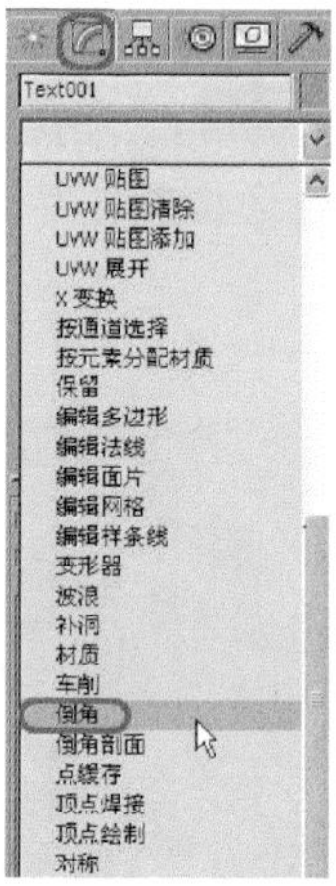

4 在“倒角”卷展栏中设置“级别1”的“高度”为10.0，并更改文本的颜色，如下图所示。

实战操作149　创建螺旋线

- 素材：Scene\Cha04\4-7.max
- 难度：★★★★★
- 场景：Scene\Cha04\实战操作149.max
- 视频：视频\Cha04\实战操作149.avi

“螺旋线”工具可以制作平面或空间的螺旋线，用于完成弹簧、盘香、线轴等的造型，或用来制作运动路径。创建螺旋线的操作步骤如下。

1 按“Ctrl+O”组合键，打开一幅素材模型，选择“创建” | “图形” | “样条线” | “螺旋线”工具，在“顶”视图中单击鼠标并拖动鼠标，拉出一级半径，如下图所示。

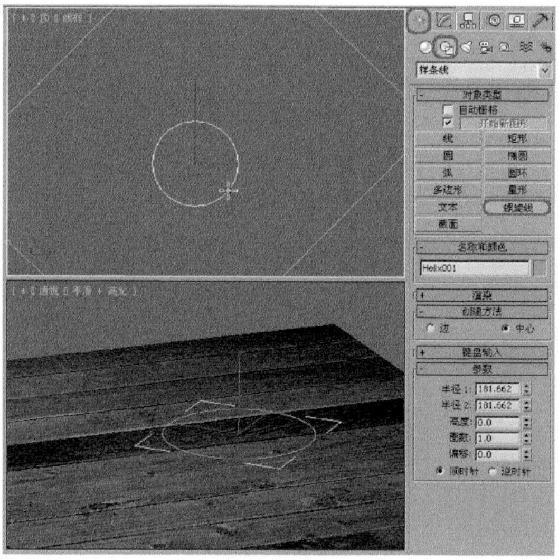

2 释放鼠标并移动鼠标，拽曳出螺旋线的高度，单击鼠标，确定螺旋线的高度，然后再移动鼠标，拉出二级半径后单击鼠标，完成螺旋线的创建，如下图所示。

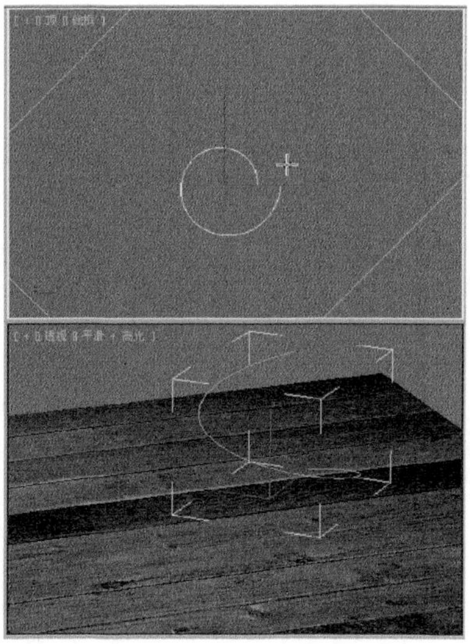

3 单击“修改”按钮，进入“修改”命令面板，在“渲染”卷展栏中选中“在渲染中启用”和“在视口中启用”复选框，将“厚度”设为8.0，在参数卷展栏中将“半径1”设为250.0，“半径2”设为50，“高度”设为0，“圈数”设为8，如右图所示。

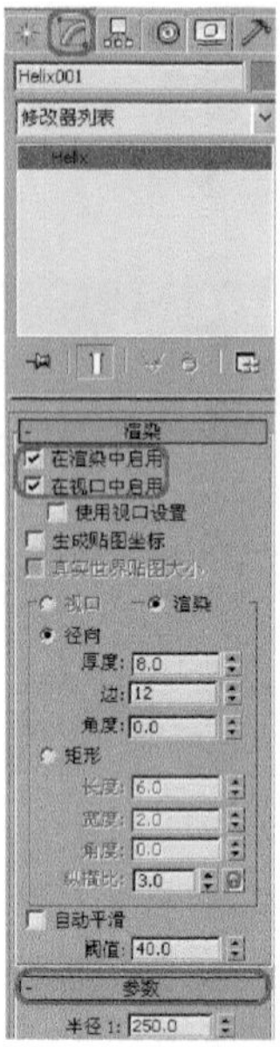

4 单击工具栏中的“选择并移动”按钮和“选择并旋转”按钮，将螺旋线调整到合适位置，并更改螺旋线的颜色，如下图所示。

实战操作150 创建截面

素材：Scene\Cha04\4-8.max

难度：★★★★★

场景：Scene\Cha04\实战操作150.max

视频：视频\Cha04\实战操作150.avi

“截面”工具可以通过截取三维造型的截面而获得二维图形，使用此工具建立一个平面，可以对其进行移动、旋转和缩放，当它穿过一个三维造型时，会显示出截获的截面。创建截面的操作步骤如下。

1 按“Ctrl+O”组合键，打开一幅素材模型，如下图所示。

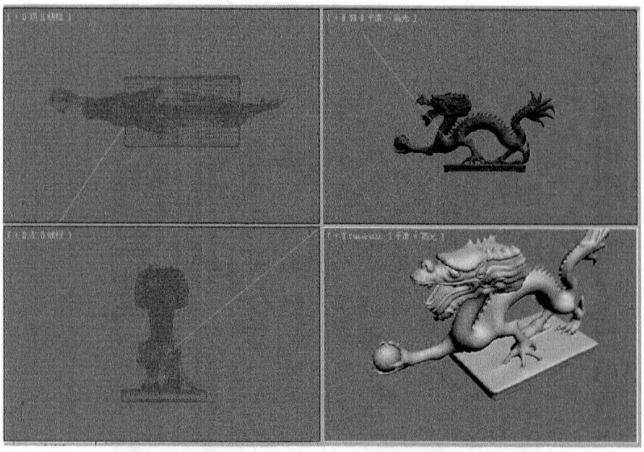

2 选择“创建”|“图形”|“样条线”|“截面”工具，在“前”视图中单击鼠标并拖动鼠标，然后释放鼠标，拖曳出截面，单击鼠标右键完成截面的创建，如下图所示。

3 切换到“修改”面板，在“截面大小”卷展栏中将“长度”设为46.0cm，“宽度”设为73.0cm，并将移至对象中心位置，在“截面参数”卷展栏中单击“创建图形”按钮，弹出“命名截面图形”对话框，为图形命名后，单击“确定”按钮，如下图所示。

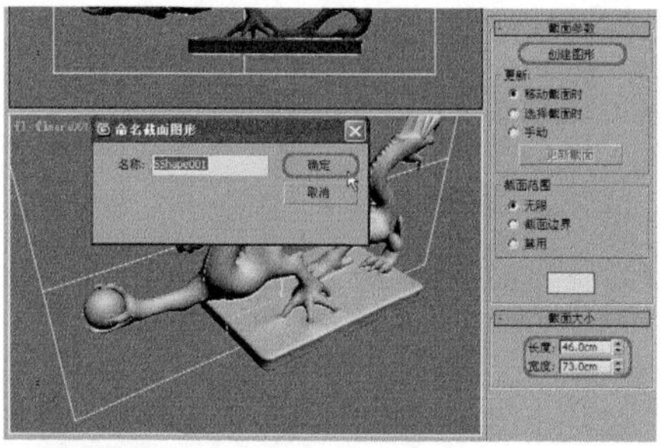

4 选择模型，切换到“显示”面板，在“隐藏”卷展栏中单击“隐藏选定对象”按钮，即可显示截面图形，如下图所示。

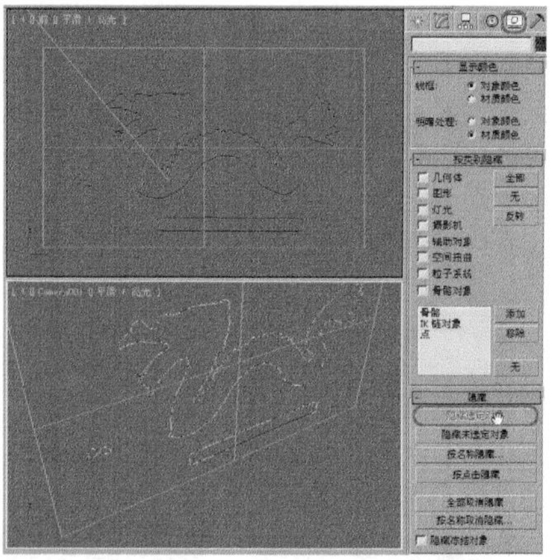

4.2 创建扩展样条线

扩展样条线是对原始样条线集的增强。它包括墙矩形样条线、通道样条线、角度样条线、T形样条线、宽法兰样条线，下面介绍几种扩展样条线的使用方法。

实战操作151 创建墙矩形

- 素材：Scene\Cha04\4-9.max
- 难度：★★★★★
- 场景：Scene\Cha04\实战操作151.max
- 视频：视频\Cha04\实战操作151.avi

使用“墙矩形”可以通过两个同心矩形创建封闭的形状。每个矩形都由4个顶点组成。墙矩形与“圆环”工具相似，只是其使用矩形而不是圆。创建墙矩形的操作步骤如下。

1 按“Ctrl+O”组合键，打开一幅素材模型，选择“创建”|“图形”|“扩展样条线”|“墙矩形”工具，在“顶”视图中单击鼠标并拖动鼠标，创建出墙矩形的长度和宽度，然后释放鼠标并移动鼠标，创建出墙矩形的厚度，单击鼠标右键完成墙矩形的创建，如右图所示。

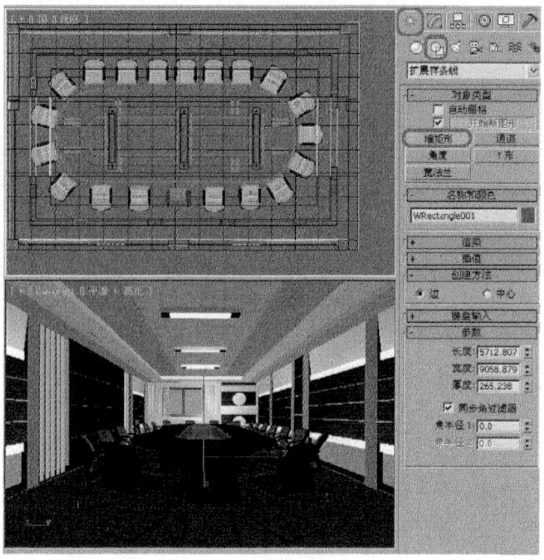

2 单击“修改”按钮，进入“修改”命令面板，在“渲染”卷展栏中选中“在渲染中启用”和“在视口中启用”复选框，将“厚度”设为1.0，在“参数”卷展览中将“长度”设为5 660，“宽度”设为8 563，“厚度”设为39.6，并将墙矩形移至合适的位置，如右图所示。

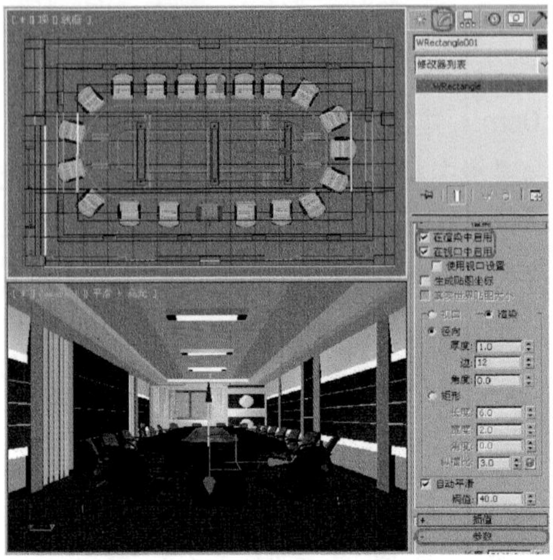

实战操作152 创建通道

素材：Scene\Cha04\4-10.max

难度：★★★★★

场景：Scene\Cha04\实战操作152.max

视频：视频\Cha04\实战操作152.avi

使用通道创建一个闭合的形状为“C”的样条线。可以选择指定该部分的垂直网和水平腿之间的内部和外部角。创建通道的操作步骤如下。

1 按“Ctrl+O”组合键，打开一幅素材模型，如下图所示。

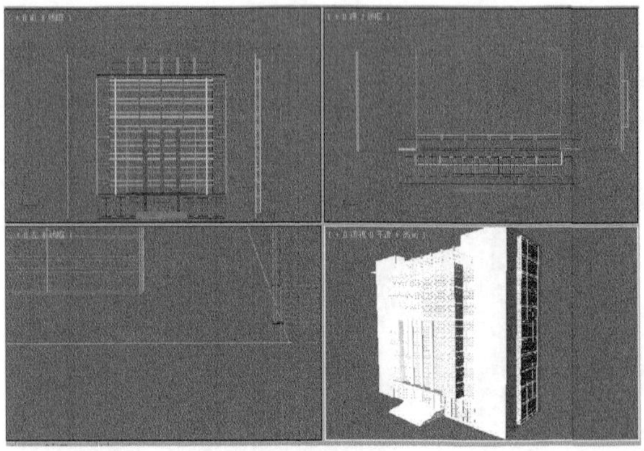

2 选择“创建”｜“图形”｜“扩展样条线”｜“通道”工具，在“顶”视图中单击鼠标并拖动鼠标，创建通道的长度和宽度，释放鼠标并移动鼠标，确定通道的厚度，如下图所示。

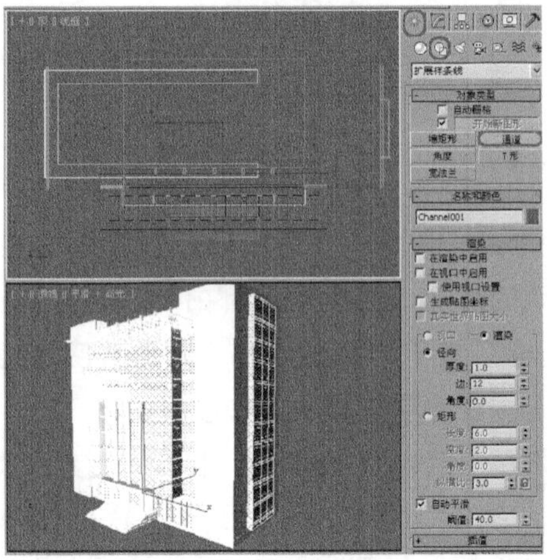

3 单击“修改”按钮，进入“修改”命令面板，在“渲染”卷展栏中选中“在

渲染中启用”和“在视口中启用”复选框，将“厚度”设为1.0，在“参数”卷展栏中将“长度”设为45 891，“宽度”设为7 171.8，“厚度”设为235.4，如下图所示。

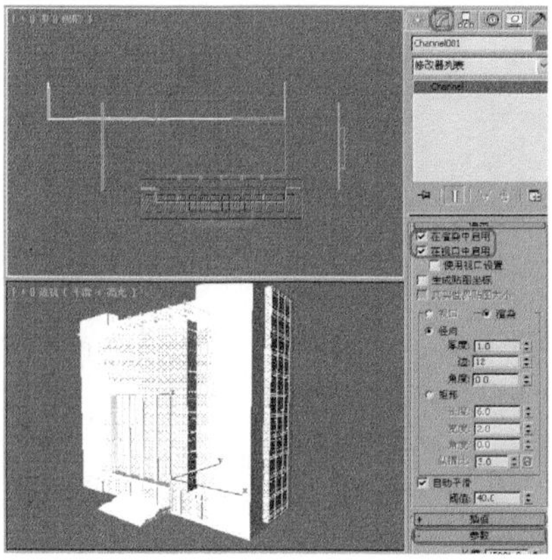

4 单击工具栏中的“选择并旋转”按钮，将通道旋转到合适的角度，单击工具栏中的“选择并移动”按钮，将通道移动到合适的位置，如下图所示。

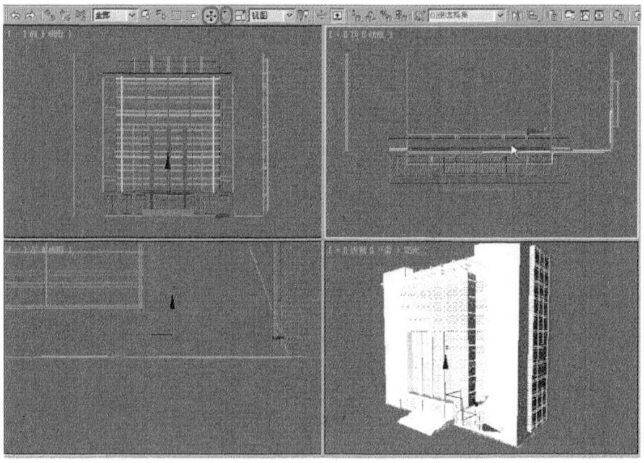

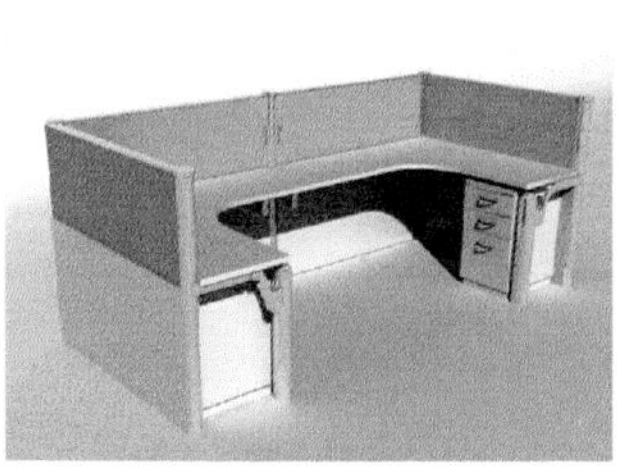

实战操作153 创建角度

素材：Scene\Cha04\4-11.max

难度：★★★★★

场景：Scene\Cha04\实战操作153.max

视频：视频\Cha04\实战操作153.avi

使用“角度”创建一个闭合的形状为“L”的样条线。可以选择指定该部分的垂直腿和水平腿之间的角半径。创建角度的操作步骤如下。

1 按“Ctrl+O”组合键，打开一幅素材模型，如下图所示。

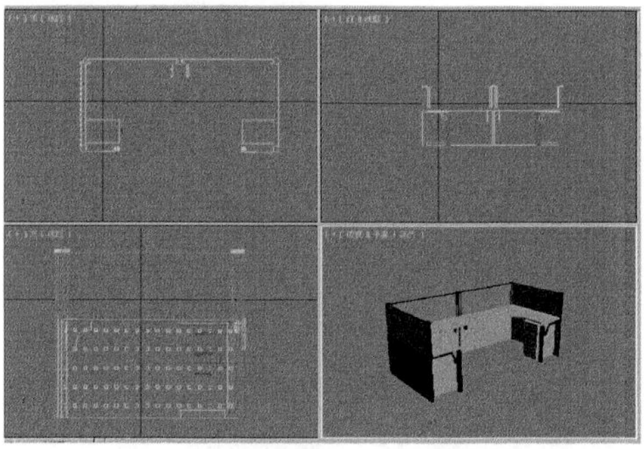

2 选择“创建”|“图形”|“扩展样条线”|“角度”工具，在“前”视图中单击鼠标并拖动鼠标，创建角度的长度和宽度，释放鼠标并移动鼠标，单击鼠标左键完成角度的创建，如下图所示。

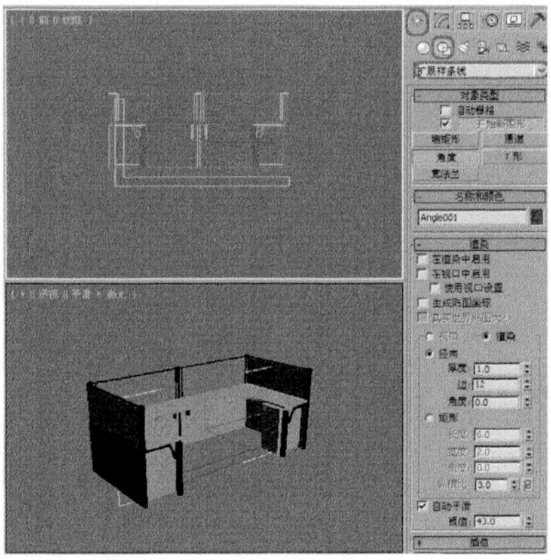

3 单击“修改”按钮，进入“修改”命令面板，在“渲染”卷展栏中选中“在渲染中启用”和“在视口中启用”复选框，将

“厚度”设为0.05，在“参数”卷展栏中将“长度”设为5.655，“宽度”设为7.3，“厚度”设为0.334，如下图所示。

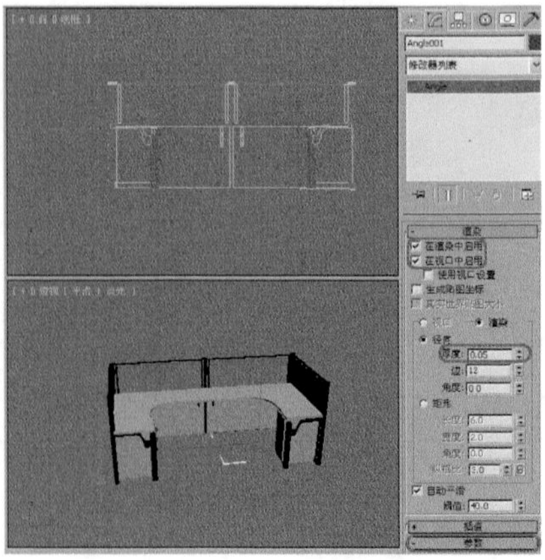

4 单击工具栏中的“选择并移动”按钮，将角度移动到合适的位置，并单击工具栏中的“选择并旋转”按钮，将角度旋转到合适的角度，如下图所示。

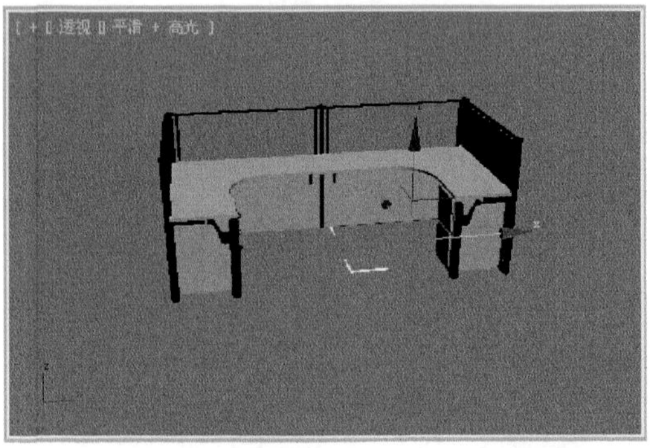

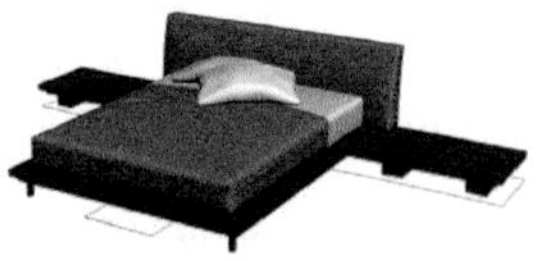

实战操作154 创建T形

素材：Scene\Cha04\4-12.max

难度：★★★★★

场景：Scene\Cha04\实战操作154.max

视频：视频\Cha04\实战操作154.avi

使用T形样条线创建一个闭合的形状为“T”的样条线。指定该部分的垂直网和水平凸缘之间的两个内部角半径。其操作步骤如下。

1 按“Ctrl+O”组合键，打开一幅素材模型，如下图所示。

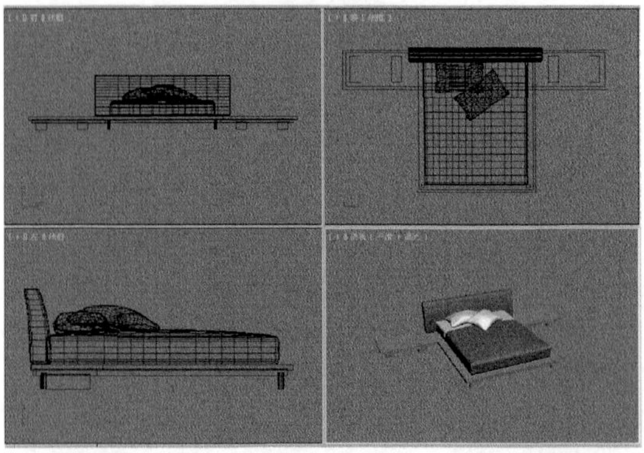

2 选择“创建”|“图形”|“扩展样条线”|“T形”工具，在“顶”视图中单击并拖动鼠标，创建T形的长度和宽度，释放并拖动鼠标，创建T形的厚度，单击鼠标左键完成T形的创建，如下图所示。

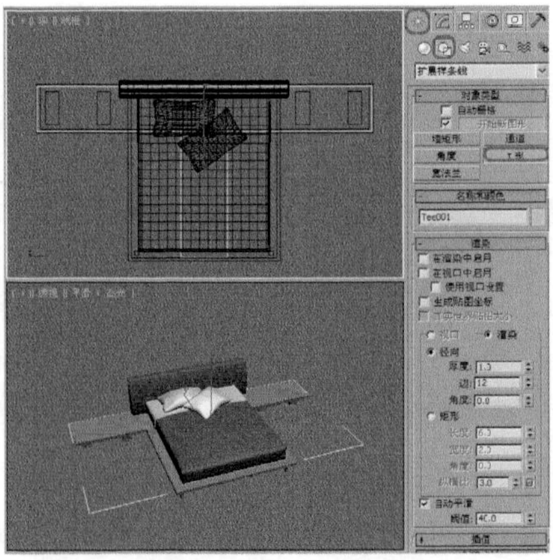

3 单击“修改”按钮，进入“修改”命令面板，在“渲染”卷展栏中选中“在渲染

中启用”和“在视口中启用”复选框，将“厚度”设为1.0，在“参数”卷展栏中将“长度”设为251，“宽度”设为480，“厚度”设为64，如下图所示。

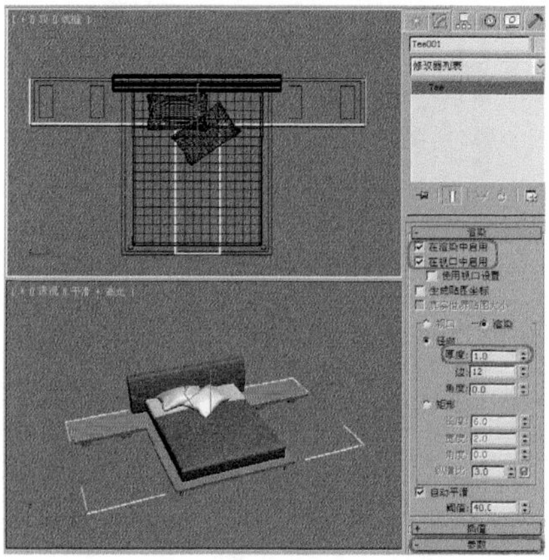

4 单击工具栏中的“选择并移动”按钮，将T形移动到合适的位置，如下图所示。

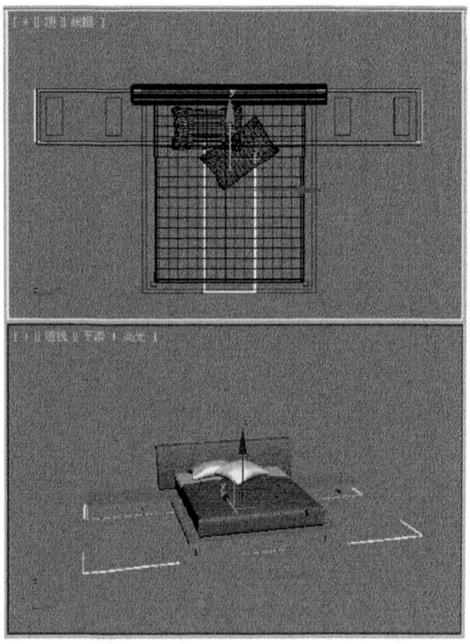

4.3 编辑顶点

在对二维图形进行修改时，最基本最常用的方法就是对顶点进行编辑修改，通过对图形进行添加点、移动点、连接点等操作，调整到需要的图形。

实战操作155　编辑Bezier角点

- 素材：Scene\Cha03\4-13.max
- 难度：★★★★★
- 场景：Scene\Cha04\实战操作155.max
- 视频：视频\Cha04\实战操作155.avi

“Bezier角点”是一种比较常用的顶点类型，通过分别对它们的两个控制手柄进行调节，可以灵活的控制曲线。编辑Bezier角点的操作步骤如下。

1 按“Ctrl+O”组合键，打开一幅素材模型，如右图所示。

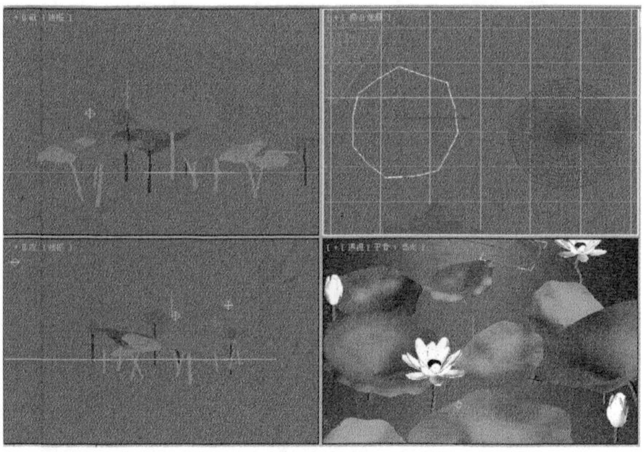

2 选择Line002,切换到“修改”面板，在“选择”卷展栏中选择“顶点”选项，如下图所示。

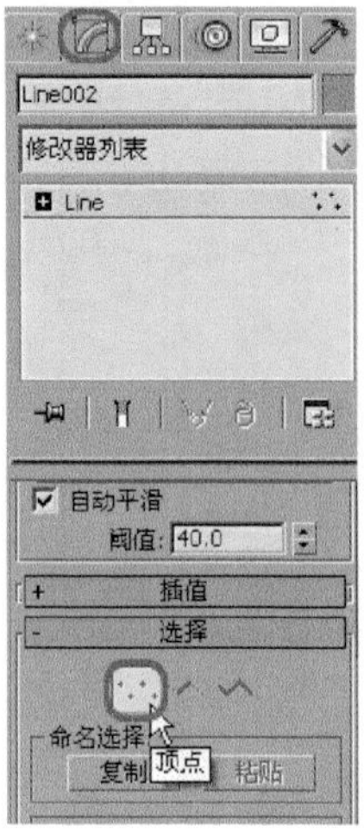

3 在“顶”视图中选择一个节点，选择的点以红色显示，在节点上单击鼠标右键，在弹出快捷菜单中选择“Bezier角点”命令，如下图所示。

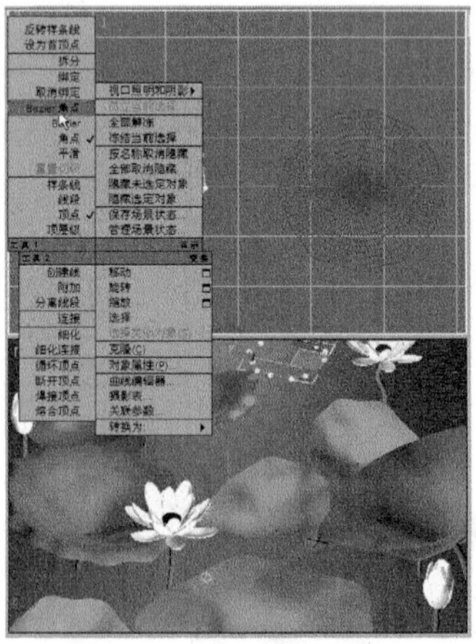

4 被修改的节点变为带控制柄的Bezier角点，单击工具栏中的“选择并移动”按钮，调节节点的控制柄，线形变平滑，如右图所示。

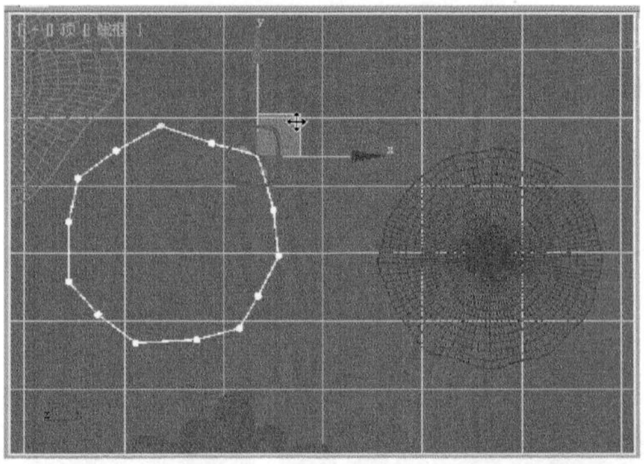

实战操作156 将顶点转换为平滑

素材：Scene\Cha04\4-14.max　　场景：Scene\Cha04\实战操作156.max

难度：★★★★★　　视频：视频\Cha04\实战操作156.avi

“平滑”选项，该属性决定了经过该点的曲线为平滑曲线。将顶点转换为平滑的操作步骤如下。

1 按“Ctrl+O”组合键，打开一幅素材模型，如右图所示。

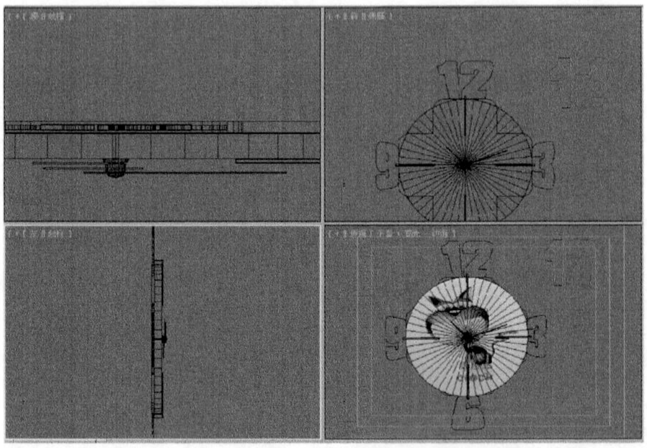

2 选择Line002，切换到“修改”面板，在“选择”卷展栏中选择“顶点”选项，如下图所示。

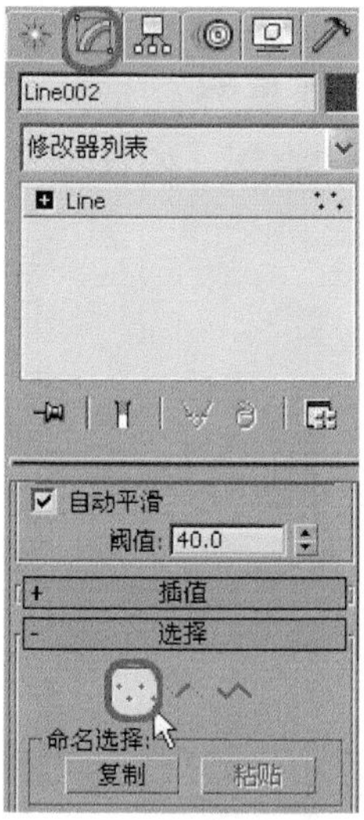

3 在“前”视图中选择3个节点，选择的点以红色显示，在节点上单击鼠标右键，在弹出的快捷菜单中选择“平滑”命令，如下图所示。

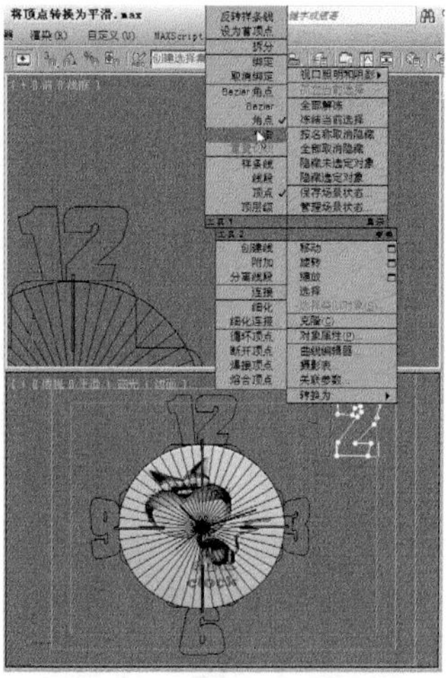

4 释放鼠标后节点变成光滑的曲线，单击工具栏中的“选择并移动”按钮，适当调整节点的位置，如右图所示。

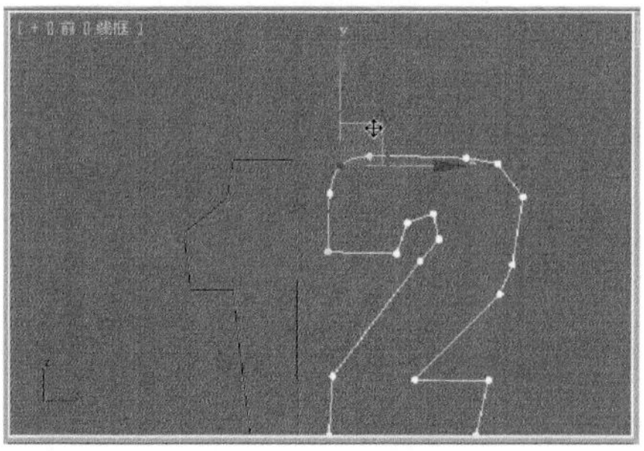

实战操作157 优化顶点

素材：Scene\Cha04\4-15.max　　场景：Scene\Cha04\实战操作157.max

难度：★★★★★　　视频：视频\Cha04\实战操作157.avi

使用“优化”命令可以添加顶点，而不更改样条线的曲率值。单击“优化”按钮，然后选择每次单击时要添加顶点的任意数量的样条线线段（鼠标光标经过合格的线段时会变为一个“连接”符号）。下面介绍优化的使用，其操作步骤如下。

1 按“Ctrl+O”组合键，打开一幅素材模型，如右图所示。

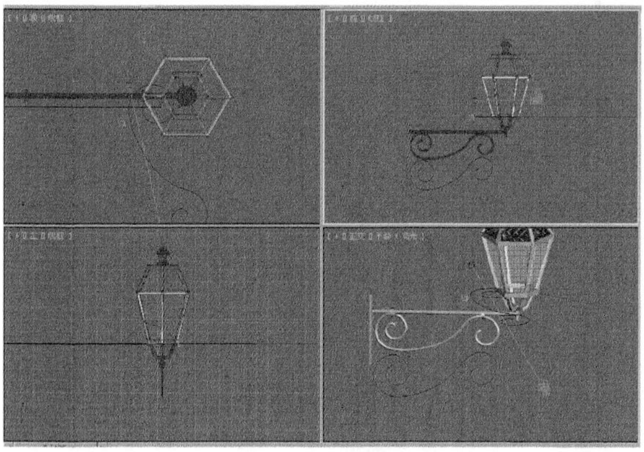

2 选择Line007,切换到“修改”面板，单击“修改”面板上右侧的小三角按钮，在弹出的下拉菜单中选择“编辑样条线”选项，如右图所示。

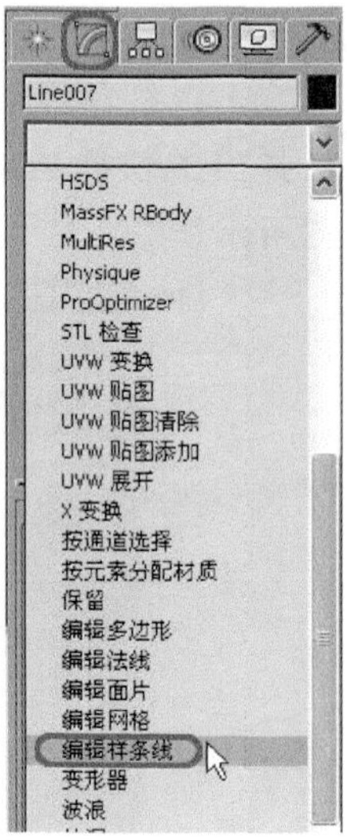

3 单击修改器堆栈中“编辑样条线”左侧的按钮，在展开的修改器堆栈中选择“顶点”选项，在“几何体”卷展栏单击“优化”按钮 优化 ，如右图所示。

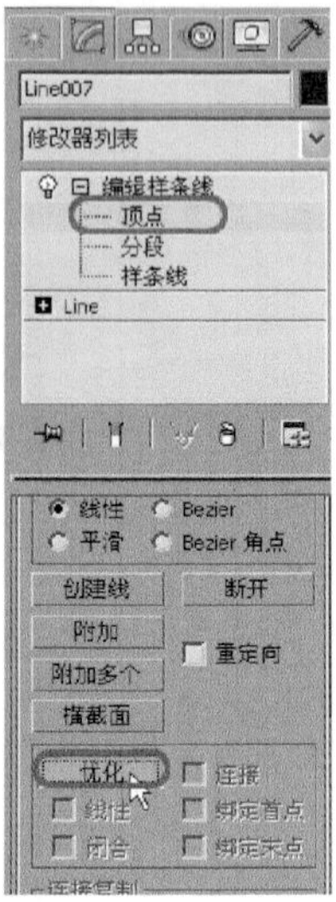

4 在“前”视图中，当鼠标在Line上呈现形状时，在线段上单击鼠标左键，即可看见优化的节点，如右图所示。

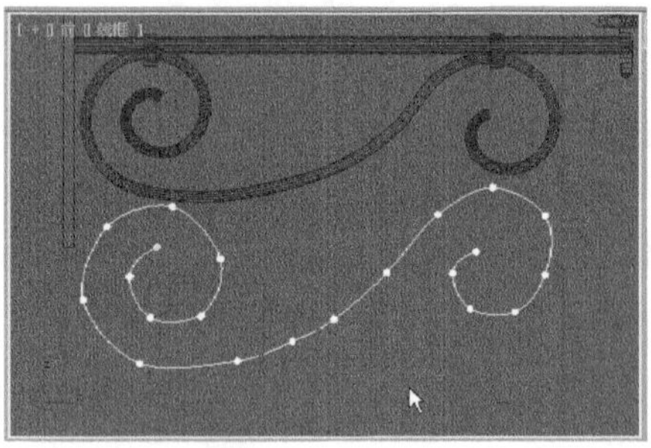

实战操作158 熔合顶点

素材：Scene\Cha04\4-16.max　　场景：Scene\Cha04\实战操作158.max

难度：★★★★★　　视频：视频\Cha04\实战操作158.avi

“熔合”与“焊接”的命令相似，都是将两个断点合并为一个顶点，而熔合的顶点将移至熔合顶点的中心位置。其操作步骤如下。

1 按“Ctrl+O”组合键，打开一幅素材模型，如下图所示。

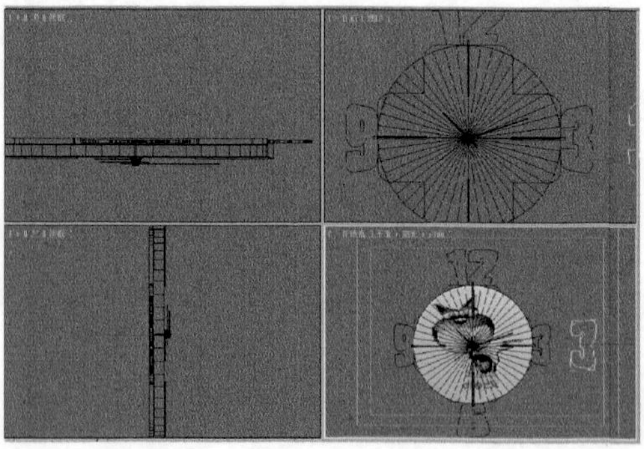

2 选择Line003,切换到“修改”面板，单击“修改”面板上右侧的小三角按钮，在弹出的下拉菜单中选择“编辑样条线”选项，如右图所示。

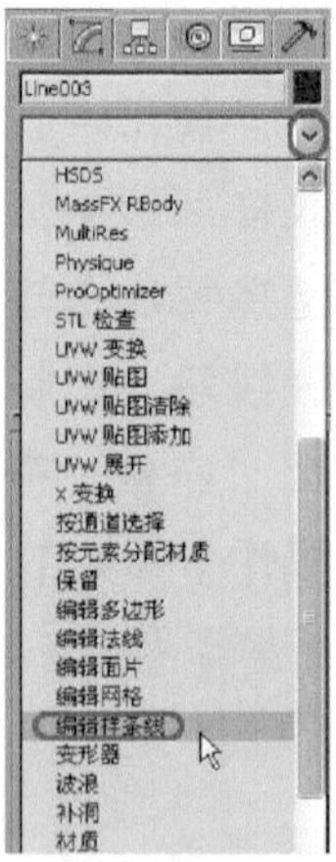

3 单击修改器堆栈中“编辑样条线”左侧的⊞按钮，在展开的修改器堆栈中选择“顶点”选项，在“前”视图中选择需要熔合的顶点，选中的节点呈红色显示，如下图所示。

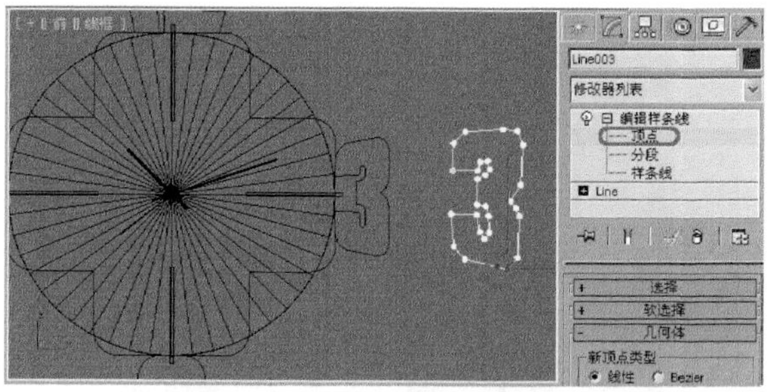

4 单击鼠标右键，弹出快捷菜单，选择“熔合顶点”命令，节点将熔合并移至熔合节点的中心位置，如下图所示。

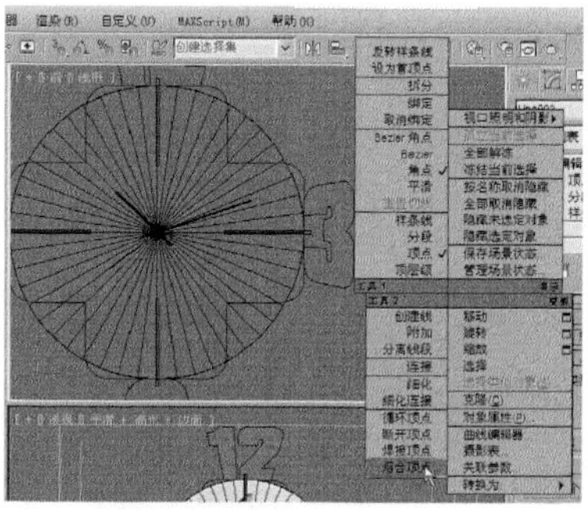

实战操作159 焊接顶点

- 素材：Scene\Cha04\4-17.max
- 难度：★★★★★
- 场景：Scene\Cha04\实战操作159.max
- 视频：视频\Cha04\实战操作159.avi

“焊接”命令的功能是将两个断点合并为一个顶点。其操作步骤如下。

1 按“Ctrl+O”组合键，打开一幅素材模型，单击模型，切换到“修改”面板，选择“编辑样条线”修改器堆栈中的“顶点”选项，在“前”视图中选择两个节点，如下图所示。

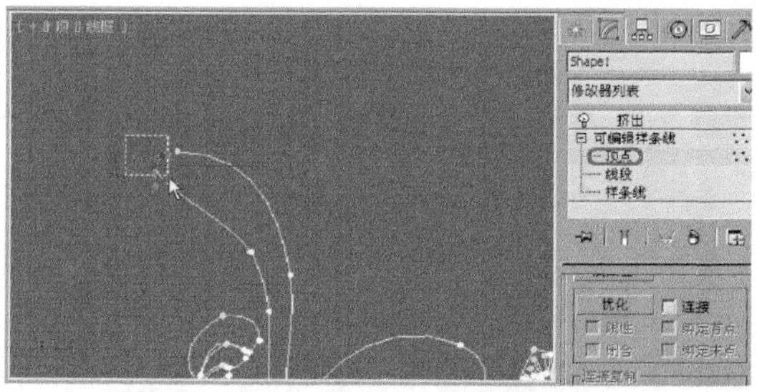

2 在“几何体”卷展栏中“焊接”按钮后的微调框中输入10.0，并单击焊接按钮 焊接 ，即可焊接，如下图所示。

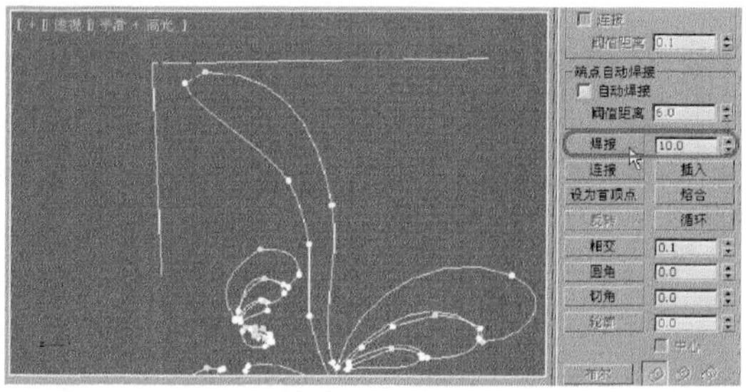

实战操作160 圆角顶点

- 素材：Scene\Cha04\4-18.max
- 难度：★★★★★
- 场景：Scene\Cha04\实战操作160.max
- 视频：视频\Cha04\实战操作160.avi

“圆角”命令的功能是将顶点所在的线段变得圆滑，其操作步骤如下。

1 按“Ctrl+O”组合键，打开一幅素材模型，单击模型，切换到“修改”面板，选择“编辑样条线”修改器堆栈中的“顶点”选项，在“前”视图中选择一个节点，如下图所示。

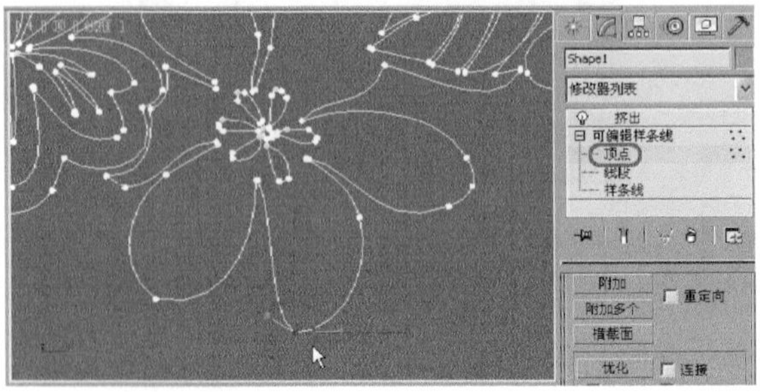

2 单击“几何体”卷展栏中的“圆角”按钮 圆角 ，并在其右侧的文本框中输入10.0，按Enter键即可将顶点进行圆角处理，如下图所示。

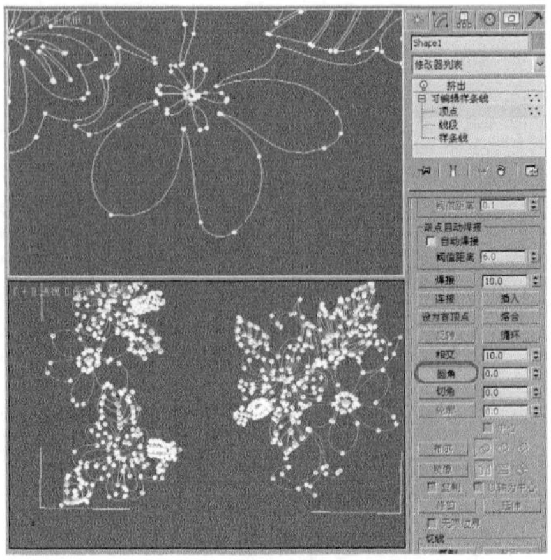

实战操作161 切角顶点

- 素材：Scene\Cha04\4-19.max
- 难度：★★★★★
- 场景：Scene\Cha04\实战操作161.max
- 视频：视频\Cha04\实战操作161.avi

用“切角”工具可以将一个顶点切角，形成切角顶点，其操作步骤如下。

1 按“Ctrl+O”组合键，打开一幅素材模型，单击模型，切换到“修改”面板，选择“编辑样条线”修改器堆栈中的“顶点”，在“顶”视图中选择一个节点，如下图所示。

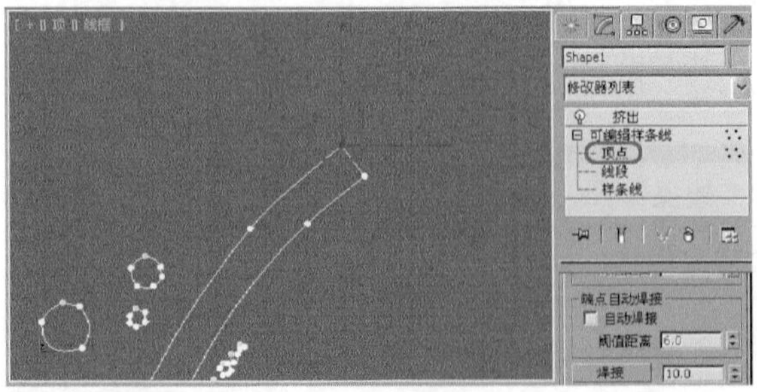

2 单击“几何体”卷展栏中的“切角”按钮，移动鼠标至“顶”视图，选择节点，当鼠标指针呈形状时，沿Y轴向上拖曳鼠标至合适位置，然后释放鼠标，即可切角顶点，如下图所示。

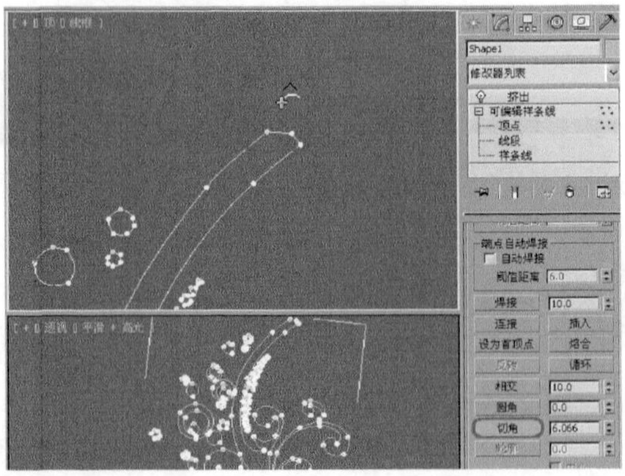

4.4 编辑线段

线段选择集是连接两个节点之间的线段，当对线段进行操作时相当于对线段两端的节点进行操作。

实战操作162 插入线段

- 素材：Scene\Cha04\4-20.max
- 难度：★★★★★
- 场景：Scene\Cha04\实战操作162.max
- 视频：视频\Cha04\实战操作162.avi

用“插入”工具可以在选择的线段中插入线段，其操作步骤如下。

1 按“Ctrl+O”组合键，打开一幅素材模型，如下图所示。

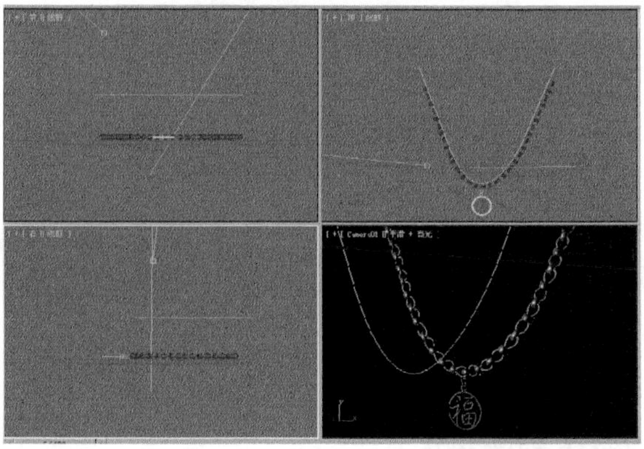

2 选择Line01，切换到“修改”面板，单击“选择”卷展栏中的“线段”按钮，使其高亮显示，如右图所示。

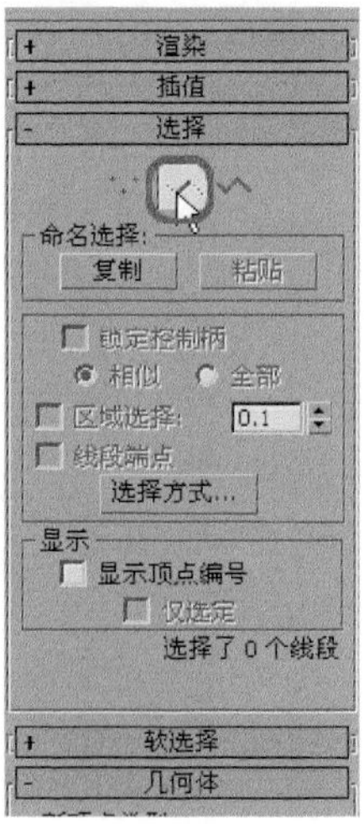

3 单击“几何体”卷展栏中的“插入”按钮 插入 ，如右图所示。

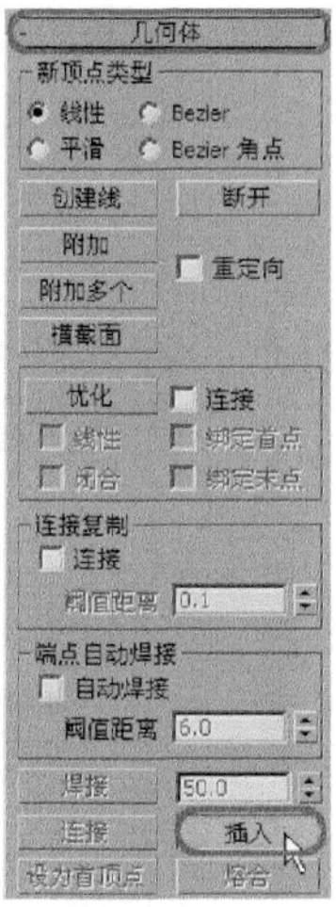

4 移动鼠标至“顶”视图中的线段顶点上，鼠标指针呈时，按住鼠标左键并拖曳线段，链子的形状也跟随变化，单击鼠标左键即可插入线段，如下图所示。

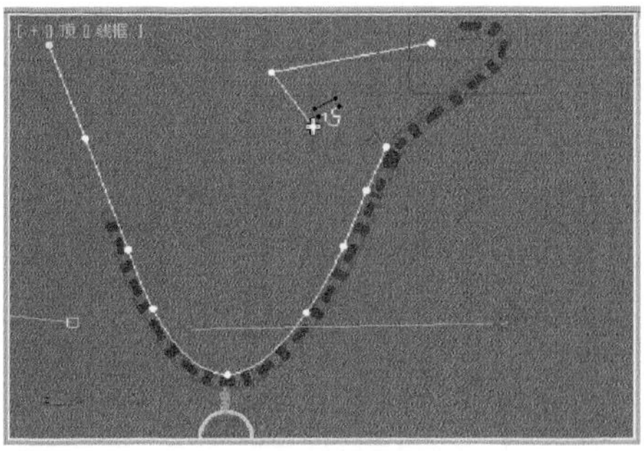

实战操作163 拆分线段

素材：Scene\Cha04\4-21.max　　场景：Scene\Cha04\实战操作163.max

难度：★★★★★　　视频：视频\Cha04\实战操作163.avi

通过在选择的线段上加点，将选择的线段分成若干条线段，通过在其后面的文本框中输入要加入顶点的数值，然后单击该按钮，即可将选择的线段拆分为若干条线段。拆分线段的操作步骤如下。

1 按“Ctrl+O”组合键，打开4-20.max素材模型，选择Line01，单击“修改”面板下方“选择”卷展栏中的“线段”按钮，在“顶”视图中选择线段，所选的线段呈红色，如下图所示。

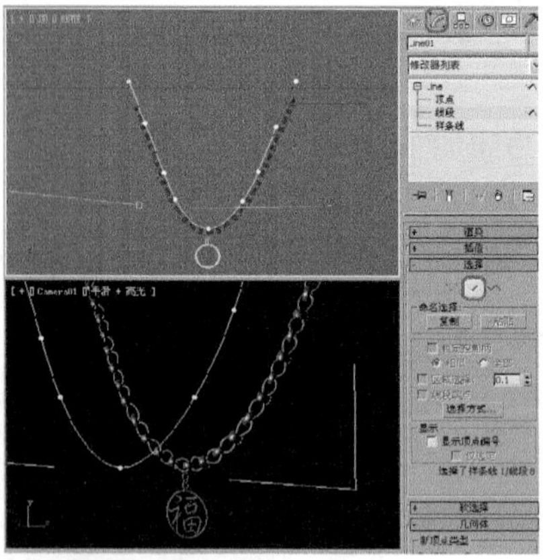

2 在“几何体”卷展栏中的“拆分”按钮后的微调框中输入2，然后单击“拆分”按钮 拆分 ，所选的线段被拆分，如下图所示。

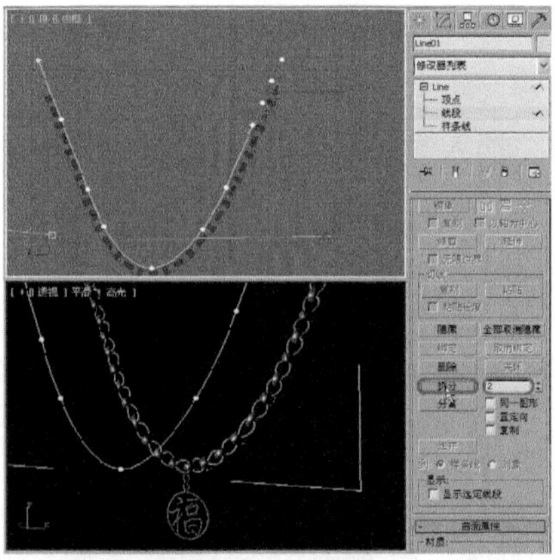

实战操作164 分离线段

素材：Scene\Cha04\4-22.max

难度：★★★★★

场景：Scene\Cha04\实战操作164.max

视频：视频\Cha04\实战操作164.avi

用“分离”工具可以将选择的线段分离，其操作步骤如下。

1 按“Ctrl+O”组合键，打开一幅素材模型，选择Line04,单击“修改”面板下方“选择”卷展栏中的“线段”按钮，在“前”视图中选择线段，所选的线段呈红色，如右图所示。

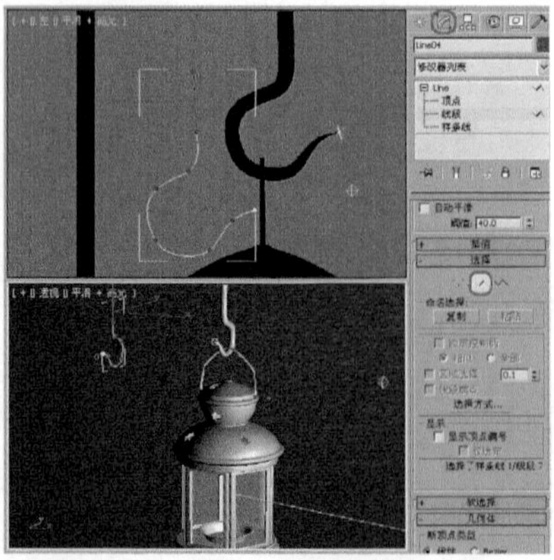

2 单击“几何体”卷展栏中的“分离”按钮，弹出“分离”的对话框，单击“确定”按钮，所选的线段将成为单独的图形分离出来，如右图所示。

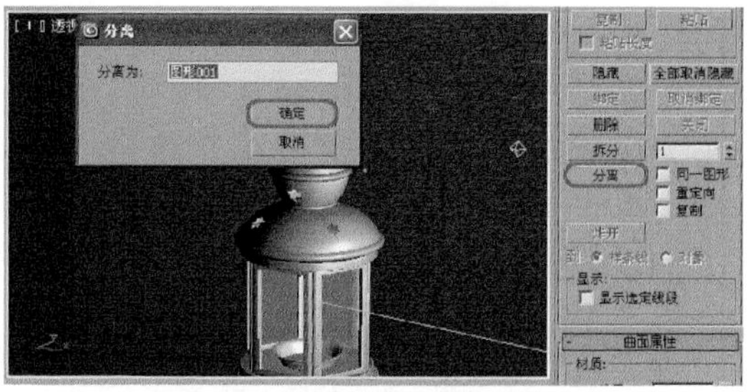

4.5 编辑二维样条线

样条线级别是二维图形中另一个功能强大的次物体修改级别，相连接的线段即为一条样条线。

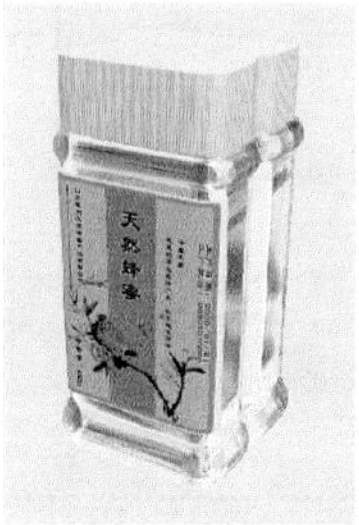

实战操作165 附加单个样条线

素材：Scene\Cha04\4-23.max

难度：★★★★★

场景：Scene\Cha04\实战操作165.max

视频：视频\Cha04\实战操作165.avi

单击“几何体”卷展栏中的“附加”命令，则两个样条线形成一个整体。其操作步骤如下。

1 按“Ctrl+O”组合键，打开一幅素材模型，在“前”视图中选择瓶中的一条线，单击“修改”面板下方“编辑样条线”左侧的按钮，再单击“样条线”选项，如下图所示。

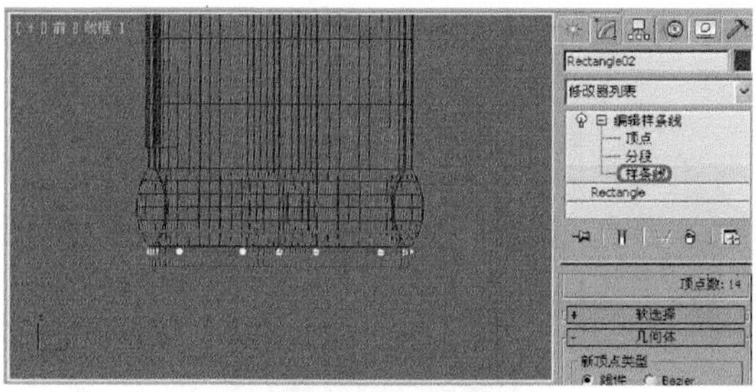

2 单击“几何体“卷展栏中的“附加”按钮 附加 ，移动鼠标至视图中鼠标指针呈现形状时，单击鼠标左键，附加瓶身，如下图所示。

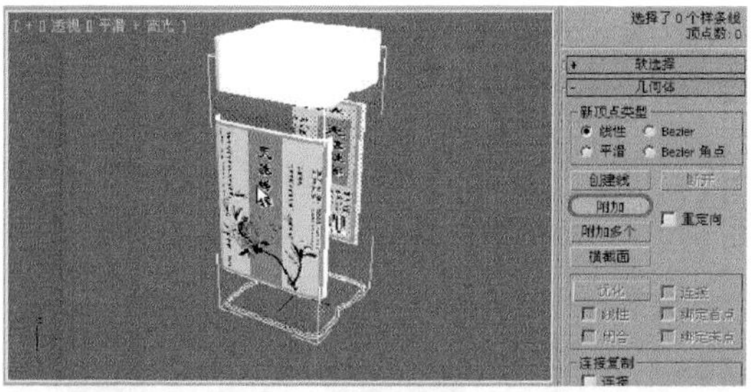

实战操作166 附加多个样条线

素材：Scene\Cha04\4-24.max　　场景：Scene\Cha04\实战操作166.max

难度：★★★★★　　视频：视频\Cha04\实战操作166.avi

在附加样条线中不仅可以附加一条，而且可以附加多条样条线，使多条样条线成为一个整体。其操作步骤如下。

1 按“Ctrl+O”组合键，打开一幅素材模型，选择Line15,切换到“修改”面板，选择“编辑样条线”修改器堆栈中的“样条线”，单击“几何体”卷展栏中的“附加多个”按钮，如下图所示。

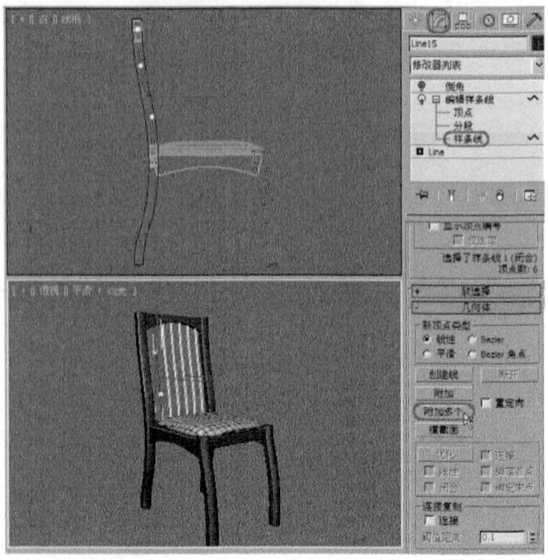

2 弹出“附加多个”对话框，按住“Ctrl”键同时单击线段对象名称，选中后的对象呈蓝色，单击“附加”按钮即可附加所选的对象，如下图所示。

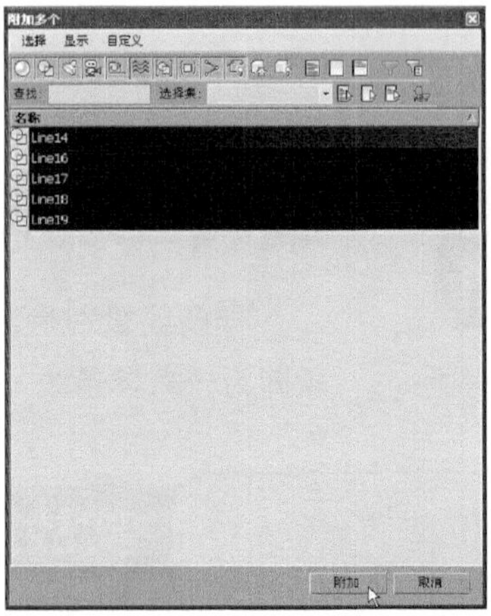

实战操作167 设置样条线轮廓

- 素材：Scene\Cha04\4-25.max
- 难度：★★★★★
- 场景：Scene\Cha04\实战操作167.max
- 视频：视频\Cha04\实战操作167.avi

制作样条线的副本，所有侧边上的距离偏移量由“轮廓宽度”微调器（在“轮廓”按钮的右侧）指定。选择一个或多个样条线，然后使用微调器动态地调整轮廓位置，或单击“轮廓”然后拖动样条线。如果样条线是开口的，生成的样条线及其轮廓将生成一个闭合的样条线。设置样条线轮廓的操作步骤如下。

1 按“Ctrl+O”组合键，打开一幅素材模型，如下图所示。

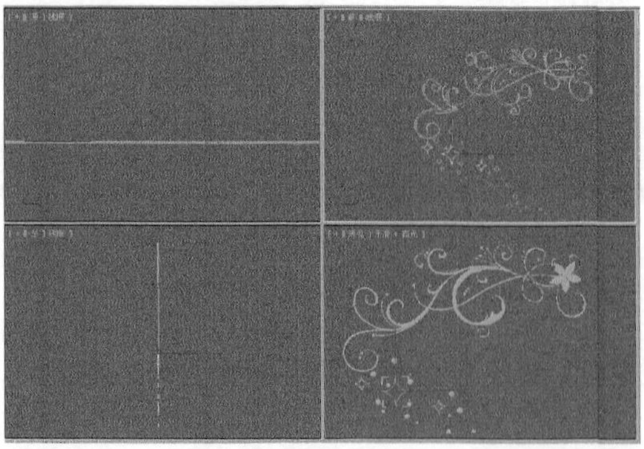

2 选择Line03,切换到“修改”面板，在展开的修改器堆栈中选择“样条线”选项，如下图所示。

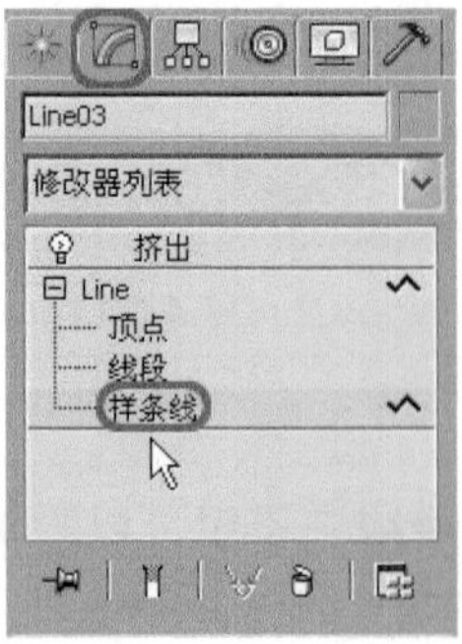

3 单击“几何体”卷展栏中的“轮廓”按钮，并在右侧的微调框中输入10，如右图所示。

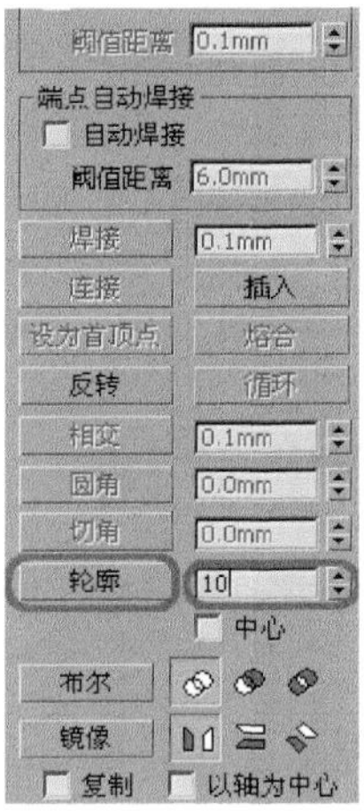

4 按Enter键即可设置样条线轮廓，如下图所示。

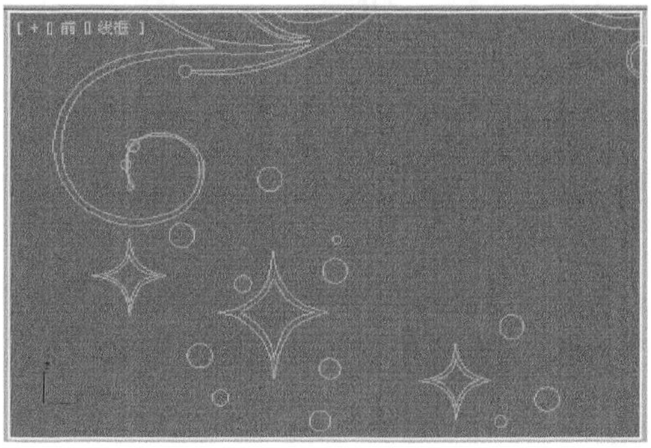

实战操作168　修剪样条线

素材：Scene\Cha04\4-26.max

难度：★★★★★

场景：Scene\Cha04\实战操作168.max

视频：视频\Cha04\实战操作168.avi

“修剪”工具可以将样条线中交叉或无用的样条线修剪掉，以达到需要的形状。其操作步骤如下。

1 按“Ctrl+O”组合键，打开一幅素材模型，选择Line029，切换到“修改”面板，选择“Line”修改器堆栈中的“样条线”选项，单击“几何体“卷展栏中的“修剪”按钮 ，如下图所示。

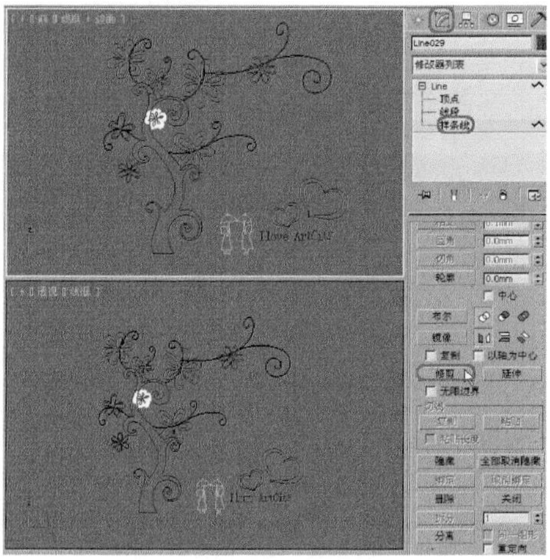

2 移动鼠标至Line上鼠标指针呈现形状时，单击鼠标左键，确定线段的相交点，再次单击需要修剪的线段，释放鼠标，即可修剪，如下图所示。

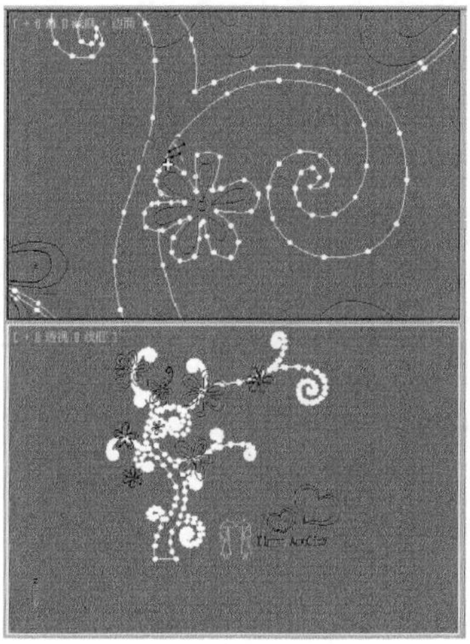

实战操作169 并集二维样条线

素材：Scene\Cha04\4-27.max

难度：★★★★★

场景：Scene\Cha04\实战操作169.max

视频：视频\Cha04\实战操作169.avi

在“几何体”卷展栏中的“并集”命令是将两个样条线合并，相交的部分被删除，形成一个新的样条线。并集二维样条线的操作步骤如下。

1 按“Ctrl+O”组合键，打开一幅素材模型，在“前”视图中选择Line003，切换到“修改”面板，选择”Line”修改器堆栈中的“样条线”选项，选中的样条线呈红色显示，如下图所示。

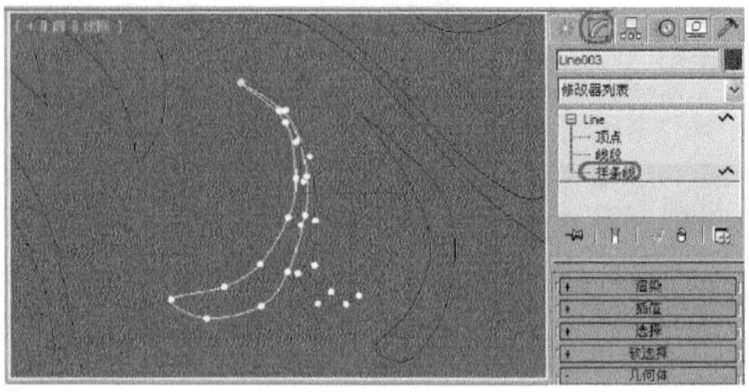

2 在“几何体”卷展栏中单击“并集”按钮，然后单击“布尔”按钮，移动鼠标到样条线上鼠标指针呈形状时，单击鼠标左键，即可并集样条线，如下图所示。

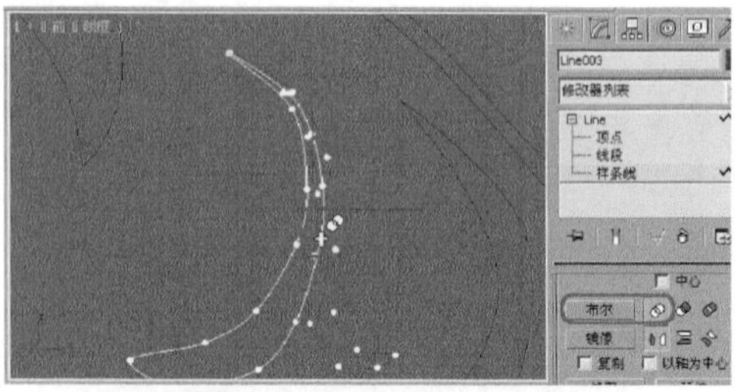

3 选择Line修改器堆栈中的“顶点”选项，适当删除无用的顶点，调整样条线的形状，如下图所示。

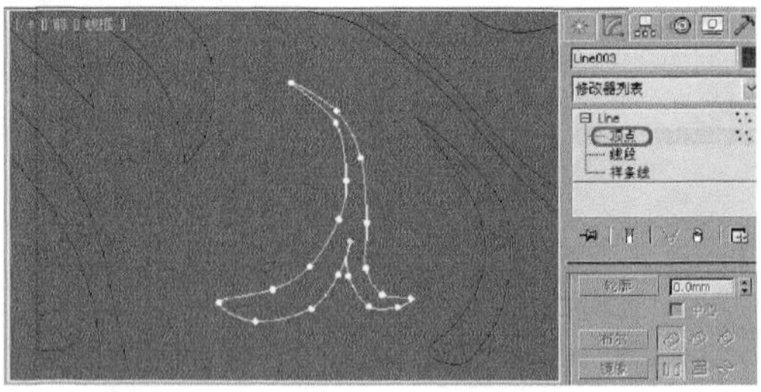

4 单击“修改”面板上右侧的小三角按钮，在弹出的下拉菜单中选择“挤出”选项，在“参数”卷展栏中将“数量”设为10，如右图所示。

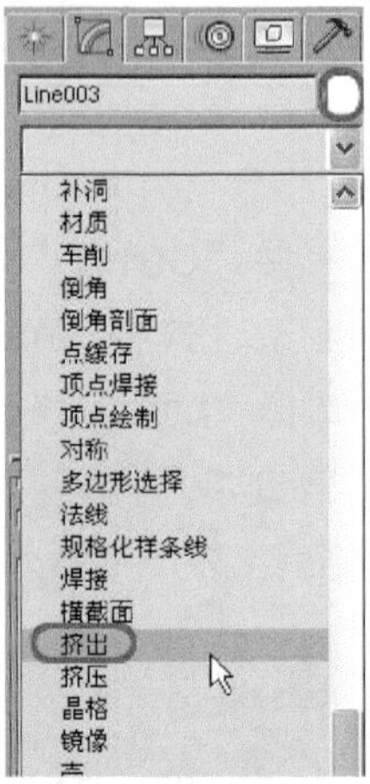

实战操作170 差集二维样条线

素材：Scene\Cha04\4-28.max

难度：★★★★★

场景：Scene\Cha04\实战操作170.max

视频：视频\Cha04\实战操作170.avi

“差集”是布尔运算中的一种，将两个样条线进行相减处理，得到一种切割后的样条线。其操作步骤如下。

1 按“Ctrl+O”组合键，打开一幅素材模型，如下图所示。

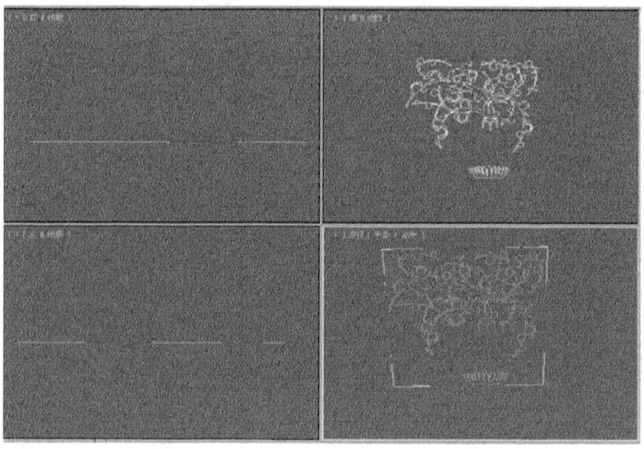

2 在“前”视图中选择Line001,切换到“修改”面板，选择“Line”修改器堆栈中的“样条线”选项，选择需要差集的样条线，选中的样条线呈红色显示，如下图所示。

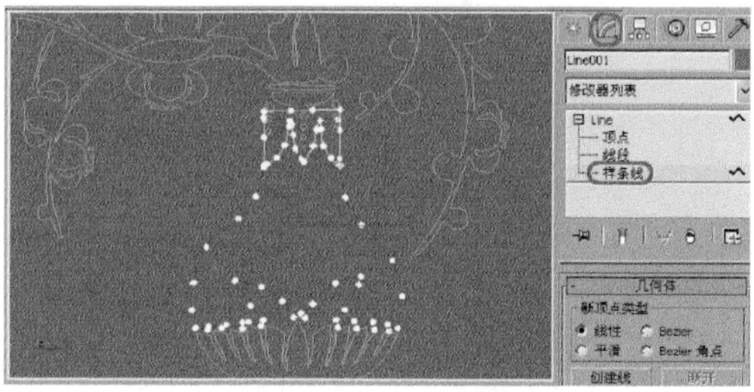

3 在“几何体”卷展栏中单击“差集”按钮，然后单击“布尔”按钮 布尔 ，移动鼠标到样条线上鼠标指针呈形状时，单击鼠标左键，即可差集样条线，如下图所示。

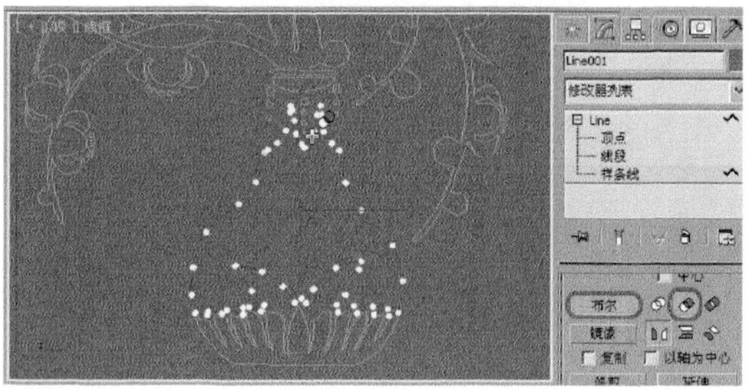

4 单击“修改”面板上右侧的小三角按钮，弹出下拉菜单，在弹出的下拉菜单中选择“挤出”选项，在“参数”卷展栏中将“数量”设为1，并设置图形的颜色，如右图所示。

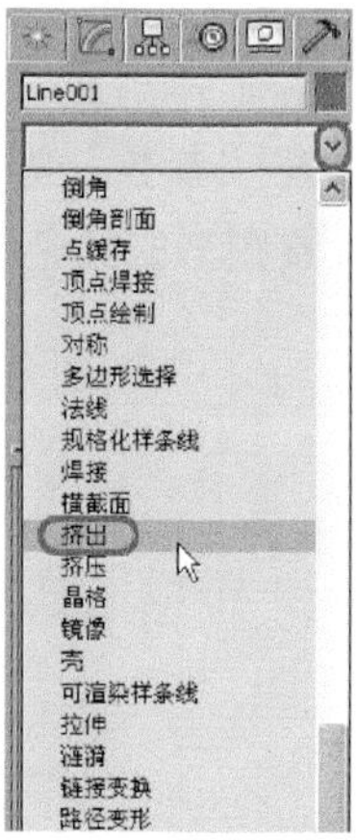

实战操作171 交集二维样条线

- 素材：Scene\Cha04\4-29.max
- 难度：★★★★★
- 场景：Scene\Cha04\实战操作171.max
- 视频：视频\Cha04\实战操作171.avi

“交集”与“并集”、“差集”的功能相似，是将两个样条线相交的部分保留，不相交的部分删除，形成新的样条线。交集二维样条线的操作步骤如下。

1 按“Ctrl+O”组合键，打开一幅素材模型，如右图所示。

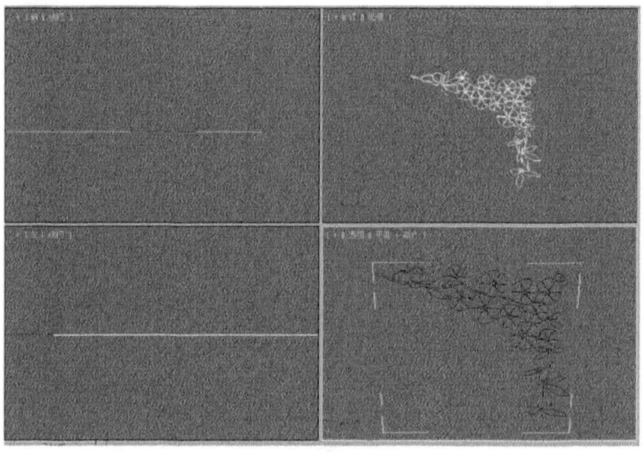

2 在“顶”视图中选择Line001，切换到“修改”面板，选择“Line”修改器堆栈中的“样条线”选项，选中的样条线呈红色显示，如下图所示。

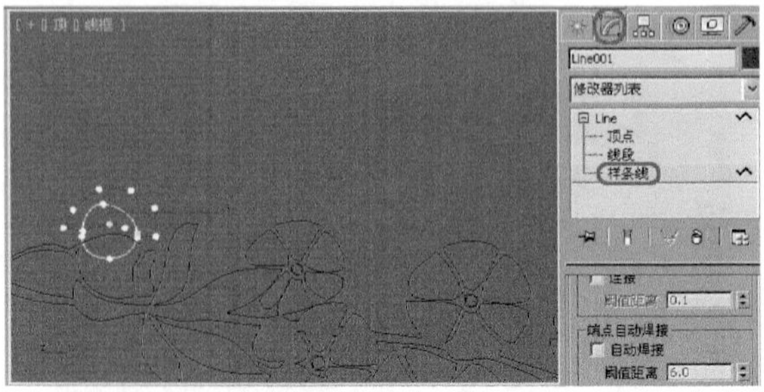

3 在“几何体”卷展栏中单击“交集”按钮，然后单击“布尔”按钮，移动鼠标到样条线上鼠标指针呈形状时，单击鼠标左键，即可交集样条线，如下图所示。

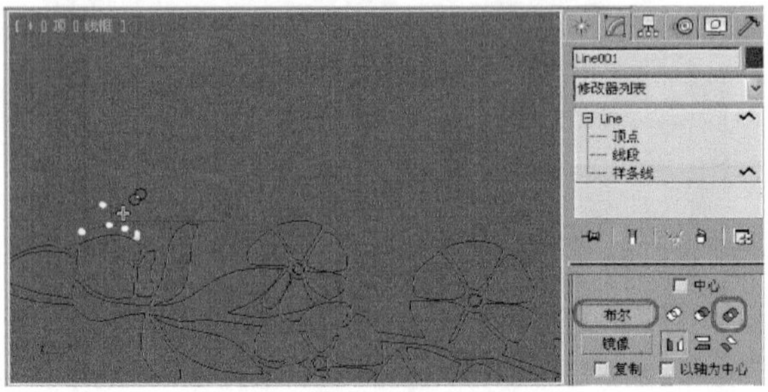

4 单击“修改”面板上右侧的小三角按钮，在弹出的下拉菜单中选择“挤出”选项，在“参数”卷展栏中将“数量”设为10，并设置图形的颜色，如右图所示。

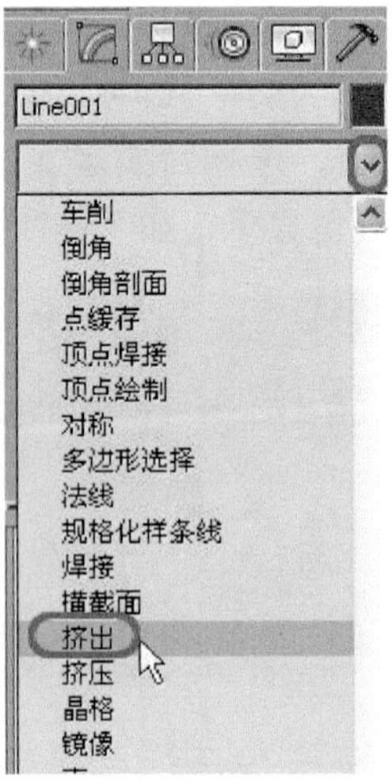

Chapter

05

第5章

创建植物和建筑对象

为了方便用户高效、快捷地完成工作，在3ds Max 6之后新增了不少几何体，这些几何体也在3ds Max 2012中得到保留。它们是一些简单的建筑模型和植物模型，在大多数场景中，只要将它们稍加修改就能满足用户的需要。

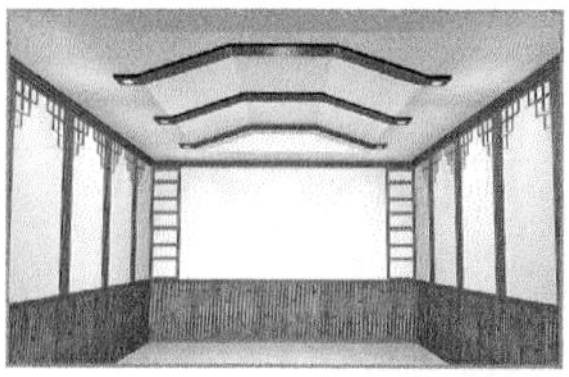

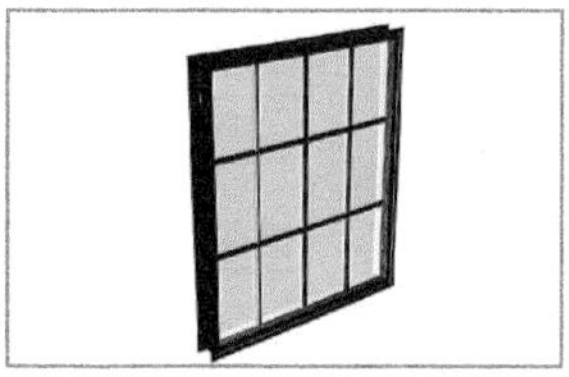

5.1 创建AEC扩展

运用AEC扩展建模，3ds Max将生成网格表示方法，以快速、有效地创建漂亮的植物。植物可产生各种植物对象，如树种。在效果图制作过程中主要用来制作室内装饰植物等。

实战操作172 创建孟加拉菩提树

素材：无 场景：无

难度：★★★★★ 视频：视频\Cha05\实战操作172.avi

下面介绍如何创建孟加拉菩提树，其操作步骤如下。

1 启动3ds Max 2012，如下图所示。

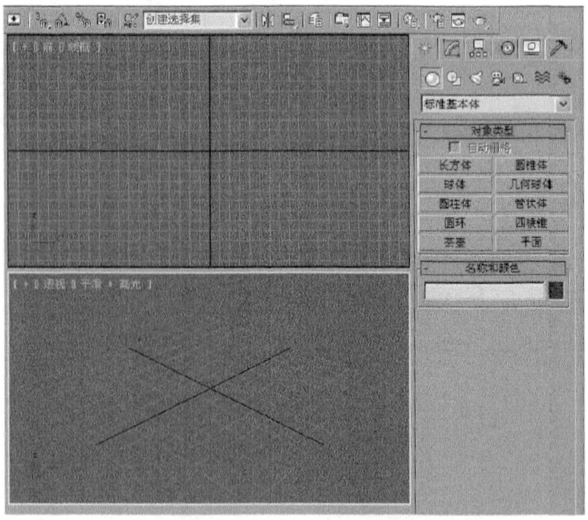

2 选择“创建”|“几何体”|“AEC扩展”|“植物”工具，在“收藏的植物”卷展栏中单击“孟加拉菩提树”，如右图所示。

3 在“顶”视图中单击鼠标左键，即可创建选择的对象，如下图所示。

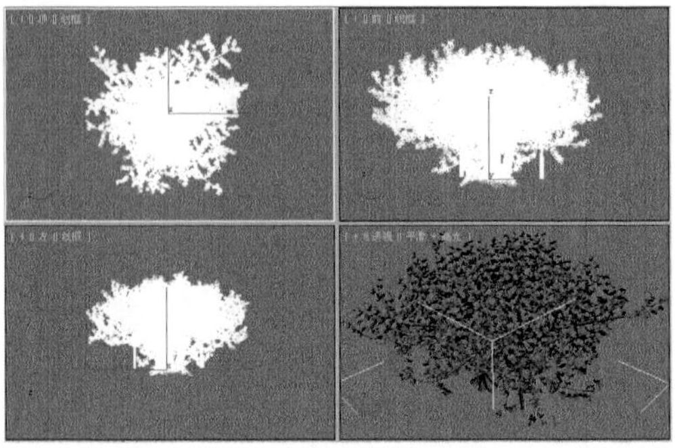

4 选择“修改”命令面板，在“参数”卷展栏中的“密度”微调框中输入0.2，按Enter键确认，即可调整孟加拉菩提树的密度，如下图所示。

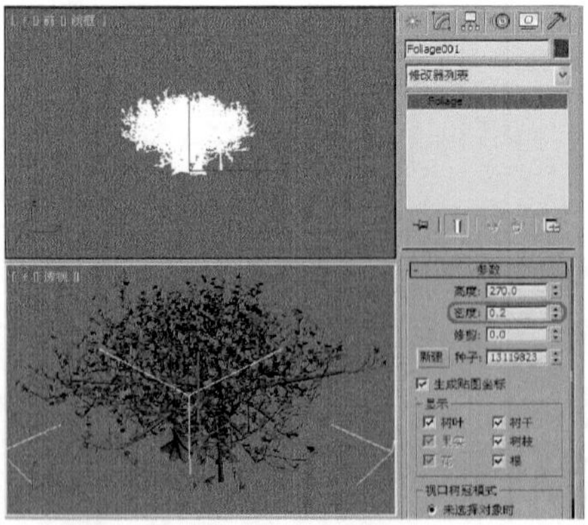

提示

高度：控制植物的近似高度。

密度：控制植物上叶子和花朵的数量。值为1表示植物具有全部的叶子和花；值为5表示植物具有一半的叶子和花；值为0表示植物没有叶子和花。

修剪：只适用于具有树枝的植物。删除位于一个与构造平面平行的不可见平面之下的树枝。

种子：介于 0 与 16 777 215 之间的值，表示当前植物可能的树枝变化、叶子位置以及树干的形状与角度。

显示组：控制植物的叶子、果实、花、树干、树枝和根的显示。选项是否可用取决于所选的植物种类。

实战操作173 创建一般的棕榈

素材：无　　场景：无

难度：★★★★★　　视频：视频\Cha05\实战操作173.avi

下面介绍如何创建一般的棕榈，其操作步骤如下。

1 单击按钮，在弹出的下拉菜单中选择“重置”选项，如下图所示。

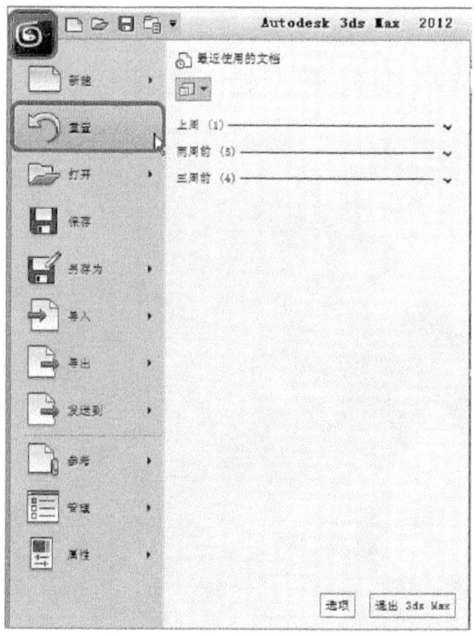

2 在弹出提示的对话框中单击“确定”按钮，选择“创建” | “几何体” | “AEC扩展” | “植物”工具，在“收藏的植物”卷展栏中单击“一般的棕榈”，如下图所示。

3 在“顶”视图中单击鼠标左键，即可创建选择的对象，如右图所示。

4 进入“修改”命令面板，在“参数”卷展栏中取消选中“树干”复选框，执行操作后，即可取消显示树干，如右图所示。

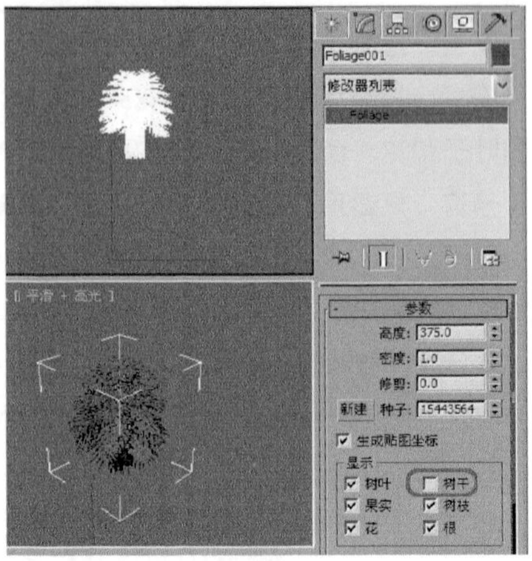

实战操作174 创建苏格兰松树

素材：无　　场景：无

难度：★★★★★　　视频：视频\Cha05\实战操作174.avi

下面介绍如何创建苏格兰松树，其操作步骤如下。

1 单击按钮，在弹出的下拉菜单中选择“重置”选项。在弹出提示的对话框中单击“确定”按钮，选择“创建”|“几何体”|“AEC扩展”|“植物”工具，在“收藏的植物”卷展栏中单击“苏格兰松树”，如右图所示。

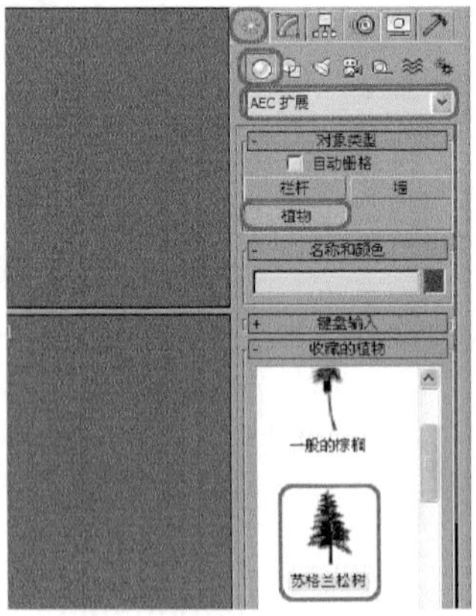

2 在“顶”视图中单击鼠标左键，即可创建选择的对象，如下图所示。

实战操作175 创建丝兰

素材：无　　场景：无

难度：★★★★★　　视频：视频\Cha05\实战操作175.avi

下面介绍如何创建丝兰，其操作步骤如下。

1 单击按钮，在弹出的下拉菜单中选择“重置”选项。在弹出的提示对话框中单击“确定”按钮，选择“创建” | “几何体” | “AEC扩展” | “植物”工具，在“收藏的植物”卷展栏中单击“丝兰”，如右图所示。

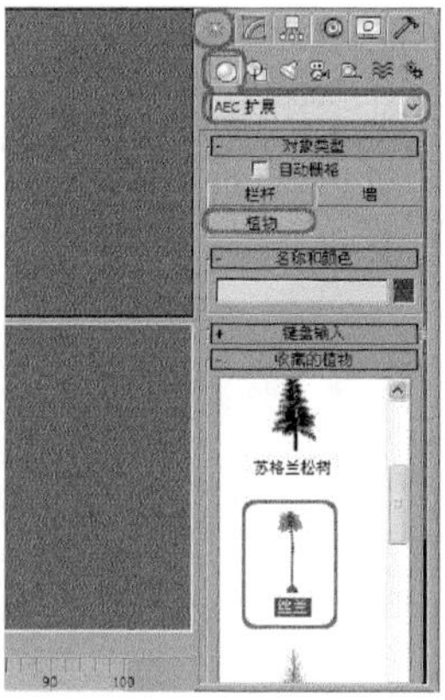

2 在“顶”视图中单击鼠标左键，即可创建选择的对象，如下图所示。

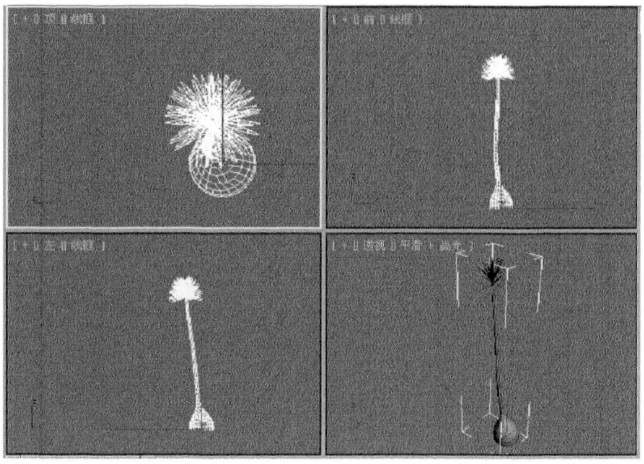

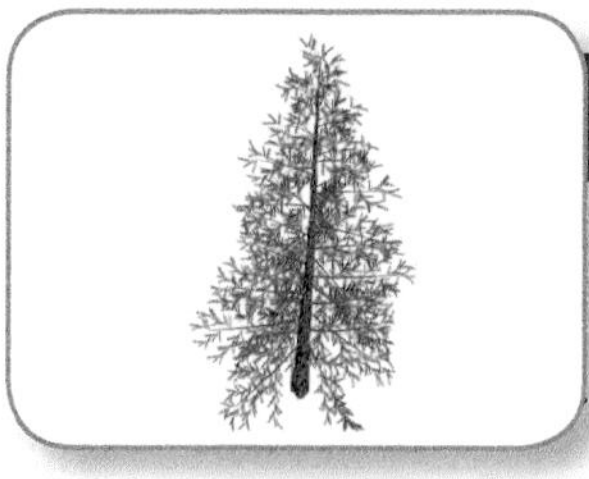

实战操作176　创建蓝色的针松

素材：无　　场景：无

难度：★★★★★　　视频：视频\Cha05\实战操作176.avi

下面介绍如何创建蓝色的针松，其操作步骤如下。

1 单击按钮，在弹出的下拉菜单中选择“重置”选项。在弹出提示的对话框中单击“确定”按钮，选择“创建” | “几何体” | “AEC扩展” | “植物”工具，在“收藏的植物”卷展栏中单击“蓝色的针松”，如右图所示。

2 在“顶”视图中单击鼠标左键，即可创建选择的对象，如下图所示。

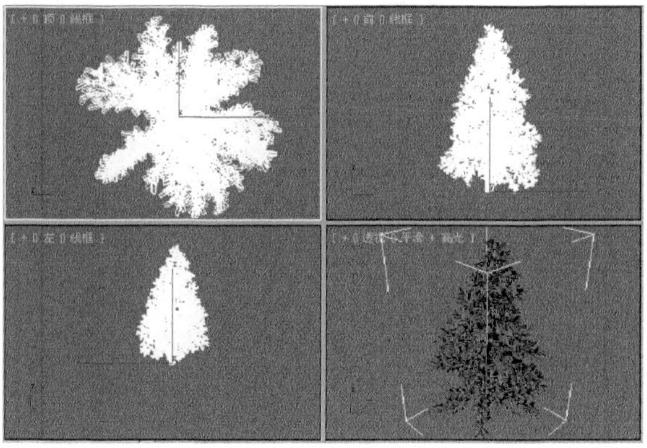

实战操作177　创建美洲榆

素材：无　　场景：无

难度：★★★★★　　视频：视频\Cha05\实战操作177.avi

下面介绍如何创建美洲榆，其操作步骤如下。

1 单击按钮，在弹出的下拉菜单中选择“重置”选项。在弹出提示的对话框中单击“确定”按钮，选择“创建”|“几何体”|“AEC扩展”|“植物”工具，在“收藏的植物”卷展栏中单击“美洲榆”，如右图所示。

2 在“顶”视图中单击鼠标左键，即可创建选择的对象，如下图所示。

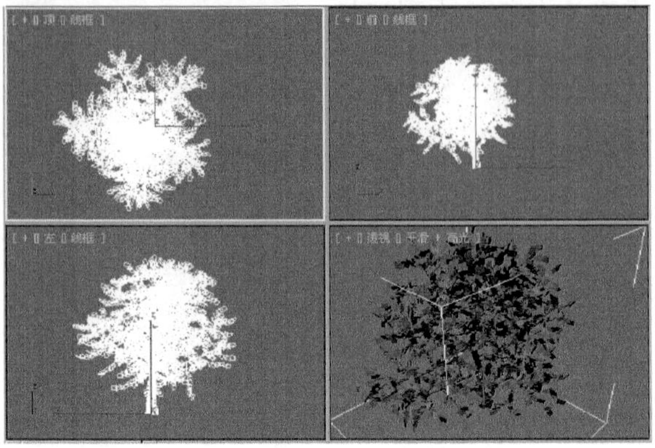

实战操作178 创建垂柳

素材：无　　场景：无

难度：★★★★★　　视频：视频\Cha05\实战操作178.avi

下面介绍如何创建垂柳，其操作步骤如下。

1 单击按钮，在弹出的下拉菜单中选择“重置”选项。在弹出提示的对话框中单击“确定”按钮，选择“创建”|“几何体”|“AEC扩展”|“植物”工具，在“收藏的植物”卷展栏中单击“垂柳”，如右图所示。

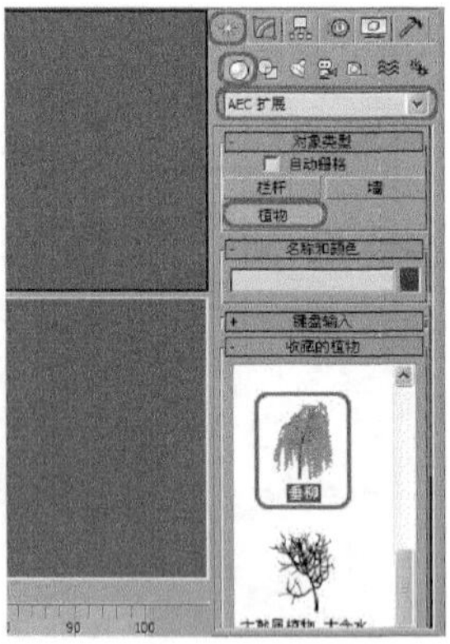

2 在“顶”视图中单击鼠标左键，即可创建选择的对象，如下图所示。

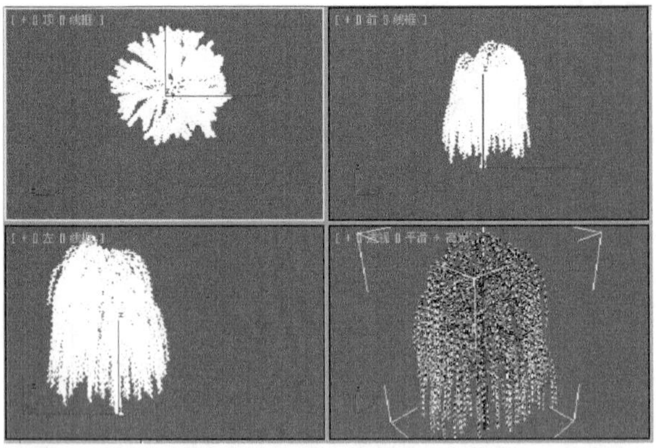

实战操作179 创建大戟属植物

素材：无　　场景：无

难度：★★★★★　　视频：视频\Cha05\实战操作179.avi

下面介绍如何创建大戟属植物，具体操作步骤如下。

1 单击按钮，在弹出的下拉菜单中选择“重置”选项。在弹出提示的对话框中单击“确定”按钮，选择“创建”|“几何体”|“AEC扩展”|“植物”工具，在“收藏的植物”卷展栏中单击“大戟属植物，大含水茎叶”，如右图所示。

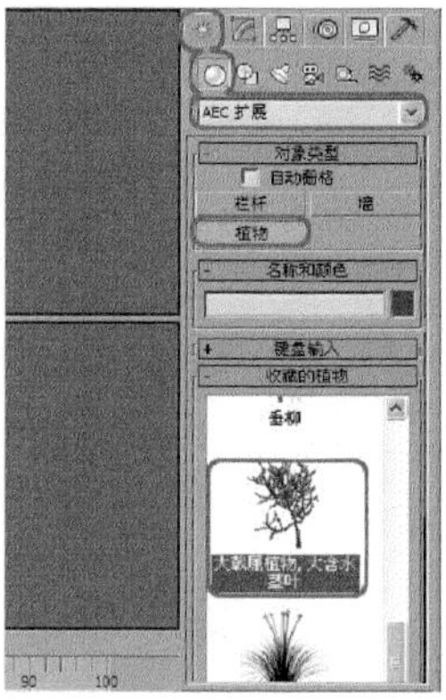

2 在“顶”视图中单击鼠标左键，即可创建选择的对象，如下图所示。

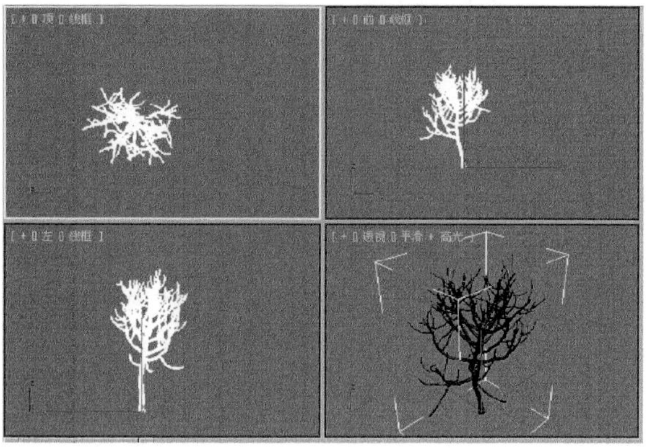

实战操作180　创建春天的日本樱花

素材：无　　场景：无

难度：★★★★★　　视频：视频\Cha05\实战操作180.avi

下面介绍如何创建春天的日本樱花，其操作步骤如下。

1 单击按钮，在弹出的下拉菜单中选择“重置”选项。在弹出提示的对话框中单击“确定”按钮，选择“创建”|“几何体”|“AEC扩展”|“植物”工具，在“收藏的植物”卷展栏中单击“春天的日本樱花”，如右图所示。

2 在“顶”视图中单击鼠标左键，即可创建选择的对象，如下图所示。

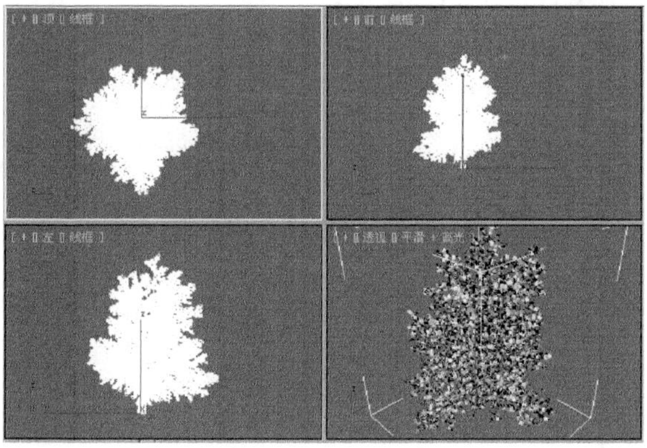

实战操作181　创建一般的橡树

素材：无　　场景：无

难度：★★★★★　　视频：视频\Cha05\实战操作181.avi

下面介绍如何创建一般的橡树，其操作步骤如下。

1 单击⊙按钮，在弹出的下拉菜单中选择“重置”选项。在弹出提示的对话框中单击“确定”按钮，选择“创建”☀|“几何体”◯|“AEC扩展”|“植物”工具，在“收藏的植物”卷展栏中单击“一般的橡树”，如右图所示。

2 在“顶”视图中单击鼠标左键，即可创建选择的对象，如下图所示。

5.2 创建栏杆和墙

运用AEC扩展建模，可以创建栏杆、立柱和简单户型的墙体等模型。本节将介绍如何使用AEC扩展创建栏杆和墙。

实战操作182 创建栏杆

素材：Scene\Cha05\5-6.max

难度：★★★★★

场景：Scene\Cha05\实战操作182.max

视频：视频\Cha05\实战操作182.avi

下面介绍如何创建栏杆，其操作步骤如下。

1 打开素材5-6.max，选择“创建”☀|“几何体”◯|“AEC扩展”|“栏杆”工具，在“顶”视图中单击左键并将栏杆拖至所需的长度，释放鼠标，然后垂直移动鼠标光标，以便设置所需的高度。单击即可完成创建，如右图所示。

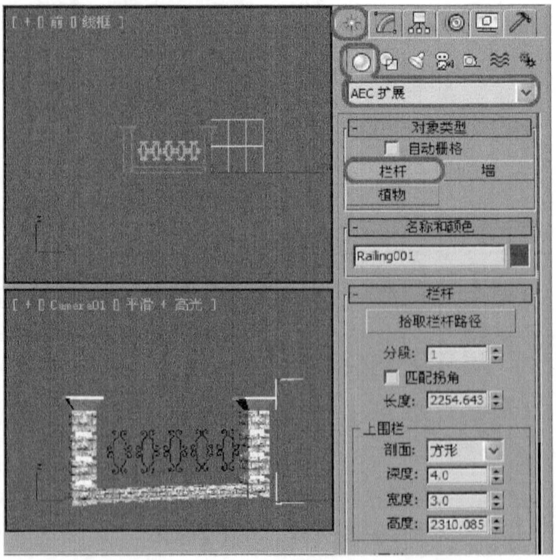

2 进入“修改”命令面板，在“栏杆”卷展栏中的“长度”微调框中输入3 133.0；在“上围栏”选项区域中将“剖面”设置为“圆形”，在“深度”、“宽度”和“高度”文本框中分别输入的数值为24.0、24.0、1 346.0；在“下围栏”选项区中将“剖面”设置为“无”，如下图所示。

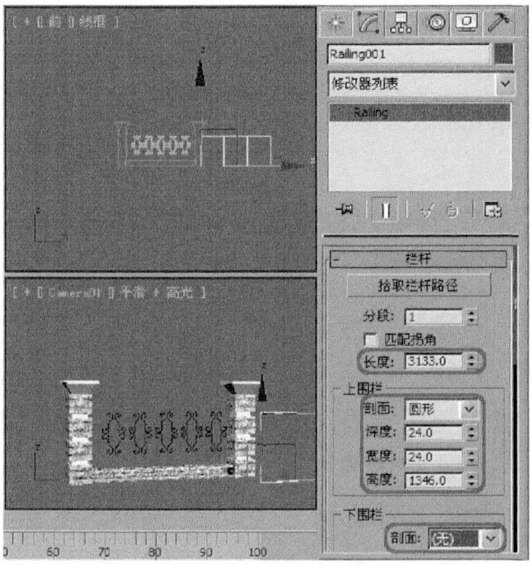

3 在“立柱”卷展栏中单击“立柱间距”按钮，在弹出的“立柱间距”对话框中的“计数”微调框中输入的数值为0，如下图所示。

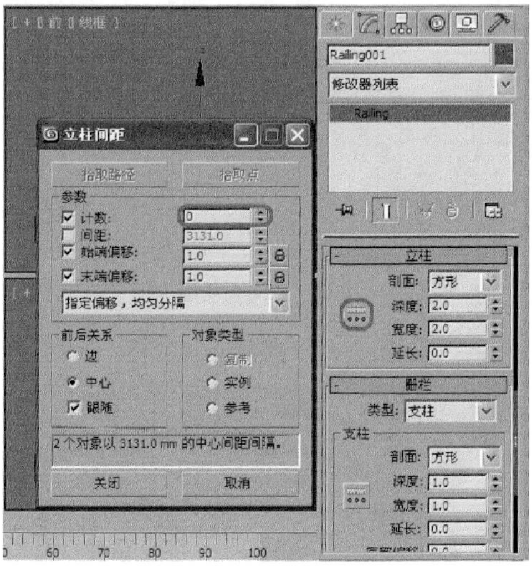

4 单击“关闭”按钮，在“栅栏”卷展栏中将“剖面”设置为“圆形”，在“深度”和“宽度”微调框中输入的数值为18、18，按Enter键确认，如下图所示。

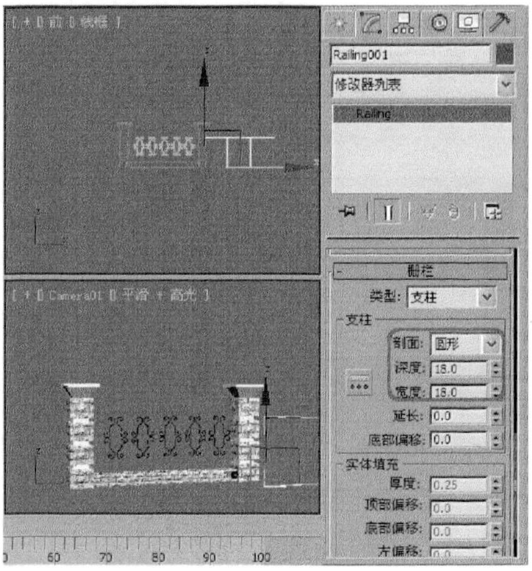

5 在“栅栏”卷展栏中单击“支柱间距”按钮，在弹出的“支柱间距”对话框中的“计数”微调框中输入的数值为11，如下图所示。

6 单击“关闭”按钮，在视图中调整栏杆的位置，并为其赋予材质，效果如下图所示。

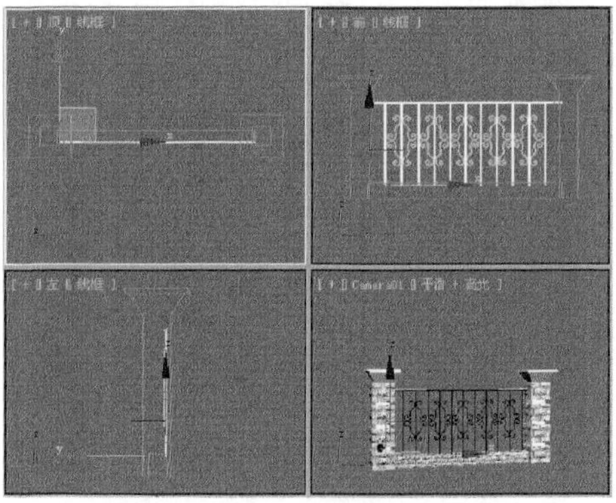

提示 在“栏杆”卷展栏中可以设置栏杆横截面的形状以及栏杆的深度和宽度，“立柱”卷展栏和“栅栏”卷展栏中的设置与“栏杆”卷展栏中的作用基本相同。

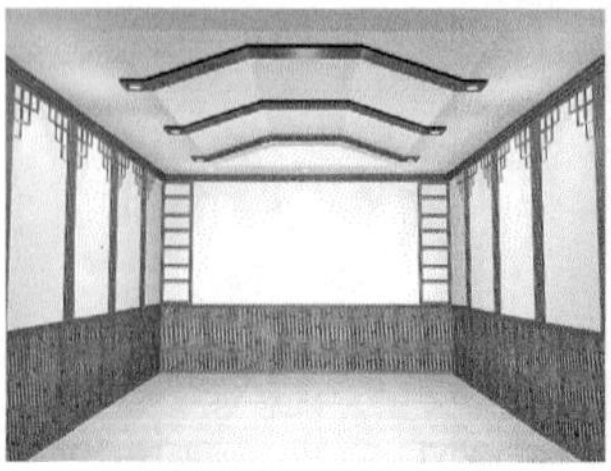

实战操作183 创建墙

素材：Scene\Cha05\5-7.max

难度：★★★★★

场景：Scene\Cha05\实战操作183.max

视频：视频\Cha05\实战操作183.avi

运用AEC扩展建模，可以创建墙，使用户更简便地对3ds Max进行操作，下面将介绍如何创建墙。其操作步骤如下。

1 打开5-7.max素材文件，选择“创建”|“几何体”|“AEC扩展”|“墙”工具。将“参数”卷展栏中的“宽度”微调框中输入100.0，将“高度”微调框中输入2600.0，按Enter键确认，如下图所示。

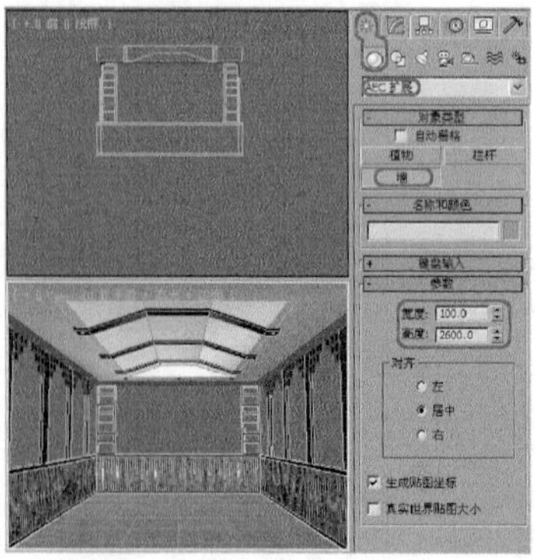

2 在“顶”视图中单击鼠标左键并松开，在合适的位置上单击鼠标左键，如果要创建另一个墙体分段，可在单击鼠标后再次移动鼠标，单击鼠标右键结束墙的创建，如下图所示。

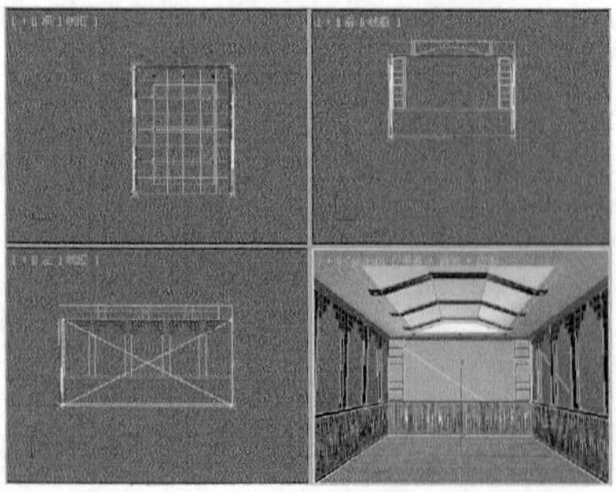

3 创建完成后，在菜单栏中单击“材质浏览器”按钮，在弹出的“材质编辑器”对话框中选择“墙体”材质，单击“将材质指定给选定对象”按钮，将材质指定给墙对象。如下图所示。

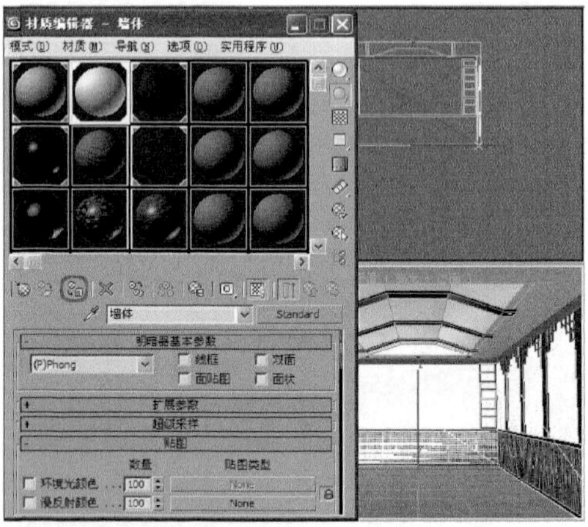

4 墙创作完成后，按F9键进行快速渲染，渲染完成后的效果如下图所示。

提示

在结束分段时如果两个墙体相接，3ds Max 将会弹出“是否焊接点”对话框。通过该对话框，可将两个末端顶点转化为一个顶点，或者将两个末端顶点分开。

5.3 创建楼梯

运用“楼梯”建模，可以创建直线楼梯、L型楼梯、U型楼梯、螺旋楼梯等模型。

实战操作184　创建L型楼梯

- 素材：无
- 难度：★★★★★
- 场景：Scene\Cha05\实战操作184.max
- 视频：视频\Cha05\实战操作184.avi

使用“L 型楼梯”对象可以创建带有彼此成直角的两段楼梯。下面将要介绍如何创建L型楼梯，其操作步骤如下。

1 选择“创建” | “几何体” | “楼梯” | “L型楼梯”工具，如下图所示。

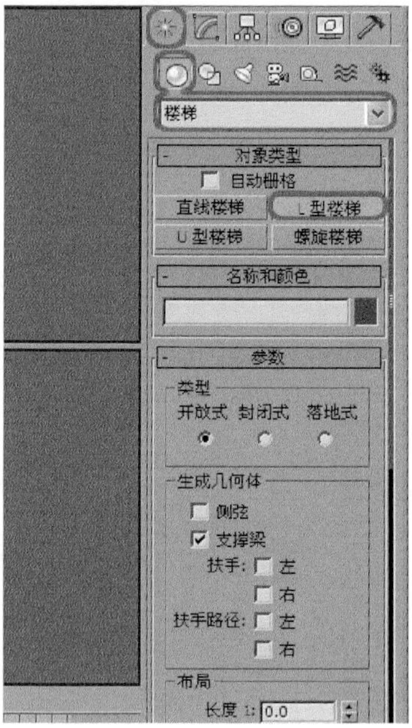

2 在“顶”视图中按住鼠标左键并进行拖动，在合适的位置上释放鼠标，然后移动光标并单击确定第二段的长度和方向，再次向上或向下移动光标单击鼠标确定楼梯的高度，如下图所示。

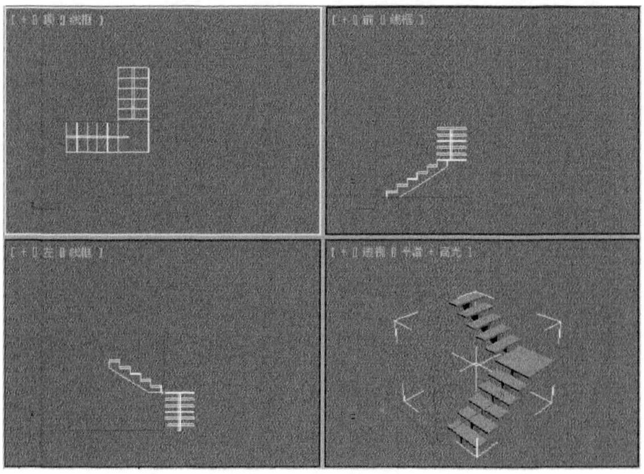

3 在“参数”卷展栏中的“类型”选项区中选中“封闭式”单选按钮；在“生成几何体”选项区中选中“扶手路径”右侧的“左”和“右”复选框；在“布局”选项区中的“长度1”、“长度2”、“宽度”、“角度”、“偏移”微调框中分别输入80.0、79.0、66.0、-90.0、17.5；将“梯级”选项区中的“总高”、“竖板高”微调框中输入116.4、9.7，按Enter键确认，如下图所示。

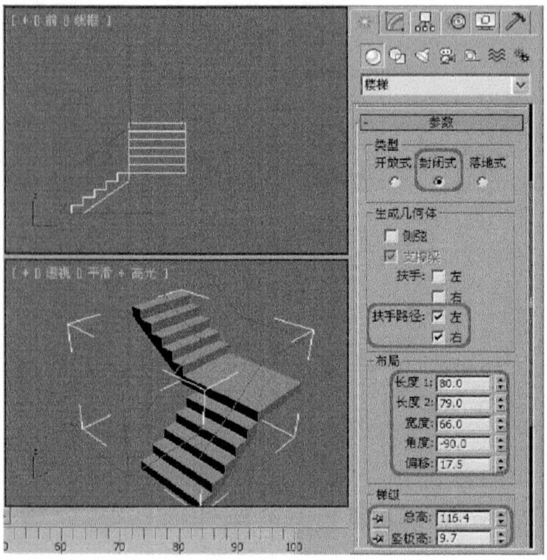

4 打开“栏杆”卷展栏，在“高度”微调框中输入0.0，按Enter键确认，如下图所示。

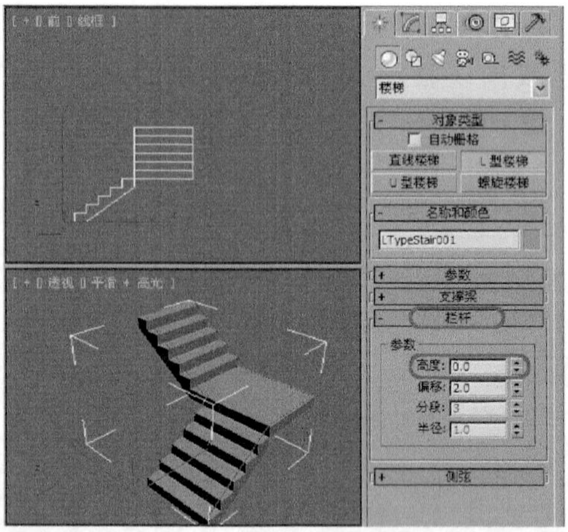

5 选择“创建”|“几何体”|“AEC扩展”|“栏杆”工具，在“顶”视图中单击左键并将栏杆拖至所需的长度，释放鼠标，然后垂直移动鼠标光标，以便设置所需的高度。单击即可完成创建，如下图所示。

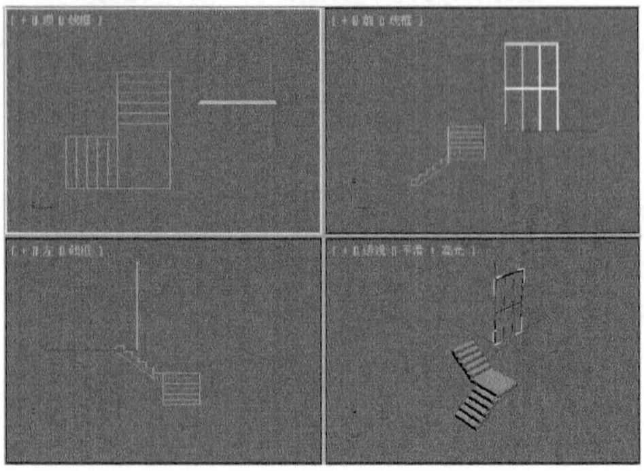

6 在“栏杆”卷展栏中的“上围栏”选项区中将“剖面”设置为“圆形”；在“深度”、“宽度”、“高度”微调框中输入3.5、3.0、52.0；在“下围栏”选项区中将“剖面”设置为“圆形”；在“深度”、“宽度”微调框中输入2.0，按Enter键确认，如下图所示。

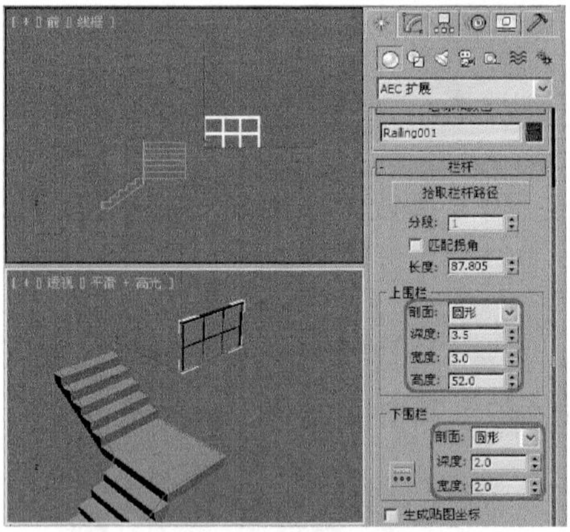

7 打开“立柱”卷展栏，将“剖面”设置为“圆形”，在“深度”、“宽度”微调框中输入2.0，如下图所示。

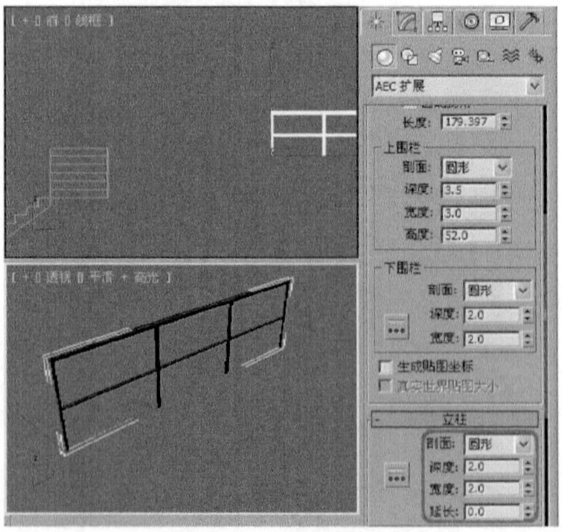

8 打开“栅栏”卷展栏，在“支柱”选项区中将“剖面”设置为“圆形”；在“深度”和“宽度”微调框中分别输入2.5；在“支柱”选项区中单击“支柱间距”按钮，在弹出的“支柱间距”对话框中的“计数”微调框中输入9，如下图所示。

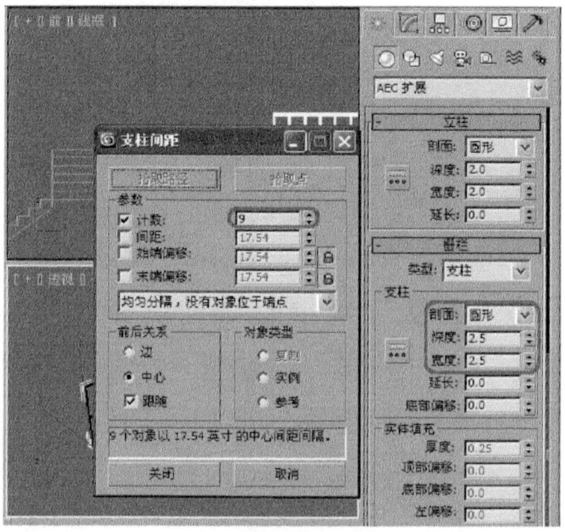

9 单击“关闭”按钮，在“栏杆”卷展栏中单击“拾取栏杆路径”按钮；在“透视”视图中拾取栏杆的路径，选中“匹配拐角”复选框，完成后的效果如下图所示。

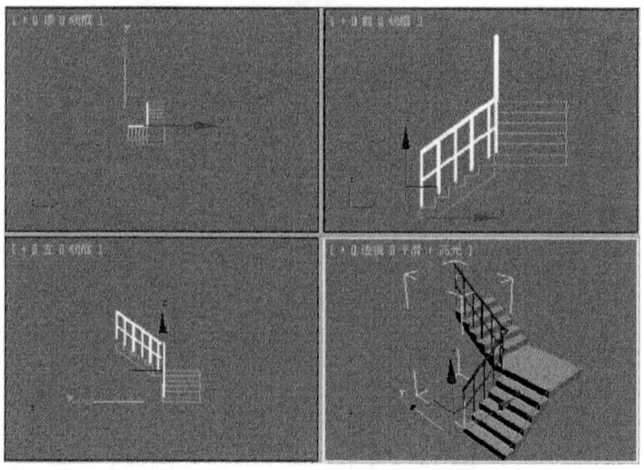

10 使用同样的方法为楼梯的另一侧添加栏杆，并调整两个栏杆的位置，调整后的效果如下图所示。

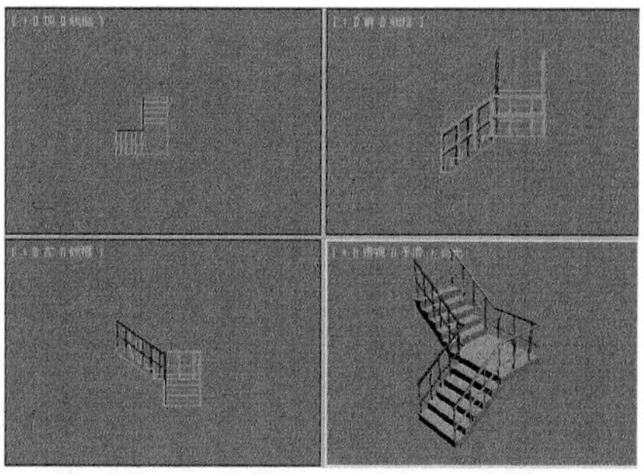

11 为栏杆和楼梯赋予材质，效果如下图所示。

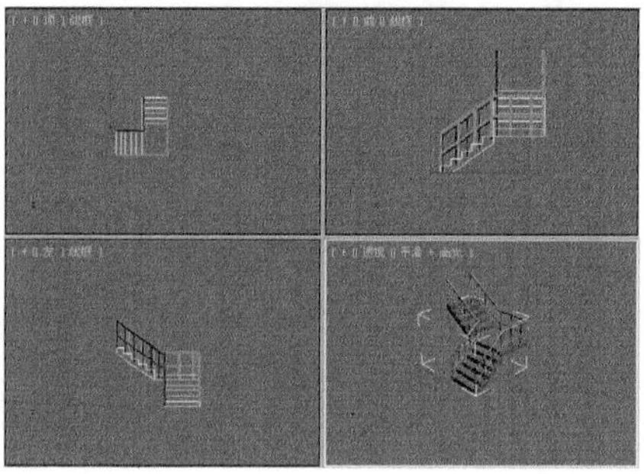

12 选择“创建”|“摄影机”|“目标”工具，在“前”视图创建一个摄影机，激活“透视”视图，然后按C键将当前激活的视图转为“摄影机”视图，并在视图中调整摄影机的位置，调整后的效果如下图所示。

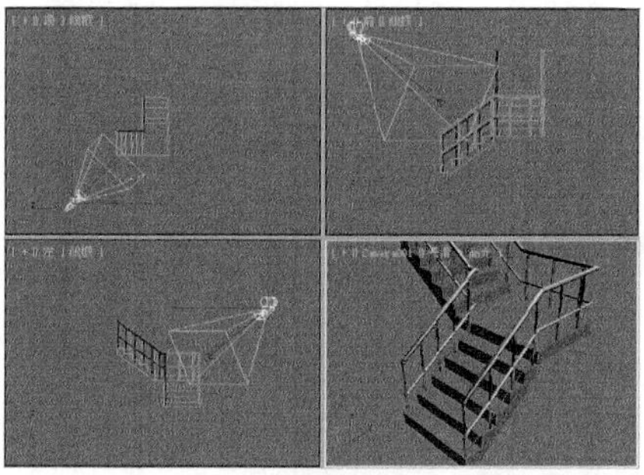

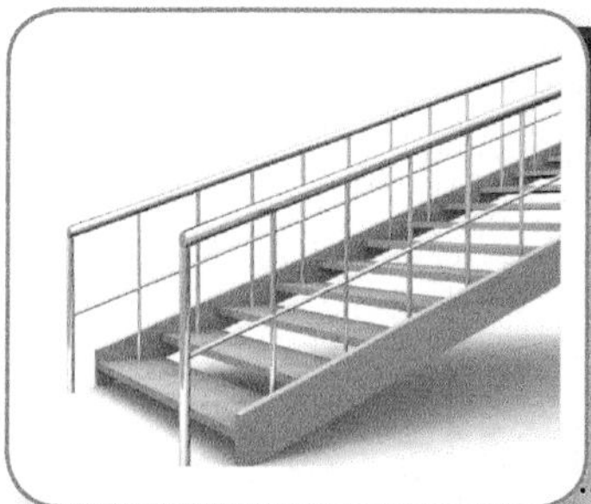

实战操作185 创建直线型楼梯

- 素材：无
- 难度：★★★★★
- 场景：Scene\Cha05\实战操作185.max
- 视频：视频\Cha05\实战操作185.avi

下面介绍如何创建直线型楼梯，其操作步骤如下。

1 选择“创建” | “几何体” | “楼梯” | “直线型楼梯”工具，在“顶”视图中按住鼠标左键并拖动，在合适的位置上释放鼠标，移动鼠标至合适的位置并单击左键确认楼梯的宽度，再次拖动鼠标至合适位置单击左键确认楼梯的高度，如下图所示。

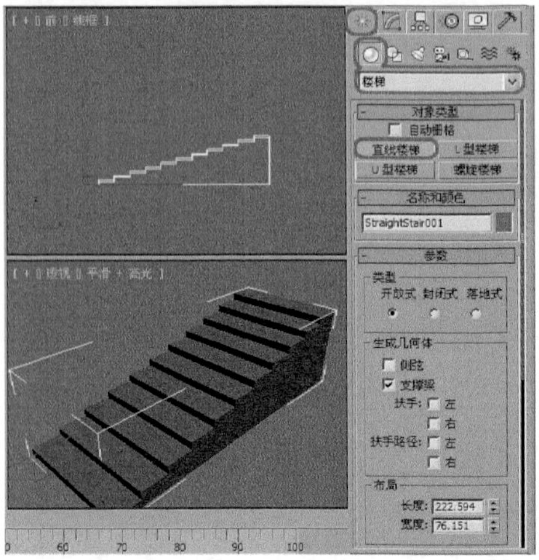

2 进入“修改”命令面板，在“参数”卷展栏中选中“侧弦”复选框，取消选中“支撑梁”复选框，选中“扶手路径”下方的“左”、“右”复选框。在“布局”选项区中的“长度”和“宽度”微调框中分别输入422.0、145.0，按Enter键确认，如下图所示。

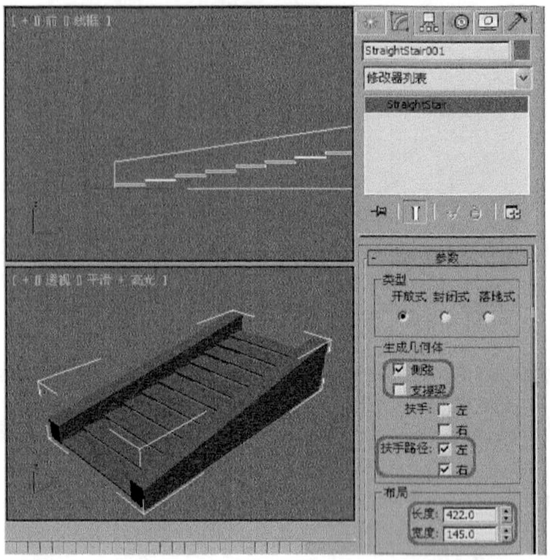

3 在“梯级”选项区中的“总高”微调框中输入147.0；在“台阶”选项区中的“厚度”微调框中输入4；在“栏杆”卷展栏中的“高度”和“偏移”微调框中分别输入0.0、7.0，按Enter键确认，如下图所示。

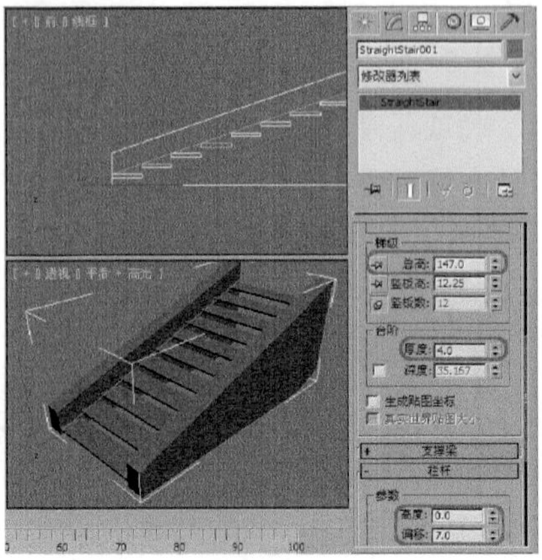

4 将“侧弦”卷展栏中的“深度”、“宽度”、“偏移”微调框中分别输入21.0、4.0、6.0，按Enter键确认，如下图所示。

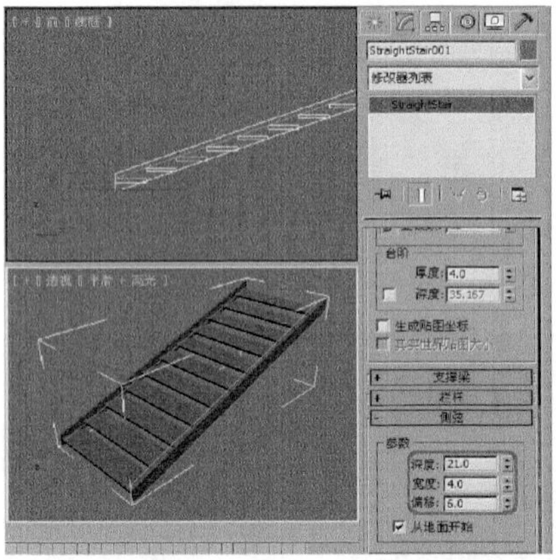

5 选择“创建” | “几何体” | “AEC扩展” | “栏杆”工具，在“顶”视图中单击左键并将栏杆拖至所需的长度，释放鼠标，然后垂直移动鼠标光标，以便设置所需的高度。单击即可完成创建，如下图所示。

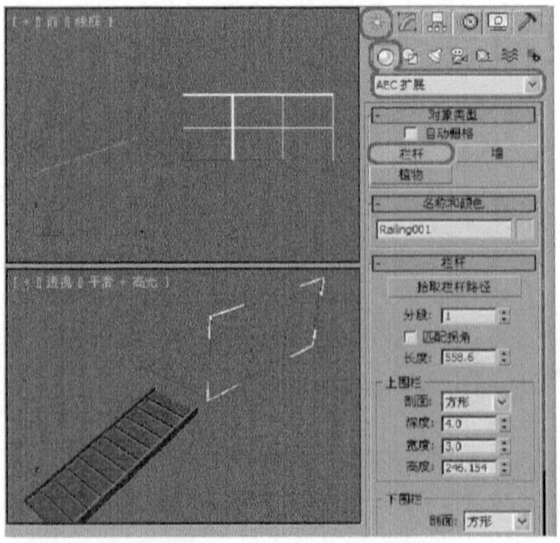

6 进入“修改”命令面板，在“栏杆”卷展栏中的“长度”微调框中输入420.0；在“上围栏”选项区中将“剖面”设置为“圆形”；在“深度”、“宽度”、“高度”微调框中输入6.0、6.0、85.0；在“下围栏”选项区中将“剖面”设置为“圆形”；在“深度”、“宽度”微调框中输入2.0，按Enter键确认，如下图所示。

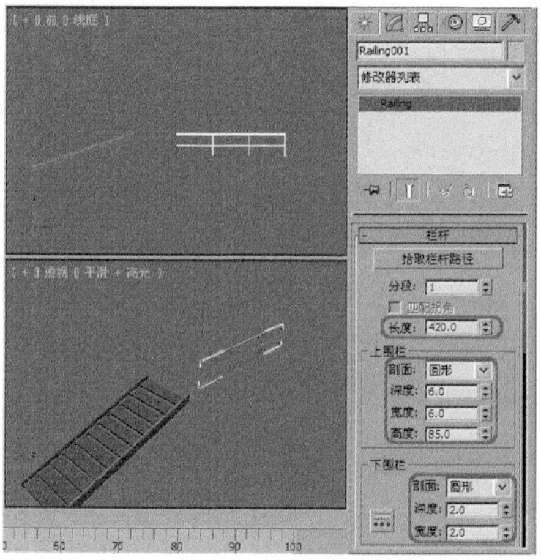

7 打开“立柱”卷展栏，将“剖面”设置为“圆形”；在“深度”、“宽度”微调框中输入4.0、4.0；打开“栅栏”卷展栏，在“支柱”选项区中将“剖面”设置为“圆形”；在“厚度”和“宽度”微调框中输入2.0、2.0；在“支柱”选项区中单击“支柱间距”按钮，弹出“支柱间距”对话框，如下图所示。

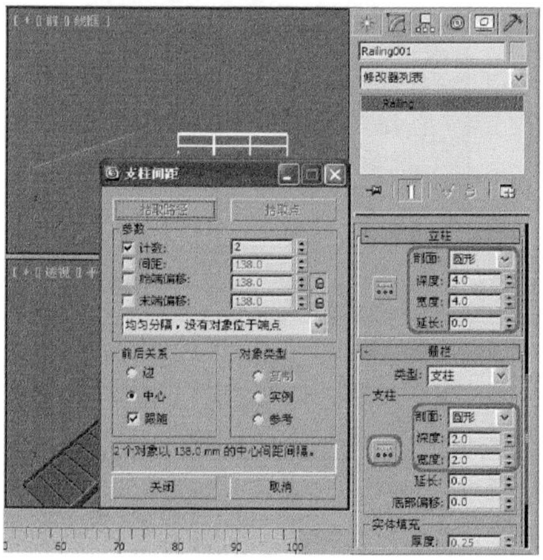

8 在“支柱间距”对话框中的“计数”微调框中输入10，单击“关闭”按钮。在“栏杆”卷展栏中单击“拾取栏杆路径”按钮，选中“匹配拐角”复选框，在视图中拾取栏杆的路径，如下图所示。

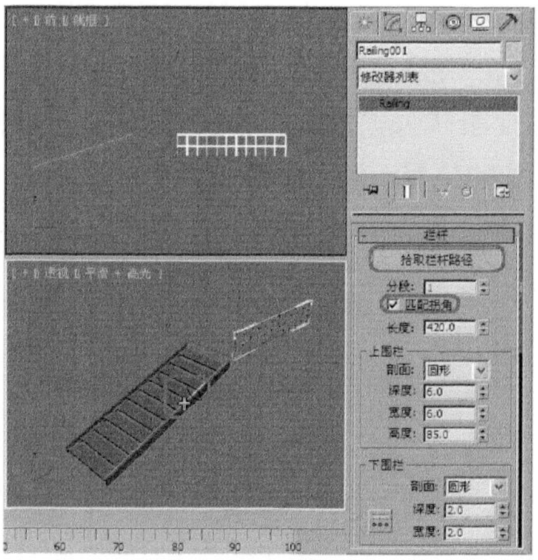

9 使用同样的方法为楼梯的另一侧创建栏杆，创建完成后并调整其位置，效果如下图所示。

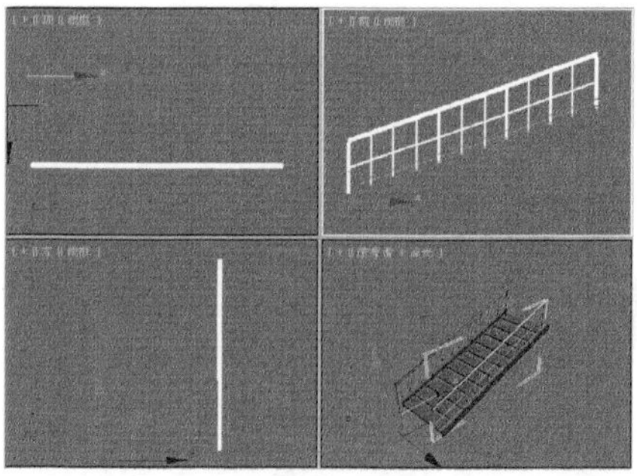

10 选择“创建” | “几何体” | “标准基本体” | “长方体”工具，在“顶”视图中创建一个长、宽、高分别为600.0、600.0、0.0的长方体，如下图所示。

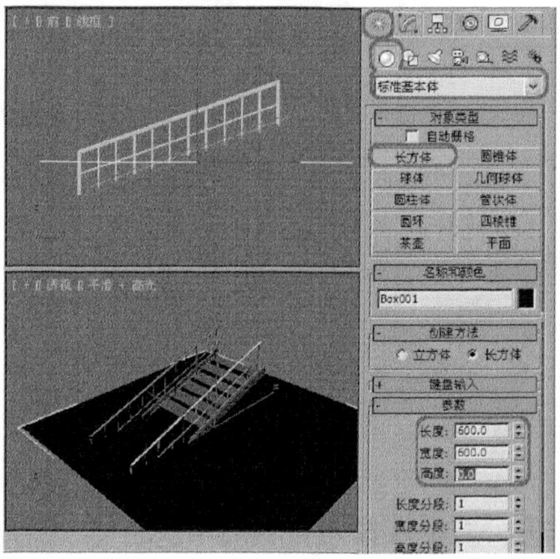

11 在视图中调整长方体的位置，并为其赋予材质，进入“修改”命令面板，将所创建的长方体设置为白色。单击“创建”|“摄影机”|“目标”工具按钮，在“前”视图创建一个摄影机，激活“透视”视图，然后按C键将当前激活的视图转为“摄影机”视图，并在视图中调整摄影机的位置，调整后的效果如下图所示。

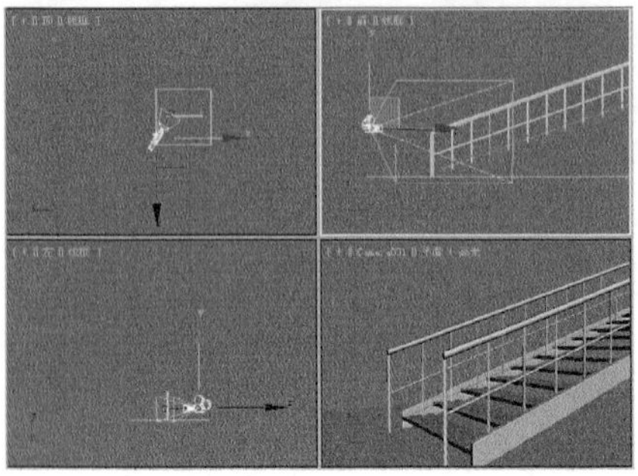

12 选择“创建”|“灯光”|“标准”|“天光”工具，在“顶”视图中创建一个天光，进入“修改”命令面板，在“天光参数”卷展栏中的“倍增”微调框中输入9，按Enter键确认，并调整其位置，如下图所示。

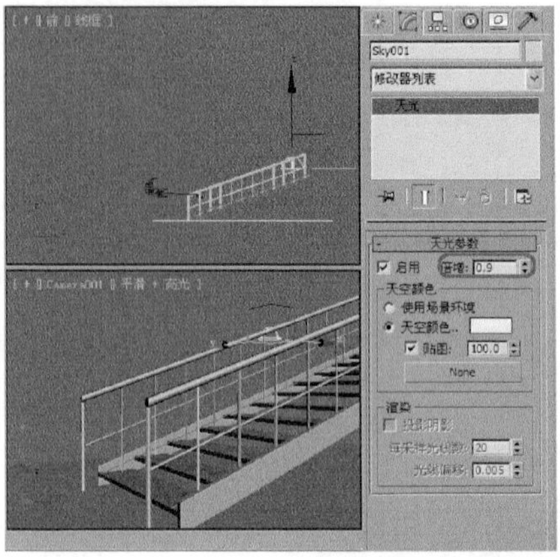

13 使用同样的方法创建一个泛光灯，然后进入“修改”命令面板，在“强度/颜色/衰减”卷展栏中的“倍增”微调框中输入0.6，按Enter键确认，并调整其位置，如下图所示。

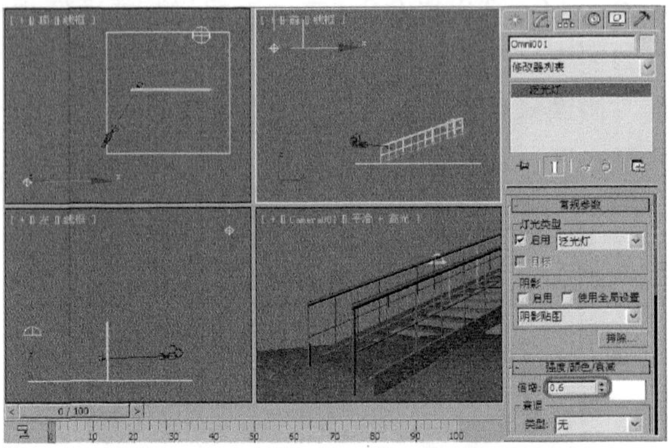

14 激活“透视”视图，单击工具栏中的“渲染设置”按钮；在弹出的“渲染设置”对话框中选择“高级照明”选项卡；在“选择高级照明”卷展栏中将高级照明设置为“光跟踪器”；在“参数”卷展栏中的“光线/采样数”微调框中输入300，按Enter键确认，单击“渲染”按钮即可，如下图所示。

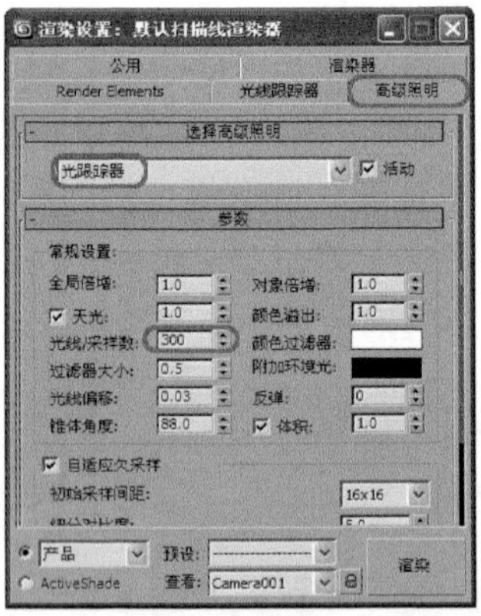

实战操作186 创建U型楼梯

素材：无

难度：★★★★★

场景：Scene\Cha05\实战操作186.max

视频：视频\Cha05\实战操作186.avi

使用 U 型楼梯对象可以创建一个两段的楼梯，这两段彼此平行并且它们之间有一个平台。下面

介绍如何创建U型楼梯，其操作步骤如下。

1 选择“创建” | “几何体” | “楼梯” | “U型楼梯”工具，在“顶”视图中按住鼠标左键并进行拖动，在合适的位置上释放鼠标，然后移动光标并单击确定宽度，再次向上或向下移动光标单击鼠标确定楼梯的高度，如下图所示。

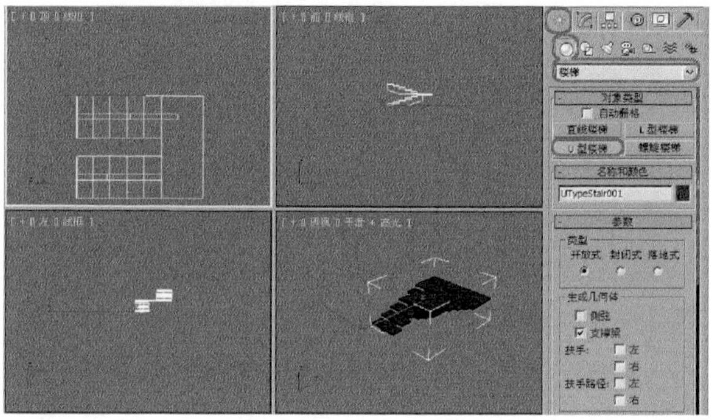

2 在“参数”卷展栏中的“类型”选项区中选中“封闭式”单选按钮；在“生成几何体”选项区中选中“扶手路径”右侧的“左”和“右”复选框；在“布局”选项区中选中“左”单选按钮；在“长度1”、“长度2”、“宽度”、“偏移”微调框中分别输入71.0、71.0、39.0、12.0，按Enter键确认，如下图所示。

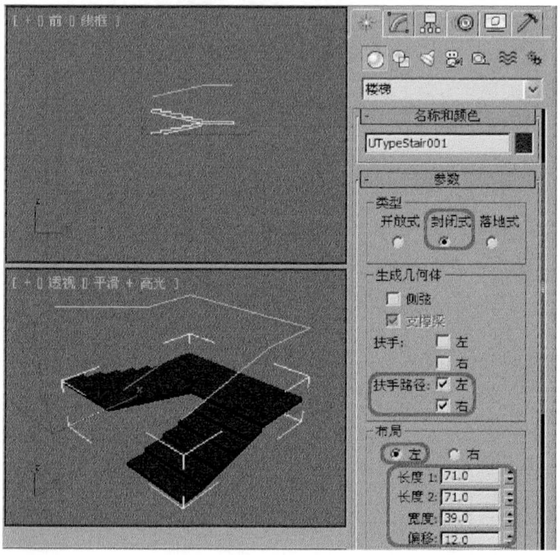

3 在“梯级”选项区中的“总高”、“竖板高”微调框中分别输入72.0、6.0，在“栏杆”卷展栏中的“高度”微调框中输入0.0，按Enter键确认，如下图所示。

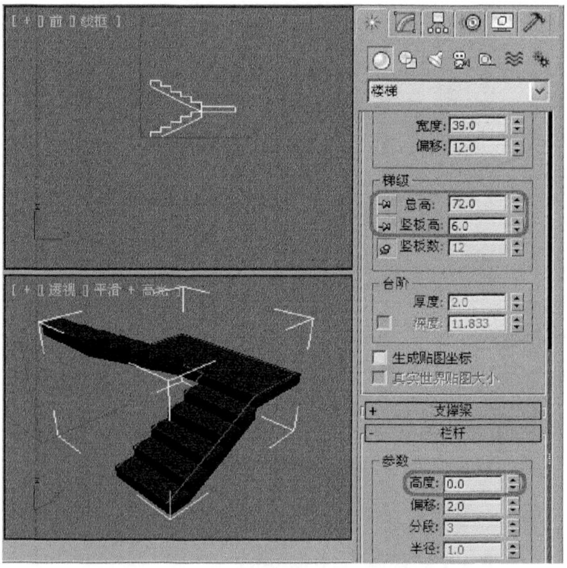

4 选择“创建” | “几何体” | “AEC扩展” | “栏杆”工具，在“顶”视图中单击左键并将栏杆拖至所需的长度，释放鼠标，然后垂直移动鼠标光标，以便设置所需的高度。单击即可完成创建，如下图所示。

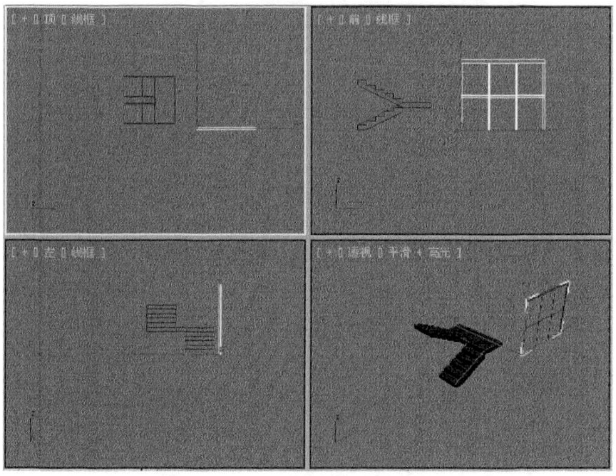

5 在“栏杆”卷展栏中的“上围栏”选项区中将“剖面”设置为“圆形”；在“深度”、“宽度”、“高度”微调框中输入3.0、3.0、38.0；在“下围栏”选项区中将“剖面”设置为“圆形”；在“深度”、“宽度”

微调框中输入2.0、2.0，如下图所示。

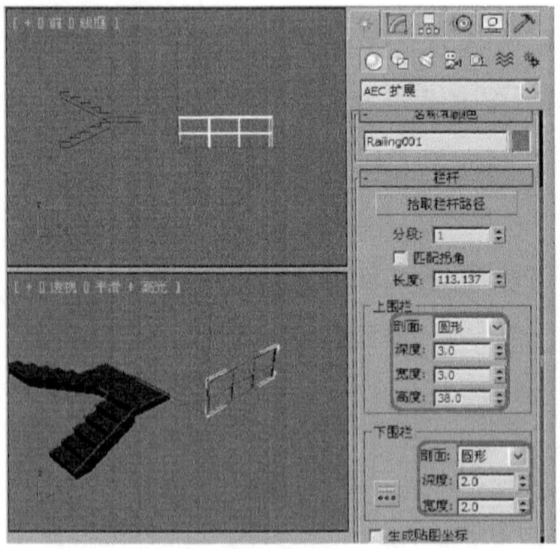

6 打开“立柱”卷展栏，将“剖面”设置为“圆形”，在“深度”、“宽度”微调框中输入2.0、2.0，如下图所示。

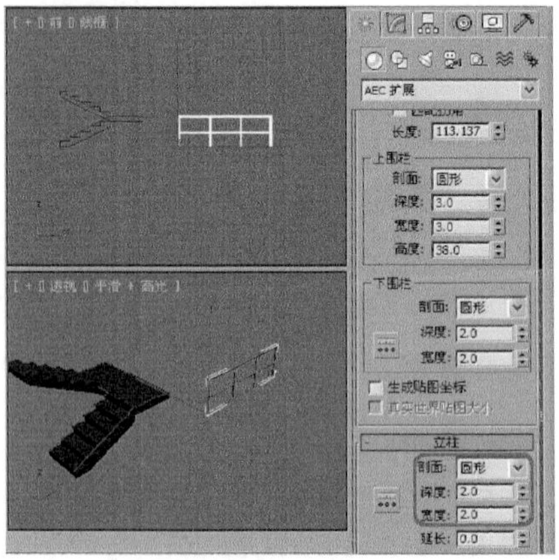

7 打开“栅栏”卷展栏，在“支柱”选项区中将“剖面”设置为“圆形”；在“深度”和“宽度”微调框中输入1.0、1.0；在“支柱”选项区中单击“支柱间距”按钮，在弹出的“支柱间距”对话框中的“计数”微调框中输入10，如下图所示。

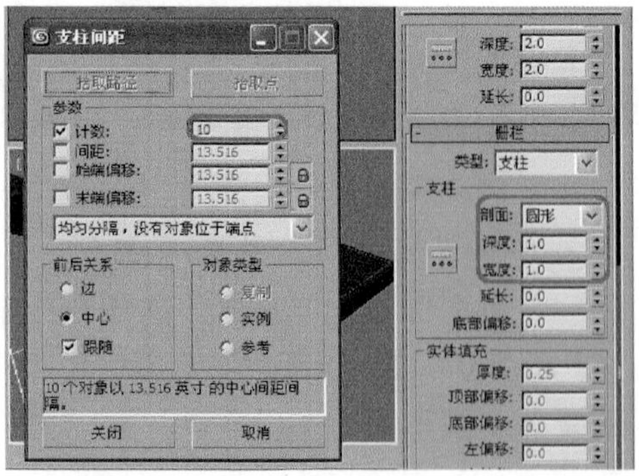

8 单击“关闭”按钮，在“栏杆”卷展栏中单击“拾取栏杆路径”按钮，在“透视”视图中拾取栏杆的路径，选中“匹配拐角”复选框，完成后的效果如下图所示。

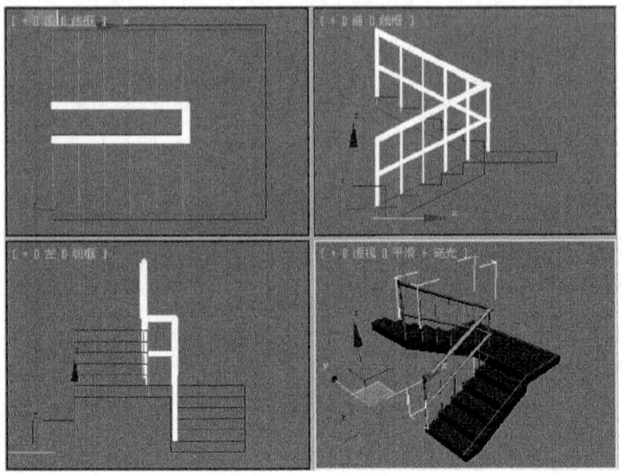

9 使用同样的方法为楼梯的另一侧添加栏杆，并调整两个栏杆的位置，调整后的效果如下图所示。

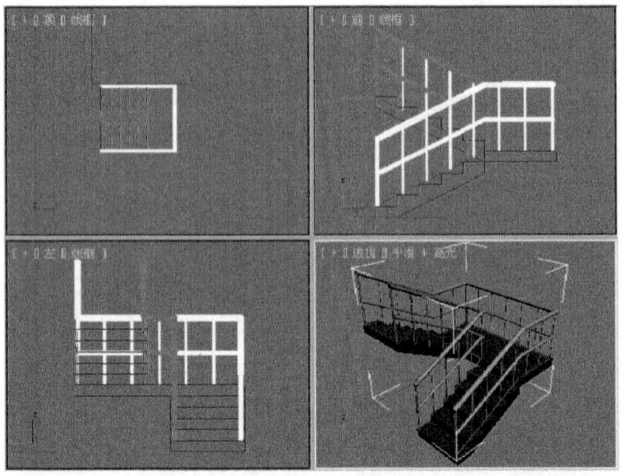

10 为栏杆和楼梯赋予材质，效果如下图所示。

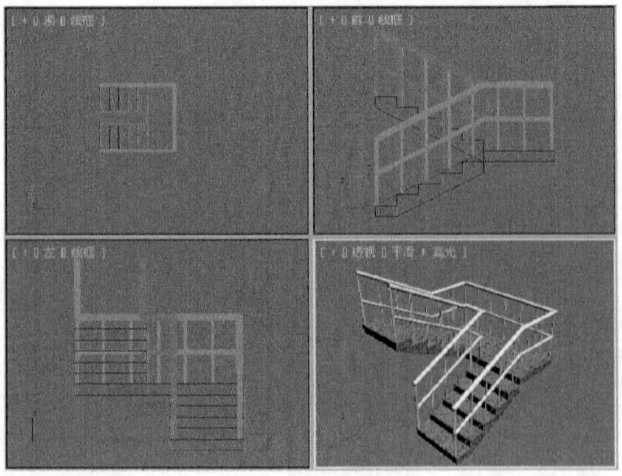

11 在视图中选择所创建的栏杆，进入“修改”命令面板，在修改器下拉列表中选

择“UVW贴图”修改器；在“参数”卷展栏中的“贴图”选项区中选中“长方体”单选按钮；在“对齐”选项区中选中“X”单选按钮，单击“适配”按钮，如下图所示。

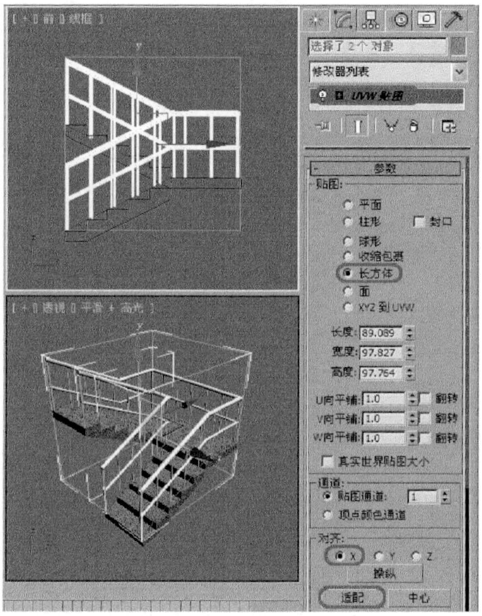

12 使用同样的方法为U型楼梯添加UVW贴图修改器，然后单击“创建”|“摄影机”|“目标”工具按钮，在“前”视图创建一个摄影机，激活“透视”视图，然后按C键将当前激活的视图转为“摄影机”视图，并在视图中调整摄影机的位置，调整后的效果如下图所示。

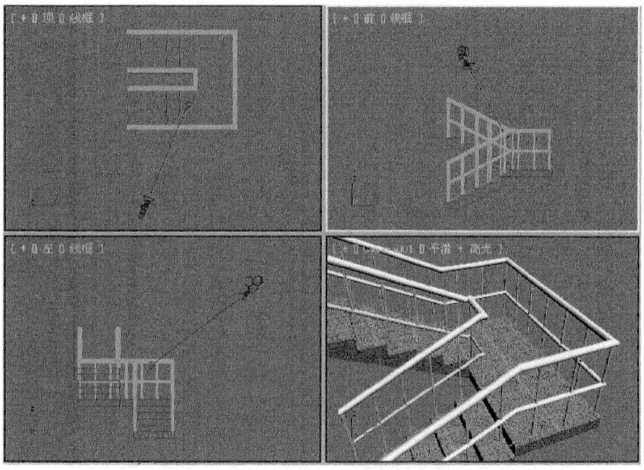

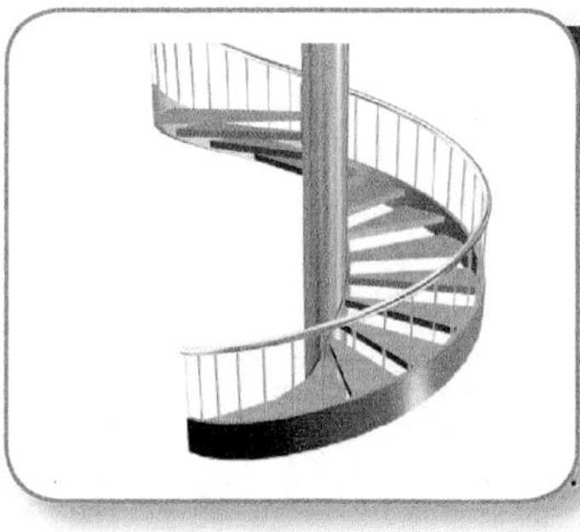

实战操作187 创建螺旋楼梯

素材：无

难度：★★★★★

场景：Scene\Cha05\实战操作187.max

视频：视频\Cha05\实战操作187.avi

使用螺旋楼梯对象可以指定旋转的半径和数量，添加侧弦和中柱，甚至更多。下面介绍如何创建螺旋楼梯，其操作步骤如下。

1 选择“创建”|“几何体”|“楼梯”|“螺旋楼梯”工具，在“顶”视图中按住鼠标左键并拖动，在合适的位置上释放鼠标，再次拖动鼠标至合适位置单击左键确认楼梯的高度，如右图所示。

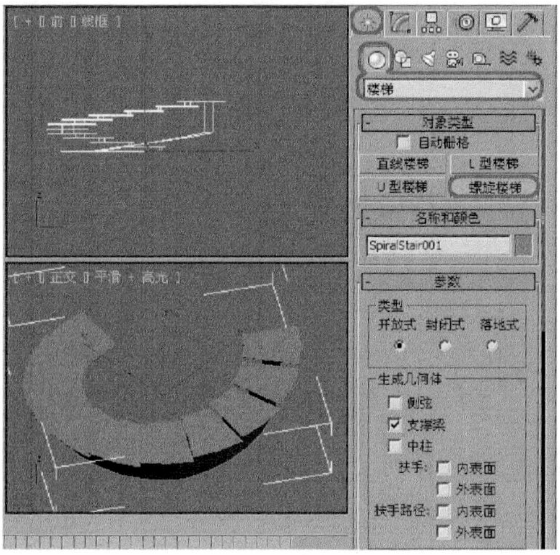

2 在“参数”卷展栏中“类型”选项区选中“开放式”单选按钮；在“生成几何体”选项区中选中“侧弦”和“中柱”复选框，取消选中“支撑梁”复选框，选中“扶手路径”右侧的“外表面”复选框；在“布局”选项区中选中“逆时针”单选按钮；在“半径”、“旋转”、“宽度”微调框中分别输入103.0、1.0、86.0，按Enter键确认，如下图所示。

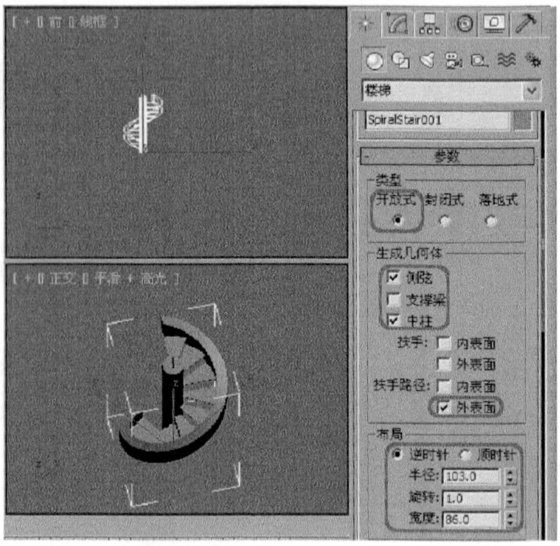

3 在“梯级”选项区中单击“竖板高”左侧的，在“竖板数”微调框中输入16，再单击“竖板数”左侧的，在“总高”微调框中输入220.0；在“台阶”选项区中的“厚度”微调框中输入5.0，选中“深度”复选框，并在其右侧的微调框中输入24.0，按Enter键确认，如下图所示。

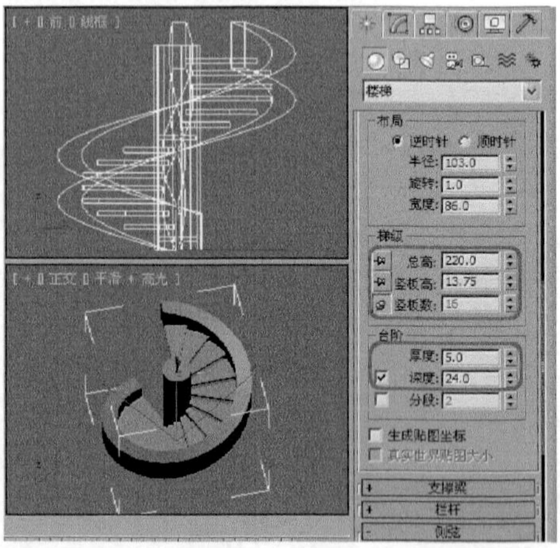

4 打开“栏杆”卷展栏，在“参数”选项区“高度”和“偏移”微调框中分别输入0.0、2.0。打开“侧弦”卷展栏，在“深度”、“宽度”、“偏移”微调框中分别输入25.0、3.5、5.0，取消选中“从地面开始”复选框。打开“中柱”卷展栏，选中“高度”复选框，在“半径”、“分段”和“高度”微调框中分别输入15.0、16、260.0，按Enter键确认，如下图所示。

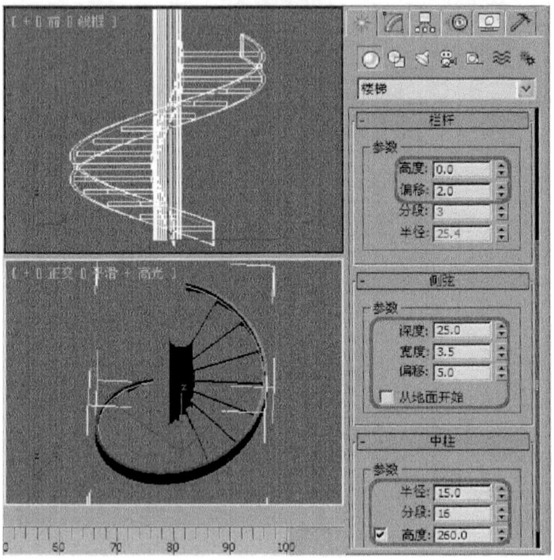

5 选择“创建”|“几何体”|“AEC扩展”|“栏杆”工具，在“顶”视图中单击左键并将栏杆拖至所需的长度，释放鼠标，然后垂直移动鼠标光标，以便设置所需的高度。单击即可完成创建，如下图所示。

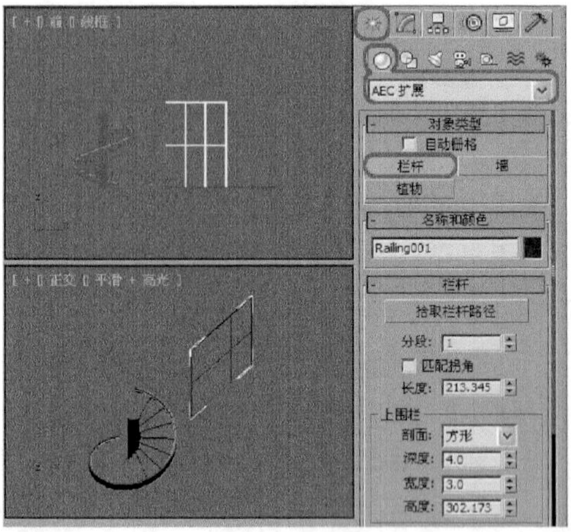

6 在“栏杆”卷展栏中的“上围栏”选项区中将“剖面”设置为“圆形”，在“深度”、“宽度”、“高度”微调框中输入5.0、5.0、58.0；在“下围栏”选项区中将“剖

面”设置为“无”，如下图所示。

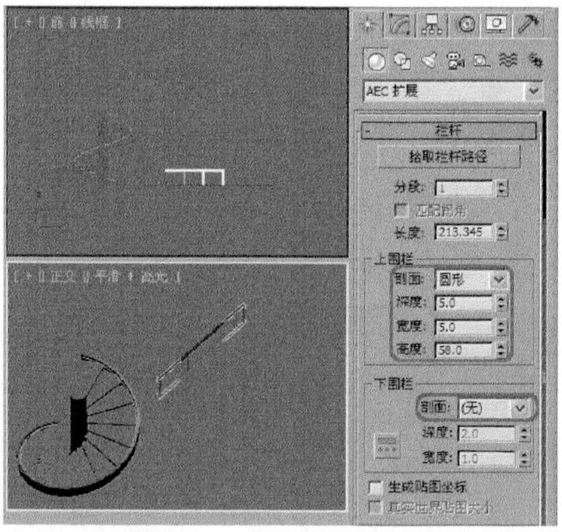

7 打开“立柱”卷展栏，将“剖面”设置为“圆形”，在“深度”、“宽度”微调框中输入2.0、2.0，如下图所示。

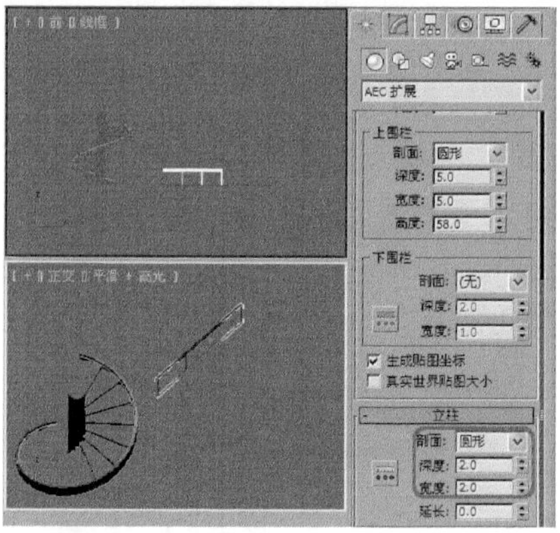

8 打开“栅栏”卷展栏，在“支柱”选项组中将“剖面”设置为“圆形”，在“厚度”和“宽度”微调框中输入1.5、1.5；在“支柱”选项区中单击“支柱间距”按钮，在弹出的“支柱间距”对话框中的“计数”微调框中输入35，如下图所示。

9 单击“关闭”按钮，在“栏杆”卷展栏中单击“拾取栏杆路径”按钮，在“透视”视图中拾取栏杆的路径，选中“匹配拐角”复选框，在“分段”微调框中输入80，按Enter键确认，效果如下图所示。

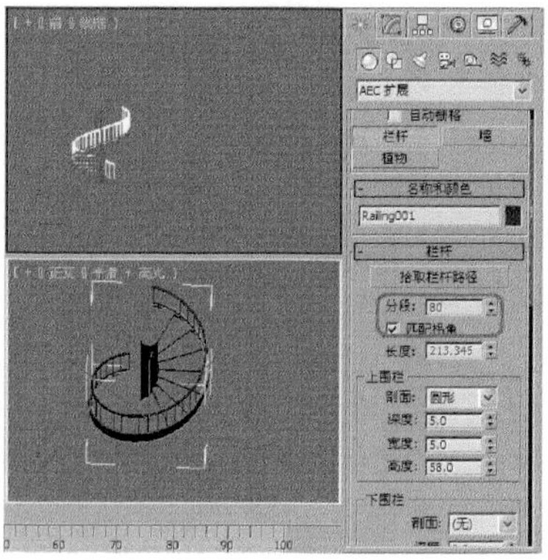

10 在“顶”视图中对栏杆进行放大，并调整其位置，效果如下图所示。

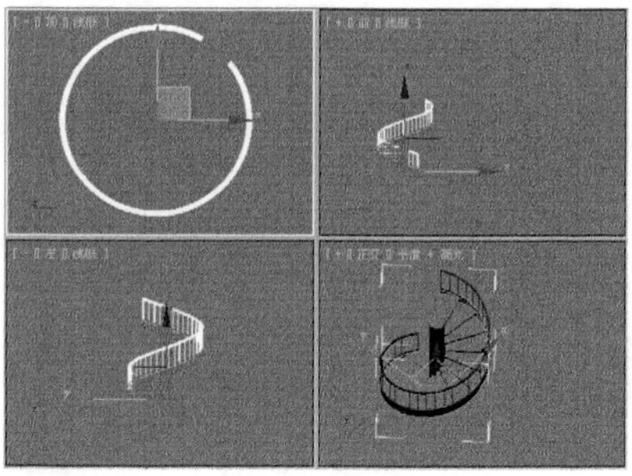

11 在视图中选择螺旋型楼梯，进入“修改”命令面板，在修改器下拉列表中选择“编辑多边形”修改器，将当前选择集定义为“多边形”，在视图中选择中间的圆柱，向上调整其位置，然后按“Ctrl+I”组合键进行反选，如下图所示。

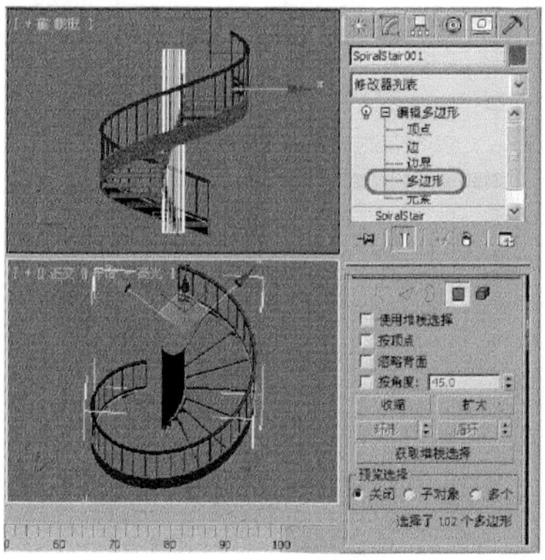

12 在“编辑几何体”卷展栏中单击“分离”按钮，如下图所示。

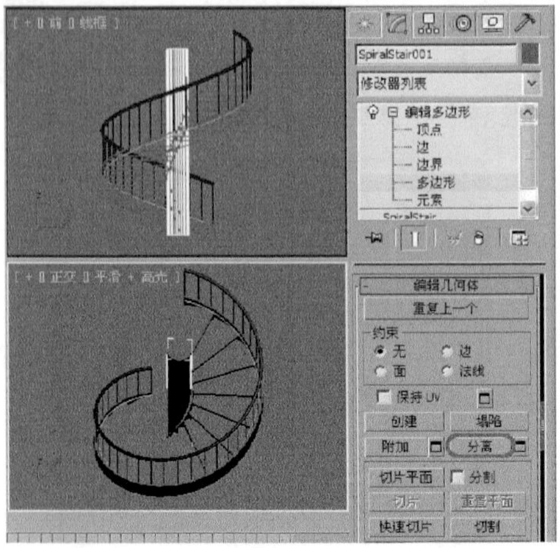

13 为栏杆、楼梯和圆柱赋予材质，效果如下图所示。

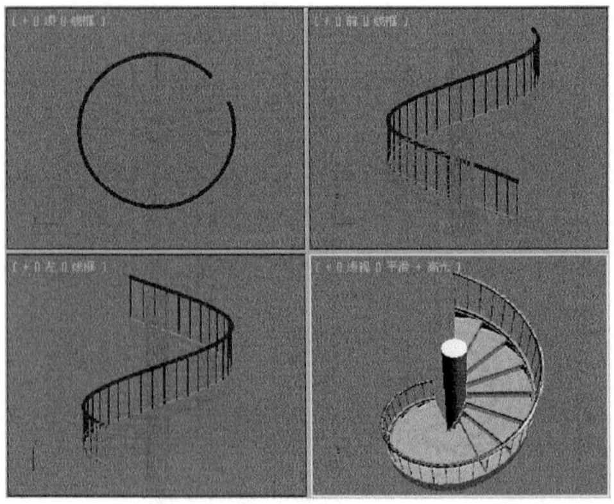

14 选择“创建” | “灯光” | “标准” | “泛光灯”工具，在“前”视图中创建一个泛光灯，并调整其位置，使用同样的方法再创建一个泛光灯，调整其位置，效果如下图所示。

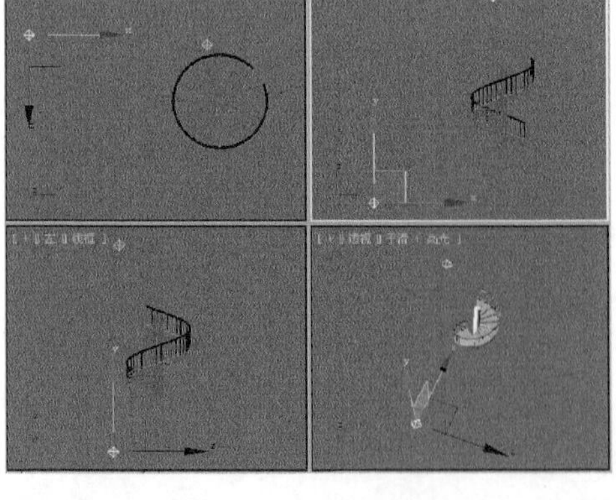

15 选择“创建” | “摄影机” | “目标”工具，在“前”视图创建一个摄影机，激活“透视”视图，然后按C键将当前激活的视图转为“摄影机”视图，并在视图中调整摄影机的位置，调整后的效果如下图所示。

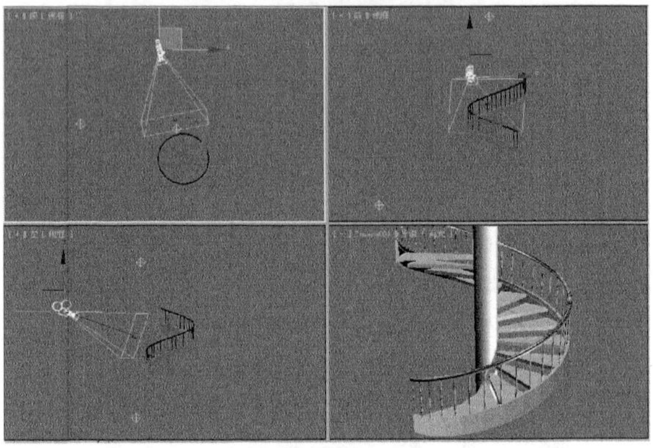

16 激活“摄影机”视图，按F9键进行渲染，渲染后的效果如下图所示。

5.4 创建门

运用“门”建模，可以制作枢轴门、推拉门、折叠门等模型。

实战操作188 创建枢轴门

- 素材：Scene\Cha05\5-1.max
- 难度：★★★★★
- 场景：Scene\Cha05\实战操作188.max
- 视频：视频\Cha05\实战操作188.avi

枢轴门只在一侧用铰链接合。还可以将门制作成为双门，该门具有两个门元素，每个元素在其外边缘处用铰链接合。下面介绍如何创建枢轴门，其操作步骤如下。

1 打开一幅素材文件，如下图所示。

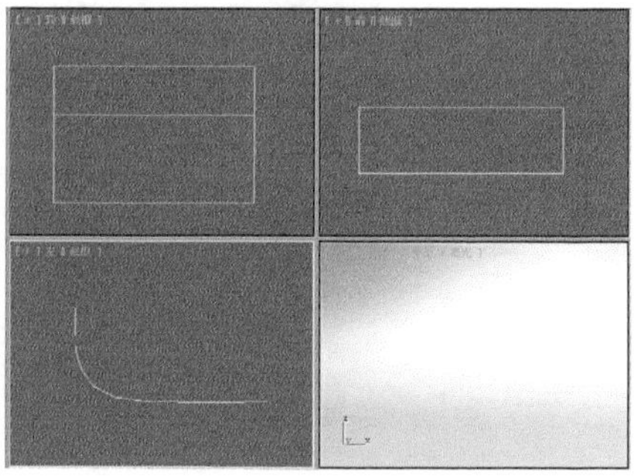

2 选择“创建” | “几何体” | “门” | “枢轴门”工具，如下图所示。在“顶”视图中按住鼠标左键并拖动，在合适的位置上释放鼠标，移动鼠标至合适的位置并单击左键确认门的深度，再次拖动鼠标至合适位置，单击左键确认门的高度，如下图所示。

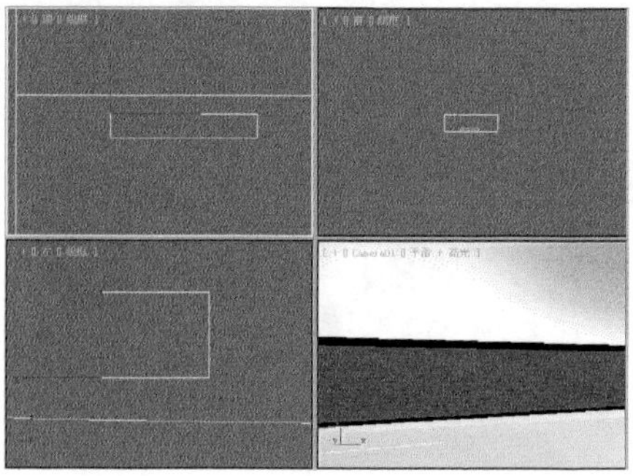

3 进入“修改”命令面板，在“参数”卷展栏中的“高度”微调框中输入192.0，在“宽度”微调框中输入91.0，在“深度”微调框中输入10.0，选中“翻转转动方向”和“翻转转枢”复选框，在“打开”微调框中输入10.0；在“门框”选项区中的“宽度”微调框中输入2.5，在“深度”微调框中输入0.0，按Enter键确认，如下图所示。

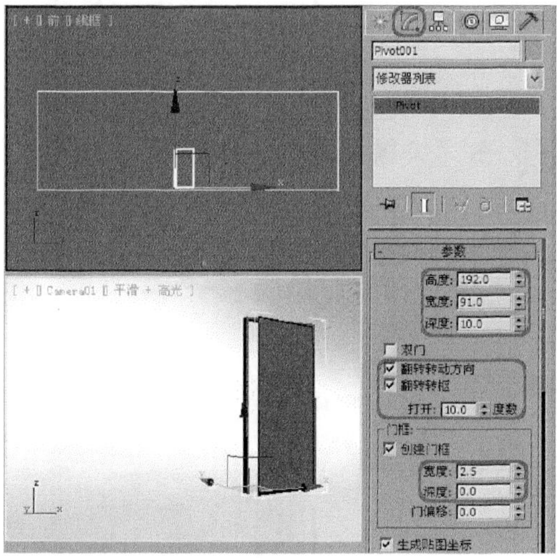

4 在“页扇参数”卷展栏中的“厚度”微调框中输入4.5，在“门挺/顶梁”微调框中输入7.0，在“底梁”微调框中输入16.0，按

Enter键确认，如下图所示。

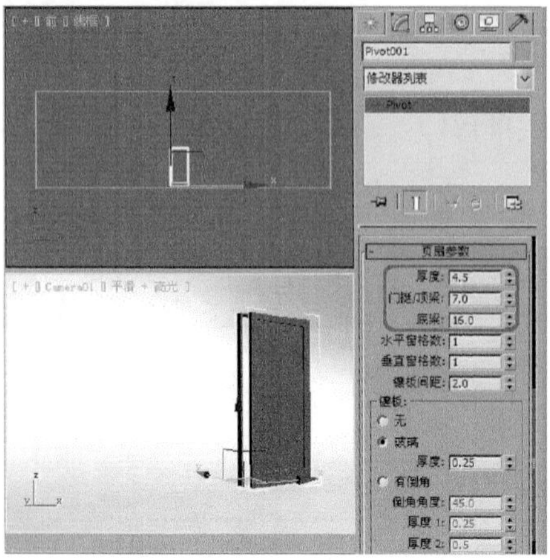

5 在视图中选择枢轴门，在修改器下拉列表中选择“编辑多边形”修改器，将当前选择集定义为“多边形”，在视图中选择如下图所示的多边形。

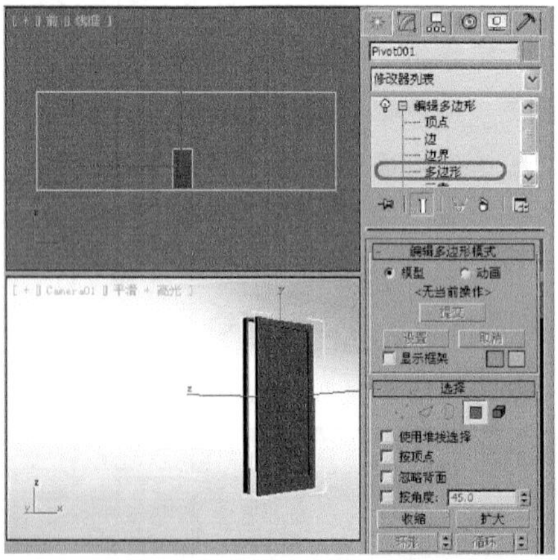

6 在“编辑几何体”卷展栏中单击“分离”按钮，如下图所示。

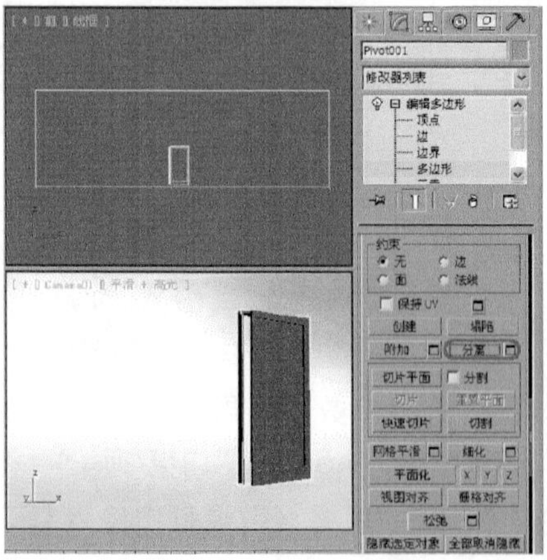

7 在视图中选择枢轴门的页扇，进入“修改”命令面板，在修改器下拉列表中选择“UVW贴图”修改器，在“参数”卷展栏中的“贴图”选项区中选中“平面”单选按钮，在“U向平铺”和“V向平铺”微调框中输入0.33、0.33，并选中“U向平铺”右侧的复选框。在“对齐”选项区中选中“Z”单选按钮，单击“适配”按钮，如下图所示。

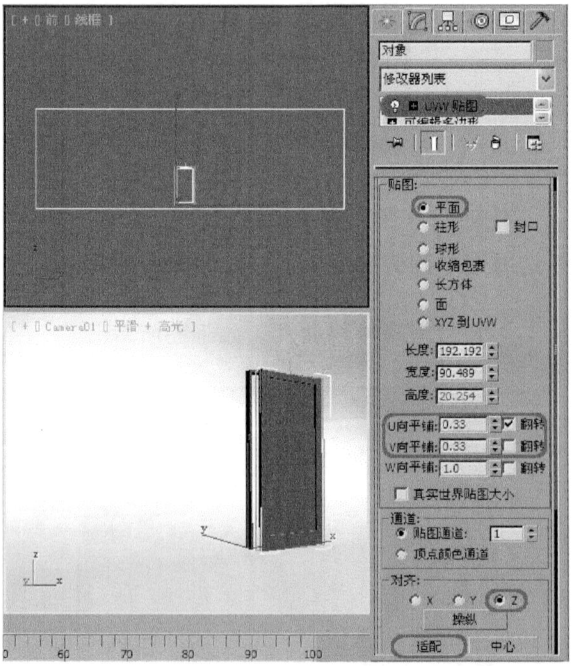

8 分别为枢轴门的页扇和门赋予材质，并在视图中调整其位置，完成后的效果如下图所示。

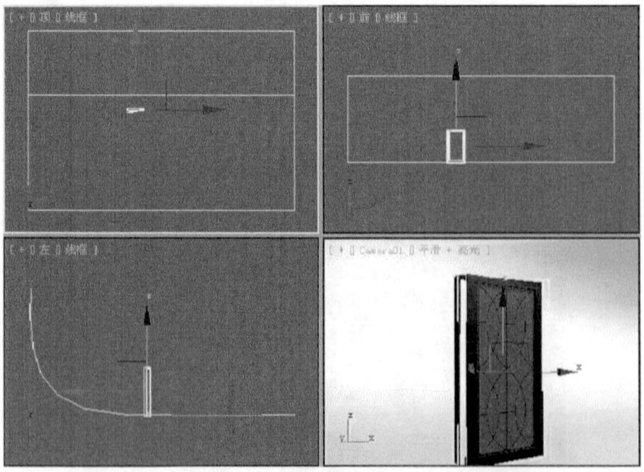

实战操作189 创建推拉门

- 素材：无
- 难度：★★★★★
- 场景：Scene\Cha05\实战操作189.max
- 视频：视频\Cha05\实战操作189.avi

使用“滑动”门可以将门进行滑动，就像在轨道上一样。该门有两个门元素：一个保持固定，而另一个可以移动。下面将要介绍如何创建推拉门，其操作步骤如下。

1 选择“创建” | “几何体” | “门” | “推拉门”工具，如右图所示。

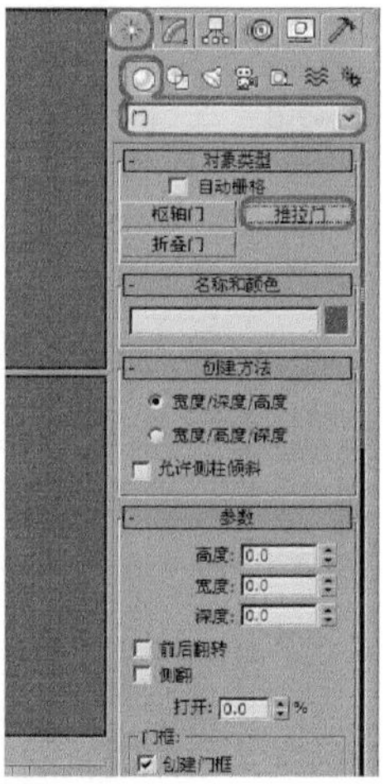

2 在“顶”视图中按住鼠标左键并拖动，在合适的位置上释放鼠标，移动鼠标至合适的位置并单击左键确认门的深度，再次拖动鼠标至合适位置，单击左键确认门的高度，如下图所示。

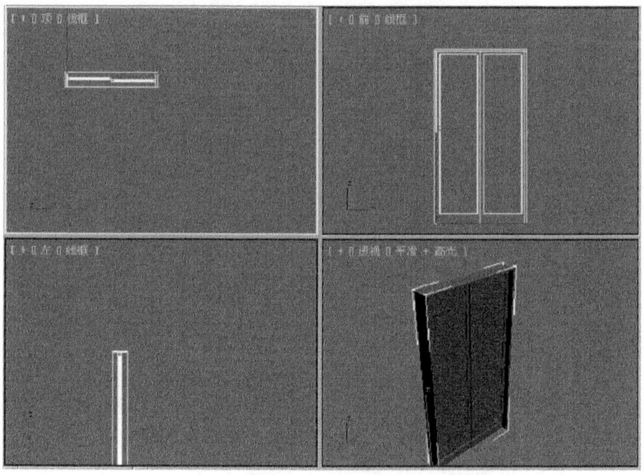

3 进入“修改”命令面板，在“参数”卷展栏中的“高度”微调框中输入319.0，在“宽度”微调框中输入156.0，在“深度”微调框中输入11.0，选中“侧翻”复选框。在“门框”选项区中的“宽度”微调框中输入4.0，在“深度”微调框中输入3.0，按Enter键确认，如下图所示。

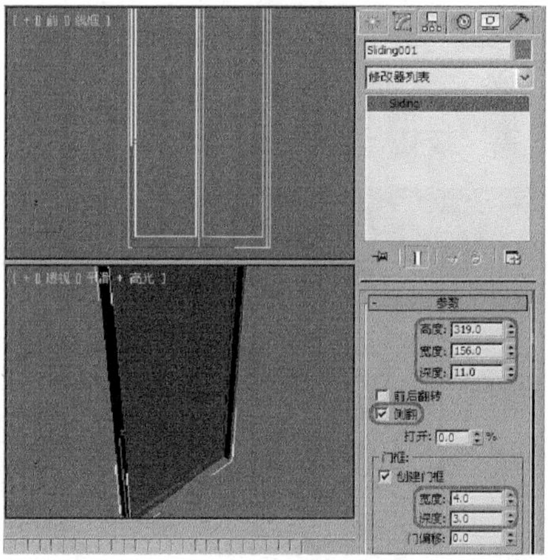

4 在“页扇参数”卷展栏中的“厚度”微调框中输入4.5，在“门挺/顶梁”微调框中输入16.5，在“底梁”微调框中输入12.0，按Enter键确认，如下图所示。

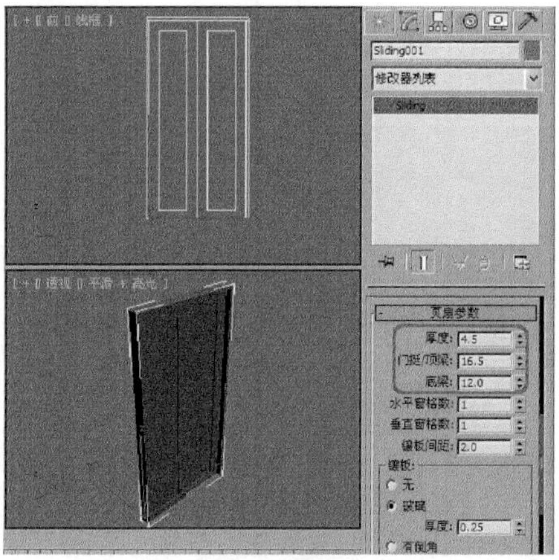

5 在视图中选择推拉门，在修改器下拉列表中选择“编辑多边形”修改器，将当

前选择集定义为“多边形”，在视图中选择如下图所示的多边形。

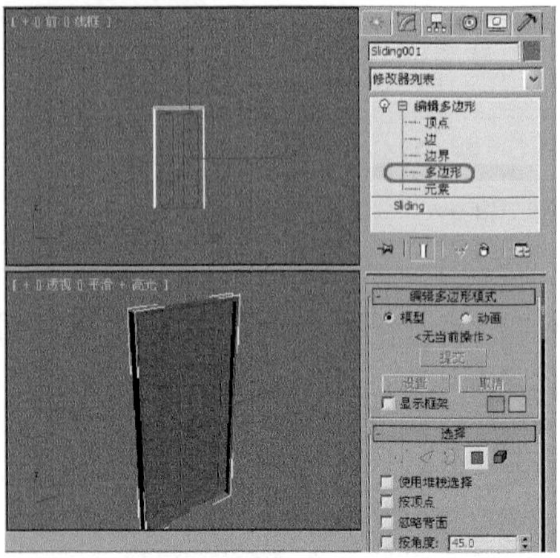

6 在“编辑几何体”卷展栏中单击“分离”按钮，如下图所示。

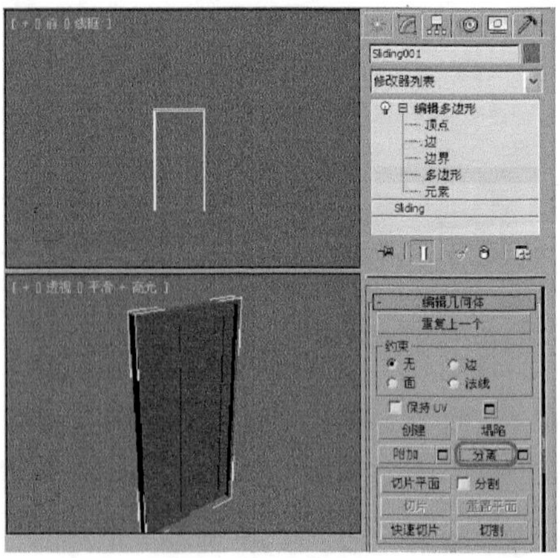

7 关闭当前选择集，在视图中选择推拉门的页扇，将当前选择集定义为“多边形”，在视图中选择如下图所示的多边形。

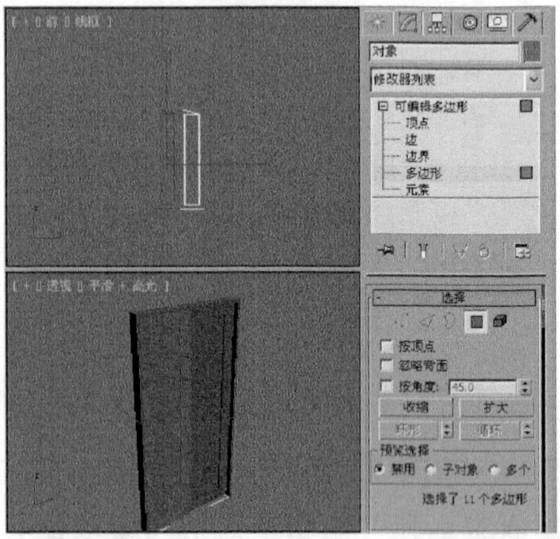

8 在“编辑几何体”卷展栏中单击“分离”按钮，弹出如下图所示的对话框。

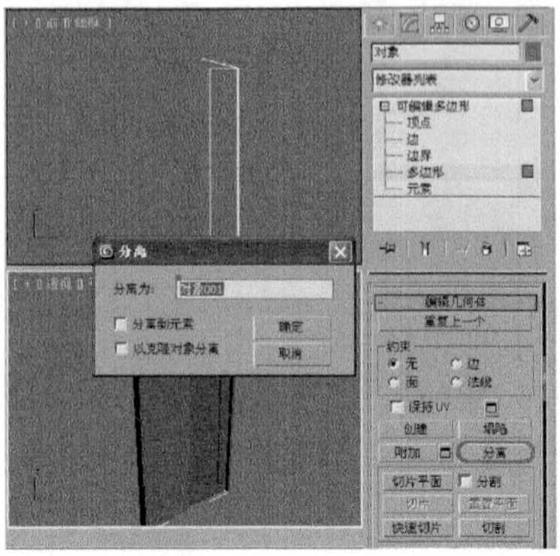

9 单击“确定”按钮，关闭当前选择集，在视图中选择推拉门左侧的页扇，在修改器下拉列表中选择“UVW贴图”修改器，在“参数”卷展栏中的“贴图”选项区中选中“平面”单选按钮，在“长度”和“宽度”微调框中分别输入339.0、80.0，在“U向平铺”和“V向平铺”微调框中输入0.35、1.01，并选中“V向平铺”右侧的复选框，如下图所示。

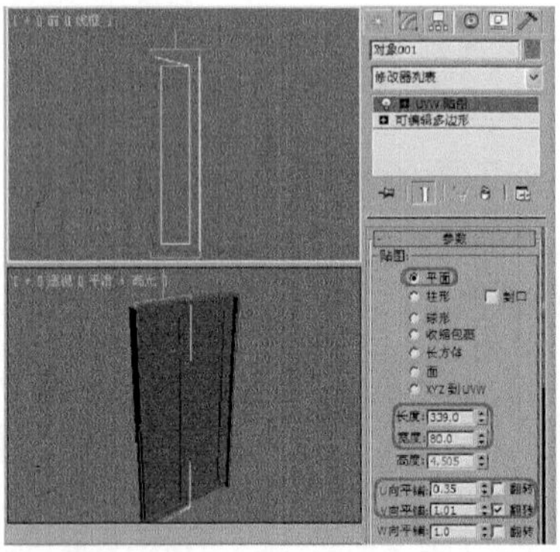

10 使用同样的方法为推拉门右侧的页扇添加“UVW贴图”修改器，如下图所示。

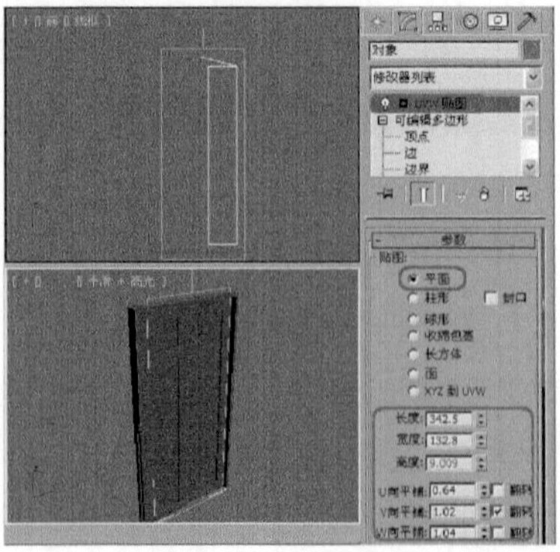

11 分别为推拉门的门框、左页扇和右页扇赋予不同的材质，选择“创建”|“灯光”|“标准”|“天光”工具，在“前”视图中创建一个天光，并调整其位置，使用同样的方法再创建一个泛光灯，调整其位置，调整后的效果如下图所示。

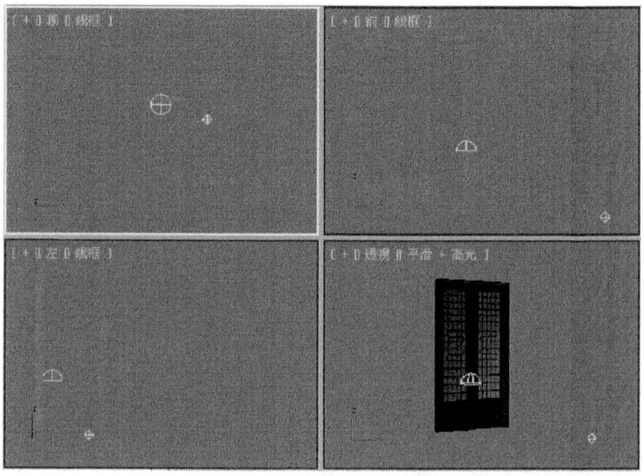

12 选择“创建”|“摄影机”|“目标”工具，在“前”视图创建一个摄影机，激活“透视”视图，然后按C键将当前激活的视图转为“摄影机”视图，并在视图中调整摄影机的位置，调整后的效果如下图所示。

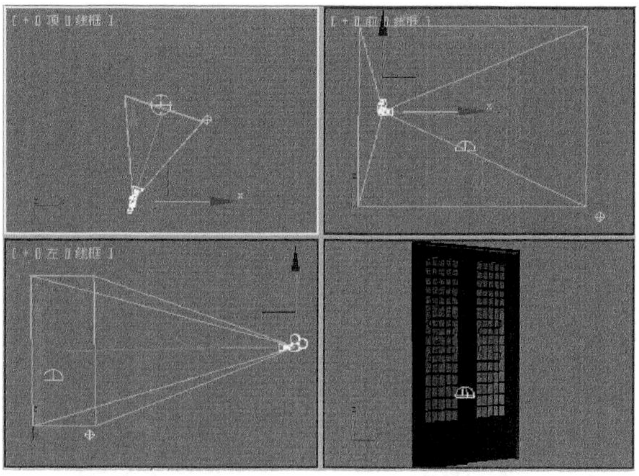

实战操作190 创建折叠门

- 素材：Scene\Cha05\5-1.max
- 难度：★★★★★
- 场景：Scene\Cha05\实战操作190.max
- 视频：视频\Cha05\实战操作190.avi

折叠门在中间转枢也在侧面转枢。该门有两个门元素，也可以将该门制作成有4个门元素的双门。下面介绍如何创建折叠门，其操作步骤如下。

1 打开素材5-1.max，选择“创建”|“几何体”|“门”|“折叠门”工具，在“顶”视图中按住鼠标左键并拖动，在合适的位置上释放鼠标后，移动鼠标至合适的位置并单击左键确认门的深度，再次拖动鼠标至合适位置，单击左键确认门的高度，如右图所示。

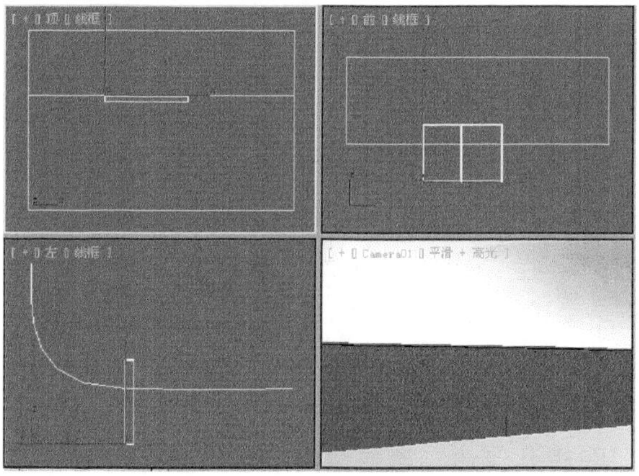

2 进入“修改”命令面板，在“参数”卷展栏中的“高度”微调框中输入255.0，在“宽度”微调框中输入177.0，在“深度”微调框中输入13.0，在“打开”微调框中输入45.0。在“门框”选项区中的“宽度”微调框中输入3.0，在“页扇参数”卷展栏中的“厚度”微调框中输入3.0，按Enter键确认，如下图所示。

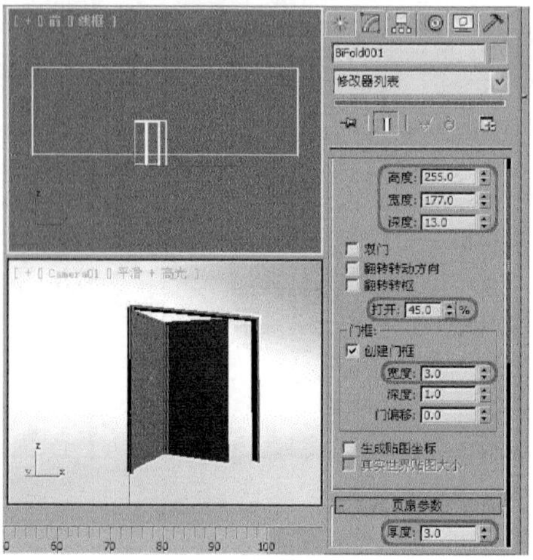

3 在视图中选择折叠门，在修改器下拉列表中选择“编辑多边形”修改器，将当前选择集定义为“多边形”，在视图中选择如下图所示的多边形。

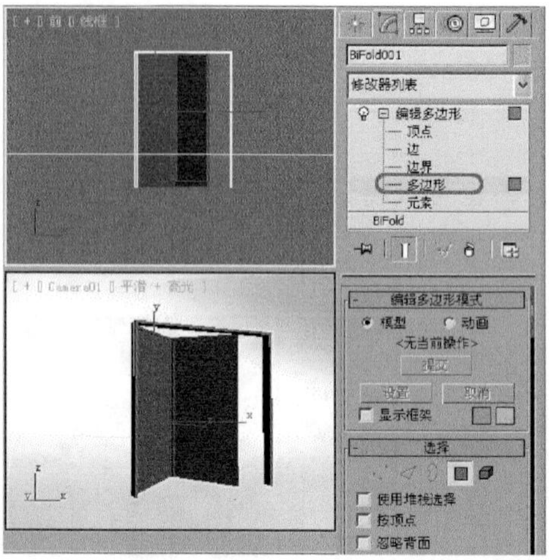

4 在“编辑几何体”卷展栏中单击“分离”按钮，关闭当前选择集，在视图中选择折叠门的页扇，将当前选择集定义为“多边形”，在视图中选择折叠门右侧的页扇，在“编辑几何体”卷展栏中单击“分离”按钮，弹出如下图所示的对话框。

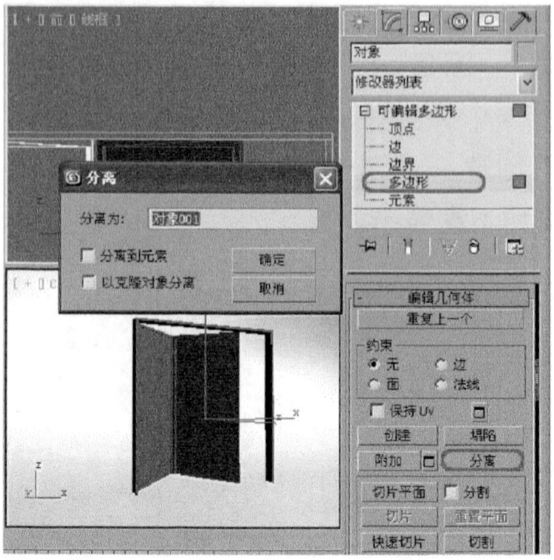

5 单击“确定”按钮，关闭当前选择集，在视图中选择折叠门左侧的页扇，在修改器下拉列表中选择“UVW贴图”修改器，使用同样的方法为折叠门右侧的页扇添加“UVW贴图”修改器，如下图所示。

6 为折叠门设置不同的材质，并在视图中调整门的位置，完成后的效果如下图所示。

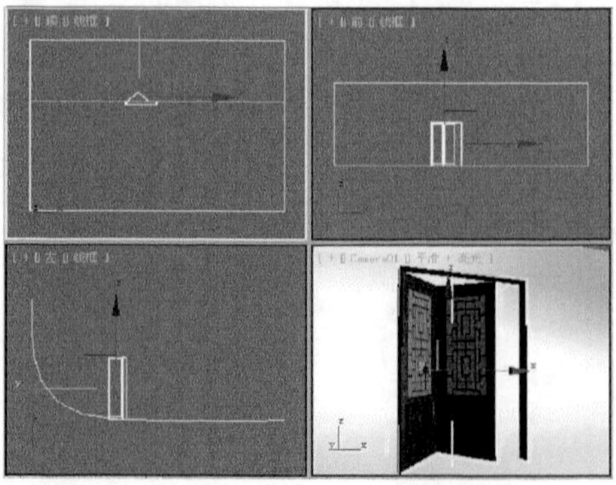

5.5 创建窗户

运用“窗”建模，可以快速创建各种窗户模型。其有一到两扇像门一样的窗框，它们可以向内或向外转动；旋开窗的轴垂直或水平位于其窗框的中心；伸出式窗有3扇窗框，其中两扇窗框打开时像反向的遮篷；推拉窗有两扇窗框，其中一扇窗框可以沿着垂直或水平方向滑动；固定式窗户不能打开；遮篷式窗户有一扇通过铰链与顶部相连的窗框。下面介绍创建窗户具体的操作方法。

实战操作191 创建遮篷式窗

素材：Scene\Cha05\5-2.max

难度：★★★★★

场景：Scene\Cha05\实战操作191.max

视频：视频\Cha05\实战操作191.avi

“遮篷式”窗具有一个或多个可在顶部转枢的窗框。下面介绍如何创建遮篷式窗，其操作步骤如下。

1 打开素材5-2.max,选择“创建” | “几何体” | “窗” | “遮篷式窗”工具，在“顶”视图中按住鼠标左键并拖动，在合适的位置上释放鼠标，移动鼠标至合适的位置并单击左键确认窗户的深度，再次拖动鼠标至合适位置，单击左键确认窗户的高度，如下图所示。

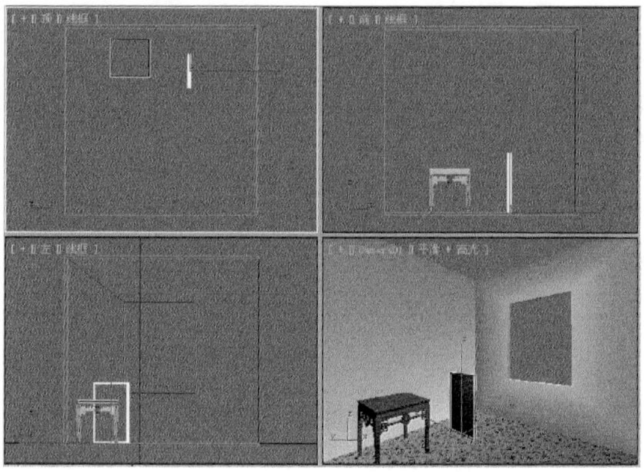

2 在“参数”卷展栏中的“高度”微调框中输入265.0，在“宽度”微调框中输入197.0，在“深度”文本框中输入15，在“开窗”选项组中的“打开”文本框中输入79，按Enter键确认，如下图所示。

3 激活“透视”视图，在工具栏中右击“选择并旋转”按钮，在弹出的对话框中的“偏移：屏幕”选项区中的“X”和“Y”微调

框中分别输入-180、180，如下图所示。

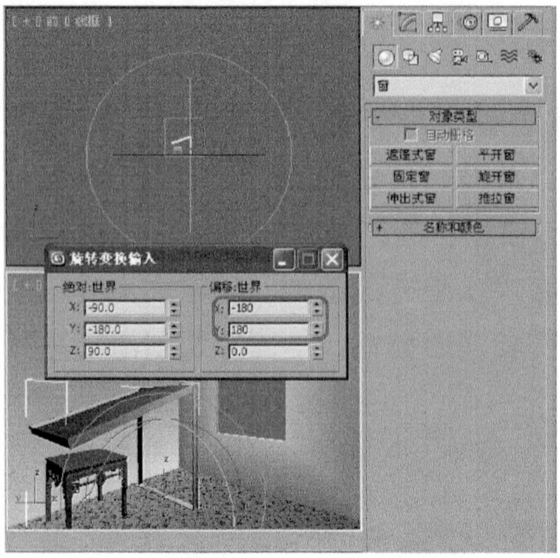

4 将“旋转变换输入”对话框关闭，在工具栏中单击“选择并移动”按钮，进入“修改”命令面板，在修改器下拉列表中选择“编辑多边形”修改器，将当前选择集定义为“多边形”，在视图中选择如下图所示的多边形，在“编辑几何体”卷展栏中单击“分离”按钮。如下图所示。

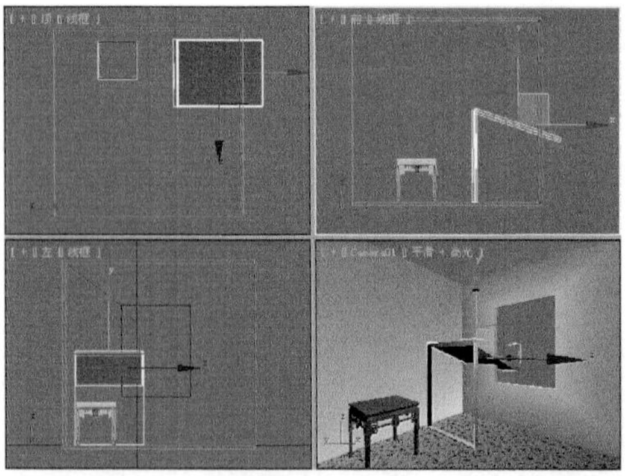

5 选择“创建”|“图形”|“线”工具，在“前”视图中绘制一条直线，在“渲染”卷展栏中选中“在渲染中启用”和“在视口中启用”复选框，在“厚度”微调框中输入3.0，按Enter键确认，如下图所示。

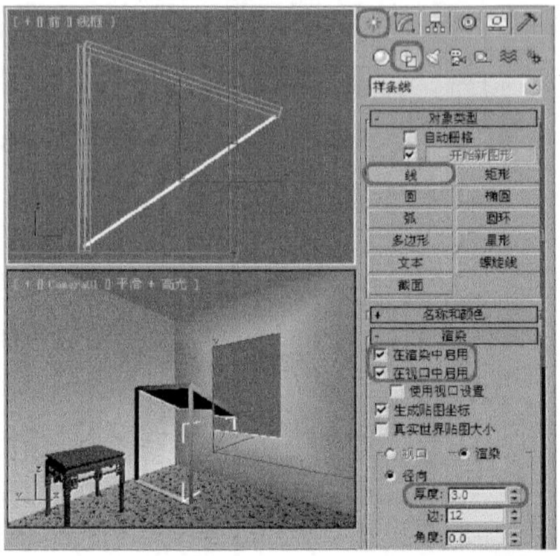

6 为遮篷式窗和直线赋予材质，并在视图中调其位置，完成后的效果如下图所示。

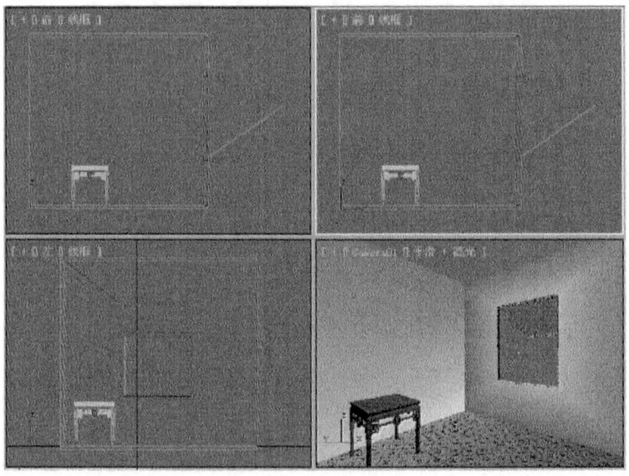

实战操作192 创建平开窗

- 素材：Scene\Cha05\5-3.max
- 难度：★★★★★
- 场景：Scene\Cha05\实战操作192.max
- 视频：视频\Cha05\实战操作192.avi

平开窗具有一个或两个可在侧面转枢的窗框（像门一样）。下面介绍如何创建平开窗，其操作步骤如下。

1 打开素材5-3.max,选择“创建”|“几何体”|“窗”|“平开窗”工具，在“顶”视图中按住鼠标左键并拖动，在合适的位置上释放鼠标后，移动鼠标至合适的位置并单击左键确认窗户

的深度，再次拖动鼠标至合适位置，单击左键确认窗户的高度，如下图所示。

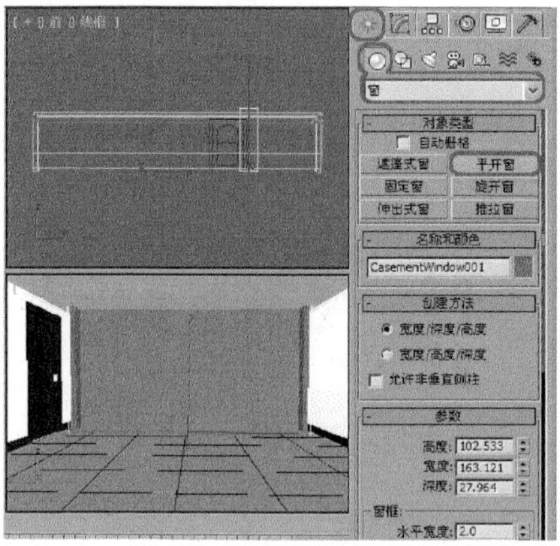

2 在“参数”卷展栏中的“高度”微调框中输入59.0，在“宽度”微调框中输入32.7，在“深度”微调框中输入4.3。在“窗框”选项区中的“水平宽度”的微调框中输入4.0，在“垂直宽度”微调框中输入4.0。在“窗扉”选项区中选中“二”单选按钮。在“打开窗”选项区中的“打开”微调框中输入65，如下图所示。

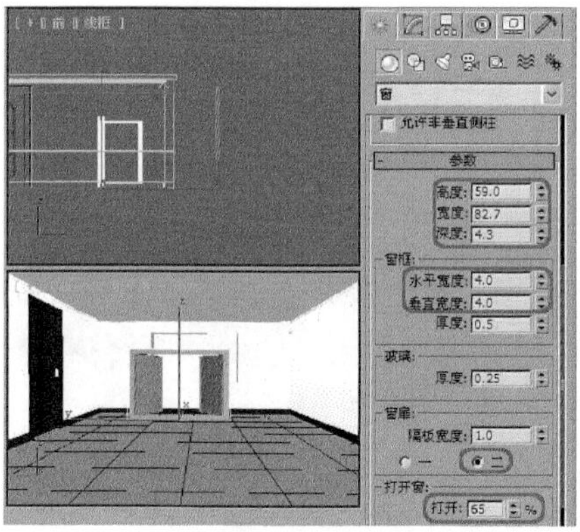

3 在视图中选择平开窗，进入“修改”命令面板，在修改器下拉列表中选择“编辑多边形”修改器，将当前选择集定义为“多边形”，在视图中选择如下图所示的多边形。

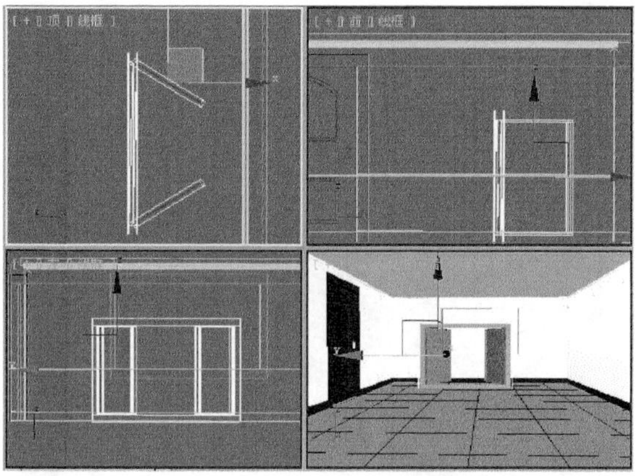

4 在“编辑几何体”卷展栏中单击“分离”按钮，关闭当前选择集，为平开窗设置不同的材质，并在视图中调整平开窗的位置，完成后的效果如下图所示。

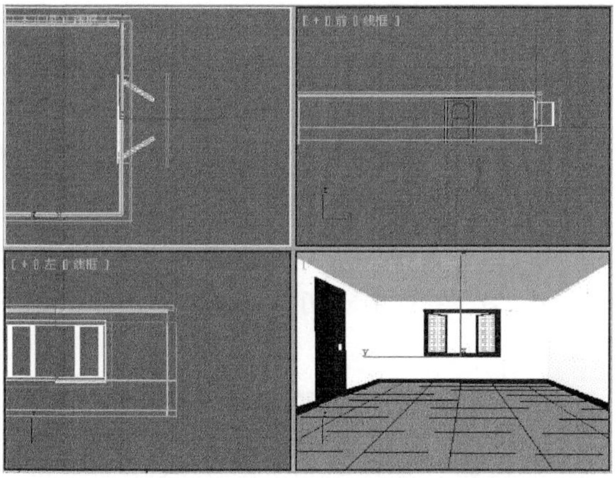

实战操作193 创建固定窗

- 素材：无
- 难度：★★★★★
- 场景：Scene\Cha05\实战操作193.max
- 视频：视频\Cha05\实战操作193.avi

“固定窗”不能被打开，因为没有可在侧面转枢的窗框。下面介绍如何创建固定窗，其操作步骤如下。

1 选择“创建” | “几何体” | “窗” | “固定窗”工具，在“顶”视图中按住鼠标左键并拖动，在合适的位置上释放鼠标，移动鼠标至合适的位置并单击左键确认窗户的深度，再次拖动鼠标至合适位置，单击左键确认窗户的高度，如下图所示。

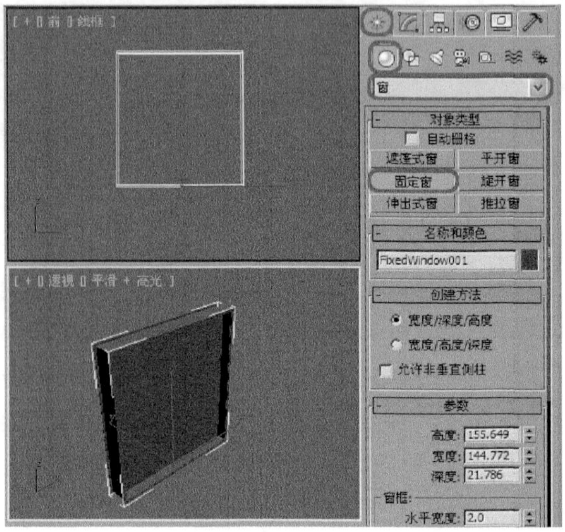

2 在“参数”卷展栏中的“高度”微调框中输入120.0，在“宽度”微调框中输入100.0，在“深度”微调框中输入10.0。在“窗框”选项区中的“厚度”微调框中输入1。在“窗格”选项区中的“宽度”、“水平窗格数”和“垂直窗格数” 微调框中分别输入3.0、4、3，并选中“切角剖面”复选框，如下图所示。

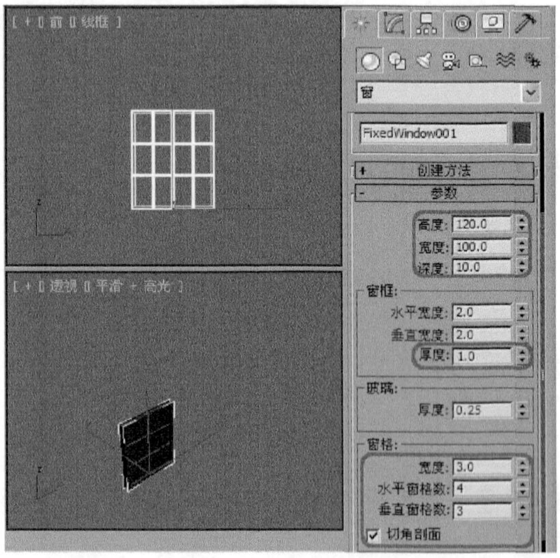

3 在视图中选择固定窗，进入“修改”命令面板，在修改器下拉列表中选择“编辑多边形”修改器，将当前选择集定义为“多边形”，在视图中选择如下图所示的多边形，并在“多边形：材质ID”卷展栏中的“设置ID” 微调框中输入1，按Enter键确认。

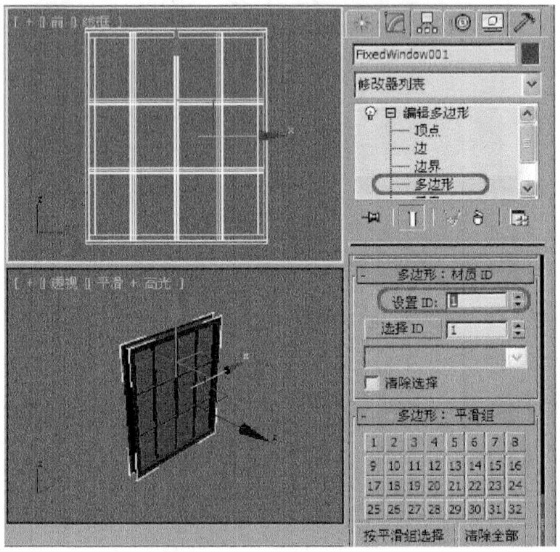

4 按“Ctrl+I”组合键进行反选，在“多边形：材质ID”卷展栏中的“设置ID”微调框中输入2，按Enter键确认，关闭当前选择集，并为其赋予材质，完成后的效果如下图所示。

5 选择“创建” | “灯光” | “标准” | “天光”工具，在“前”视图中创建一个天光，并调整其位置，使用同样的方法再创建一个泛光灯，调整其位置，调整后的效

果如下图所示。

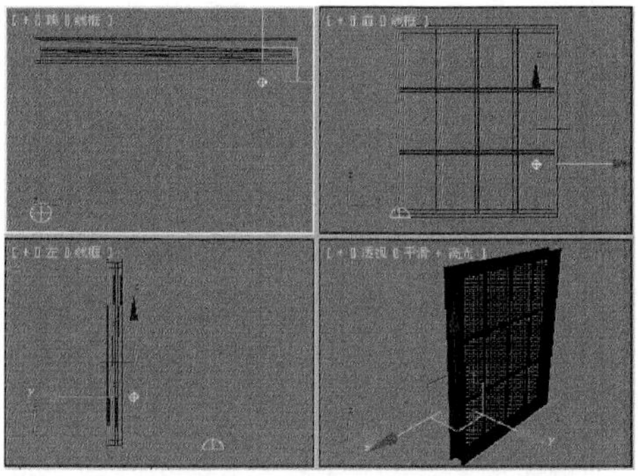

6 选择“创建” | “摄影机” | “目标”工具，在“前”视图创建一个摄影机，激活“透视”视图，然后按C键将当前激活的视图转为“摄影机”视图，并在视图中调整摄影机的位置，调整后的效果如下图所示。

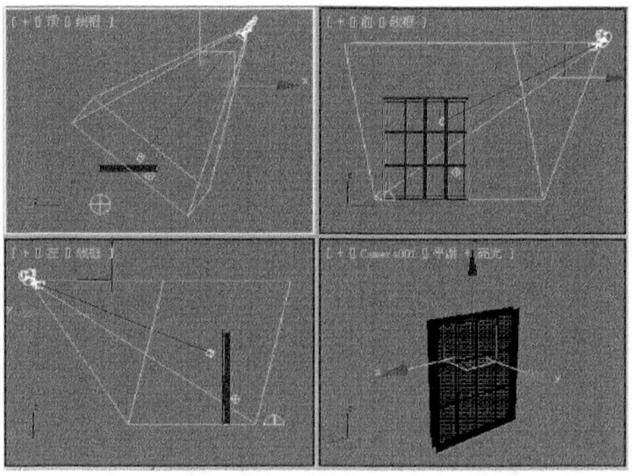

实战操作194 创建旋开窗

素材：Scene\Cha05\5-4.max

难度：★★★★★

场景：Scene\Cha05\实战操作194.max

视频：视频\Cha05\实战操作194.avi

下面介绍如何创建旋开窗，其操作步骤如下。

1 打开素材5-4.max，选择“创建” | “几何体” | “窗” | “旋开窗”工具，在“顶”视图中按住鼠标左键并拖动，在合适的位置上释放鼠标后，移动鼠标至合适的位置并单击左键确认窗户的深度，再次拖动鼠标至合适位置，单击左键确认窗户的高度，如下图所示。

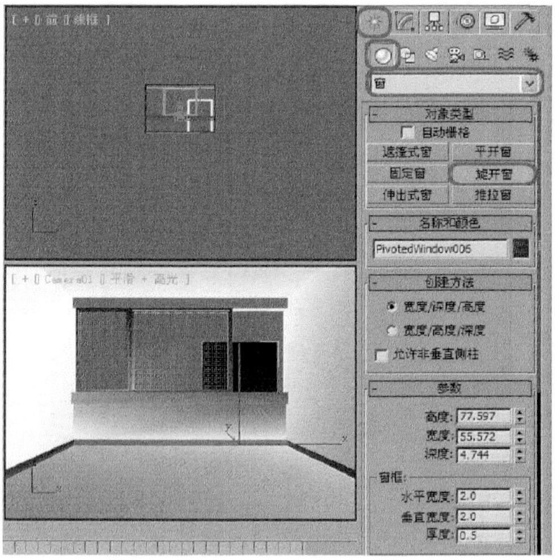

2 进入“修改”命令面板，在“参数”卷展栏中的“高度”微调框中输入64.0，在“宽度”微调框中输入40.0，在“深度”微调框中输入5.0。在“窗框”选项区中的“厚度”微调框中输入2.0。在“打开窗”选项区中的“打开”微调框中输入30，按Enter键确认，如下图所示。

3 在视图中选择旋开窗，在修改器下拉列表中选择“编辑多边形”修改器，将当前选择集定义为“多边形”，在视图中选择如下图所示的多边形，并在“多边形：材质ID”卷展栏中的“设置ID”微调框中输入1，按Enter键确认。

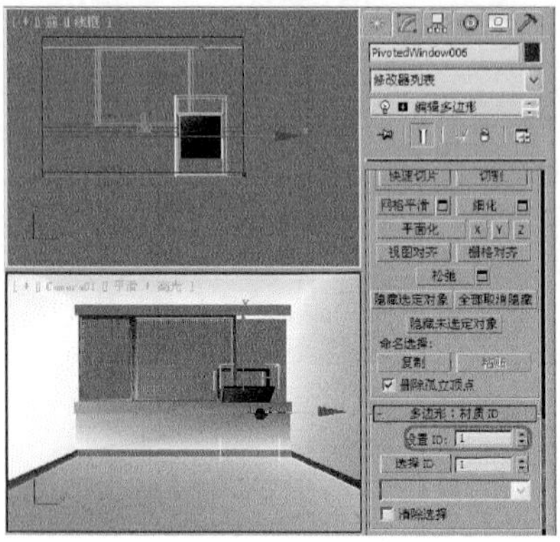

4 在菜单栏中单击“编辑”按钮，在弹出的下拉菜单中选择“反选”选项，在“多边形：材质ID”卷展栏中的“设置ID”微调框中输入2，按Enter键确认，关闭当前选择集，在视图中调整旋开窗的位置，并为其赋予材质即可，如下图所示。

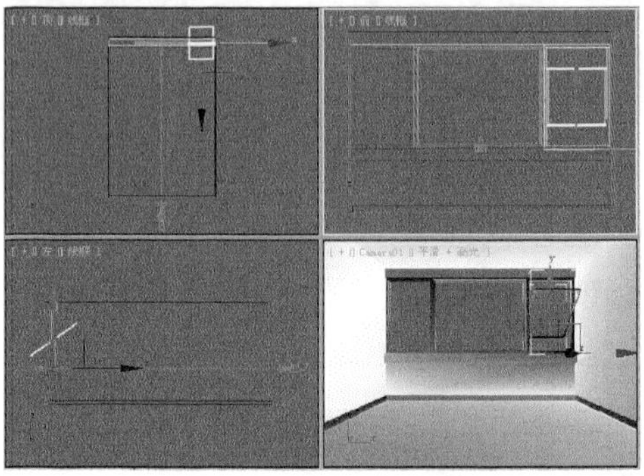

实战操作195 创建推拉窗

- 素材：无
- 难度：★★★★★
- 场景：Scene\Cha05\实战操作195.max
- 视频：视频\Cha05\实战操作195.avi

下面介绍如何创建推拉窗，其操作步骤如下。

1 选择“创建” | “几何体” | “窗” | “推拉窗”工具，在“顶”视图中按住鼠标左键并拖动，在合适的位置释放鼠标后，移动鼠标至合适的位置并单击左键确认窗户的深度，再次拖动鼠标至合适位置，单击左键确认窗户的高度，如下图所示。

2 在“参数”卷展栏中的“高度”、“宽度”和“深度”微调框中分别输入170.0、192.0、5.0。在“窗框”选项区中的“水平宽度”微调框中输入3.0。在“窗格”选项区中的“窗格宽度”微调框输入3.0，在“打开窗”选项区中取消选中“悬挂”复选框，如下图所示。

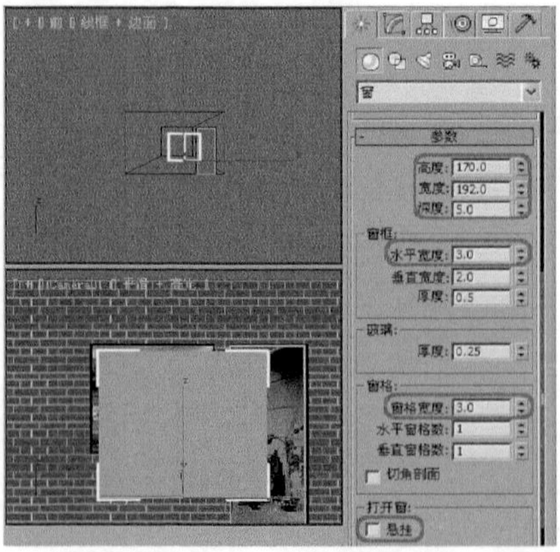

3 在视图中选择推拉窗，进入“修改”命令面板，在修改器下拉列表中选择“编辑多边形”修改器，将当前选择集定义为“多边形”，在视图中选择如下图所示的多边形，并在“多边形：材质ID”卷展栏中的“设置ID”微调框中输入1，按Enter键确认。

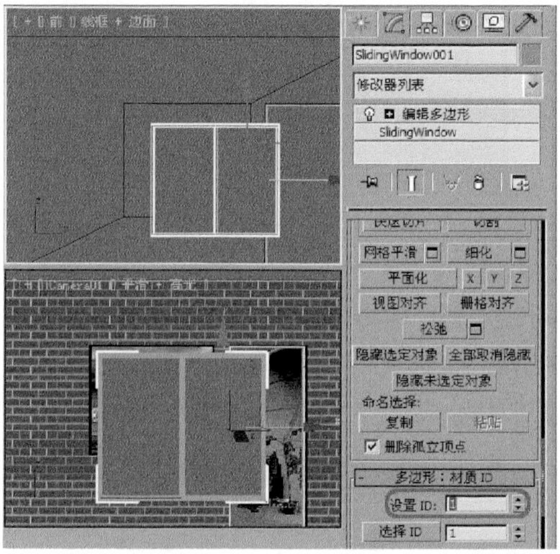

4 按“Ctrl+I”组合键进行反选，在“多边形：材质ID”卷展栏中的“设置ID”微调框中输入2，按Enter键确认，关闭当前选择集，在视图中调整推拉窗的位置，并为其赋予材质，完成后的效果如下图所示。

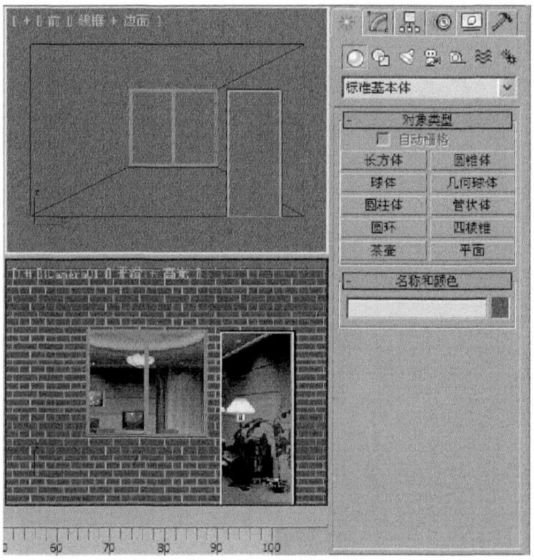

实战操作196 创建伸出式窗

素材：无

难度：★★★★★

场景：Scene\Cha05\实战操作196.max

视频：视频\Cha05\实战操作196.avi

伸出式窗具有3个窗框：顶部窗框不能移动，底部的两个窗框像遮篷式窗那样旋转打开，但是却以相反的方向。下面介绍如何创建伸出窗，其操作步骤如下。

1 选择“创建”|“几何体”|“窗”|“伸出式窗”工具，在“顶”视图中按住鼠标左键并拖动，在合适的位置上释放鼠标后，移动鼠标至合适的位置并单击左键确认窗户的深度，再次拖动鼠标至合适位置，单击左键确认窗户的高度，如右图所示。

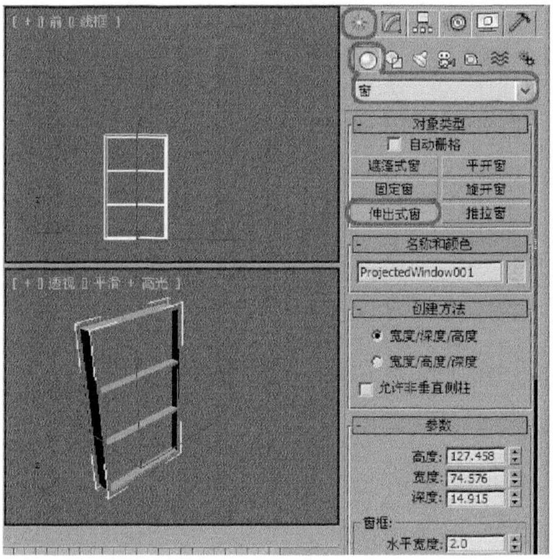

2 进入“修改”命令面板，在“参数”卷展栏中的“高度”、“宽度”和“深度”微调框中分别输入148.0、96.0、7.5。在“窗格”选项区中的“中点高度”微调框中输入50.0，在“底部高度”微调框中输入50.0。在“打开窗”选项区中的“打开”微调框中输入45，按Enter键确认，如下图所示。

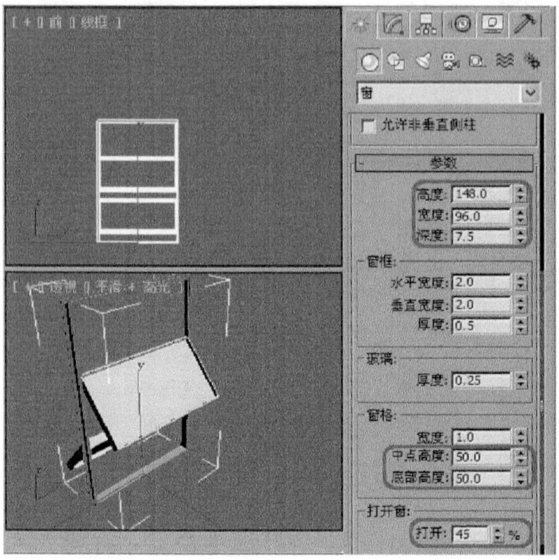

3 在视图中选择伸出式窗，在修改器下拉列表中选择“编辑多边形”修改器，将当前选择集定义为“多边形”，在视图中选择如下图所示的多边形，并在“多边形：材质ID”卷展栏中的“设置ID”微调框中输入1，按Enter键确认。

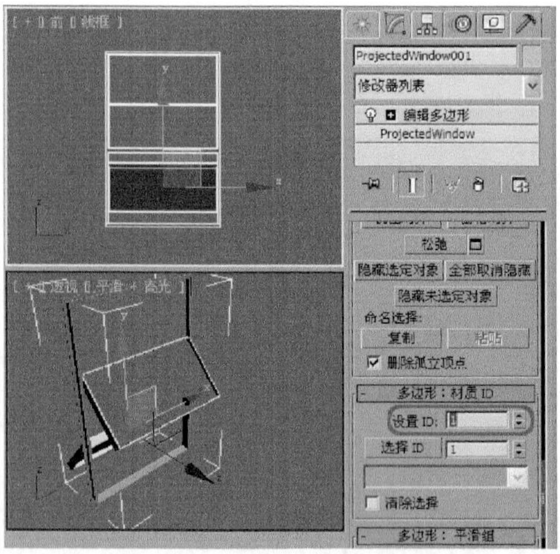

4 按“Ctrl+I”组合键进行反选，在“多边形：材质ID”卷展栏中的“设置ID”微调框中输入2，按Enter键确认，关闭当前选择集，并为其赋予材质，完成后的效果如下图所示。

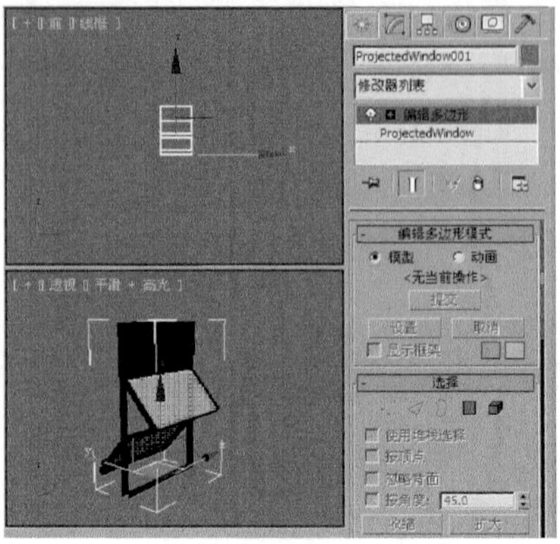

5 选择“创建”|“灯光”|“标准”|“天光”工具，在“前”视图中创建一个天光，并调整其位置，使用同样的方法再创建一个泛光灯，调整其位置，调整后的效果如下图所示。

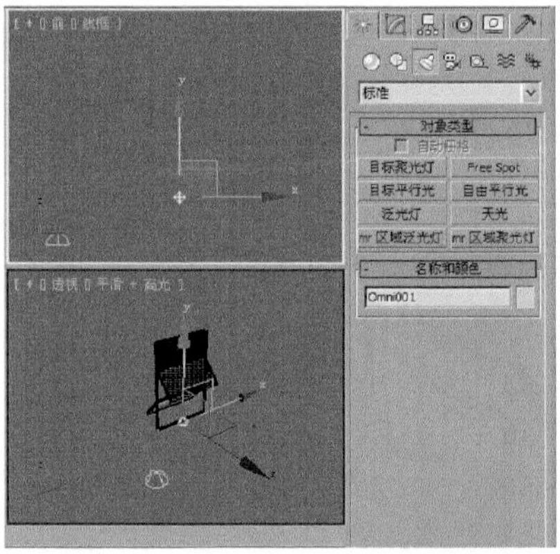

6 选择“创建”|“摄影机”|“目标”工具，在“前”视图创建一个摄影机，激活“透视”视图，然后按C键将当前激活的视图转为“摄影机”视图，并在视图中调整摄影机的位置，调整后的效果如下图所示。

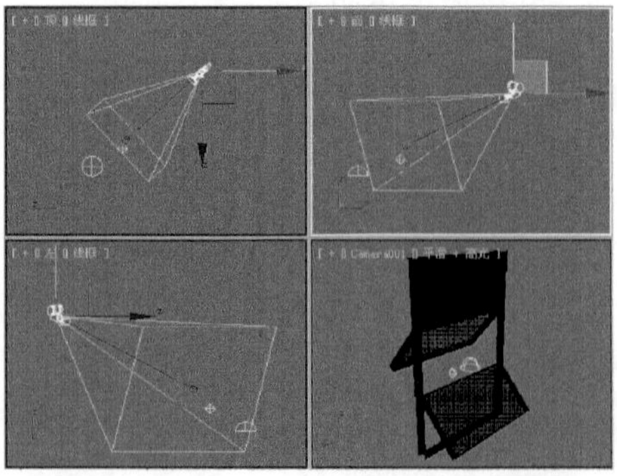

Chapter 06

第6章 模型的编辑与修改

在创建命令面板中可以创建几何体、图形、灯光、摄影机、辅助对象和空间扭曲等对象类型。它们在产生的同时，也创建了自己的参数，独自存在于三维场景中。如果要对它们的参数进行修改，需要进入到修改器面板中完成。本章将对修改器面板中的修改器进行详细介绍。

6.1 变形修改器

通过前面对3ds Max 2012的介绍，相信读者对3ds Max 2012有了一定的认识。主要的变形修改器包括扭曲、澡波、弯曲、FFD4 × 4 × 4等，下面进行系统介绍。

实战操作197 “扭曲”修改器

素材：Scene\Cha06\6-1.max

难度：★★★★★

场景：Scene\Cha06\实战操作197.max

视频：视频\ Cha06\实战操作197.avi

“扭曲”修改器能使对象产生螺旋状的形变，下面将介绍如何使用“扭曲”修改器，其操作步骤如下。

1 打开光盘中提供的素材文件6-1.max，如下图所示。

2 使用工具栏中的“选择并移动”工具选择垃圾桶01，切换到“修改”命令面板，单击“修改器列表”右侧的下三角按钮，在弹出的下拉列表中选择“扭曲”修改器，如右图所示。

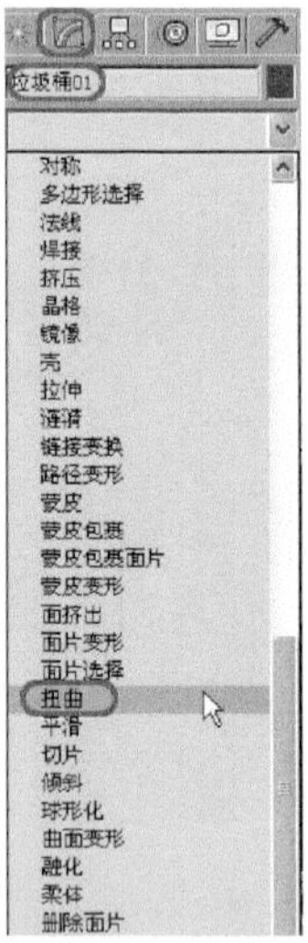

3 在“参数”卷展栏中，将“角度”设置为60，选中“扭曲轴”选项区下的“Z”单选按钮，即可扭曲对象，如右图所示。

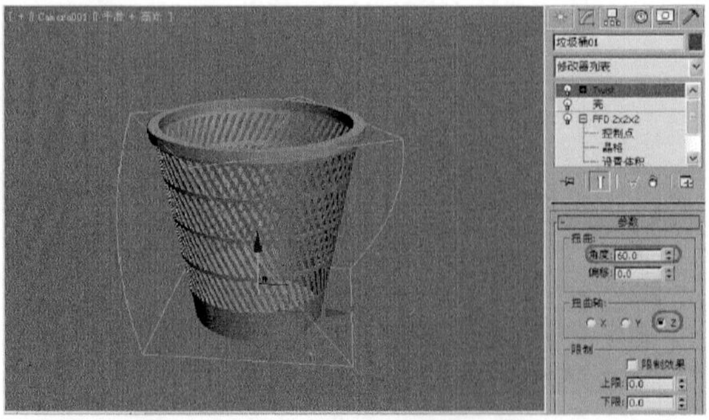

4 添加完扭曲修改器后，对“透视”视图进行渲染，最终效果如右图所示。

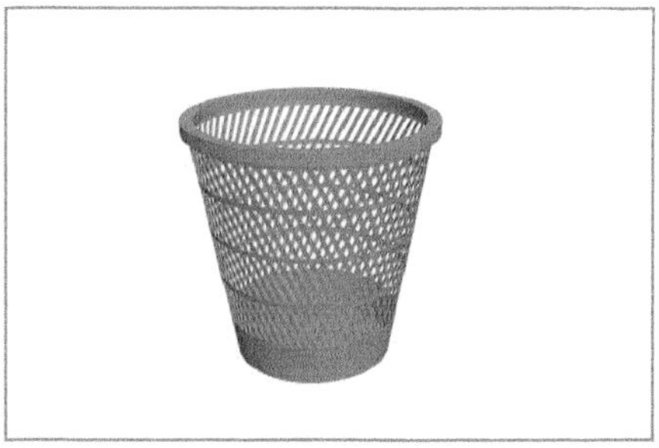

实战操作198 “澡波”修改器

素材：Scene\Cha06\6-2.max

难度：★★★★★

场景：Scene\Cha06\实战操作198.max

视频：视频\ Cha06\实战操作198.avi

“澡波”修改器能使平面上产生高低不平的起伏效果，下面介绍如何使用“澡波”修改器，其操作步骤如下。

1 打开光盘中提供的素材文件6-2.max，如下图所示。

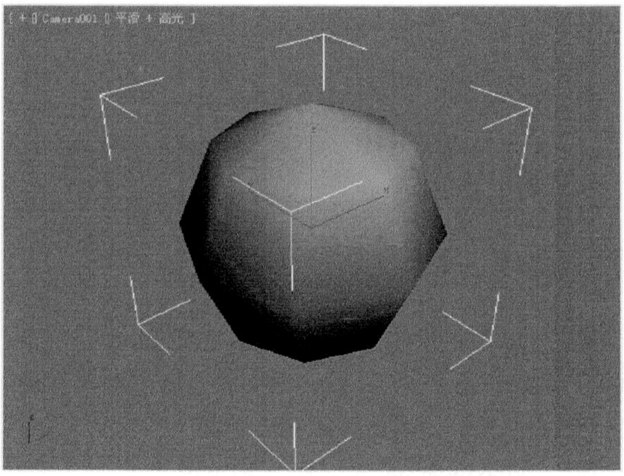

2 选中石头对象，切换到“修改”命令面板，在“修改器列表”中选择“澡波”修改器，在“强度”选项区下将“X”、“Y”、“Z”3个轴向上的强度分别设置为40.0、50.0、75.0，如下图所示。

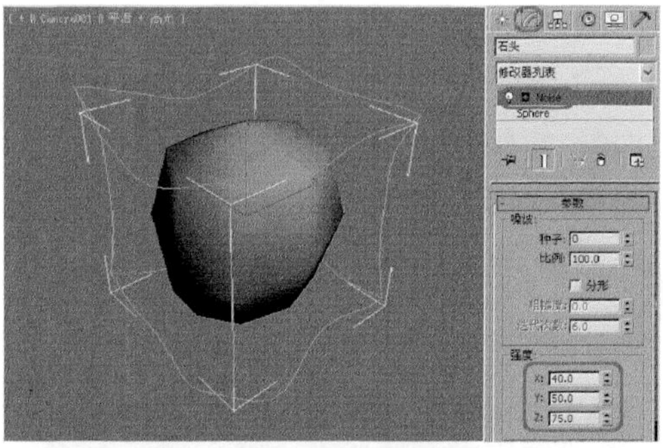

3 在“修改器列表”中为石头对象添加一个“细化”修改器，对石头的表面进行细化，如右图所示。

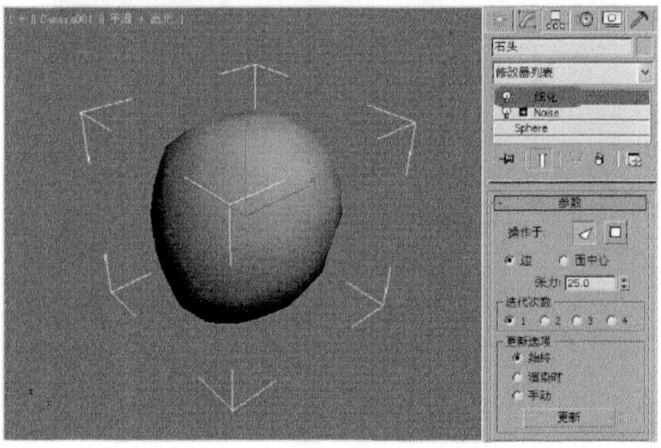

4 在“修改器列表”中再为石头添加一个“澡波”修改器，在“澡波”选项区下选中“分形”复选框，将“粗糙度”和“迭代次数”分别设置为0.25、10.0。在“强度”选项区域下将“X”、“Y”、“Z”3个轴向的澡波强度分别设置为30.0、45.0、70.0，如下图所示。

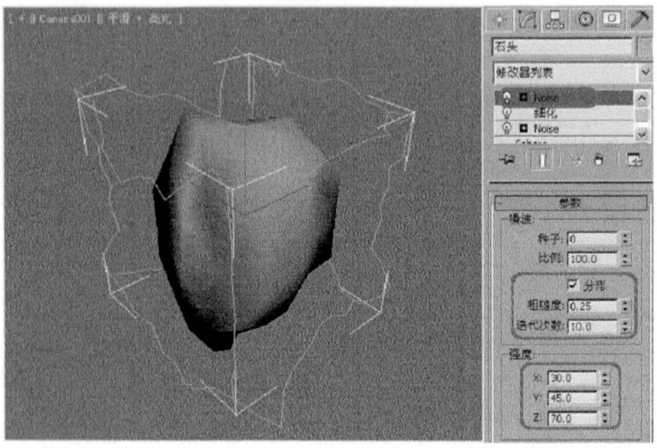

5 再从“修改器列表”中选择一个“细化”修改器，再次对石头表面进行细化处理，使它更接近石头造型，效果如下图所示。

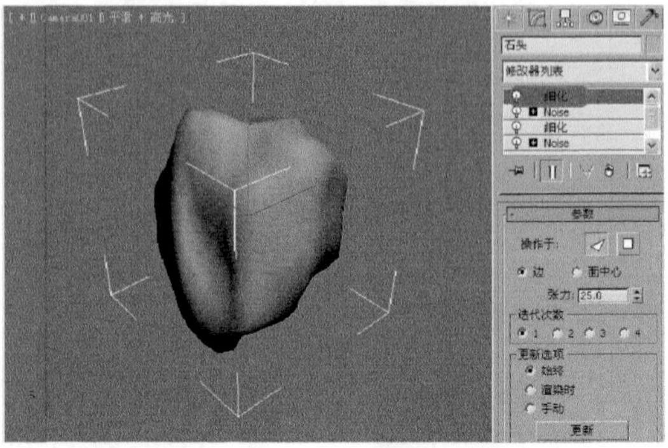

6 选择场景中的石头对象为其指定材质，激活“透视”视图，对透视图进行渲染，最终效果如右图所示。

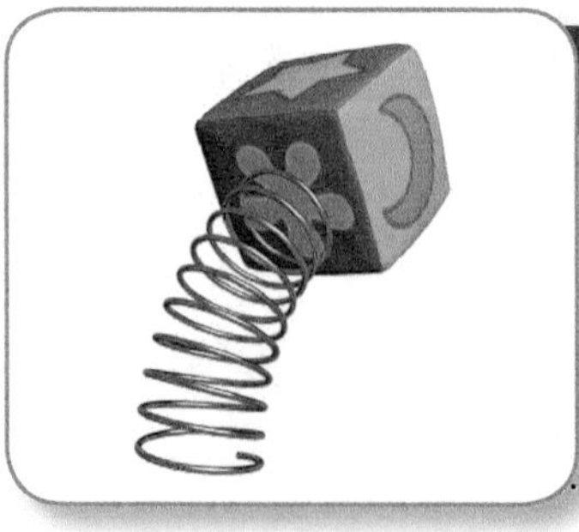

实战操作199 “弯曲”修改器

- 素材：Scene\Cha06\6-3.max
- 难度：★★★★★
- 场景：Scene\Cha06\实战操作199.max
- 视频：视频\ Cha06\实战操作199.avi

“弯曲”修改器主要用于实体对象。下面介绍如何使用“弯曲”修改器，其操作步骤如下。

1 打开光盘中提供的素材文件6-3.max，如下图所示。

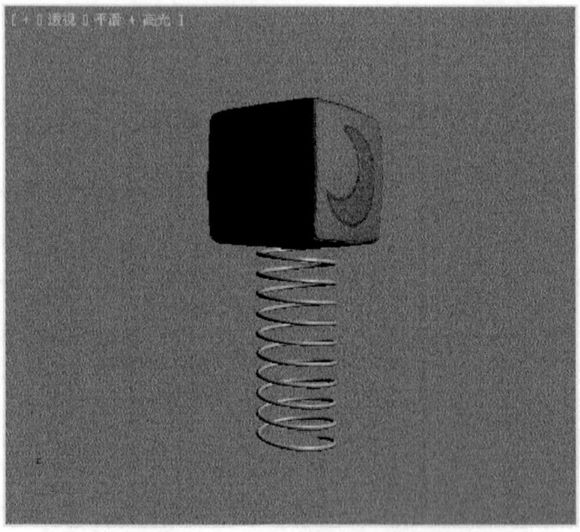

2 选中弹簧对象，切换到“修改”命令面板，在“修改器列表”中选择“弯曲”修改器，在“参数”卷展栏中将“角度”设置为65，如下图所示。

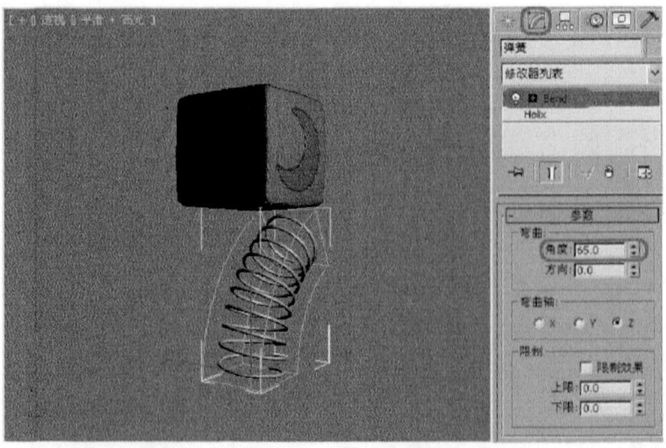

3 选择模型对象，激活“前”视图，单击“选择并旋转”按钮，旋转的同时打开“栅格和捕捉设置”对话框，并将“角度”设置为60.0，然后将其移动到合适位置，如下图所示。

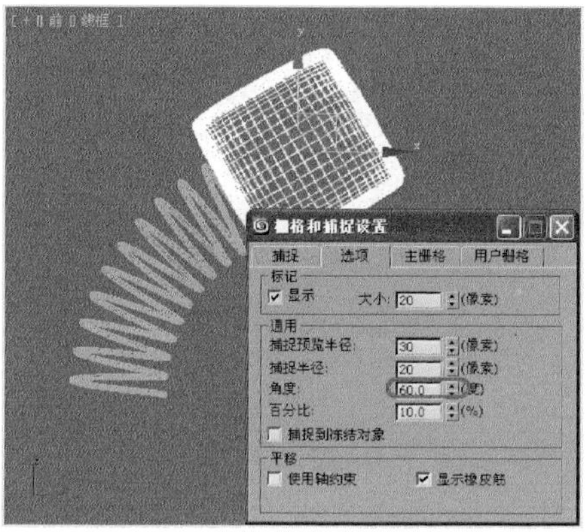

4 激活“透视”视图，对“透视”视图进行渲染，最终效果如下图所示。

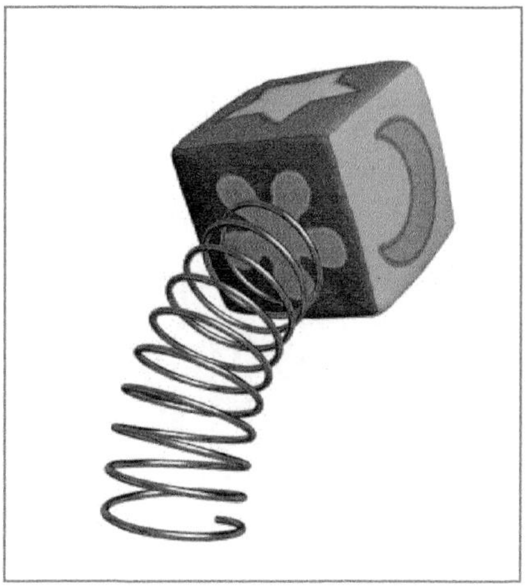

实战操作200 “拉伸”修改器

素材：Scene\Cha06\6-4.max

难度：★★★★★

场景：Scene\Cha06\实战操作200.max

视频：视频\ Cha06\实战操作200.avi

“拉伸”修改器是指在保持体积不变的前提下，沿指定的轴向拉伸或挤压物体的形态，下面介绍如何使用“拉伸”修改器，其操作步骤如下。

1 打开光盘中提供的素材文件6-4.max，如下图所示。

2 选择茶壶对象，切换到“修改”命令面板，在“修改器列表”中选择“拉伸”修改器，在“参数”卷展栏中将“拉伸”设置为0.6，选中“拉伸轴”选项区下的“Z”单选按钮，如下图所示。

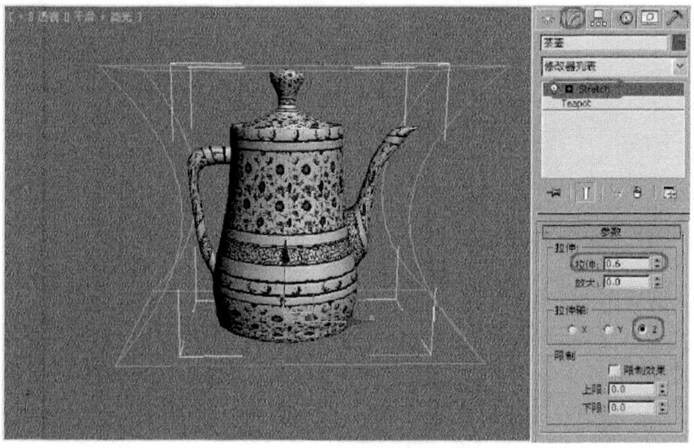

3 添加完“拉伸”修改器后发现茶壶表面不是很光滑，在“修改器列表”中选择“网格平滑”修改器，茶壶表面就变得平滑了，如下图所示。

4 按“Ctrl+C”组合键将“透视”视图转化为“摄影机”视图，并为其设置灯光，然后将场景进行渲染，最终效果如下图所示。

实战操作201 “挤压”修改器

- 素材：Scene\Cha06\6-5.max
- 难度：★★★★★
- 场景：Scene\Cha06\实战操作201.max
- 视频：视频\ Cha06\实战操作201.avi

“挤压”修改器可以将挤压效果应用到对象，在此效果中，与轴点最为接近的顶点会向内移动。挤压围绕着“挤压”Gizmo的局部 Z 轴进行应用。也可以使用“挤压”在顶点轴上创建凸起，以衬托挤压效果。

1 打开光盘中提供的素材文件6-5.max，如下图所示。

2 使用工具栏中的“选择并移动”工具选择“苹果”对象，切换到“修改”命令面板，单击“修改器列表”右侧的下三角按钮，在弹出的下拉列表中选择“挤压”修改器，如右图所示。

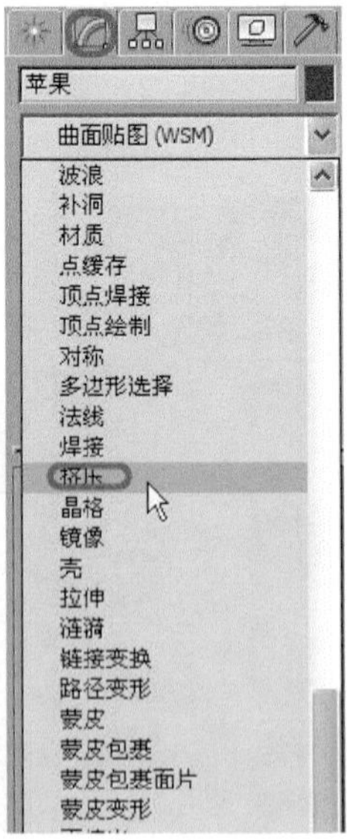

3 在“参数”卷展栏中，将“轴向凸出”选项区中的“数量”设置为0.35。将“径向挤压”选项区中的“数量”设置为0.09，选择“挤压”修改器并沿Z轴向下拖动，如下图所示。

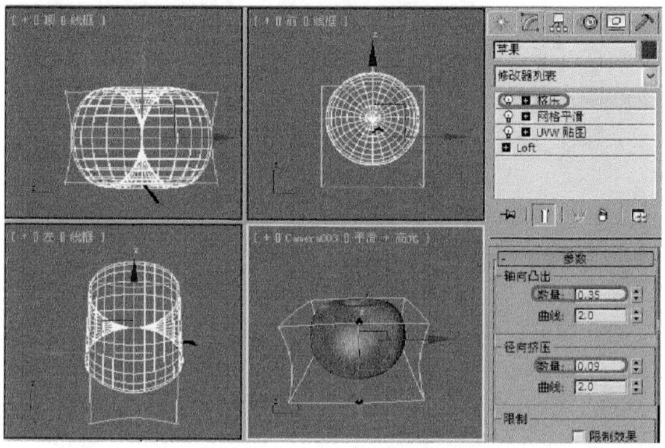

4 添加完挤压修改器后，激活“透视”视图，按F9键进行快速渲染，最终效果如下图所示。

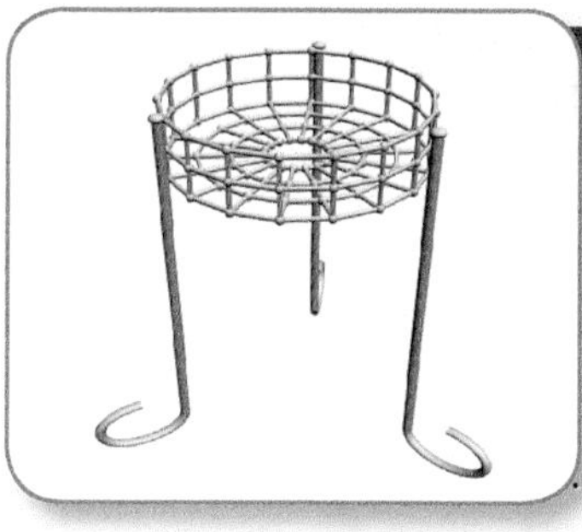

实战操作202 “晶格”修改器

素材：Scene\Cha06\6-6.max

难度：★★★★★

场景：Scene\Cha06\实战操作202.max

视频：视频\ Cha06\实战操作202.avi

“晶格”修改器将图形的线段或边转化为圆柱形结构，并在顶点上产生可选的关节多面体。使用它可基于网格拓扑创建可渲染的几何体结构，或作为获得线框渲染效果的另一种方法，下面将详细介绍“晶格”修改器的使用方法，其操作步骤如下。

1 打开光盘中提供的素材文件6-6.max，如下图所示。

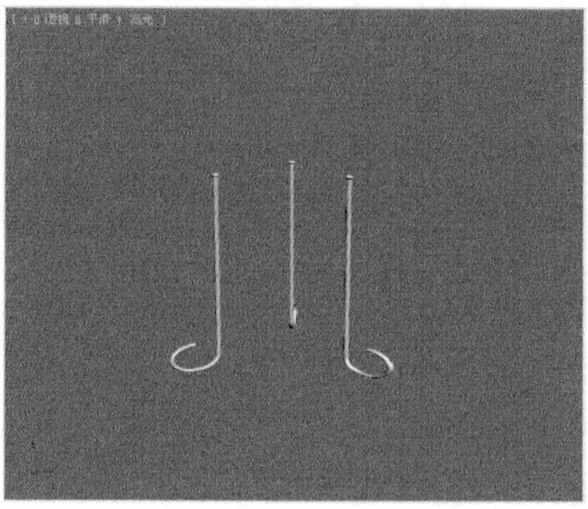

2 选择“创建”☀|“几何体”○|“标准基本体”|“圆柱体”工具，在“透视”视图中创建圆柱体，在“参数”卷展栏中将“半径”设置为55.0，“高度”设置为25.0，“高度分段”设置为2，“端面分段”设置为4，如下图所示。

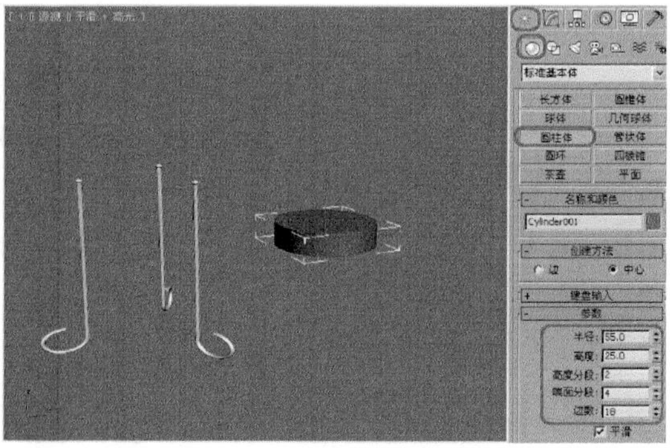

3 选择圆柱体对象，切换到“修改”命令面板，在“修改器列表”中选择“晶

格”修改器。在“参数”卷展栏中将“支柱”选项区下的“半径”设置为1.0，“边数”设置为12，选中“平滑”复选框。将“节点”选项区下的“半径”设置为2.0，“分段”设置为3，选中“平滑”复选框，如下图所示。

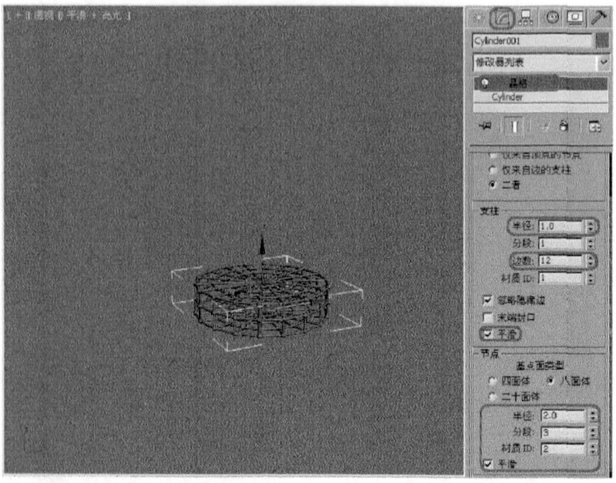

4 选中圆柱体对象，在“修改器列表”中选择“编辑多边形”修改器，将当前选择集定义为“元素”，依次框选要删除的地方，并按Delete键删除，如下图所示。

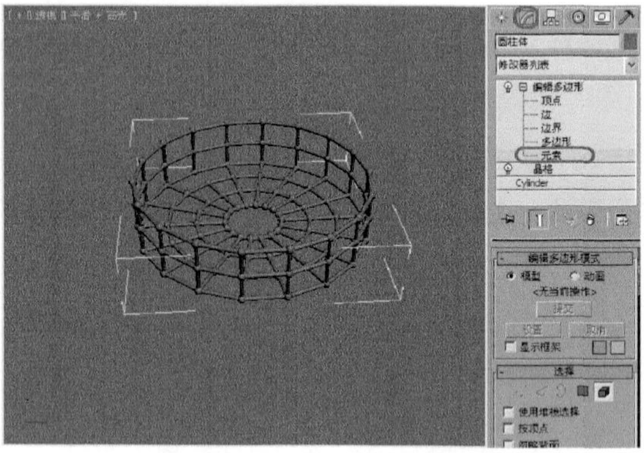

5 关闭选择集，并在各个视图中调整圆柱体的位置，如下图所示。

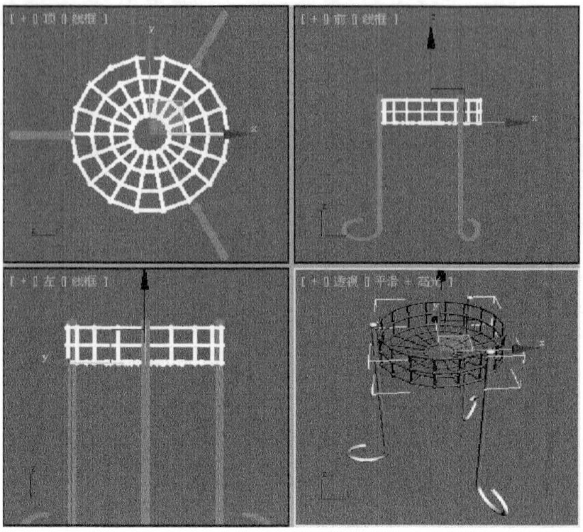

6 为其指定材质，按F9键进行渲染，最终效果如下图所示。

实战操作203 “FFD4 × 4 × 4”修改器

- 素材：Scene\Cha06\6-7.max
- 难度：★★★★★
- 场景：Scene\Cha06\实战操作203.max
- 视频：视频\ Cha06\实战操作203.avi

下面介绍如何使用“FFD4 × 4 × 4”修改器，其操作步骤如下。

1 打开光盘中提供的素材文件6-7.max，如下图所示。

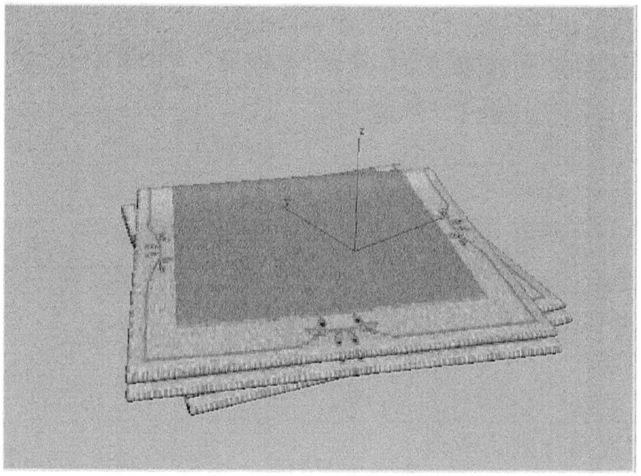

2 选择手巾02，激活“前”视图，沿Y轴配合Shift键复制出一块手巾，弹出“克隆选项”对话框，将名称命名为“手巾03”，如下图所示。

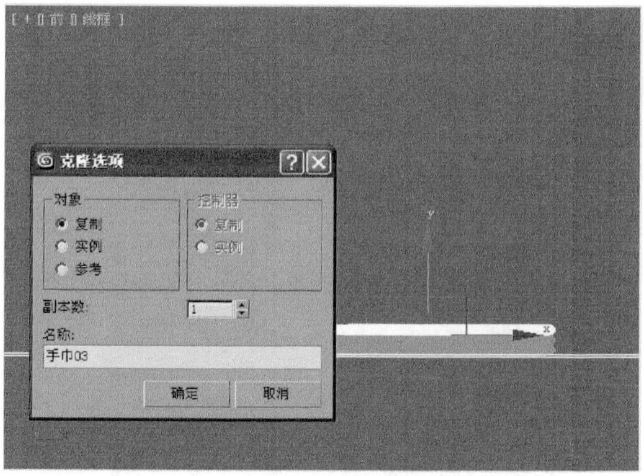

3 在菜单栏中单击“选择并旋转”按钮，在“透视”视图中旋转手巾03对象，如下图所示。

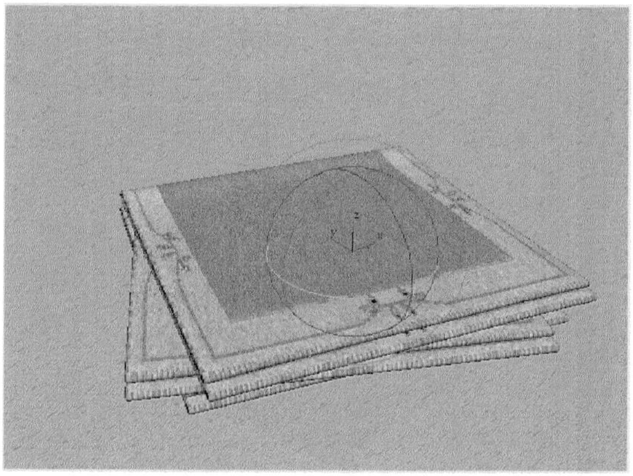

4 切换到“修改”命令面板，在“修改器列表”中选择“FFD4×4×4”修改器，将当前选择集定义为“控制点”，对手巾03进行调整，效果如下图所示。

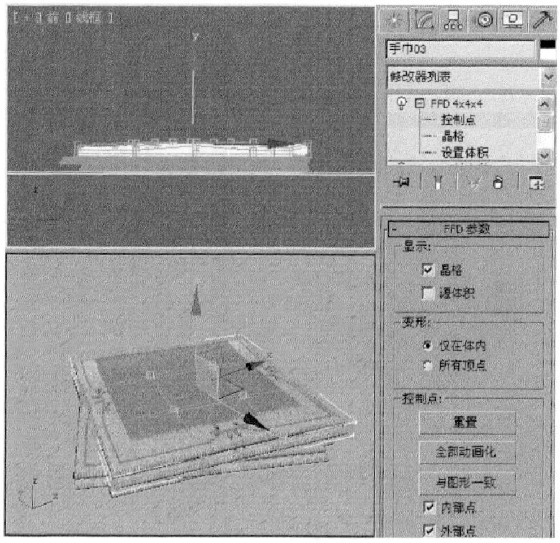

5 使用同样的方法，复制并调整手巾，如下图所示。

6 激活“透视”视图，对场景进行渲染，最终效果如下图所示。

6.2 二维造型修改器

本节主要介绍如何将二维图形转换为三维模型的几种修改器，如挤出、车削、倒角修改器等。

实战操作204 “挤出”修改器

- 素材：Scene\Cha06\6-8.max
- 难度：★★★★★
- 场景：Scene\Cha06\实战操作204.max
- 视频：视频\ Cha06\实战操作204.avi

“挤出”修改器是将二维的样条线图形增加厚度，挤出成为三维实体，下面介绍如何使用“挤出”修改器，其操作步骤如下。

1 打开光盘中提供的素材文件6-8.max，如下图所示。

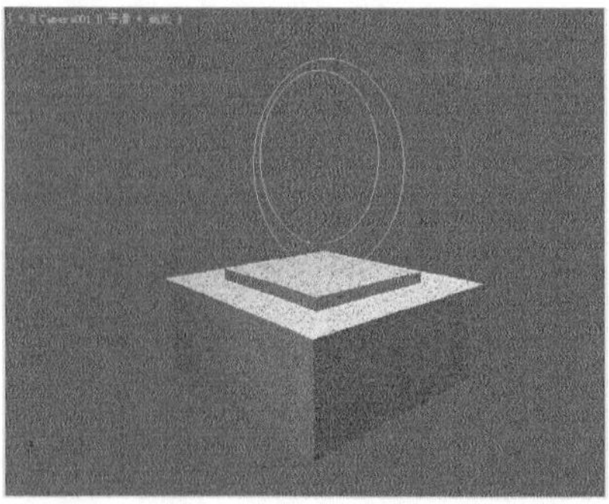

2 选择造型01，切换到“修改”命令面板，在“修改器列表”中选择“挤出”修改器，在“参数”卷展栏中将“数量”设置为3.5，如下图所示。

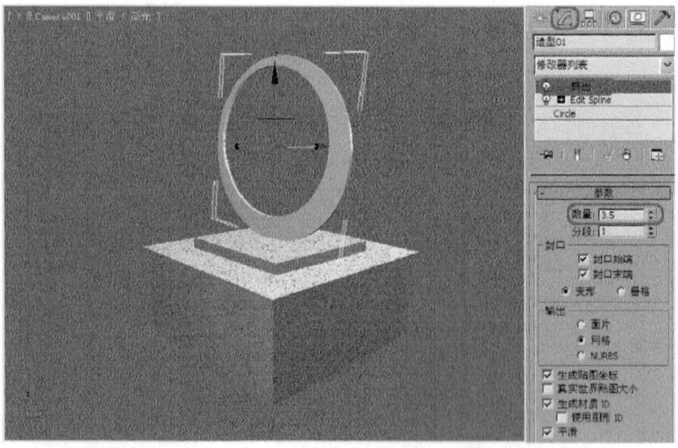

3 选择挤出的造型01，在工具栏中单击“选择并旋转”按钮，配合Shift键对造型进行复制，效果如下图所示。

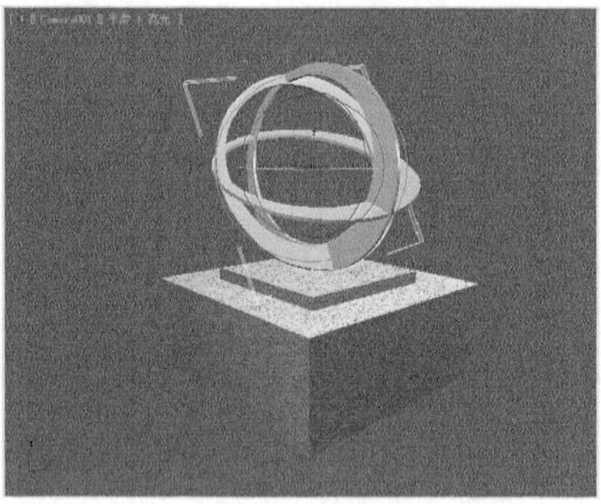

4 激活“透视”视图，对场景进行渲染，最终效果如下图所示。

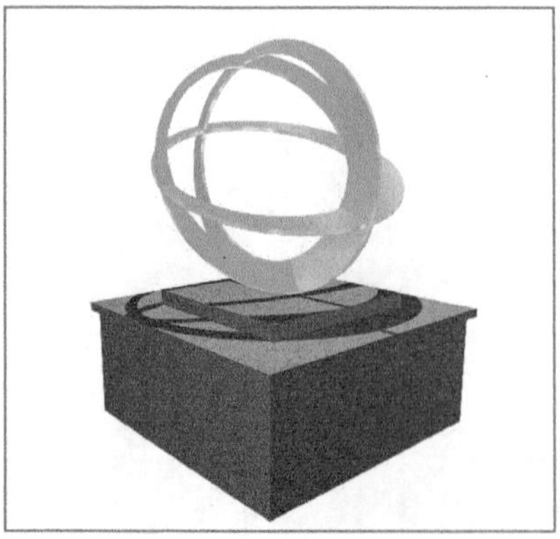

实战操作205 “车削”修改器

素材：Scene\Cha06\6-9.max

难度：★★★★★

场景：Scene\Cha06\实战操作205.max

视频：视频\ Cha06\实战操作205.avi

“车削”修改器通过绕一个轴旋转二维线来形成实体，下面介绍如何使用“车削”修改器，其操作步骤如下。

1 打开光盘中提供的素材文件6-9.max，如下图所示。

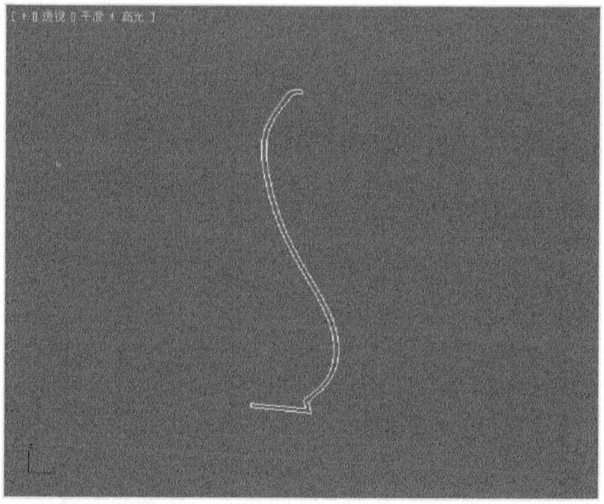

2 选择Line01截面图形，切换到“修改”命令面板，在“修改器列表”中选择“车削”修改器，在“参数”卷展栏中单击“方向”选项区下的“Y”和“对齐”选项区下的“最小”按钮，如下图所示。

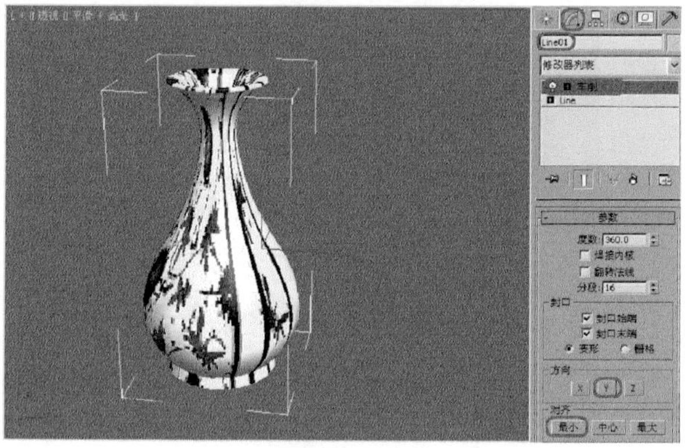

3 在“修改器列表”中选择“UVW贴图”修改器，在“参数”卷展栏中选中“平面”单选按钮，如下图所示。

4 由于花瓶表面不是很光滑，再在“修改器列表”中选择“网格平滑”修改器，为其添加网格平滑修改器，如下图所示。

5 选择“创建”|“摄影机”|“标准”|“目标”工具，在“前”视图中创建一架摄影机，如下图所示。按C键将“透视”

视图转换为“摄影机”视图。

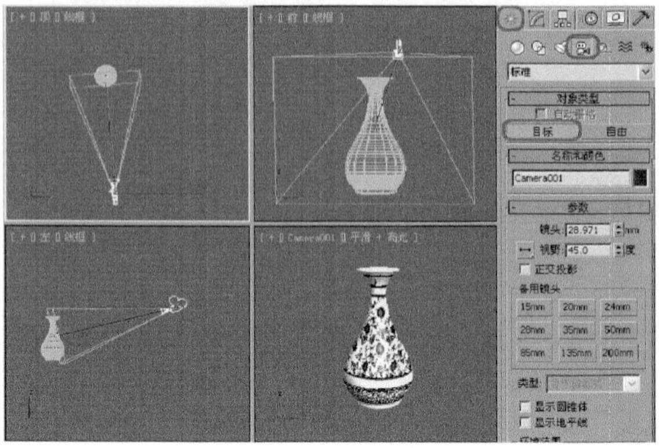

6 激活“摄影机”视图，对场景进行渲染，最终效果如下图所示。

实战操作206 “倒角”修改器

素材：无

难度：★★★★★

场景：Scene\Cha06\实战操作206.max

视频：视频\ Cha06\实战操作206.avi

“倒角”修改器与挤出修改器相似，但是可以倒角。下面介绍如何使用“倒角”修改器，其操作步骤如下。

1 选择“创建” | “图形” | “样条线” | “文本”工具，在“参数”卷展栏中的文本框中输入“精彩人生”，在字体下拉列表框中选择“华文琥珀”，然后在“前”视图中单击鼠标左键，即可创建文字，如下图所示。

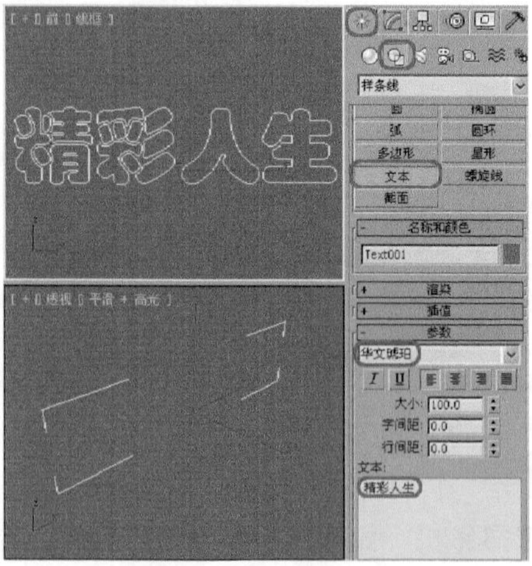

2 切换到“修改”命令面板，在“修改器列表”中选择“倒角”修改器，在“倒角值”卷展栏中将“起始轮廓”设置为1.0，将“级别1”下的“高度”设置为3.0，选中“级别2”复选框，将“级别2”中的“高度”与“轮廓”分别设置为3.0、-3.0，如下图所示。

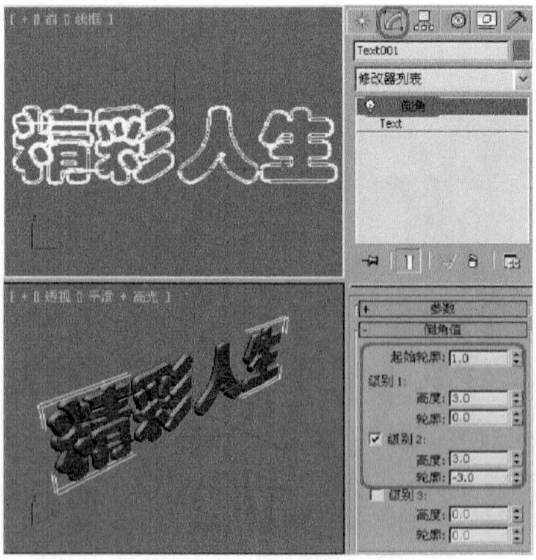

3 激活“透视”视图，按“Ctrl+C”组合键将此视图转换为“摄影机”视图，并调整摄影机位置，如下图所示。

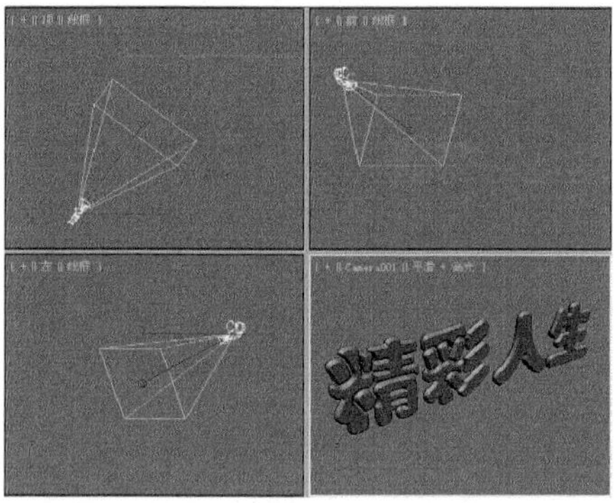

4 按F9键，对“摄影机”视图进行渲染，最终效果如下图所示。

6.3 三维造型修改器

本节主要介绍三维造型修改器的使用，如贴图缩放、路径变形、倒角剖面修改器等。

实战操作207 “贴图缩放”修改器

- 素材：Scene\Cha06\6-10.max
- 难度：★★★★★
- 场景：Scene\Cha06\实战操作207.max
- 视频：视频\ Cha06\实战操作207.avi

“贴图”缩放器修改器是针对整个空间所有对象的，它将保持对象的贴图坐标在整个空间恒定不变，使其不受对象本身形态变化的影响。下面介绍如何使用“贴图缩放”修改器，其操作步骤如下。

1 打开光盘中提供的素材文件6-10.max，如下图所示。

2 选择屏幕对象，切换到“修改”命令面板，在“修改器列表”中选择“贴图缩放器”修改器，在“参数”卷展栏中将“比例”设置为290.0，将“U向偏移”设置为0.2，将“V向偏移”设置为0.1，如下图所示。

3 单击菜单栏中的“渲染设置”按钮，在弹出的对话框中将“输出大小”选项区中的“宽度”和“高度”设置为1024、900，如右图所示。

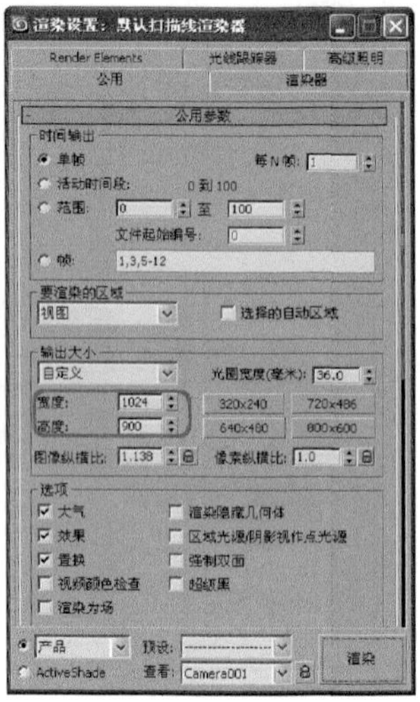

4 激活“透视”视图，对场景进行渲染，最终效果如下图所示。

实战操作208 “路径变形”修改器

素材：Scene\Cha06\6-11.max

难度：★★★★★

场景：Scene\Cha06\实战操作208.max

视频：视频\ Cha06\实战操作208.avi

“路径”变形修改器用来控制对象沿路径曲线变形，对象在指定路径上不仅沿路径移动，同时还根据曲线的形状产生形变。下面介绍如何使用“路径变形”修改器，其操作步骤如下。

1 打开光盘中提供的素材文件6-11.max，如下图所示。

2 选择“创建”|“图形”|“样条线”|“线”工具，在“前”视图中创建线，如下图所示。

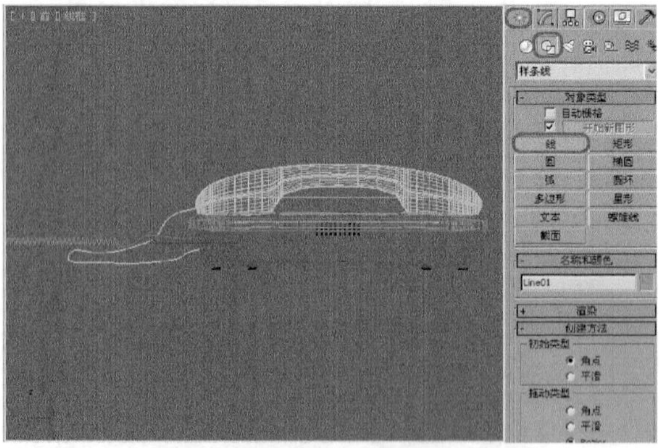

3 选择电话线，切换到“修改”命令面板，在“修改器列表”中选择“路径变形”修改器，在“参数”卷展栏中单击“拾取路径”按钮拾取线，将“百分比”设置为92.0，

将“拉伸”设置为1.0，单击“转到路径”按钮，选中“路径变形轴”选项区中的“X”单选按钮，如下图所示。

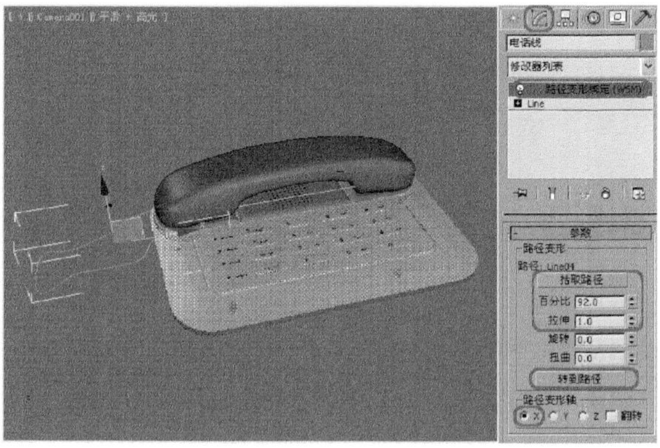

4 按F9快捷键进行渲染，最终效果如下图所示。

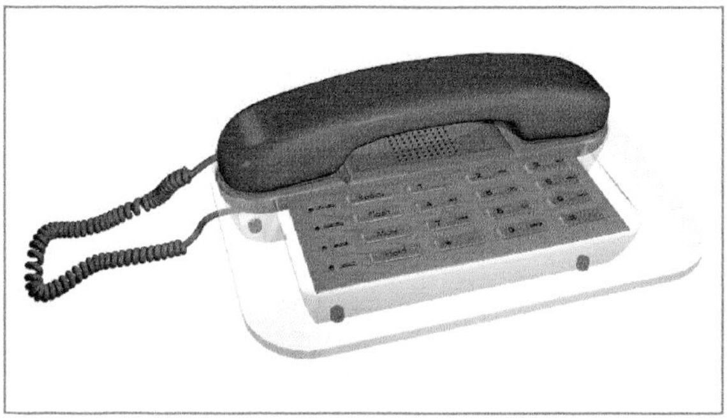

实战操作209 “倒角剖面”修改器

- 素材：Scene\Cha06\6-12.max
- 难度：★★★★★
- 场景：Scene\Cha06\实战操作209.max
- 视频：视频\ Cha06\实战操作209.avi

“倒角剖面”修改器需要提供路径作为倒角的轮廓线，下面介绍如何使用“倒角剖面”修改器，其操作步骤如下。

1 打开素材中提供的素材文件6-12.max，如下图所示。

2 在“顶”视图中选择音响盒对象，切换到“修改”命令面板，在“修改器列表”中选择“倒角剖面”修改器，在“参数”卷展栏中单击“拾取剖面”按钮，如下图所示。

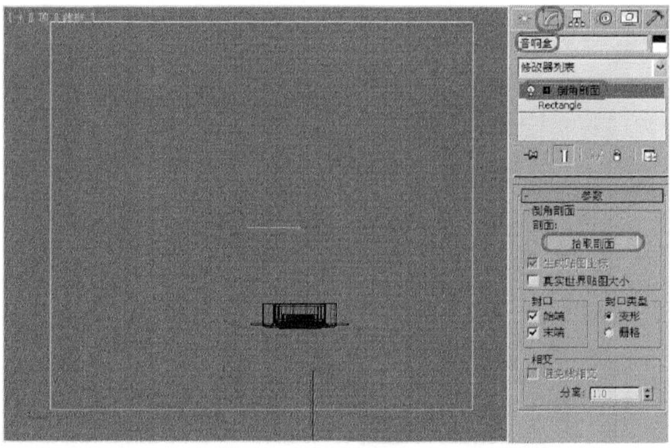

3 拾取场景中的Line01对象，即可为音响添加外壳，如下图所示。

4 按F9键，将“摄影机”视图进行渲染，最终效果如下图所示。

实战操作210 “摄影机贴图”修改器

素材：Scene\Cha06\6-13.max

难度：★★★★★

场景：Scene\Cha06\实战操作210.max

视频：视频\ Cha06\实战操作210.avi

“摄影机贴图”修改器要求场景中必须有对象以及摄影机，且对象应在摄影机视图中可以看到。下面介绍如何使用摄影机贴图修改器，其操作步骤如下。

1 打开光盘中提供的素材文件6-13.max，如右图所示。

2 选择画对象，切换到“修改”命令面板，在“修改器列表”中选择“摄影机贴图”修改器，在“摄影机贴图”卷展栏中单击“拾取摄影机”按钮，移动鼠标至视图中，拾取摄影机，则贴图跟随变化，如下图所示。

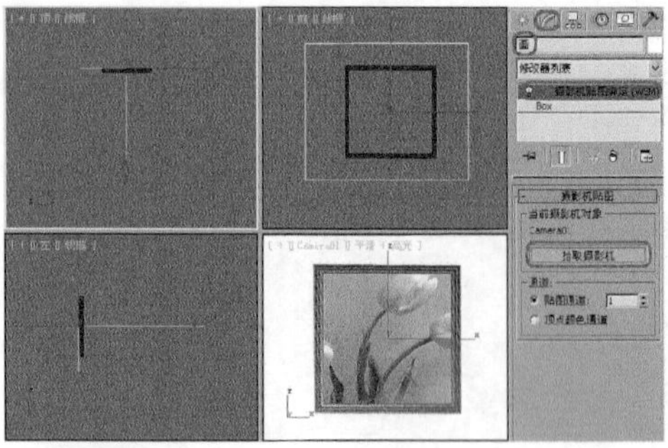

3 单击鼠标左键并拖曳贴图对象，即可看到滑过的不同区域的背景图，效果如下图所示。

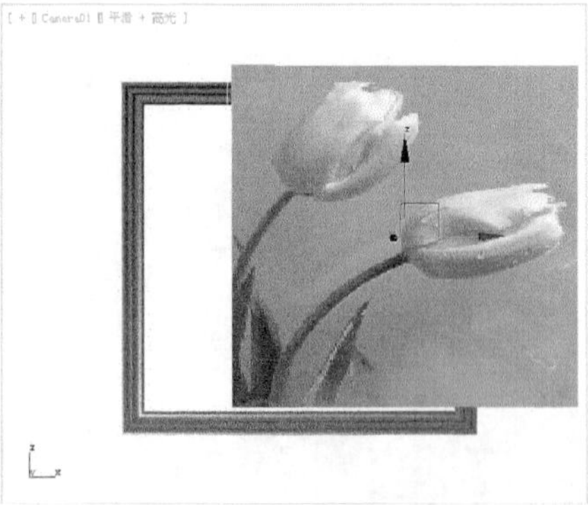

4 按F9键，对场景进行渲染，最终效果如右图所示。

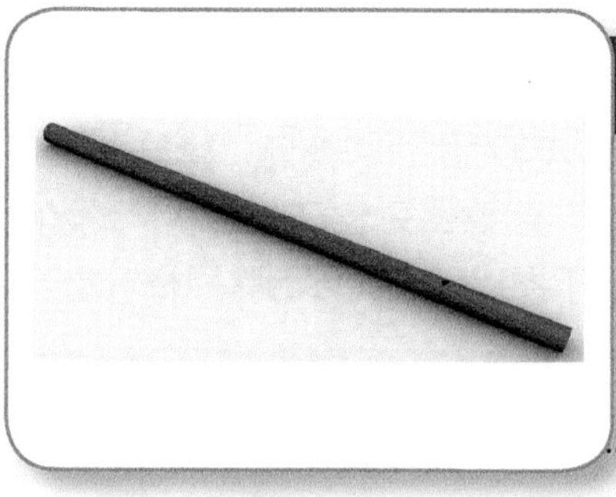

实战操作211 “补洞”修改器

- 素材：Scene\Cha06\6-14.max
- 难度：★★★★★
- 场景：Scene\Cha06\实战操作211.max
- 视频：视频\ Cha06\实战操作211.avi

将物体表面破碎穿孔的地方加盖，进行补漏处理，使物体成为封闭的实体。有时候，它的确很有用，无论物体表面有几片破损，都可以一次修复，并且尽最大努力去平滑补上的表面，不留下缝隙或棱角。其操作步骤如下。

1 打开光盘中提供的素材文件6-14.max，如下图所示。

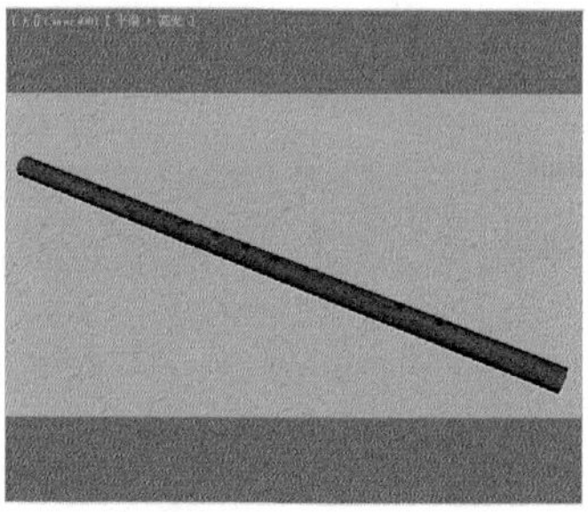

2 选择笛子对象，切换到“修改”命令面板，在“修改器列表”中选择“补洞”修改器，即可补好选定对象所缺的地方，如下图所示。

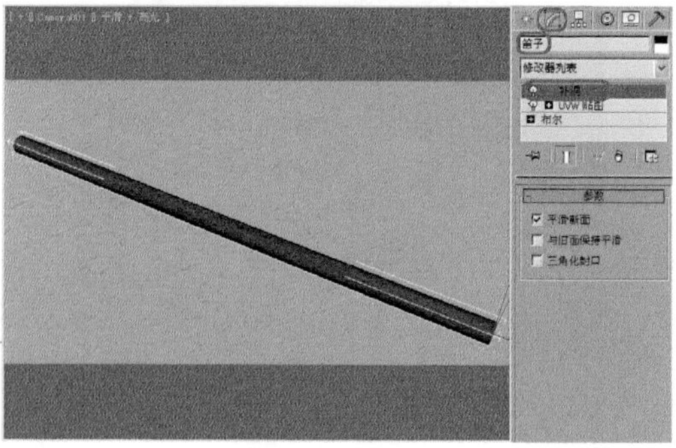

3 为了方便作比较，可先对原场景进行渲染，效果如下图所示。

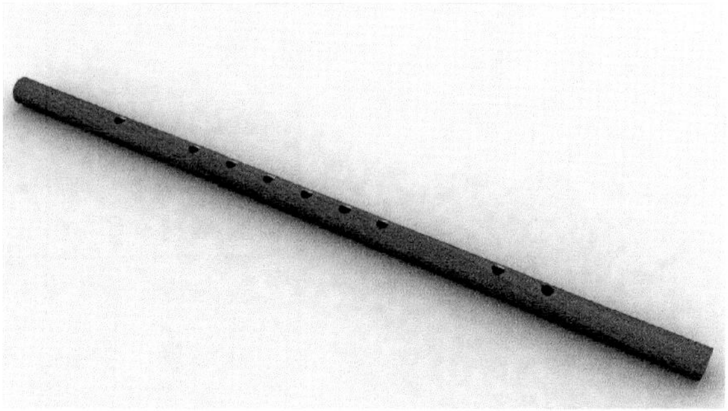

4 按F9键，对场景进行渲染，添加完补洞修改器的效果如下图所示。

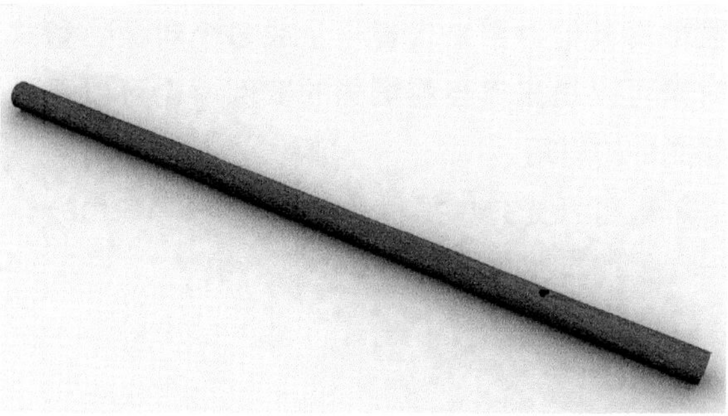

实战操作212 “删除网格”修改器

- 素材：Scene\Cha06\6-15.max
- 难度：★★★★★
- 场景：Scene\Cha06\实战操作212.max
- 视频：视频\ Cha06\实战操作212.avi

下面介绍如何使用“删除网格”修改器，其操作步骤如下。

1 打开光盘中提供的素材文件6-15.max，如下图所示。

2 选择腰枕003对象，切换到“修改”命令面板，在“修改器列表”中选择“删除网格”修改器，如下图所示，即可删除网格对象。

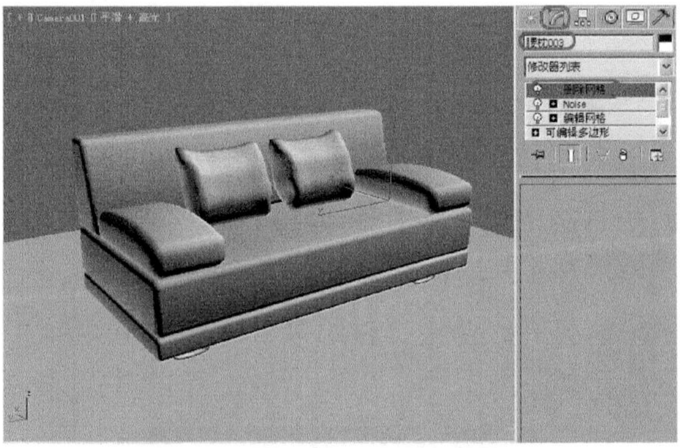

实战操作213 “替换”修改器

- 素材：Scene\Cha06\6-16.max
- 难度：★★★★★
- 场景：Scene\Cha06\实战操作213.max
- 视频：视频\ Cha06\实战操作213.avi

“替换”修改器可以在视口中或渲染时快速地用其他对象来代替一个或多个对象。替换对象可以是来自当前场景的实例，也可以是外部文件的引用。

1 打开光盘中提供的素材文件6-16.max，如右图所示。

2 选择橙子04对象，切换到“修改”命令面板，在“修改器列表”中选择“替换”修改器，在“参数”卷展栏中单击“拾取场景对象”按钮，如下图所示。

3 在场景中单击“苹果03”对象，弹出“替换问题”对话框，如右图所示。

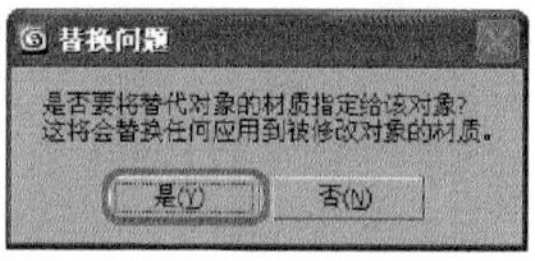

4 在对话框中单击“是”按钮，即可替换对象，如下图所示。

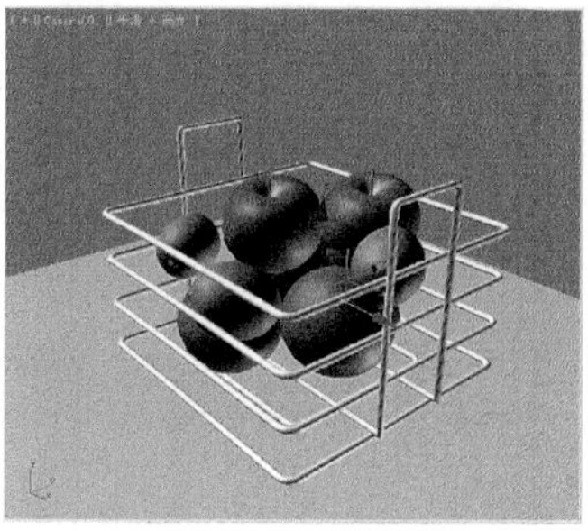

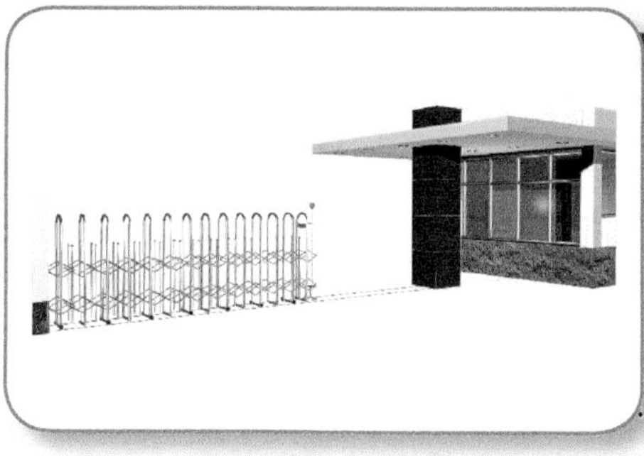

实战操作214 “圆角/切角”修改器

素材：Scene\Cha06\6-17.max

难度：★★★★★

场景：Scene\Cha06\实战操作214.max

视频：视频\ Cha06\实战操作214.avi

“圆角/切角”修改器专用于样条线的加工，对直的折角点进行加线处理，以产生圆角或切角效果。下面介绍如何使用“圆角/切角”修改器，其操作步骤如下。

1 打开光盘中提供的素材文件6-17.max，如下图所示。

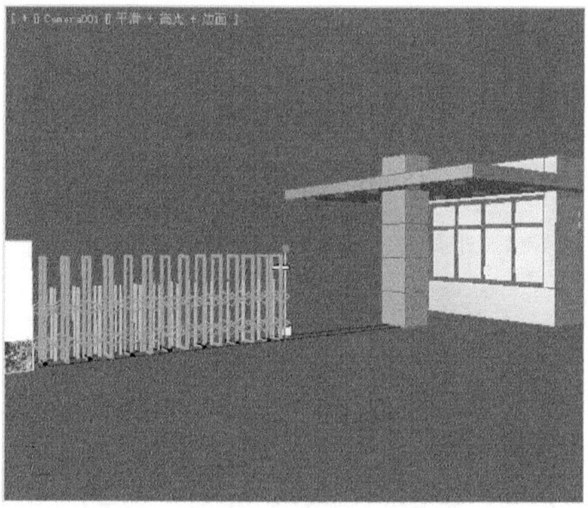

2 选择伸拉门01对象，切换到“修改”命令面板，在“修改器列表”中选择“编辑样条线”修改器，将当前选择集定义为顶点，框选上面的顶点，如下图所示。

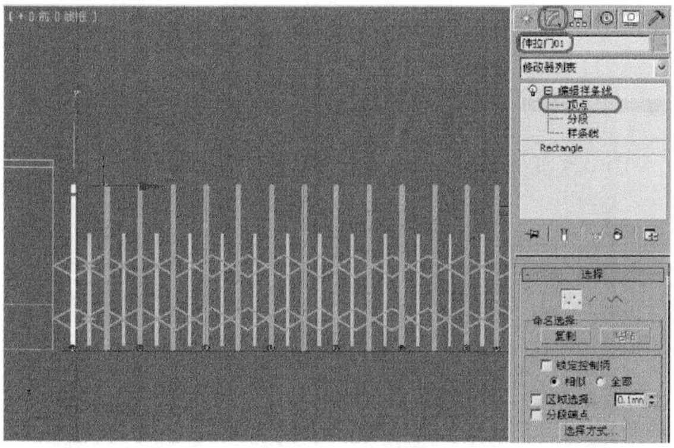

3 在“修改器列表”中选择“圆角/切角”修改器，在“编辑顶点”卷展栏中将

“圆角”选项区下的“半径”设置为115.0cm，单击“应用”按钮，如下图所示。

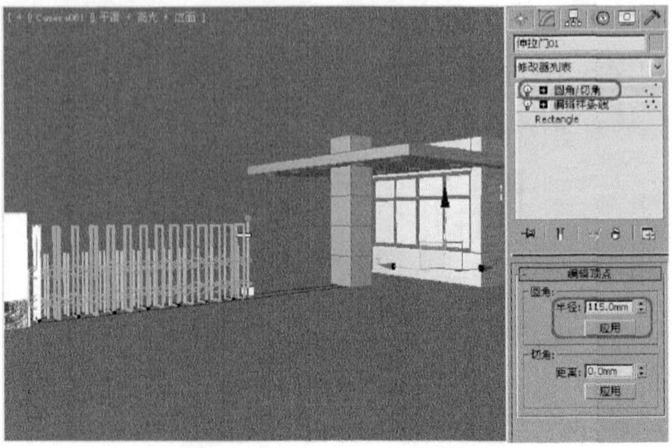

4 根据上述方法，将剩下的伸拉门全都添加圆角/切角修改器，如下图所示。

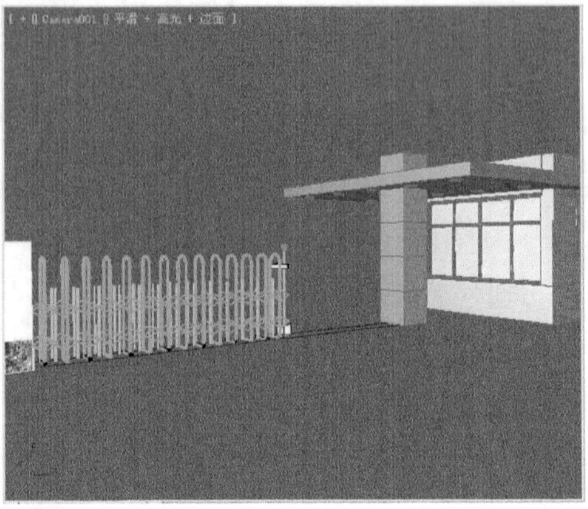

实战操作215 “融化”修改器

素材：Scene\Cha06\6-18.max

难度：★★★★★

场景：Scene\Cha06\实战操作215.max

视频：视频\ Cha06\实战操作215.avi

“融化”修改器可以将实际融化效果应用到所有类型的对象上，包括可编辑面片和NURBS对象。下面介绍“融化”修改器的用法，其操作步骤如下。

1 打开光盘中提供的素材文件6-18.max，如下图所示。

2 选择冰激凌对象，切换到“修改”命令面板，在“修改器列表”中选择“融化”修改器，在“参数”卷展栏中将“融化”选项区中的“数量”设置为100.0，将“融化轴”设置为“Y”，如下图所示。

6.4 特殊效果修改器

本节主要介绍特殊效果修改器的使用，如网格平滑、材质、倾斜修改器等。

实战操作216 “网格平滑”修改器

素材：Scene\Cha06\6-19.max

难度：★★★★★

场景：Scene\Cha06\实战操作216.max

视频：视频\ Cha06\实战操作216.avi

“网格平滑”修改器可使实体的棱角变得平滑，而平滑的外观更加符合现实中的真实物体。以篮球为例，介绍“网格平滑”修改器的使用，其操作步骤如下。

1 打开光盘中提供的素材文件6-19.max，如下图所示。

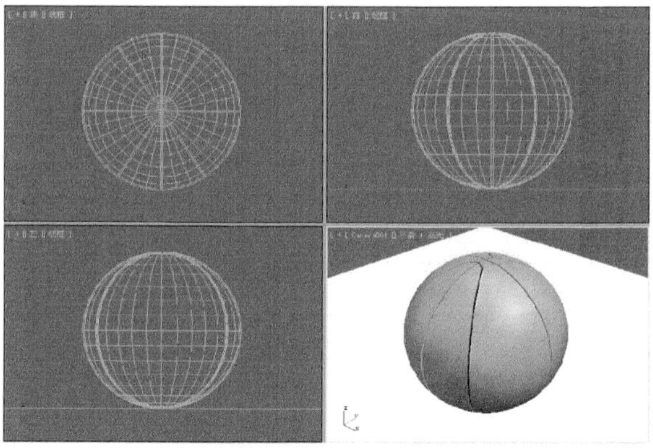

2 在场景中选择“篮球”对象，切换到“修改”命令面板，在“修改器列表”中选择“网格平滑”修改器，在“细分量”卷展栏中将“迭代次数”设置为2，如下图所示。

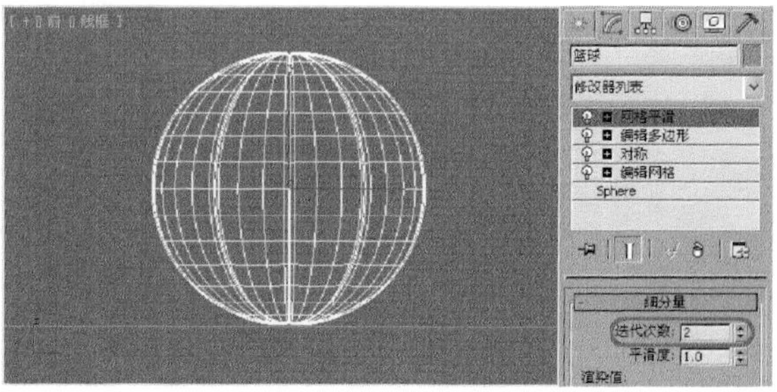

实战操作217 “材质”修改器

素材：Scene\Cha06\6-20.max

场景：无

难度：★★★★★

视频：视频\Cha06\实战操作217.avi

“材质”修改器可以设置对象上材质ID的指定，或者简单地对其作出更改。如果材质 ID 设置了动画，那么对新材质 ID 的更改会从一帧到下一帧产生突变。下面介绍“材质”修改器的使用方法，其操作步骤如下。

1 打开光盘中提供的素材文件6-20.max，如下图所示。

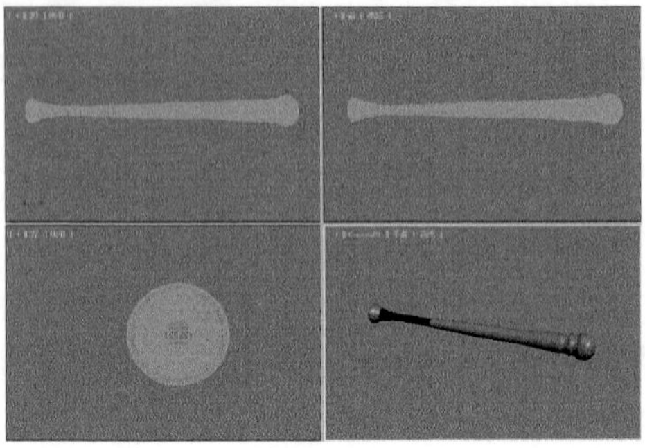

2 在场景中选择“棒球棒”对象，切换到“修改”命令面板，在“修改器列表”中选择“材质”修改器，如下图所示。

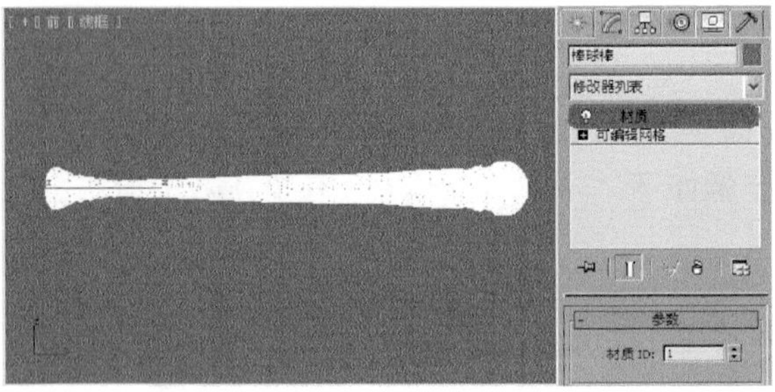

3 在“参数”卷展栏中默认的“材质ID”为1，此时棒球棒材质会跟随变化，如下图所示。

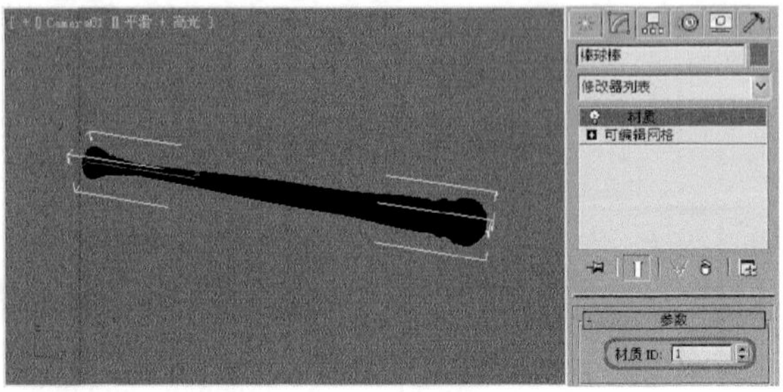

4 在“参数”卷展栏中设置“材质ID”为2，棒球棒材质会跟随变化，如下图所示。

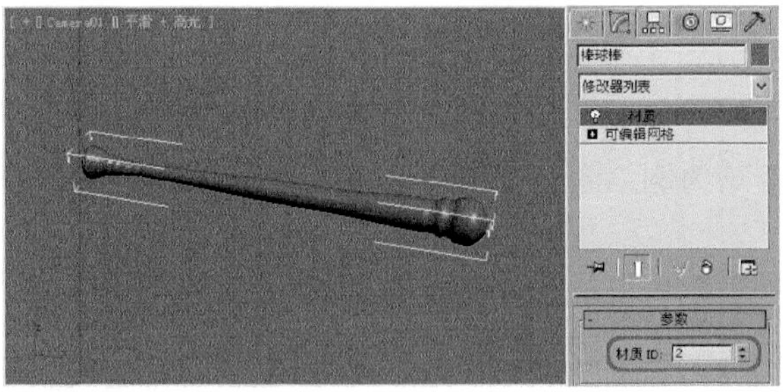

实战操作218 “壳”修改器

- 素材：Scene\Cha06\6-21.max
- 难度：★★★★★
- 场景：Scene\Cha06\218.max
- 视频：视频\ Cha06\实战操作218.avi

“壳”修改器用于“凝固”对象或者为对象赋予厚度，使用“壳”修改器的操作步骤如下。

1 打开光盘中提供的素材文件6-21.max，如右图所示。

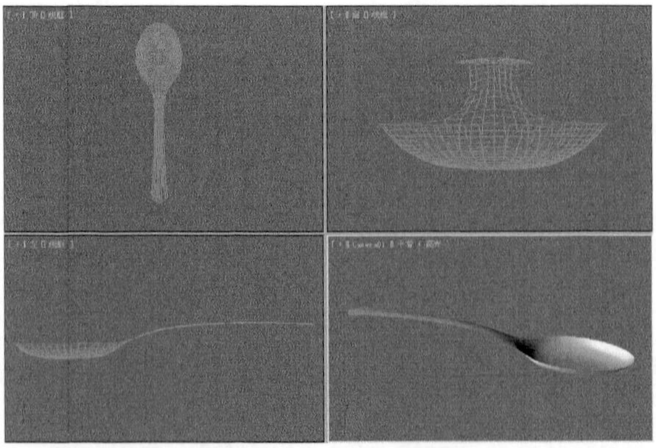

2 在场景中选择“调羹01”对象，切换到“修改”命令面板，在“修改器列表”中选择“壳”修改器，在“参数”卷展栏中将“内部量”和“外部量”设置为0.1和0.7，如右图所示。

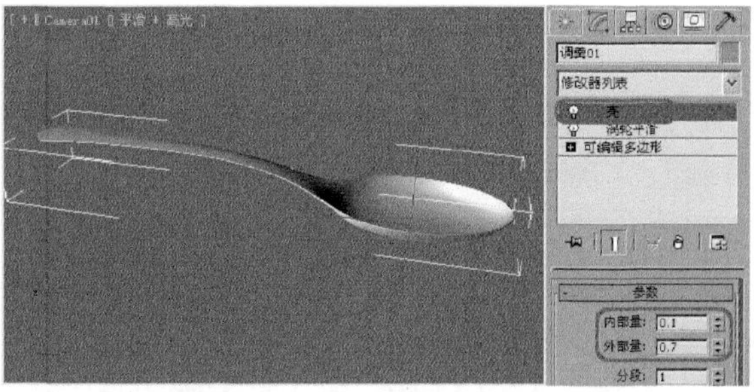

实战操作219 “倾斜”修改器

- 素材：Scene\Cha06\6-22.max
- 难度：★★★★★
- 场景：Scene\Cha06\219.max
- 视频：视频\ Cha06\实战操作219.avi

“倾斜”修改器可以在对象几何体中产生均匀的偏移。使用“倾斜”修改器的操作步骤如下。

1 打开光盘中提供的素材文件6-22.max，如下图所示。

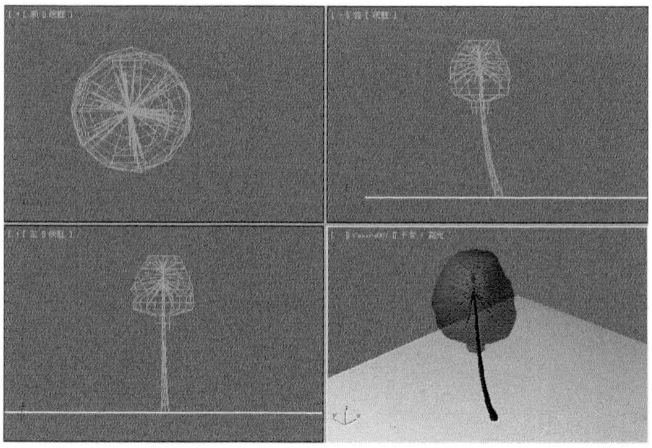

2 在场景中选择“树”对象，切换到“修改”命令面板，在“修改器列表”中选择“倾斜”修改器，在“参数”卷展栏中的“倾斜”选项区中将“数量”设置为-60.0，如下图所示。

实战操作220 “优化”修改器

- 素材：Scene\Cha06\6-23.max
- 难度：★★★★★
- 场景：Scene\Cha06\220.max
- 视频：视频\ Cha06\实战操作220.avi

使用“优化”修改器可以减少对象中面和顶点的数目。这样可以在简化几何体和加速渲染的同时仍然保留可接受的图像。进行每个更改时，“前/后”读数都给出关于减少的精确反馈。使用“优化”修改器的操作步骤如下。

1 打开光盘中提供的素材文件6-23.max，如下图所示。

2 在场景中选择“狮子”对象，切换到“修改”命令面板，在“修改器列表”中选择“优化”修改器，如右图所示。

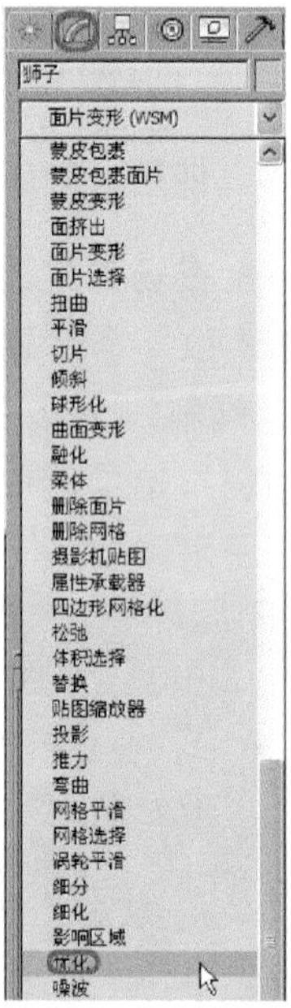

3 在“参数”卷展栏“上次优化状态”选项区中可以看到优化后的顶点和面数的对比，如下图所示。

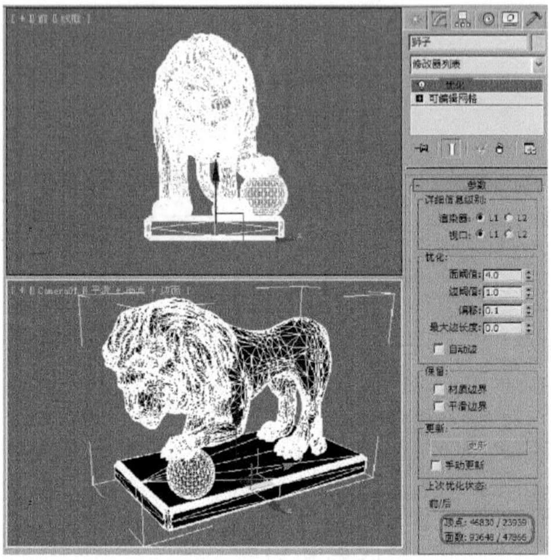

4 执行操作后，就完成了优化对象的设置，激活“透视”视图，按F9键进行快速渲染。渲染完成后的效果如下图所示。

实战操作221 “切片”修改器

- 素材：Scene\Cha06\6-23.max
- 难度：★★★★★
- 场景：Scene\Cha06\221..max
- 视频：视频\ Cha06\实战操作221.avi

“切片”修改器通过基于切片平面 Gizmo 的位置创建新的顶点、边和面，来创建通过网格切片的切割平面。根据选定选项，顶点可以细化或者拆分网格。“切片”修改器通过组、选定对象或者

子对象面的选择来切片。它与“可编辑网格”|“边”|“切片”功能的工作方式相似，但是不需要对象成为可编辑网格。使用“切片”修改器的操作步骤如下。

1 打开光盘中提供的素材文件6-23.max，在场景中选择“狮子”对象，切换到“修改”命令面板，在“修改器列表”中选择“切片”修改器，如下图所示。

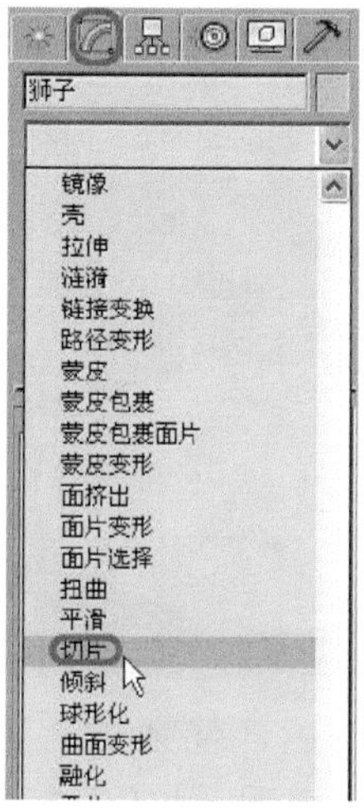

2 选择“切片”修改器，激活“前”视图，选择“选择并移动”工具，沿Y轴向上移动至如下图所示位置。

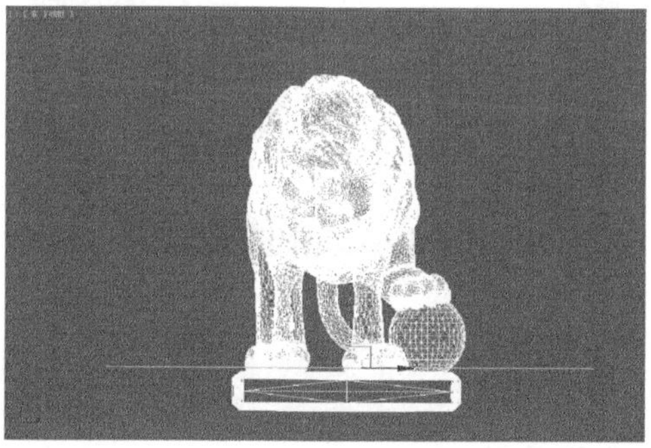

3 执行操作后，在“切片参数”卷展栏“切片类型”选项区下选中“移除底部”单选按钮，如下图所示。

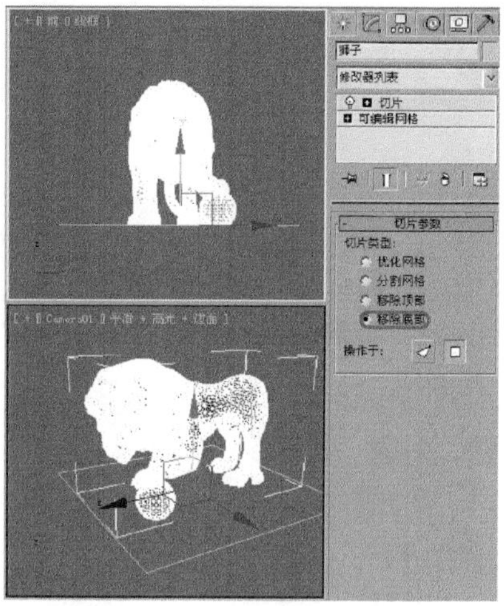

4 这样就完成了移除底部，激活“透视”视图，按F9键进行快速渲染。渲染完成后的效果如下图所示。

实战操作222 “平滑”修改器

- 素材：Scene\Cha06\6-24.max
- 难度：★★★★★
- 场景：Scene\Cha06\222.max
- 视频：视频\ Cha06\实战操作222.avi

“平滑”修改器基于相邻面的角提供自动平滑。可以将新的平滑组应用到对象上。通过将面组成平滑组，平滑消除几何体的面。在渲染时间，同一平滑组的面显示为平滑曲面。使用“平滑”修改器的操作步骤如下。

1 打开光盘中提供的素材文件6-24.max，如下图所示。

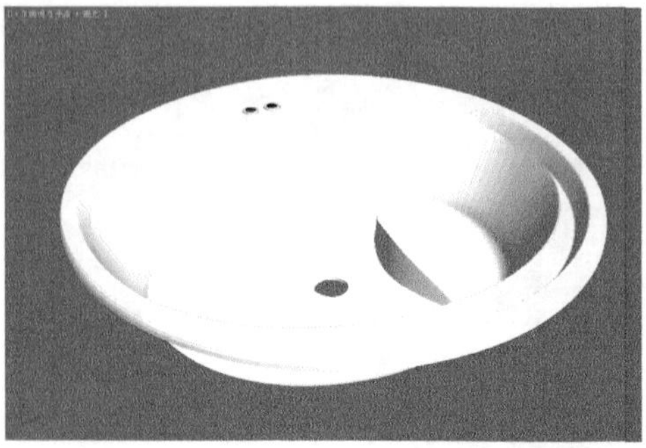

2 在场景中选择“浴盆”对象，切换到“修改”命令面板，在“修改器列表”中选择“平滑”修改器，如右图所示。

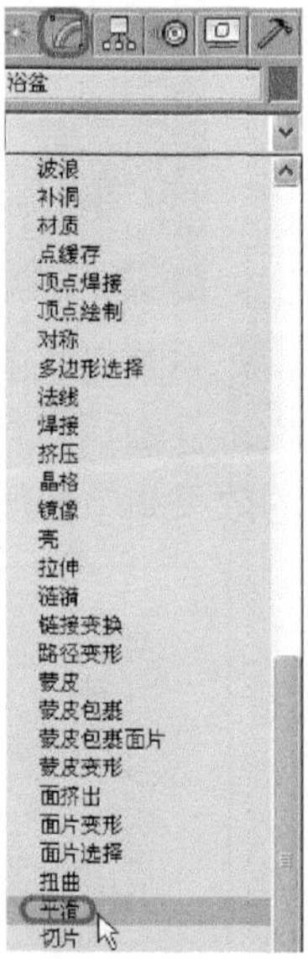

3 选择“平滑”修改器，在“参数”卷展栏中选中“自动平滑”复选框，如下图所示。

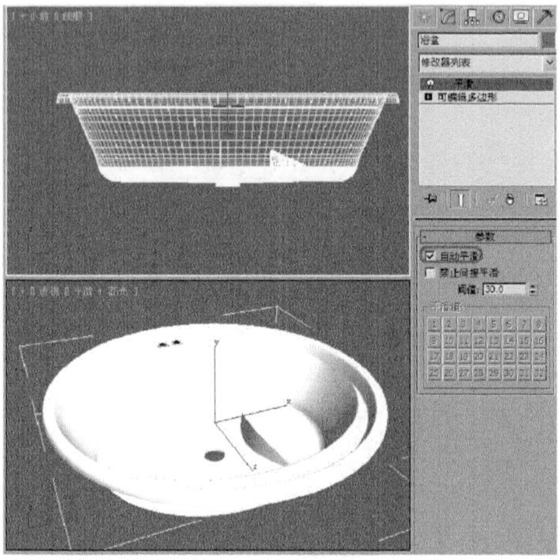

4 完成操作后，就完成了平滑对象，激活“透视”视图，按F9键进行快速渲染。渲染完成后的效果如下图所示。

实战操作223 “锥化”修改器

- 素材：Scene\Cha06\6-25.max
- 难度：★★★★★
- 场景：Scene\Cha06\223.max
- 视频：视频\ Cha06\实战操作223.avi

“锥化”修改器通过缩放对象几何体的两端产生锥化轮廓；一端放大而另一端缩小。可以在两组轴上控制锥化的量和曲线。也可以对几何体的一段限制锥化。“锥化”修改器在“参数”卷展栏的“锥化轴”选项区中提供两组轴和一个对称设置。与其他修改器一样，这些轴指向锥化 Gizmo，而不是对象本身。使用“锥化”修改器的操作步骤如下。

1 打开光盘中提供的素材文件6-25.max，如下图所示。

2 在场景中选择“灯罩”对象，切换到“修改”命令面板，在“修改器列表”中选择“锥化”修改器，如下图所示。

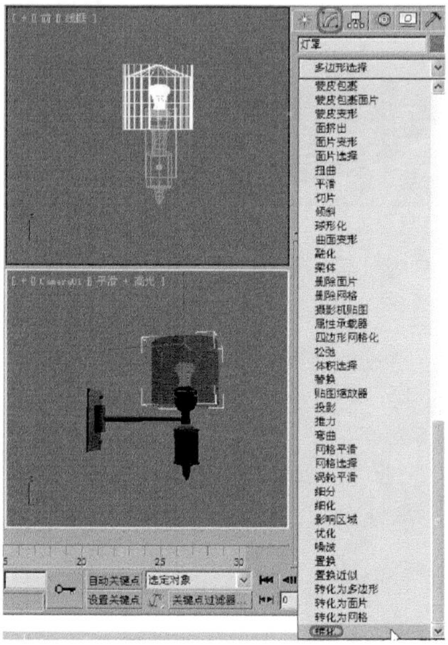

3 选择“锥化”修改器，将“参数”卷展栏“锥化”选项区中的“数量”设置为-0.6，按Enter键确认，如下图所示。

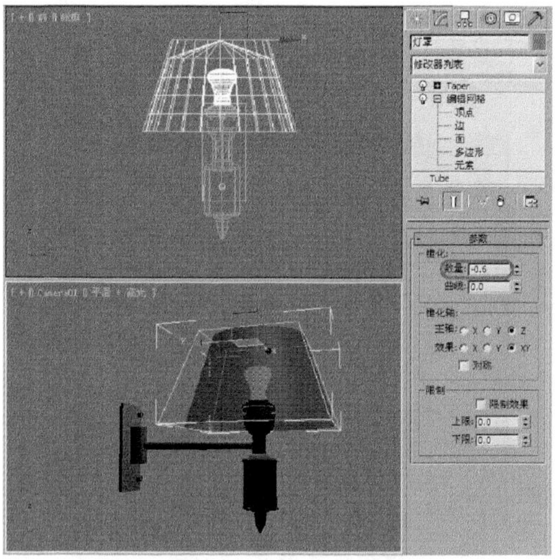

4 完成操作后，即可对对象进行锥化，激活“透视”视图，按F9键进行快速渲染。渲染完成后的效果如下图所示。

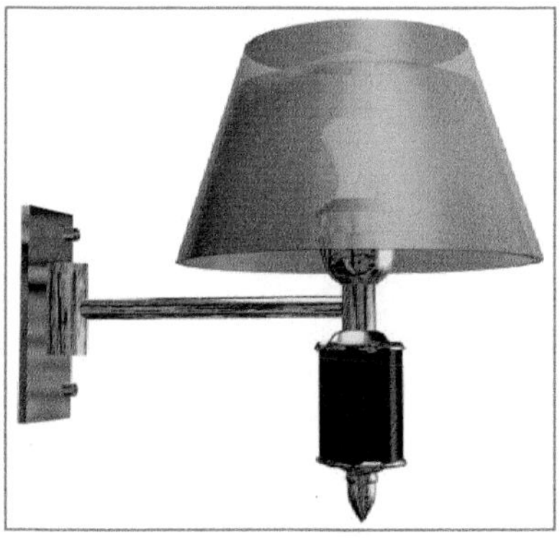

实战操作224　“球形化”修改器

- 素材：Scene\Cha06\6-26.max
- 难度：★★★★★
- 场景：Scene\Cha06\224.max
- 视频：视频\ Cha06\实战操作224.avi

“球形化”修改器将对象扭曲为球形。此修改器只有一个参数（一个百分比微调器），可以将对象尽可能地变形为球形。操作的成功与否取决于应用到几何体的拓扑结构。例如，没有高度分段的圆柱体将导致不发生改变。添加高度分段将导致 100% 的桶。添加端面分段将产生一个球体。使用“球形化”修改器的操作步骤如下。

1 打开光盘中提供的素材文件6-26.max，如下图所示。按H键，弹出“从场景中选择”对话框，从中选择所有排球对象，单击“确定”按钮，如下图所示。

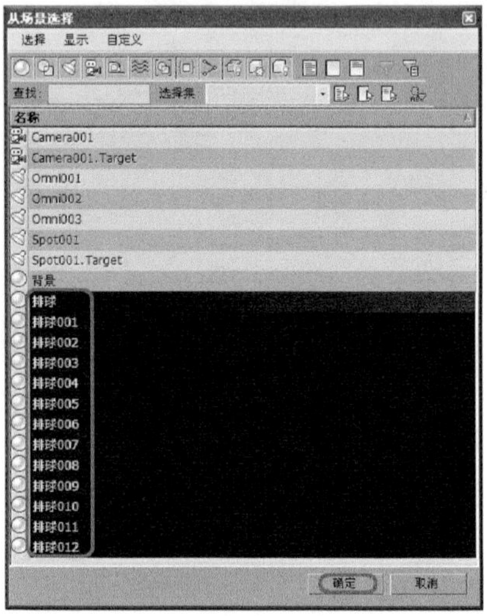

2 切换到“修改”命令面板，选择“编辑网格”修改器，将当前选择集定义为“面”，然后选中所有的面，在“修改器列表”中选择“球形化”修改器，按F9键快速渲染，效果如下图所示。

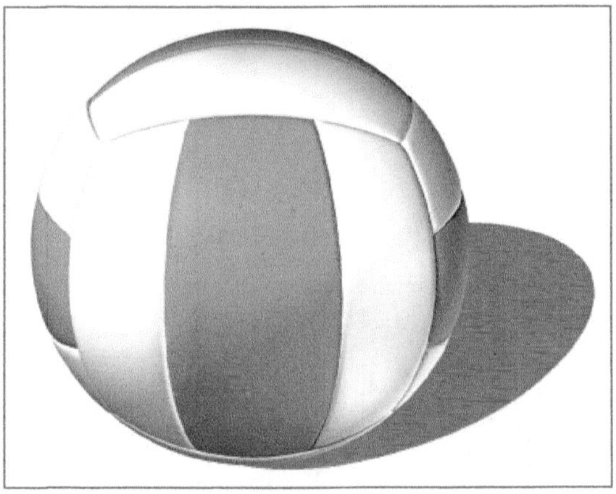

Chapter

07

第7章

复合建模

复合建模是将两个或多个模型通过特定的合成方式组合在一起，从而产生千变万化的模型，在合并的过程中不仅可以反复调节，也可以将其表现为动画的方式。

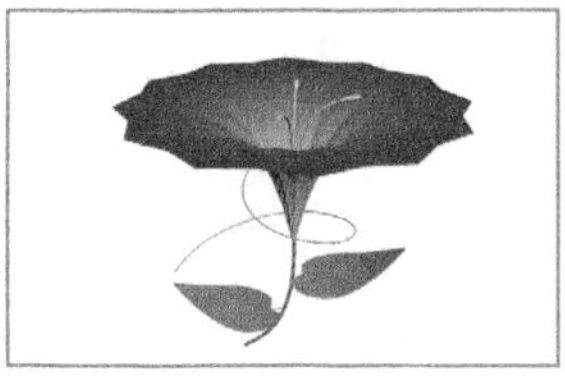

7.1 变形复合对象

变形是制作动画的工具之一，它通过一个模型向另一个模型的演变来产生物体表面的变形动画，一般用该功能完成类似面部表情变化的动画。把最初的对象称为子对象，通过变形工具，在不同的关键帧处，将它变形为其他形态的对象称为目标对象。

实战操作225 创建变形

素材：Scene\Cha07\7-1.max

难度：★★★★★

场景：Scene\Cha07\实战操作225.max

视频：视频\Cha07\实战操作225.avi

在创建变形复合对象前，种子和目标对象必须是网格、面片或多边形对象，并且具有相同的点数。创建变形的操作步骤如下。

1 在3ds Max 2012中按“Ctrl+O”组合键打开素材文件7-1.max，如下图所示。

2 在场景中选择“变形前”对象，选择“创建”☀|“几何体”◯|“复合对象”|“变形”工具，如下图所示。

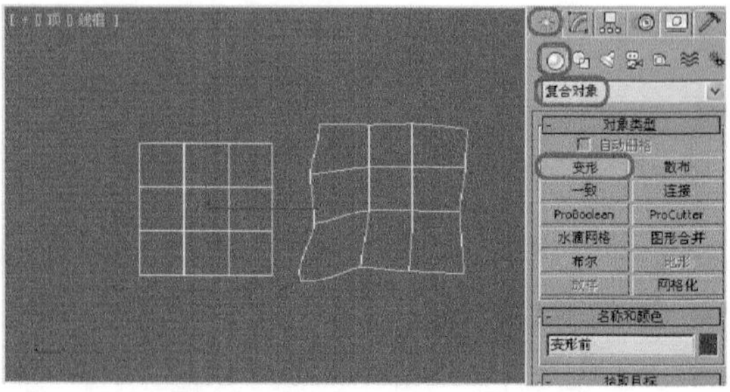

3 在“当前对象”卷展栏中的“变形目标”列表框中选择“变形前”对象，并单击“创建变形关键点”按钮，如下图所示。

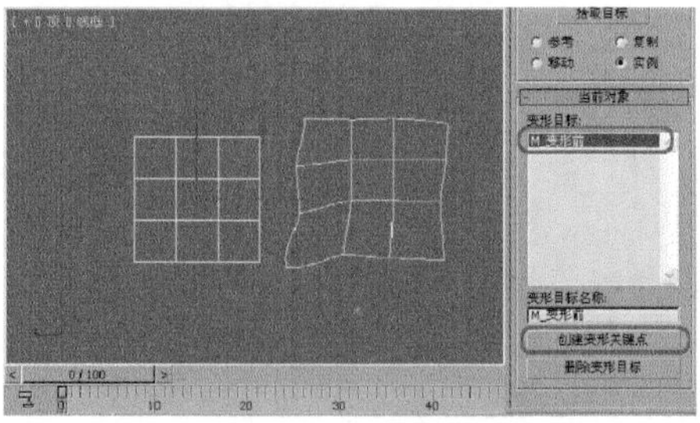

4 在“拾取目标”卷展栏中选中“移动”单选按钮，单击“拾取目标”按钮，将时间滑块拖动到60帧处，在场景中选择“变形后”对象，在“变形目标”列表框中选择“变形后”对象，并单击“创建变形关键点”按钮，如下图所示。

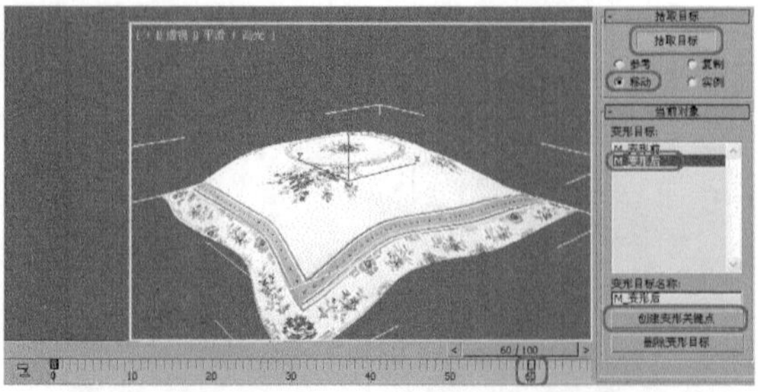

实战操作226 观看变形动画

素材：无　　场景：无

难度：★★★★★　　视频：视频\Cha07\实战操作226.avi

创建完成变形后，可以通过在动画时间控制区中拖动时间滑块或单击“播放动画”按钮来进行观看，其操作步骤如下。

1 打开上一实战操作制作的场景文件，激活“透视”视图，在动画控制区中单击“播放动画”▶按钮进行播放，如下图所示。

2 将时间滑块拖动至第30帧的位置时，即可查看在该帧下源对象变形的效果，如下图所示。

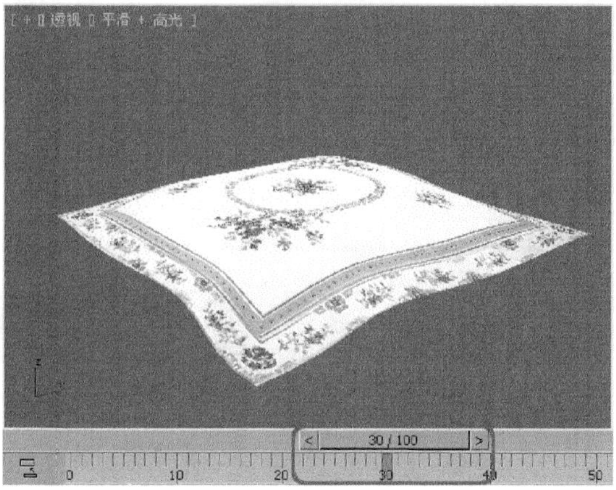

7.2 散布复合对象

散布是将对象以各种方式覆盖至目标物体的表面上，产生多个复制品。可以制作草地、乱石或满身是刺的刺猬等。也可以将散布中的控制参数记录成动画。

实战操作227 创建变形

素材：Scene\Cha07\7-2.max

难度：★★★★★

场景：Scene\Cha07\实战操作227.max

视频：视频\Cha07\实战操作227.avi

要创建散布复合对象时，首先要在场景中创建两个对象，一是源对象，即用作散布的对象。二是目标对象，即用作提供表面来附着散布对象。其操作步骤如下。

1 在3ds Max 2012中按“Ctrl+O”组合键打开素材文件7-2.max，打开后的场景如下图所示。

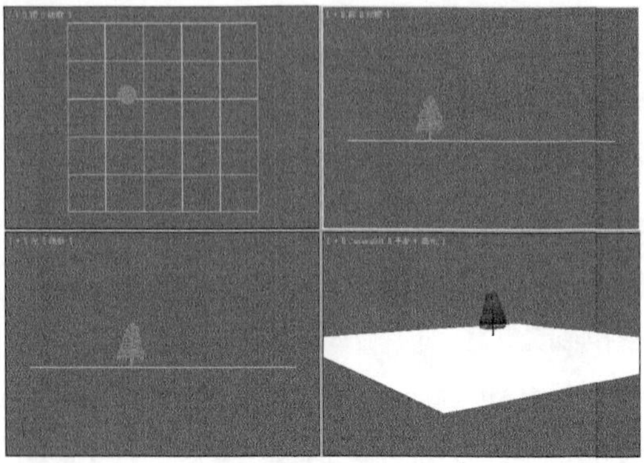

2 在场景中选择“松树”对象，选择“创建” | “几何体” | “复合对象” | “散布”工具，在“拾取分布对象”卷展栏中单击“拾取分布对象”按钮，在场景选择“地面”对象，如下图所示。

提示

源对象必须是网格对象或可以转换为网格对象的对象。如果当前所选的对象无效，则“散布”按钮不可用。

实战操作228 设置重复数与分布方式

- 素材：Scene\Cha07\7-3.max
- 难度：★★★★★
- 场景：Scene\Cha07\实战操作228.max
- 视频：视频\Cha07\实战操作228.avi

“重复数”用于设置散布对象在分布对象表面的复制数目。“分布方式”组中提供了9种方式控制散布对象在分布对象表面的分配情况。设置重复数与分布方式的操作步骤如下。

1 在3ds Max 2012中按“Ctrl+O”组合键打开素材文件7-3.max，按H键在打开的对话框中选择“松树”对象，如下图所示，并单击“确定”按钮。

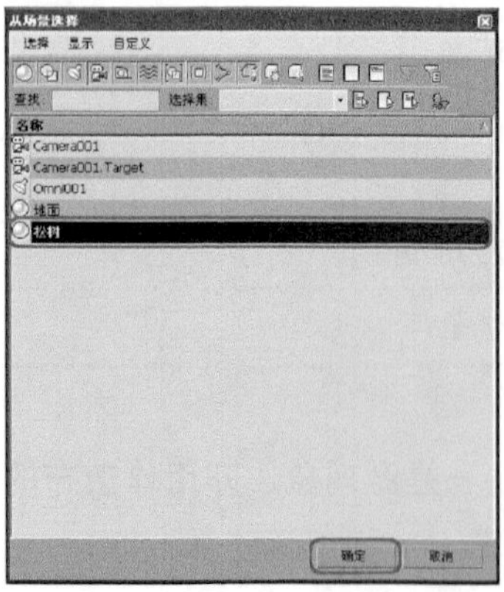

2 切换至“修改”命令面板，在“散布对象”卷展栏中，将“源对象参数”选项区下的“重复数”设为12，选中“分布方式”选项区下的“区域”单选按钮，如下图所示。

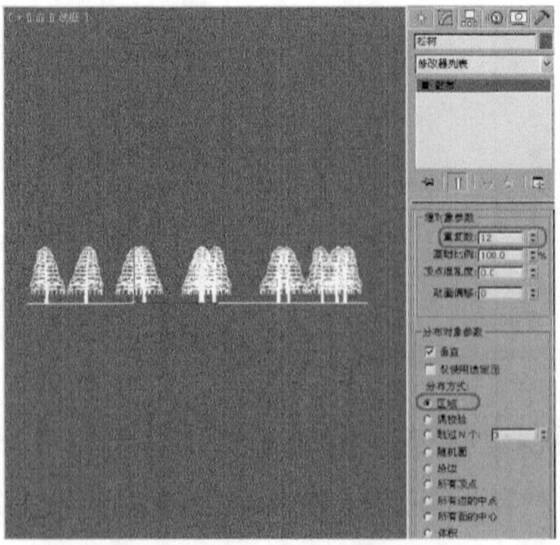

实战操作229 设置局部平移

素材：Scene\Cha07\7-4.max

难度：★★★★★

场景：Scene\Cha07\实战操作229.max

视频：视频\Cha07\实战操作229.avi

“局部平移”组主要是指定重复项沿其局部轴的平移。设置局部平移的操作步骤如下。

1 在3ds Max 2012中按“Ctrl+O”组合键打开素材文件7-4.max，并激活“顶”视图，如下图所示。

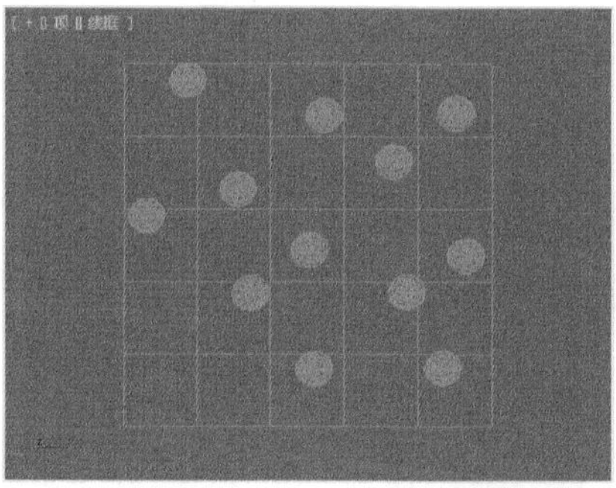

2 选择“松树”对象，切换至“修改”命令面板，在“变换”卷展栏下，将“局部平移”选项区中的“X”、“Y”分别设为-500.0、200.0，如下图所示。

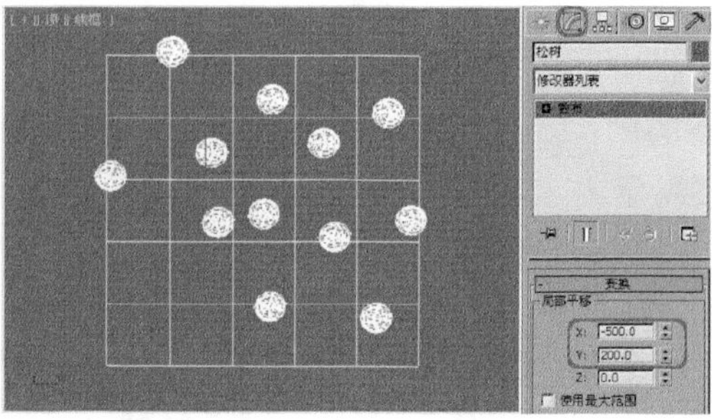

实战操作230 设置在面上平移

素材：Scene\Cha07\7-4.max

难度：★★★★★

场景：Scene\Cha07\实战操作230.max

视频：视频\Cha07\实战操作230.avi

“在面上平移” 选项区主要用于指定重复项沿分布对象中关联面的重心面坐标的平衡。其操作步骤如下。

1 打开素材文件7-4.max，在场景中选择“松树”对象，切换至“修改”命令面板，在“变换”卷展栏中，将“在面上平移”选项区中的“A”、“B”分别设为-600.0、500.0，如右图所示。

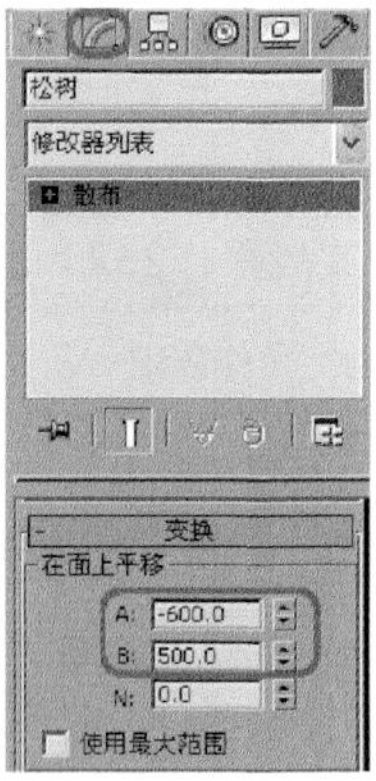

2 设置“在面上平移”参数后的“顶”视图效果如下图所示。

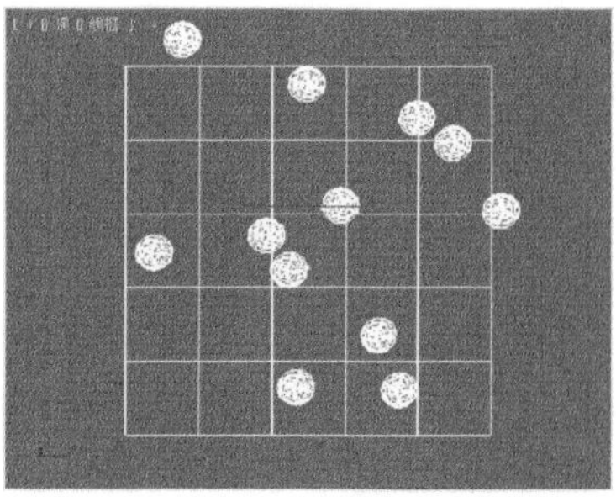

实战操作231 设置比例

素材：Scene\Cha07\7-4.max

难度：★★★★★

场景：Scene\Cha07\实战操作231.max

视频：视频\Cha07\实战操作231.avi

“比例”组主要用于指定重复项沿其局部轴的缩放比例。其操作步骤如下。

1 打开素材文件7-4.max，在场景中选择“松树”对象，切换至“修改”命令面板，在“变换”卷展栏中，将“比例”选项区下的“Z”设为60.0，如右图所示。

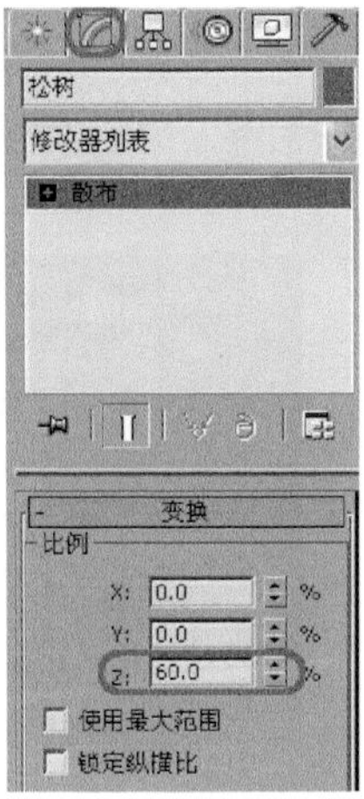

2 设置“比例”参数后的“前”视图效果如下图所示。

7.3 连接复合对象

连接复合对象是在两个或两个以上物体对应的删除面之间创建封闭的表面，将它们焊接在一起并产生光滑的过渡。

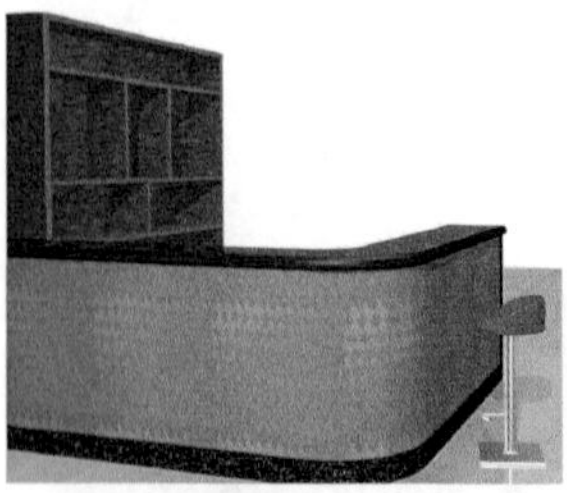

实战操作232 创建连接对象

素材：Scene\Cha07\7-5.max

难度：★★★★★

场景：Scene\Cha07\实战操作232.max

视频：视频\Cha07\实战操作232.avi

使用连接建模工具时，首先应删除物体中的一组面，造成物体表面的开口，并将两个开口的物体正对放置，且开口相对。然后使用连接工具将其合为一体。其操作步骤如下。

1 在3ds Max 2012中按“Ctrl+O”组合键打开素材文件7-5.max，打开后的场景如下图所示。

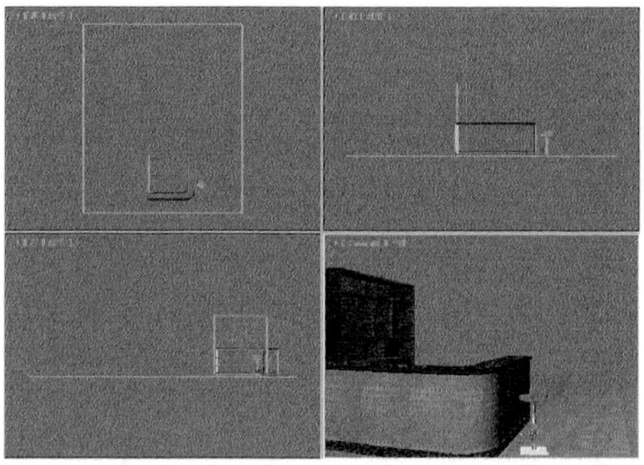

2 在场景中选择“支架”对象，切换至“修改”命令面板，为其添加“编辑网格”修改器，将当前选择集定义为“面”，将“前”视图最大化显示，使用鼠标框选择如下图所示的面。

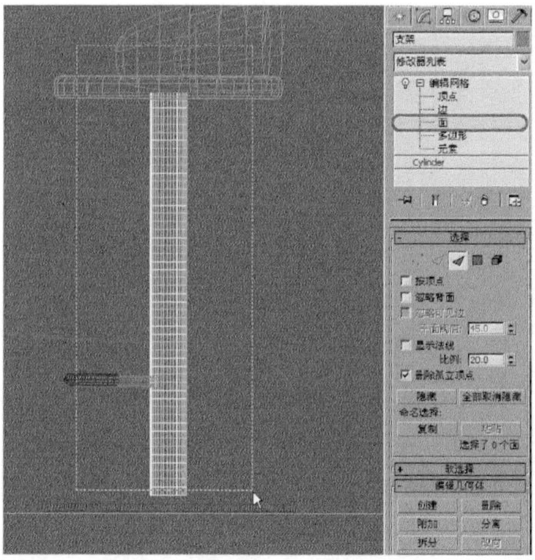

3 在菜单栏中选择“编辑”|“反选”命令，即可选中支架最底层的面，如下图所示。

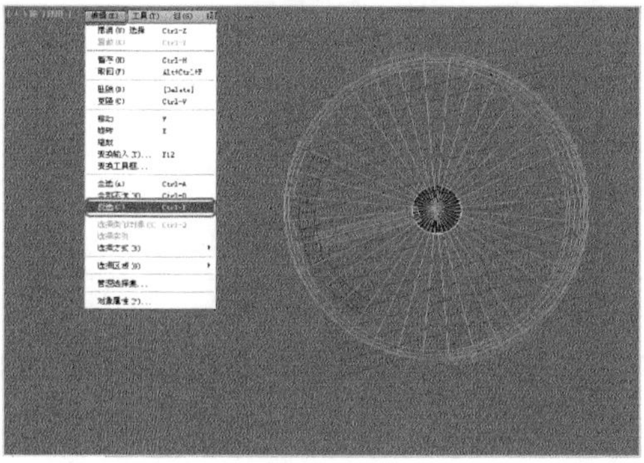

4 按Delete键删除选择的面，退出当前选择集，选择“金属板”对象，切换至“修改”命令面板，为其添加“编辑网格”修改器，将当前选择集定义为“面”，在“顶”视图中选择如下图所示的面。

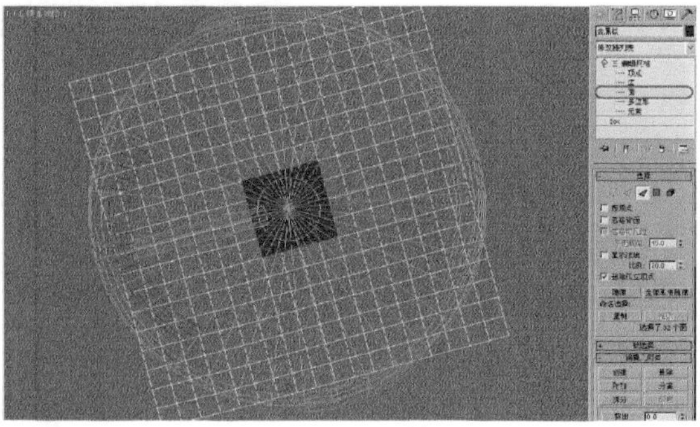

6 按Delete键删除选择的面，退出当前选择集，选择“创建” |“几何体” |“复合对象”|“连接”工具，并单击“拾取操作对象”卷展栏中的“拾取操作对象”按钮，如下图所示。

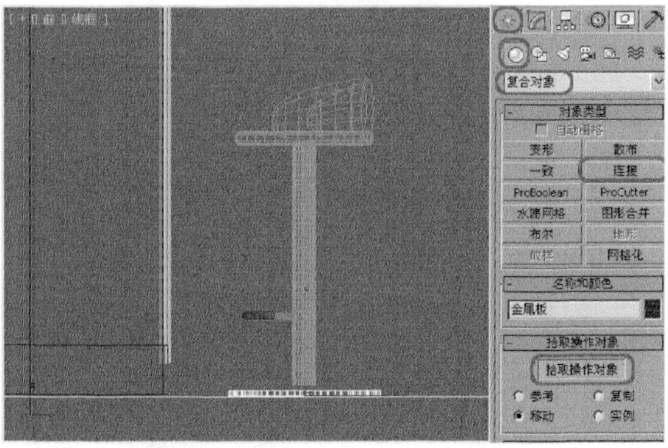

7 在场景中选择“支架”对象，在弹出的对话框中选中“丢弃原材质”单选按钮，单击“确定”按钮，如下图所示。

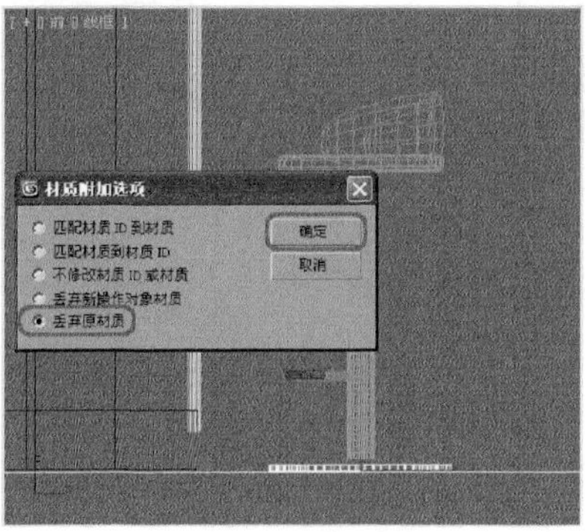

提示

连接不适合于 NURBS 对象，因为该对象会转换为许多单独的网格，而不是一个大的网格。解决方法是：在将 NURBS 对象用作连接的一部分之前，对 NURBS 对象应用“焊接”修改器（将其转换为一个网格并合上它的缝）。

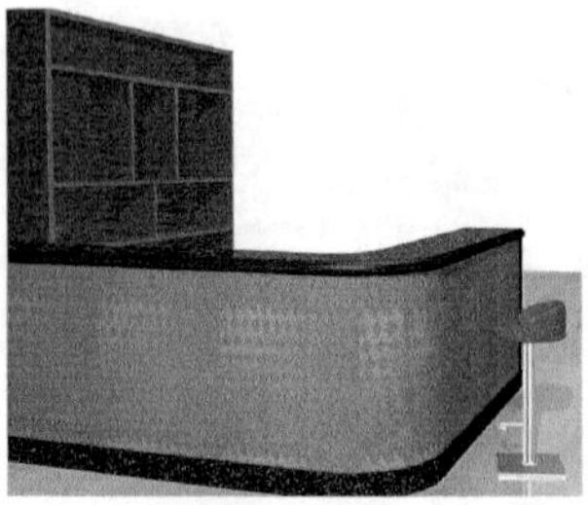

实战操作233 设置分段数

- 素材：无
- 难度：★★★★★
- 场景：Scene\Cha07\实战操作233.max
- 视频：视频\Cha07\实战操作233.avi

在“插值”组的“分段”参数主要设置连接桥中的分段数目。其操作步骤如下。

1 打开上一实战操作232制作的场景文件，将“前”视图最大化显示，连接地方的原始效果如下图所示。

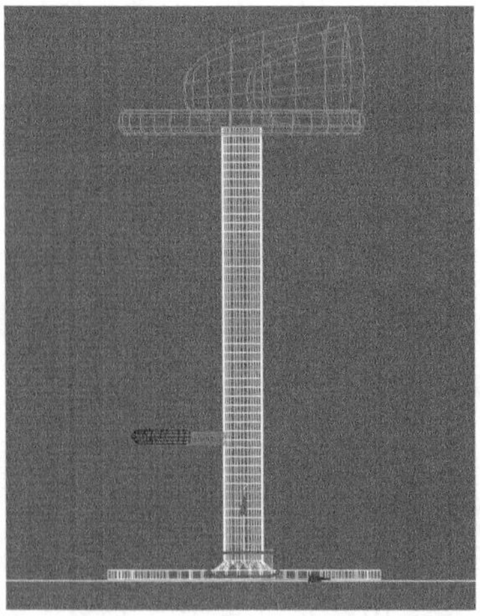

2 在场景中选择“金属板”对象，切换至“修改”命令面板，将“插值”选项区中的“分段”设置为10，如下图所示。

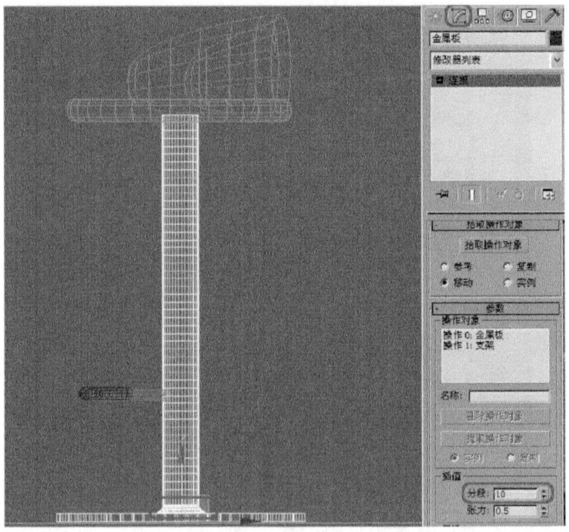

实战操作234 设置张力

- 素材：无
- 难度：★★★★★
- 场景：Scene\Cha07\实战操作234.max
- 视频：视频\Cha07\实战操作234.avi

“插值”选项区中的“张力”主要控制连接桥的曲率。当值为0时是无曲率，值越高时，匹配连接桥两端的表面法线的曲线越平滑。“分段”为 0 时，该微调器无明显作用。设置张力的操作步骤如下。

1 打开上一实战操作233制作的场景文件，在“前”视图中选择“金属板”对象，切换至“修改”命令面板，将“插值”选项区中的“张力”设置为1.2，如右图所示。

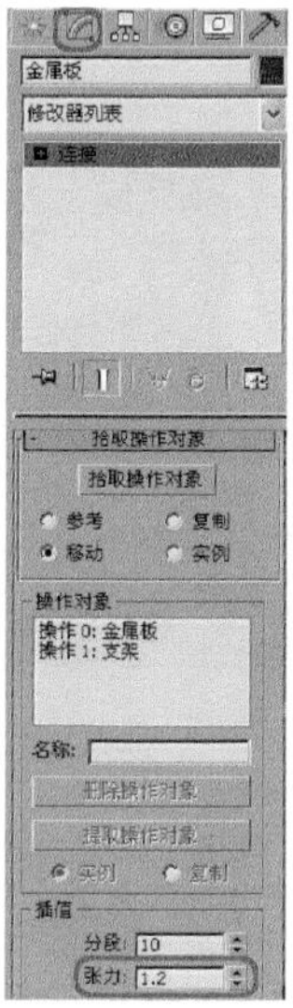

2 设置“张力”参数后，在“前”视图中的效果如下图所示。

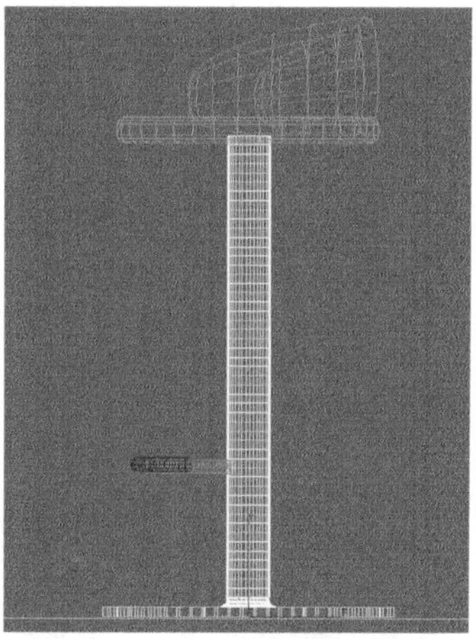

7.4 水滴网格复合对象

水滴网格可以通过几何体或粒子创建一组球体，这种球体也叫做变形球，还可以将球体连接起来，就如这些球体是由柔软的液态物质构成。如果球体在离另外一个球体的一定范围内移动，它们就会连接在一起。如果这些球体相互移开，将会重新显示球体的形状。

实战操作235 创建水滴网格

- 素材：Scene\Cha07\7-6.max
- 难度：★★★★★
- 场景：Scene\Cha07\实战操作235.max
- 视频：视频\Cha07\实战操作235.avi

水滴网格复合对象可以根据场景中的指定对象生成变形球。此后，这些变形球会形成一种网格效果，也就是水滴网格。如果要模拟移动和流动的厚重液体与柔软物质，使用水滴网格是最理想的方法。创建水滴网格的操作步骤如下。

1 在3ds Max 2012中按“Ctrl+O”组合键打开素材文件7-6.max，打开后的场景如右图所示。

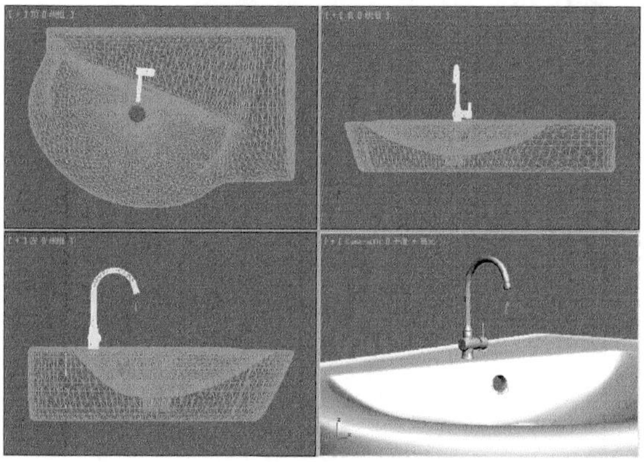

2 选择“创建” |“几何体” |“复合对象”|“水滴网格”工具，在“左”视图中创建一个水滴网格复合对象，如右图所示。

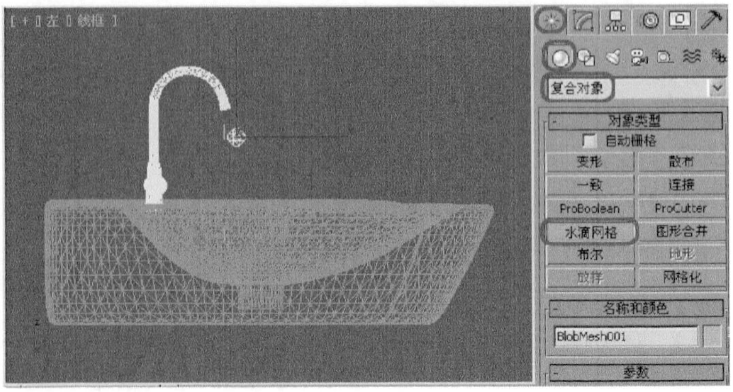

实战操作236 拾取水滴对象

- 素材：Scene\Cha07\实战操作235.max
- 难度：★★★★★
- 场景：Scene\Cha07\实战操作236.max
- 视频：视频\Cha07\实战操作236.avi

创建水滴网格复合对象后，通过“拾取”按钮拾取场景中用于与水滴复合对象关联的几何体、图形或辅助对象。其操作步骤如下。

1 打开上一实战操作制作的场景文件，在场景中选择创建的水滴网格复合对象，切换至“修改”命令面板，在“参数”卷展栏中单击“水滴对象”组中的“拾取”按钮，并在场景中选择“水滴1”对象，并将“大小”设为4.0，如下图所示。

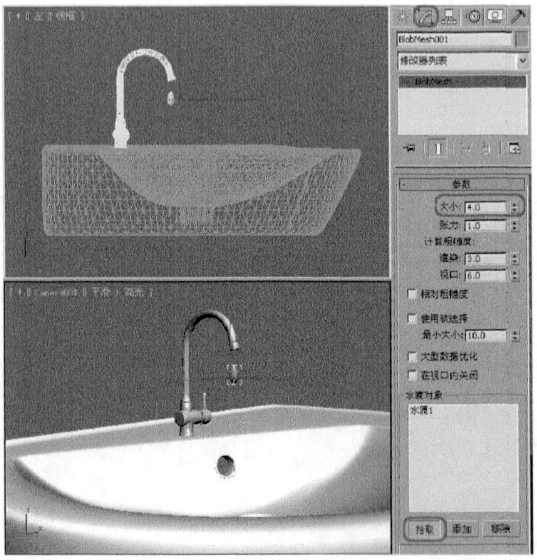

2 再在场景中选择“水滴2”对象，打开“材质编辑器”，将“水滴”材质指定给场景中的复合对象，如下图所示。最后将其渲染。

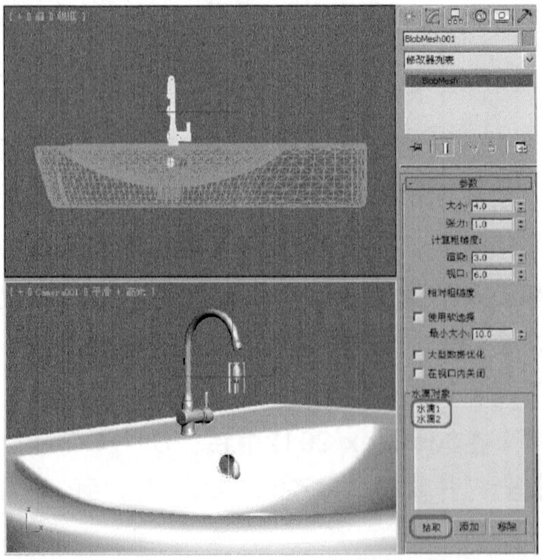

7.5 ProCutter与图形合并复合对象

ProCutter 运算的结果尤其适合在动态模拟中使用，在动态模拟中，对象炸开，或由于外力或另一个对象使对象破碎。使用“图形合并”来创建包含网格对象和一个或多个图形的复合对象。这些图形嵌入在网格中（将更改边与面的模式），或从网格中消失。

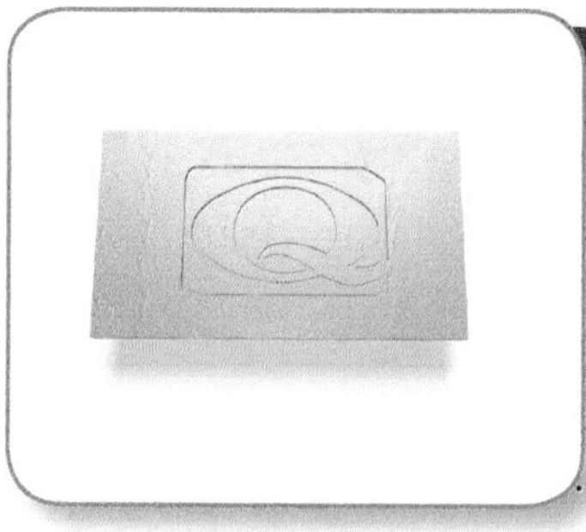

实战操作237 ProCutter

- 素材：Scene\Cha07\7-7.max
- 难度：★★★★★
- 场景：Scene\Cha07\实战操作237.max
- 视频：视频\Cha07\实战操作237.avi

ProCutter复合对象能够执行特殊的布尔运算。该运算的结果尤其适合在动态模拟中使用，例如对象炸开，或由于外力或另一个对象使对象破碎。其操作步骤如下。

1 在3ds Max 2012中按“Ctrl+O”组合键打开素材文件7-7.max，打开后的场景如右图所示。

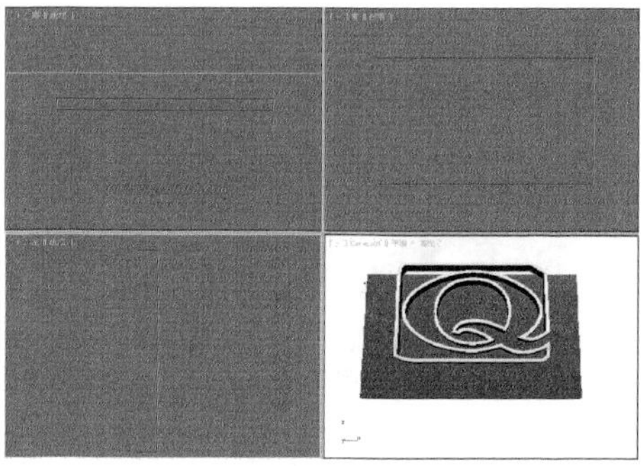

2 使用“选择并移动”工具，调整“标志”对象的位置，选择“创建”|“几何体”|“复合对象”|“ProCutter”工具，如下图所示。

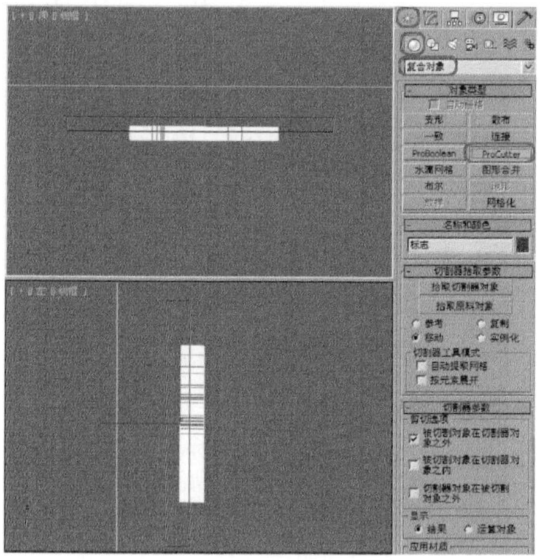

3 在“切割器拾取参数”卷展栏中选中“自动提取网格”复选框，单击“拾取原料对象”按钮，在场景中选择长方体对象，如下图所示。

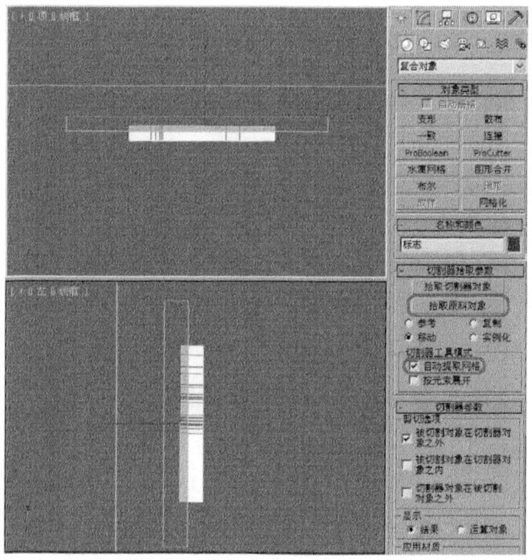

4 此时，标志对象（即切割器对象）仍为单独的对象，使用选择并移动工具进行拖动，效果如下图所示。

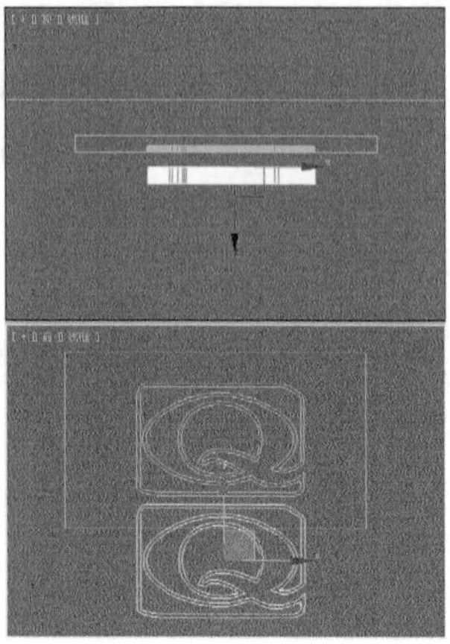

5 可以在同一个或多个对象上继续使用该切割器对象，在该对象上单击鼠标右键，在弹出的快捷菜单中选择“隐藏选定对象”命令，如下图所示。

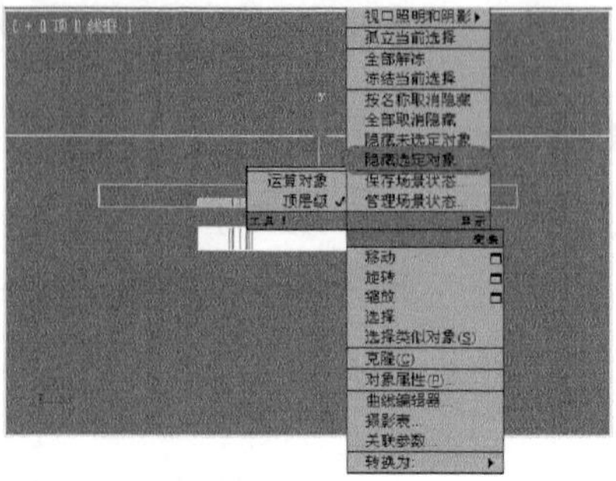

6 将切割器对象隐藏，激活“摄影机”视图，按F9键进行渲染，如下图所示。

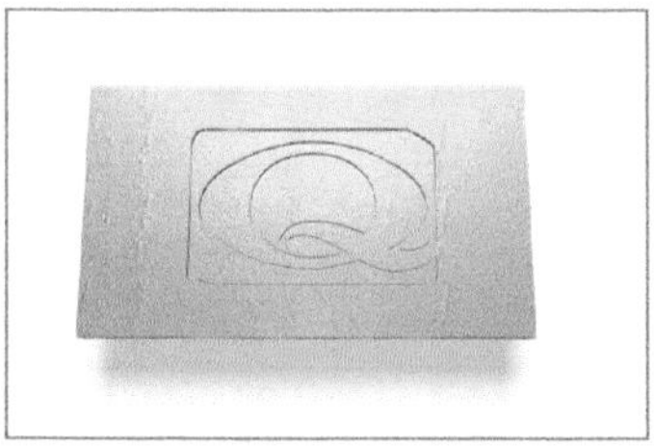

实战操作238 图形合并

素材：Scene\Cha07\7-8.max

难度：★★★★★

场景：Scene\Cha07\实战操作238.max

视频：视频\Cha07\实战操作238.avi

图形合并复合对象工具能把任意样条物体投影到多边形物体表面上，从而制作出凸起或镂空效果。其操作步骤如下。

1 在3ds Max 2012中按“Ctrl+O”组合键打开素材文件7-8.max，打开后的场景如下图所示。

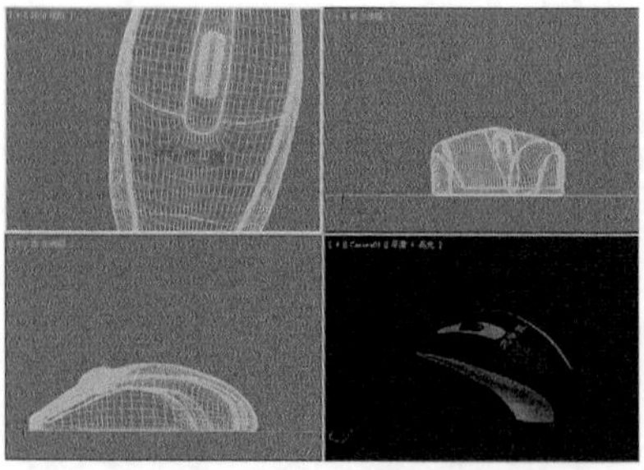

2 选择“鼠标”对象，选择“创建” | “几何体” | “复合对象” | “图形合并”工具。在“拾取操作对象”卷展栏中选中“移动”单选按钮，并单击“拾取图形”按钮，在“顶”视图中选择文本，如下图所示。

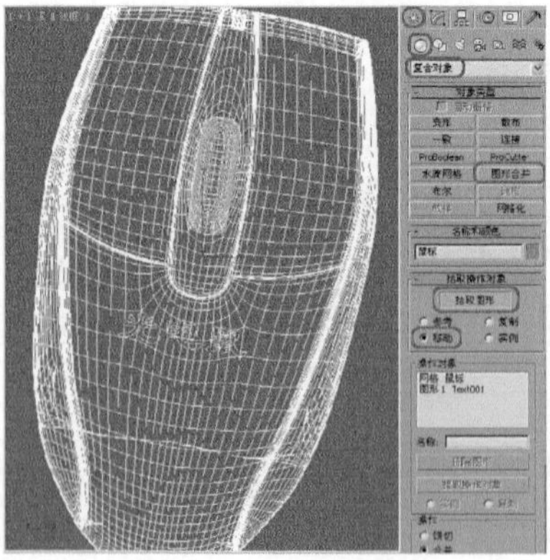

3 切换至“修改”命令面板，添加“编辑多边形”修改器，将当前选择集定义为“多边形”，此时文本呈红色显示。如下图所示。

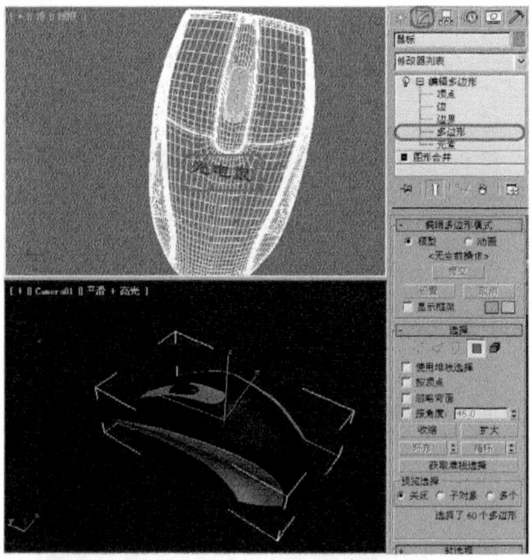

4 在“编辑多边形”卷展栏中单击“挤出”按钮右侧的“设置”按钮，将“高度”设置为15，如下图所示，单击“确定”按钮，并进行渲染。

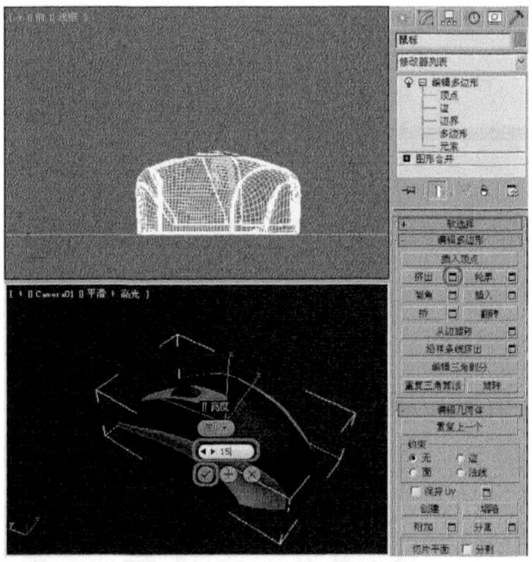

7.6 布尔复合对象

布尔复合对象通过对两个对象进行布尔操作将它们组合起来，并且通过布尔运算可以制作出复杂的复合物体。

实战操作239 差集运算

- 素材：Scene\Cha07\7-9.max
- 难度：★★★★★
- 场景：Scene\Cha07\实战操作239.max
- 视频：视频\Cha07\实战操作239.avi

差集运算是将两个物体进行相减处理，得到一种切割后的物体。该运算对两个物体相减的顺序有要求，会得到两种不同的结果。其操作步骤如下。

1 在3ds Max 2012中按“Ctrl+O”组合键打开素材文件7-9.max，打开后的场景如右图所示。

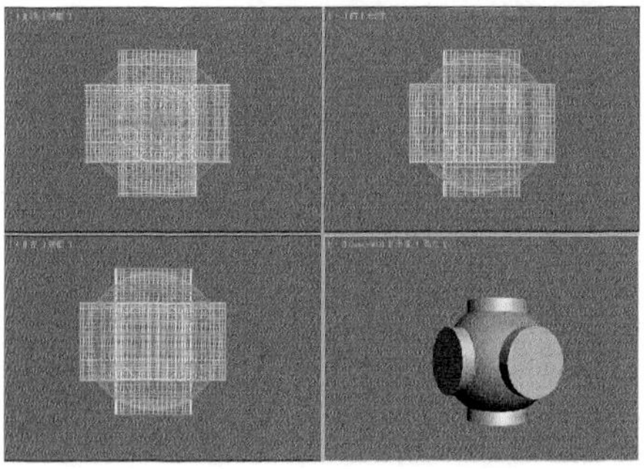

2 在场景中选择“墩身”对象，选择“创建” |“几何体” |“复合对象”|“布尔”工具。在“参数”卷展栏中的“操作”选项区中选中“差集（A-B）”单选按钮。在“拾取布

尔”卷展栏中单击“拾取操作对象B”按钮，在场景中选择“圆柱1”对象，如下图所示。

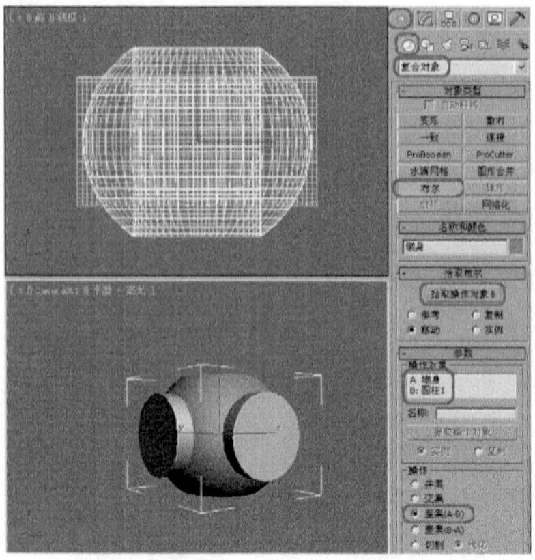

3 确定“墩身”对象为选中状态，再次单击“布尔”工具，并单击“拾取布尔”卷展栏中的“拾取操作对象B”按钮，在场景中选择“圆柱2”对象，如下图所示。

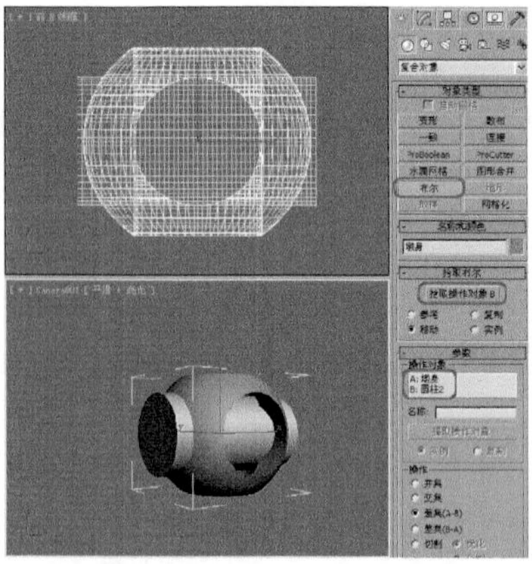

4 继续单击“布尔”工具，并单击“拾取布尔”卷展栏中的“拾取操作对象B”按钮，在场景中选择“圆柱3”对象，如下图所示。

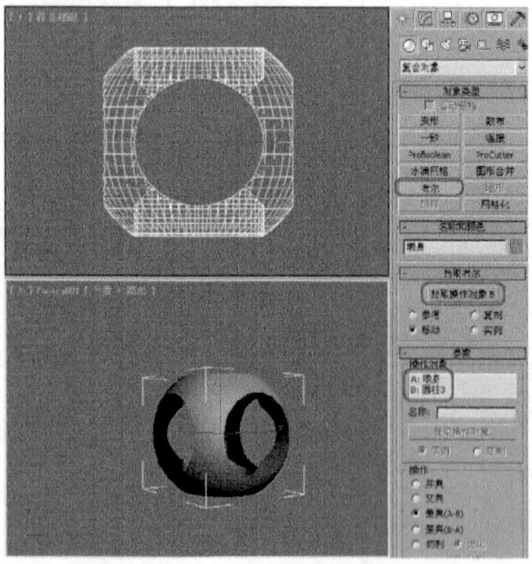

5 选择“创建”|“几何体”|“标准基本体”|“球体”工具，在“前”视图中创建一个“半径”、“分段”分别为280、60的球体，单击工具栏中“对齐”工具，并选择“墩身”对象，在弹出的对话框中进行设置，如下图所示，单击“确定”按钮。

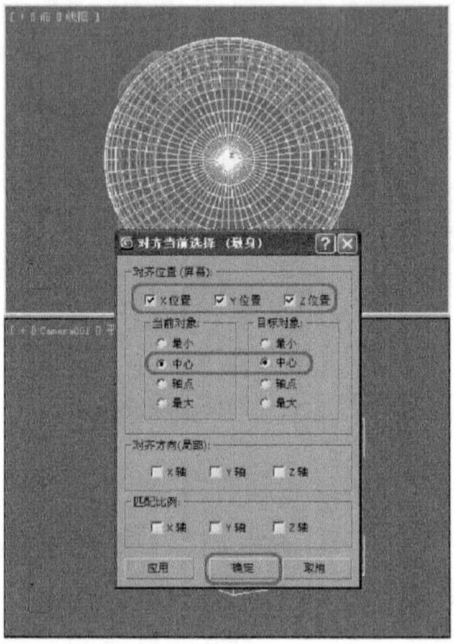

6 选择“墩身”对象，选择“创建”|“几何体”|“复合对象”|“布尔”工具，在“拾取布尔”卷展栏中单击“拾取操作对象B”按钮，在场景中选择刚创建的球体对象，如下图所示。

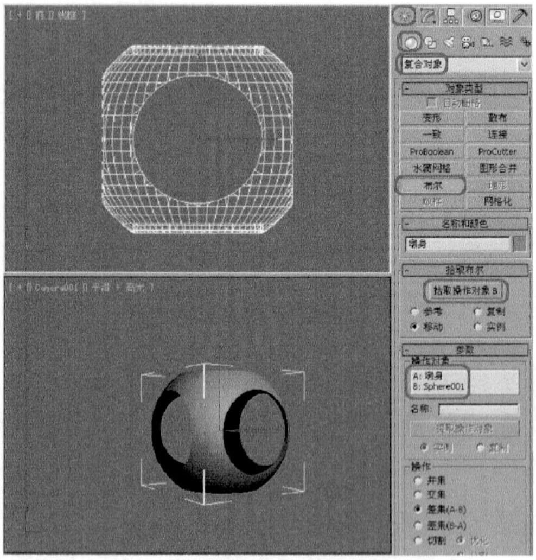

7 取消对象的选择状态，在任意视图中单击鼠标右键，在弹出的快捷菜单中选择“全部取消隐藏”命令，如下图所示。

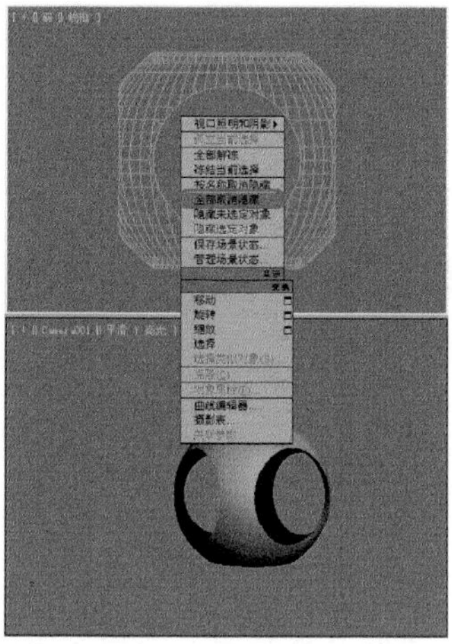

8 将场景中隐藏的模型显示出来，并在场景中调整“坐垫”、“坐身”和“墩身”三者的位置，调整后的效果如下图所示。

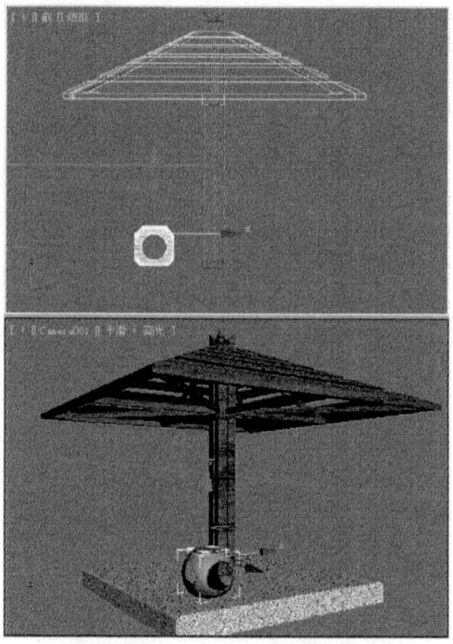

9 将“坐垫”、“坐身”、“墩身”成组，并命名为“坐墩”，对成组的“坐墩”进行复制及调整每个的位置，效果如下图所示，将“材质编辑器”对话框中“石”材质指定给“坐墩”。

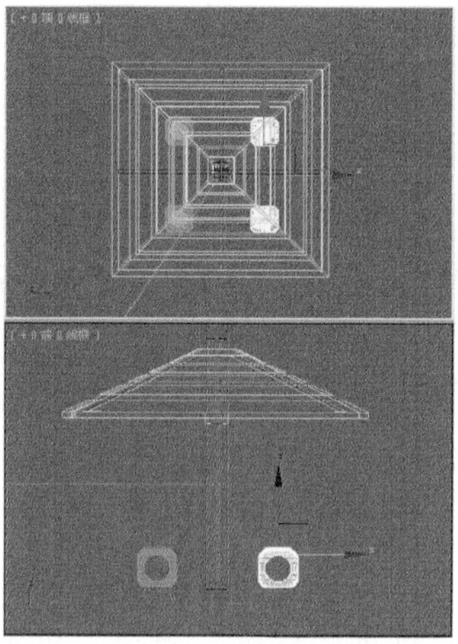

10 选中4个“坐墩”对象，为其添加“UVW贴图”修改器，选中“长方体”单选按钮，并将“长度”、“宽度”、“高度”分别设为200.0、200.0、100.0，如下图所示。最后添加灯光并渲染。

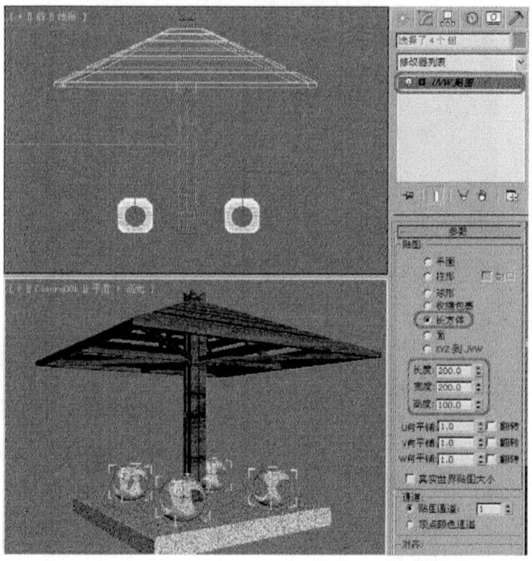

实战操作240 并集运算

- 素材：Scene\Cha07\7-10.max
- 难度：★★★★★
- 场景：Scene\Cha07\实战操作240.max
- 视频：视频\Cha07\实战操作240.avi

并集运算是将两个物体合并，相交部分被删除。如果进行运算的两个物体包含材质，则进行运算时会弹出“材质附加选项”对话框。其操作步骤如下。

1 在3ds Max 2012中按“Ctrl+O”组合键打开素材文件7-10.max，打开后的场景如下图所示。

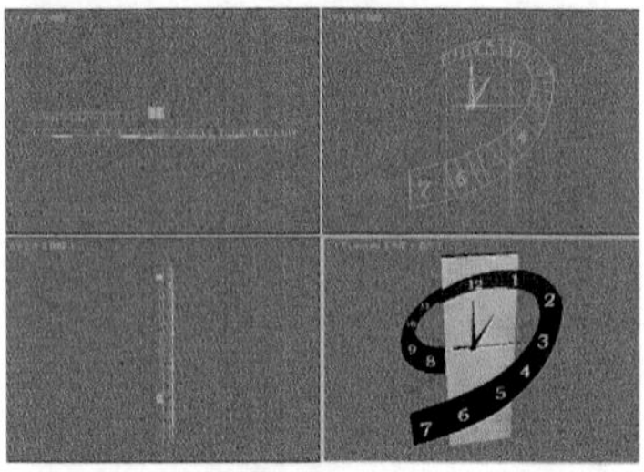

2 在场景中选择“表体”对象，选择“创建” | “几何体” | “复合对象” | “布尔”工具，在“拾取布尔”卷展栏中的“操作”选项区选中“并集”单选按钮，单击“拾取操作对象B”按钮，如下图所示。

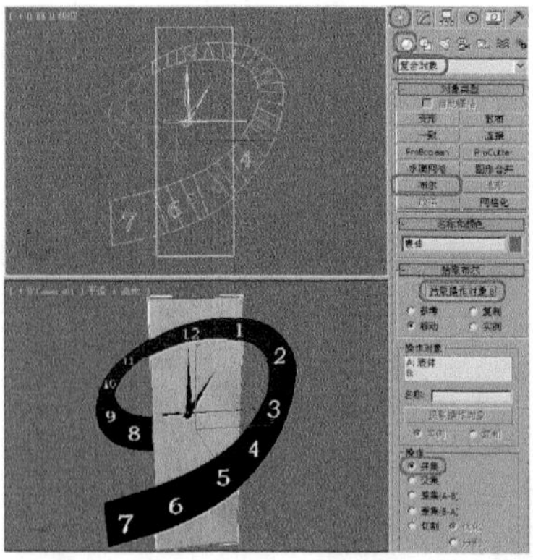

3 在场景中选择“右侧表盘”对象，将弹出“材质附加选项”对话框，选中“丢弃新操作对象材质”单选按钮，如下图所示，并单击“确定”按钮。

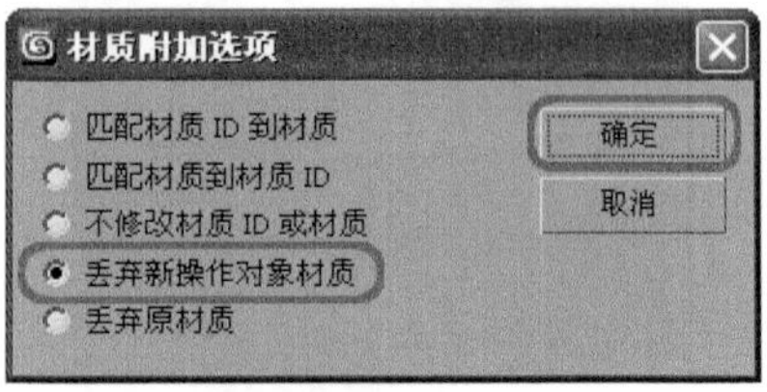

4 使用同样的方法将“表体”与“左侧表盘”进行并集运算，效果如下图所示。

实战操作241 交集运算

- 素材：Scene\Cha07\7-11.max
- 难度：★★★★★
- 场景：Scene\Cha07\实战操作241.max
- 视频：视频\Cha07\实战操作241.avi

交集运算是将两个物体相交的部分保留，不相交的部分删除。其操作步骤如下。

1 在3ds Max 2012中按“Ctrl+O”组合键打开素材文件7-11.max，打开后的场景如右图所示。

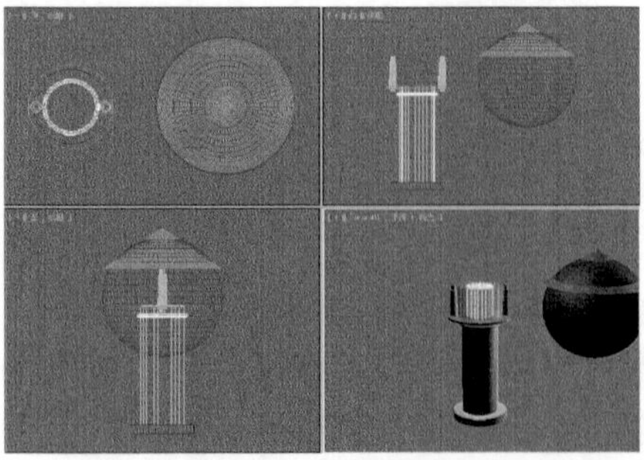

2 在场景中选择球体对象，选择“创建” | “几何体” | “复合对

象”|“布尔”工具，在“拾取布尔”卷展栏中“操作”选项区选中“交集”单选按钮，并单击“拾取操作对象B”按钮，如下图所示。

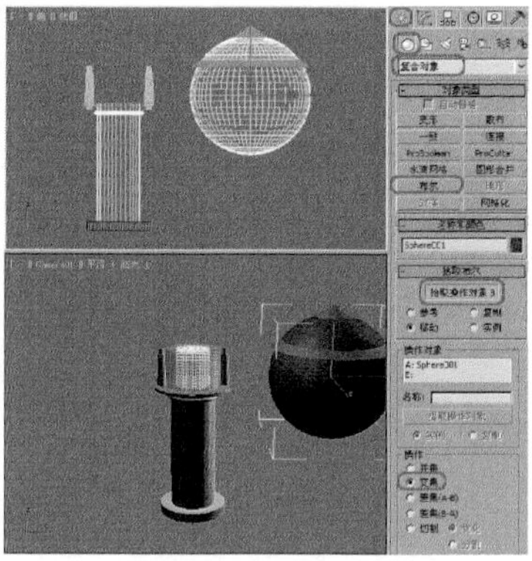

3 在场景中选择圆锥体对象，利用“选择并移动”工具在场景中调整复合对象的位置，如下图所示。

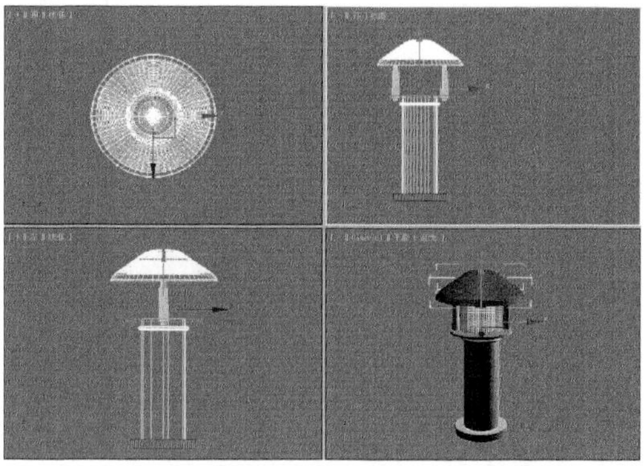

4 按M键打开“材质编辑器”对话框，将“草坪灯体”材质指定给选定对象，如右图所示。最后对“摄影机”视图进行渲染。

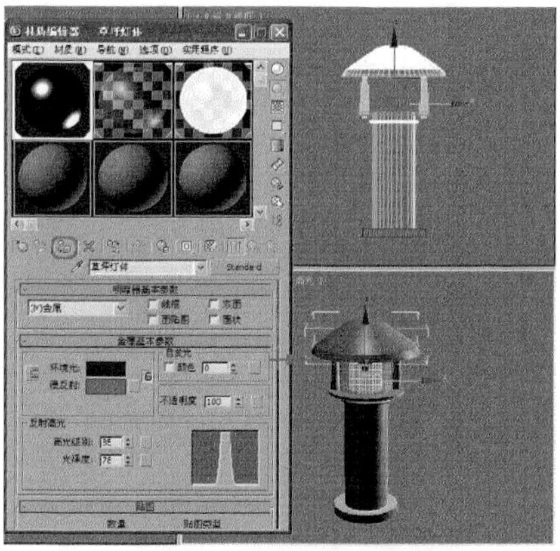

7.7 放样复合对象

“放样”同布尔运算一样，都属于合成对象的一种建模工具，放样的原理就是在一条指定的路径上排列截面，从而形成对象表面。放样对象由两个因素组成，即放样路径和放样图形。

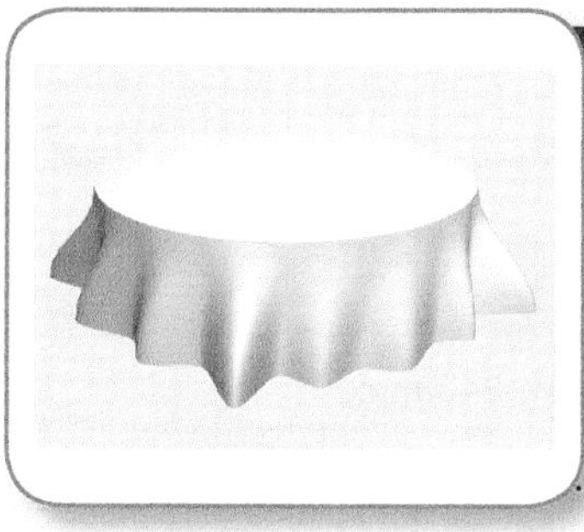

实战操作242 创建放样对象

- 素材：Scene\Cha07\7-12.max
- 难度：★★★★★
- 场景：Scene\Cha07\实战操作242.max
- 视频：视频\Cha07\实战操作242.avi

创建放样对象，首先创建一个或多个图形，然后单击“放样”工具，再单击“获取图形”或“获取路径”按钮，并在视口中选择图形。其操作步骤如下。

1 在3ds Max 2012中按“Ctrl+O”组合键打开素材文件7-12.max，打开后的场景如下图所示。

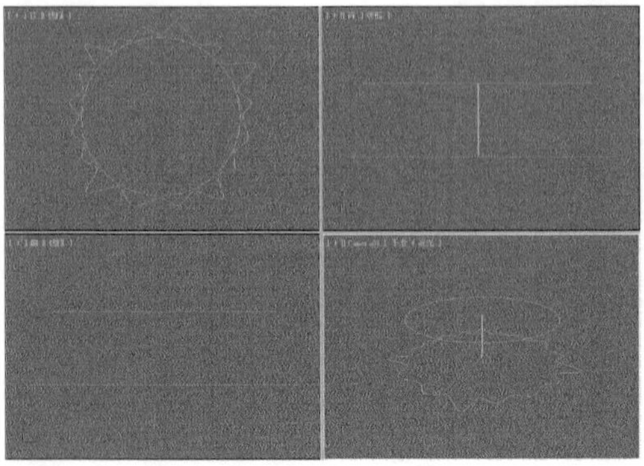

2 在场景中选择“截面图形2”，选择“创建”|“几何体”|“复合对象”|“放样”工具，在“创建方法”卷展栏中单击“获取路径”按钮，再在场景中选择“路径”，如下图所示。

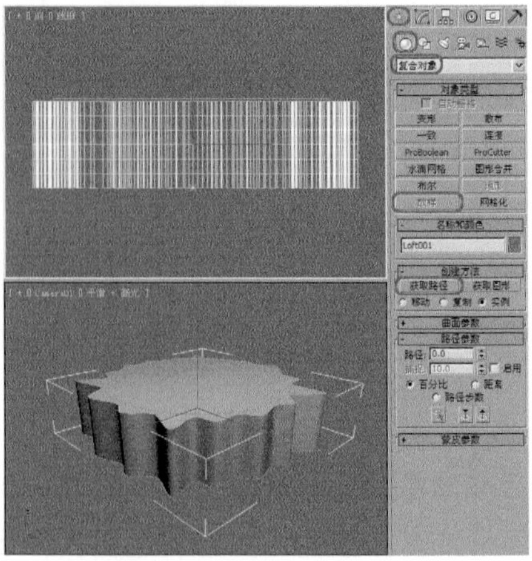

3 在“路径参数”卷展栏中将“路径”设置为100.0，并单击“创建方法”卷展栏中的“获取图形”按钮，在场景中选择“截面图形1”，如下图所示。

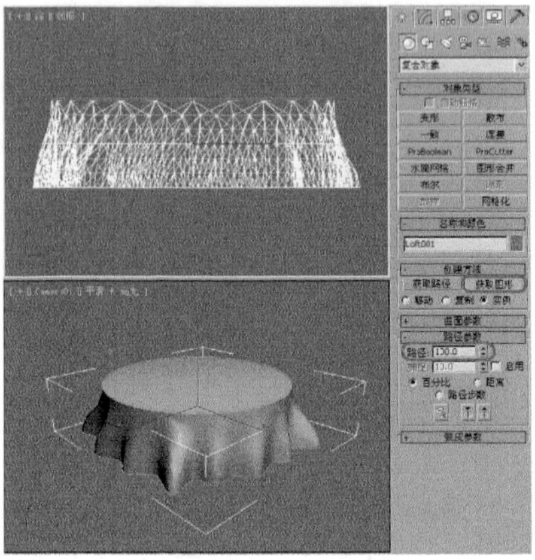

4 展开“蒙皮参数”卷展栏，将“选项”选项区中的“图形步数”设置为20，如下图所示，最后为复合对象指定材质并渲染。

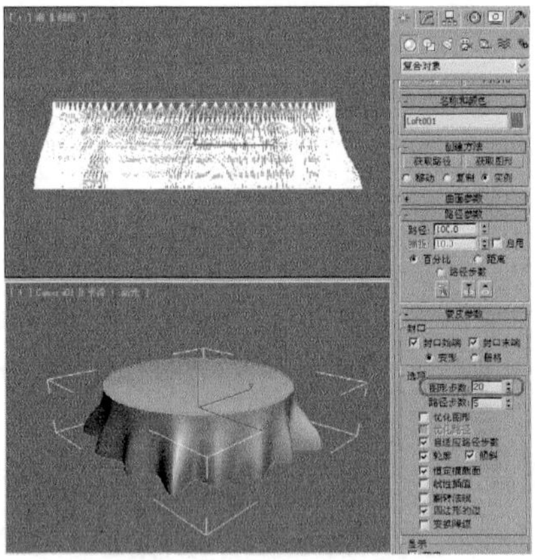

提示

“路径参数”卷展栏中的“路径”用于控制沿着放样路径在不同间隔之间的多个图形位置。

“蒙皮参数”卷展栏中的“图形步数”用于设置截面图形的分段数，数值越高，生成的复合对象表面周边的网格就越密。

实战操作243 设置路径步数

素材：Scene\Cha07\实战操作242.max　　场景：Scene\Cha07\实战操作243.max

难度：★★★★★　　视频：视频\Cha07\实战操作243.avi

“蒙皮参数”卷展栏中的“路径步数”用于设置路径的分段数，数值越高，生成的复合对象表面路径方向上的网格就越密。设置路径步数的操作步骤如下。

1 打开上一实战操作制作的场景文件，选择放样的复合对象，在为设置“路径步数”之前的效果如下图所示。

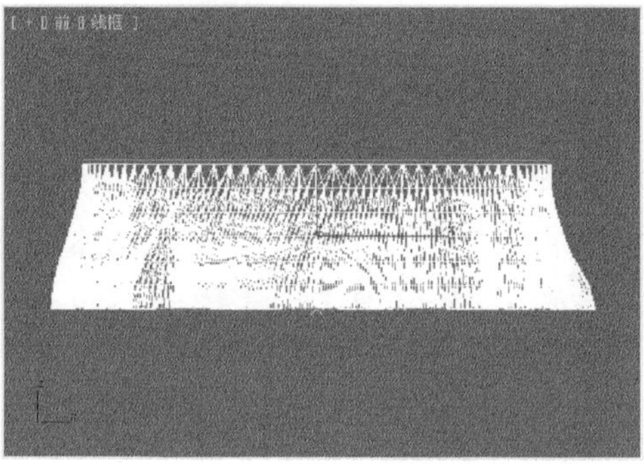

2 切换至“修改”命令面板，将“蒙皮参数”卷展栏“选项”选项区中的“路径步数”设置为10，设置后的“前”视图效果如下图所示。

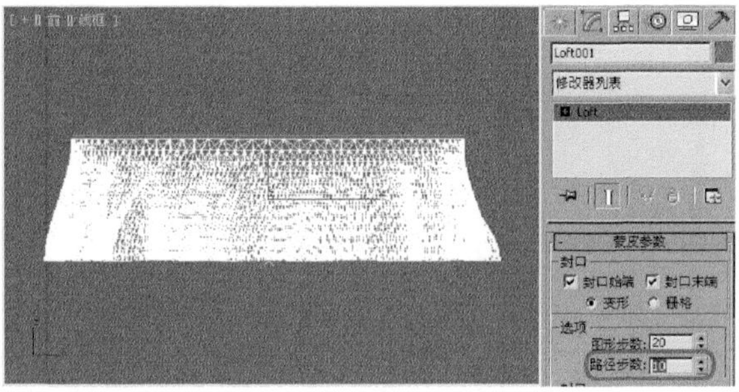

实战操作244　缩放变形

素材：Scene\Cha07\7-13.max

难度：★★★★★

场景：Scene\Cha07\实战操作244.max

视频：视频\Cha07\实战操作244.avi

缩放变形可以沿着放样对象的X轴及Y轴方向使其剖面发生变化。通过设置缩放的动画，放样对象可以沿着路径移动，通过此技术，可以创建动画。创建缩放变形的操作步骤如下。

1 在3ds Max 2012中按“Ctrl+O”组合键打开素材文件7-13.max，并选择放样对象，如下图所示。

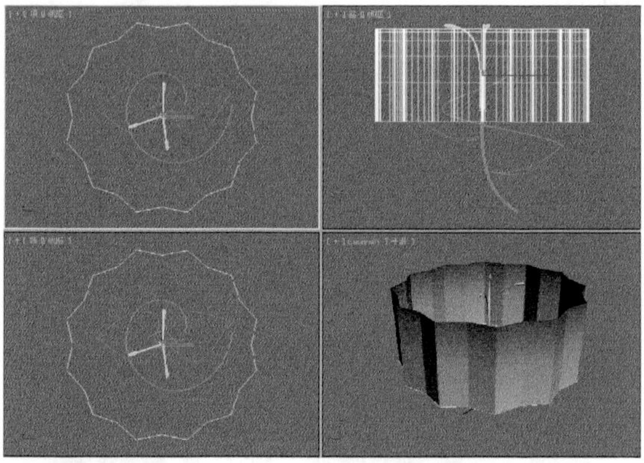

2 切换至“修改”命令面板，单击“变形”卷展栏中的“缩放”按钮，在打开的对话框中的“插入角点”按钮上按住鼠标左键，在弹出的列表中选择“插入Bezier点”选项，如下图所示。

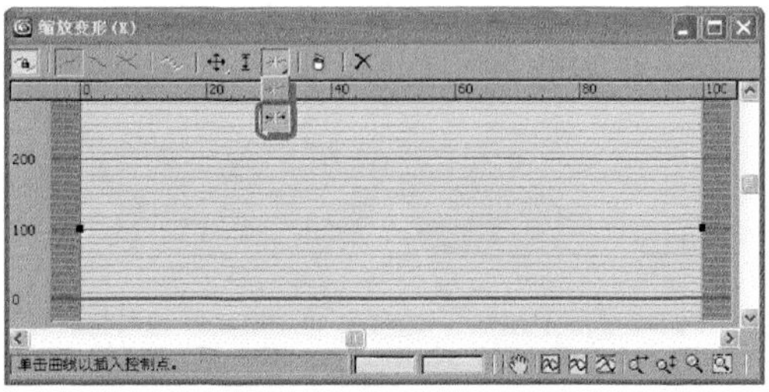

3 在曲线上添加一个Bezier点，单击“移动控制点”按钮，在对话框中调整曲线的形状，调整后的曲线如下图所示。

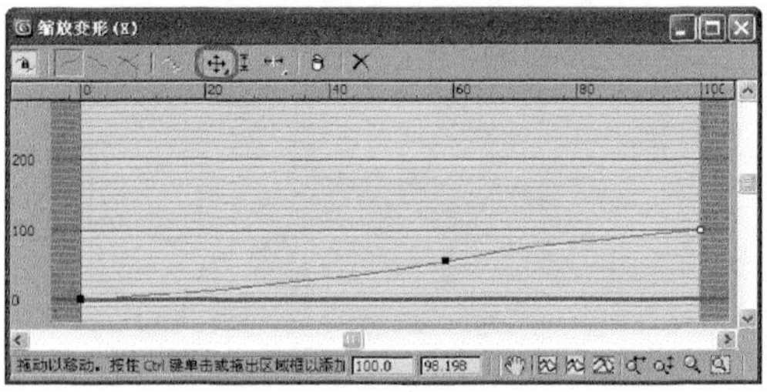

4 关闭该对话框，设置“缩放”变形后场景中放样对象的效果如右图所示。

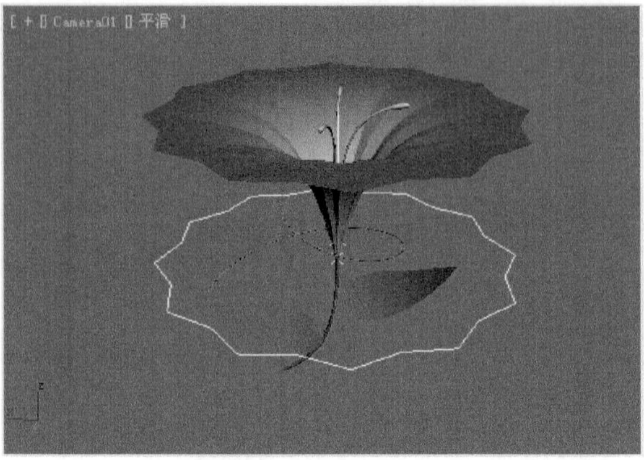

实战操作245 扭曲变形

- 素材：Scene\Cha07\7-14.max
- 难度：★★★★★
- 场景：Scene\Cha07\实战操作245.max
- 视频：视频\Cha07\实战操作245.avi

使用变形扭曲可以沿着对象的长度创建盘旋或扭曲的对象。扭曲将沿着路径指定旋转量。创建扭曲变形的操作步骤如下。

1 在3ds Max 2012中按“Ctrl+O”组合键打开素材文件7-14.max，并在场景中选择放样对象，如下图所示。

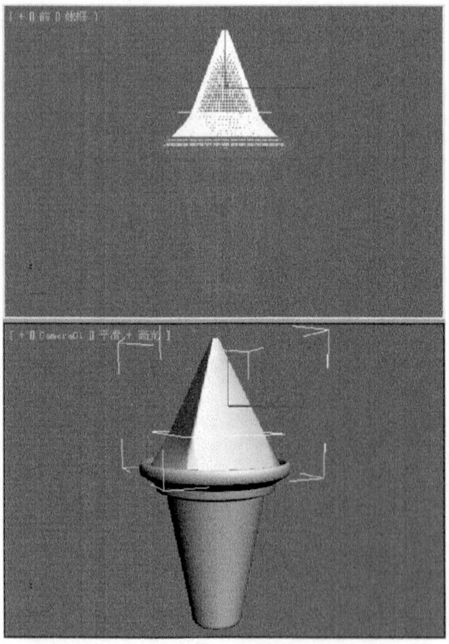

2 切换至“修改”命令面板，单击“变形”卷展栏中的“扭曲”按钮，在打开的“扭曲变形”对话框中调整曲线，效果如下图所示。

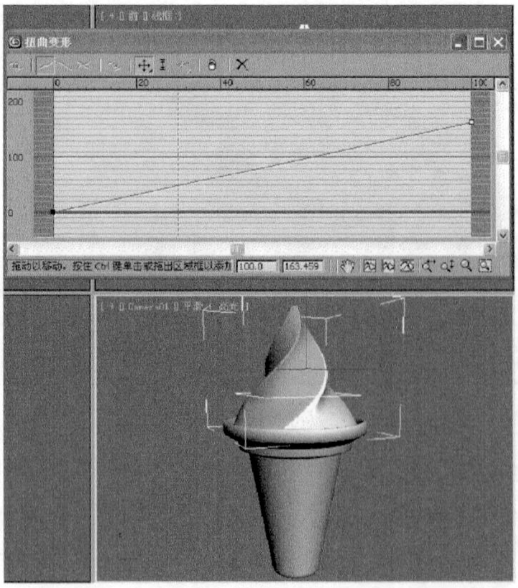

7.8 地形复合对象

通过“地形”按钮可以生成地形对象。在3ds Max中可以通过选择表示海拔轮廓的可编辑样条线，并在轮廓上创建网格曲面来生成地形对象。

实战操作246 创建等高线

- 素材：无
- 难度：★★★★★
- 场景：Scene\Cha07\实战操作246.max
- 视频：视频\Cha07\实战操作246.avi

要创建地形复合对象，首先要创建用于表示海拔轮廓的样条线。其操作步骤如下。

1 打开3ds Max 2012，选择“创建”|“图形”|“样条线”|“线”工具，在“顶”视图中绘制样条线，并切换至“修改”命令面板，将当前选择集定义为“顶点”，在视图中调整样条线的形状，如下图所示。

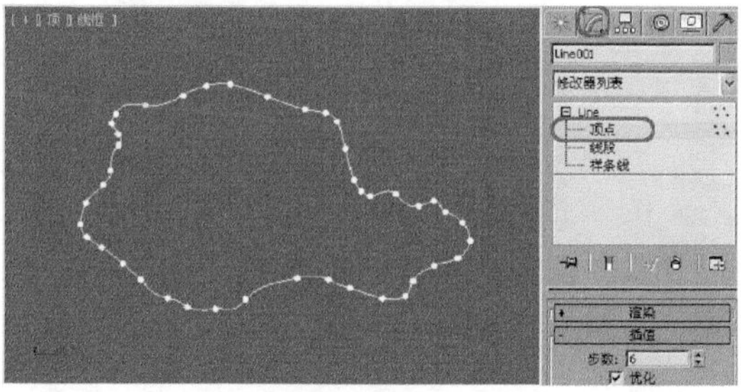

2 退出当前选择集，选择“创建”|“图形”|“样条线”|“线”工具，在“顶”视图中绘制第二条样条线，并切换至“修改”命令面板，将当前选择集定义为“顶点”，在视图中调整样条线的形状，如下图所示。

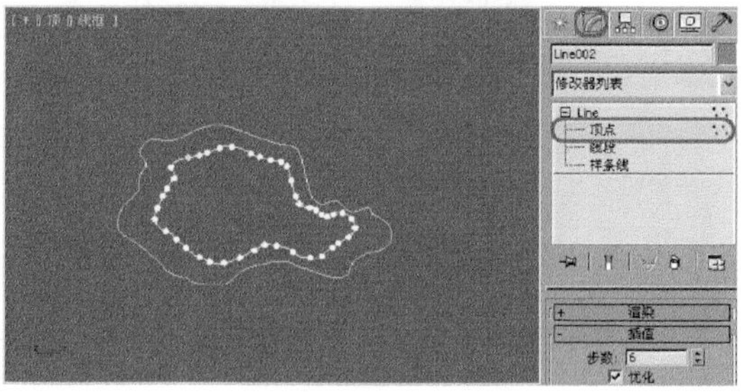

3 退出当前选择集，选择“创建”|“图形”|“样条线”|“线”工具，在“顶”视图中绘制第三条样条线，并切换至“修改”命令面板，将当前选择集定义为“顶点”，在视图中调整样条线的形状，如下图所示。

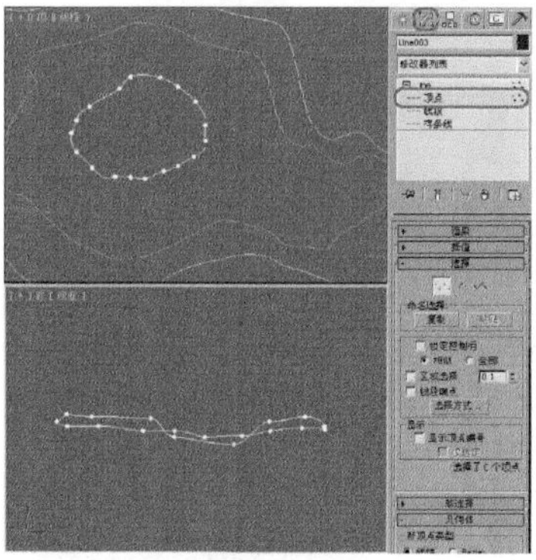

4 退出当前选择集，在“前”视图或“左”视图中调整三条样条线的上下距离，如下图所示，至此等高线便创建完成。

实战操作247 创建地形

素材：Scene\Cha07\实战操作246.max

难度：★★★★★

场景：Scene\Cha07\实战操作247.max

视频：视频\Cha07\实战操作247.avi

通过“地形”复合对象工具中的“拾取操作对象”按钮在场景中选择用来表示海拔的样条线来创建地形效果。其操作步骤如下。

1 打开上一实战操作制作的场景文件，在场景中选择“Line001”样条线，选择“创建” | “几何体” | “复合对象” | “地形”工具，如下图所示。

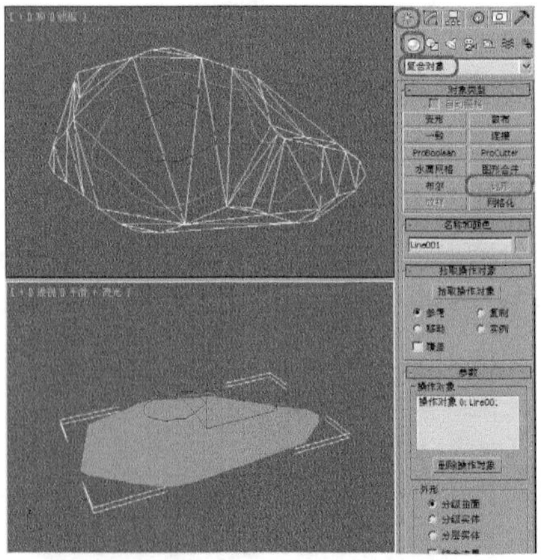

2 单击“拾取操作对象”卷展栏中的“拾取操作对象”按钮，在场景中分别选择“Line002”、“Line003”样条线，效果如下图所示。

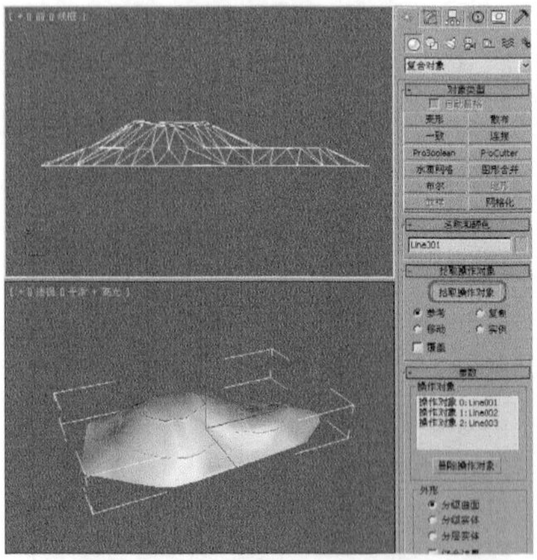

3 选择“创建” | “摄影机” | “目标”摄影机工具，在“顶”视图中创建一架摄影机，将“镜头”设置为60.0，并在其他视图中调整摄影机位置，如下图所示。

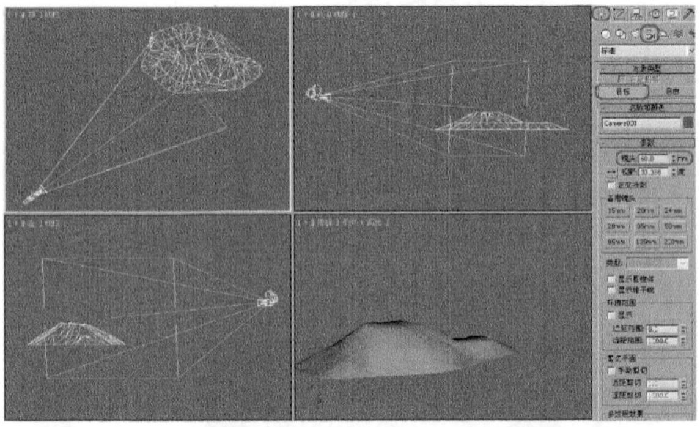

4 将“透视”视图转换为“摄影机”视图，最后将场景中的样条线隐藏，并为地形设置材质，效果如下图所示。

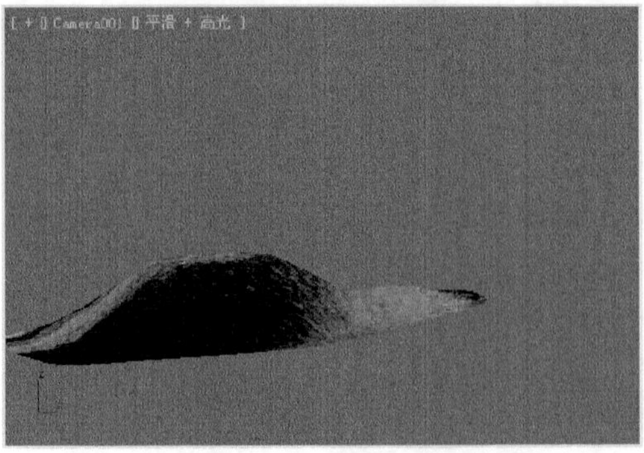

Chapter

08

第8章

高级建模

在模型的创建过程中，往往会遇到比较复杂的造型，这时就需要使用高级建模方式。本章将对网格建模、面片建模、多边形建模和NURBS建模进行逐一介绍。

8.1 编辑网格建模

本节主要介绍将模型转换为“可编辑网格”的方法，以及对网格建模的编辑等。

实战操作248 将模型转换为可编辑网格

素材：Scene\Cha08\8-1.max　　场景：无

难度：★★★★★　　视频：视频\Cha08\实战操作248.avi

下面介绍将模型转换为可编辑网格的方法，其操作步骤如下。

1 单击按钮，在弹出的下拉列表中选择“打开”选项，在打开的对话框中打开素材文件8-1.max，如下图所示。

2 在场景中选择“字母”模型，并单击鼠标右键，在弹出的快捷菜单中选择“转换为”|“转换为可编辑网格”命令，即可将模型转换为可编辑网格，如下图所示。

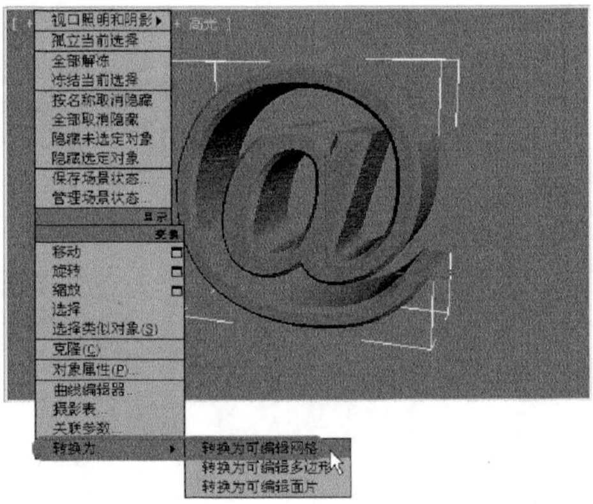

提示

除了上述方法可以将模型转换为可编辑网格外，还可以使用下面的两种方法。

- 方法1：在“修改”命令面板中的“修改器列表”中选择“编辑网格”修改器。
- 方法2：在菜单栏中选择“修改器”|“网格编辑”|“编辑网格”命令。

实战操作249 通过边模式创建切角

素材：Scene\Cha08\8-2.max　　场景：无

难度：★★★★★　　视频：视频\Cha08\实战操作249.avi

通过使用“切角”命令可以对选中的边进行切角，下面介绍通过边模式创建切角的方法，其操作步骤如下。

1 打开素材文件8-2.max，在场景中选择“002”对象，单击“修改”按钮，进入“修改”命令面板，将当前选择集定义为“边”，在“左”视图中选择如下图所示的边。

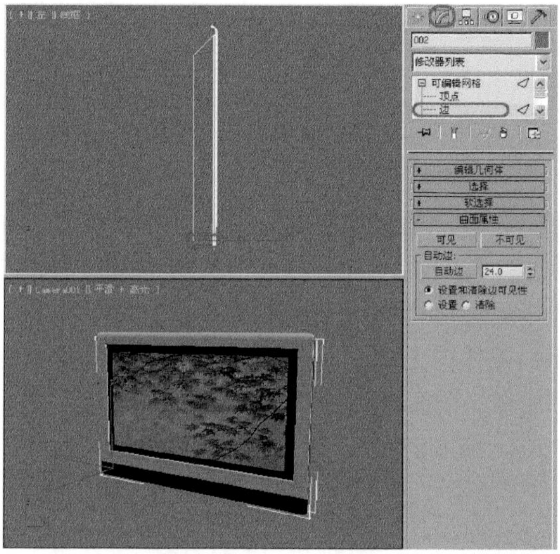

2 在“编辑几何体”卷展栏中单击“切角”按钮，并在右侧的微调框中输入1.2，然后按Enter键确认，即可对选中的边进行切角，如下图所示。

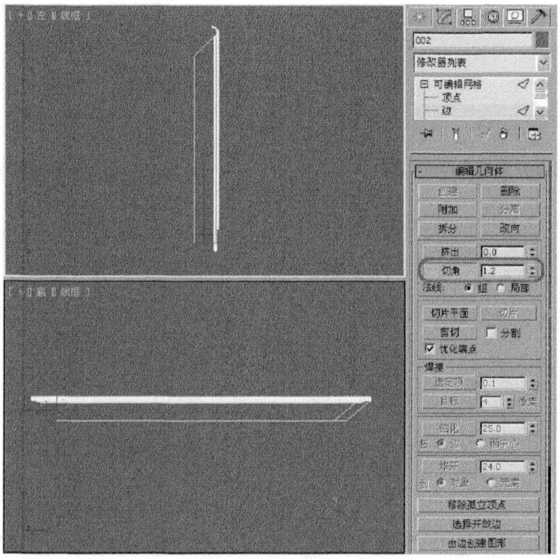

实战操作250　挤出多边形

- 素材：Scene\Cha08\8-3.max
- 难度：★★★★★
- 场景：Scene\Cha08\实战操作250.max
- 视频：视频\Cha08\实战操作250.avi

通过使用“挤出”命令可以将选择的多边形挤出，其操作步骤如下。

1 打开素材文件8-3.max，在场景中选择“桌面”对象，单击“修改”按钮，进入“修改”命令面板，将当前选择集定义为“多边形”，在视图中选择桌面上面的多边形，如下图所示。

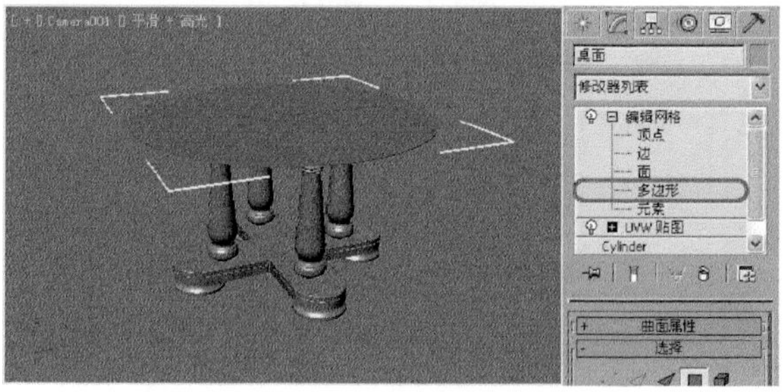

2 在“编辑几何体”卷展栏中单击“挤出”按钮，并在右侧的微调框中输入1.2，然后按Enter键确认，即可将选中的多边形挤出，如下图所示。

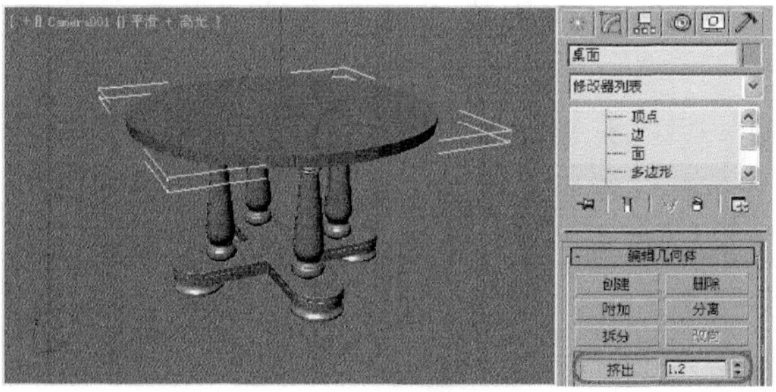

实战操作251 倒角多边形

素材：Scene\Cha08\8-4.max

难度：★★★★★

场景：Scene\Cha08\实战操作251.max

视频：视频\Cha08\实战操作251.avi

下面介绍倒角多边形的方法，其操作步骤如下。

1 打开素材文件8-4.max，在场景中选择“桌面”对象，单击“修改”按钮，进入“修改”命令面板，将当前选择集定义为“多边形”，在视图中选择桌面上面的多边形，如下图所示。

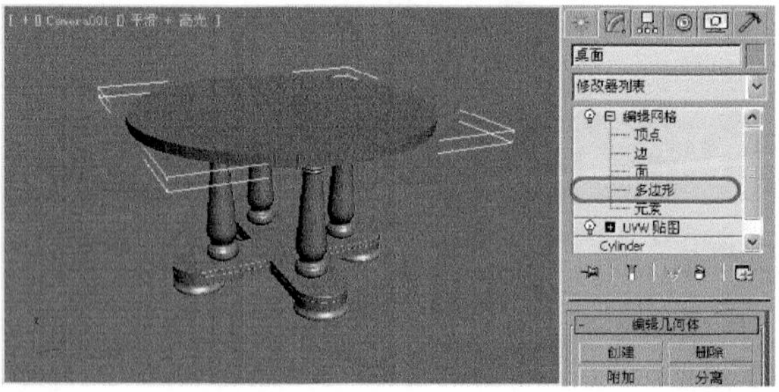

2 在“编辑几何体”卷展栏中单击“倒角”按钮，在“顶”视图中将鼠标移至选择的多边形上，当鼠标变成样式时单击鼠标左键并向上拖动，拖动至适当位置处松开鼠标左键，然后再拖动鼠标，确定倒角值后再次单击鼠标左键，即可完成倒角多边形的操作，如下图所示。

提示 在本实战操作中是先进行挤出然后再进行倒角的，这样倒角的是挤出后的多边形，原多边形不会被倒角；也可以单击倒角按钮后，在其右侧的文本框中输入倒角值，然后按Enter键确认，这样倒角的是选择的多边形。

实战操作252 细化元素

素材：Scene\Cha08\8-5.max

场景：无

难度：★★★★★

视频：视频\Cha08\实战操作252.avi

下面介绍细化元素的方法，其操作步骤如下。

1 打开素材文件8-5.max，在场景中选择“桌面”对象，单击“修改”按钮，进入“修改”命令面板，将当前选择集定义为“元素”，在视图中选择整个桌面对象，如右图所示。

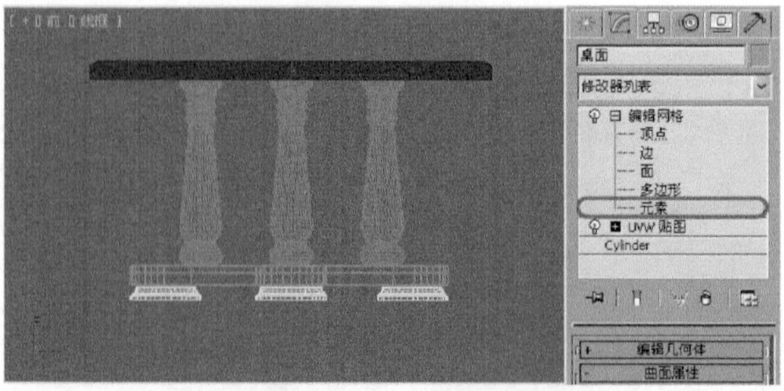

2 在“编辑几何体”卷展栏中将细化方式定义为“面中心”，然后单击“细化”按钮，即可将选择的元素细化，如右图所示。

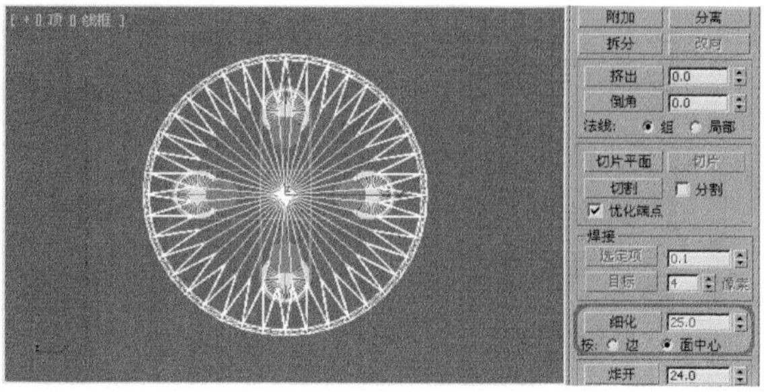

提示 细化方式分为两种：“边”和“面中心”。“边”是以选择面的边为根据进行分裂复制，通过“细化”按钮右侧的微调框进行调节；“面中心”是以选择面的中心为依据进行分裂复制。

8.2 编辑面片建模

使用面片建模可以产生十分细腻的曲面，本节主要对面片建模的编辑进行介绍。

实战操作253 创建四边形面片

- 素材：Scene\Cha08\8-6.max
- 难度：★★★★★
- 场景：Scene\Cha08\实战操作253.max
- 视频：视频\Cha08\实战操作253.avi

下面介绍创建四边形面片的方法，其操作步骤如下。

1 单击按钮，在弹出的下拉列表中选择“打开”选项，在打开的对话框中打开素材文件8-6.max，如下图所示。

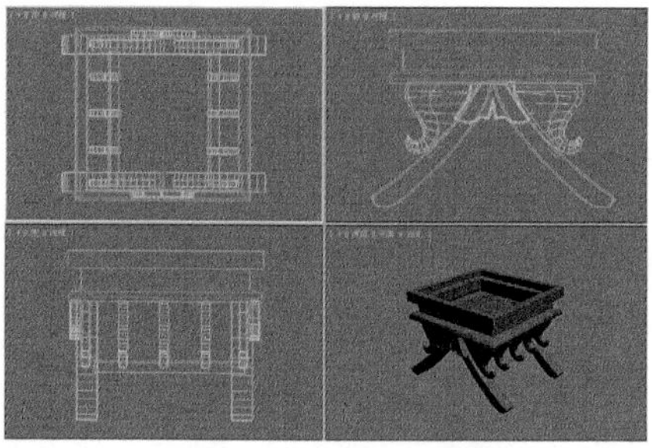

2 选择“创建”|“几何体”|“面片栅格”|“四边形面片”工具，在“顶”视图中按住鼠标左键并拖动鼠标，拖动至适当位置处松开鼠标左键。在“参数”卷展栏中将“长度”设置为388.0，将“宽度”设置为384.0，并在其他视图中调整其位置，如下图所示。按M键打开“材质编辑器”对话框，选择第2个材质样本球，然后单击“将材质指定给选定对象”按钮。

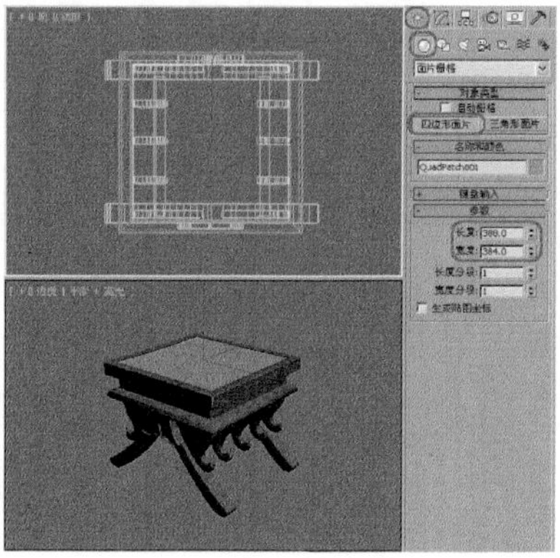

实战操作254 创建三角形面片

素材：Scene\Cha08\8-7.max

难度：★★★★★

场景：Scene\Cha08\实战操作254.max

视频：视频\Cha08\实战操作254.avi

下面介绍创建三角形面片的方法，其操作步骤如下。

1 单击按钮，在弹出的下拉列表中选择“打开”选项，在打开的对话框中打开素材文件8-7.max，如下图所示。

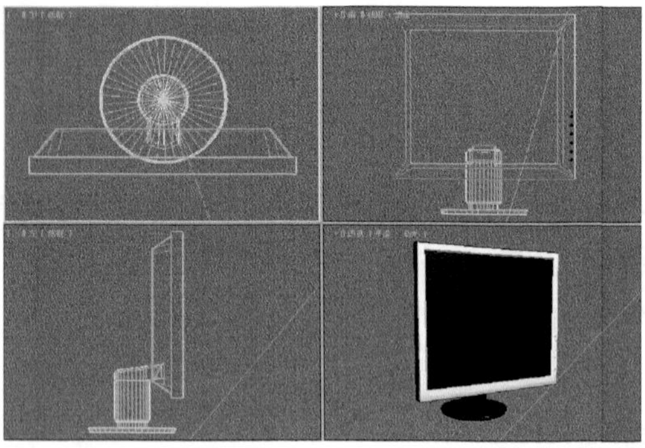

2 选择“创建”|“几何体”|“面片栅格”|“三角形面片”工具，在“前”视图中按住鼠标左键并拖动鼠标，拖动至适当位置处松开鼠标左键，在“参数”卷展栏中将“长度”设置为11.8，“宽度”设置为13.5，并在其他视图中调整其位置，如下图所示。

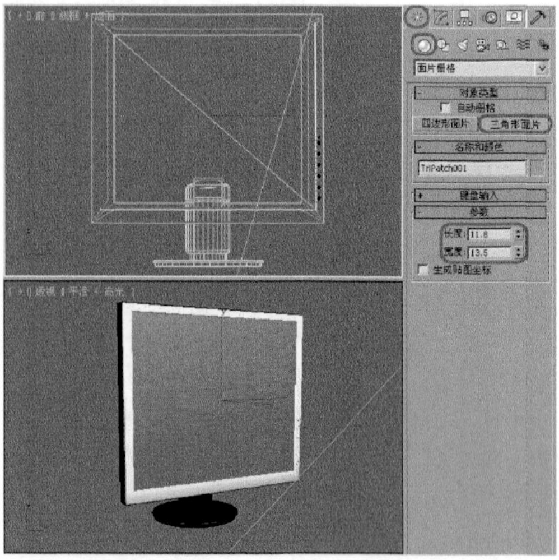

3 确定新创建的三角形面片处于选择状态，按M键打开“材质编辑器”对话框，选择第一个材质样本球，然后单击“将材质指定给选定对象”按钮，为三角形面片赋予材质，如下图所示。

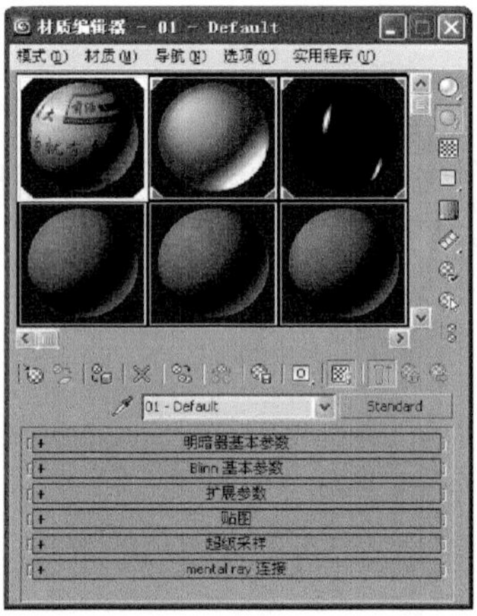

4 在场景中选择目标聚光灯，然后在“常规参数”卷展栏中单击“排除”按钮，弹出“排除/包含”对话框，在左侧的列表框中选择“TriPatch001”对象，单击>>按钮，然后单击“确定”按钮，将其排除灯光的照射，如下图所示。

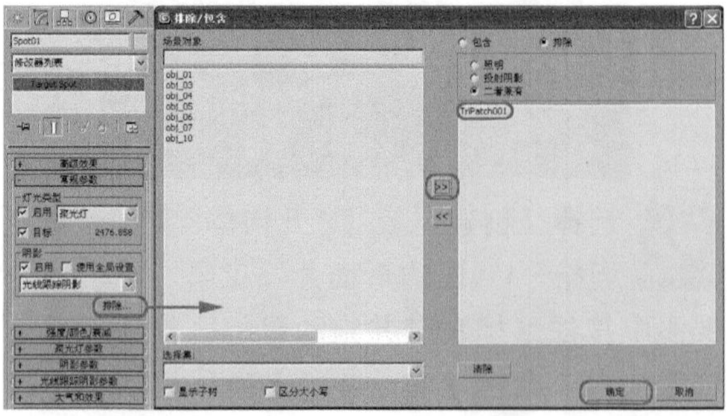

实战操作255 将几何体转换为可编辑面片

素材：Scene\Cha08\8-8.max　　场景：无

难度：★★★★★　　视频：视频\Cha08\实战操作255.avi

下面介绍将几何体转换为可编辑面片的方法，其操作步骤如下。

1 单击按钮，在弹出的下拉列表中选择“打开”选项，在打开的对话框中打开素材文件8-8.max，如下图所示。

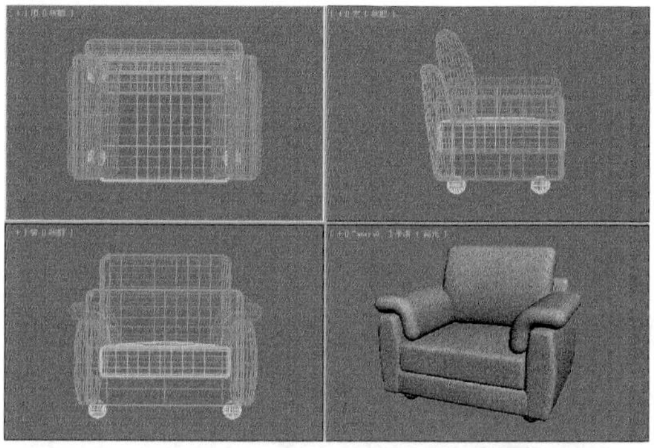

2 在场景中选择“ChamferBox001”对象，并单击鼠标右键，在弹出的快捷菜单中选择“转换为”|“转换为可编辑面片”命令，即可将模型转换为可编辑面片，如下图所示。

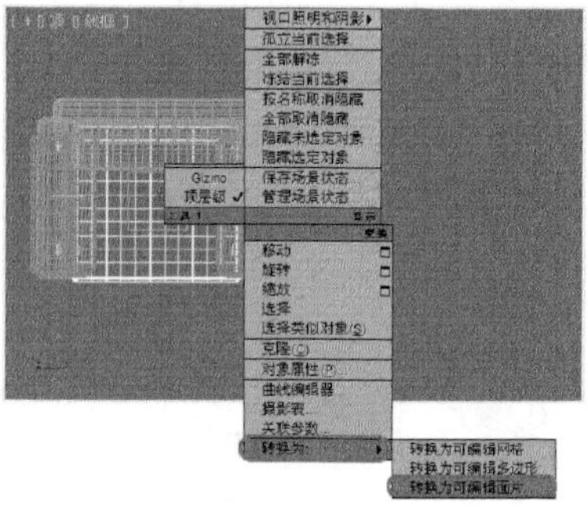

提示

除了上述方法可以将几何体转换为可编辑面片外，还可以使用下面的两种方法。

- 方法1：在“修改”命令面板中的“修改器列表”中选择“编辑面片”修改器。
- 方法2：在菜单栏中选择“修改器”|“面片/样条线编辑”|“编辑面片”命令。

实战操作256 细分面片

素材：Scene\Cha08\8-9.max　　场景：无

难度：★★★★★　　视频：视频\Cha08\实战操作256.avi

使用“细分”命令可以将选择的面片分成4个大小相同的面片，其操作步骤如下。

1 打开素材文件8-9.max，在场景中选择“坐垫”对象，单击“修改”按钮，进入“修改”命令面板，将当前选择集定义为“面片”，在视图中选择整个“坐垫”对象，如下图所示。

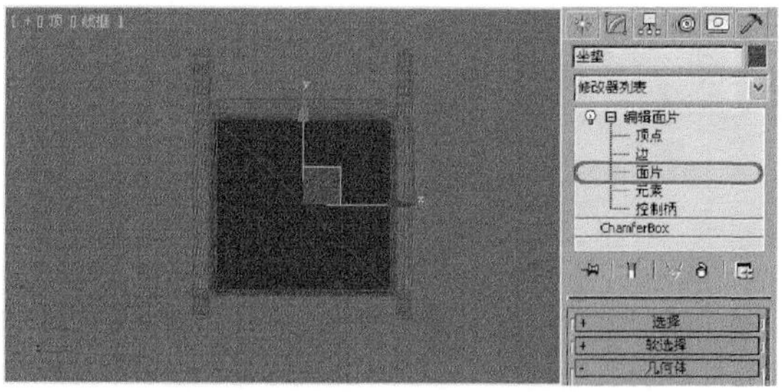

2 在“几何体”卷展栏“细分”选项区中单击“细分”按钮，即可细分选择的面片，如下图所示。

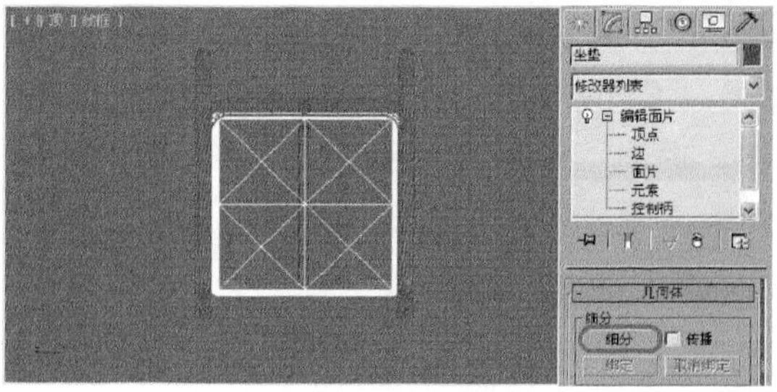

实战操作257 挤出面片

素材：Scene\Cha08\8-10.max

难度：★★★★★

场景：Scene\Cha08\实战操作257.max

视频：视频\Cha08\实战操作257.avi

通过使用“挤出”命令，可以为面片增加厚度，其操作步骤如下。

1 打开素材文件8-10.max，在场景中选择“Cylinder002”对象，单击“修改”按钮，进入“修改”命令面板，将当前选择集定义为“面片”，在“顶”视图中选择如下图所示的面片。

2 打开“几何体”卷展栏，在“挤出和倒角”选项区中的“挤出”微调框中输入60，然后按Enter键确认，即可挤出面片，如下图所示。

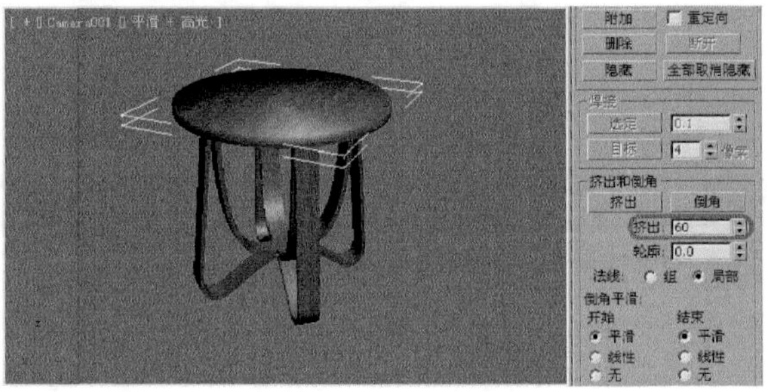

实战操作258 设置面片轮廓

素材：Scene\Cha08\8-11.max

难度：★★★★★

场景：Scene\Cha08\实战操作258.max

视频：视频\Cha08\实战操作258.avi

下面介绍设置面片轮廓的方法，其操作步骤如下。

1 打开素材文件8-11.max，在场景中选择“Cylinder002”对象，单击“修改”按钮，进入“修改”命令面板，将当前选择集定义为“面片”，在“顶”视图中选择如右图所示的面片。

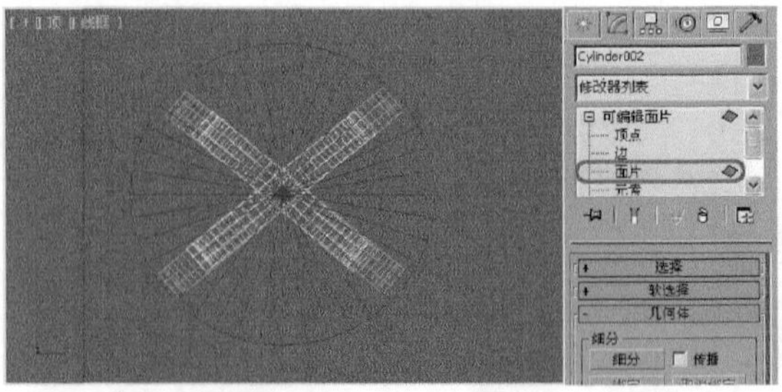

2 打开“几何体”卷展栏，在“挤出和倒角”选项区中的“轮廓”微调框中输入-5，然后按Enter键确认，如右图所示。

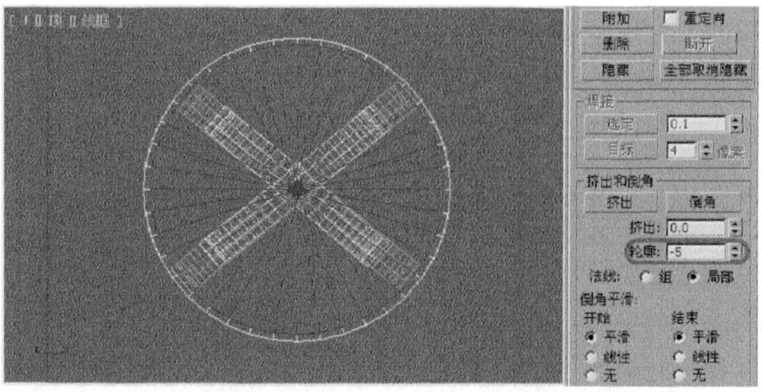

实战操作259 倒角面片

素材：Scene\Cha08\8-12.max

难度：★★★★★

场景：Scene\Cha08\实战操作259.max

视频：视频\Cha08\实战操作259.avi

通过使用“倒角”命令可以倒角选择的面片，其操作步骤如下。

1 打开素材文件8-12.max，在场景中选择“Cylinder002”对象，单击“修改”按钮，进入“修改”命令面板，将当前选择集定义为“面片”，在“顶”视图中选择如下图所示的面片。

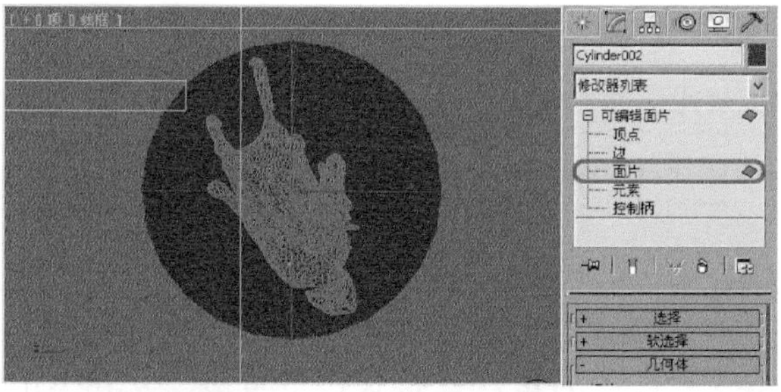

2 打开“几何体”卷展栏，在“挤出和倒角”选项区中单击“倒角”按钮，然后在“挤出”微调框中输入0.77，按Enter键确认，在“轮廓”微调框中输入-1，按Enter键确认，如下图所示。

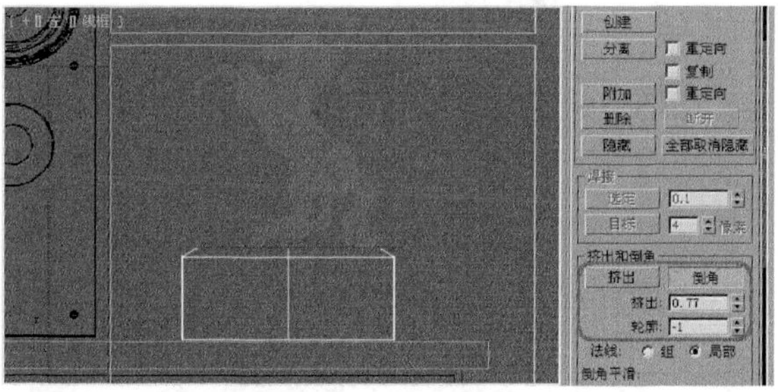

8.3 编辑多边形建模

本节主要介绍将模型转换为“可编辑多边形”的方法，以及对多边形建模的编辑等。

实战操作260 将模型转换为可编辑多边形

素材：Scene\Cha08\8-13.max　　场景：无

难度：★★★★★　　视频：视频\Cha08\实战操作260.avi

下面介绍将模型转换为可编辑多边形的方法，其操作步骤如下。

1 单击按钮，在弹出的下拉列表中选择“打开”选项，在打开的对话框中打开素材文件8-13.max，如下图所示。

2 在场景中选择“002”对象，并单击鼠标右键，在弹出的快捷菜单中选择“转换为”|“转换为可编辑多边形”命令，即可将模型转换为可编辑多边形，如下图所示。

提示

除了上述方法可以将模型转换为可编辑多边形外，还可以使用下面的两种方法。

- 方法1：在“修改”命令面板中的“修改器列表”中选择“编辑多边形”修改器。
- 方法2：在菜单栏中选择“修改器”|“网格编辑”|“编辑多边形”命令。

实战操作261 通过边模式创建切角

- 素材：Scene\Cha08\8-14.max
- 难度：★★★★★
- 场景：Scene\Cha08\实战操作261.max
- 视频：视频\Cha08\实战操作261.avi

下面介绍通过边模式创建切角的方法，其操作步骤如下。

1 打开素材文件8-14.max，将“顶”视图转换为“底”视图，在场景中选择“NGon001”对象，单击“修改”按钮，进入“修改”命令面板，将当前选择集定义为“边”，在“底”视图中选择如下图所示的边。

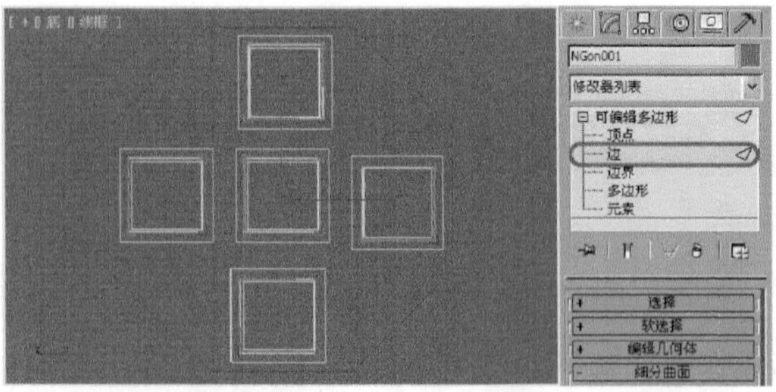

2 在“编辑边”卷展栏中单击“切角”后面的“设置”按钮，在弹出的“切角”对话框中将“边切角量”设置为8.0，然后单击“确定”按钮，如下图所示。

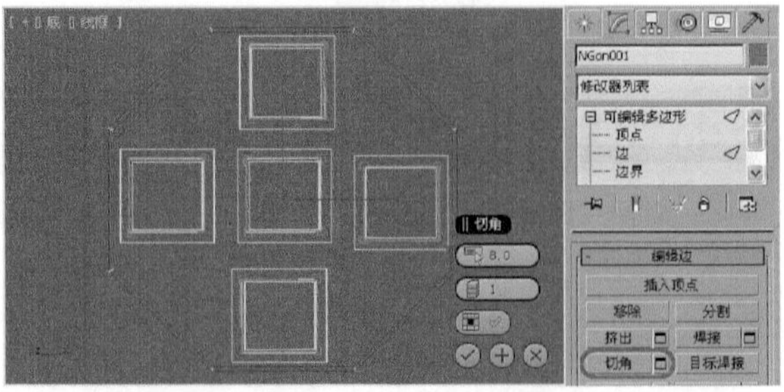

实战操作262 分离对象

素材：Scene\Cha08\8-15.max　　场景：Scene\Cha08\实战操作262.max

难度：★★★★★　　视频：视频\Cha08\实战操作262.avi

下面介绍将次物体对象分离出来的方法，其操作步骤如下。

1 打开素材文件8-15.max，在场景中选择“茶几”对象，单击“修改”按钮，进入“修改”命令面板，将当前选择集定义为“多边形”，在视图中选择如下图所示的多边形。

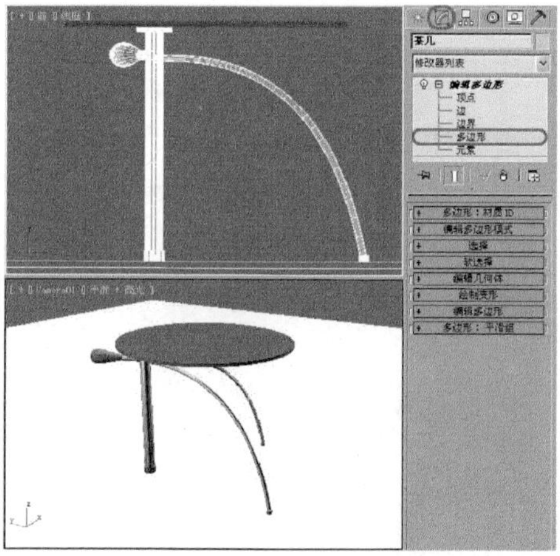

2 在“编辑几何体”卷展栏中单击“分离”后面的“设置”按钮，弹出“分离”对话框，在“分离为”文本框中输入“茶几面”，然后单击“确定”按钮，如下图所示。

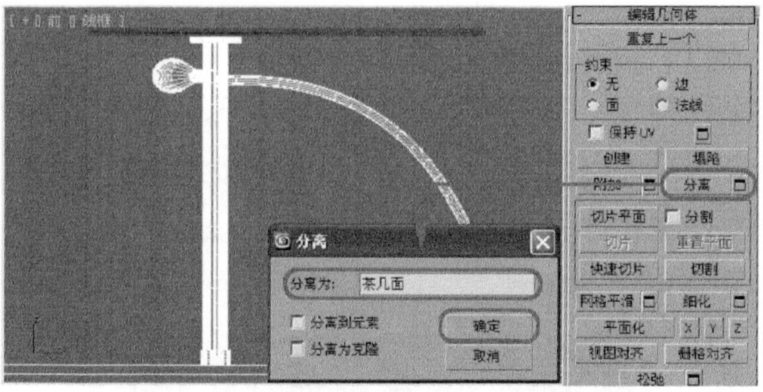

实战操作263 附加对象

素材：Scene\Cha08\8-16.max　　场景：Scene\Cha08\实战操作263.max

难度：★★★★★　　视频：视频\Cha08\实战操作263.avi

下面介绍将多个对象附加在一起的方法，其操作步骤如下。

1 单击按钮，在弹出的下拉列表中选择“打开”选项，在打开的对话框中打开素材文件8-16.max，并在场景中选择“茶几”对象，如下图所示。

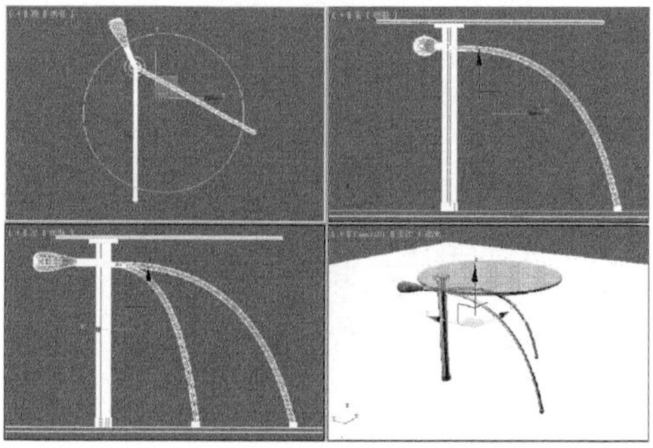

2 单击“修改”按钮，进入“修改”命令面板，在“编辑几何体”卷展栏中单击“附加”按钮，然后在场景中单击“茶几面”对象，弹出如下图所示的“附加选项”对话框，选中“匹配材质ID到材质”单选按钮，然后单击“确定”按钮，即可将两个对象附加在一起。

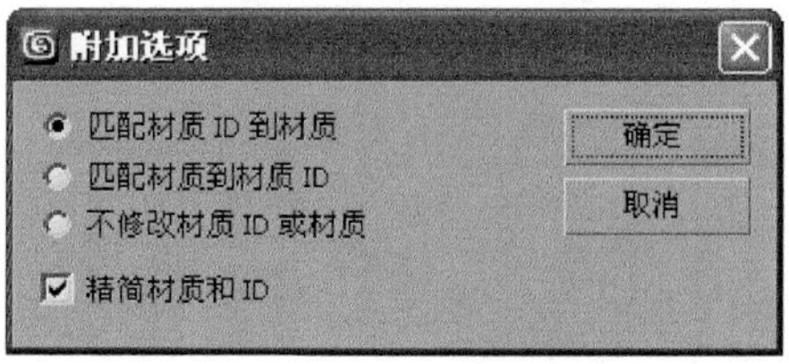

提示 如果需要附加多个对象，可以单击“附加”按钮后面的“设置”按钮，在打开的“附加列表”对话框中选择需要附加的对象，然后单击“附加”按钮。

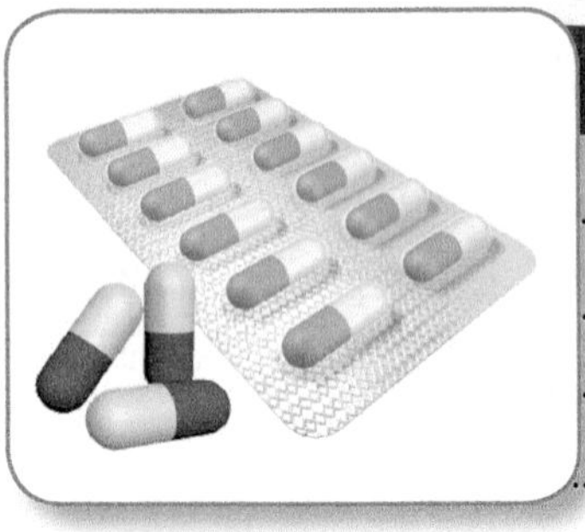

实战操作264 设置ID号

- 素材：无
- 难度：★★★★★
- 场景：Scene\Cha08\实战操作264.max
- 视频：视频\Cha08\实战操作264.avi

通过设置ID号，可以为一个对象设置不同的材质，其操作步骤如下。

1 选择“创建” | “几何体” | “扩展基本体” | “油罐”工具，在“顶”视图中创建一个油罐，在“参数”卷展栏中将“半径”设置为30.0，将“高度”设置为160.0，将“封口高度”设置为29.0，将“混合”设置为3.0，将“边数”设置为20.0，将“高度分度”设置为2，如下图所示。

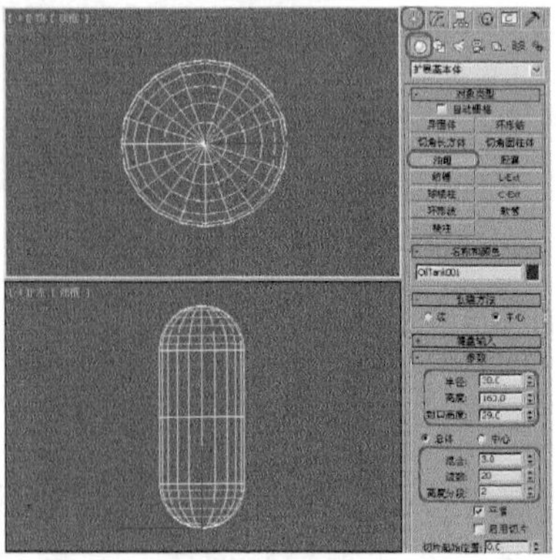

2 将新创建的油罐转换为可编辑多边形，并将当前选择集定义为“多边形”，在“前”视图中选择油罐上部分的多边形，然后在“多边形：材质ID”卷展栏中的“设置ID”微调框中输入1，如下图所示。

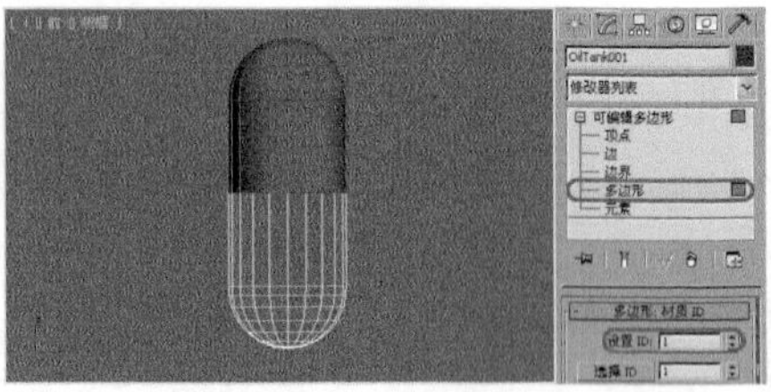

3 在菜单栏中选择“编辑” | “反选”命令，然后在“多边形：材质ID”卷展栏中的“设置ID”微调框中输入2，如下图所示。

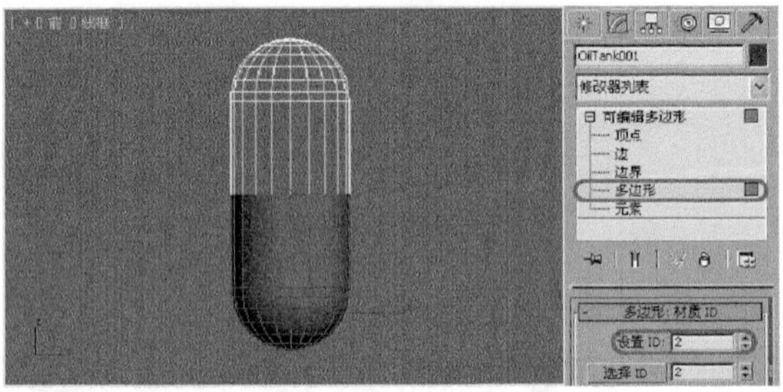

4 关闭当前选择集，在工具栏中单击“材质编辑器”按钮，打开“材质编辑器”对话框，激活第一个材质样本球，单击名称列表框右侧的“Standard”按钮，打开“材质/贴图浏览器”对话框，选择“多维/子对象”材质，如下图所示。

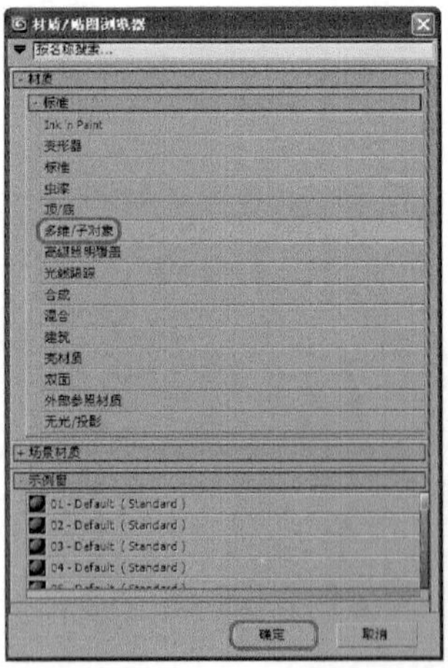

5 单击“确定”按钮，弹出“替换材质”对话框，使用默认设置，单击“确定”按钮即可。在“多维/子对象基本参数”卷展栏中单击“设置数量”按钮，弹出“设置材质数量”对话框，将“材质数量”设置为2，单击“确定”按钮，如下图所示。

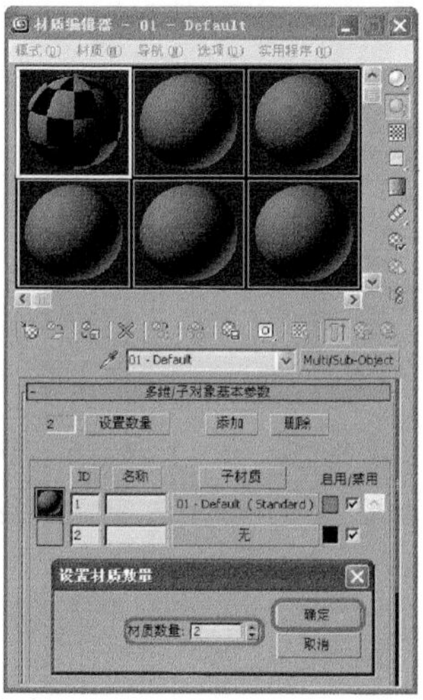

6 按照ID的排列，单击1号材质后面的材质按钮，进入该子级材质面板中：在“明暗器基本参数”卷展栏中将明暗器类型定义为“Blinn”。在“Blinn基本参数”卷展栏中将“环境光”和“漫反射”的RGB值都设置为255、255、0；将“自发光”选项区下的“颜色”设置为30；将“反射高光”选项区下的“高光级别”和“光泽度”分别设置为47、28，如下图所示。

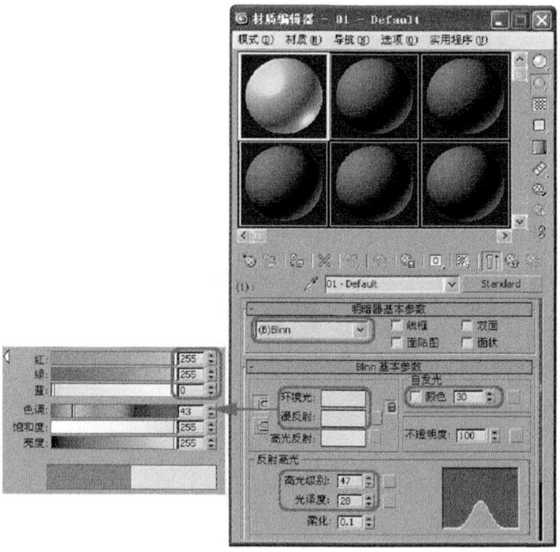

7 单击“转到父对象”按钮，回到父级材质层级中。单击2号材质后面的材质按钮，在弹出的“材质/贴图浏览器”对话框中选择“标准”材质，单击“确定”按钮，进入子级材质面板中，在“明暗器基本参数”卷展栏中将明暗器类型定义为“Blinn”。在“Blinn基本参数”卷展栏中将“环境光”和“漫反射”的RGB值设置为255、0、0，如下图所示。单击“转到父对象”按钮，回到父级材质层级中，然后单击“将材质指定给选定对象”按钮。

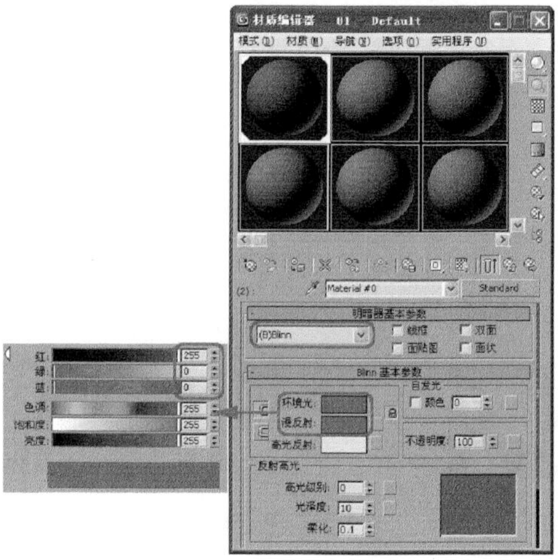

8 按键盘上的8键，打开“环境和效果”对话框，在“公用参数”卷展栏中将“背景”选项区中的“颜色”设置为255、255、255，如下图所示。

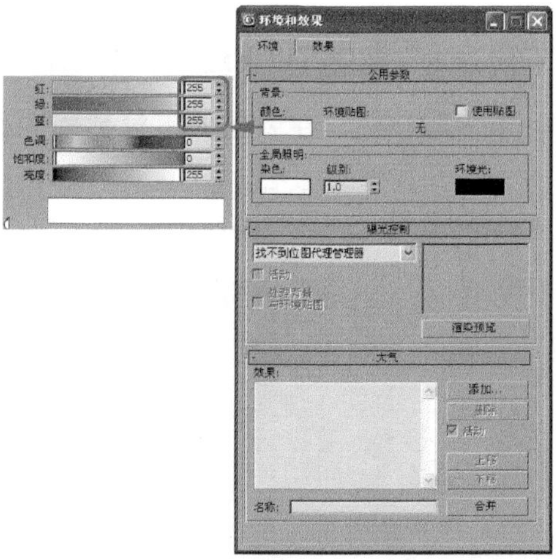

9 单击工具栏中的“选择并移动”按钮，在“前”视图中选择“OilTank001”对

象，按住鼠标左键并配合Shift键将其沿X轴向右侧移动，移动至适当位置处松开鼠标左键，在弹出的“克隆选项”对话框中选中“复制”单选按钮，将“副本数”设置为2，然后单击“确定”按钮，如下图所示。

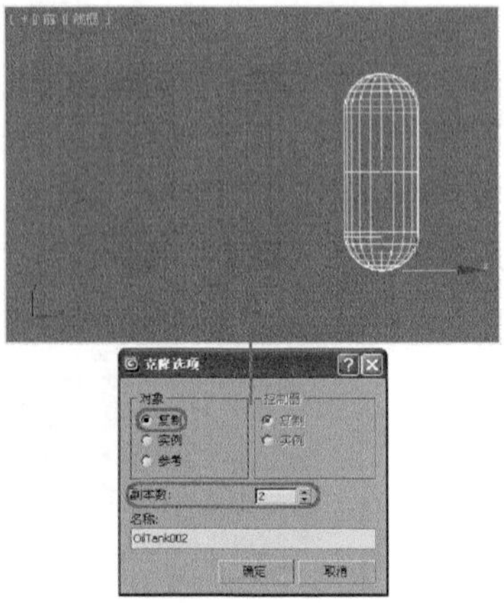

10 单击工具栏中的“选择并移动”按钮和“选择并旋转”按钮，在场景中对创建的对象进行调整，如下图所示。可以在此基础上进行扩展，做出一整板的胶囊。

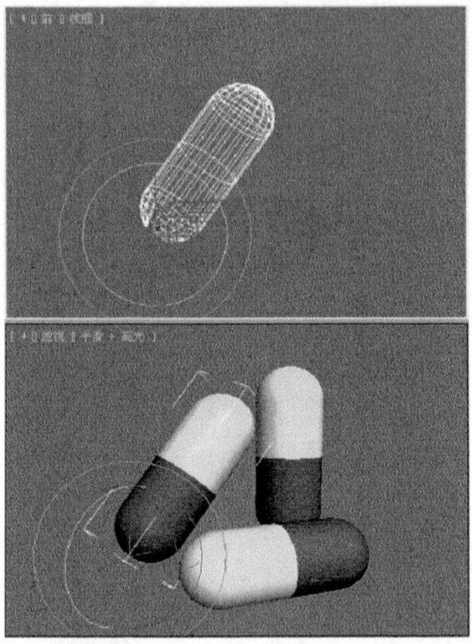

8.4 创建NURBS点

在3ds Max 2012中提供了多种类型的NURBS点，下面将对这些点的创建进行详细介绍。

实战操作265 创建点

素材：Scene\Cha08\8-17.max　　场景：无

难度：★★★★★　　视频：视频\Cha08\实战操作265.avi

使用“点”命令可以创建一个独立存在的点，其操作步骤如下。

1 单击按钮，在弹出的下拉列表中选择“打开”选项，在打开的对话框中打开素材文件8-17.max，如下图所示。

2 在场景中选择“Curve001”对象，单击“修改”按钮，进入“修改”命令面板，在“创建点”卷展栏中单击“点”按钮，在需要创建点的位置处单击鼠标左键即可，如下图所示。

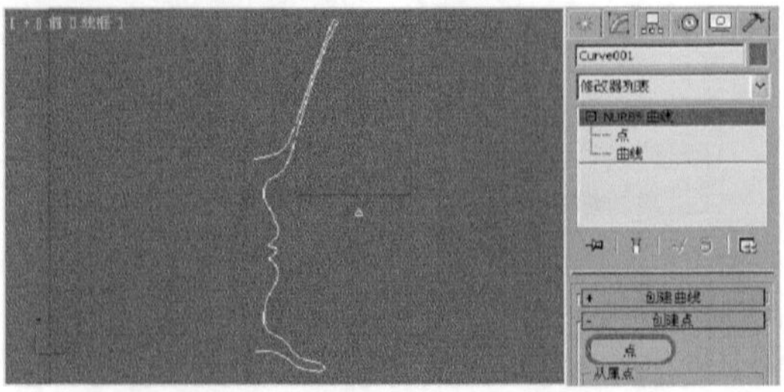

实战操作266 创建偏移点

素材：Scene\Cha08\8-17.max　　场景：无

难度：★★★★★　　视频：视频\Cha08\实战操作266.avi

使用“偏移点”命令可以创建一个与选定点相依附的点，其操作步骤如下。

1 单击按钮，在弹出的下拉列表中选择“打开”选项，在打开的对话框中打开素材文件8-17.max，如下图所示。

2 在场景中选择“Curve001”对象，单击“修改”按钮，进入“修改”命令面板，在“创建点”卷展栏中单击“偏移点”按钮，在如下图所示的位置处创建偏移点。

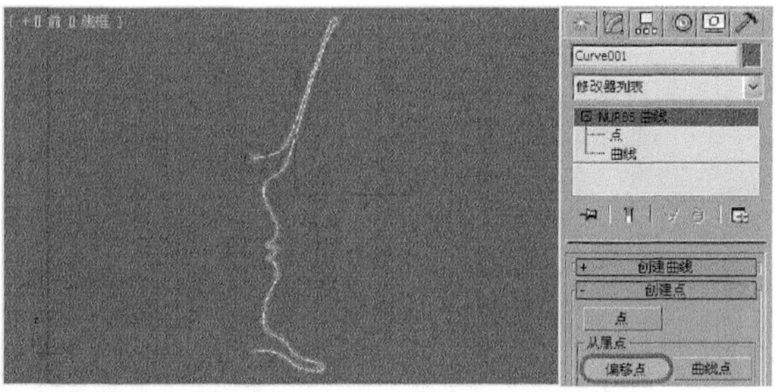

实战操作267 创建曲线点

素材：Scene\Cha08\8-17.max　　场景：无

难度：★★★★★　　视频：视频\Cha08\实战操作267.avi

使用“曲线点”命令可以创建一个依赖于曲线的点，其操作步骤如下。

1 单击按钮，在弹出的下拉列表中选择“打开”选项，在打开的对话框中打开素材文件8-17.max，如下图所示。

2 在场景中选择“Curve001”对象，单击“修改”按钮，进入“修改”命令面板，在“创建点”卷展栏中单击“曲线点”按钮，在曲线的任意位置处创建一个点，如下图所示。

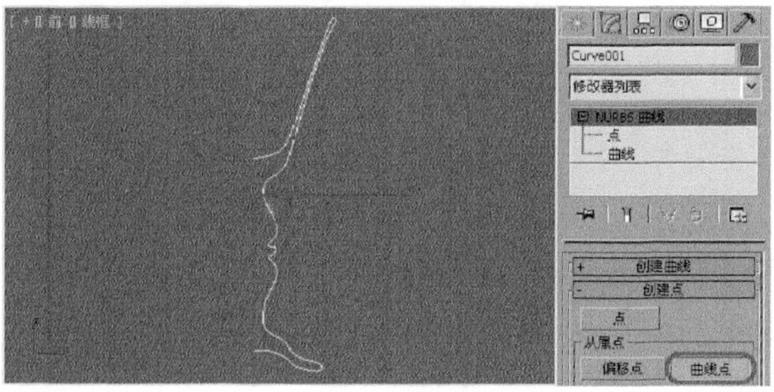

实战操作268 创建曲线-曲线点

素材：Scene\Cha08\8-18.max　　场景：无

难度：★★★★★　　视频：视频\Cha08\实战操作268.avi

使用“曲线-曲线”命令可以在两条曲线的相交处创建一个从属点，其操作步骤如下。

1 打开素材文件8-18.max，在“前”视图中选择“Curve001”对象，单击“修改”按钮，进入“修改”命令面板，在“创建点”卷展栏中单击“曲线-曲线”按钮，在右侧的曲线上单击鼠标左键，然后拖动鼠标，此时在第一条曲线和鼠标之间会出现一条虚线，如下图所示。

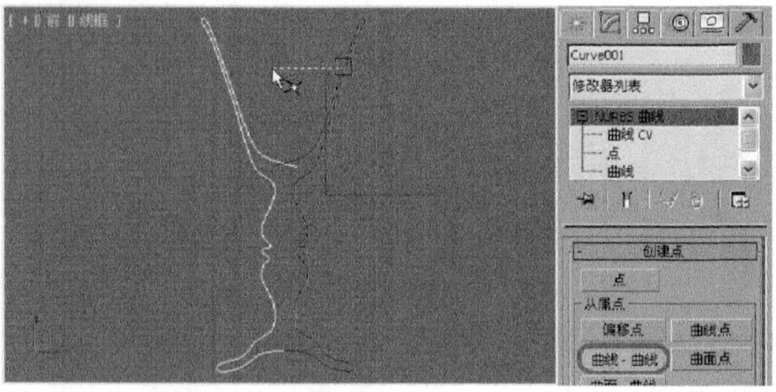

2 将鼠标移至左侧的曲线上，然后单击鼠标左键，即可在两条曲线的相交处创建一个点，如下图所示。

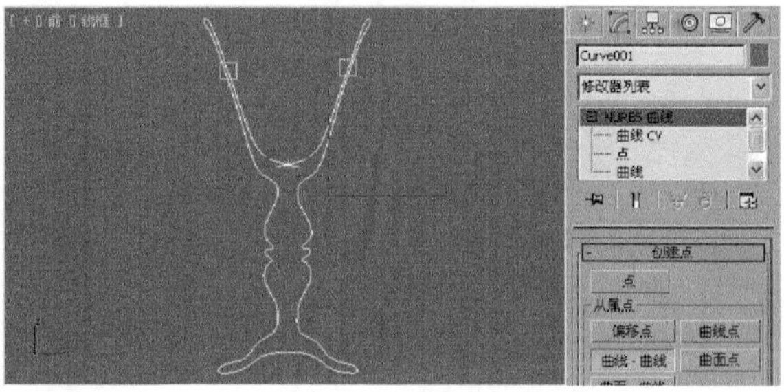

实战操作269 创建曲面点

素材：Scene\Cha08\8-19.max　　场景：无

难度：★★★★★　　视频：视频\Cha08\实战操作269.avi

使用“曲面点”命令可以创建一个依赖于曲面的点，其操作步骤如下。

1 单击按钮，在弹出的下拉列表中选择“打开”选项，在打开的对话框中打开素材文件8-19.max，如下图所示。

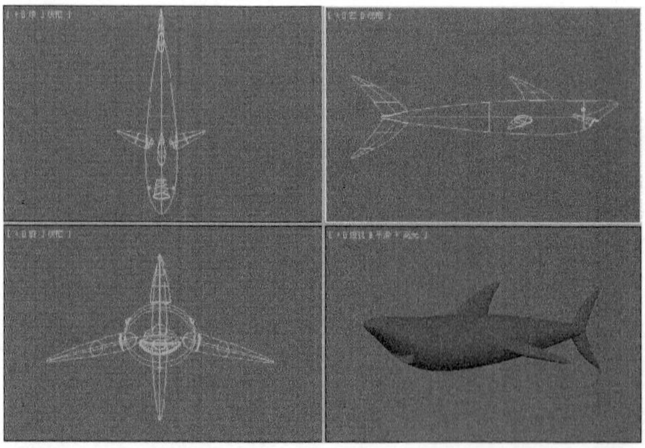

2 在场景中选择“鲨鱼”对象，单击“修改”按钮，进入“修改”命令面板，在“创建点”卷展栏中单击“曲面点”按钮，在如下图所示的位置处单击鼠标左键，即可创建曲面点。

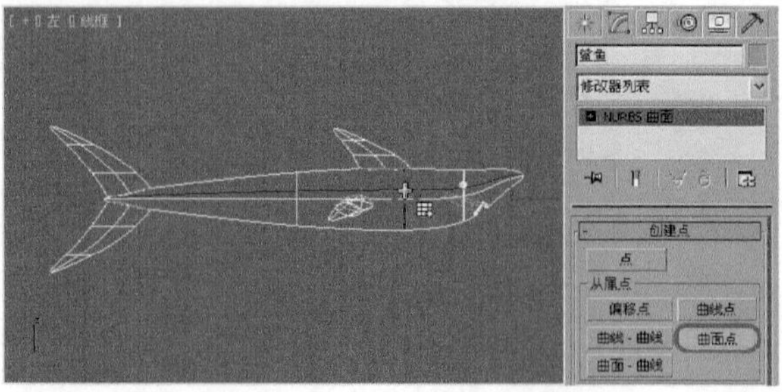

实战操作270 创建曲面-曲线点

素材：Scene\Cha08\8-19.max　　场景：无

难度：★★★★★　　视频：视频\Cha08\实战操作270.avi

使用“曲面-曲线”命令可以在一个曲面和一条曲线的相交处创建一个从属点，其操作步骤如下。

1 单击按钮，在弹出的下拉列表中选择“打开”选项，在打开的对话框中打开素材文件8-19.max，如下图所示。

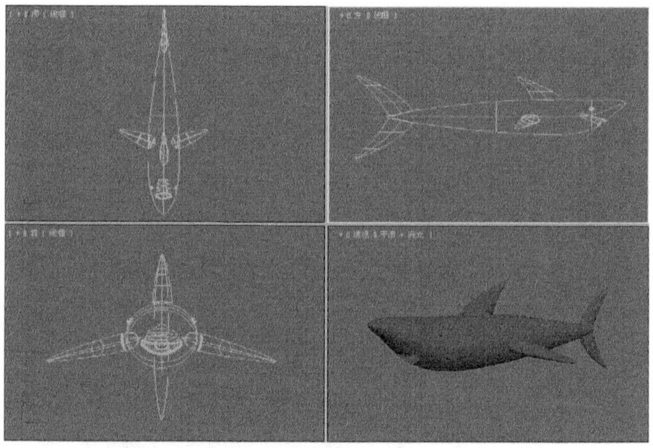

2 在场景中选择“鲨鱼”对象，单击“修改”按钮，进入“修改”命令面板，在“创建点”卷展栏中单击“曲面-曲线”按钮，在“前”视图中选择鲨鱼嘴部的曲线，如下图所示。

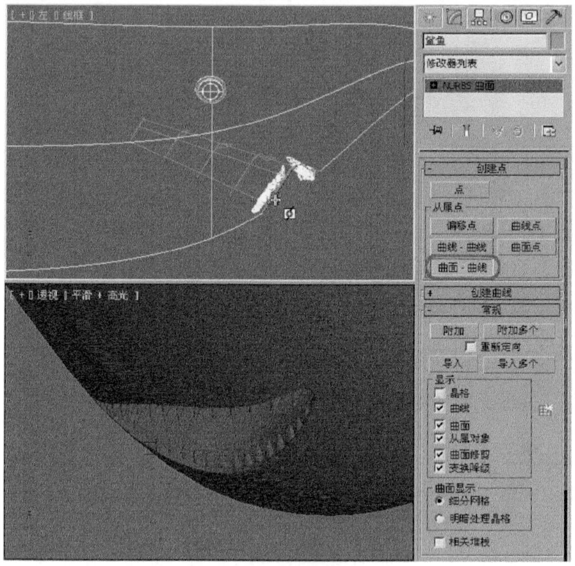

3 移动鼠标至如下图所示的曲面上。

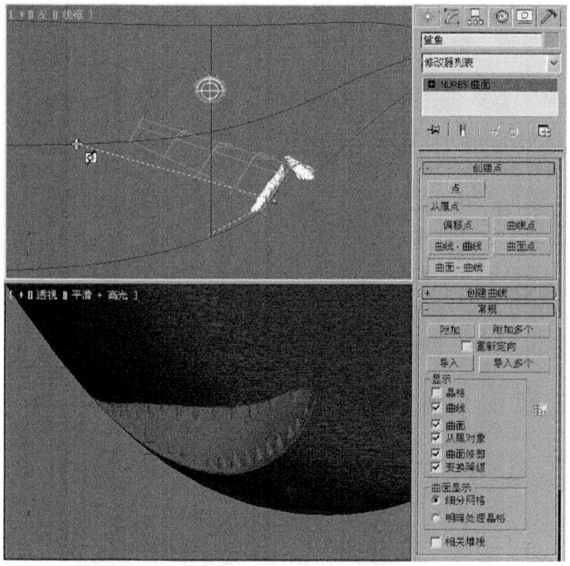

4 在曲面上单击鼠标左键，即可创建曲面-曲线点，如下图所示。

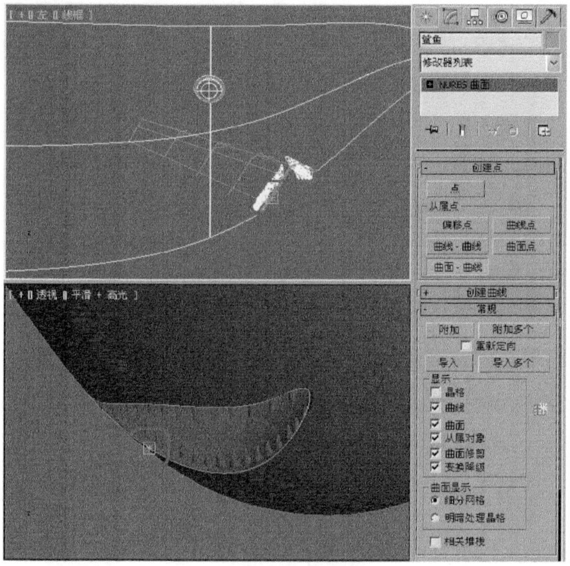

8.5 创建NURBS基本曲线

NURBS曲线是图形对象，在制作样条线时可以使用这些曲线。使用“挤出”或“车削”修改器来生成基于NURBS曲线的3D曲面。也可以将NURBS曲线用作放样的路径或图形。

实战操作271 创建CV曲线

素材：Scene\Cha08\8-20.max　　场景：无

难度：★★★★★　　视频：视频\Cha08\实战操作271.avi

CV 曲线是由控制顶点（CV）控制的 NURBS 曲线。CV 不位于曲线上。它们定义在一个包含曲线的控制晶格上，可通过调整CV来更改曲线。创建CV曲线的操作步骤如下。

1 单击按钮，在弹出的下拉列表中选择“打开”选项，在打开的对话框中打开素材文件8-20.max，如下图所示。

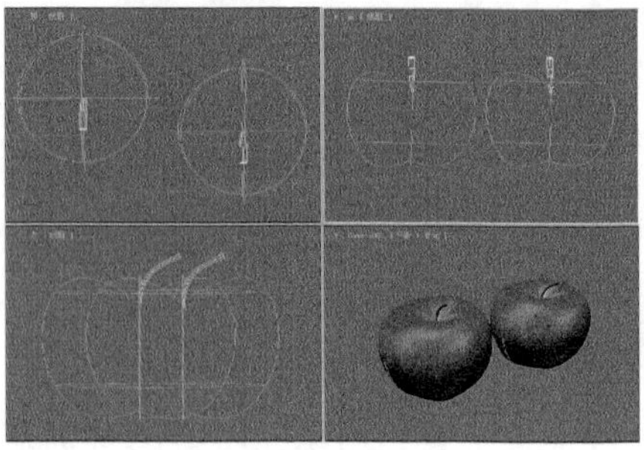

2 选择“创建”|“图形”|“NURBS曲线”|“CV 曲线”工具，在如下图所示的位置处单击鼠标左键。

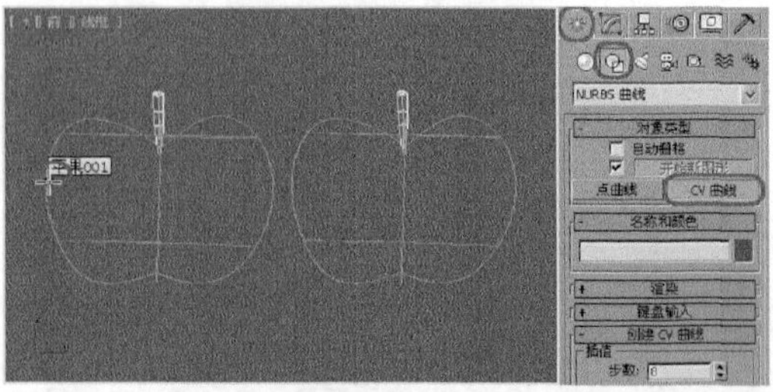

3 向右移动鼠标，然后在如下图所示的位置处单击鼠标左键。

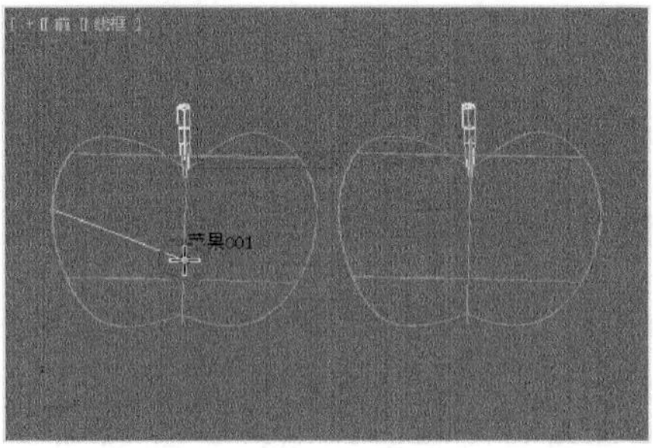

4 再次向右移动鼠标，在如下图所示的位置处单击鼠标左键，然后再单击鼠标右键，即可完成CV 曲线的创建。

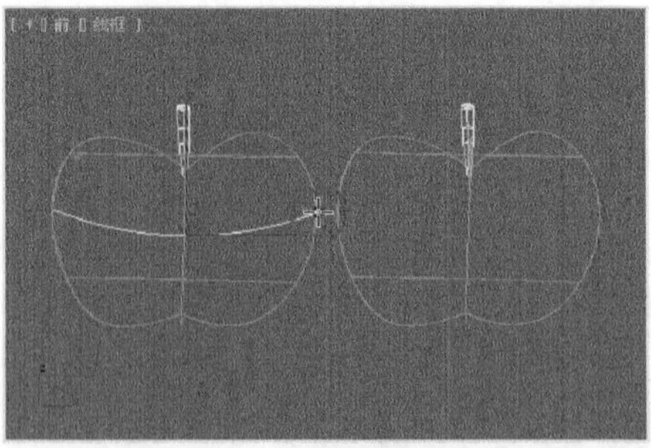

实战操作272 创建点曲线

素材：Scene\Cha08\8-20.max　　场景：无

难度：★★★★★　　视频：视频\Cha08\实战操作272.avi

下面介绍创建点曲线的方法，其操作步骤如下。

1 单击按钮，在弹出的下拉列表中选择“打开”选项，在打开的对话框中打开素材文件8-20.max，如下图所示。

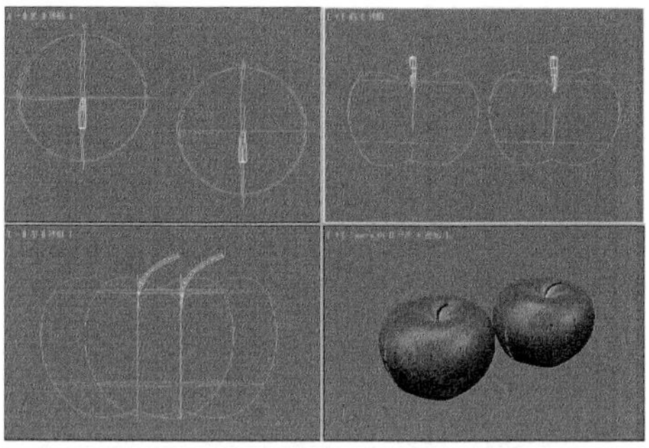

2 选择“创建” | “图形” | “NURBS曲线” | “点曲线”工具，在如下图所示的位置处单击鼠标左键。

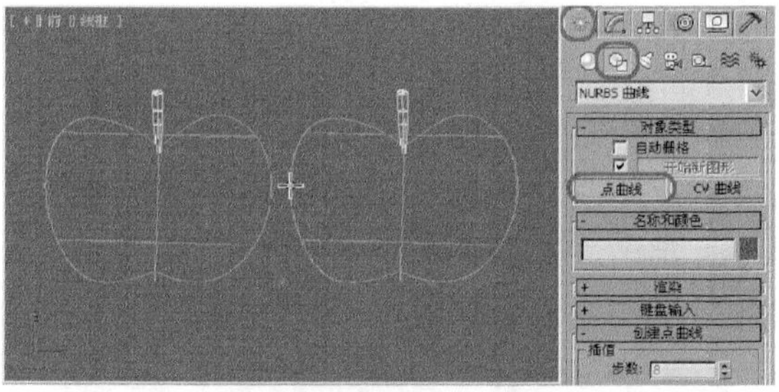

3 向右移动鼠标，然后在如下图所示的位置处单击鼠标左键。

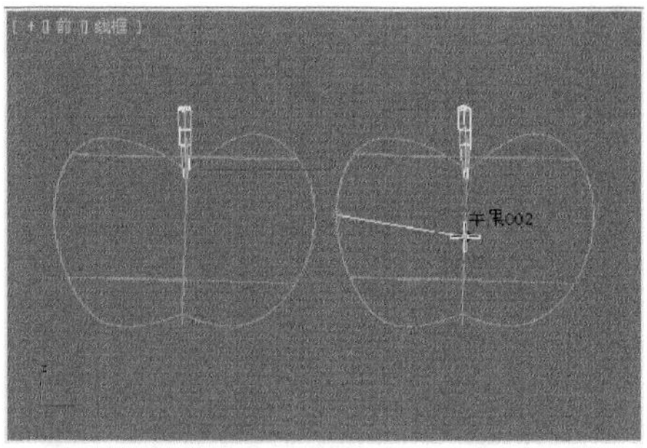

4 再次向右移动鼠标，在如下图所示的位置处单击鼠标左键，然后再单击鼠标右键，即可完成点曲线的创建。

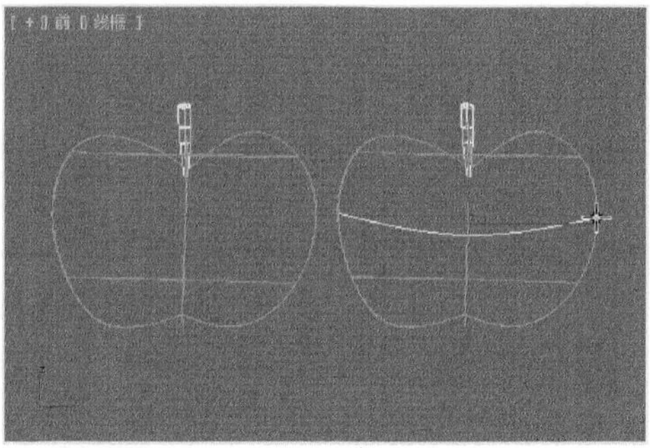

实战操作273 创建拟合曲线

素材：Scene\Cha08\8-20.max　　场景：无

难度：★★★★★　　视频：视频\Cha08\实战操作273.avi

使用“曲线拟合”命令可以创建拟合在选定点上的点曲线。该点可以是以前创建点曲线和点曲面对象的部分，或者可以是明确创建的点对象，但不能是CV。创建拟合曲线的操作步骤如下。

1 单击按钮，在弹出的下拉列表中选择“打开”选项，在打开的对话框中打开素材文件8-20.max，如下图所示。

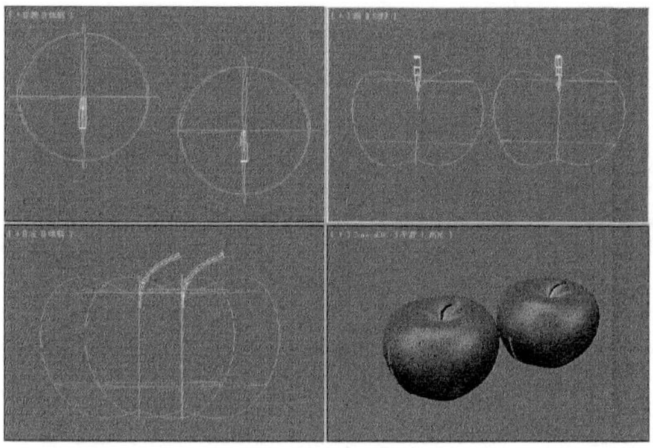

2 在场景中选择“苹果001”对象，单击“修改”按钮，进入“修改”命令面板，在“创建曲线”卷展栏中单击“曲线拟合”按钮，在如下图所示的位置处单击鼠标左键。

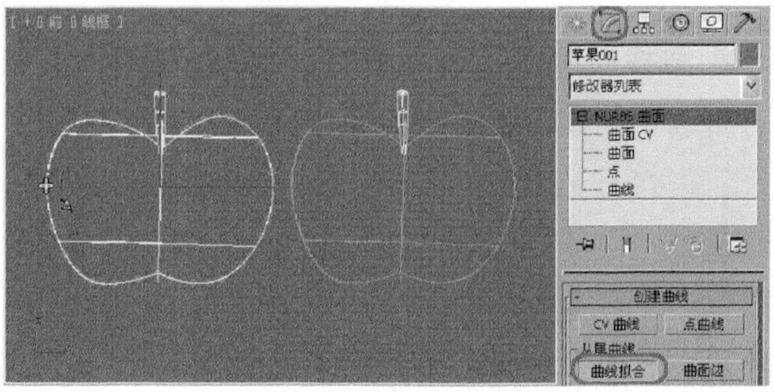

3 向右移动鼠标，然后在如下图所示的位置处单击鼠标左键。

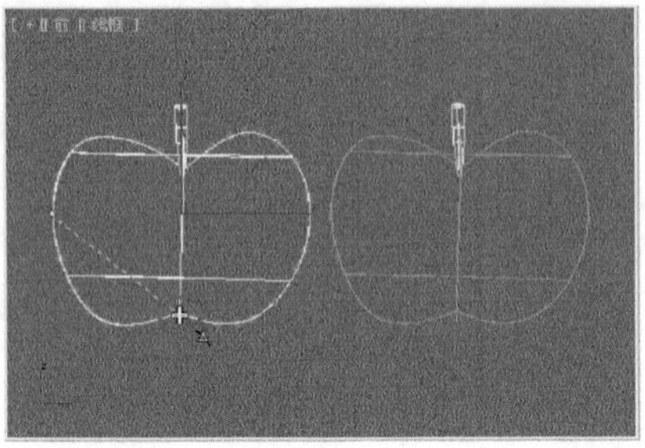

4 再次向右移动鼠标，在如下图所示的位置处单击鼠标左键，然后再单击鼠标右键，即可完成拟合曲线的创建。

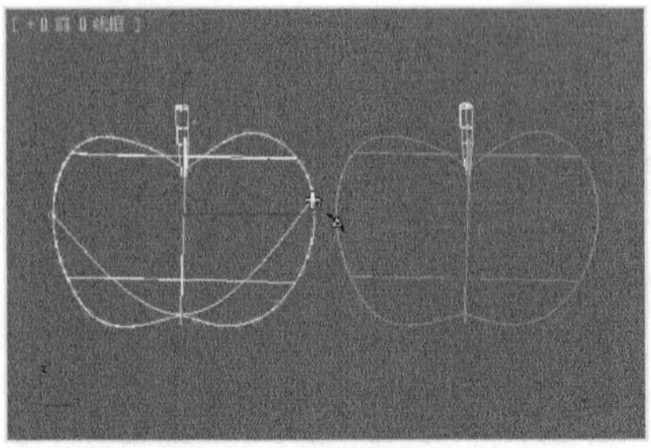

实战操作274 创建变换曲线

素材：Scene\Cha08\8-20.max　　场景：无

难度：★★★★★　　视频：视频\Cha08\实战操作274.avi

变换曲线指的是具有不同位置、旋转或缩放的原始曲线的副本。创建变化曲线的操作步骤如下。

1 打开素材文件8-20.max，在场景中选择“苹果001”对象，切换到“修改”命令面板，在“创建曲线”卷展栏中单击“变换”按钮，将鼠标移至如下图所示的曲线上。

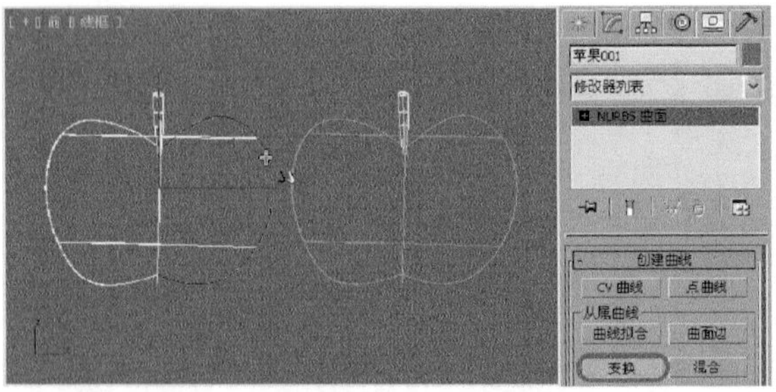

2 然后按住鼠标左键并向任意方向拖动，拖动至适当的位置处松开鼠标即可，如下图所示。

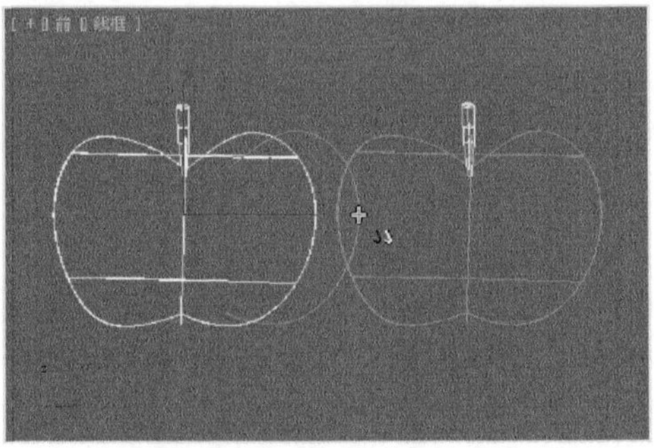

实战操作275 创建偏移曲线

素材：Scene\Cha08\8-20.max　　场景：无

难度：★★★★★　　视频：视频\Cha08\实战操作275.avi

偏移曲线是从原始曲线、父曲线偏移出来的曲线。创建偏移曲线的操作步骤如下。

1 打开素材文件8-20.max，在场景中选择“苹果001”对象，切换到“修改”命令面板，在“创建曲线”卷展栏中单击“偏移”按钮，将鼠标移至如右图所示的曲线上。

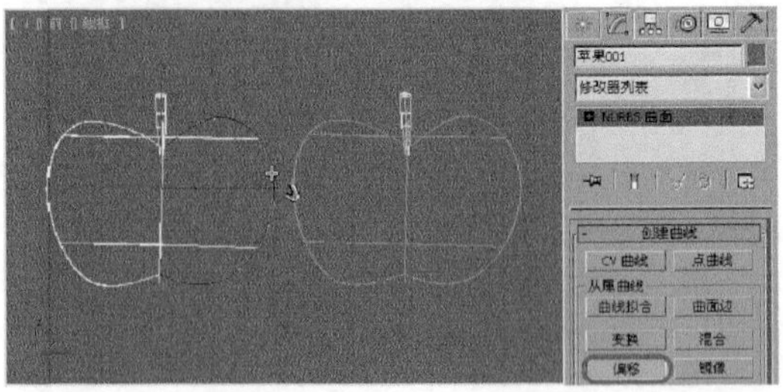

2 然后按住鼠标左键并向上拖动，拖动至适当位置处松开鼠标即可，如右图所示。

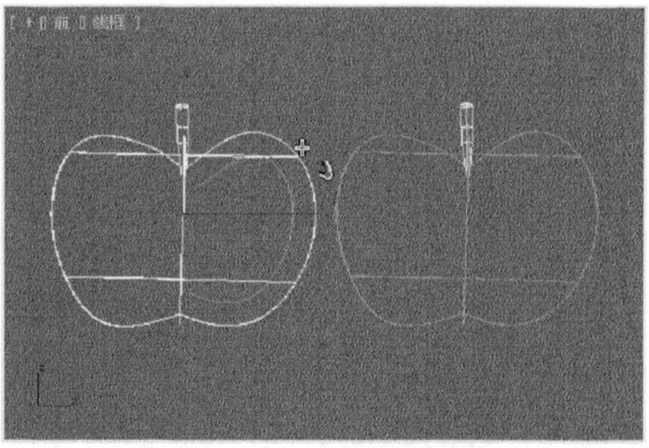

实战操作276 创建镜像曲线

素材：Scene\Cha08\8-20.max　　场景：无

难度：★★★★★　　视频：视频\Cha08\实战操作276.avi

镜像曲线是指原始曲线的镜像图像。创建镜像曲线的操作步骤如下。

1 打开素材文件8-20.max，在场景中选择“苹果001”对象，切换到“修改”命令面板，在“创建曲线”卷展栏中单击“镜像”按钮，将鼠标移至如下图所示的曲线上。

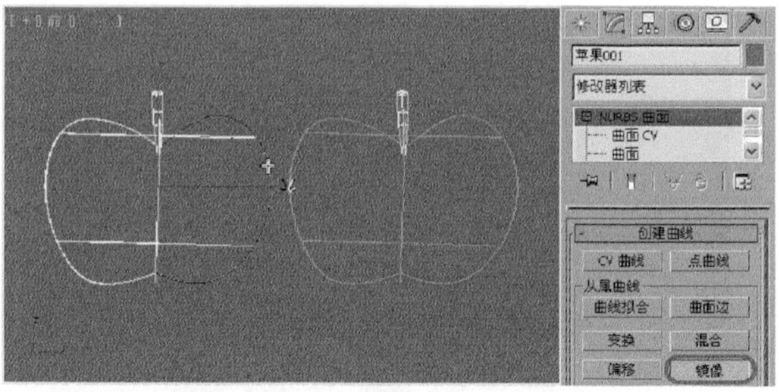

2 在曲线上单击鼠标左键，在“镜像曲线”卷展栏中将“镜像轴”设置为Z，将“偏移”设置为45.0，如下图所示。

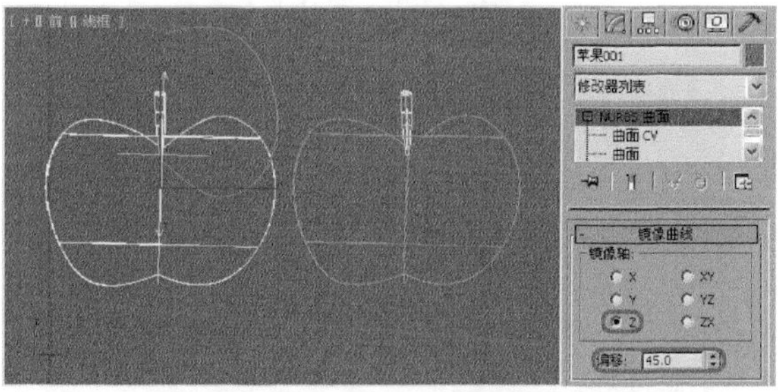

实战操作277 创建U向等参曲线

素材：Scene\Cha08\8-20.max　　场景：无

难度：★★★★★　　视频：视频\Cha08\实战操作277.avi

U 向等参曲线是从 NURBS 曲面的等参线创建的从属曲线。创建U向等参曲线的操作步骤如下。

1 单击按钮，在弹出的下拉列表中选择“打开”选项，在打开的对话框中打开素材文件8-20.max，如右图所示。

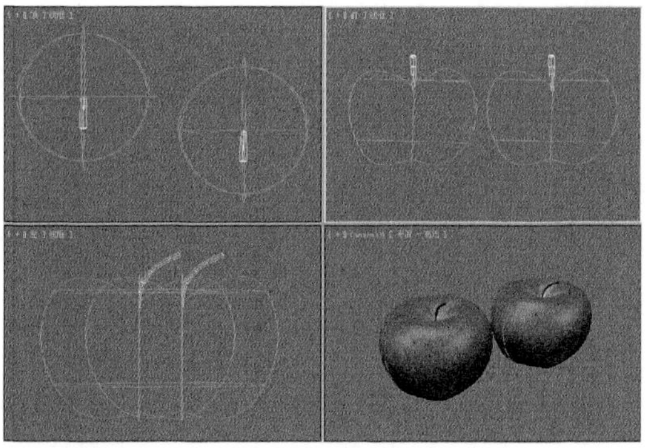

2 在场景中选择“苹果001”对象，切换到“修改”命令面板，在“创建曲线”卷展栏中单击“U向等参曲线”按钮，在“苹果001”对象上单击鼠标左键即可创建U向等参曲线，如右图所示。

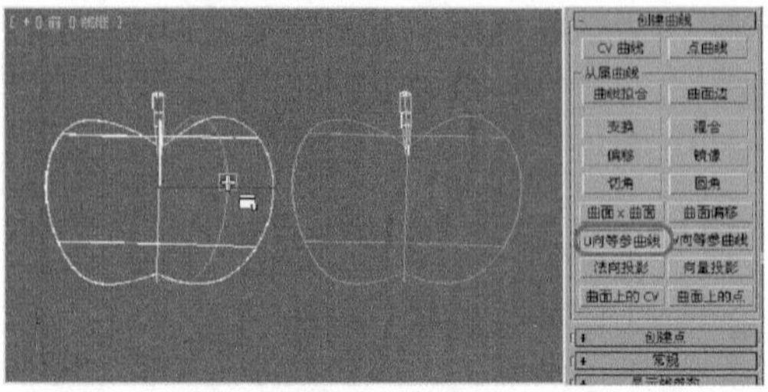

实战操作278 创建V向等参曲线

素材：Scene\Cha08\8-20.max　　场景：无

难度：★★★★★　　视频：视频\Cha08\实战操作278.avi

与U 向等参曲线相同，V向等参曲线也是在 NURBS 曲面的等参线创建从属曲线。创建V向等参曲线的操作步骤如下。

1 单击按钮，在弹出的下拉列表中选择“打开”选项，在打开的对话框中打开素材文件8-20.max，如下图所示。

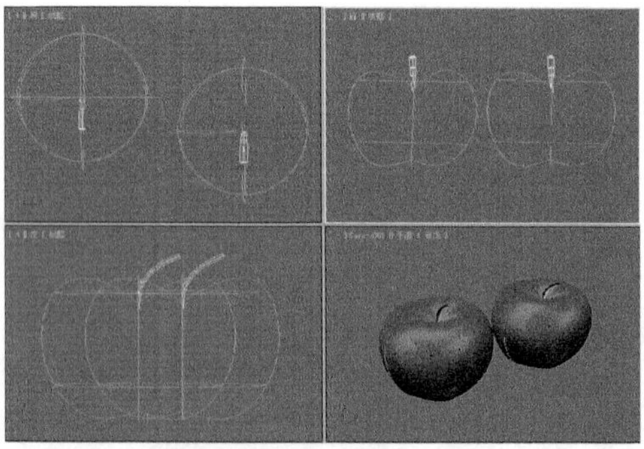

2 在场景中选择“苹果001”对象，切换到“修改”命令面板，在“创建曲线”卷展栏中单击“V向等参曲线”按钮，在“苹果001”对象上单击鼠标左键即可创建V向等参曲线，如下图所示。

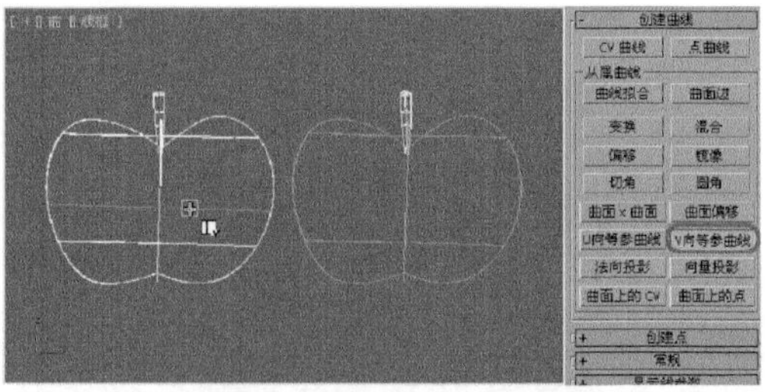

8.6 创建NURBS基本曲面

NURBS曲面对象是NURBS模型的基础。在本节中将介绍创建NURBS曲面的方法。

实战操作279 创建点曲面

素材：Scene\Cha08\8-21.max

难度：★★★★★

场景：Scene\Cha08\实战操作279.max

视频：视频\Cha08\实战操作279.avi

点曲面是NURBS曲面，其中曲面上的点被约束在曲面上。创建点曲面的操作步骤如下。

1 单击按钮，在弹出的下拉列表中选择“打开”选项，在打开的对话框中打开素材文件8-21.max，如下图所示。

2 选择“创建” | “几何体” | “NURBS 曲面” | “点曲面”工具，在“顶”视图中按住鼠标左键并拖动鼠标，拖动至适当位置处松开鼠标左键，在“创建参数”卷展栏中将“长度”设置为200.0，将“宽度”设置为200.0，并在其他视图中调整其位置，如下图所示。按M键打开“材质编辑器”对话框，选择第一个材质样本球，然后单击“将材质指定给选定对象”按钮。

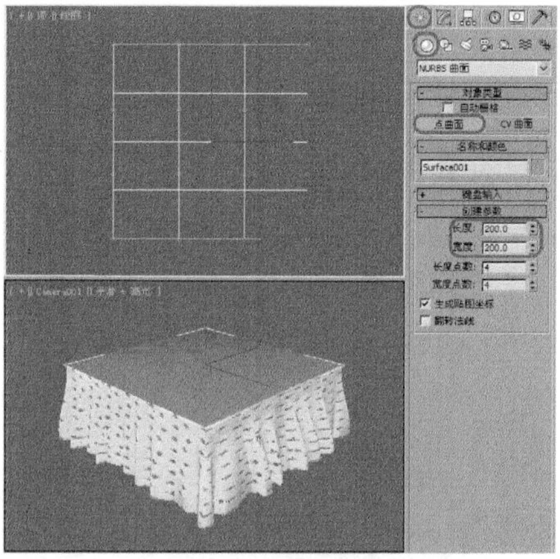

实战操作280 创建CV曲面

素材：Scene\Cha08\8-22.max

难度：★★★★★

场景：Scene\Cha08\实战操作280.max

视频：视频\Cha08\实战操作280.avi

CV曲面是NURBS曲面，它由控制顶点（CV）控制。CV不位于曲面上，可通过调整CV位置来更改曲面形状。创建CV曲面的操作步骤如下。

1 单击按钮，在弹出的下拉列表中选择“打开”选项，在打开的对话框中打开素材文件8-22.max，如下图所示。

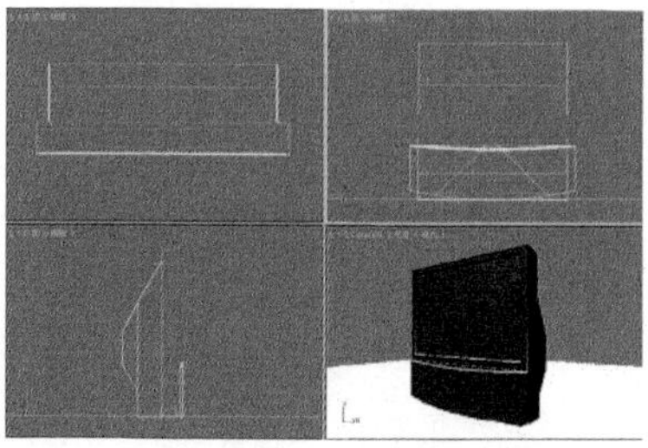

2 选择“创建” | “几何体” | “NURBS 曲面” | “CV曲面”工具，在“前”视图中按住鼠标左键并拖动鼠标，拖动至适当位置处松开鼠标左键，在“创建参数”卷展栏中将“长度”设置为22.0，将“宽度”设置为32.0，并在其他视图中调整其位置，如下图所示。按M键打开“材质编辑器”对话框，选择第2个材质样本球，然后单击“将材质指定给选定对象”按钮。

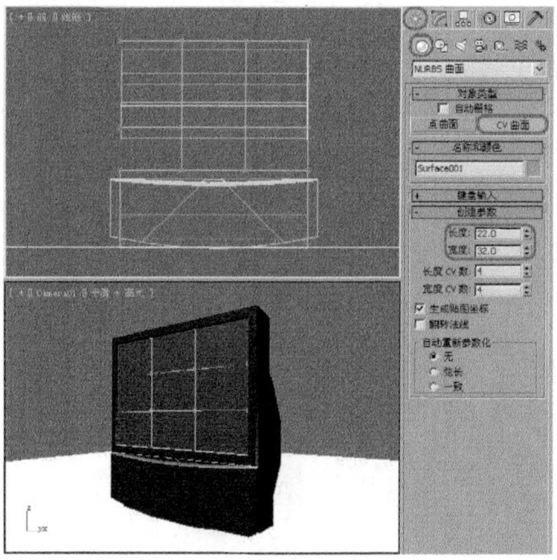

实战操作281 创建挤出曲面

素材：Scene\Cha08\8-23.max　　场景：无

难度：★★★★★　　视频：视频\Cha08\实战操作281.avi

挤出曲面是从曲面子对象中挤出。这与使用“挤出”修改器创建的曲面类似。但是其优势在于挤出子对象是 NURBS 模型的一部分，因此可以使用它来构造曲线和曲面子对象。创建挤出曲面的操作步骤如下。

1 单击按钮，在弹出的下拉列表中选择“打开”选项，在打开的对话框中打开素材文件8-23.max，如下图所示。

2 在“前”视图中选择“蝴蝶”对象，切换到“修改”命令面板，在“创建曲面”卷展栏中单击“挤出”按钮，将鼠标移至蝴蝶上，单击鼠标左键并向上拖动，拖动至适当位置处松开鼠标，在“挤出曲面”卷展栏中将“数量”设置为40.0，如下图所示。

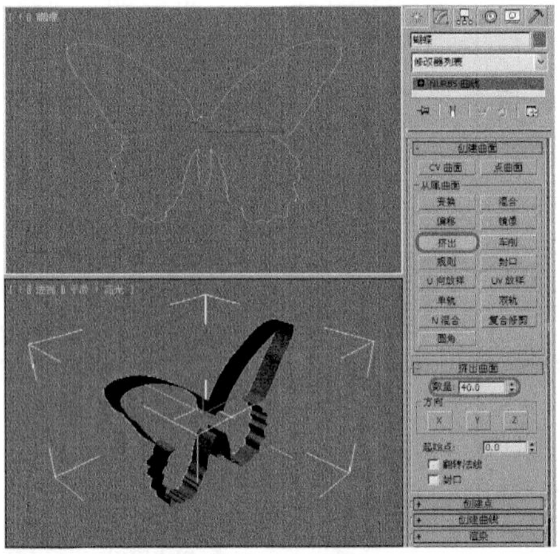

实战操作282 创建封口曲面

素材：Scene\Cha08\8-24.max　　场景：无

难度：★★★★★　　视频：视频\Cha08\实战操作282.avi

使用“封口”命令可以创建封口闭合曲线或闭合曲面边的曲面。创建封口曲面的操作步骤如下。

1 打开素材文件8-24.max，在场景中选择“蝴蝶”对象，切换到“修改”命令面板，在“创建曲面”卷展栏中单击“封口”按钮，将鼠标移至如下图所示的位置处。

2 单击鼠标左键，即可创建封口曲面，如下图所示。

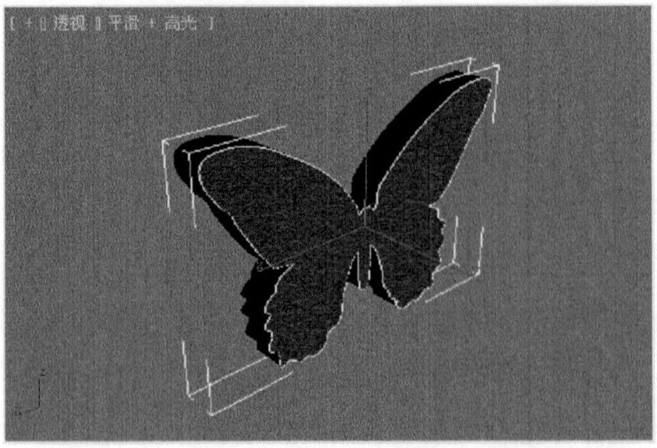

实战操作283 创建镜像曲面

素材：Scene\Cha08\8-25.max　　场景：无

难度：★★★★★　　视频：视频\Cha08\实战操作283.avi

镜像曲面是指原始曲面的镜像图像。创建镜像曲面的操作步骤如下。

1 打开素材文件8-25.max，在场景中选择“蝴蝶”对象，切换到“修改”命令面板，在“创建曲面”卷展栏中单击“镜像”按钮，将鼠标移至如下图所示的位置处。

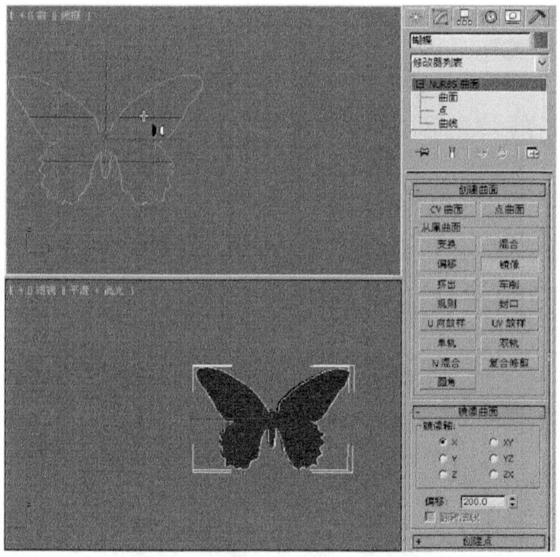

2 单击鼠标左键，打开“镜像曲面”卷展栏，在“镜像轴”选项区中选中“X”单选按钮，将“偏移”设置为200.0，即可创建镜像曲面，如下图所示。

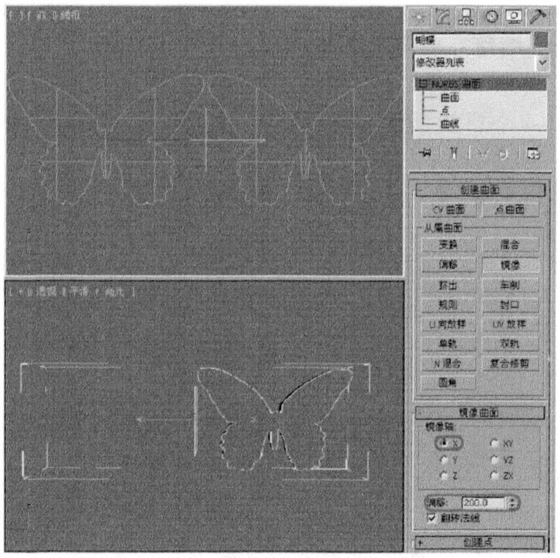

实战操作284 创建车削曲面

素材：Scene\Cha08\8-26.max

难度：★★★★★

场景：Scene\Cha08\实战操作284.max

视频：视频\Cha08\实战操作284.avi

车削曲面是通过曲线子对象生成的。这与使用“车削”修改器创建的曲面类似。但是其优势在于车削子对象是 NURBS 模型的一部分，因此可以使用它来构造曲线和曲面子对象。创建车削曲面的操作步骤如下。

1 单击按钮，在弹出的下拉列表中选择“打开”选项，在打开的对话框中打开素材文件8-26.max，如右图所示。

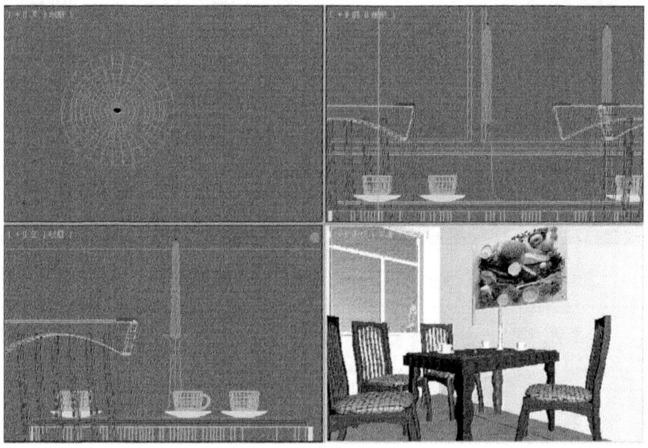

2 在场景中选择“Curve001”对象，切换到“修改”命令面板，在“创建曲面”卷展栏中单击“车削”按钮，在曲线上单击鼠标左键，即可创建车削曲面，如右图所示。

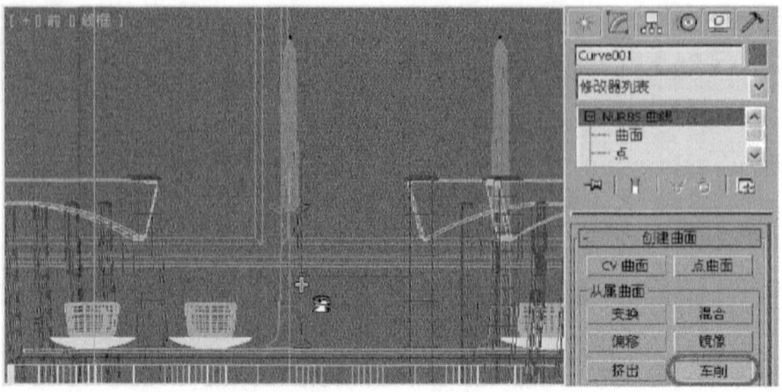

实战操作285 创建U向放样曲面

素材：Scene\Cha08\8-27.max　　场景：无

难度：★★★★★　　视频：视频\Cha08\实战操作285.avi

一个U向放样曲面可以穿过多个曲线子对象。创建U向放样曲面的操作步骤如下。

1 打开素材文件8-27.max，在场景中选择“Donut01”对象，切换到“修改”命令面板，在“创建曲面”卷展栏中单击“U向放样”按钮，在如下图所示的曲线上单击鼠标左键。

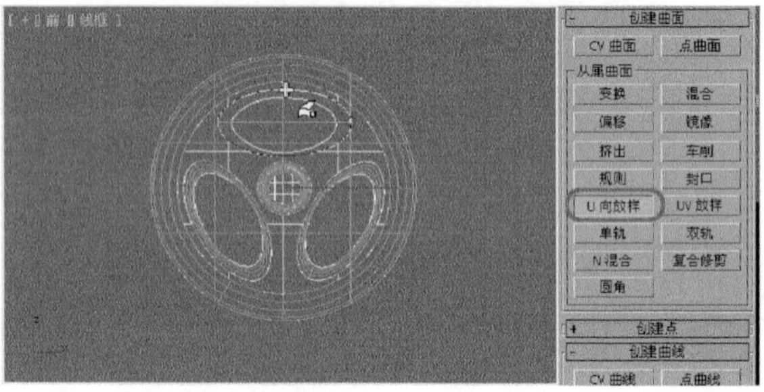

2 将鼠标移至如下图所示的曲线上并单击鼠标左键，然后再单击鼠标右键，即可创建U 向放样曲面。

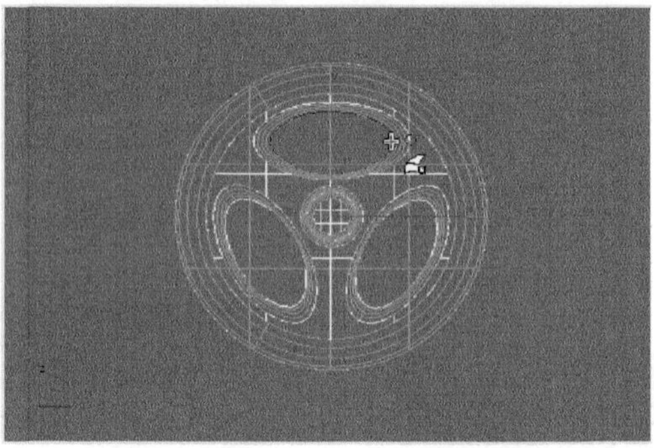

8.7 编辑NURBS曲线

本节主要介绍将模型转换为“NURBS”的方法，以及对NURBS曲线的编辑等。

实战操作286 将模型转换为NURBS

素材：Scene\Cha08\8-28.max　　场景：无

难度：★★★★★　　视频：视频\Cha08\实战操作286.avi

下面介绍将模型转换为NURBS的方法，其操作步骤如下。

1 单击◙按钮，在弹出的下拉列表中选择“打开”选项，在打开的对话框中打开素材文件8-28.max，如下图所示。

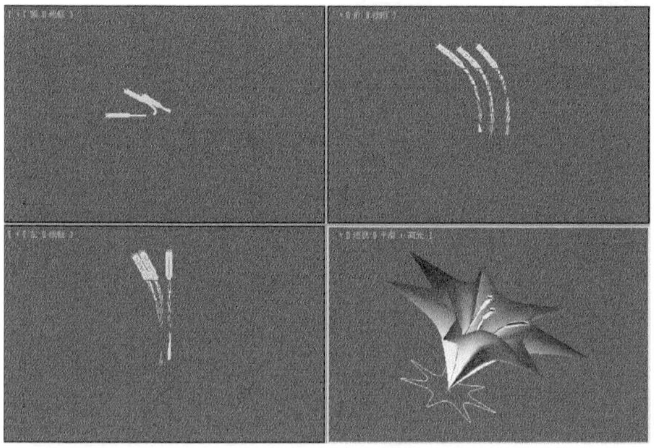

2 在场景中选择“Loft01”对象，并单击鼠标右键，在弹出的快捷菜单中选择“转换为”|“转换为NURBS”命令，即可将模型转换为NURBS，如下图所示。

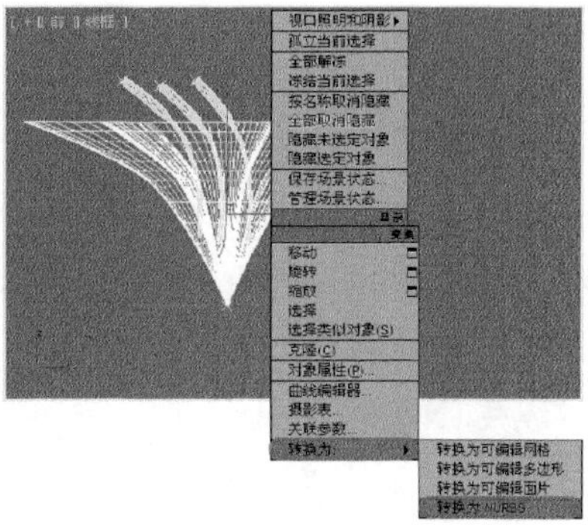

实战操作287 设置U向线数

素材：Scene\Cha08\8-29.max　　场景：无

难度：★★★★★　　视频：视频\Cha08\实战操作287.avi

设置U向线数的操作步骤如下。

1 单击◙按钮，在弹出的下拉列表中选择“打开”选项，在打开的对话框中打开素材文件8-29.max，如下图所示。

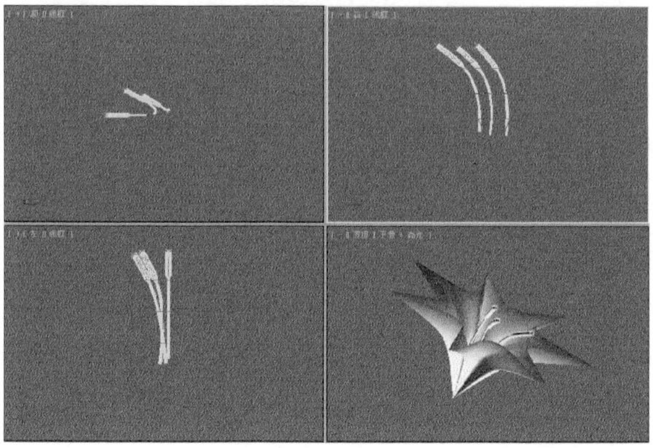

2 在场景中选择“Loft01”对象，并切换到“修改”命令面板，在“显示线参数”卷展栏中将“U向线数”设置为8，然后按Enter键确认，如下图所示。

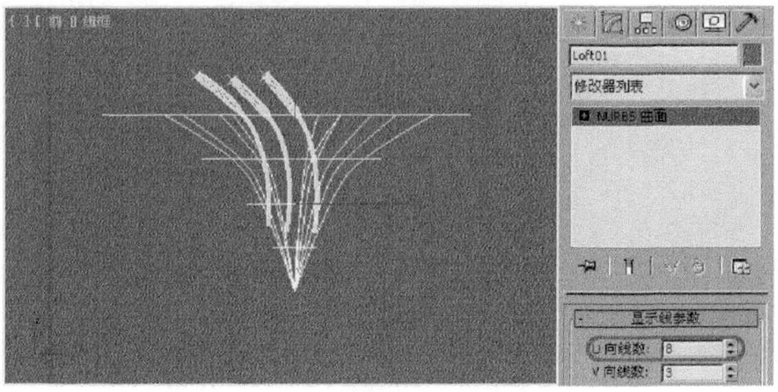

实战操作288 设置V向线数

素材：Scene\Cha08\8-29.max　　场景：无

难度：★★★★★　　视频：视频\Cha08\实战操作288.avi

设置V向线数的操作步骤如下。

1 单击按钮，在弹出的下拉列表中选择“打开”选项，在打开的对话框中打开素材文件8-29.max，如下图所示。

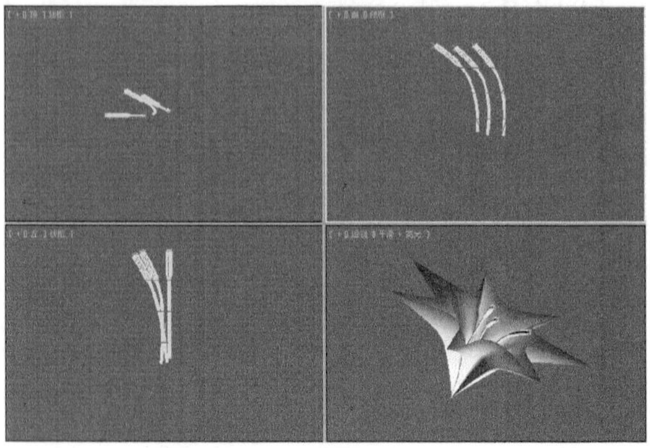

2 在场景中选择“Loft01”对象，并切换到“修改”命令面板，在“显示线参数”卷展栏中将“V向线数”设置为8，然后按Enter键确认，如下图所示。

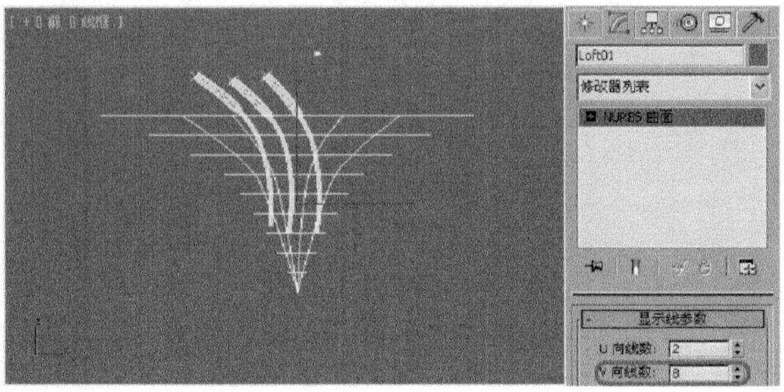

实战操作289 熔合曲线点

素材：Scene\Cha08\8-29.max　　场景：无

难度：★★★★★　　视频：视频\Cha08\实战操作289.avi

通过使用“熔合”命令可以将选择的曲线上的点熔合在一起，其操作步骤如下。

1 打开素材文件8-29.max，在场景中选择“Loft01”对象，并切换到“修改”命令面板，将当前选择集定义为“点”，在“点”卷展栏中单击“熔合”按钮，将鼠标移至第2个点上并单击鼠标左键，如下图所示。

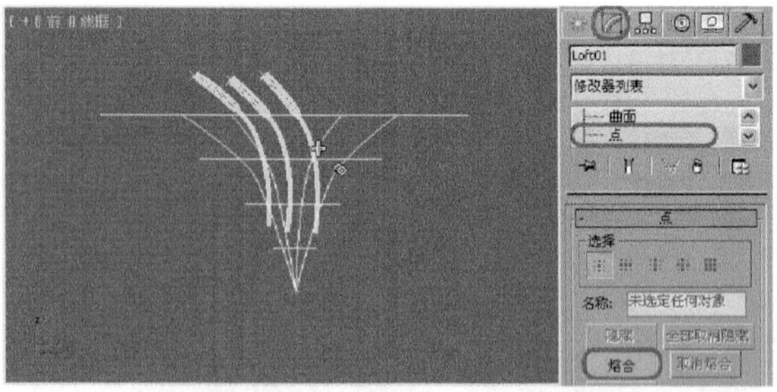

2 然后将鼠标移到第3个点上并单击鼠标左键，即可熔合曲线点，如下图所示。

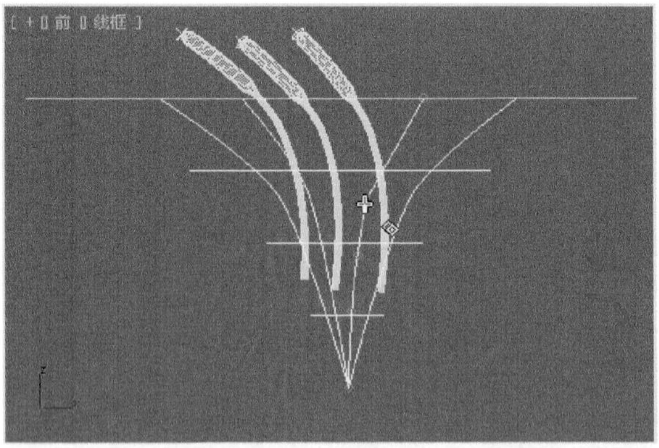

实战操作290 优化曲线

素材：Scene\Cha08\8-29.max　　场景：无

难度：★★★★★　　视频：视频\Cha08\实战操作290.avi

下面介绍优化曲线的方法，其操作步骤如下。

1 单击按钮，在弹出的下拉列表中选择“打开”选项，在打开的对话框中打开素材文件8-29.max，如下图所示。

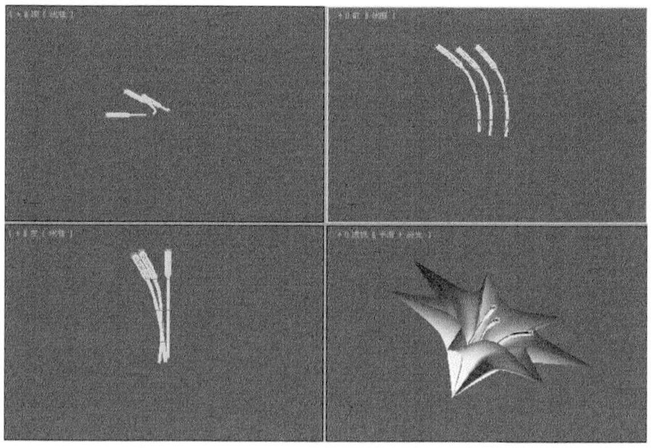

2 在场景中选择“Loft01”对象，并切换到“修改”命令面板，将当前选择集定义为“点”，打开“点”卷展栏，在“优化”选项区中单击“曲线”按钮，将鼠标移至曲线上并单击鼠标左键，即可优化曲线，如下图所示。

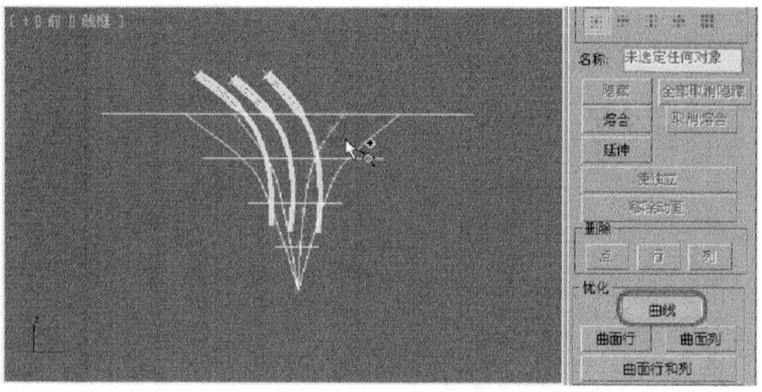

Chapter

09

第9章

材质与贴图

材质是对现实世界中各种材料视觉效果的模拟，材质的制作也是一个相对复杂的过程，材质主要用于描述物体如何反射和传播光线，而材质中的贴图不仅可以用于模拟物体的质地、提供纹理图案、反射与折射等其他效果，还可以用于环境和灯光投影，通过各种类型的贴图，可以制作出千变万化的材质。

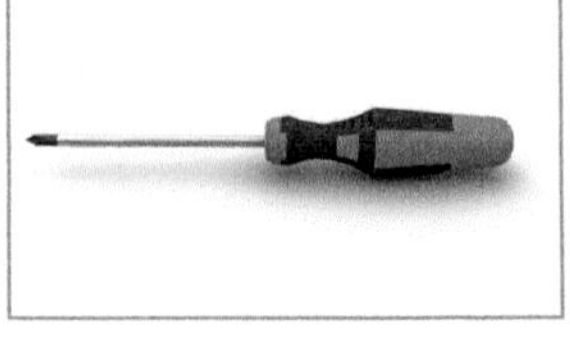

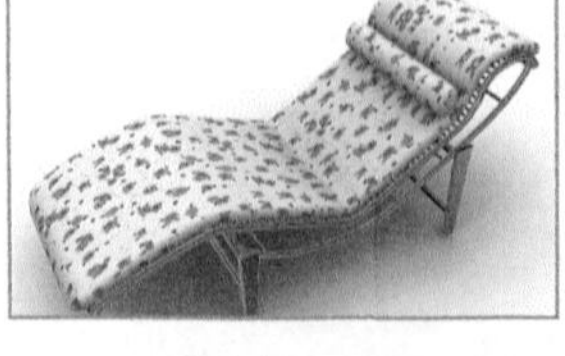

9.1 材质编辑器

材质编辑器用于创建、编辑材质以及设置贴图的设置窗口，并将设置的材质和贴图赋予视图中的物体，通过渲染场景便可以看到设置的材质与贴图的效果。

实战操作291 打开材质编辑器

素材：Scene\Cha09\9-1.max　　场景：无

难度：★★★★★　　视频：视频\Cha09\实战操作291.avi

“材质编辑器”对话框中主要可以分为菜单栏、示例窗、工具按钮、参数控制四大区域。打开材质编辑器的操作步骤如下。

1 在3ds Max 2012中按“Ctrl+O”组合键打开素材文件9-1.max，打开后的效果如下图所示。

2 在工具栏中单击“材质编辑器”按钮，即可打开“材质编辑器”对话框，如下图所示。

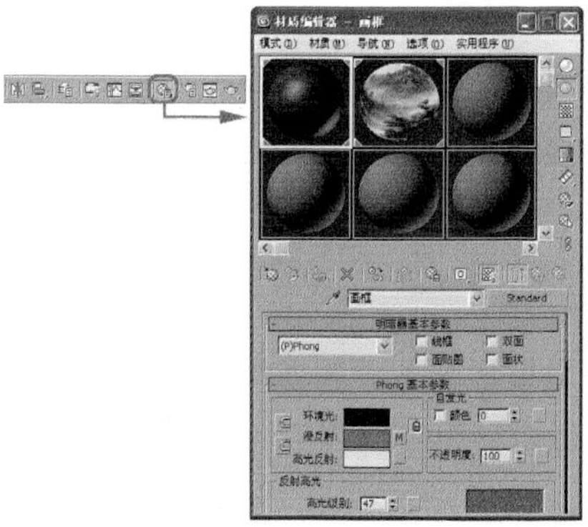

提示

除了上述方法可以打开“材质编辑器”对话框外，还有以下两种方法。

方法1：按M键，可以打开“材质编辑器”对话框。

方法2：在菜单栏中选择“渲染”|“材质编辑器”命令，在弹出的子菜单中选择相应的材质编辑器选项。

实战操作292 更改材质示例窗显示数目

素材：Scene\Cha09\9-1.max　　场景：无

难度：★★★★★　　视频：视频\Cha09\实战操作292.avi

在3ds Max 2012中提供了三种材质示例窗数目的显示方式。默认情况下是以3×2的方式显示。更改材质示例窗显示数目的操作步骤如下。

1 打开素材文件9-1.max，按M键打开“材质编辑器”对话框，在任意一个材质球上单击鼠标右键，在弹出的快捷菜单中选择一种显示方式，如下图所示。

2 例如选择“5 × 3示例窗”显示方式后“材质编辑器”中材质示例窗的效果如下图所示。

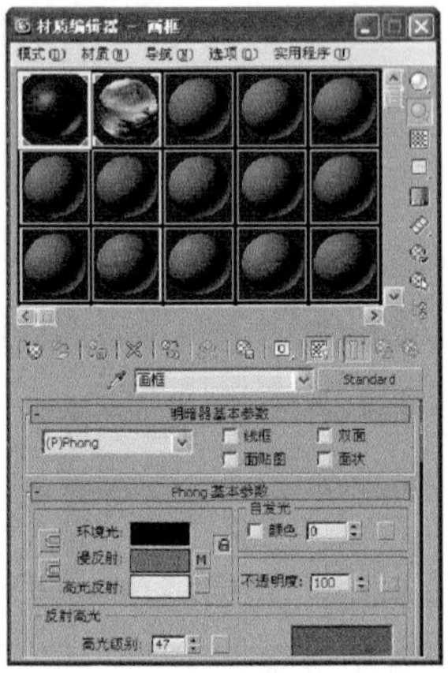

提示 除了上述方法可以设置材质示例窗显示数目外，还可以选择“材质编辑器”对话框菜单栏中的“选项”|“选项”命令，在打开的“材质编辑器选项”对话框中设置示例窗数目。

实战操作293 显示材质球的背景

素材：Scene\Cha09\9-1.max　　场景：无

难度：★★★★★　　视频：视频\Cha09\实战操作293.avi

启用材质球背景将在材质球背面显示多颜色的方格背景。该背景适合查看不透明度和透明度的效果。显示材质球的背景的操作步骤如下。

1 打开素材文件9-1.max，按M键打开“材质编辑器”对话框，未显示材质球背景的效果如下图所示。

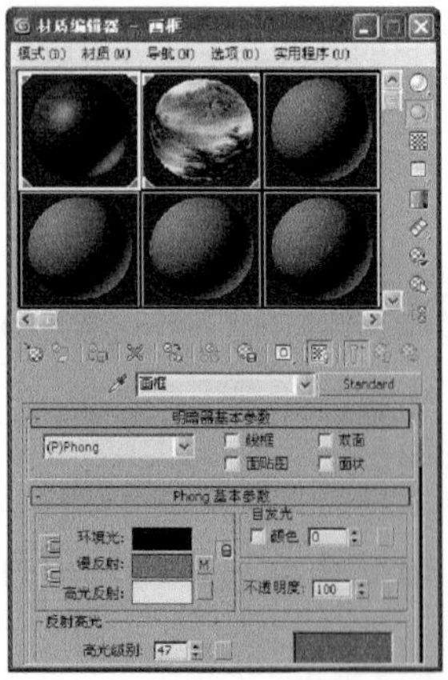

2 选择一个材质球，单击工具栏中的“背景”按钮，即可显示材质球的背景，效果如下图所示。

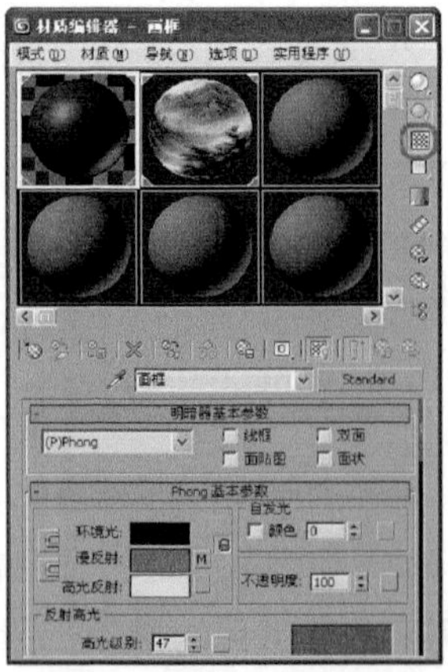

实战操作294 更改采样类型

素材：Scene\Cha09\9-1.max　　场景：无

难度：★★★★★　　视频：视频\Cha09\实战操作294.avi

在“材质编辑器”对话框中默认情况下的采样类型的显示方式为球体，可以通过“采样类型”按钮进行更改，其操作步骤如下。

1 打开素材文件9-1.max，按M键打开“材质编辑器”对话框，选择任意一个材质球，在工具栏中的“采样类型”按钮上按住鼠标左键，将弹出“采样类型”列表框，如下图所示。

2 在弹出的列表框中选择“立方体”形状，原材质球将以立方体形状显示，如下图所示。

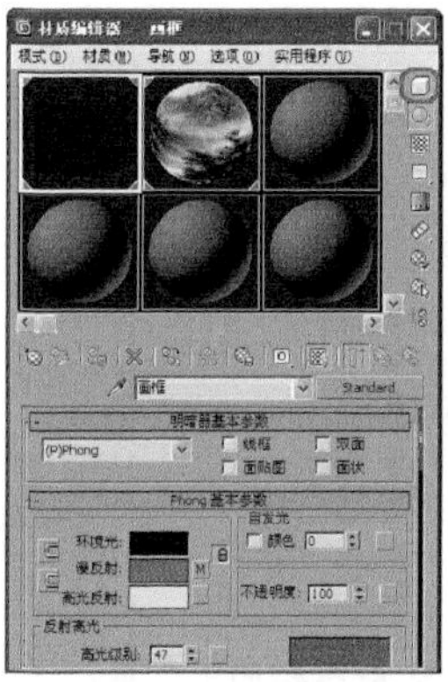

实战操作295 从对象拾取材质

素材：Scene\Cha09\9-1.max　　场景：无

难度：★★★★★　　视频：视频\Cha09\实战操作295.avi

通过“从对象拾取材质”按钮可以在场景中的某个对象上获取其所附的材质。此时鼠标会变为吸管状态。从对象拾取材质的操作步骤如下。

1 打开素材文件9-1.max，按M键打开“材质编辑器”对话框，选择一个没有材质的样本球，单击“从对象拾取材质”按钮，如下图所示。

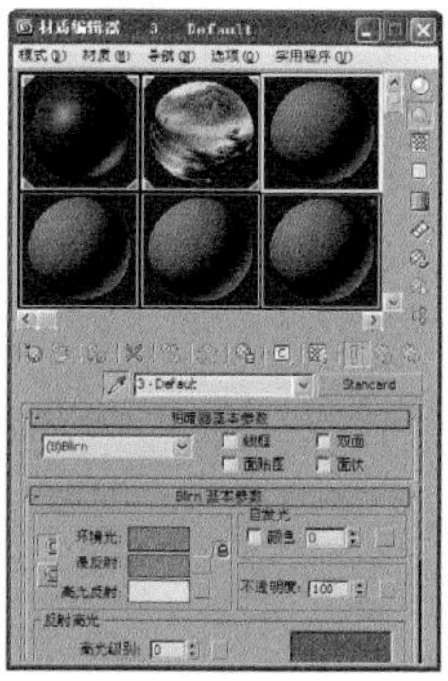

2 在对象上单击需要的材质，如将鼠标移至装饰画上，当鼠标变为时，单击鼠标左键，则所选的材质将指定给选择的样本球，如下图所示。

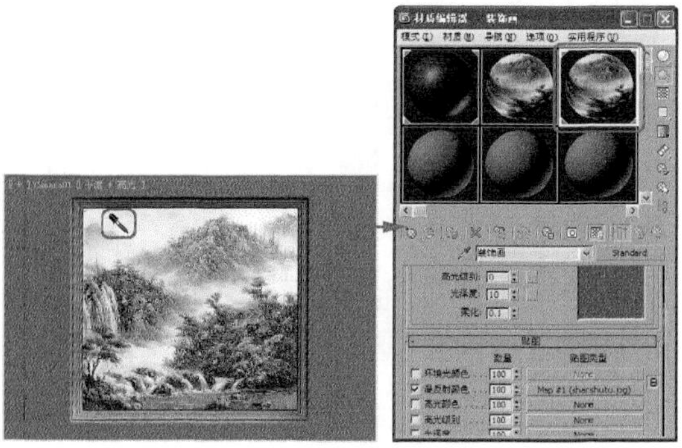

实战操作296 最大化查看材质

素材：Scene\Cha09\9-1.max　　场景：无

难度：★★★★★　　视频：视频\Cha09\实战操作296.avi

在3ds Max 2012中可以将当前活动示例窗最大化显示，此时，示例窗将以浮动窗口的方式显示。其操作步骤如下。

1 打开素材文件9-1.max，按M键打开“材质编辑器”对话框，在任意一个材质球上右击鼠标，在弹出的快捷菜单中选择“放大”命令，如下图所示。

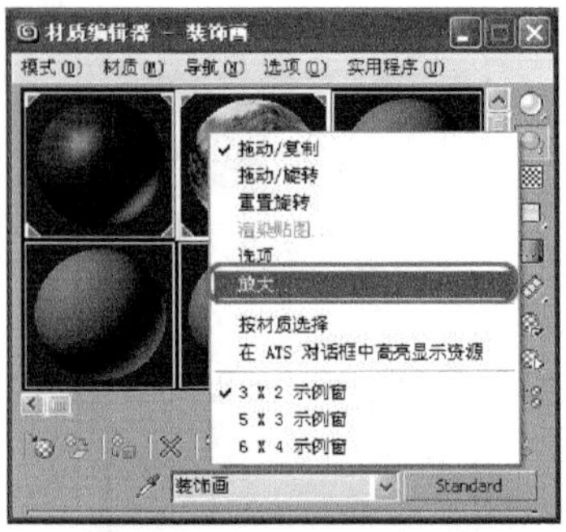

2 所选的材质球将以浮动窗口的方式最大化显示，如下图所示。

提示

最大化查看材质的另两种方法如下。

方法1：在当前活动示例窗上双击鼠标，即可将其最大化显示。

方法2：在“材质编辑器”对话框中的菜单栏上，选择“材质”|“启动放大窗口”命令。

实战操作297 保存材质

素材：Scene\Cha09\9-1.max　　场景：无

难度：★★★★★　　视频：视频\Cha09\实战操作297.avi

将材质指定给对象时，它是场景中的一部分，并且可以与场景一同保存，除此之外还可以将材质放入到库中来保存材质。其操作步骤如下。

1 打开素材文件9-1.max，按M键打开“材质编辑器”对话框，选择一个带材质的样本球，单击工具栏中的“放入库”按钮，如右图所示。

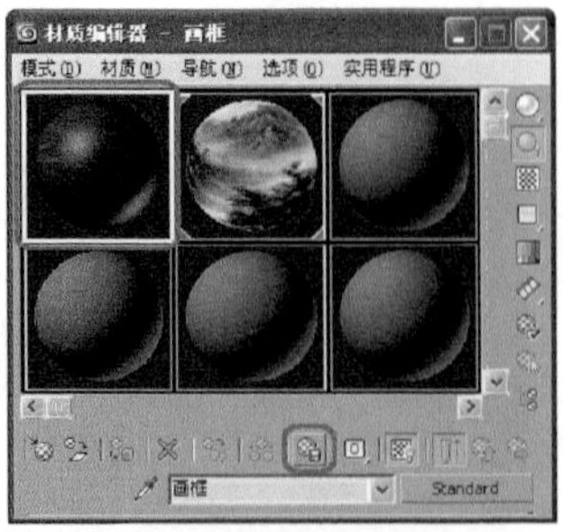

2 在弹出的“放置到库”对话框中可以对材质进行命名，如下图所示，单击“确定”按钮即可将材质保存到库中。

实战操作298 删除材质

素材：Scene\Cha09\9-1.max　　场景：无

难度：★★★★★　　视频：视频\Cha09\实战操作298.avi

通过“重置贴图/材质为默认设置”按钮可以将当前示例窗中已设置材质的还原为默认状态，即灰色轻微反光的不透明材质，如果处在贴图层级，将恢复为最初的贴图设置。删除材质的操作步骤如下。

1 打开素材文件9-1.max，按M键打开“材质编辑器”对话框，选择一个带有材质的样本球，并单击工具栏中的“重置贴图/材质为默认设置”按钮，如下图所示。

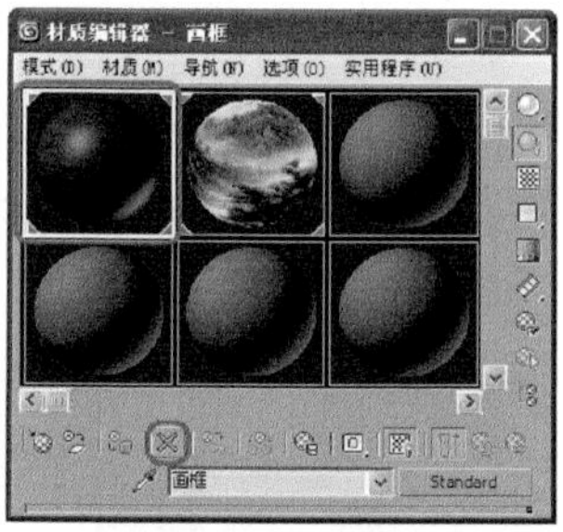

2 当该材质已指定给场景中的某个对象时，将会弹出“重置材质/贴图参数”对话框，如下图所示，单击“确定”按钮，即可删除材质。

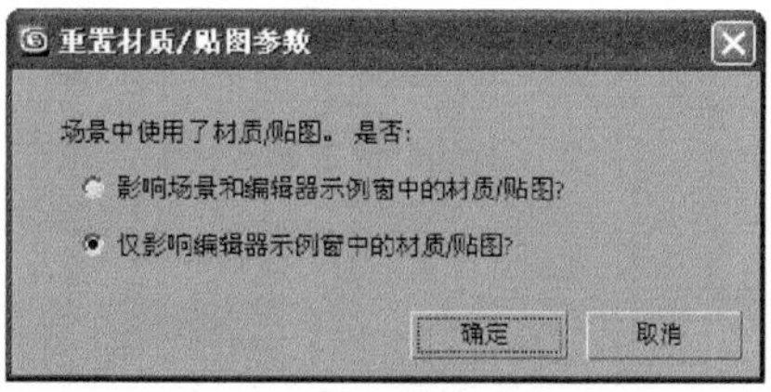

提示

在“重置材质/贴图参数”对话框中选中第1个单选按钮会影响示例窗及场景中所有使用该材质的对象，但仍保持为同步材质；选中第2个单选按钮将只影响示例窗中的材质，变为非同步材质。

“同步材质”是指将材质指定给场景中的对象，对示例窗中的材质进行编辑时，场景中跟着变化，“非同步材质”与其相反。

实战操作299 旋转材质

素材：Scene\Cha09\9-1.max　　场景：无

难度：★★★★★　　视频：视频\Cha09\实战操作299.avi

在示例窗中还可以旋转样本球，以便于观察其他角度的材质效果。在材质球对象上拖动，是绕它自己的X或Y轴旋转，在材质球示例窗角落进行拖动，是绕它自己的Z轴旋转。旋转材质的操作步骤如下。

1 打开素材文件9-1.max，按M键打开“材质编辑器”对话框，选择一个带有材质的样本球，并单击鼠标右键，在弹出的快捷菜单中选择“拖动/旋转”命令，如右图所示。

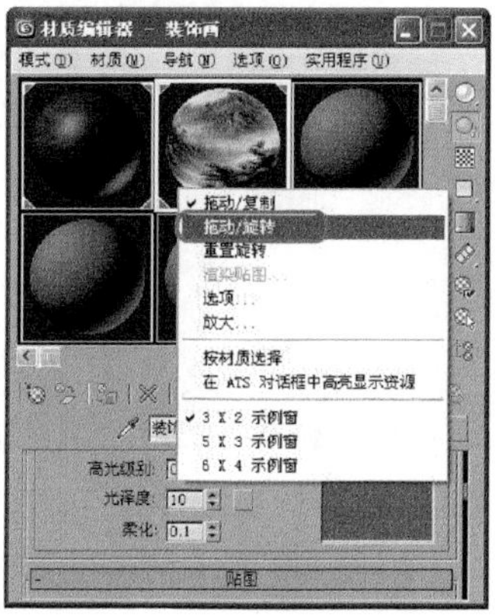

2 将鼠标移至材质样本球上并按住鼠标左键进行拖动，即可查看该样本球其他角度的材质效果，如右图所示。

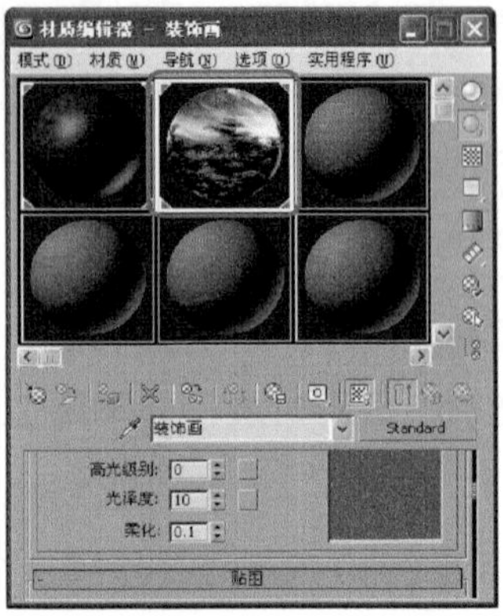

提示 要将旋转后的样本球还原为默认状态的方法是：在该样本球上单击鼠标右键，在弹出的快捷菜单中选择“重置旋转”命令即可。

9.2 材质/贴图浏览器

“材质/贴图浏览器”对话框提供全方位的材质和贴图浏览选择功能，它会根据当前的情况而变化，如果允许选择材质和贴图，则会将两者都显示在该对话框中，否则将仅显示材质或贴图。

实战操作300 打开系统材质

素材：Scene\Cha09\9-2.max　　场景：无

难度：★★★★★　　视频：视频\Cha09\实战操作300.avi

在“材质/贴图浏览器”对话框中提供标准、虫漆、多维/子对象、光线跟踪等15种内置材质。打开系统材质的操作步骤如下。

1 在3ds Max 2012中按“Ctrl+O”组合键打开素材文件9-2.max，打开后的场景如下图所示。

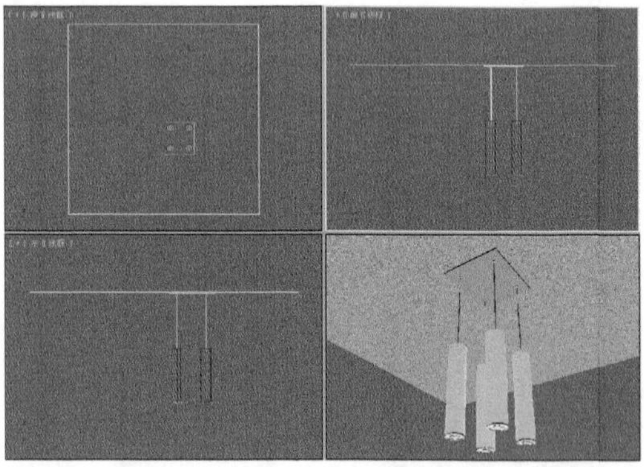

2 按M键打开“材质编辑器”对话框，选择一个样本球，单击“获取材质”按钮，如下图所示。

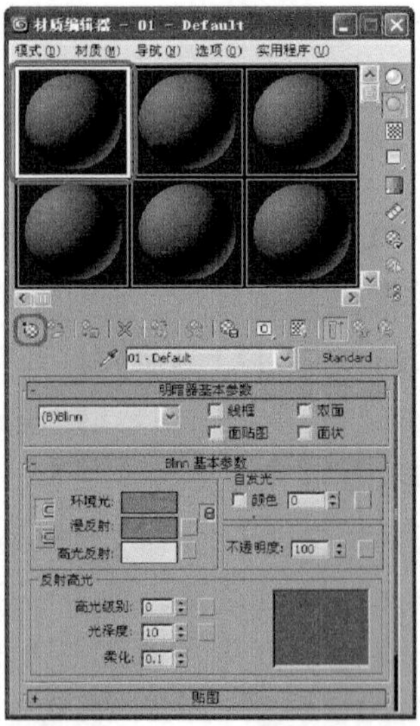

3 在打开的“材质/贴图浏览器”对话框中双击“虫漆”材质选项，如下图所示。

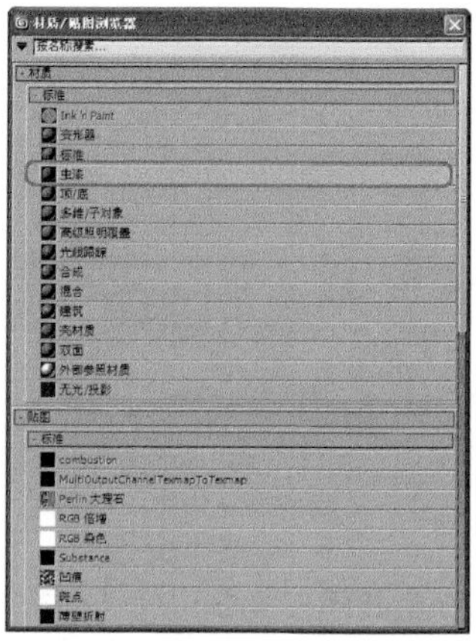

4 即可打开系统内置材质，该材质将显示在当前活动示例窗中，如下图所示。

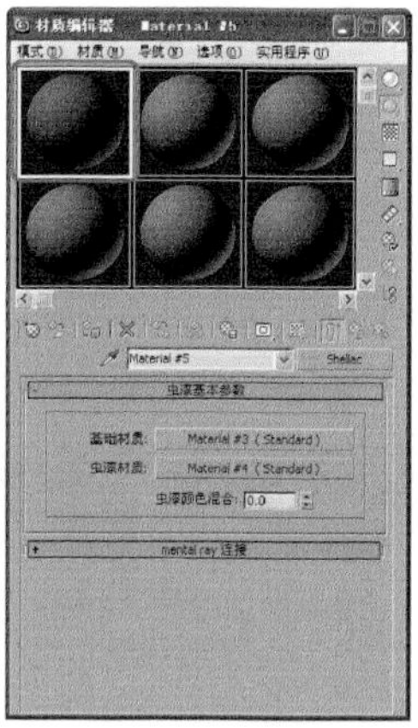

实战操作301 永久保存材质

素材：Scene\Cha09\9-2.max　　场景：无

难度：★★★★★　　视频：视频\Cha09\实战操作301.avi

永久保存材质是将材质保存到本地磁盘中，关机后也不会丢失。材质库的文件扩展名为.mat。永久保存材质的操作步骤如下。

1 打开素材文件9-2.max，按M键打开“材质编辑器”，选择一个材质球，单击“从对象拾取材质”按钮，在场景中选择灯对象，将该对象中的材质拾取到样本球上，如右图所示。

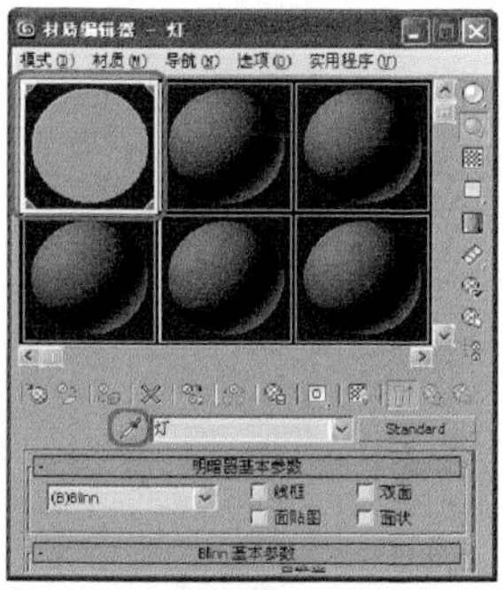

2 单击“放入库”按钮，在打开的“放置到库”对话框中使用默认名称，并单击“确定”按钮，如下图所示。

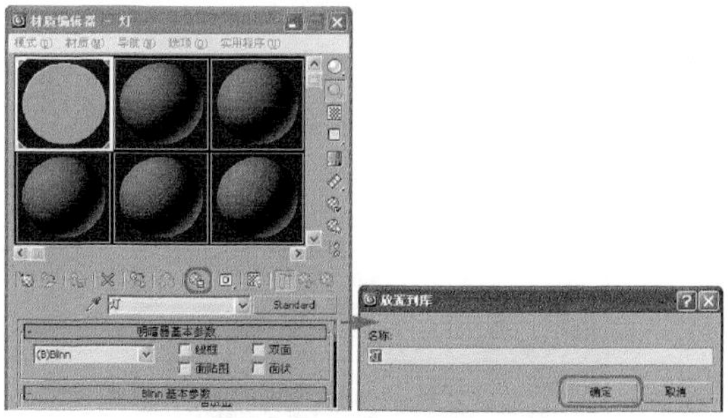

3 再单击“获取材质”按钮，在打开的对话框中的“临时库”卷展栏中显示出刚存储的材质，在“临时库”卷展栏上单击鼠标右键，在弹出的快捷菜单中选择“另存为”命令，如右图所示。

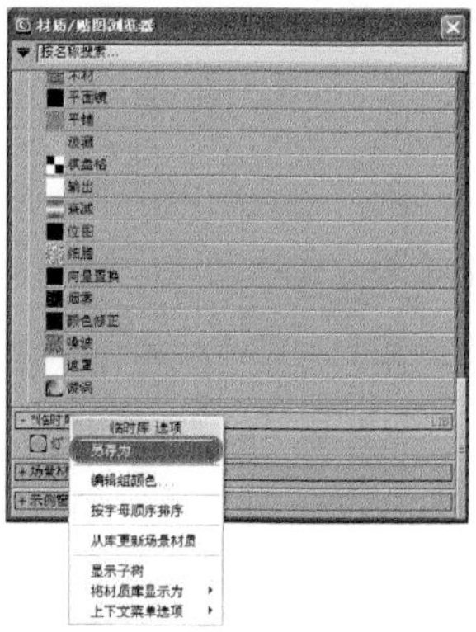

4 弹出“导出材质库”对话框，在该对话框中设置保存路径及文件名，如右图所示，单击“保存”按钮，即可将该材质永久保存至磁盘中。

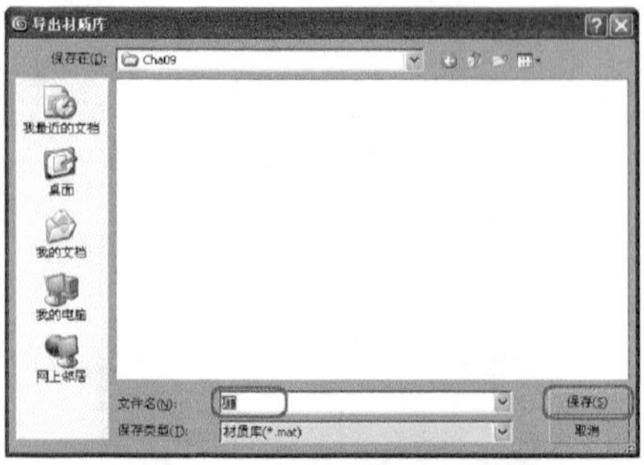

实战操作302 打开已保存的材质

素材：Scene\Cha09\9-2.max　　场景：无

难度：★★★★★　　视频：视频\Cha09\实战操作302.avi

在打开的场景中可以将已保存的材质，即扩展名为.mat的材质库文件直接导入到“材质/贴图浏览器”对话框中，其操作步骤如下。

1 打开素材文件9-2.max，按M键打开“材质编辑器”对话框，单击“获取材质”按钮，在打开的对话框中单击“材质/贴图浏览器选项”按钮，并在弹出的快捷菜单中选择“打开材质库”命令，如下图所示。

2 在打开的“导入材质库”对话框中选择实战操作中保存的材质库文件，单击“打开”按钮，即可将材质库文件导入，如下图所示。双击该材质库中的材质即可将其指定给选择的样本球。

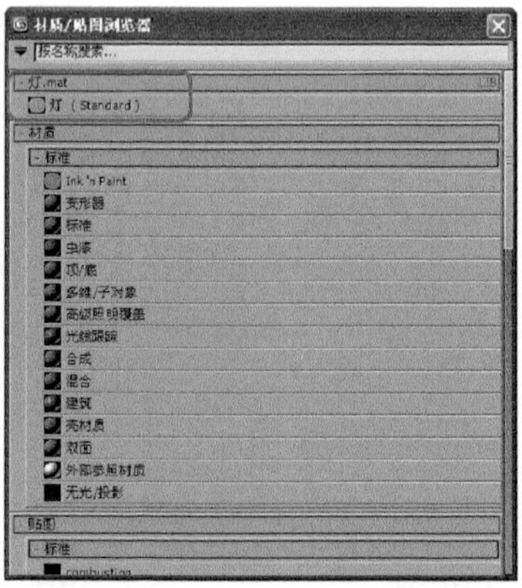

提示

扩展名为.mat的材质库文件中可以包含1个或多个不同的材质。

实战操作303 查看文本

素材：Scene\Cha09\9-2.max　　场景：无

难度：★★★★★　　视频：视频\Cha09\实战操作303.avi

在“材质/贴图浏览器”对话框中默认是以图标和文本的方式显示的材质和贴图。除此外还可以

以其他方式显示。其中文本以文字方式显示。查看文本的操作步骤如下。

1 打开素材文件9-2.max，在“材质编辑器”对话框中单击“获取材质”按钮，在打开的对话框中任意一个卷展栏上单击鼠标右键，在弹出的快捷菜单中选择“将组(和子组)显示为”|“文本”命令，如下图所示。

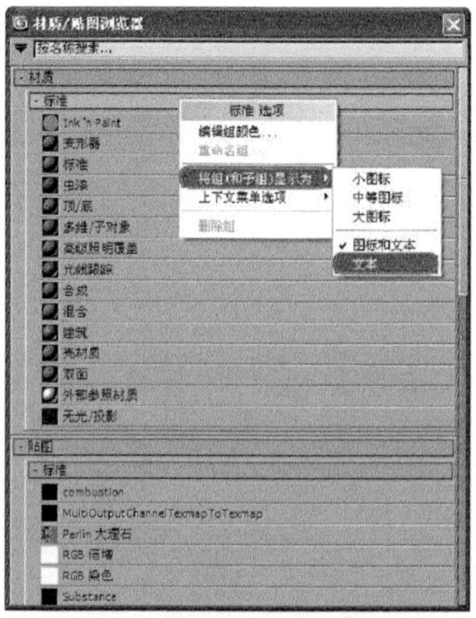

2 “材质/贴图浏览器”对话框中该卷展栏下内容的显示方式将变为以文字方式显示，如下图所示。

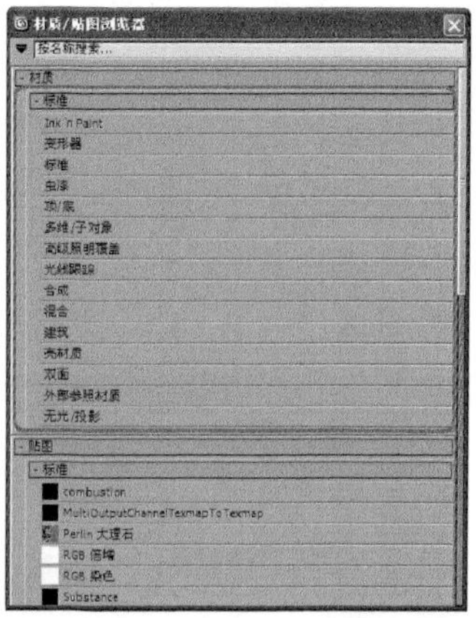

实战操作304 查看小图标

素材：Scene\Cha09\9-2.max　　场景：无

难度：★★★★★　　视频：视频\Cha09\实战操作304.avi

以小图标方式显示，并在小图标下显示其名称，当鼠标停留在某个小图标上时，也会显示它的名称。查看小图标的操作步骤如下。

1 打开素材文件9-2.max，在“材质编辑器”对话框中单击“获取材质”按钮，在打开的对话框中任意一个卷展栏上单击鼠标右键，在弹出的快捷菜单中选择“将组(和子组)显示为”|“小图标”命令，如下图所示。

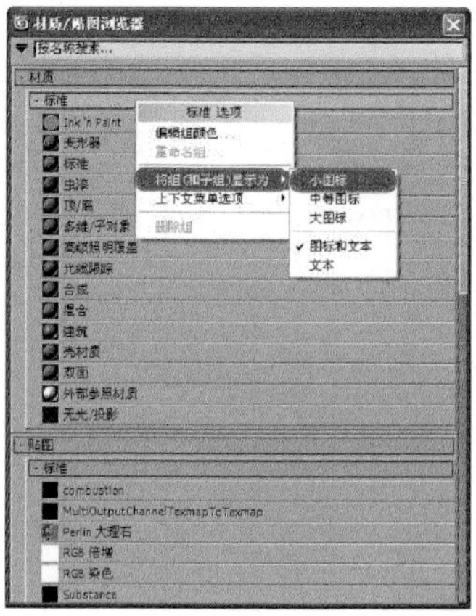

2 “材质/贴图浏览器”对话框中该卷展栏下内容的显示方式将变为以小图标方式显示，如下图所示。

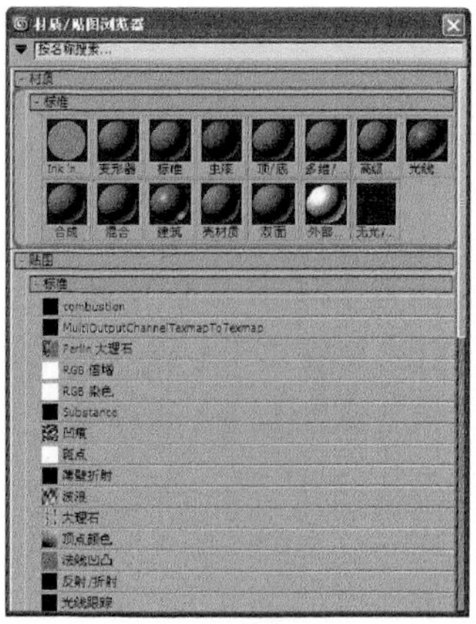

实战操作305 查看中等图标

素材：Scene\Cha09\9-2.max　　场景：无

难度：★★★★★　　视频：视频\Cha09\实战操作305.avi

以中等图标方式显示，并在中等图标下显示其名称，当鼠标停留在某个中等图标上时，也会显示它的名称。查看中等图标的操作步骤如下。

1 打开素材文件9-2.max，在“材质编辑器”对话框中单击“获取材质”按钮，在打开的对话框中任意一个卷展栏上单击鼠标右键，在弹出的快捷菜单中选择“将组(和子组)显示为”|“中等图标”命令，如下图所示。

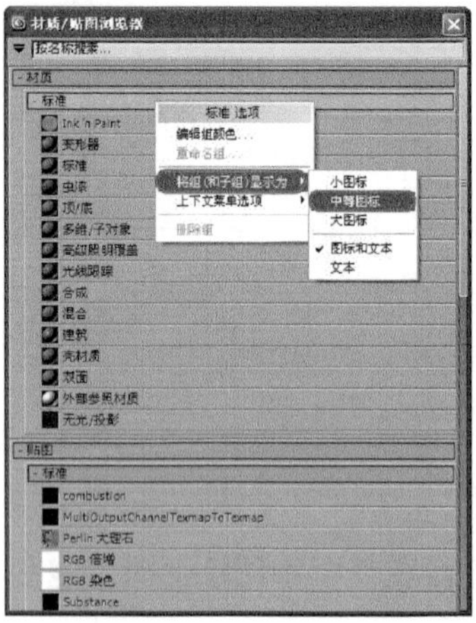

2 “材质/贴图浏览器”对话框中该卷展栏下内容的显示方式将变为以中等图标方式显示，如下图所示。

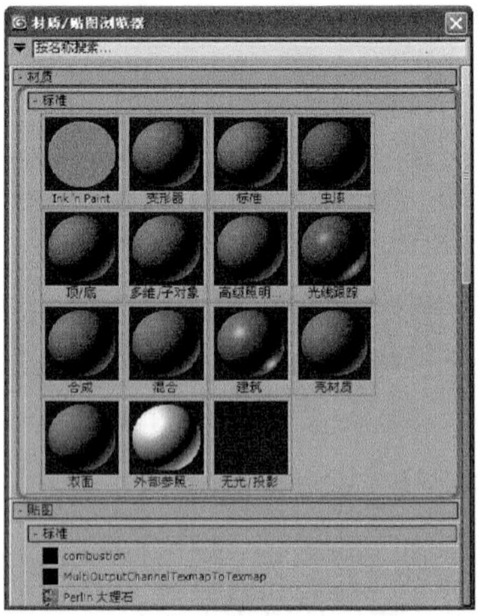

实战操作306 查看大图标

素材：Scene\Cha09\9-2.max　　场景：无

难度：★★★★★　　视频：视频\Cha09\实战操作306.avi

以大图标方式显示，并在大图标下显示其名称，当鼠标停留在某个大图标上时，也会显示它的名称。查看大图标的操作步骤如下。

1 打开素材文件9-2.max，在“材质编辑器”对话框中单击“获取材质”按钮，在打开的对话框中任意一个卷展栏上单击鼠标右键，在弹出的快捷菜单中选择“将组(和子组)显示为”|“大图标”命令，如右图所示。

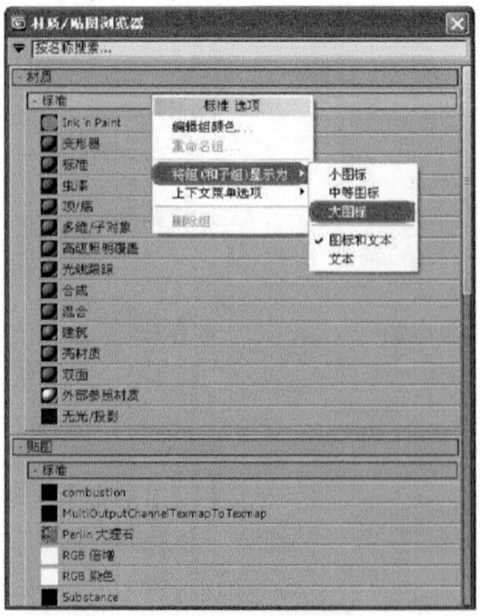

2 “材质/贴图浏览器”对话框中该卷展栏下内容的显示方式将变为以大图标方式显示，如右图所示。

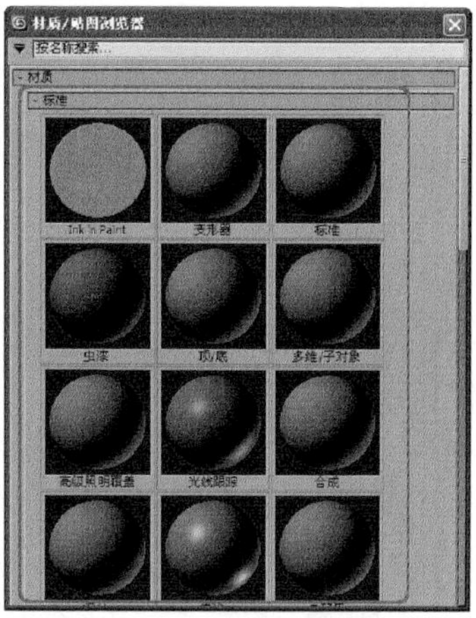

9.3 设置材质的属性

当为创建的物体设置材质时，设置材质的属性是至关重要的，一个物体的效果如何取决于如何设置其属性，本节将介绍如何设置材质的属性，使读者对3ds Max 2012有进一步的了解。

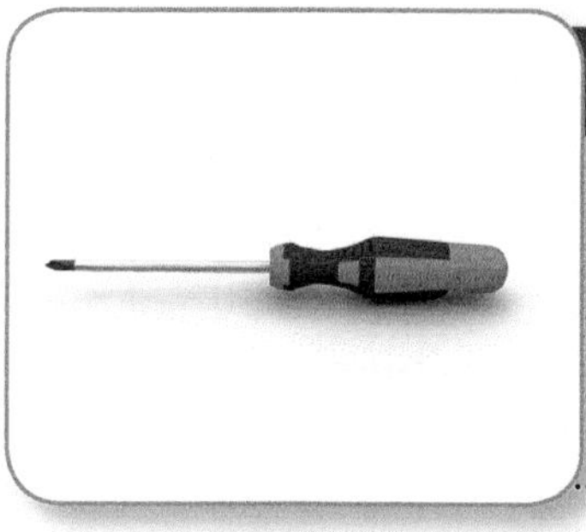

实战操作307 设置环境光

- 素材：Scene\Cha09\9-3.max
- 难度：★★★★★
- 场景：Scene \Cha09\实战操作307.max
- 视频：视频\Cha09\实战操作307.avi

环境光主要控制物体表面阴影区的颜色，下面介绍如何设置环境光，其操作步骤如下。

1 打开素材9-3.max，在工具栏中单击“材质编辑器”按钮，并在弹出的对话框中选择第一个材质样本球，按照ID的排列，单击1号材质后面的材质按钮，如右图所示。

2 进入该子级材质面板中，在“Phong基本参数”卷展栏中单击“环境光”右侧的颜色框，将弹出的对话框中的RGB分别设为0、255、12，如下图所示。

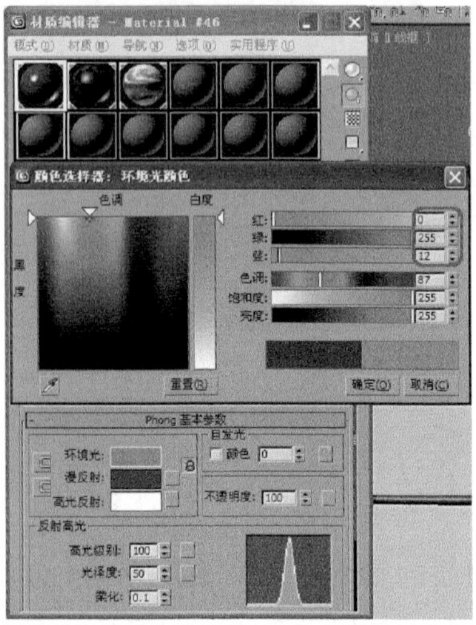

3 单击“确定”按钮，将“材质编辑器”对话框关闭，按键盘上的8键，在打开的对话框中选择“环境”选项卡，如下图所示。

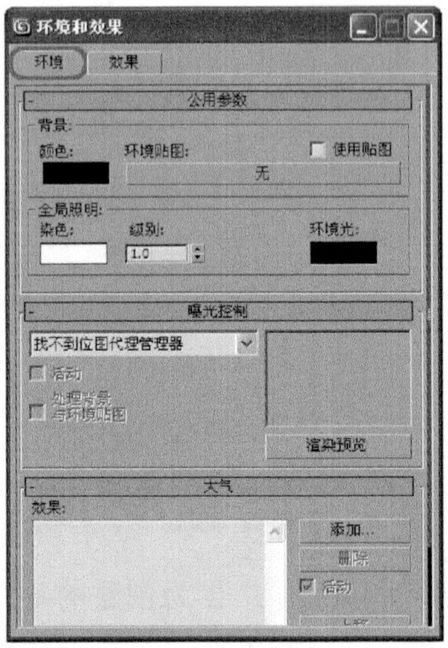

4 在“参数公用”卷展栏中的“全局照明”选项区中单击“环境光”下方的颜色框，将弹出的对话框中的RGB分别设为80、86、86，如右图所示，单击“确定”按钮，将“环境和效果”对话框关闭即可。

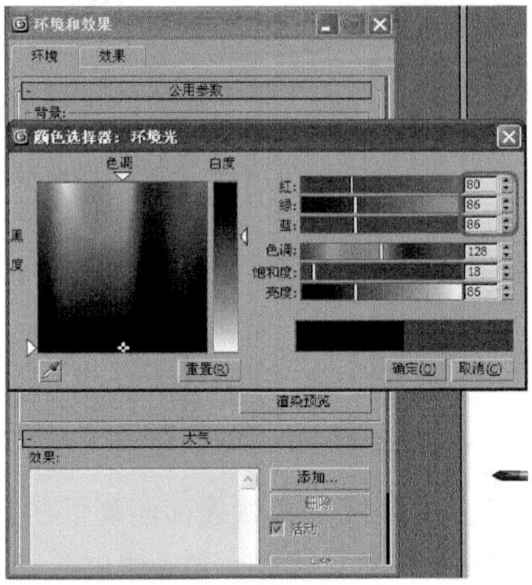

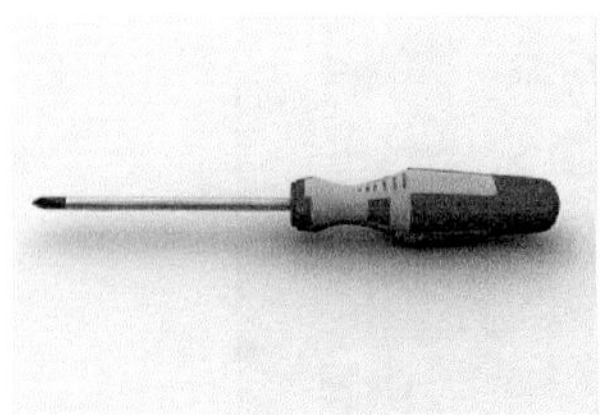

实战操作308 设置漫反射

- 素材：Scene\Cha09\9-3.max
- 难度：★★★★★
- 场景：Scene \Cha09\实战操作308.max
- 视频：视频\Cha09\实战操作308.avi

漫反射主要控制物体表面过滤区的颜色，下面介绍如何设置漫反射，其操作步骤如下。

1 打开素材9-3.max，单击工具栏中的“材质编辑器”按钮，并在弹出的对话框中选择第一个材质样本球，按照ID的排列，单击2号材质后面的材质按钮，进入该子级材质面板中，在“Phong基本参数”卷展栏中单击“漫反射”右侧的颜色框，将弹出的对话框中的RGB分别设为214、228、54，如下图所示。

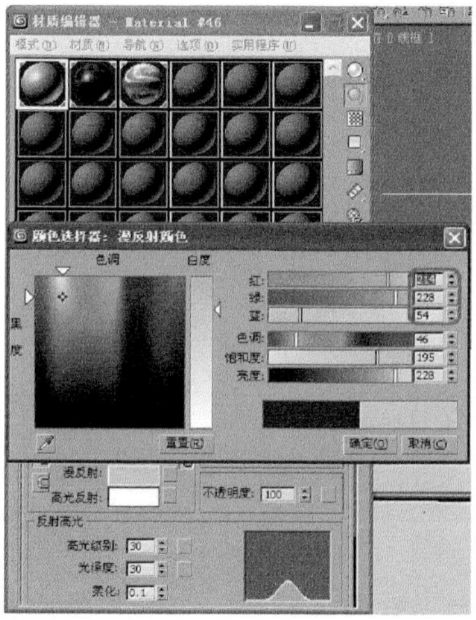

2 单击“确定”按钮，将“材质编辑器”对话框关闭，即可完成漫反射的设置，如下图所示。

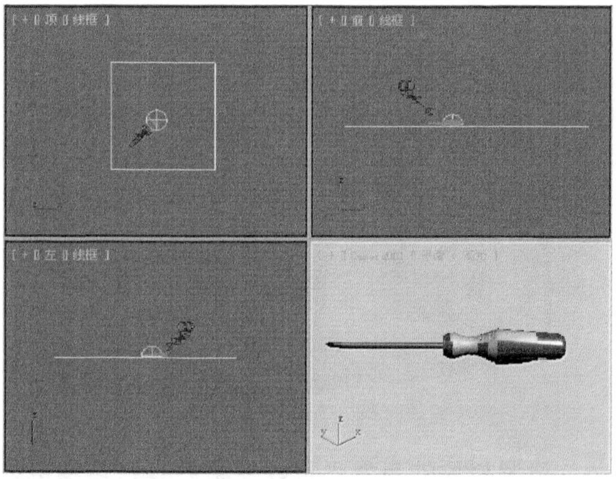

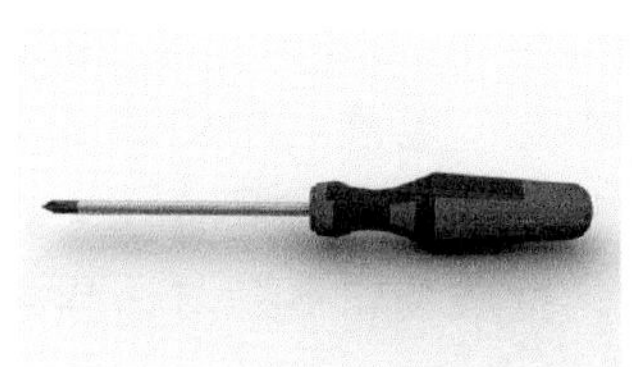

实战操作309 设置高光反射

- 素材：Scene\Cha09\9-3.max
- 难度：★★★★★
- 场景：Scene \Cha09\实战操作309.max
- 视频：视频\Cha09\实战操作309.avi

高光反射主要控制物体表面高光区的颜色，下面介绍如何设置漫反射，其操作步骤如下。

1 打开素材9-3.max，单击工具栏中的“材质编辑器”按钮，并在弹出的对话框中选择第3个材质样本球，在“Phong基本参数”卷展栏中单击“高光反射”右侧的颜色框，将弹出的对话框中的RGB分别设为133、255、245，如右图所示。

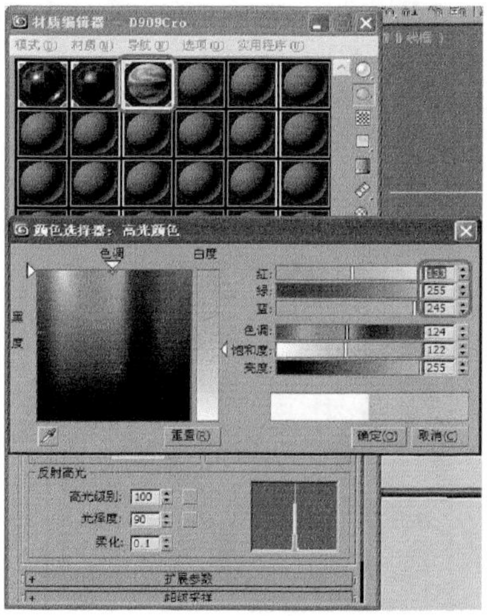

2 单击“确定”按钮，将“材质编辑器”对话框关闭，即可完成高光反射的设置，如右图所示。

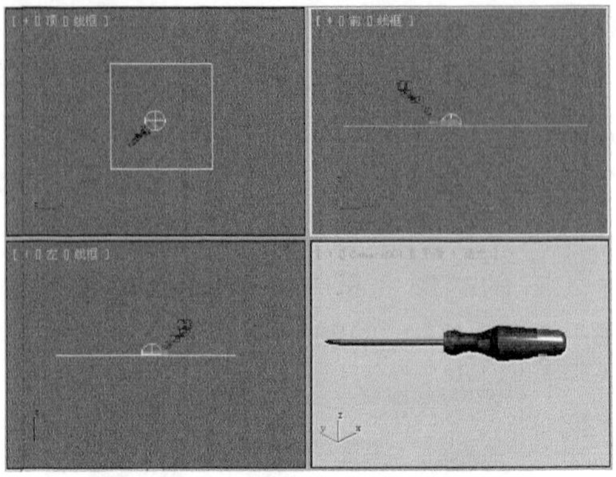

实战操作310 设置材质的自发光

素材：Scene\Cha09\9-4.max

难度：★★★★★

场景：Scene \Cha09\实战操作310.max

视频：视频\Cha09\实战操作310.avi

设置材质的自发光可以使材质具备自身的发光效果。自发光有两种方式，一种是选中前面的复选框，使用带有颜色的自发光；另一种是关闭复选框，在文本框中输入相应的数值，使用单一颜色的自发光，下面介绍第2种方式的使用方法，其操作步骤如下。

1 打开素材9-4.max，单击工具栏中的“材质编辑器”按钮，并在弹出的对话框中选择“灯”材质样本球，如下图所示。

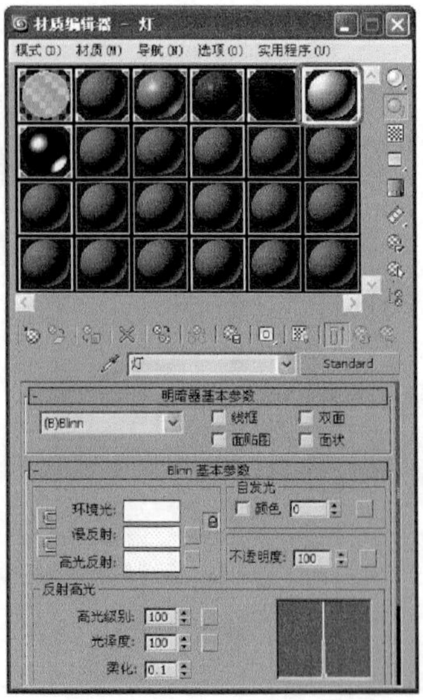

2 在“Blinn基本参数”卷展栏中的“自发光”微调框中输入100，按Enter键确认，如下图所示，将“材质编辑器”对话框关闭，即可设置材质的自发光。

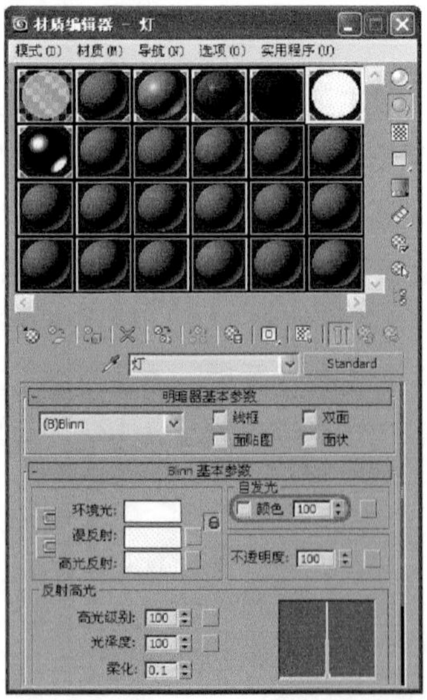

实战操作311 设置材质的不透明度

- 素材：Scene\Cha09\9-4.max
- 难度：★★★★★
- 场景：Scene \Cha09\实战操作311.max
- 视频：视频\Cha09\实战操作311.avi

一般情况下，材质透明度的默认值为100，可以根据调整数值来设置材质的透明度。下面介绍如何设置材质的不透明度，其操作步骤如下。

1 继续上一实例的操作，单击工具栏中“材质编辑器”按钮，并在弹出的对话框中选择“玻璃”材质样本球，如下图所示。

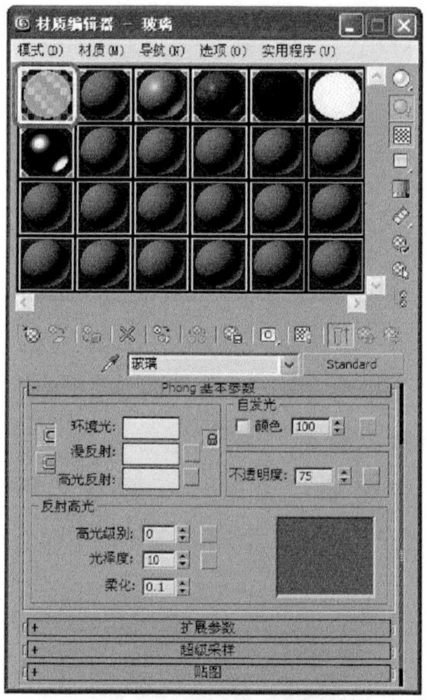

2 将“Phong基本参数”卷展栏中的“不透明度”设为35，按Enter键确认，如下图所示，将“材质编辑器”对话框关闭，即可设置材质的不透明度。

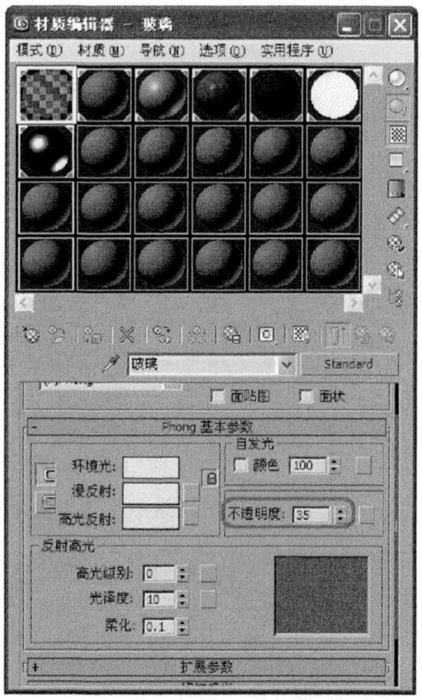

9.4 创建标准材质

标准材质类型为表面建模提供了非常直观的方式。在现实世界中，表面的外观取决于它如何反射光线。在 3ds Max 中，标准材质模拟表面的反射属性。如果不使用贴图，标准材质会为对象提供单一统一的颜色。下面的实例将介绍如何创建材质。

实战操作312 创建多维/子对象材质

- 素材：Scene\Cha09\9-5.max
- 难度：★★★★★
- 场景：Scene \Cha09\实战操作312.max
- 视频：视频\Cha09\实战操作312.avi

创建多维/子对象材质是将多个材质组合为一种复合式材质，可以在一组不同的物体之间分配ID号，使用一个物体享有不同的多维/子对象材质。下面介绍如何创建多维/子对象材质，其操作步骤如下。

1 打开素材9-5.max，在视图中选择“海豚”对象，进入“修改”命令面板，将当前选择集定义为“元素”，如下图所示。

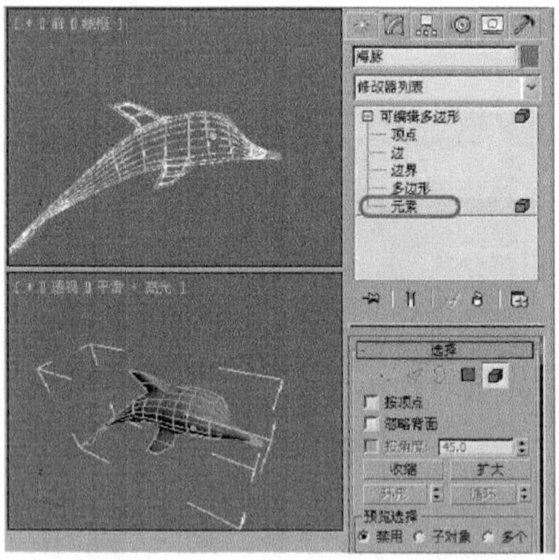

2 在视图中选择如下图所示的元素，在“多边形：材质ID”卷展栏中的“设置ID”微调框中输入1，按Enter键确认，如下图所示。

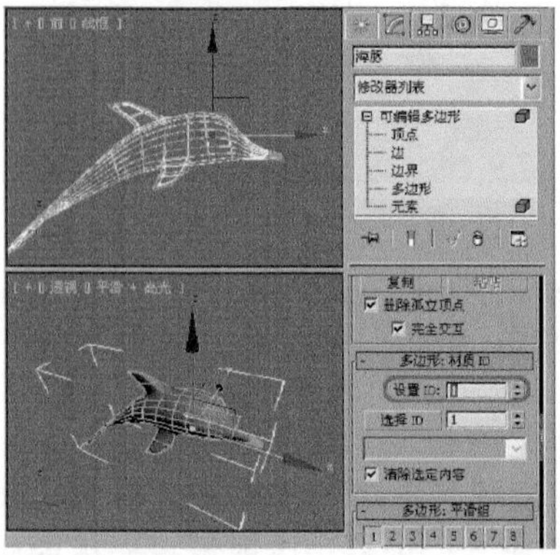

3 激活“前”视图，按“Ctrl+I”组合键进行反选，将其设置为ID2，并关闭当前选择集，单击工具栏中的“材质编辑器”按钮，在弹出的对话框中单击“Standard”按钮，再在弹出的对话框中选择“多维/子对象材质”，如下图所示。

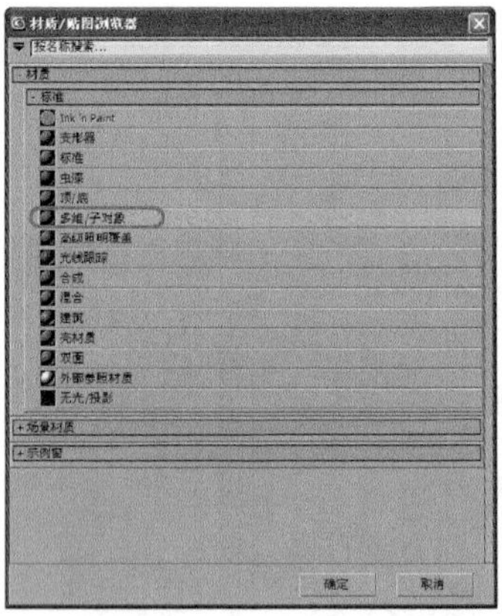

4 单击“确定”按钮，在弹出的“替换材质”对话框中单击“确定”按钮，在“多维/子对象基本参数”卷展栏中单击“设置数量”按钮，在弹出的“设置材质数量”对话框中的“材质数量”微调框中输入2，如下图所示。

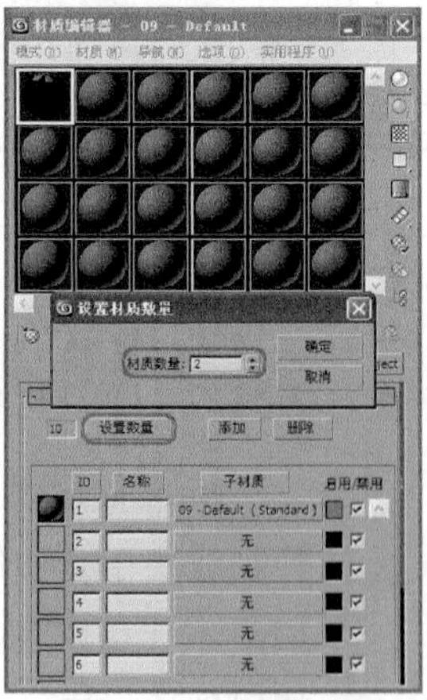

5 单击“确定”按钮，按照ID的排列，单击1号材质后面的材质按钮，在“Blinn基

本参数”卷展栏中将“环境光”的RGB值设置为0、0、0，在“高光级别”和“光泽度”文本框中分别输入193、34，如下图所示。

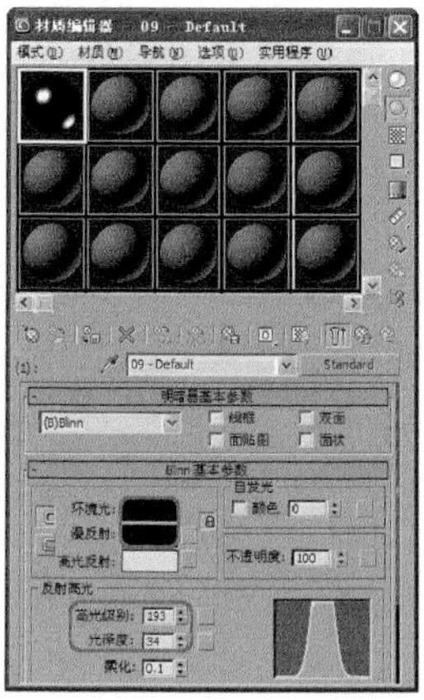

6 单击“转到父对象”按钮，按照ID的排列，单击2号材质后面的材质按钮，在弹出的“材质贴图浏览器”对话框中双击“标准”，在“Blinn基本参数”卷展栏中将“环境光”的RGB值设置为130、0、255，在“自发光”选项区中的文本框中输入60，如下图所示。

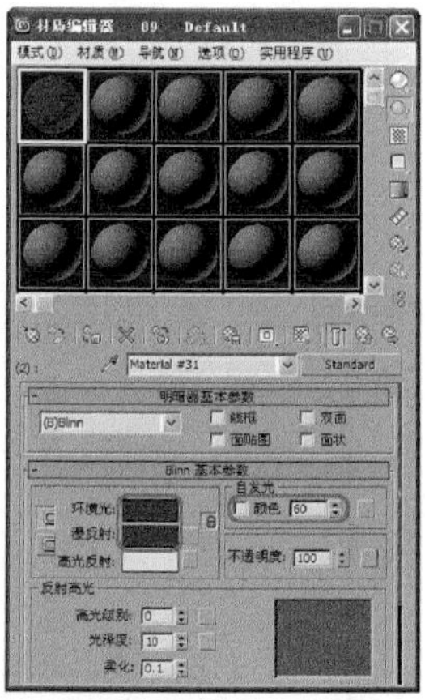

7 在“贴图”卷展栏中单击“漫反射颜色”右侧的None，在弹出的“材质/贴图浏览器”对话框中双击“衰减”，在“衰减参数”卷展栏中单击第一个颜色框，将弹出的对话框中的RGB分别设为0、120、255，如下图所示。

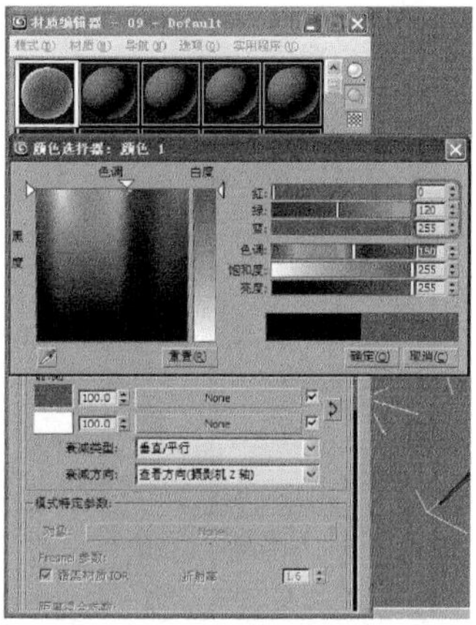

8 单击“确定”按钮，单击“转到父对象”按钮，再在“材质编辑器”对话框中单击“在视口中显示标准贴图”和“将材质指定给选定对象”按钮，将“材质编辑器”对话框关闭，将“透视”视图转换为“正交”视图，如下图所示。

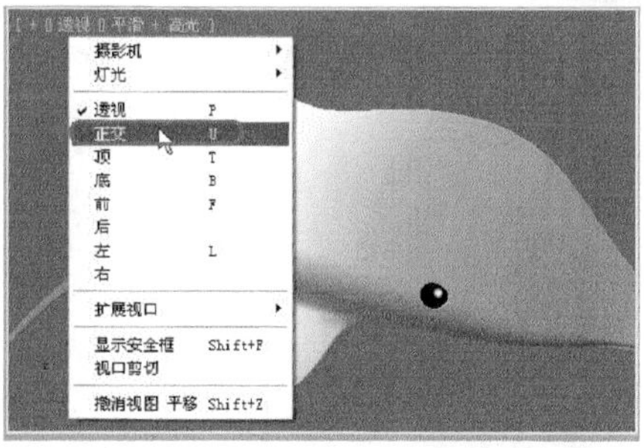

实战操作313 创建光线跟踪材质

- 素材：Scene\Cha09\9-6.max
- 难度：★★★★★
- 场景：Scene \Cha09\实战操作313.max
- 视频：视频\Cha09\实战操作313.avi

光线跟踪材质是一种比标准材质更高的材质类型，它不仅包括了标准材质具备的全部特性，还可以创建真实的反射和折射效果，并且还支持雾、颜色浓度、半透明以及荧光等特殊效果。下面介绍如何创建光线跟踪材质，其操作步骤如下。

1 打开素材9-6.max，在视图中选择全部对象，在工具栏中单击“材质编辑器”按钮，在打开的对话框中选择第一个材质样本球，将其命名为“小和尚”，如下图所示。

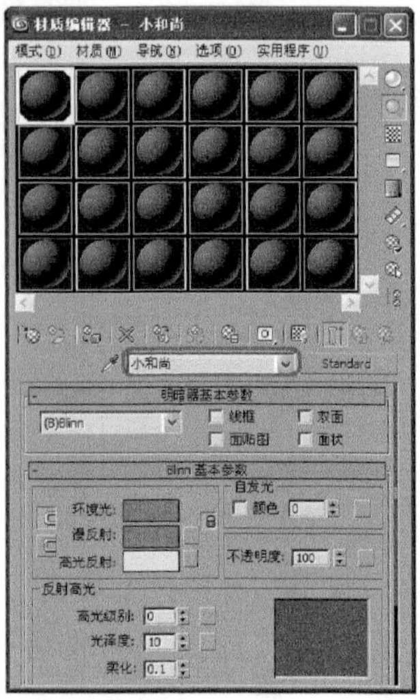

2 在“材质编辑器”对话框中单击“Standard”按钮，在弹出的“材质/贴图浏览器”对话框中选择“光线跟踪”，如下图所示。

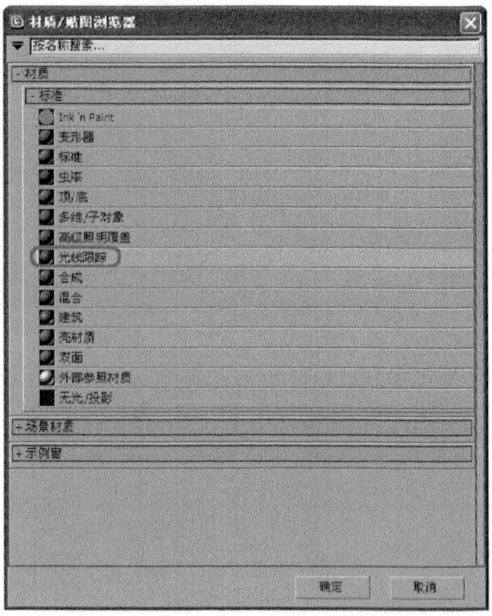

3 单击“确定”按钮，在“光线跟踪基本参数”卷展栏中将“环境光”和“反射”的RGB值都设置为255、0、0；将“漫反射”和“发光度”的RGB值都设置为0、0、255；将“透明度”的RGB值设置为199、199、199；将“高光级别”和“光泽度”分别设为0、100，按Enter键确认，如下图所示。

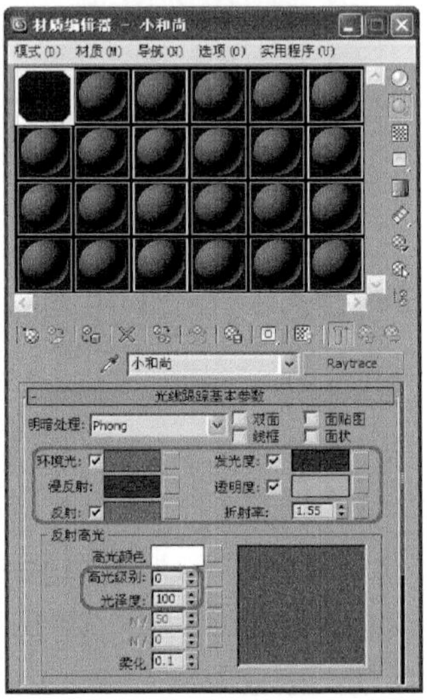

4 在“光线跟踪器控制”卷展栏中取消选中“启用光线跟踪”复选框，如下图所示。

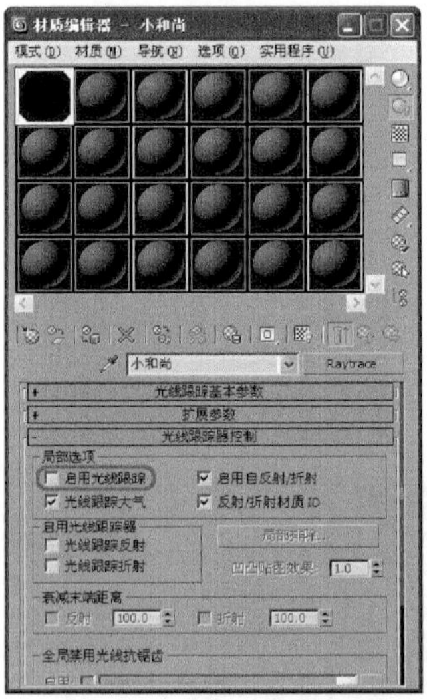

5 打开“贴图”卷展栏，单击“漫反射”贴图通道后面的“None”按钮，在打开的“材质/贴图浏览器”对话框中双击“噪波”，在“噪波参数”卷展栏中将“颜色＃1”

的RGB值设置为0、0、255，如下图所示。

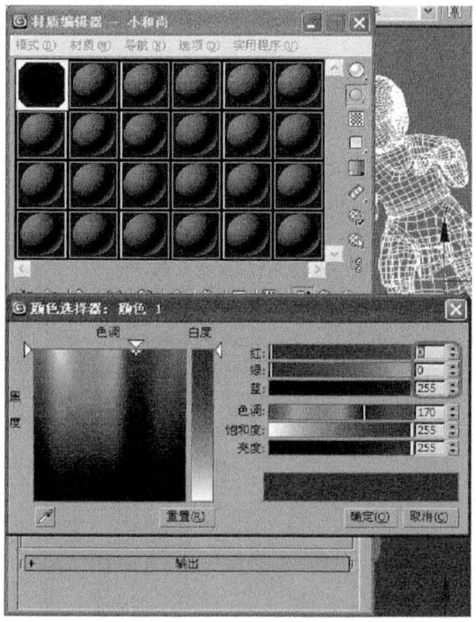

6 单击“转到父对象”按钮，返回到父材质层级，单击“透明度”贴图通道后面的“None”按钮，在打开的“材质/贴图浏览器”对话框中双击“衰减”，在“衰减参数”卷展栏下，将“前：侧”选项区中的两个颜色框的RGB值分别设置为255、255、255；0、0、0，如下图所示。

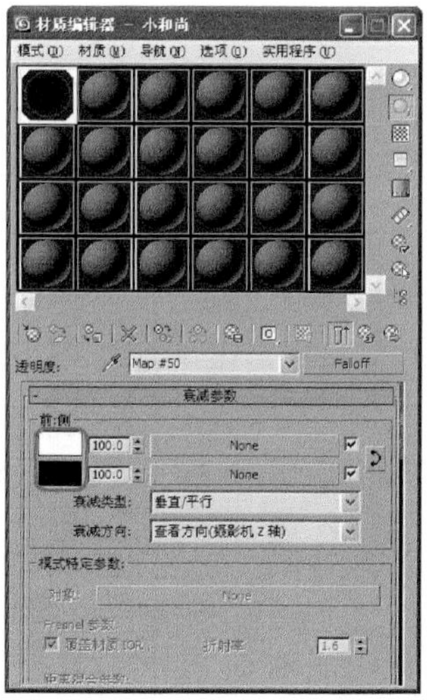

7 打开“输出”卷展栏，将“输出量”设置为1.2，单击“转到父对象”按钮，返回到父材质层级，单击“发光度”贴图通道后面的“None”按钮，在打开的“材质/贴图浏览器”对话框中双击“平面镜”贴图，在“平面镜参数”卷展栏中，选中“渲染”选项区中的“应用于带ID的面”复选框，如下图所示。

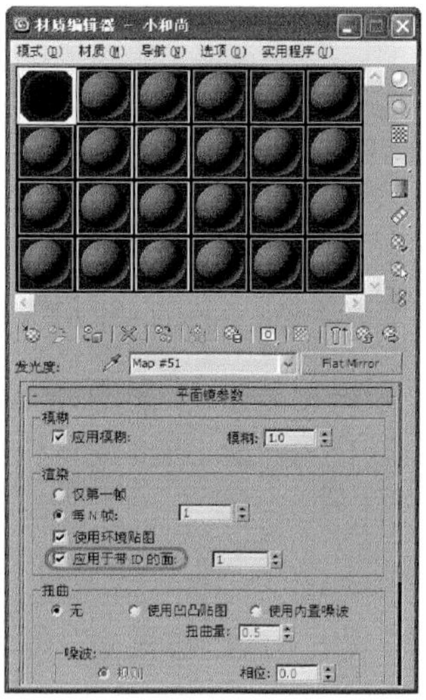

8 单击“转到父对象”按钮，返回到父材质层级，单击“附加光”贴图通道后面的None按钮，在打开的“材质/贴图浏览器”对话框中双击“平面镜”，在“平面镜参数”卷展栏中，选中“渲染”选项区中的“应用于带ID的面”复选框，如下图所示。

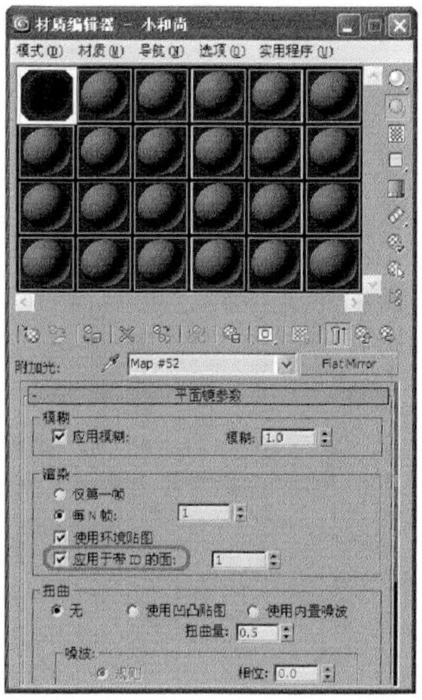

9 单击“转到父对象”按钮，返回到父材质层级，单击“半透明”贴图通道后面的“None”按钮，在打开的“材质/贴图浏览器”对话框中双击“衰减”，在“衰减参数”卷展栏中将“前：侧”选项区中的两个颜色框的RGB值分别设置为255、255、255；0、0、0，然后在“输出”卷展栏中将“输出量”设置

为1.2，按Enter键确认，如下图所示。

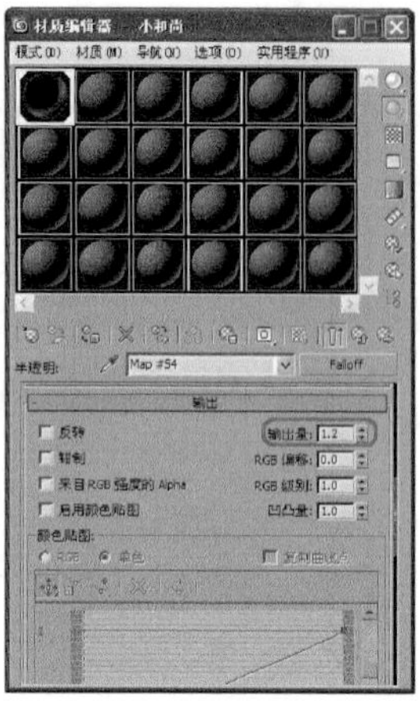

10 设置完成后单击“转到父对象”按钮，返回到父材质层级，单击“将材质指定给选定对象”按钮和“在视口中显示标准贴图”按钮，将当前材质指定给场景中选择的对象，将“材质编辑器”对话框关闭，即可完成创建光线跟踪材质，如下图所示。

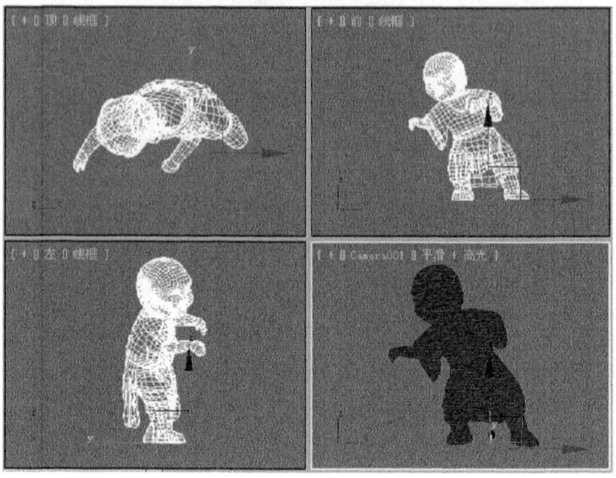

实战操作314 创建双面材质

素材：Scene\Cha09\9-7.max

难度：★★★★★

场景：Scene \Cha09\实战操作314.max

视频：视频\Cha09\实战操作314.avi

双面材质是指在物体的内外表面分别指定两种不同的材质，并且还可以控制它们的透明程度。下面介绍如何创建双面材质，其操作步骤如下。

1 打开素材9-7.max，按H键打开“从场景选择”对话框，在对话框中选择“杯子”，如下图所示。

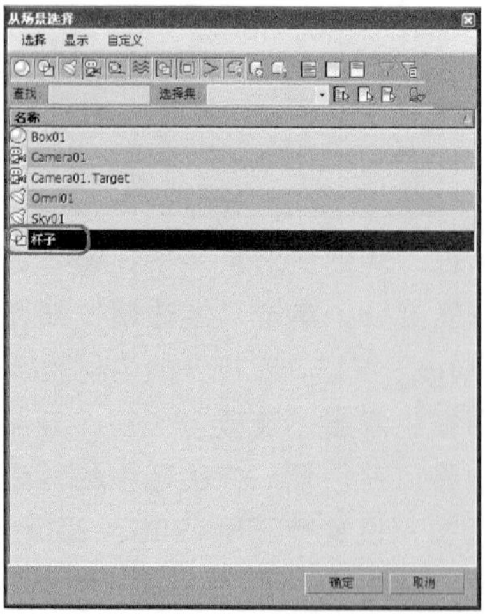

2 单击“确定”按钮，在工具栏中单击“材质编辑器”按钮，在弹出的对话框中单击“Standard”按钮，在弹出的“材质/贴图浏览器”对话框中选择“双面”，如下图所示。

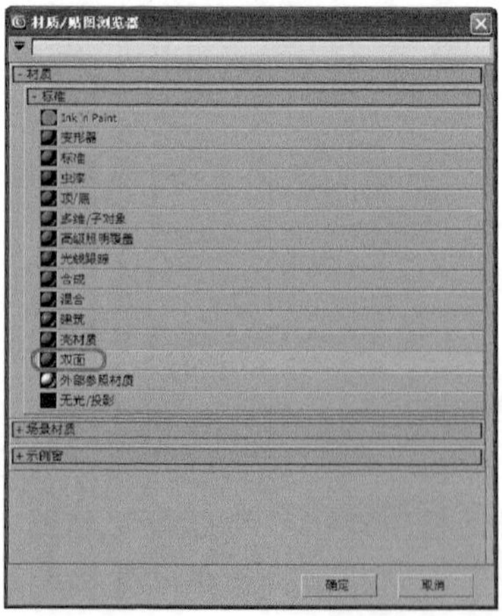

3 单击“确定”按钮，再在弹出的“替换材质”对话框中单击“确定”按钮。在“双面基本参数”卷展栏中单击“正面材质”右侧的材质按钮，如下图所示。

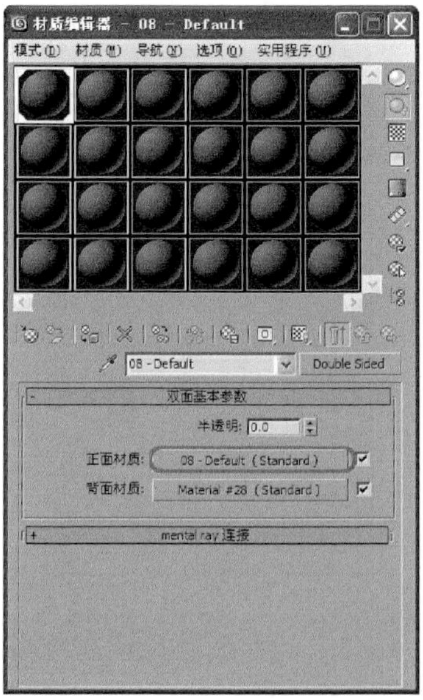

4 在“Blinn基本参数”卷展栏中将“环境光”的RGB值设置为39、218、77，在“自发光”选项区中的微调框中输入30，在“高光级别”和“光泽度”微调框中分别输入77、32，按Enter键确认，如下图所示。

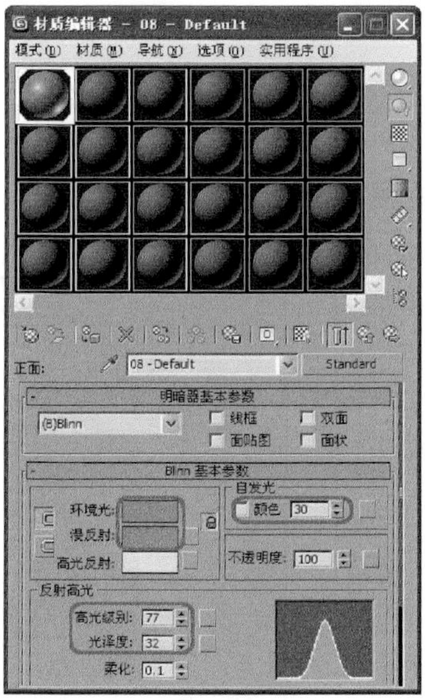

5 在“贴图”卷展栏中单击“漫反射颜色”右侧的None，在弹出的“材质/贴图浏览器”对话框中双击“位图”，在弹出的“选择位图图像文件”对话框中选择随书附带光盘中的\Map\2.tif素材图形，如下图所示。

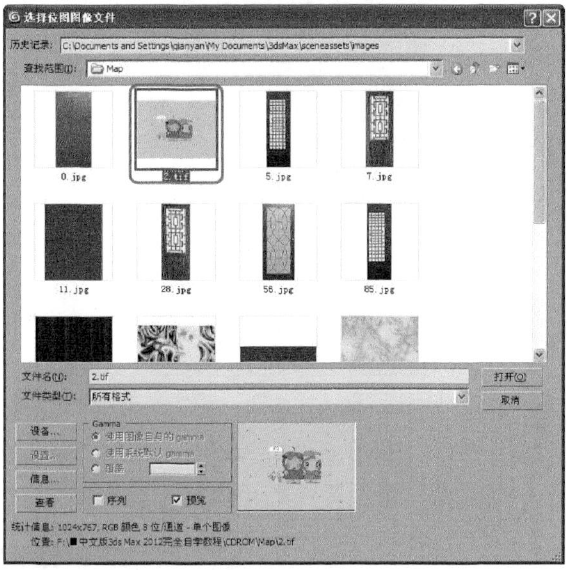

6 单击“打开”按钮，在“坐标”卷展栏中选中“环境”单选按钮，在“偏移”下方的“U”、“V”微调框中输入-1.0、-0.16，在“瓷砖”下方的“U”、“V”微调框中输入2.0、2.0，如下图所示。

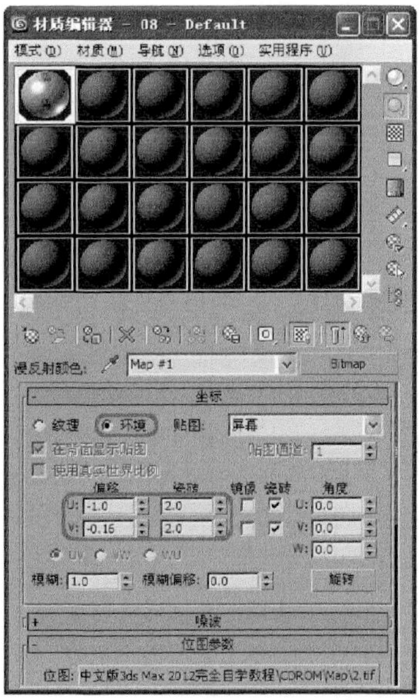

7 单击“转到父对象”按钮，然后再单击“转到父对象”按钮，返回到父材质层级，在“材质编辑器”对话框中单击“背

面材质”右侧的材质按钮，如下图所示。

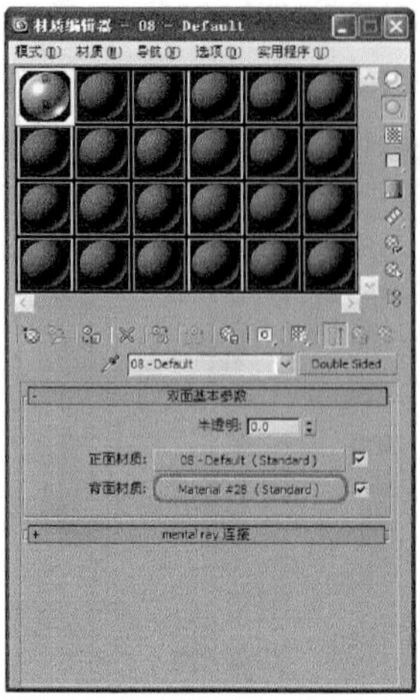

8 在“Blinn基本参数”卷展栏中将“环境光”的RGB值设置为255、255、255，在“自发光”选项区中的微调框中输入40，在“高光级别”和“光泽度”微调框中分别输入71、31，按Enter键确认，如下图所示，然后单击“将材质指定给选定对象”和“在视口中显示标准贴图”按钮，将“材质编辑器”对话框关闭即可。

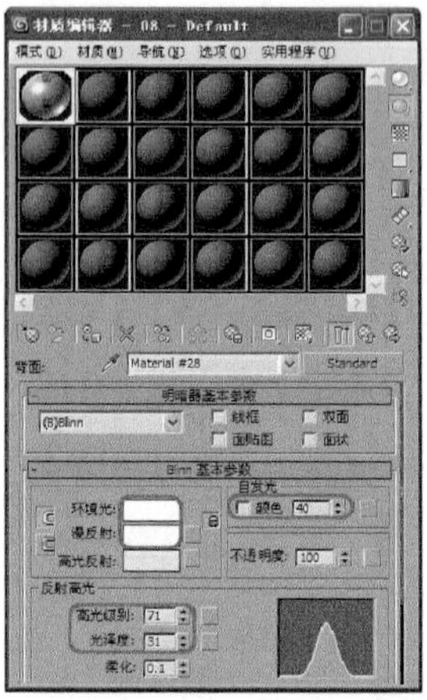

实战操作315 创建壳材质

- 素材：Scene\Cha09\9-8.max
- 难度：★★★★★
- 场景：Scene \Cha09\实战操作315.max
- 视频：视频\Cha09\实战操作315.avi

外壳材质是指将两种材质指定到一个物体上，用户可以设置在视口和渲染时显示两种不同的材质。下面介绍如何创建壳材质，其操作步骤如下。

1 打开素材9-8.max，按H键打开“从场景选择”对话框，在对话框中选择“床垫”，如下图所示。

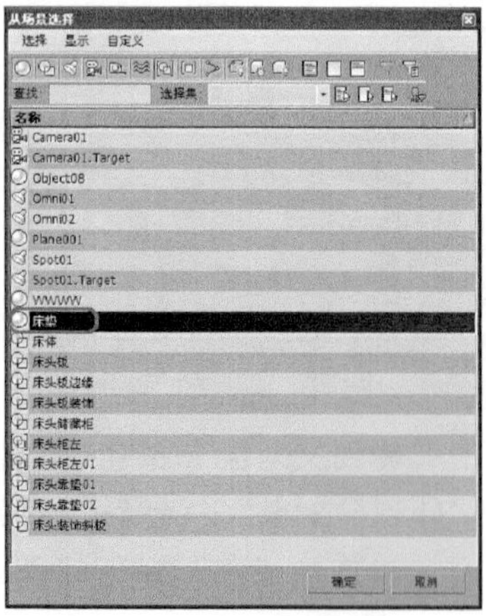

2 单击“确定”按钮，在工具栏中单击“材质编辑器”按钮，在弹出的“材质编辑器”对话框中选择第4个材质样本球，然后单击“Standard”按钮，在弹出的“材质/贴图浏览器”对话框中选择“壳材质”，如右图所示。

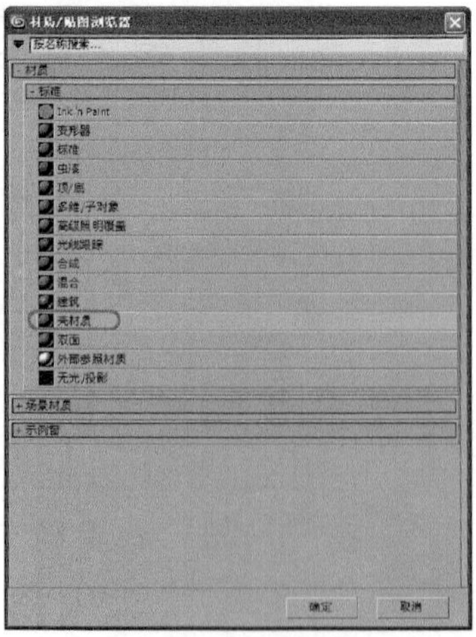

3 单击“确定”按钮，再在弹出的“替换材质”对话框中单击“确定”按钮。在“壳材质参数”卷展栏中单击“原始材质”下方的材质通道按钮，如下图所示。

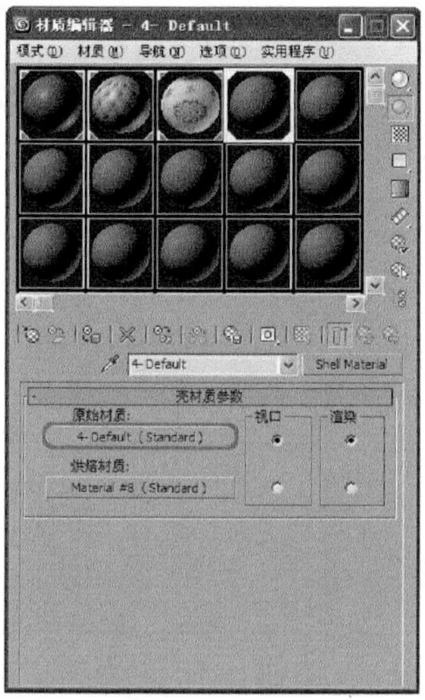

4 在“明暗器基本参数”卷展栏中将明暗器类型定义为“Phong”，在“Phong基本参数”卷展栏中将“环境光”的RGB值设置为181、101、6，在“自发光”选项区中的微调框中输入85，在“高光级别”和“光泽度”微调框中输入16、27，按Enter键确认，如下图所示。

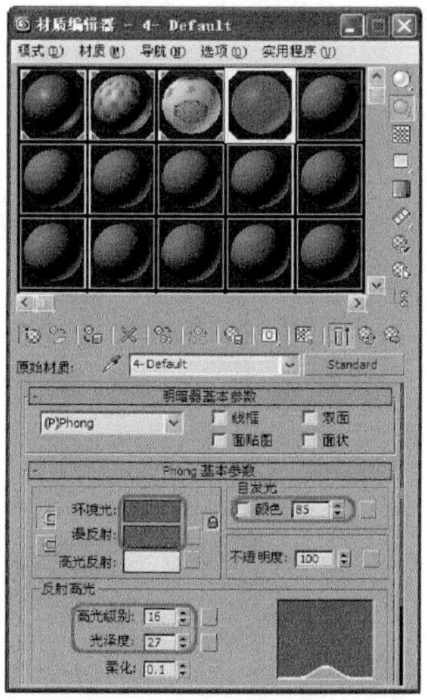

5 在“贴图”卷展栏中单击“漫反射颜色”右侧的“None”按钮，在弹出的“材质/贴图浏览器”对话框双击“位图”，在弹出的“选择位图图像文件”对话框中选择随书附带光盘中的\Map\Dt16.jpg素材图形，如下图所示。

6 单击“打开”按钮，在“坐标”卷展栏中的“瓷砖”下方的“V”微调框中输入1.2，按Enter键确认，如下图所示。

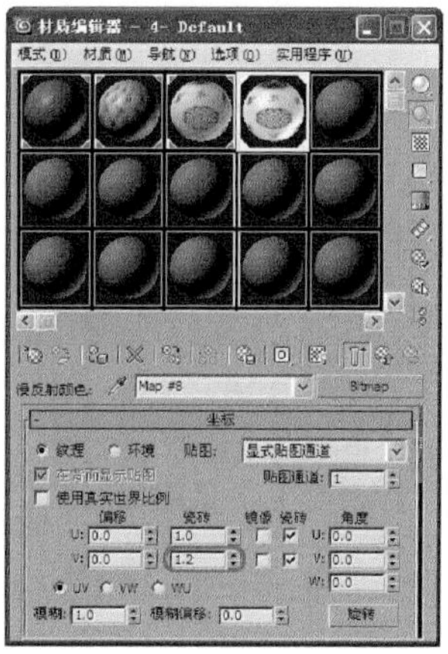

7 单击“转到父对象”按钮，单击“在视口中显示标准贴图”按钮，再单击“转到父对象”按钮，在“壳材质”卷展栏中单击“烘焙材质”下方的材质通道按钮，如下图所示。

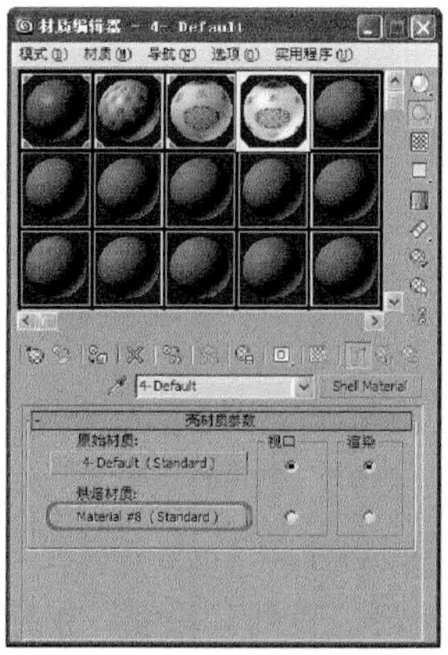

8 在“明暗器基本参数”卷展栏中将明暗器类型定义为“Phong”，在“Phong基本参数”卷展栏中将“环境光”的RGB值设置为181、101、6，在“自发光”选项区中的微调框中输入85，在“高光级别”和“光泽度”微调框中输入16、27，按Enter键确认，如下图所示。

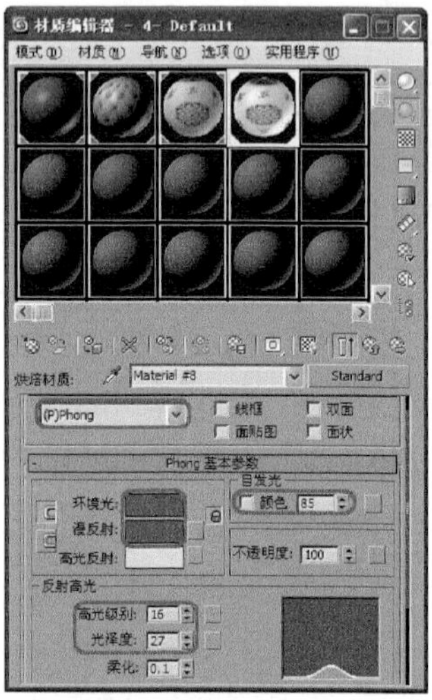

9 在“贴图”卷展栏中单击“漫反射颜色”右侧的None，在弹出的“材质/贴图浏览器”对话框中双击“位图”，在弹出的“选择位图图像文件”对话框中选择随书附带光盘中的\Map\方毯-084亮.jpg素材图形，如下图所示。

10 单击“打开”按钮，单击“转到父对象”按钮，单击“在视口中显示标准贴图”按钮，再单击“转到父对象”按钮，在“壳材质参数”卷展栏中选中“烘焙材质”右侧的“渲染”单选按钮，再单击“将材质指定给选定对象”按钮，如下图所示。

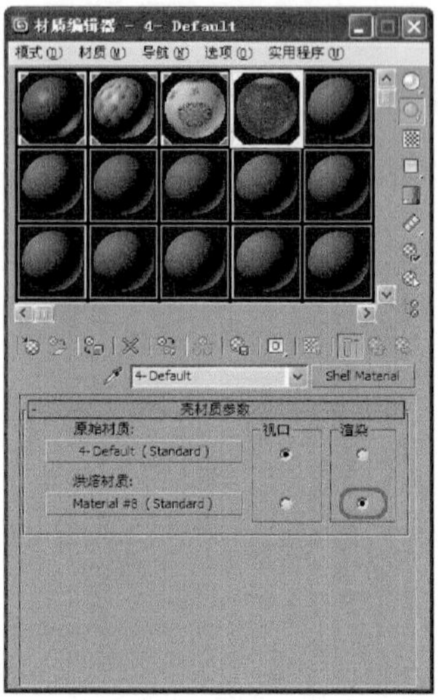

11 将“材质编辑器”对话框关闭，即可在视图中显示如下图所示的材质。

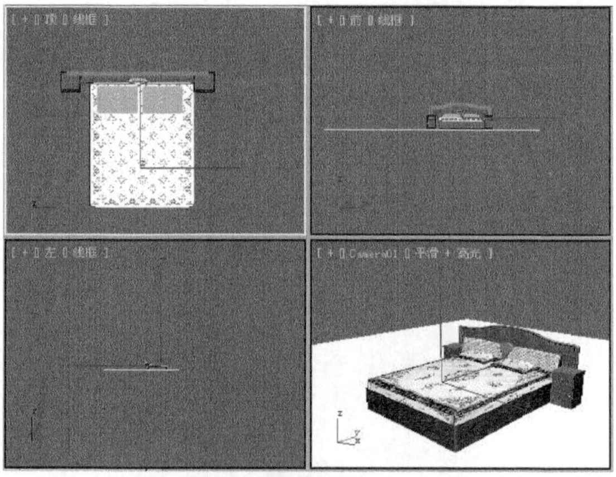

12 至此，创建壳材质就设置完成了，按F9键进行快速渲染，效果如下图所示。

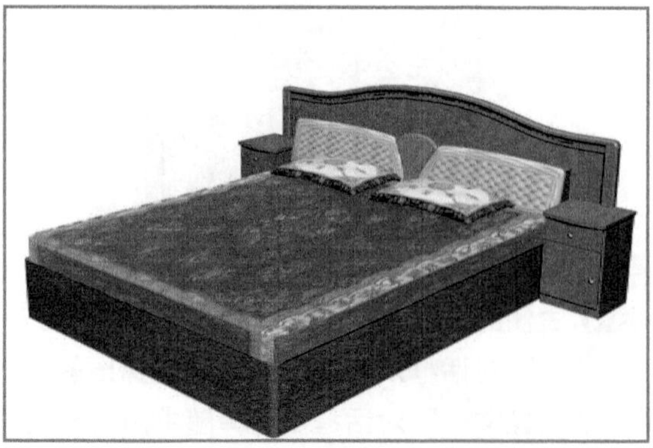

实战操作316 创建混合材质

素材：Scene\Cha09\9-9.max

难度：★★★★★

场景：Scene \Cha09\实战操作316.max

视频：视频\Cha09\实战操作316.avi

混合材质是由两种次材质所结合在一起的材质，用于为物体创建混合的效果。下面介绍如何创建混合材质，其操作步骤如下。

1 打开素材9-9.max，按H键打开“从场景选择”对话框，在对话框中选择“花盆”，如下图所示。

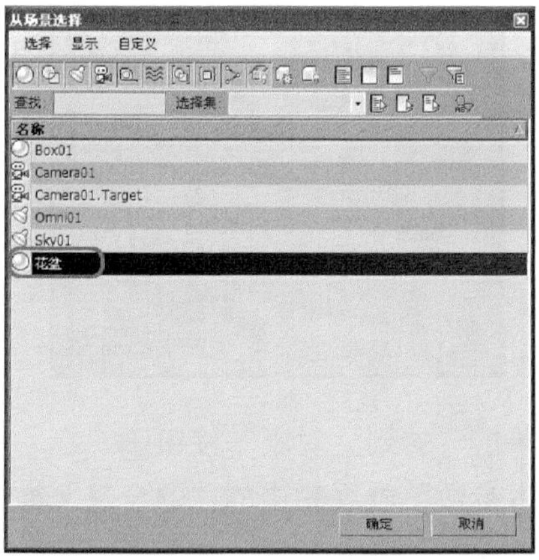

2 单击“确定”按钮，在工具栏中单击“材质编辑器”按钮，在弹出的“材质编辑器”对话框中选择第一个材质样本球，然后单击“Standard”按钮，在弹出的“材质/贴图浏览器”对话框中选择“混合”，如下图所示。

3 单击“确定”按钮，再在弹出的“替换材质”对话框中单击“确定”按钮。在“混合基本参数”卷展栏中单击“材质1”右侧的材质通道按钮，如下图所示。

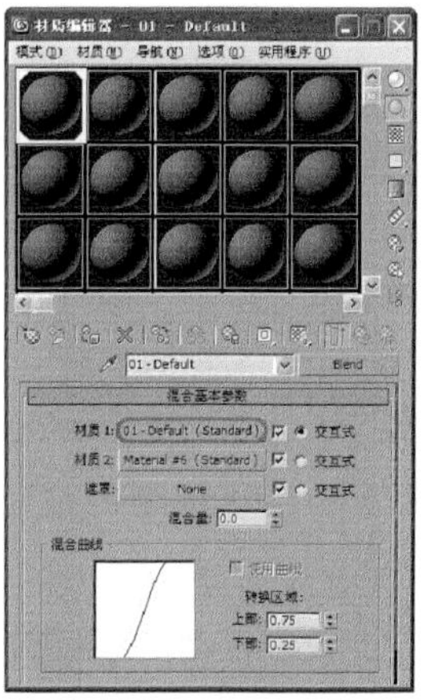

4 打开“Blinn基本参数”卷展栏，在“自发光”选项区中的微调框中输入45，在“高光级别”和“光泽度”微调框中输入18、27，按Enter键确认，如下图所示。

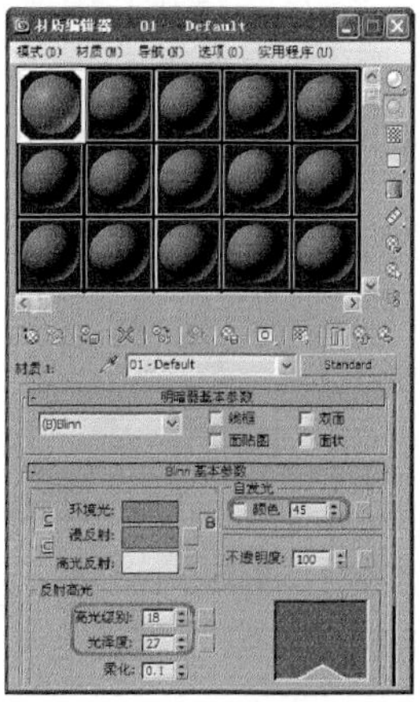

5 在“贴图”卷展栏中单击“漫反射颜色”右侧的“None”按钮，在弹出的“材质/贴图浏览器”对话框双击“位图”，在弹出的“选择位图图像文件”对话框中选择随书附带光盘中的\Map\花瓶材质1.jpg素材图形，如下图所示。

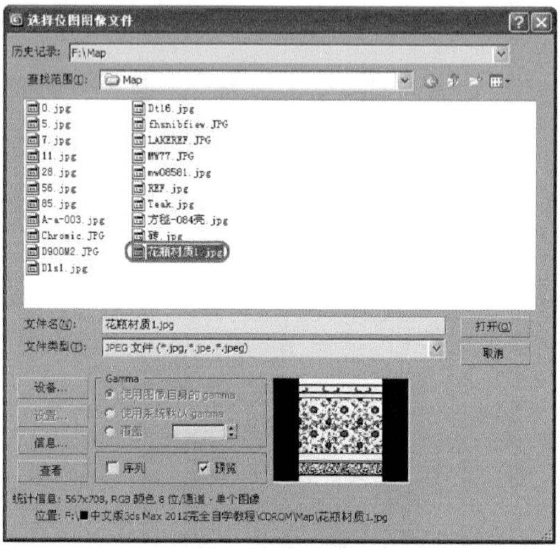

6 单击“打开”按钮，在“坐标”卷展栏中的“瓷砖”下方的“U”、“V”微调框中分别输入2.7、2.0，按Enter键确认，并单击“在视口中显示标准贴图”按钮，如下图所示。

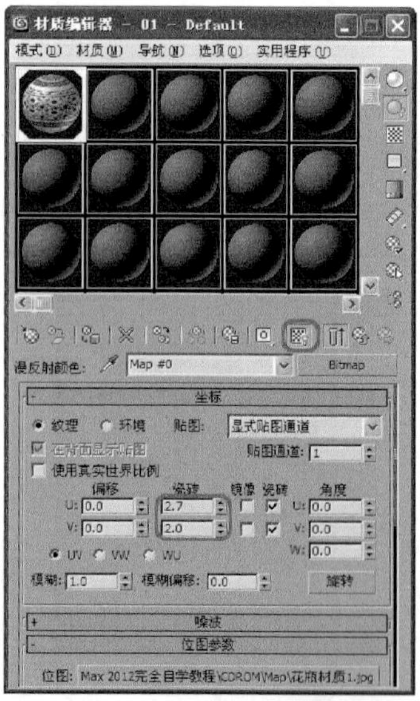

7 单击两次“转到父对象”按钮，在“混合基本参数”卷展栏中单击“材质2”右侧的材质通道按钮，在“Blinn基本参数”卷展栏中将“环境光”的RGB值设置为91、243、238，在“自发光”选项区中的微调框中输入45，按Enter键确认，并单击“在视口中显示标准贴图”按钮和“将材质指定给选定对象”按钮，如下图所示。

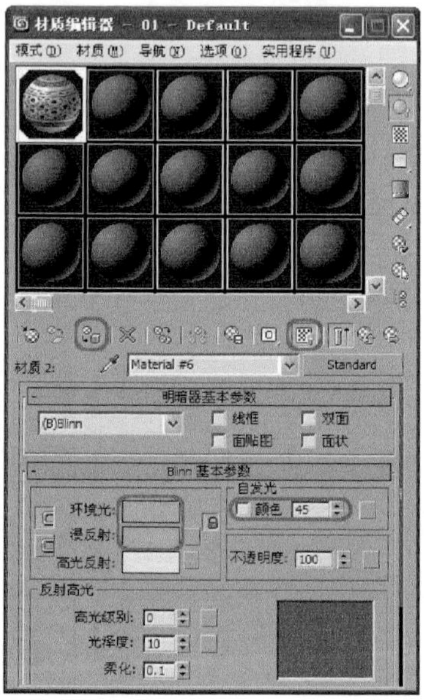

8 单击“转到父对象”按钮，在“混合基本参数”卷展栏中的“混合量”微调框中输入40.0，按Enter键确认，如下图所示，设置完成后，将“材质编辑器”对话框关闭即可。

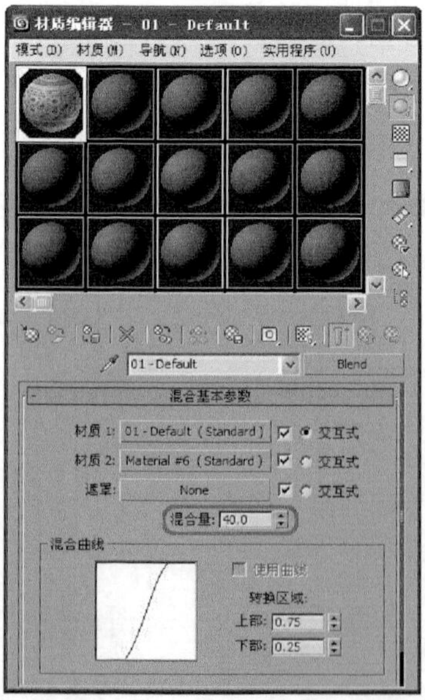

实战操作317　创建虫漆材质

素材：Scene\Cha09\9-10.max

难度：★★★★★

场景：Scene \Cha09\实战操作317.max

视频：视频\Cha09\实战操作317.avi

虫漆材质是将一种材质叠加到另一种材质上的混合材质，其中叠加的材质成为“虫漆”材质，被叠加的材质称为基本材质。“虫漆”材质的颜色增加到基础材质的颜色上，通过参数控制颜色混合的程度。创建虫漆材质的操作步骤如下。

1 打开素材9-10.max，按H键打开“从场景选择”对话框，在对话框中选择“椅子”，如右图所示。

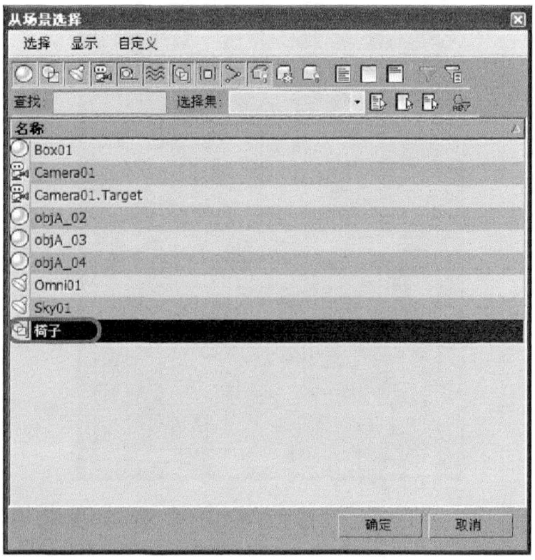

2 单击“确定”按钮，在工具栏中单击“材质编辑器”按钮，在弹出的“材质编辑器”对话框中选择第一个材质样本球，然后单击“Standard”按钮，在弹出的“材质/贴图浏览器”对话框中选择“虫漆”，如下图所示。

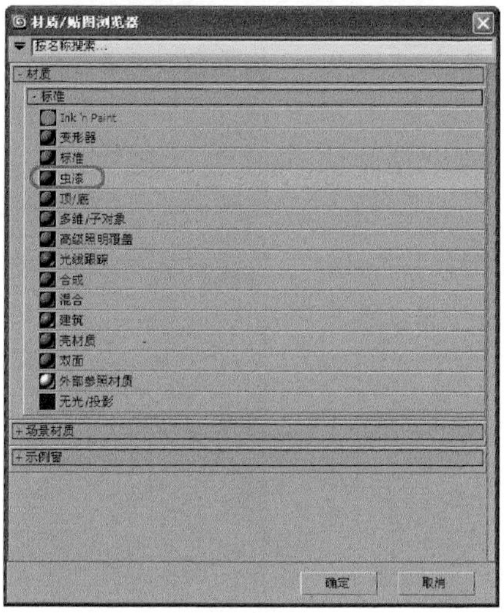

3 单击“确定”按钮，在弹出的“替换材质”对话框中单击“确定”按钮，在“虫漆基本参数”卷展栏中单击“基础材质”右侧的材质通道按钮，如下图所示。

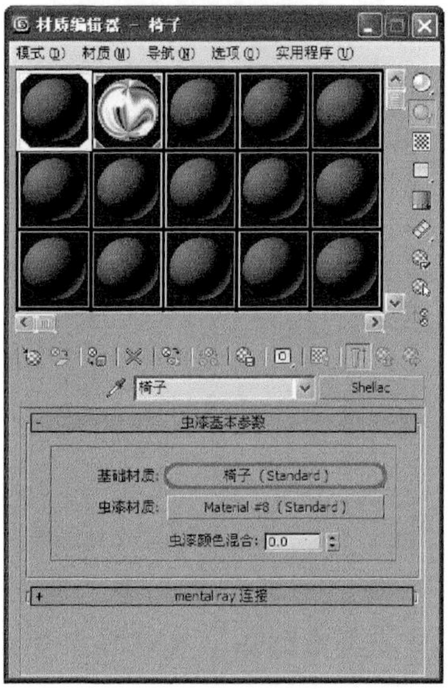

4 在“Blinn基本参数”卷展栏中将“环境光”的RGB值设置为216、255、0，在“自发光”选项区中的微调框中输入35，在“高光级别”和“光泽度”微调框中输入10、10，按Enter键确认，如下图所示。

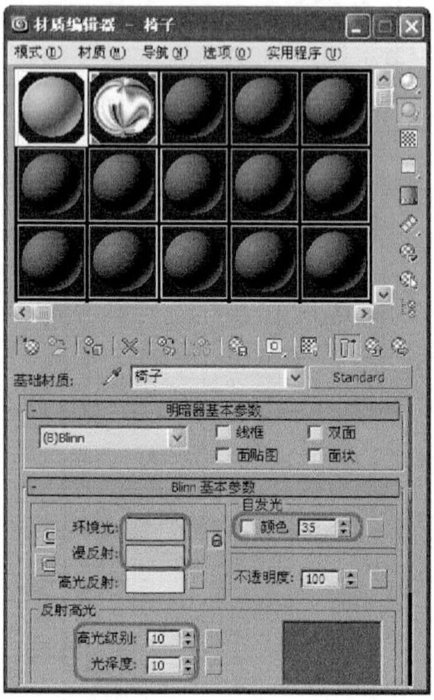

5 在“贴图”卷展栏中单击“漫反射颜色”右侧的None，在弹出的“材质/贴图浏览器”对话框双击“衰减”，如下图所示。

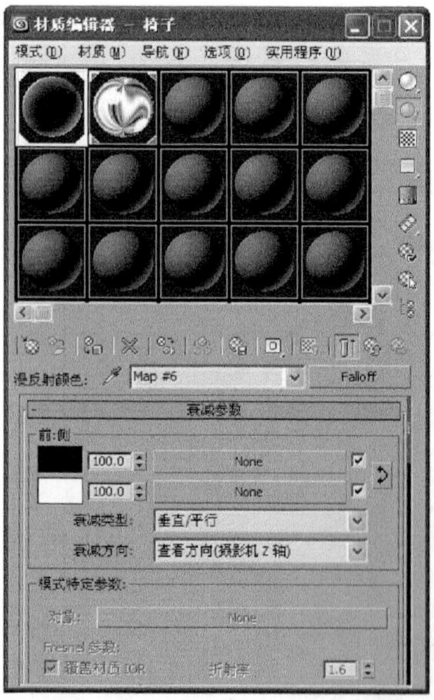

6 单击两次“转到父对象”按钮，在“虫漆基本参数”卷展栏中单击“虫漆材质”右侧的材质通道按钮，如下图所示。

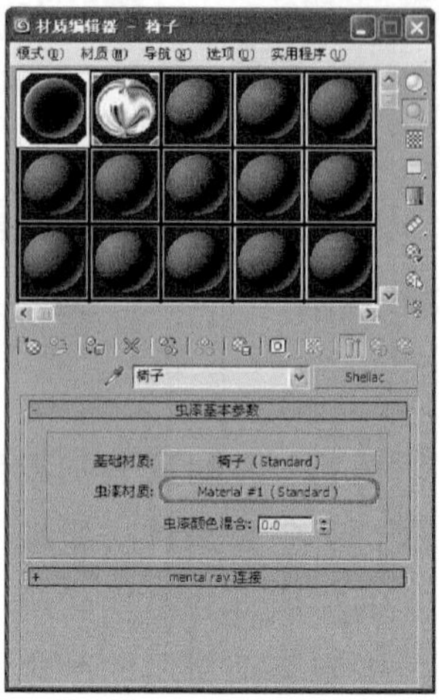

7 在“Blinn基本参数”卷展栏中将“环境光”的RGB值设置为255、0、252，在“自发光”选项区中的微调框中输入50，如下图所示。

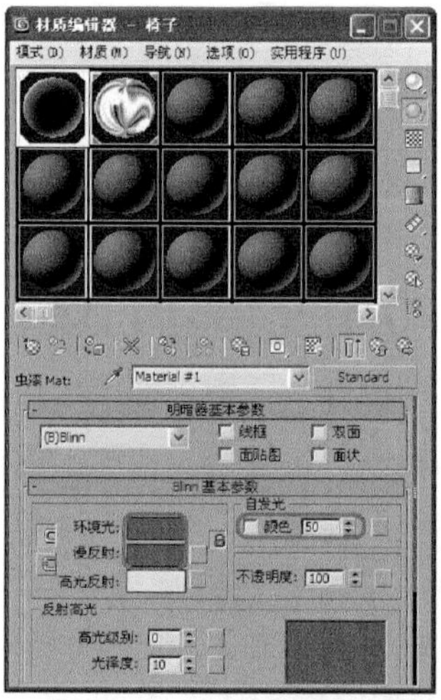

8 单击“转到父对象”按钮，在“虫漆颜色混合”微调框中输入50.0，按Enter键确认，如右图所示，单击“将材质指定给选定对象”按钮，将“材质编辑器”对话框关闭即可。

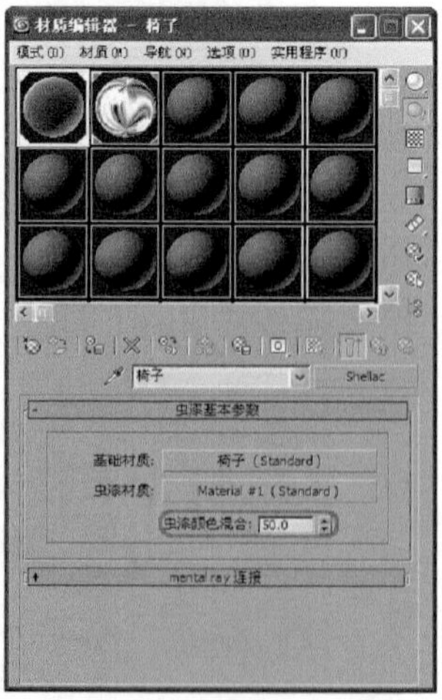

实战操作318　创建顶/底材质

素材：Scene\Cha09\9-11.max

难度：★★★★★

场景：Scene \Cha09\实战操作318.max

视频：视频\Cha09\实战操作318.avi

顶/底材质是指在同一物体上指定两个不同的材质，一个位于顶部，一个位于底部，下面介绍如何创建顶/底材质，其操作步骤如下。

1 打开素材9-11.max，按H键打开“从场景选择”对话框，在对话框中选择“Line005”，如下图所示。

2 单击“确定”按钮，在工具栏中单击“材质编辑器”按钮，在弹出的“材质编辑器”对话框中选择第2个材质样本球，然后单击“Standard”按钮，在弹出的“材质/贴图浏览器”对话框中选择“顶/底”，如下图所示。

3 单击“确定”按钮，在弹出的“替换材质”对话框中单击“确定”按钮，在“顶/底基本参数”卷展栏中单击“顶材质”右侧的材质通道按钮，在“Blinn基本参数”卷展栏中将“环境光”的RGB值设置为255、255、255，在“自发光”选项区中的微调框中输入45，按Enter键确认，如下图所示。

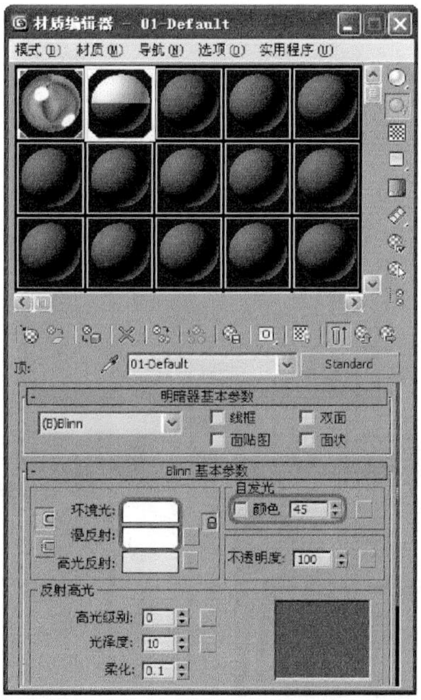

4 单击“转到父对象”按钮，在“顶/底基本参数”卷展栏中单击“底材质”右侧的材质通道按钮，在“Blinn基本参数”卷展栏中将“环境光”的RGB设置为30、0、255，在“自发光”选项区中的微调框中输入45，按Enter键确认，并单击“在视口中显示标准贴

图”按钮，如下图所示。

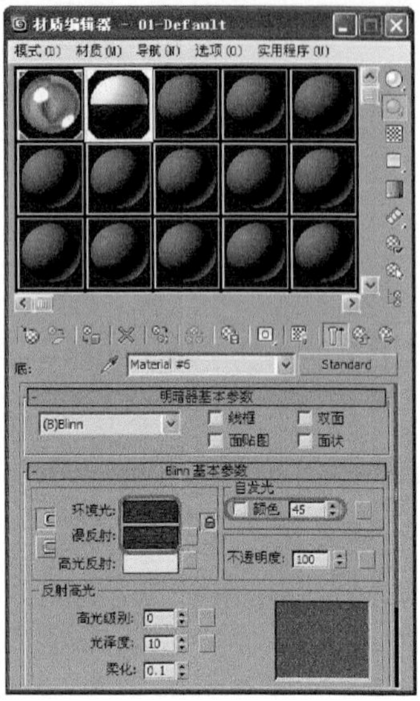

5 单击“转到父对象”按钮，在“顶/底基本参数”卷展栏中的“位置”微调框中输入90，按Enter键确认，如下图所示。

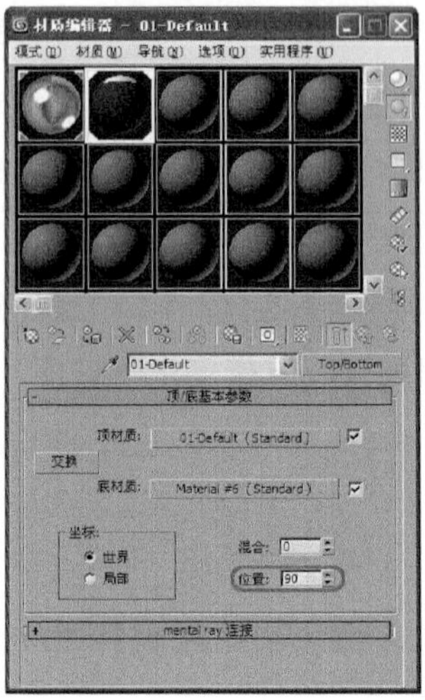

6 将“材质编辑器”对话框关闭，按F9键进行快速渲染，渲染后的效果如右图所示。

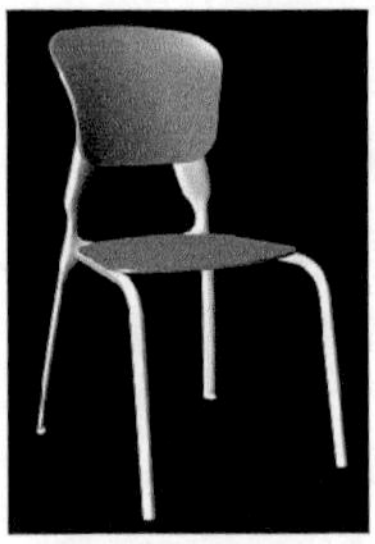

实战操作319 创建外部参照材质

- 素材：Scene\Cha09\9-12.max、9-13.max
- 难度：★★★★★
- 场景：Scene \Cha09\实战操作319.max
- 视频：视频\ Cha09\实战操作319.avi

外部参照材质能够使用户在另一个场景文件中从外部参照某个应用于对象的材质。对于外部参照对象，材质驻留在单独的源文件中。可以仅在源文件中设置材质属性。当在源文件中改变材质属性然后保存时，在包含外部参照的主文件中，材质的外观可能会发生变化。创建外部参照材质的操作步骤如下。

1 单击按钮，在弹出的下拉列表中选择“打开”选项，打开9-12.max素材文件，如下图所示。

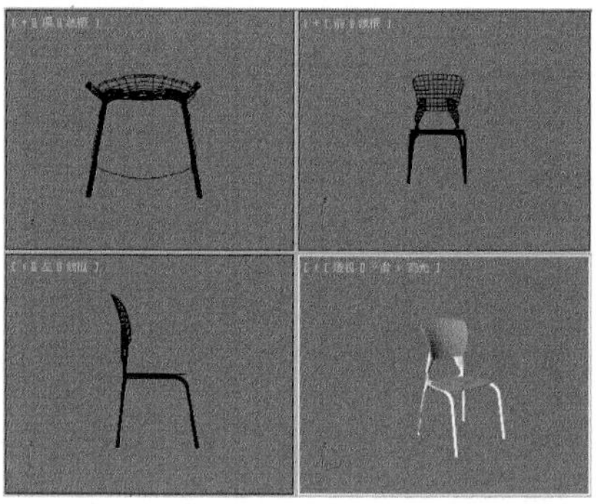

2 按M键，在弹出的“材质编辑器”对话框中选择第1排的第2个材质球，将其命名为“椅身材质”，单击“standard”按钮，弹出“材质/贴图浏览器”对话框，选择“外部参照材质”，如下图所示。

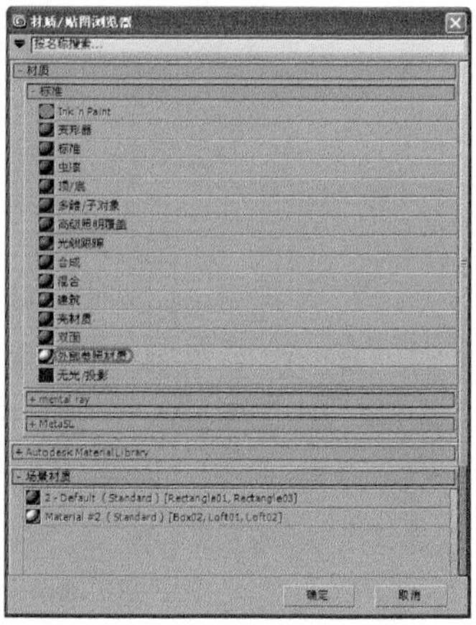

3 单击“确定”按钮，在“参数”卷展栏中单击“文件名”选项组右侧的“浏览文件”按钮，在弹出的“打开文件”对话框中选择随书附带光盘中的9-13.max素材文件，如下图所示。

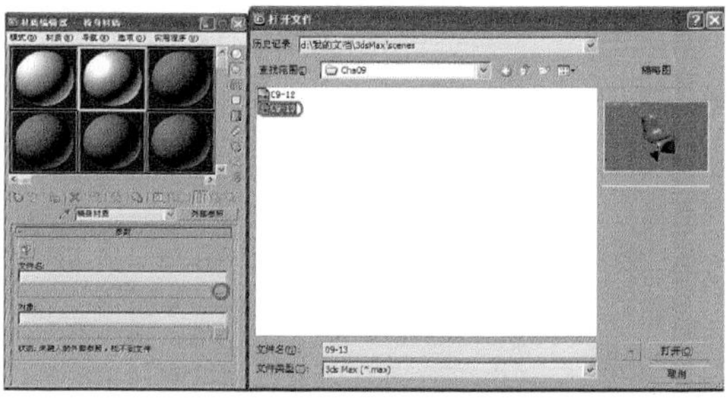

4 单击“打开”按钮，弹出“外部参照合并-9-13.max”对话框，选择“椅子”选项，如下图所示。

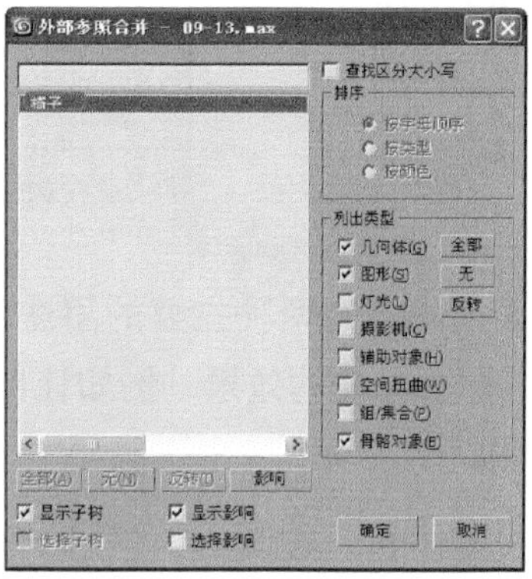

5 单击“确定”按钮，这样就完成了合并材质。选择“椅身”对象，单击“将材质指定给选定对象”按钮，即可赋予参照外部的材质。效果如下图所示。

6 激活“透视”视图，按F9键进行快速渲染，渲染后的效果如下图所示。

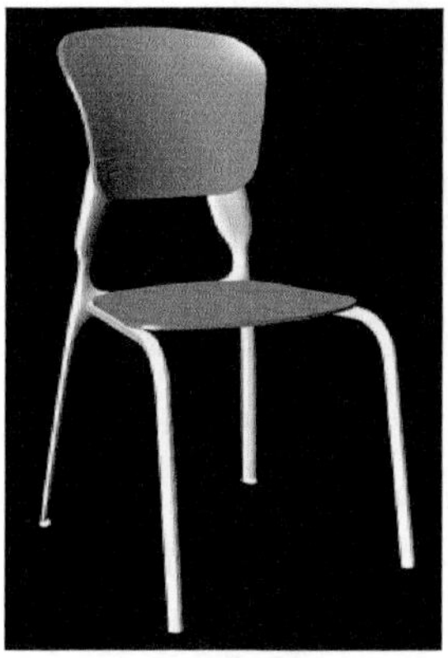

实战操作320 创建高级照明材质

素材：Scene\Cha09\9-14.max

难度：★★★★★

场景：Scene \Cha09\实战操作320.max

视频：视频\ Cha09\实战操作320.avi

高级照明覆盖有两种主要的用途：其一，调整在光能传递解决方案或光跟踪中使用的材质属性；其二，产生特殊的效果，例如让自发光对象在光能传递解决方案中起作用。创建高级照明材质的操作步骤如下。

1 单击按钮，在弹出的下拉列表中选择“打开”选项，打开9-14.max素材文件，如下图所示。

2 选择“花盆”对象，按M键，在弹出的“材质编辑器”对话框中单击“Standard”按钮，弹出“材质/贴图浏览器”对话框，选择“高级照明覆盖”选项，如下图所示。

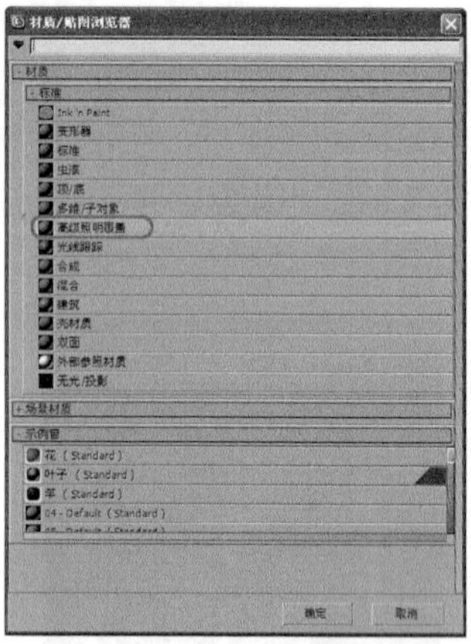

3 单击“确定”按钮，弹出“替换材质”对话框，选中“丢弃旧材质”单选按钮，单击“确定”按钮，展开“高级照明覆盖材质”卷展栏，单击“基础材质”右侧的按钮，如下图所示。

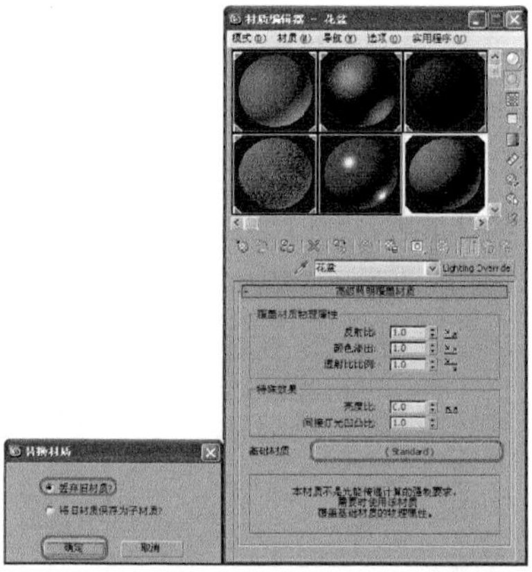

4 切换到“Blinn基本参数”卷展栏，将“环境光”和“漫反射”的RGB值均设置为255、255、255，将“高光反射”的RGB值设置为255、255、255，并将“反射高光”选项区下的“高光级别”和“光泽度”分别设置为63和22，将“自发光”选项区下的“颜色”值设置为50，如下图所示。

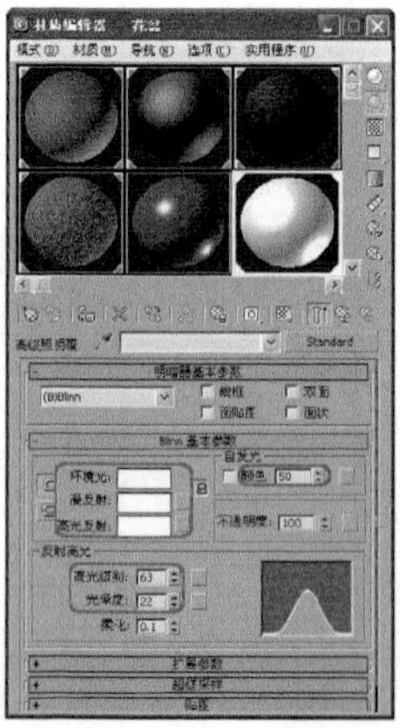

5 单击“将材质指定给选定对象”按钮，即可为花盆对象赋予高级照明材质，效果如下图所示。

6 激活“透视”视图，按F9键进行快速渲染，渲染后的效果如下图所示。

实战操作321 创建合成材质

素材：Scene\Cha09\9-15.max

难度：★★★★★

场景：Scene\Cha09\实战操作321.max

视频：视频\Cha09\实战操作321.avi

合成材质最多可以合成 10 种材质。按照在卷展栏中列出的顺序，从上到下叠加材质。使用相加不透明度、相减不透明度来组合材质，或使用 Amount（数量）值来混合材质。创建合成材质的操作步骤如下。

1 打开素材文件9-15.max，按M键打开“材质编辑器”对话框，选择“灯罩”材质，单击“Standard”按钮，在打开的对话框中选择“合成”材质，如下图所示。

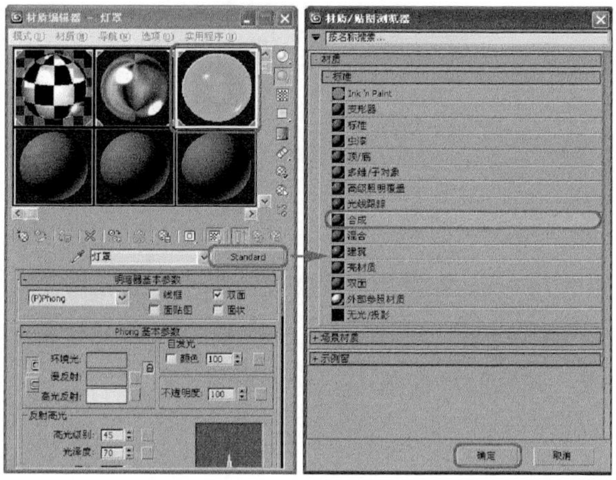

2 单击“确定”按钮，在打开的“替换材质”对话框中选中“将旧材质保存为子材质”单选按钮，如下图所示，并单击“确定”按钮。

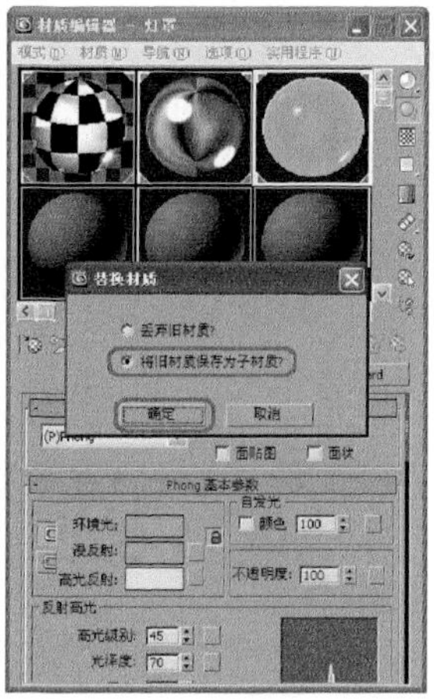

3 单击“材质1”右侧的“None”按钮，在打开的对话框中选择“标准”材质，如下图所示，并单击“确定”按钮。

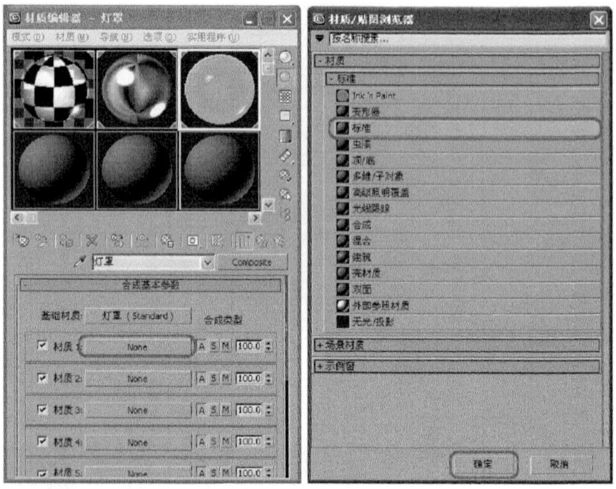

4 在“材质1”层级面板中将“自发光”设为80，并展开“贴图”卷展栏，单击“漫反射颜色”右侧的“None”按钮，在打开的对话框中选择“位图”选项，如下图所示，并单击“确定”按钮。

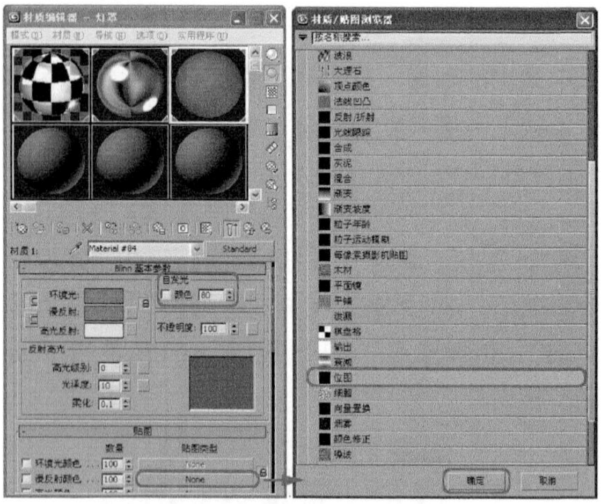

5 在打开的对话框中选择随书附带光盘中的\Map\shouhui001.jpg文件，单击“打开”按钮，将“坐标”卷展栏下的“瓷砖”的“U”、“V”设置为2.0、1.0，如下图所示。

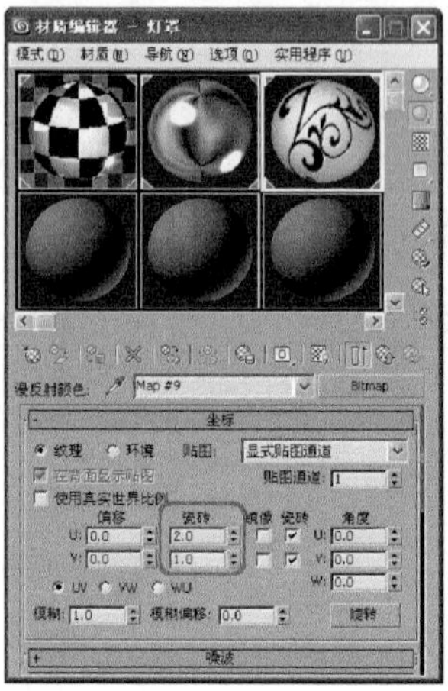

6 单击两次“转到父对象”按钮，返回到合成材质面板，将“材质1”的合成类型下的数值设置为10.0，如下图所示，最后对“摄影机”视图进行渲染。

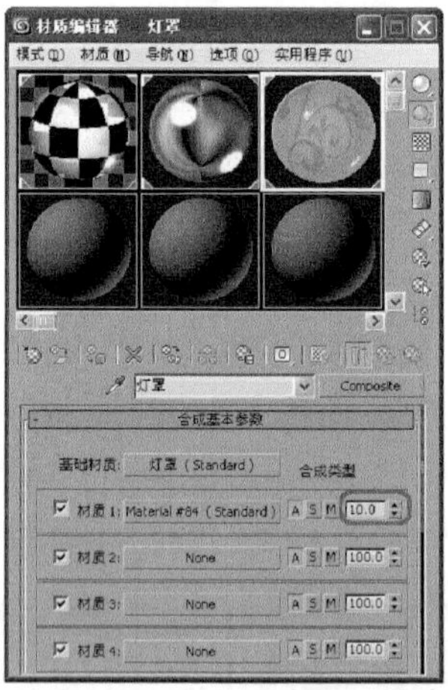

9.5 编辑材质

制作完物体的模型之后，需要为模型指定材质。为物体指定材质非常重要，也是决定最后渲染效果的关键。本章主要对编辑材质进行系统的介绍，希望通过本章的学习，不仅能了解材质，并且能学会基本的材质设置。

实战操作322 编辑金属材质

素材：Scene\Cha09\9-16.max

难度：★★★★★

场景：Scene \Cha09\实战操作322.max

视频：视频\Cha01实战操作322.avi

本例介绍金属材质的制作，首先要确定金属的颜色，然后在“金属基本参数”卷展栏中设置“反射高光”相应参数。通过本例学习，用户可以掌握金属质感的制作、修改以及编辑操作，更好的利用材质编辑器。编辑金属材质的操作步骤如下。

1 单击按钮，打开素材文件9-16.max，如下图所示。

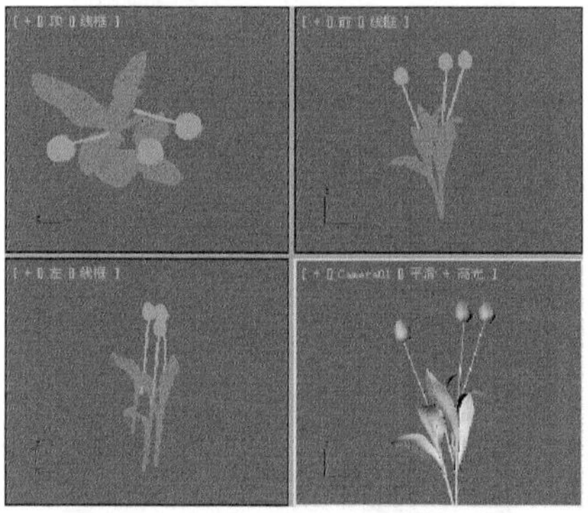

2 按M键，弹出“材质编辑器”对话框，在“明暗器基本参数”卷展栏中单击“Blinn”右侧的向下小三角下拉按钮，在下拉列表中选择“金属”选项，如下图所示。

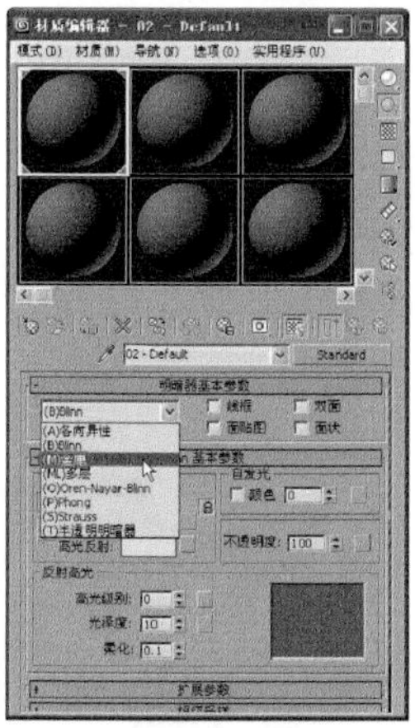

3 在“金属基本参数”卷展栏中单击“漫反射”右侧的“颜色”色块，弹出“颜色选择器：漫反射颜色”对话框，设置“红”、“绿”和“蓝”分别为240、120和10，如下图所示。

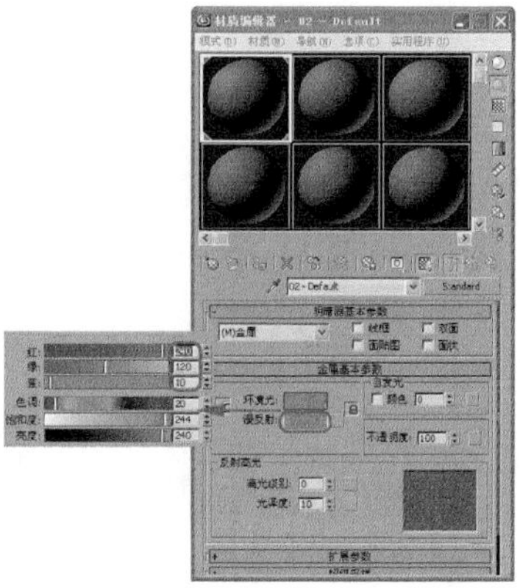

4 单击“确定”按钮，返回到“金属基本参数”卷展栏，在“反射高光”选项区中设置“高光级别”为100、“光泽度”为70，选择场景中的对象，单击“将材质指定给选定对象”按钮，赋予金属材质，如下图所示。

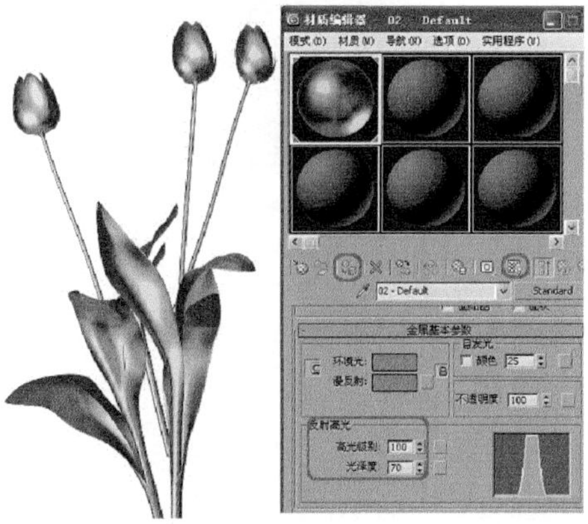

实战操作323 显示线框材质

- 素材：Scene\Cha09\9-17.max
- 难度：★★★★★
- 场景：Scene \Cha09\实战操作323.max
- 视频：视频\Cha01实战操作323.avi

“线框”是以网格线框的方式来渲染对象，它只能表现出对象的线架结构，线框是一种视口显示设置，用于以线框网格形式查看给定视口中的对象。这是非透视视口的默认设置。通过“明暗处理”视口标签菜单可以对此设置进行更改。显示线框材质的操作步骤如下。

1 单击按钮，打开素材文件9-17.max，如下图所示。

2 按M键，弹出“材质编辑器”对话框，单击“从对象拾取材质”按钮，移动鼠标指针至视图中，拾取对象的材质，在“明暗器基本参数”卷展栏中选中“线框”复选框，如下图所示。

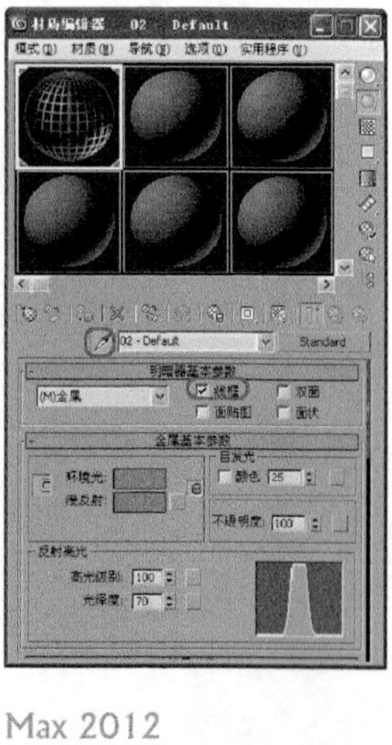

3 按照以上介绍完成操作后，则对象和材质以线框的形式显示，如下图所示。

4 最后激活“摄影机”视图，按F9键进行快速渲染，渲染效果如下图所示。

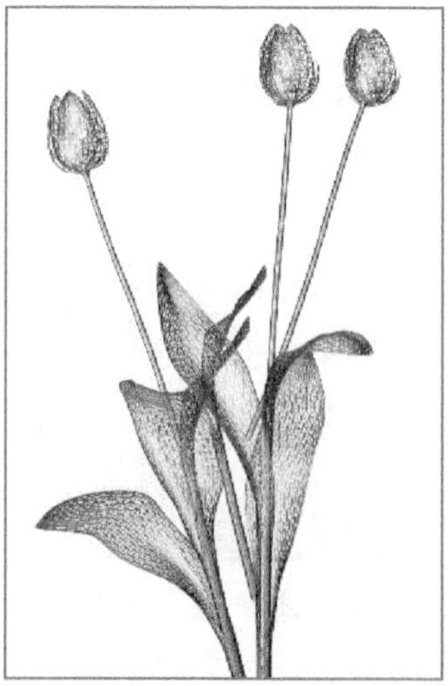

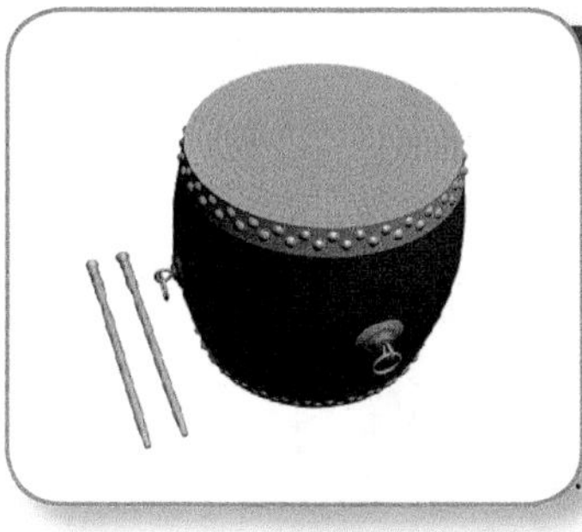

实战操作324　显示面贴图材质

素材：Scene\Cha09\9-18.max

难度：★★★★★

场景：Scene \Cha09\实战操作324.max

视频：视频\Cha01实战操作324.avi

将材质应用到几何体的各面。如果材质是贴图材质，则不需要贴图坐标。贴图会自动应用到对象的每一面。显示面贴图材质的操作步骤如下。

1 单击按钮，打开素材文件9-18.max，如下图所示。

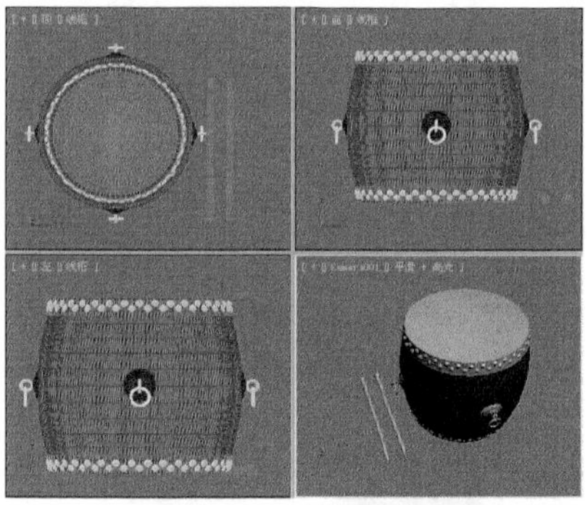

2 按M键，弹出“材质编辑器”对话框，单击“从对象拾取材质”按钮，拾取对象的材质，在“明暗器基本参数”卷展栏中选中“面贴图”复选框，如右图所示。

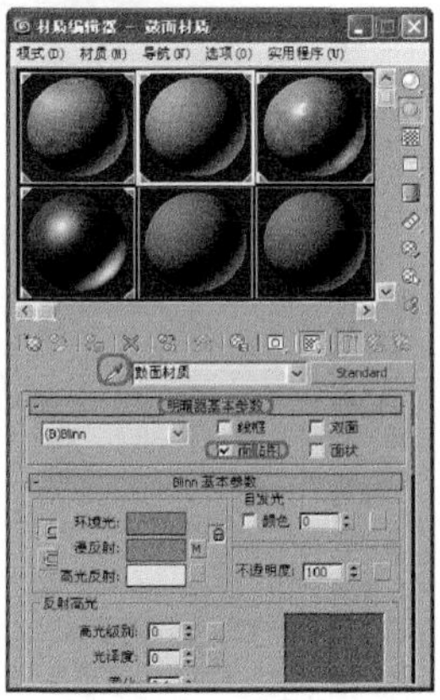

3 按照以上介绍完成操作后，则对象和材质以面贴图的形式显示，如下图所示。

4 激活“摄影机”视图，按F9键进行快速渲染，如下图所示。

实战操作325　显示面状材质

素材：Scene\Cha09\9-19.max

难度：★★★★★

场景：Scene \Cha09\实战操作325.max

视频：视频\Cha01实战操作325.avi

将对象的每个表面以平面化进行渲染，不进行相邻面的组群平滑处理。就像表面是平面一样，渲染表面的每一面。显示面状材质的操作步骤如下。

1 单击按钮，打开素材文件9-19.max，如下图所示。

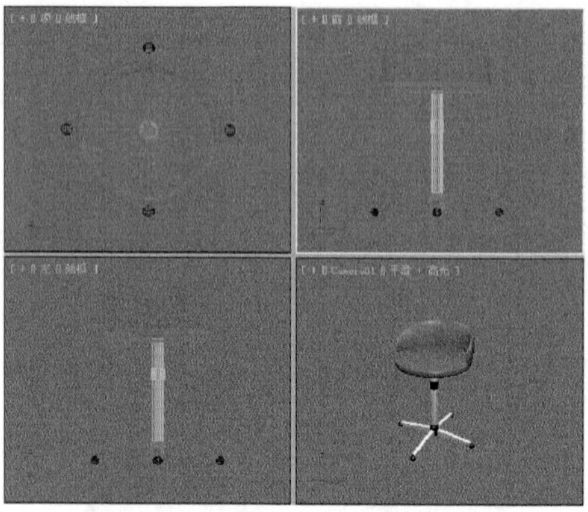

2 按M键，弹出“材质编辑器”对话框，在“明暗器基本参数”卷展栏中选中“面状”复选框，则对象的材质以面贴图的方式显示在材质示例窗中，如下图所示。

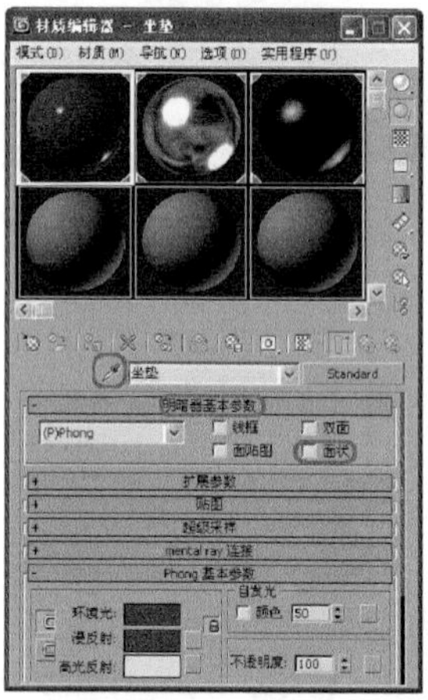

3 执行操作后，对象以面状材质方式显示，如下图所示。

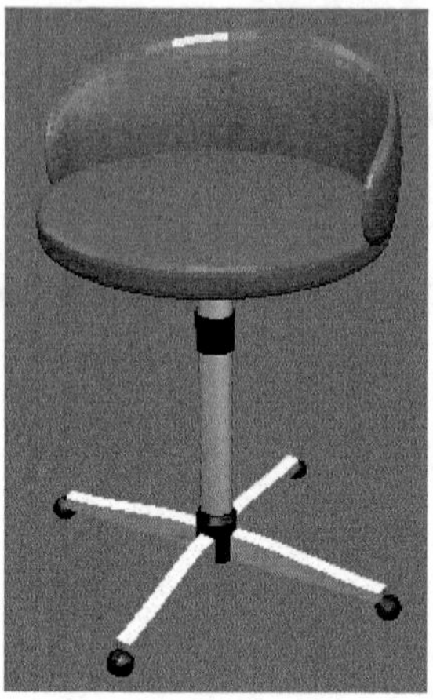

4 最后激活“摄影机”视图，按F9键进行快速渲染，渲染效果如下图所示。

实战操作326 显示双面材质

- 素材：Scene\Cha09\9-20.max
- 难度：★★★★★
- 场景：Scene \Cha09\实战操作326.max
- 视频：视频\Cha01实战操作326.avi

使用双面材质可以向对象的前面和后面制定两个不同的材质。将对象发现相反的一面也进行渲染，使对象更加美观。显示双面材质的操作步骤如下。

1 单击按钮，打开素材文件9-20.max，如下图所示。

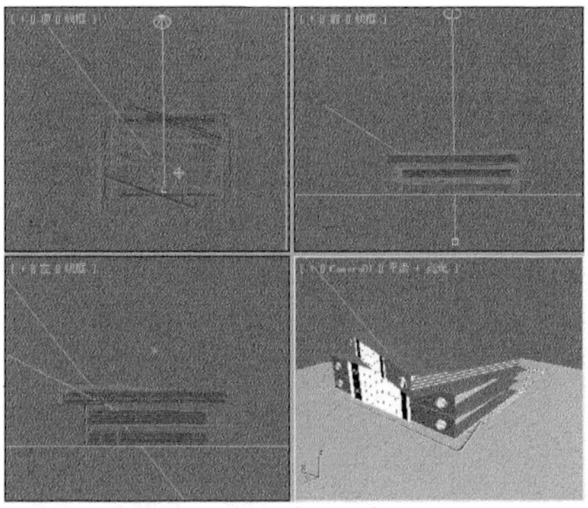

2 按M键，弹出“材质编辑器”对话框，单击“从对象拾取材质”按钮，移动鼠标指针至视图中，拾取文件夹对象的材质，在“明暗器基本参数”卷展栏中选中“双面”复选框，如右图所示。

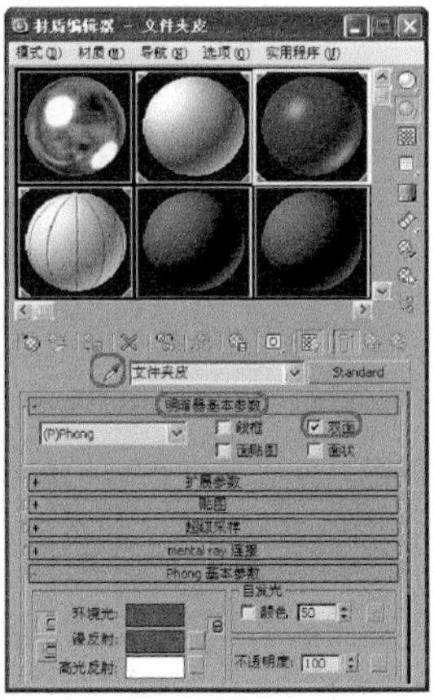

3 执行操作后，对象以双面材质方式显示，如下图所示。

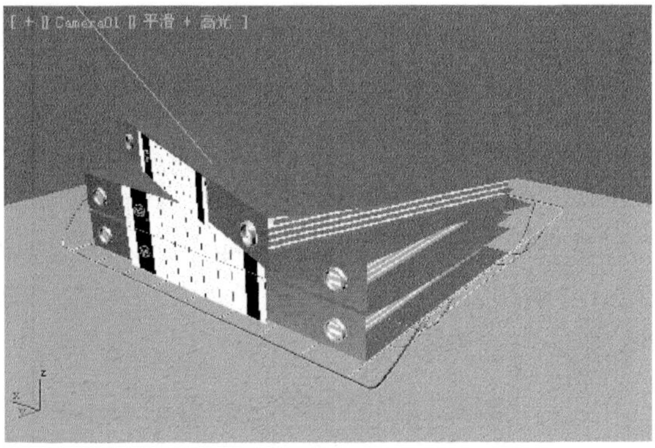

4 最后激活“摄影机”视图，按F9键进行快速渲染，渲染效果如下图所示。

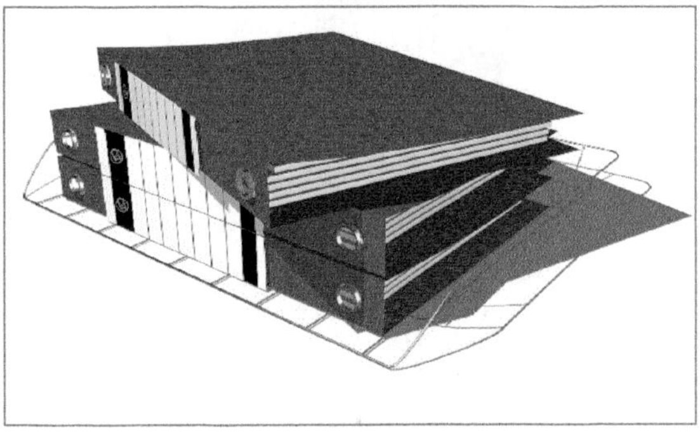

9.6 使用2D贴图

在3ds Max 中包括很多种贴图，它们可以根据使用方法、效果分为多种类型，下面主要介绍2D贴图，在“贴图”卷展栏，单击任何通道右侧的“None”按钮，都可以打开“材质/贴图浏览器”。2D贴图主要介绍的是一些平面贴图。

实战操作327 使用渐变贴图

- 素材：Scene\Cha09\9-21.max
- 难度：★★★★★
- 场景：Scene \Cha09\实战操作327.max
- 视频：视频\ Cha09\实战操作327.avi

产生三色（或3个贴图）的渐变过渡效果，它的可拓展性非常强，有“线性渐变”和“径向渐变”两种渐变类型，3个色彩可以随便调节，相互区域比例的大小也可以调节，通过贴图可以产生无限级的渐变和图像嵌套结果。另外，自身还有Noise噪波参数可以调节，用于控制相互区域之间融合时产生的杂乱效果。使用渐变贴图的操作步骤如下。

1 打开9-21.max素材文件，按M键，在弹出的“材质编辑器”对话框中选择一个材质球，将其命名为“花瓣”，在“明暗器基本参数”卷展栏中选中“双面”复选框，在“自发光”选项区中的微调框中输入10，按Enter键确认。在“反射高光”选项区中将“高光级别”设置为5，如下图所示。

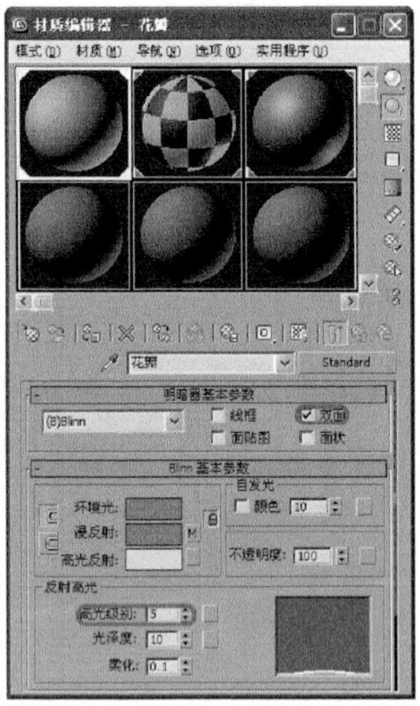

2 在“贴图”卷展栏中单击“漫反射颜色”后面的“None”按钮，再在弹出的对话框中的“标准”选项区下选择“渐变”选项，如下图所示。

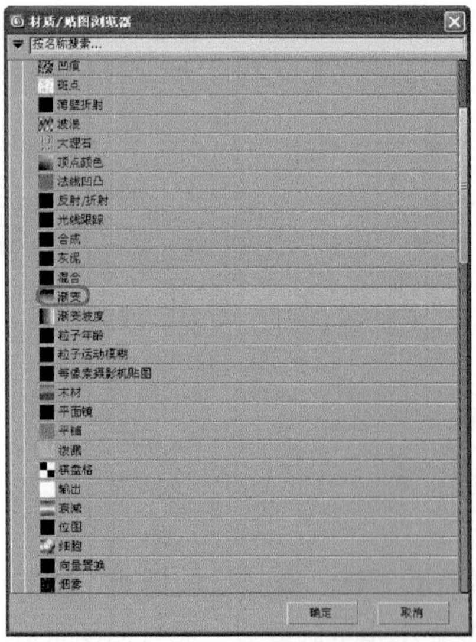

3 单击“确定”按钮，将“渐变参数”卷展栏展开，将“颜色#1”的RGB设置为251、134、172，将“颜色#2”的RGB设置为254、215、228，将“颜色#3”的RGB设置为255、255、255，单击“确定”按钮。如下图所示。

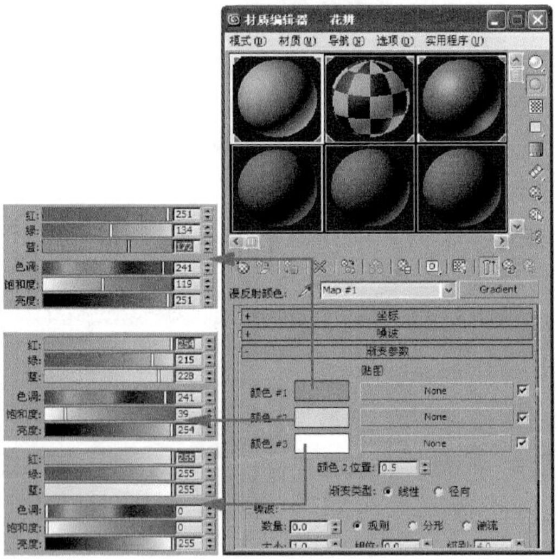

4 单击“转到父对象”按钮，选择场景中所有的花瓣对象，单击“将材质指定给选定对象”按钮，为花瓣赋予渐变贴图，再单击“在视口中显示标准贴图”按钮，在视图中就可以看到设置的渐变贴图，如下图所示。

实战操作328 使用平铺贴图

素材：Scene\Cha09\9-22.max

难度：★★★★★

场景：Scene \Cha09\实战操作328.max

视频：视频\ Cha09\实战操作328.avi

平铺贴图是专门用来制作砖块效果的，常用在漫反射贴图通道中，有时也可在凹凸贴图通道中使用，在它的参数面板里的“标准控制”卷展栏的“预设类型”下拉列表中，出现了一些常见的砖块模式，在“高级控制”卷展栏中，可以在选择面板的基础上，设置砖块的颜色、尺寸，以及砖缝的颜色、尺寸等参数，制作出个性的砖块。使用平面贴图的操作步骤如下。

1 单击按钮，在弹出的下拉列表中选择“打开”选项，打开9-22.max素材文件，如下图所示。

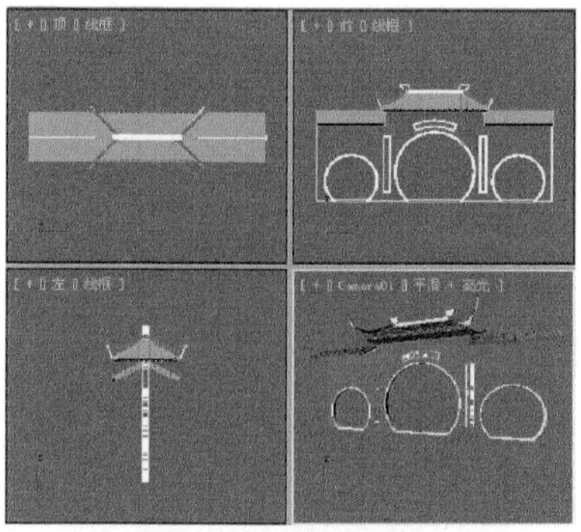

2 按M键，在弹出的“材质编辑器”对话框中选择一个材质球，将其命名为“墙体”，在“贴图”卷展栏中单击“漫反射颜色”后面的“None”按钮，再在弹出的对话框中的“标准”选项区下选择“平铺”选项，单击“确定”按钮，如右图所示。

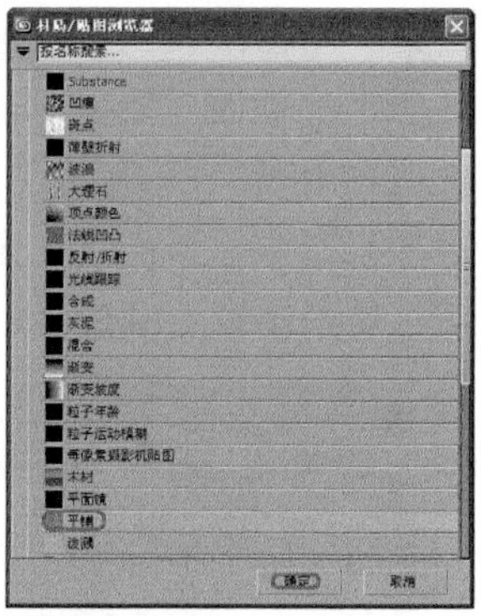

3 将“坐标”卷展栏展开，将“瓷砖”下面“U”、“V”都设置为10.0、10.0，按Enter键确认。在“标准控制”卷展栏“图案设置”选项区中将“预设类型”设置为“连续砌合”；在“高级控制”卷展栏“平铺设置”选项区中，将“纹理”的RGB值设为168、101、81，单击“确定”按钮；将“砖缝设置”选项区中的“纹理”的RGB值设为255、255、255，单击“确定”按钮，如下图所示。

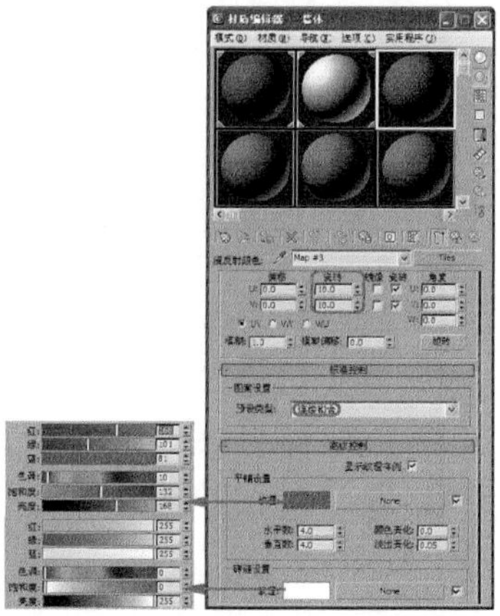

4 单击“转到父对象”按钮，选择场景中墙体对象，单击“将材质指定给选定对象”按钮，为墙体赋予平铺贴图，再单击“在视口中显示标准贴图”按钮，在视图中就可以看到设置的渐变贴图，按F9键快速渲染，效果如下图所示。

实战操作329 使用棋盘格贴图

素材：Scene\Cha09\9-23.max

难度：★★★★★

场景：Scene \Cha09\实战操作329.max

视频：视频\ Cha09\实战操作329.avi

棋盘格贴图可以产生两色方格交错的方案，也可以用两个贴图来进行交错，如果使用棋盘格进行嵌套，可以产生多彩色方格图案效果。用于产生一些格状纹理，或者砖墙、地板块等有序纹理。使用棋盘格贴图的操作步骤如下。

1 单击按钮，在弹出的下拉列表中选择“打开”选项，打开9-23.max素材文件，如下图所示。

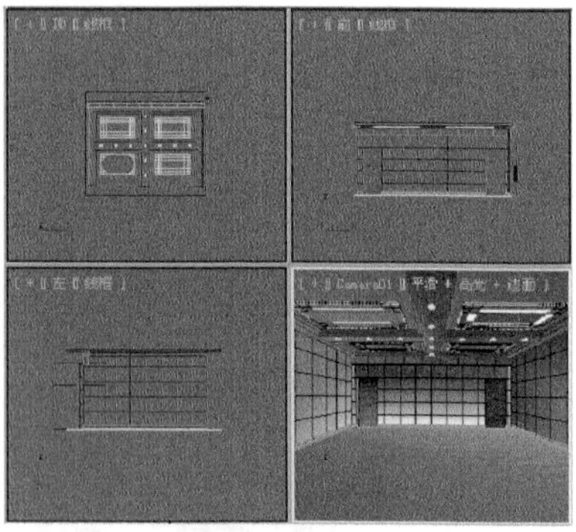

2 按M键，在弹出的“材质编辑器”对话框中选择一个材质球，将其命名为“地面”，在“贴图”卷展栏中单击“漫反射颜色”后面的“None”按钮，再在弹出的对话框中“标准”选项区下选择“棋盘格”选项，如下图所示。

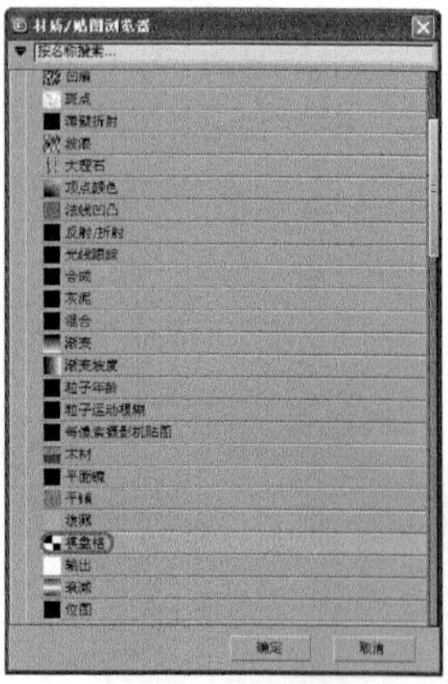

3 单击“确定”按钮，将“坐标”卷展栏展开，然后将坐标卷展栏中“瓷砖”下面的“U”、“V”都设置为8.0、8.0，按Enter键确认，如下图所示。

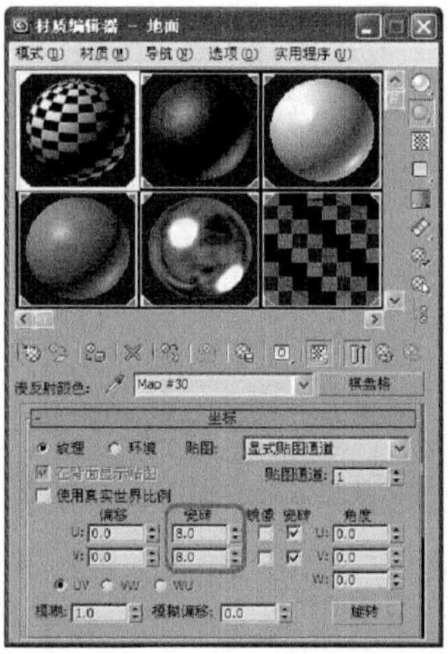

4 单击“转到父对象”按钮，选择场景中的地面对象，单击“将材质指定给选定对象”按钮，为地面赋予棋盘格贴图，再单击“在视口中显示标准贴图”按钮，在视图中就可以看到设置的棋盘格贴图，如下图所示。

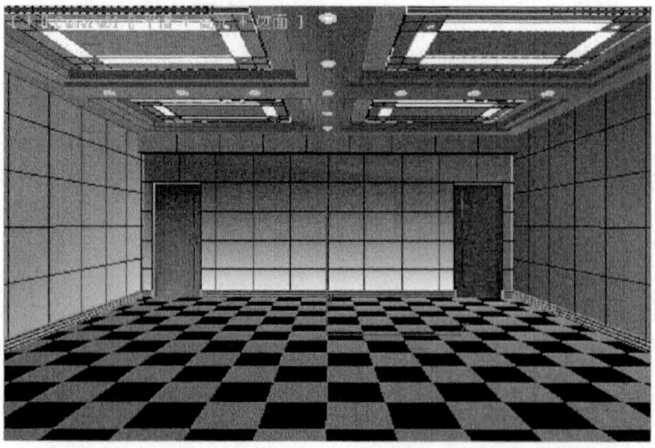

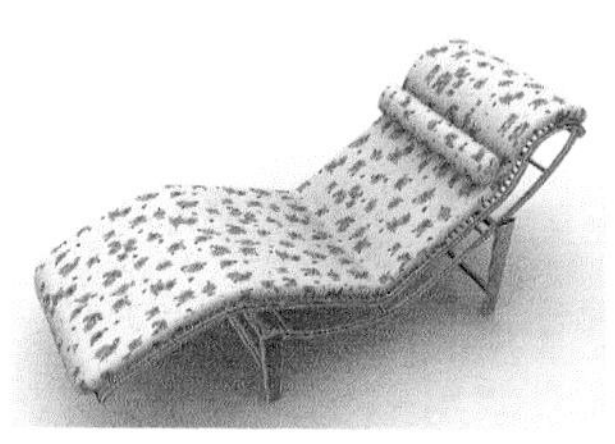

实战操作330 使用位图贴图

素材：Scene\Cha09\9-24.max

难度：★★★★★

场景：Scene \Cha09\实战操作330.max

视频：视频\ Cha09\实战操作330.avi

位图贴图就是将位图图像文件作为贴图使用，它可以支持各种类型的图像和动画格式。位图贴图的使用很广泛，通常用在漫反射颜色贴图通道，凹凸贴图通道、反射贴图通道、折射贴图通道中。

1 打开9-24.max素材文件，按M键，在弹出的“材质编辑器”对话框中选择一个材质球，将其命名为“躺椅材质”，在“Blinn基本参数”卷展栏中将“环境光”和“漫反射”的RGB都设置为255、255、255，单击“确定”按钮；在“自发光”选项区中的微调框中输入20，按Enter键确认，如下图所示。

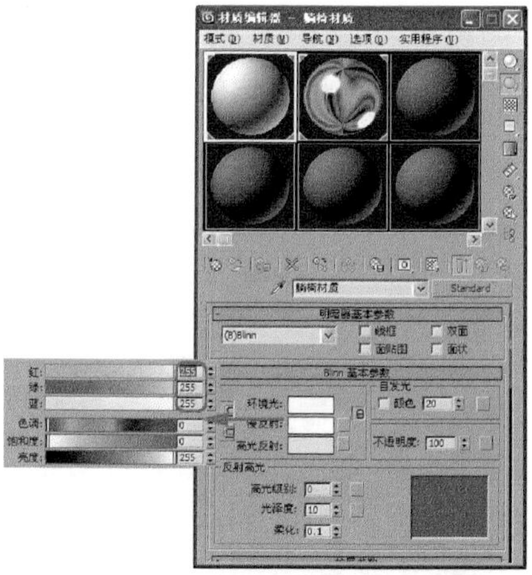

2 在“贴图”卷展栏中单击“漫反射颜色”后面的“None”按钮，再在弹出的对话框中“标准”选项区下选择“位图”选项，如右图所示。

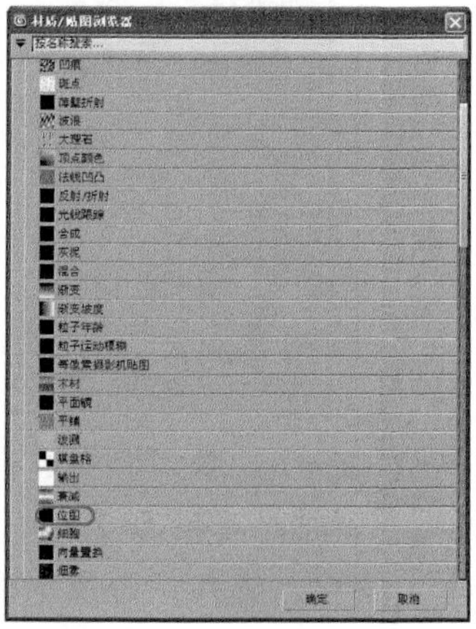

3 单击“确定”按钮，弹出“选择位图图像文件”对话框，选择随书附带光盘中的\Map\布料.jpg素材，单击“打开”按钮，为其添加贴图，如下图所示。

4 单击“转到父对象”按钮，选择场景中的躺椅垫对象，单击“将材质指定给选定对象”按钮，为躺椅垫赋予贴图，再单击“在视口中显示标准贴图”按钮，按F9键快速渲染，效果如下图所示。

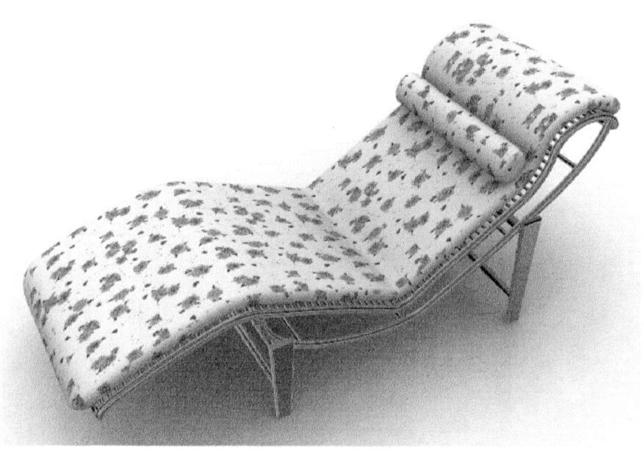

9.7 使用贴图通道

在“标准”材质中提供了12种贴图通道，如“漫反射颜色”、“反射”、“凹凸”等，每种通道右侧都有一个“None”按钮，单击该按钮可以选择磁盘上的位图文件或程序贴图。左侧的“复选框”用于启用或禁用贴图效果。“数量”参数用于控制贴图影响材质的数量，以百分比表示。例如数量为100时的漫反射贴图表示完全覆盖，为50时表示以50%的透明度进行覆盖。

实战操作331 使用漫反射颜色贴图通道

素材：Scene\Cha09\9-25.max

难度：★★★★★

场景：Scene\Cha09\实战操作331.max

视频：视频\Cha09\实战操作331.avi

漫反射颜色贴图主要用于表现材质的纹理效果，当它的数值为100时，会完全覆盖漫反射颜色，例如要用砖头砌成墙，则可以选择带有砖头图像的贴图。使用漫反射颜色贴图通道的操作步骤如下。

1 在3ds Max 2012中按“Ctrl+O”组合键打开素材文件9-25.max，按M键打开“材质编辑器”对话框，选择“沙发”材质样本球，并单击“贴图”卷展栏中“漫反射颜色”右侧的“None”按钮，如下图所示。

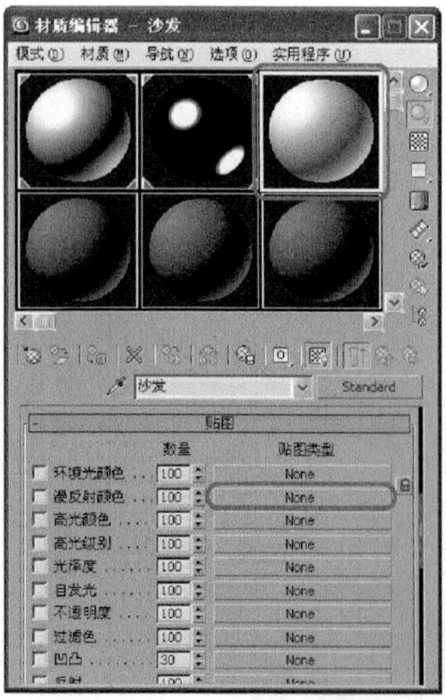

2 在打开的“材质/贴图浏览器”对话框中选择“位图”贴图选项，如下图所示，并单击“确定”按钮。

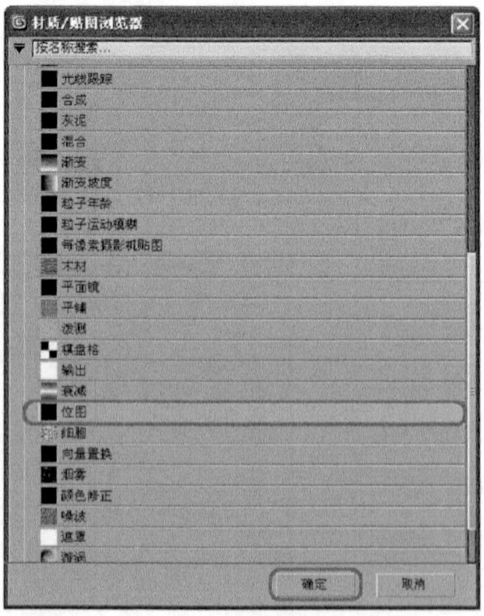

3 在打开对话框中选择随书附带光盘中的\Map\布料-007.jpg位图文件，单击“打开”按钮，进入“漫反射颜色”层级面板，将

"瓷砖"的U、V设置为2.0，如下图所示。

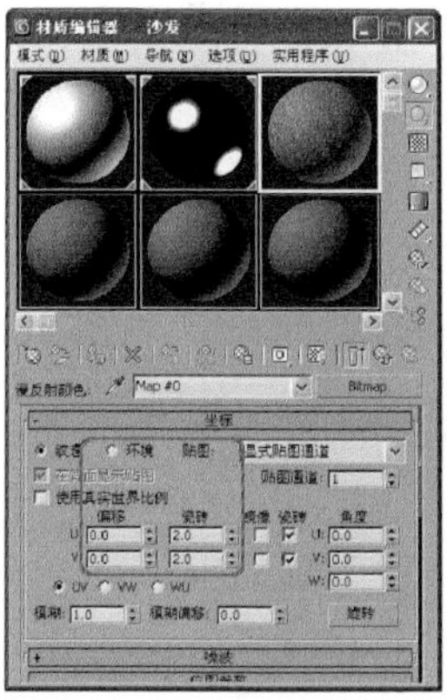

4 单击"转到父对象"按钮，返回上一层级面板，在场景中选择除腿外的所有沙发组件，并单击"将材质指定给选定对象"按钮，效果如下图所示。

提示 默认情况下，漫反射贴图也将相同的贴图应用于环境光颜色。并不一定必须锁定环境光贴图和漫反射贴图。通过禁用锁定并针对每个组件使用不同的贴图，可以获得有趣的混合效果。但是，通常漫反射贴图的目的是模拟比基本材质更复杂的单个曲面，为此，应该启用锁定。

实战操作332 使用不透明度贴图通道

- 素材：Scene\Cha09\9-26.max
- 难度：★★★★★
- 场景：Scene\Cha09\实战操作332.max
- 视频：视频\Cha09\实战操作332.avi

不透明度贴图是利用图像的明暗度在物体表面产生透明效果，纯黑色的区域完全透明，纯白色的区域完全不透明，中间的区域渲染为半透明。使用不透明度贴图通道的操作步骤如下。

1 在3ds Max 2012中按"Ctrl+O"组合键打开素材文件9-26.max，打开后的效果如下图所示。

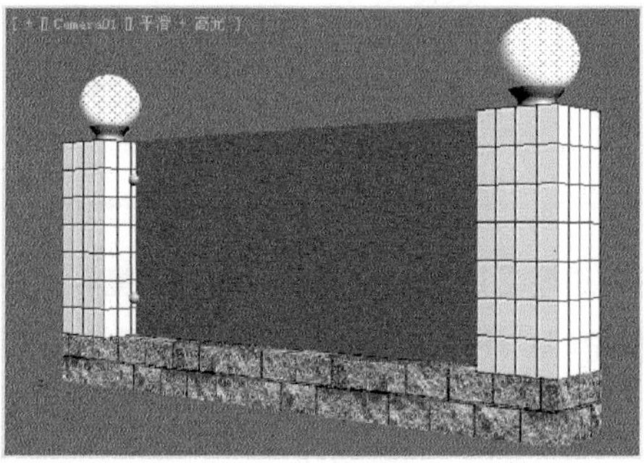

2 按M键打开"材质编辑器"对话框，选择一个新的材质样本球，将"环境光"与"漫反射"的RGB值设置为黑色，"自发光"值为100，如下图所示。

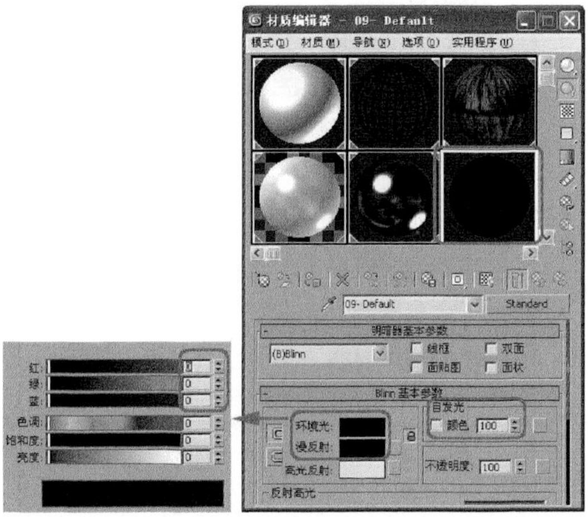

3 展开“贴图”卷展栏，单击“漫反射颜色”右侧的“None”按钮，在打开的对话框中选择“位图”选项，如下图所示，并单击“确定”按钮。

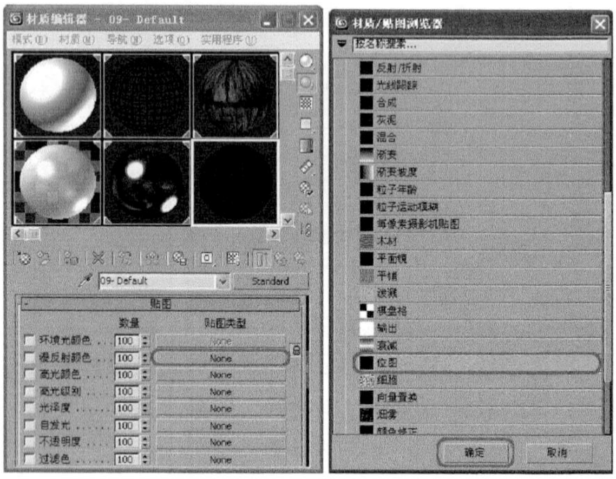

4 在打开的对话框中选择随书附带光盘中的\Map\tieyi01.tif文件，单击“打开”按钮，在“坐标”卷展栏将“瓷砖”下的“U”设置为5.0，如下图所示。

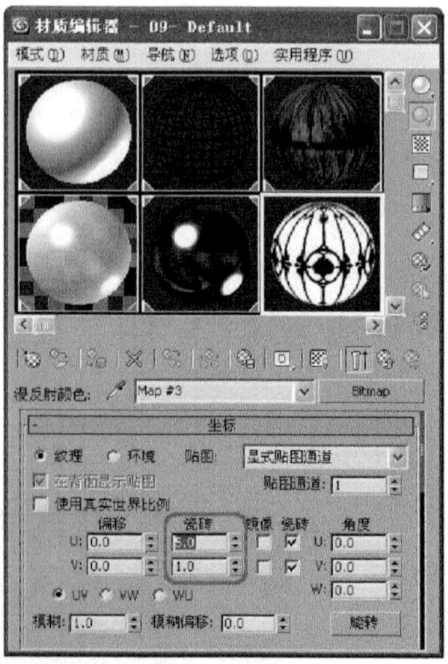

5 单击“转到父对象”按钮，返回上一层级面板，使用同样方法设置“不透明度”贴图为随书附带光盘中的\Map\tieyi02.tif文件，并将“瓷砖”下的“U”设置为5.0，如下图所示。

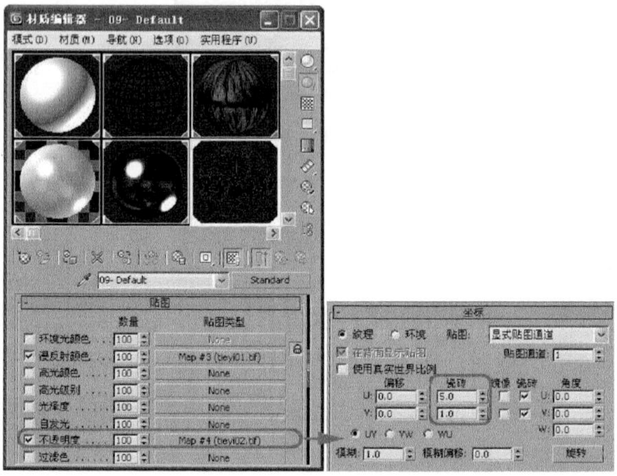

6 单击“转到父对象”按钮，在场景中选择“铁艺”对象，并单击“材质编辑器”对话框中的“将材质指定给选定对象”按钮，对“摄影机”视图进行渲染，效果如下图所示。

提示

当不透明度贴图的“数量”值为100时可应用所有贴图，透明区域将完全透明，当“数量”值为0时相当于禁用贴图，中间的“数量”值与“基本参数”卷展栏中的“不透明度”值混合，贴图的透明区域将变得更加不透明。

实战操作333 使用凹凸贴图通道

素材：Scene\Cha09\9-27.max

难度：★★★★★

场景：Scene\Cha09\实战操作333.max

视频：视频\Cha09\实战操作333.avi

通过图像的明暗强度来影响材质表面的光滑程度，从而产生凹凸的表面效果，白色图像产生凸起，黑色图像产生凹陷，中间色产生过渡。使用凹凸贴图通道的操作步骤如下。

1 在3ds Max 2012中按“Ctrl+O”组合键打开素材文件9-27.max，打开后的效果如下图所示。

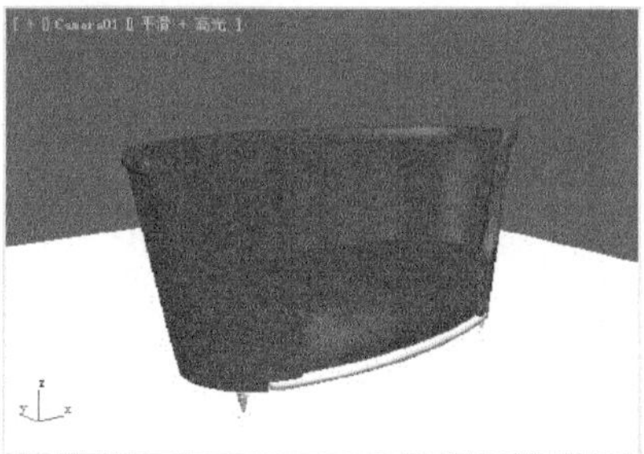

2 按M键打开“材质编辑器”对话框，选择“沙发”材质样本球，在“贴图”卷展栏中将“漫反射颜色”右侧的贴图路径拖曳至“凹凸”右侧的“None”按钮上，如右图所示。

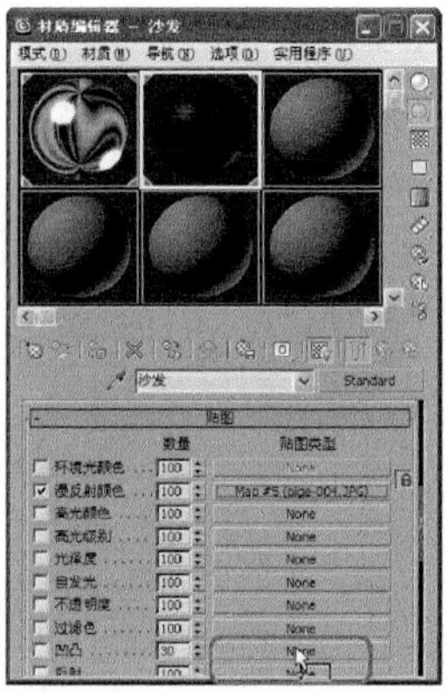

3 松开鼠标将会弹出“复制（实例）贴图”对话框，选中“实例”单选按钮，如下图所示，并单击“确定”按钮。

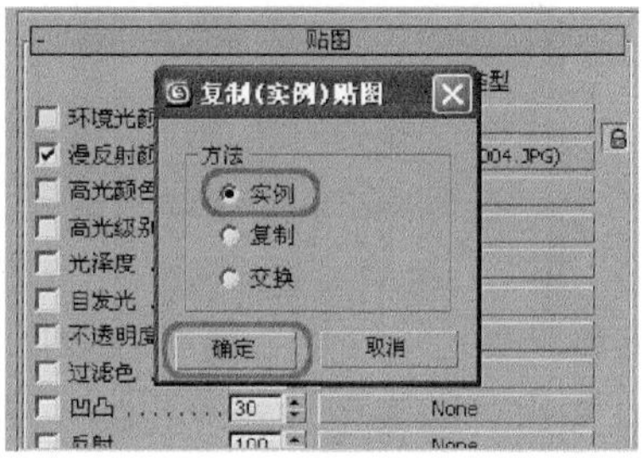

4 此时两个通道中的贴图为实例关系，即更改其中一个通道中贴图的参数，另一个通道中相应的参数也会更改，效果如下图所示。

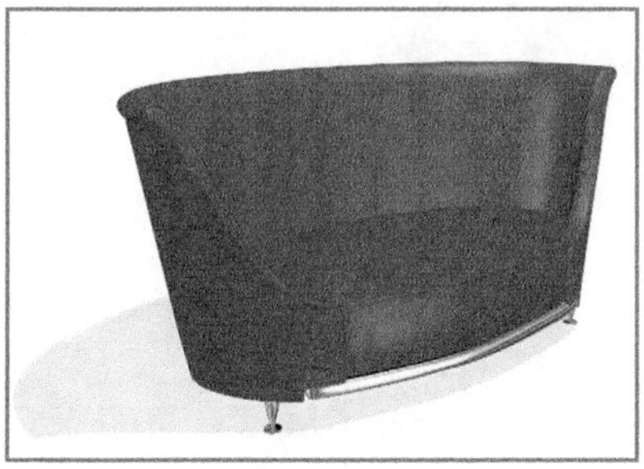

实战操作334 使用反射贴图通道

素材：Scene\Cha09\9-28.max

难度：★★★★★

场景：Scene\Cha09\实战操作334.max

视频：视频\Cha09\实战操作334.avi

反射贴图是一种很重要的贴图方式，要制作出光洁亮丽的质感，必须要熟练掌握反射贴图的使用。使用反射贴图通道的操作步骤如下。

1 打开素材文件9-28.max，按M键打开“材质编辑器”对话框，选择“灯”材质样本球，在“多维/子对象基本参数”卷展栏下单击ID1材质后的“子材质”按钮，如下图所示。

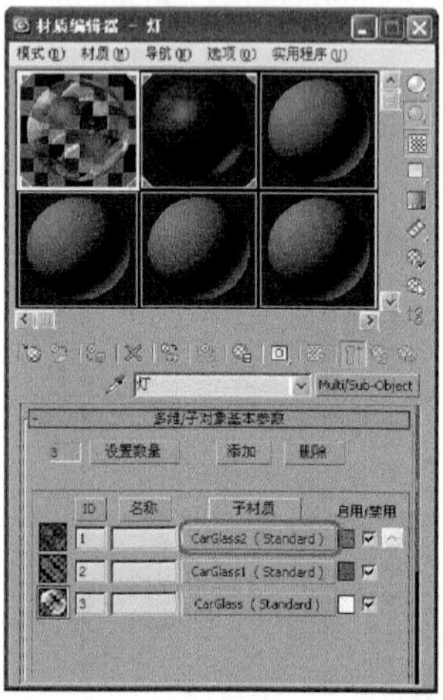

2 进入ID1子材质面板，切换至“贴图”卷展栏，单击“反射”右侧的“None”按钮，在打开的对话框中选择“位图”选项，如下图所示。

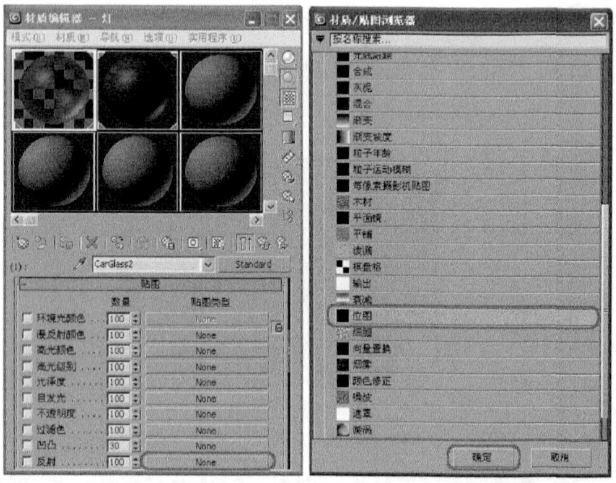

3 单击“确定”按钮，在打开的对话框中选择随书附带光盘中的\Map\HOUSE.JPG，单击“打开”按钮，在“反射”层级面板中将“模糊偏移”设为0.06，如下图所示。

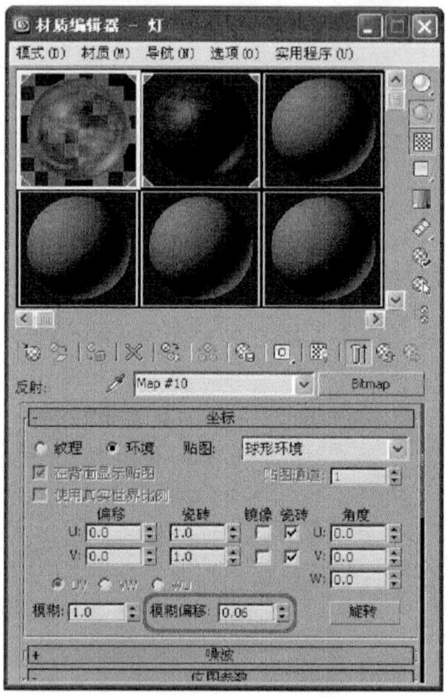

4 设置完成后，激活“摄影机”视图，按F9键进行渲染，渲染后的效果如下图所示。

提示

可以创建3种反射：基本反射贴图，自动反射贴图，和平面镜反射贴图。

“基本反射贴图”：能创建铬合金、玻璃和金属的效果，方法是在几何体上使用贴图，使图像看起来好像表面反射的一样。

“自动反射贴图”：根本不使用贴图，它从对象的中心向外看，把看到的东西映射到表面上；另一种生成自动反射的方法是指定光线跟踪贴图作为反射贴图。

“平面镜贴图”：用于一系列共面的面，把面对它的对象反射，与实际镜子一模一样。

实战操作335 使用折射贴图通道

素材：Scene\Cha09\9-29.max

难度：★★★★★

场景：Scene\Cha09\实战操作335.max

视频：视频\Cha09\实战操作335.avi

折射贴图用于模拟空气和水等介质的折射效果，在物体表面产生对周围景物的折射映像，它表现一种穿透效果。使用折射贴图通道的操作步骤如下。

1 打开素材文件9-29.max，按M键打开“材质编辑器”对话框，选择“水杯”材质样本球，在“贴图”卷展栏中单击“折射”右侧的“None”按钮，在打开的对话框中选择“光线跟踪”选项，如下图所示。

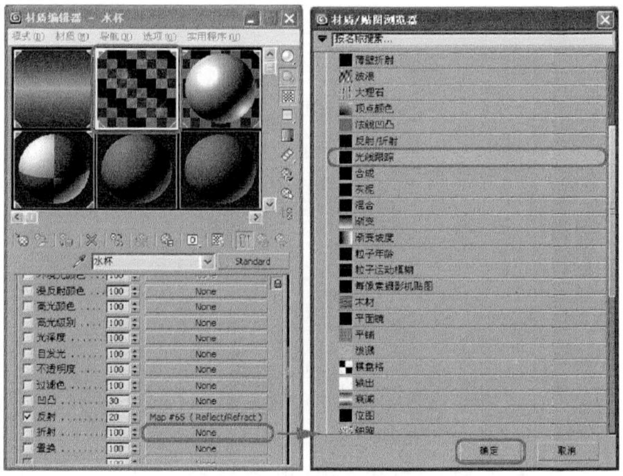

2 单击“确定”按钮，再选择“水”材质样本球，在“贴图”卷展栏中将“折射”数值设为90，并单击右侧的“None”按钮，在打开的对话框中选择“光线跟踪”选项，如下图所示，并单击“确定”按钮，最后对“摄影机”视图进行渲染。

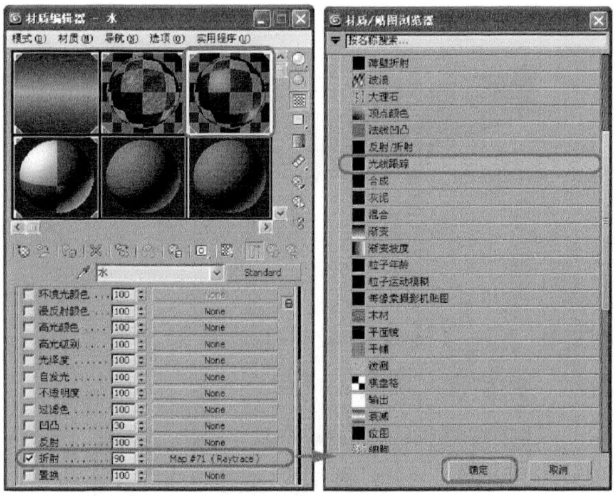

提示 折射贴图类似于反射贴图。它将视图贴在表面上，这样图像看起来就像从透过表面所看到的一样，而不是从表面反射的样子。就像反射贴图一样，折射贴图的方向锁定到视图而不是对象。即在移动或旋转对象时，折射图像的位置固定不变。

9.8 修改贴图坐标

贴图坐标用于指定几何体上贴图的位置、方向以及大小。坐标通常以 U、V 和 W 指定。其中 U 是水平维度，V 是垂直维度，W 是可选的第三维度，它表示深度。

实战操作336 使用UVW贴图修改器

- 素材：Scene\Cha09\9-30.max
- 难度：★★★★★
- 场景：Scene\Cha09\实战操作336.max
- 视频：视频\Cha09\实战操作336.avi

UVW贴图修改器用于对物体表面指定贴图坐标，以确定如何使材质投射到物体表面。使用UVW贴图修改器能更有力的控制贴图坐标，其操作步骤如下。

1 在3ds Max 2012中按“Ctrl+O”组合键打开素材文件9-30.max，打开后的效果如下图所示。

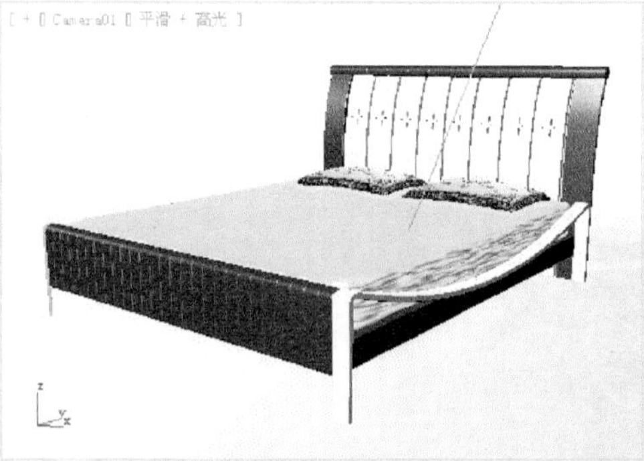

2 按H键，打开“从场景选择”对话框，在该对话框中选择“床垫”对象，如下图所示，并单击“确定”按钮。

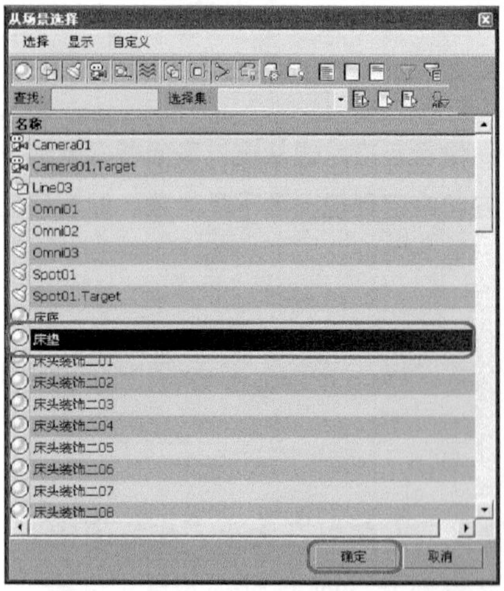

3 切换至“修改”命令面板，并为其添加“UVW贴图”修改器，在“参数”卷展栏中选中“长方体”单选按钮，并将“长度”、“宽度”、“高度”分别设置为5、400、525，如下图所示。

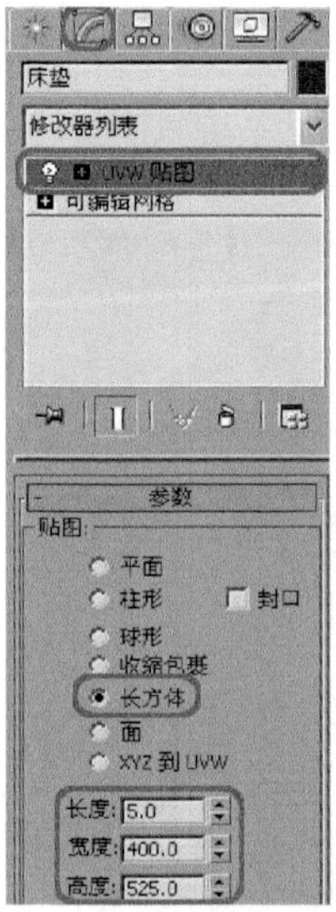

4 在场景中代表贴图坐标的黄色的Gizmo线框会随着长、宽、高的更改而变化。如下图所示，最后对“摄影机”视图进行渲染。

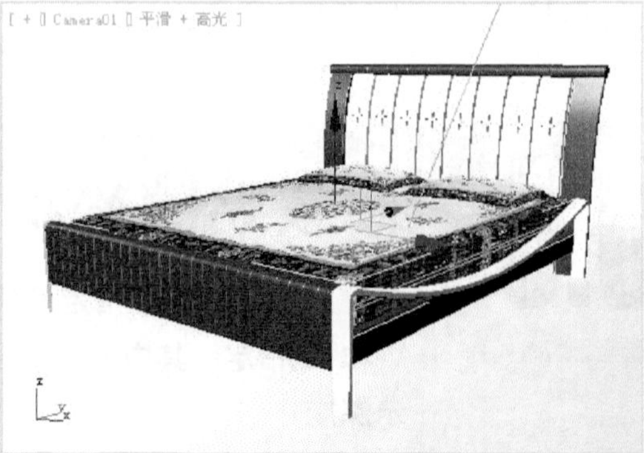

提示

默认情况下，基本体对象（如球体和长方体）与放样对象和 NURBS 曲面一样，具有贴图坐标。扫描、导入或手动构造的多边形或面片模型不具有贴图坐标系，直到应用了“UVW 贴图”修改器。

实战操作337 更改贴图坐标系

- 素材：Scene\Cha09\9-30.max
- 难度：★★★★★
- 场景：Scene\Cha09\实战操作337.max
- 视频：视频\Cha09\实战操作337.avi

贴图坐标指定如何将位图投影到对象上。UVW 坐标系与XYZ坐标系相似。位图的U和V轴对应于X和Y轴。对应于Z轴的W轴一般仅用于程序贴图。默认为UV，可在“材质编辑器”中将位图坐标系切换到VW或WU。更改贴图坐标系的操作步骤如下。

1 在3ds Max 2012中按“Ctrl+O”组合键打开素材文件9-30.max，打开后的效果如下图所示。

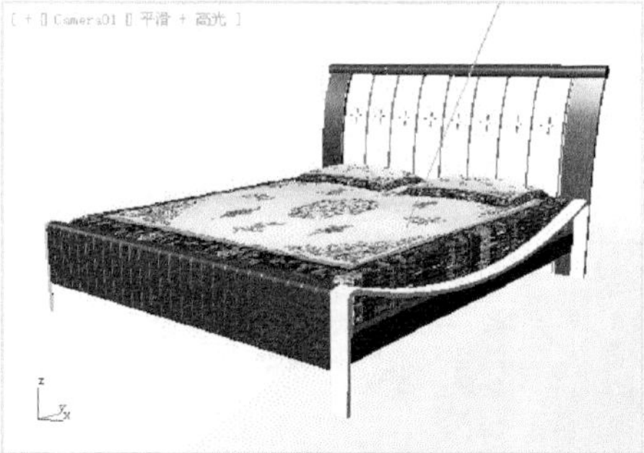

2 按M键打开“材质编辑器”对话框，选择“床垫”材质，单击“漫反射”颜色块右侧的M按钮，如下图所示。

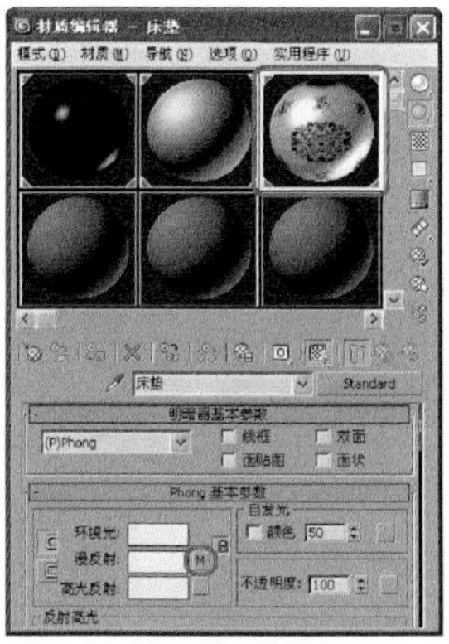

3 进入“漫反射颜色”层级面板，并在“坐标”卷展栏中选中“WU”单选按钮，如下图所示。

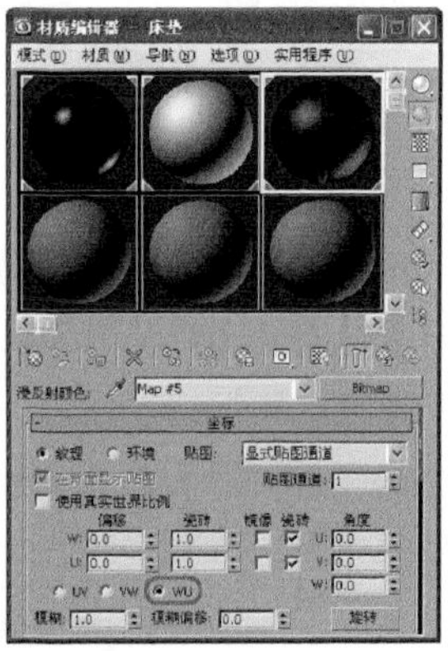

4 将贴图坐标系更改为“WU”后，场景中对象上的材质也随之发生变化，如下图所示。

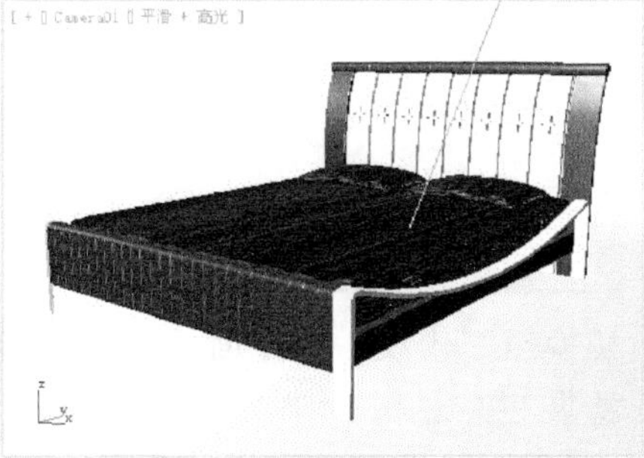

实战操作338 对齐贴图坐标

素材：Scene\Cha09\9-31.max

难度：★★★★★

场景：Scene\Cha09\实战操作338.max

视频：视频\Cha09\实战操作338.avi

在“UVW贴图”修改器参数卷展栏中的“对齐”选项区中，可以设置表示贴图坐标的Gizmo的对齐方法。使用对齐贴图坐标的操作步骤如下。

1 在3ds Max 2012中，按“Ctrl+O”组合键打开素材文件9-31.max，打开后的效果如下图所示。

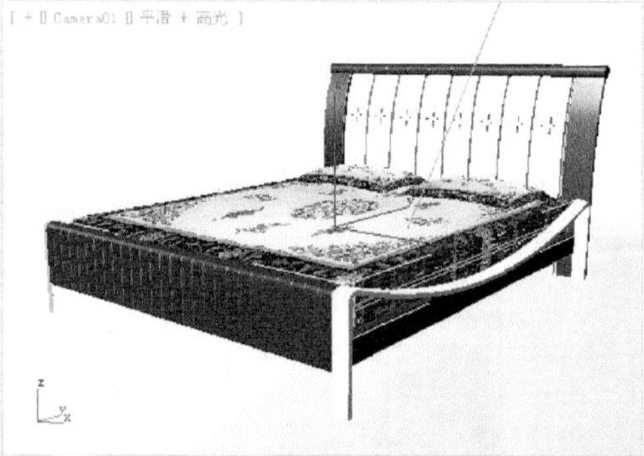

2 按H键打开“从场景选择”对话框，在该对话框中选择“床垫”对象，如下图所示，并单击“确定”按钮。

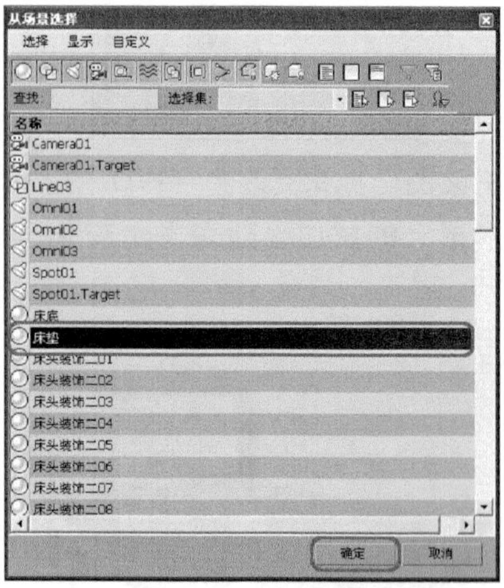

3 切换至“修改”命令面板，在“参数”卷展栏中的“对齐”选项区中，选中“X”单选按钮，如下图所示。

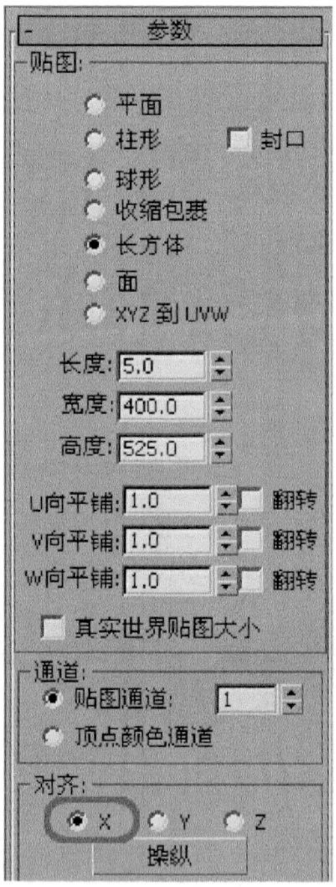

4 执行操作后，所选择对象的贴图坐标将以X轴对齐，如下图所示。

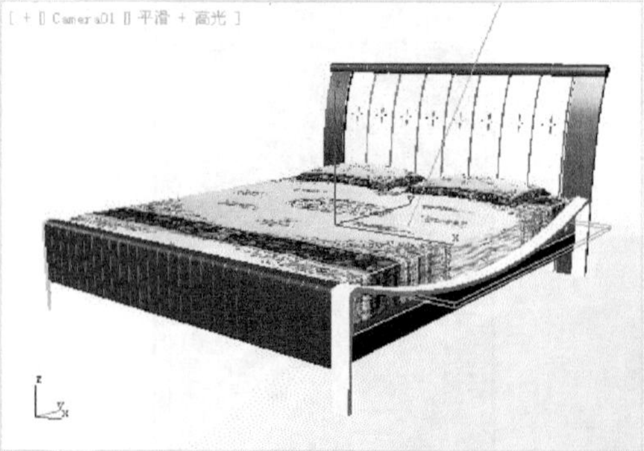

9.9 编辑位图贴图

通过在“坐标”和“位图参数”卷展栏中的相关按钮参数或按钮对当前使用的贴图进行旋转和裁剪操作。便于调整出多种不同的效果。

实战操作339 旋转位图

素材：Scene\Cha09\9-32.max

难度：★★★★★

场景：Scene\Cha09\实战操作339.max

视频：视频\Cha09\实战操作339.avi

可以通过“坐标”卷展栏中的“角度”参数选项区和“旋转”按钮来控制在相应的坐标方向上产生贴图的旋转效果。使用旋转位图的操作步骤如下。

1 在3ds Max 2012中按“Ctrl+O”组合键打开素材文件9-32.max，打开后的效果如下图所示。

2 按M键打开“材质编辑器”对话框，选择“毛巾”材质，并在“Blinn基本参数”卷展栏中单击“漫反射”颜色块右侧的M按钮，如下图所示。

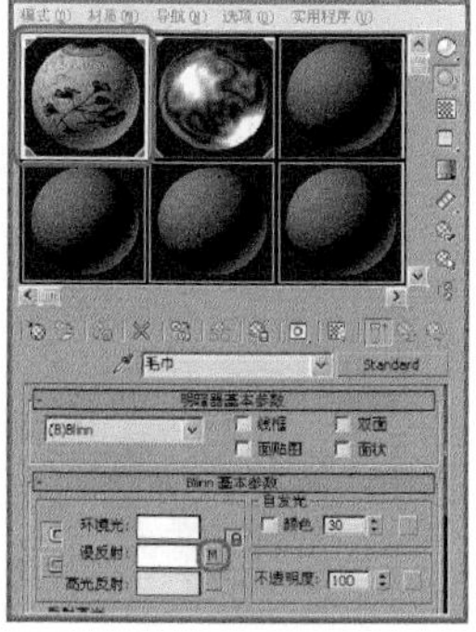

3 在“坐标”卷展栏中单击“旋转”按钮，打开“旋转贴图坐标”窗口，如下图所示。

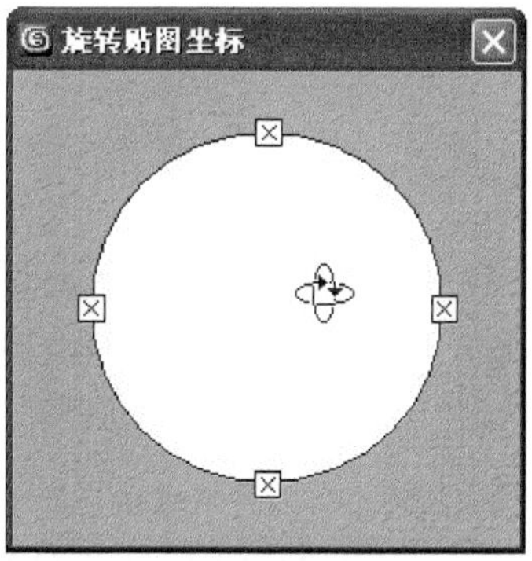

4 通过在该对话框中拖动鼠标来旋转位图，同时在“摄影机”视图中会随时显示调整旋的效果，如下图所示。

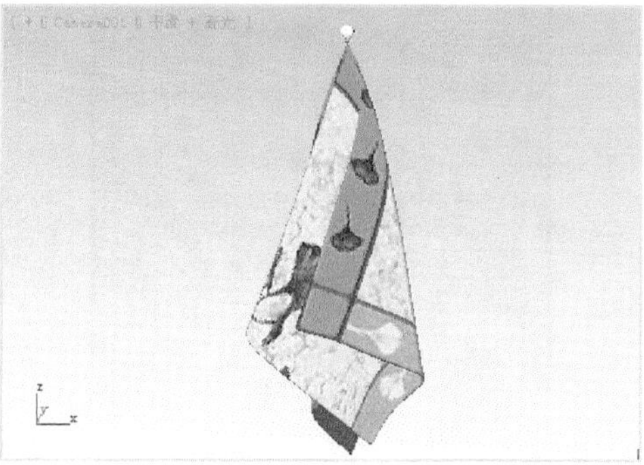

实战操作340 裁剪位图

- 素材：Scene\Cha09\9-32.max
- 难度：★★★★★
- 场景：Scene\Cha09\实战操作340.max
- 视频：视频\Cha09\实战操作340.avi

“裁剪位图允许在位图上任意剪切一部分图像作为贴图进行使用，或将原位图比例进行缩小使用。它并不会改变原位图文件，只是在材质编辑器中实施控制。裁剪位图的操作步骤如下。

1 在3ds Max 2012中按“Ctrl+O”组合键打开素材文件9-32.max，打开后的效果如下图所示。

2 按M键打开“材质编辑器”对话框，选择“毛巾”材质，并在“Blinn基本参数”卷展栏中单击“漫反射”颜色块右侧的M按钮，如下图所示。

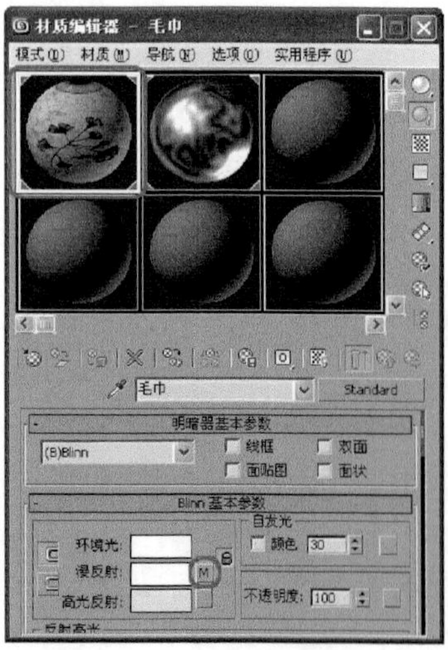

3 在“位图参数”卷展栏中选中“应用”复选框，并单击“查看图像”按钮，在打开的对话框中调整裁剪框的大小及位置，如下图所示。

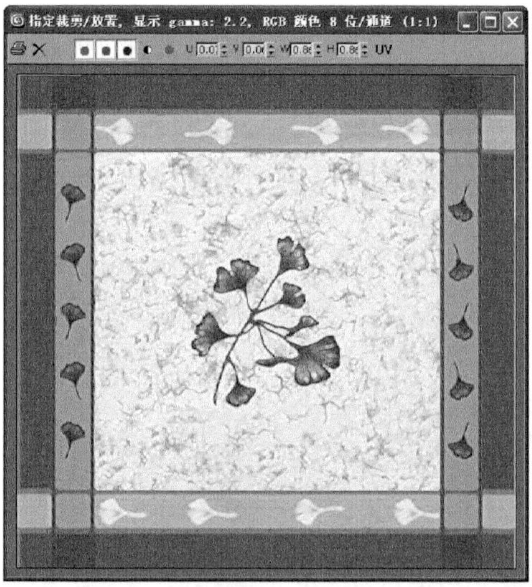

4 关闭裁剪对话框，即可在视图中查看裁剪后的贴图效果，如下图所示。

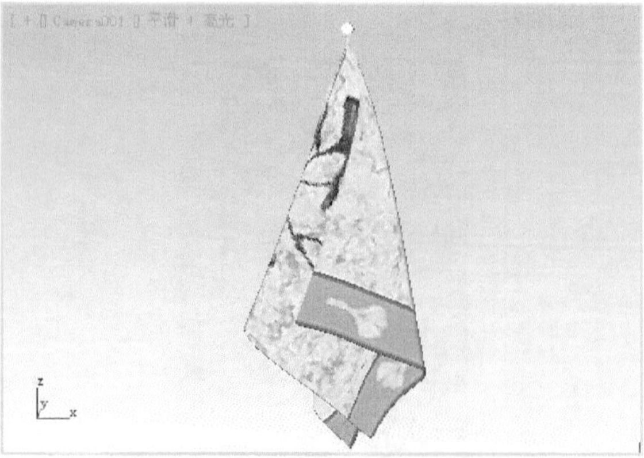

Chapter 10

第10章

灯光与摄影机

灯光是3ds Max用来模拟现实生活中不同类型光源的物体，通过为场景打灯光可以增强场景的真实感。摄影机在三维世界中也是非常重要的，最后完成的静态、动态图像都要在“摄影机”视图中表现。

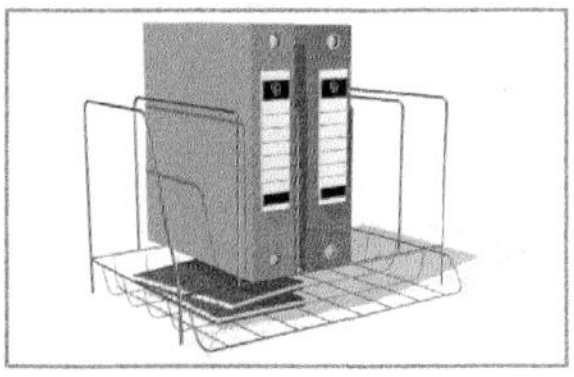

10.1 创建标准灯光

不同种类的标准灯光对象可用不同的方法投影灯光，模拟不同种类的光源。与光度学灯光不同，标准灯光不具有基于物理的强度值。

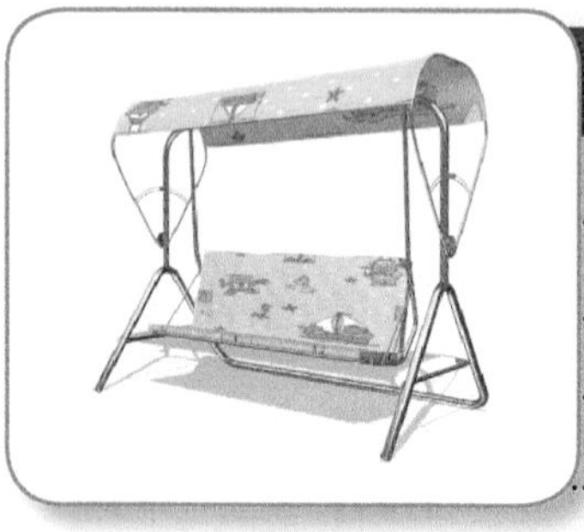

实战操作341 创建目标聚光灯

- 素材：Scene\Cha10\10-1.max
- 难度：★★★★★
- 场景：Scene\Cha10\实战操作341.max
- 视频：视频\ Cha10\实战操作341.avi

聚光灯像闪光灯一样投影聚焦的光束，创建“目标聚光灯”的操作步骤如下。

1 单击按钮，在弹出的下拉列表中选择“打开”选项，在打开的对话框中打开素材文件10-1.max，如下图所示。

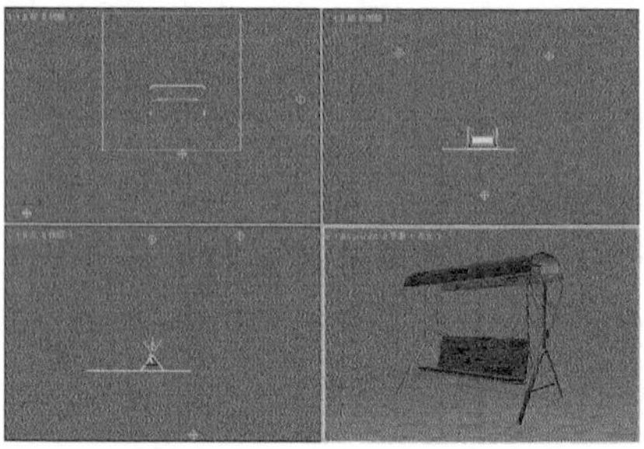

2 选择“创建”|“灯光”|“标准”|“目标聚光灯”工具，在“顶”视图中单击鼠标左键并拖动鼠标，拖动至适当位置处松开鼠标，即可创建目标聚光灯，如下图所示。

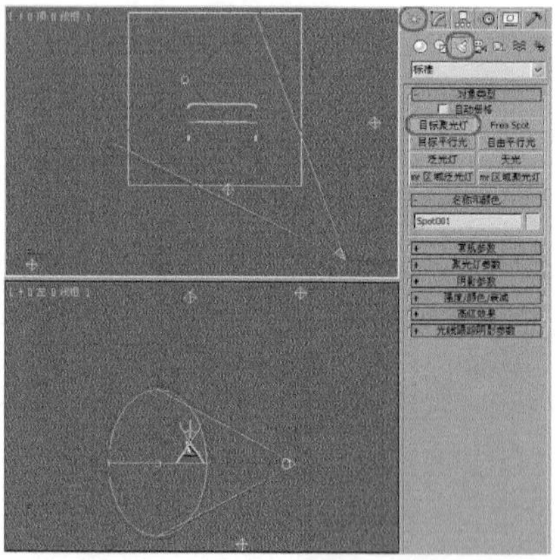

3 切换到“修改”命令面板，在“常规参数”卷展栏中选中“阴影”选项区中的“启用”复选框，将阴影模式定义为“光线跟踪阴影”。在“聚光灯参数”卷展栏中将“聚光区/光束”和“衰减区/区域”设置为86.0和88.0；在“阴影参数”卷展栏中将“对象阴影”选项区中的“颜色”设置为33、33、33，如下图所示。

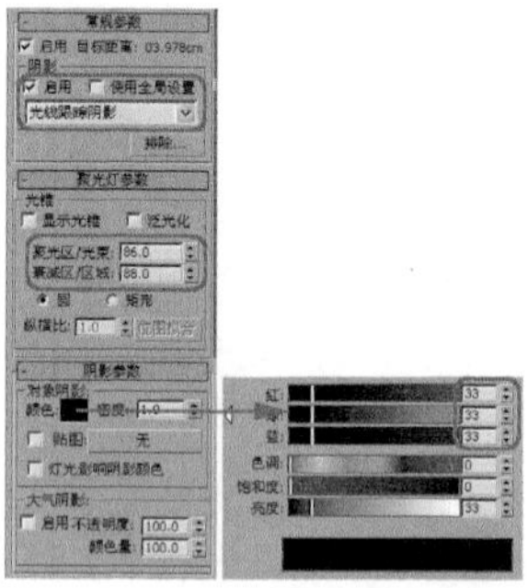

4 在工具栏中单击“选择并移动”按钮，在其他视图中调整目标聚光灯的位置，如下图所示。

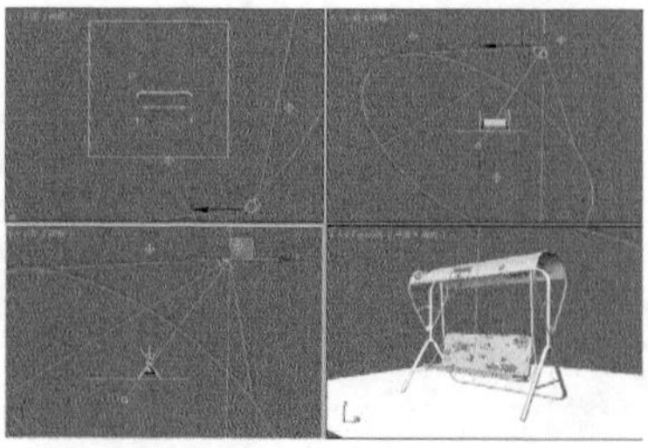

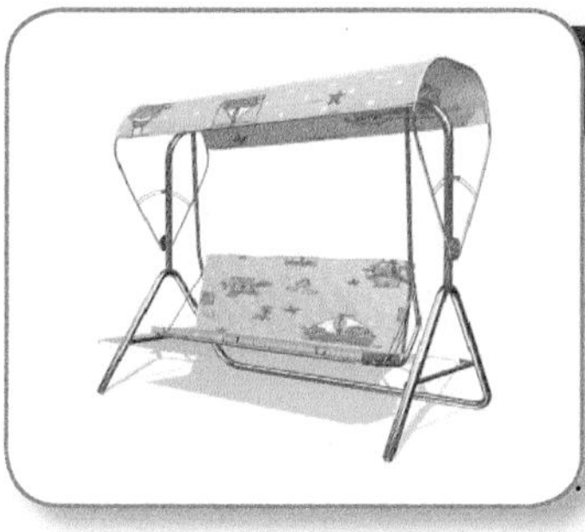

实战操作342 创建 Free Spot

素材：Scene\Cha10\10-1.max

难度：★★★★★

场景：Scene\Cha10\实战操作342.max

视频：视频\ Cha10\实战操作342.avi

Free Spot（自由聚光灯）没有目标对象，可以通过移动和旋转方法将其指向任何方向。创建“Free Spot”的操作步骤如下。

1 单击按钮，在弹出的下拉列表中选择“打开”选项，在打开的对话框中打开素材文件10-1.max，如下图所示。

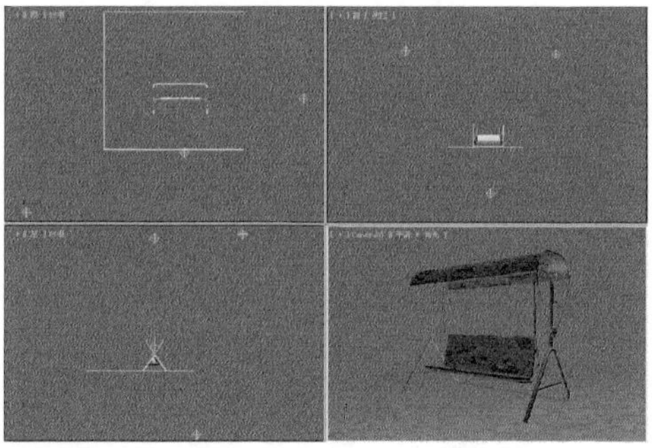

2 选择“创建” |“灯光” |“标准”|“Free Spot”工具，在“顶”视图中单击鼠标左键即可创建Free Spot（自由聚光灯），如下图所示。

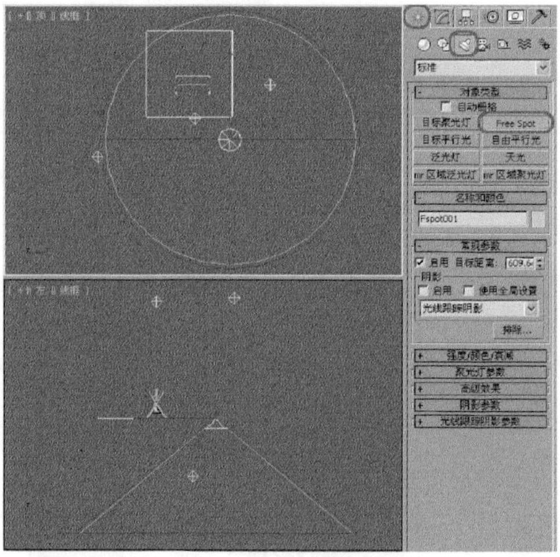

3 切换到“修改”命令面板，在“常规参数”卷展栏中选中“阴影”选项区中的“启用”复选框，将阴影模式定义为“光线跟踪阴影”。在“聚光灯参数”卷展栏中将“聚光区/光束”和“衰减区/区域”设置为100.0和102.0；在“阴影参数”卷展栏中将“对象阴影”选项区中的“颜色”设置为50、50、50，如下图所示。

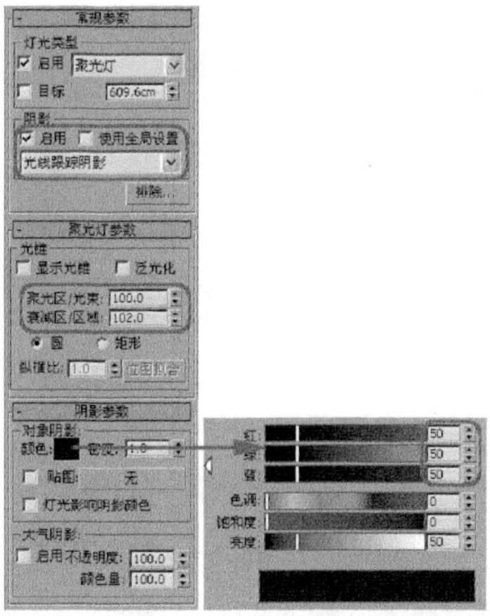

4 单击工具栏中的“选择并移动”按钮和“选择并旋转”按钮，在其他视图中调整Free Spot （自由聚光灯）的位置，如下图所示。

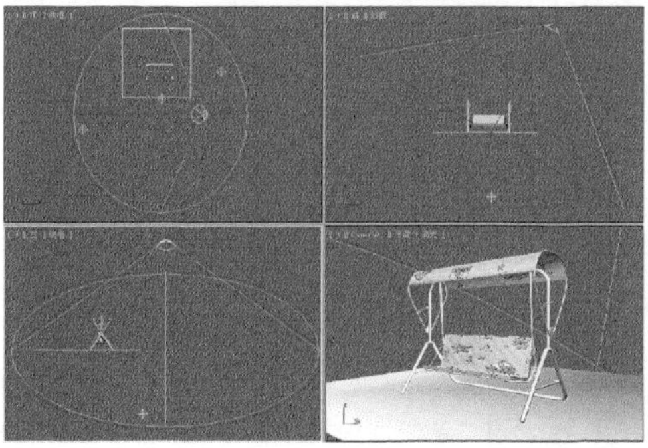

实战操作343 创建目标平行光

- 素材：Scene\Cha10\10-2.max
- 难度：★★★★★
- 场景：Scene\Cha10\实战操作343.max
- 视频：视频\ Cha10\实战操作343.avi

由于平行光线是平行的，所以平行光线呈圆形或矩形棱柱，而不是“圆锥体”。创建“目标平行光”的操作步骤如下。

1 单击按钮，在弹出的下拉列表中选择“打开”选项，在打开的对话框中打开素材文件10-2.max，如下图所示。

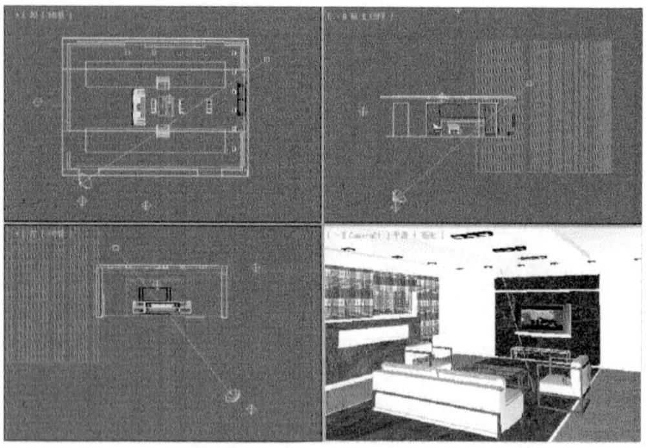

2 选择“创建”|“灯光”|“标准”|“目标平行光”工具，在“顶”视图中单击鼠标左键并拖动鼠标，拖动至适当位置处松开鼠标，即可创建目标平行光，如下图所示。

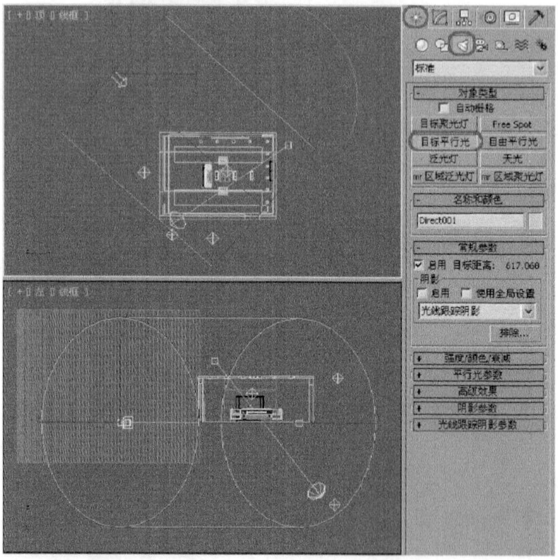

3 切换到“修改”命令面板，在“常规参数”卷展栏中选中“阴影”选项区中的“启用”复选框，将阴影模式定义为“光线跟踪阴影”。在“强度/颜色/衰减”卷展栏中将“倍增”设置为0.8；在“平行光参数”卷展栏中将“聚光区/光束”和“衰减区/区域”设置为240.0和242.0，如下图所示。

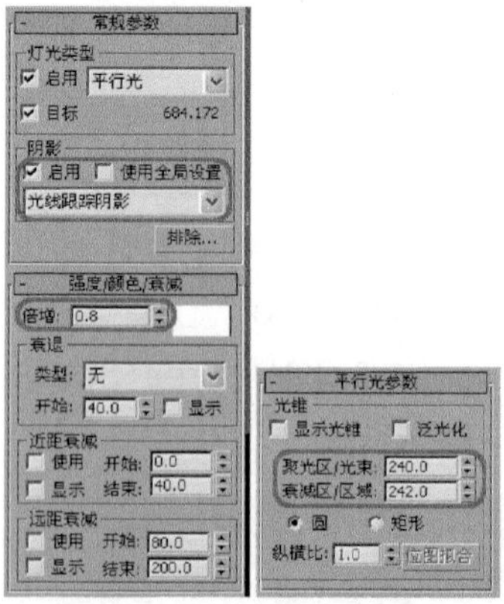

4 单击工具栏中的“选择并移动”按钮，在其他视图中调整目标平行光的位置，如下图所示。

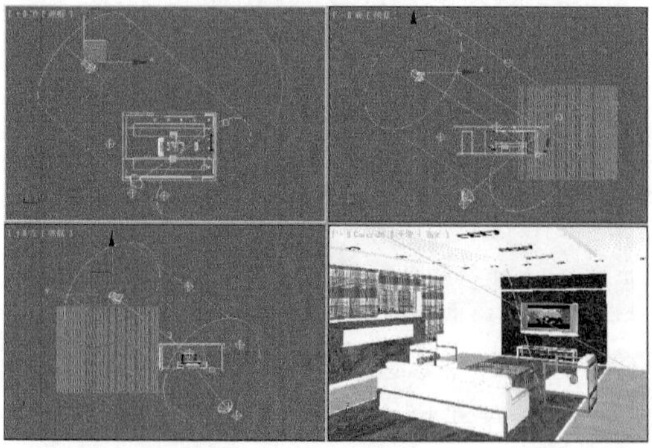

实战操作344　创建自由平行光

素材：Scene\Cha10\10-2.max

难度：★★★★★

场景：Scene\Cha10\实战操作344.max

视频：视频\ Cha10\实战操作344.avi

“自由平行光”没有目标对象。可以通过移动和旋转方法将其指向任何方向。创建“自由平行光”的操作步骤如下。

1 单击按钮，在弹出的下拉列表中选择“打开”选项，在打开的对话框中打开素材文件10-2.max，如下图所示。

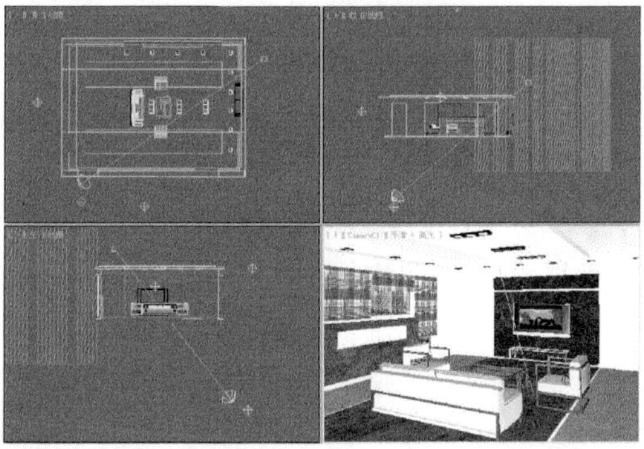

2 选择“创建”｜“灯光”｜“标准”|“自由平行光”工具，在“顶”视图中单击鼠标左键即可创建自由平行光，如下图所示。

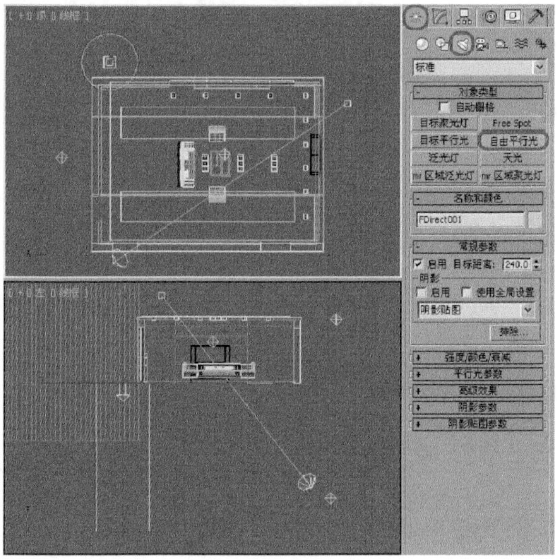

3 切换到“修改”命令面板，打开“常规参数”卷展栏，在“灯光类型”选项区中的“目标”右侧的微调框中输入684.0，选中“阴影”选项区中的“启用”复选框，将阴影模式定义为“光线跟踪阴影”。在“强度/颜色/衰减”卷展栏中将“倍增”设置为0.8。在“平行光参数”卷展栏中将“聚光区/光束”和“衰减区/区域”设置为240.0和242.0，如下图所示。

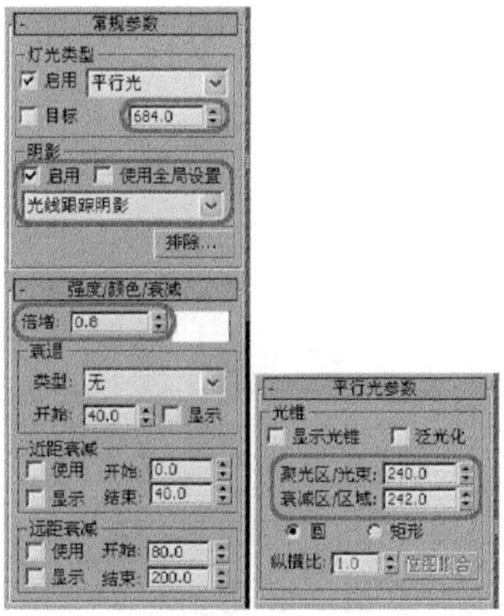

4 单击工具栏中的“选择并移动”按钮和“选择并旋转”按钮，在其他视图中调整自由平行光的位置，如下图所示。

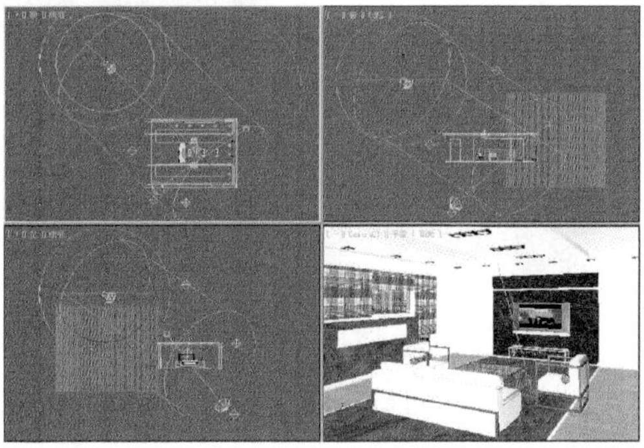

实战操作345 创建泛光灯

素材：Scene\Cha10\10-3.max　　场景：无

难度：★★★★★　　视频：视频\ Cha10\实战操作345.avi

泛光灯可以投射阴影和投影。单个投射阴影的泛光灯等同于6个投射阴影的聚光灯，从中心指向外侧。创建“泛光灯”的操作步骤如下。

1 单击按钮，在弹出的下拉列表中选择“打开”选项，在打开的对话框中打开素材文件10-3.max，如下图所示。

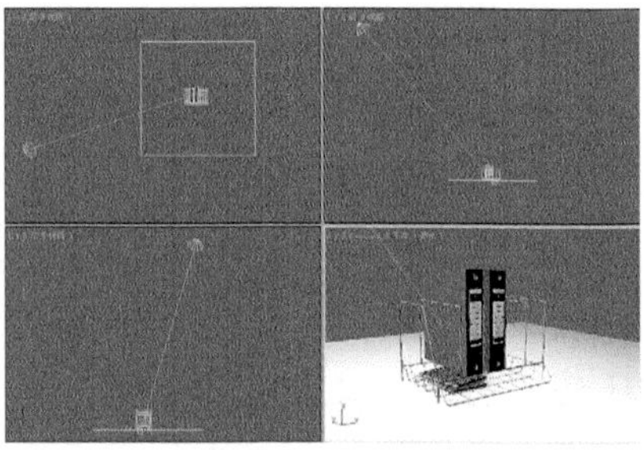

2 选择“创建”|“灯光”|“标准”|“泛光灯”工具，在“顶”视图中单击鼠标左键即可创建泛光灯，如下图所示。

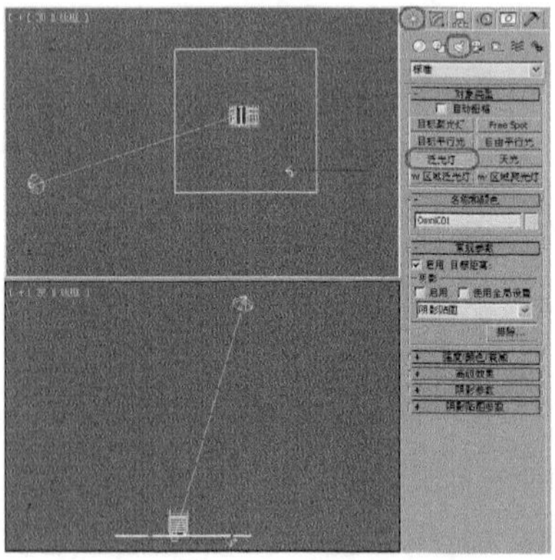

3 切换到“修改”命令面板，在“强度/颜色/衰减”卷展栏中将“倍增”设置为0.3，如下图所示。

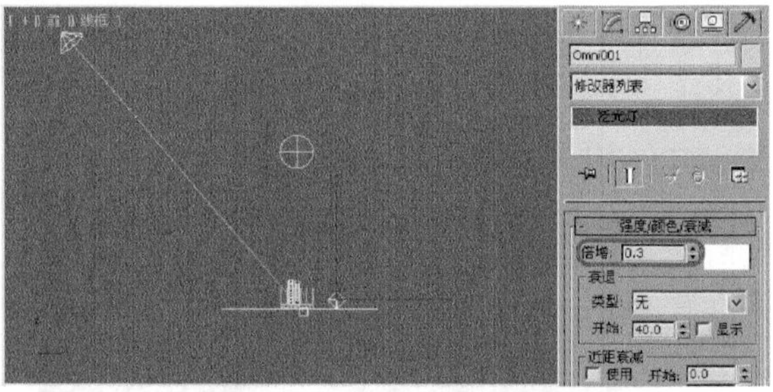

4 单击工具栏中的“选择并移动”按钮，在其他视图中调整泛光灯的位置，如下图所示。

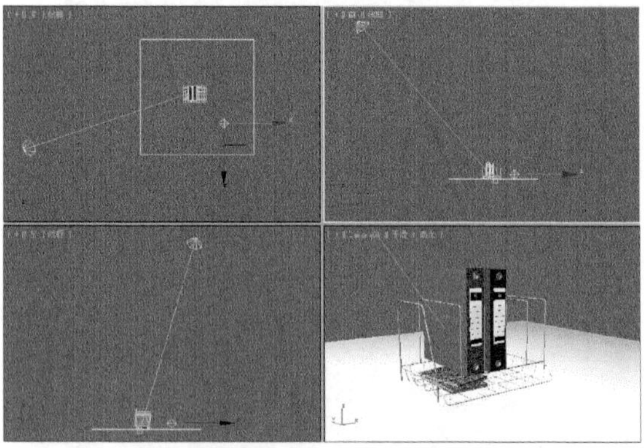

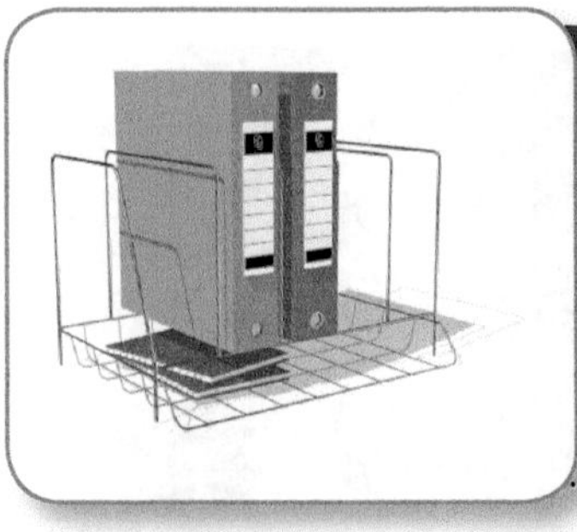

实战操作346 创建天光

素材：Scene\Cha10\10-3.max

难度：★★★★★

场景：Scene\Cha10\实战操作346.max

视频：视频\ Cha10\实战操作346.avi

天光能够模拟日光照射效果。创建“天光”的操作步骤如下。

1 继续上面实战的操作，选择“创建”｜“灯光”｜“标准”｜“天光”工具，在“前”视图中单击鼠标左键即可创建天光，如下图所示。

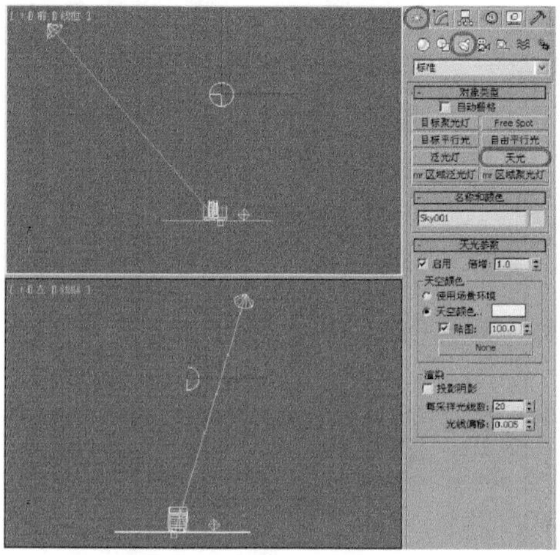

2 切换到“修改”命令面板，在“天光参数”卷展栏中将“倍增”设置为0.4，如下图所示。

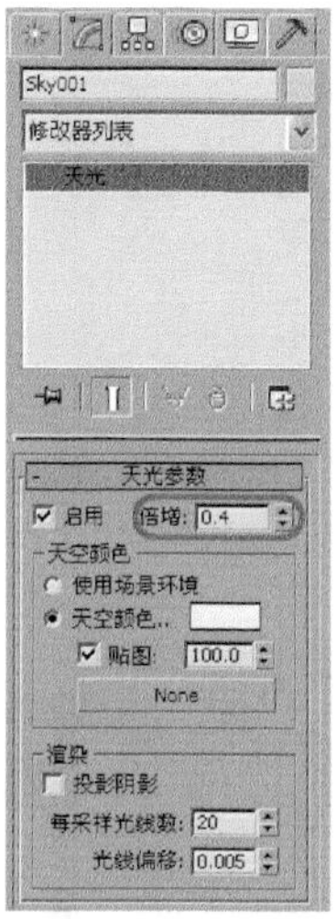

实战操作347 创建mr区域泛光灯

素材：Scene\Cha10\10-4.max　　场景：无

难度：★★★★★　　视频：视频\ Cha10\实战操作347.avi

当使用mental ray渲染器渲染场景时，mr区域泛光灯从球体或圆柱体体积发射光线，而不是从点源发射光线。当使用默认扫描线渲染器渲染时，其效果等同于标准的泛光灯。创建“mr区域泛光灯”的操作步骤如下。

1 单击按钮，在弹出的下拉列表中选择“打开”选项，在打开的对话框中打开素材文件10-4.max，如下图所示。

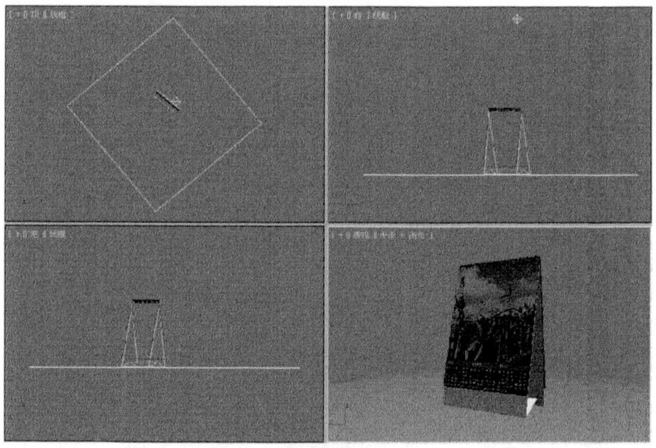

2 选择“创建”｜“灯光”｜“标准”｜“mr区域泛光灯”工具，在“顶”视图中单击鼠标左键即可创建mr区域泛光灯，如下图所示。

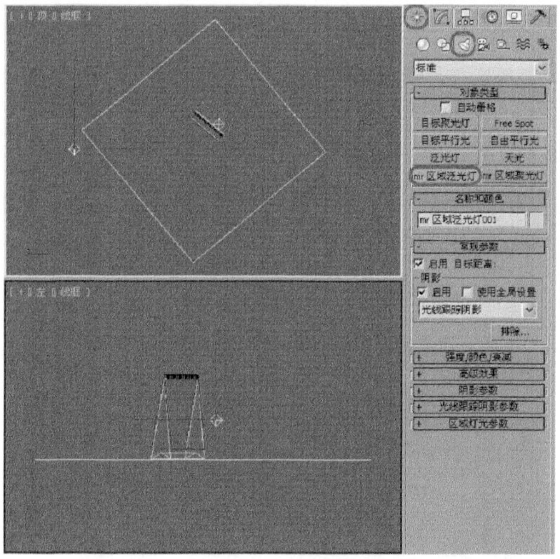

3 切换到“修改”命令面板，在“常规参数”卷展栏中取消选中“阴影”选项区中的“启用”复选框。在“强度/颜色/衰减”卷展栏中将“倍增”设置为0.2，如右图所示。

4 单击工具栏中的“选择并移动”按钮，在其他视图中调整mr区域泛光灯的位置，如下图所示。

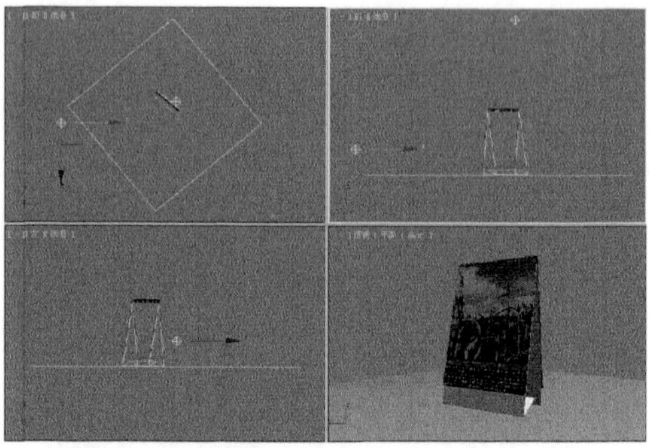

实战操作348 创建mr区域聚光灯

素材：Scene\Cha10\10-4.max

难度：★★★★★

场景：Scene\Cha10\实战操作348.max

视频：视频\ Cha10\实战操作348.avi

当使用mental ray渲染器渲染场景时，mr区域聚光灯从矩形或圆形区域发射光线，而不是从点源发射光线。当使用默认扫描线渲染器渲染时，其效果等同于标准的聚光灯。创建mr区域聚光灯的操作步骤如下。

1 继续上面实战的操作，选择“创建” | “灯光” | “标准” | “mr区域聚光灯”工具，在“顶”视图中单击鼠标左键并拖动鼠标，拖动至适当位置处松开鼠标，即可创建mr区域聚光灯，如下图所示。

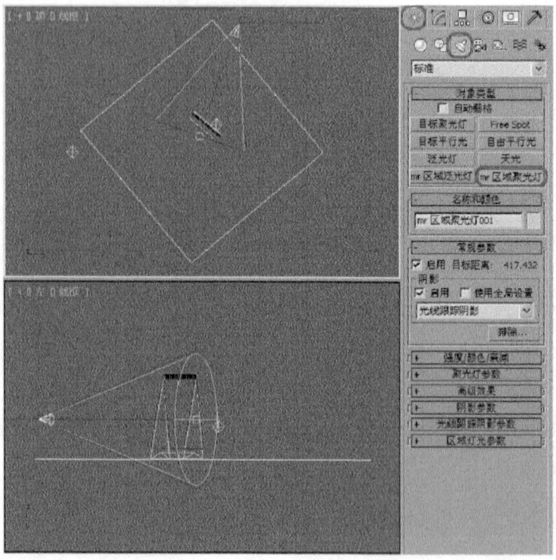

2 切换到“修改”命令面板，在“强度/颜色/衰减”卷展栏中将“倍增”设置为1。在“聚光灯参数”卷展栏中将“聚光区/光束”和“衰减区/区域”设置为80.0和82.0，如下图所示。

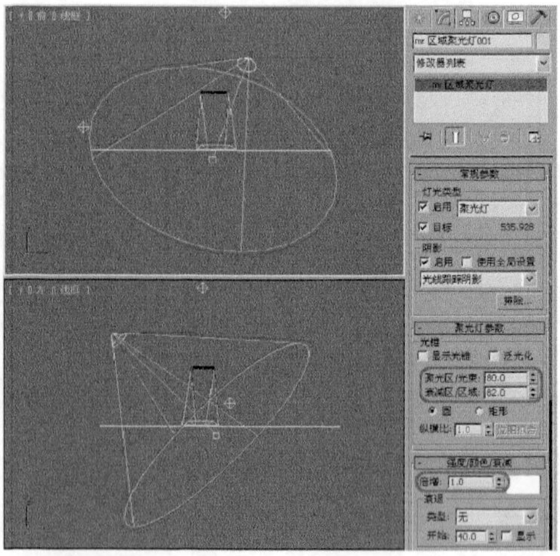

10.2 创建光度学灯光

光度学灯光使用光度学（光能）值，通过这些值可以更精确地定义灯光，就像在真实世界一样。

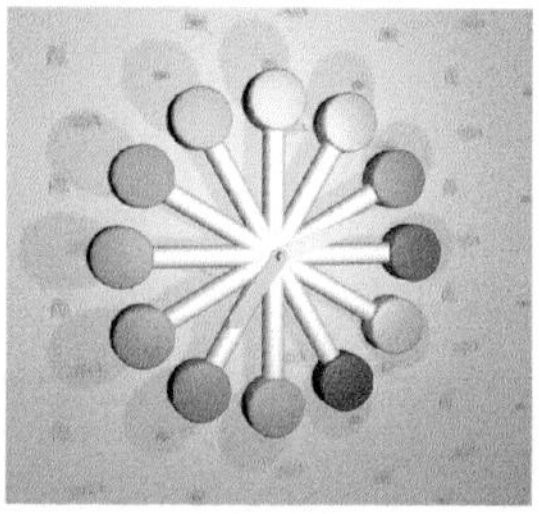

实战操作349 创建目标灯光

素材：Scene\Cha10\10-5.max

难度：★★★★★

场景：Scene\Cha10\实战操作349.max

视频：视频\ Cha10\实战操作349.avi

目标灯光具有可以用于指向灯光的目标子对象。创建目标灯光的操作步骤如下。

1 打开素材文件10-5.max。选择“创建” | “灯光” | “光度学” | “目标灯光”工具，此时会弹出如下图所示的“创建光度学灯光”对话框。

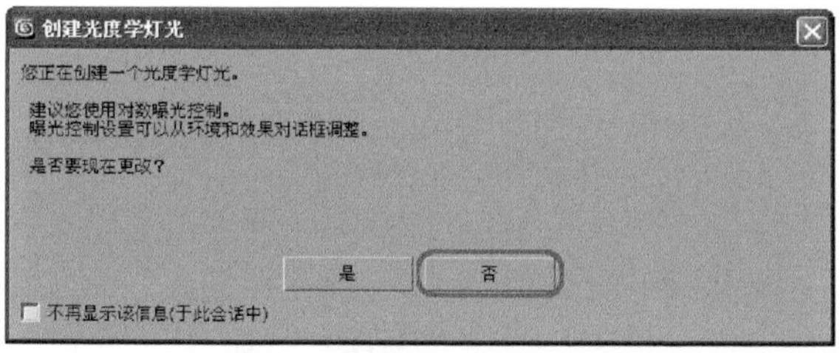

2 单击“否”按钮，然后在“顶”视图中单击鼠标左键并拖动鼠标，拖动至适当位置处松开鼠标，即可创建目标灯光，如下图所示。

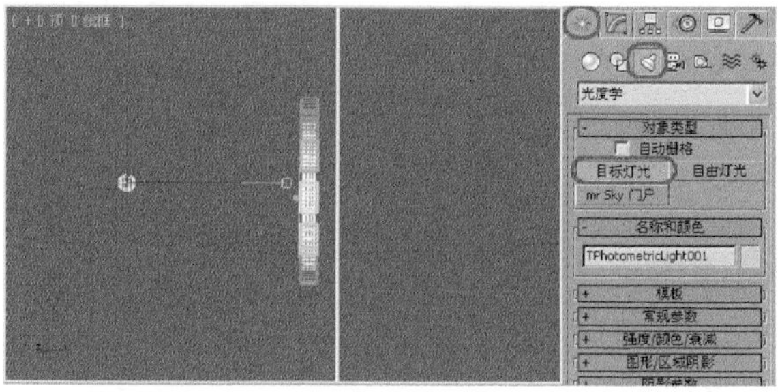

3 切换到“修改”命令面板，打开“强度/颜色/衰减”卷展栏，在“强度”选项区左侧的微调框中输入750.0，如下图所示。

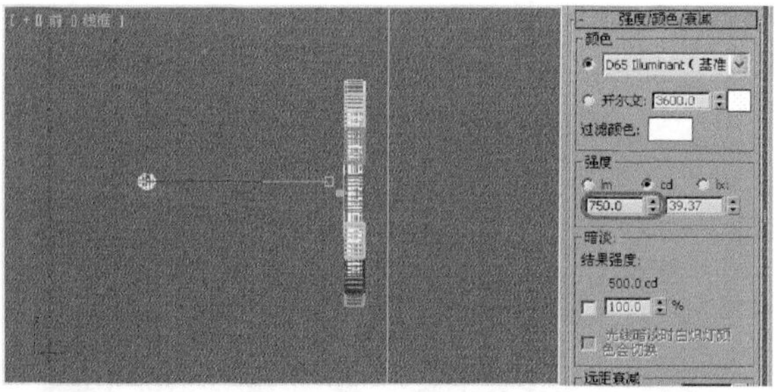

4 单击工具栏中的“选择并移动”按钮，在其他视图中调整目标灯光的位置，如下图所示。

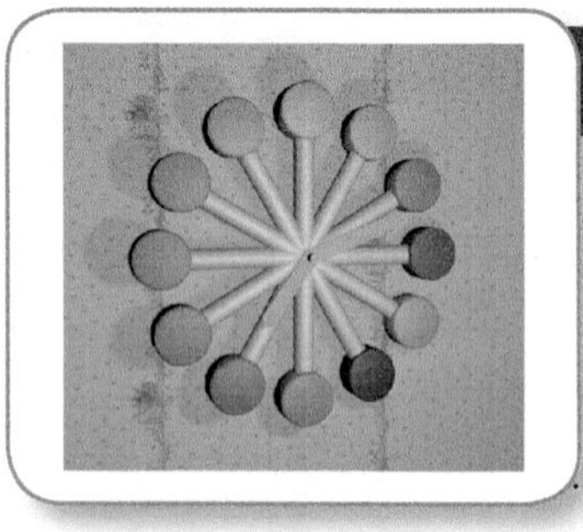

实战操作350 创建白炽灯

素材：Scene\Cha10\10-6.max

难度：★★★★★

场景：Scene\Cha10\实战操作350.max

视频：视频\ Cha10\实战操作350.avi

创建白炽灯的操作步骤如下。

1 打开素材文件10-6.max。选择“创建” | “灯光” | “光度学” | “目标灯光”工具，此时会弹出如下图所示的“创建光度学灯光”对话框。

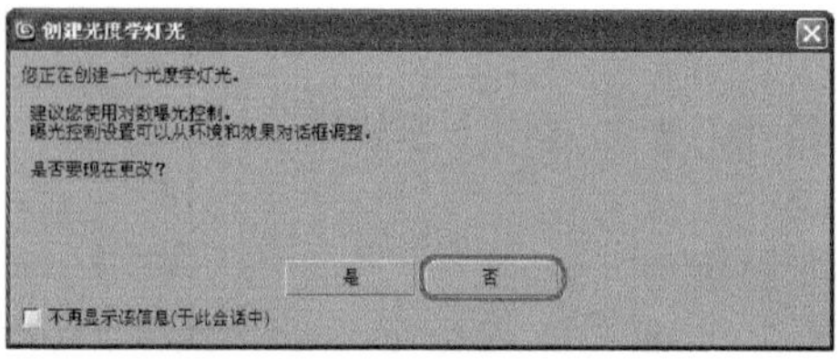

2 单击“否”按钮，然后在“顶”视图中单击鼠标左键并拖动鼠标，拖动至适当位置处松开鼠标，即可创建目标灯光，如下图所示。

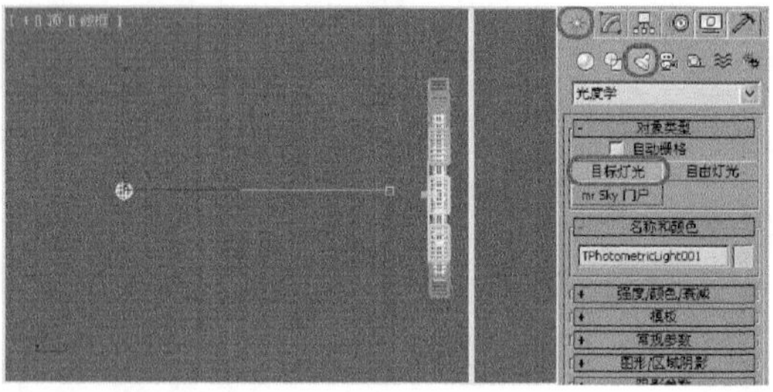

3 切换到“修改”命令面板，打开“强度/颜色/衰减”卷展栏，在“颜色”选项区中的下拉列表中选择“白炽灯”选项，在“强度”选项区左侧的微调框中输入200.0，如下图所示。

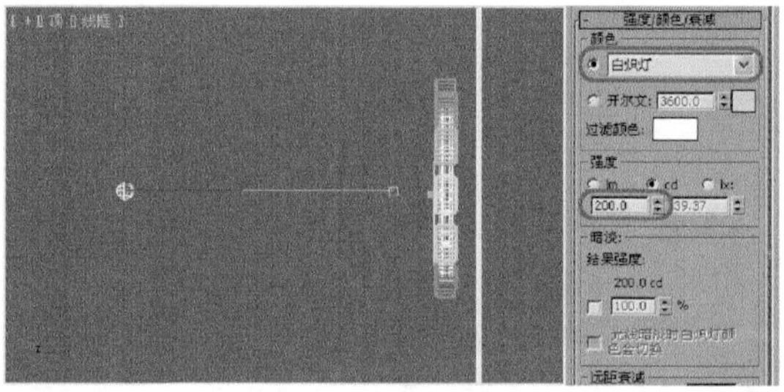

4 单击工具栏中的“选择并移动”按钮，在其他视图中调整灯光的位置，如下图所示。

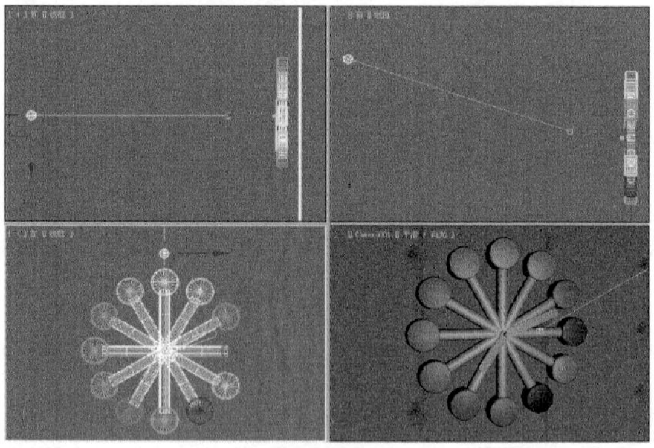

实战操作351 创建自由灯光

素材：Scene\Cha10\10-7.max

难度：★★★★★

场景：Scene\Cha10\实战操作351.max

视频：视频\ Cha10\实战操作351.avi

自由灯光不具备目标子对象。创建自由灯光的操作步骤如下。

1 打开素材文件10-7.max。选择“创建”|“灯光”|“光度学”|“自由灯光”工具，此时会弹出如下图所示的“创建光度学灯光”对话框。

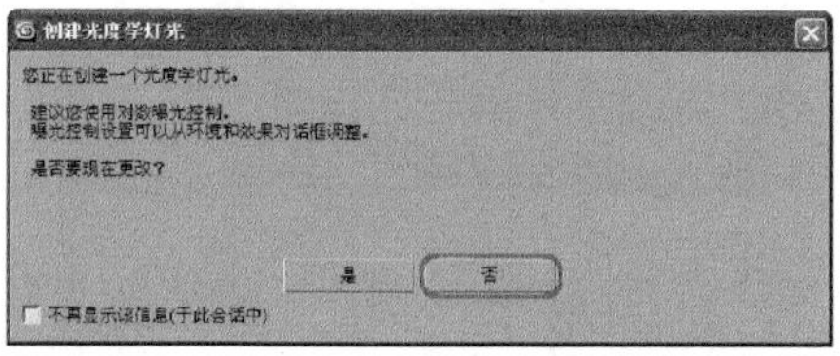

2 单击“否”按钮，然后在“顶”视图中单击鼠标左键即可创建自由灯光，如下图所示。

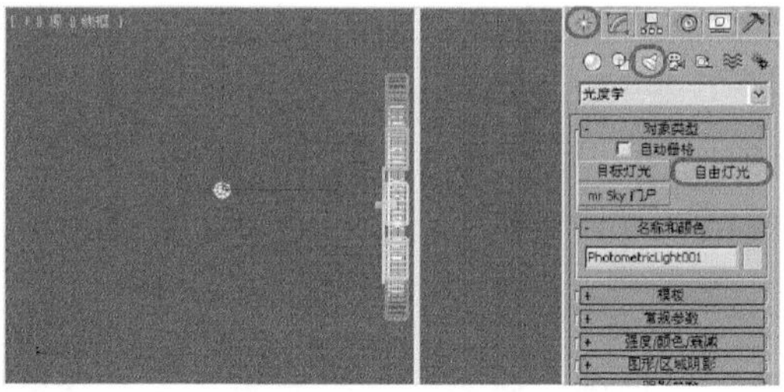

3 切换到“修改”命令面板，打开“强度/颜色/衰减”卷展栏，在“强度”选项区左侧的微调框中输入300.0，如下图所示。

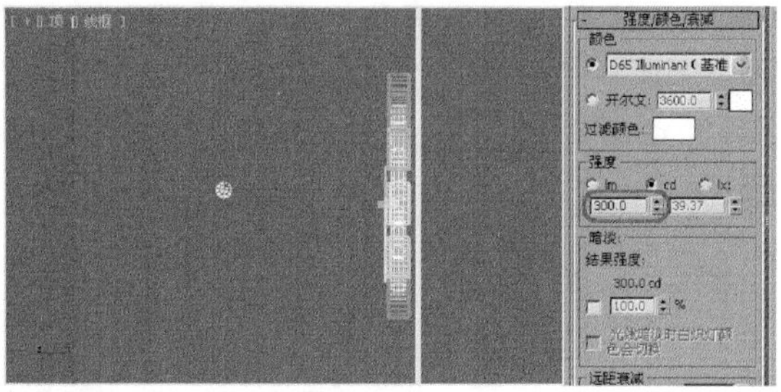

4 单击工具栏中的“选择并移动”按钮，在其他视图中调整灯光的位置，如下图所示。

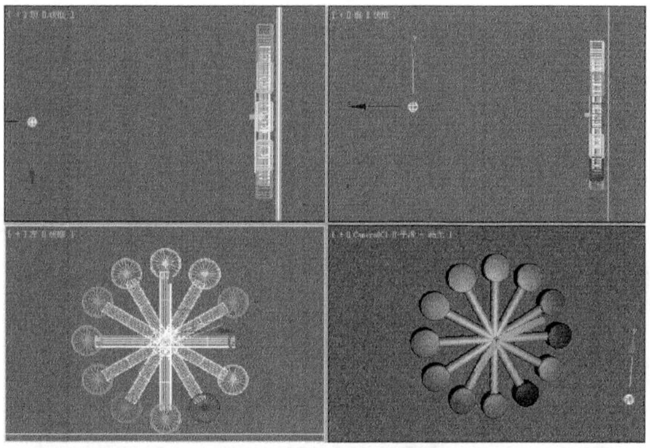

10.3 修改灯光参数

创建完灯光后，可以通过修改灯光参数，从而达到更加真实的效果。

实战操作352 使用灯光阴影

素材：Scene\Cha10\10-8.max　　场景：无

难度：★★★★★　　视频：视频\ Cha10\实战操作352.avi

通过使用灯光阴影，可以使模型更加形象逼真。使用灯光阴影的操作步骤如下。

1 单击按钮，在弹出的下拉列表中选择“打开”选项，在打开的对话框中打开素材文件10-7.max，如右图所示。

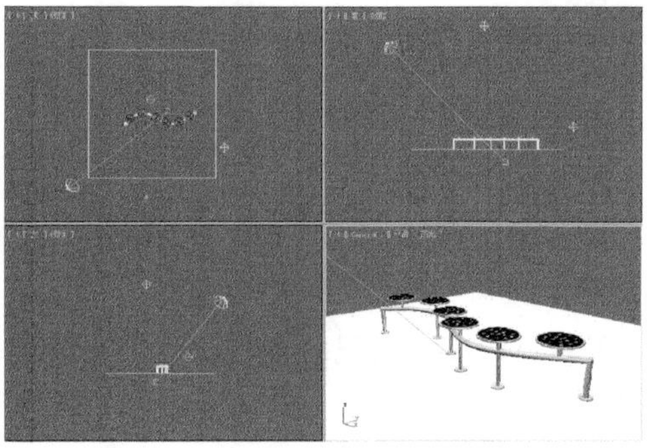

2 在场景中选择目标聚光灯对象，切换到“修改”命令面板，在“常规参数”卷展栏中选中“阴影”选项区中的“启用”复选框，并将阴影模式定义为“光线跟踪阴影”，如右图所示。

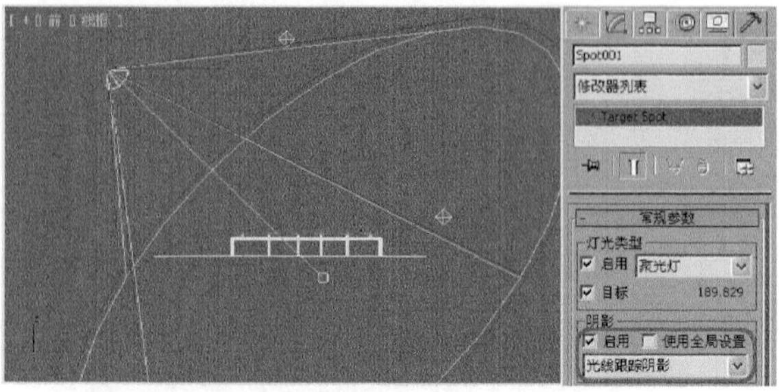

实战操作353 设置灯光强度

素材：Scene\Cha10\10-8.max

难度：★★★★★

场景：Scene\Cha10\实战操作353.max

视频：视频\ Cha10\实战操作353.avi

灯光的强度是在“强度/颜色/衰减”卷展栏中的“倍增”微调框中进行设置的，标准值为1。下面介绍设置灯光强度的方法，其操作步骤如下。

1 继续上面的实战操作，在场景中选择“Omni002”对象，如下图所示。

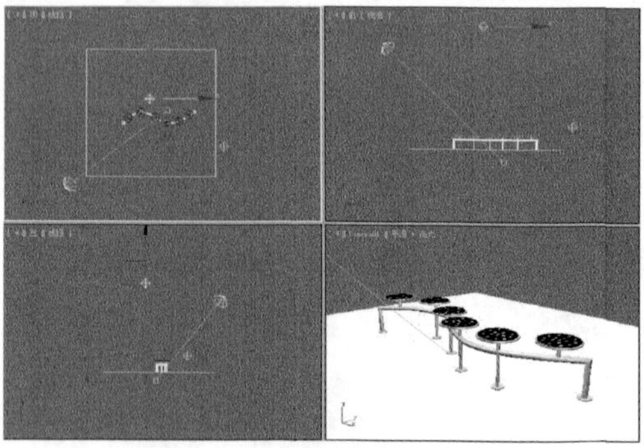

2 切换到“修改”命令面板，在“强度/颜色/衰减”卷展栏中将“倍增”设置为0.5，如下图所示。

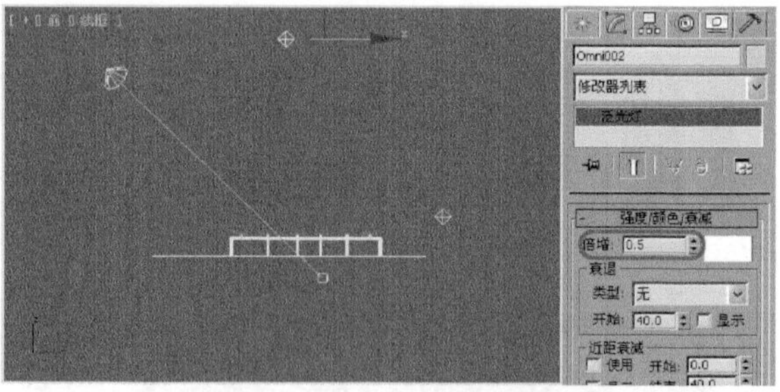

实战操作354 设置灯光颜色

素材：Scene\Cha10\10-9.max

难度：★★★★★

场景：Scene\Cha10\实战操作354.max

视频：视频\ Cha10\实战操作354.avi

用户可以根据自己的需要，为灯光设置不同的颜色，下面介绍设置灯光颜色的方法，其操作步骤如下。

1 单击按钮，在弹出的下拉列表中选择“打开”选项，在打开的对话框中打开素材文件10-9.max，如下图所示。

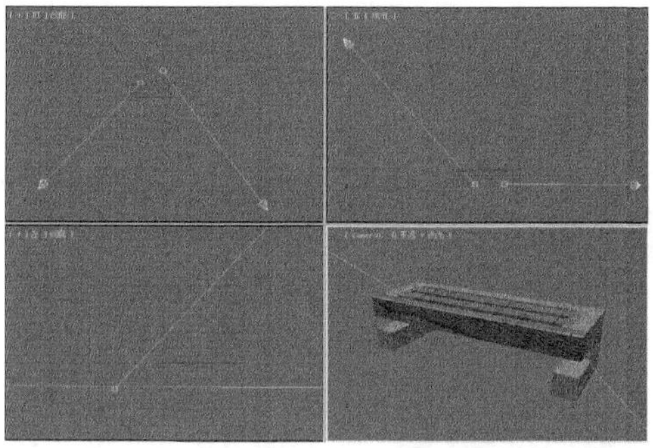

2 在场景中选择“Spot002”对象，切换到“修改”命令面板，在“强度/颜色/衰减”卷展栏中单击“倍增”右侧的色块，在弹出的“颜色选择器”对话框中将灯光颜色的RGB值设置为156、178、184，单击“确定”按钮，如下图所示。

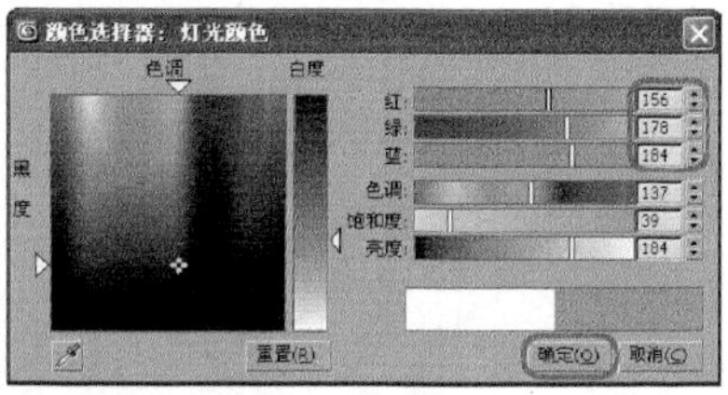

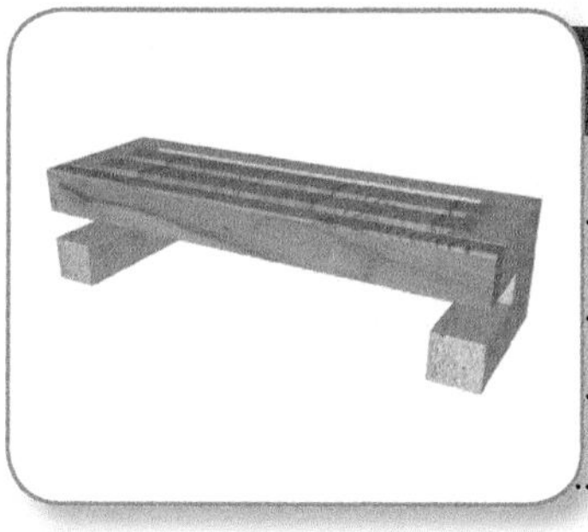

实战操作355　使用近距衰减

素材：Scene\Cha10\10-9.max

难度：★★★★★

场景：Scene\Cha10\实战操作355.max

视频：视频\ Cha10\实战操作355.avi

下面介绍使用近距衰减的方法，其操作步骤如下。

1 单击按钮，在弹出的下拉列表中选择“打开”选项，在打开的对话框中打开素材文件10-9.max，如下图所示。

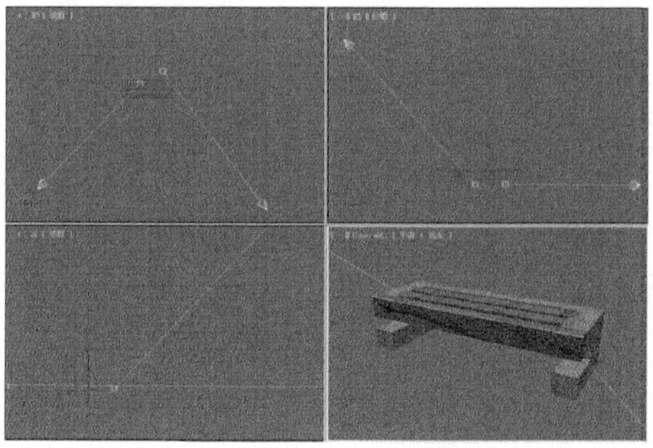

2 在场景中选择“Spot001”对象，切换到“修改”命令面板，打开“强度/颜色/衰减”卷展栏，在“近距衰减”选项区中选中“使用”和“显示”复选框，在“结束”微调框中输入10 000.0，如下图所示。

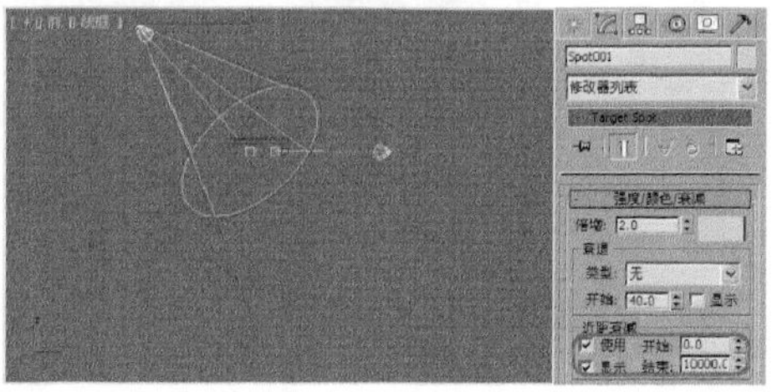

实战操作356　使用远距衰减

素材：Scene\Cha10\10-10.max

难度：★★★★★

场景：Scene\Cha10\实战操作356.max

视频：视频\ Cha10\实战操作356.avi

设置远距衰减范围有助于极大缩短渲染时间。下面介绍使用远距衰减的方法，其操作步骤如下。

1 单击按钮，在弹出的下拉列表中选择“打开”选项，在打开的对话框中打开素材文件10-10.max，如下图所示。

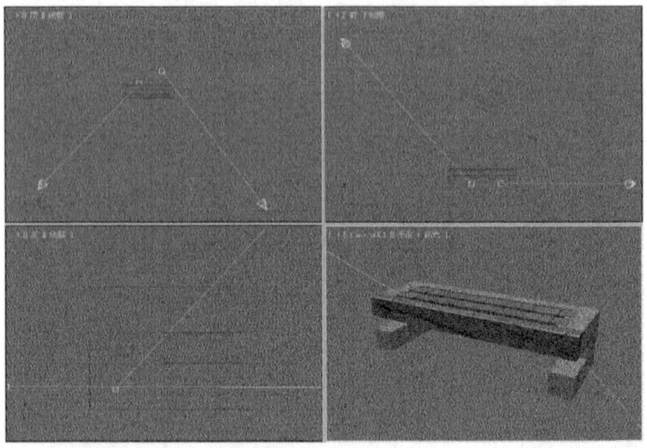

2 在场景中选择“Spot001”对象，切换到“修改”命令面板，打开“强度/颜色/衰减”卷展栏，在“远距衰减”选项区中选中“使用”和“显示”复选框，在“开始”微调框中输入1 000.0，在“结束”微调框中输入10 000.0，如下图所示。

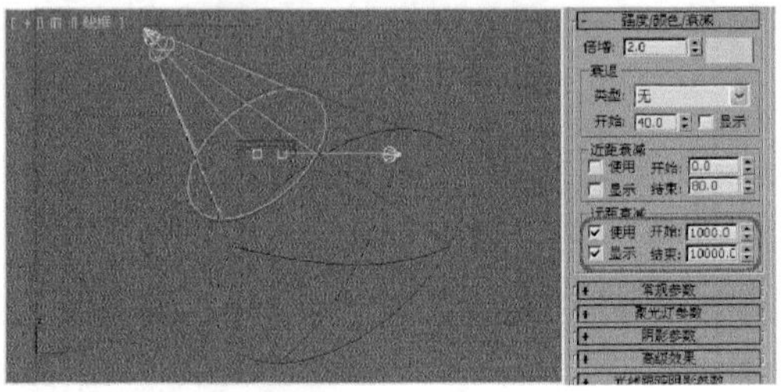

实战操作357 调整聚光区/光束

素材：Scene\Cha10\10-11.max　　场景：无

难度：★★★★★　　视频：视频\ Cha10\实战操作357.avi

调整聚光区/光束是指调整灯光圆锥体的角度。聚光区值以度为单位进行测量，默认设置为43.0。调整聚光区/光束的操作步骤如下。

1 单击按钮，在弹出的下拉列表中选择“打开”选项，在打开的对话框中打开素材文件10-11.max，如下图所示。

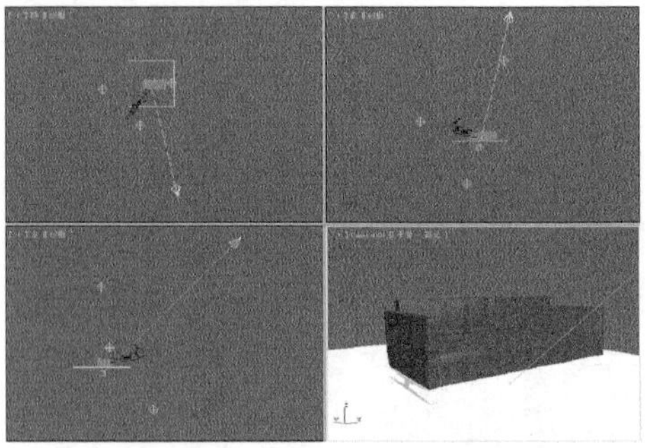

2 在场景中选择“Spot001”对象，切换到“修改”命令面板，在“聚光灯参数”卷展栏中的“聚光区/光束”微调框中输入0.5，如下图所示。

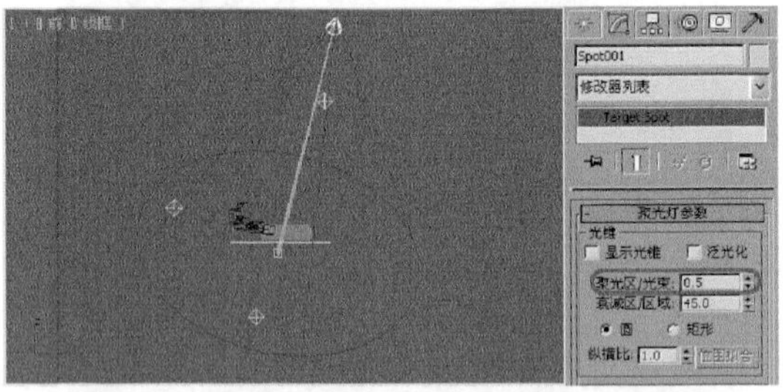

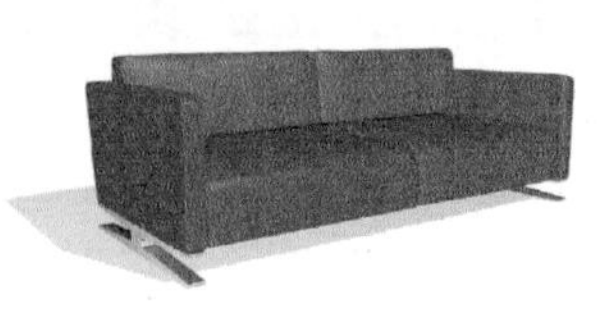

实战操作358 调整衰减区/区域

素材：Scene\Cha10\10-11.max

难度：★★★★★

场景：Scene\Cha10\实战操作358.max

视频：视频\ Cha10\实战操作358.avi

调整衰减区/区域是指调整灯光衰减区的角度。衰减区值以度为单位进行测量，默认设置为

45.0。调整衰减区/区域的操作步骤如下。

1 继续上面的实战操作，再次选择“Spot001”对象，如下图所示。

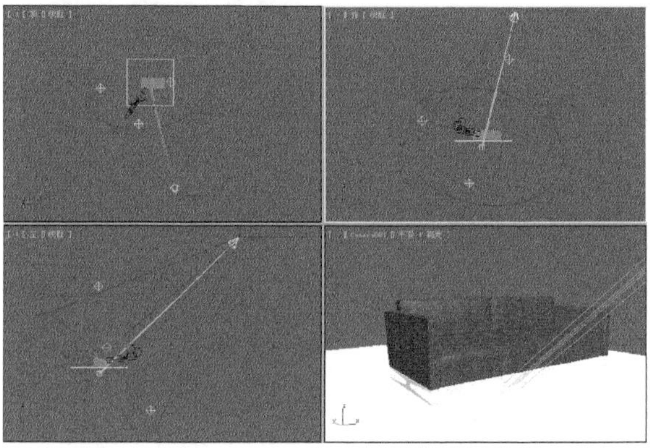

2 切换到“修改”命令面板，在“聚光灯参数”卷展栏中的“衰减区/区域”微调框中输入100.0，如下图所示。

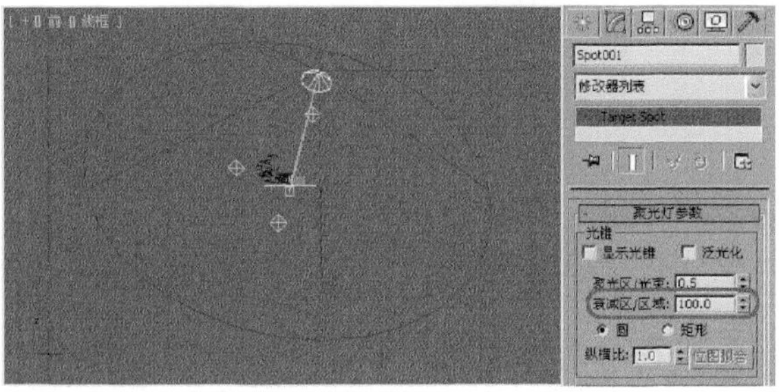

实战操作359 使用投影贴图

素材：Scene\Cha10\10-12.max

难度：★★★★★

场景：Scene\Cha10\实战操作359.max

视频：视频\ Cha10\实战操作359.avi

下面介绍使用投影贴图的方法，其操作步骤如下。

1 单击按钮，在弹出的下拉列表中选择“打开”选项，在打开的对话框中打开素材文件10-12.max，如下图所示。

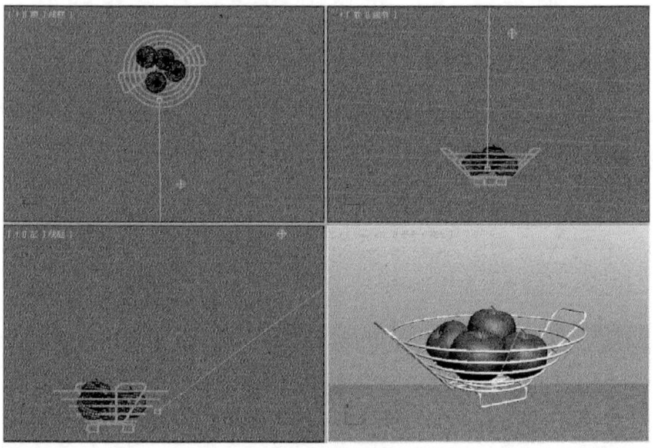

2 在场景中选择“Omni001”对象，切换到“修改”命令面板，在“高级效果”卷展栏中的“投影贴图”选项区中单击“无”按钮，如下图所示。

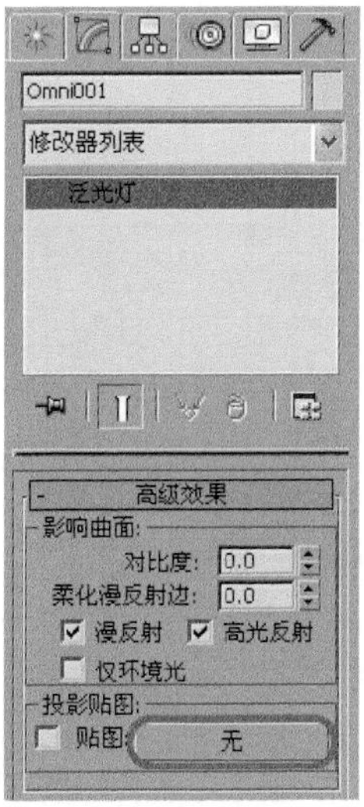

3 在弹出的“材质/贴图浏览器”对话框中选择“位图”贴图，如下图所示。

4 单击“确定”按钮，在弹出的“选择位图图像文件”对话框中选择随书附带光盘中的\Map\foliage-1_a1.jpg文件，单击“打开”按钮，如下图所示。然后渲染“摄影机”视图即可查看使用投影贴图后的效果。

实战操作360 设置阴影颜色

素材：Scene\Cha10\10-12.max

难度：★★★★★

场景：Scene\Cha10\实战操作360.max

视频：视频\ Cha10\实战操作360.avi

用户可以根据自己的需要为灯光阴影设置不同的颜色，其操作步骤如下。

1 单击按钮，在弹出的下拉列表中选择“打开”选项，在打开的对话框中打开素材文件10-12.max，如下图所示。

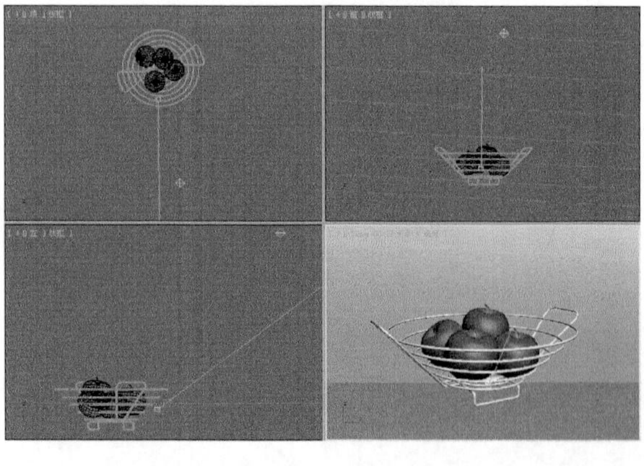

2 在场景中选择“Omni001”对象，切换到“修改”命令面板，打开“阴影参数”卷展栏，在“对象阴影”区域中单击“颜色”右侧的色块，在弹出的“颜色选择器”面板中将阴影颜色的RGB值设置为6、0、133，单击“确定”按钮，如下图所示。然后渲染“摄影机”视图即可查看设置阴影颜色后的效果。

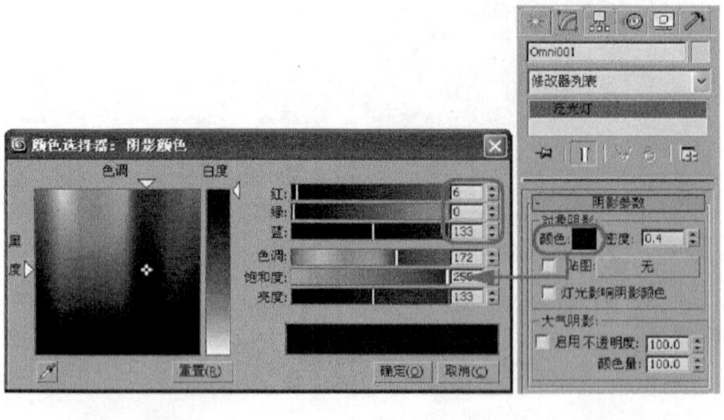

实战操作361　设置阴影贴图

- 素材：Scene\Cha10\10-12.max
- 难度：★★★★★
- 场景：Scene\Cha10\实战操作361.max
- 视频：视频\ Cha10\实战操作361.avi

在3ds Max中可以将贴图指定给阴影。下面介绍设置阴影贴图的方法，其操作步骤如下。

1 单击按钮，在弹出的下拉列表中选择“打开”选项，在打开的对话框中打开素材文件10-12.max，如下图所示。

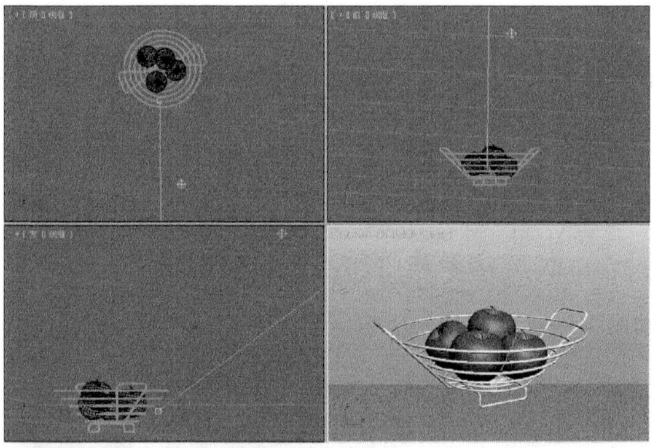

2 在场景中选择“Omni001”对象，切换到“修改”命令面板，打开“阴影参数”卷展栏，在“对象阴影”选项区中单击“贴图”右侧的“无”按钮，如下图所示。

3 在弹出的“材质/贴图浏览器”对话框中选择“位图”贴图，如下图所示。

4 单击“确定”按钮，在弹出的“选择位图图像文件”对话框中选择随书附带光盘中的\Map\48475633.jpg文件，单击“打开”按钮，如下图所示。然后渲染“摄影机”视图即可查看设置阴影贴图后的效果。

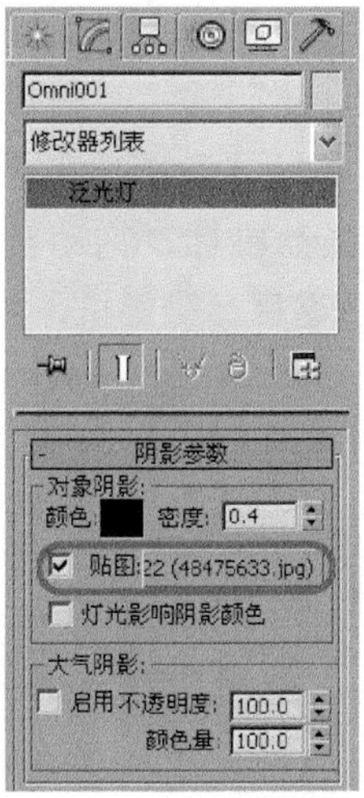

10.4 使用摄影机

摄影机从特定的观察点表现场景，用来模拟现实世界中的静止图像、运动图片或视频摄影机。多个摄影机可以提供相同场景的不同视图。

实战操作362 创建目标摄影机

- 素材：Scene\Cha10\10-13.max
- 难度：★★★★★
- 场景：Scene\Cha10\实战操作362.max
- 视频：视频\ Cha10\实战操作362.avi

目标摄影机用于查看目标对象周围的区域。它有摄影机、目标点两部分，可以很容易地单独进行控制调整。创建目标摄影机的操作步骤如下。

1 单击按钮，在弹出的下拉列表中选择“打开”选项，在打开的对话框中打开素材文件10-13.max，如下图所示。

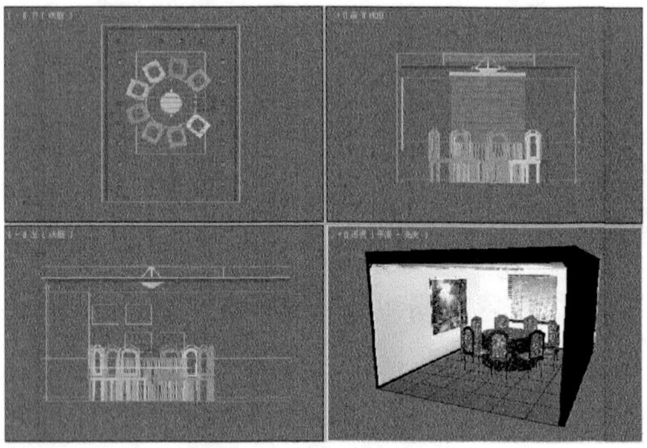

2 选择“创建” | “摄影机” | “标注” | “目标”工具，在“顶”视图中单击鼠标左键并拖动鼠标，拖动至适当位置处松开鼠标，即可创建目标摄影机，如下图所示。

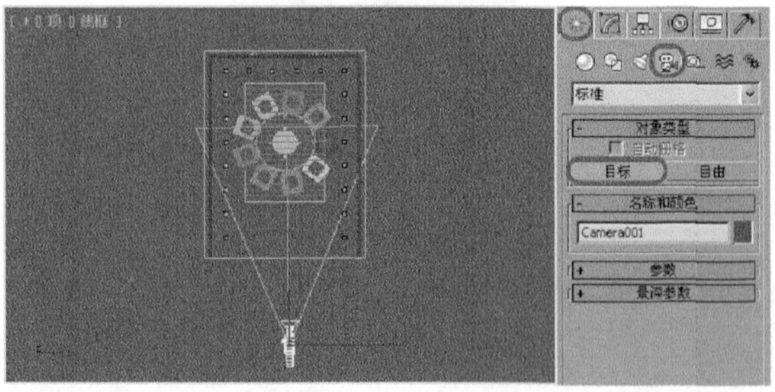

3 切换到“修改”命令面板，在“参数”卷展栏中将“镜头”设置为35.0，如下图所示。

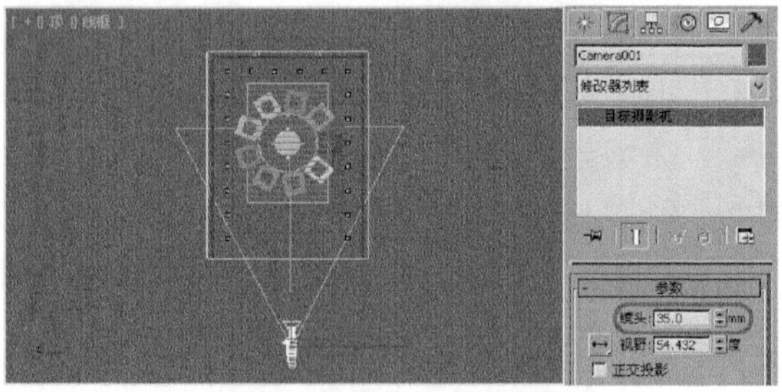

4 激活“透视”视图，按C键将其转换为“摄影机”视图。单击工具栏中的“选择并移动”按钮，在其他视图中调整目标摄影机的位置，如下图所示。

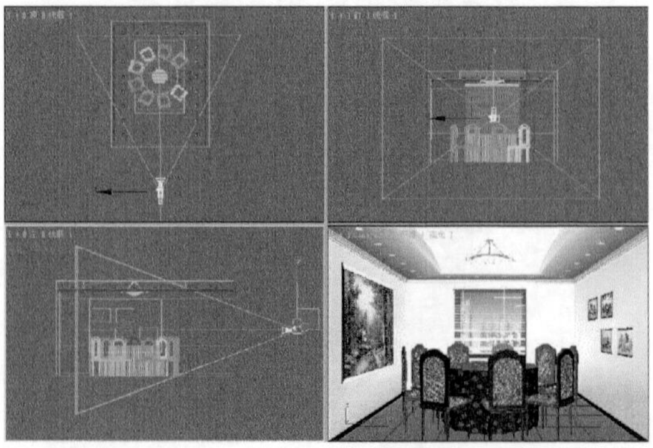

实战操作363　创建自由摄影机

素材：Scene\Cha10\10-13.max

难度：★★★★★

场景：Scene\Cha10\实战操作363.max

视频：视频\ Cha10\实战操作363.avi

自由摄影机用于查看注视摄影机方向的区域，它没有目标点。创建自由摄影机的操作步骤如下。

1 单击按钮，在弹出的下拉列表中选择“打开”选项，在打开的对话框中打开素材文件10-13.max，如下图所示。

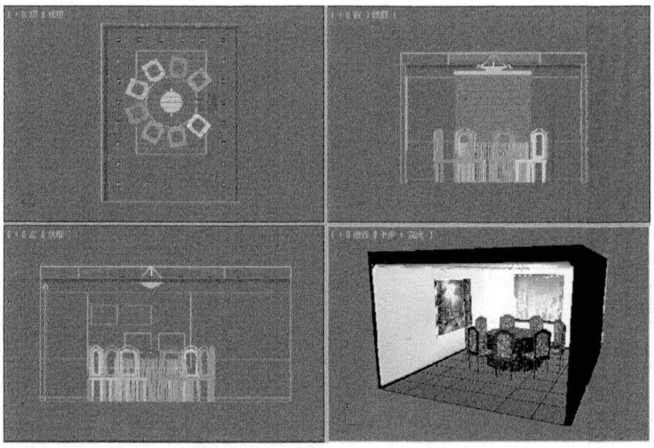

2 选择“创建”|“摄影机”|“标注”|“自由”工具，在“前”视图中单击鼠标左键即可创建自由摄影机，如下图所示。

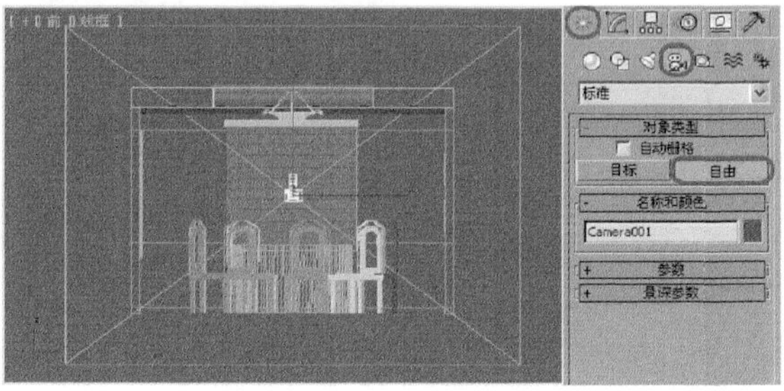

3 切换到“修改”命令面板，在“参数”卷展栏中将“镜头”设置为35.0，如下图所示。

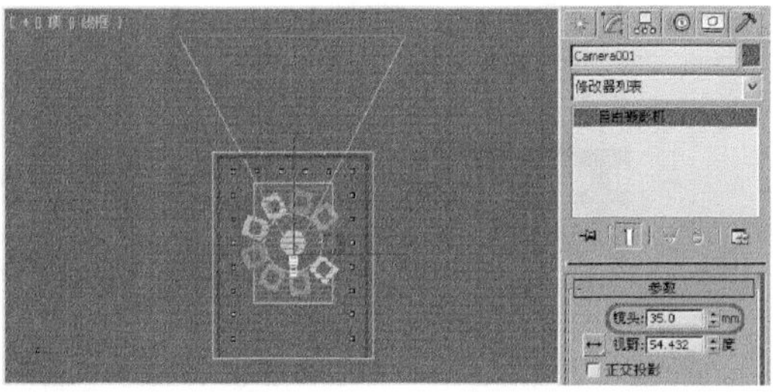

4 激活“透视”图，按C键将其转换为“摄影机”视图。单击工具栏中的“选择并移动”按钮，在其他视图中调整摄影机的位置，如下图所示。

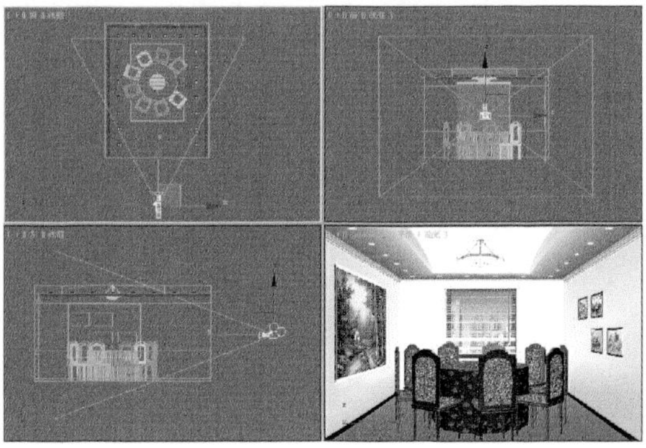

Chapter 11

第11章 环境与效果

现实生活中的所有对象都会被某种特定的环境所围绕。环境对场景氛围的设置起到很大的作用。3ds Max 2012中包含设置颜色、背景图像和光照环境等对话框，使用这些对话框有助于用户定义场景。

11.1 设置渲染环境

本节对环境和环境效果进行了简单介绍，通过对本节的学习，能够使用户对环境效果有一个简单的认识，并能掌握环境效果的基本应用。

实战操作364 设置渲染背景颜色

素材：Scene\Cha11\11-1.max

难度：★★★★★

场景：Scene \Cha11\实战操作364.max

视频：视频\ Cha11\实战操作364.avi

在渲染的时候见到的背景色是默认的黑色，但有时渲染主体为深颜色的场景时，就需要适当更改背景颜色，其操作步骤如下。

1 打开素材文件11-1.max，对场景进行渲染，得到如下图所示的效果。

2 选择“渲染”|“环境”命令，或者按快捷键8，系统会弹出如下图所示的“环境和效果”对话框。

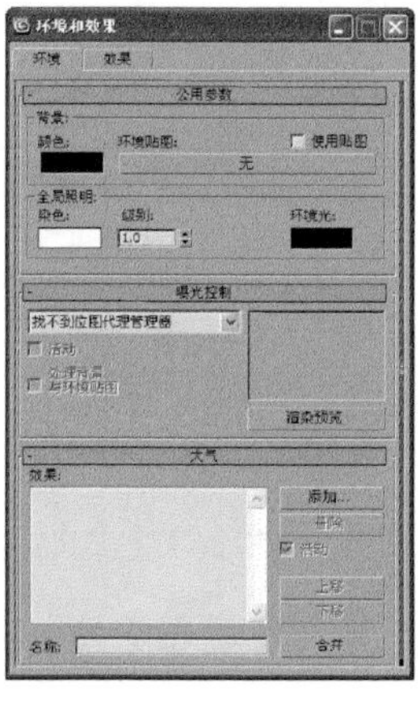

3 在“公用参数”卷展栏中设置渲染环境的一般属性。单击“背景”选项区中的“颜色”下方的颜色块，系统会弹出如下图所示的对话框，将颜色的RGB值设置为180、212、79，然后单击“确定”按钮。

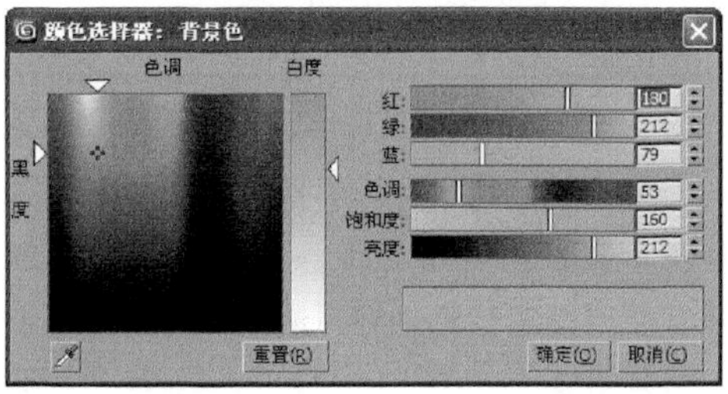

4 再次渲染，背景颜色便改变了，效果如下图所示。

实战操作365 设置渲染背景贴图

素材：Scene\Cha11\11-1.max

难度：★★★★★

场景：Scene \Cha11\实战操作365.max

视频：视频\Cha11\实战操作365.avi

在三维创作中，无论是静止的建筑效果图还是运动的三维动画片，除了主体的精工细作外，还要用一些贴图来增加烘托效果。设置渲染背景贴图的操作步骤如下。

1 打开要添加背景贴图的素材11-1.max，选择“渲染”|“环境”命令，在弹出的“环境和效果”对话框中单击“背景”选项区中的“无”按钮，在打开的“材质/贴图浏览器”对话框中双击“位图”贴图，然后在弹出的“选择位图图像文件”对话框中选择随书附带光盘中的\Map\花背景.psd文件，如右图所示。

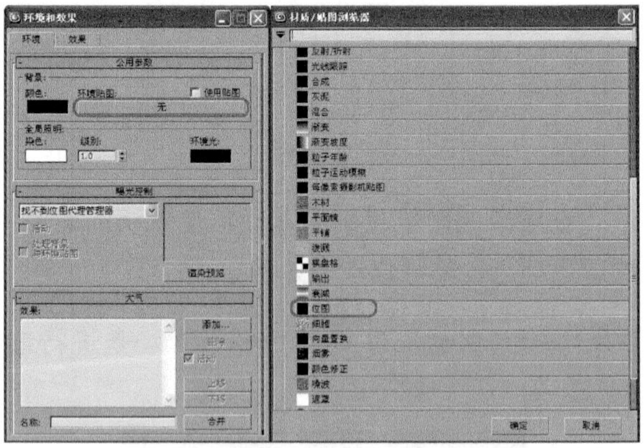

2 激活“透视”视图，按F9键进行渲染，渲染完成后的效果如右图所示。

提示

选择了一副图片作为背景图像后，选中“环境”选项卡中的“使用贴图”复选框，表示将使用背景图片。如果此时取消选中“使用贴图”复选框，渲染时将不会显示出背景图像。

实战操作366 设置染色

素材：Scene\Cha11\实战操作365.max

难度：★★★★★

场景：Scene \Cha11\实战操作366.max

视频：视频\Cha11\实战操作366.avi

系统默认是白色，如果此颜色不是白色，则为场景中的所有灯光（环境光除外）染色。设置染色的操作步骤如下。

1 以“实战操作365”效果为例，按快捷键8，打开“环境和效果”对话框，单击“全局照明”选项区中“染色”下的色块，在弹出的“颜色选择器”对话框中设置颜色的RGB值为153、0、203，如下图所示。

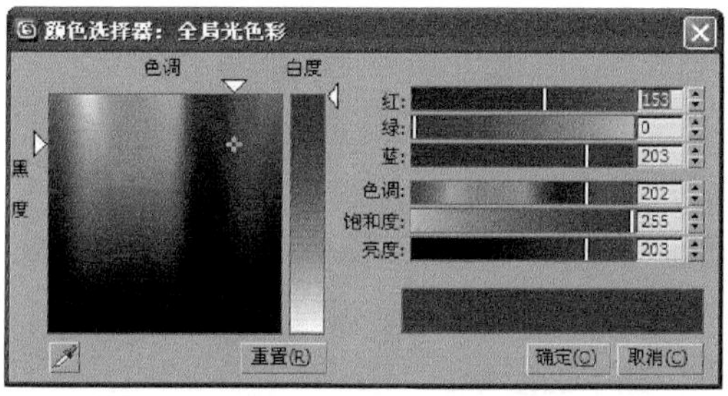

2 按F9键进行快速渲染，得到的效果如下图所示。

实战操作367 设置环境光

- 素材：Scene\Cha11\实战操作365.max
- 难度：★★★★★
- 场景：Scene \Cha11\实战操作367.max
- 视频：视频\Cha11\实战操作367.avi

环境光是照亮整个场景的常规光线。这种光具有均匀的强度，并且属于均质漫反射。它不具有可辨别的光源和方向。设置环境光的操作步骤如下。

1 以“实战操作365”为例，选择“渲染”|“环境”命令，打开“环境和效果”对话框，单击“全局照明”选项区中“环境光”下的色块，在弹出的“颜色选择器”中设置颜色的RGB值为229、232、0，如下图所示。

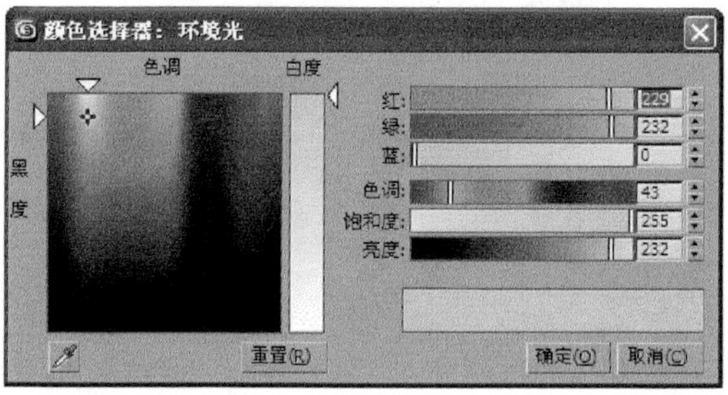

2 按F9键进行快速渲染，得到的效果如下图所示。

实战操作368 设置曝光

素材：Scene\Cha11\实战操作365.max

难度：★★★★★

场景：Scene \Cha11\实战操作368.max

视频：视频\Cha11\实战操作368.avi

“曝光控制”是用于调整渲染的输出级别和颜色范围的插件组件，就像调整胶片曝光一样。此过程就是所谓的色调贴图。如果渲染使用光能传递并且处理高动态范围 (HDR) 图像，这些控制尤其有用。设置曝光的操作步骤如下。

1 以“实战操作365”的效果为例，选择“渲染”|“环境”命令，打开“环境和效果”对话框，如下图所示。

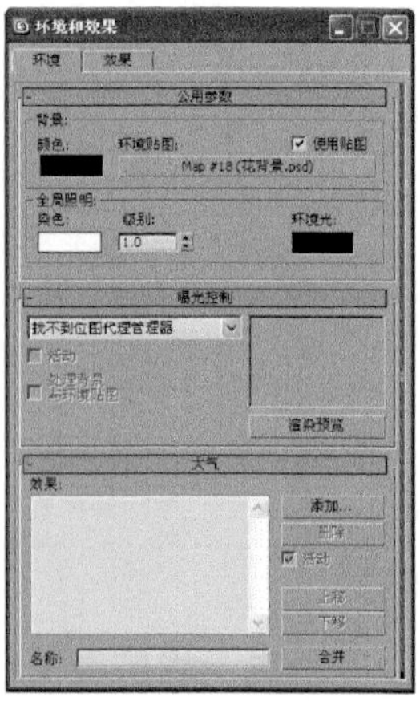

2 单击“曝光控制”卷展栏中的“找不到位图代理管理器”右侧的下拉按钮，在下拉列表中选择“自动曝光控制”选项，如下图所示。

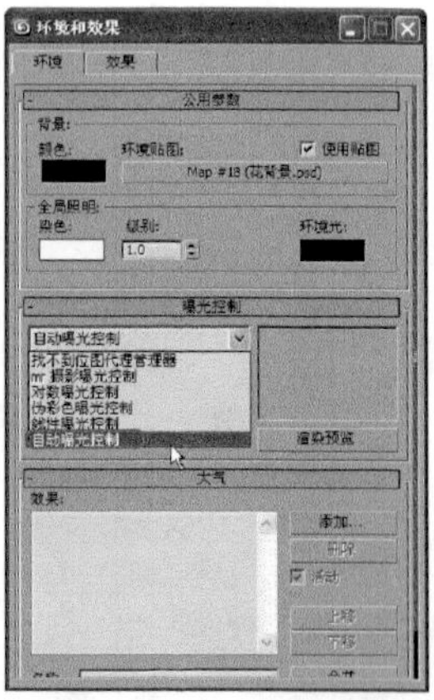

3 在“自动曝光控制参数”卷展栏中设置“亮度”为55、曝光值为0.5，并分别选中“颜色修正”与“降低暗区饱和度级别”复选框，如下图所示。

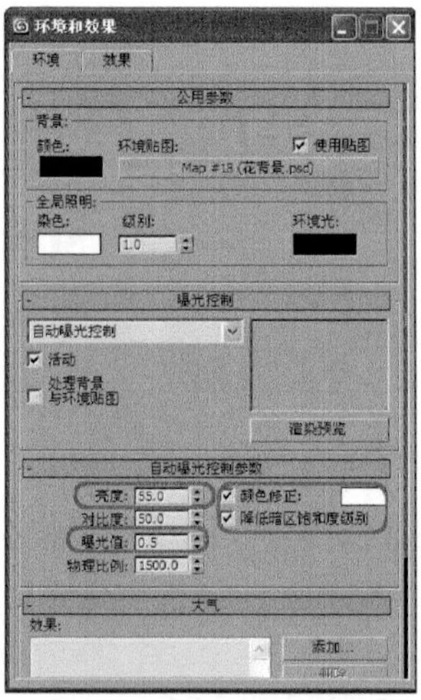

4 按F9键进行快速渲染，效果如下图所示。

11.2 使用大气特效

在三维场景中，有时要用到一些特殊大气效果，如雾效果、火焰效果、体积光等。

实战操作369 使用雾

素材：无

难度：★★★★★

场景：Scene\Cha11\实战操作369.max

视频：视频\ Cha11\实战操作369.avi

在大气特效中，雾是制造氛围的一种方法。系统中提供的雾效功能可以用来制作出弥漫于空中的浓淡不一的雾气，也可制作出在天空中漂浮的云彩，其操作步骤如下。

1 重置一个新的场景，选择“渲染”|“环境”命令，弹出“环境和效果”对话框，在“环境”选项卡中单击“环境贴图”下的“无”按钮。在打开的“材质/贴图浏览器”中双击“位图”选项，在打开的“选择位图图像文件”对话框中选择随书附带光盘中的\Map\072.bmp文件，单击“打开”按钮，如右图所示。

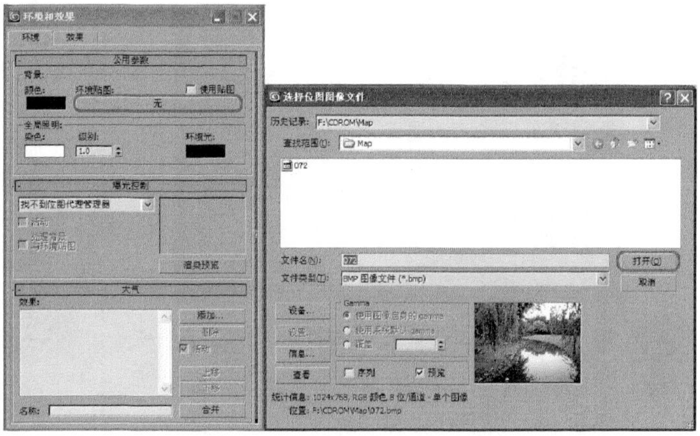

2 按“Alt+B”组合键，打开“视口背景”对话框，选中“背景源”中的“使用环境背景”复选框，单击“确定”按钮，如右图所示。

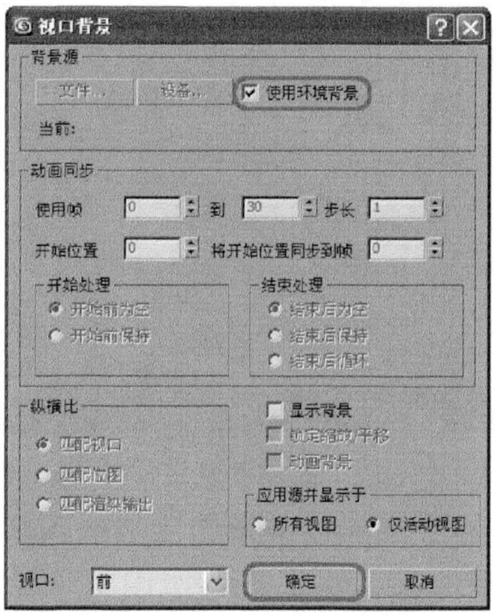

3 选择“视图”|“视口背景”|“显示背景”命令，如下图所示。

4 背景贴图便在透视图中显示出来，如下图所示。

5 选择“创建”|“摄影机”|“标注”|“目标”按钮，在“顶”视图中创建一架摄影机，并按C键将“透视”视图转化为“摄影机”视图，如下图所示。

6 切换到“修改”命令面板，在“参数”卷展栏中，选中“环境范围”选项区中的“显示”复选框，将“近距范围”设置为437.054，将“远距范围”设置为1 840.0，如右图所示。

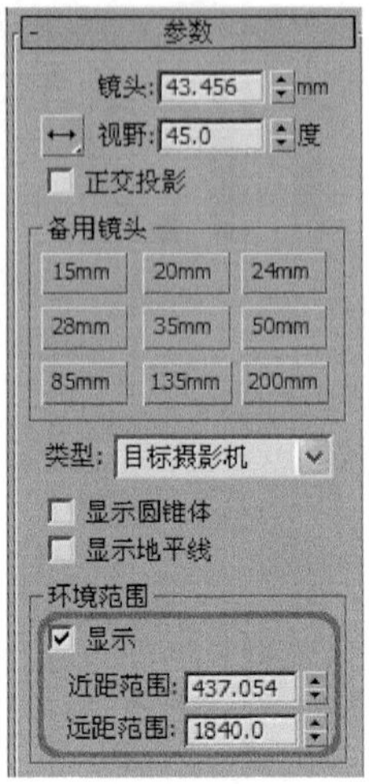

7 按快捷键8，系统会弹出“环境和效果”对话框，在“环境”选项卡中单击“大气”选项区中的“添加”按钮，在弹出的“添加大气效果”对话框中选择“雾”选项，单击“确定”按钮，如下图所示。

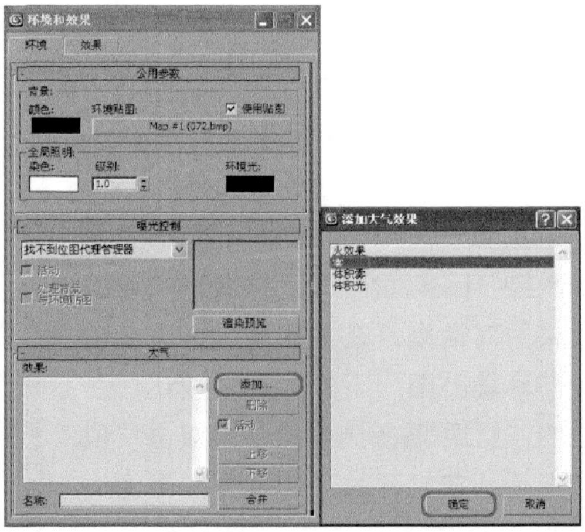

8 返回“环境和效果”对话框，在“雾参数”卷展栏中选中“雾”选项区中的“分层”单选按钮。在“分层”选项区下将“密度”设置为42.0，如下图所示。对场景进行渲染，便会得到加了一层雾的效果。

实战操作370 使用火焰效果

素材：Scene\Cha11\11-2.max

难度：★★★★★

场景：Scene \Cha11\实战操作370.max

视频：视频\ Cha11\实战操作370.avi

在三维动画中，火焰效果是为了烘托气氛经常要用到的效果之一。可以利用系统提供的功能来设置各种与火焰有关的特效，如火焰、火炬、烟火、火球、星云和爆炸效果等。使用火焰效果的操作步骤如下。

1 打开素材文件11-2.max，选择“创建”|“辅助对象”|“大气装置”|“球体Gizmo”按钮，然后在弹出的“球体Gizmo参数”卷展栏中选中“半球”复选框，制作一个半球形的燃烧设备，如下图所示。

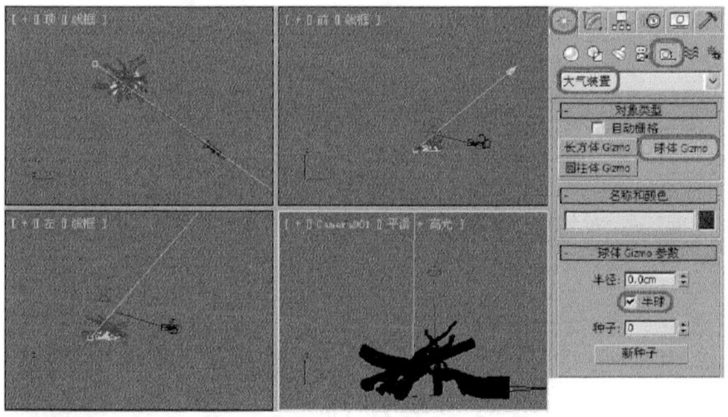

2 在“顶”视图中的木头中心位置绘制出燃烧设备的半球形状，再单击缩放工具栏中的“选择并均匀缩放”按钮，对其进行不对称缩放，如下图所示。

3 选择“渲染”|“环境”命令，弹出“环境和效果”对话框，在“环境”选项卡中单击“大气”选项区下的“添加”按钮，在弹出的“添加大气效果”对话框中选择“火效果”选项，单击“确定”按钮，如下图所示。

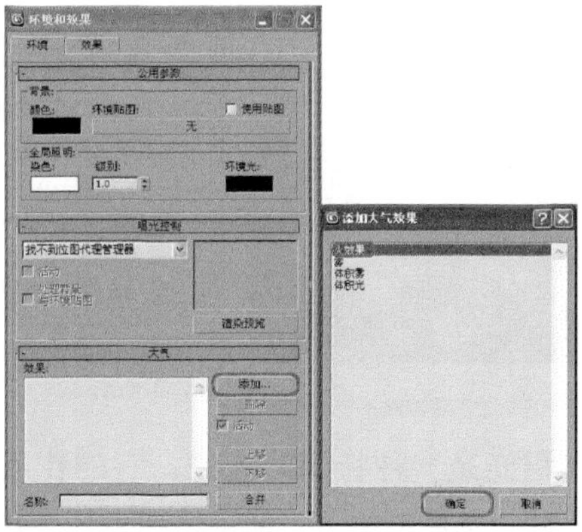

4 返回到“环境和效果”对话框，在“火效果”卷展栏中单击“拾取Gizmo”按钮，在场景中选择绘制好的燃烧设备，其相对应的名字将显示在右边的下拉列表中，如下图所示。

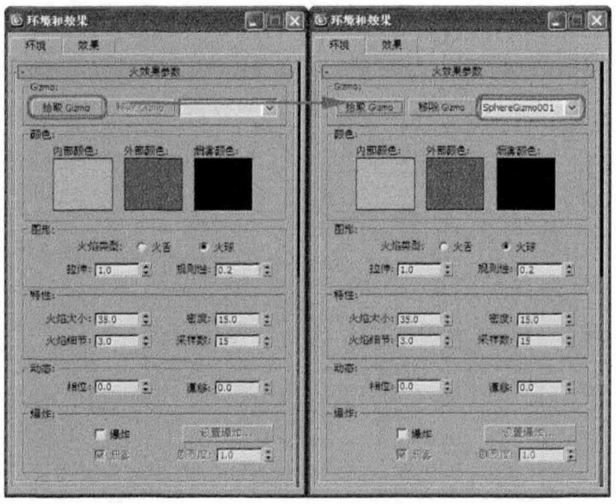

5 在“颜色”选项区中将“内部颜色”的RGB值设置为255、255、0，将“外部颜色”的RGB值设置为255、0、0，在“图形”选项区中选中“火舌”单选按钮，在“特性”

选项区中将“火焰大小”设置为18.0，将“密度”设置为32.0，将“采样数”设置为20，如下图所示。

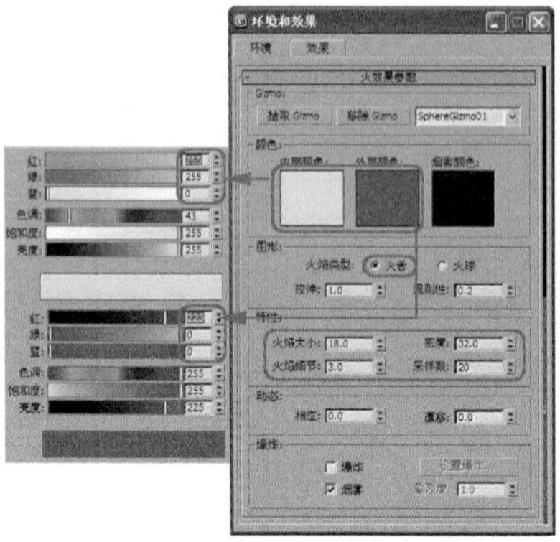

6 选择“透视”视图，单击按钮进行快速渲染，得到的效果如下图所示。

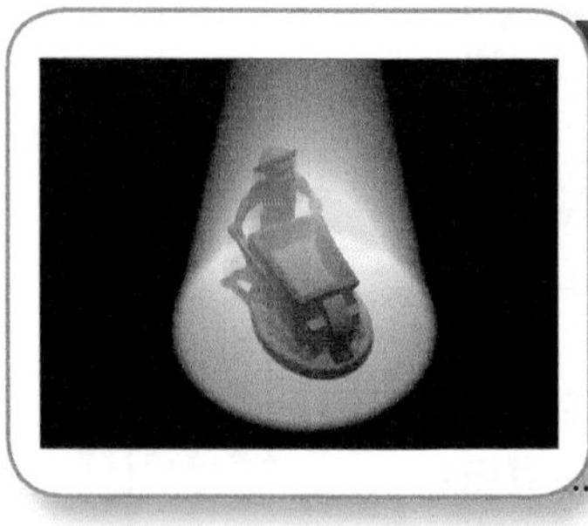

实战操作371 使用体积光

素材：Scene\Cha11\11-3.max

难度：★★★★★

场景：场景\Cha11\实战操作371.max

视频：视频\ Cha11\实战操作371.avi

体积光是一种特殊的光线，它的作用类似于灯光和雾相结合的效果。用它可以制作出各种光束、光斑、光芒等效果。使用体积光的操作步骤如下。

1 打开需要添加体积光的素材文件11-3.max，激活“顶”视图，选择“创建”|“灯光”|“标准”|“目标聚光灯”工具，在“顶”视图中创建一盏聚光灯，如下图所示。

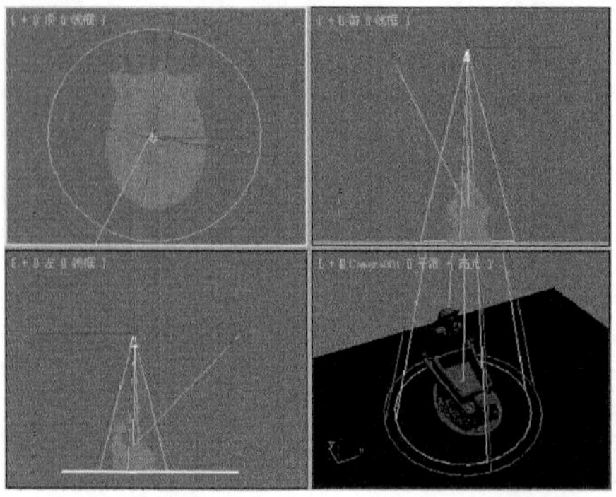

2 切换到“修改”命令面板，在“常规参数”卷展栏中的“阴影”选项区下选中“启用”复选框，在“强度/颜色/衰减”卷展栏中将“倍增”设置为0.6。在“聚光灯参数”卷展栏中选中“显示光锥”复选框，并将“聚光区/光束”的值设置为28.0，将“衰减区/区域”的值设置为32.1，如下图所示。

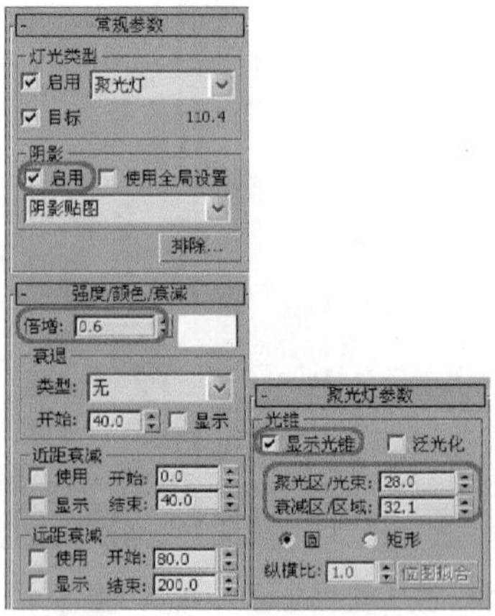

3 选择“渲染”|“环境”命令，弹出“环境和效果”对话框。在“环境”选项卡中单击“大气”选项区下的“添加”按钮，在

弹出的“添加大气效果”对话框中选择“体积光”选项，单击“确定”按钮，如下图所示。

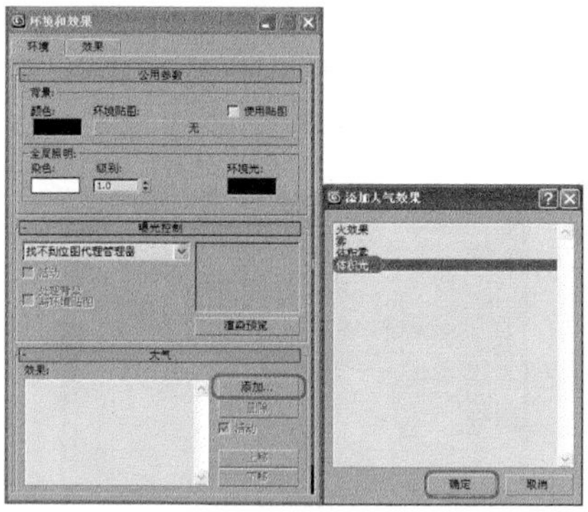

4 返回到“环境和效果”对话框，在“体积光”卷展栏中单击“拾取灯光”按钮，在场景中选择创建的目标聚光灯，其相对应的名字将显示在右边的下拉列表中，如下图所示。

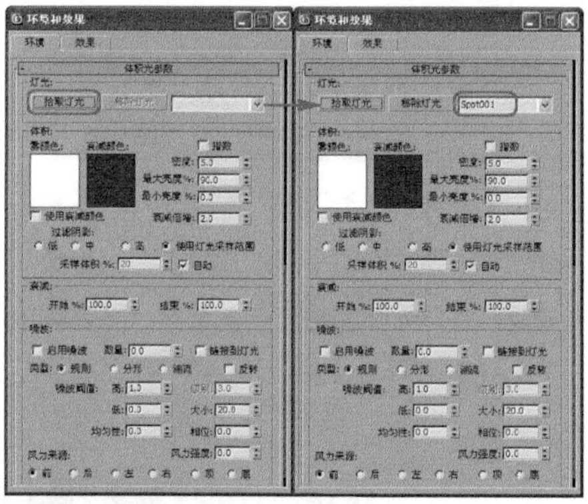

5 在“体积”选项区中将“密度”的值设置为15.0，如下图所示。

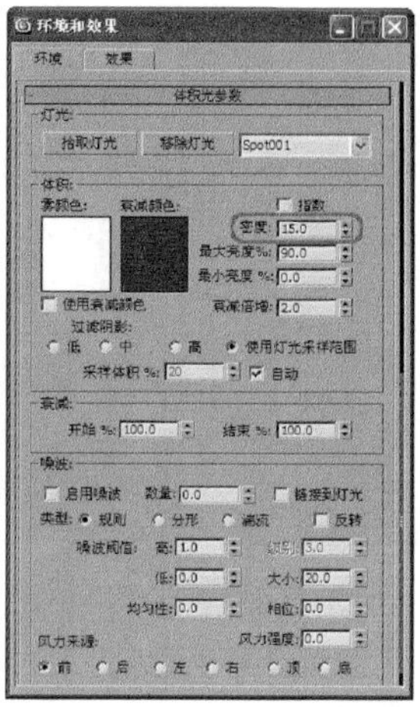

6 选择“透视”视图，单击按钮进行快速渲染，得到的效果如下图所示。

11.3 使用效果面板

在效果面板中共有9种效果：Hair和Fur、镜头效果、模糊、亮度和对比度、色彩平衡、景深、文件输出、胶片颗粒和运动模糊。这里主要介绍其中的四种特效。

实战操作372 使用镜头效果

素材：Scene\Cha11\11-4.max

难度：★★★★★

场景：场景\Cha11\实战操作372.max

视频：视频\ Cha11\实战操作372.avi

下面介绍镜头光晕效果的制作方法，其操作步骤如下。

1 打开光盘中提供好的素材文件11-4.max，如下图所示。

2 选择“创建” | “灯光” | “标准” | “泛光灯”工具，在“透视”视图中创建一盏泛光灯，如下图所示。

3 选择“渲染” | “效果”命令，弹出“环境和效果”对话框。在“效果”选项卡中，单击“效果”卷展栏中的“添加”按钮，在弹出的“添加效果”对话框中选择“镜头效果”选项，单击“确定”按钮，如下图所示。

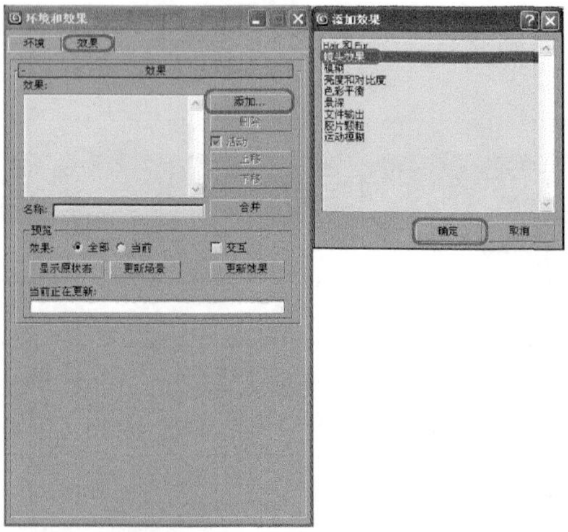

4 在“镜头效果参数”卷展栏中选择“Glow”选项，单击 按钮，则Glow特效将显示在右侧列表框中，在“镜头效果全局”卷展栏中单击“拾取灯光”按钮，单击场景创建好的泛光灯，如下图所示。

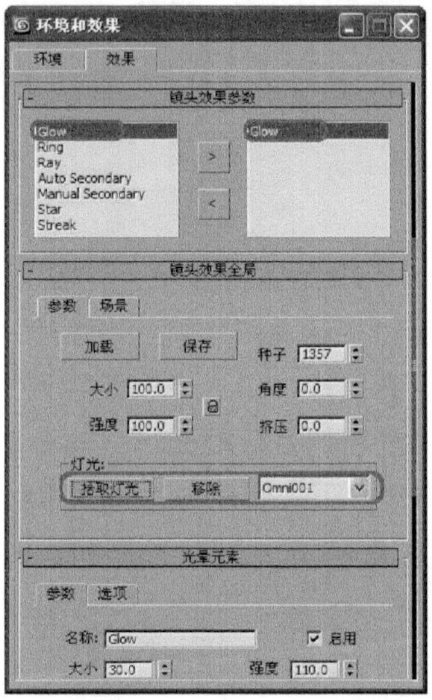

5 在“光晕元素”卷展栏中，单击“径向颜色”选项区下的“白色”色块，弹出“颜色选择器”对话框，将颜色的RGB值设置为255、240、204，单击“确定”按钮，如下图所示。

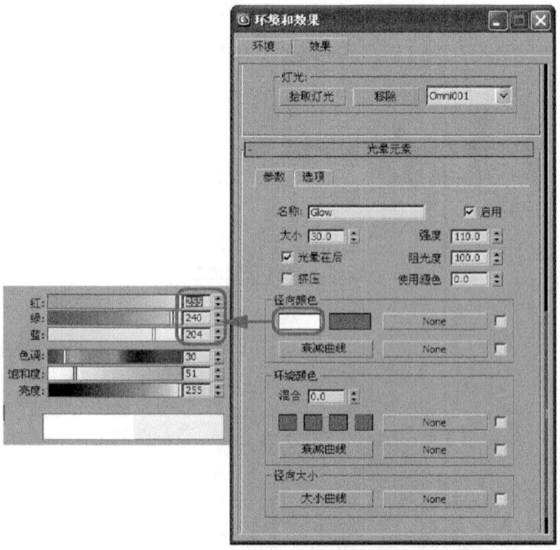

6 在“镜头效果参数”卷展栏中选择“Ring”选项，单击 按钮，则Ring特效将显示在右侧列表框中，在“光环元素”卷

展栏中设置“大小”为40.0，“强度”为90.0，单击“径向颜色”选项区下的“白色”色块，在弹出的“颜色选择器”中设置颜色的GRB值为242、255、161，单击“确定”按钮，如下图所示。

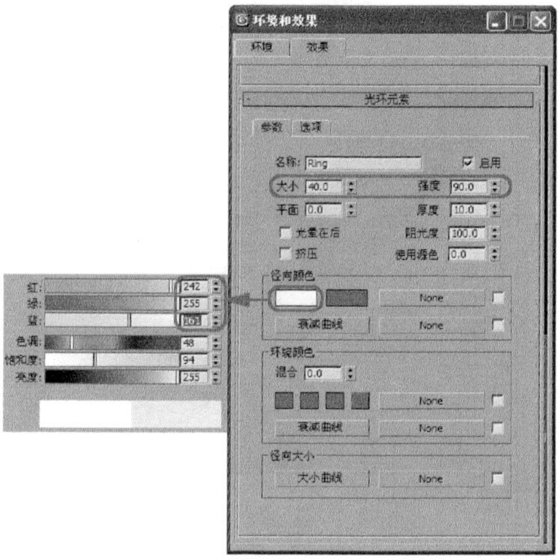

7 在“镜头效果参数”卷展栏中选择“Auto Secondary”选项，单击 > 按钮，则Auto Secondary特效将显示在右侧列表框中，在“自动二级光斑元素”卷展栏中设置“最小”值为0.1，“最大”值为20.0，“数量”为5，“强度”为90.0，如下图所示。

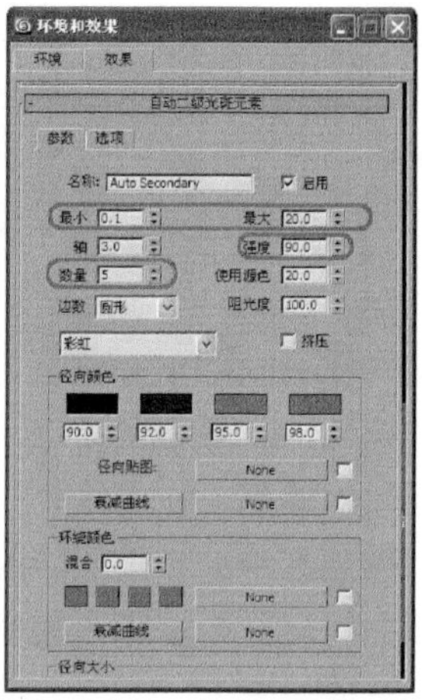

8 关闭“环境和效果”对话框，激活“透视”视图，按F9键快速渲染，得到的效果图如右图所示。

实战操作373 使用亮度和对比度效果

素材：Scene\Cha11\11-5.max

难度：★☆☆☆☆

场景：场景\Cha11\实战操作373.max

视频：视频\ Cha11\实战操作373.avi

在渲染时经常会遇到渲染出来的图像比较暗的情况，这时可以使用亮度和对比度效果来调整图像。其操作步骤如下。

1 打开需要调整亮度和对比度的素材文件11-5.max，并对其进行渲染，效果如下图所示。

2 选择“渲染”|“效果”命令，弹出“环境和效果”对话框。在“效果”选项卡中，单击“效果”卷展栏中的“添加”按钮，在弹出的“添加效果”对话框中选择“亮度和对比度”选项，单击“确定”按钮，如下图所示。

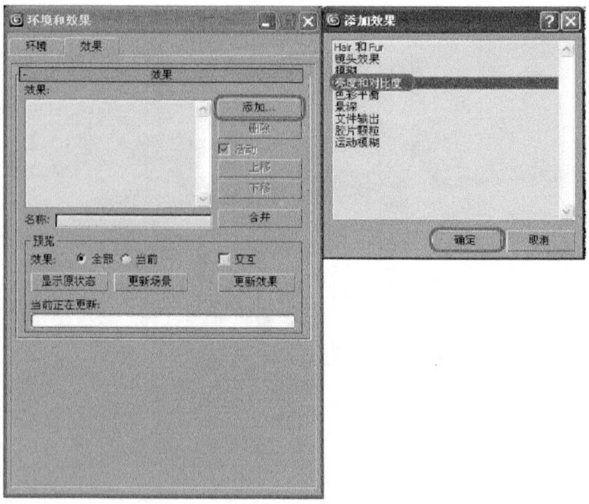

3 在“亮度和对比度参数”卷展栏中将“亮度”设置为0.8，将“对比度”设置为0.6，如下图所示。

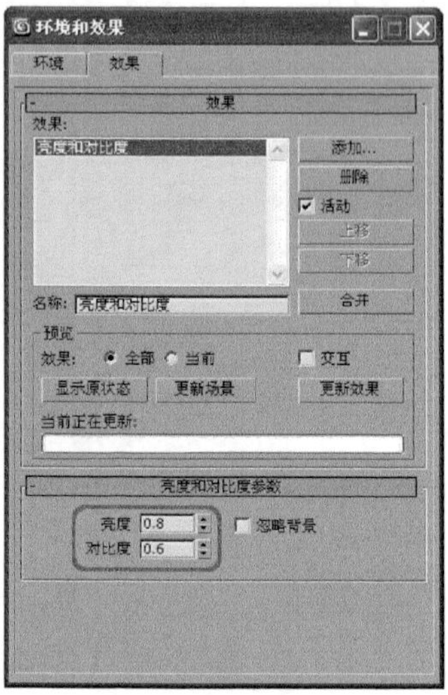

4 关闭“环境和效果”对话框，激活“透视”视图，单击按钮进行快速渲染，效果如下图所示。

实战操作374 使用色彩平衡效果

素材：Scene\Cha11\11-6.max

难度：★★★★★

场景：场景\Cha11\实战操作374.max

视频：视频\ Cha11\实战操作374.avi

使用色彩平衡效果，可以通过独立控制RGB通道中颜色的相加或相减。其操作步骤如下。

1 打开需要调整色彩平衡的素材文件11-6.max，并对其进行渲染，效果如下图所示。

2 选择“渲染”|“效果”命令，弹出“环境和效果”对话框。在“效果”选项卡中，单击“效果”卷展栏中的“添加”按钮，在弹出的“添加效果”对话框中选择“色彩平衡”选项，单击“确定”按钮，如下图所示。

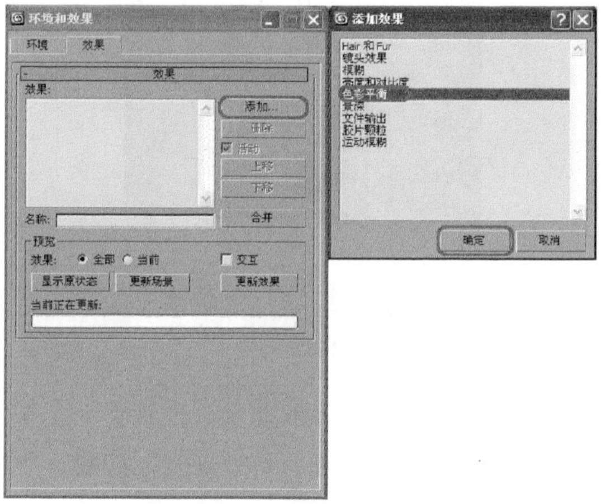

3 在“色彩平衡参数”卷展栏中进行设置，如下图所示。

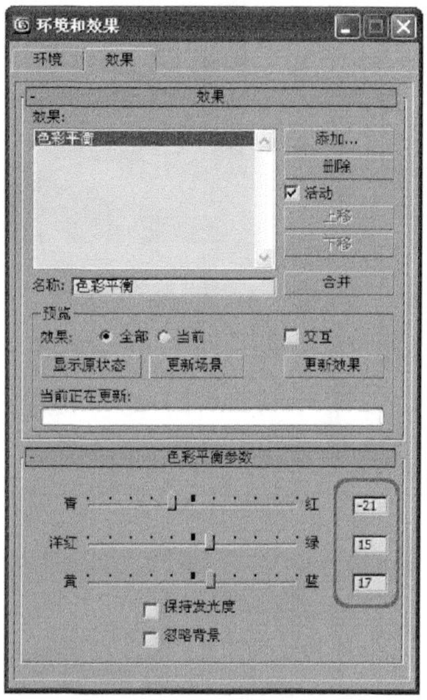

4 关闭“环境和效果”对话框，激活“透视”视图，单击按钮进行快速渲染，效果如下图所示。

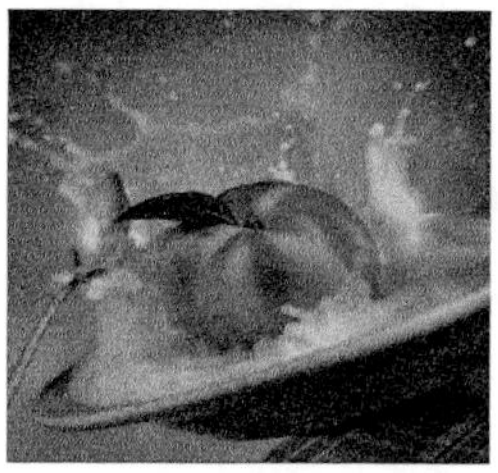

实战操作375 使用胶片颗粒效果

- 素材：Scene\Cha11\11-7.max
- 难度：★★★★★
- 场景：场景\Cha11\实战操作375.max
- 视频：视频\ Cha11\实战操作375.avi

下面介绍胶片颗粒的制作方法，其操作步骤如下。

1 打开需要创建胶片颗粒效果的素材文件11-7.max，并对其进行渲染，效果如右图所示。

2 选择“渲染”|“效果”命令，弹出“环境和效果”对话框。在“效果”选项卡中，单击“效果”卷展栏中的“添加”按钮，在弹出的“添加效果”对话框中选择“胶片颗粒”选项，单击“确定”按钮，如下图所示。

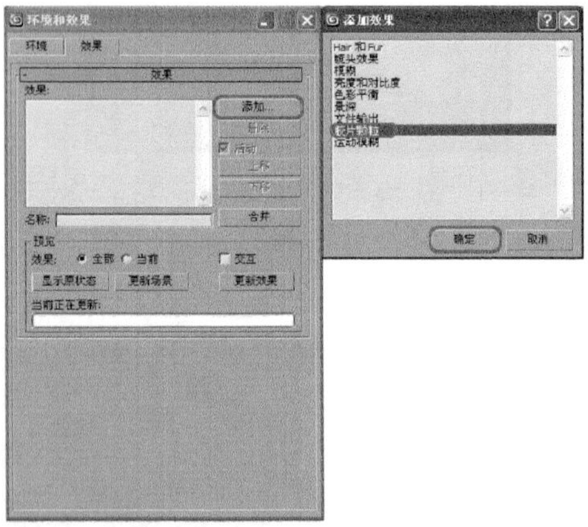

3 在“胶片颗粒参数”卷展栏中将“颗粒”值设置为2.0，如下图所示。

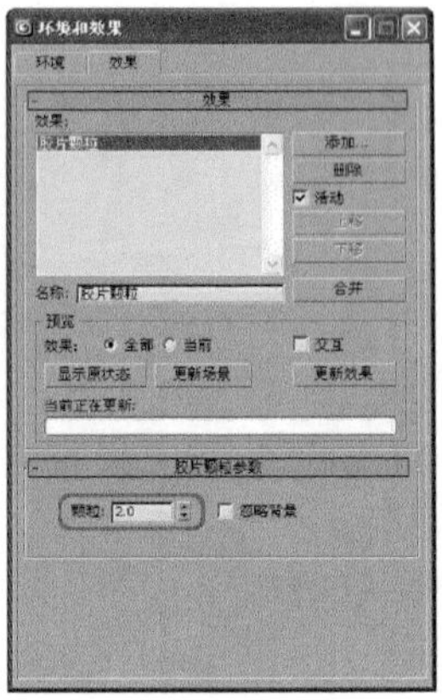

4 关闭“环境和效果”对话框，激活“透视”视图，单击按钮进行快速渲染，效果如下图所示。

11.4 使用“Video Post”编辑器

“Video Post”编辑器是3ds Max中独立的一大组成部分，相当于一个视频后期处理软件，包括动态影像的非线性编辑功能以及特殊效果处理功能，类似于After Effects或者Combustion等后期合成软件的性质，但Video Post功能很弱，因此建议使用专业的后期合成软件来完成“Video Post”编辑器中的工作。

实战操作376 打开“Video Post”编辑器窗口

素材：无　　场景：无

难度：★★★★★　　视频：视频\ Cha11\实战操作376.avi

从外表上看，Video Post界面由4部分组成：顶端为工具栏，完成各种操作；左侧为序列窗口，用于加入和调整合成的项目序列；右侧为编辑窗口，用滑块控制当前项目所处的活动区段；底端用于提示信息的显示和一些显示控制工具。打开“Video Post”编辑器窗口的操作步骤如下。

1 在菜单栏中选择“渲染”|“Video Post”命令，如右图所示。

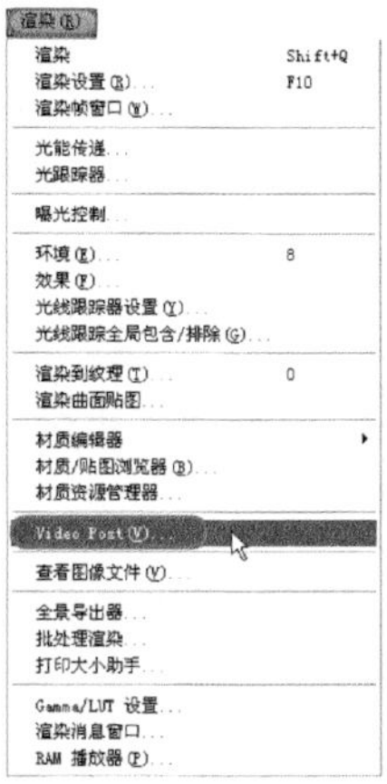

2 即可打开“Video Post”编辑器窗口，如下图所示。

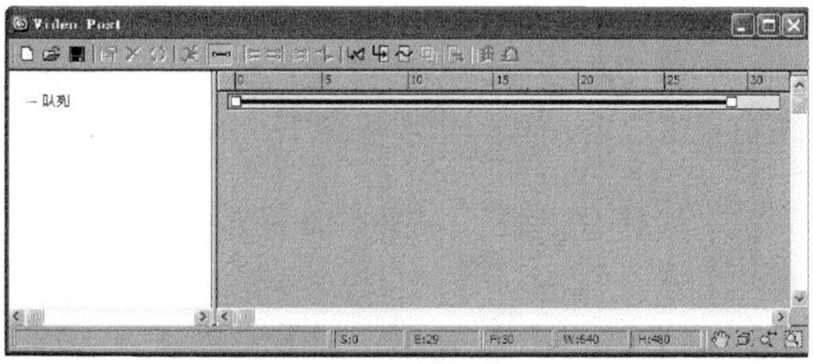

实战操作377 添加场景事件

素材：无　　场景：无

难度：★★★★★　　视频：视频\ Cha11\实战操作377.avi

在“Video Post”编辑器窗口中，添加新事件，事件来源于当前场景中的一个视图。其操作步骤如下。

1 在菜单栏中选择“渲染”|“Video Post”命令，如下图所示。

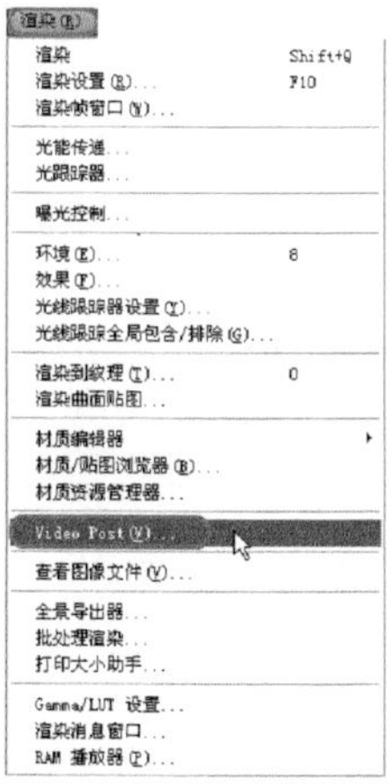

2 打开“Video Post”编辑器窗口，单击“添加场景事件”按钮，如下图所示。

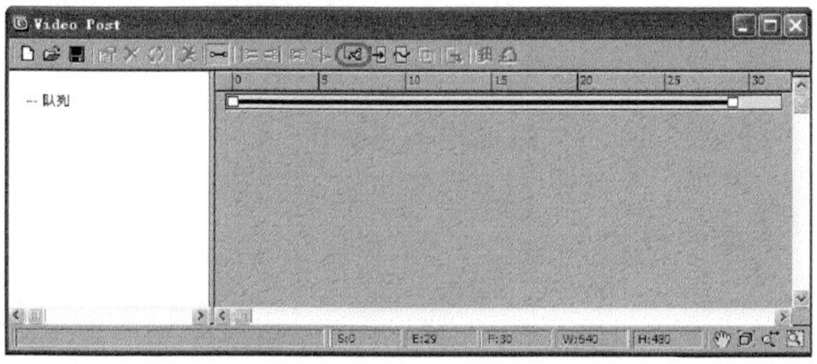

3 弹出“添加场景事件”对话框，在“视图”选项区中默认为“透视”视图，如下图所示。

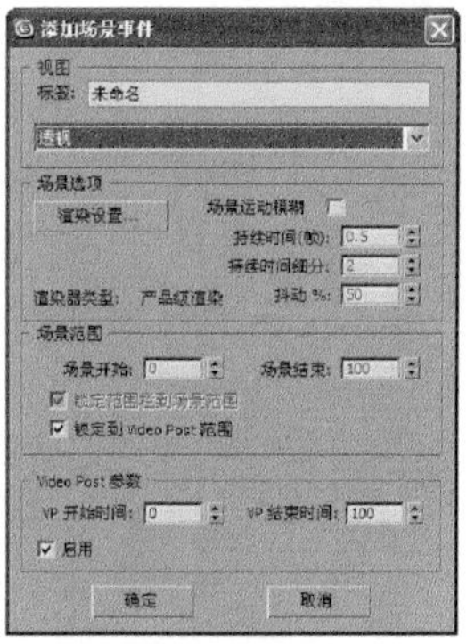

4 单击“确定”按钮，“透视”视图事件便添加到“Video Post”编辑器的序列中，如下图所示。

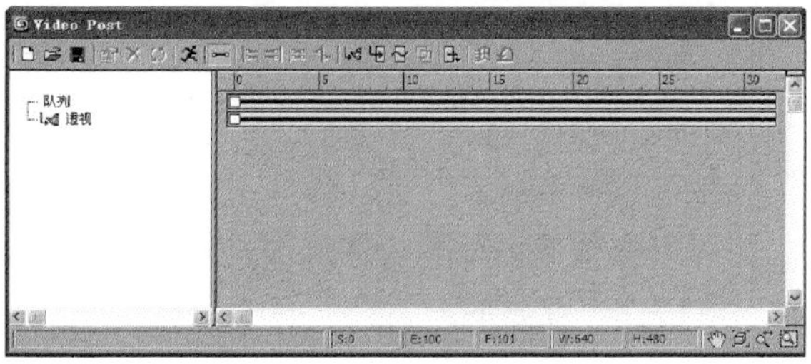

实战操作378 添加图像输入事件

素材：无　　场景：无

难度：★★★★★　　视频：视频\ Cha11\实战操作378.avi

利用添加图像输入事件命令，可将外部各种格式的图像文件作为一个事件添加到“Video Post”编辑器窗口中。其操作步骤如下。

1 选择“渲染”|“Video Post”命令，打开“Video Post”编辑器窗口，单击“添加图像输入事件”按钮，如下图所示。

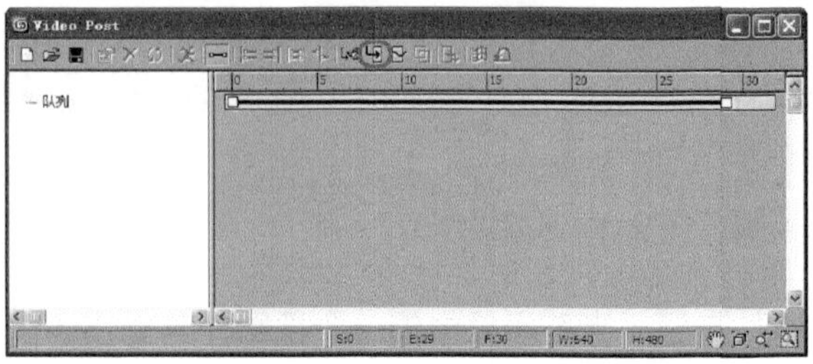

2 弹出“添加图像输入事件”对话框，单击“图像输入”选项区中的“文件”按钮，如下图所示。

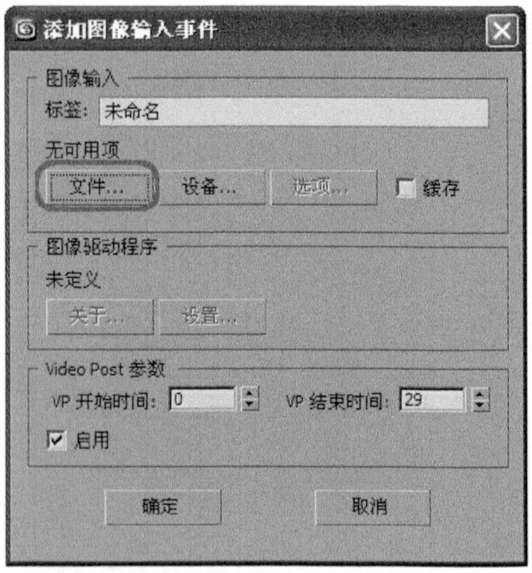

3 弹出“为Video Post输入选择图像文件”对话框，选择素材文件，如下图所示。

4 单击“打开”按钮，返回“添加图像输入事件”对话框，从中选择广告03文件后，单击“打开”按钮，如下图所示，即可添加图像输入事件。

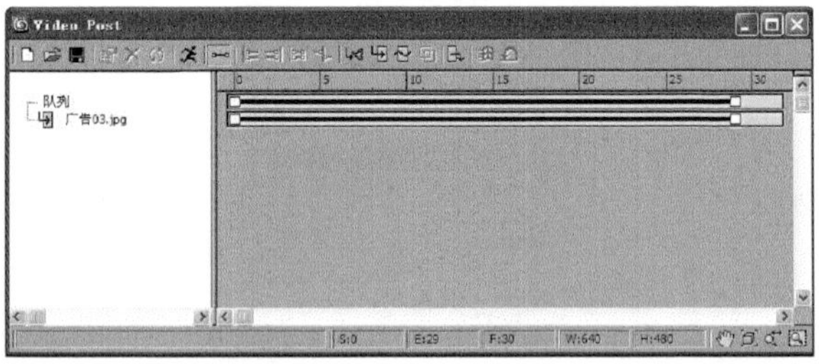

实战操作379 添加图像过滤事件

素材：无　　场景：无

难度：★★★★★　　视频：视频\ Cha11\实战操作379.avi

对前面图像进行的特殊处理，如对比度、衰减、光晕、星空等处理。本节介绍添加图像过滤文件，其操作步骤如下。

1 在菜单栏中选择“渲染”|“Video Post”命令，如右图所示。

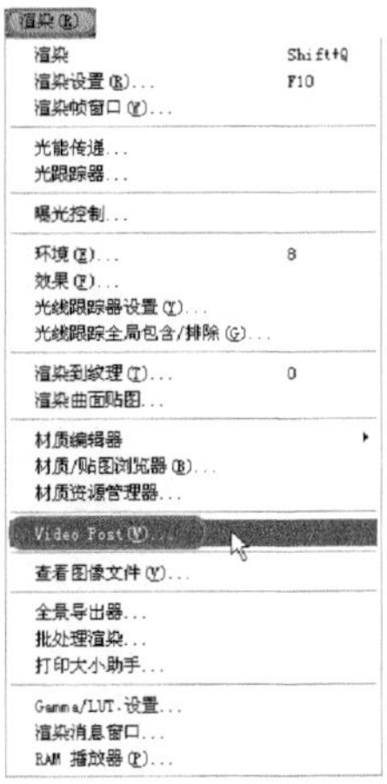

2 打开“Video Post”编辑器窗口，单击“添加图像过滤事件”按钮，如下图所示。

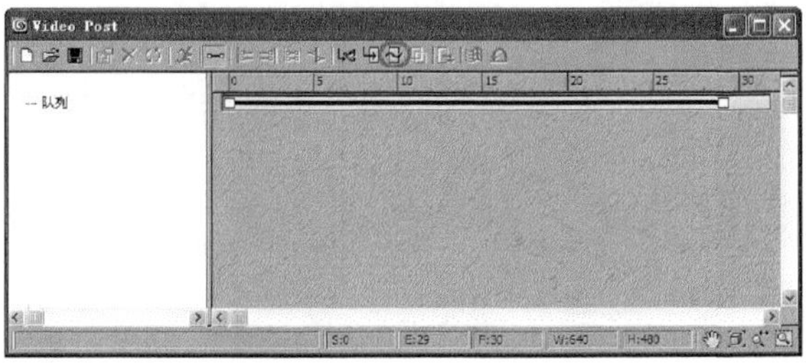

3 弹出“添加图像过滤事件”对话框，在“过滤器插件”选项区中选择“镜头效果高光”选项，如下图所示。

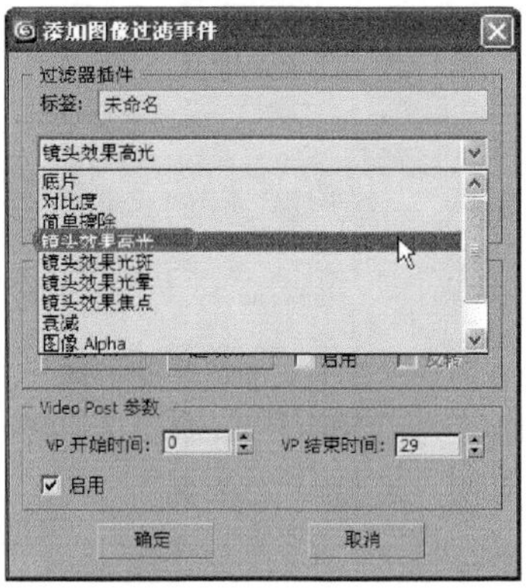

4 单击“确定”按钮，即可添加图像过滤事件，如下图所示。

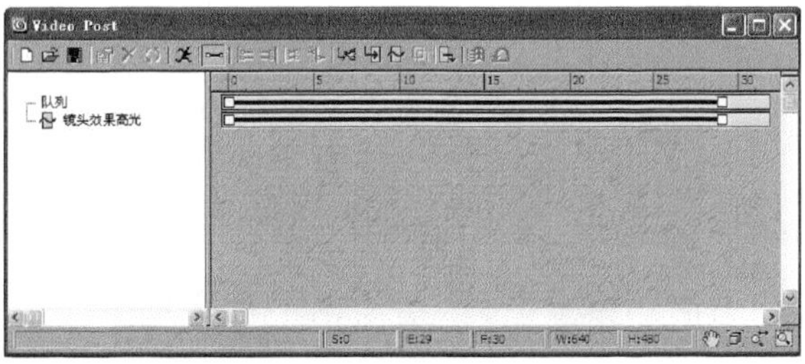

实战操作380 添加图像输出事件

素材：无　　场景：无

难度：★★★★★　　视频：视频\Cha11\实战操作380.avi

添加图像输出事件，可将最后合成的结果保存为图像文件。其操作步骤如下。

1 在菜单栏中选择“渲染”|“Video Post”命令，如右图所示。

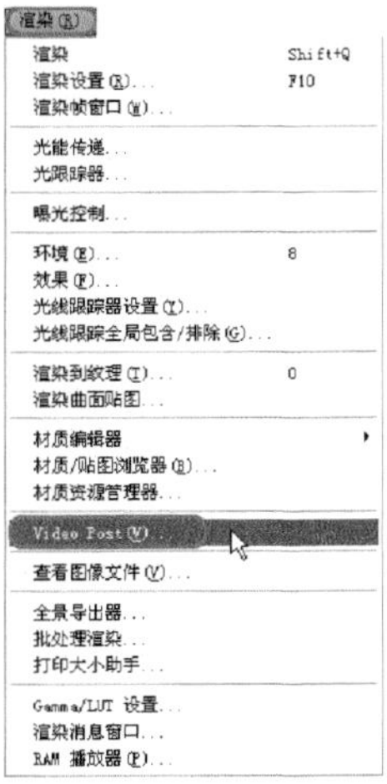

2 打开“Video Post”编辑器窗口，单击“添加图像输出事件”按钮，如下图所示。

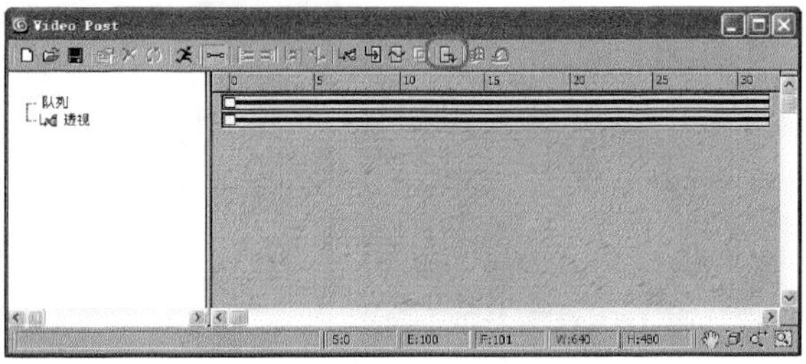

3 弹出“添加图像输出事件”对话框，单击“图像文件”选项区中的“文件”按

钮，如下图所示。

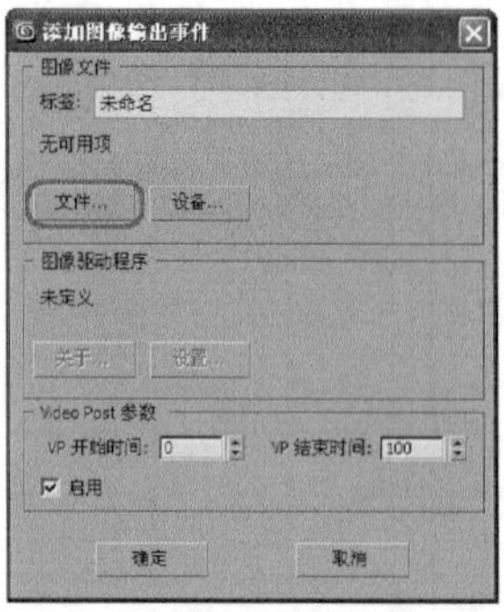

4 弹出“为Video Post输出选择图像文件”对话框，设置“文件名”为001，“保存类型”为AVI文件（*.avi），如下图所示。

5 单击“保存”按钮，弹出“AVI文件压缩设置”对话框，如下图所示。

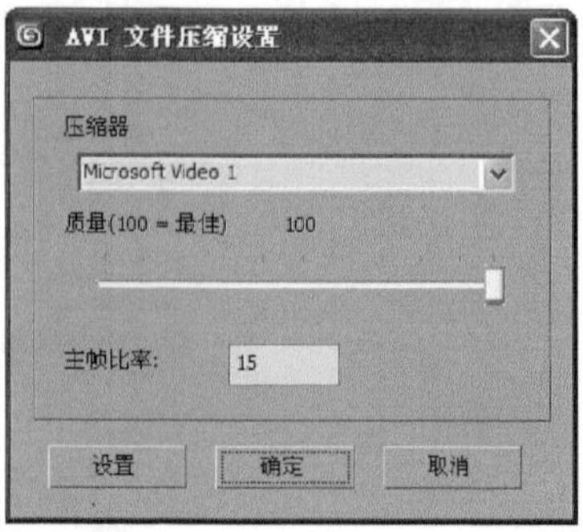

6 单击两次“确定”按钮，返回“Video Post”编辑器窗口，如下图所示，即可添加图像输出事件。

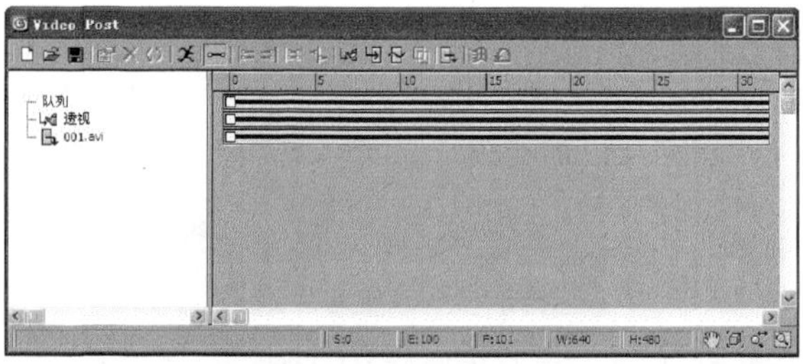

11.5 应用Video Post

在Video Post中，可以加入多种类型的项目，包括当前场景、图像、动画、过滤器和合成器等，主要目的有两个：一是将场景、图像和动画组合连接在一起，层层覆盖以产生组合的图像效果，分段连接产生剪辑影片的作用；二是对组合和连接加入特殊处理，如对图像进行发光处理，在两个影片衔接时进行淡入淡出处理等。

实战操作381 为对象添加镜头效果光晕

- 素材：Scene\Cha11\11-8.max
- 难度：★★★★★
- 场景：场景\Cha11\实战操作381.max
- 视频：视频\ Cha11\实战操作381.avi

镜头效果光晕是最为常见的过滤器，它可对物体表面进行灼烧处理，产生一层光晕，从而达到

发光的效果。为对象添加镜头效果光晕的操作步骤如下。

1 打开需要添加镜头效果光晕的素材文件11-8.max，并对其进行渲染，如下图所示。

2 在场景中选择“天使”模型，单击鼠标右键，在弹出的快捷菜单中选择“对象属性”命令，在弹出的“对象属性”对话框中设置“G缓冲区”选项区中的“对象ID”为1，单击“确定”按钮，如下图所示。

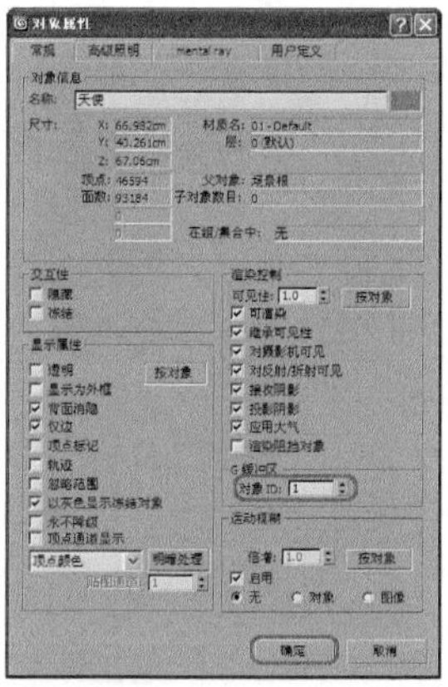

3 在场景中选择圆环模型，单击鼠标右键，在弹出的快捷菜单中选择“对象属性”命令，在弹出的“对象属性”对话框中设置“G缓冲区”选项区中的“对象ID”为2，单击“确定”按钮，如下图所示。

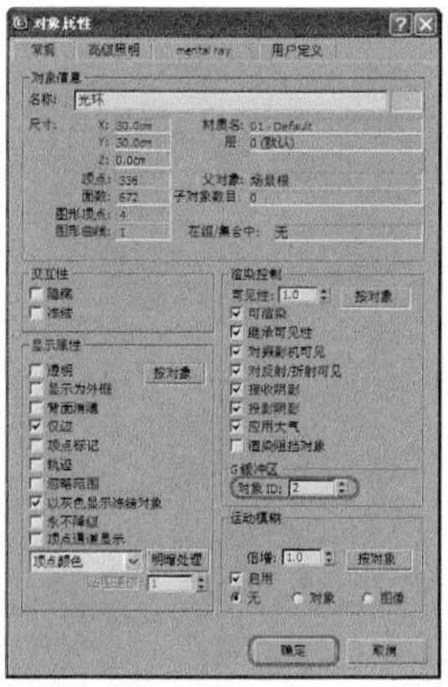

4 在菜单栏中选择“渲染”|“Video Post”命令，在弹出的“Video Post”编辑器窗口中单击工具栏中的按钮，弹出“添加场景事件”对话框，在“视图”选项区中选择摄影机，单击“确定”按钮，如下图所示。

5 添加场景事件后，单击按钮，弹出“添加图像过滤事件”对话框，在“过滤器插件”选项区中选择“镜头效果光晕”事件，单击“确定”按钮，如下图所示。

6 使用同样方法，再次单击按钮，在弹出的“添加图像过滤事件”中选择“镜头效果光晕”事件，如下图所示。

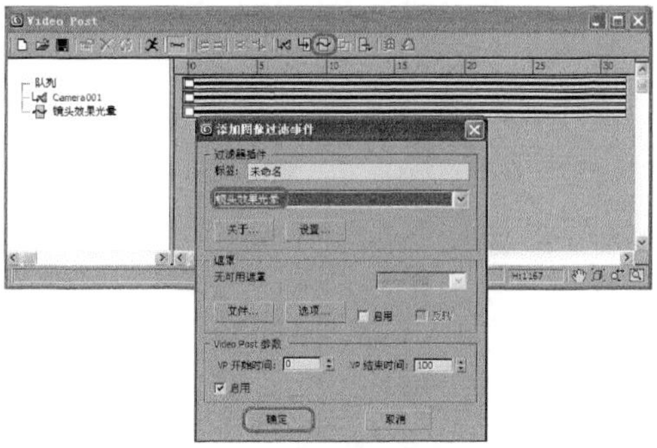

7 在序列窗格中双击第一个“镜头效果光晕”事件，在弹出的“编辑过滤事件”对话框中单击“设置”按钮，如下图所示。

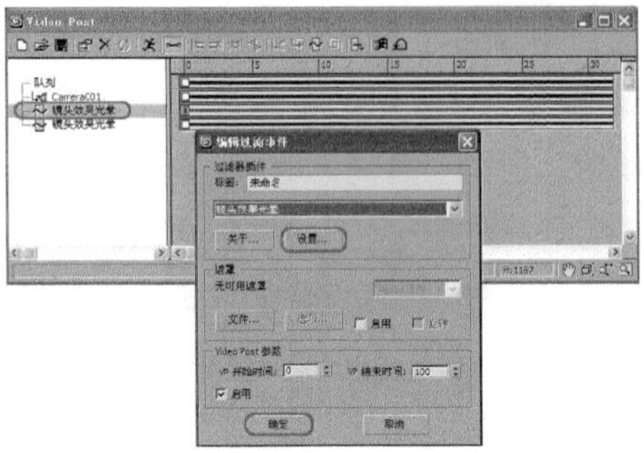

8 打开“镜头效果光晕”对话框，单击“VP列队”和“预览”按钮，在“属性”选项卡中设置“对象ID”为2，在“过滤”选项区中选中“全部”复选框，如下图所示。

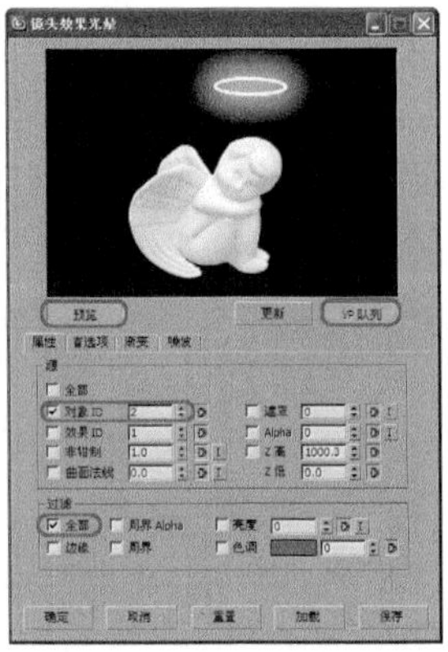

9 在“首选项”选项卡中的“效果”选项区中设置“大小”为8.0，在“颜色”选项区中选中“用户”单选按钮，设置颜色为白色，设置“强度”为60.0，单击“确定”按钮，如下图所示。

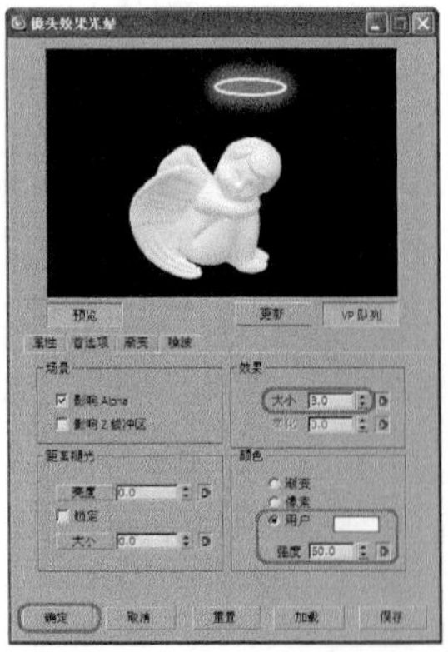

10 在序列窗格中双击第二个“镜头效果光晕”事件，在弹出的“编辑过滤事件”对话框中单击“设置”按钮，如下图所示。

11 在弹出的“镜头效果光晕”对话框中单击“VP列队”和“预览”按钮，在“属性”选项卡中设置“对象ID”为1，在“过滤”选项区中选中“周界Alpha”复选框，如下图所示。

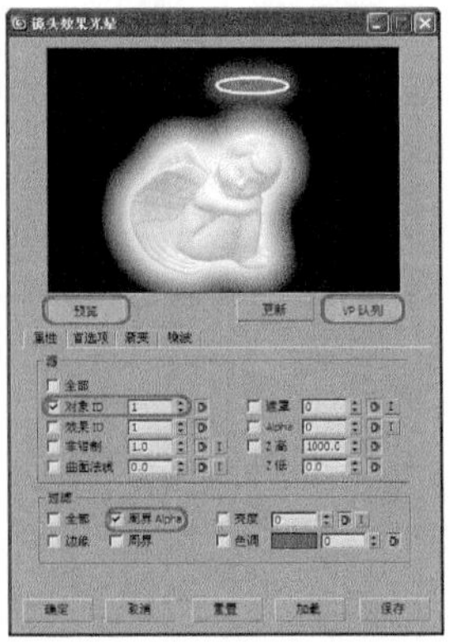

12 切换到“首选项”选项卡，在“效果”选项区中设置“大小”为12.0，在“颜色”选项区中选中“用户”单选按钮，颜色设置为白色，“强度”设置为25.0，单击“确定”按钮，如下图所示。

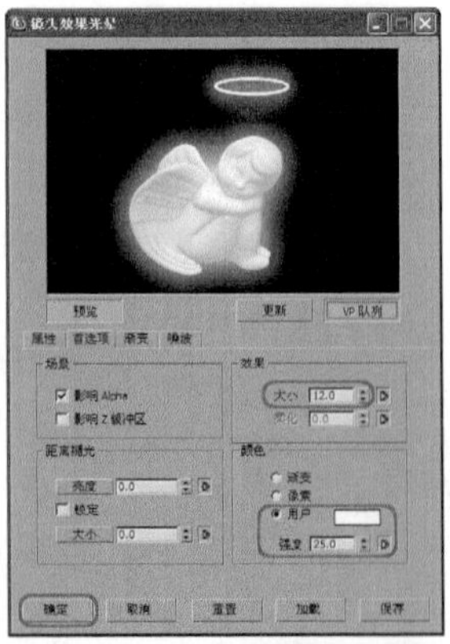

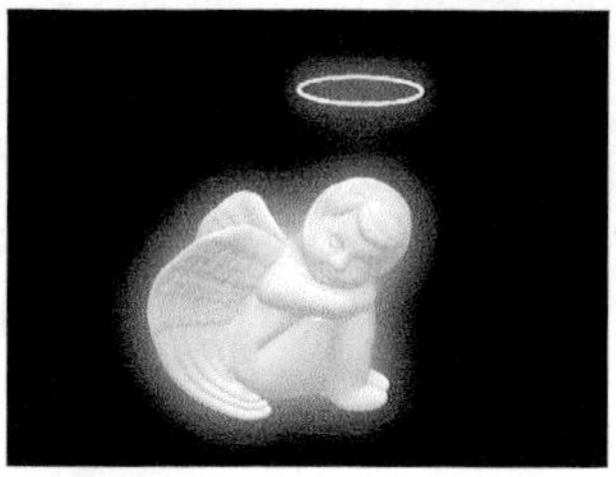

实战操作382 执行镜头效果光晕特效

- 素材：Scene\Cha11\实战操作381.max
- 难度：★★★★★
- 场景：场景\Cha11\实战操作382.max
- 视频：视频\ Cha11\实战操作382.avi

下面对刚才创建的镜头效果光晕进行输出渲染，其操作步骤如下。

1 以实战操作381.max为例，选择“渲染”|“环境”命令，打开“Video Post”编辑器窗口，单击按钮，弹出的“添加图像输出事件”对话框，单击“图像文件”选项区下的“文件”按钮，如下图所示。

2 弹出“为Video Post输出选择图像文件”对话框，设置“文件名”为“发光天使”，设置“保存类型”为“TIF图像文件（*.tif）”，如下图所示。

3 单击“保存”按钮，弹出“TIF图像控制”对话框，如下图所示。

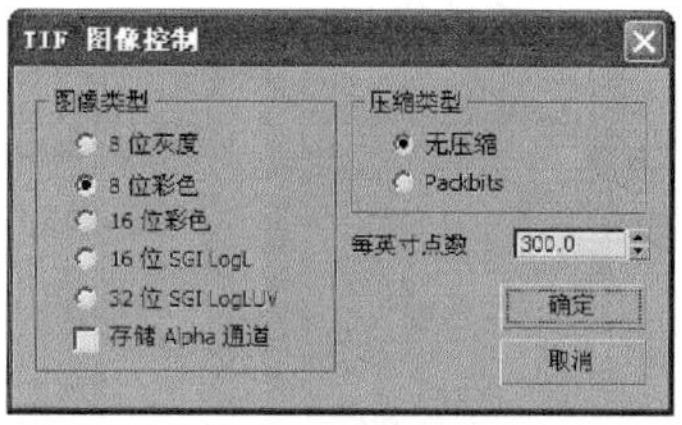

4 单击两次“确定”按钮，返回到“Video Post”编辑器窗口，如下图所示，即可添加图像输出效果。

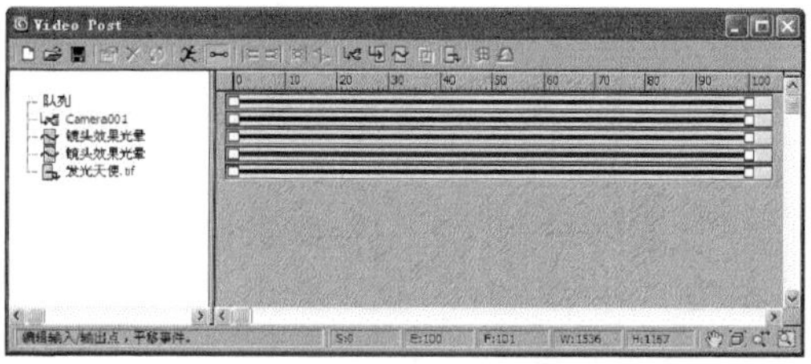

5 单击“执行序列”按钮，弹出“执行Video Post”对话框，在“时间输出”选项区中选中“单个”单选按钮，在“输出大小”选项区中将“宽度”设为1 536，“高度”设为1 167，如下图所示。

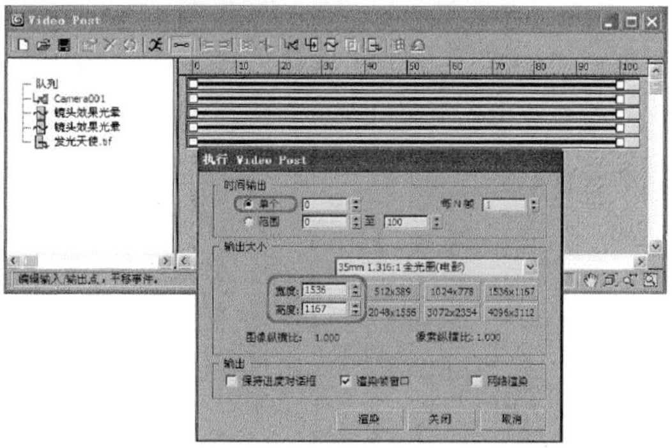

6 单击“渲染”按钮，对序列进行渲染，得到的效果如右图所示。

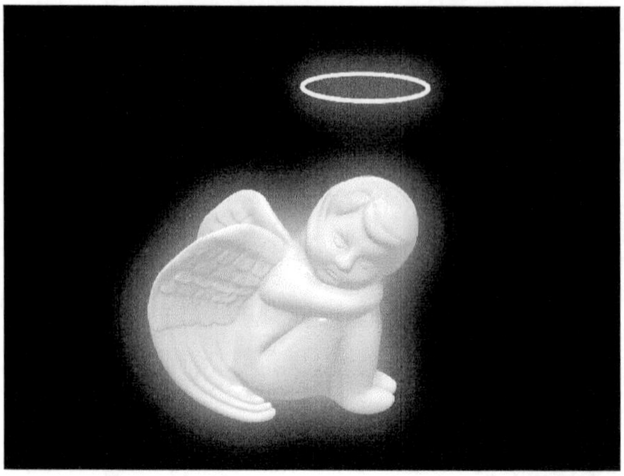

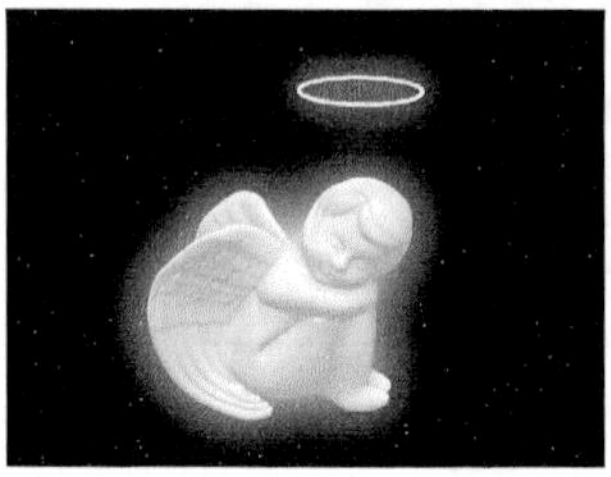

实战操作383 使用星空渲染场景

- 素材：Scene\Cha11\实战操作381.max
- 难度：★★★★★
- 场景：场景\Cha11\实战操作383.tif
- 视频：视频\ Cha11\实战操作383.avi

若产生星空背景，这种星空可以按照地球周围真实的星空数据库计算，而且必须对“摄影机”视图才能产生作用。使用星空渲染场景的操作步骤如下。

1 以实战操作381.max为例，选择“渲染”|“Video Post”命令，打开“Video Post”编辑器窗口，单击按钮，在弹出的“添加图像过滤事件”对话框中选择“星空”事件，单击“确定”按钮，如下图所示。

2 在序列窗格双击“星空”事件，在弹出的“编辑过滤事件”对话框中单击“设置”按钮，如下图所示。

3 在弹出的“星星控制”对话框中将“星星大小（像素）”的值设置为5.0，将“运动

模糊”选项区中的“数量”设置为100，单击“确定”按钮，如下图所示。

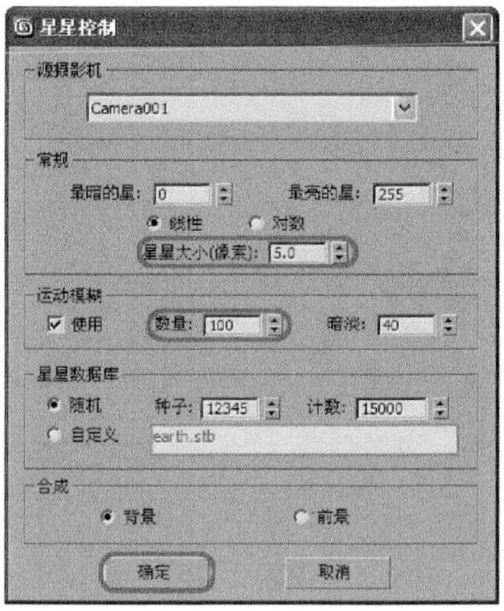

4 再次单击“确定”按钮，返回到“Video Post”编辑器窗口，单击按钮，如下图所示。

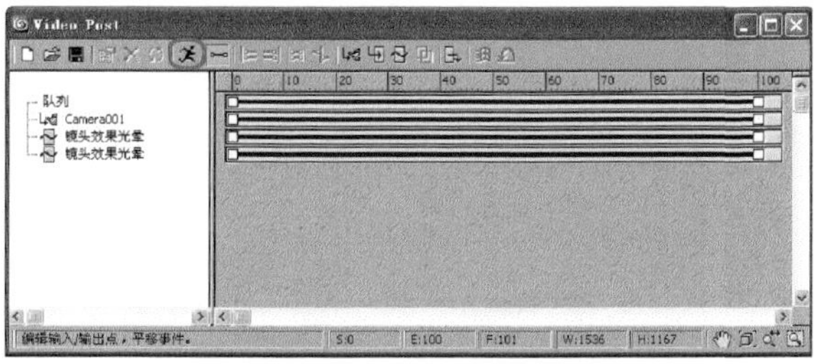

5 在弹出的“执行Video Post”对话框中，在“时间输出”选项区下选中“单个”单选按钮，将“输出大小”的“宽度”设置为1 536，“高度”设置为1 167，如下图所示。

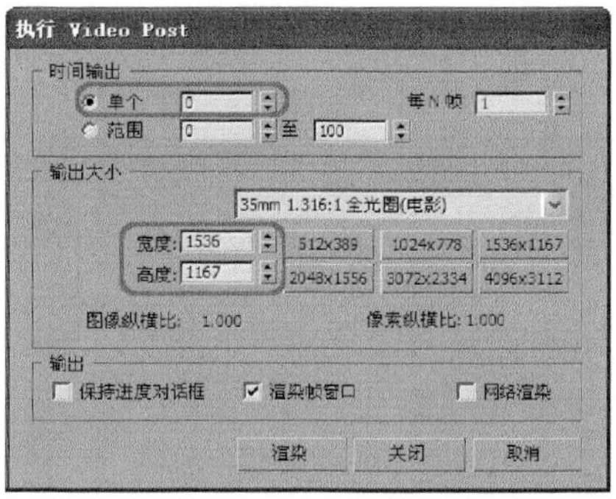

6 单击“渲染”按钮，得到如下图所示的效果。

实战操作384 设置交叉衰减

素材：Scene\Cha11\11-9.max

难度：★★★★★

场景：场景\Cha11\实战操作384.max

视频：视频\ Cha11\实战操作384.avi

将两个图像在时间上作衰减处理，从背景图像向前景图像过滤，最后完全转化为前景图像。它没有参数设置，直接指定即可，转化的速度取决于时间段的长度。设置交叉衰减的操作步骤如下。

1 打开需要设置交叉衰减的素材文件11-9.max，选择“渲染”|“Video Post”命令，打开“Video Post”编辑器窗口，即可显示素材，如右图所示。

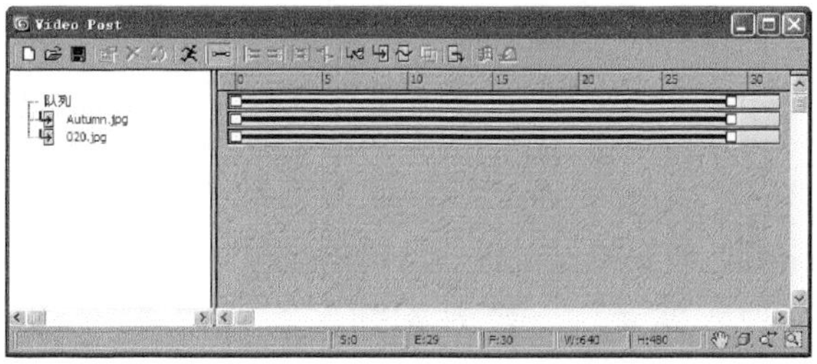

2 单击“添加图像输出事件”按钮，在弹出的“添加图像输出事件”对话框中单击“文件”按钮，弹出“为Video Post输出选择图像文件”对话框，在“保存类型”下拉列表框中选择“AVI文件（*.avi）”选项，并设置“文件名”为“设置交叉衰减”，如下图所示。

3 单击“保存”按钮，弹出“AVI文件压缩设置”对话框，使用默认值，单击“确定”即可，如下图所示。

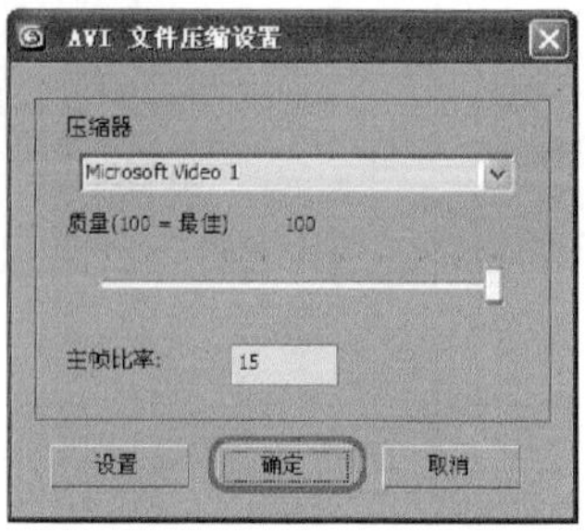

4 单击“确定”按钮，返回到“Video Post”编辑器窗口，按住Ctrl键的同时选择两个图像输入事件，单击“添加图像层事件”按钮，如下图所示。

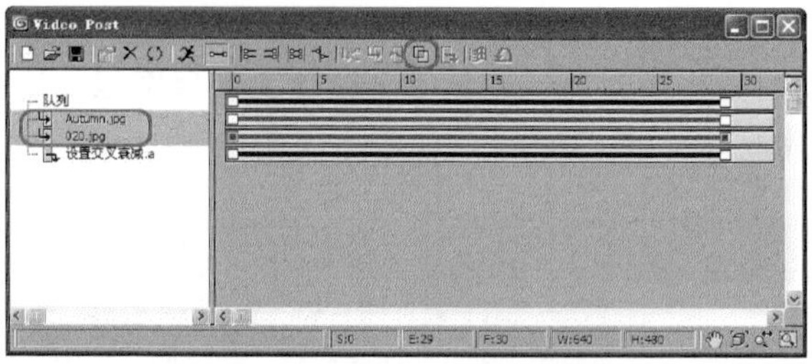

5 弹出“添加图像层事件”对话框，在“层插件”选项区中的“Adobe Premier变换过滤器”下拉列表中选择“交叉衰减变换”选项，如下图所示。

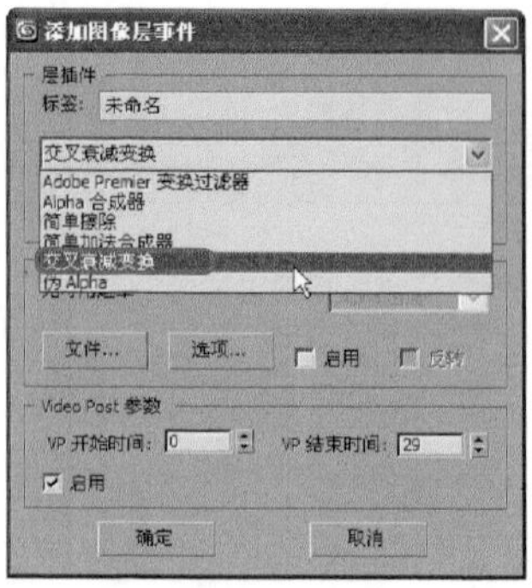

6 单击“确定”按钮，返回到“Video Post”编辑器窗口，单击“执行序列”按钮，弹出“执行Video Post”对话框，在“时间输出”选项区中选中“范围”单选按钮，如下图所示。

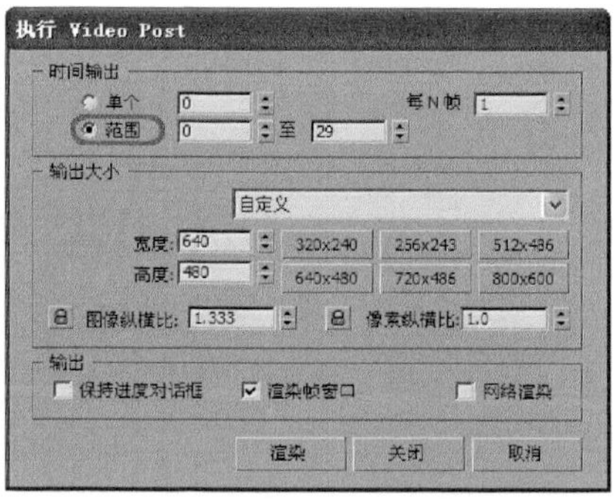

实战操作385 保存序列

素材：Scene\Cha11\实战操作384.max　　场景：无

难度：★★★★★　　视频：视频\ Cha11\实战操作385.avi

下面介绍保存序列的方法，其操作步骤如下。

1 以“实战操作384.max”为例，选择“渲染”|“Video Post”命令，弹出“Video Post”编辑器窗口，单击“保存序列”按钮，如下图所示。

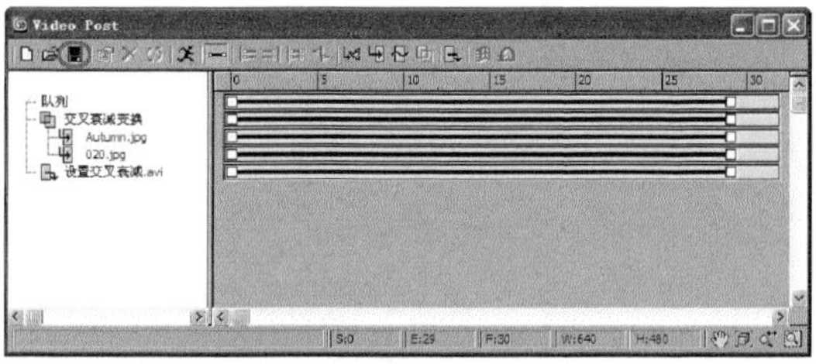

2 弹出“保存序列”对话框，选择相应的文件路径，并设置“文件名”为“001”，单击“保存”按钮，如下图所示，即可保存序列。

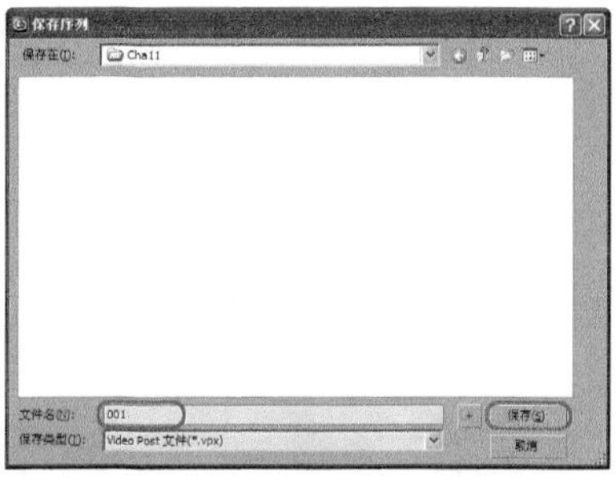

实战操作386 打开序列

素材：Scene\Cha11\实战操作384.max　　场景：无

难度：★★★★★　　视频：视频\Cha11\实战操作386.avi

下面介绍打开序列的方法，其操作步骤如下。

1 重置一个3ds Max场景，选择菜单栏中的“渲染”|“Video Post”命令，如右图所示。

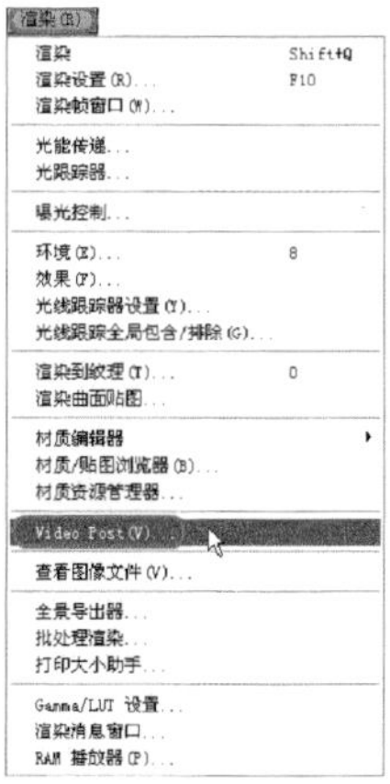

2 弹出“Video Post”编辑器窗口，单击“打开序列”按钮，如下图所示。

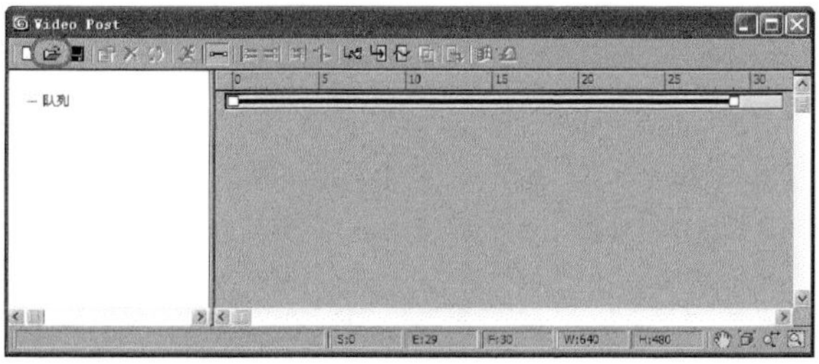

3 弹出“打开序列”对话框，选择相应的素材序列，如下图所示。

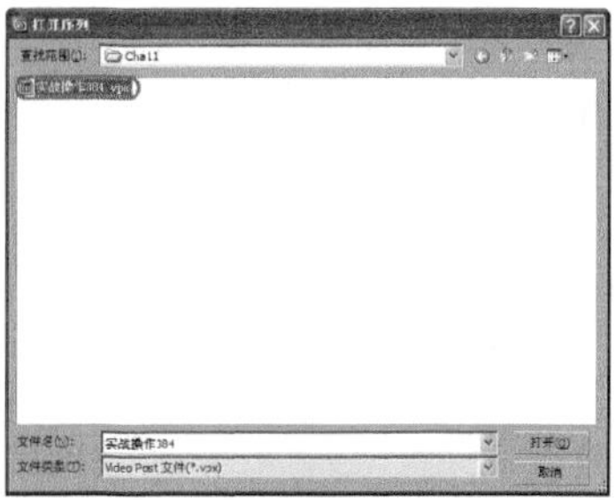

4 单击“打开”按钮，即可打开序列，如下图所示。

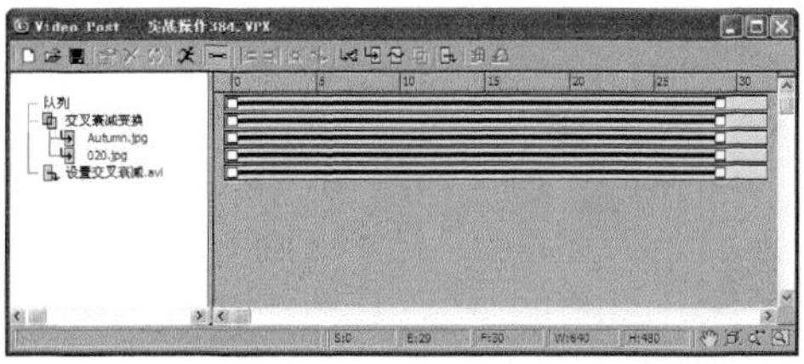

Chapter 12

第12章

基本动画

动画的产生是基于人类视觉暂留的原理。人们在观看一组连续播放的图片时，每一幅图片都会在人眼中产生短暂的停留，只要图片播放的速度快于图片在人眼中停留的时间，就可以感觉到它们好像真的在运动一样。这种组成动画的每张图片都叫做“帧”，帧是3ds Max 动画中最基本也是最重要的概念。

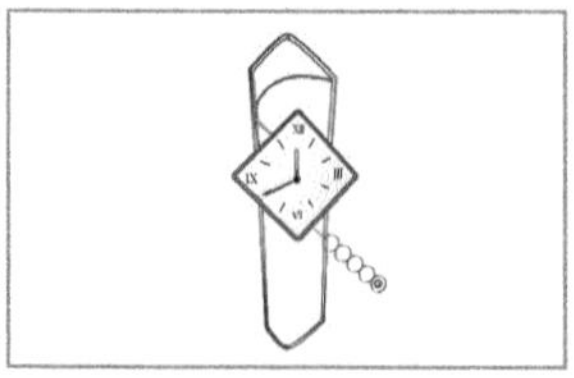

12.1 关键帧动画

随着动画技术的发展，关键帧动画的概念应运而生。科技人员发现在组成动画的众多图片中，相邻的图片之间只有极小的变化。因此动画制作人员只绘制其中比较重要的图片，然后由计算机自动完成各重要图片之间的过渡，这样就极大提高了工作效率。由动画制作人员绘制的图片称为关键帧，由计算机完成的关键帧之间的各帧称为过渡帧。

实战操作387 开启动画模式

素材：Scene\Cha12\12-1.max　场景：无

难度：★★★★★　视频：视频\ Cha12\实战操作387.avi

动画模式的开启其实较简单，下面进行介绍。开启动画模式的操作步骤如下。

1 重置一个新的3ds Max场景，单击“ ”按钮，在弹出的下拉列表中选择“打开”选项，打开素材12-1.max，效果如下图所示。

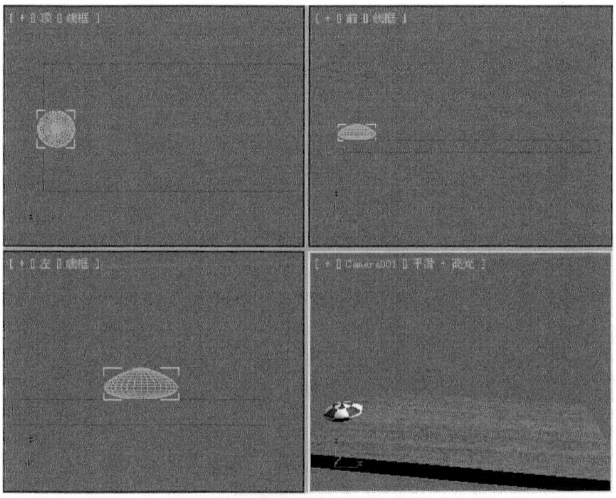

2 单击动画控制区中的“自动关键点”按钮，即可开启动画模式，则当前视图和进度条呈红色状态显示，如下图所示。

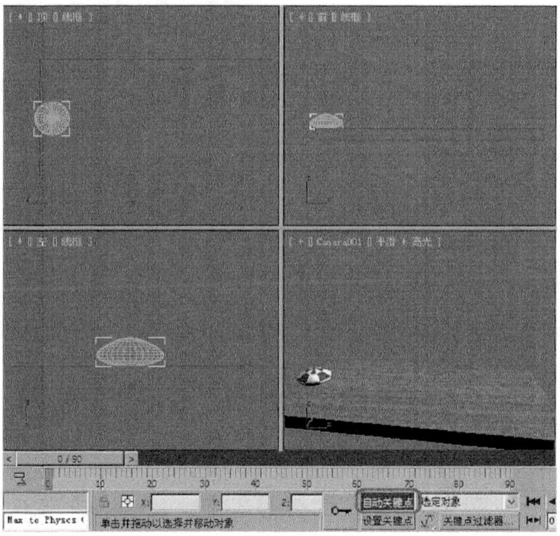

实战操作388 设置帧速率

素材：Scene\Cha12\12-1.max　场景：无

难度：★★★★★　视频：视频\ Cha12\实战操作388.avi

帧速率用来设置动画的播放速度，可以在不同视频格式之间选择。设置帧速率的操作步骤如下。

1 打开光盘中的素材12-1.max，效果如下图所示。

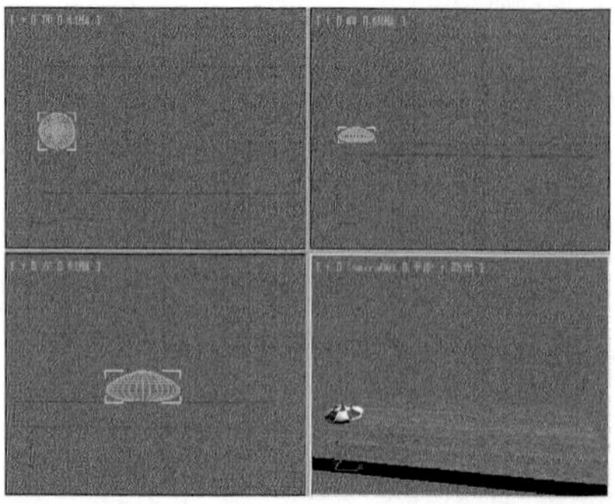

2 单击动画控制区中的“时间配置”按钮，如下图所示。

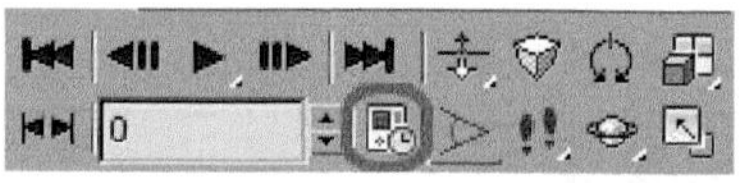

3 弹出“时间配置”对话框，在“帧速率”选项区中选中“自定义”单选按钮，将“FPS”的值设置为25，单击“确定”按钮，即可设置帧速率，如右图所示。

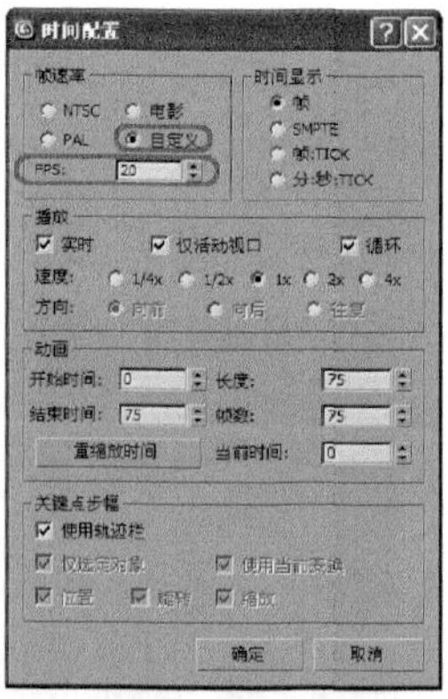

4 再次单击动画控制区中的“时间配置”按钮，弹出“时间配置”对话框，在“帧速率”选项区中即可查看帧速率FPS为25，如下图所示。

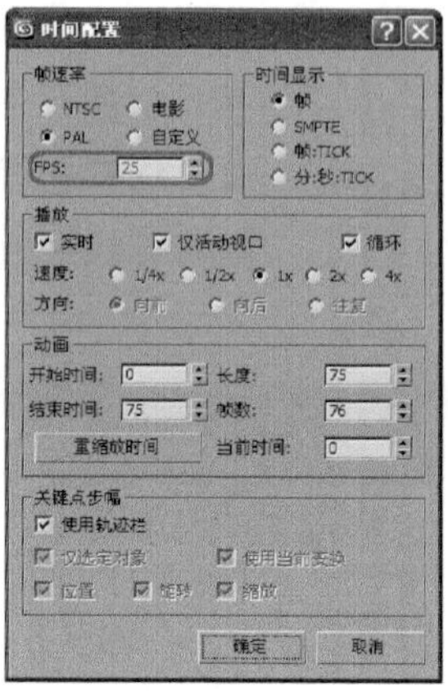

提示

“帧速率”选项区中的各选项含义如下。

- NTSC：是指美国和日本视频标准，约每秒30帧。
- PAL：是指欧洲视频标准，每秒25帧。
- 胶片：是指电影标准，每秒24帧。
- 自定义：是指FPS参数中设置的帧速率。

实战操作389 设置动画录制时间

素材：Scene\Cha12\12-1.max　　场景：无

难度：★★★★★　　视频：视频\ Cha12\实战操作389.avi

动画录制时需要设置时间，可以通过“时间配置”对话框中的“长度”进行设置。

1 打开素材文件12-1.max，单击动画控制区中的“时间配置”按钮，弹出“时间配置”对话框，在“动画”选项区中设置“长度”为60，如右图所示。

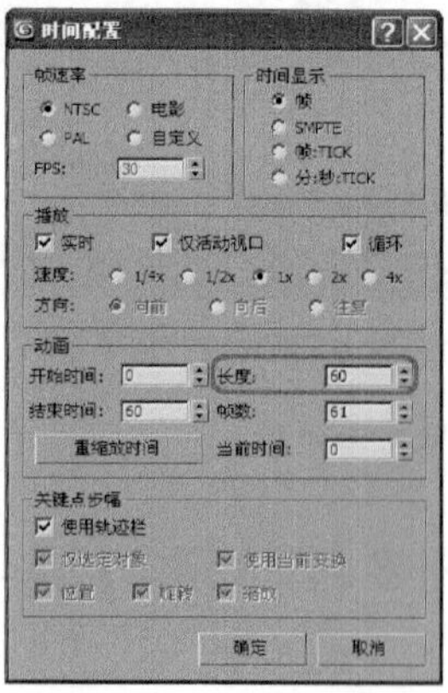

2 单击“确定”按钮，即可设置动画录制时间，则轨迹栏中的帧数变为60，如右图所示。

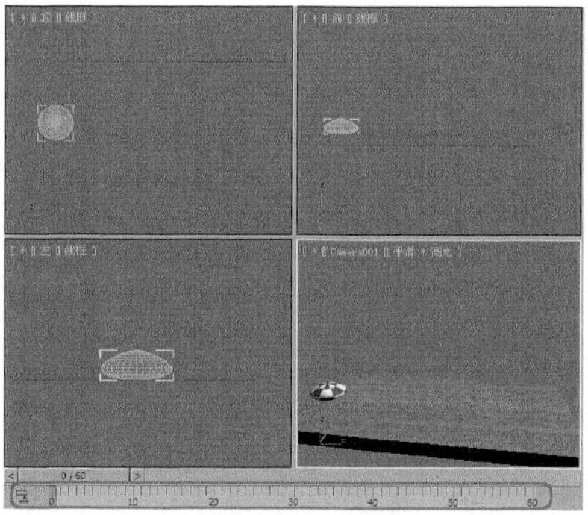

提示 “时间配置”对话框提供了帧速率、时间显示、播放和动画的设置，可以使用此对话框来更改动画的长度，还可以设置活动时间段和动画的开始帧与结束帧。

实战操作390 设置关键点

素材：Scene\Cha12\12-1.max　场景：无

难度：★★★★★　视频：视频\ Cha12\实战操作390.avi

设置关键点时应先打开自动关键点按钮，其操作步骤如下。

1 打开素材文件12-1.max，单击动画控制区中的“自动关键点”按钮，按住时间滑块并拖拽至第30帧位置处，如下图所示。

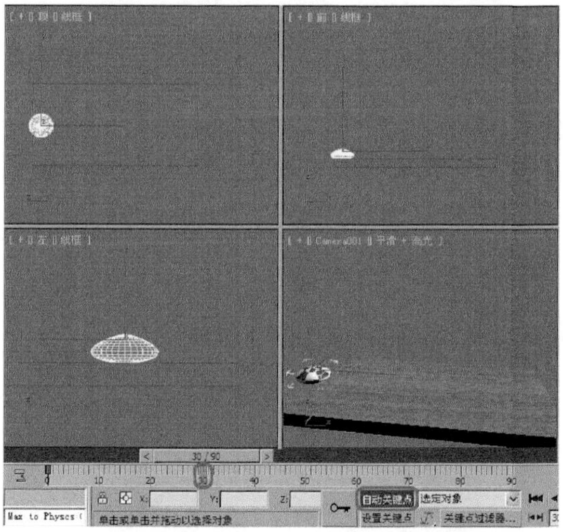

2 选择小球并将其移动位置，单击动画控制区中的“设置关键点”按钮，即可在第30帧位置处设置关键点，如下图所示。

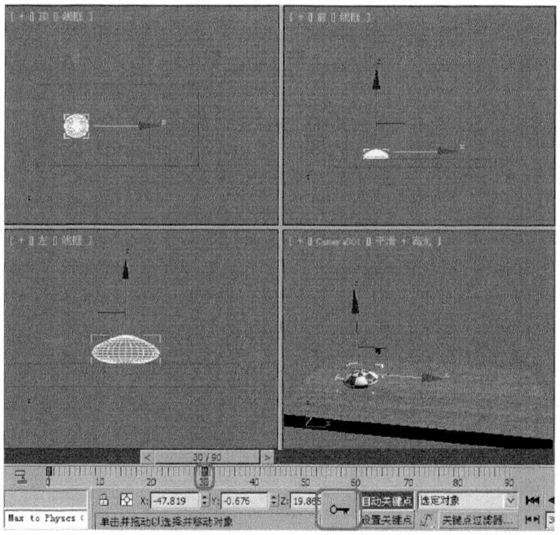

实战操作391 播放动画

素材：Scene\Cha12\12-1.max　场景：无

难度：★★★★★　视频：视频\ Cha12\实战操作391.avi

单击动画控制区中的“播放动画”按钮，即可播放动画。其操作步骤如下。

1 重置一个新的3ds Max场景，打开素材文件12-1.max，如下图所示。

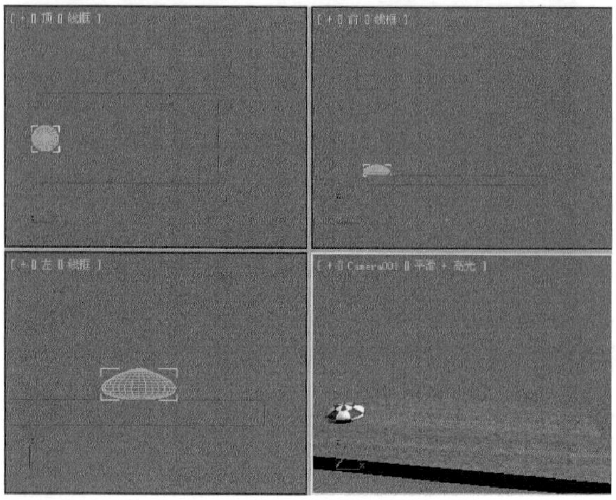

2 单击动画控制区中的“播放动画”按钮▶，如下图所示，即可播放动画。

提示

在场景中播放动画时，场景中只在激活的视图中播放动画。

3 当时间滑块滑至第40帧时，效果如下图所示。

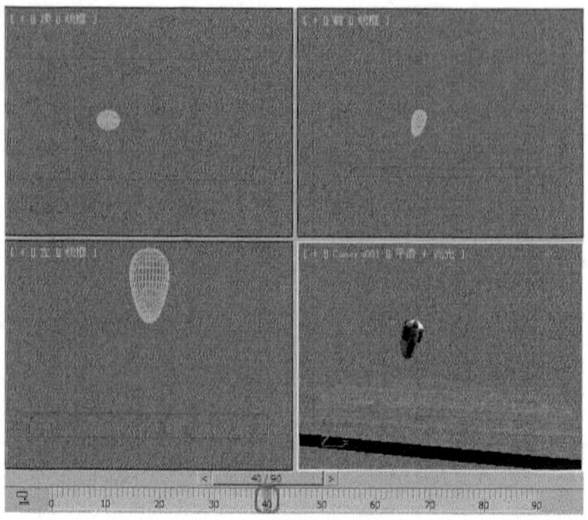

4 当时间滑块滑至第60帧时，效果如下图所示。

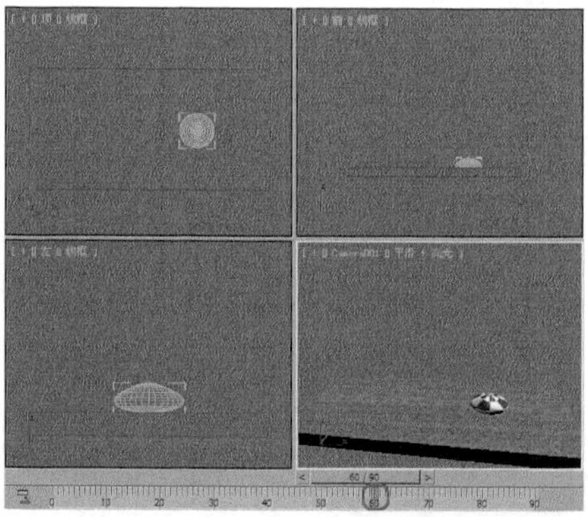

实战操作392 停止播放动画

素材：Scene\Cha12\12-1.max　　场景：无

难度：★★★★★　　视频：视频\ Cha12\实战操作392.avi

再次在动画控制区中单击“播放动画”按钮，即可停止播放动画。其操作步骤如下。

1 打开素材文件12-1.max，单击动画控制区中的“播放动画”按钮，当时间滑块滑至第52帧时，再次单击“播放动画”按钮，如下图所示。

2 执行操作后，即可停止播放动画，如下图所示。

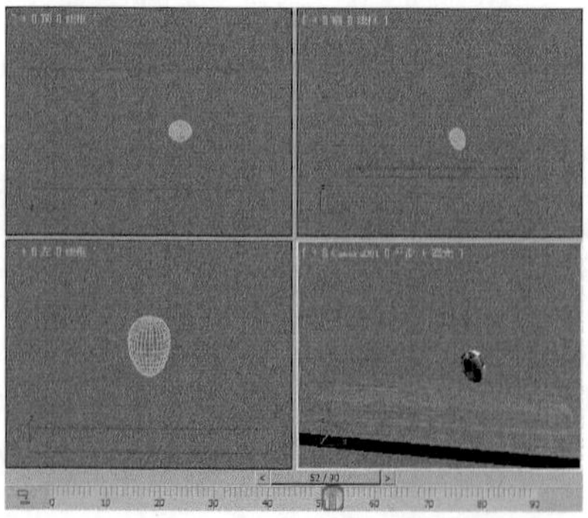

实战操作393 删除关键点

素材：Scene\Cha12\12-1.max　　场景：无

难度：★★★★★　　视频：视频\ Cha12\实战操作393.avi

体积光是一种特殊的光线，它的作用类似于灯光和雾相结合的效果。用它可以制作出各种光束、光斑、光芒等效果。删除关键点的操作步骤如下。

1 打开素材文件12-1.max，选择场景中的动画对象小球，即可显示动画关键点，如下图所示。

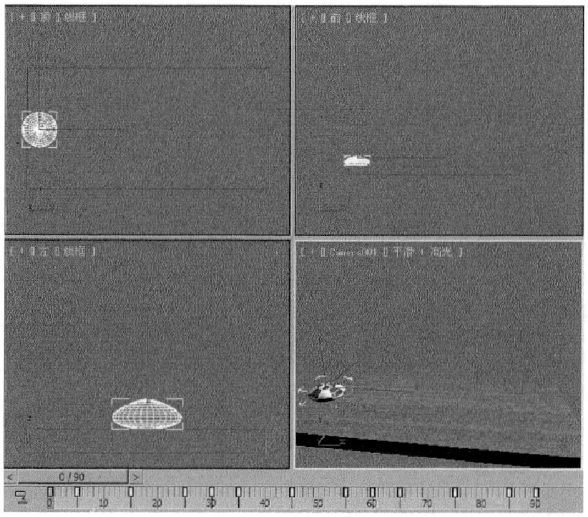

2 选中第60帧，单击鼠标右键，在弹出的快捷菜单中选择“删除选定关键点”命令，如下图所示，即可删除关键点。

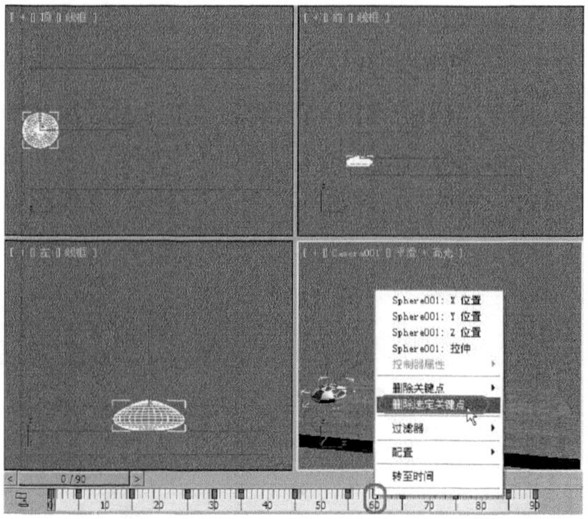

12.2 使用轨迹视图

3ds Max提供了将场景对象的各种动画设置以曲线图表方式显示的功能，这种曲线图只有在轨迹视图窗口中才能看到和修改，在轨迹视图窗口中所有被设置了动画的参数都可以进行修改。

在轨迹视图窗口中，所有动画设置都可以找到，轨迹视图是一种层级列表式设计。

实战操作394 打开轨迹视图窗口

素材：Scene\Cha12\12-2.max　　场景：无

难度：★★★★★　　视频：视频\ Cha12\实战操作394.avi

下面介绍打开轨迹视图窗口对话框的方法。其操作步骤如下。

1 打开光盘中提供的素材文件12-2.max，如下图所示。

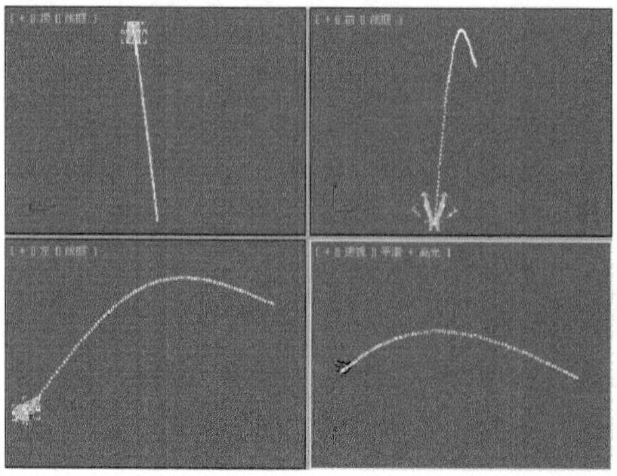

2 选择场景中的蝴蝶对象，选择“图形编辑器”|“轨迹视图-曲线编辑器”命令，弹出“轨迹视图-曲线编辑器”对话框，如下图所示。

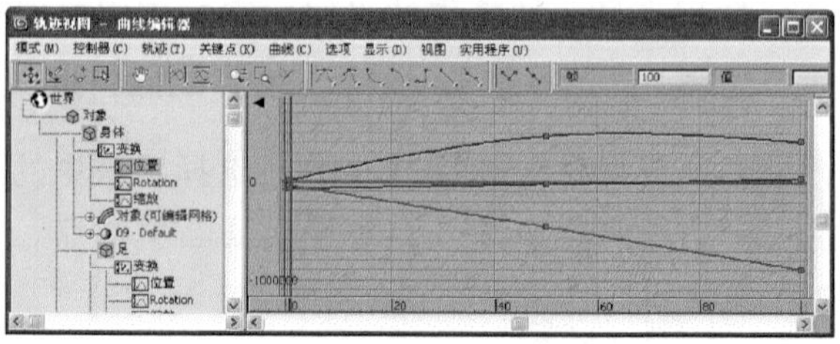

提示

除了运用上诉方法打开“轨迹视图-曲线编辑器”外，还可以单击轨迹栏左上角的“打开迷你曲线编辑器”按钮打开。使用此方法后，时间滑块和轨迹栏就被“轨迹视图”窗口代替了，对于“摄影表”和“曲线编辑器”模式，可以在工具栏中单击鼠标右键，在弹出的快捷菜单中选择“显示”或“隐藏”命令，来显示或隐藏所有“轨迹视图”用户界面元素。

实战操作395 添加循环效果

- 素材：Scene\Cha12\12-2.max
- 难度：★★★★★
- 场景：Scene\Cha12\实战操作395.max
- 视频：视频\ Cha12\实战操作395.avi

为了实现蝴蝶的往复运动，下面为蝴蝶添加循环特效。其操作步骤如下。

1 打开光盘中提供的素材文件12-2.max，选择场景中的蝴蝶对象，单击“打开迷你曲线编辑器”按钮，如下图所示。

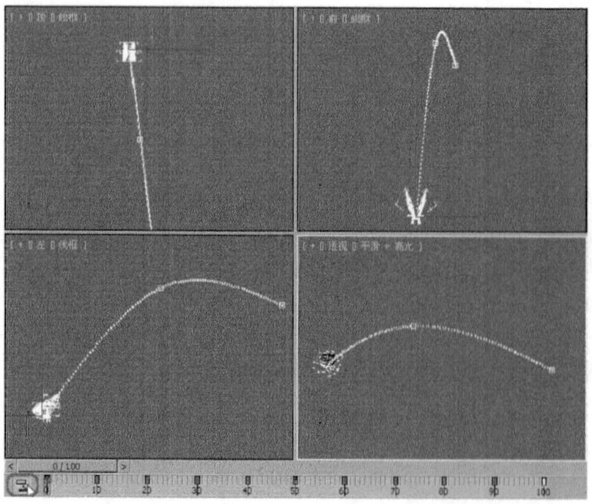

2 弹出“打开迷你曲线编辑器”对话框，选择“控制器”|“超出范围类型”命令，如下图所示。

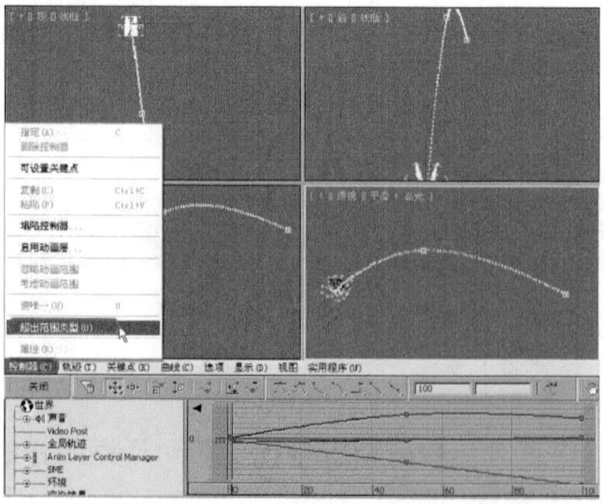

3 弹出“参数曲线超出范围类型”对话框，单击“循环”下方的图标，如下图所示。

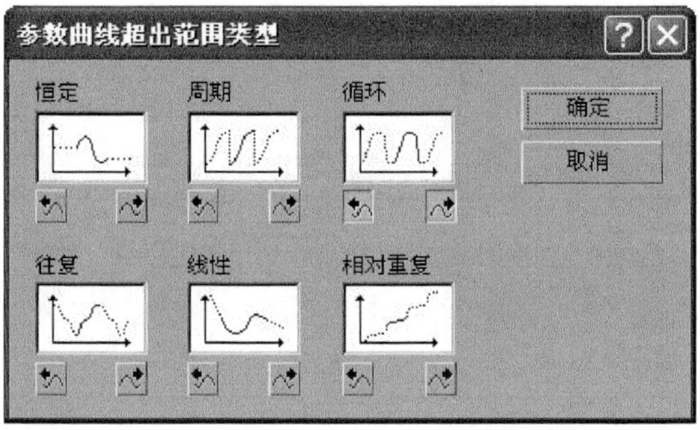

4 单击“确定”按钮，即可添加循环效果，效果如下图所示。

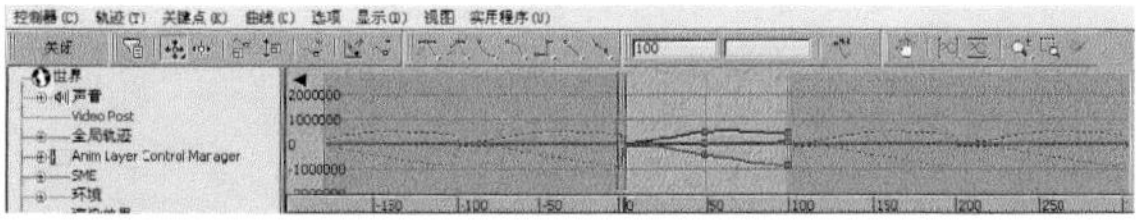

5 单击“关闭”按钮，关闭“打开迷你曲线编辑器”对话框，单击动画控制区中的“播放动画”按钮，当时间滑块滑至第50帧处时，效果如下图所示。

6 当时间滑块滑至第90帧处时，效果如下图所示。

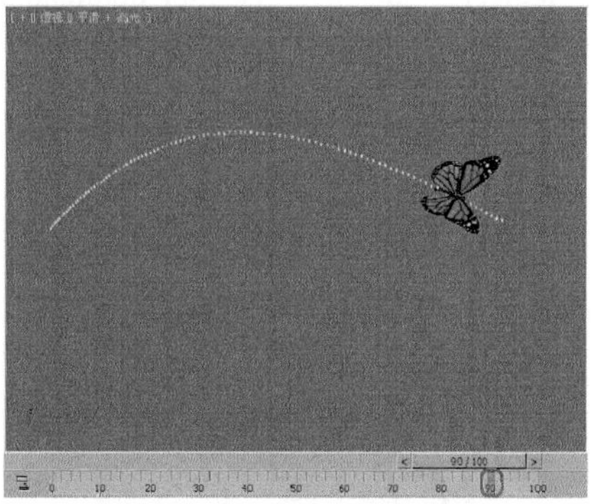

实战操作396 添加可视性轨迹

素材：Scene\Cha12\12-2.max　　场景：无

难度：★★★★★　　视频：视频\ Cha12\实战操作396.avi

下面介绍为对象添加可视性轨迹，其操作步骤如下。

1 打开光盘中提供的素材文件12-2.max，效果如下图所示。

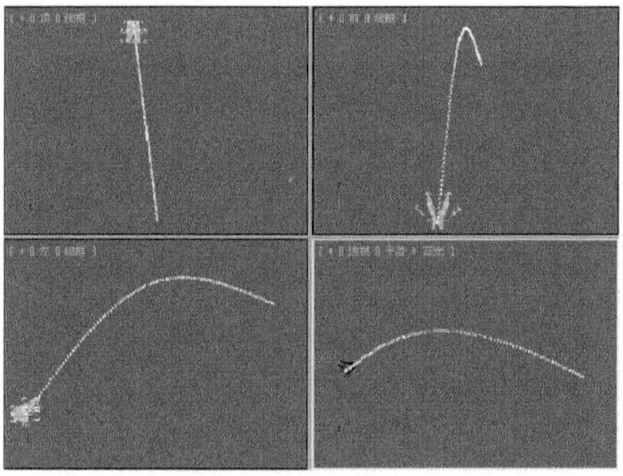

2 选择场景中的蝴蝶对象，选择“图像编辑器”|“轨迹视图-曲线编辑器”命令，在弹出的“轨迹视图-曲线编辑器”对话框中，选择树形列表中的“世界”|“对象”|“身体”选项，如下图所示。

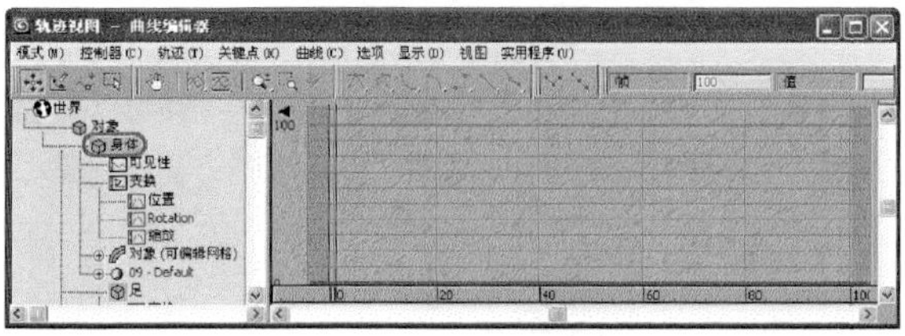

3 选择“轨迹”|“可见性轨迹”|“添加”命令，如下图所示。

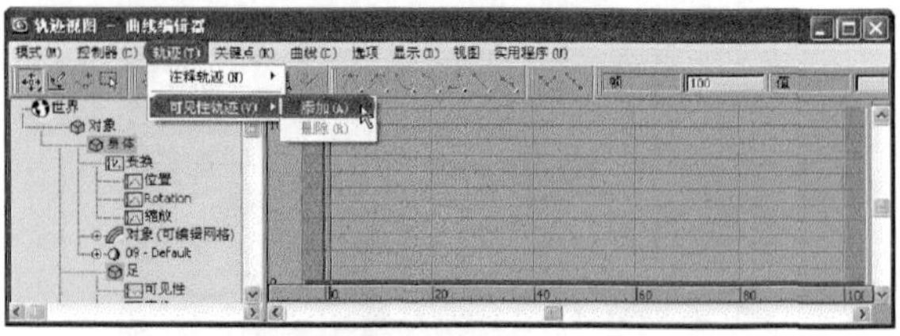

4 执行操作后，即可添加可见性轨迹，如下图所示。

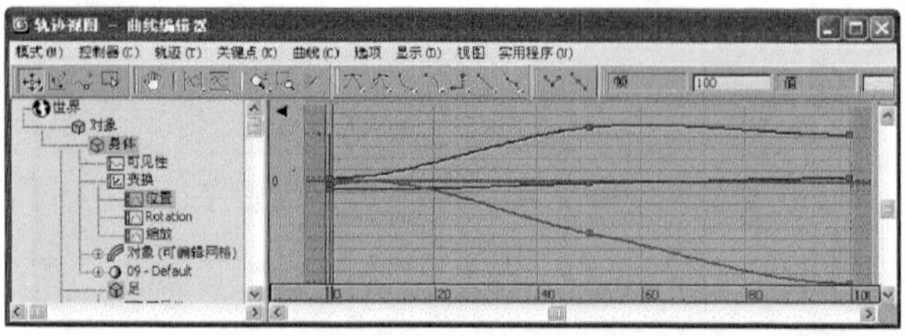

实战操作397 修改轨迹切线

素材：Scene\Cha12\12-3.max　　场景：无

难度：★★★★★　　视频：视频\ Cha12\实战操作397.avi

下面介绍如何修改轨迹切线。其操作步骤如下。

1 打开光盘中提供的素材文件12-3.max，选择场景中的枫叶对象，选择“图形编辑器”|“轨迹视图-曲线编辑器”命令，在弹出“轨迹视图-曲线编辑器”对话框中框选所有轨迹上的关键点，如下图所示。

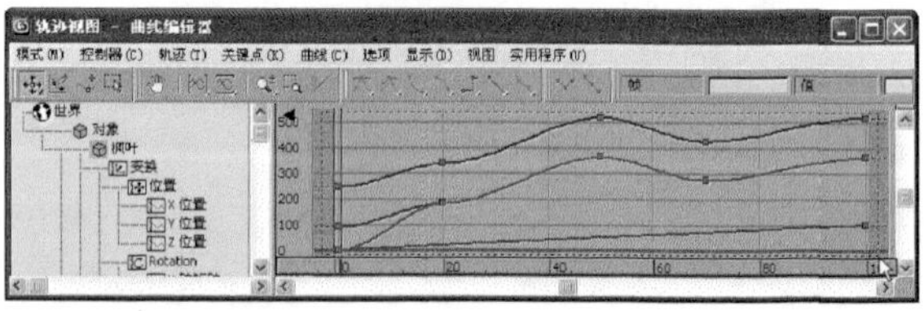

2 单击“将切线设置为快速”按钮，即可修改轨迹切线，如下图所示。

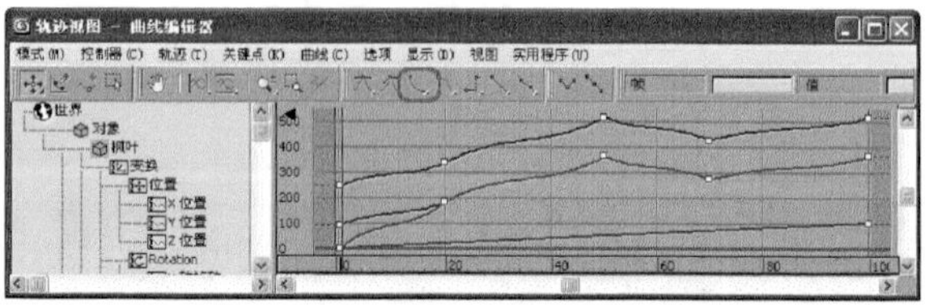

实战操作398 打开过滤器窗口

素材：Scene\Cha12\12-3.max　　场景：无

难度：★★★★★　　视频：视频\ Cha12\实战操作398.avi

下面介绍如何打开过滤器窗口。其操作步骤如下。

1 打开光盘中提供的素材文件12-3.max，选择场景中的枫叶对象，选择“图形编辑器”|“轨迹视图-曲线编辑器”命令，弹出“轨迹视图-曲线编辑器”对话框，选择“显示”|“过滤器”命令，如下图所示。

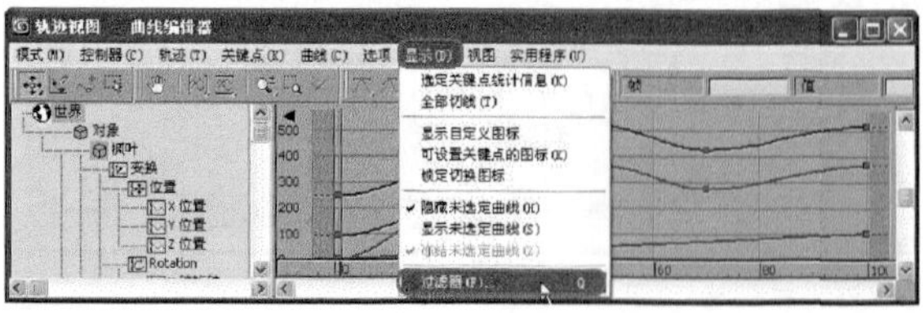

2 弹出“过滤器”对话框，如下图所示，即可打开过滤器窗口。

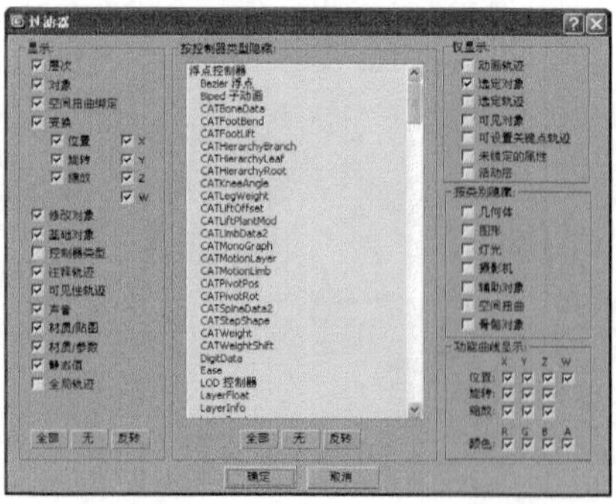

实战操作399　隐藏过滤器选项

素材：Scene\Cha12\12-3.max　　场景：无

难度：★★★★★　　视频：视频\ Cha12\实战操作399.avi

下面介绍如何隐藏过滤器窗口。其操作步骤如下。

1 打开光盘中提供的素材文件12-3.max，效果如下图所示。

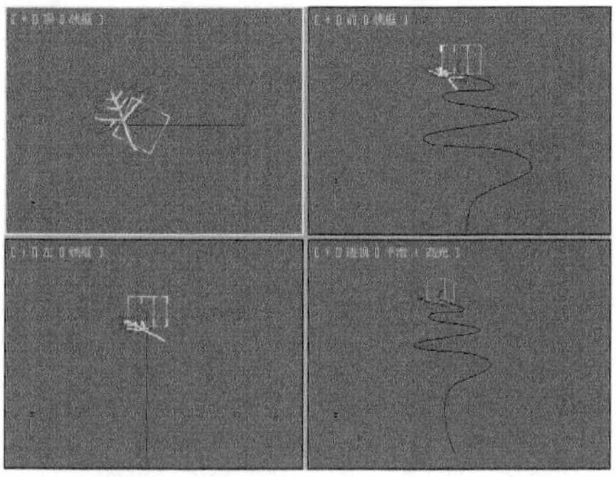

2 选择场景中的枫叶对象，选择“图形编辑器”|“轨迹视图-曲线编辑器”命令，弹出“轨迹视图-曲线编辑器”对话框，选择“显示”|“过滤器”命令，弹出“过滤器”对话框，如下图所示。

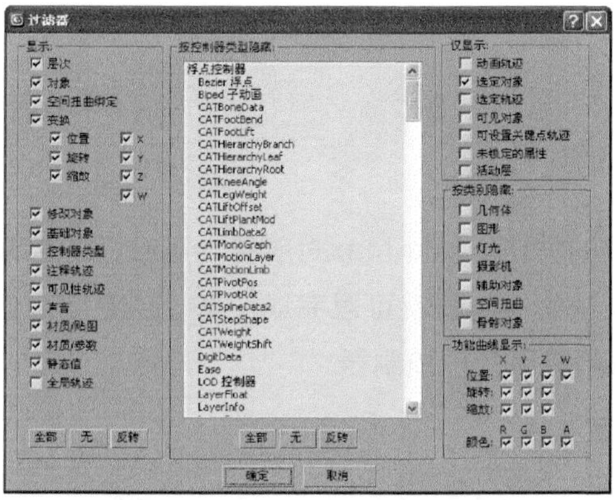

3 在“过滤器”对话框中，单击“显示”选项区中的“无”按钮，如下图所示，则“显示”选项区中的所有选中的复选框被取消选中。

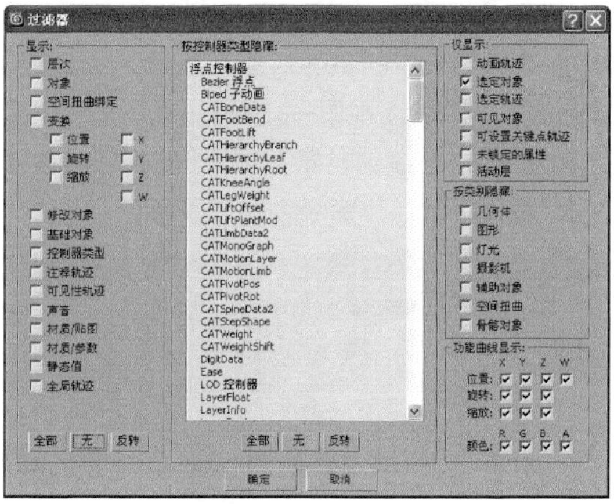

4 单击“确定”按钮，返回到“轨迹视图-曲线编辑器”对话框，则树形列表中的所有过滤器选项将被隐藏，如下图所示。

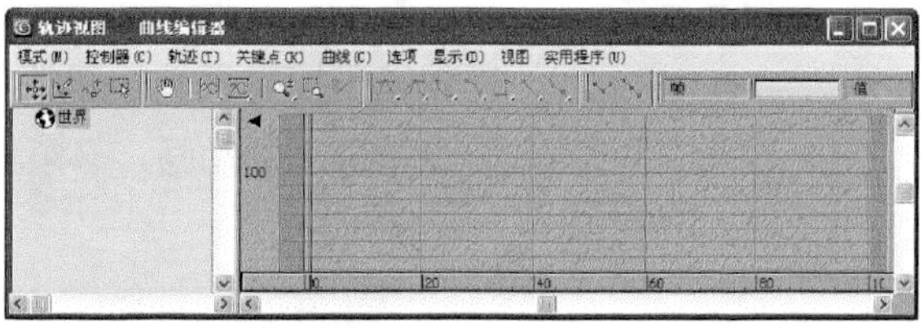

实战操作400　插入关键点

素材：Scene\Cha12\12-3.max　　场景：Scene\Cha12\实战操作400.max

难度：★★★★★　　视频：视频\ Cha12\实战操作400.avi

下面介绍如何插入关键点。其操作步骤如下。

1 打开光盘中提供的素材文件12-3.max，效果如下图所示。

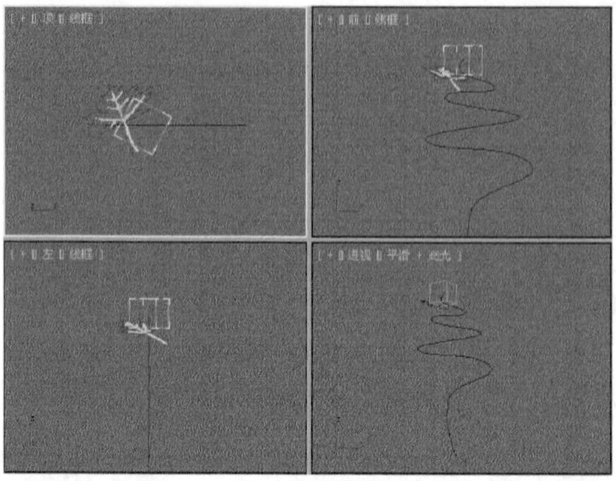

2 选择场景中的枫叶对象，选择“图形编辑器”|“轨迹视图-曲线编辑器”命令，弹出“轨迹视图-曲线编辑器”对话框，选择“关键点”|“插入关键点”命令，如下图所示。

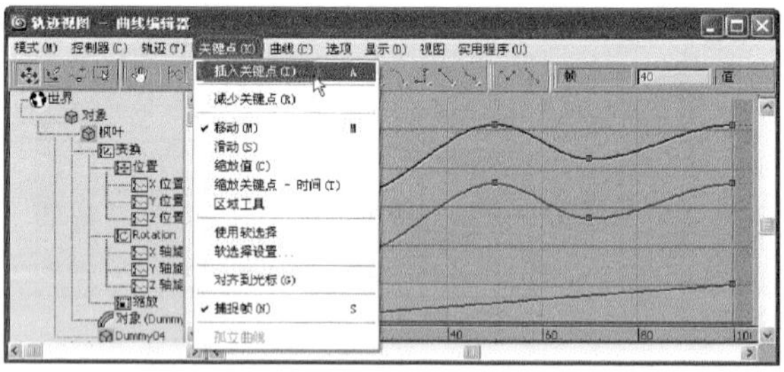

3 在“轨迹视图-曲线编辑器”窗口中的第40帧处，单击鼠标左键，如下图所示，即可插入关键点。

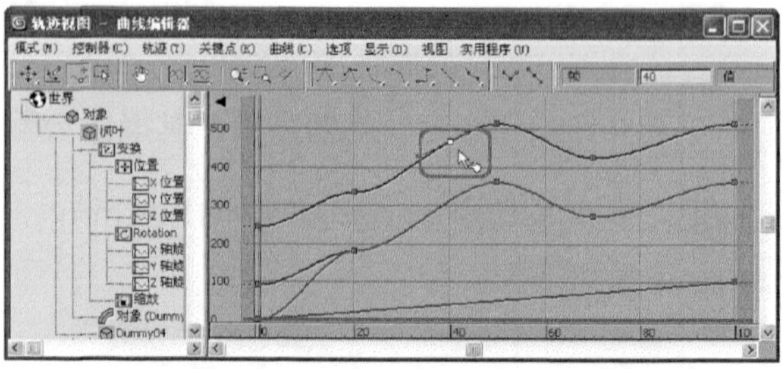

4 插入的关键点显示在轨迹栏上，效果如下图所示。

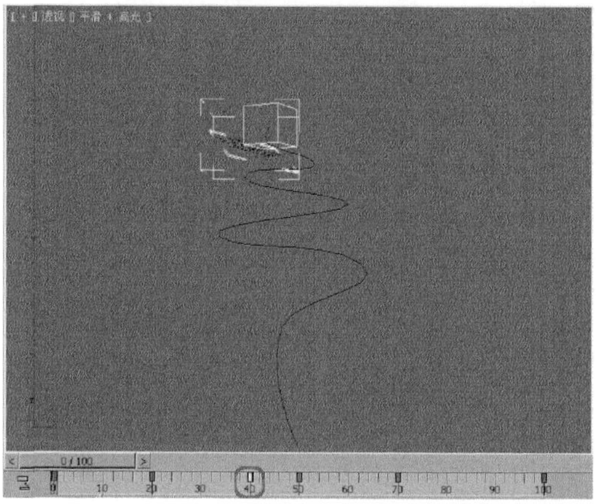

12.3 使用动画控制器和约束

控制器实际上是一种处理数据的方法，3ds Max对所有动画数据的控制都依赖于控制器。一般情况下，默认的控制器就可以完成任务，但是要想进一步精确控制动画，必须熟练掌握和使用各种控制器。

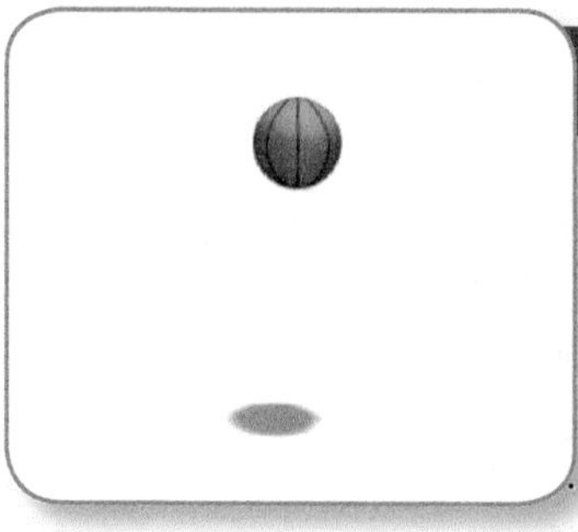

实战操作401 添加波形控制器

- 素材：Scene\Cha12\12-4.max
- 难度：★★★★★
- 场景：Scene\Cha12\实战操作401.max
- 视频：视频\ Cha12\实战操作401.avi

下面介绍如何添加波形控制器。其操作步骤如下。

1 打开光盘中提供的素材文件12-4.max，如下图所示。

2 选择篮球对象，单击“运动”面板上的“参数”按钮，在“指定控制器”卷展栏中单击“位置：位置XYZ”左侧的+号，在展开的树形列表中选择“Z位置：Bezier浮点”选项，并单击“指定控制器”按钮，如下图所示。

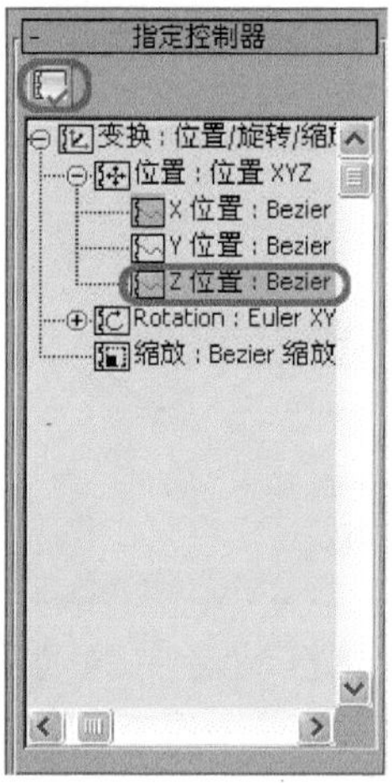

3 在弹出的“指定浮点控制器”对话框中，选择“波形浮点”选项，如下图所示。

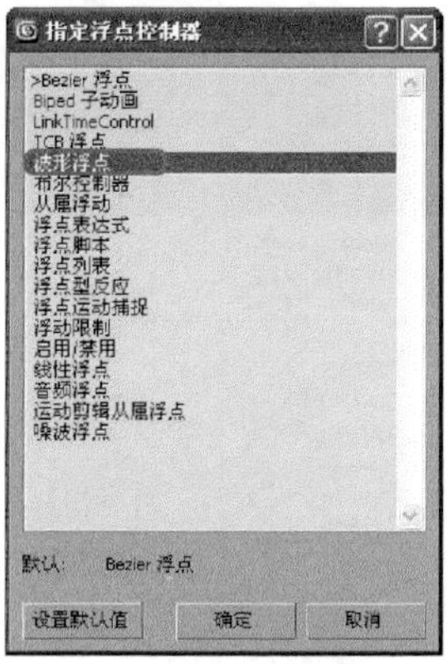

4 单击“确定”按钮，弹出“波形控制器：篮球\Z位置”对话框，在“波形”选项区中设置“周期”为25.0、“振幅”为300.0；在“效果”选项区中选中“钳制上方”单选按钮；在“垂直偏移”选项区中选中“自动>0”单选按钮，如下图所示。

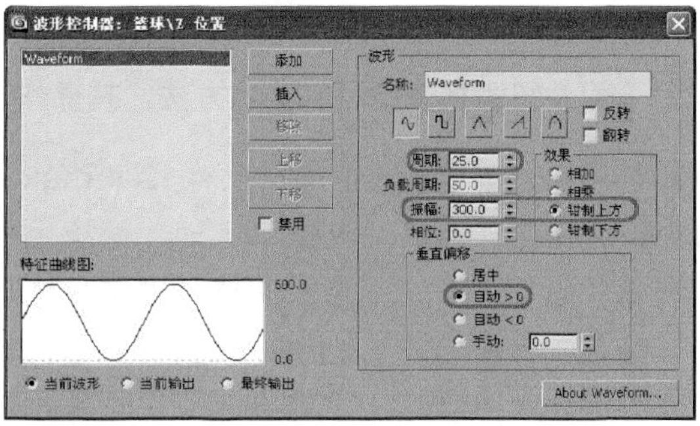

5 关闭“波形控制器：篮球\Z位置”对话框，返回到“指定控制器”卷展栏，即可添加波形控制器，如下图所示。

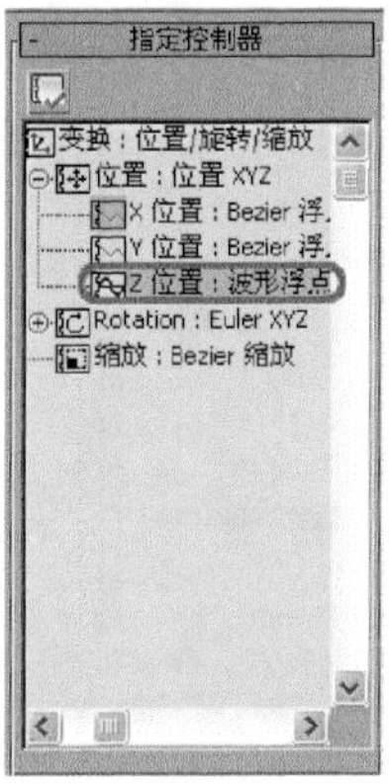

6 单击动画控制区中的“播放动画”按钮，当时间滑块滑至第35帧的位置时，效果如下图所示。

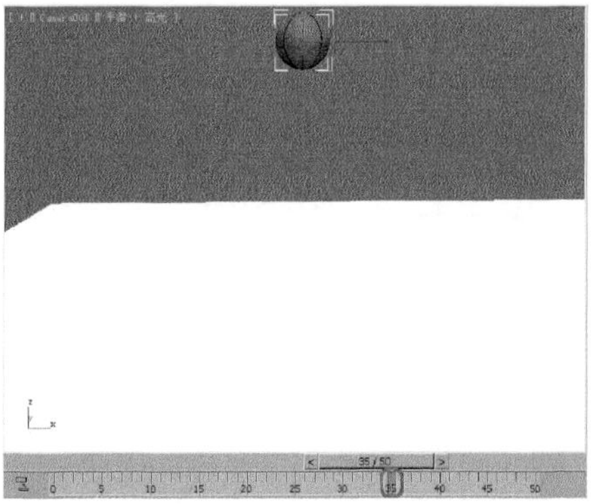

实战操作402 添加澡波控制器

- 素材：Scene\Cha12\12-4.max
- 难度：★★★★★
- 场景：Scene\Cha12\实战操作402.max
- 视频：视频\ Cha12\实战操作402.avi

下面介绍添加澡波控制器的方法。其操作步骤如下。

1 打开光盘中提供的素材文件12-4.max，选择篮球对象，单击“运动”面板上的“参数”按钮，在“指定控制器”卷展栏中单击“位置：位置XYZ”左侧的+号，在展开的树形列表中选择“Z位置：Bezier浮点”选项，并单击“指定控制器”按钮，弹出“指定浮点控制器”对话框，选择“澡波浮点”选项，如下图所示。

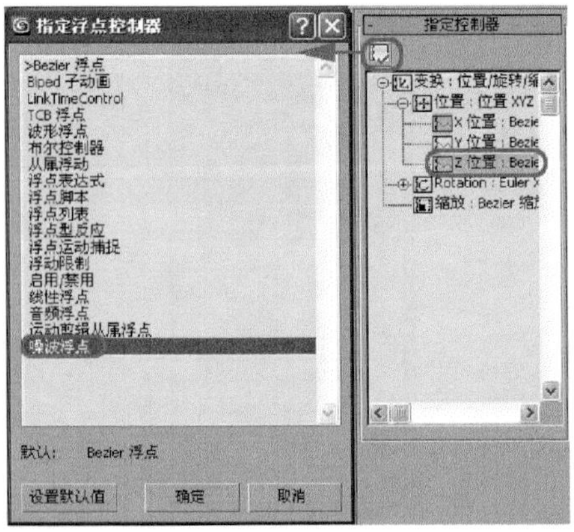

2 单击“确定”按钮，弹出“澡波控制器：篮球\Z位置”对话框，选中“强度”文本框右侧的复选框，并将“强度”设置为300.0，将“频率”设置为0.2，如下图所示。

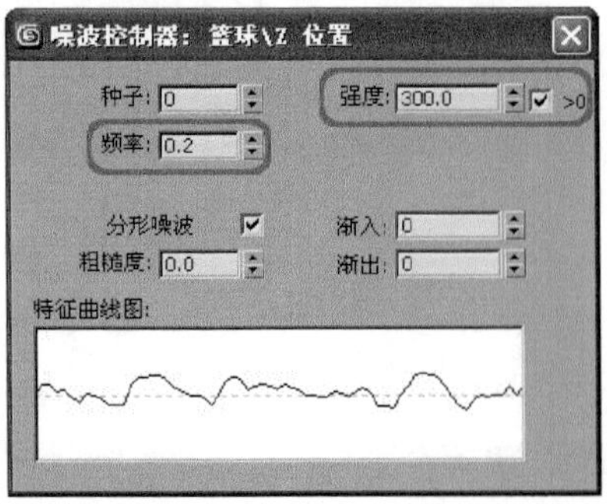

3 关闭“澡波控制器：篮球\Z位置”对话框，返回到“指定控制器”卷展栏，即可添加澡波控制器，如下图所示。

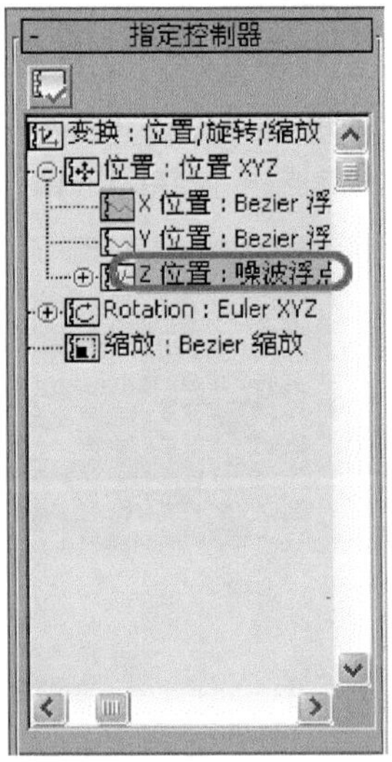

4 单击动画控制区中的“播放动画”按钮，当时间滑块滑至第20帧的位置时，效果如下图所示。

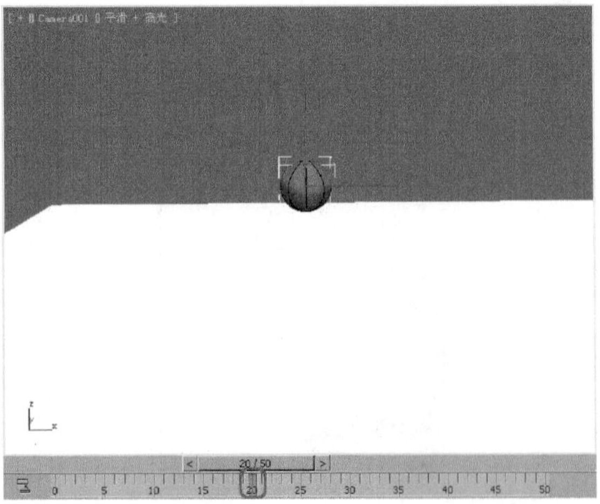

实战操作403 使用附着约束

- 素材：Scene\Cha12\12-5.max、12-6.max
- 难度：★★★★★
- 场景：Scene\Cha12\实战操作403.max
- 视频：视频\ Cha12\实战操作403.avi

附着约束是一种位置约束，它将一个对象的位置附着到另一个对象的面上。随着时间设置不同的附着关键点，可以在另一个对象的不规则曲面上设置对象位置的动画。使用附着约束的操作步骤如下。

1 重置一个新的3ds Max场景，打开素材文件12-5.max，如下图所示。

2 单击“ ”在弹出的下拉列表中选择“导入”|“合并”选项，导入素材文件12-6.max，弹出“合并-12-6.max”对话框，单击“全部”按钮，如下图所示。

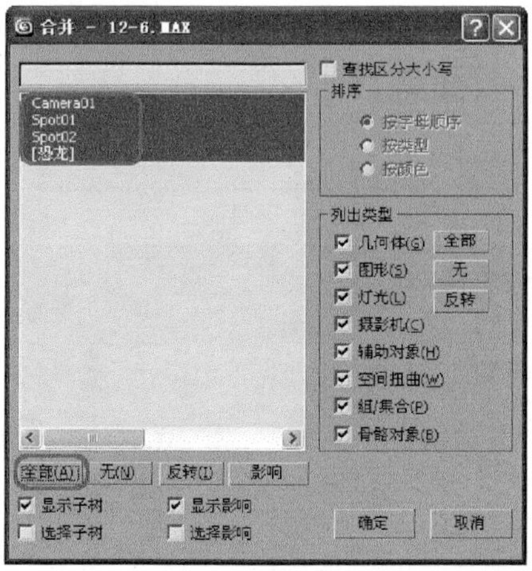

3 单击“确定”按钮，弹出“重复名称”对话框，如下图所示。单击“自动重命名”按钮，模型便导入到场景中了。

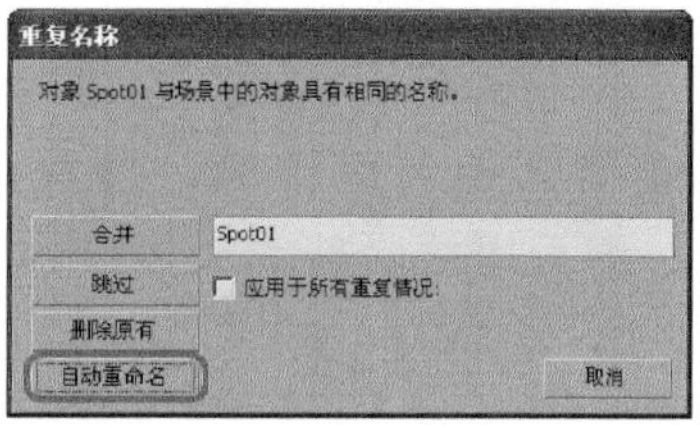

4 对模型进行缩放和位置调整，效果如下图所示。

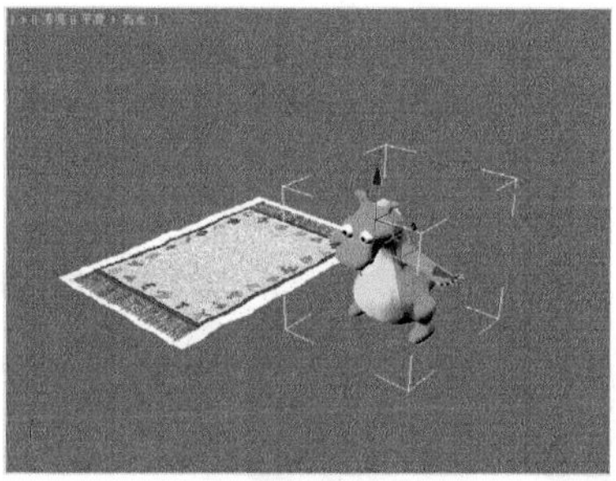

5 切换到“层次”命令面板，单击“调整轴”卷展栏中的“仅影响轴”选项，在视图中调整轴心的位置，如下图所示。调整完成后，关闭仅影响轴选项。

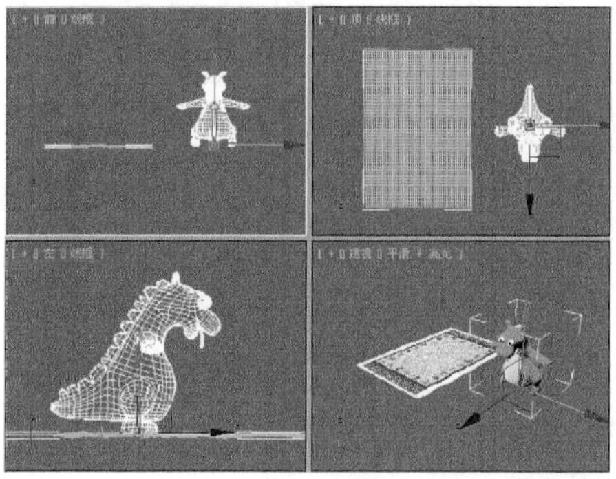

6 选择模型对象，选择“动画”|“约束”|“附着约束”命令，拖曳鼠标指针至飞毯上，释放鼠标，即可将模型附着约束在飞毯上，如下图所示。

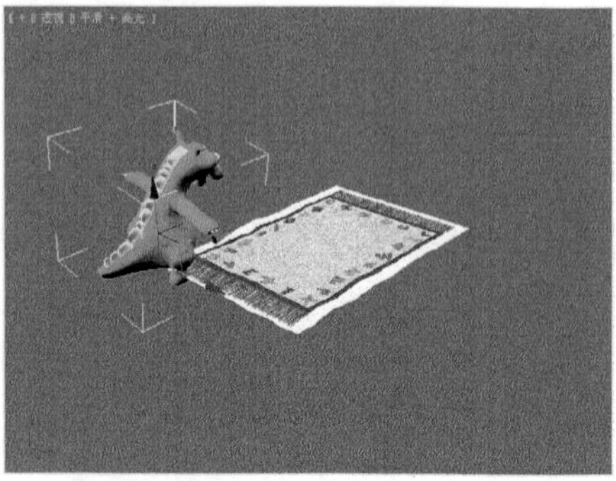

7 切换到“运动”命令面板，在“附着参数”卷展栏中取消选中“对齐到曲面”复选框，单击“设置位置”按钮，并设置“面”为2 260，则模型跟随改变位置，如下图所示。

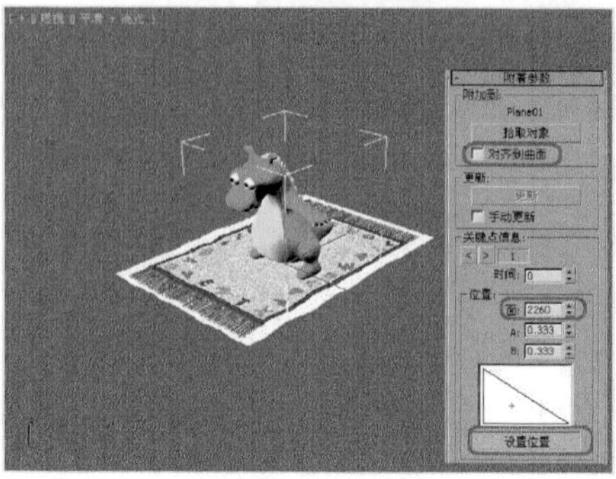

8 单击动画控制区中的“播放动画”按钮，即可播放附着约束效果的动画，如右图所示。

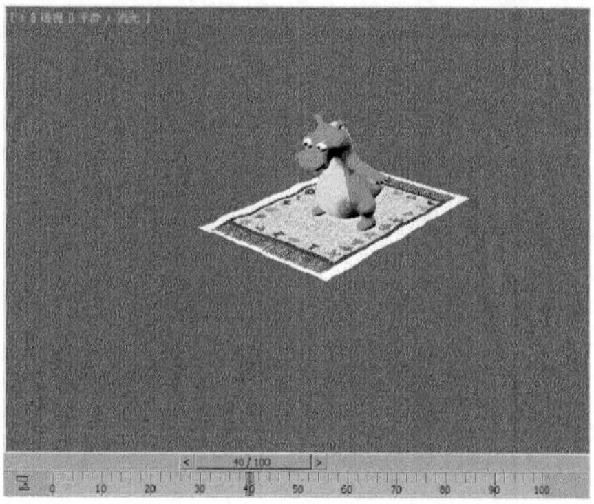

实战操作404 使用链接约束

素材：Scene\Cha12\12-7.max

难度：★★★★★

场景：Scene\Cha12\实战操作404.max

视频：视频\ Cha12\实战操作404.avi

下面介绍使用连接约束制作动画。其操作步骤如下。

1 打开光盘中的素材文件12-7.max，选择模型对象，选择“动画”|“约束”|“链接约束”命令，拖曳鼠标指针至飞毯上，释放鼠标，即可将模型连接在飞毯上，在“Link Params”卷展栏中显示连接的目标对象，如右图所示。

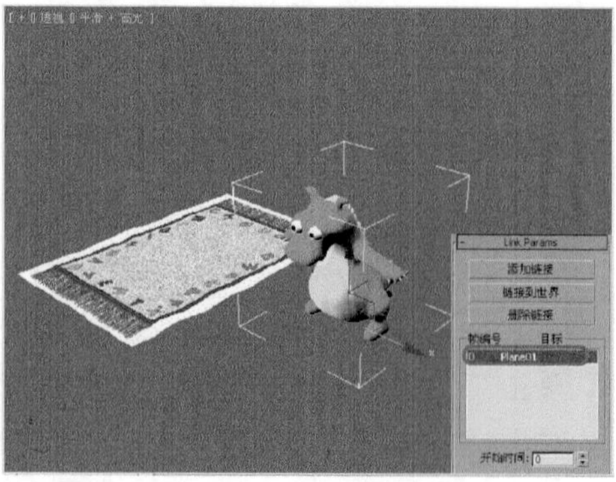

2 单击动画控制区中的“播放动画”按钮，即可观看连接约束效果的动画，当时间滑块滑至第50帧的位置时，效果如右图所示。

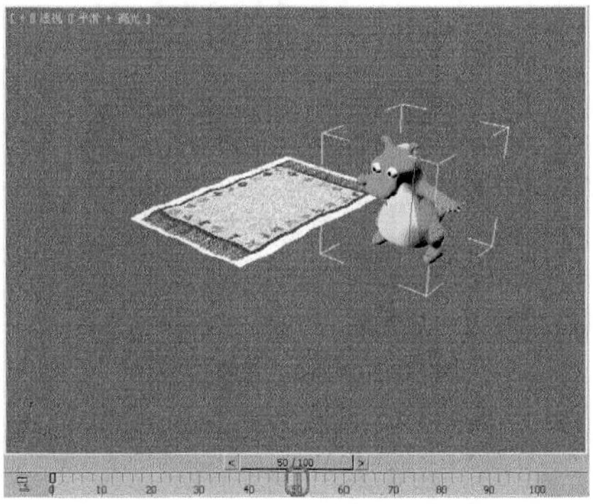

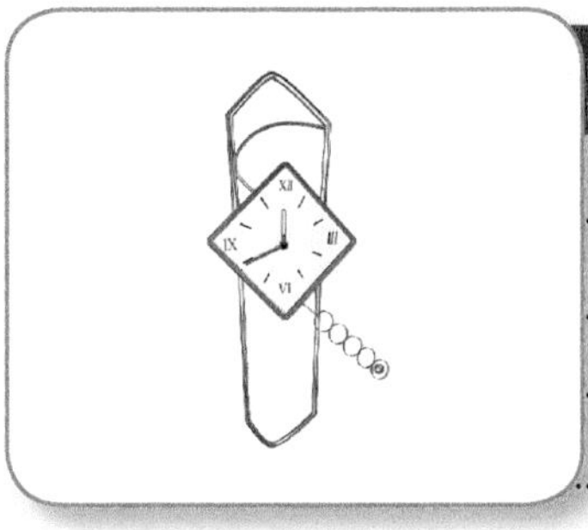

实战操作405 使用位置约束

素材：Scene\Cha12\12-8.max

难度：★★★★★

场景：Scene\Cha12\实战操作405.max

视频：视频\ Cha12\实战操作405.avi

下面介绍使用位置约束制作动画。其操作步骤如下。

1 打开光盘中的素材文件12-8.max，效果如下图所示。

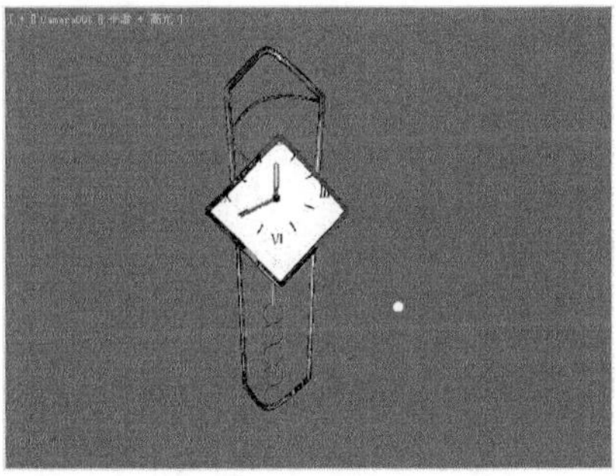

2 选择球体对象，选择“动画”|“约束”|“位置约束”命令，拖曳鼠标指针至下方的圆环对象上，如下图所示。

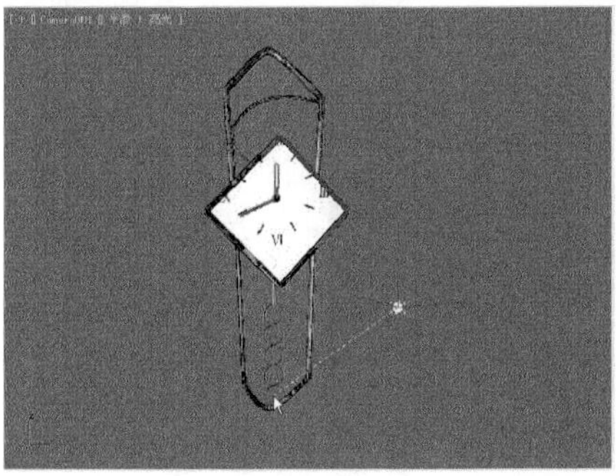

3 释放鼠标，即可把球体对象约束到圆环，创建位置约束，如下图所示。

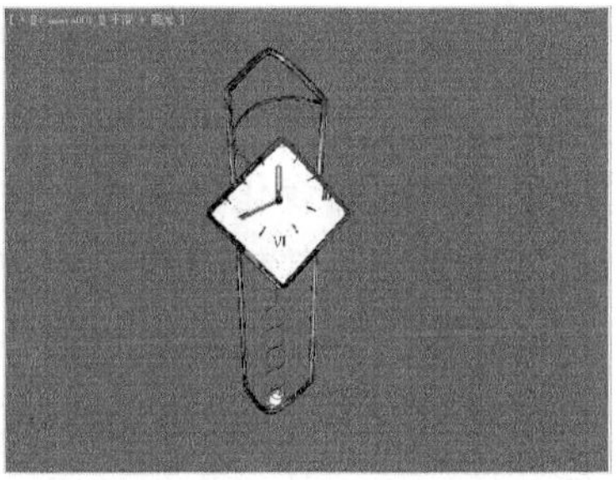

4 单击动画控制区中的“播放动画”按钮，当时间滑块滑至第10帧的位置时，效果如下图所示。

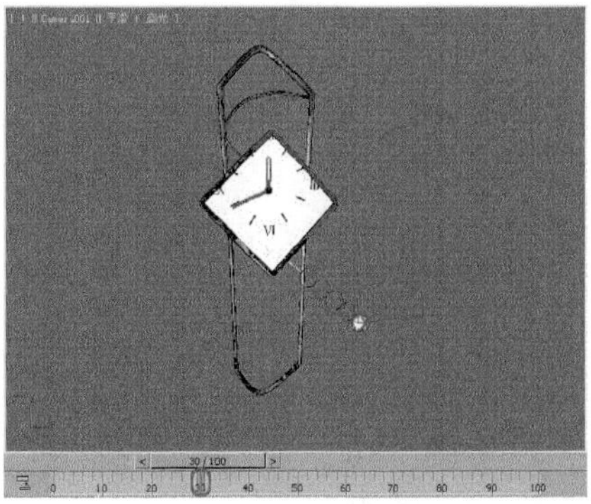

Chapter 13

第13章

粒子与空间扭曲

本章将介绍粒子系统和空间扭曲。粒子系统本身是一个对象，其中的粒子可以看做是它的子对象。粒子系统生成的粒子随时间的变化而变化，主要用于动画制作。空间扭曲能够创建力场使其他对象发生变形，可以创建涟漪、波浪、强风等效果。空间扭曲对象是一类在场景中影响其他物体的不可渲染的对象。希望通过本章的介绍使用户可以对其有一个简单的认识，并能将其掌握。

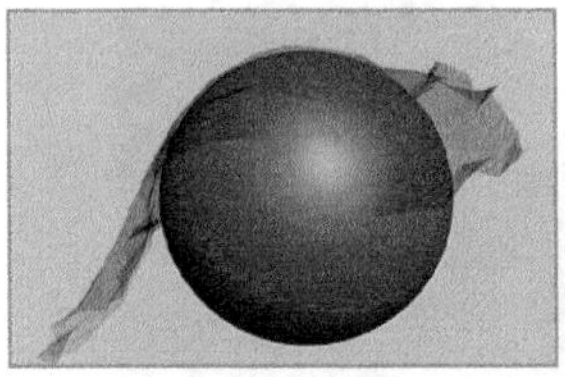

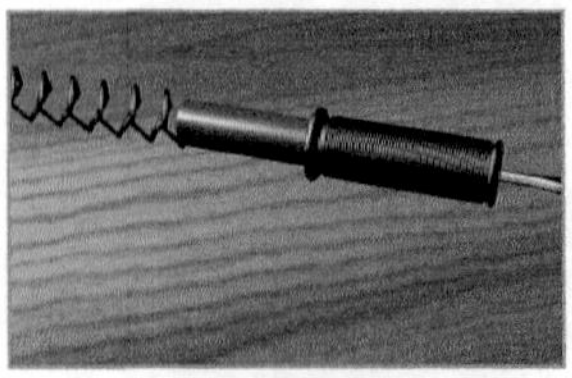

13.1 创建粒子系统

粒子系统是一个独立的造型系统，用来创建雨、雪、灰尘、泡沫、火花、气流等。它还可以将任何造型作为粒子，用来变现成群的蚂蚁、热带鱼、吹散的蒲公英等。粒子系统用于表现动态效果。与时间、速度的关系比较密切，粒子系统一般用来制作动画。

实战操作406 创建喷射

- 素材：无
- 难度：★★★★★
- 场景：Scene\Cha13\实战操作406.max
- 视频：视频\ Cha13\实战操作406.avi

发射垂直的粒子流，粒子可以是四面体尖锥，也可以是四方形面片。用来表示下雨、水管喷水、喷泉等效果，也可以表现彗星拖尾效果。这种粒子系统参数较少，易于控制。使用起来很方便，所有数值均可制作动画效果。创建喷射的操作步骤如下。

1 选择“创建” |“几何体” |“粒子系统”|“喷射”工具，如下图所示。

2 然后激活“顶”视图，在“顶”视图中创建喷射粒子系统，如下图所示。

提示

在设置参数时，少于渲染计数，可以提高适口的性能。

3 单击“修改”按钮 ，进入“修改”命令面板，在“参数”卷展栏“粒子”选项区中将“视口计数”和“渲染计数”都设置为40 000，将“水滴大小”、“速度”以及“变化”分别设置为2.3、31.5、0.8；将“计时”选项区中的“开始”、“寿命”分别设置为-50、100；将“发射器”选项区中的“宽度”和“长度”分别设置为1 500.0、600.0。并调整其位置，如下图所示。

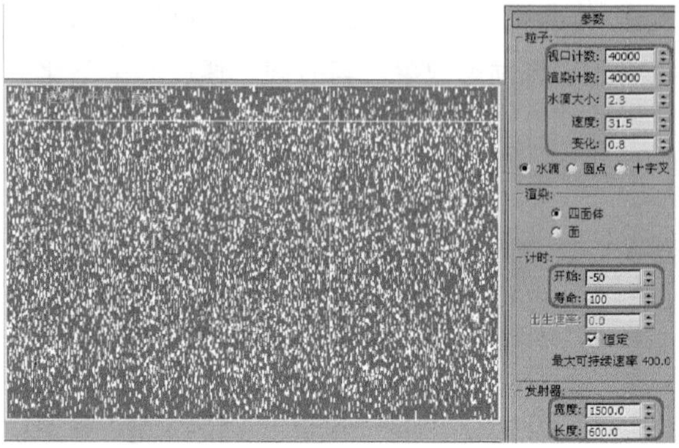

4 按8键，在打开的对话框中单击“背景”选项区中的“无”按钮，然后在“材质/贴图浏览器”对话框中选择“位图”贴图，单击“确定”按钮，选择随书附带光盘中的\Map\12.jpg，单击“打开”按钮，如下图所示。

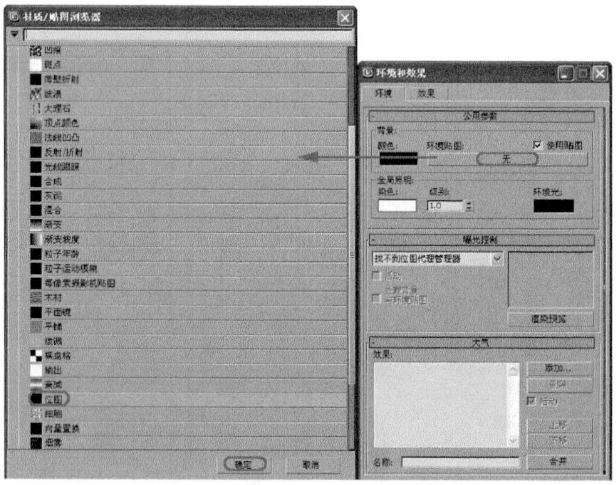

5 选择喷射粒子系统，单击鼠标右键，在弹出的快捷菜单中选择“对象属性”命令，在弹出的对话框中的“常规”选项卡“运动模糊”选项区，选中“图像”单选按钮，将“倍增”只设置为1.8，按Enter键确认。单击“确定”按钮，如下图所示。

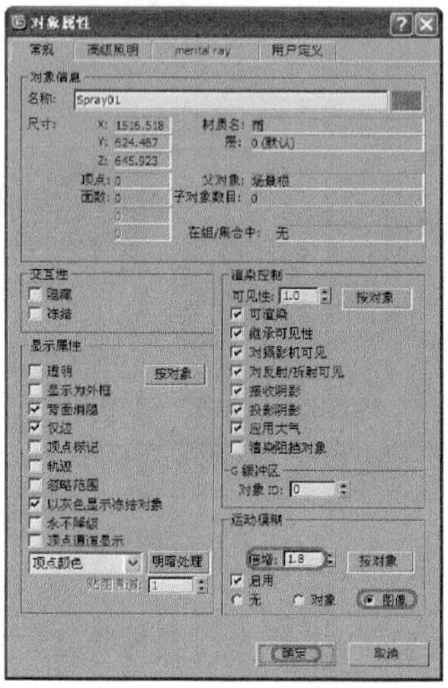

6 设置完成后，激活“透视”视图，在工具栏中单击，按F9键对所创建的喷射粒子进行快速渲染，渲染完成后的效果如下图所示。

实战操作407 创建雪粒子

素材：无

难度：★★★★★

场景：Scene\Cha13\实战操作407.max

视频：视频\ Cha13\实战操作407.avi

雪景与喷射几乎没有什么差别，只是粒子的形态可以是六角形面片，以模拟雪花，而且增加了翻滚参数，控制每朵雪片在落下的同时进行翻滚运动。雪景系统不仅可以用来模拟下雪，还可以将多维材质指定给它，产生五彩缤纷的碎片下落效果，常用来增添节日的喜庆气氛；如果将雪花向上发射，可以表现从火中升起的火星效果。创建雪粒子的操作步骤如下。

1 选择“创建”｜“几何体”｜“粒子系统”｜“雪”工具，如下图所示。

2 然后激活“顶”视图，在“顶”视图中创建雪粒子系统，如下图所示。

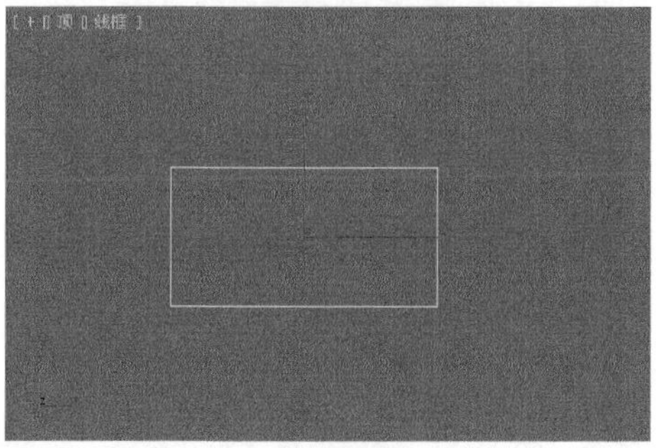

3 单击“修改”按钮，进入“修改”命令面板，在“参数”卷展栏中的“粒子”选项区中，将“视口计数”和“渲染计数”分别设置为1 500和1 500，将“雪花大小”和“速度”分别设置为2.0和8.5；将“发射器”选项区中的“宽度”和“长度”都设置为400.0；将“渲染”选项区中的渲染类型设置为“面”；将“计时”选项区中的“开始”、“寿命”分别设置为-60、100。调整时间滑块到30帧处，即可出现雪粒子，如下图所示。

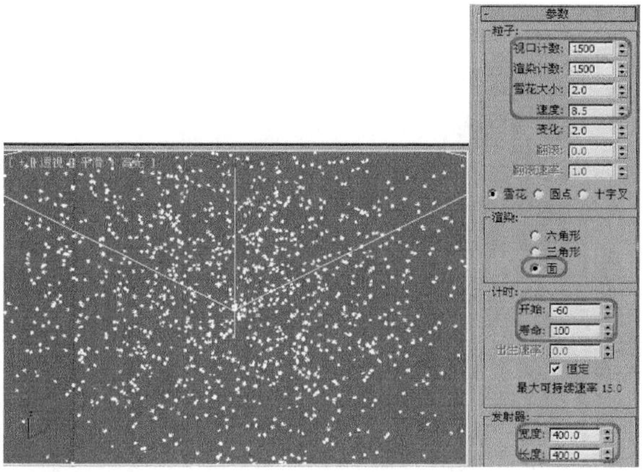

4 按8键，在打开的对话框中单击“背景”选项区中的“无”按钮，然后在“材质/贴图浏览器”对话框中选择“位图”贴图，单击“确定”按钮，选择随书附带光盘中的\Map\15.jpg，单击“打开”按钮，如下图所示。

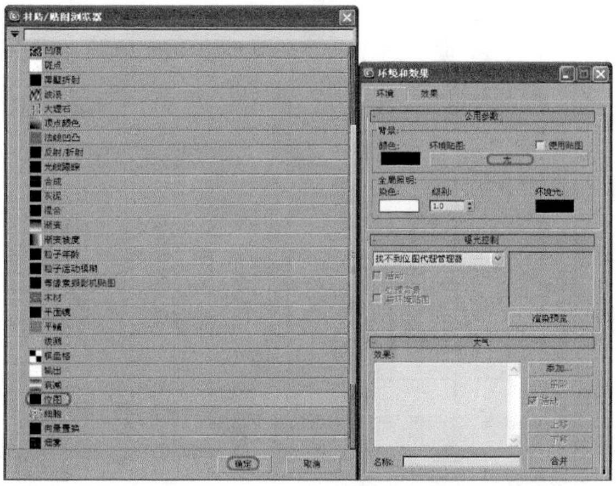

5 在工具栏中单击“材质编辑器”按钮，选择第一个样本球，将其命名为“雪粒子”，在“Blinn基本参数”卷展栏中将“环境光”和“漫反射”的RGB值设置为183、183、183，单击“确定”按钮。选中“自发光”选项区中的“颜色”复选框，将“颜色”的RGB值设置为196、196、196，单击“确定”按钮，

如下图所示。

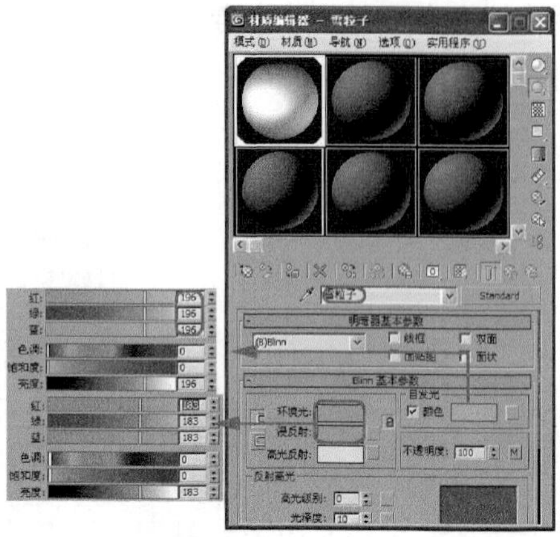

6 打开“贴图”卷展栏，单击“不透明度”通道后面的“None”按钮，在弹出的“材质/贴图浏览器”对话框中选择“渐变坡度”贴图，单击“确定”按钮，如下图所示。

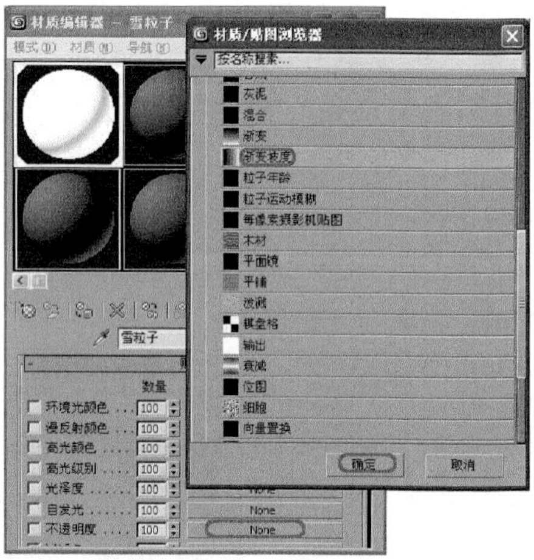

7 进入“渐变坡度”材质层级。在“渐变坡度”参数卷展栏中设置将“渐变类型”设置为“径向”，将“插值”定义为“线性”，然后再打开“输出”卷展栏，选中“反转”复选框，如下图所示。

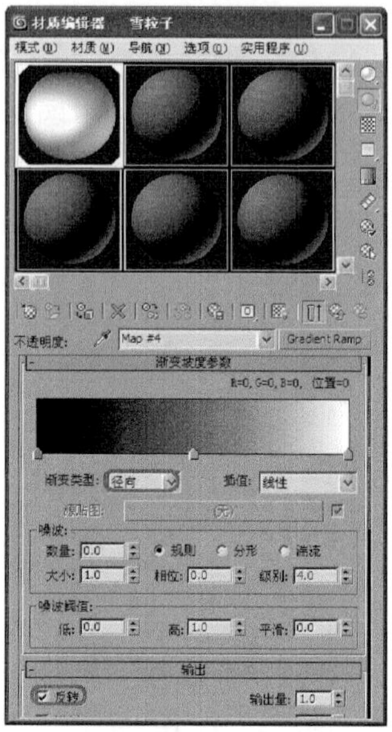

8 激活“透视”视图，确认时间滑块在30帧位置，然后按F9键对所创建的雪粒子进行快速渲染，渲染完成后的效果如下图所示。

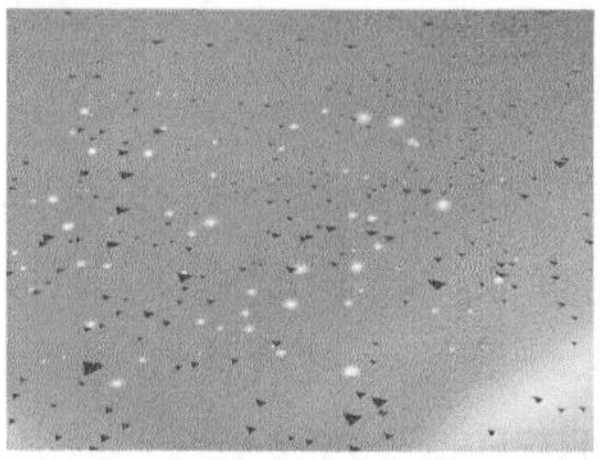

实战操作408 创建粒子云

- 素材：无
- 难度：★★★★★
- 场景：Scene\Cha13\实战操作408.max
- 视频：视频\Cha13\实战操作408.avi

“粒子云”粒子系统限制一个空间，在空间内部产生粒子效果。下面介绍粒子云的创建，其操作步骤如下。

1 选择“创建” | “几何体” | “粒子系统” | “粒子云”工具，然后激活“顶”视图，在“顶”视图中创建粒子云粒子系统，如下图所示。

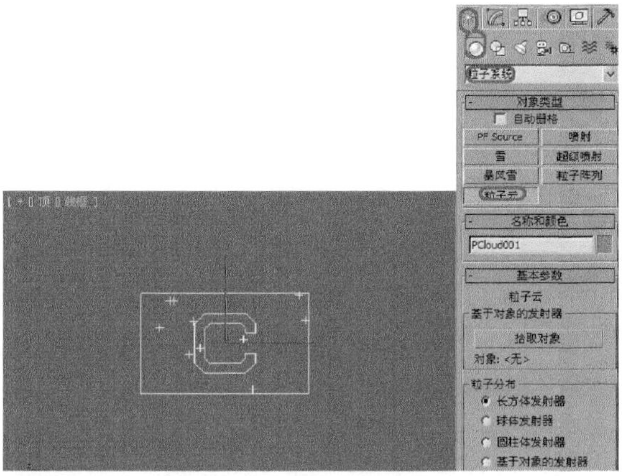

2 单击“修改”按钮，进入“修改”命令面板，在“基本参数”卷展栏的“显示图标”选项区中将“半径/长度”、“宽度”、“高度”分别设置为90.0、150.0、60.0；将“粒子生成”卷展栏中“粒子计时”选项区中的“发射开始”、“发射停止”分别设置为-10和80。如右图所示。

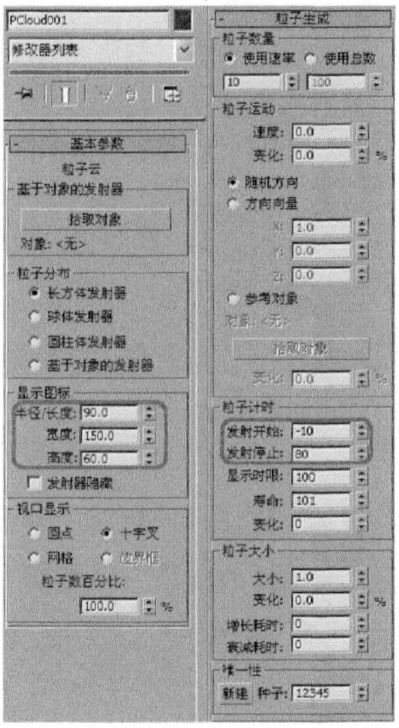

3 按8键，在打开的对话框中单击“背景”选项区中的“无”按钮，然后在“材质/贴图浏览器”对话框中选择“位图”贴图，单击“确定”按钮，选择随书附带光盘中的\Map\121.jpg，单击“打开”按钮，如下图所示。

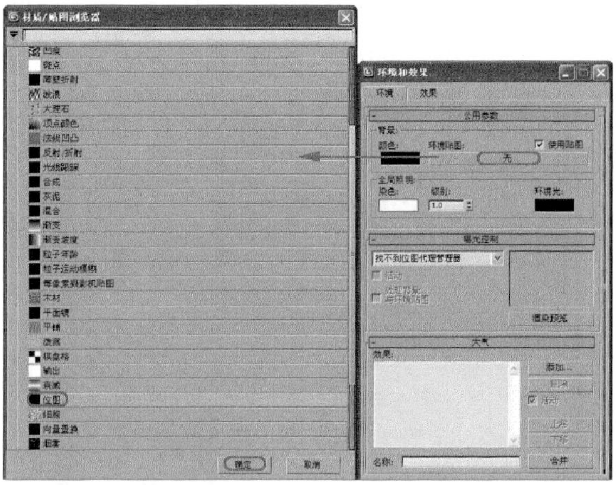

4 激活“透视”视图，将时间滑块调整到40帧处，按F9键对所创建的粒子云进行快速渲染，渲染完成后的效果如下图所示。

实战操作409 创建超级喷射

- 素材：无
- 难度：★★★★★
- 场景：Scene\Cha13\实战操作409.max
- 视频：视频\Cha13\实战操作409.avi

从一个点向外发射粒子流，与“喷射”粒子系统相似，但功能更为强大、复杂。它只能由一个出发点发射，产生线型或锥形的粒子群形态。在其他的参数控制上，与“粒子阵列”几乎相同，既可以发射标准基本体，还可以发射其他替代对象。通过参数控制，可以实现喷射、拖尾、拉长、气泡晃动、自旋等多种特殊效果。常用来制作水管喷水、喷泉、瀑布等特效。创建超级喷射的操作步骤如下。

1 选择“创建”|“几何体”|“粒子系统”|“超级喷射”工具。然后激活“顶”视图，在“顶”视图中创建超级喷射粒子系统，如下图所示。

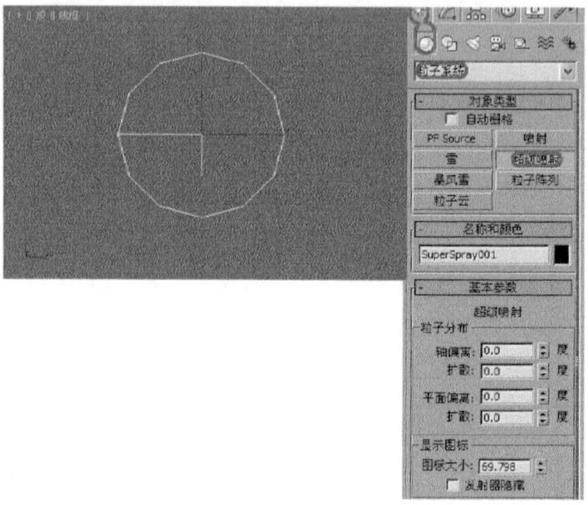

2 单击“修改”按钮，进入“修改”命令面板，将“基本参数”卷展栏“粒子分布”选项区中的“扩散”设置为180.0；将“显示图标”选项区中的“图标大小”设置为1 000.0；将“粒子生成”卷展栏中“粒子数量”下“使用速率”的值设置为50；将“粒子运动”选项区中的“速度”设置为200.0；“粒子计时”选项区中的“发射停止”设置为100；将“粒子大小”选项区中的“大小”设置为80.0，如下图所示。

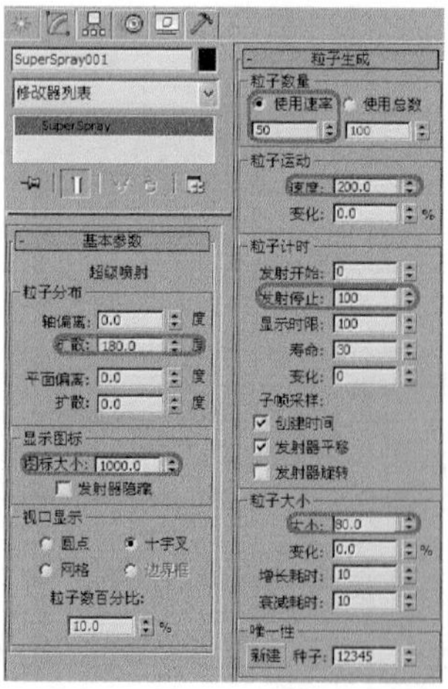

3 按8键，打开“环境和效果”对话框，在打开的对话框中单击“背景”选项区中的“无”按钮，弹出“材质/贴图浏览器”对话框，然后在“材质/贴图浏览器”对话框中选择“位图”贴图，单击“确定”按钮，在弹出的对话框中选择随书附带光盘中的\Map\179.jpg，单击“打开”按钮，如下图所示。

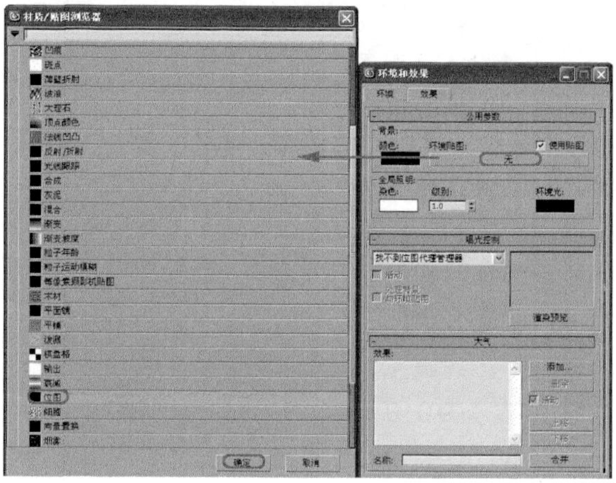

4 激活“透视”视图，将时间滑块调整到30帧处，按F9键对所创建的超级喷射进行快速渲染，渲染完成后的效果如下图所示。

13.2 创建空间扭曲

空间扭曲是一类特殊的力场，施加了这类力场作用后的场景，可用来模拟自然界的各种动力效果，使物体的运动规律与现实更加贴近。空间扭曲对象是一类在场景中影响其他物体的不可渲染对象，它们能够创建力场使其他对象发生变形，可以创建涟漪、波浪、强风等效果，不过空间扭曲改变的是场景空间，而修改器改变的是物体空间。

实战操作410 创建漩涡

- 素材：Scene\Cha13\13-1.max
- 难度：★★★★★
- 场景：Scene\Cha13\实战操作410.max
- 视频：视频\Cha13\实战操作410.avi

“漩涡”空间扭曲将力应用于粒子系统，使它们在急转的漩涡中旋转，然后让它们向下移动成一个长而窄的喷流或者漩涡井。漩涡在创建黑洞、涡流、龙卷风和其他漏斗状对象时很有用。创建漩涡的操作步骤如下。

1 单击按钮，在弹出的下拉列表中选择“打开”选项，打开13-1.max素材文件，如下图所示。

2 选择“创建”|“空间扭曲”|“力”|“漩涡”工具。然后激活“前”视图，在“前”视图中创建漩涡，如下图所示。

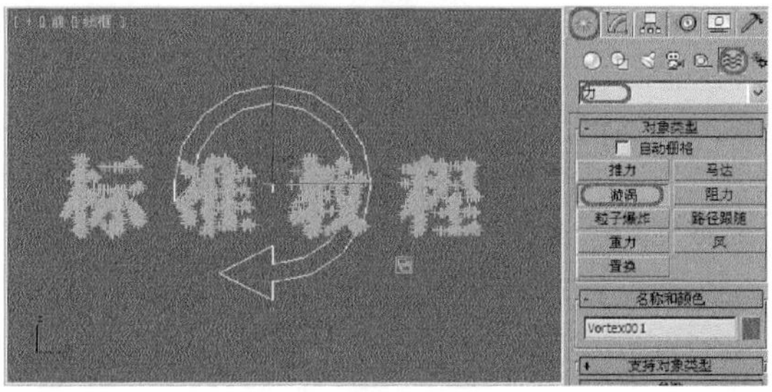

3 单击“修改”按钮，进入“修改”命令面板，在“参数”卷展栏中将“显示”选项区中的“图标大小”设置为130，按Enter键确认，如下图所示。

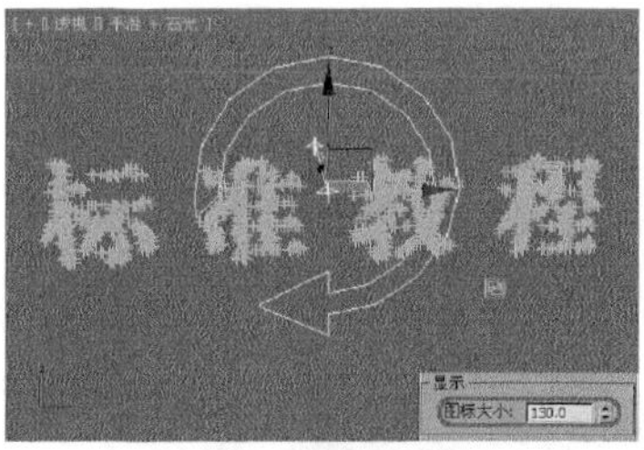

4 激活“透视”视图，将时间滑块调整到19帧处，按F9键对所创建的超级喷射进行快速渲染，渲染完成后的效果如下图所示。

实战操作411 调整旋涡

素材：Scene\Cha13\13-2.max

难度：★★★★★

场景：Scene\Cha13\实战操作411.max

视频：视频\Cha13\实战操作411.avi

在创建完成旋涡后，可以对创建的“旋涡”进行调整，其操作步骤如下。

1 单击按钮，在弹出的下拉列表中选择“打开”选项，打开13-2.max素材文件，如下图所示。

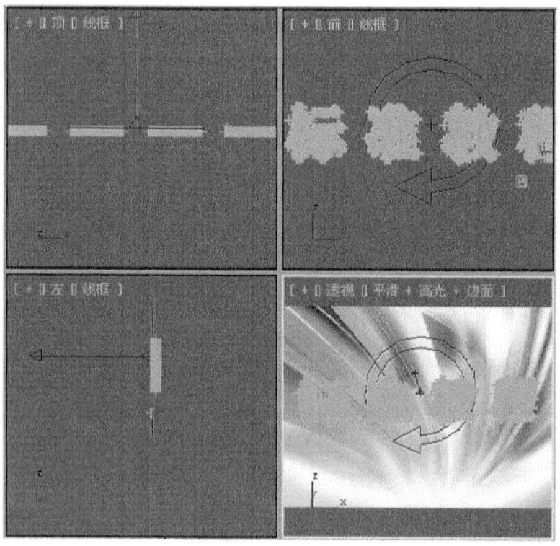

2 选择文本对象，单击“修改”按钮，进入“修改”命令面板，在“设置”选项区中单击“粒子视图”按钮，如下图所示。

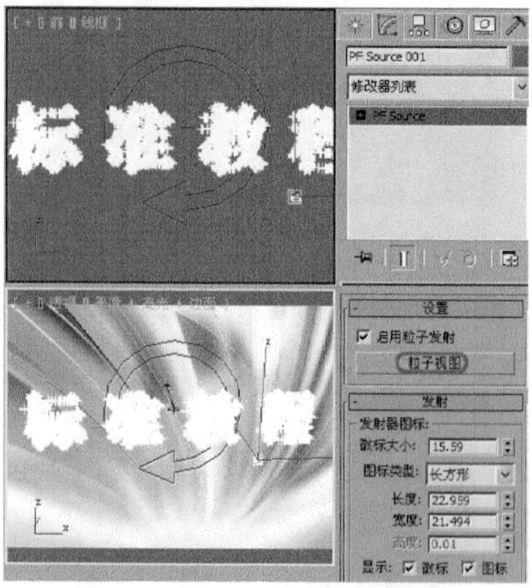

3 弹出“粒子视图”对话框，在该对话框中选择“Force”选项并拖曳至上方的“事件显示”中，如下图所示。

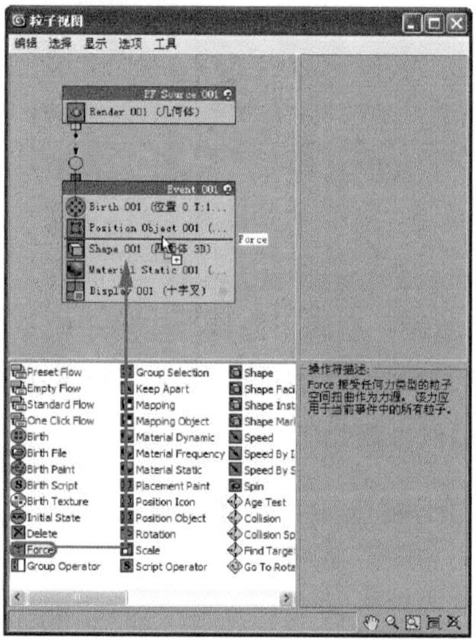

4 释放鼠标，选择“Force”选项，在右侧的“参数”面板上单击“添加”按钮，移动鼠标指针至视图中，单击旋涡图标，如下图所示。

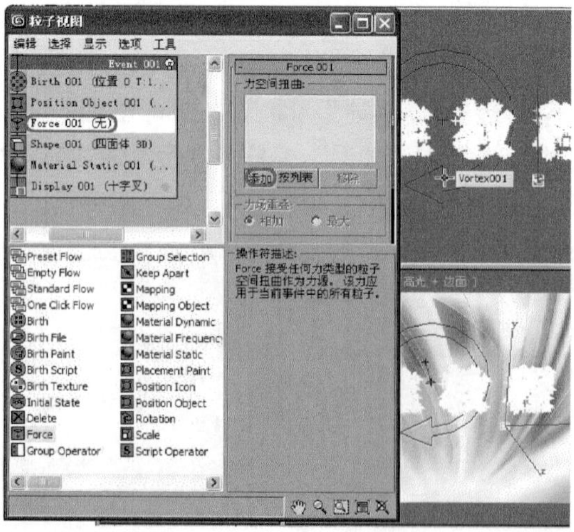

5 单击“关闭”按钮，将时间滑块调整到16帧处，激活“透视”视图，按F9键对场景快速渲染，效果如下图所示。

6 再次调整时间滑块，将时间滑块调整到37帧处，激活“透视”视图，按F9键对场景快速渲染，效果如下图所示。

实战操作412 创建风

- 素材：Scene\Cha13\13-3.max
- 难度：★★★★★
- 场景：Scene\Cha13\实战操作412.max
- 视频：视频\Cha13\实战操作412.avi

沿着指定的方向吹动离子或对象。“风”可以模拟风吹动粒子系统所产生的粒子效果。风力具有方向性。常用于表现斜风细雨，在球形风力情况下，运动朝向或背离图标。创建风的操作步骤如下。

1 单击按钮，在弹出的下拉列表中选择“打开”选项，打开13-3.max素材文件，选择“创建”|“空间扭曲”|“力”|“风”工具，如下图所示。

2 然后激活“左”视图，在“左”视图中创建“风”，创建完成后如下图所示。

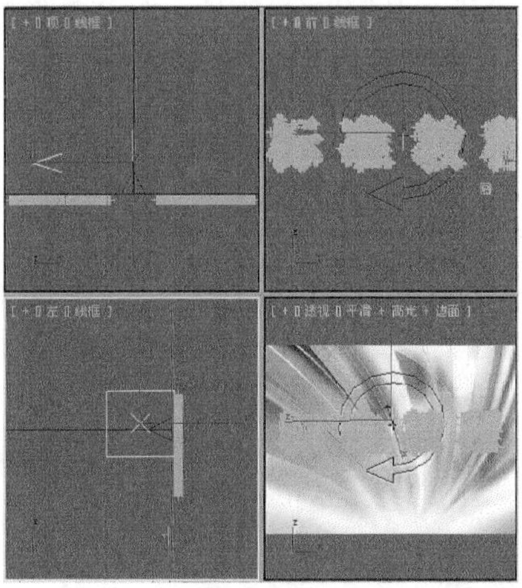

3 单击工具栏中的“镜像”按钮，弹出“镜像：屏幕 坐标”对话框，在“镜像轴”选项区中选中“Z”单选按钮，单击“确

定”按钮，如下图所示。

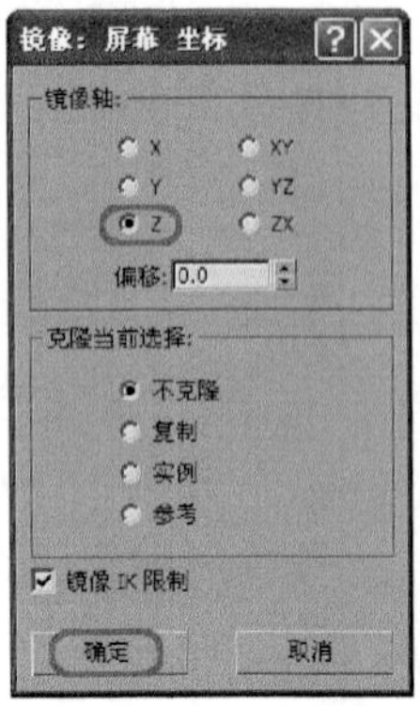

4 在“参数”卷展栏中，将“显示”选项区中的“图标大小”设置为40.0，按Enter键确认，这样就可以创建风了，如下图所示。

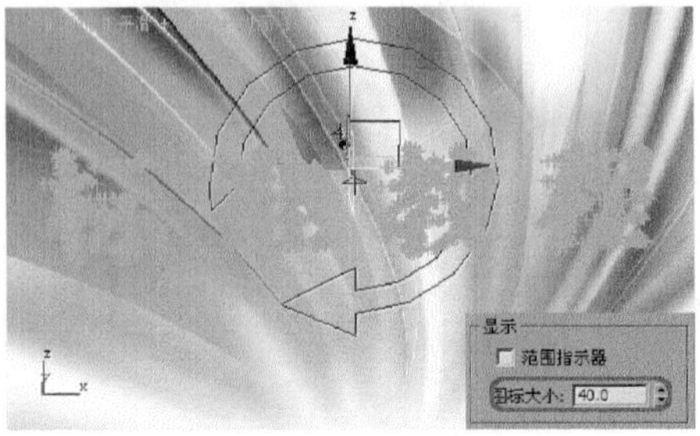

实战操作413 调整风

素材：Scene\Cha13\13-4.max

难度：★★★★★

场景：Scene\Cha13\实战操作413.max

视频：视频\Cha13\实战操作413.avi

在创建完成风空间扭曲以后，需要对风进行调整，其操作步骤如下。

1 单击按钮，在弹出的下拉列表中选择“打开”选项，打开13-4.max素材文件，选择“风”对象，在工具栏中单击“选择并旋转”按钮，弹出“旋转变换输入”对话框，在“绝对：世界”选项区中“X”后的微调框中输入50，按Enter键确认，如下图所示。

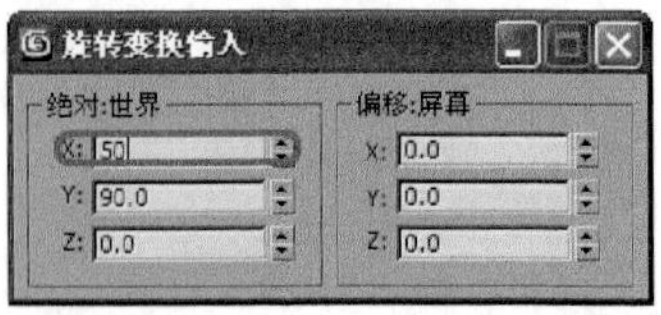

2 单击“关闭”按钮，关闭该对话框，在“左”视图中选择“风”对象，并向下拖曳至合适位置，如下图所示。

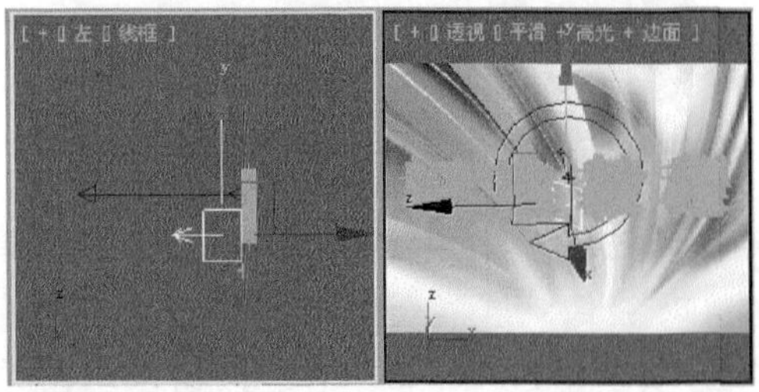

3 选择文本对象，单击“修改”按钮，进入“修改”命令面板，在“设置”选项区中单击“粒子视图”按钮，如下图所示。

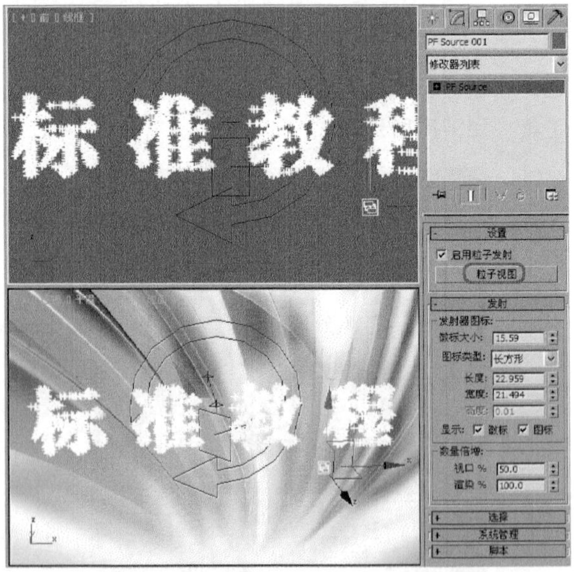

4 弹出“粒子视图”对话框，在该对话框中选择“Force”选项，然后在右侧的

“Force 001”卷展栏中单击“添加”按钮，移动鼠标指针至视图中，单击风图标，如下图所示。

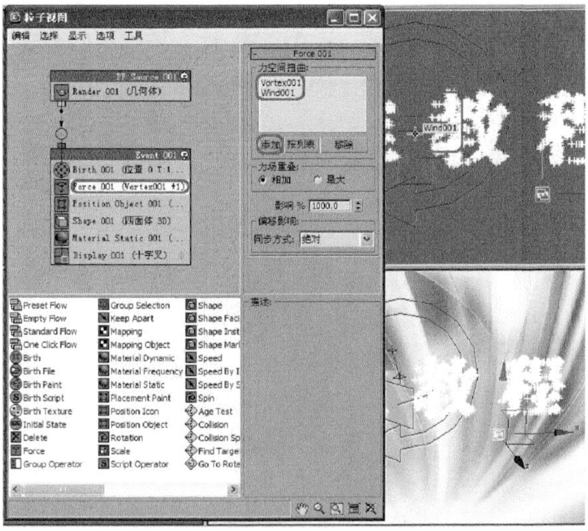

5 单击“关闭”按钮，将时间滑块调整到13帧处，激活“透视”视图，按F9键对场景快速渲染，效果如下图所示。

6 再次调整时间滑块，将时间滑块调整到17帧处，激活“透视”视图，按F9键对场景快速渲染，效果如下图所示。

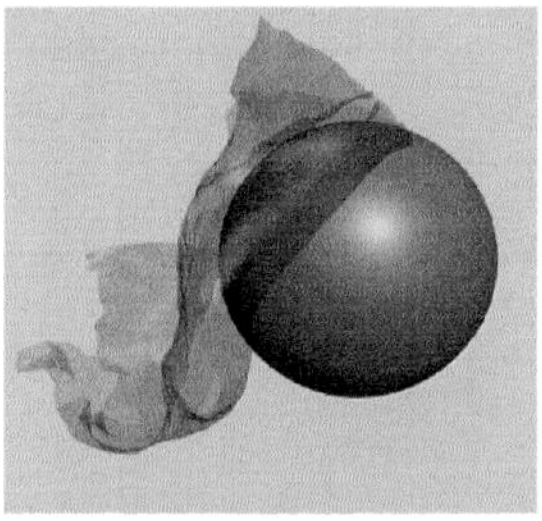

实战操作414 创建重力

素材：Scene\Cha13\13-5.max

难度：★★★★★

场景：无

视频：视频\Cha13\实战操作414.avi

“重力”可以在粒子系统所产生的粒子上对自然重力的效果进行模拟。重力具有方向性，沿重力箭头方向运动的粒子呈加速状，逆着箭头方向运动的粒子呈减速状。在球形重力下，运动朝向图标。重力也可以作为动力学模拟中的一种效果。创建重力的操作步骤如下。

1 单击按钮，在弹出的下拉列表中选择“打开”选项，打开13-5.max素材文件，选择“创建”|“空间扭曲”|“力”|“重力”工具，如右图所示。

2 然后激活“顶”视图，创建重力，在“参数”卷展栏“显示”选项区中将其“图标大小”设为100，按Enter键确认，并调整其位置，完成后的效果如下图所示。

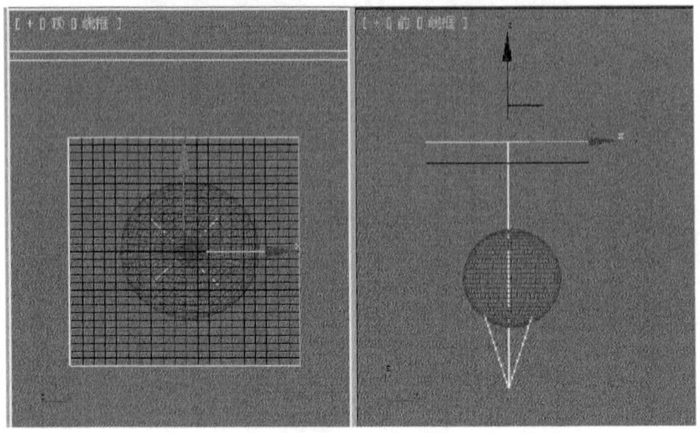

3 选中“丝绸”对象，单击“修改”按钮，进入“修改”命令面板，在“力和导向器”卷展栏中的“力”选项区中单击“添加”按钮，在场景中为“丝绸”添加重力，如右图所示。

4 激活“透视”视图，将时间滑块调整到30帧处，按F9键对动画进行渲染，完成后的效果如下图所示。

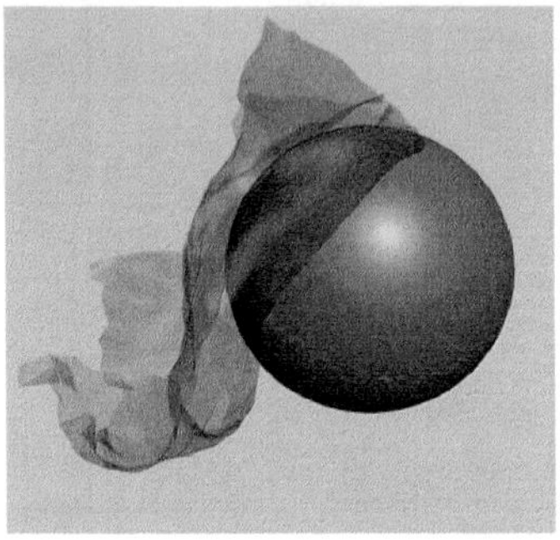

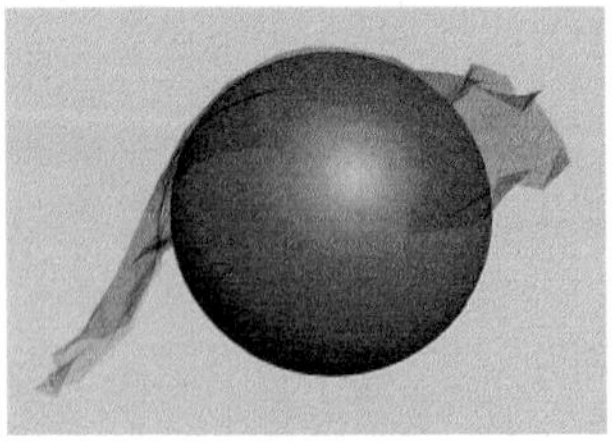

实战操作415 调整重力

素材：Scene\Cha13\13-6.max

难度：★★☆☆☆

场景：Scene\Cha13\实战操作415.max

视频：视频\Cha13\实战操作415.avi

在场景中创建完重力以后，需要对它进行调整，其操作步骤如下。

1 单击按钮，在弹出的下拉列表中选择“打开”选项，打开13-6.max素材文件，在场景中选择“重力”对象，如下图所示。

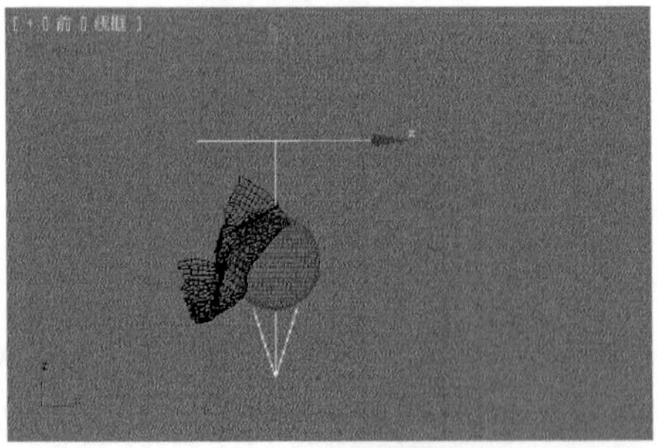

2 单击“修改”按钮，进入“修改”命令面板，然后将“参数”卷展栏中“力”选项区中的“强度”设置为0.1，按Enter键确认；将“显示”选项区中的“图标大小”设置为40.0，按Enter键确认，并调整其位置，完成后的效果如下图所示。

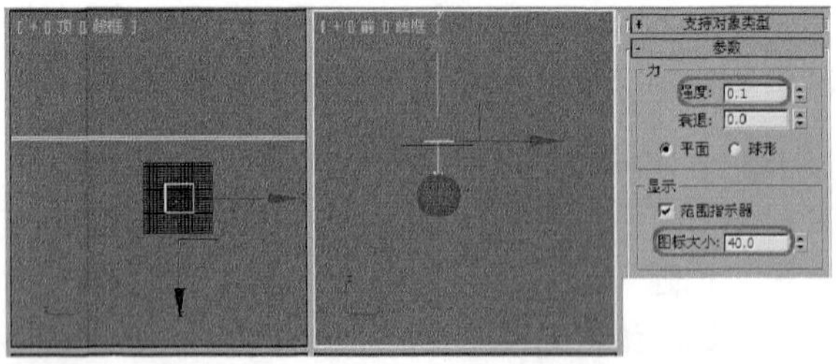

3 激活“透视”视图，将时间滑块调整到63帧处，按F9键对动画进行渲染，完成

后的效果如下图所示。

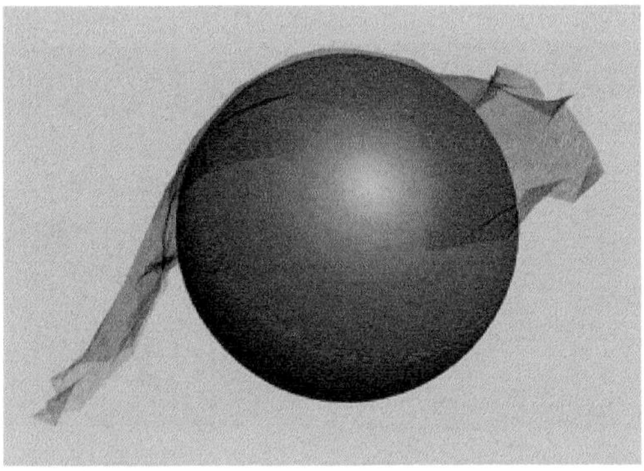

4 激活“透视”视图，将时间滑块调整到77帧处，按F9键对动画进行渲染，完成后的效果如下图所示。

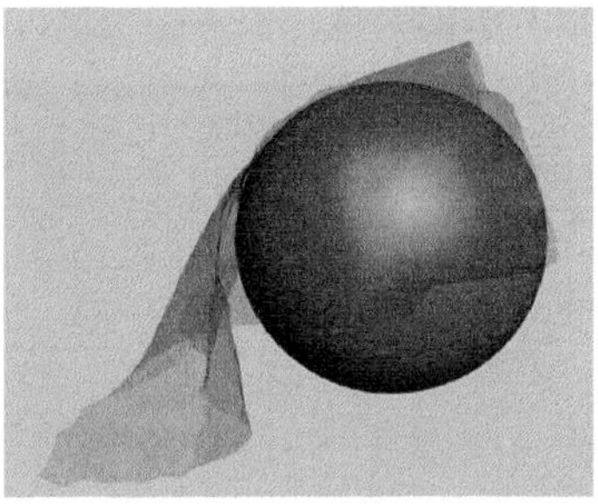

13.3 使用导向器

导向器主要用于使粒子系统或动力学系统受阻挡而产生方向上的偏移，3ds Max 中提供了6种不同类型的导向器空间扭曲。

实战操作416 使用导向球

- 素材：Scene\Cha13\13-7.max
- 难度：★★★★★
- 场景：Scene\Cha13\实战操作416.max
- 视频：视频\Cha13\实战操作416.avi

“导向球”起着球形粒子导向器的作用。使用导向球的操作步骤如下。

1 单击按钮，在弹出的下拉列表中选择“打开”选项，打开13-7.max素材文件，选择“创建” |“空间扭曲” |“导向器”|“导向球”工具，如右图所示。

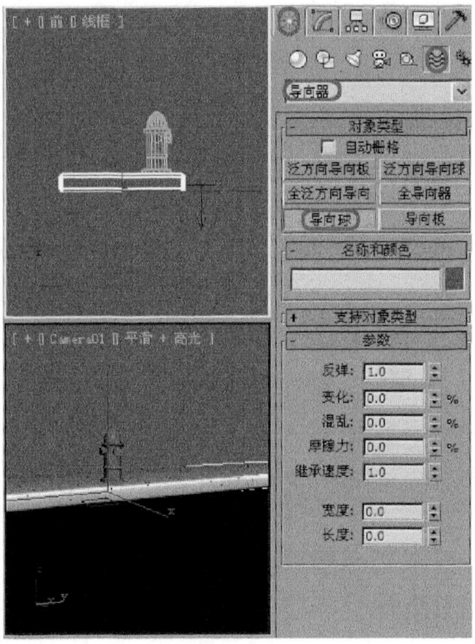

2 然后激活“顶”视图，在“顶”视图中创建一个“导向球”，并在“基本参数”卷展栏中将“显示图标”选项区中的“直径”设置为40.0，按Enter键确认，如下图所示。

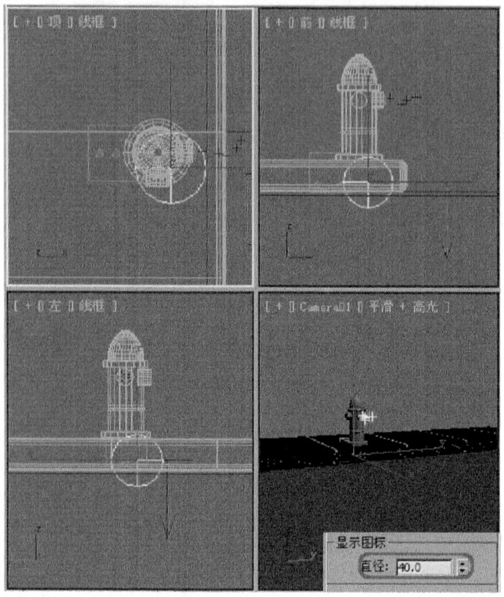

3 在场景中选中喷射粒子系统后，在工具栏中单击“绑定到空间扭曲”按钮，将“水”对象绑定到导向球空间扭曲上，如下图所示。

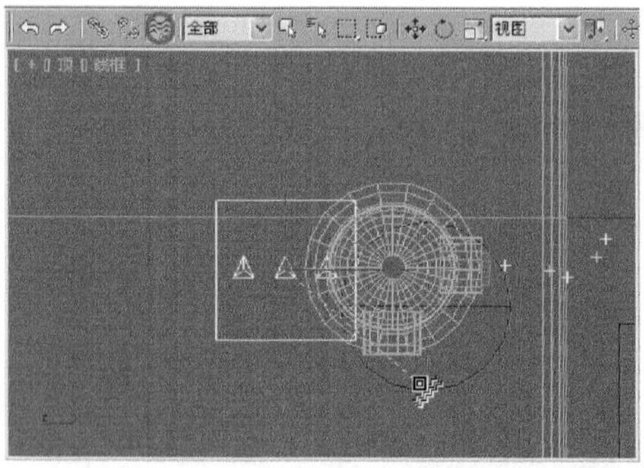

4 在场景中调整其位置，调整后的效果如下图所示。

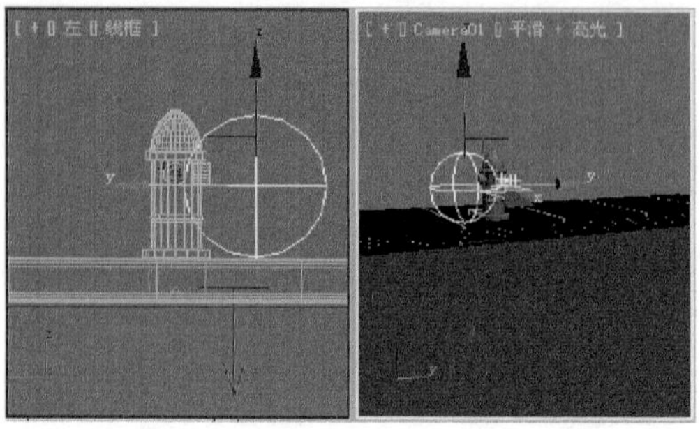

5 将时间滑块调整到19帧处，按F9键对动画进行渲染，完成后的效果如下图所示。

6 将时间滑块调整到24帧处，按F9键对动画进行渲染，完成后的效果如下图所示。

实战操作417 使用导向板

- 素材：Scene\Cha13\13-7.max
- 难度：★★★★★
- 场景：Scene\Cha13\实战操作417.max
- 视频：视频\Cha13\实战操作417.avi

导向板是阻挡粒子前进的挡板，当粒子碰到它时会沿着对角方向反弹出去，常用于雨水落在地面上溅开水花或是物体落地后摔成碎片的效果。也可以用来表现钢水落地后溅起火星的效果。使用导向板的操作步骤如下。

1 单击按钮，在弹出的下拉列表中选择“打开”选项，打开13-7.max素材文件，选择“创建”|“空间扭曲”|“导向器”|“导向板”工具，如下图所示。

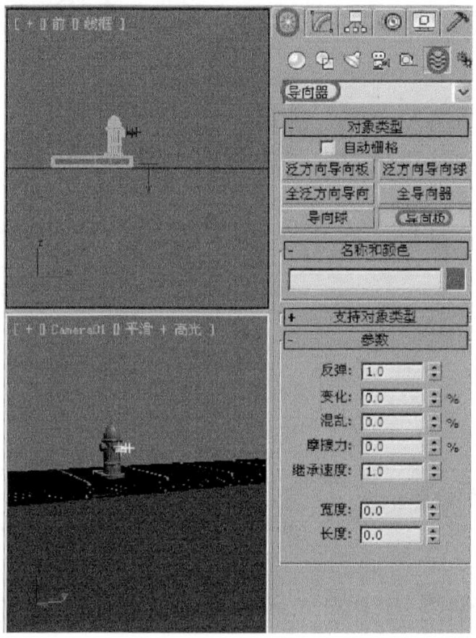

2 激活“顶”视图，在“顶”视图中创建一个“导向板”，并将“参数”卷展栏中的“反弹”、“摩擦力”、“宽度”和“长度”分别设置为0.2、0.1、455.0、455.0，按Enter键确认，创建后如下图所示。

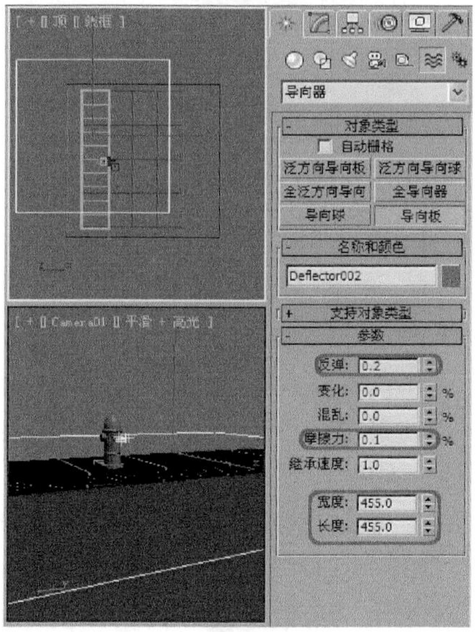

3 选择导向板，单击工具栏中的“选择并移动”按钮，在场景中调整其位置，调整完成后如下图所示。

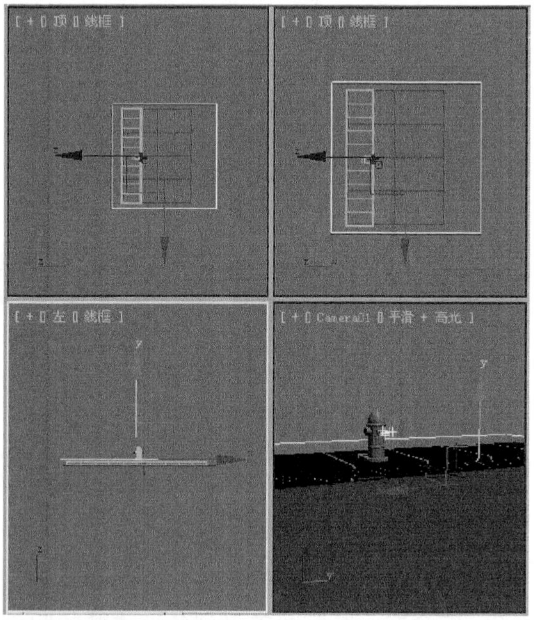

4 在场景中选中喷射粒子系统后，单击工具栏中的“绑定到空间扭曲”按钮，将其绑定到“导向板”图标上，如下图所示。

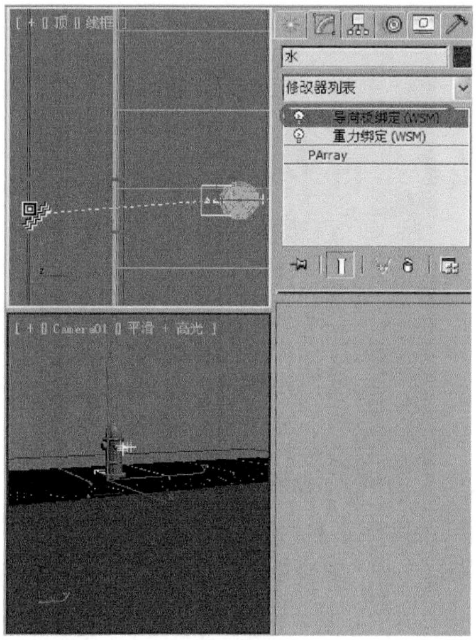

5 将时间滑块调整到15帧处，激活“透视”视图，按F9键对场景快速渲染，效果如下图所示。

6 再次调整时间滑块，将时间滑块调整到24帧处，激活“透视”视图，按F9键对场景快速渲染，效果如下图所示。

实战操作418 使用全导向器

- 素材：Scene\Cha13\13-8.max
- 难度：★★★★★
- 场景：无
- 视频：视频\Cha13\实战操作418.avi

全导向器允许任意指定一个三维物体作为导向板，起到阻挡流的作用。它使粒子流的存在更为真实，它会在三维空间中受到各种物体的阻挡，而不必担心会穿透物体。使用全导向器的操作步骤如下。

1 单击按钮，在弹出的下拉列表中选择“打开”选项，打开13-8.max素材文件，如下图所示。

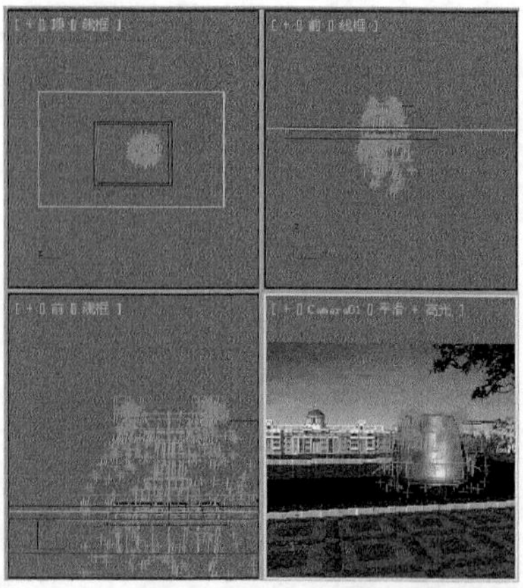

2 选择“创建”|“空间扭曲”|“导向器”|“全导向器”工具。激活“顶”视图，在“顶”视图中按住鼠标左键并拖动鼠标，创建一个“全导向器”图标，如下图所示。

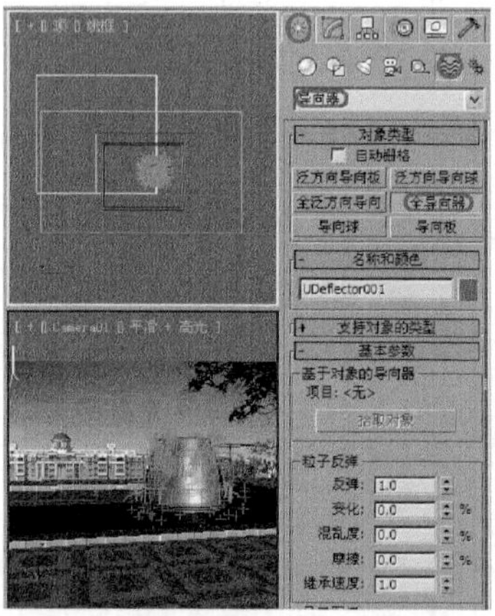

3 在场景中调整全导向器的位置，然后单击“修改”按钮，进入“修改”命令面板，将“基本参数”卷展栏“显示图标”选项区的“图标大小”设置为7 500.0，按Enter键确认，并单击“拾取对象”按钮，在“前”视

图中拾取“水池边沿”对象，如下图所示。

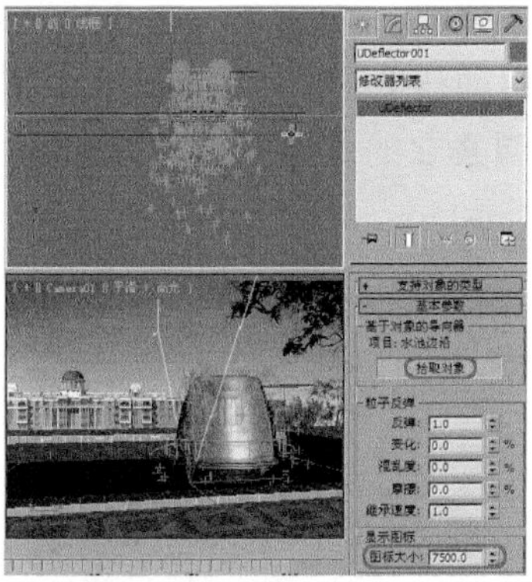

4 在场景中选择粒子对象，单击工具栏中的“绑定到空间扭曲”按钮，在“前”视图中按住鼠标并进行拖曳，拖曳到创建的全导向器上，这样就可以将粒子系统绑定到全导向器上，如下图所示。

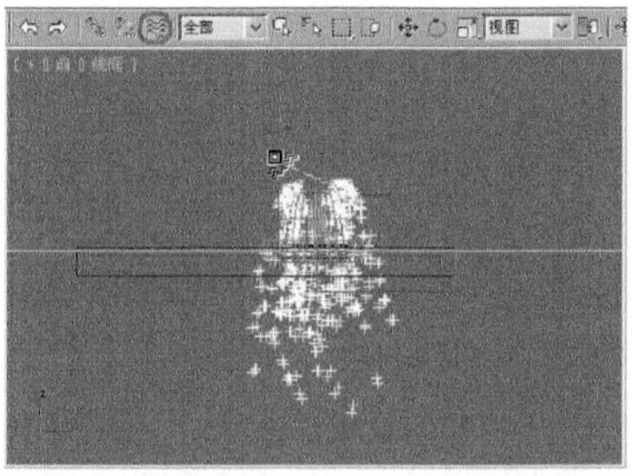

5 激活“透视”视图，将时间滑块调整到60帧处，按F9键对动画进行渲染，完成后的效果如下图所示。

6 激活“透视”视图，将时间滑块调整到100帧处，按F9键对动画进行渲染，完成后的效果如下图所示。

13.4 使用几何/可变形

几何/可变形用于使几何体变形，它包括FFD(长方体)、FFD（圆柱体）、波浪、涟漪、置换、一致、爆炸七种空间扭曲，下面介绍主要的几种空间扭曲。

实战操作419 使用波浪

- 素材：Scene\Cha13\13-9.max
- 难度：★★★★★
- 场景：Scene\Cha13\实战操作419.max
- 视频：视频\Cha13\实战操作419.avi

在通常情况下，用“波浪“空间扭曲来影响较大面积的对象，产生波浪或蠕动等特殊效果。使用波浪的操作步骤如下。

1 单击按钮，在弹出的下拉列表中选择“打开”选项，打开13-9.max素材文件，如下图所示。

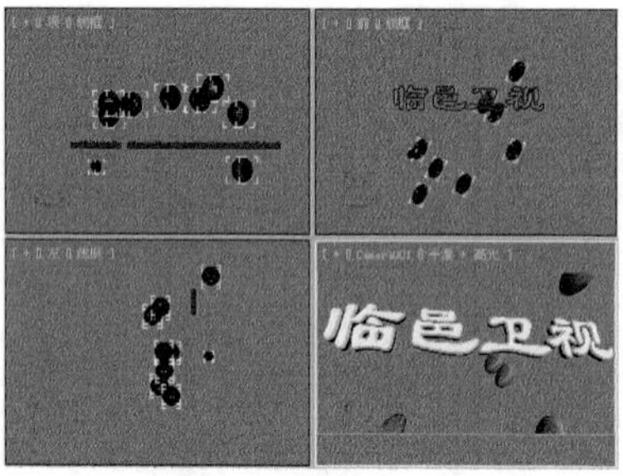

2 选择“创建”|“空间扭曲”|“几何/可变形”|“波浪”工具，在“前”视图中单击鼠标左键并拖动，创建“波浪”图标，如下图所示。

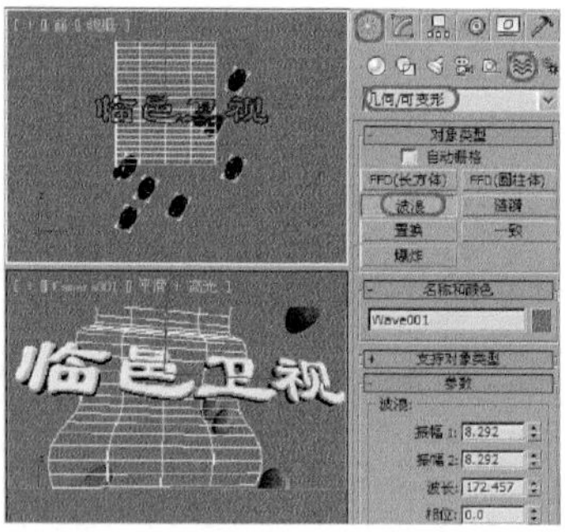

3 单击“修改”按钮，进入“修改”命令面板，然后将“参数”卷展栏中“波浪”选项区中的“振幅1”、“振幅2”都设置为-10.0，按Enter键确认；“波长”设置为110.0，按Enter键确认；“相位”设置为0.0，按Enter键确认；将时间滑块调整到100帧处，然后单击“自动关键点”按钮，将“相位”设置为1.5，按Enter键确认；单击“自动关键点”按钮，如下图所示。

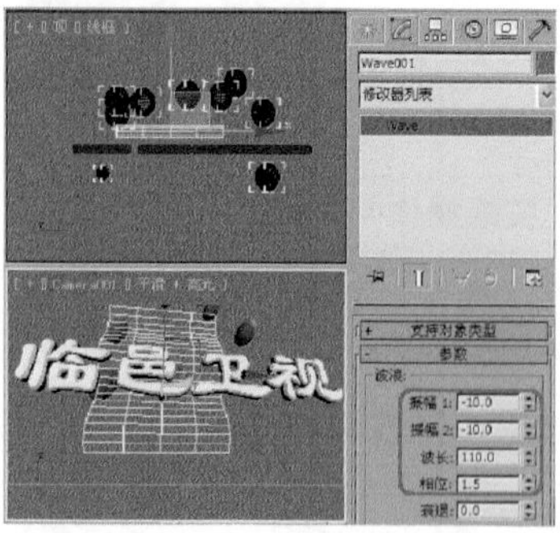

4 激活“顶”视图，单击工具栏中的“选择并旋转”按钮，在“顶”视图中将“波浪”空间扭曲沿Y轴旋转90°，按Enter键确认，并调整它的位置以及大小，完成后的效果如下图所示。

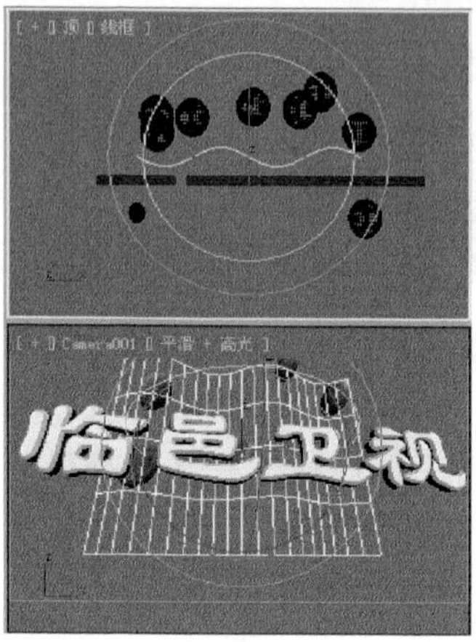

5 在场景中选择文本对象，单击工具栏中的“绑定到空间扭曲”按钮，在“前”视图中按住鼠标并进行拖曳，拖曳到创建的“波浪”空间扭曲上，这样就可以将文本对象绑定到“波浪”空间扭曲上，如下图所示。

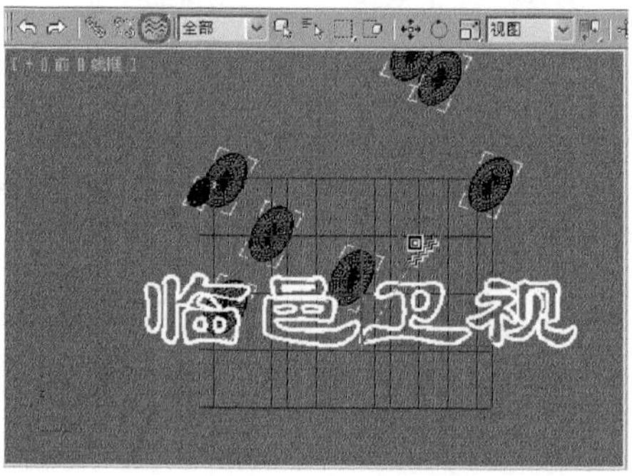

6 激活“透视”视图，将时间滑块调整到63帧处，按F9键对动画进行渲染，完成后的效果如下图所示。

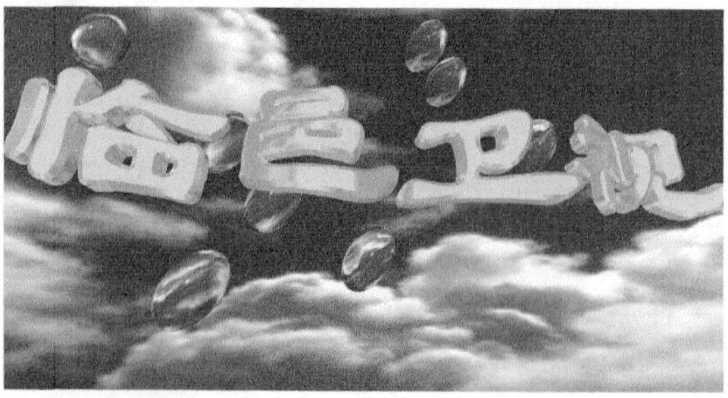

实战操作420　使用涟漪

素材：Scene\Cha13\13-10.max

难度：★★★★★

场景：Scene\Cha13\实战操作420.max

视频：视频\Cha13\实战操作420.avi

“涟漪”空间扭曲通常用来形容一个大面积的对象产生水波荡漾的效果。下面介绍“涟漪”的使用。其操作步骤如下。

1 单击按钮，在弹出的下拉列表中选择“打开”选项，打开13-10.max素材文件，如下图所示。

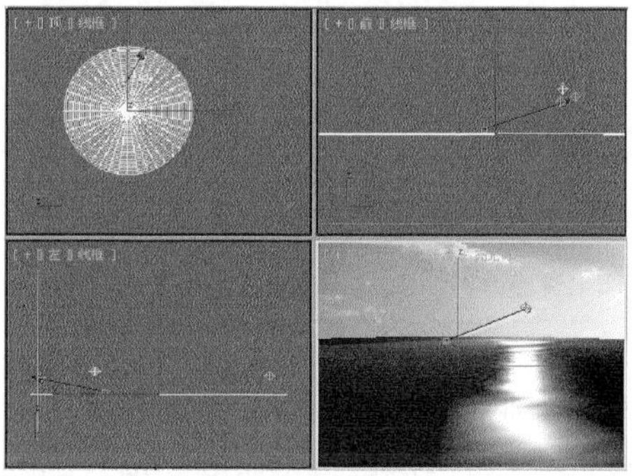

2 选择“创建”|“空间扭曲”|“几何/可变形”|“涟漪”工具，激活“顶”视图，在“顶”视图中创建一个“涟漪”空间扭曲。如下图所示。

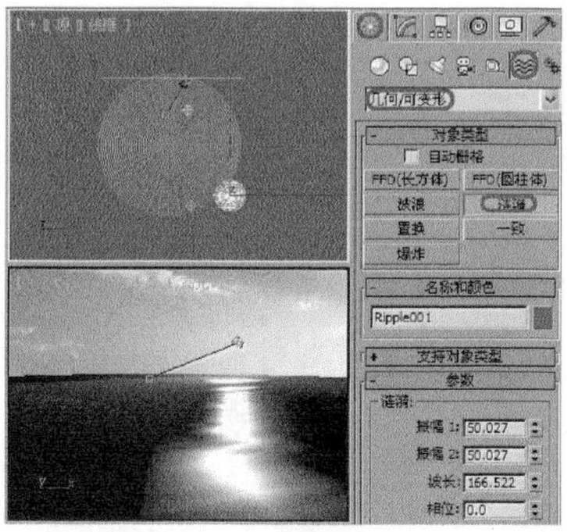

3 单击“修改”按钮，进入“修改”命令面板，然后将“参数”卷展栏中“波浪”选项区中的“振幅1”、“振幅2”都设置为5.0，按Enter键确认；“波长”设置为125.0，按Enter键确认；“相位”设置为0.0，按Enter键确认；将“显示”选项区中的“圈数”、“分段”、“尺寸”分别设置为20、20、15，按Enter键确认，如下图所示。

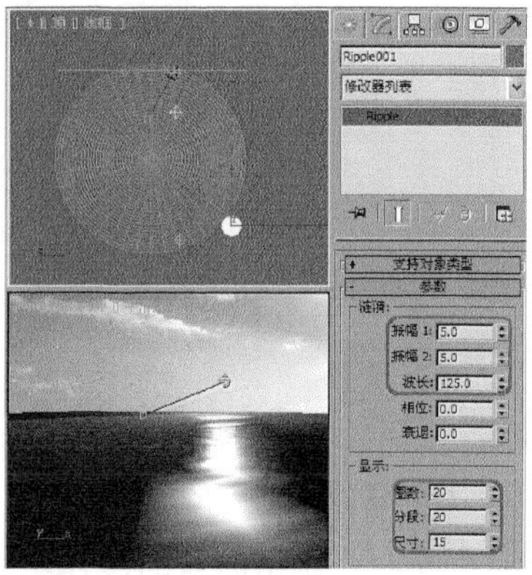

4 将时间滑块调整到300帧处，然后单击“自动关键点”按钮，将“相位”设置为5.0，按Enter键确认，关闭“自动关键点”，并调整其位置，如下图所示。

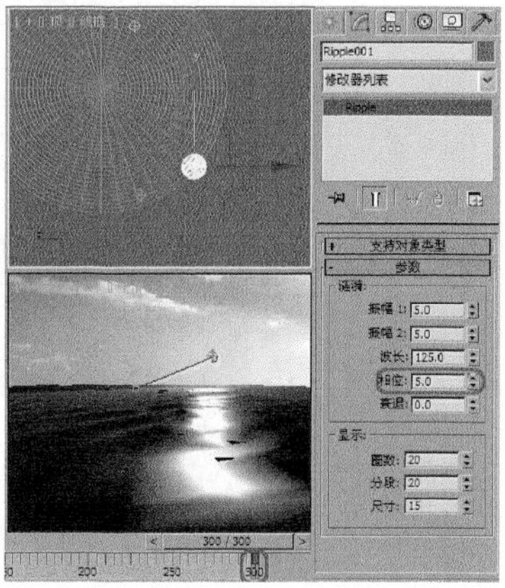

5 在场景中选中“水面”对象后，激活“顶”视图，单击工具栏中的“绑定到

空间扭曲”按钮，将“水面”对象绑定到“涟漪”空间扭曲上，如下图所示。

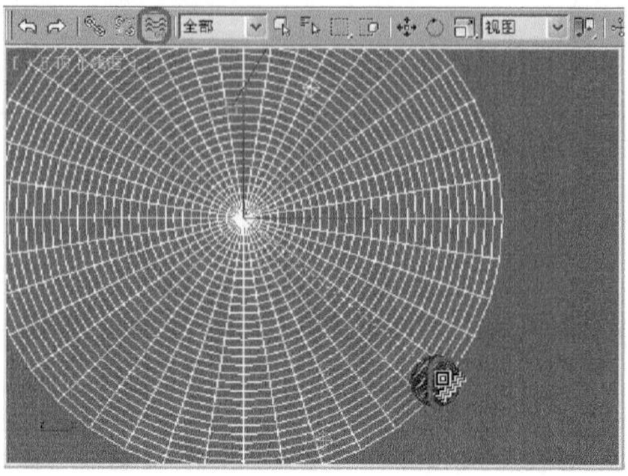

6 激活“透视”视图，将时间滑块调整到110帧处，按F9键进行快速渲染，渲染完成后的效果如下图所示。

实战操作421 使用爆炸

- 素材：Scene\Cha13\13-11.max
- 难度：★★★★★
- 场景：Scene\Cha13\实战操作421.max
- 视频：视频\Cha13\实战操作421.avi

“爆炸”空间扭曲将绑定对象的表面炸成碎片，常用于表现动画。爆炸可以按面的大小随机分解，碎片可以翻滚，炸裂的碎片受到重力影响会向下衰落。这种碎片效果易于控制，但只能炸成薄片，碎片没有厚度。使用爆炸的操作步骤如下。

1 单击按钮，在弹出的下拉列表中选择“打开”选项，打开13-11.max素材文件，如下图所示。

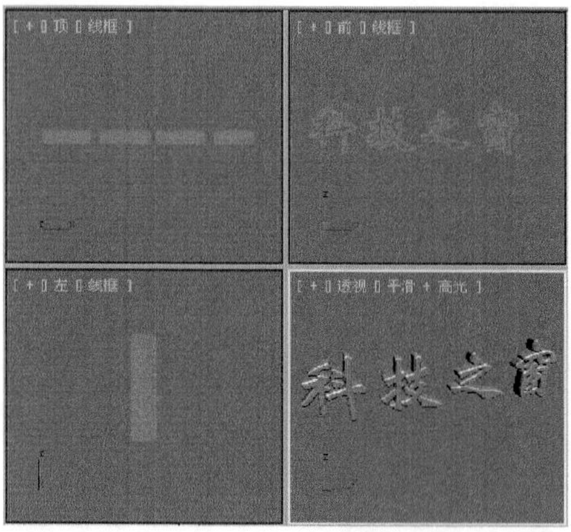

2 选择“创建”|“空间扭曲”|“几何/可变形”|“爆炸”工具，激活“顶”视图，在“顶”视图中创建一个“爆炸”空间扭曲。如下图所示。

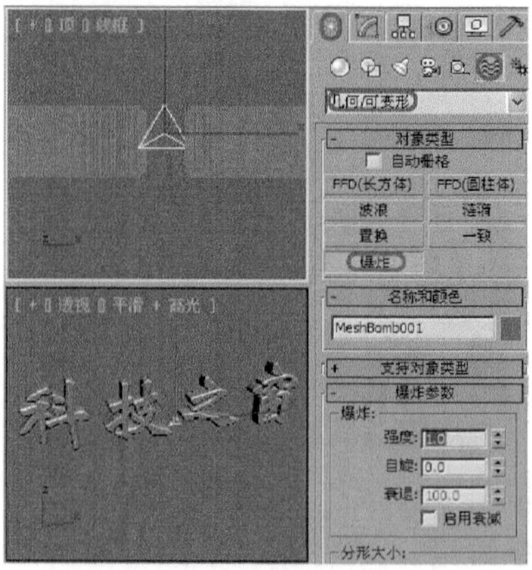

3 单击“修改”按钮，进入“修改”命令面板，然后将“爆炸参数”卷展栏中“常规”选项区中的“混乱”设置为2.0，按

Enter键确认，如下图所示。

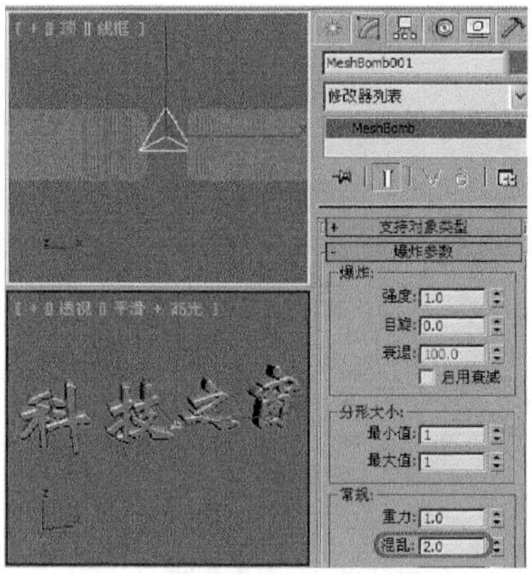

4 在场景中选中文本对象后，激活“顶”视图，单击工具栏中的“绑定到空间扭曲”按钮，将文本对象绑定到“爆炸”空间扭曲上，如下图所示。

5 激活“透视”视图，将时间滑块调整到10帧处，按F9键进行快速渲染，渲染完成后的效果如下图所示。

6 激活“透视”视图，将时间滑块调整到20帧处，按F9键进行快速渲染，渲染完成后的效果如下图所示。

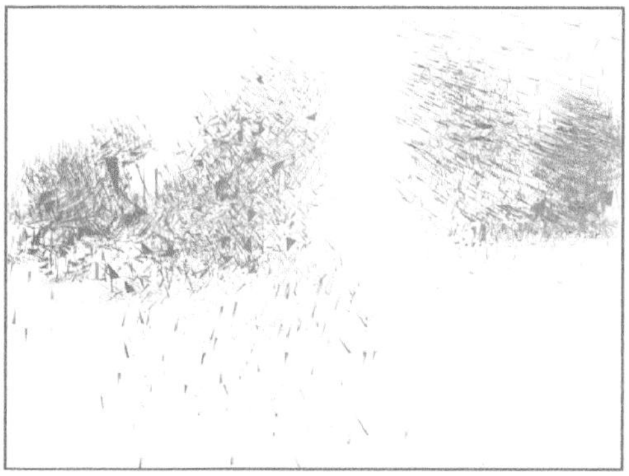

13.5 创建动力学对象

使用弯曲弹簧，可以在动力学模拟中模拟富有弹性的弹簧。以指定弹簧的整体参数和长度、圈数及其“线框”的参数和形状。在动力学模拟中使用时，也可以计算弹簧的压力和拉力。

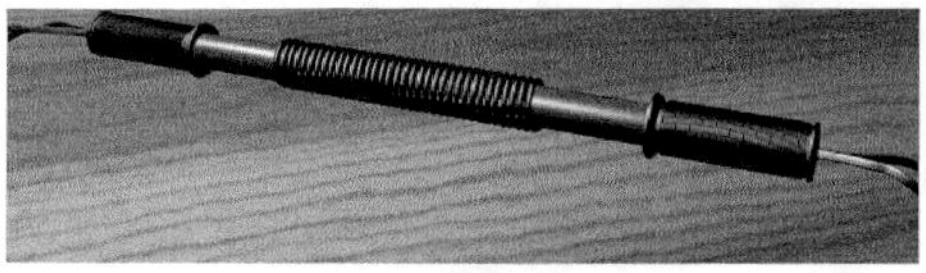

实战操作422 创建弹簧

- 素材：Scene\Cha13\13-12.max
- 难度：★★★★★
- 场景：Scene\Cha13\实战操作422.max
- 视频：视频\Cha13\实战操作422.avi

“弹簧”对象是形状为弯曲弹簧的动力学对象。创建动力学对象的操作步骤如下。

1 单击按钮，在弹出的下拉列表中选择“打开”选项，打开13-12.max素材文件，选择“创建”|“几何体”|“动力学对象”|“弹簧”工具，在“前”视图中创建“弹簧”。如下图所示。

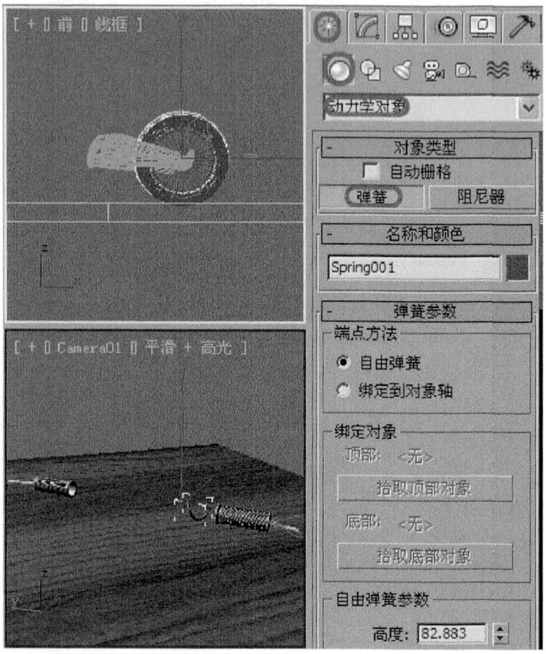

2 单击“修改”按钮，进入“修改”命令面板，将“弹簧参数”卷展栏中“自由弹簧参数”选项区中的“高度”设置为290.0，按Enter键确认；将“公用弹簧参数”选项区中的“直径”、“圈数”分别设置为48.0、35.0，按Enter键确认；将“线框形状”选项区中的“圆形线框”下的“直径”设置6.0，按Enter键确认，如下图所示。

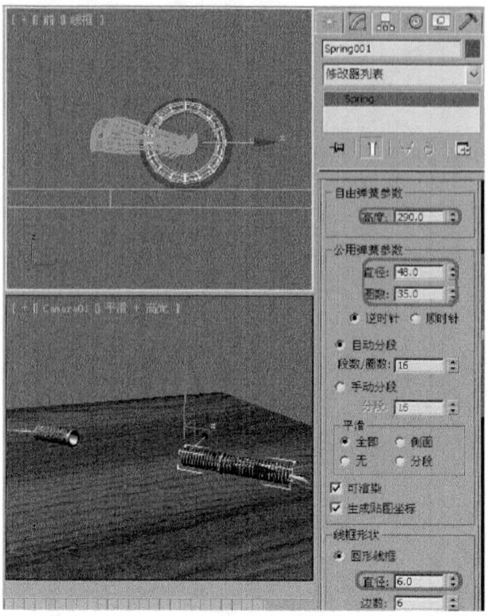

3 确认创建的“弹簧”处于选择状态，单击工具栏中的“选择并移动”按钮，在视图中将“弹簧”移动至合适位置，并将“弹簧”的材质指定给它，完成后如下图所示。

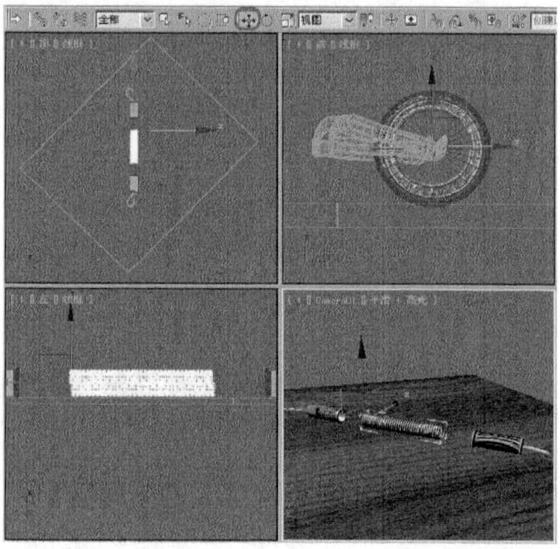

4 激活“摄影机”视图，单击工具栏中的“渲染产品”按钮，对场景进行渲染，效果如下图所示。

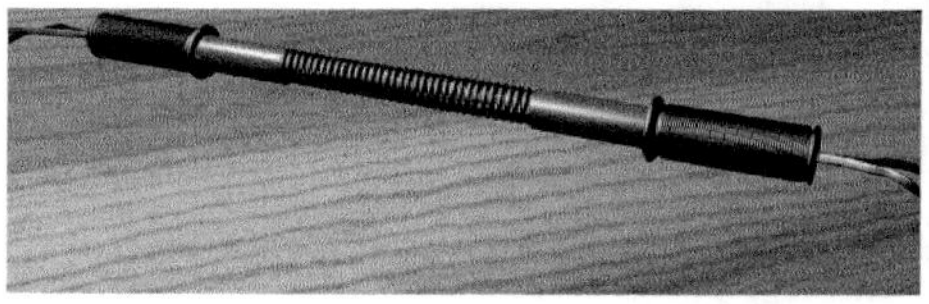

实战操作423　修改弹簧直径

- 素材：Scene\Cha13\13-12.max
- 难度：★★★★★
- 场景：Scene\Cha13\实战操作423.max
- 视频：视频\Cha13\实战操作423.avi

对于创建的“弹簧”有时需要对它的直径进行修改，下面介绍“弹簧”直径的修改，其操作步骤如下。

1 单击按钮，在弹出的下拉列表中选择“打开”选项，打开13-12.max素材文件，单击“修改”按钮，进入“修改”命令面板，将“弹簧参数”卷展栏“公用弹簧参数”选项区中“直径”设置为31.0，如右图所示。

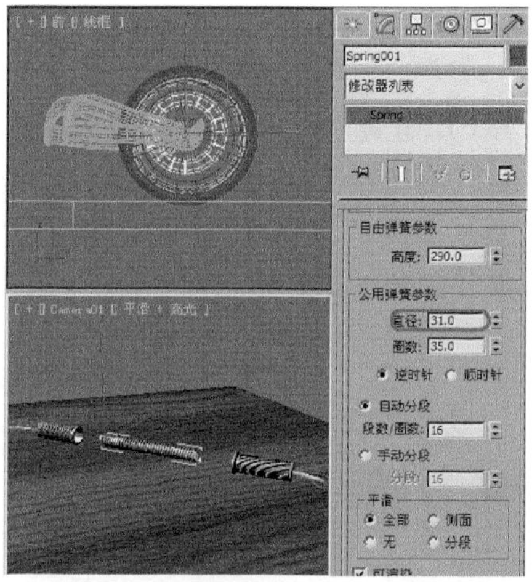

2 按Enter键确认，这样就可以修改“弹簧”的直径了，激活“摄影机”视图，单击工具栏中的“渲染产品”按钮，对场景进行渲染，效果如右图所示。

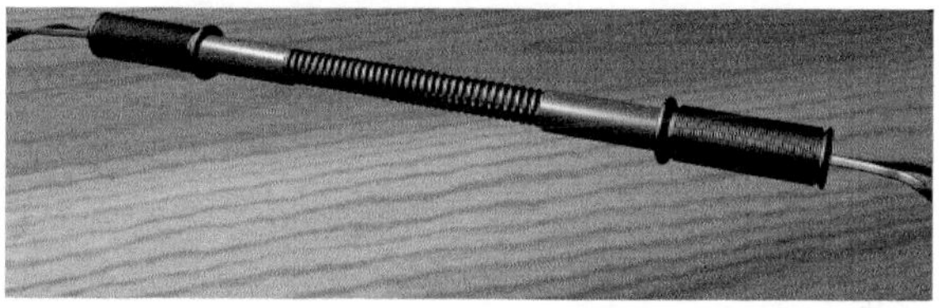

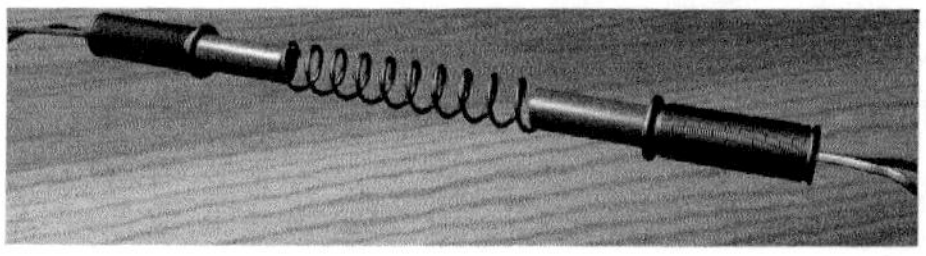

实战操作424　修改弹簧圈数

- 素材：Scene\Cha13\13-12.max
- 难度：★★★★★
- 场景：Scene\Cha13\实战操作424.max
- 视频：视频\Cha13\实战操作424.avi

对于创建的“弹簧”有时需要对它的圈数进行修改，下面介绍“弹簧”圈数的修改，其操作步骤如下。

1 单击按钮，在弹出的下拉列表中选择“打开”选项，打开13-12.max素材文件，单击“修改”按钮，进入“修改”命令面板，在“弹簧参数”卷展栏中的“公用弹簧参数”选项区中，将“圈数”设置为10.0，如右图所示。

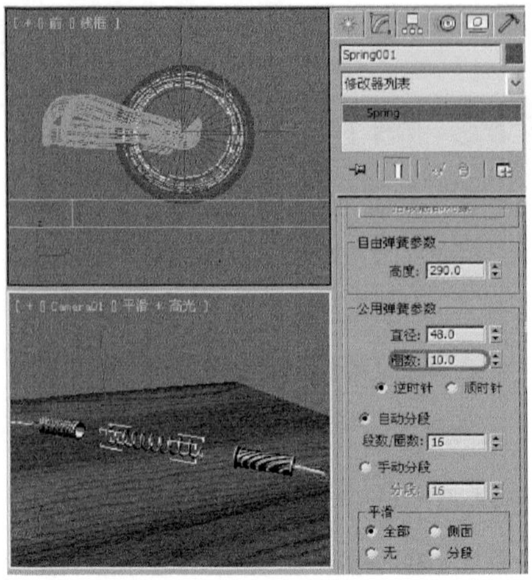

2 按Enter键确认，这样就可以修改“弹簧”的圈数了，激活“摄影机”视图，单击工具栏中的“渲染产品”按钮，对场景进行渲染，效果如右图所示。

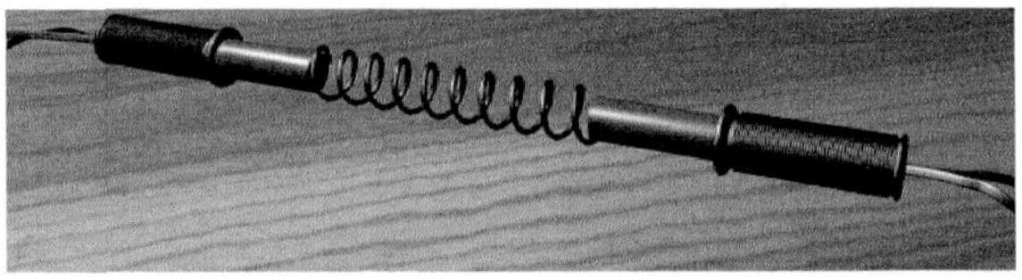

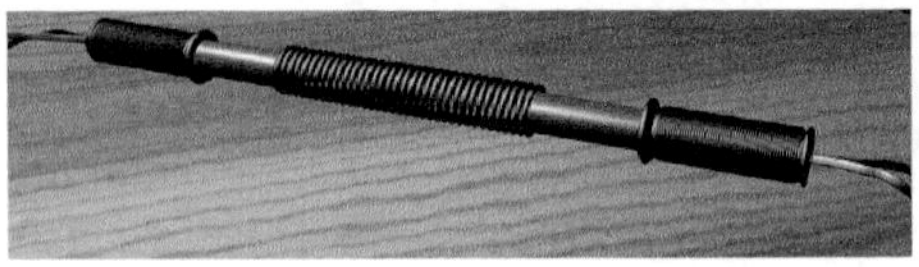

实战操作425 修改弹簧旋转方向

素材：Scene\Cha13\13-13.max

难度：★★★★★

场景：Scene\Cha13\实战操作425.max

视频：视频\Cha13\实战操作425.avi

对于创建的“弹簧”有时需要对它的方向进行修改，下面介绍“弹簧”方向的修改，其操作步骤如下。

1 单击按钮，在弹出的下拉列表中选择“打开”选项，打开13-13.max素材文件，单击“修改”按钮，进入“修改”命令面板，在“弹簧参数”卷展栏中的“公用弹簧参数”选项区中，选中“顺时针”单选按钮，如右图所示。

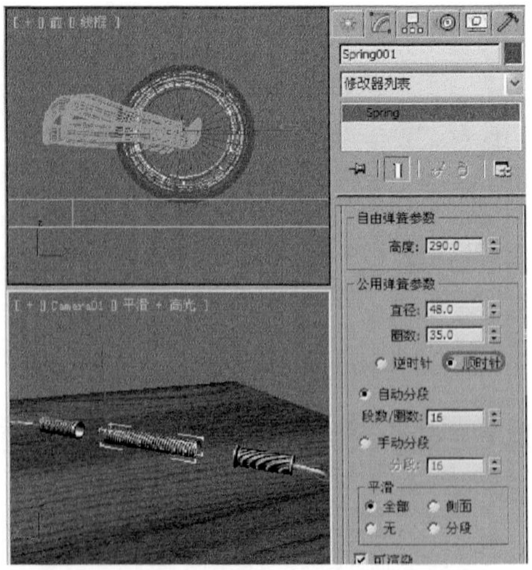

2 设置完成后，就可以修改“弹簧”的旋转方向，激活“摄影机”视图，单击工具栏中的“渲染产品”按钮，对场景进行渲染，效果如右图所示。

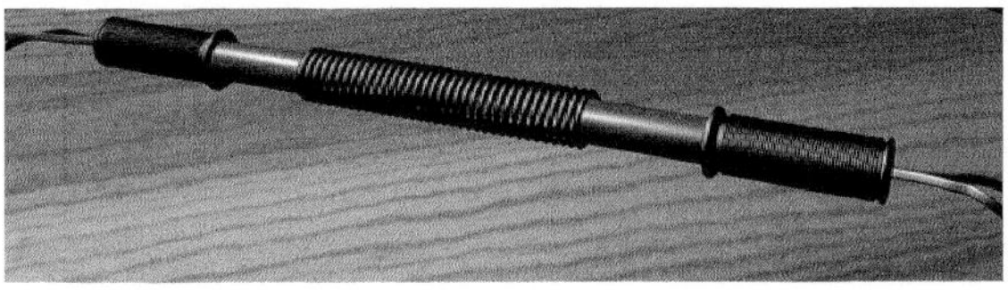

实战操作426 修改弹簧段数

- 素材：Scene\Cha13\13-14.max
- 难度：★★★★★
- 场景：Scene\Cha13\实战操作426.max
- 视频：视频\Cha13\实战操作426.avi

对于创建的“弹簧”有时需要对它的段数进行修改，下面介绍“弹簧”段数的修改，其操作步骤如下。

1 单击按钮，在弹出的下拉列表中选择“打开”选项，打开13-14.max素材文件，单击“修改”按钮，进入“修改”命令面板，在“弹簧参数”卷展栏中的“公用弹簧参数”选项区中，在“段数/圈数”右侧的微调框中输入4，如右图所示。

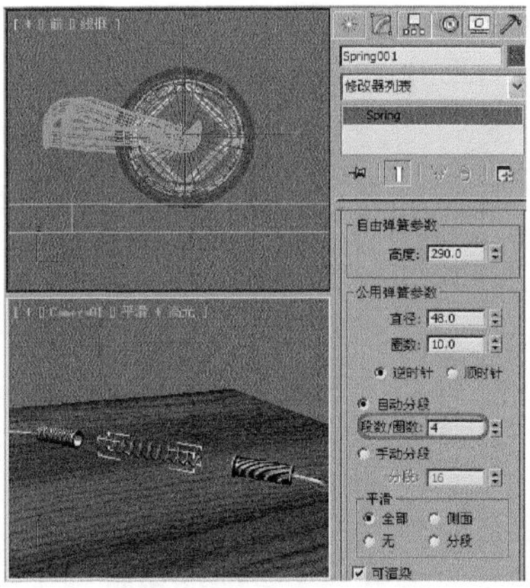

2 按Enter键确认，设置完成后，就可以修改“弹簧”的段数了，激活“摄影机”视图，单击工具栏中的“渲染产品”按钮，对场景进行渲染，效果如右图所示。

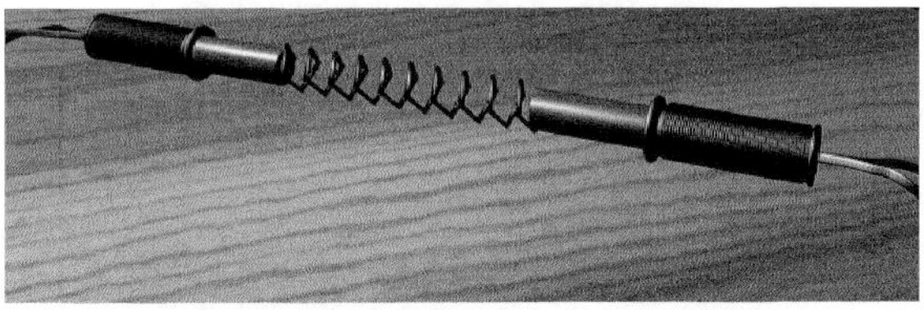

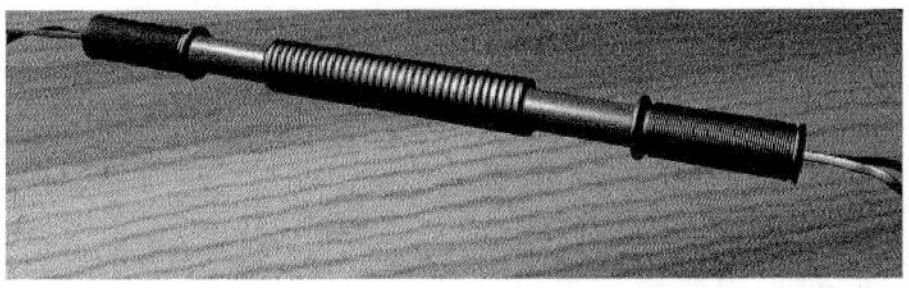

实战操作427 修改形状显示

- 素材：Scene\Cha13\13-14.max
- 难度：★★★★★
- 场景：Scene\Cha13\实战操作427.max
- 视频：视频\Cha13\实战操作427.avi

对于创建的“弹簧”有时需要对它的形状显示进行修改，下面介绍“弹簧”形状显示的修改，其操作步骤如下。

1 单击按钮，在弹出的下拉列表中选择“打开”选项，打开13-14.max素材文件，单击“修改”按钮，进入“修改”命令面板，在“弹簧参数”卷展栏中的“线框形状”选项区中，选中“长方形线框”单选按钮，如右图所示。

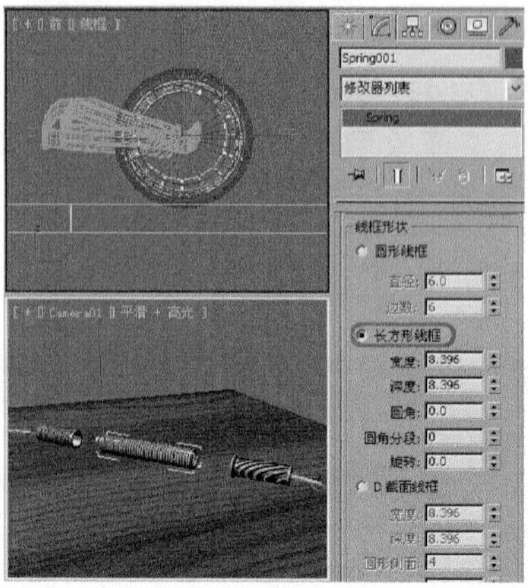

2 设置完成后，就可以修改“弹簧”的形状显示了，激活“摄影机”视图，单击工具栏中的“渲染产品”按钮，对场景进行渲染，效果如右图所示。

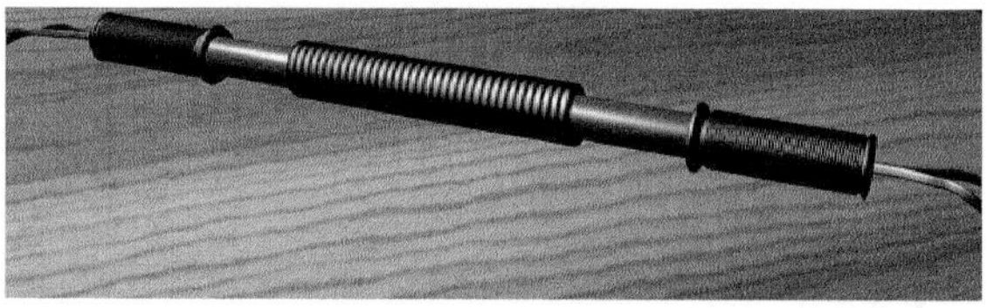

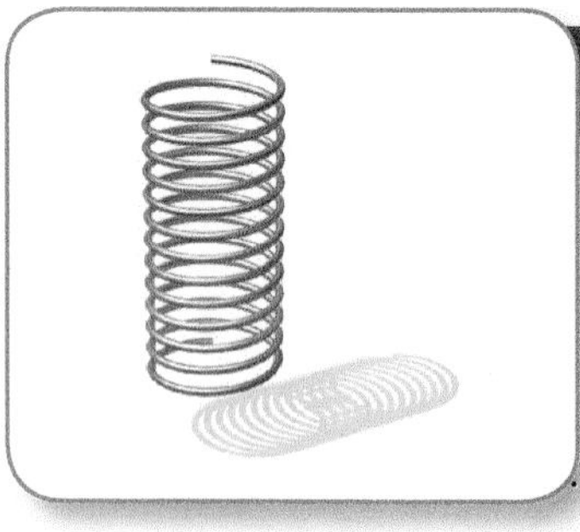

实战操作428 创建弹簧动画

素材：Scene\Cha13\13-15.max

难度：★★★★★

场景：Scene\Cha13\实战操作428.max

视频：视频\Cha13\实战操作428.avi

熟悉了“弹簧”工具的使用后，下面介绍弹簧动画的制作，其操作步骤如下。

1 单击按钮，在弹出的下拉列表中选择“打开”选项，打开13-15.max素材文件。如下图所示。

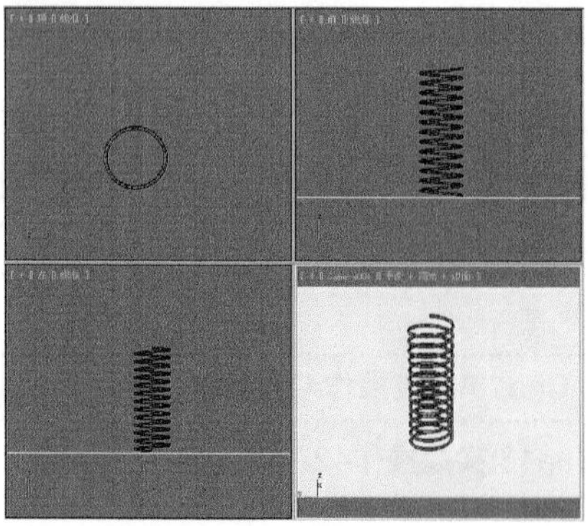

2 在动画控制区中单击“自动关键点”按钮，激活“前”视图，将时间滑块调整到第20帧处，确认“弹簧”对象处于选择状态，在“修改”面板中，将“弹簧参数”卷展栏“自由弹簧参数”选项区中的“高度”设置为50.0，如下图所示。

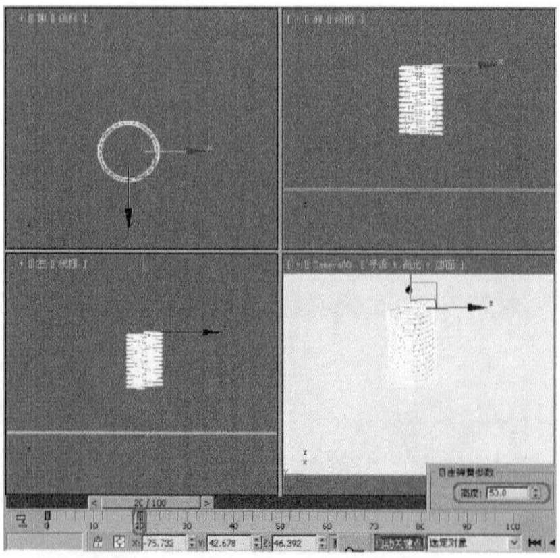

3 将时间滑块调整到第40帧处，确认“弹簧”对象处于选择状态，在“修改”命令面板中，将“弹簧参数”卷展栏“自由弹簧参数”选项区中的“高度”设置为26.0，如下图所示。

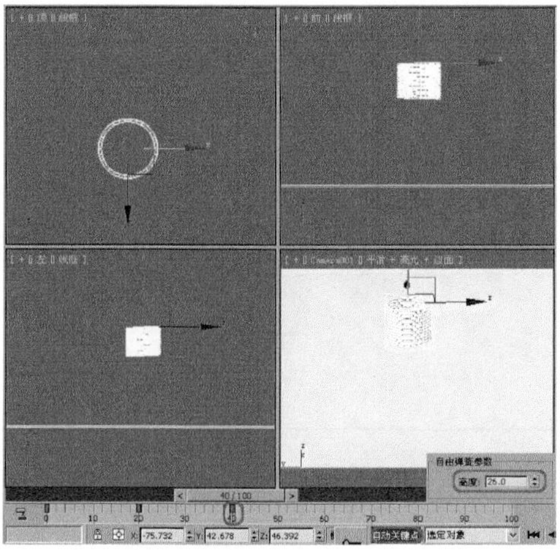

4 将时间滑块调整到第60帧处，确认“弹簧”对象处于选择状态，在“修改”命令面板中，将“弹簧参数”卷展栏“自由弹簧参数”选项区中的“高度”设置为50.0，如下图所示。

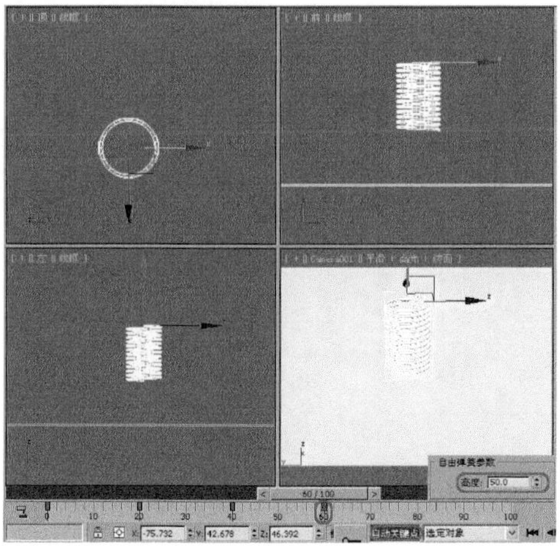

5 将时间滑块调整到第81帧处，确认“弹簧”对象处于选择状态，在“修改”命令面板中，将“弹簧参数”卷展栏“自由弹簧参数”选项区中的“高度”设置为90.0，如下图所示。

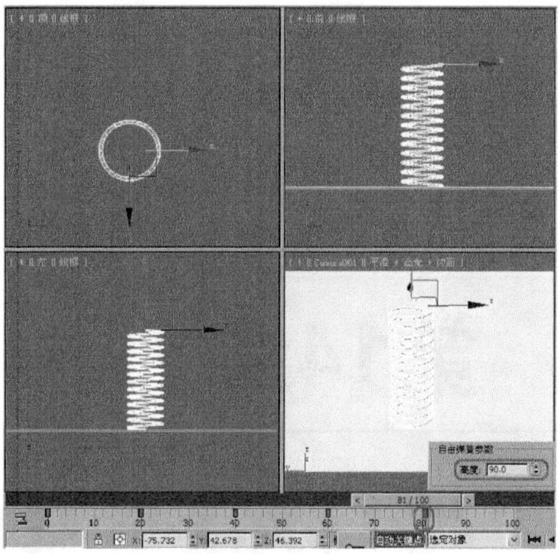

6 单击动画控制区中的“播放动画”按钮，这样就可以看到创建的弹簧沿Y轴来回运动了。将时间滑块调整到70帧处，按F9键快速渲染，效果如下图所示。

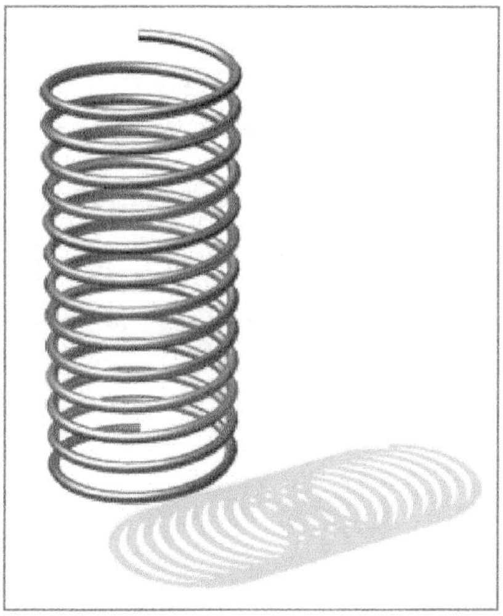

Chapter

14

第14章

渲染输出

本章将介绍渲染工具的设置和使用，通过渲染来增加场景的透视感和运动感。还介绍了mental ray渲染的渲染及设置，并对文件的渲染输出进行了简单的介绍，它可以将创建的各种场景输出为别人可以接受的图像或动画文件等一般形式。

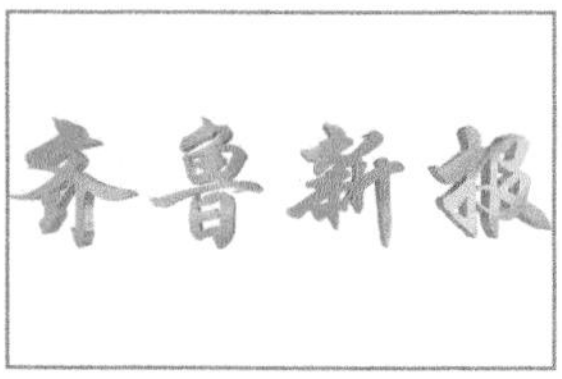

14.1 渲染设置

使用“渲染”可以基于 3D 场景创建 2D 图像或动画。从而可以使用所设置的灯光、所应用的材质及环境设置（如背景和大气）为场景的几何体着色。当选择“渲染”|“渲染设置”菜单命令或者是单击“渲染设置”按钮时，可以打开“渲染设置”对话框，对它的参数进行设置。

实战操作429 设置单帧渲染

- 素材：Scene\Cha14\14-1. max
- 难度：★★★★★
- 场景：Scene\Cha14\实战操作429. max
- 视频：视频\ Cha14\实战操作429.avi

单帧，就是进当前帧。在完成动画制作需要进行渲染时，有时不需要将整个动画进行渲染，那么，这时就需要设置单帧渲染。其操作步骤如下。

1 打开14-1.max素材文件，在工具栏中单击“渲染设置”按钮，弹出“渲染设置：默认扫描线渲染器”对话框，选择“公用”选项卡下的“公用参数”卷展栏，在“时间输出”选项区中选中“单帧”单选按钮，如右图所示。

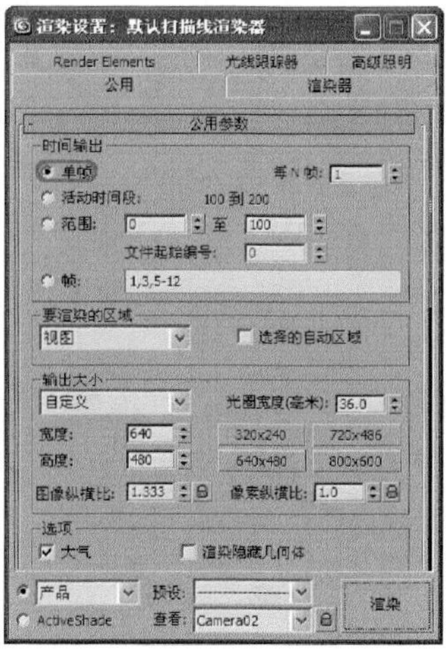

2 激活“摄影机”视图，然后在“渲染设置：默认扫描线渲染器”对话框中单击右下角的“渲染”按钮，这样就可以对单帧进行渲染，渲染完成后的效果如右图所示。

实战操作430 设置渲染输出路径

素材：Scene\Cha14\14-1..max　　场景：无

难度：★★★★★　　视频：视频\ Cha14\实战操作430.avi

进行渲染时，3ds Max 会将渲染后的图像或动画保存到磁盘。使用“文件”按钮指定输出文件的路径。如果将多个帧渲染到静态图像文件，渲染器渲染每个单独的帧文件并在每个文件名后附加序号。可以用文件起始编号设置控制。对于输出路径的设置操作步骤如下。

1 单击按钮，在弹出的下拉列表中打开14-1.max素材文件，如下图所示。

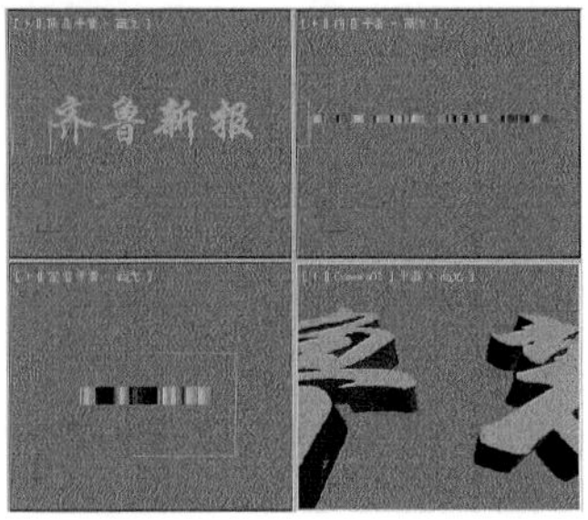

2 单击工具栏中的“渲染设置”按钮，弹出“渲染设置：默认扫描线渲染器”对话框，选择“公用”选项卡“公用参数”卷展栏，再在“渲染输出”选项区中单击“文件”按钮，如下图所示。

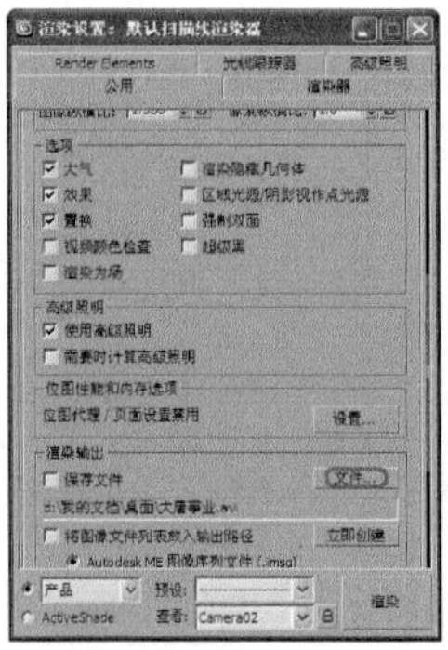

3 在弹出的“渲染输出文件”对话框中，选择路径，设置“保存类型”为“AVI文件（*.avi）”，“文件名”设置为“实战操作430”，如下图所示。

4 单击“保存”按钮，弹出“AVI文件压缩设置”对话框，使用默认设置，单击“确定”按钮，如下图所示。

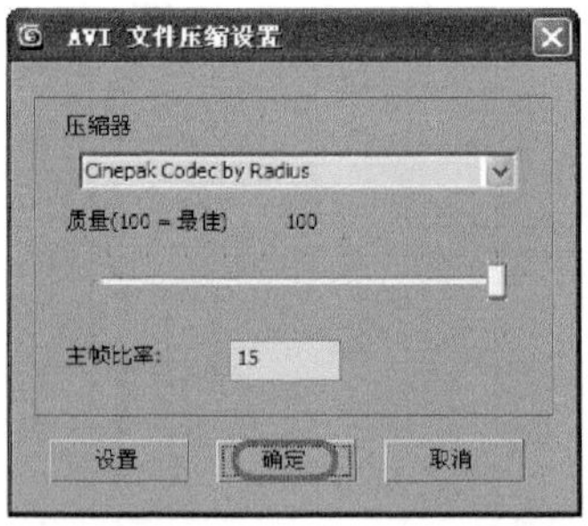

实战操作431 设置渲染范围

素材：Scene\Cha14\14-1. max

难度：★★★★★

场景：Scene\Cha14\实战操作431. max

视频：视频\ Cha14\实战操作431.avi

范围，就是指定两个数字之间（包括这两个数）的所有帧。在完成场景的制作需要进行渲染时，一般会设置渲染输出的范围。其操作步骤如下。

1 单击按钮，在弹出的下拉列表中打开14-1.max素材文件，如下图所示。

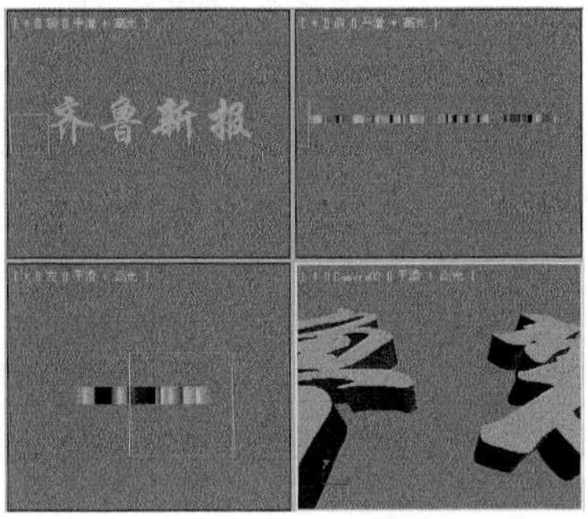

2 单击工具栏中的“渲染设置”按钮，弹出“渲染设置：默认扫描线渲染器”对话框，选择“公用”选项卡“公用参数”卷展栏，选中“范围”单选按钮，将后面的范围设置为150至200，并按Enter键确认，如右图所示。

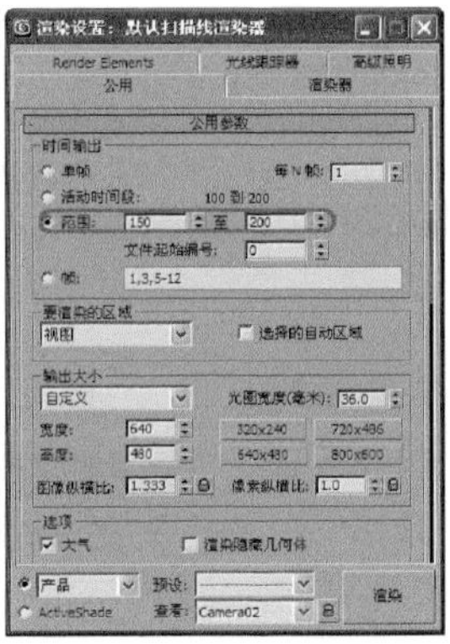

3 单击右下角的“渲染”按钮，在弹出的“警告”对话框中单击“是”按钮，则会弹出“渲染”对话框，如下图所示。

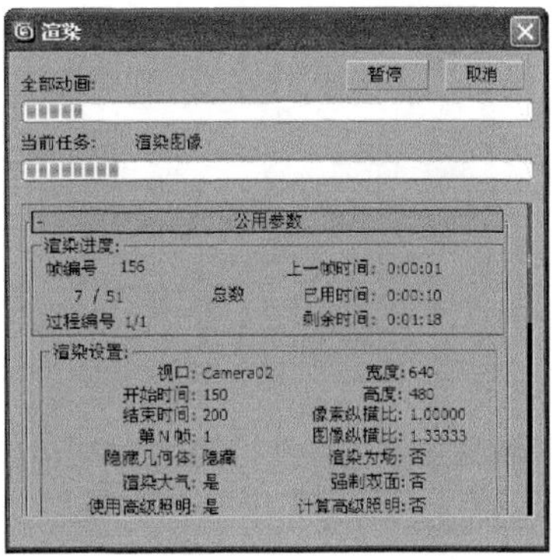

4 当渲染到第183帧时，渲染效果如下图所示。

实战操作432 设置渲染尺寸

- 素材：Scene\Cha14\14-1. max
- 难度：★★★★★
- 场景：Scene\Cha14\实战操作432. max
- 视频：视频\ Cha14\实战操作432.avi

选择一个预定义的大小或在“宽度”和“高度”字段（像素为单位）中输入的另一个大小。这些控件影响图像的纵横比，同时对渲染时间也有很大的影响。从“输出大小”下拉列表中可以选择几个标准的电影和视频分辨率以及纵横比。选择其中一种格式，或转到“自定义”中使用“输出大小”选项区中的其他控件。在完成场景的制作需要进行渲染时，需要设置渲染输出的尺寸，其操作步骤如下。

1 打开14-1.max素材文件，单击工具栏中的“渲染设置”按钮，弹出“渲染设置：默认扫描线渲染器”对话框，选择“公用”选项卡“公用参数”卷展栏，在“输出大小”选项区中单击“320×240”按钮，如下图所示。

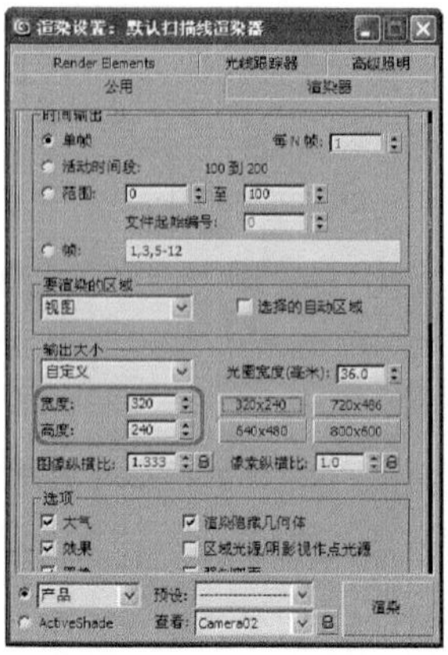

2 将时间滑块调整到180帧处，单击右下角的“渲染”按钮，即可设置渲染窗口以320×240显示，如下图所示。

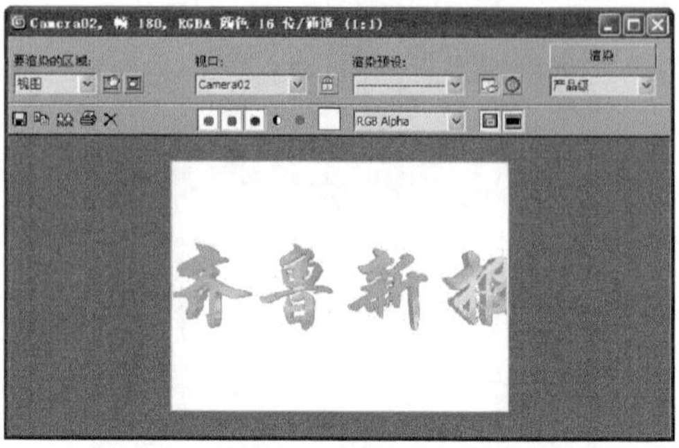

实战操作433 指定渲染器

素材：Scene\Cha14\14-1. max　　场景：无

难度：★★★★★　　视频：视频\ Cha14\实战操作433.avi

“指定渲染器”卷展栏显示指定给产品级和 ActiveShade 类别的渲染器，在完成场景制作需要进行渲染时，有时需要设置渲染器，其操作步骤如下。

1 打开14-1.max素材文件，在工具栏中单击“渲染设置”按钮，弹出“渲染设置：默认扫描线渲染器”对话框，选择“公用”选项卡“指定渲染器”卷展栏，单击“产品级”右侧的“选择渲染器”按钮，如下图所示。

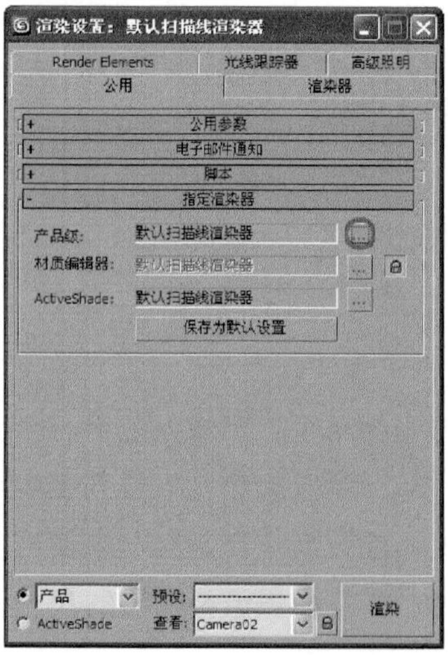

2 弹出“选择渲染器”对话框，在弹出的对话框中选择“mental ray渲染器”，如下图所示。

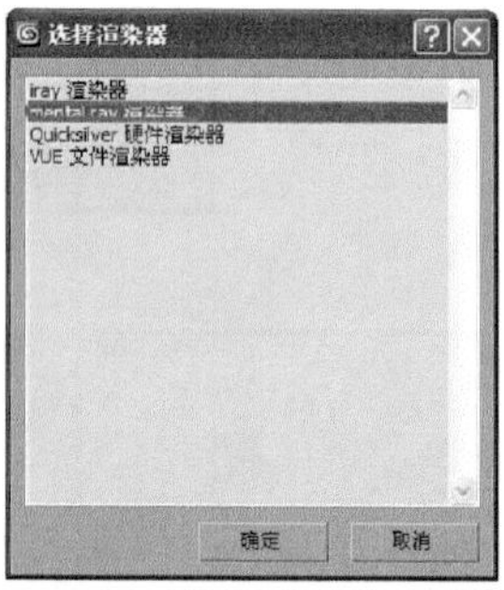

3 单击“确定”按钮，然后在“指定渲染器”卷展栏中单击“保存为默认设置”按钮，如下图所示。

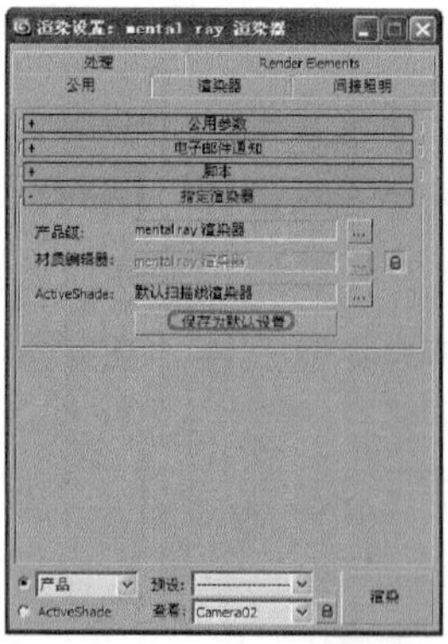

4 弹出“保存为默认设置”对话框，如右图所示。在该对话框中单击“确定”按钮，这样，就完成了指定渲染器的操作。

实战操作434　设置渲染帧窗口

素材：Scene\Cha14\14-1. max　　场景：无

难度：★★★★★　　视频：视频\ Cha14\实战操作434.avi

在完成场景的制作需要进行渲染时，有时需要设置渲染帧窗口，其操作步骤如下。

1 打开14-1.max素材文件，单击工具栏中的“渲染帧窗口”按钮，弹出“渲染帧”对话框，单击“切换UI”按钮，如下图所示。

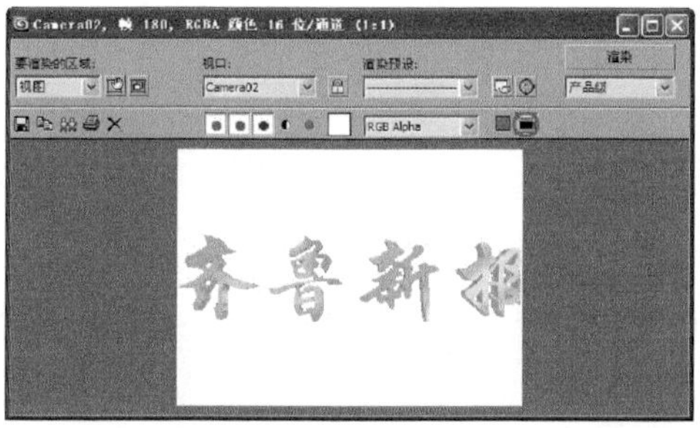

2 执行完操作后，即可完成渲染帧窗口的切换，如下图所示。

14.2 运用mental ray渲染器

作为一个光线跟踪渲染器，mental ray是非常迅速的。它还包括对全局照明的支持，不必启用高级照明设置。另外mental ray可以使用3ds Max的所有现有的材质，不必使用有限的专门材质，如光线跟踪材质。每个材质有一个新的卷展栏，用于指定mental ray设置。

实战操作435　设置mental ray折射

素材：Scene\Cha14\14-2. max

难度：★★★★★

场景：Scene\Cha14\实战操作435. max

视频：视频\ Cha14\实战操作435.avi

启用时，mental ray会跟踪折射。不需要折射时，禁用该选项可提高性能。跟踪深度控制光线被折射的次数。0 表示不会发生折射。增加这些值可以增加场景的复杂度和真实感，但需要更长的渲染时间。下面介绍mental ray渲染器中对于mental ray折射的设置，其操作步骤如下。

1 打开14-2.max素材文件，在工具栏中单击“渲染设置”按钮，然后在弹出的对话框中的“渲染器”选项卡中，在“渲染算法”卷展栏“反射/折射”选项区中选中“启用折射”复选框，将后面的“最大折射”设置为8，并按Enter键确认，如下图所示。

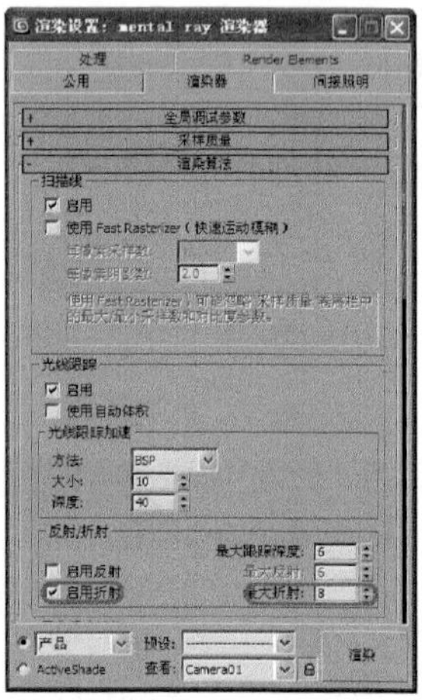

2 然后再在“渲染设置：mental ray渲染器”对话框中右下角单击“渲染”按钮，这样，在mental ray渲染器中的mental ray折射就设置完成了，效果如下图所示。

实战操作436 设置mental ray反射

素材：Scene\Cha14\14-3. max

难度：★★★★★

场景：Scene\Cha14\实战操作436. max

视频：视频\ Cha14\实战操作436.avi

启用时，mental ray会跟踪反射。不需要反射时，禁用该选项可提高性能。跟踪深度控制光线被反射的次数。0 表示不会发生反射。增加这些值可以增加场景的复杂度和真实感，但需要更长的渲染时间。下面介绍mental ray渲染器中对于mental ray反射的设置，其操作步骤如下。

1 打开14-3.max素材文件，单击工具栏中的“渲染设置”按钮，然后在弹出的对话框中的“渲染器”选项卡中，在“渲染算法”卷展栏“反射/折射”选项区中选中“启用反射”复选框，将后面的“最大反射”设置为7，并按Enter键确认，如右图所示。

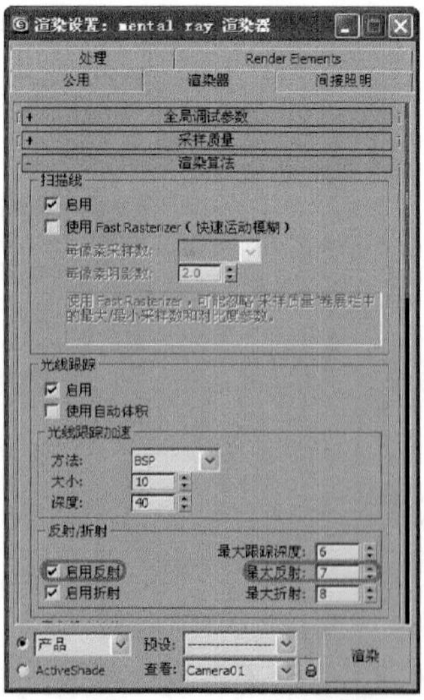

2 然后再在“渲染设置：mental ray渲染器”对话框中右下角单击“渲染”按钮，这样，在mental ray渲染器中的mental ray反射就设置完成了，效果如右图所示。

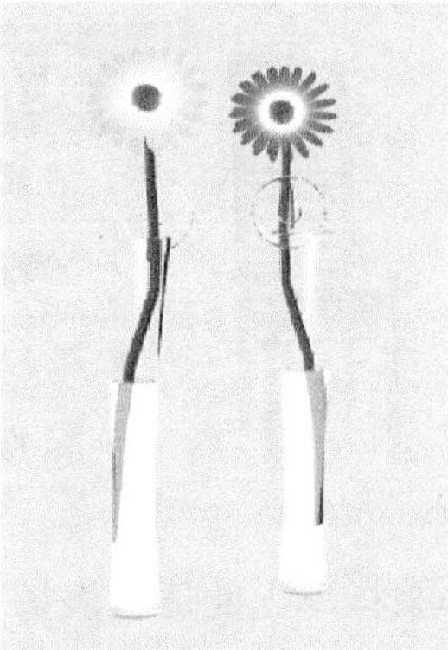

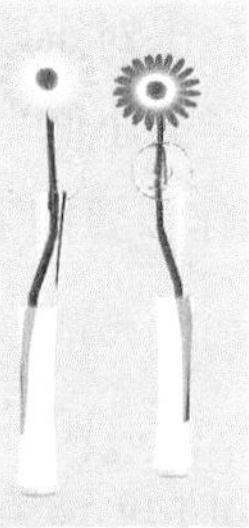

实战操作437 设置最终焦距

素材：Scene\Cha14\14-4. max

难度：★☆☆☆☆

场景：Scene\Cha14\实战操作437. max

视频：视频\ Cha14\实战操作437.avi

设置 mental ray 为单个漫反射光线计算的漫反射光反弹的次数。默认值为 0。像最大反射和最大折射一样，该值受最大深度的限制。如果“漫反射反弹”设置得比“最大深度”高，则后面的设置将自动升高到 MI 输出文件中的“漫反射反弹”值，但这不会反映在 3ds Max 界面中。下面介绍mental ray渲染器中对于最终焦距的设置，其操作步骤如下。

1 打开14-4.max素材文件，在工具栏中单击“渲染设置”按钮，然后在弹出的对话框中，选择“间接照明”选项卡中的“最终聚集”卷展栏，在“基本”选项区中将“漫反射反弹次数”设为4，并按Enter键确认，如下图所示。

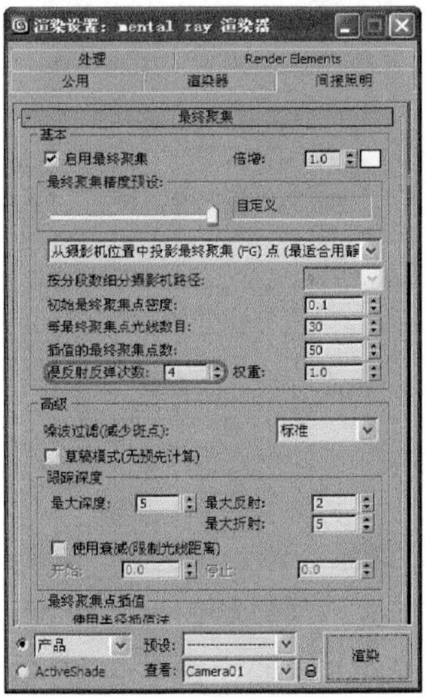

2 然后再在“渲染设置：mental ray渲染器”对话框中右下角单击“渲染”按钮，这样，在mental ray渲染器中的最终焦距就设置完成了，效果如下图所示。

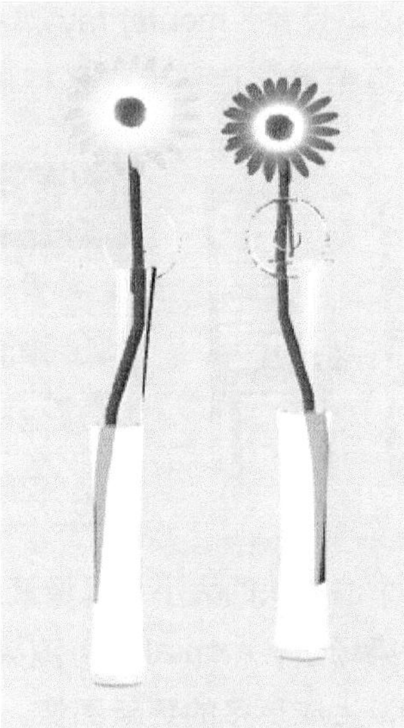

实战操作438 调整采样精度

素材：Scene\Cha14\14-5. max

难度：★★★★★

场景：Scene\Cha14\实战操作438. max

视频：视频\ Cha14\实战操作438.avi

设置最小采样率。此值代表每像素采样数。大于等于 1的值代表对每个像素进行一次或多次采样。分数值代表对N个像素进行一次采样（例如，对于每4个像素，1/4 为最小的采样数）。默认值=1/4。设置最大采样率。如果邻近的采样通过对比度加以区分，而这些对比度已经超出对比度限制，则包含这些对比度的区域将通过“最大值”被细分为指定的深度。默认值＝4。将对“最小值”和“最大值”列表的值进行锁定，以使“最小值”不会超过“最大值”。调整采样精度的操作步骤如下。

1 单击按钮，在弹出的下拉列表中打开14-5.max素材文件，如下图所示。

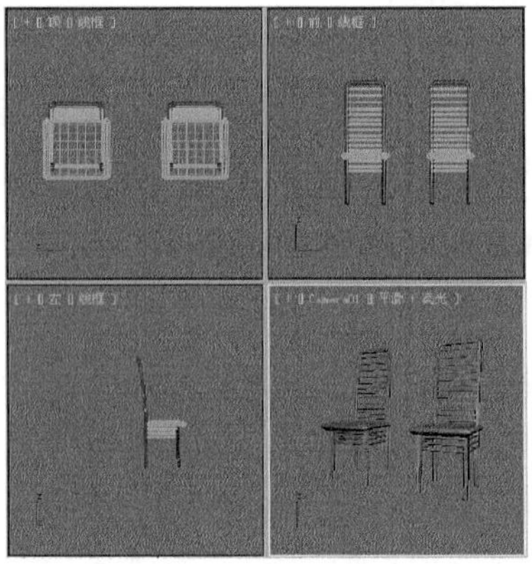

2 在工具栏中单击“渲染设置”按钮，弹出“渲染设置：mental ray 渲染器”对话框，选择“渲染器”选项卡“采样质量”卷展栏，将“每像素采样数”选项区中的“最小值”和“最大值”分别设置为4、16，如下图所示。然后再在“渲染设置：mental ray 渲染器”对话框中，单击右下角的“渲染”按钮进行渲染。

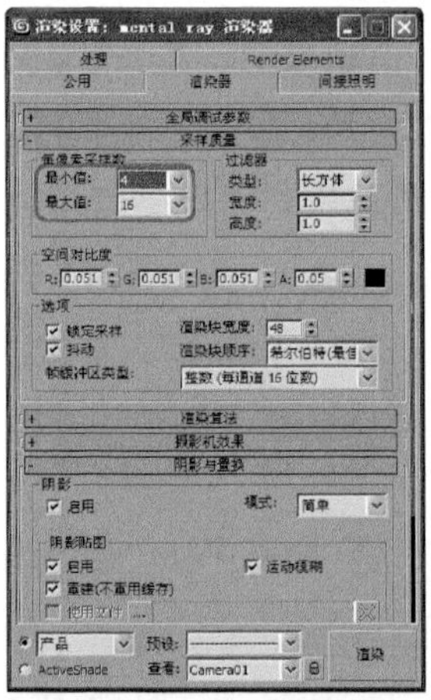

实战操作439 设置渲染块宽度

素材：Scene\Cha14\14-5. max

难度：★★★★★

场景：Scene\Cha14\实战操作439. max

视频：视频\ Cha14\实战操作439.avi

确定每个渲染块的大小（以像素为单位），范围为 4 至 512 像素，默认值为 48 像素。

为了渲染场景，mental ray 渲染器将图像细分成矩形横截面或“渲染块”。使用较小的渲染块会在渲染时，生成更多的更新图像。更新图像消耗一定数量的 CPU 周期。对于一个一般复杂的场景，小的渲染块将增加渲染时间，而大的渲染块节约渲染时间。对于复杂的场景，正好相反。设置渲染块宽度的操作步骤如下。

1　打开14-5.max素材文件，在工具栏中单击“渲染设置”按钮，弹出“渲染设置：默认扫描线渲染器”对话框，选择“渲染器”选项卡“采样质量”卷展栏，将“选项”选项区中的“渲染块宽度”设置为60，并按Enter键确定，如下图所示。

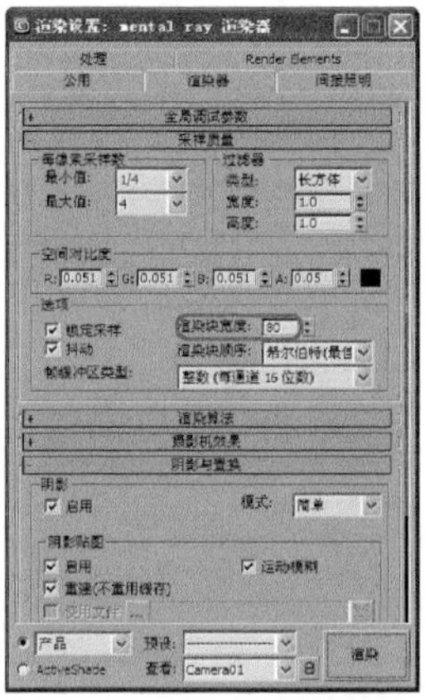

2　然后在“渲染设置：mental ray渲染器”对话框中，单击右下角的“渲染”按钮，渲染后的效果如下图所示。

实战操作440　设置渲染块顺序

素材：Scene\Cha14\14-5. max

难度：★★★★★

场景：Scene\Cha14\实战操作440. max

视频：视频\ Cha14\实战操作440.avi

用户可以指定 mental ray 选择下一个渲染块的方法。如果使用占位符或者分布式渲染，则使用默认的希尔伯特顺序。另外，还可以基于查看显示在渲染帧窗口中渲染图像的方式选择一种方法。在完成场景制作需要进行渲染时，可能需要设置渲染块的顺序，其操作步骤如下。

1　打开14-5.max素材文件，单击工具栏中的“渲染设置”按钮，弹出“渲染设置：mental ray 渲染器”对话框，选择“渲染器”选项卡“采样质量”卷展栏，将“选项”选项区中的“渲染块顺序”设置为“从左到右”，如右图所示。

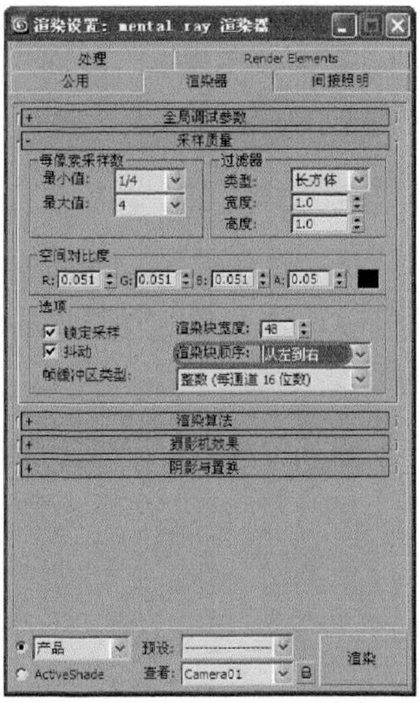

2 然后在“渲染设置：mental ray渲染器”对话框中，单击右下角的“渲染”按钮，效果如右图所示。

实战操作441 渲染背景元素

素材：Scene\Cha14\14-6. max

难度：★★★★★

场景：Scene\Cha14\实战操作441. max

视频：视频\ Cha14\实战操作441.avi

单击可将新元素添加到列表中。这时会显示“渲染元素”对话框。在完成场景制作需要进行渲染时，可能需要设置渲染背景元素，其操作步骤如下。

1 打开14-6.max素材文件，单击工具栏中的“渲染设置”按钮，弹出“渲染设置：mental ray渲染器”对话框，选择“Render Elements”选项卡“渲染元素”卷展栏，然后单击“添加”按钮，如下图所示。

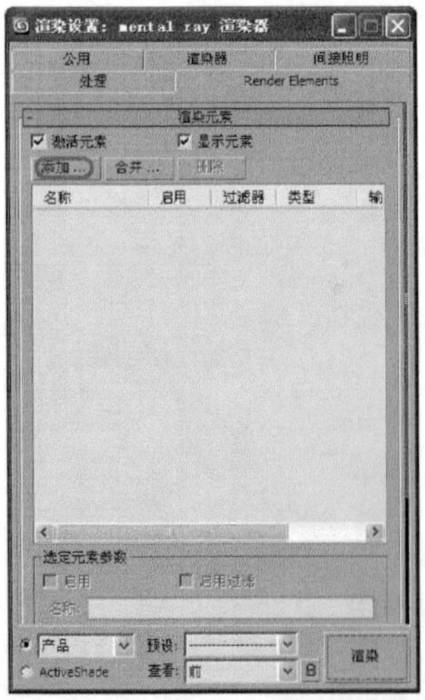

2 弹出“渲染元素”对话框，在下拉列表中选择“背景”选项，如下图所示。

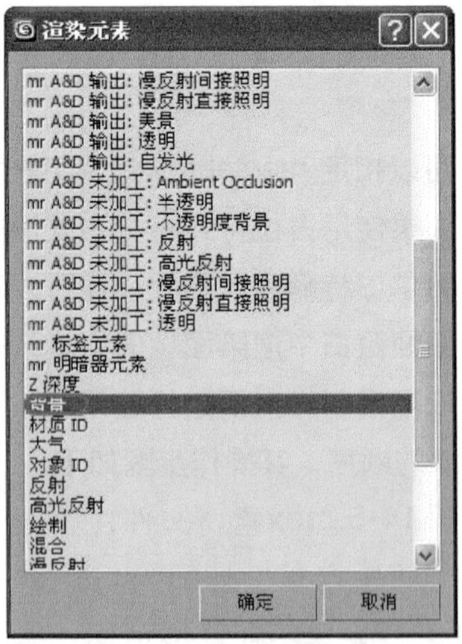

3 然后单击“确定”按钮，这时就返回到了“渲染设置：mental ray渲染器”对话框，单击“渲染”按钮，开始对场景渲染，如

下图所示。

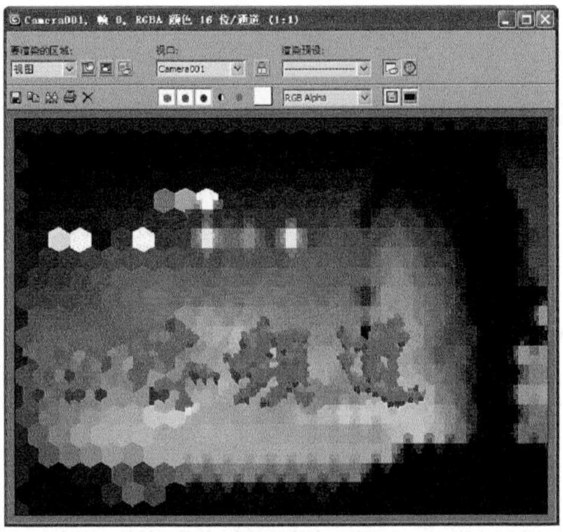

4 在场景渲染完成时，会弹出“背景，RGBA 颜色 16位/通道（1:1）”渲染窗口，即可渲染背景元素，效果如下图所示。

实战操作442 渲染高光反射元素

- 素材：Scene\Cha14\14-7.max
- 难度：★★★★★
- 场景：Scene\Cha14\实战操作442. max
- 视频：视频\ Cha14\实战操作442.avi

单击可将新元素添加到列表中。这时会显示“渲染元素”对话框。在完成场景制作需要进行渲染时，可能需要设置渲染元素，下面介绍渲染高光反射元素，其操作步骤如下。

1 打开14-7.max素材文件，单击工具栏中的“渲染设置”按钮，弹出“渲染设置：mental ray渲染器”对话框，选择“Render Elements”选项卡“渲染元素”卷展栏，然后单击“添加”按钮，弹出“渲染元素”对话框，在下拉列表中选择“高光反射”选项，如下图所示。

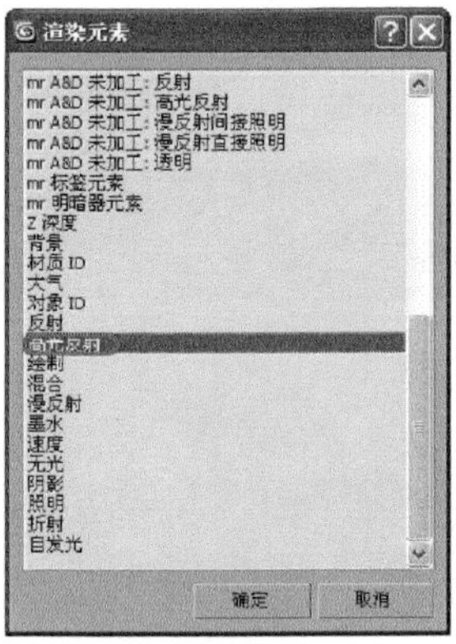

2 然后单击“确定”按钮，这时就返回到了“渲染设置：mental ray渲染器”对话框，单击“渲染”按钮，开始对场景渲染，渲染完成时，弹出“高光反射，RGBA 颜色 16位/通道（1:1）”渲染窗口，这样就完成了对高光反射元素的渲染。如下图所示。

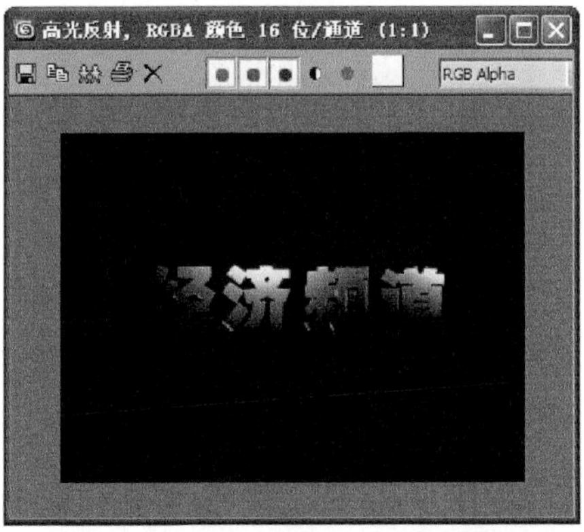

14.3 设置渲染输出

制作完成动画后，下面就应该将动画渲染输出。使用“渲染输出文件”对话框可以向渲染将输出的文件指定名称。还可以决定要渲染的文件类型。根据文件类型选择，还可以设置一些选项，如压缩、颜色深度和质量。

实战操作443 切换渲染通道

- 素材：Scene\Cha14\14-8.max
- 难度：★★★★★
- 场景：Scene\Cha14\实战操作443. max
- 视频：视频\ Cha14\实战操作443.avi

在完成场景制作进行渲染完成时，可以在渲染窗口中切换渲染通道，以达到想要的结果。其操作步骤如下。

1 单击按钮，在弹出的下拉列表中打开14-8.max素材文件，如下图所示。

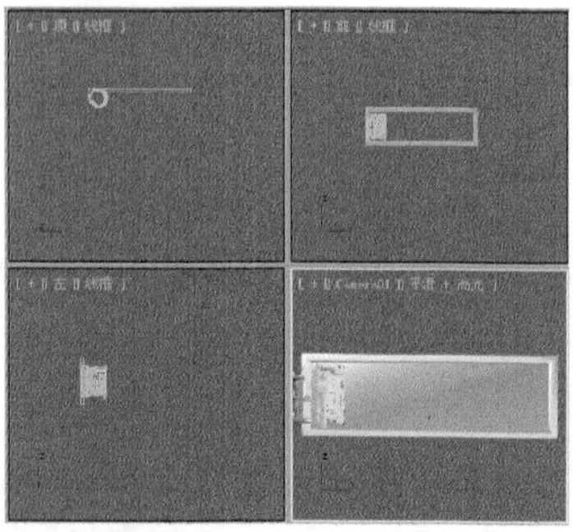

2 在打开的场景文件中，将动画控制区中的时间滑块调整到50帧处，效果如下图所示。

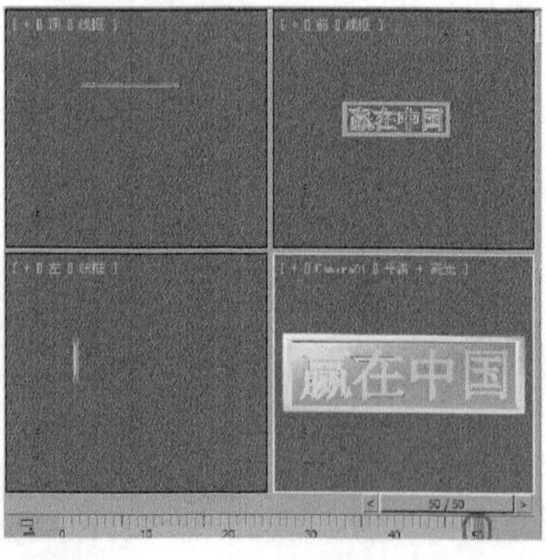

3 单击工具栏中的“渲染产品”按钮，弹出渲染窗口，如下图所示。

4 在渲染窗口中单击“启用蓝色通道”按钮，如下图所示。

实战操作444　输出AVI动画

- 素材：Scene\Cha14\14-8.max
- 难度：★★★★★
- 场景：Scene\Cha14\实战操作444. max
- 视频：视频\ Cha14\实战操作444.avi

在完成场景的制作需要进行渲染时，就开始输出动画了，其操作步骤如下。

1 打开14-8.max文件，单击工具栏中的“渲染设置”按钮，在弹出的对话框中的“公用”选项卡“公用参数”卷展栏“时间输出”选项区中，选中“范围”单选按钮，在微调框中输入0至50，按Enter键确认，再在“渲染输出”选项区中单击“文件”按钮，如下图所示。

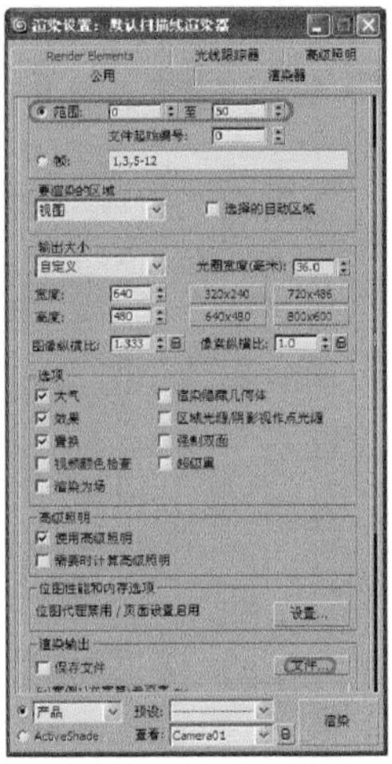

2 弹出“渲染输出文件”对话框，在该对话框中设置输出路径，将“文件名”设置为“输出AVI动画”，设置“保存类型”为“AVI文件（*.avi）”，如下图所示。

3 单击“保存”按钮，这时弹出“AVI文件压缩设置”对话框，使用默认设置。单击“确定”按钮，返回到“渲染设置：默认扫描线渲染器”对话框，单击“渲染”按钮，在渲染到第15帧时，渲染效果如下图所示。

4 当场景渲染到53帧时，渲染完成后的效果如下图所示。

Chapter

15

第15章

常用三维文字的制作

三维文字的实现要事先利用文本工具创建出基本的文字造型，然后利用不同的修改器完成文字造型的制作，在制作过程中使用的都是比较常用的工具和方法，通过本章的学习，用户可以掌握金属质感，浮雕质感，玻璃质感，激光质感的制作、修改、编辑等操作。

15.1 金属文字

通过本例的学习，用户可以掌握金属质感的制作、修改以及编辑操作，同时掌握反射贴图通道的应用。

实战操作445 创建文字并设置倒角

素材：无　　场景：无

难度：★★★★★　　视频：视频\Cha15\实战操作445.avi

倒角文字的制作方法很简单，首先使用“文本”工具创建二维文字效果，然后为其指定“倒角”修改器产生厚度和倒角效果。其操作步骤如下。

1 选择“创建” | “图形” | “样条线” | “文本”工具，在“参数”卷展栏中的“字体”下拉列表中选择“经典长宋简”，在文本输入框中输入“AUTODESK”，然后在前视图中单击鼠标左键创建文本，如下图所示。

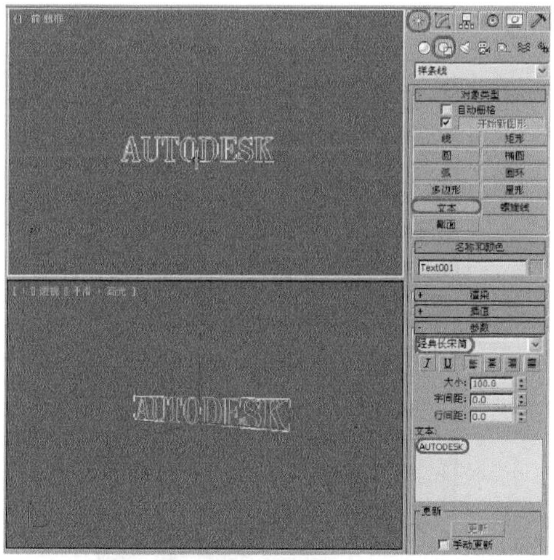

2 单击“修改”按钮，进入“修改”命令面板，在“修改器列表”中选择“倒角”修改器。在“参数”卷展栏中选中“避免线相交”复选框；在“倒角值”卷展栏中，将“级别1”下的“高度”设置为30.0，选中“级别2”复选框，将“高度”设为2.0，“轮廓”设为-1.0，如下图所示。

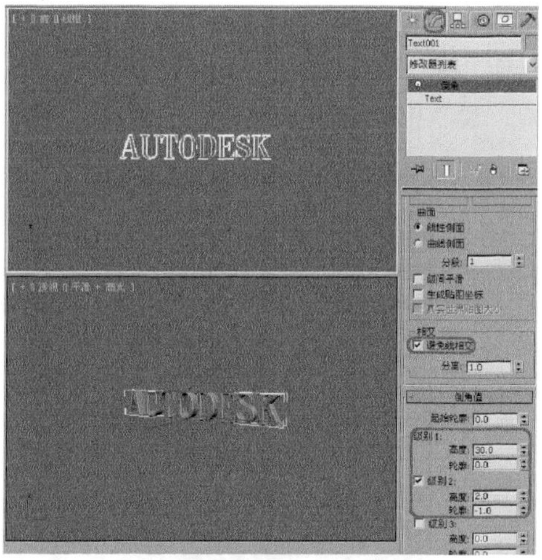

实战操作446 为文字设置材质

素材：无　　场景：无

难度：★★★★★　　视频：视频\Cha15\实战操作446.avi

创建完文字后，将要为文字设置材质，其操作步骤如下。

1 在工具栏中单击“材质编辑器”按钮，打开“材质编辑器”对话框，单击第一个材质样本球，将其命名为“金属字”，如下图所示。

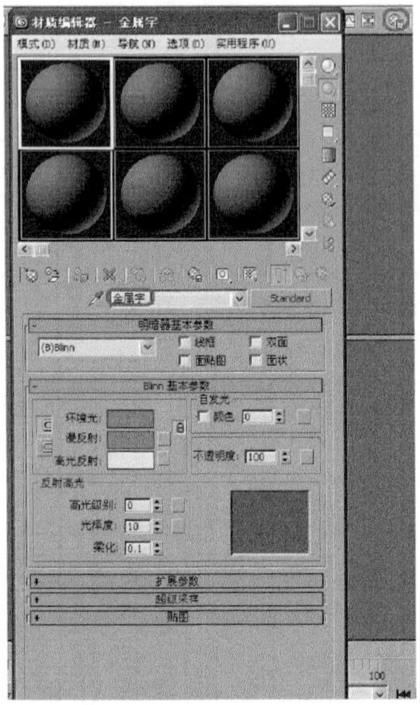

2 在“明暗器基本参数”卷展栏中将阴影模式定义为“金属”。在“金属基本参数”卷展栏中将“环境光”的RGB值设置为0、0、0，将“漫反射”的RGB值设置为255、222、0；将“高光级别”和“光泽度”都设置为100，如下图所示。

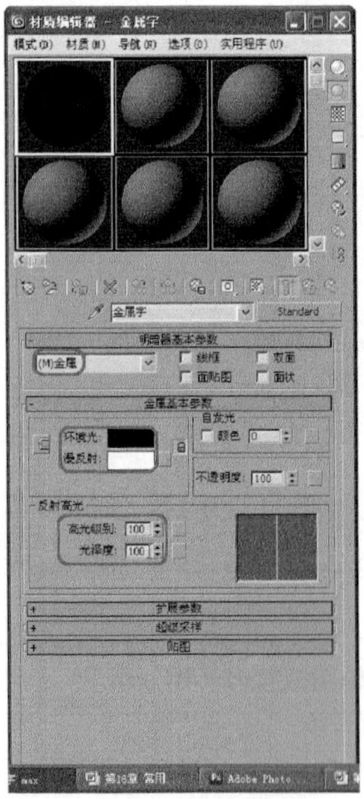

3 打开“贴图”卷展栏，单击“反射”通道后的None贴图按钮，在打开的“材质/贴图浏览器”对话框中选择“位图”贴图，单击“确定”按钮，如下图所示。

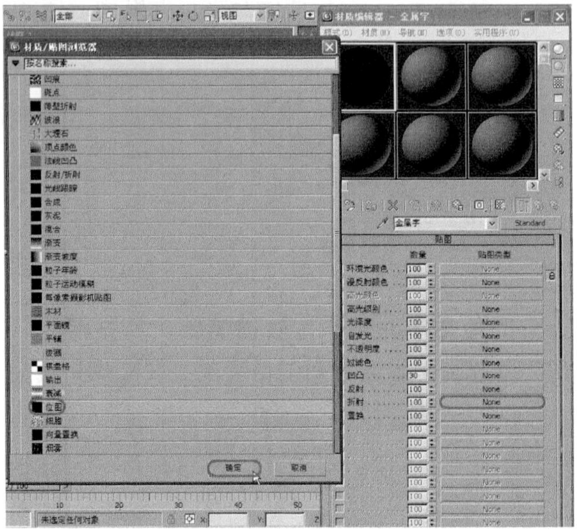

4 在弹出的“打开”的对话框中选择随书附带光盘中的\Map\Gold04.jpg文件，单击“打开”按钮，进入“反射”通道的位图层，在“输出”卷展栏中将“输出量”的值设置为1.7，如下图所示。

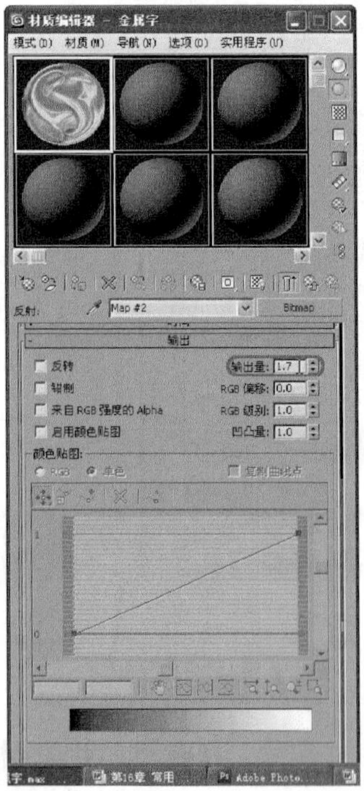

实战操作447　创建摄影机

素材：无

难度：★★★★★

场景：Scene\Cha15\实战操作447.max

视频：视频\Cha15\实战操作447.avi

一个文字的效果如何在于看的角度，下面介绍如何创建摄影机，其操作步骤如下。

1　激活“顶”视图，在菜单栏中单击“创建”按钮，在下拉菜单中选择“摄影机”|“目标摄影机”命令，如下图所示。

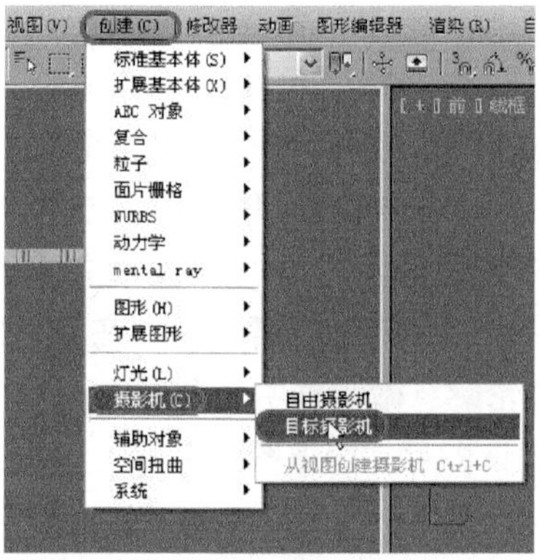

2　在“顶”视图中创建摄影机对象，将摄影机对象创建完毕后，再在打开的“参数”卷展栏中单击“备用镜头”选项区中的24mm按钮，将当前摄影机镜头大小设置为24mm，如下图所示。

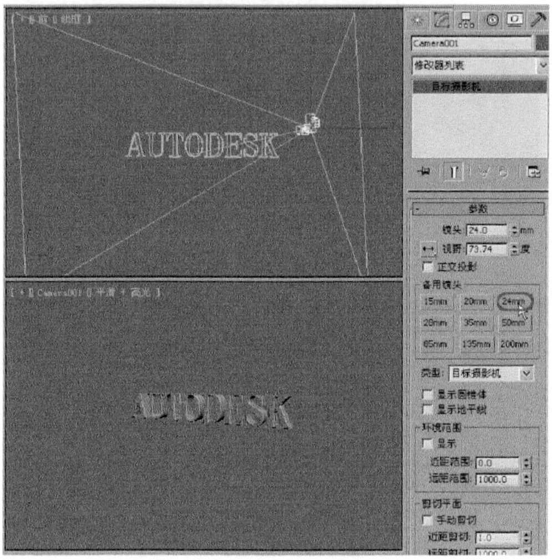

3　选择工具，确定当前作用轴为XY轴，然后在“左”视图和“前”视图中调整摄影机的位置，并通过“摄影机”视图观察调整效果，如下图所示。

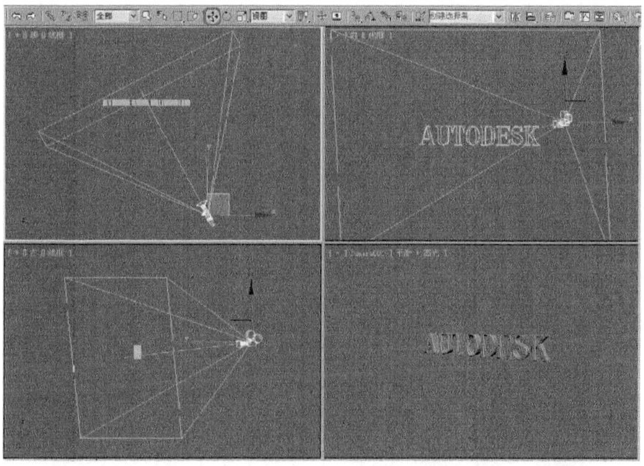

4　选择“文件”|“保存”命令，保存场景文件，在打开的对话框中选择文本的保存路径并设置它的名称，然后单击“保存”按钮保存(S)，如下图所示。

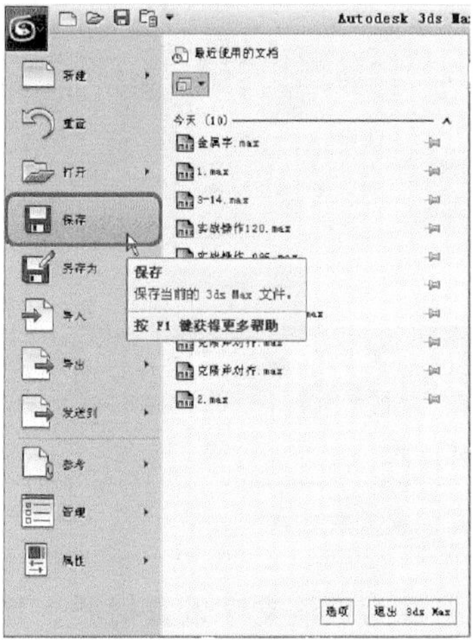

15.2 玻璃文字

本节将介绍玻璃文字的制作方法。玻璃文字主要通过为文字设置材质来表现其透明效果，通过本节的学习用户可以掌握玻璃材质的调节方法。

实战操作448 创建文字

素材：无　　场景：无

难度：★★★★★　　视频：视频\Cha15\实战操作448.avi

制作玻璃文字最主要的是首先要先创建文字，下面介绍如何创建文字，其操作步骤如下。

1 选择“创建” |“图形” |“样条线”|“文本”工具。在“参数”卷展栏中单击“字体”右侧的下三角按钮，在弹出的下拉菜单中选择“华文新魏”，在“文本”文本框中输入“扶余卫视”，在“前”视图中单击鼠标左键创建文字，如下图所示。

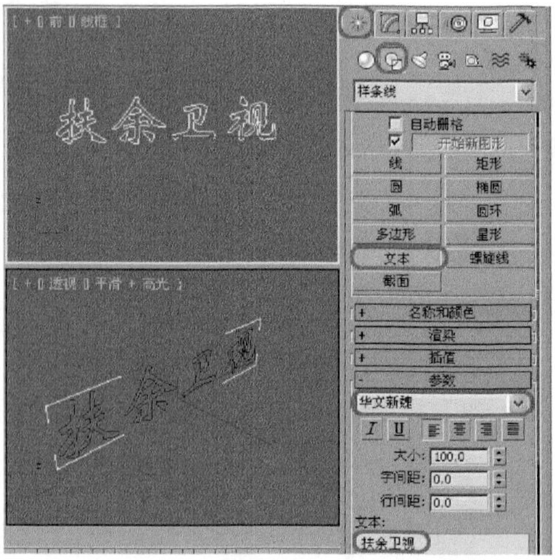

2 进入“修改”命令面板，在“修改器列表”中选择“倒角”修改器。在“倒角值”卷展栏中“级别1”下的“高度”与“轮廓”微调框中分别输入2.0、2.0，选中“级别2”复选框，并在其下方的“高度”文本框中输入15.0，再选中“级别3”复选框，在其下方的“高度”与“轮廓”微调框中分别输入2.0、-2.0，按Enter键确认即可，如下图所示。

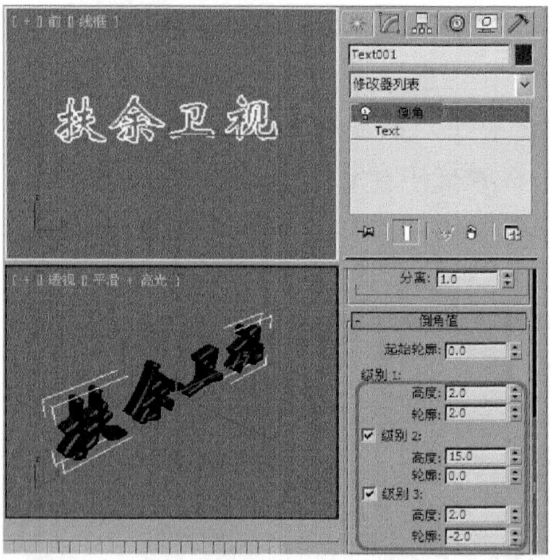

实战操作449 设置材质

素材：无　　场景：无

难度：★★★★★　　视频：视频\Cha15\实战操作449.avi

下面将要为玻璃文字设置材质，其操作步骤如下。

1 继续上一实例的操作，在工具栏中单击“材质编辑器”按钮，在弹出的“材质编辑器”对话框中选择第一个材质样本球，在“Blinn基本参数”卷展栏中单击按钮，在弹出的对话框中单击“是”按钮，将“漫反射”和“高光反射”颜色进行锁定，如下图所示。

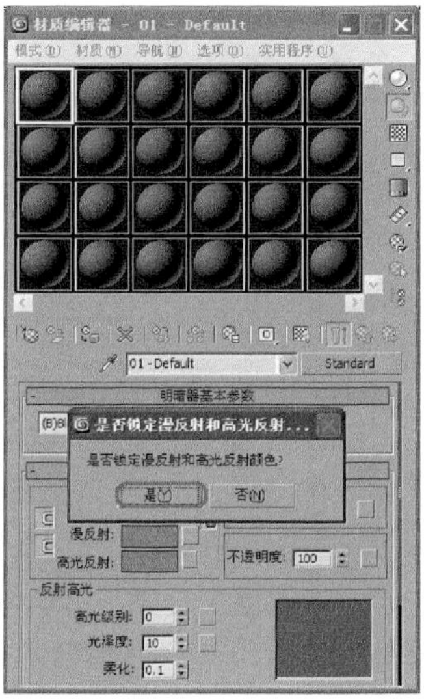

2 使用同样的方法取消“环境光”与“漫反射”颜色的锁定，将“环境光”的RGB值设置为200、200、200，再将“漫反射”的RGB值设置为255、255、255。在“自发光”选项区中选中“颜色”复选框，并将其RGB值设置为255、255、255，在“不透明度”微调框中输入85，按Enter键确认，如下图所示。

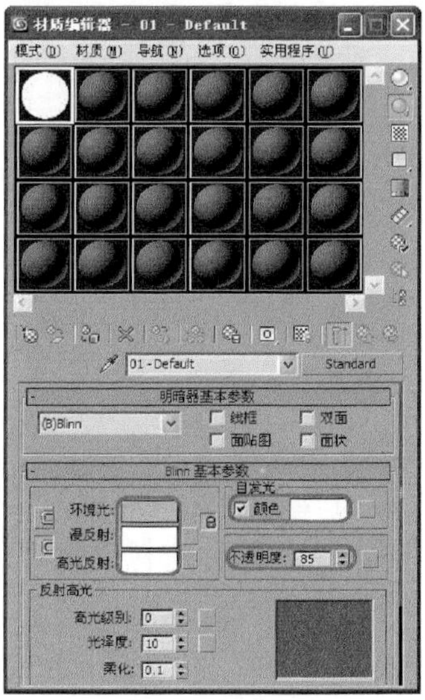

3 再在“反射高光”选项区中的“高光级别”和“光泽度”微调框中分别输入100、69，在“柔化”微调框中输入0.53，并按Enter键确认，如下图所示。

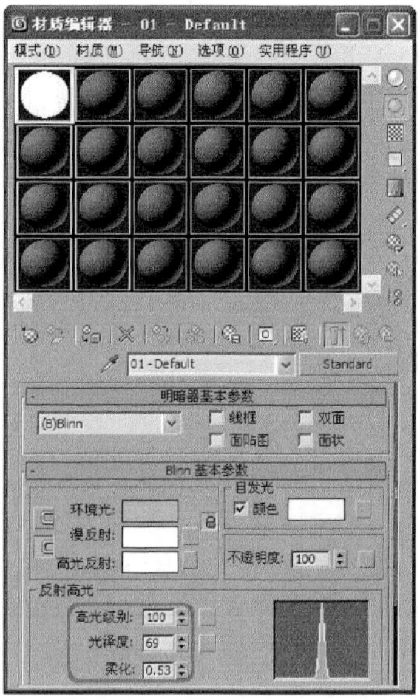

4 在“扩展参数”卷展栏中将“过滤”的RGB值设置为255、255、255，在“数量”微调框中输入100，并按Enter键确认，如下图所示。

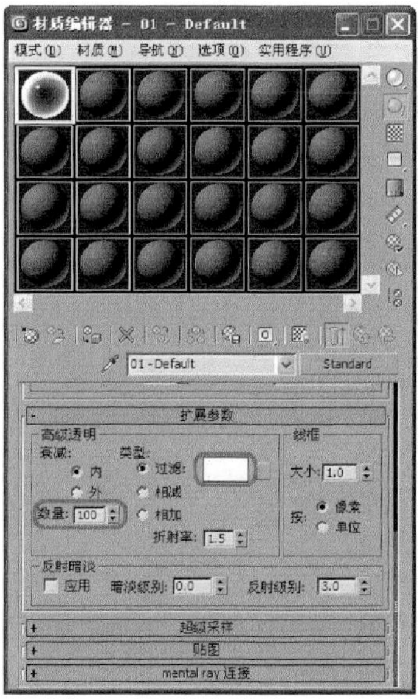

5 在“贴图”卷展栏中单击“折射”右侧的“None”按钮，在弹出的“材质/贴图浏览器”对话框中双击“光线追踪”，在“光

线跟踪器参数”卷展栏中取消选中“光线跟踪大气”与“反射/折射材质ID”复选框，如下图所示。

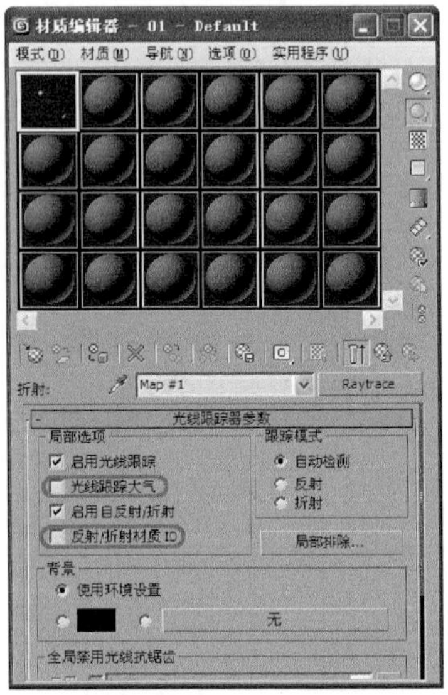

6 单击“转到父对象”按钮，再在“贴图”卷展栏中将“折射”的数量设置为85，并按Enter键确认，如下图所示。设置完成后，单击“将材质指定给选定对象”按钮即可。

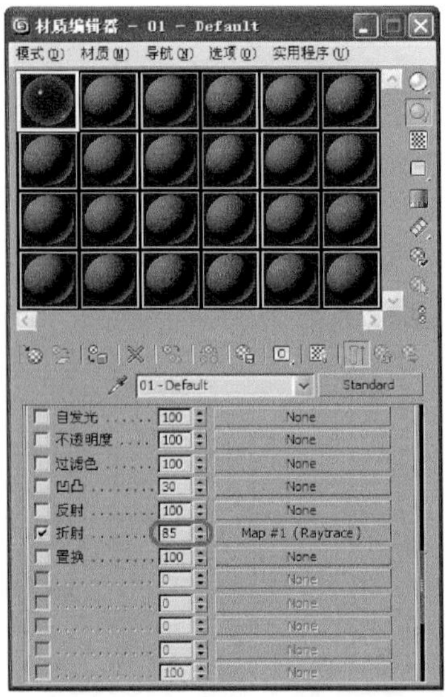

7 再在“材质编辑器”对话框中选择第2个材质样本球，单击“获取材质”按钮。在弹出的“材质/贴图浏览器”对话框中双击“位图”，再在弹出的“选择位图图像文件”对话框中找到随书附带光盘中的\Map\风景05.jpg，如下图所示。

8 单击“打开”按钮，在“坐标”卷展栏中单击选中“环境”单选按钮，在“位图参数”卷展栏中选中“应用”复选框，在“W”与“H”微调框中分别输入0.6、0.6，在“V”微调框中输入0.25，并按Enter键确认，如下图所示。

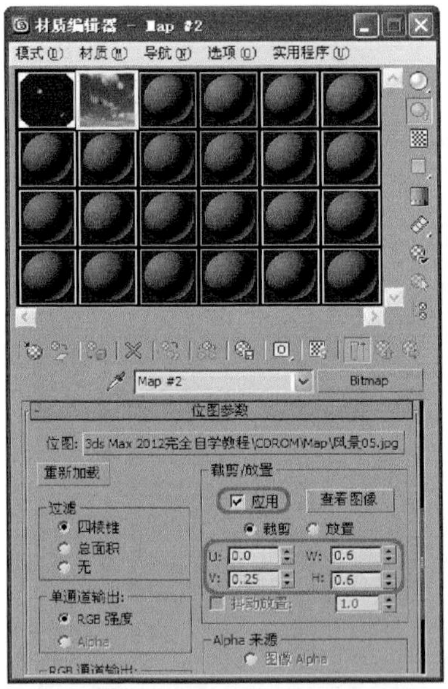

9 按键盘上的8键，在弹出的“环境和效果”对话框中选择“环境”选项卡，将第2个材质样本球上的背景材质拖动到“环境和效果”对话框中的环境贴图中，在弹出的“实例（副本）贴图”对话框中选中“实例”

单选按钮，如下图所示。

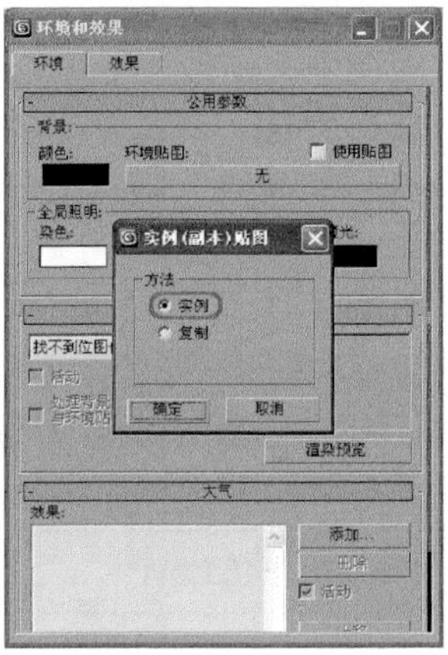

10 单击“确定”按钮，并将“环境和效果”对话框关闭。再将“材质编辑器”和“材质/贴图浏览器”对话框关闭，按F9键进行快速渲染，效果如下图所示。

实战操作450 创建摄影机

素材：无

难度：★★★★★

场景：Scene\Cha15\实战操作450.max

视频：视频\Cha15\实战操作450.avi

一个好看的玻璃字除了材质最重要以外，在渲染时的角度也很重要，下面介绍如何为玻璃文字创建摄影机。其操作步骤如下。

1 选择“创建” | “摄影机” | “标准” | “目标”工具，在“前”视图中创建一个摄影机对象，如下图所示。

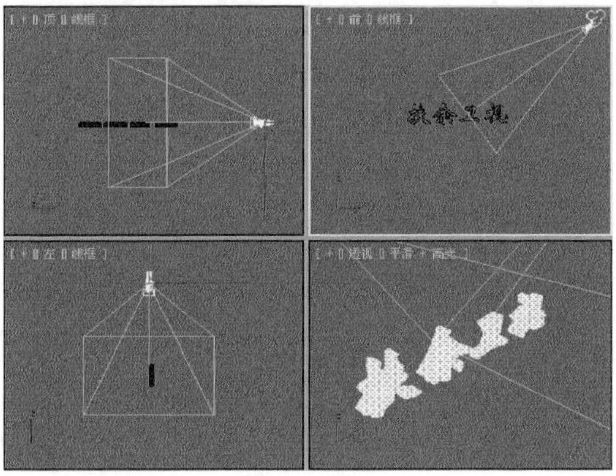

2 激活“透视”视图，然后按C键将当前激活的视图转为“摄影机”视图，并在除“摄影机”视图外的其他视图中调整摄影机的位置，调整后的效果如下图所示，对完成后的场景进行保存即可。

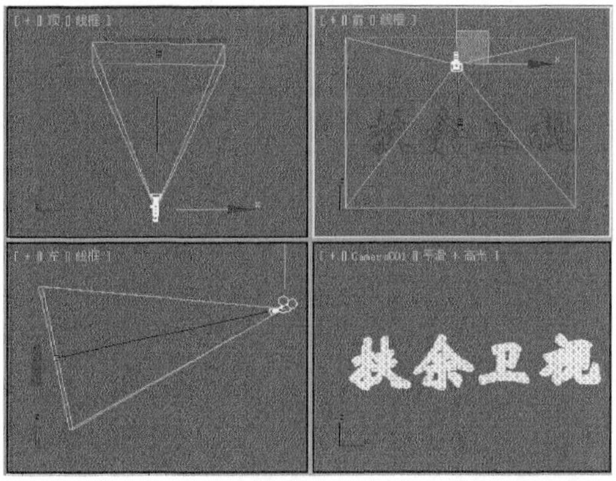

15.3 浮雕文字

本节介绍一种简单实用的浮雕文字的制作方法。浮雕文字主要通过为长方体指定“置换”修改器来创建，通过本节的学习可以使用户更好的掌握“置换”修改器的使用方法。

实战操作451 创建文字

素材：无　　场景：无

难度：★★★★★　　视频：视频\Cha15\实战操作451.avi

下面介绍如何为浮雕文字创建文字，其操作步骤如下。

1 选择“创建”｜“几何体”｜“标准基本体”｜“长方体”工具，在“前”视图中创建一个“长度”、“宽度”、“高度”分别为125.0、380.0、5.0，“长度分段”和“宽度分段”分别为90、185的长方体，并将其命名为“底板”，如下图所示。

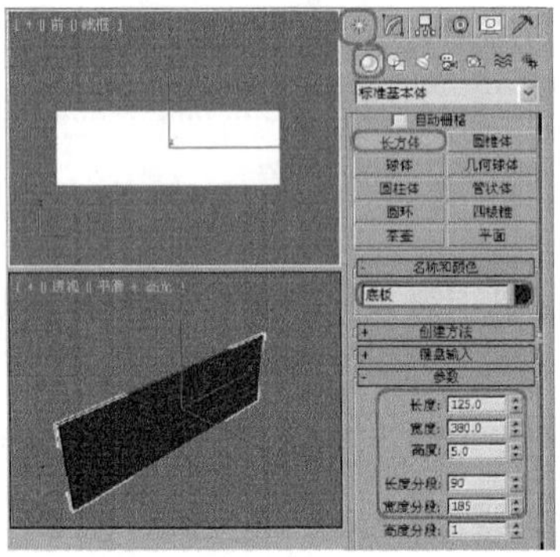

2 进入“修改”命令面板，在“修改器列表”中选择“置换”修改器，在“参数”卷展栏中“置换”选项区中的“强度”微调框中输入8.0，选中“亮度中心”复选框，如下图所示。

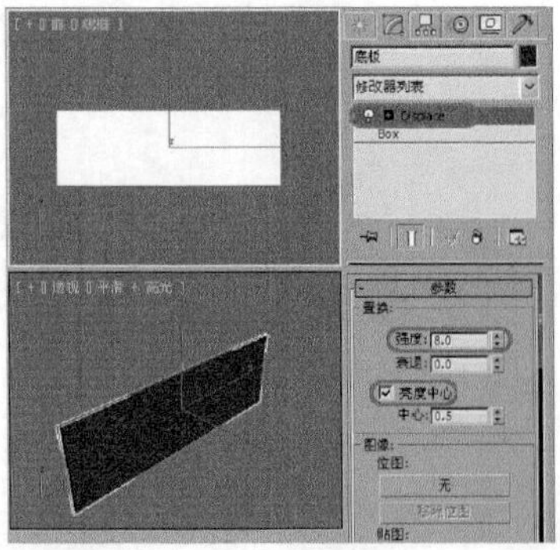

3 在“图像”选项区中单击“位图”下方的“无”按钮，在弹出的“选择置换图像”对话框中选择随书附带光盘中的\Map\文字.jpg，如下图所示。

4 单击“打开”按钮，即可创建文字，效果如下图所示。

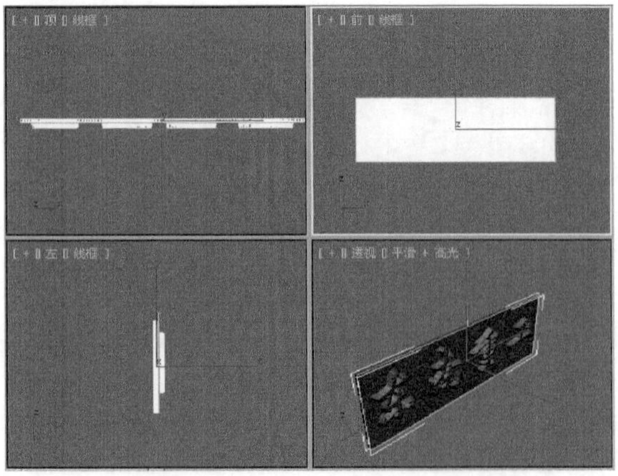

实战操作452 创建边框

素材：无　　场景：无

难度：★★★★★　　视频：视频\Cha15\实战操作452.avi

下面介绍如何为浮雕文字创建边框，其操作步骤如下。

1 继续上一实例的操作，选择“创建”|“图形”|“样条线”|“矩形”工具，在“前”视图中沿长方体的边缘创建一个“长度”、“宽度”分别为125.0、380.0的矩形，如下图所示。

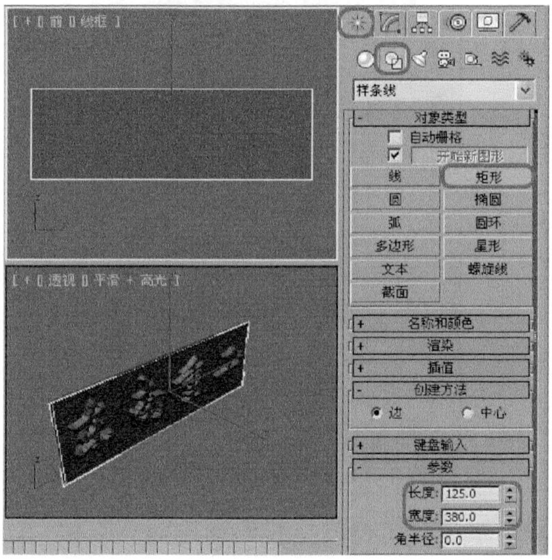

2 将其命名为“边框”，进入“修改”命令面板，在“修改器列表”中选择“编辑样条线”修改器，将当前选择集定义为“样条线”，如下图所示。

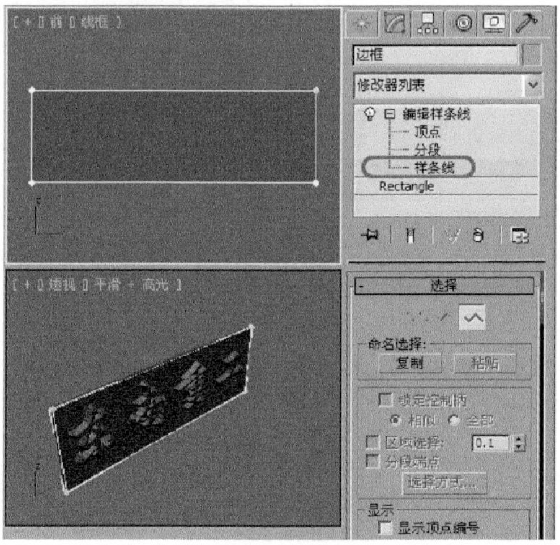

3 在“几何体”卷展栏中的“轮廓”微调框中输入8，按Enter键确认，效果如下图所示。

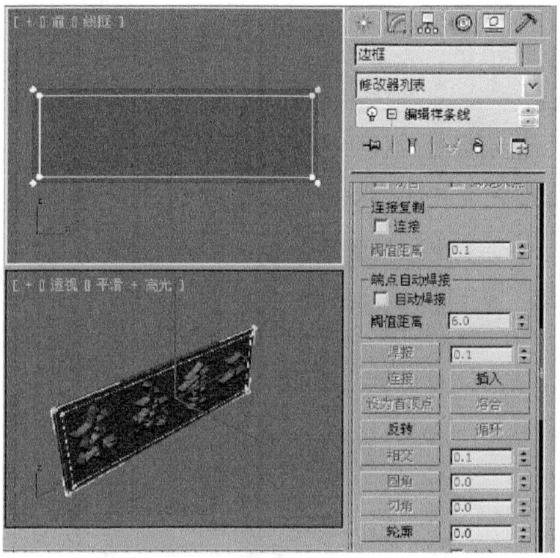

4 在修改器下拉列表中选择“倒角”修改器，在“倒角值”卷展栏中将“级别1”下方的“高度”和“轮廓”设置为2.0、2.0，选中“级别2”复选框，在“高度”微调框中输入5.0，选中“级别3”复选框，在“高度”和“轮廓”微调框中输入2.0、-2.0，按Enter键确认，如下图所示。

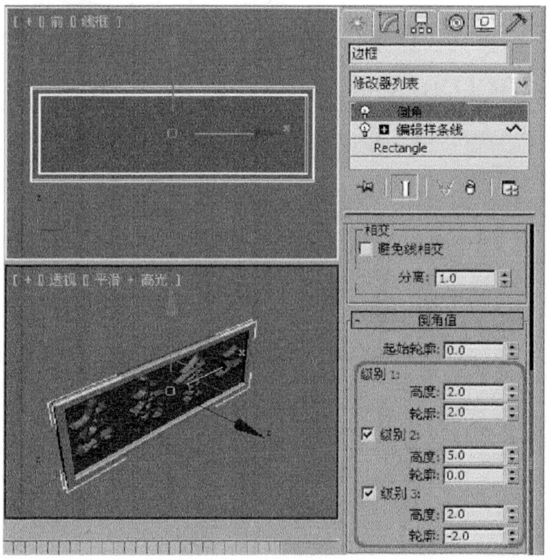

实战操作453 设置材质

素材：无　　场景：无

难度：★★★★★　　视频：视频\Cha15\实战操作453.avi

下面介绍如何为浮雕文字设置材质，其操作步骤如下。

1 继续上一实例的操作，在视图中选择所有的对象，按键盘上的M键打开“材质编辑器”对话框，选择第一个材质样本球，在“明暗器基本参数”卷展栏中将明暗器类型定义为“金属”。在“金属基本参数”卷展栏中将“环境光”的RGB值设置为255、174、0，在“高光级别”和“光泽度”微调框中分别输入100、80，按Enter键确认，如下图所示。

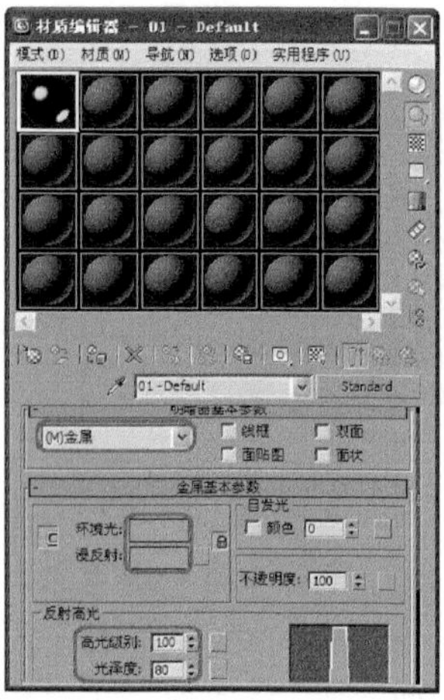

2 在“贴图”卷展栏中单击“反射”右侧的“None”按钮，在弹出的“材质/贴图浏览器”对话框中双击“位图”，在弹出的“选择位图图像文件”对话框中选择随书附带光盘中的\Map\GOLD07.GIF，如下图所示。

3 单击“打开”按钮，在“坐标”卷展栏中的“模糊偏移”微调框中输入0.09，按Enter键确认，如下图所示。

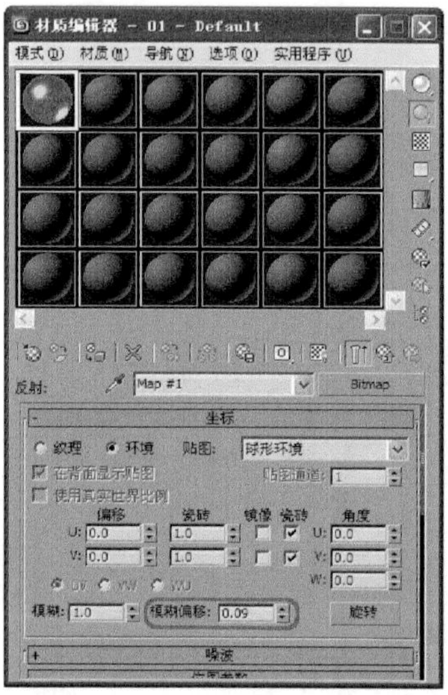

4 单击“将材质指定给选定对象”按钮，将“材质编辑器”对话框关闭即可，指定材质后的文字如下图所示。

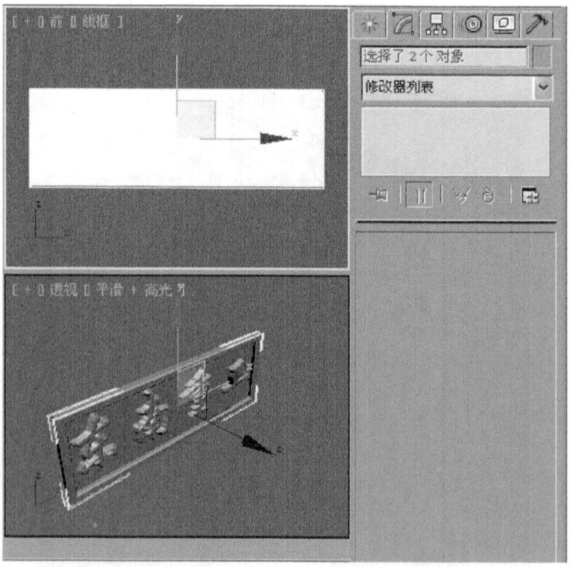

实战操作454 创建摄影机

- 素材：无
- 难度：★★★★★
- 场景：场景\Cha15\实战操作454.max
- 视频：视频\Cha15\实战操作454.avi

下面介绍如何为浮雕文字创建摄影机，并为其调整一个好看的角度，其操作步骤如下。

1 选择“创建”|“摄影机”|“标准”|“目标”工具，在“前”视图中创建一个摄影机对象，如下图所示。

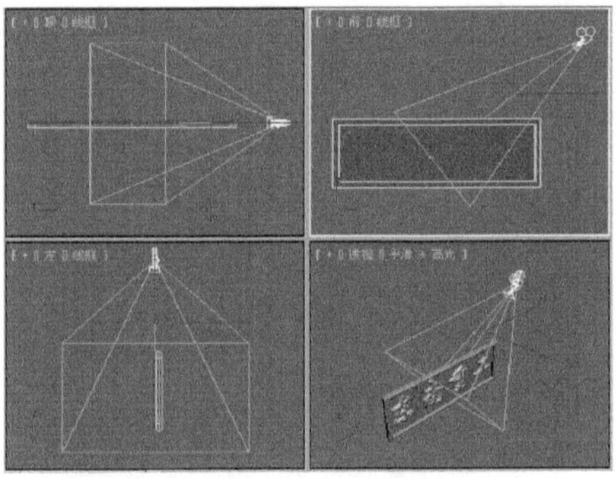

2 在“参数”卷展栏中单击“备用镜头”选项区中的35mm按钮，激活“透视”视图，然后按C键将当前激活的视图转为“摄影机”视图，并在除“摄影机”视图外的其他视图中调整摄影机的位置，调整后的效果如下图所示，对完成后的场景进行保存即可。

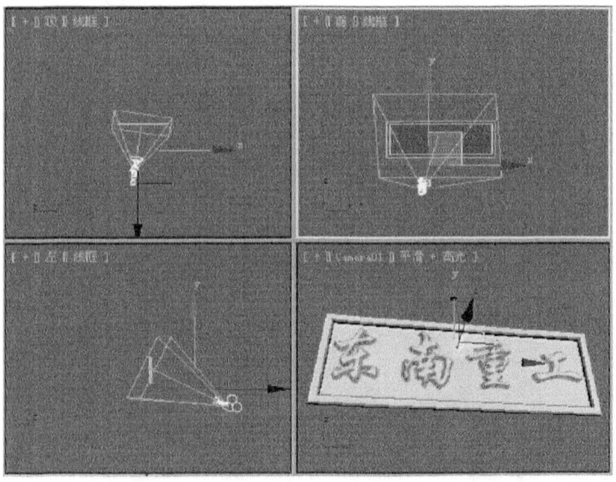

15.4 激光文字

本节将介绍如何创建激光文字，激光文字主要通过施加“挤出”修改器和为其设置动画来创建完成的，通过本章的学习将会对前面所学的知识进行巩固。

实战操作455 创建文字

- 素材：无
- 场景：无
- 难度：★★★★★
- 视频：视频\Cha15\实战操作455.avi

创建激光文字最关键的就是创建文字，下面介绍如何创建文字，其操作步骤如下。

1 选择“创建”|“图形”|“样条线”|“文本”工具，在“参数”卷展栏中单击“字体”右侧的下三角按钮，在弹出的下列菜单中选择“华文行楷”，在“文本”文本框中输入“幸

福魔方”，在“前”视图中单击鼠标左键创建文字，如下图所示。

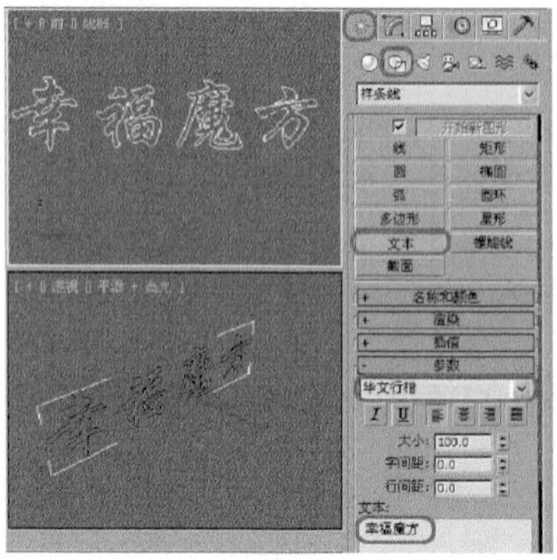

2 选择“创建”| “图形”| “样条线”|“矩形”工具，在“前”视图中创建一个“长度”和“宽度”分别为378.0、517.0的矩形，如下图所示。

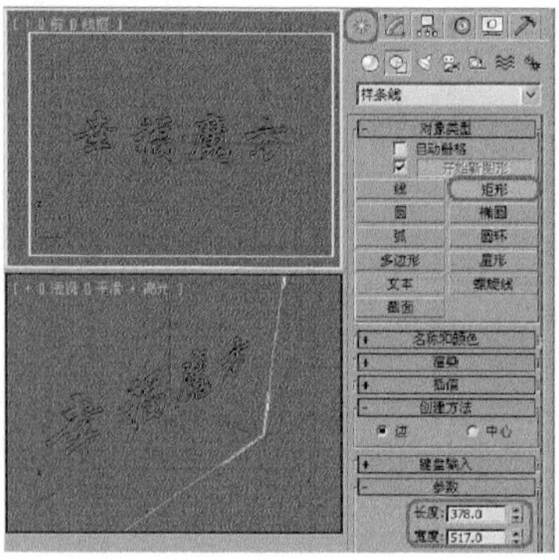

3 确认所绘制的矩形处于选中的状态，单击鼠标右键，在弹出的快捷菜单中选择“转换为”|“转换为可编辑样条线”命令，将当期选择集定义为“线段”。在“几何体”卷展栏中单击“附加”按钮，在创建的文本上单击鼠标左键，对其进行附加，效果如下图所示。

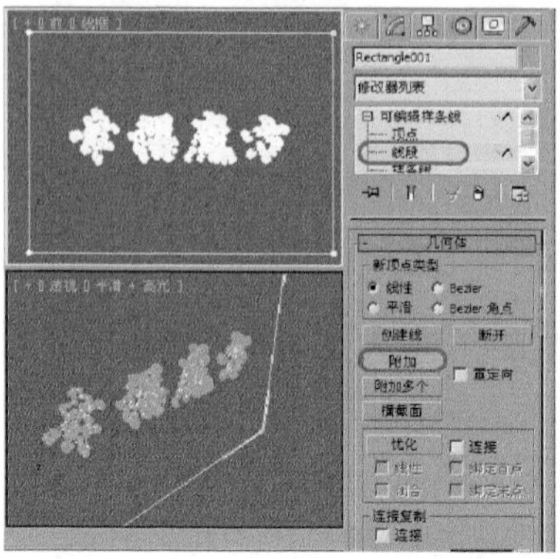

4 在修改器下拉列表中选择“挤出”修改器，在“参数”卷展栏中的“数量”微调框中输入10.0，按Enter键确认，如下图所示。

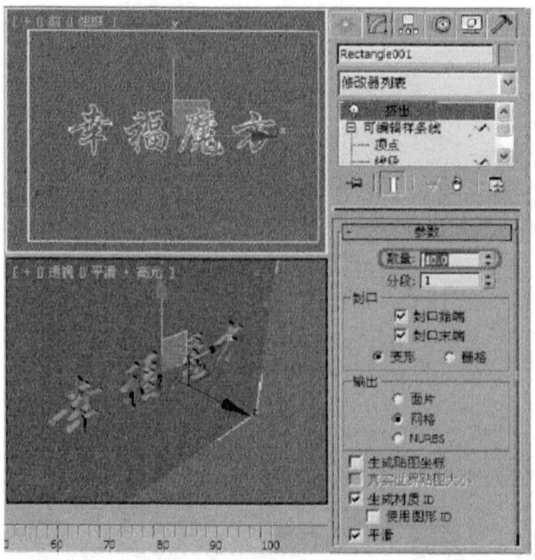

实战操作456 创建摄影机与灯光

素材：无　　场景：无

难度：★★★★★　　视频：视频\Cha15\实战操作456.avi

下面介绍如何创建摄影机和灯光，其操作步骤如下。

1 继续上一实例的操作，选择“创建”|“摄影机”|“标准”|“目标”工具，在“前”视图中创建一个摄影机，如右图所示。

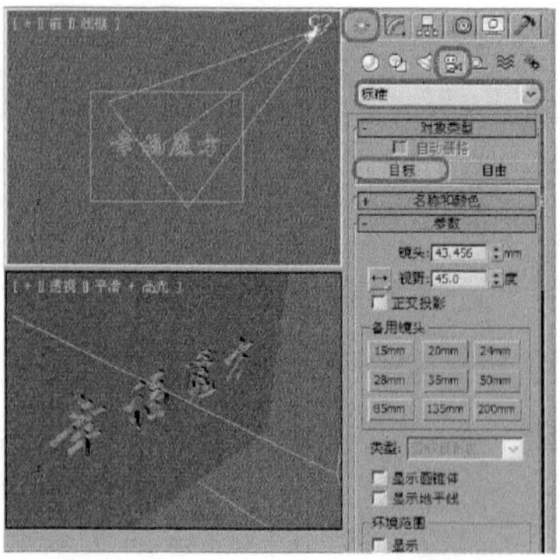

2 激活“透视”视图，然后按C键将当前激活的视图转为“摄影机”视图，并在除“摄影机”视图外的其他视图中调整摄影机的位置，进入“修改”命令面板，在“参数”卷展栏中的“镜头”微调框中输入40.0，按Enter键确认，如下图所示。

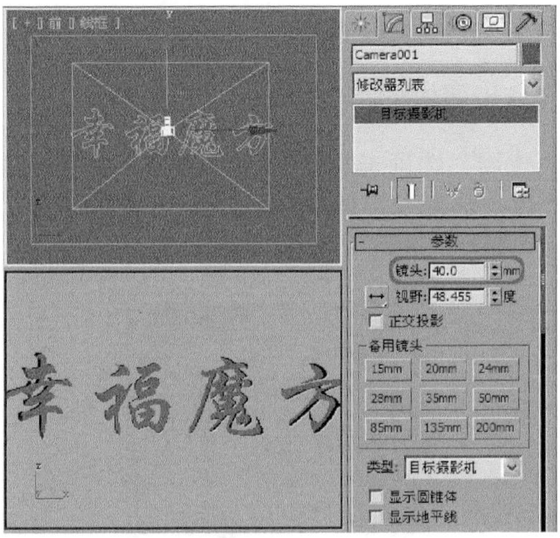

3 选择“创建” | “灯光” | “标准” | “目标聚光灯”工具，在“前”视图中创建一个目标聚光灯，如下图所示。

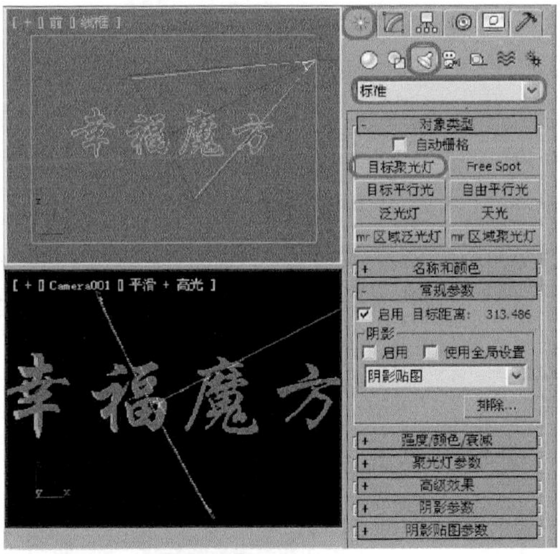

4 进入“修改”命令面板，在“常规参数”卷展栏中选中“启用”复选框，在“强度/颜色/衰减”卷展栏中单击“倍增”右侧的颜色框，在弹出的“颜色选择器”对话框中将RGB值分别设置为253、131、0，如下图所示。

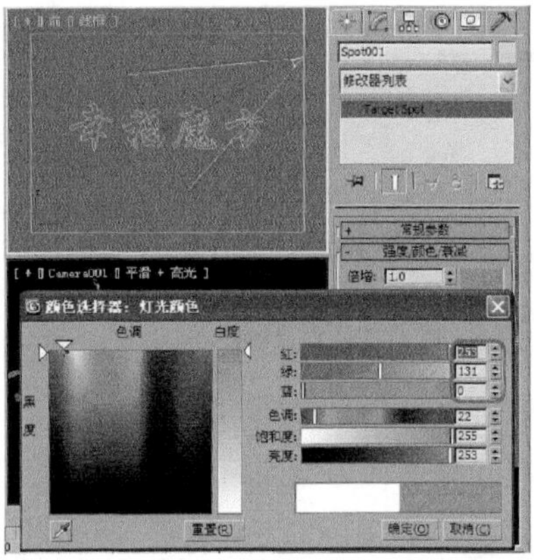

5 单击“确定”按钮，单击“远距衰减”选项区中的“使用”复选框，在“开始”微调框中输入435.0，在“结束”微调框中输入645.0。在“聚光灯参数”卷展栏中的“聚光区/光束”和“衰减区/区域” 微调框中分别输入21.4、37.0，如下图所示。

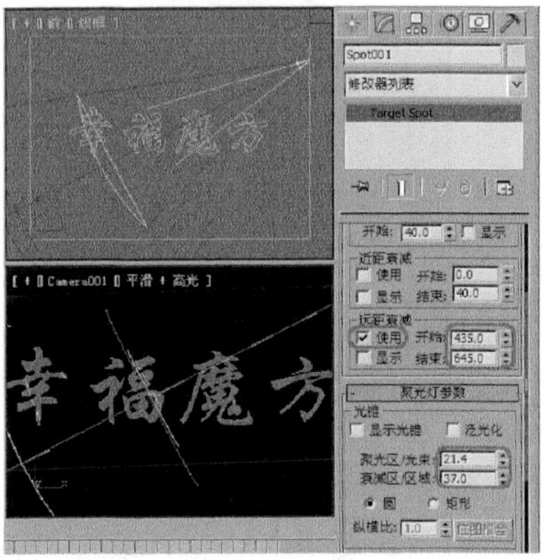

6 在“大气和效果”卷展栏中单击“添加”按钮，在弹出的“添加大气或效果”对话框中选择“体积光”，单击“确定”按钮，在视图中调整目标聚光灯的位置，调整后的效果如下图所示。

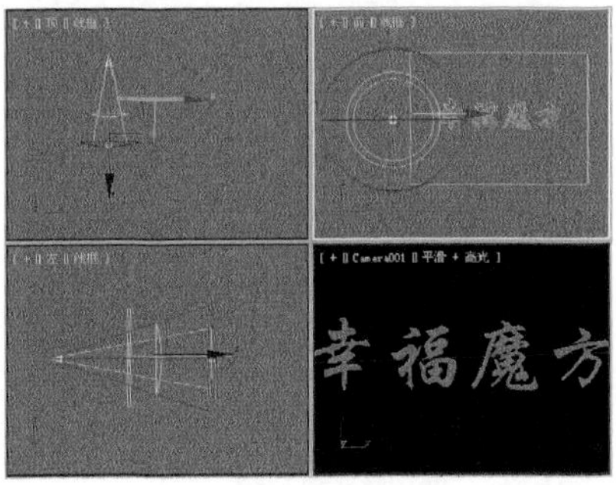

实战操作457 设置动画与渲染输出

- 素材：无
- 难度：★★★★★
- 场景：场景\Cha15\实战操作457.max
- 视频：视频\Cha15\实战操作457.avi

下面介绍如何为激光文字设置动画与渲染输出，其操作步骤如下。

1 继续上一实例的操作，单击右下角的“时间配置”按钮，在弹出的对话框中将“动画”选项区中的“开始时间”和“结束时间”分别设置为0、50，如下图所示。

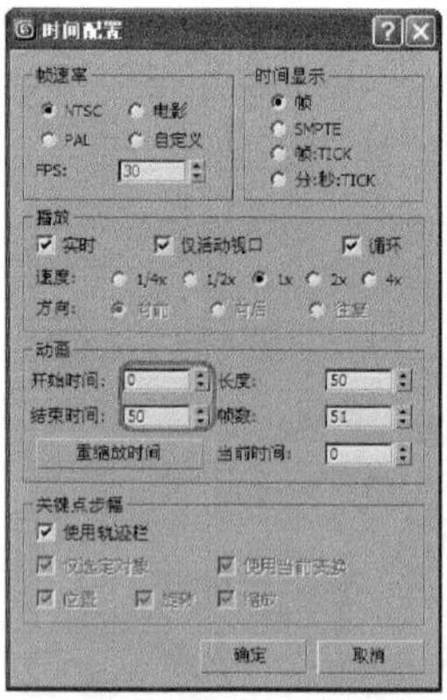

2 单击“确定”按钮，单击“自动关键点”按钮，将滑块从0帧拖动到50帧处，在“前”视图中选择目标聚光灯沿X轴向右移动，如下图所示。

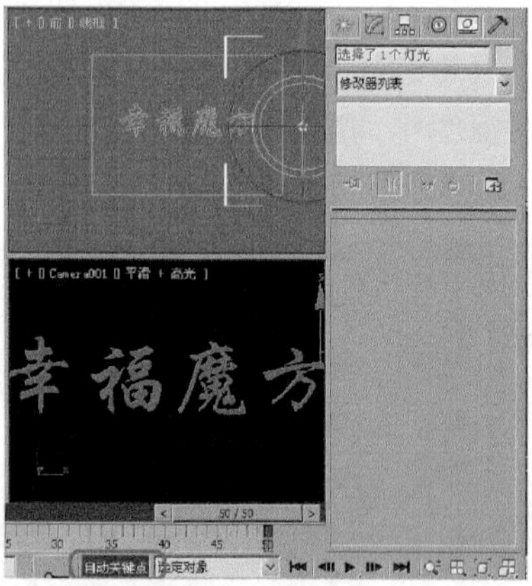

3 激活“摄影机”视图，按F10键打开“渲染设置：默认扫描线渲染器”对话框，选择“公用”选项卡，在“公用参数”卷展栏中选中“活动时间段”单选按钮，在“输出大小”选项区中单击“640×480”按钮，如下图所示。

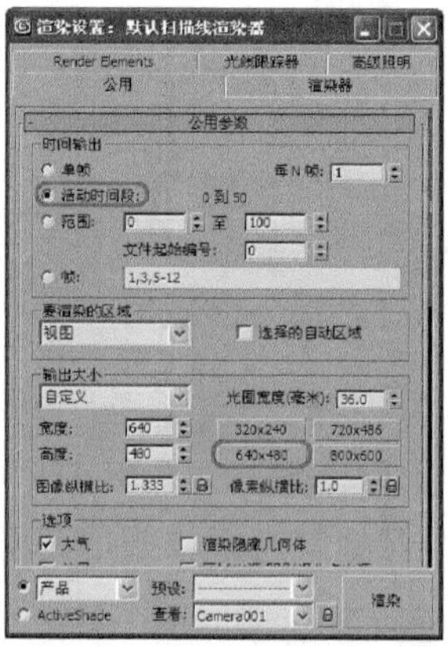

4 在“渲染输出”选项区中单击“文件”按钮，在弹出的“渲染输出文件”对话框中指定渲染输出的路径，将其命名为“激光文字”，将“保存类型”定义为“AVI文件（*.avi）”，单击“保存”按钮，在弹出的“AVI文件压缩设置”对话框单击“确定”按钮，如下图所示，在“渲染设置：默认扫描线渲染器”对话框中单击“渲染”按钮进行渲染输出即可。

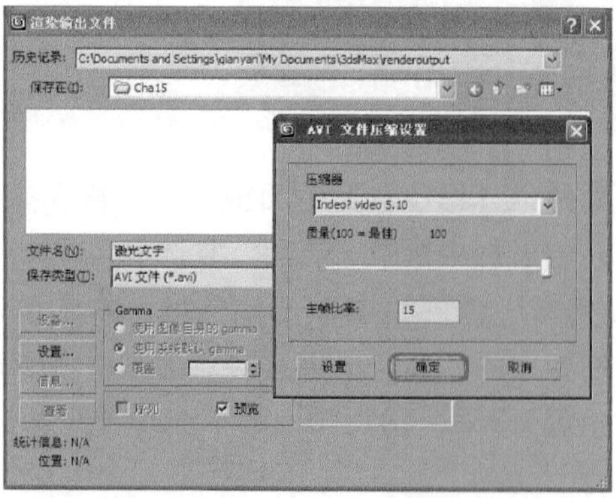

Chapter

16

第16章

常用材质的设置与表现

本章介绍场景中常用材质的设置与表现，通过设置材质的颜色、光泽度等基本参数以及贴图通道中的不同贴图来更加真实地模拟出物体的表面特征，使其具有真实的视觉效果。

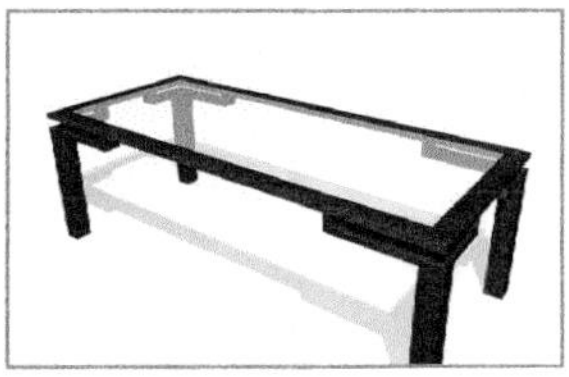

16.1 瓷器材质

瓷器在日常生活中最为常见，例如花瓶、茶杯、餐具等。可以说瓷器质感属于一种具有代表性的材质类型，是一种十分常见的材料。在生活中使用也非常频繁。

实战操作458 瓷器质感的表现

素材：Scene\Cha16\16-1.max

难度：★★★★★

场景：Scene\Cha16\实战操作458.max

视频：视频\Cha16\实战操作458.avi

瓷器质感的调试非常简单，一般将“高光级别”、“光泽度”参数调整到适当的程度，然后设置“自发光”值，最后为其添加“光线跟踪”。其操作步骤如下。

1 在3ds Max 2012中按“Ctrl+O”组合键打开素材文件16-1.max，打开后的场景如右图所示。

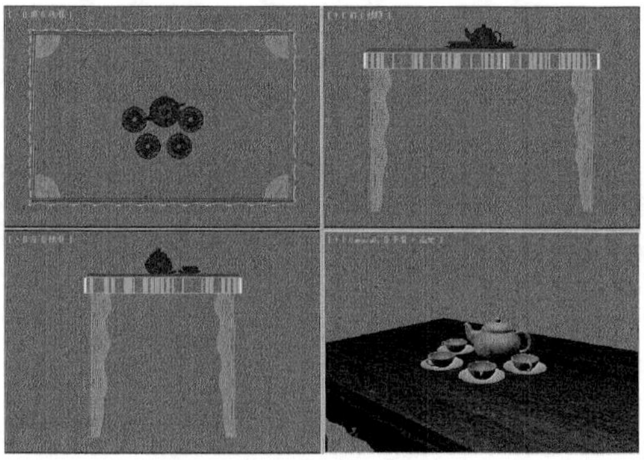

2 按M键打开“材质编辑器”对话框，从中选择一个新的材质样本球，将其命名为“瓷器”。在“Blinn基本参数”卷展栏中将“环境光”和“漫反射”的RGB值设置为222、238、255，如下图所示。

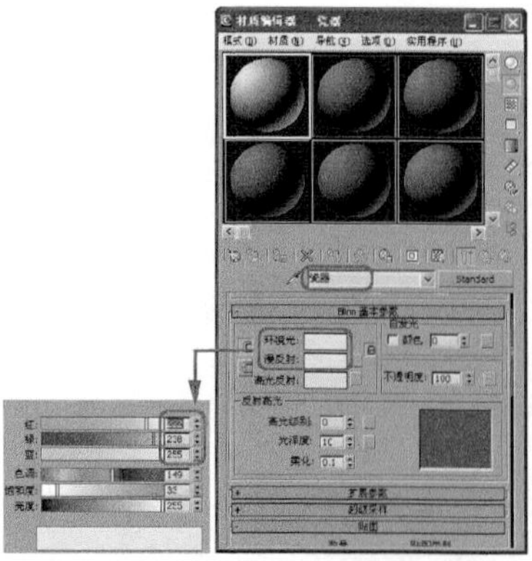

3 将“自发光”值设置为30，将“高光级别”和“光泽度”分别设置为100、83。在“贴图”卷展栏中将“反射”设为10，并单击其右侧的“None”按钮，在打开的对话框中选择“光线跟踪”选项，如下图所示。

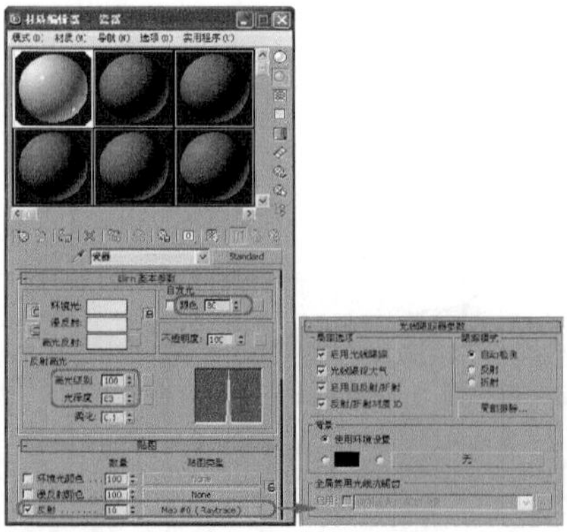

4 在场景中选择要指定瓷器的对象，单击“转到父对象”按钮，再单击“材质编辑器”对话框中的“将材质指定给选定对象”按钮和“在视图口中显示标准贴图”按钮，激活“摄影机”视图，如右图所示，按F9键进行渲染。

16.2 玻璃材质

玻璃材质在现实生活中也是比比皆是，例如玻璃杯、酒瓶、室内外玻璃等。玻璃的制作虽然相对简单，但效果与真实的玻璃质感会有很大的出入，原因在于并不是在材质编辑器中调整其透明度就可完成制作，而是需要从各个细节上进行把握和调节。

实战操作459 玻璃质感的表现

- 素材：Scene\Cha16\16-2.max
- 难度：★★★★★
- 场景：Scene\Cha16\实战操作459.max
- 视频：视频\Cha16\实战操作459.avi

玻璃质感的制作有多种方式，下面通过设置玻璃自身颜色、“高光级别”、“光泽度”、“自发光”、“不透明度”以及“扩展参数”卷展栏中的衰减来制作玻璃的质感。其操作步骤如下。

1 在3ds Max 2012中按“Ctrl+O”组合键打开素材文件16-2.max，打开后的场景如下图所示。

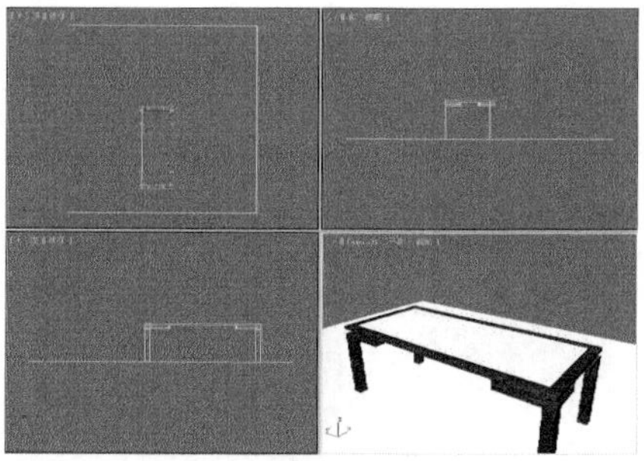

2 按M键打开“材质编辑器”对话框，选择一个新的材质样本球，将其命名为“玻璃”。在“Blinn基本参数”卷展栏中将“环境光”和“漫反射”RGB值设为215、236、255，将“自发光”设为5，“不透明度”设为50，将“高光级别”和“光泽度”分别设为120、50，如下图所示。

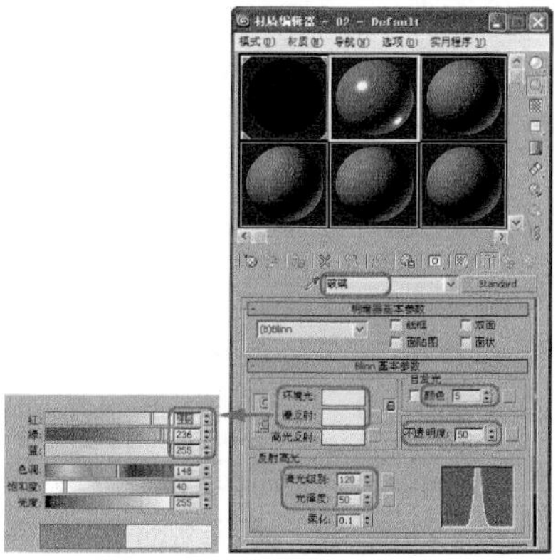

3 展开“扩展参数”卷展栏，在“高级透明”区中选中“衰减”下的“外”单选按钮，并单击工具列中的“背景”按钮▩，设置后的效果如下图所示。

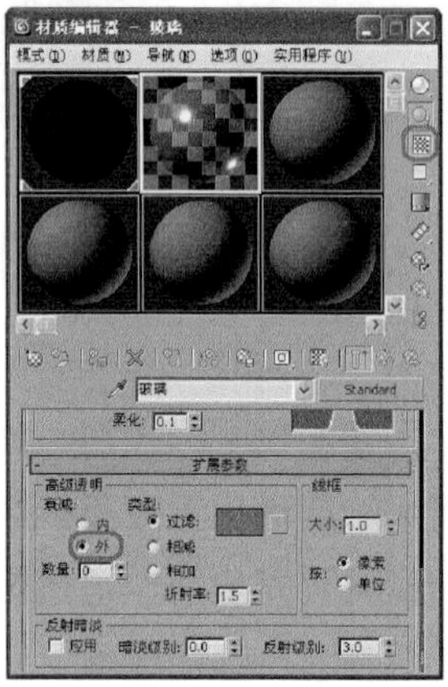

4 在场景中选择桌面对象，单击“材质编辑器”对话框中的“将材质指定给选定对象”按钮，并激活“摄影机”视图，如下图所示，按F9键进行渲染。

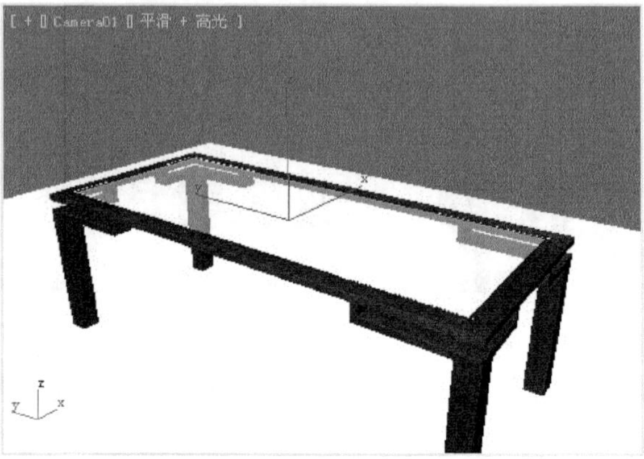

16.3 多维/子对象材质

随着社会不断发展，人们生活水平的不断提高，商品竞争越来越激烈，商品的包装设计也随之重要起来，本节主要介绍利用多维/子对象材质来表现真实的商品包装盒的方法。

实战操作460 包装盒的表现

- 素材：Scene\Cha16\16-3.max
- 难度：★★★★★
- 场景：Scene\Cha16\实战操作460.max
- 视频：视频\Cha16\实战操作460.avi

要使用多维/子对象材质，首先要设置物体的ID，再将不同的表面赋予不同的ID上，下面通过牙膏盒的表现来介绍多维/子对象材质。制作包装盒的操作步骤如下。

1 在3ds Max 2012中按“Ctrl+O”组合键打开素材文件16-3.max，在场景中选择“牙膏盒”对象，切换至“修改”命令面板，为其添加“编辑网格”修改器，并定义当前选择集为“多边形”，如右图所示。

2 激活“摄影机”视图，按P键将其转化为“透视”视图，选择如下图所示的多边

形，在“修改”命令面板中的“曲面属性”卷展栏的“设置ID” 微调框中输入1，并按Enter确认，如下图所示。

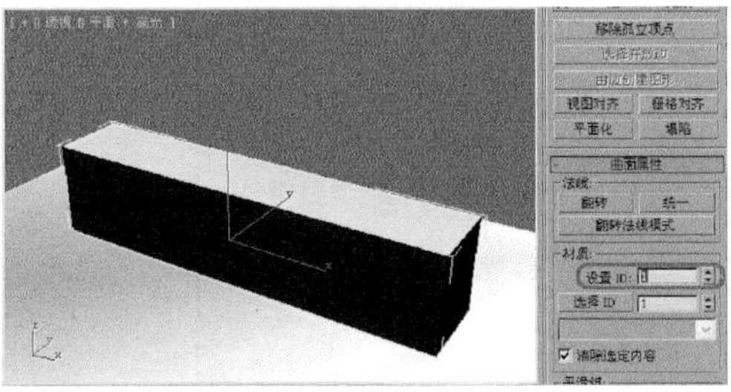

3 在“透视”视图中按住Alt键和鼠标滑轮键旋转视图，选择与上一步所选多边形相对的一面，并将其“设置ID”设为2，如下图所示。

4 再在“透视”视图中选择如下图所示的多边形，按住Ctrl键选择与其相对的另一面，并将其ID设置为3，如下图所示。

5 使用同样的方法选择牙膏盒两侧的多边形，并将其“设置ID”设为4，如下图所示。

6 退出当前选择集，按M键打开“材质编辑器”对话框，选择一个新的材质样本球，并单击“Standard”按钮，在打开的对话框中选择“多维/子对象”，如下图所示。

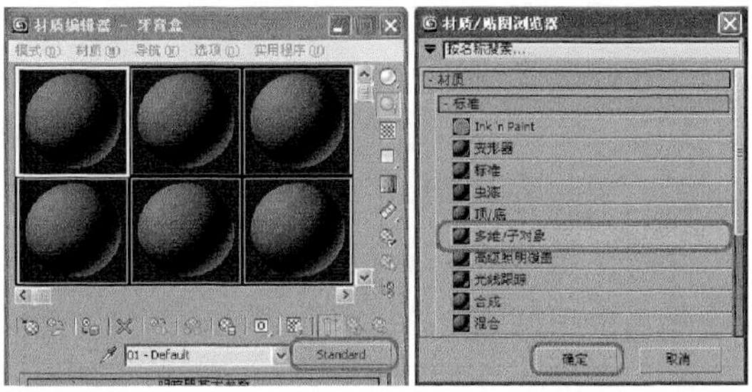

7 单击“确定”按钮，将会弹出“替换材质”对话框，使用默认设置，如右图所示，并单击“确定”按钮，进入“多维/子对象”材质面板。

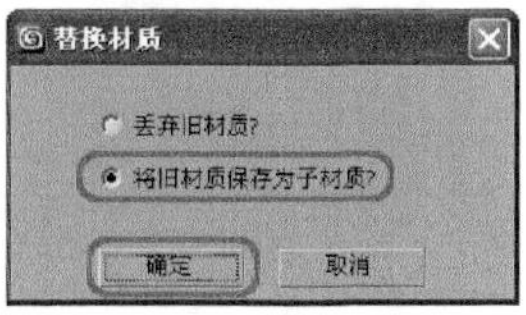

8 在“多维/子对象基本参数”卷展栏中单击“设置数量”按钮，在弹出的“设置材质数量”对话框中将“材质数量”设为4，如右图所示，并单击“确定”按钮。

9 单击ID1后的子材质按钮，进入ID1层级面板，将其命名为“正面”，将“自发光”设为100，单击“贴图”卷展栏中“漫反射颜色”后的“None”按钮，在打开的对话框中双击“位图”选项，再在打开的对话框中选择随书附带光盘中的\Map\包装正面.jpg文件，单击“打开”按钮，如下图所示。

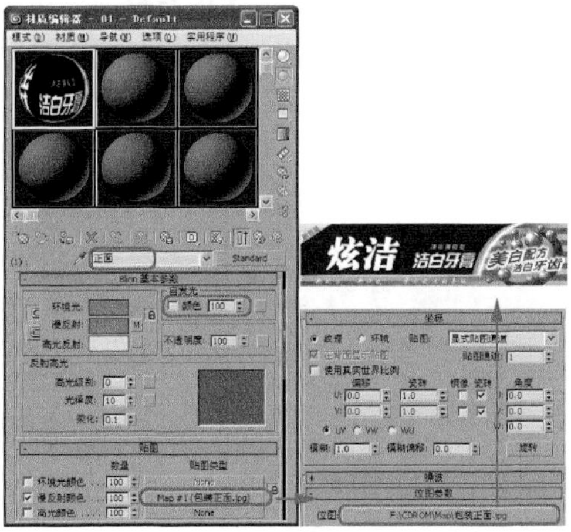

10 单击“转到父对象” 按钮，返回至“多维/子对象”层级面板，单击ID2后的“无”按钮，在打开的对话框中双击“标准”选项，并将其命名为“背面”，将“自发光”设为100。单击“贴图”卷展栏中“漫反射颜色”后的“None”按钮，在打开的对话框中双击“位图”选项，再在打开的对话框中选择随书附带光盘中的\Map\包装背面.jpg文件，单击“打开”按钮，如下图所示。

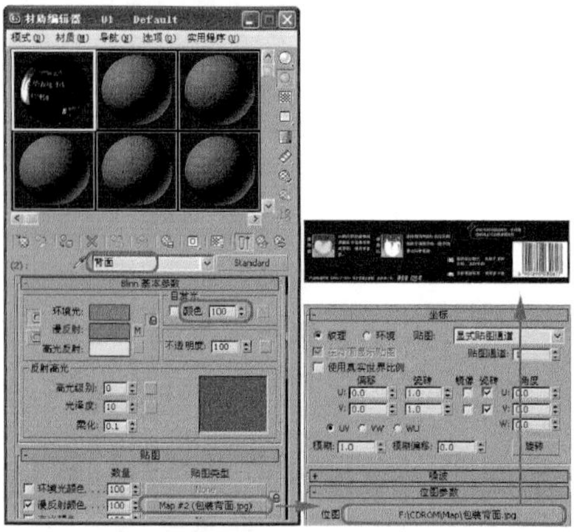

11 使用同样的方法设置ID3和ID4材质，并将其分别命名为“侧面1”和“侧面2”，“自发光”都为100，其中ID3材质中“漫反射颜色”贴图为随书附带光盘中的\Map\包装侧面1.jpg文件，ID4材质中“漫反射颜色”贴图为随书附带光盘中的\Map\包装侧面2.jpg文件，如下图所示。

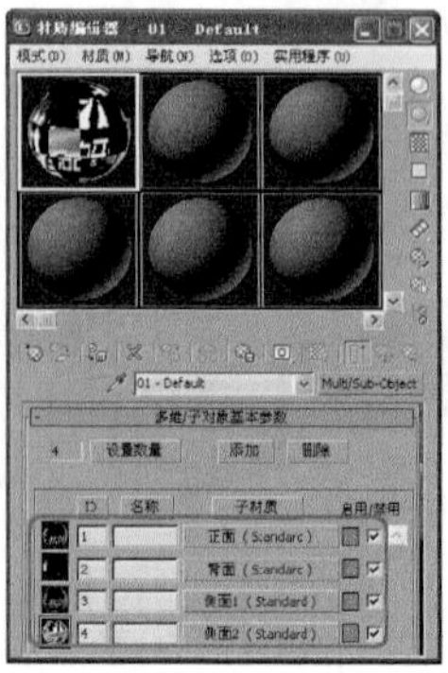

12 在场景中选择牙膏盒对象，单击“材质编辑器”对话框中的“将材质指定给选定对象” 按钮，激活“透视”视图，并将其转化为“摄影机”视图，取消所有对象的隐藏，并调整对象位置，按F9键进行渲染，效果如下图所示。

16.4 大理石材质

大理石材质无论是在室内还是在室外应用都十分广泛，本节以室内效果图中大理石地面的制作为例来介绍。

实战操作461 大理石地面质感的表现

- 素材：Scene\Cha16\16-4.max
- 难度：★★★★★
- 场景：Scene\Cha16\实战操作461.max
- 视频：视频\Cha16\实战操作461.avi

为室内效果图中地面指定大理石材质时，需要设置材质的U、V值，并在反射通道中指定“平面

镜”贴图来表现真实的大理石地面质感。制作大理石地面质感的操作步骤如下。

1 在3ds Max 2012中按“Ctrl+O”组合键打开素材文件16-4.max，打开后的场景如下图所示。

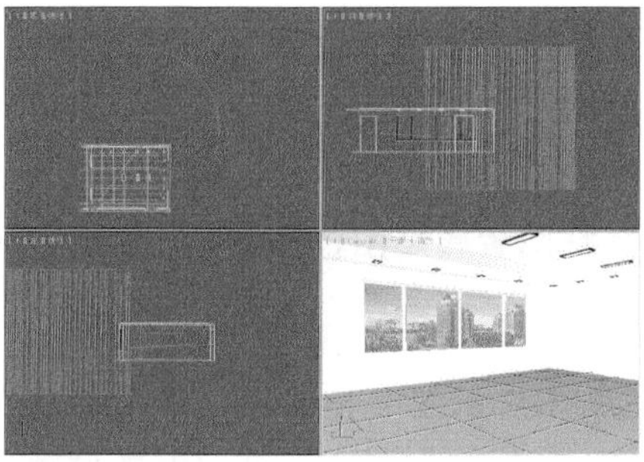

2 按M键打开“材质编辑器”对话框，选择一个新的材质样本球，将其命名为“大理石”。将“贴图”卷展栏中的“漫反射颜色”设为80，并单击其右侧的“None”按钮，在打开对话框中双击“位图”选项，再在打开的对话框中选择随书附带光盘中\Map\DALISHI057.JPG，单击“打开”按钮，将“瓷砖”下的“U”、“V”设置为8.0，选中“位图参数”卷展栏下的“应用”复选框，并单击“查看图像”按钮进行裁剪设置，如下图所示。

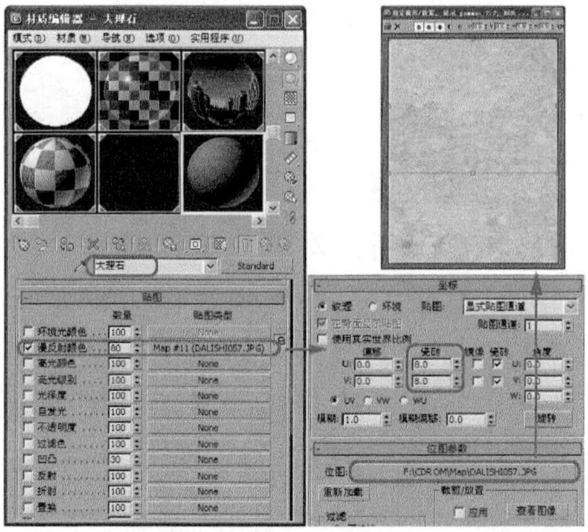

3 单击“转到父对象”按钮，返回上一层级面板。在“贴图”卷展栏中将“反射”值设为20，并单击其右侧“None”按钮，在打开的对话框中双击“平面镜”，在“平面镜参数”卷展栏中选中“应用于带ID的面”复选框，如下图所示。

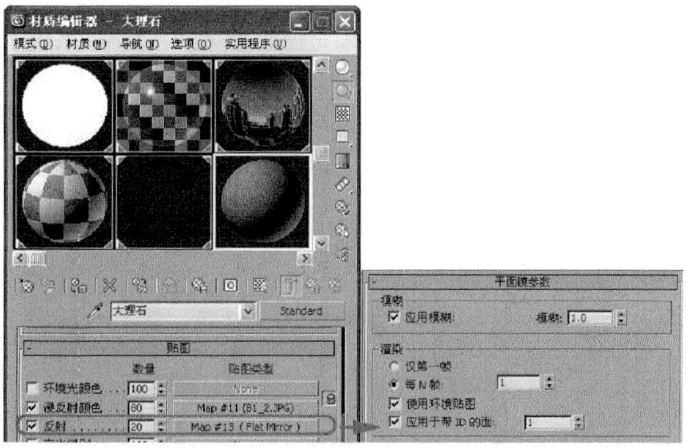

4 单击“转到父对象”按钮，返回上一层级面板，在场景中选择“地板”对象，并单击“材质编辑器”对话框中的“将材质指定给选定对象”按钮和“在视图口中显示标准贴图”按钮，激活“摄影机”视图，如下图所示，按F9键进行渲染。

16.5 不锈钢材质

不锈钢材质是一种极光亮的金属材质，并且该材质的使用也十分广泛，例如不锈钢防盗窗、不锈钢餐具等。

实战操作462 不锈钢质感的表现

素材：Scene\Cha16\16-5.max

难度：★★★★★

场景：Scene\Cha16\实战操作462.max

视频：视频\Cha16\实战操作462.avi

不锈钢质感的表现，主要是在“反射”通道中为其指定贴图金属贴图，并设置贴图的模糊偏移值。制作不锈钢质感的操作步骤如下。

1 在3ds Max 2012中按“Ctrl+O”组合键打开素材文件16-5.max，打开后的场景如下图所示。

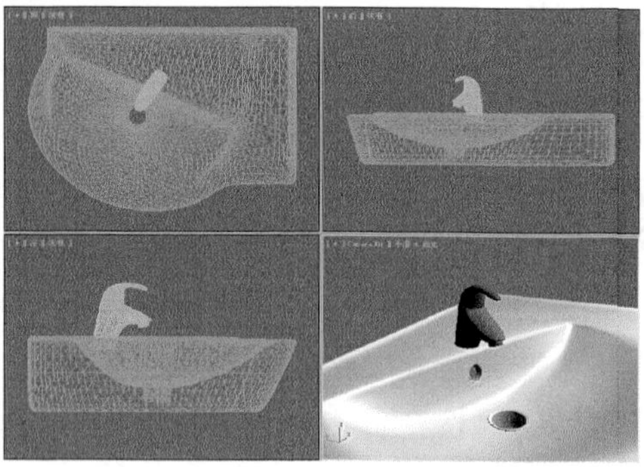

2 按M键打开“材质编辑器”对话框，从中选择一个新的材质样本球，将其命名为“不锈钢”，将“明暗器类型”设为“金属”，将“环境光”的RGB值设为0、0、0，“漫反射”的RGB值设为255、255、255，将“高光级别”、“光泽度”分别设为100、80，如下图所示。

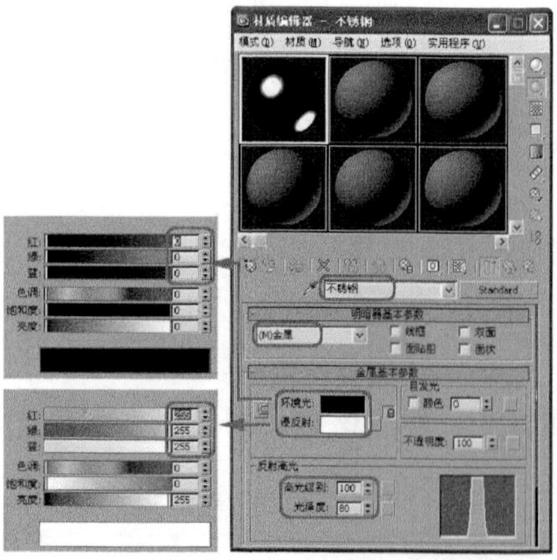

3 展开“贴图”卷展栏，单击“反射”右侧“None”按钮，在打开的对话中双击“位图”选项，再在打开的对话框中选择随书附带光盘中的\Map\Gold04B.jpg文件，单击“打开”按钮，在“坐标”卷展栏中将“模糊偏移”设为0.09，如下图所示。

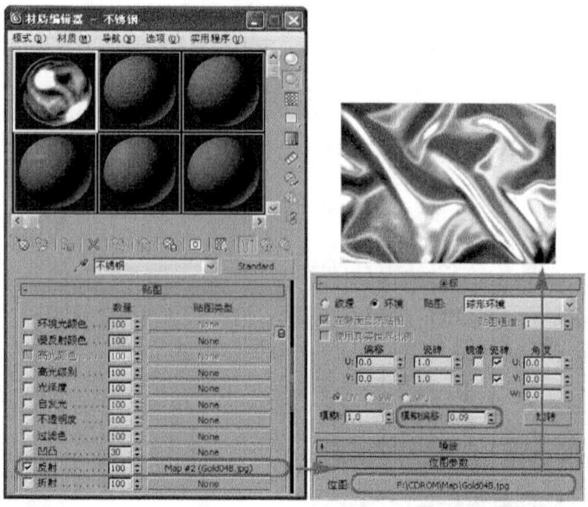

4 单击“转到父对象”按钮，返回上一层级面板，在场景中选择“水龙头”对象，单击“材质编辑器”对话框中的“将材质指定给选定对象”按钮，激活“摄影机”视图，如下图所示，按F9键进行渲染。

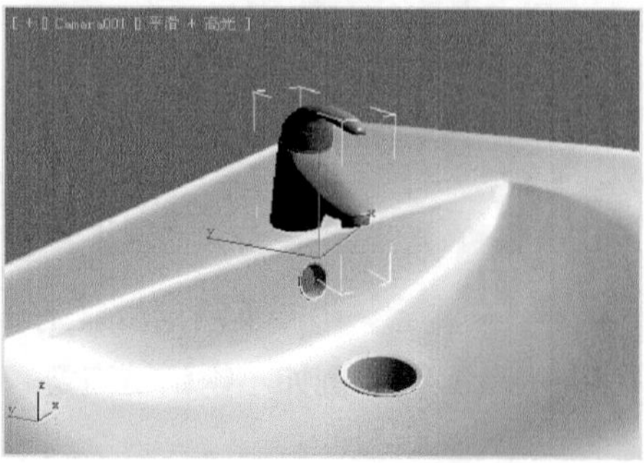

16.6 木纹材质

木纹材质在室内效果图中的应用是比较频繁的，无论是窗框、门、地板，以及各种木纹的家具等。因此掌握木纹材质的制作是制作室内效果图的关键之一。

实战操作463　木纹质感的表现

- 素材：Scene\Cha16\16-6.max
- 难度：★★★★★
- 场景：Scene\Cha16\实战操作463.max
- 视频：视频\Cha07\实战操作463.avi

木纹质感主要通过在漫反射颜色通道中为其指定贴图，并设置贴图的U、V值来表现。制作木纹质感的操作步骤如下。

1 在3ds Max 2012中按“Ctrl+O”组合键打开素材文件16-6.max，打开后的场景如右图所示。

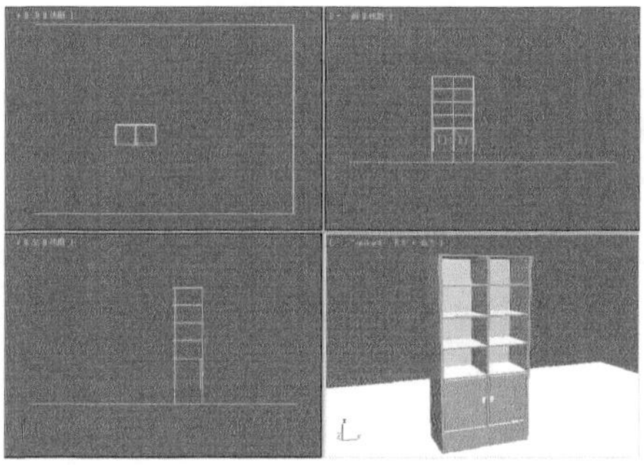

2 按M键打开“材质编辑器”对话框，选择一个新的材质样本球，将其命名为“木纹”，将“环境光”和“漫反射”的RGB值设为255、255、255，并将“高光级别”和“光泽度”分别设为50、40，如下图所示。

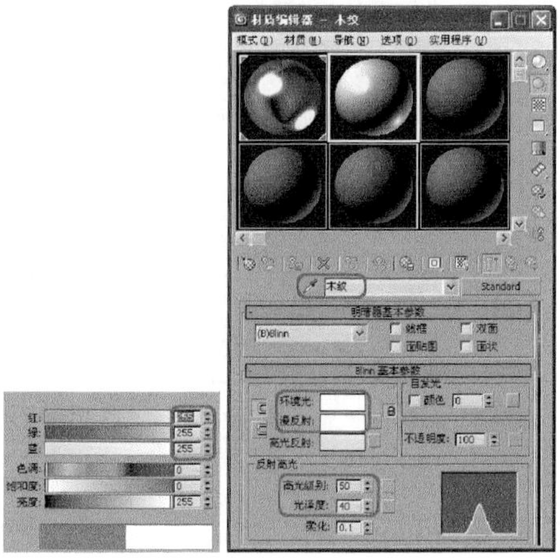

3 展开“贴图”卷展栏，单击“漫反射颜色”右侧的“None”按钮，在打开的对话框中双击“位图”选项，再在打开的对话框中选择随书附带光盘中的\Map\MW57.JPG文件，单击“打开”按钮，将“模糊偏移”设为0.01，如下图所示。

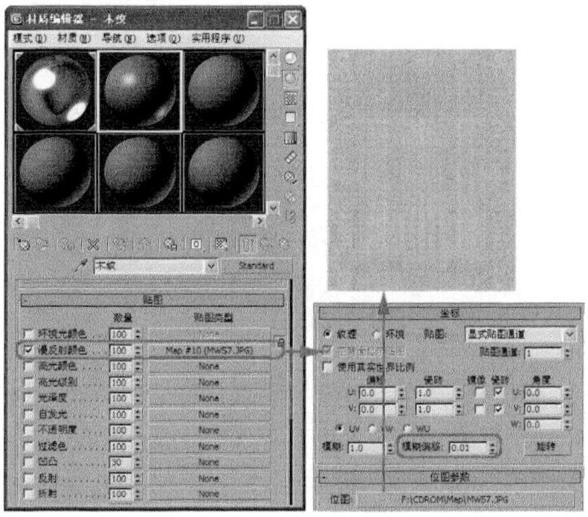

4 在场景中选择除“地面”、“把手”、“灯光”、“摄影机”外的所有对象，单击“材质编辑器”对话框中的“将材质指定给选定对象”按钮，并对“摄影机”视图进行渲染，渲染后的效果如右图所示。

16.7 墙体材质

建筑的外装饰材料一般通过砖墙贴图的方式进行表现，主要通过“漫反射颜色”通道和“凹凸”通道中的贴图来制作出效果。

实战操作464 砖墙质感的表现

- 素材：Scene\Cha16\16-7.max
- 难度：★★★★★
- 场景：Scene\Cha16\实战操作464.max
- 视频：视频\Cha16\实战操作464.avi

在制作砖墙材质时，首先收集常用的砖块贴图，同时需要在材质编辑器对话框中对砖块贴图的U、V进行设置。制作砖墙材质的操作步骤如下。

1 在3ds Max 2012中按“Ctrl+O”组合键打开素材文件16-7.max，打开后的场景如下图所示。

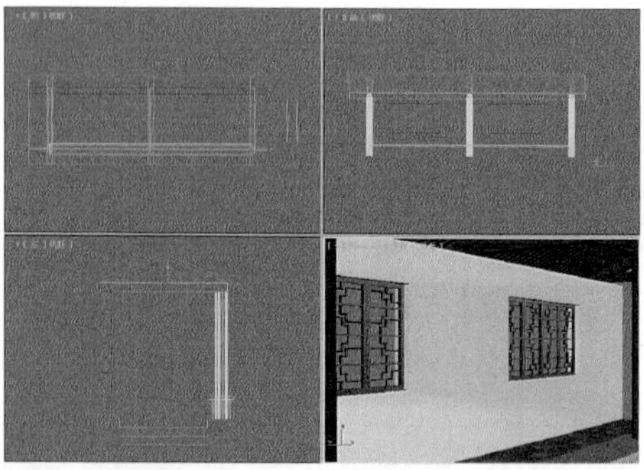

2 按M键打开“材质编辑器”对话框，选择一个新的材质样本球，并将其命名为“砖墙”。将“高光级别”、“光泽度”分别设为5、25，如下图所示。

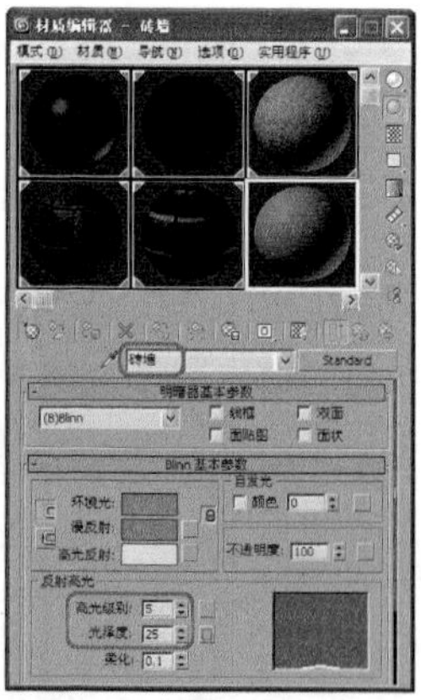

3 展开“贴图”卷展栏，单击“漫反射颜色”右侧的“None”按钮，在打开的对话框中双击“位图”选项，再在打开的对话框

中选择随书附带光盘中的\Map\zhuanqiang027.JPG文件，单击“打开”按钮，并将“瓷砖”下的“U”、“V”分别设为4.0、3.0，如下图所示。

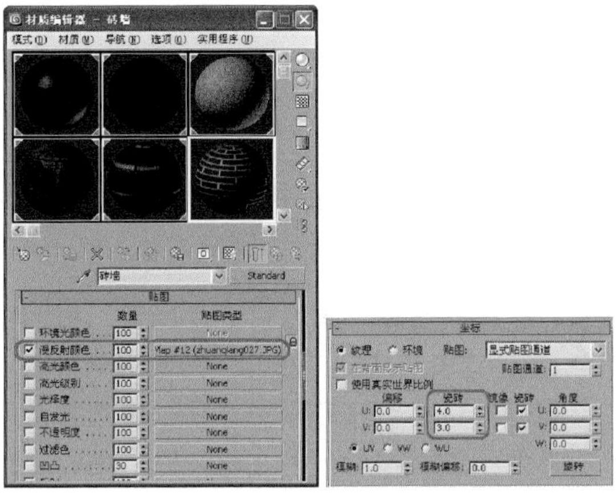

4 单击“转到父对象”按钮，返回上一层级面板，将“贴图”卷展栏下的“凹凸”值设为50，并按住鼠标左键将“漫反射颜色”贴图的路径拖动至“凹凸”右侧的“None”按钮上，如下图所示。

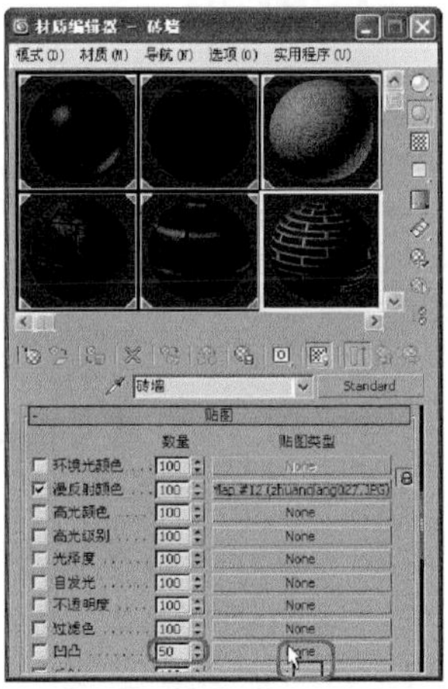

5 松开鼠标，在打开的“复制（实例）贴图”对话框中选中“实例”单选按钮，如下图所示，并单击“确定”按钮。

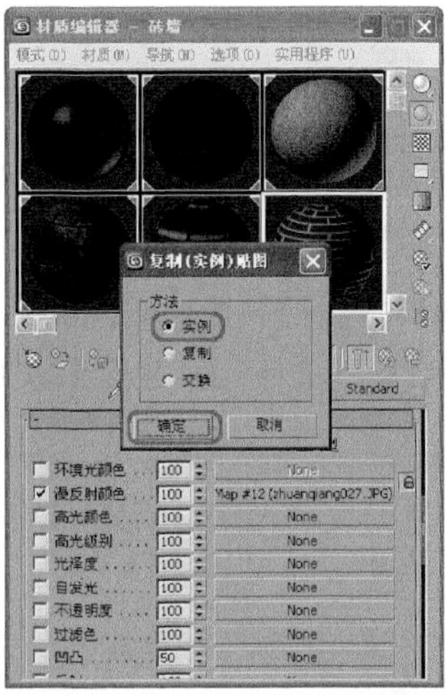

6 在场景中选择“墙面”对象，并单击“将材质指定给选定对象”按钮和“在视口中显示标准贴图”按钮，并激活“摄影机”视图，如下图所示，最后对“摄影机”视图进行渲染。

16.8 金属材质

金色属于一种非常具有代表性的金属材质，是一种华贵的金属材料，在广告及三维片头中使用率非常频繁。金属质感的表现离不开虚拟贴图反射，虚拟贴图反射是指使用一张图像作为反射贴图。

实战操作465 黄金金属质感的表现

- 素材：Scene\Cha16\16-8.max
- 难度：★★★★★
- 场景：Scene\Cha16\实战操作465.max
- 视频：视频\Cha16\实战操作465.avi

黄金金属质感的制作，首先要确定金属的颜色，然后在“贴图”卷展栏中为“反射”指定金属贴图来表现金属的质感。其操作步骤如下。

1 在3ds Max 2012中按“Ctrl+O”组合键打开素材文件16-8.max，打开后的场景如下图所示。

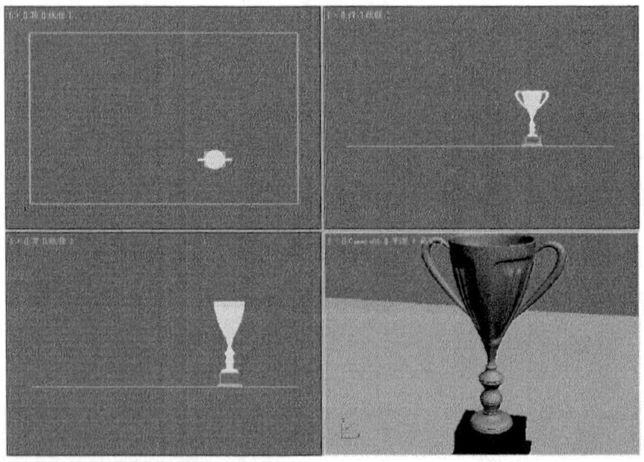

2 按M键打开“材质编辑器”对话框，选择一个新的材质样本球，将其命名为“金属”，将“明暗器类型”设为“金属”，将“环境光”、“漫反射”的RGB值分别设为0、0、0，255、231、69，将“自发光”的值设为5，“高光级别”和“光泽度”都设为100，如下图所示。

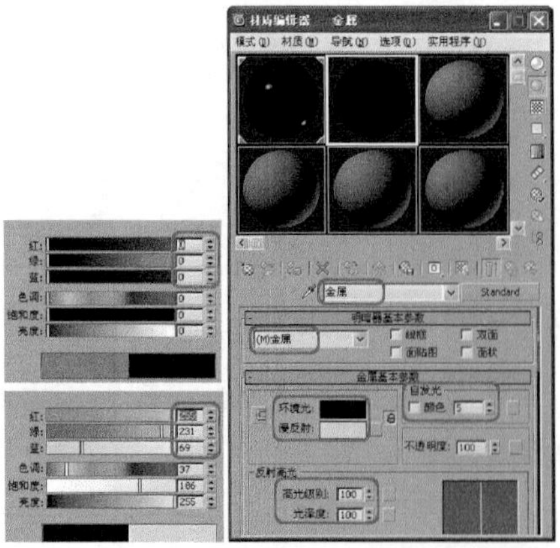

3 单击“贴图”卷展栏下“反射”右侧的“None”按钮，在打开的对话框中双击“位图”选项，再在打开的对话框中选择随书附带光盘中\Map\Gold01.jpg文件，单击“打开”按钮，将“瓷砖”下的“U”、“V”分别设为0.4、0.1，“模糊偏移”设为0.03，如下图所示。

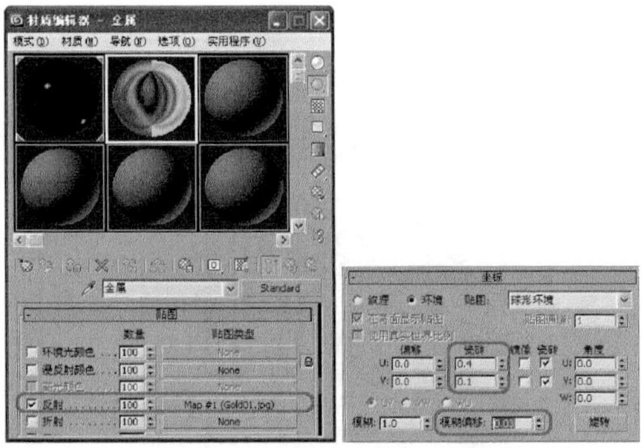

4 单击“转到父对象”按钮，在场景中选择“奖杯”对象，单击“材质编辑器”对话框中的“将材质指定给选定对象”按钮，并激活“摄影机”视图，如下图所示，按F9键对“摄影机”视图进行渲染。

Chapter

17

第17章

三维造型制作入门与练习

本章将介绍三维造型的制作，通过对文件夹、螺丝和造型椅3个案例的制作，来巩固前面学习的内容。

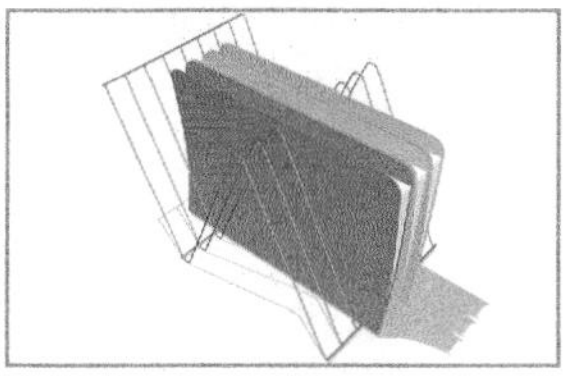

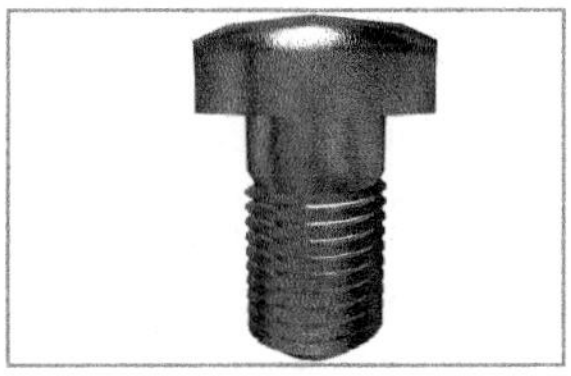

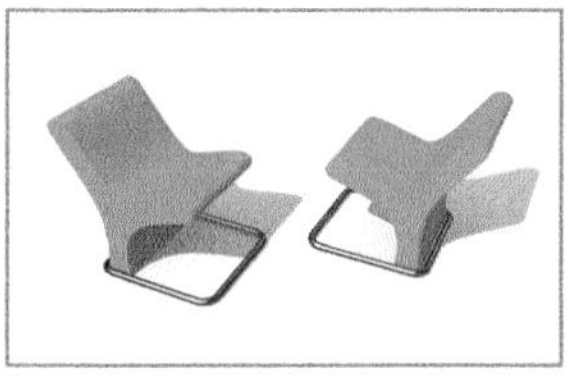

17.1 制作文件夹

本例介绍文件夹的制作方法。其支架主要由样条线绘制而成，并在“渲染”卷展栏中设置它的可渲染度，其中文夹和文夹皮的制作主要由样条线挤出而成。

实战操作466 模型的制作

素材：无

场景：无

难度：★★★★★

视频：视频\ Cha17\实战操作466.avi

下面介绍模型的制作，其操作步骤如下。

1 选择“创建”|“图形”|“样条线”|“线”工具，在“前”视图中绘制一条如下图所示的线段，将其命名为“支架001”。在“渲染”卷展栏中选中“在渲染中启用”和“在视口中启用”复选框，并将其“厚度”值设置为2.0，如下图所示。

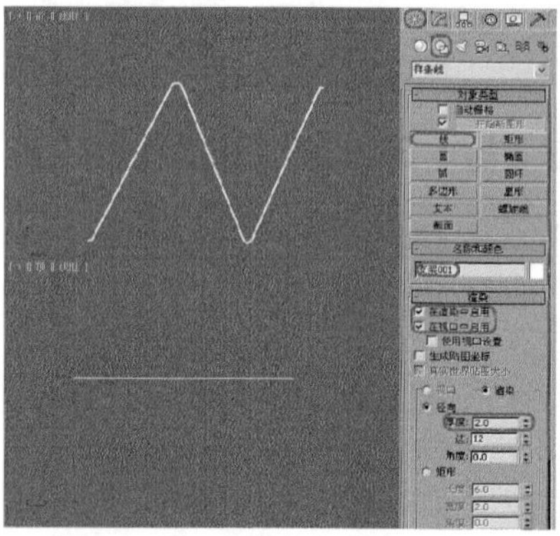

2 确定“支架001”对象处于选择状态，激活“顶”视图，单击工具栏上的“选择并移动”按钮，配合键盘上的Shift键，将其向上移动复制，在弹出的“克隆选项”对话框中选中“对象”选项区下的“实例”单选按钮，并将“副本数”设置为8，然后单击“确定”按钮，如下图所示。

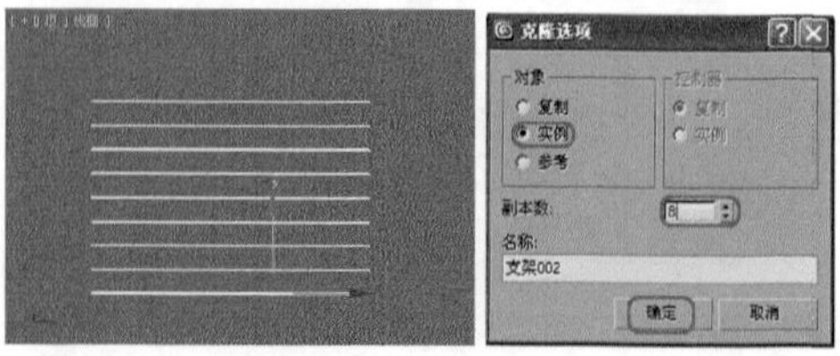

3 选择“创建”|“图形”|“样条线”|“线”工具，在“顶”视图中绘制一条垂直的线段，将其命名为“支架10”。在“渲染”卷展栏中选中“在渲染中启用”和“在视口中启用”复选框，并将其“厚度”值设置为2.5，然后在“左”视图中调整它的位置，调整后的效果如下图所示。

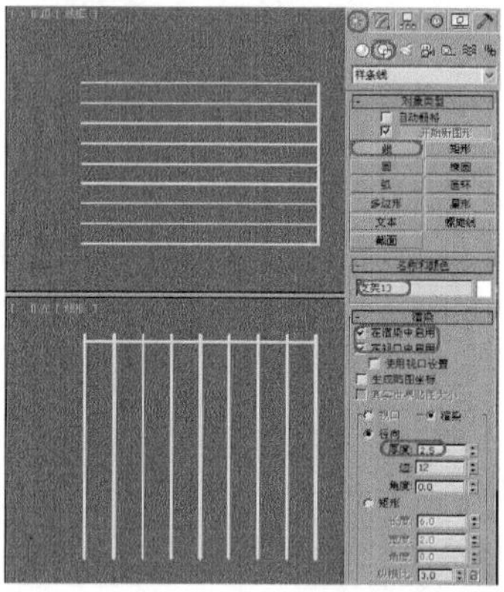

4 确认新创建的线段处于选择状态，单击工具栏上的“选择并移动”按钮，配合键盘上的Shift键，将其向左移动复制，复制完成后在“顶”视图和“前”视图中对其进行调整，调整后的效果如右图所示。

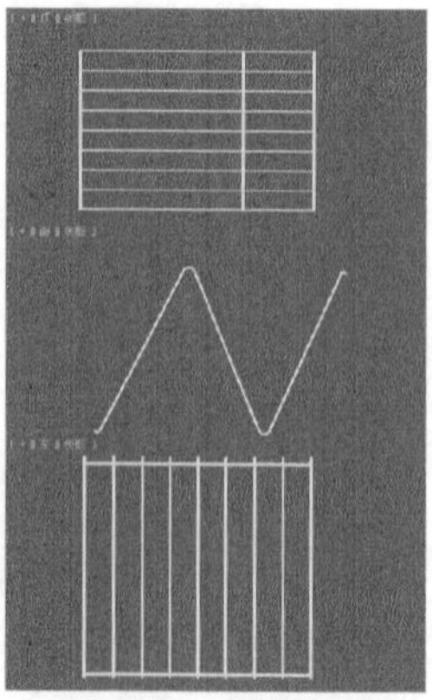

5 在场景中选择所有的对象，然后在工具栏中单击“材质编辑器”按钮，打开“材质编辑器”对话框，激活第一个材质样本球。在“明暗器基本参数”卷展栏中将明暗器类型定义为“金属”。在“金属基本参数”卷展栏中将“环境光”的RGB设置为0、0、0。将“漫反射”的RGB设置为255、255、255，将“自发光”选项区下的“颜色”设置为10，将“反射高光”选项区下的“高光级别”和“光泽度”分别设置为100、80，如下图所示。

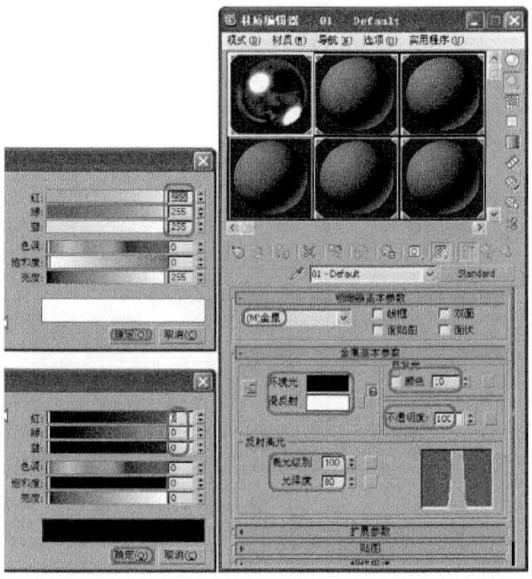

6 在“贴图”卷展栏中单击“反射”通道后的None贴图按钮，在打开的“材质/贴图浏览器”对话框中选择“位图”贴图，单击“确定”按钮。再在打开的对话框中选择随书附带光盘中的\Map\HOUSE.jpg文件，单击“打开”按钮。在“坐标”卷展栏中将“模糊偏移”设置为0.086。单击“转到父对象”按钮，然后单击“将材质指定给选定对象”按钮，如下图所示。

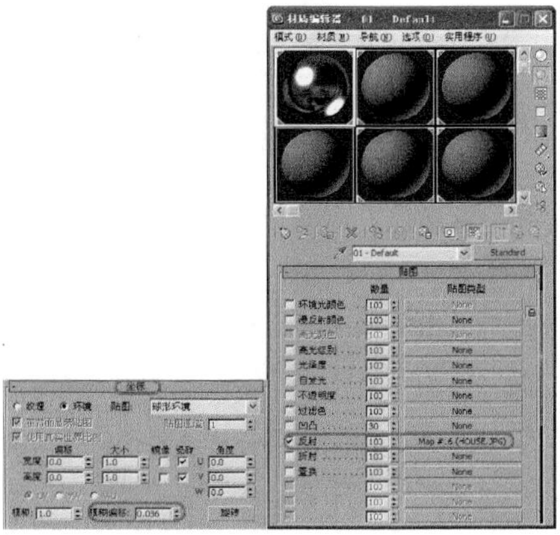

7 选择“创建”|“图形”|“样条线”|“线”工具，在“前”视图中绘制一条封闭的线段，然后在“左”视图中调整它的形状，调整后的效果如下图所示。

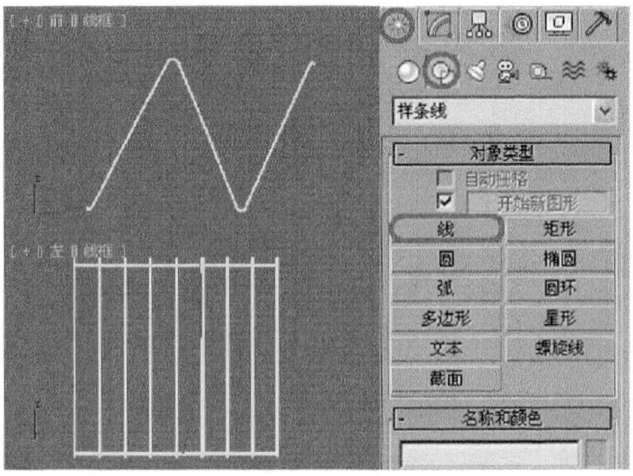

8 确定新绘制的线段处于选择状态，单击“修改”按钮，进入“修改”命令面板，在“修改器列表”中选择“挤出”修改器，在“参数”卷展栏中将“数量”值设置为1.0，如下图所示。

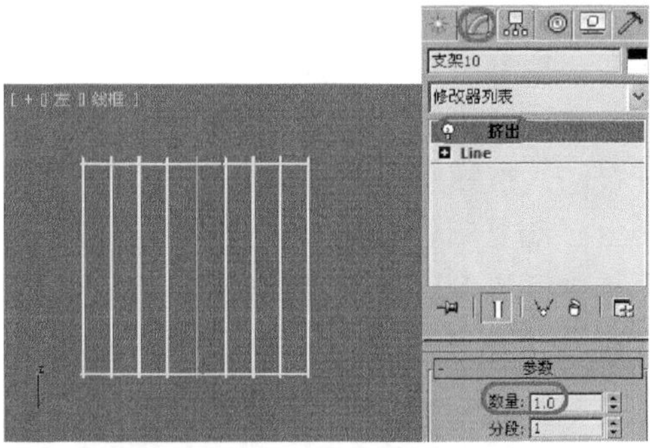

9 确认线段仍处于选择状态，对其进行复制旋转，调整后的效果如下图所示。

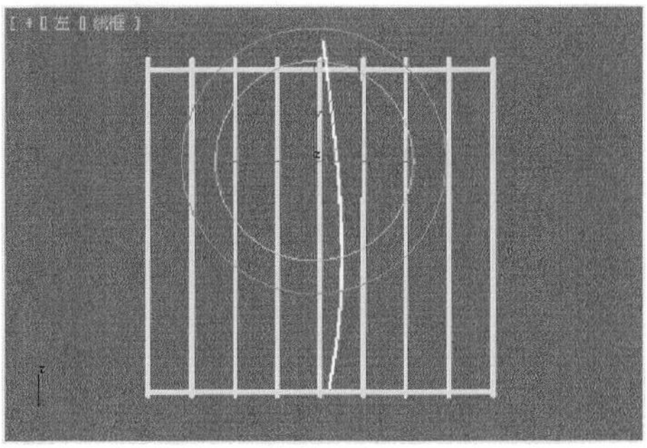

10 选择“创建”|“图形”|“样条线”|“线”工具，在“左”视图中绘制一条线段，将其命名为“文夹”， 如下图

所示。

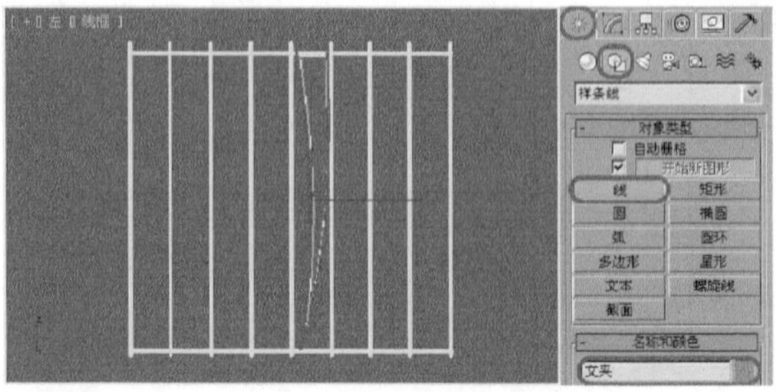

11 单击“修改”按钮，进入“修改”命令面板，在“修改器列表”中选择“挤出”修改器，在“参数”卷展栏中将“数量”值设置为350.0，如下图所示。

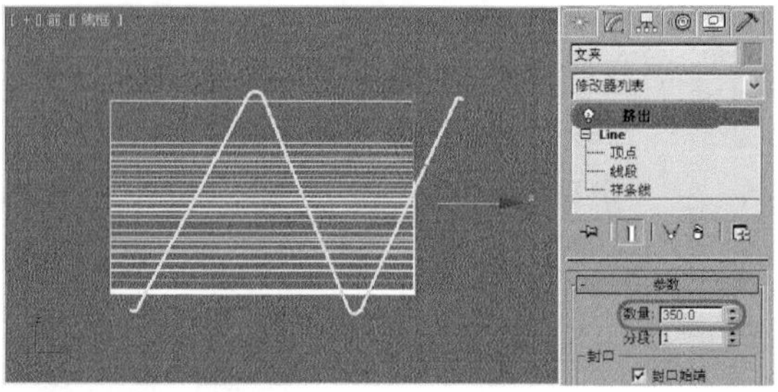

12 在场景中选择除支架以外的所有对象，激活“顶”视图，单击工具栏中的“选择并移动”按钮，配合键盘上的Shift键，将其向上移动复制，在弹出的“克隆选项”对话框中选中“实例”单选按钮，将“副本数”设置为2，然后单击“确定”按钮，如下图所示。

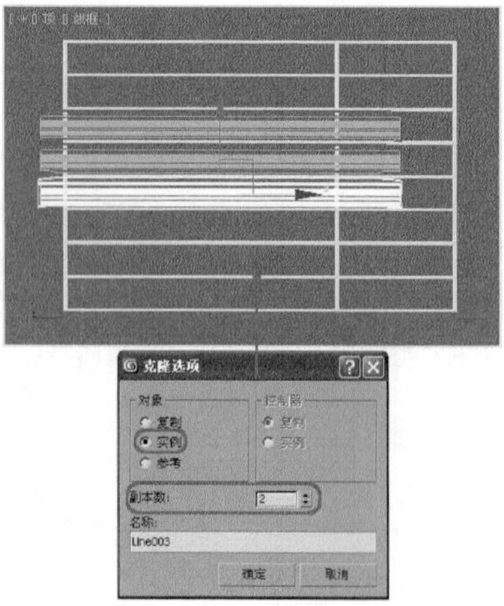

13 在“左”视图中选择作为文夹皮的右侧的两条线段，在工具栏中单击“材质编辑器”按钮，打开“材质编辑器”对话框，激活第2个材质样本球。在“Blinn基本参数”卷展栏中将“环境光”和“漫反射”的RGB值设置为70、188、255，将“高光反射”的RGB值设置为255、255、255，将“自发光”选项区下的“颜色”设置为35，将“反射高光”选项区下的“高光级别”和“光泽度”分别设置为40、20，单击“将材质指定给选定对象”按钮，如下图所示。

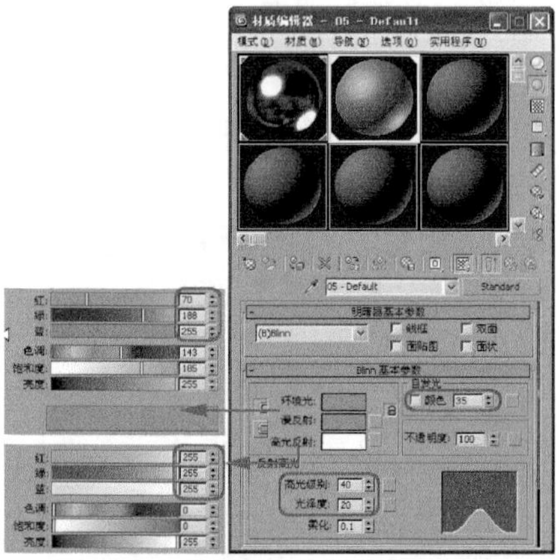

14 在“左”视图中选择作为文夹皮的中间的两条线段，然后在“材质编辑器”对话框中激活第3个材质样本球，在“Blinn基本参数”卷展栏中将“环境光”和“漫反射”的RGB值设置为245、208、0，将“高光反射”的RGB值设置为255、255、255，将“自发光”选项区下的“颜色”设置为35，将“反射高光”选项区下的“高光级别”和“光泽度”分别设置为40、20，单击“将材质指定给选定对象”按钮，如下图所示。

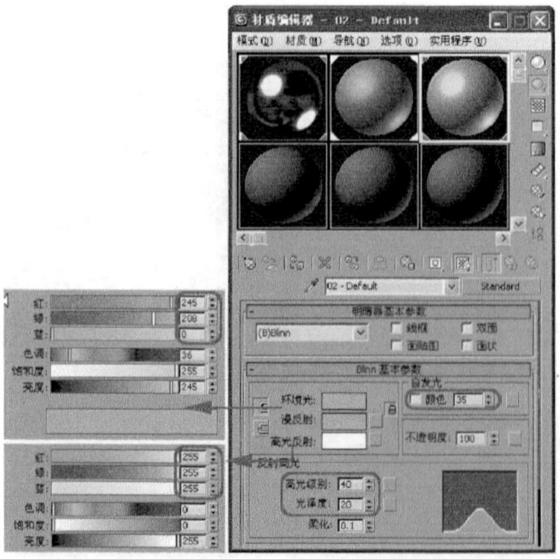

15 在“左”视图中选择作为文夹皮的左侧的两条线段，然后在“材质编辑器”对话框中激活第4个材质样本球，在“Blinn基本参数”卷展栏中将“环境光”和“漫反射”的RGB值设置为255、44、44，将“高光反射”的RGB值设置为255、255、255，将“自发光”选项区下的“颜色”设置为35，将“反射高光”选项区下的“高光级别”和“光泽度”分别设置为40、20，单击“将材质指定给选定对象”按钮，如下图所示。

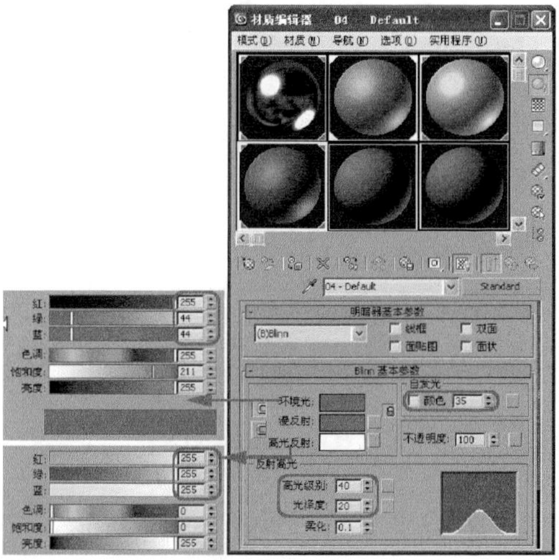

16 在场景中选择所有的“文夹”对象，在“材质编辑器”对话框中激活第5个材质样本球。在“Blinn基本参数”卷展栏中将“环境光”、“漫反射”和“高光反射”的RGB值设置为255、255、255，将“自发光”选项区下的“颜色”设置为50。设置完成后，单击“将材质指定给选定对象”按钮，将其指定给场景中的“文夹”对象，如下图所示。

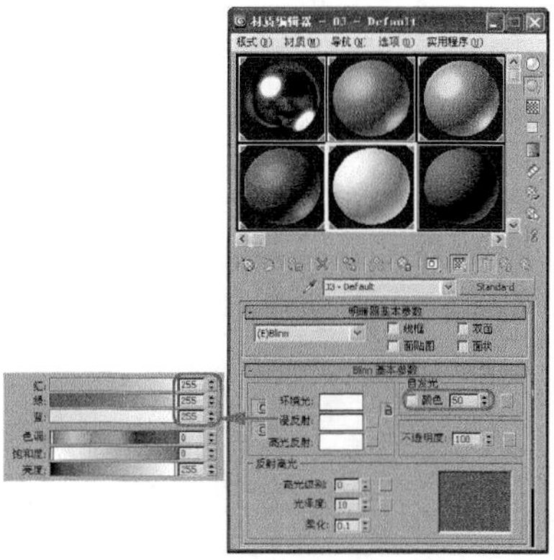

17 选择“创建”｜“几何体”｜“标准基本体”｜“长方体”工具，在“顶”视图中创建一个长方体，并将其命名为“地面”，如下图所示。

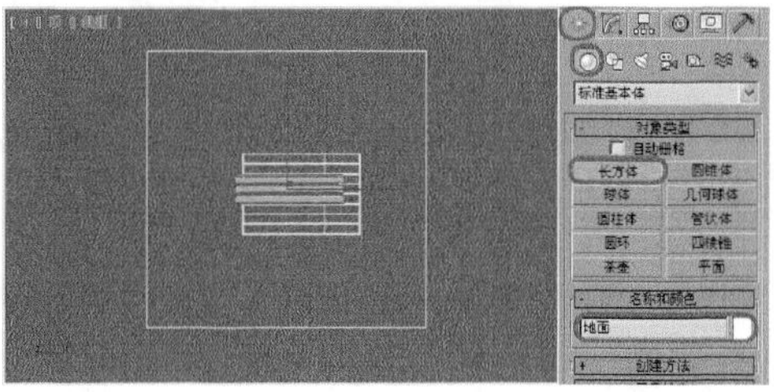

18 单击“修改”按钮，进入“修改”命令面板，在“参数”卷展栏中将“长度”、“宽度”和“高度”分别设置为750.0、750.0、0.0，然后将其设置为白色，如右图所示。

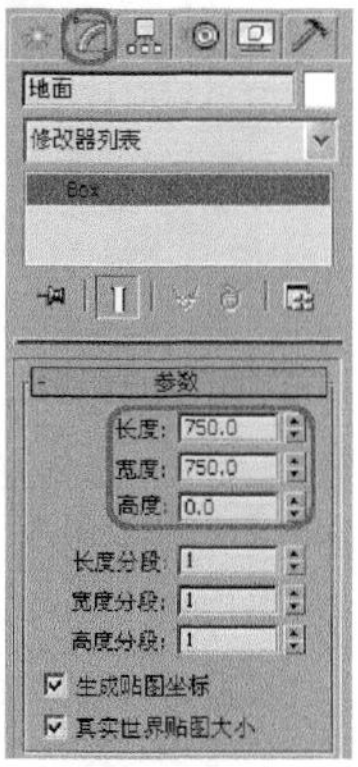

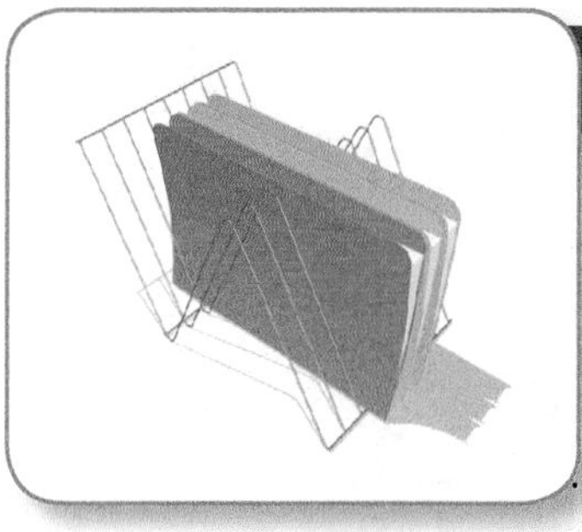

实战操作467　创建摄影机和灯光

素材：无

难度：★★★★★

场景：Scene\ Cha17\实战操作467.max

视频：视频\ Cha17\实战操作467.avi

下面为该场景添加摄影机和灯光效果，其操作步骤如下。

1 选择“创建” | “摄影机” | “标准” | “目标”摄影机工具。在“顶”视图中创建一架摄影机，激活“透视”图，并按键盘上的C键，将当前视图转换为“摄影机”视图，最后在其他视图中调整其位置，如下图所示。

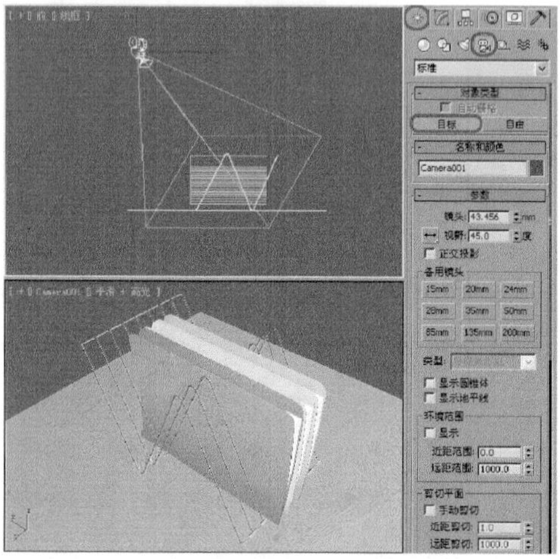

2 选择“创建” | “灯光” | “标准” | “目标聚光灯”工具，在“顶”视图中创建一盏目标聚光灯，在其他视图中调整灯光的位置，如下图所示。

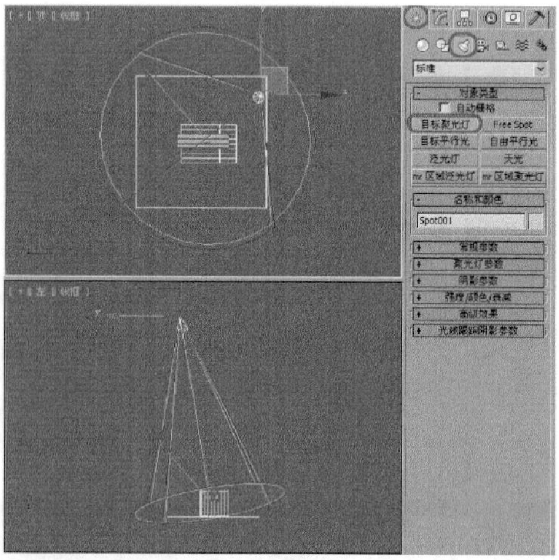

3 切换到“修改”命令面板，在“常规参数”卷展栏中的“阴影”选项区下选中“启用”复选框，并将阴影模式定义为“光线跟踪阴影”。在“聚光灯参数”卷展栏中将“聚光区/光束”设置为80.0，将“衰减区/区域”设置为82.0。在“阴影参数”卷展栏中将“对象阴影”选项区下“颜色”的RGB值设置为136、136、136，如下图所示。

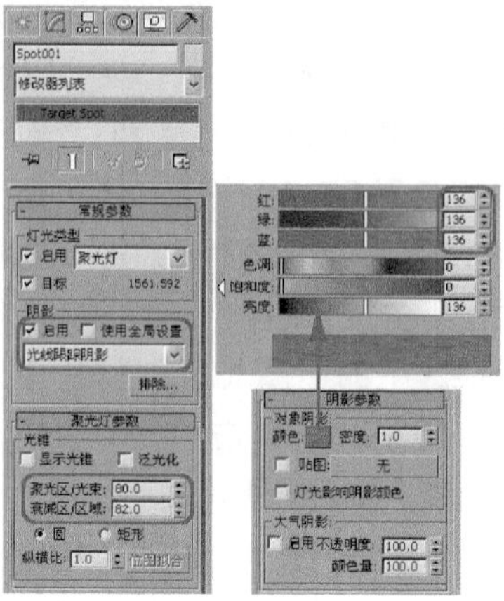

4 创建完目标聚光灯后，激活“摄影机”视图，然后单击工具栏中的“渲染产品”按钮，对“摄影机”视图进行渲染，渲染后的效果如下图所示。

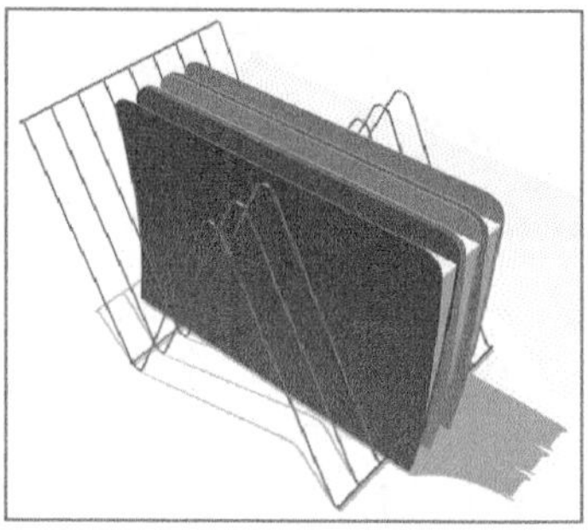

5 选择“创建” | “灯光” | “标准” | “泛光灯”工具，在“顶”视图中创建一盏泛光灯，并在其他视图中调整其位置。在“强度/颜色/衰减”卷展栏下将“倍增”值设置为0.8，如下图所示。

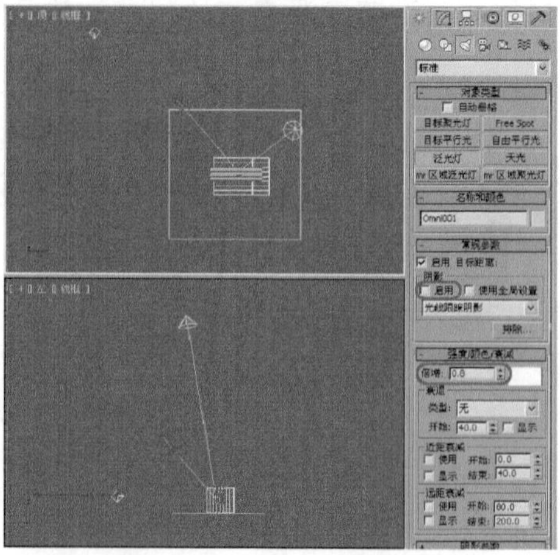

6 按键盘上的8键打开“环境和效果”对话框，在“公用参数”卷展栏中将“背景”选项区下的“颜色”设置为白色，如右图所示。对“摄影机”视图进行渲染，对渲染满意的结果进行存储，并将场景文件保存。

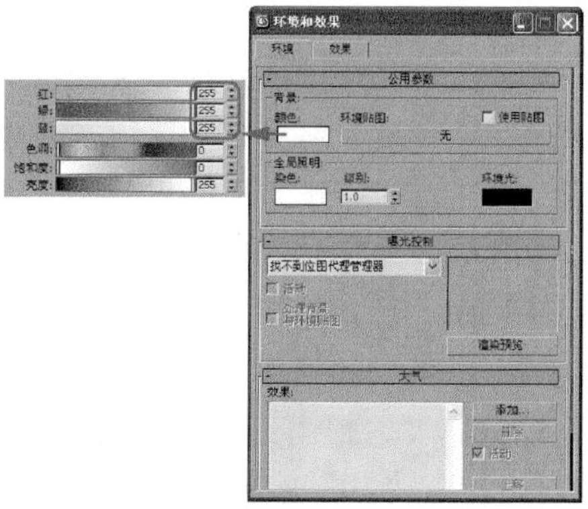

17.2 制作螺丝

本例将介绍螺丝的具体制作方法。在这一实例中，利用“圆柱体”工具制作出螺丝帽的基本图形，通过使用“修改器列表”下拉列表框中的“编辑网格”修改器制作出螺丝帽造型，然后再通过“圆柱体”工具制作出螺丝主体，并使用螺旋线作为放样的路径放样出螺丝的丝扣。

实战操作468 模型的制作

素材：无　　场景：无

难度：★★★★★　　视频：视频\Cha17\实战操作468.avi

下面介绍螺丝模型的制作方法，其操作步骤如下。

1 重置一个新的场景，选择“创建” | “几何体” | “标准基本体” | “圆柱体”工具。在“顶”视图中创建一个圆柱体，在“参数”卷展栏中，将“半径”、“高度”、“高度分段”、“端面分段”、“边数”的值分别设置为85.0、56.0、5、1、6，如下图所示。

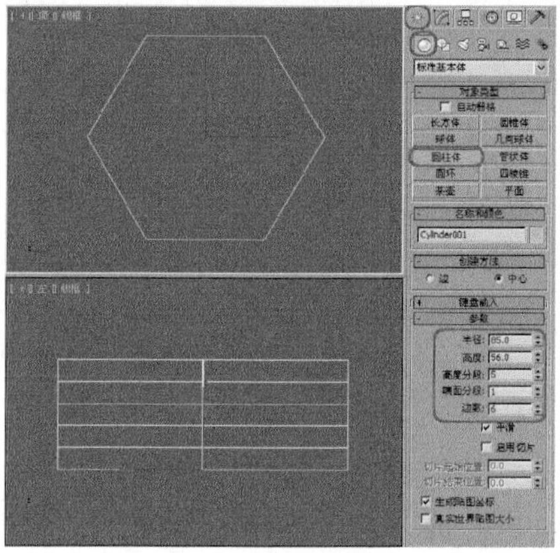

2 切换到“修改”命令面板，在修改器列表中选择“编辑网格”修改器，将当前选择集定义为“顶点”，单击工具栏中的“选择并均匀缩放”按钮，并在“顶”视图中对选择的点进行缩放，同时观察视图底端的XYZ轴显示为75时即可，完成的效果如下图所示。

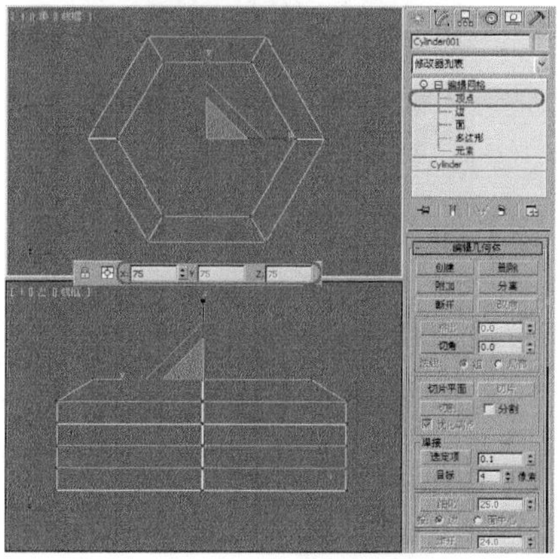

3 单击“材质编辑器”按钮，打开“材质编辑器”对话框，从中选择第一个材质样本球，并将其命名为“金属”。单击“获取材质”按钮，打开“材质/贴图浏览器”对话框，单击对话框左上方的“材质/贴图浏览器选项”按钮，在弹出的下拉菜单中选择“打开材质库”选项，如下图所示。

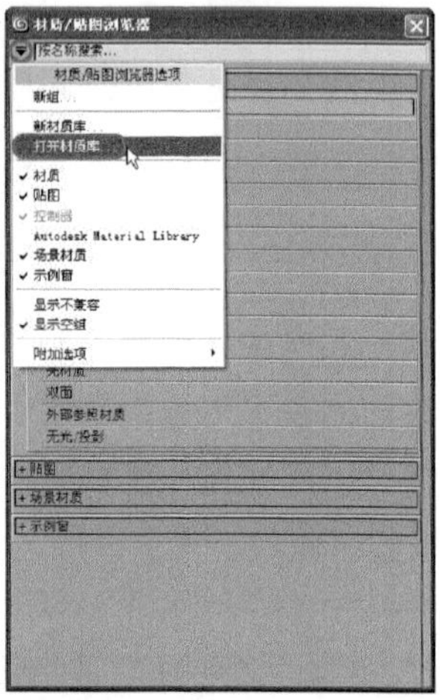

4 在弹出的“导入材质库”对话框中选择随书附带光盘中的\Scene\Cha17“螺丝.mat”文件，单击“打开”按钮。然后在“材质/贴图浏览器”对话框中双击导入的材质库中的“螺丝”，将其指定到第一个材质样本球中，并单击“将材质指定给选定对象”按钮，将当前材质指定给场景中的螺丝对象，如下图所示。

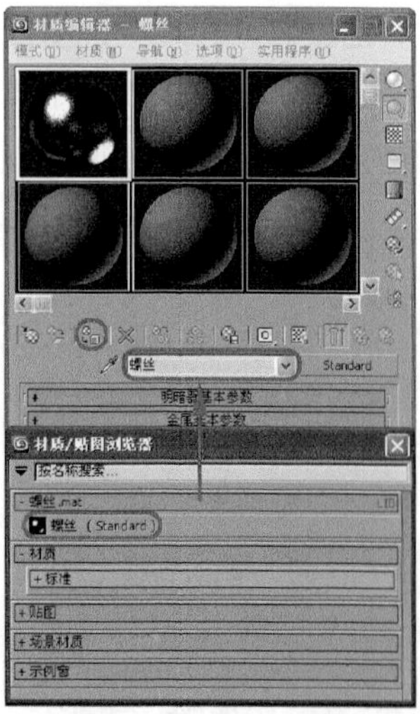

5 选择“创建”|“几何体”|“标准基本体”|“圆柱体”工具，在“顶”视图中创建一个“半径”为50.0，“高度”为-205.0，“高度分段”为10，“端面分段”为2，“边数”为24的圆柱体，如下图所示。

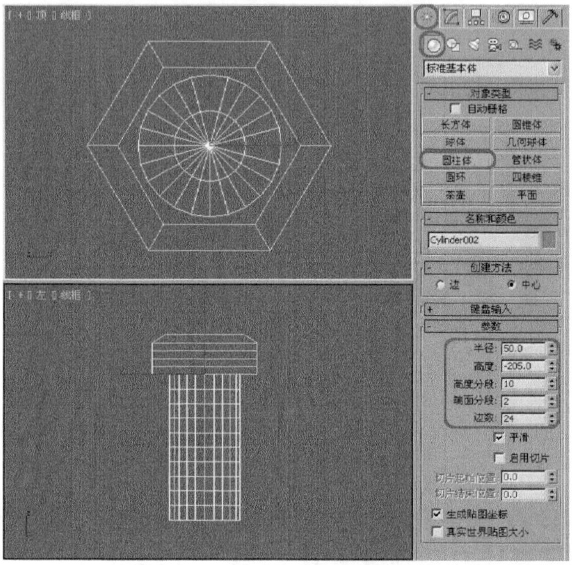

6 切换到“修改”命令面板，在“修改器列表”中选择“编辑网格”修改器，将当前选择集定义为“顶点”，在视图中选择节点，然后在工具栏中单击“选择并均匀缩放”按钮，将其缩放到90，如下图所示。

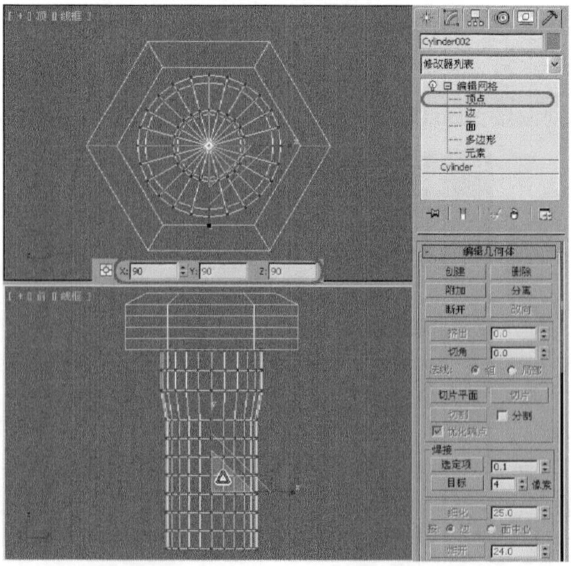

7 单击“选择并移动”按钮将刚选择的点沿Y轴向上移动，如下图所示。

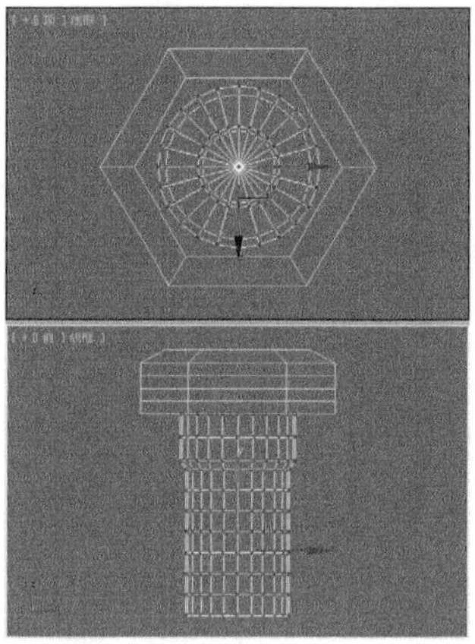

8 再选择圆柱体最下方的节点，单击工具栏中的“选择并均匀缩放”按钮，将底部的点缩放到80，如下图所示。

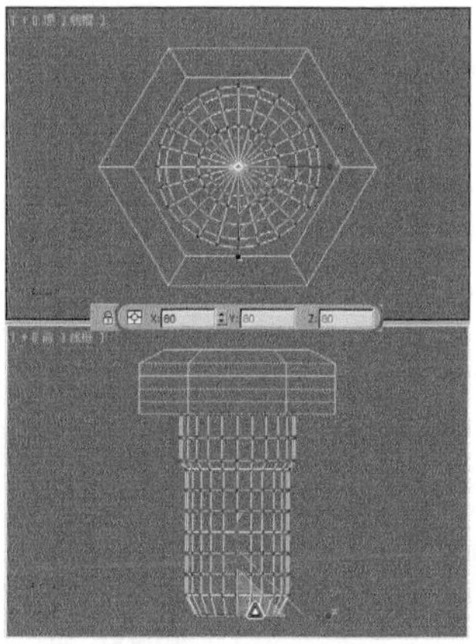

9 再使用“选择并移动”工具，在“前”视图中将底部的节点沿着Y轴向上调整，如下图所示。

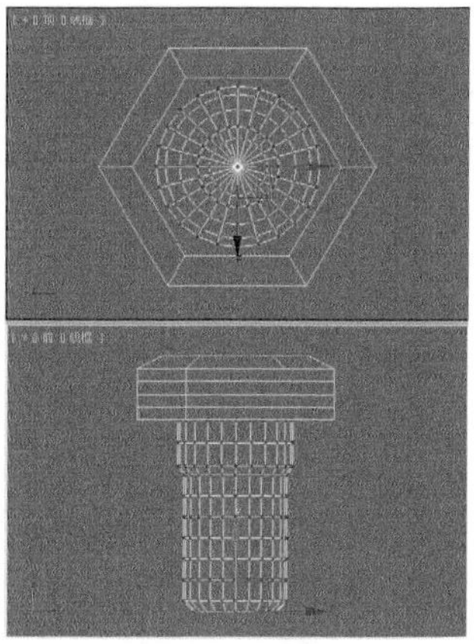

10 单击“材质编辑器”按钮，打开“材质编辑器”对话框，将螺丝的材质再指定给圆柱体对象，如下图所示。

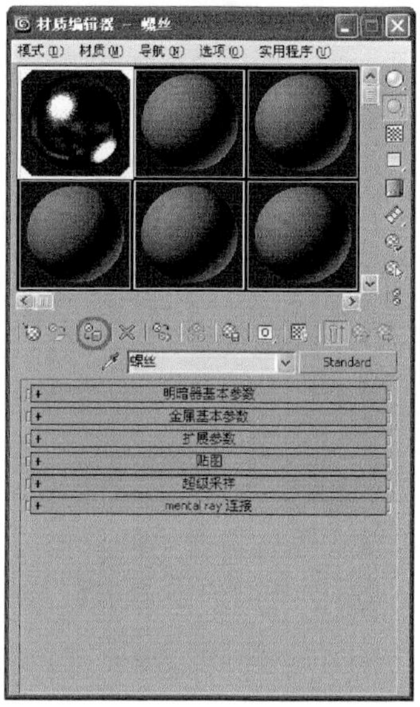

11 选择“创建”|“图形”|“样条线”|“多边形”工具，在“左”视图中创建一个“半径”为6.6，“边数”为3的多边形，如下图所示。

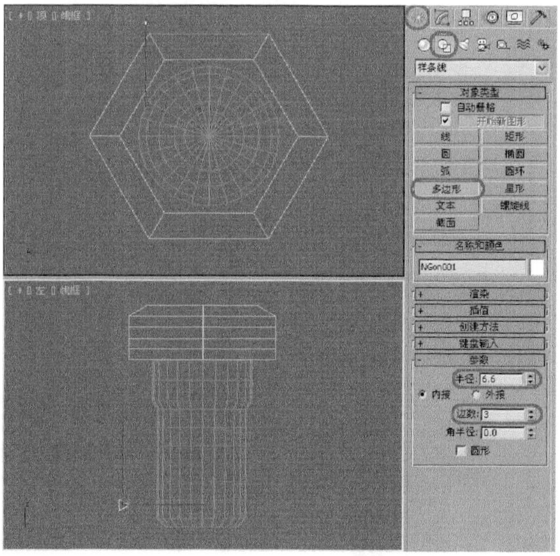

12 选择“创建”|“图形”|“样条线”|“螺旋线”工具，在“顶”视图中创建一条螺旋线，在“参数”卷展栏中将“半径1”设置为45.0，“半径2”设置为45.0，“高度”设置为-111.0，“圈数”设置为10.0，

“偏移”设置为0.0，如下图所示。

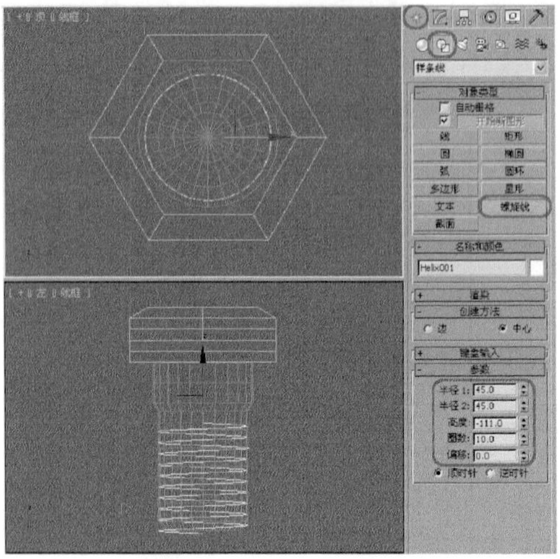

13 确定螺旋线处于选中的状态，选择“创建”|“几何体”|“复合对象”|“放样”工具，在“创建方法”卷展栏中单击“获取图形”按钮，然后在视图中选择多边形，完成放样后的效果如下图所示。

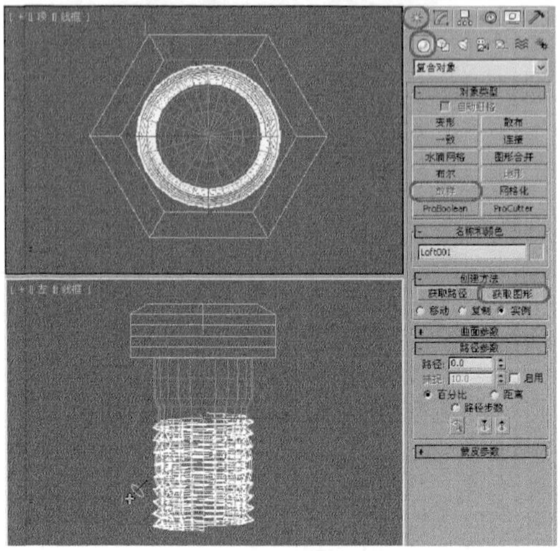

14 在“蒙皮参数”卷展栏中的“选项”选项区下将“图形步数”设置为0，取消选中“倾斜”复选框，如右图所示。单击“材质编辑器”按钮，打开“材质编辑器”对话框，将螺丝材质再指定给放样的图形。

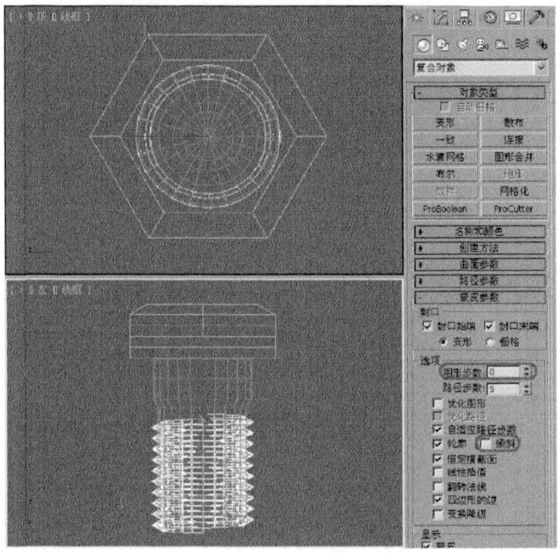

实战操作469 创建摄影机

- 素材：无
- 难度：★★★★★
- 场景：Scene\ Cha17\实战操作469.max
- 视频：视频\ Cha17\实战操作469.avi

为了方便观察制作的效果，需要在场景中创建一架摄影机。其操作步骤如下。

1 选择“创建” | “摄影机” | “标准” | “目标”摄影机工具，在“顶”视图中创建一架摄影机，并在“参数”卷展栏中将“镜头”参数设置为23.0，如下图所示。

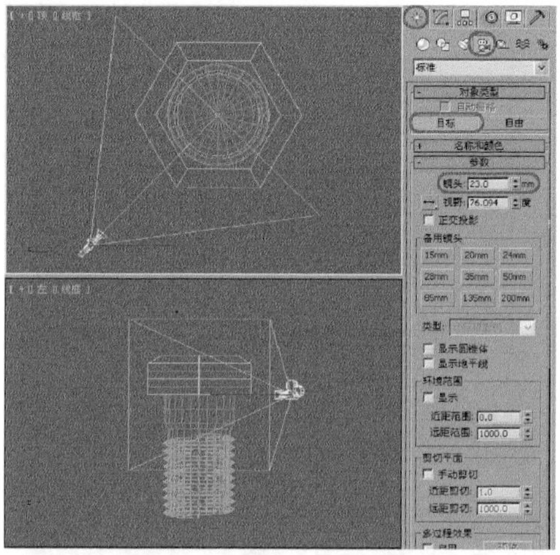

2 激活“透视”图，按键盘上的C键将其转换为“摄影机”视图，并在其他视图中调整摄影机的位置，如下图所示。按键盘上的F9键，对“摄影机”视图进行渲染。渲染完成后将场景文件保存。

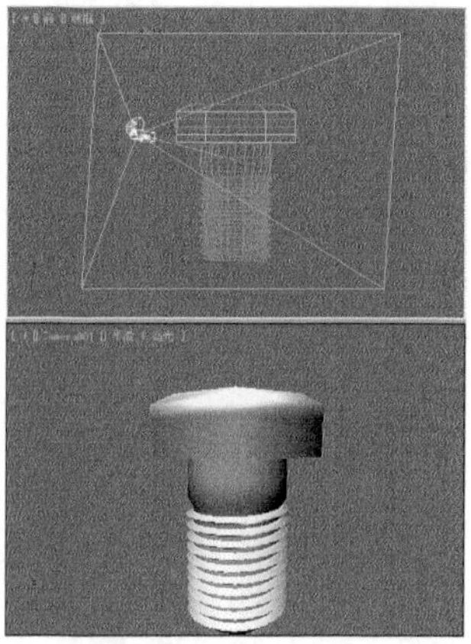

17.3 制作造型椅

本例将介绍造型椅的制作方法。在这一实例中，通过使用“线”工具绘制出造型椅的截面图形，再通过“倒角”修改器来对其进行修改，可制作出造型椅，其效果图如下图所示。

实战操作470 模型的制作

- 素材：无
- 场景：无
- 难度：★★★★★
- 视频：视频\ Cha17\实战操作470.avi

下面介绍模型的制作，其操作步骤如下。

1 启动3ds Max 2012，选择“创建” | “图形” | “样条线” | “线”工具，在“前”视图中绘制一条闭合的样条线，并将其命名为“椅子”，单击“修改”按钮，进入“修改”命令面板，将当前选择集定义为“顶点”，按键盘上的“Ctrl+A”组合键，将场景中的顶点全部选中，然后右击鼠标，在弹出的快捷菜单中选择“Bezier角点”或“Bezier”命令，并单击工具栏中的“选择并移动”按钮调整节点的位置，调整后的效果如右图所示。

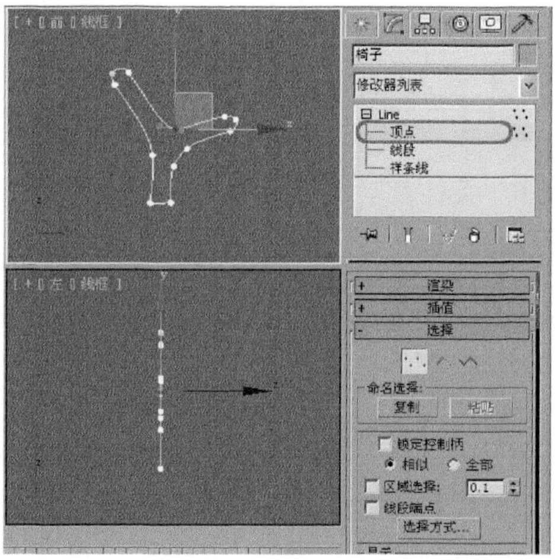

2 关闭当前选择集，在“修改器列表”中选择“倒角”修改器，在“倒角值”卷展栏中将“级别1”下的“高度”和“轮廓”分别设置为2.0、0.7，选中“级别2”复选框，将“级别2”下的“高度”设置为115.0，选中“级别3”复选框，将“级别3”下的“高度”和“轮廓”分别设置为2.0、-0.7，如下图所示。

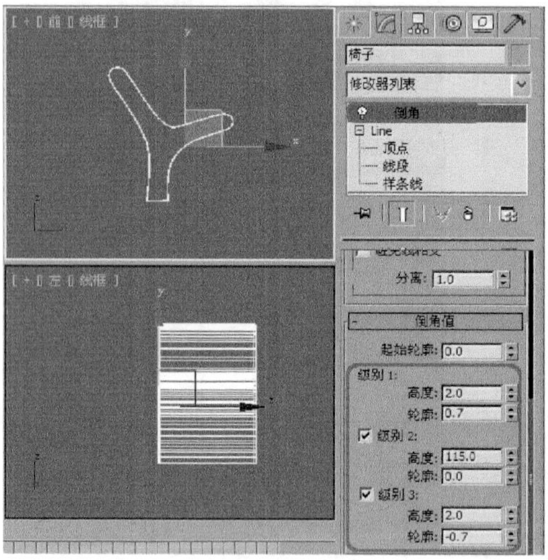

3 再在“修改器列表”中选择“UVW贴图”修改器，在“参数”卷展栏中选择“贴图”选项区下的“长方体”贴图方式，并单击“对齐”区域下的“适配”按钮，如下图所示。

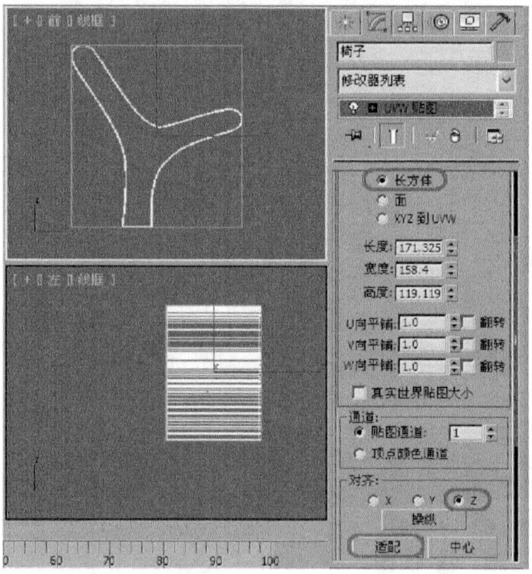

4 选择“创建”｜“图形”｜“标准线”｜“矩形”工具，在“顶”视图中创建一个“长度”、“宽度”和“角半径”分别为129、132、15的矩形，进入“修改”命令面板，在“渲染”卷展栏中选中“在渲染中启用”和“在视口中启用”复选框，并将“厚度”值设置为8.0，然后再在“前”视图中将其调整至椅子的下方，如右图所示。

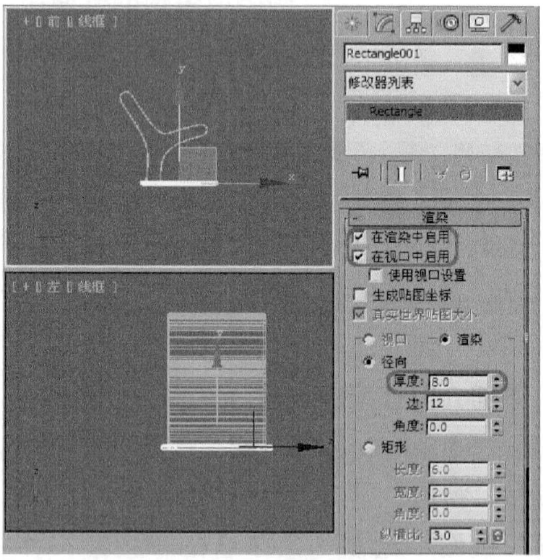

实战操作471 设置材质

素材：无　　场景：无

难度：★★★★★　　视频：视频\Cha17\实战操作471.avi

下面将为造型椅设置材质，其操作步骤如下。

1 继续上一实例的操作，单击工具栏中的“材质编辑器”按钮，打开“材质编辑器”对话框，激活第一个材质样本球，在“Blinn基本参数”卷展栏中将“环境光”和“漫反射”的RGB值设置为0、150、255，将“高光反射”的RGB值设置为255、255、255，将“自发光”选项区下的“颜色”值设置为30，将“反射高光”选项区下的“高光级别”和“光泽度”分别设置为10、0。单击“将材质指定给选定对象”按钮，如下图所示。

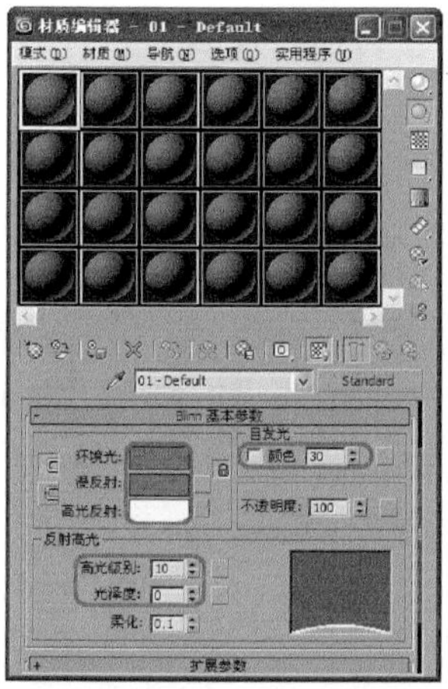

2 激活第2个材质样本球，在“明暗器基本参数”卷展栏中将明暗器类型定义为“金属”。在“金属基本参数”卷展栏中将“环境光”的RGB设置为4、4、4。将“漫反射”的RGB设置为255、255、255，将“反射高光”选项区下的“高光级别”和“光泽度”分别设置为100、80，如下图所示。

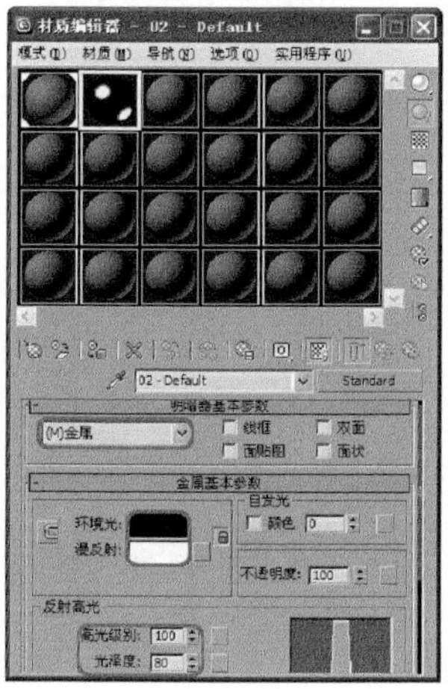

3 在“贴图”卷展栏中单击“反射”通道后的“None”贴图按钮，在打开的“材质/贴图浏览器”对话框中选择“位图”贴图，单击“确定”按钮。再在打开的对话框中选择随书附带光盘中的\Map\HOUSE.jpg文件，单击“打开”按钮。在“坐标”卷展栏中将“模糊偏移”设置为0.15。单击“转到父对象”按钮，然后单击“将材质指定给选定对象”按钮，如下图所示。

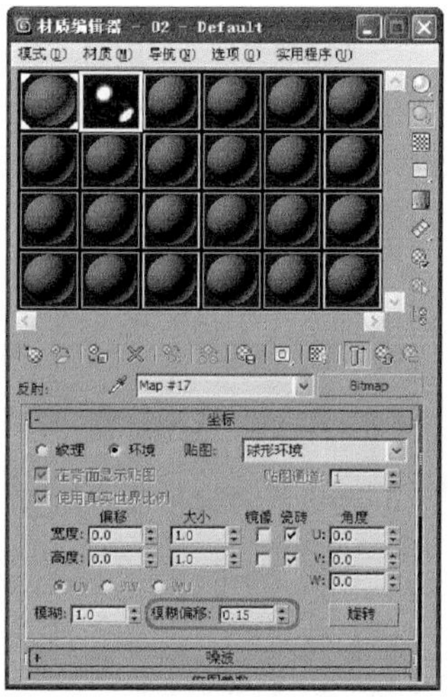

4 在“顶”视图中选择所有的对象，单击工具栏中的“选择并旋转”按钮，配合键盘上的Shift键将其沿Z轴旋转-180度，在弹出的“克隆选项”对话框中选中“实例”单选按钮，单击“确定”按钮，然后单击工具栏中的“选择并移动”按钮调整它的位置，完成后的效果如下图所示。

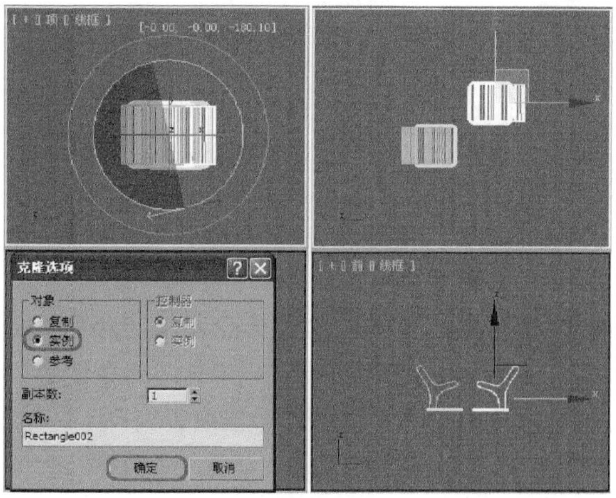

实战操作472 创建灯光和摄影机

素材：无

难度：★★★★★

场景：Scene\Cha17\实战操作472.max

视频：视频\Cha17\实战操作472.avi

下面为造型椅创建灯光和摄影机，其操作步骤如下。

1 选择“创建”|“几何体”|“标准基本体”|“长方体”工具。在“顶”视图中创建一个“长度”、“宽度”和“高度”分别为650.0、650.0、0.0的长方体，并将其命名为“地面”，然后将其设置为白色，如下图所示。

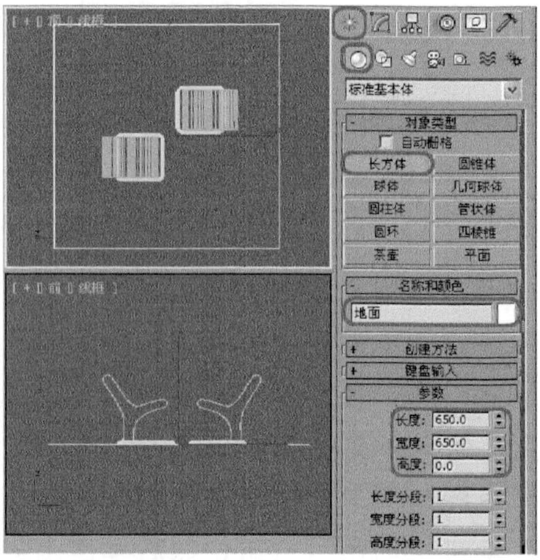

2 选择“创建”|“摄影机”|“标准”|“目标”工具，在“顶”视图中创建一架摄影机，激活“透视”图，并按键盘上的C键，将当前视图转换为“摄影机”视图，最后在其他视图中调整其位置，如下图所示。

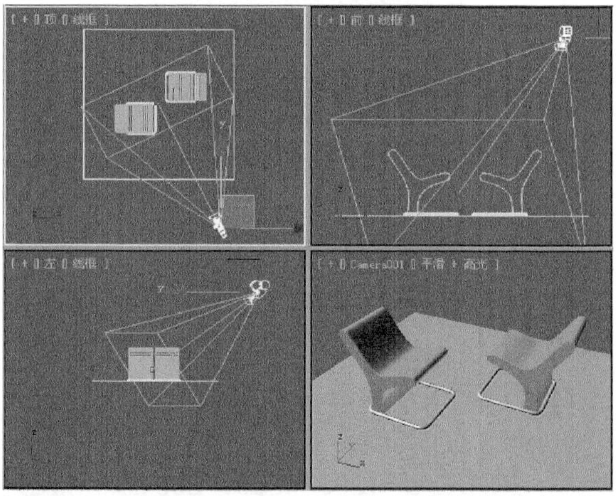

3 选择“创建”|“灯光”|“标准”|“目标聚光灯”工具，在“顶”视图中创建目标聚光灯，并在其他视图中调整其位置。在“常规参数”卷展栏中的“阴影”选项区下取消选中“使用全局设置”复选框，并将阴影模式定义为“光线跟踪阴影”。在“强度/颜色/衰减”卷展栏中将“倍增”参数设置为1.0。在“聚光灯参数”卷展栏中将“聚光区/光束”和“衰减区/区域”分别设置为60.0、62.0。在“阴影参数”卷展栏中将“对象阴影”选项区下的“颜色”的RGB值设置为71、71、71，如右图所示。

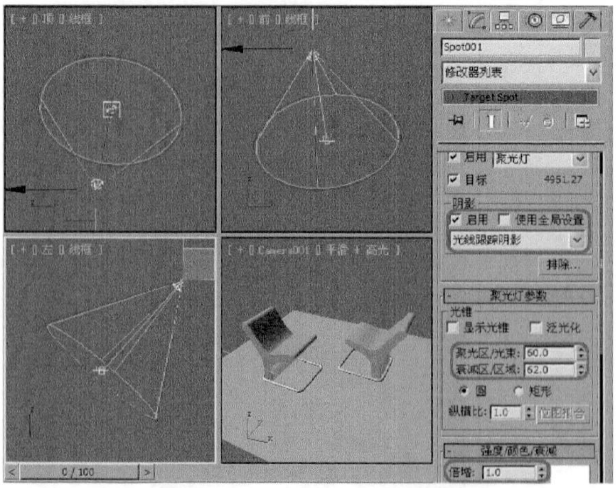

4 选择“创建”｜“灯光”｜“标准”｜“天光”工具，在“顶”视图中创建一盏天光，在“天光参数”卷展栏中将“倍增”值设置为0.5，如下图所示。

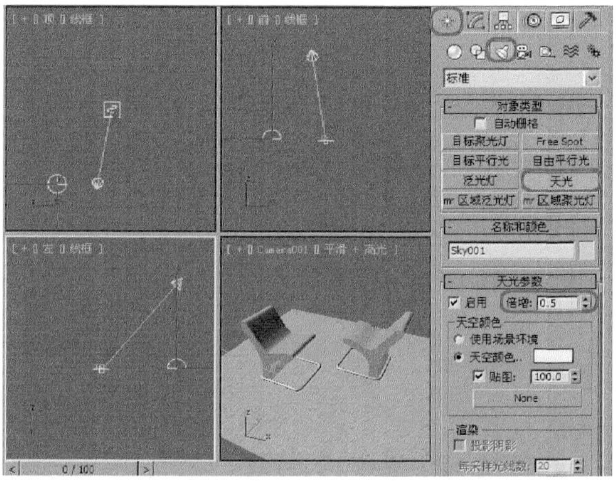

5 按键盘上的8键，在弹出的“环境和效果”对话框中选择“环境”选项卡，在“公用参数”卷展栏中将“背景”选项区下“颜色”的RGB值设置为255、255、255，如下图所示。

6 按F9进行快速渲染，渲染后的效果如右图所示，对完成后的场景进行保存即可。

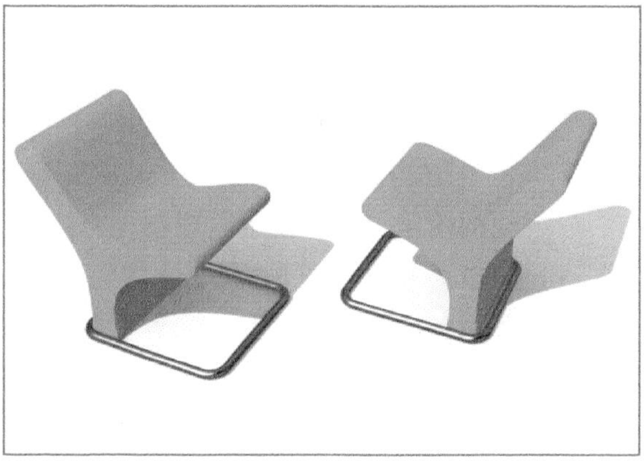

Chapter

18

第18章

动画制作入门练习

动画是通过连续播放一系列画面，给视觉造成连续变化的图画。它的基本原理与电影、电视一样。使用3ds Max可以为各种应用创建3D计算机动画。可以为计算机游戏设置角色或汽车的动画，或为了电影或广播设置特殊效果的动画。还可以模拟真实世界的下雨、下雪的效果。无论设置动画何种原因，都会发现3ds Max 功能强大，可以实现各种效果的制作。

18.1 粒子动画

粒子动画主要是在使用程序方法为大量的小型对象设置动画时使用粒子系统，例如，创建雪、喷射、超级喷射，这些动画的制作与时间、速度的关系非常紧密。下面主要介绍飘雪、下雨、太阳耀斑、礼花的的制作方法。

实战操作473 粒子系统——飘雪

素材：无

难度：★★★★★

场景：Scene \Cha11\实战操作473.max

视频：视频\ Cha11\实战操作473.avi

通过对本例的学习，可以学会飘雪动画的制作，同时还可以掌握环境背景的设置以及雪粒子系统的使用。制作飘雪的操作步骤如下。

1 重置一个新的3ds Max场景，在菜单栏中选择“渲染”|“环境”命令，弹出“环境和效果”对话框。如下图所示。

2 在“环境”选项卡中单击“环境贴图”下的“无”按钮，在打开的“材质/贴图浏览器”对话框中双击“位图”贴图，然后在弹出的“选择位图图像文件”对话框中选择随书附带光盘中的\Map\h56.jpg文件，单击“打开”按钮，如下图所示。

3 激活“透视”视图，在菜单栏中选择“视图”|“视口背景”|“视口背景”命令，在打开的“视口背景”对话框中，选中“使用环境背景”复选框和“显示背景”复选框，单击“确定”按钮，如下图所示。

4 选择“创建” | “几何体” | “粒子系统” | “雪”工具，在“顶”视图中创建一个雪粒子系统，如下图所示。

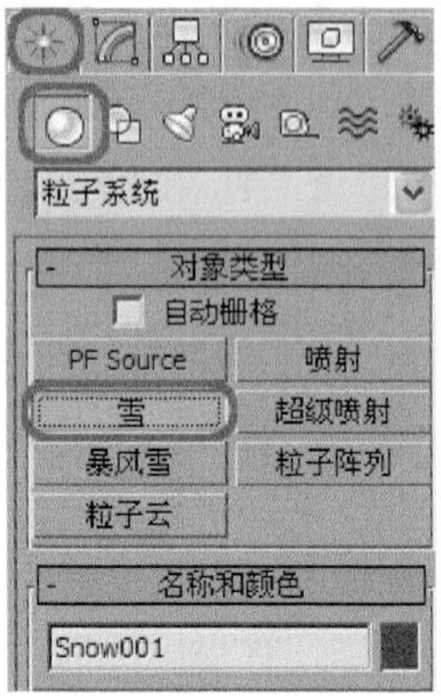

5 单击“修改”按钮进入“修改”命令面板，在“参数”卷展栏中将“粒子”选项区下的“视口计数”、“渲染计数”、“雪花大小”、“速度”、“变化”的参数分别设置为1 000、800、1.6、8.0、2.0；选中“渲染”选项区中的“面”单选按钮；将“计时”选项区中的“开始”、“寿命”的参数分别设置为-100、100；在“发射器”选项区中，将“宽度”、“长度”的参数分别设置为322.0、320.0，如下图所示。

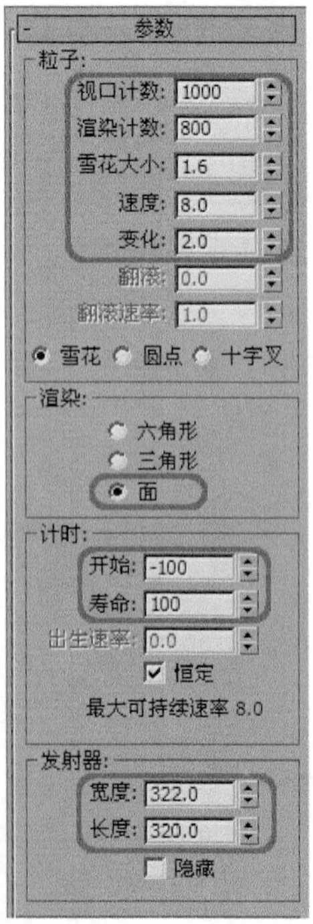

6 单击工具栏中的“材质编辑器”按钮，打开“材质编辑器”对话框，为粒子系统设置材质，并将其命名为“雪”。在“Blinn基本参数”卷展栏中，选中“自发光”选项区下的“颜色”复选框，并将该色块的RGB值设置为196、196、196，如下图所示。

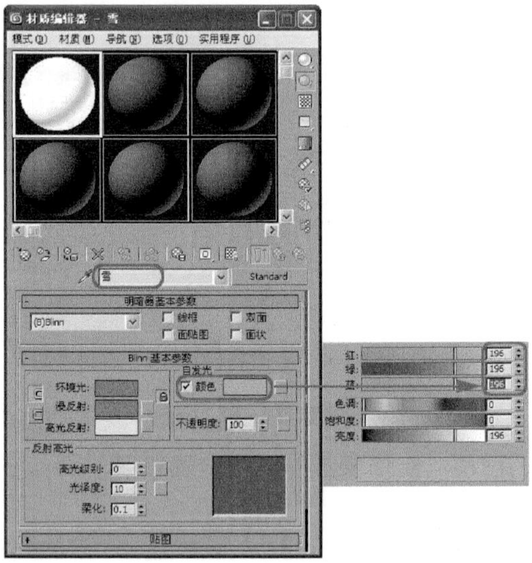

7 打开“贴图”卷展栏，单击“不透明度”通道右侧的“None”按钮，在打开的“材质/贴图浏览器”对话框中，选择“渐变坡度”贴图，单击“确定”按钮，如下图所示。

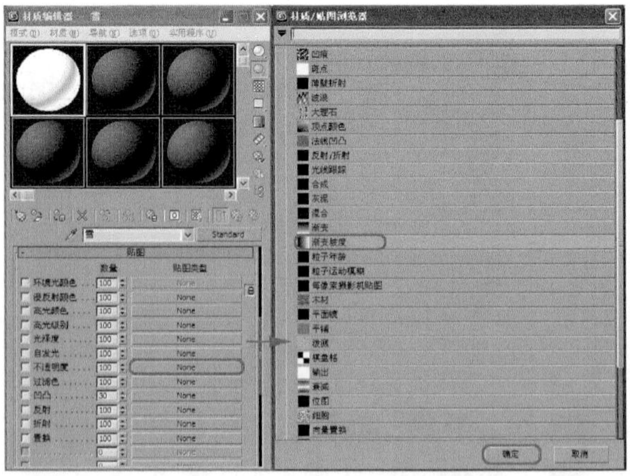

8 进入不透明度通道命令面板，在“渐变坡度参数”卷展栏中，将左侧色标的RGB值设置为0、0、0；将中间色标的RGB设置为127、127、127；将右侧的色标设置为255、

255、255。在“渐变类型”下拉列表中选择“径向”选项。在“输出”卷展栏中选中“反转”复选框，如下图所示。最后单击“将材质指定给选定对象”按钮，将材质指定给雪粒子系统。

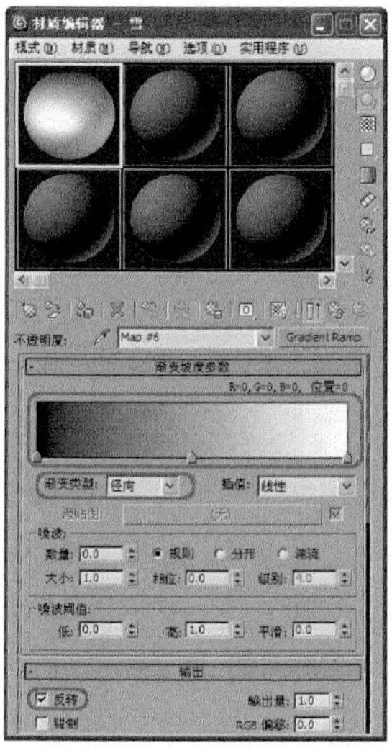

9 单击工具栏中的“渲染设置”按钮，打开“渲染设置：默认扫描线渲染器”面板，选中“时间输出”选项区中的“活动时间段”单选按钮。在“输出大小”选项区中，将“宽度”和“高度”设置为640、480，如下图所示。

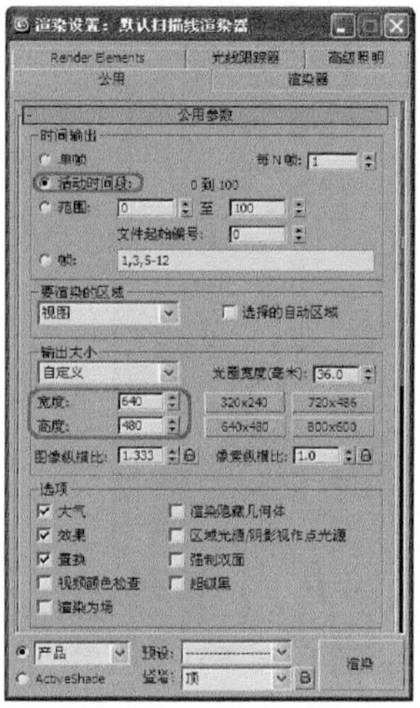

10 单击“渲染输出”选项区中的“文件”按钮，存储动画文件，在打开的对话框中设置好文件的存储路径、名称及格式后，单击“保存”按钮，在弹出的“AVI文件压缩设置”对话框中使用默认设置，如右图所示。

实战操作474 喷射粒子——下雨

素材：无

难度：★★★★★

场景：Scene \Cha11\实战操作474.max

视频：视频\Cha11\实战操作474.avi

本例将介绍下雨效果的制作，该例使用喷射粒子制作下雨，并通过为它设置图像运动模糊来产生雨雾效果。其操作步骤如下。

1 重置一个新的3ds Max场景，选择“创建” | “几何体” | “粒子系统” | “喷射”工具，在“顶”视图中创建一个喷射粒子系统，如下图所示。

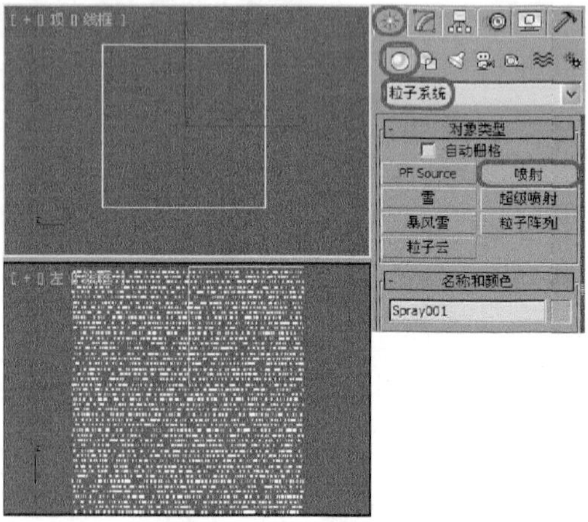

2 单击“修改”按钮进入“修改”命令面板，在“参数”卷展栏中，将“粒子”选项区中的“视口计数”、“渲染计数”、“水滴大小”、“速度”的参数分别设置为40 000、40 000、2.0、20.0。将“计时”选项区中的“开始”、“寿命”的参数分别设置为-50、400。将“发射器”选项区下的“宽度”、“长度”的参数均设置为360.0，如下图所示。

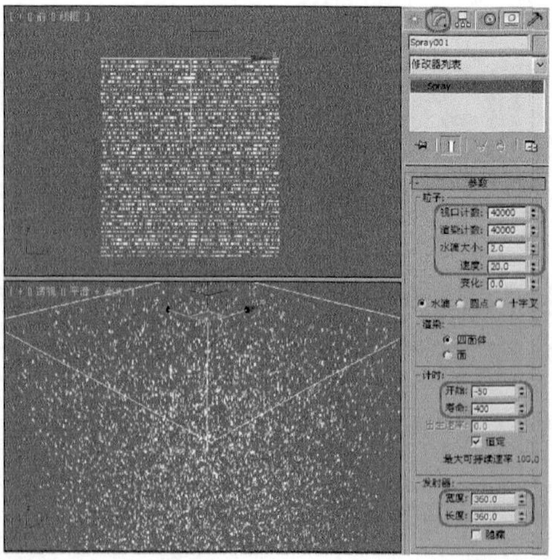

3 激活“顶”视图，选择“创建” | “摄影机” | “标准” | “目标”工具，在“顶”视图中创建一架摄影机，并调整其位置，如下图所示。按C键将“透视”视图转换为“摄影机”视图。

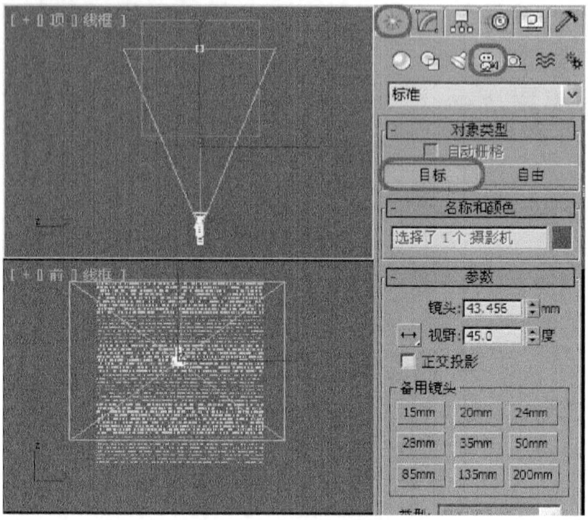

4 在“前”视图中选择雨粒子系统，右击鼠标，在弹出的快捷菜单中选择“对象属性”命令，在打开的“对象属性”对话框中，选择“常规”选项卡，选中“图像”单选按钮，将“运动模糊”选项区下的“倍增”值设置为1.8，如下图所示。

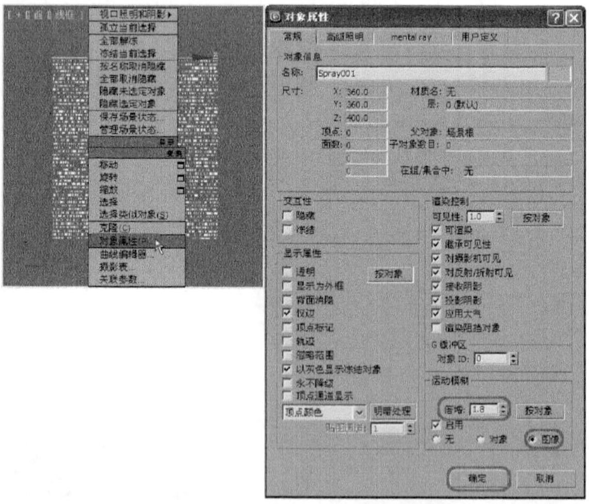

5 单击工具栏中的“材质编辑器”按钮，打开“材质编辑器”对话框，为粒子系统设置材质。在“Blinn基本参数”卷展栏中，将“环境光”和“漫反射”的RGB值分别设置为230、230、230；选中“自发光”选项区中的“颜色”复选框，并将其RGB值设置为240、240、240；将“高光级别”和“光泽度”设置

均设置为0，如下图所示。

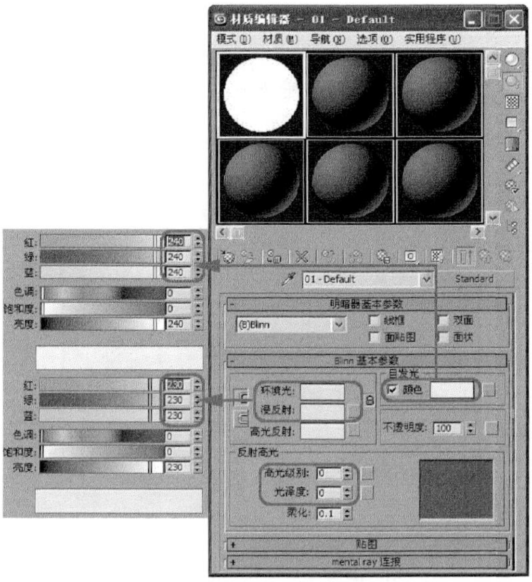

6 打开“扩展参数”卷展栏，在“衰减”选项中选中“外”单选按钮，将“数量”设置为100，完成设置后单击“将材质指定给选定对象”按钮，将材质赋予视图中的雨粒子系统，如下图所示。

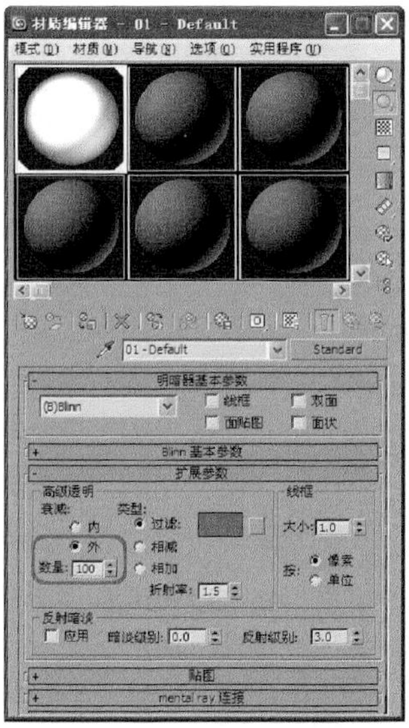

7 选择“渲染”|“环境”命令，弹出“环境和效果”对话框，在“环境”选项卡中单击“环境贴图”下的“无”按钮，在打开的“材质/贴图浏览器”对话框中双击“位图”贴图，然后在弹出的“选择位图图像文件”对话框中选择随书附带光盘中的\Map\林木5.jpg文件，单击“打开”按钮，如下图所示。

8 激活“透视”视图，在菜单栏中选择“视图”|“视口背景”|“视口背景”命令，在打开的“视口背景”对话框中，选中“使用环境背景”复选框和“显示背景”复选框，单击“确定”按钮，如下图所示。

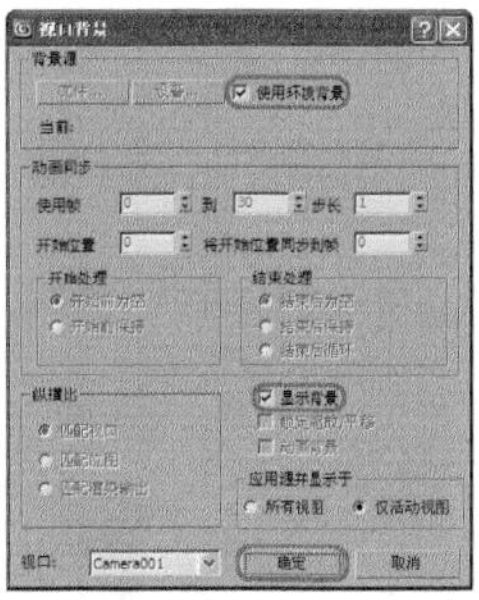

9 单击工具栏中的“渲染设置”按钮，打开“渲染设置：默认扫描线渲染器”面板，选中“时间输出”选项区中的“活动时间段”单选按钮。在“输出大小”选项区中，将“宽度”和“高度”设置为640、480，如下图所示。

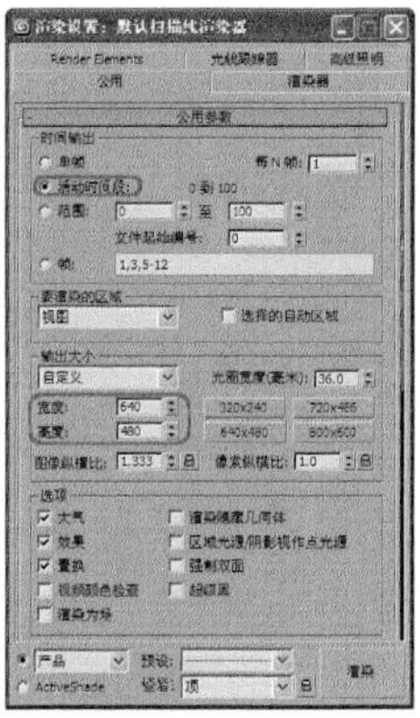

10 单击“渲染输出”选项区中的“文件”按钮，存储动画文件，在打开的对话框

中设置好文件的存储路径、名称及格式后，单击“保存”按钮，如下图所示。

11 在弹出的“AVI文件压缩设置”对话框中使用默认设置，如下图所示。

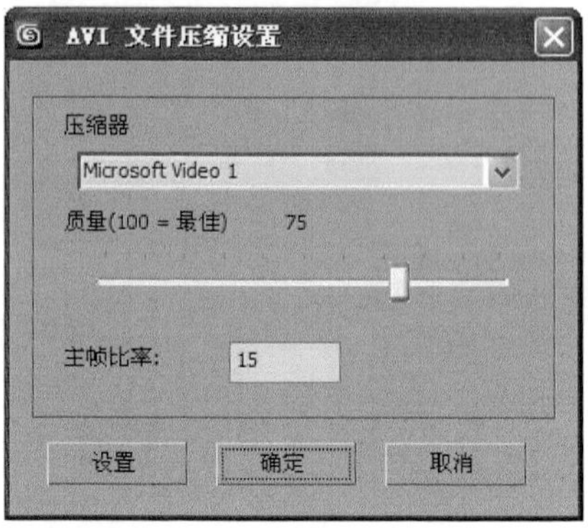

12 单击“渲染”按钮开始渲染动画，右图所示为渲染的静帧效果。在完成制作后，将文件进行保存即可。

实战操作475 镜头光斑——太阳耀斑

- 素材：无
- 难度：★★★★★
- 场景：Scene \Cha11\实战操作475.max
- 视频：视频\Cha11\实战操作475.avi

本例通过泛光灯作为产生镜头光斑的光源，通过“Video Post”视频合成器中的“镜头效果光斑特效”过滤器产生耀斑效果。制作太阳耀斑的操作步骤如下。

1 重置一个新的3ds Max场景，选择“渲染”|“环境”命令，如右图所示。

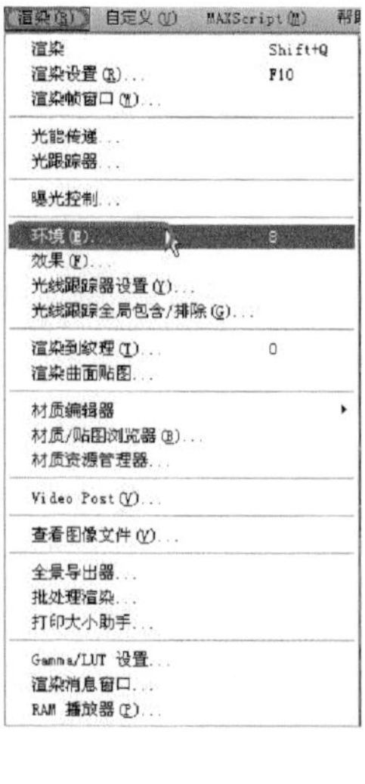

2 弹出“环境和效果”对话框，在“环境”选项卡中单击“环境贴图”下的“无”按钮，在打开的“材质/贴图浏览器”对话框中双击“位图”贴图，然后在弹出的“选择位图图像文件”对话框中选择随书附带光盘

中的\Map\050_1.jpg文件，单击“打开”按钮，如下图所示。

3 激活“透视”视图，在菜单栏中选择“视图”|“视口背景”|“视口背景”命令，在打开的“视口背景”对话框中，选中“使用环境背景”复选框和“显示背景”复选框，单击“确定”按钮，如下图所示。

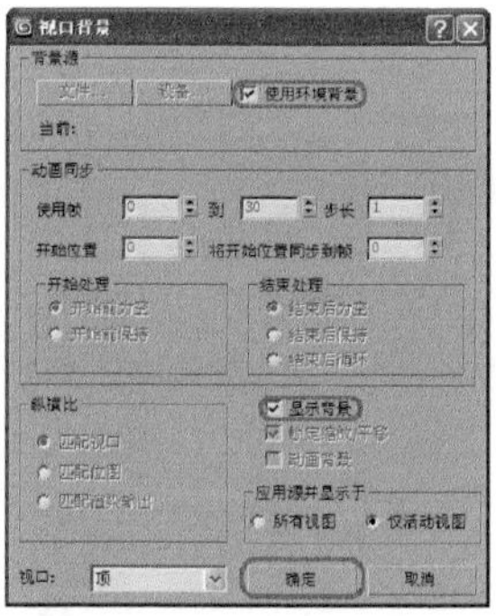

4 选择“创建”|“摄影机”|“标准”|“目标”工具，在“顶”视图创建一架摄影机，并调整它的位置，如下图所示。激活“透视”视图，按C键，将该视图转换为“摄影机”视图。

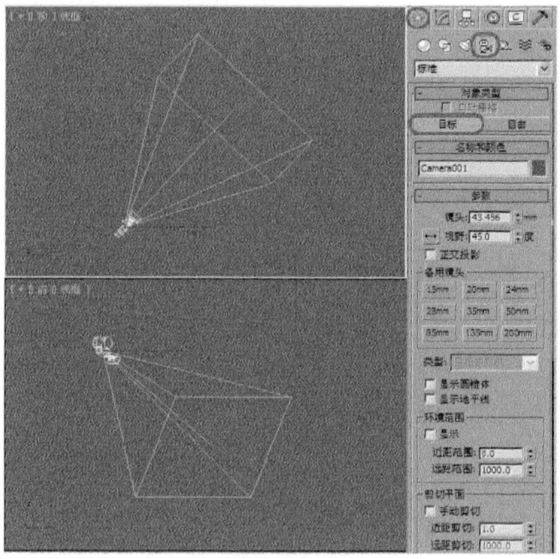

5 选择“创建”|“灯光”|“标准”|“泛光灯”工具，在“顶”视图中创建一盏泛光灯，然后在其他视图中调整灯光的位置，如下图所示。

6 选择“渲染”|“Video Post”命令，打开“Video Post”编辑器窗口，单击“添加场景事件”按钮，添加一个场景事件。在打开的“添加场景事件”中使用默认的“摄影机”视图，单击“确定”按钮，如下图所示。

7 返回“Video Post”编辑器窗口，单击“添加图像过滤事件”按钮，添加一个图像过滤器事件。在打开的对话框中选择过滤器列表中的“镜头效果光斑”过滤器，单击“确定”按钮，如下图所示。

8 在事件列表中双击“镜头效果光斑”事件，在打开的对话框中单击“设置”按

钮，再在打开的“镜头效果光斑”对话框中单击“VP队列”和“预览”按钮，将“镜头光斑属性”选项区中的“大小”、“角度”和“强度”分别设置为40.0、90.0和80.0，单击“节点源”按钮，在打开的对话框中选择“Omni001”，单击“确定”按钮，将泛光灯作为发光源，如下图所示。

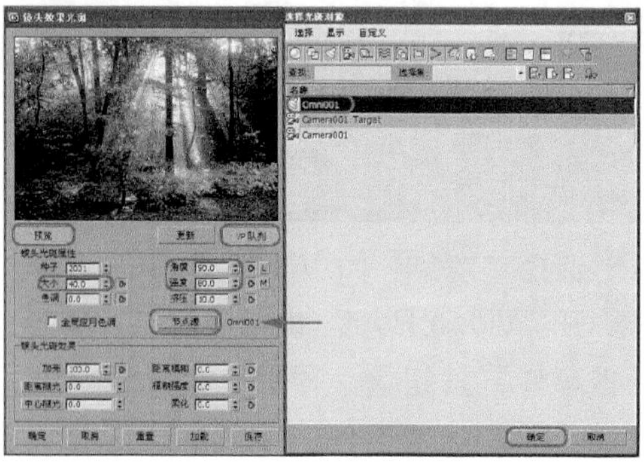

9 在“首选项”选项卡中选中如下图所示的复选框。

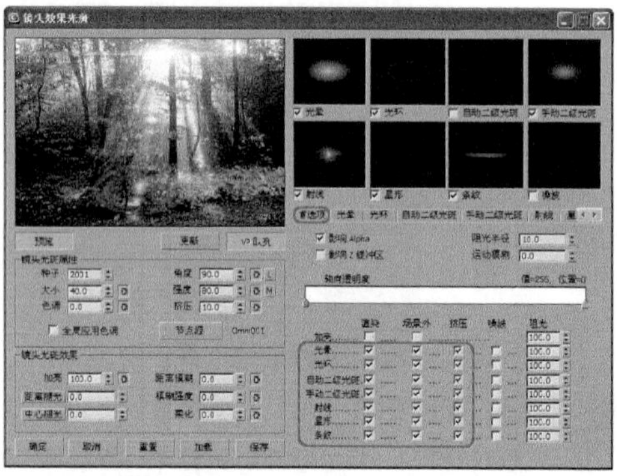

10 选择“光晕”选项卡，将“大小”设置为150.0，如下图所示。

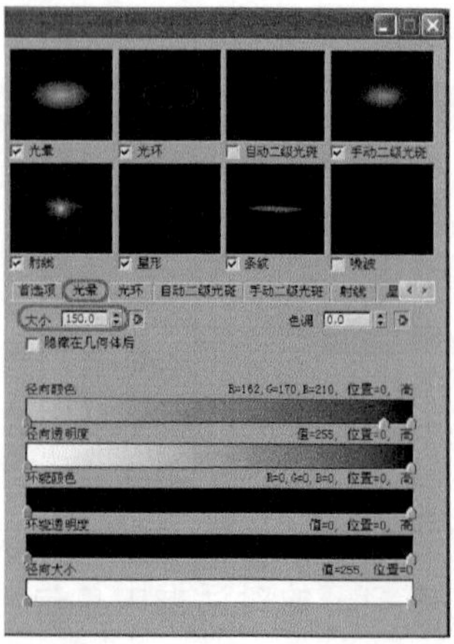

11 选择“自动二级光斑”选项卡，将“最小”、“最大”和“数量”分别设置为9.0、50.0和8.0，将“径向颜色”右侧的色标的RGB值分别设置为255、85、85，如下图所示。

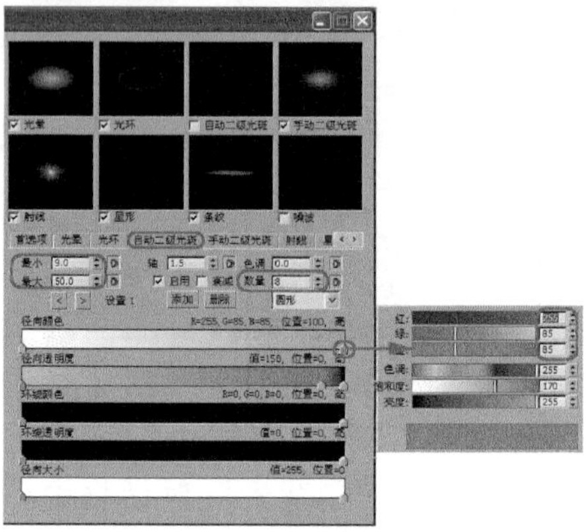

12 选择“条纹”选项卡，将“大小”、“角度”、“宽度”和“锐化”分别设置为150.0、180.0、8.0和10.0，如下图所示。

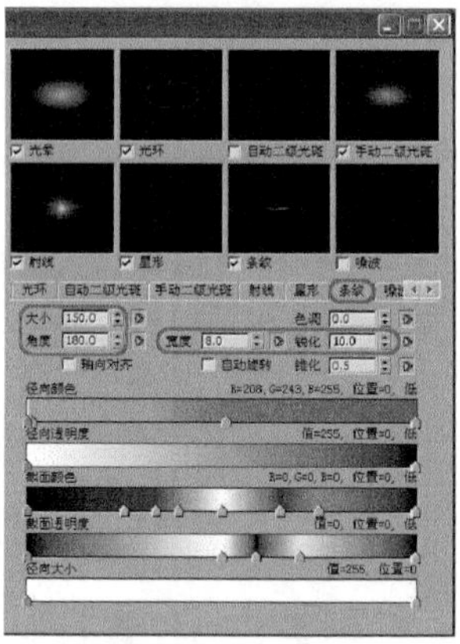

13 完成镜头光斑参数设置后，单击“确定”按钮，返回到“Video Post”编辑器窗口。单击“添加图像输出事件”按钮，弹出“添加图像输出事件”对话框，如下图所示。

14 单击“文件”按钮，在打开的对话框中设置输出路径及文件名，将“保存类型”设置为“TIF图像文件”，单击“保存”按钮，如下图所示。在弹出的“TIF 图像控制”对话框中单击两次“确定”按钮，返回到“Video Post”编辑器窗口。

15 单击“执行序列”按钮，在打开的对话框中选中“时间输出”选项区中的“单个”单选按钮；在“输出大小”选项区中将“宽度”和“高度”分别设置为1536和1167，然后单击“渲染”按钮，如下图所示。

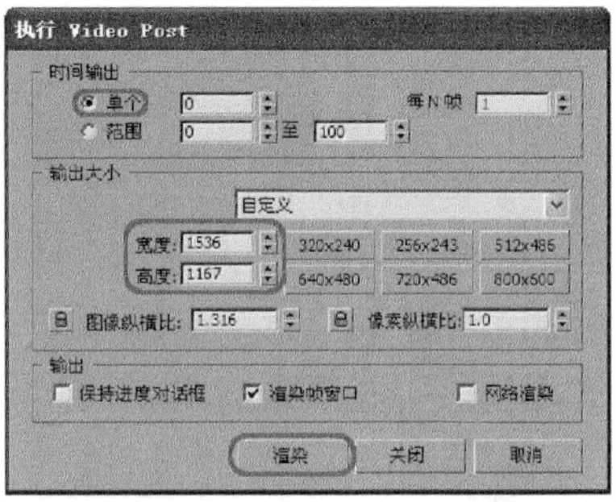

16 渲染完成后的效果如右图所示，最后将场景进行保存即可。

实战操作476　粒子系统——礼花

素材：无

难度：★★★★★

场景：Scene \Cha11\实战操作476.max

视频：视频\Cha11\实战操作476.avi

本例将介绍一个礼花绽放动画的制作，该动画使用几个不同参数的超级喷射粒子系统来完成，并且为粒子系统设置了粒子年龄贴图和发光特效过滤器。制作礼花的操作步骤如下。

1 选择“渲染”|“环境”命令，弹出“环境和效果”对话框，在“环境”选项卡中单击“环境贴图”下的“无”按钮，在打开的“材质/贴图浏览器”对话框中双击“位图”贴图，然后在弹出的“选择位图图像文件”对话框中选择随书附带光盘中的\Map\048_1.jpg文件，如下图所示。

2 单击“打开”按钮，激活“透视”视图，在菜单栏中选择“视图”|“视口背

景”|“视口背景”命令，在打开的“视口背景”对话框中，选中“使用环境背景”复选框和“显示背景”复选框，单击“确定”按钮，如右图所示。

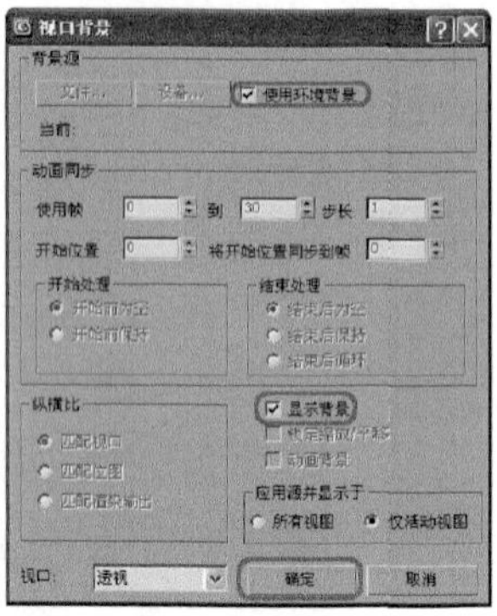

3 选择“创建”|“几何体”|“粒子系统”|“超级喷射”工具，在“顶”视图中创建粒子系统，并将其命名为“礼花01”，如下图所示。

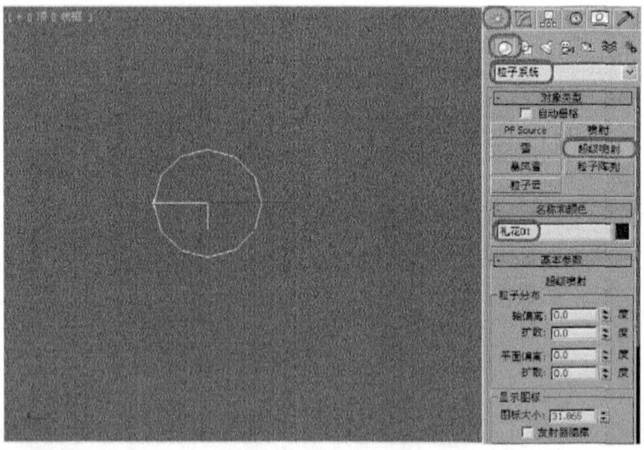

4 切换到“修改”命令面板，在“基本参数”卷展栏中将“轴偏离”和“平面偏离”下的“扩散”分别设置为30.0和90.0；将“显示图标”选项区下的“图标大小”设置为18.0，选中“视口显示”选项区下的“网格”单选按钮，将“粒子数百分比”设置为100.0，如下图所示。

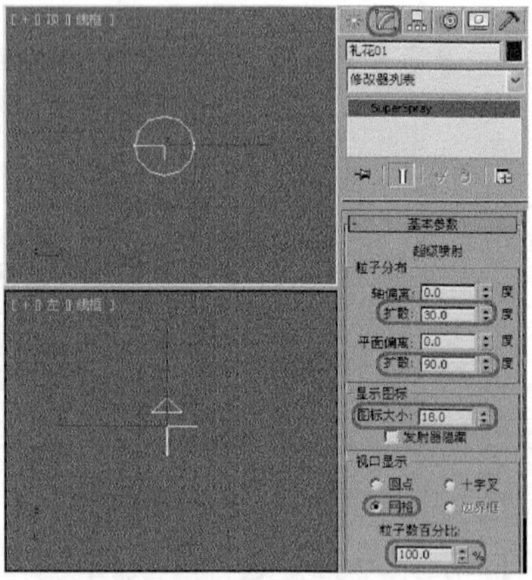

5 在“粒子类型”卷展栏中选中“标准粒子”选项区下的“立方体”单选按钮；在“粒子生成”卷展栏中选中“粒子数量”选项区下的“使用总数”单选按钮，并将数值设置为20，将“粒子运动”选项区下的“速度”和“变化”分别设置为2.6和26.1，在“粒子计时”选项区下将“发射开始”、“发射停止”和“寿命”分别设置为-60、40、60，在“粒子大小”选项区下将“大小”设置为0.4，如下图所示。

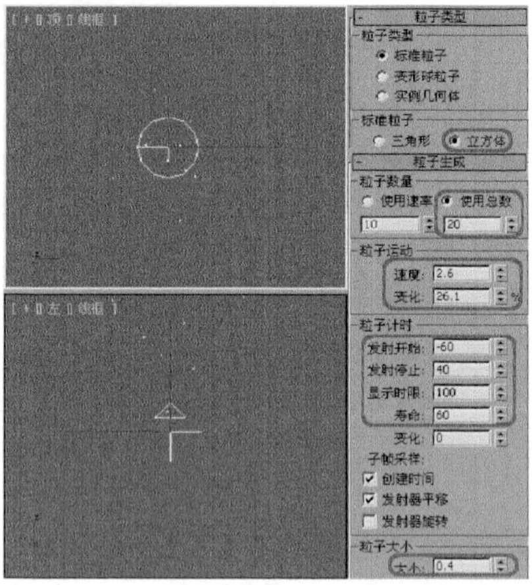

6 在“粒子繁殖”卷展栏中选中“粒子繁殖效果”选项区下的“消亡后繁殖”单选按钮，将“倍增”值设置为200，将“变化”值设置为100.0。在“方向混乱”选项区下将“混乱度”设置为100.0，如下图所示。

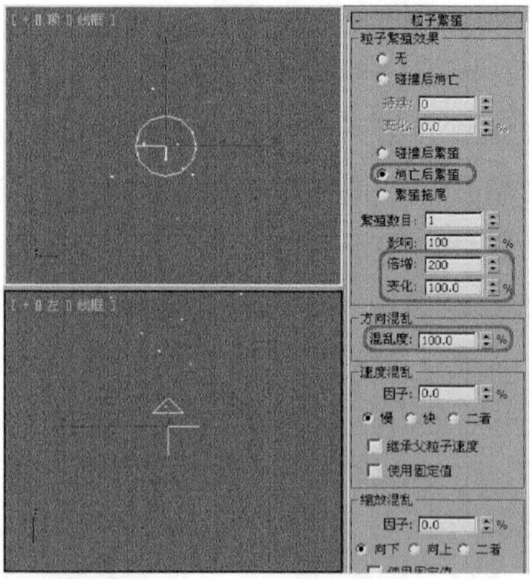

7 在粒子系统上右击鼠标，在弹出的快捷菜单中选择“对象属性”命令，在打开

的对话框中将粒子系统的“对象ID”设置为1，在“运动模糊”选项区下将“倍增”值设置为0.8，选择“图像”运动模糊方式，然后单击“确定”按钮，如下图所示。

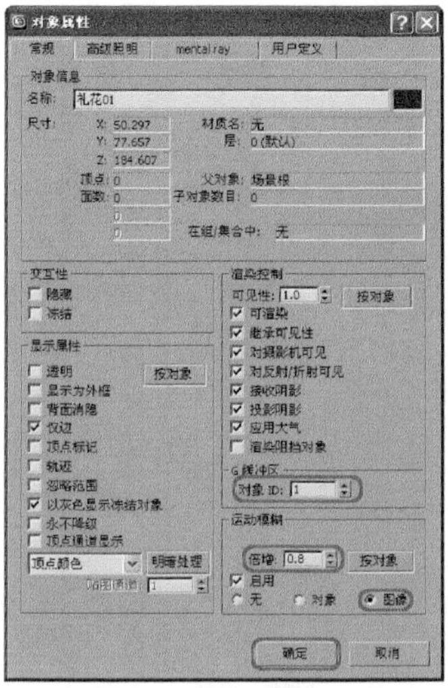

8 单击工具栏中的“材质编辑器”按钮，进入“材质编辑器”面板，选择一个材质样本球，并将其命名为“礼花01”。在“明暗器基本参数”卷展栏中将明暗器类型设置为“Blinn”，在“Blinn基本参数”卷展栏中将“自发光”选项区下的“颜色”值设置为100，将“反射高光”选项区下的“高光级别”和“光泽度”分别设置为25、5，如下图所示。

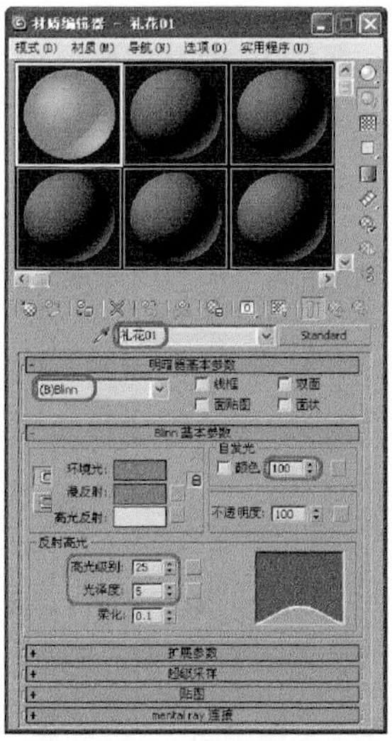

9 打开“贴图”卷展栏，单击“漫反射颜色”通道后面的“None”按钮，弹出“材质/贴图浏览器”对话框，双击“粒子年龄”贴图，如下图所示。此时进入“粒子年龄”贴图通道。

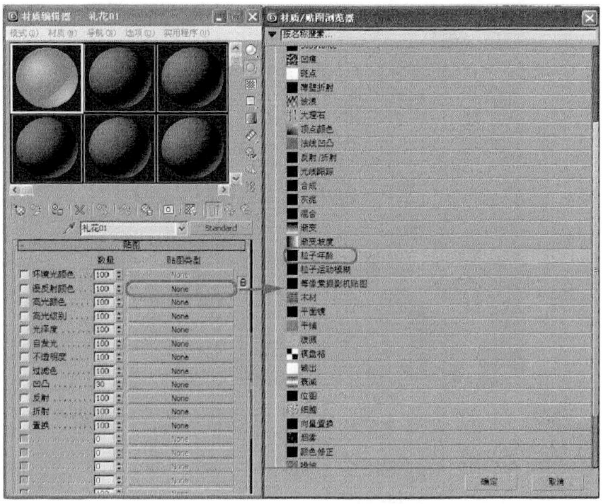

10 在“粒子年龄参数”卷展栏中将“颜色 #1”的RGB值设置为255、100、228，将“颜色 #2”的RGB值设置为255、200、0，将“颜色 #3”的RGB值设置为255、0、0，然后单击按钮，将材质指定给场景中的“礼花01”，如下图所示。

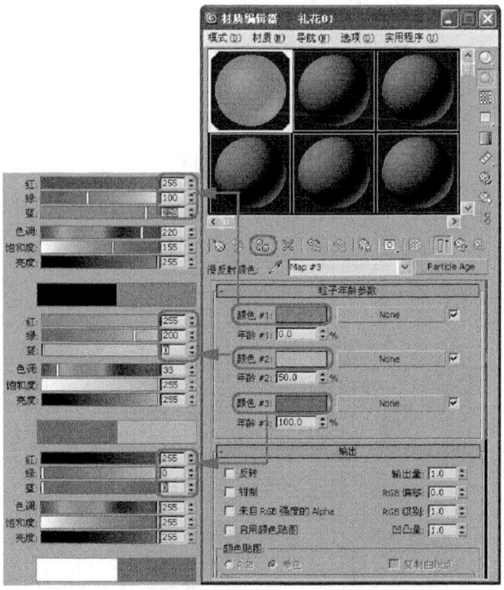

11 选择“创建” | “空间扭曲” | “力” | “重力”工具，在“顶”视图中创建一个重力系统，在“参数”卷展栏中将“力”选项区下的“强度”值设置为0.02，将“显示”选项区下的“图标大小”设置为11.0，

如下图所示。

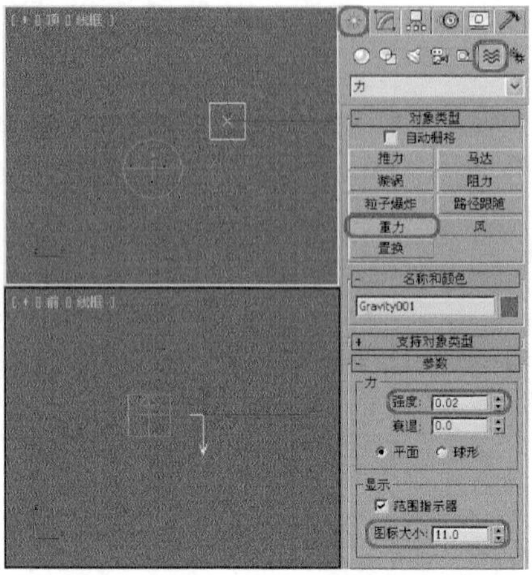

12 单击工具栏中的“绑定到空间扭曲”按钮，在视图中选择“礼花01”对象，将它绑定到重力系统上，如下图所示。

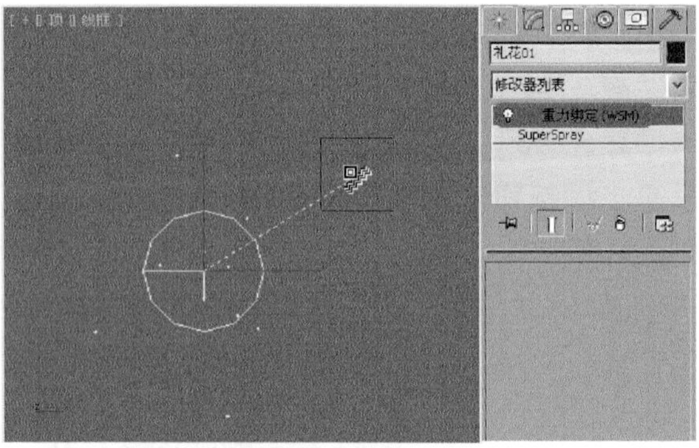

13 激活“顶”视图，选择“创建”|“几何体”|“粒子系统”|“超级喷射”工具，在“顶”视图中创建一个超级喷射粒子系统，并将其命名为“礼花02”，如下图所示。

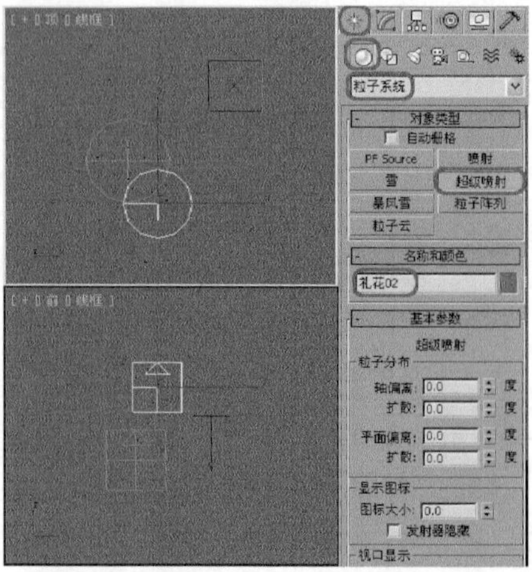

14 切换到“修改”命令面板，在“基本参数”卷展栏中将“轴偏离”和“平面偏离”下的“扩散”值分别设置为180.0、90.0，将“显示图标”选项区下的“图标大小”设置为17.0，在“视口显示”区域下选中“网格”单选按钮，将“粒子数百分比”设置为100.0，如下图所示。

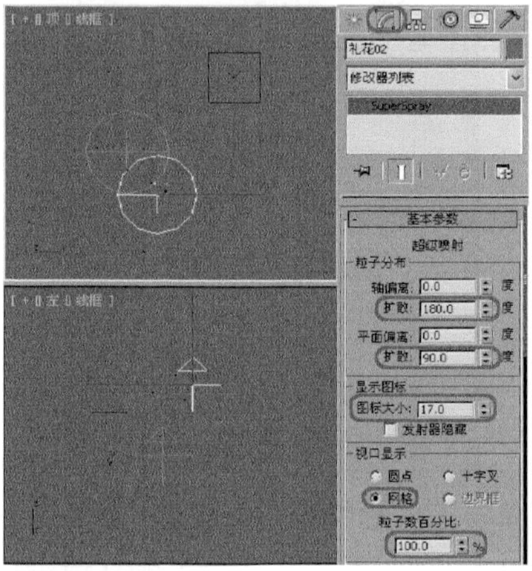

15 在“粒子类型”卷展栏中选中“标准粒子”选项区下的“立方体”单选按钮；在“粒子生成”卷展栏中选中“粒子数量”选项区下的“使用总数”单选按钮，并将值设置为20，在“粒子运动”选项区下将“速度”设置为0.6，在“粒子计时”选项区下将“发射开始”、“发射停止”、“显示时限”和“寿命”分别设置为30、30、100、40，将“粒子大小”选项区下的“大小”设置为0.6，如下图所示。

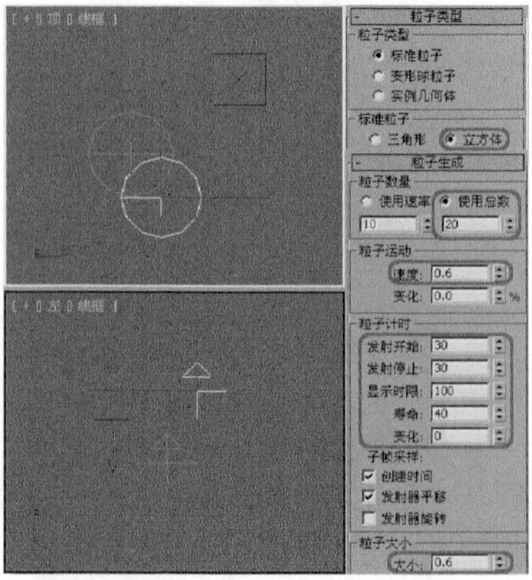

16 在“粒子繁殖”卷展栏中选中“粒子繁殖效果”选项区下的“繁殖拖尾”单选按钮，将“倍增”值设置为3，将“方向混乱”选项区下的“混乱度”设置为3.0，选中“速度混乱”选项区下的“继承父粒子速度”复选框，将“缩放混乱”选项区下的“因子”设置为100.0，如下图所示。

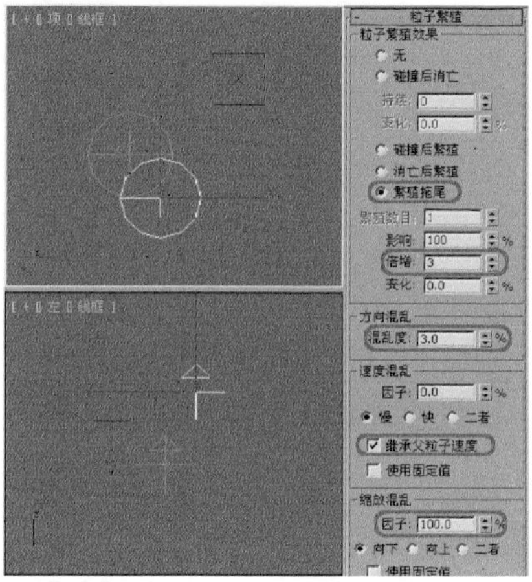

17 在“礼花02”对象上右击鼠标，在弹出的快捷菜单中选择“对象属性”命令，在打开的对话框中将粒子系统的“对象ID”设置为2，在“运动模糊”选项区下将“倍增”值设置为0.8，选择“图像”运动模糊方式，然后单击“确定”按钮，如下图所示。

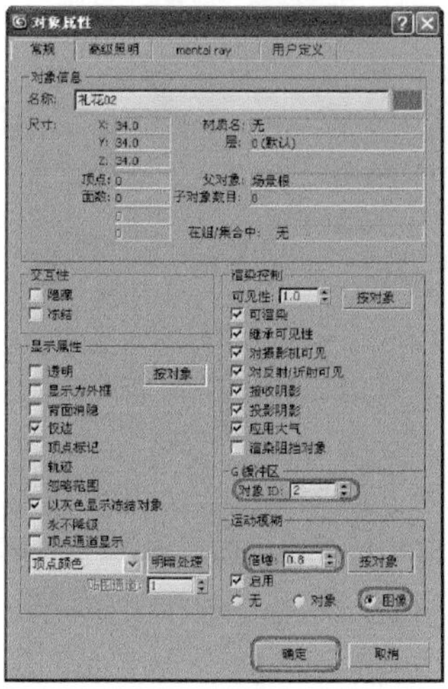

18 单击工具栏中的“材质编辑器”按钮，进入“材质编辑器”对话框，选择一个新的材质样本球，并将其命名为“礼花02”。在“明暗器基本参数”卷展栏中将明暗器类型设置为“Blinn”，在“Blinn基本参数”卷展栏中将“自发光”选项区下的“颜色”值设置为100，将“反射高光”选项区下的“高光级别”和“光泽度”分别设置为25、5，如下图所示。

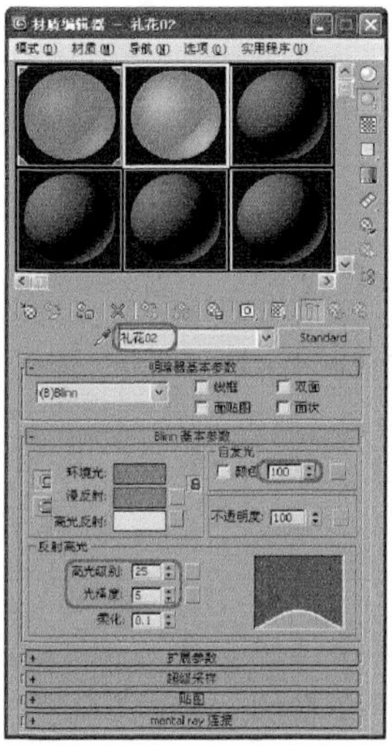

19 打开“贴图”卷展栏，单击“漫反射颜色”通道后面的“None”按钮，弹出“材质/贴图浏览器”对话框，双击“粒子年龄”贴图，如下图所示。此时进入“漫反射颜色”通道。

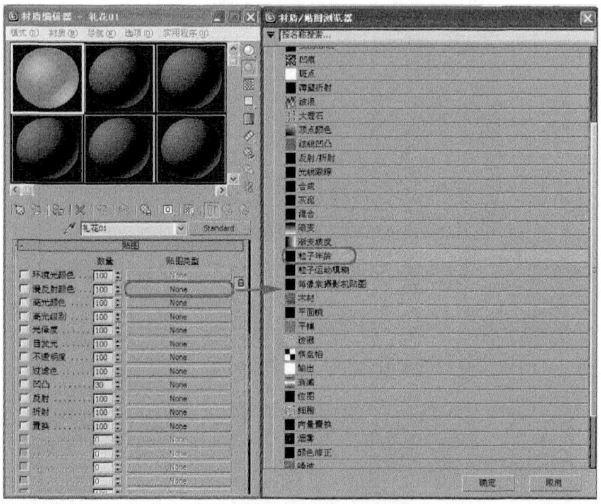

20 在“粒子年龄参数”卷展栏中将“颜色 #1”的RGB值设置为255、200、0，将“颜色 #2”的RGB值设置为255、120、0，将“颜色 #3”的RGB值设置为255、102、0，然

后单击按钮，将材质指定给场景中的“礼花02”，如下图所示。

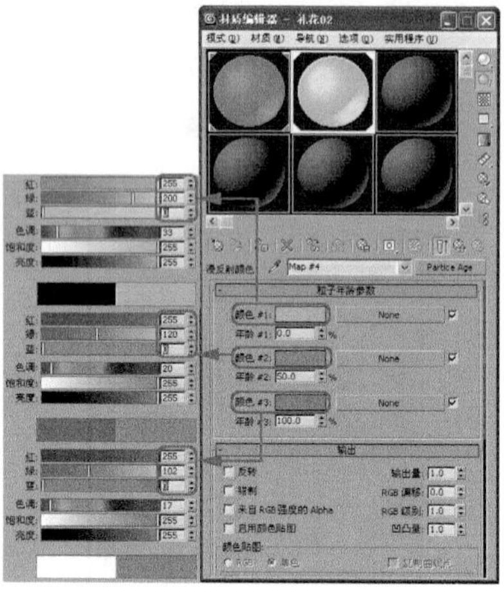

21 选择“创建”|“空间扭曲”|“力”|“重力”工具，在“顶”视图中创建一个重力系统，在“参数”卷展栏中将“力”选项区下的“强度”值设置为0.02，将“显示”选项区下的“图标大小”设置为9.0，如下图所示。

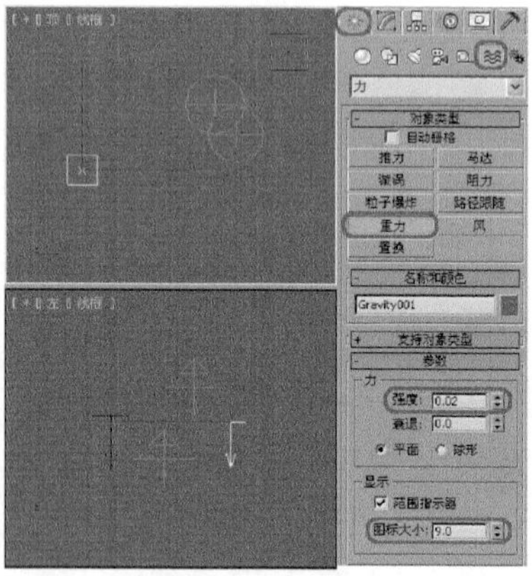

22 在视图中选择“礼花02”对象，然后单击工具栏中的“绑定到空间扭曲”按钮，将它绑定到重力系统上，如下图所示。

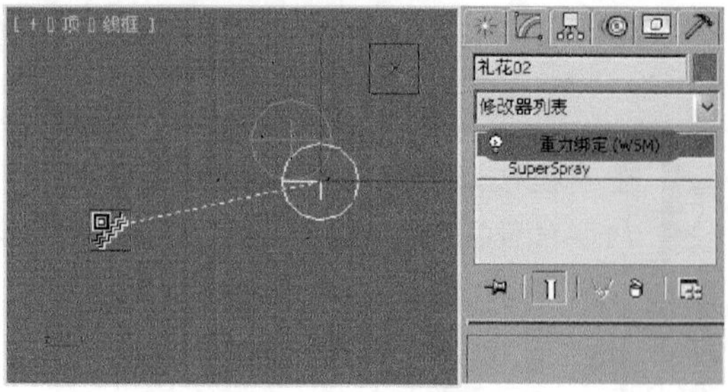

23 选择“创建”|“几何体”|“粒子系统”|“超级喷射”工具，在“顶”视图中创建一个粒子系统，并将其命名为“礼花03”，如下图所示。

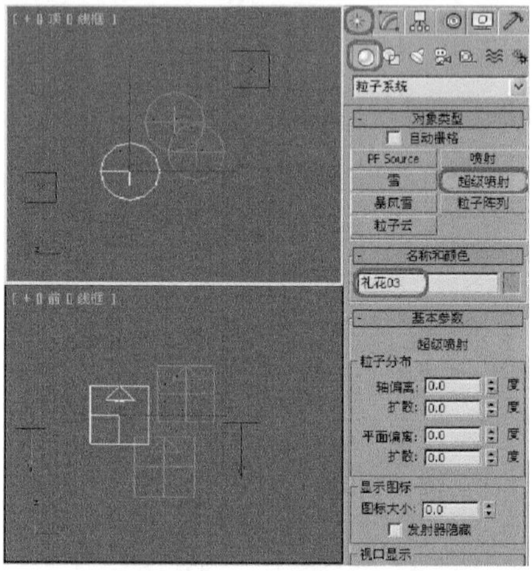

24 切换到“修改”命令面板，在“基本参数”卷展栏中将“轴偏离”和“平面偏离”下的“扩散”值分别设置为180.0、90.0，将“显示图标”选项区下的“图标大小”设置为17.0，在“视口显示”选项区下选中“网格”单选按钮，将“粒子数百分比”设置为100.0，如下图所示。

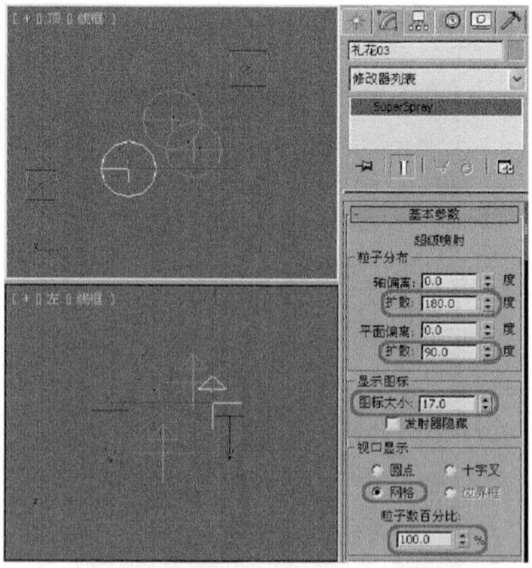

25 在“粒子类型”卷展栏中选中“标准粒子”选项区下的“立方体”单选按钮；在“粒子生成”卷展栏中选中“粒子数量”选项区下的“使用总数”单选按钮，并将值设置为20，在“粒子运动”选项区下将“速度”设

置为0.7，在“粒子计时”选项区下将“发射开始”、“发射停止”、“显示时限”和“寿命”分别设置为20、20、100、30，将“粒子大小”选项区下的“大小”设置为0.7，如下图所示。

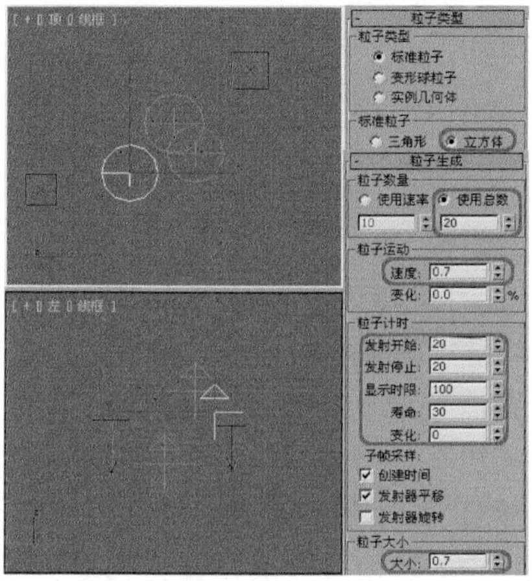

26 在“粒子繁殖”卷展栏中选中“粒子繁殖效果”选项区下的“繁殖拖尾”单选按钮，将“倍增”值设置为3，将“方向混乱”选项区下的“混乱度”设置为3.0，选中“速度混乱”选项区下的“继承父粒子速度”复选框，将“缩放混乱”选项区下的“因子”设置为100.0，如下图所示。

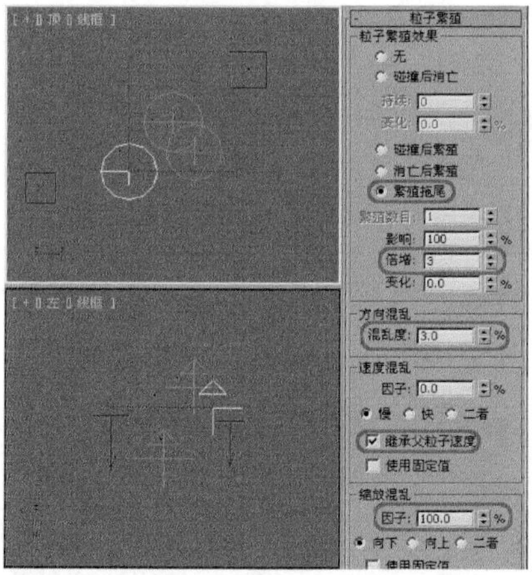

27 在“礼花03”对象上单击鼠标右键，在弹出的快捷菜单中选择“对象属性”命令，在打开的对话框中将粒子系统的“对象ID”设置为2，在“运动模糊”选项区下将“倍增”值设置为0.8，选择“图像”运动模糊方式，然后单击“确定”按钮，如下图所示。

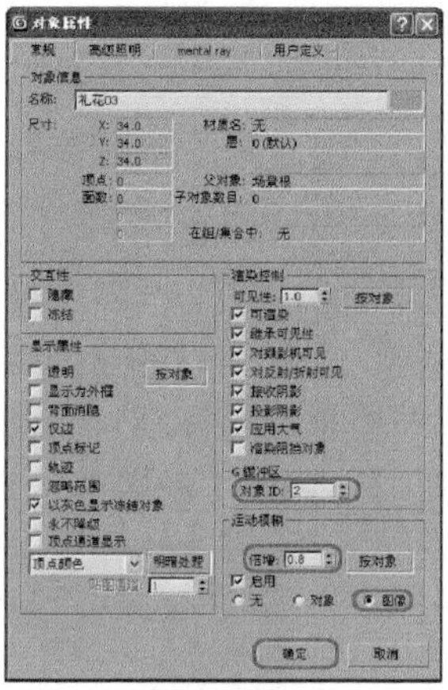

28 在视图中选择“礼花03”对象，然后在工具栏中单击“绑定到空间扭曲”按钮，将它绑定到第2个重力系统上，如下图所示。

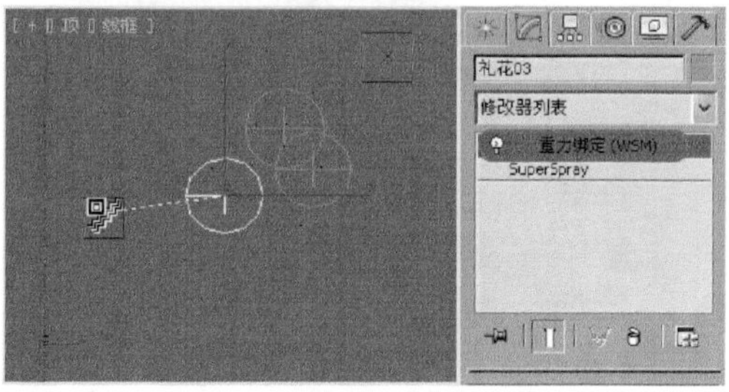

29 单击工具栏中的“材质编辑器”按钮，进入“材质编辑器”面板，选择一个新的材质样本球，并将其命名为“礼花03”。在“明暗器基本参数”卷展栏中将明暗器类型设置为“Blinn”，在“Blinn基本参数”卷展栏中将“自发光”选项区下的“颜色”值设置为100，如下图所示。

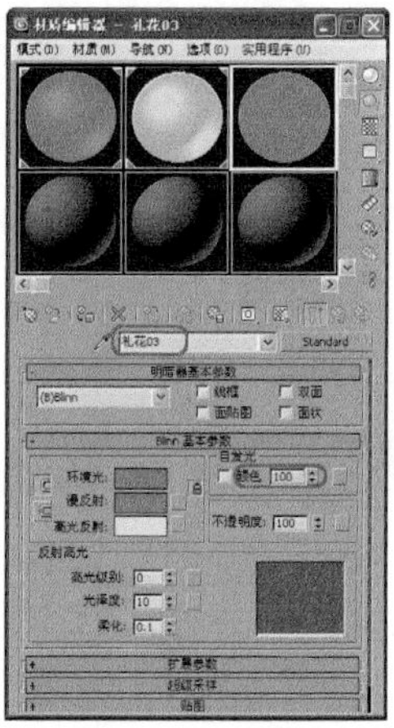

30 在“贴图”卷展栏中，单击“漫反射颜色”通道右侧的“None”贴图按钮，在弹出的对话框中双击“粒子年龄”贴图，进入漫反射通道中。在“粒子年龄参数”卷展栏中将“颜色 #1”的RGB值设置为255、255、255，将“颜色 #2”的RGB值设置为142、0、168，将“颜色 #3”的RGB值设置为255、106、106，然后单击按钮，将材质指定给场景中的“礼花03”，如下图所示。

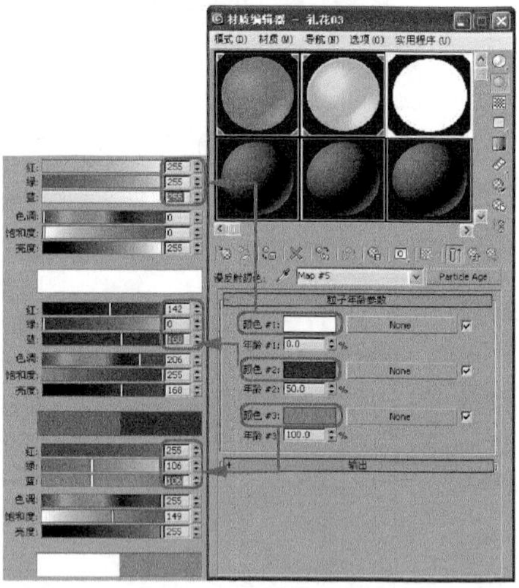

31 确认“礼花03”对象处于选择状态，单击工具栏中的“选择并移动”按钮，并配合键盘上的Shift键，在“顶”视图中将其向右移动复制，在弹出的“克隆选项”对话框中选中“复制”单选按钮，并将名称命名为“礼花04”，如下图所示，然后单击“确定”按钮。

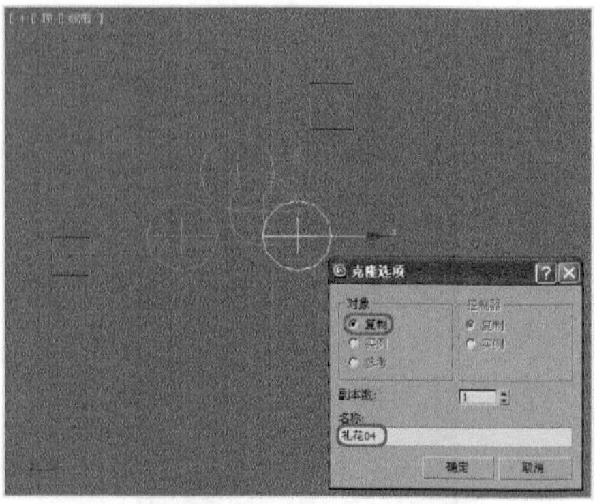

32 按H键，在打开的对话框中选择“礼花04”对象，单击“确定”按钮，然后在工具栏中单击“材质编辑器”按钮，进入“材质编辑器”对话框，选择“礼花02”材质，将其指定给“礼花04”对象，如下图所示。

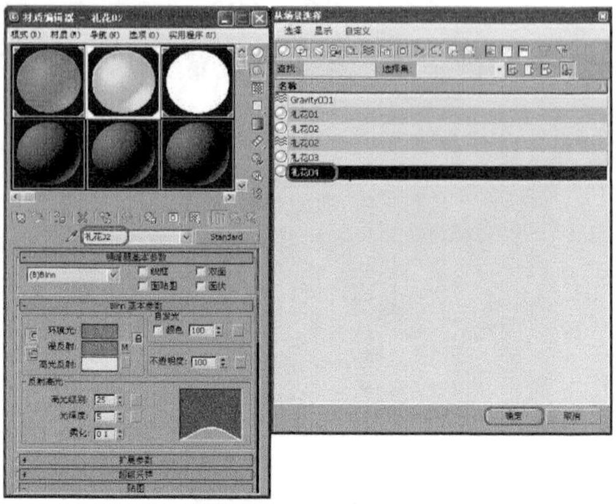

33 激活“顶”视图，选择“创建” | “摄影机” | “标准” | “目标”工具，在“顶”视图中创建一架摄影机，在“参数”卷展栏中将它的“镜头”值设置为36.0，然后在其他视图中调整它的位置，如下图所示。

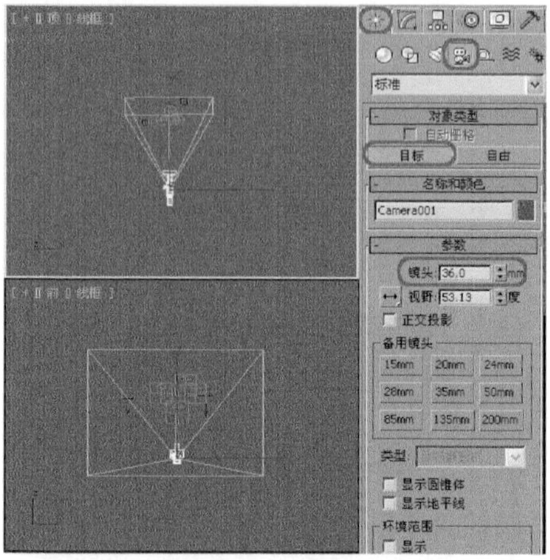

34 激活“透视”视图，按C键将该视图转化为“摄影机”视图，如下图所示。

35 选择“渲染”|“Video Post”命令，打开“Video Post”编辑器窗口，单击“添加场景事件”按钮添加一个场景事件，在打开的对话框中系统会自动添加“摄影机”视图，如下图所示。单击“确定”按钮即可添加场景事件。

36 单击“添加图像过滤事件”按钮，然后在打开的对话框中选择过滤器列表中的“镜头效果光晕”选项，单击“确定”按钮，连续添加4个“镜头效果光晕”事件，如下图所示。

37 在“Video Post”编辑器窗口中单击“添加图像输出事件”按钮，在弹出的对话框中单击“文件”按钮，再在弹出的对话框中选择输出路径，设置文件名及保存类型，单击“保存”按钮，在弹出的“AVI文件压缩设置”对话框中，将“主帧比率”设置为0，单击“确定”按钮，如下图所示。

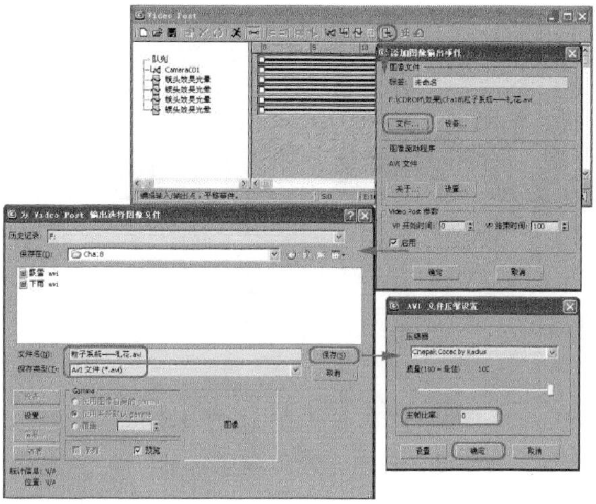

38 双击队列中的第一个“镜头效果光晕”，在弹出的对话框中单击“设置”按钮，弹出“镜头效果光晕”对话框，单击“VP队列”、“预览”按钮，在“属性”选项卡中将“对象ID”值设置为1，如下图所示。

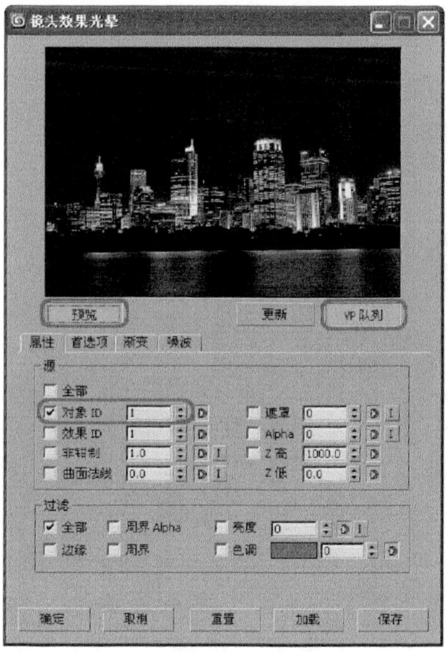

39 在“首选项”选项卡中将“效果”选项区下的“大小”设置为20，将“颜色”选项区中的“强度”设置为80；在“澡波”选项卡中将“运动”和“质量”分别设置为2.0、3，选中“红”、“绿”、“蓝”复选框，如下图所示。单击“确定”按钮返回到“Video

Post”编辑器窗口。

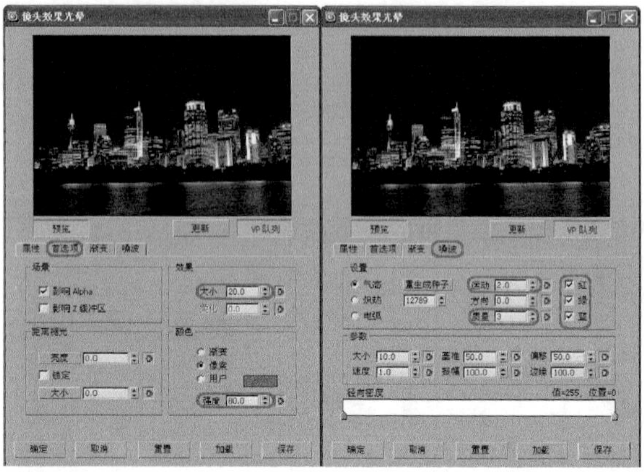

40 双击第2个镜头效果光晕事件，在弹出的对话框中单击“设置”按钮，弹出“镜头效果光晕”对话框，单击“VP队列”和“预览”按钮，在“属性”选项卡中将“对象ID”设置为2。在“首选项”选项卡中将“效果”选项区下的“大小”设置为30.0，将“颜色”选项区下的“强度”设置为75.0，如下图所示。单击“确定”按钮返回到“Video Post”编辑器窗口，如下图所示。

41 双击第3个镜头效果光晕事件，在弹出的对话框中单击“设置”按钮，弹出“镜头效果光晕”对话框，单击“VP队列”和“预览”按钮。在“属性”选项卡中将“对象ID”设置为1，在“首选项”选项卡中将“效果”选项区下的“大小”设置为7.0，将“颜色”选项区下的“强度”设置为30.0，如下图所示。单击“确定”按钮返回到“Video Post”编辑器窗口。

42 双击第4个镜头效果光晕事件，在弹出的对话框中单击“设置”按钮，弹出“镜头效果光晕”对话框，单击“VP队列”和“预览”按钮，在“属性”选项卡中将“对象ID”设置为2；在“首选项”选项卡中将“效果”选项区下的“大小”设置为1.5，在“颜色”选项区下选中“渐变”单选按钮；在“渐变”选项卡中将“径向颜色”右侧的RGB设置为55、0、124，在13位置处添加一个色标，将该处颜色的RGB值设置为1、0、3，如下图所示。单击“确定”按钮返回到“Video Post”编辑器窗口，如下图所示。

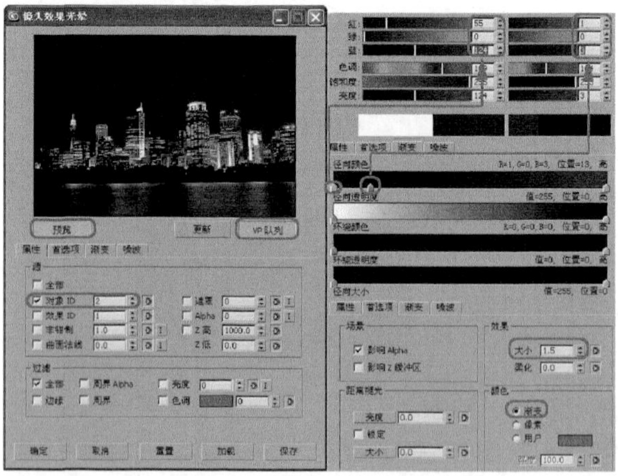

43 单击“执行序列”按钮，弹出“执行Video Post”对话框，选中“时间输出”选项区下的“范围”单选按钮，数值是0至100，在“输出大小”选项区下设置“宽度”和

"高度"为800、600，单击"渲染"按钮，如下图所示。

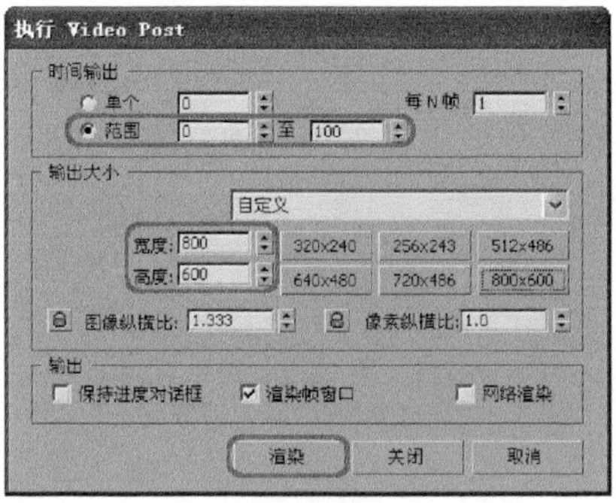

44 下图是礼花绽放的效果，制作完成后，将场景保存即可。

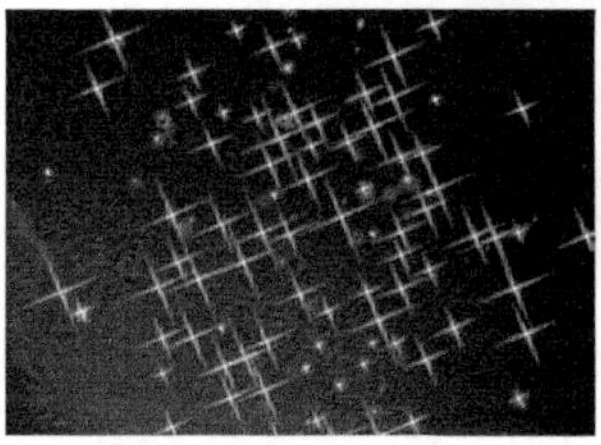

实战操作477 亮星特技——星光闪烁

- 素材：无
- 难度：★★★★★
- 场景：Scene \Cha11\实战操作477.max
- 视频：视频\Cha11\实战操作477.avi

本例将介绍一个星光闪烁效果的制作方法，使用"暴风雪"粒子系统制作星星，使用"镜头效果光晕"过滤器和"镜头效果高光"过滤器使星星产生光芒和十字亮星效果。其操作步骤如下。

1 激活"前"视图，选择"创建"|"几何体"|"标准基本体"|"长方体"工具，在"前"视图中创建一个长方体，将其命名为"背景"，在"参数"卷展栏中将"长度"、"宽度"和"高度"分别设置为2220.0、1810.0、40.0，如下图所示。

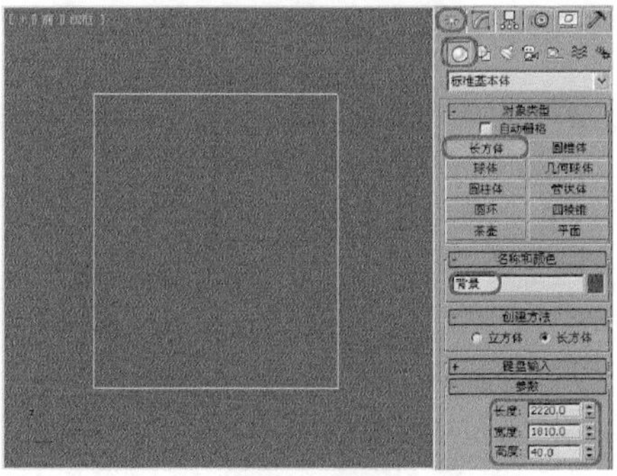

2 单击工具栏中的"材质编辑器"按钮，打开"材质编辑器"对话框，选择一个新的材质样本球，为其命名为"背景"，在"Blinn基本参数"卷展栏中将"反射高光"选项区下的"高光级别"和"光泽度"分别设置为5、10，如下图所示。

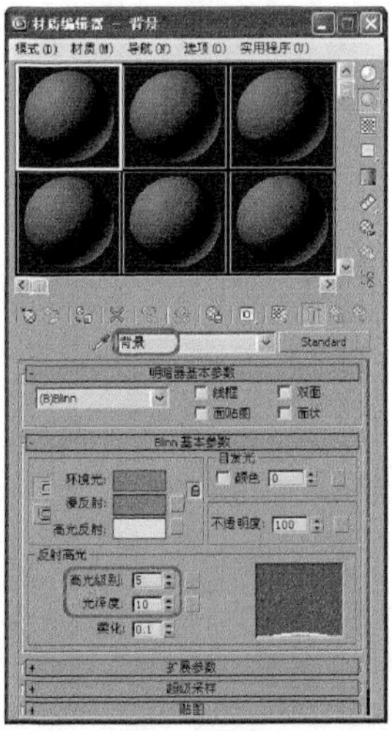

3 在"贴图"卷展栏中单击"漫反射颜色"通道右侧的"None"按钮，在打开

的“材质/贴图浏览器”对话框中双击“位图”贴图，再在打开的对话框中选择随书附带光盘中的\Map\k39.jpg文件，单击“打开”按钮，如下图所示。单击按钮，转到父对象层级，再单击“将材质指定给选定对象”按钮，将材质指定给背景。

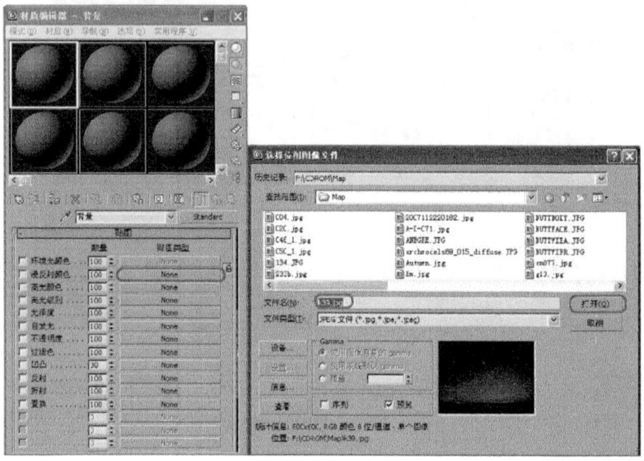

4 单击“自动关键点”按钮，将时间滑块移至第100帧处，在“坐标”卷展栏中将“角度”下的“W”设置为450.0，如下图所示。然后关闭“自动关键点”按钮。

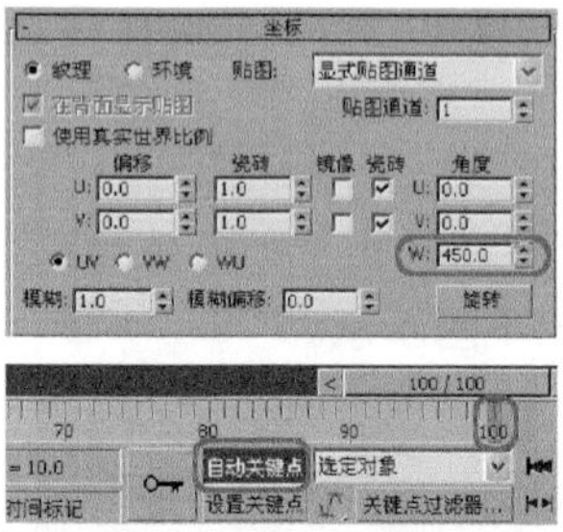

5 选择“创建” |“几何体” |“粒子系统”|“暴风雪”工具，在“前”视图中创建一个暴风雪粒子系统，如下图所示。

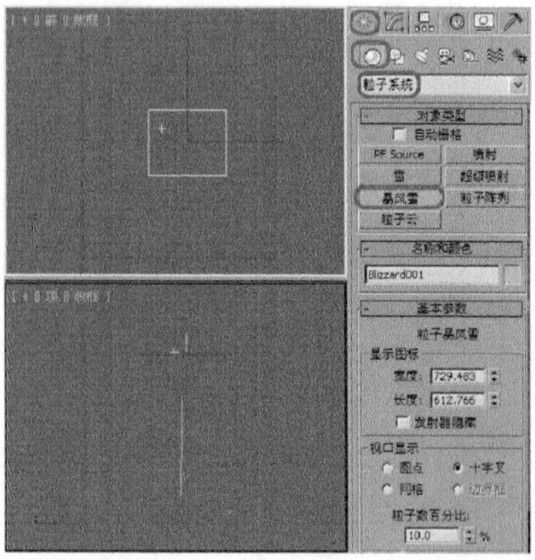

6 切换到“修改”命令面板，在“基本参数”卷展栏中将“显示图标”选项区下的“宽度”、“长度”值都设置为500.0，在“视口显示”选项区下选中“十字叉”单选按钮，将“粒子数百分比”设置为50.0，如下图所示。

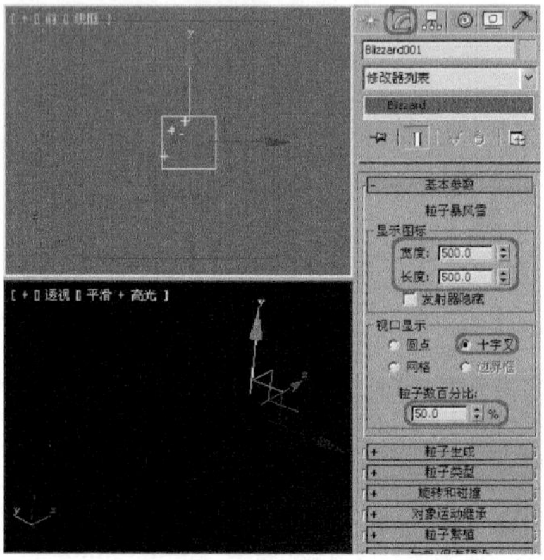

7 在“粒子类型”卷展栏中选中“标准粒子”选项区下的“球体”单选按钮；在“粒子生成”卷展栏中将“粒子数量”选项区下的“使用速率”设置为6，将“粒子运动”选项区下的“速度”和“变化”分别设置为50.0、20.0，将“粒子计时”选项区下的“发射开始”、“发射停止”、“显示时限”和“寿命”分别设置为-100、100、100、100；再将“粒子大小”选项区下的“大小”设置为1.5，如下图所示。

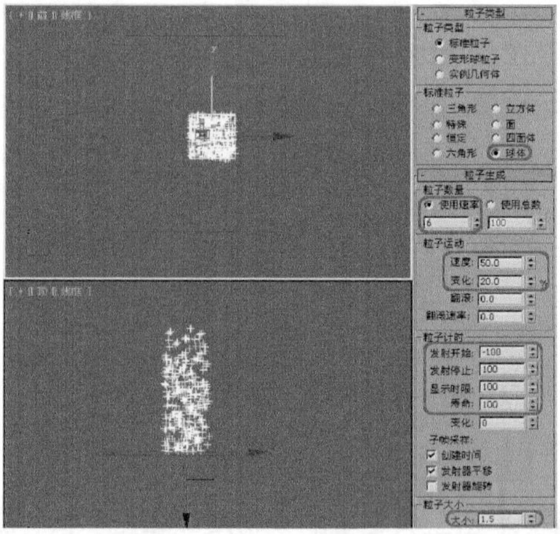

8 激活“顶”视图，右击工具栏中的“选择并旋转”按钮，在弹出的对话框中

将“绝对：世界”选项区下的“X”设置为-90.0，旋转后的效果如下图所示。

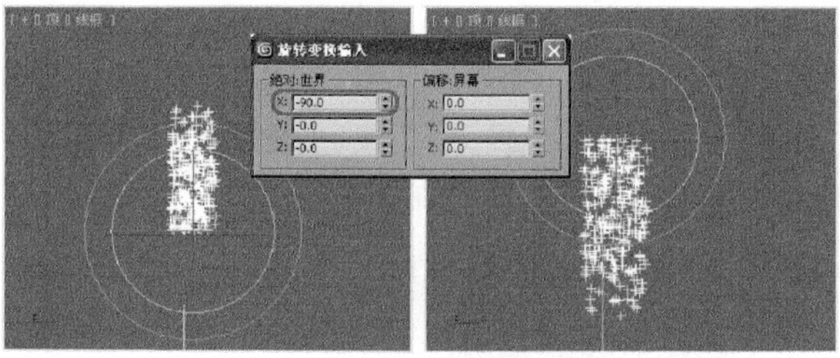

9 选择“创建” | “摄影机” | “标准” | “目标”工具，在“顶”视图中创建一架摄影机，然后在其他视图中调整它的位置，如下图所示。激活“透视”视图，按C键将该视图转换为“摄影机”视图。

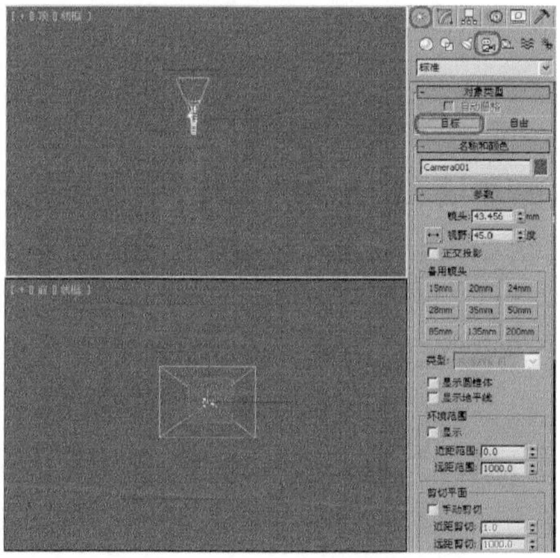

10 选择“粒子”对象，单击鼠标右键，在弹出的快捷菜单中选择“对象属性”命令，在打开的对话框中将粒子系统的“对象ID”设置为1，然后单击“确定”按钮，如下图所示。

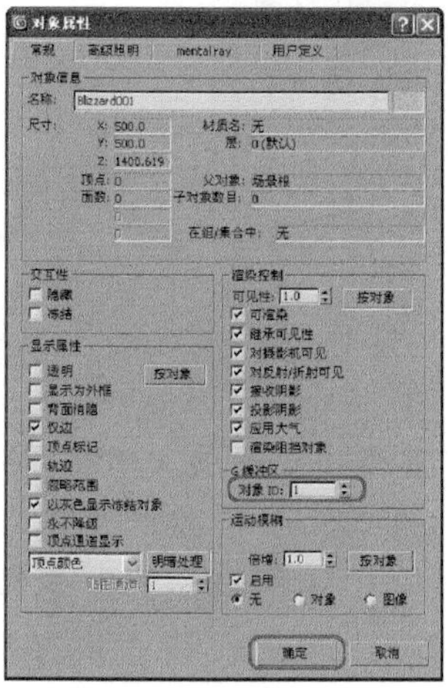

11 选择“渲染” | “Video Post”命令，打开“Video Post”编辑器窗口，然后单击“添加场景事件”按钮，增加一个场景事件，在打开的对话框中系统会自动加载“摄影机”视图，单击“确定”按钮，如下图所示。

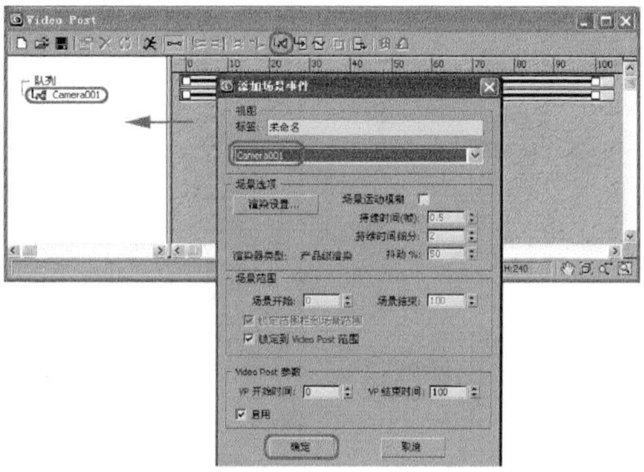

12 在“Video Post”编辑器窗口中单击“添加图像过滤事件”按钮，在打开的对话框中选择过滤器列表中的“镜头效果光晕”事件，单击“确定”按钮，如下图所示。

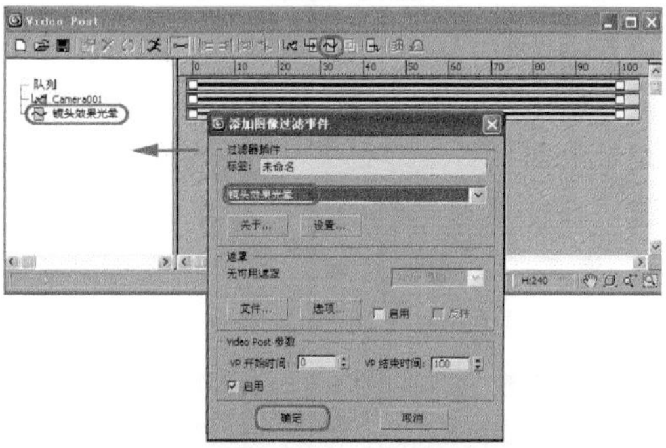

13 再在“Video Post”编辑器窗口中单击“添加图像过滤事件”按钮，在打开的对话框中选择过滤器列表中的“镜头效果高光”事件，单击“确定”按钮，如下图所示。

14 在“Video Post”编辑器窗口中单击“添加图像输出事件”按钮，在弹出的对话框中单击“文件”按钮，再在弹出的对话框中选择输出路径，设置文件名及保存类型，单击“保存”按钮，在弹出的“AVI文件压缩设置”对话框中，将“主帧比率”设置为0，单击“确定”按钮，如下图所示。

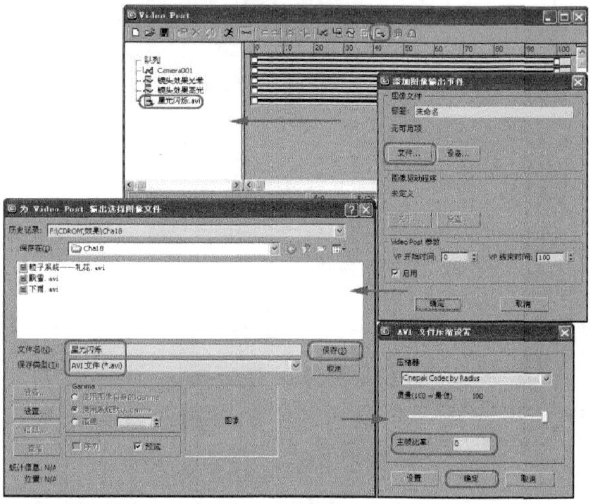

15 双击镜头效果光晕事件，在弹出的对话框中单击“设置”按钮，弹出“镜头效果光晕”对话框，单击“VP队列”和“预览”按钮，在“属性”选项卡中将“对象ID”设置为1，选中“过滤”区域下的“周界Alpha”复选框，如下图所示。

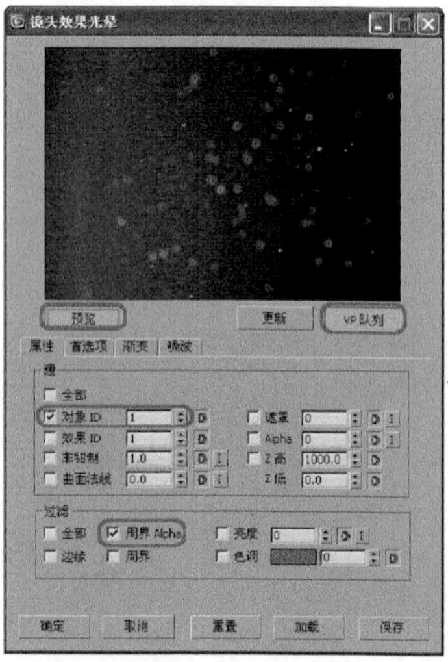

16 在“首选项”选项卡中将“效果”区域下的“大小”设置为1.5，在“颜色”选项区下选中“像素”单选按钮，将“强度”设置为80.0，在“澡波”选项卡中选中“红”、“绿”、“蓝”复选框，在“参数”选项区下将“大小”和“速度”设置为10.0、0.2，如下图所示。单击“确定”按钮返回到“Video Post”编辑器窗口，如下图所示。

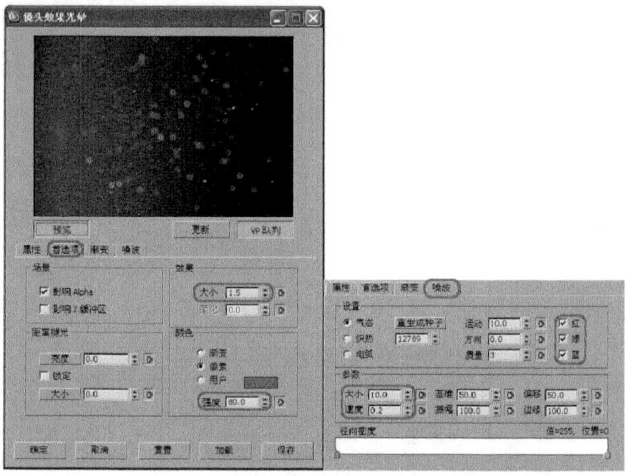

17 双击镜头效果高光事件，在弹出的对话框中单击“设置”按钮，弹出“镜头效果高光”对话框，单击“VP队列”和“预览”按钮，选中“过滤”选项区下的“边缘”复选框。在“几何体”选项卡中将“效果”选项区下的“角度”和“钳位”分别设置为100.0、20，在“变化”选项区下单击“大小”按钮，将“角度”后面的数值设置为1 234，如下图所示。

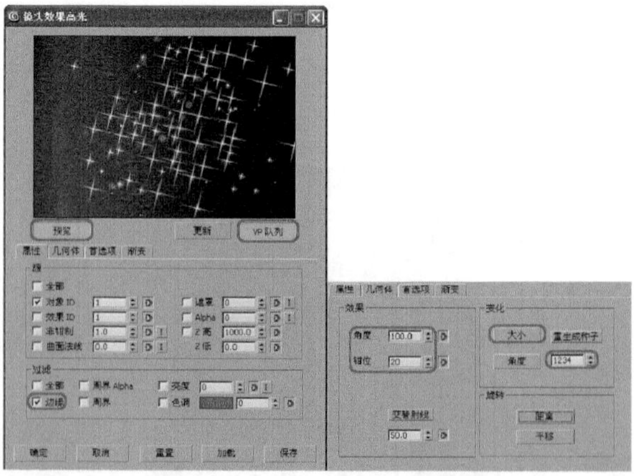

18 在“首选项”选项卡中将“效果”选项区下的“大小”和“点数”分别设置为13.0、4，在“距离褪光”选项区下单击“亮度”和“大小”按钮，将它们的值设置

为4 000，选中“锁定”复选框，在“颜色”选项区下选中“渐变”单选按钮，如下图所示。单击“确定”按钮，返回到“Video Post”编辑器窗口。

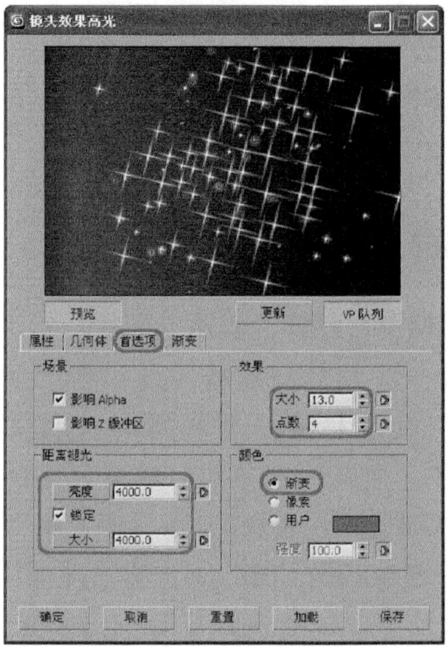

19 单击“执行序列”按钮，弹出“执行Video Post”对话框，选中“时间输出”选项区下的“范围”单选按钮，其数值设置为0至100，在“输出大小”选项区下设置“宽度”和“高度”为320、240，单击“渲染”按钮，如下图所示。

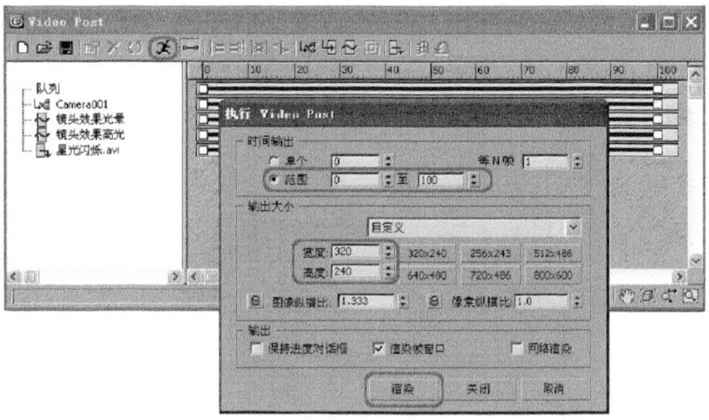

20 制作完成后，对渲染场景进行保存即可，下面是单帧渲染时的效果，如下图所示。

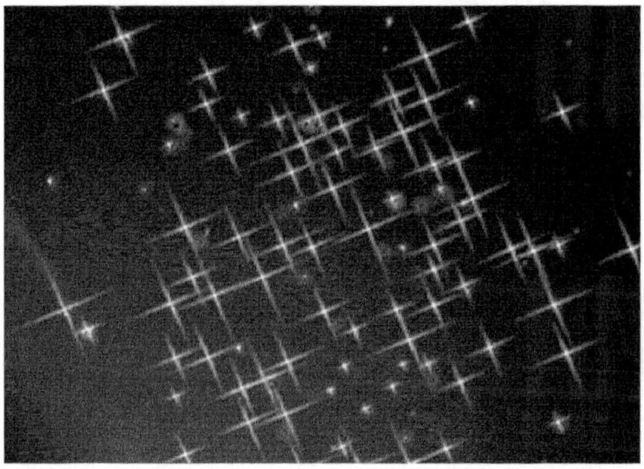

18.2 关键帧动画——文字标版

本例主要介绍材质动画和摄影机动画，并通过“Video Post”编辑器进行合成。在制作过程中用到了两个摄影机动画，第1个摄影机和第2个摄影机动画在连接时会表现得不真实，所以调整好摄影机位置很关键。

实战操作478 设置材质动画

素材：无　　场景：无

难度：★★★★★　　视频：视频\Cha18\实战操作478.avi

在场景中创建文本内容，为其设置金属材质，并对字体的金属质感材质设置动画，这样该文本内容在动画运动过程中材质才会相应变化。设置材质动画的操作步骤如下。

1 重置一个新的3ds Max场景，单击“动画和时间”控件中的“时间配置”按钮，在弹出的“时间配置”对话框中，将“动画”选项区下的“长度”设置为200，单击“确定”按钮，如下图所示。

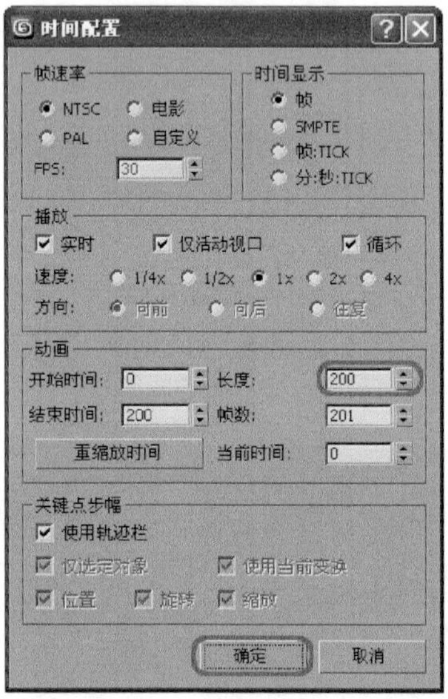

2 选择“创建”|“图形”|“样条线”|“文本”工具，在“参数”卷展栏中将“字体”设置为“微软雅黑Bold”，将“大小”设置为3.0，在文本框中输入“时尚前沿”，然后在“顶”视图中创建文本，如下图所示。

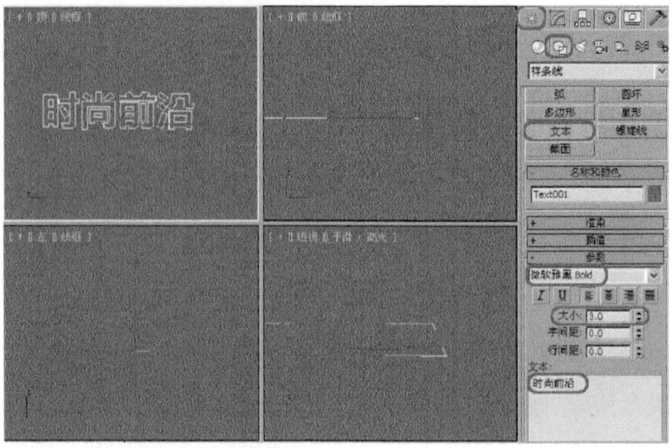

3 切换到“修改”命令面板，在“修改器列表”中选择“倒角”修改器，在“倒角值”卷展栏中设置“级别1”下的“高度”为0.3，选中“级别2”，将“高度”和“轮廓”分别设置为0.05、-0.03，效果如下图所示。

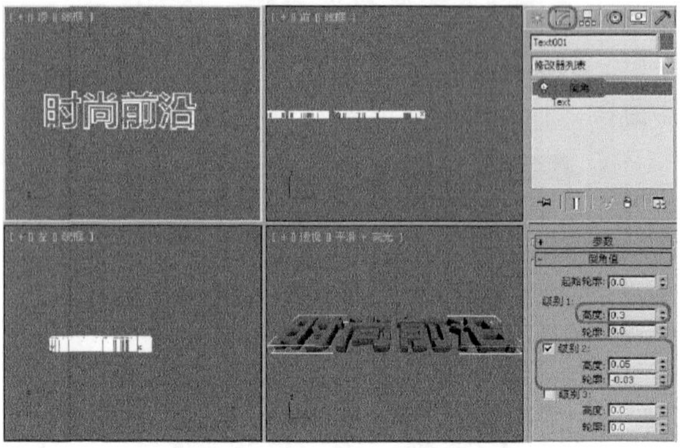

4 按M键，打开“材质编辑器”对话框，选择一个新的材质样本球，在“明暗器基本参数”卷展栏中将明暗器类型定义为“金属”；在“金属基本参数”卷展栏中将“环境光”的RGB值均设置为0，将“漫反射”的RGB值分别设置为255、162、0，将“反射高光”下的“高光级别”、“光泽度”分别设置为100、68，如下图所示。

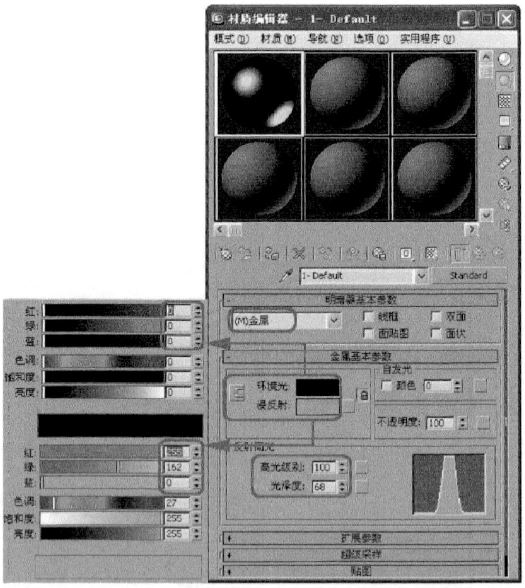

5 在“贴图”卷展栏中，单击“反射”通道后的“None”按钮，在打开的“材质/贴图浏览器”对话框中，双击“位图”贴图，在打开的对话框中选择随书附带光盘中的\Map\Gold04.jpg文件，单击“打开”按钮，在“输出”卷展栏中将“输出量”的值设置为1.4，如下图所示。单击按钮，将材质指定给文本

对象。

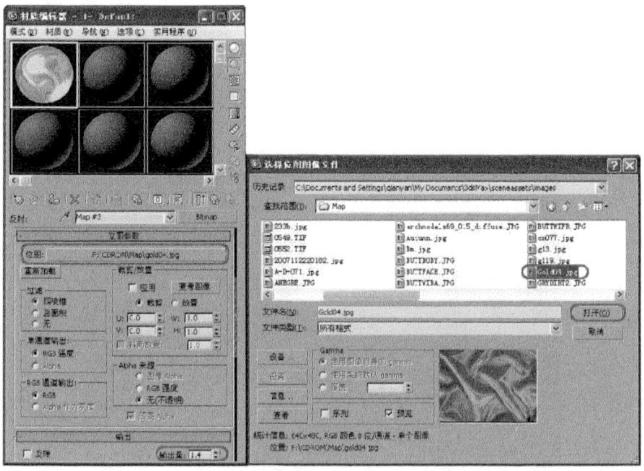

6 将动画时间滑块拖曳至200帧位置处，打开“自动关键点”，最后按照下图所示分别将“反射高光”选项区下的“高光级别”和“光泽度”两个参数设置为60、100，设置完毕后关闭“自动关键点”。

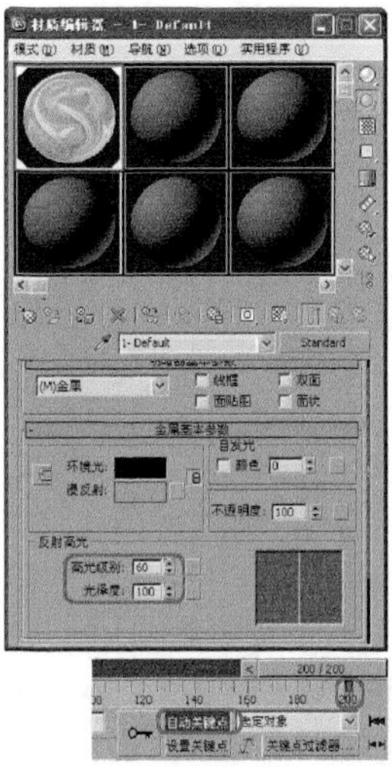

实战操作479　摄影机与摄影机动画的设置

时尚前沿

- 素材：无
- 难度：★★★★★
- 场景：Scene \Cha11\实战操作479.max
- 视频：视频\Cha11\实战操作479.avi

合理使用摄影机对整个图像效果或动画影响非常大。摄影机角度、焦距、视图及摄影机本身的移动对于任何动画设计都非常重要。

1 选择“创建”|“摄影机”|“标准”|“目标”摄影机工具，在“顶”视图中创建一架摄影机，并在其他视图中调整它的位置，在“参数”卷展栏中将“镜头”参数设置为23.0，如右图所示。激活“透”视图，按键盘上的C键将其转换为“摄影机”视图。

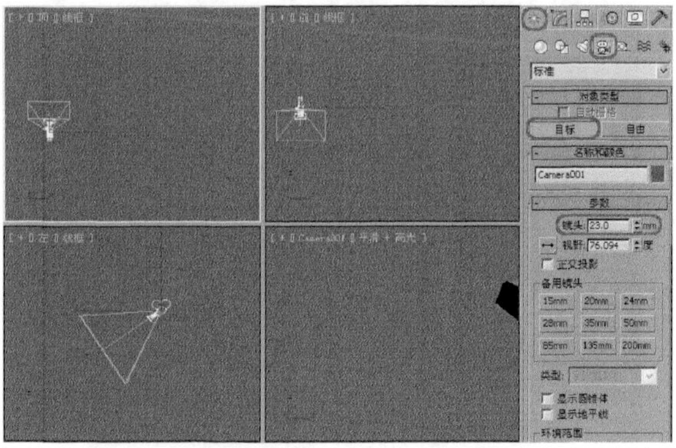

2 选择“创建”|“辅助对象”|“标准”|“虚拟对象”工具，然后在“顶”视图中摄影机的位置处依照右图所示创建一个虚拟物体。

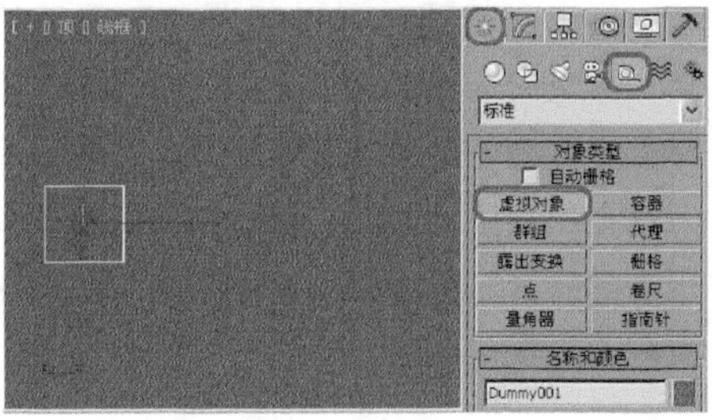

3 首先在视图中选择摄影机，单击工具栏中的“选择并连接”按钮，然后在摄影机上按下鼠标左键并将其拖曳至虚拟物体上，效果如下图所示。

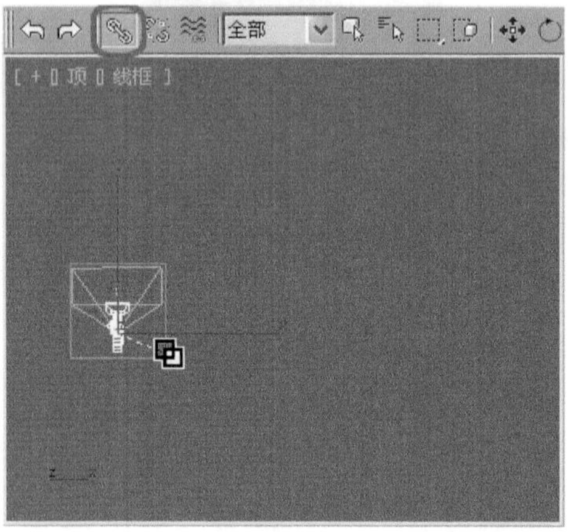

4 打开“自动关键点”，将动画时间滑块拖曳至100帧位置处，选择“虚拟”物体，然后按照下图所示将虚拟物体拖曳至“前”字的右下方处，并通过“摄影机”视图观察最终的效果，关闭“自动关键点”。

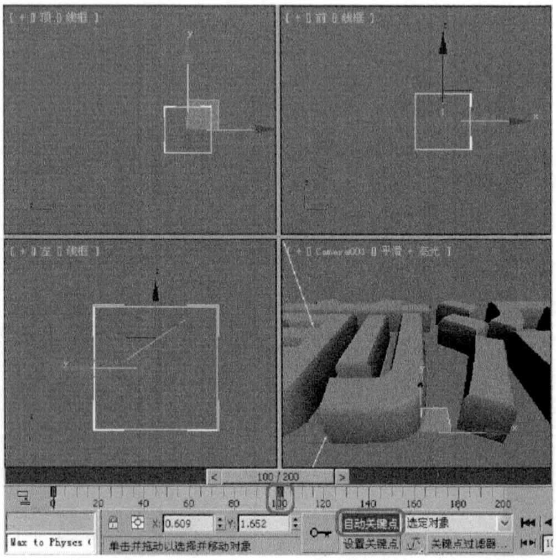

提示

单击按钮，可以将两个对象链接起来，定义父子层次关系。例如将手链接到手臂上，再将手臂链接到躯干上，这样它们之间就会产生层次关系，使用正向运动或反向运动操作时，层次关系就会带动所有链接的对象。

5 单击“显示”按钮，进入“显示”命令面板，在“按类别隐藏”参数卷展栏，选中“辅助对象”复选框，将虚拟物体隐藏，效果如下图所示。

6 选择“创建”|“摄影机”|“标准”|“目标”摄影机工具，在“顶”视图中创建一架摄影机，并在其他视图中调整它的位置，在“参数”卷展栏中将“镜头”参数设置为23.0，如下图所示。激活“前”视图，按键盘上的C键将其转换为“摄影机”视图。

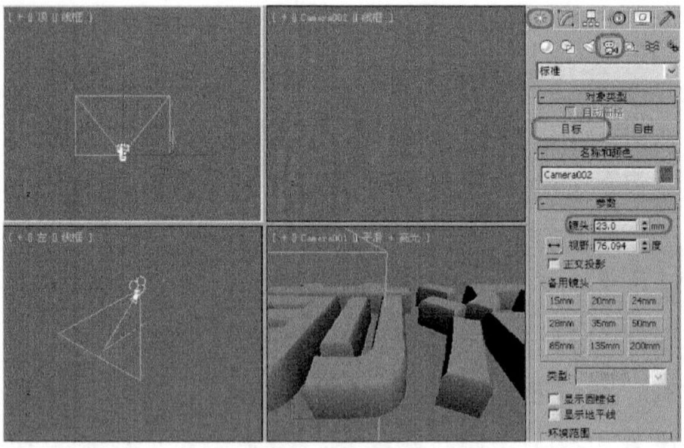

7 打开“自动关键点”，将时间滑块拖曳至200帧位置处，然后依照下图所示移动摄影机，在调整摄影机的过程中可以观察Camera002视图中字体显示的情况来确定摄影机的范围。然后再在轨迹条中选择位于第0帧处的关键帧，将它移动至第100帧位置处，该操作的目的是使Camera002摄影机在100帧的位置处开始移动，如果不调整Camera002的关键帧，

那么该摄影机将在第0帧的位置处便运动。

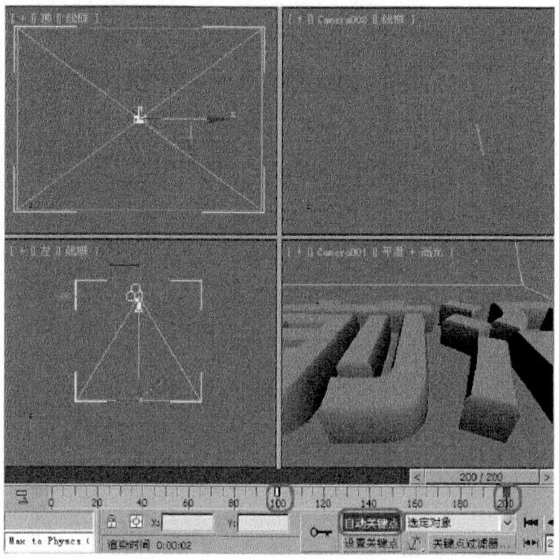

8 完成设置后关闭“自动关键点”，激活“Camera001”视图，然后在菜单栏中选择“渲染”|“Video Post”命令，在打开的“Video Post”编辑器窗口中，单击“添加场景事件”按钮，在打开的“添加场景事件”对话框中使用系统默认的设置，单击“确定”按钮确定，效果如下图所示。

9 单击“Video Post”编辑器窗口右下方的按钮，将轨迹条最大化显示在面板中，选择Camera001摄影机200帧处的关键点并将其拖曳至100帧位置处，效果如下图所示。

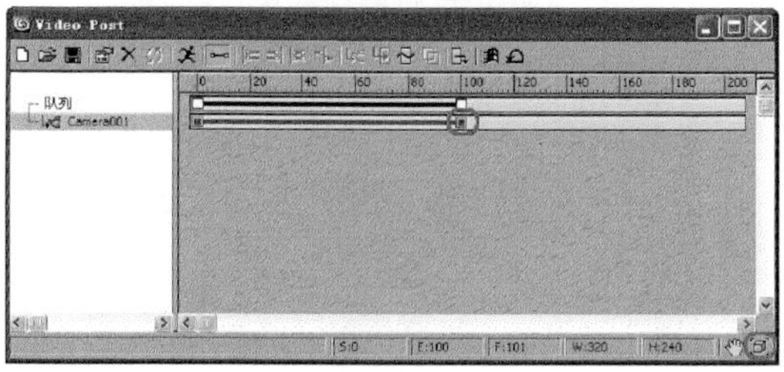

10 依照上述方法将第2个摄影机对象添加到“Video Post”编辑器窗口中，完成添加后将Camera002摄影机第0帧处的关键帧移动至100位置处，效果如下图所示。

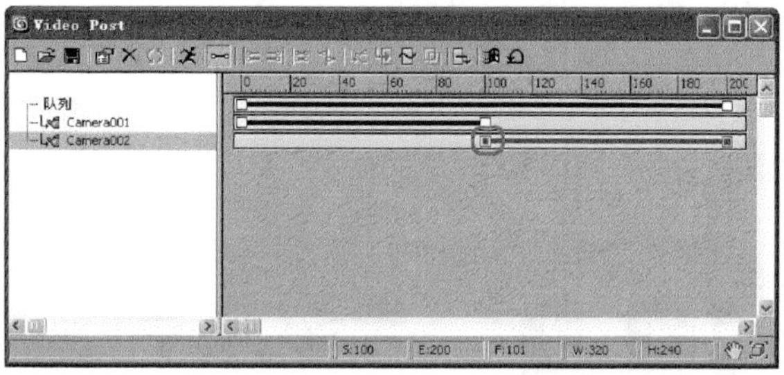

提示

在“Video Post”编辑器窗口中，可以加入多种类型的项目，包括当前场景、图像、动画、过滤器、合成器等，主要目的有两个：一是将场景、图像、动画组合在一起，层层覆盖以产生组合图像效果，分段连接以起到剪辑影片的作用；二是对组合和连接加入特殊处理，如对图像进行发光处理，在两个影片衔接时作淡入淡出处理。

11 在“Video Post”编辑器窗口中单击“添加图像输出事件”按钮，在弹出的对话框中单击“文件”按钮，再在弹出的对话框中选择输出路径，设置文件名及保存类型，单击“保存”按钮，在弹出的“AVI文件压缩设置”对话框中，将“主帧比率”设置为0，单击“确定”按钮，如下图所示。

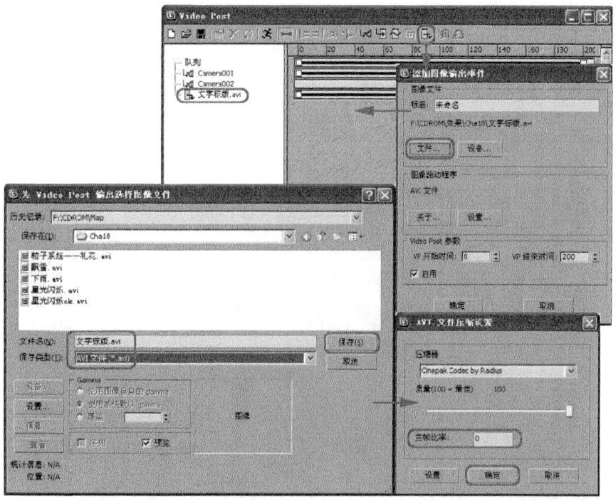

12 单击“执行序列”按钮，弹出“执行Video Post”对话框，选中“时间输出”选项区下的“范围”单选按钮，在“输出大小”选项区下设置“宽度”和“高度”为320、240，单击“渲染”按钮，如右图所示。

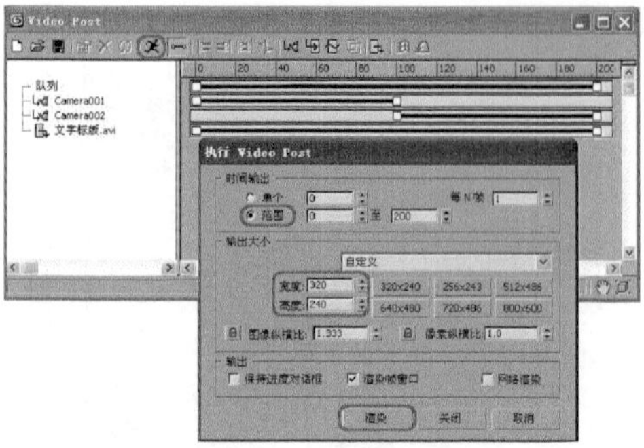

18.3 光影文字

本例将介绍一个光影动画的制作方法。通过“文本”工具制作一个文字图形并为文字设置厚度和“倒角”来制作产生光影的文字，制作一个相同的文字图形，为它指定“挤出”修改器和“锥化”修改器，通过材质来表现光影效果，再通过记录变换动画及修改器参数动画来完成最终的光影动画。通过对本例的学习，可以学会光影动画的制作。同时可以掌握位置动画、缩放动画及修改器参数动画的表现方法。

实战操作480 标版字体的制作

素材：无　　场景：无

难度：★★★★★　　视频：视频\ Cha18\实战操作480.avi

首先要在场景中创建一个文本来进行标版字体的制作，其操作步骤如下。

1 在场景中按S键打开三维捕捉，选择“创建”|“图形”|“样条线”|“文本”工具，在“参数”卷展栏中的字体列表中选择“经典粗黑简”字体，在“文本”文本框中输入框中输入“交换空间”，然后激活“前”视图，在“前”视图中0 坐标处创建“交换空间”文字标题，并将其命名为“交换空间”，如下图所示。

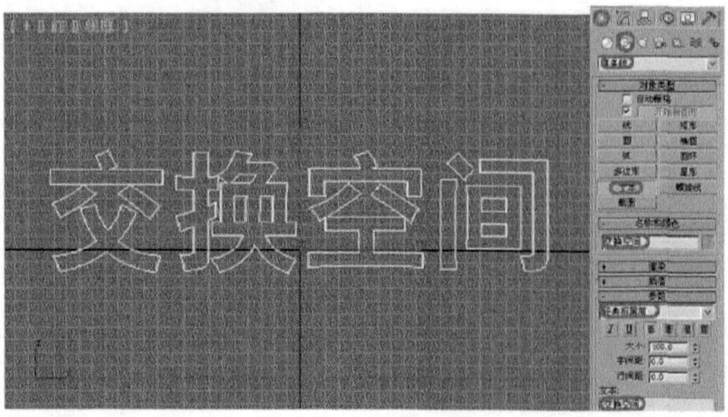

2 关闭“三维开关”，按“Alt+W”组合键将当“前”视图最大化显示。单击“修改”按钮，切换到“修改”命令面板，在“修改器列表”中选择“倒角”修改器，在“倒角值”卷展栏中将“起始轮廓”设置为1.0，将“级别1”下面的“高度”设置为12.0，按Enter键确认，选中“级别2”复选框，将它下面的“高度”、“轮廓”分别设置为1.0、-1.1，按Enter键确认，如下图所示。

提示

在捕捉类型浮动框中，可以选择所要捕捉的类型，还可以控制捕捉的灵敏度，这一点是比较重要的。如果捕捉到了对象，会以浅蓝色显示(可以修改)一个15个像素的方格以及相应的线。

3 按“Alt+W”组合键最大化视口。选择“创建” | “摄影机” | “标准” | “目标”工具，将“镜头”参数设置为28.0，在“顶”视图中创建一个摄影机，如下图所示，在激活“透视”视图后按C键将当前视口转换成为“摄影机”视图。按“Shift+F”组合键为“摄影机”视图添加安全框。

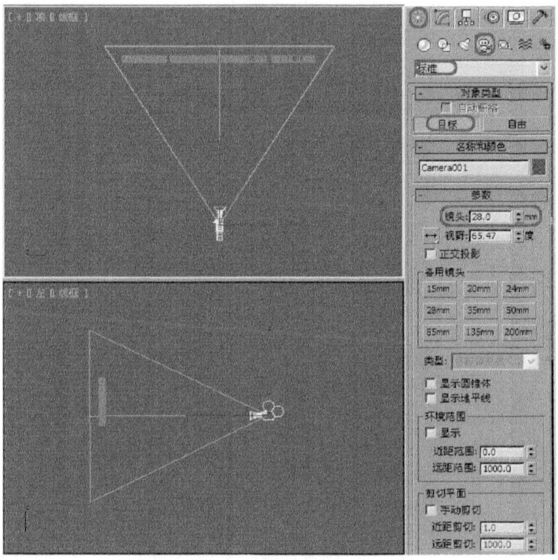

4 确定“交换空间”对象处于选择状态。在工具栏中单击“材质编辑器”按钮，打开“材质编辑器”对话框。将第1个材质样本球命名为“交换空间”。在“明暗器基本参数”卷展栏中，将明暗器类型定义为“金属”。在“金属基本参数”卷展栏中，将“环境光”的RGB值设置为0、0、0，单击“确定”按钮；将“漫反射”的RGB值设置为255、255、255，单击“确定”按钮；将“反射高光”选项区中的“高光级别”、“光泽度”都设置为100、100，单击“确定”按钮，如下图所示。

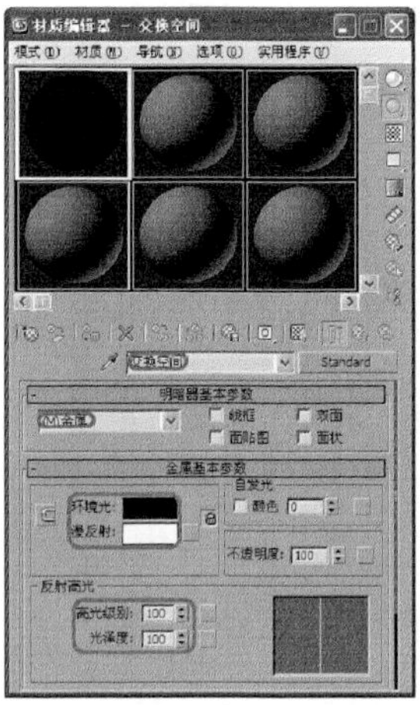

提示

要显示安全框，另一种方法就是在激活视图中的视图名称下单击鼠标右键，在弹出的快捷菜单中选择“显示安全框”命令，这时在视图的周围出现一个杏黄色的边框，这个边框就是安全框。

5 打开“贴图”卷展栏，单击“反射”通道右侧的“None”按钮，在打开的“材质/贴图浏览器”对话框中选择“位图”贴图，单击“确定”按钮，然后在打开的对话框中选择随书附带光盘中的\Map\Gold04.jpg文件，单击“打开”按钮，打开位图文件，如下图所示。

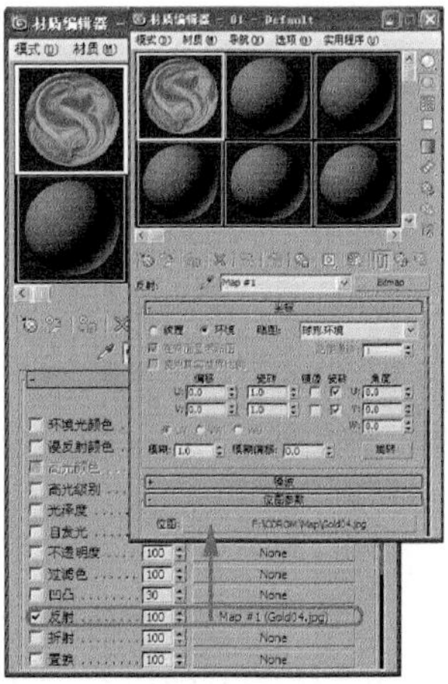

6 在“输出”卷展栏中，将“输出量”设置为1.2，按Enter键确认，然后单击“转

到父对象”按钮，在场景中选择“交换空间”对象，单击“将材质指定给选定对象”按钮，将材质指定给“交换空间”对象。如下图所示。

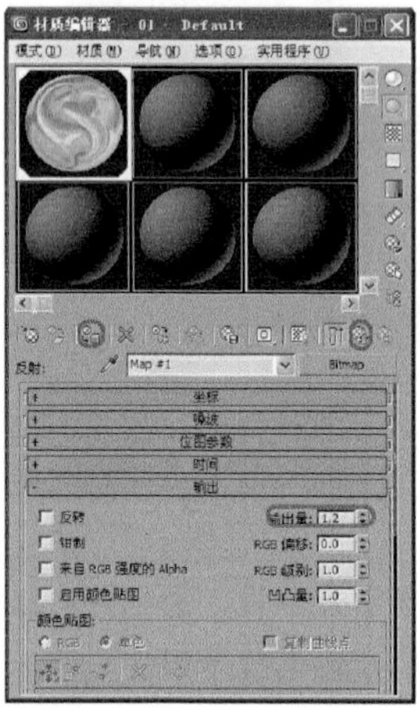

7 将时间滑块拖曳至100帧位置处，然后打开“自动关键点”，开始记录动画。如下图所示。

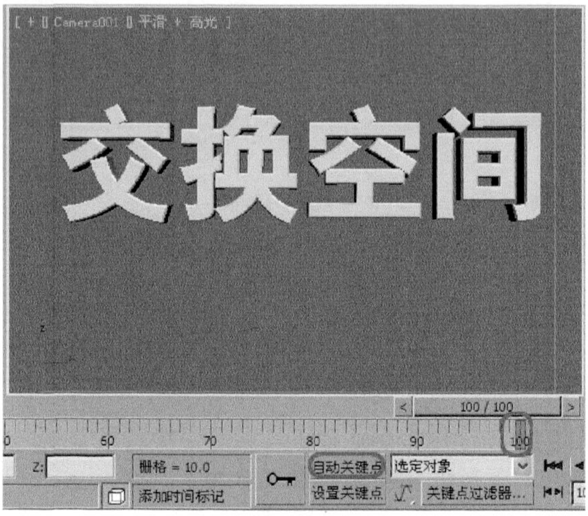

8 在“坐标”卷展栏中将“偏移”的“U”、“V”值分别设置为0.2、0.1，按Enter键确认；在“位图参数”卷展栏中将“裁剪/放置”选项区中的“W”、“H”值都设置为0.474，按Enter键确认，如右图所示。然后关闭“自动关键点”。

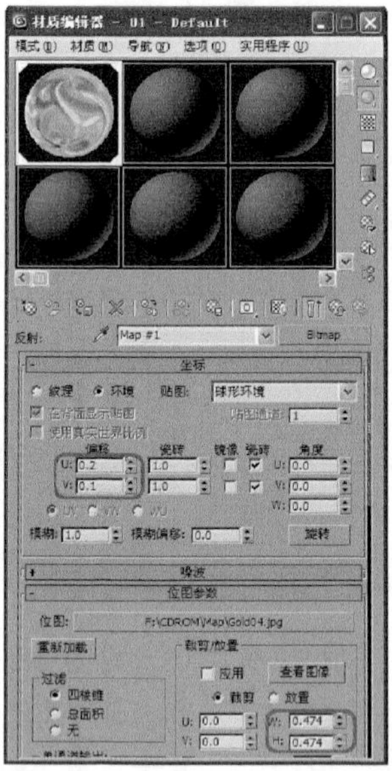

实战操作481 光影的制作

素材：无　　场景：无

难度：★★★★★　　视频：视频\ Cha18\实战操作481.avi

在完成标版字体的制作以后，为了更好地表现光影文字，需要为它添加光影，下面介绍光影的制作，其操作步骤如下。

1 在场景中选择“交换空间”对象，按“Ctrl+V”组合键对它进行复制，在打开的“克隆选项”对话框中，选中“对象”选项区下的“复制”单选按钮，将新复制的对象重新命名为“交换空间光影”，单击“确定”按钮，如下图所示。

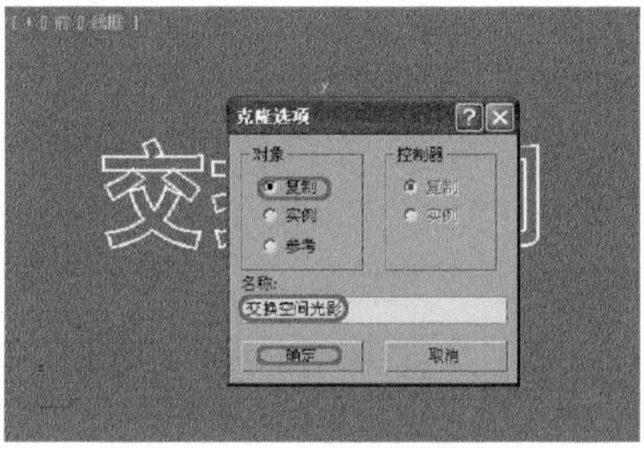

2 单击“修改”按钮，进入“修改”命令面板，在堆栈中选择“倒角”修改器，然后单击堆栈下的“从堆栈中删除”按钮，将“倒角”删除。在“修改器列表”中选择“挤出”修改器，在“参数”卷展栏中将“数量”设置为400.0，按Enter键确认，取消选中“封口”选项区中的“封口始端”与“封口末端”复选框，如下图所示。

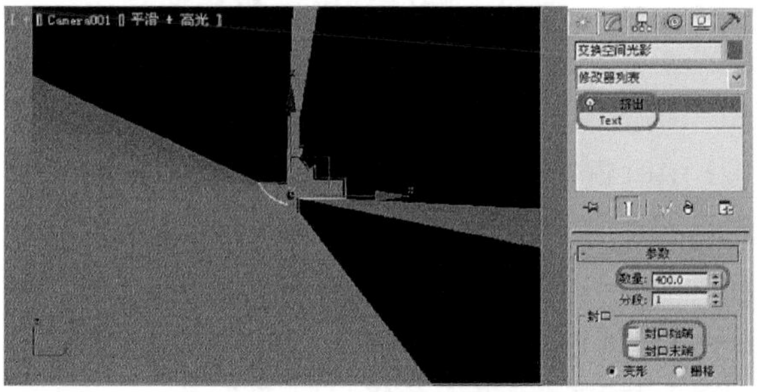

提示 大量的片头文字使用光芒四射的效果来表现，这种效果在3ds Max中可以通过多种方法实现，在这个实例中，将介绍通过一种特殊的材质与模型结合完成的光影效果。这种方法制作出的光影效果的优点是渲染速度快，制作简便。

3 确定“交换空间光影”对象处于选择状态。激活第2个材质样本球，将当前材质名称重新命名为“光影材质”。在“明暗器基本参数”卷展栏中，将明暗器类型定义为“Blinn”，并选中右侧的“双面”复选框。在“Blinn 基本参数”卷展栏中，将“环境光”和“漫反射”的RGB值分别设置为255、255、255，单击“确定”按钮；将“自发光”值设置为100，按Enter键确认；将“反射高光”选项区中的“高光级别”、“光泽度”的参数分别设置为0、0，按Enter键确认。如下图所示。

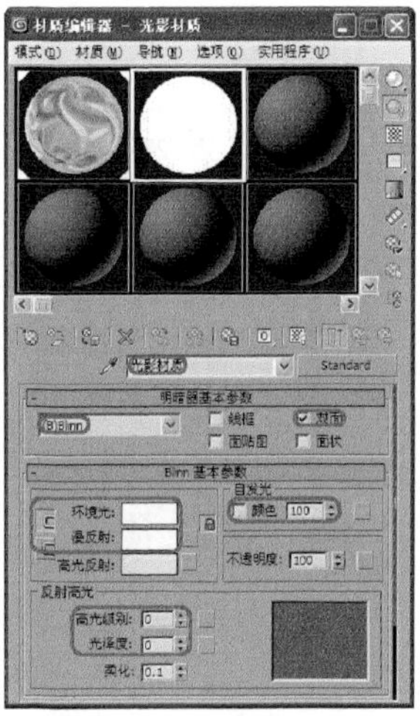

4 打开“贴图”卷展栏，单击“不透明度”通道右侧的“None”按钮，打开“材质/贴图浏览器”对话框，在该对话框中选择“遮罩”贴图，单击“确定”按钮，如下图所示。

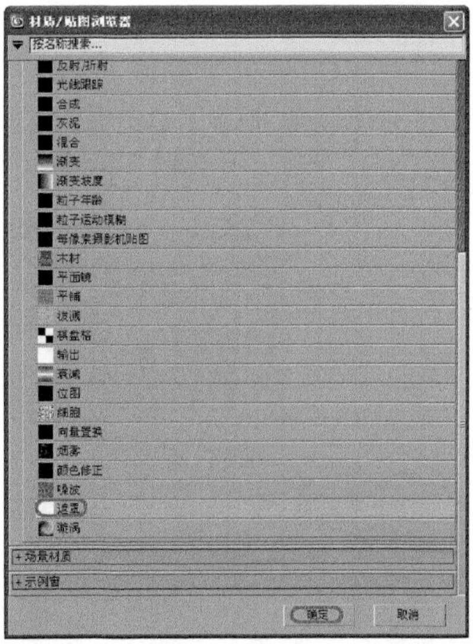

提示

“遮罩”是使用一张贴图作为罩框，通过它来观看上面的材质效果，罩框图本身的明暗强度将决定透明的程度。

“双面”：将物体法线相反的一面也进行渲染，通常计算机为了简化计算，只渲染物体法线为正方向的表面(即可视的外表面)，这对大多数物体都适用，但有些敞开面的物体，其内壁会看不到任何材质效果，这时就必须打开双面设置。

5 进入到“遮罩”二级材质设置面板中，单击“贴图”右侧的“None”按钮，在打开的“材质/贴图浏览器”对话框中选择“棋盘格”贴图，单击“确定”按钮。在“棋盘格”层级材质面板中将“坐标”卷展栏“偏移”下的“V”数值设置为0.5，按Enter键确认。将“瓷砖”下的“U”、“V”数值分别设置为250.0、-0.001，按Enter键确认。如下图所示。

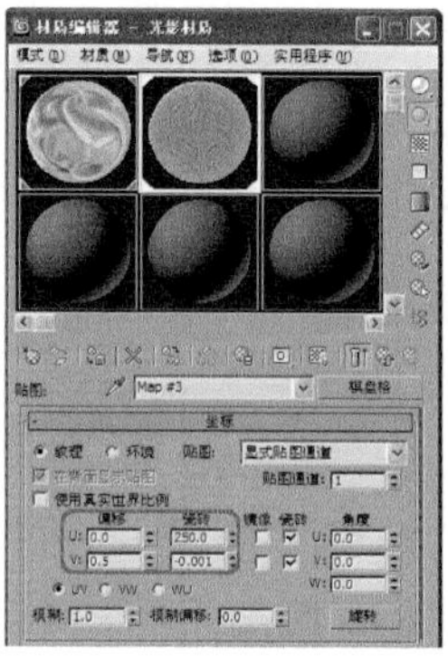

6 打开“噪波”参数卷展栏，选中“启用”复选框，将“大小”设置为5.0，按Enter键确认。打开“棋盘格参数”卷展栏，将“柔化”值设置为0.01，按Enter键确认，将“颜色 #1”的RGB值设置为0、0、0，按Enter键确认。将“颜色 #2”的RGB值设置为156、156、156，单击“确定”按钮。如下图所示。

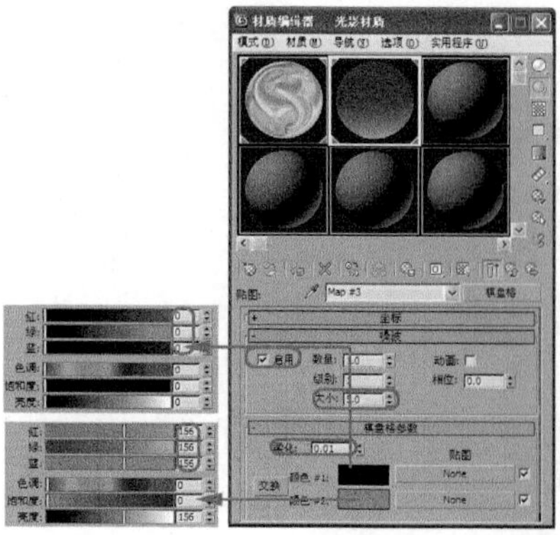

7 设置完毕后，单击“转到父对象”按钮，返回到遮罩层级。单击“遮罩”右侧的“None”按钮，在打开的“材质/贴图浏览器”对话框中选择“渐变”贴图，单击“确定”按钮。如下图所示。

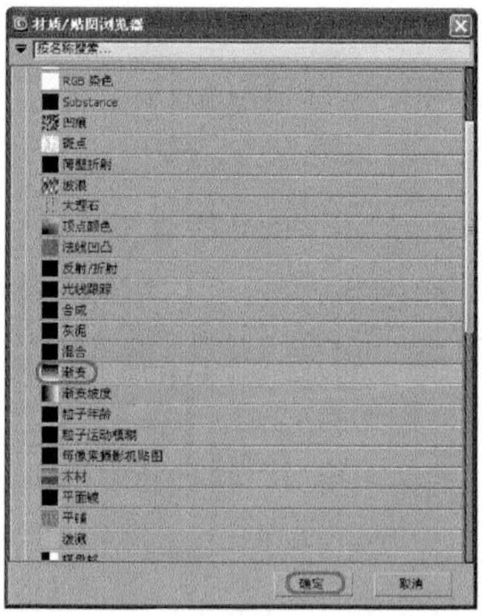

8 在打开的“渐变”层级材质面板中，打开“渐变参数”卷展栏，将“颜色 #1”和“颜色 #2”的RGB数值都设置为0、0、0，按Enter键确认。将“噪波”选项区中的“数量”值设置为0.1，按Enter键确认。选中“分形”单选按钮，最后将“大小”设置为5.0，按Enter键确认，如下图所示。单击两次“转到父对象”按钮，返回父级材质面板。

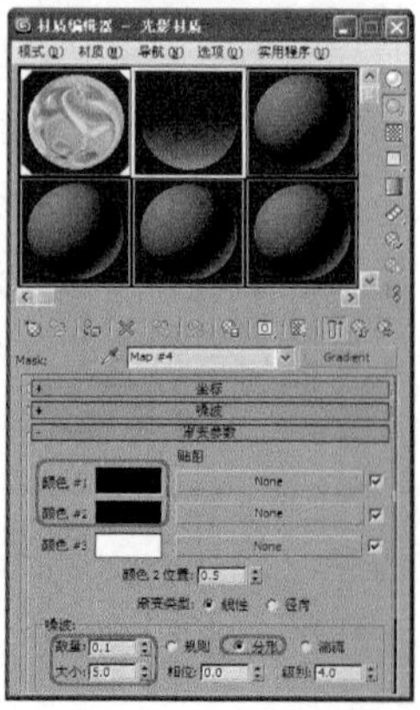

9 在“贴图”卷展栏中将“反射”的“数量”数值设置为5，按Enter键确认，并单击其右侧的“None”按钮，在打开的“材质/贴图浏览器”对话框中选择“位图”贴图，单击“确定”按钮，在打开的对话框中选择随书附带光盘中的CDROM\Map\Gold04.jpg文件，单击“打开”按钮，打开位图文件，打开“输出”卷展栏，将“输出量”设置为1.35，如右图所示。

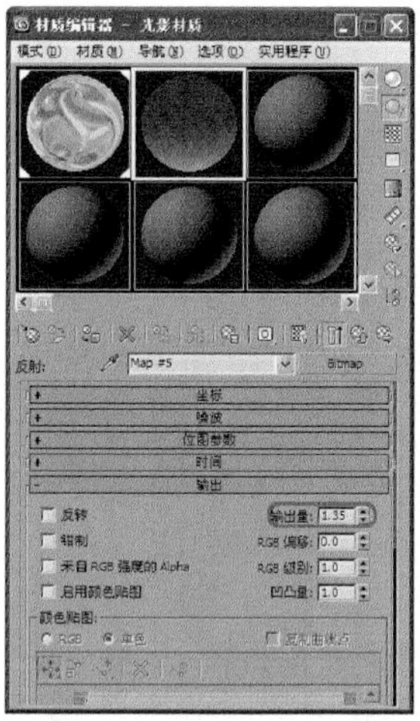

10 单击“将材质指定给选定对象”按钮，将设置完成后的材质赋予给视图中的“交换空间光影”对象。单击工具栏中的“渲染产品”按钮，对“摄影机”视图进行渲染，观察当前所设置的图像，效果如右图所示。

> **提示**
>
> “输出量”：控制位图融入一个合成材质中的数量(程度)。

实战操作482　光影动画

- 素材：无
- 场景：Scene\Cha18\实战操作482.max
- 难度：★★★★★
- 视频：视频\ Cha18\实战操作482.avi

下面介绍对于动画的制作，其操作步骤如下。

1 在场景中选择“交换空间光影”对象，单击“修改”按钮，切换到“修改”命令面板，在“修改器列表”中选择“锥化”修改器，打开“参数”卷展栏，将“数量”设置为1.0，按Enter键确认，如右图所示。

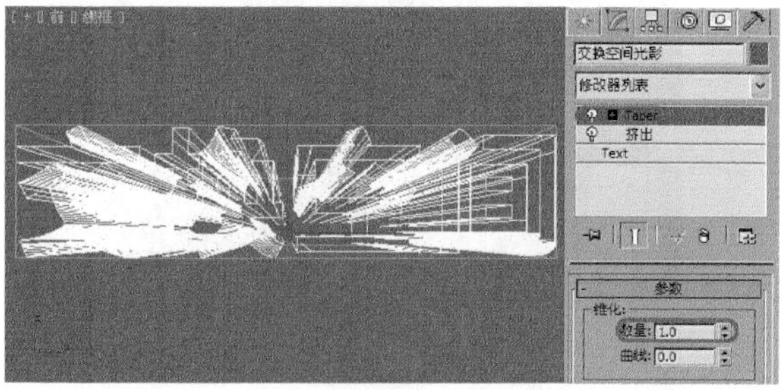

> **提示**
>
> “锥化”编辑修改器可以通过放缩物体的两端而产生锥形的轮廓，同时还可以加入光滑的曲线轮廓，允许你控制导边的倾斜度，曲线轮廓的曲度，还可以限制局部导边效果。

2 按H键，在打开的“选择对象”对话框中选择“交换空间”和“交换空间光影”对象，单击“确定”按钮。再单击“选择并移动”按钮，将作用轴定义为Y轴，然后将其移动到摄影机的下方，如下图所示。

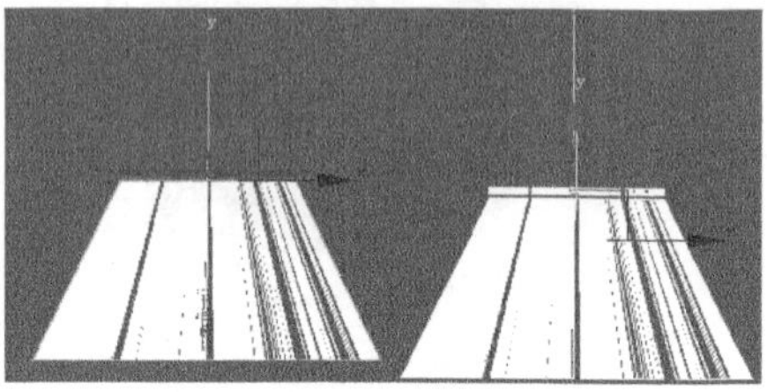

3 将视口底端的时间滑块拖曳至60帧位置处，单击“自动关键点”按钮，然后将两个对象重新移动至移动前的位置处，如下图所示。

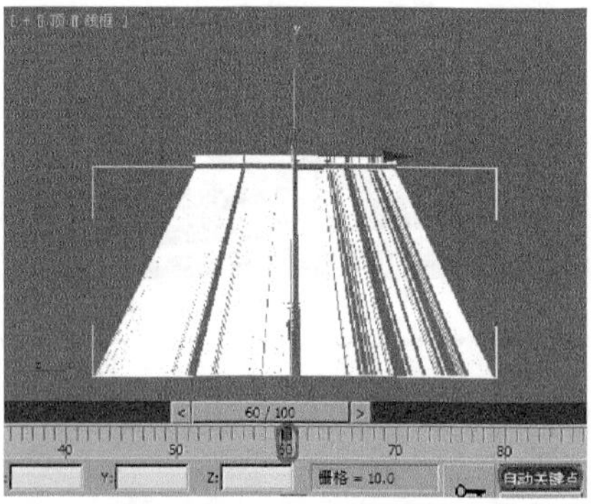

4 将时间滑块拖曳至80帧位置处，选择“交换空间光影”对象，在“修改”命令面板中将“锥化”修改器的“数量”值设置为0.0，按Enter键确认，如下图所示。

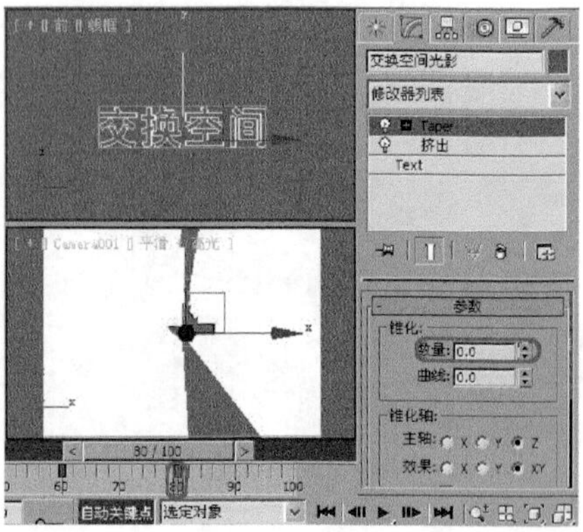

5 确定当前帧仍然为80帧。在工具栏中右击“选择并非均匀缩放”按钮，在打开的对话框中将“偏移：屏幕”选项区中的Y轴设置为1，按Enter键确认，效果如下图所示。

6 关闭“自动关键点”按钮。确定“交换空间光影”对象仍然处于选择状态。在工具栏中单击“曲线编辑器”按钮，打开“轨迹视图”对话框。选择“模式”|“摄影表”菜单命令，如下图所示。

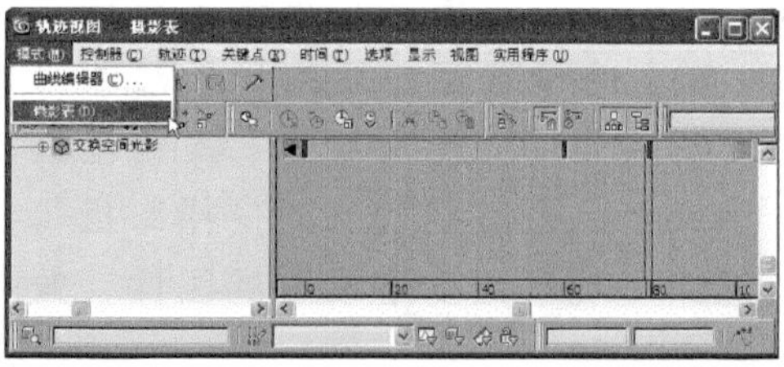

7 单击“交换空间光影”序列前的加号按钮，在“变换”序列下选择“缩放”选项后第0帧处的关键点，将其移动至60帧位置处，这样，“光影”对象将在第60帧位置处沿Y轴进行缩放，如下图所示。

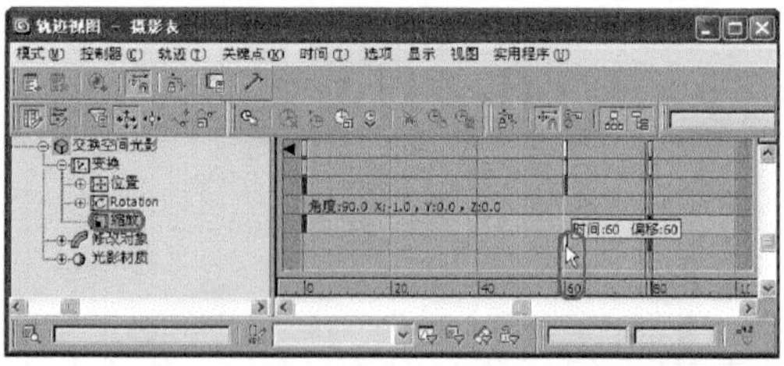

8 选择“修改对象”下的“锥化”序列，选择位于第0帧处的关键点，将其移动至60帧位置处，这样，“光影”对象的锥化缩放将在第60帧位置处进行，如下图所示。

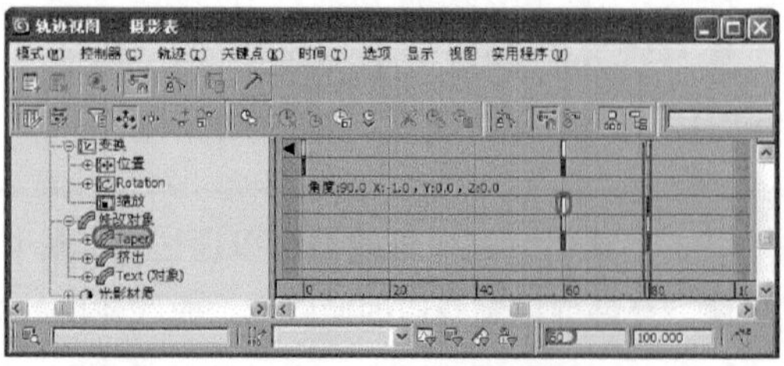

实战操作483　设置背景

素材：无

难度：★★★★★

场景：Scence\ Cha18\实战操作483.max

视频：视频\ Cha18\实战操作483.avi

在完成前面的制作以后，需要为其设置背景，其操作步骤如下。

1 选择“渲染”|“环境”菜单命令，打开“环境和效果“对话框。在对话框中单击“背景”选项区中的“无”按钮，打开“材质/贴图浏览器”对话框。选择“渐变”贴图，单击“确定”按钮，如下图所示。

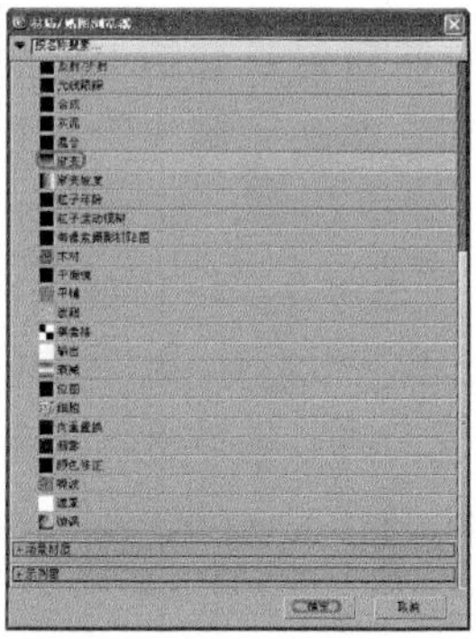

2 打开“材质编辑器”对话框，在“环境和效果”对话框中拖动环境贴图按钮到材质编辑器中的一个新的材质样本球窗口中。在弹出的对话框中单击“实例”按钮，单击“确定”按钮。这样，改变材质编辑器中的贴图参数，就可以改变环境贴图背景，如下图所示。

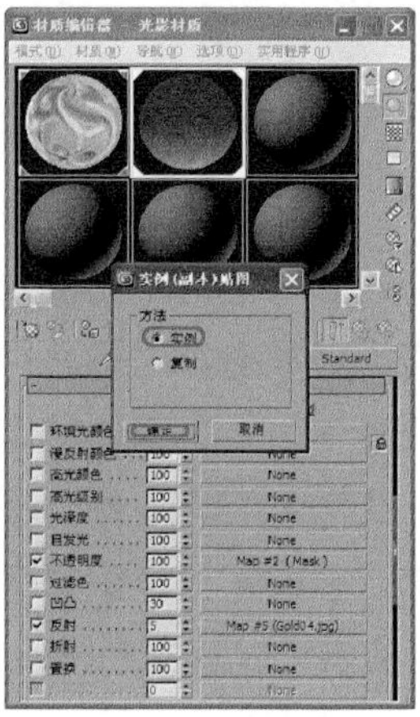

3 在材质编辑器中，将“渐变参数”卷展栏中的“颜色1”的RGB值分别设置为10、0、144，单击“确定”按钮；将“颜色2”的RGB值设置为150、141、252，单击“确定”按钮，将“颜色3”的RGB值分别设置为0、0、55，单击“确定”按钮，如下图所示。

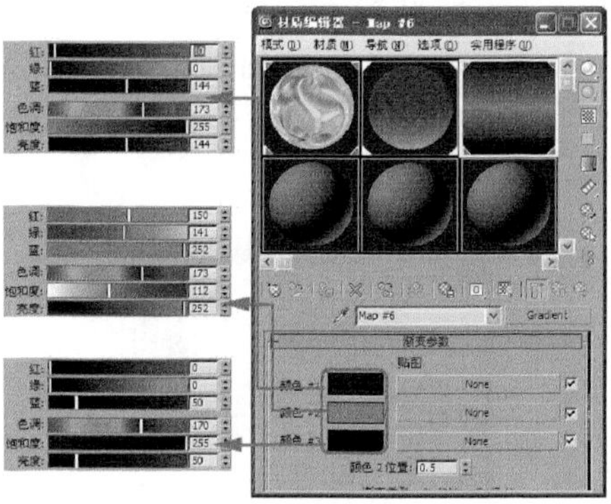

4 激活“摄影机”视图，在菜单栏中选择“视图”|“视口背景”|“视口背景”命令，打开“视口背景”对话框，在“背景源”选项区中选中“使用环境背景”复选框，再选中“显示背景”复选框，单击“确定”按钮，即可在视图中看到渐变背景，如下图所示。

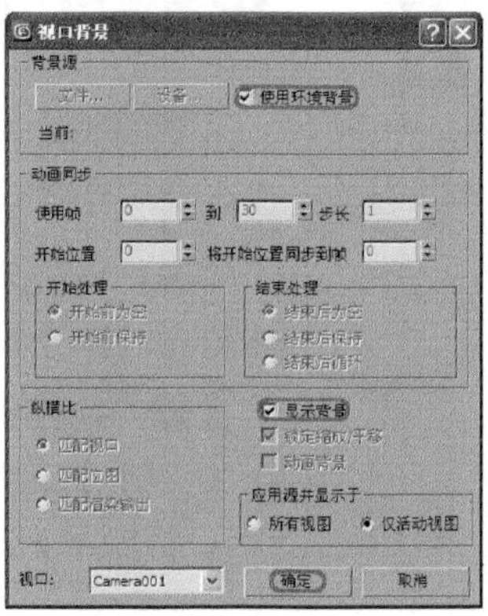

5 单击按钮，在弹出的下拉列表中选择“另存为”命令，在打开的“另存为”对话框中为当前场景命名，然后单击“保存”按钮，将当前场景进行存储，如下图所示。

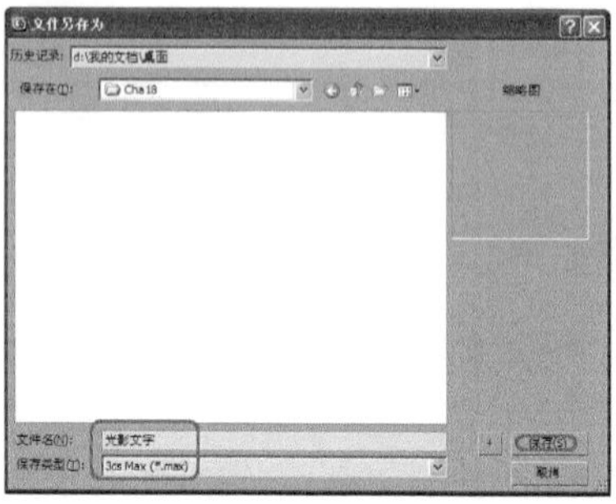

6 然后单击工具栏中的“渲染设置”按钮，对“摄影机”视图进行动画渲染。在打开的“渲染设置：默认扫描线渲染器面板”中选中“时间输出”选项区下的“活动时间段”单选按钮；将“输出大小”选项区中的“宽度”和“高度”分别设置为640、480，如下图所示。

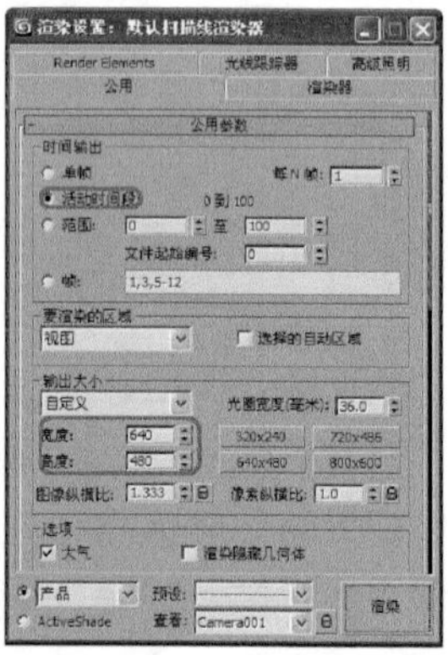

7 单击“渲染输出”选项区中的“文件”按钮，在打开的“渲染输出文件”对话框中将文件命名为“光影文字”，保存类型为“AVI文件”，单击“保存”按钮，如下图所示。

8 在弹出的“AVI文件压缩设置”对话框中将压缩程序定义为“Intel Indeo (R)Video R3.2”，将压缩质量设置为100，将“主帧比率”值设置为0，单击“确定”按钮，如下图所示。退回到“渲染场景：默认扫描线渲染器面板”面板中，单击“渲染”按钮进行渲染。完成渲染后，按照保存的文件名称和路径找到渲染的动画文件并将它打开，即可进行动画的播放。

18.4 火焰崩裂字

本例将介绍一个火焰崩裂字的制作方法。文字爆炸的碎片由粒子系统产生，对一个文字替身物体进行了分裂，裂解的碎块使用发光特效过滤器进行了处理，以产生燃烧效果。文字炸裂瞬间有光芒放射，这是通过指定了一个体积光的聚光灯产生的。除此之外，还在场景中为镂空字体制作了燃烧的火焰背景，并且使用了4个半球Gizmo物体来限制火焰的范围。通过对本例的学习，可以学会火焰崩裂特效字的制作方法，并能掌握镂空文字的设置、可视性轨迹的使用、粒子阵列的控制、体积光的设置以及发光特效的设置。

实战操作484 创建文字并进行编辑

素材：无　　场景：无

难度：★★★★★　　视频：视频\ Cha18\实战操作484.avi

制作火焰崩裂字，首先要创建一个镂空的文字，这里的镂空文字是与矩形嵌套在一起的，此外还需要对常见的文字图形进行一定的设置。其操作步骤如下。

1 在视窗底端的动画控制区域单击“时间配置”按钮，弹出“时间配置”对话框，在“帧速率”选项区中选中“PAL”单选按钮，将“动画”选项区中的“结束时间”设置为125，单击“确定”按钮，如右图所示。然后将当前的动画时间设置为125帧。

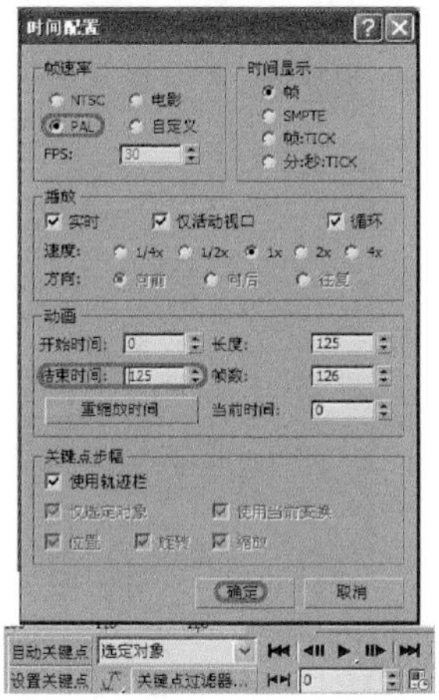

2 选择“创建”|“图形”|“样条线”|“文本”工具，在“参数”卷展栏中的字体列表中选择“汉仪粗黑简”字体，在“文本”文本框输入框中输入“热点追踪”，然后激活“前”视图，在“前”视图中创建“热点追踪”文字标题，并将其命名为“镂空”，如下图所示。

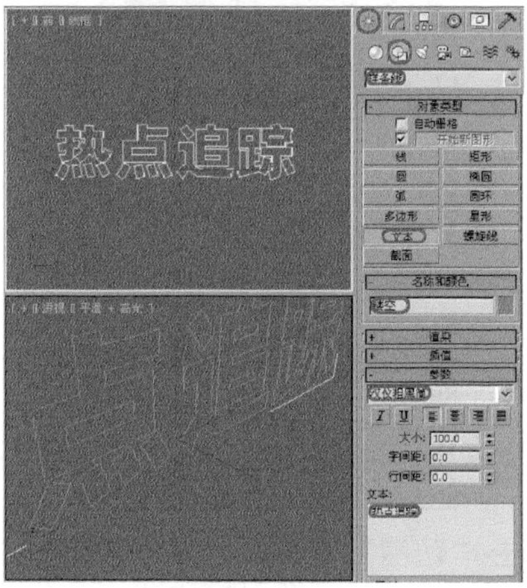

3 选择“创建”|“图形”|“样条线”|“矩形”工具，在“前”视图中创建一个“长度”、“宽度”和“角半径”分别为145.0、440.0、5.0矩形，并将其命名为“标版”，并调整其位置，如下图所示。

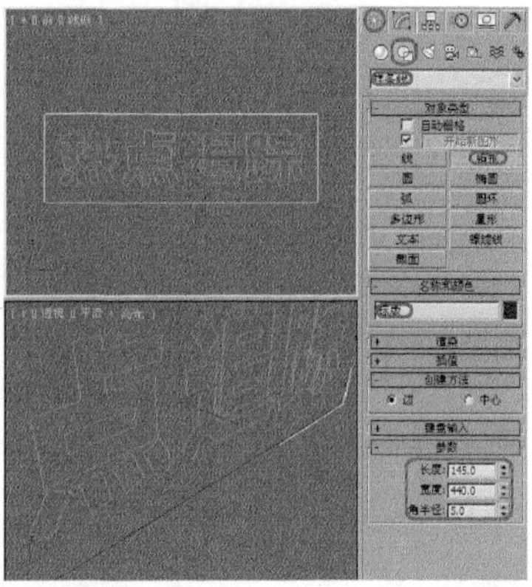

4 在视图中选择“镂空”对象，单击“修改”按钮，切换到“修改”命令面板，在修改器列表中选择“编辑样条线”修改器。然后在“修改”命令面板中打开“几何体”卷展栏，单击“附加”按钮，最后在视图中选择“矩形”对象，将它们结合在一起，如下图所示。

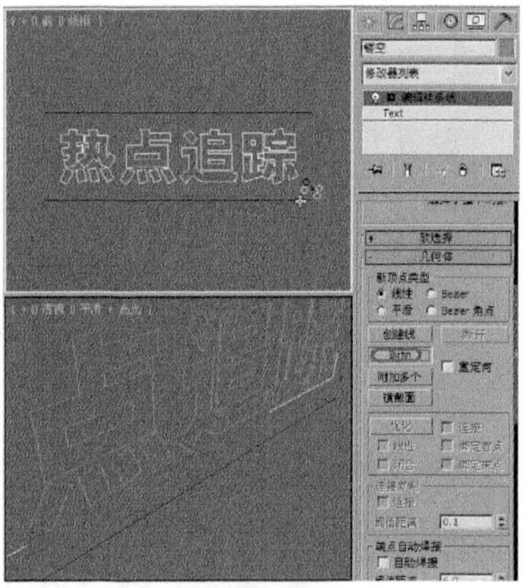

5 单击“修改”按钮，切换到“修改”命令面板，在修改器列表中选择“倒角”修改器。在“参数”卷展栏“相交”选项

区中选中“避免线相交”复选框；在“倒角值”卷展栏中将“级别1”下的“高度”和“轮廓”分别设置为15.0和2.0，选中“级别2”复选框，将它下面的“高度”和“轮廓”分别设置为2.0和-2.0，如下图所示。

提示 在设置倒角时，打开“避免线相交”选项可以防止尖锐折角产生的突出变形。

6 单击工具栏中的“材质编辑器”按钮，打开“材质编辑器”对话框。将第1个材质样本球命名为“镂空”。在“明暗器基本参数”卷展栏中将明暗器基本类型定义为“金属”。在“金属基本参数”卷展栏中将“环境光”的RGB值设置为64、41、0。将“漫反射”的RGB值设置为212、117、0。将“反射高光”选项区下的“高光级别”设置为48，将“光泽度”设置为74，如下图所示。

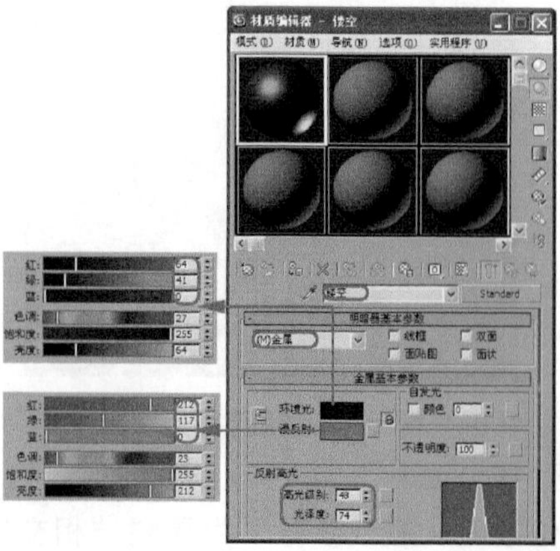

7 打开“贴图”卷展栏，将“凹凸”通道的“数量”值设置为9，然后单击其后面的“None”按钮，在打开的“材质/贴图浏览器”对话框中选择“噪波”贴图，单击“确定”按钮，如下图所示。

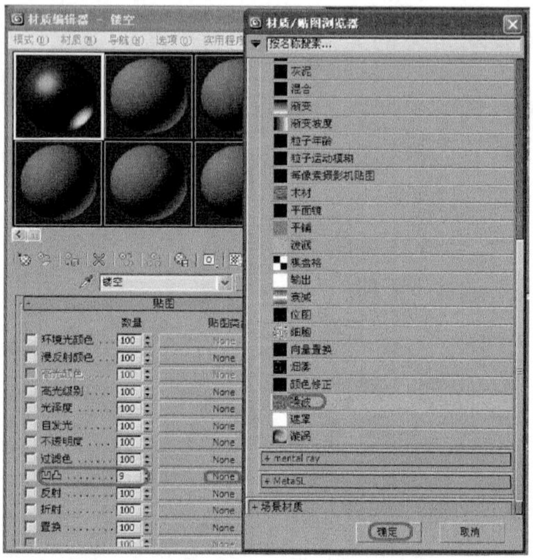

8 进入“凹凸”通道的贴图层级，在“坐标”卷展栏中将“瓷砖”下的“X”、“Y”、“Z”值设置为4.0、4.0、4.0，按Enter键确认。在“噪波参数”卷展栏中选择噪波类型为“湍流”。如下图所示。然后单击“转到父对象”按钮，返回父材质层。

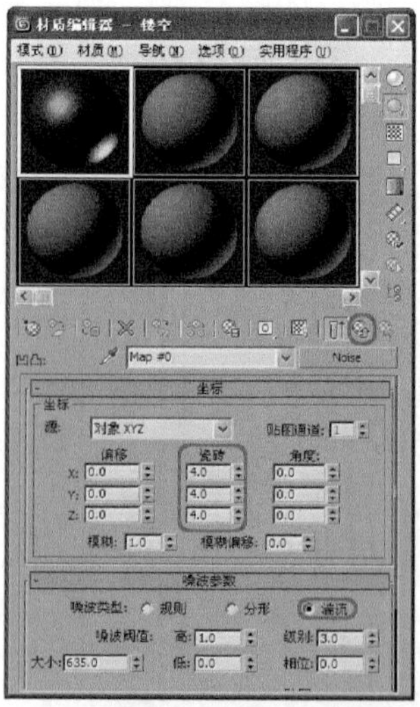

9 在“贴图”卷展栏中将“反射”通道的数量值设置为45，然后单击其后面的“None”按钮，在打开的“材质/贴图浏览器”

对话框中选择“位图”贴图，单击“确定”按钮，如下图所示。

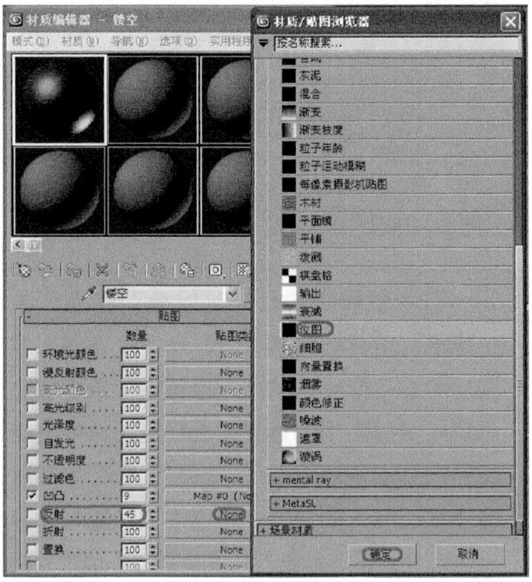

10 弹出“选择位图图像文件”对话框，在打开的对话框中选择随书附带光盘中的\Map\Gold04.jpg，单击“打开”按钮，打开位图。完成设置后在视图中选择所有对象，单击“将材质指定给选定对象”按钮，将设置好的材质指定给它们，效果如下图所示。

11 按“Ctrl+V”组合键对当前选择的“镂空”对象进行复制，在打开的对话框中将当前复制的新对象重新命名为“遮挡”，最后单击“确定”按钮。返回“编辑样条线”堆栈层，定义当前选择集为“样条线”，在视图中选择“镂空字”外侧的矩形样条曲线，按Delete键将其删除，如下图所示。然后关闭当前选择集，返回“倒角”堆栈层，得到实体文字。

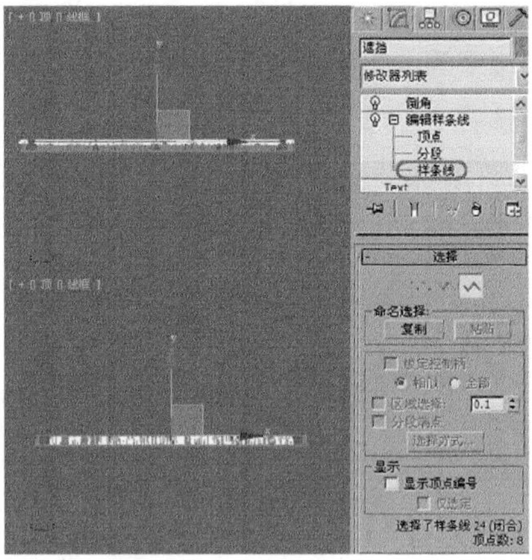

12 确定“遮挡”对象处于选择状态，选择并进入“倒角”修改器，然后将“倒角值”卷展栏下“级别1” 选项区中的“高度”和“轮廓”值都设置为0.0，并将“级别2”的“高度”和“轮廓”设置为0.1、0.0，效果如下图所示。

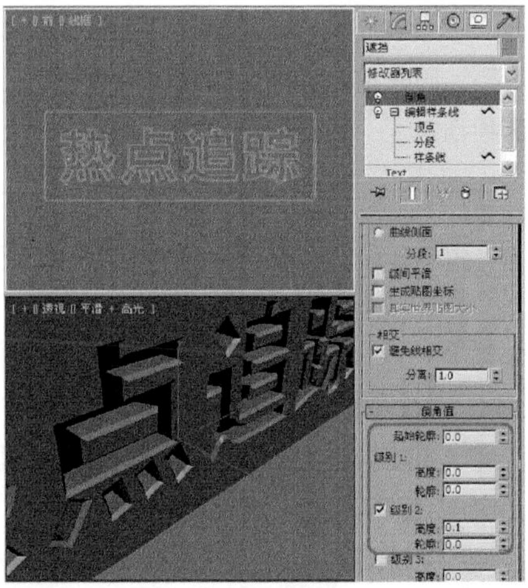

13 确定“遮挡”对象处于选择状态，按“Ctrl+V”组合键，在打开的“克隆选项”对话框中将复制类型定义为“复制”，将新对象重新命名为“粒子”，最后单击“确定”按钮，如下图所示。

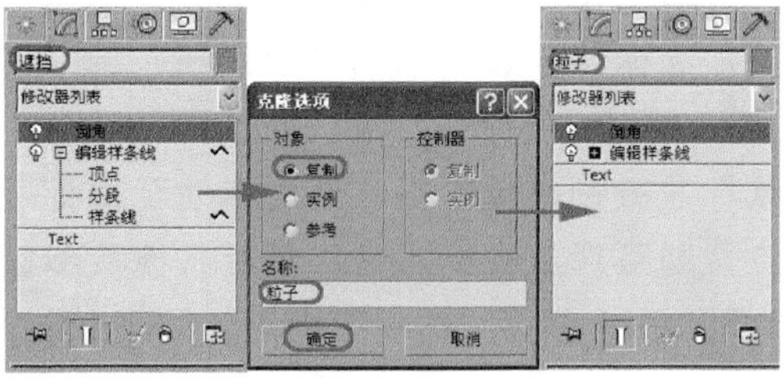

14 在工具栏中单击“曲线编辑器”按钮，打开“轨迹视图”对话框，选择菜单栏中的“模式”|“摄影表”选项，然后在左侧的列表中选择“遮挡”，选择“轨迹”|“可见性轨迹”|“添加”菜单命令，为“遮挡”添加一个可视性轨迹控制器，如下图所示。

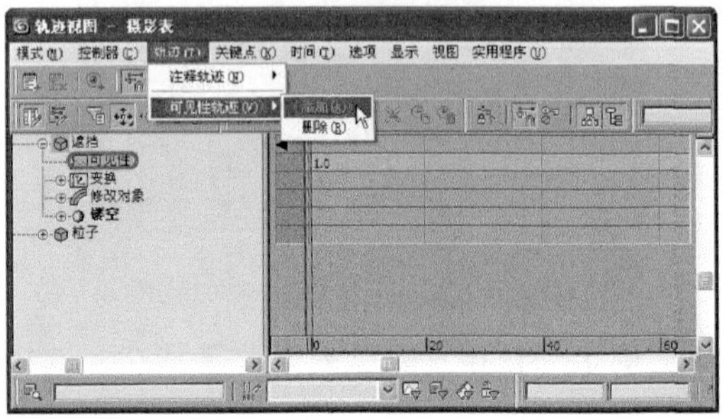

> **提示**
>
> 可视性轨迹用于控制物体在何时出现，何时消失。没有指定贴图坐标的物体在渲染可视性动画时，如果完全不可见，渲染会正常进行，但如果可见，会弹出一个警告框，并中断渲染。因此在渲染前，对物体应先进行贴图坐标的指定。

15 单击“轨迹”视图工具栏中的“插入关键点”工具，在第0帧、第10帧和第11帧处各添加一个关键点，其中前两个关键点的值都是1，表示物体可见。在添加完第11帧处的关键帧后，在轨迹视图底部的数值输入框中输入0，表示物体不可见，如下图所示。

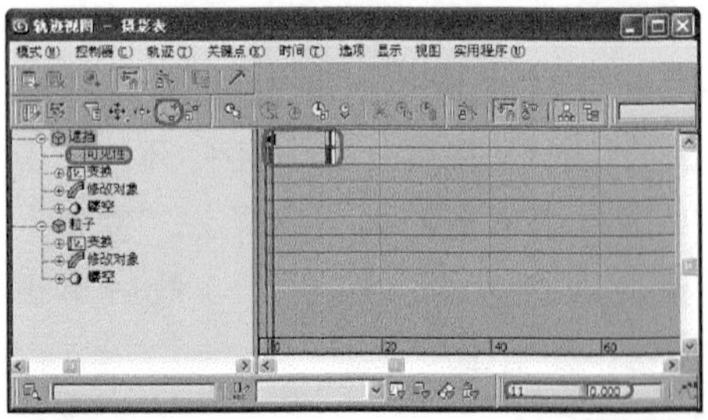

16 选择“创建”|“摄影机”|“标准”|“目标”工具，在“顶”视窗中单击鼠标左键创建摄影机，然后拖动至目标所在的位置即可释放鼠标左键，最后将镜头参数设置为35mm。激活“透视”视图，按C键将该视图转换为“摄影机”视图，如下图所示。

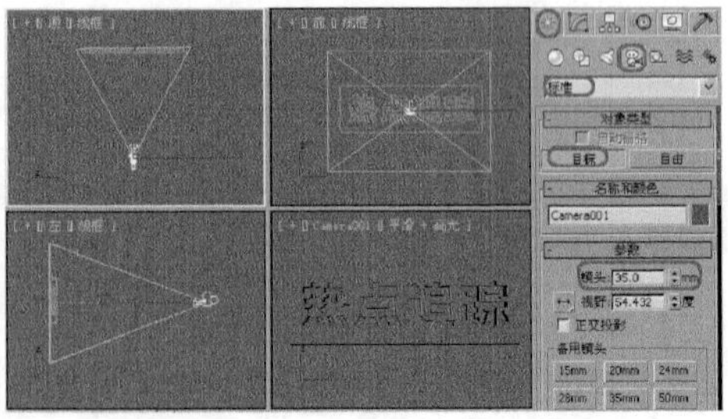

> **提示**
>
> 摄影机和它的目标可以分别移动。单击选择摄影机目标将其进行移动，或将摄影机选择后将其目标一起移动。也可以简单地单击摄影机与目标之间的连线或选择摄影机并右击鼠标，从弹出菜单中选择“选择”命令来同时选择摄影机和它的目标。如果需要反复移动摄影机，最好锁定选择集（按空格键），因为目标的位置在有许多对象的场景中通常都是固定的。

17 选择“创建”|“几何体”|“粒子系统”|“粒子阵列”工具，在“顶”视图中创建一个粒子阵列系统，它的位置和大小不影响最后的效果，如下图所示。

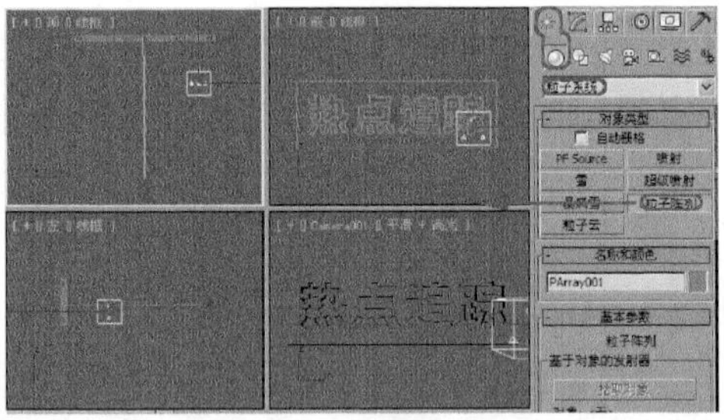

18 单击“修改”按钮，切换到“修改”命令面板，在“基本参数”卷展栏中单击“拾取对象”按钮，然后按H键打开“名称”文本框，选择“粒子”对象，单击“拾取”按钮，将它作为粒子系统的替身，如下图所示。

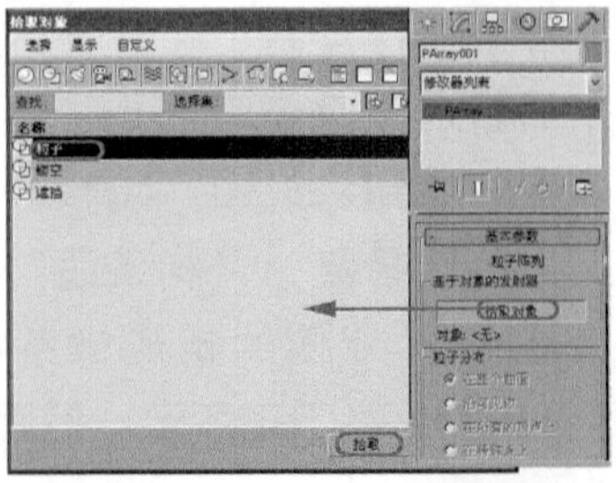

19 为其设置参数。在“显示图标”卷展栏中将“图标大小”设置为73.0，并按Enter键确认。在“视口显示”选项区中选中“网格”单选按钮，这样在视图中会看到以网格物体显示的粒子碎块，如右图所示。

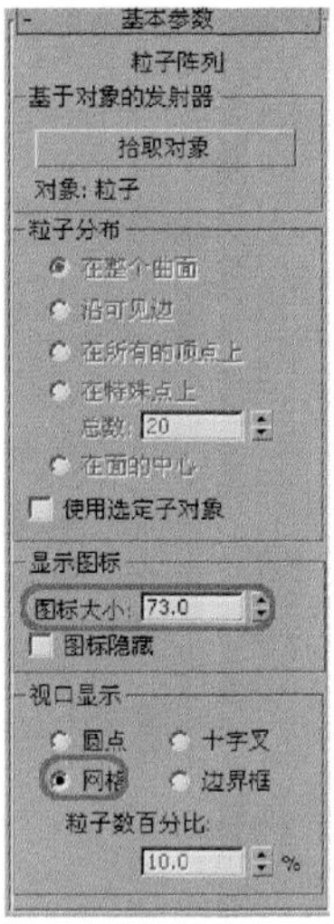

20 在“粒子生成”卷展栏中将“速度”、“变化”和“散度”分别设置为8.0、45.0、32.0，按Enter键确认。将“发射开始”、“显示时限”和“寿命”分别设置为10、125、125，按Enter键确认。将“唯一性”选项区下的“种子”值设置为24 567，按Enter键确认，如右图所示。

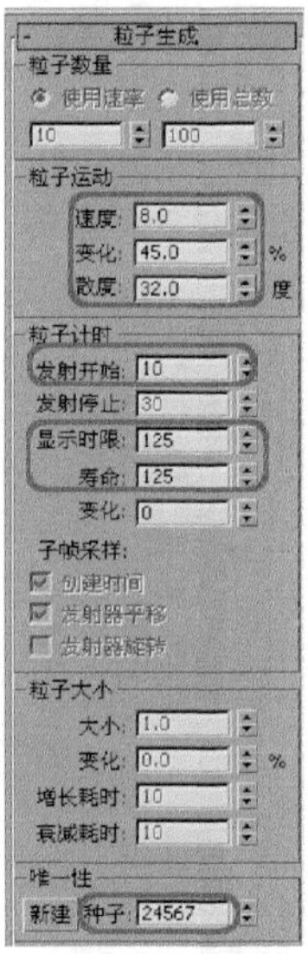

21 打开“粒子类型”卷展栏，选择“对象碎片”类型。将“对象碎片控制”选项区中的“厚度”设置为8.0。选中“碎片数目”单选按钮，并将其“最小值”设置为100，如右图所示。

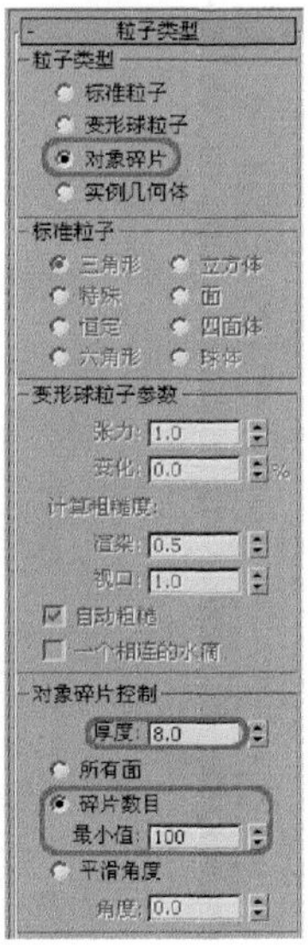

22 在“旋转和碰撞”卷展栏中将“自旋速度控制”选项区中的“自旋时间”设置为40。将“变化”设置为15.0。完成后的效果如右图所示。

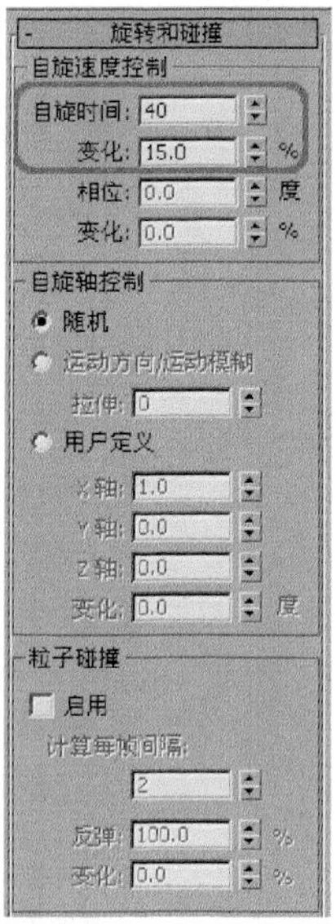

提示

“自旋时间”：控制粒子自身旋转的节拍，即一个粒子进行一次自旋需要的时间，值越高，自旋越慢，当值为0时，不发生自旋。

“变化”：设置3个轴向自旋设定的变化百分比值。

23 粒子系统设置完成后，在场景中选择“粒子”对象，然后在“修改”命令面板中单击“从堆栈中移除”按钮，将其“倒角”修改器删除，如下图所示。

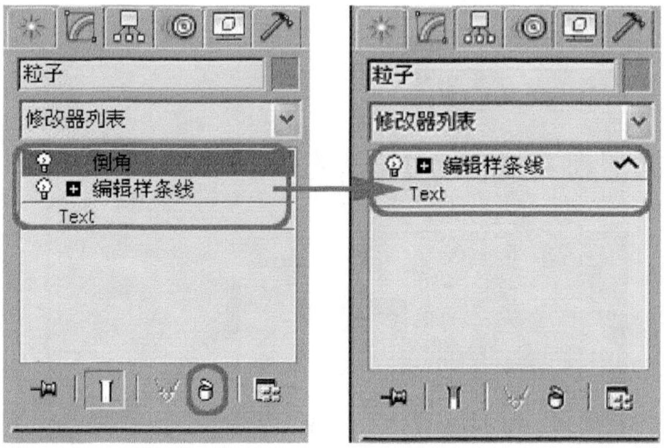

24 选择粒子系统，单击鼠标右键，在弹出的快捷菜单中选择“对象属性”命令，在打开的对话框中将“对象ID”设置为1，按Enter键确认。在“运动模糊”选项区中选中“图像”单选按钮，单击“确定”按钮，为粒

子系统设置ID号和图像运动模糊，如下图所示。

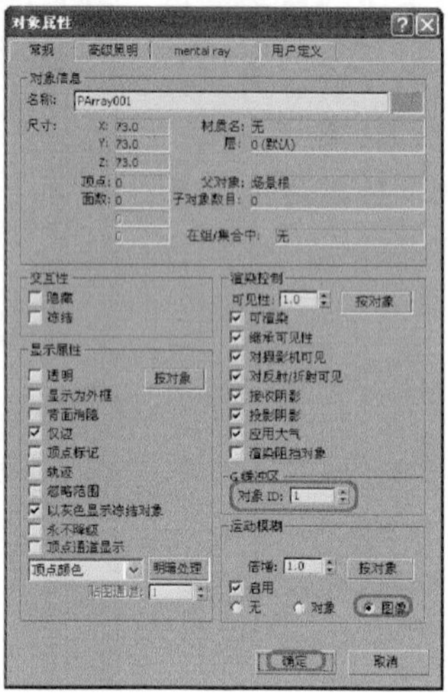

提示

运动模糊的倍增用于调节模糊的程度，这里分为两种计算模式，一种是对象，另一种是图象，后者是基于图像处理，速度很快。这里是控制单个物体是否进行运动模糊处理的开关，还有一个场景模糊控制的总开关在“渲染设置”面板中。

25 选择“创建”|“灯光”|“标准”|“泛光灯”工具，在场景中创建一盏泛光灯，用于场景的照明，然后在“强度/颜色/衰减”卷展栏中将灯光的RGB值设置为211、211、211，如下图所示。

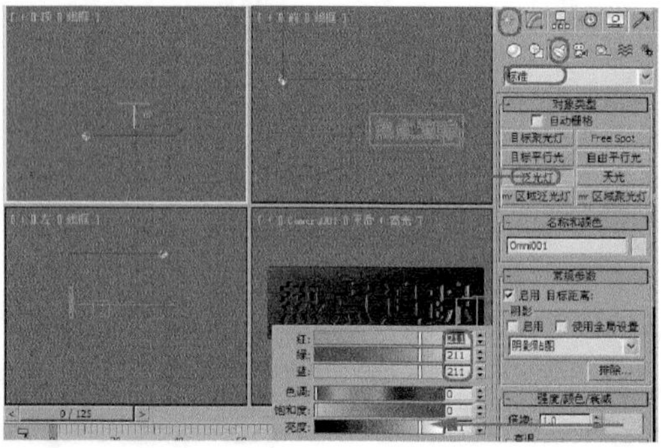

26 选择“创建”|“灯光”|“标准”|“泛光灯”工具，在“顶”视图中摄影机右侧创建一盏泛光灯，单击“选择并移动”按钮并在“左”视图中将泛光灯移动至摄象机对象的下方，然后在“强度/颜色/衰减”卷展栏中将灯光的RGB值设置为237、237、110，如下图所示。

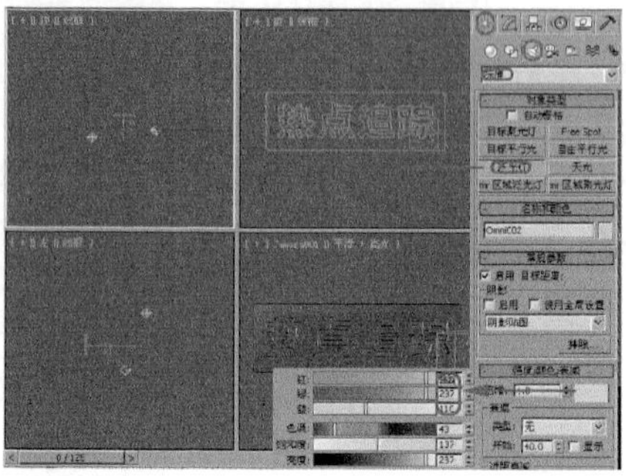

27 选择“创建”|“灯光”|“标准”|“泛光灯”工具，在“顶”视图中文字对象的右上侧创建一盏泛光灯，单击“选择并移动”按钮并在“左”视图中将泛光灯移动至文字对象的上方，在“强度/颜色/衰减”卷展栏中将灯光的RGB值设置为237、237、237，如下图所示。

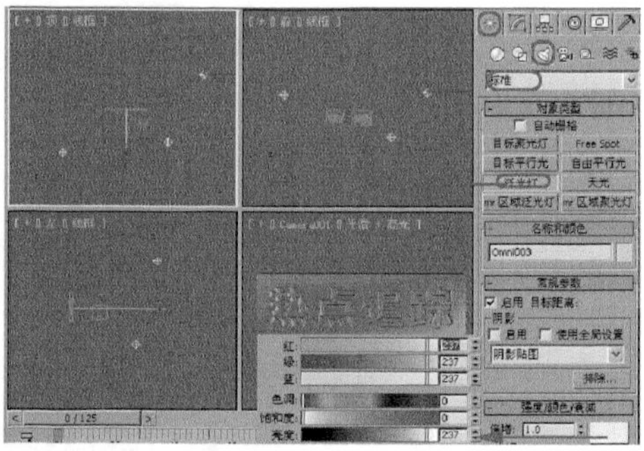

28 选择“创建”|“灯光”|“标准”|“目标聚光灯”工具，在“顶”视图中从上向下拖动鼠标创建一盏目标聚光灯，用于设置体积光。在“常规参数”卷展栏中选中“阴影”选项区下的“启用”复选框，如下图所示。

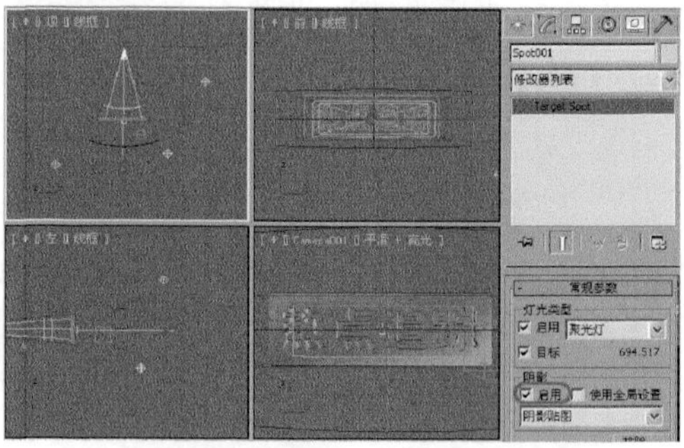

29 在“强度/颜色/衰减”卷展栏中将“倍增”值设置为2.0，将灯光颜色的RGB值设置为255、240、69。选中“远距衰减”选项区中的“使用”和“显示”复选框，将“开始”和“结束”值分别设置为585.725和944.777，如下图所示。

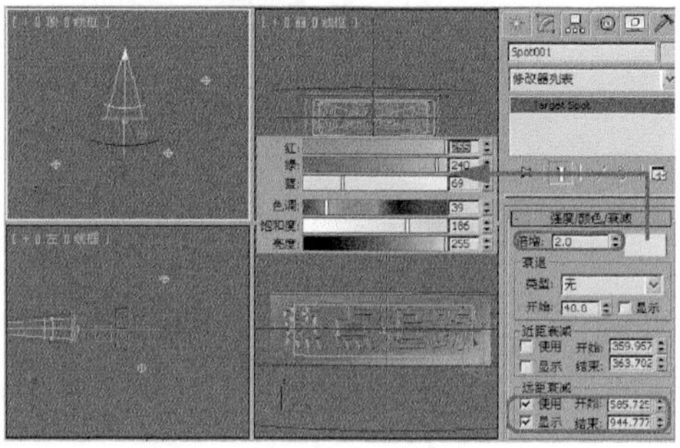

30 在“聚光灯参数”卷展栏中将“聚光区/光束”和“衰减区/区域”分别设置为15.6和22.1。选择“矩形”光锥类型，将“纵横比”设置为3.52，效果如下图所示。

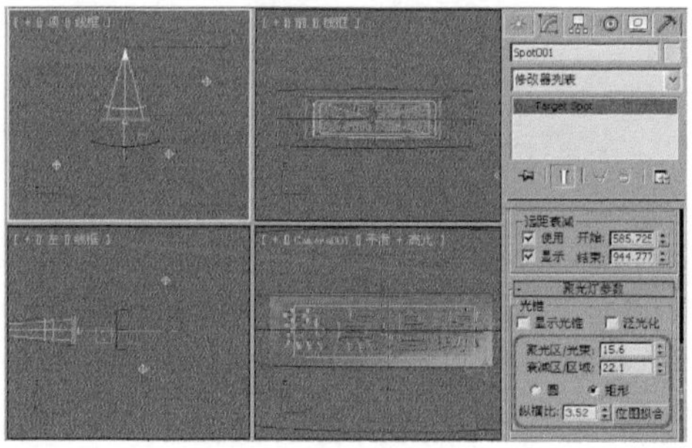

31 打开“高级效果”卷展栏，在“投影贴图”选项区中选中“贴图”复选框，然后单击后面的“None”按钮，在打开的“材质/贴图浏览器”对话框中选择“噪波”，并单击“确定”按钮，如下图所示。

32 打开“材质编辑器”对话框，并激活第2个材质球，选择灯光控制面板中刚设置的噪波条形按钮并将其拖曳至“材质编辑器”对话框中第2个材质样本球上，然后在打开的“实例（副本）贴图”对话框中选中“实例”单选按钮，最后单击“确定”按钮，如下图所示。

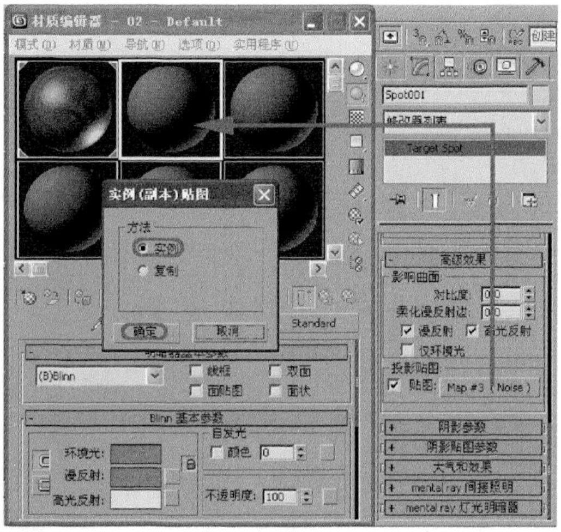

33 在“噪波参数”卷展栏中将“大小”设置为1 200，将“颜色 #1”的RGB值设置为255、48、0，将“颜色 #2”的RGB值设置为255、255、90。在“坐标”卷展栏中将“模糊”设置为2.5，按Enter键确认，将“模糊偏移”设置为5.4，按Enter键确认，效果如下图所示。

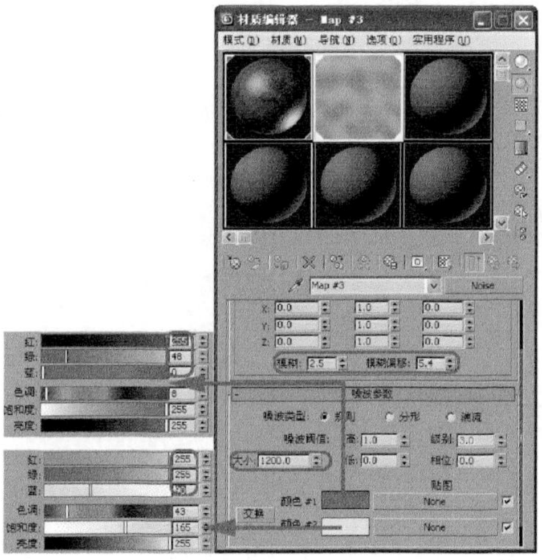

34 关闭“材质编辑器”对话框。按键盘上的数字8，打开“环境和效果”对话框，

在“环境”选项卡“大气”卷展栏中单击“添加”按钮，在打开的对话框中选择“体积光”，单击“确定”按钮，添加一个体积光。在“体积光参数”卷展栏中单击“拾取灯光”按钮，然后在场景中选择“Spot001”。将“雾颜色”的RGB值设置为255、242、135，按Enter键确认。将“衰减倍增”设置为0.0，如下图所示。

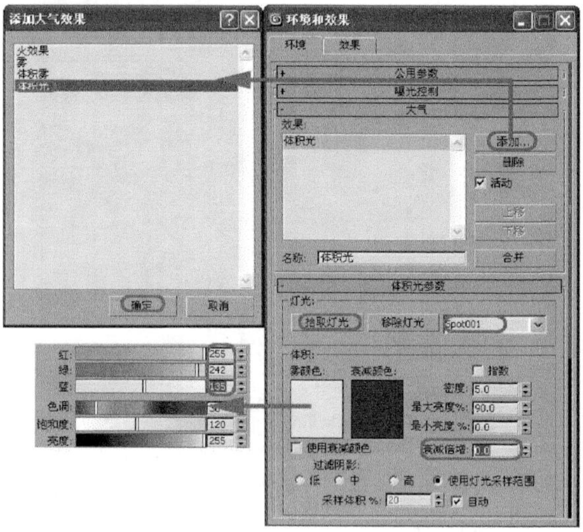

35 在动画控制区单击“自动关键点”按钮，将时间滑块移动到第40帧位置处。在“强度/颜色/衰减”卷展栏中将“远距衰减”选项区下的“开始”和“结束”值分别设置为727.433、1 058.321，按Enter键确认，如下图所示。

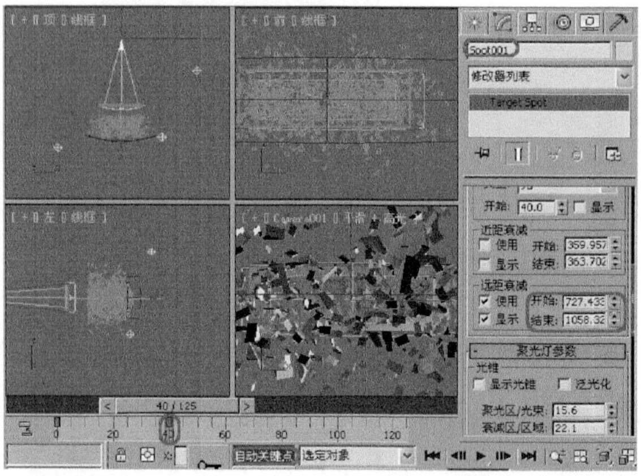

36 将时间滑块移动至第65帧位置处，将“开始”和“结束”值分别设置为483.964、701.386，按Enter键确认，如下图所示。

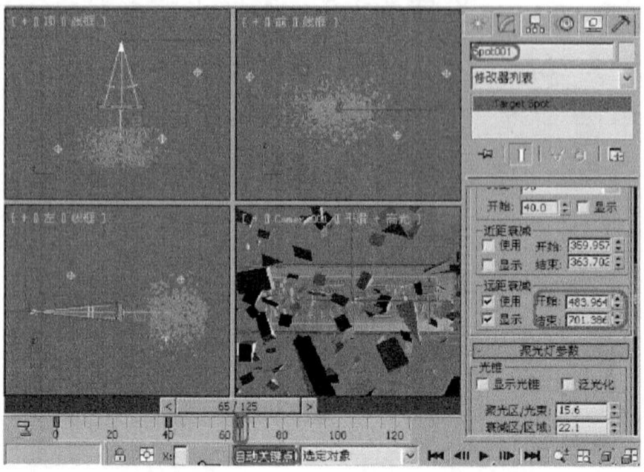

37 将时间滑块移动至第75帧位置处，将“开始”和“结束”值分别设置为59.622、0.0，按Enter键确认。然后关闭“自动关键点”，如下图所示。

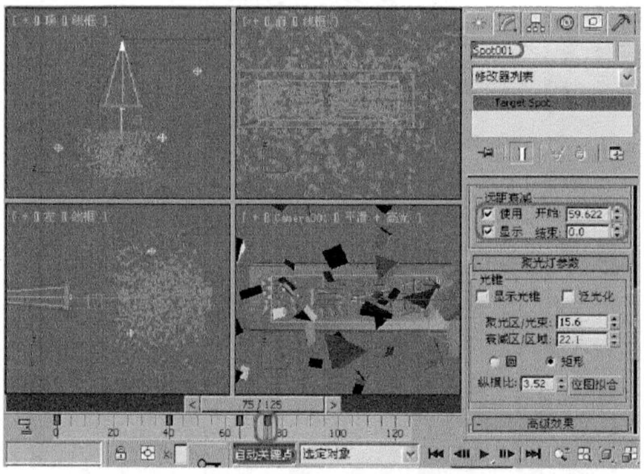

38 选择“创建” | “辅助对象” | “大气装置” | “球体Gizmo”工具，在“顶”视图中文字对象后方右侧位置处创建创建一个圆球线框，并将“半径”设置为47.0，选中“半球”复选框，使当前所创建的圆球线框形成一个半球，如下图所示。

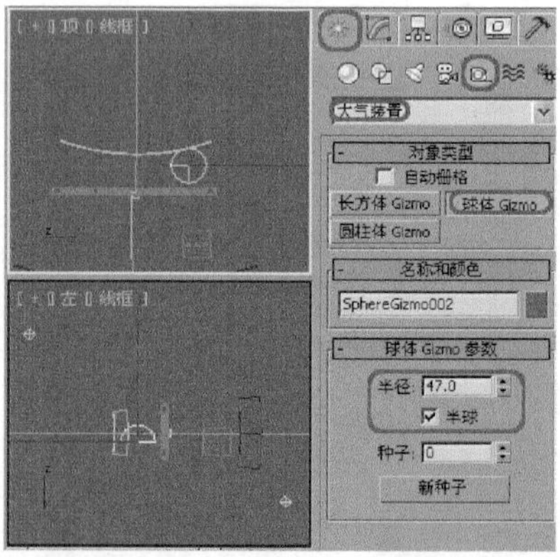

39 单击“选择并移动”按钮，调整线框的位置，再单击“选择并均匀缩放”按钮，在“前”视图中沿Y轴对半球线框进行调节，并观察位于视图底端的信息栏中Y轴参数至255时即可，如下图所示。

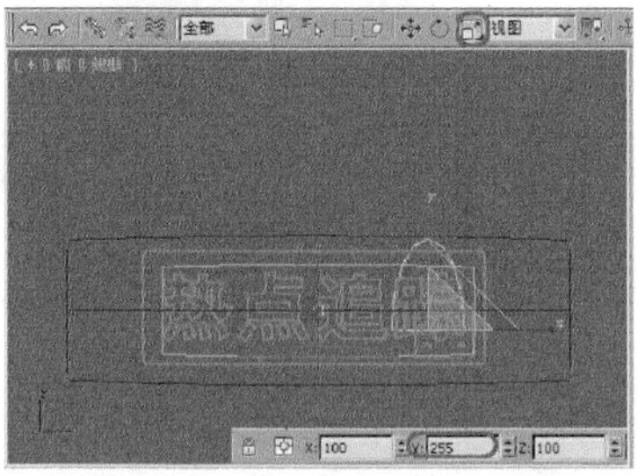

40 单击“选择并移动”按钮，并按Shift键，选择“球体Gizmo”对象并将其向左方移动，在打开的“克隆选项”对话框中选中“对象”选项区中的“复制”单选按钮，并将“副本数”设置为3，最后单击“确定”按钮，如下图所示。

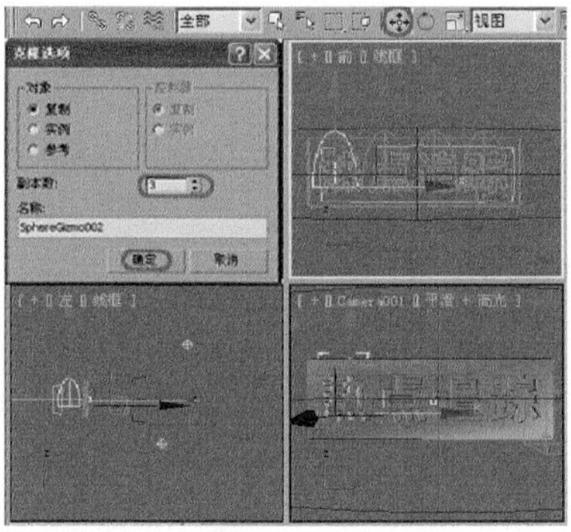

41 在菜单栏中选择“渲染”|“环境”命令，打开“环境和效果”对话框，在“环境”选项卡“大气”卷展栏中单击“添加”按钮，在打开的对话框中选择“火效果”，单击“确定”按钮，如下图所示。

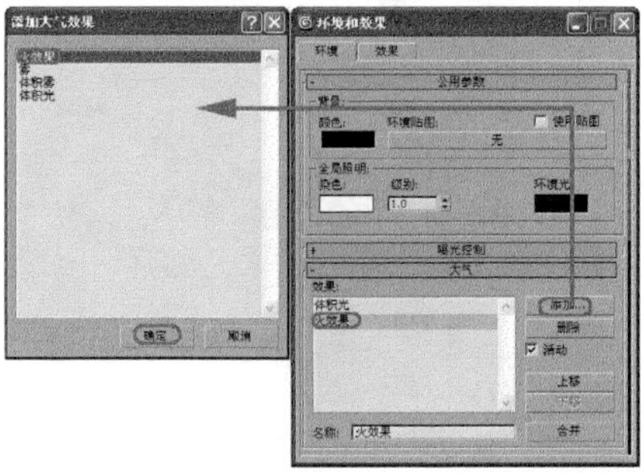

42 这样就添加了一个火效果。在“火效果参数”卷展栏中单击“拾取 Gizmo”按钮，然后在场景中选择4个半球线框。在“颜色”选项区中将“内部颜色”的RGB值设置为242、233、0。将“外部颜色”的RGB值设置为216、16、0，如下图所示。

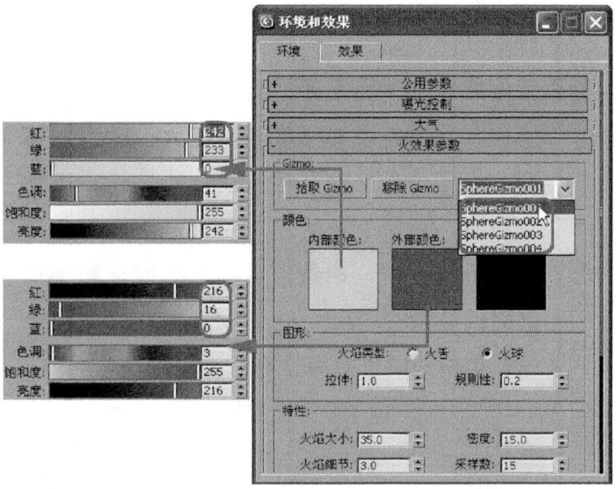

43 在“图形”选项区中将 “火焰类型”设置为“火舌” 。将“规则性”设置0.3，按Enter键确认。在“特性”选项区中将“火焰大小”设置为18.0，按Enter键确认。将“火焰细节”设置为10.0，按Enter键确认。将“采样数”设置为20，按Enter键确认，如下图所示。

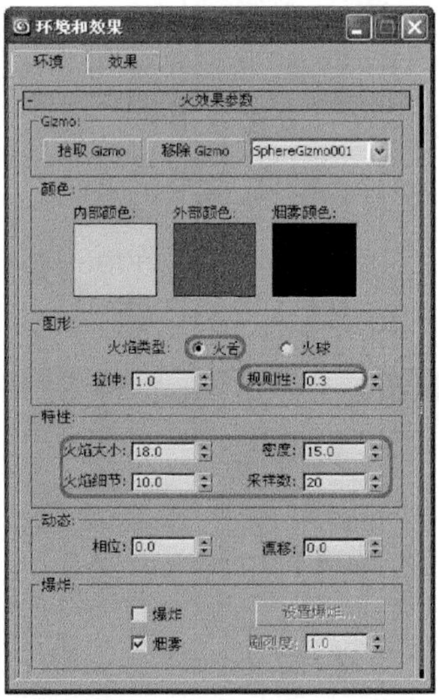

44 在动画控制区打开“自动关键点”动画记录，将时间滑块移动至第125帧位置处，将“动态”选项区下的“相位”值设置为

150.0，按Enter键确认，如下图所示。关闭“自动关键点”。

提示

“火舌”是沿中心有定向的燃烧火焰，方向为大气装置Gizmo物体的自身Z轴向，常用于制作篝火、火把等效果。“相位”是指控制火焰变化的速度，通过对它进行动画制作可以产生动态的火焰效果。相位值的含义根据爆炸开关而不同，当爆炸关闭时，相位值控制火焰燃烧的速度，值越大，燃烧越猛烈，当相位变化的函数曲线在轨迹视窗中为直线时，表现为稳定燃烧的火焰效果。当爆炸项目打开时，相位值控制火焰燃烧和爆炸的时间，值在0至300之间时可以表现出一个近似完整的爆炸动画效果。

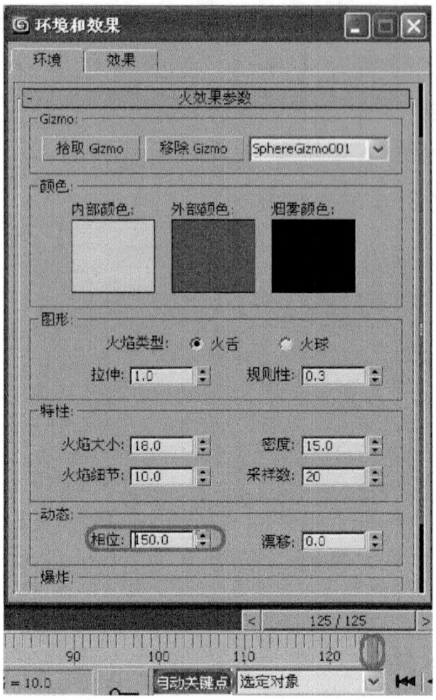

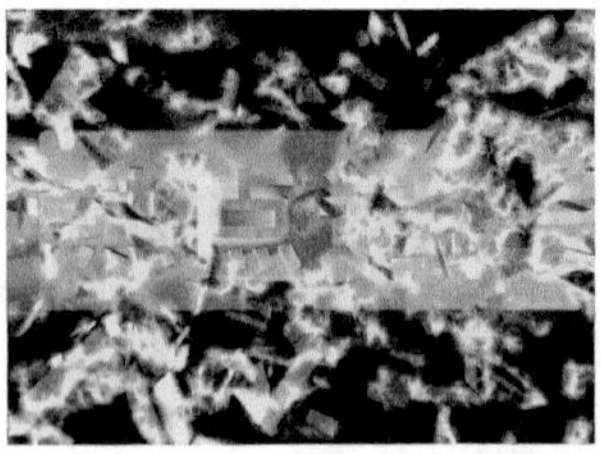

实战操作485 设置碎块的燃烧特效

- 素材：无
- 难度：★★★★★
- 场景：Scence\ Cha18\实战操作485.max
- 视频：视频\ Cha18\实战操作485.avi

发光镜头特效过滤器是使用最多的过滤器，为了使动画的效果更为热烈，下面将为粒子系统制作一个发光特效。其操作步骤如下。

1 在菜单栏中选择“渲染”|“Video Post”命令，打开“Video Post”编辑器窗口，如下图所示。

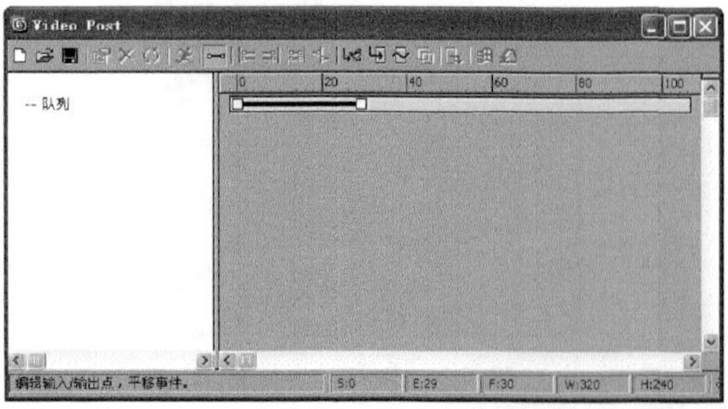

2 单击“添加场景事件”按钮，添加一个场景序列，弹出“添加场景事件”对话框，在打开的对话框中选择使用默认的Camera01视图，单击“确定”按钮，如下图所示。

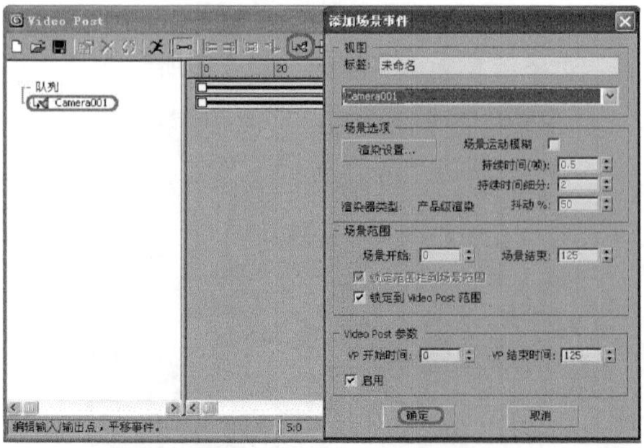

3 单击“添加图像过滤事件”按钮，为场景添加一个过滤器事件，在打开的“添加图像过滤事件”对话框中选择过滤器事件下拉列表中的“镜头效果光晕”过滤器，单击“确定”按钮，将它添加到序列窗口中，如下图所示。

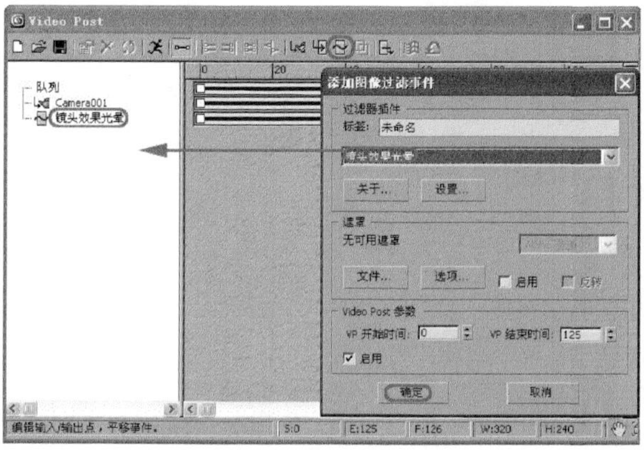

4 单击“添加图像输出事件”按钮，在打开的对话框中单击“文件”按钮，设置文件输出的路径和名称，单击“保存”按钮。然后在打开的“文件压缩设置”对话框中将压缩程序定义为“Intel Indeo（R）Video R3.2”，将“压缩质量”设置为100，将“主帧比率”值设置为0。最后连续单击两次“确定”按钮，如下图所示。

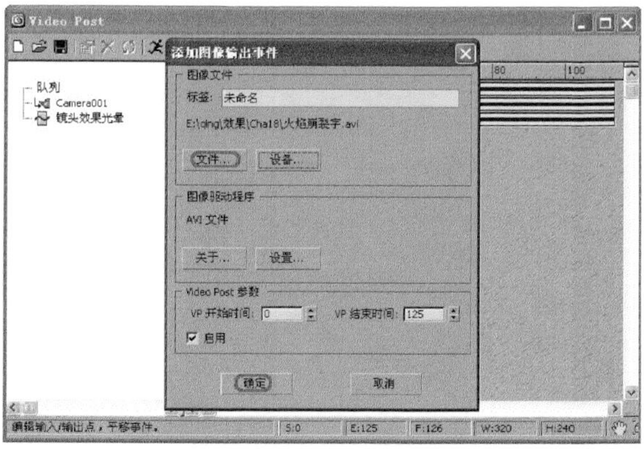

5 在序列窗口中双击“镜头效果光晕”事件，在弹出的对话框中的“过滤器插件”选项区中单击“设置”按钮，进入“发光特效过滤器”的控制面板，单击“预览”和“VP队列”两个按钮，进入“首选项”选项卡，将“效果”选项区中的“大小”设置为2.0，按Enter键确认。在“颜色”选项区中选择“用户”颜色，将颜色的RGB值设置为255、85、0。将“强度”值设置为40.0，按Enter键确认，如下图所示。

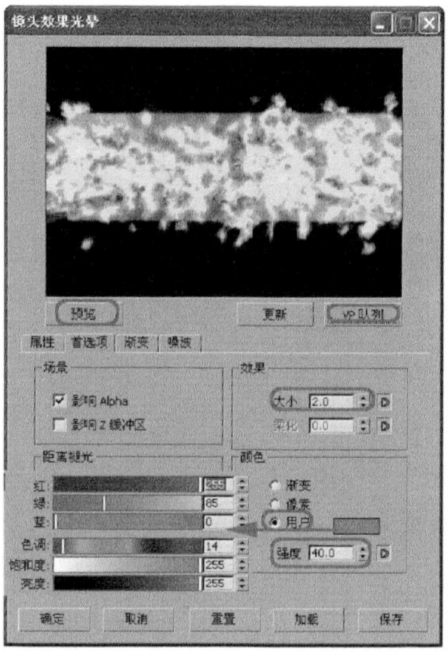

6 进入“噪波”选项卡，将“设置”选项区中的噪波方式设置为“电弧”，将“运动”和“质量”分别设置为0.0、10.0，按Enter键确认。选中“红”、“绿”和“蓝”3个复选框。在“参数”选项区中将“大小”和“速度”分别设置为20.0、0.2，按Enter键确认，将“基准”设置为65.0，按Enter键确认，如下图所示。

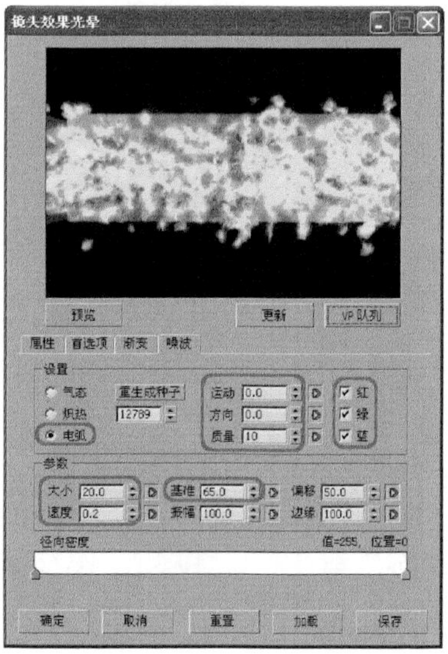

7 完成设置后单击“确定”按钮，回到“视频合成器”窗口。单击“执行序列”按钮，在打开的对话框中将“输出大小”选项区中的“宽度”、“高度”设置为320、240，单击“渲染”按钮，如下图所示。

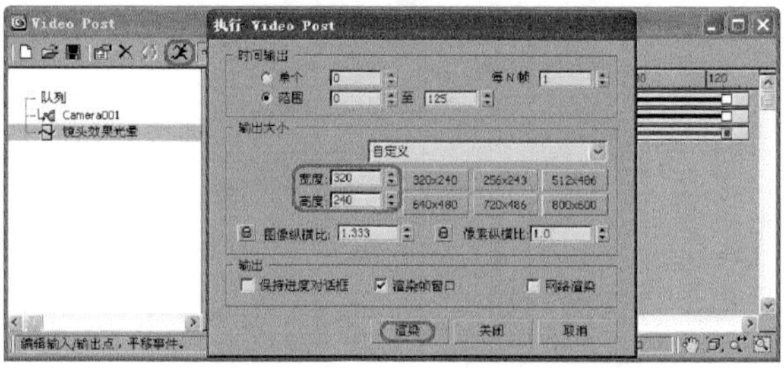

8 即可进入动画的渲染过程。在完成动画的渲染后，按照输出的路径、名称以及文件格式即可找到它进行播放。完成制作后，选择“文件”|“保存”命令对文件进行保存，如下图所示。

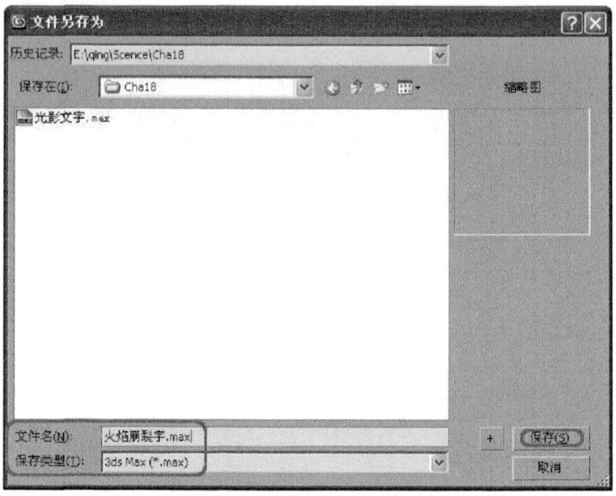

Chapter 19

第19章

广告片头的制作

本章将介绍广告片头的制作，通过对本章的学习可以让读者充分了解粒子系统的使用技巧，及火焰效果的表现。光效在片头动画中是最常用的效果之一，此处介绍光效在片头动画中的妙用，另外，还将介绍视频合成器强大的特效功能。因此，对动画的学习也是整个3ds Max 学习过程中相当重要的一课，希望在本章的学习中仔细体会其中的奥妙！

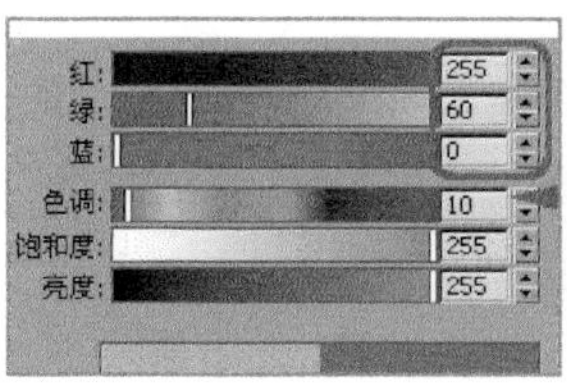

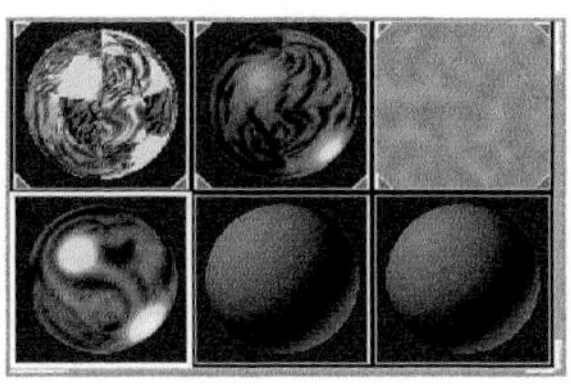

19.1 创建文字及摄影机

本节将介绍创建实例中的文字以及摄影机对象，首先，要进行动画时间的设置。

实战操作486 创建文字及设置材质

素材：无　　场景：无

难度：★★★★★　　视频：视频\Cha19\实战操作486.avi

文字的创建在日常工作中经常会使用到，尤其在片头动画中，在本节中将介绍文字的创建及材质的设置。其操作步骤如下。

1 重置一个新的场景文件，在视图底部的时间控制工具栏中单击“时间配置”按钮，打开“时间配置”对话框，在“动画”选项区中将“结束时间”设置为180帧，单击“确定”按钮，轨迹栏与时间滑块上随即显示出设置的时间长度，如下图所示。

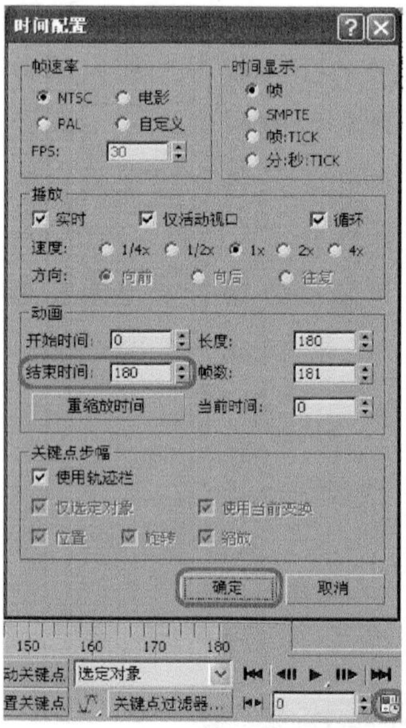

2 选择“创建”|“图形”|“样条线”|“文本”工具，在“参数”卷展栏中的字体列表中选择“经典粗黑简”，在文本输入框中输入“齐鲁卫视”，将“大小”设置为100.0，将“字间距”值设置为30.0，然后在“前”视图中单击创建文字，并将它命名为“主标题”，如下图所示。

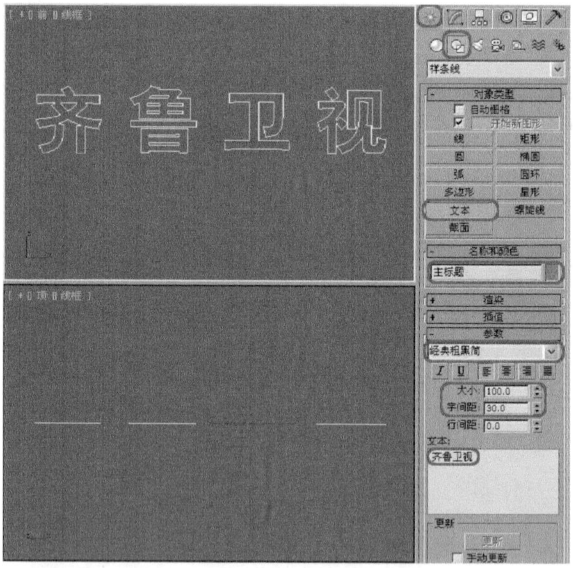

3 单击“修改”按钮，进入“修改”命令面板，在“修改器列表”中选择“倒角”修改器，在“倒角值”卷展栏中将“级别1”下的“高度”和“轮廓”设置为2.0、2.5；选中“级别2”复选框，将它下面的“高度”值设置为8.0；选中“级别3”复选框，将它下面的“高度”、“轮廓”值设置为2.0、-2.5，

如下图所示。

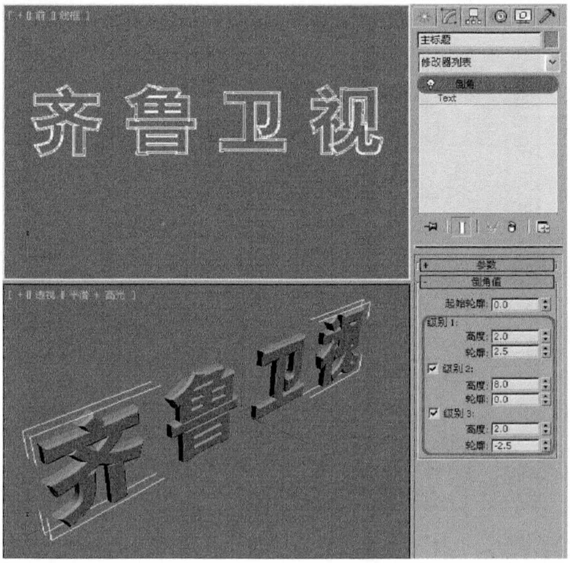

4 在“修改器列表”中选择“编辑网格”修改器，将当前选择集定义为“多边形”，在“顶”视图中选择文字侧面的多边形面，在“曲面属性”卷展栏中将“材质”选项区中的“设置ID”设置为1，如下图所示。

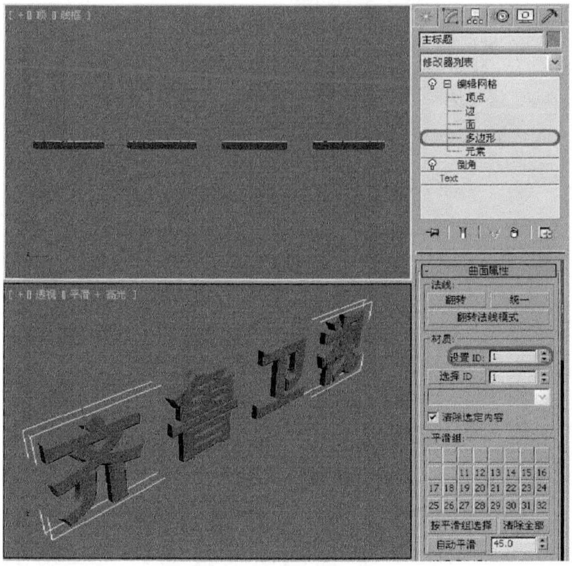

5 在菜单栏中选择“编辑”|“反选”命令，然后在“曲面属性”卷展栏中将“材质”选项区中的“设置ID”设置为2，如下图所示。

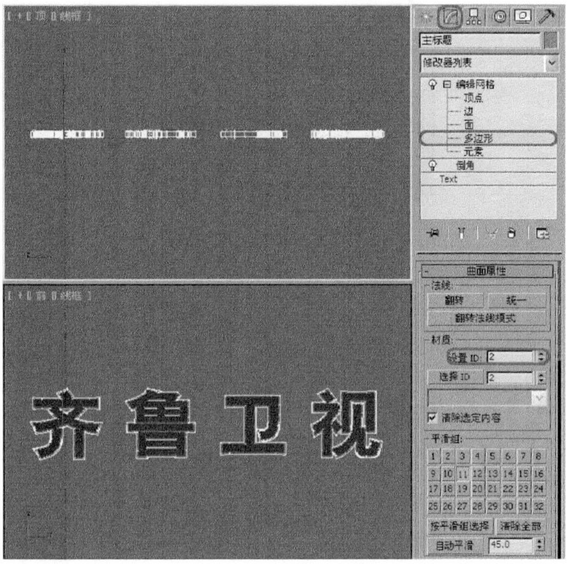

6 关闭当前选择集，选择“主标题”对象。在工具栏中单击“材质编辑器”按钮，打开“材质编辑器”对话框，单击“Standard”按钮，在打开的“材质/贴图浏览器”对话框中选择“多维/子对象”材质，单击“确定”按钮。再在弹出的“替换材质”对话框中使用默认设置，单击“确定”按钮即可，如下图所示。

7 在“多维/子对象基本参数”卷展栏中单击“设置数量”按钮，在打开的“设置材质数量”对话框中将“材质数量”设置为2，

单击“确定”按钮，并将其命名为“主标题”，如下图所示。

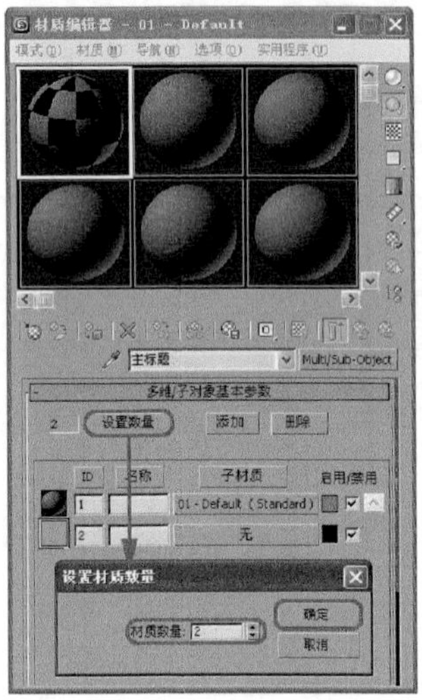

8 单击“ID 1”后面的材质按钮，进入该子级材质面板中，在“明暗器基本参数”卷展栏中将明暗器类型定义为“金属”。在“金属基本参数”卷展栏中将“环境光”的RGB值设置为240、60、0；将“漫反射”的RGB值设置为255、255、0，将“自发光”选项区中的“颜色”设置为20，将“反射高光”选项区中的“高光级别”和“光泽度”设置为92和76，如下图所示。

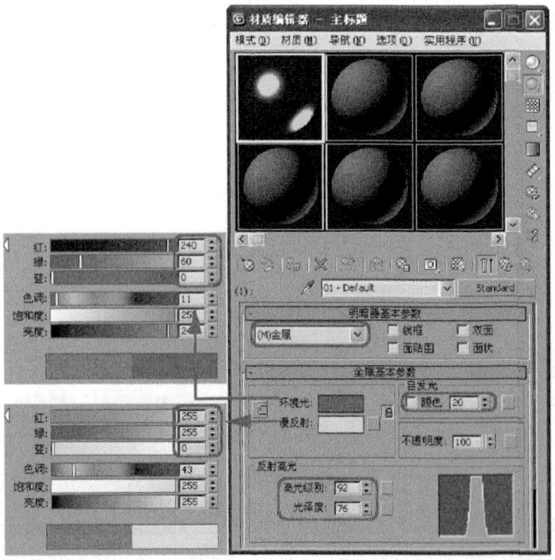

9 打开“扩展参数”卷展栏，在“高级透明”选项区中将“衰减”类型设置为“外”，将“过滤”色的RGB值设置为245、255、0，如下图所示。

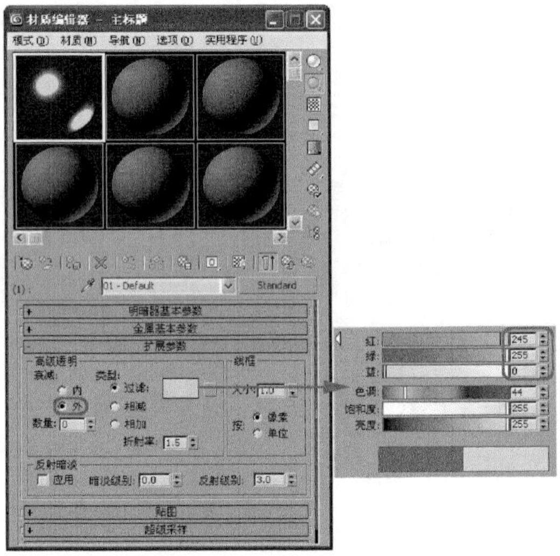

10 打开“贴图”卷展栏，单击“反射”通道右侧的“None”按钮，在打开的“材质/贴图浏览器”对话框中选择“位图”贴图，单击“确定”按钮，再在打开的对话框中选择随书附带光盘中的\Map\Golds.jpg文件，单击“打开”按钮，在“坐标”卷展栏中使用默认设置，如下图所示。

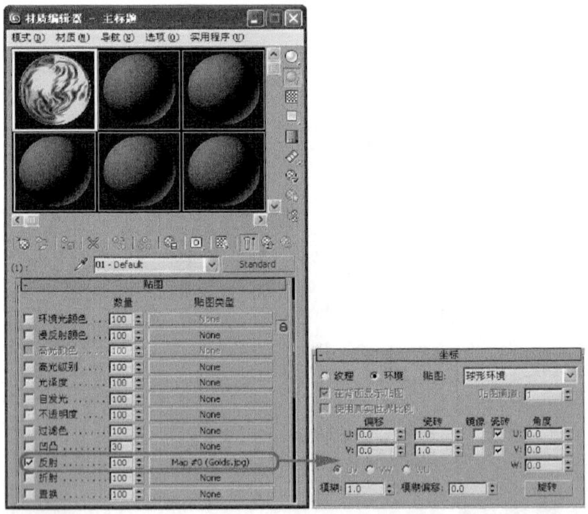

11 单击两次“转到父对象”按钮，单击“ID2”后面的材质按钮，在弹出的“材质/贴图浏览器”对话框中选择“标准”材质，单击“确定”按钮，进入该子级材质面板中。在“明暗器基本参数”卷展栏中将明暗器类型定义为“金属”。在“金属基本参数”卷展栏中将“环境光”的RGB值设置为240、60、0，将“漫反射”的RGB值设置为255、215、0，将“反射高光”选项区中的“高光级别”和“光泽度”分别设置为85、87，如下图所示。

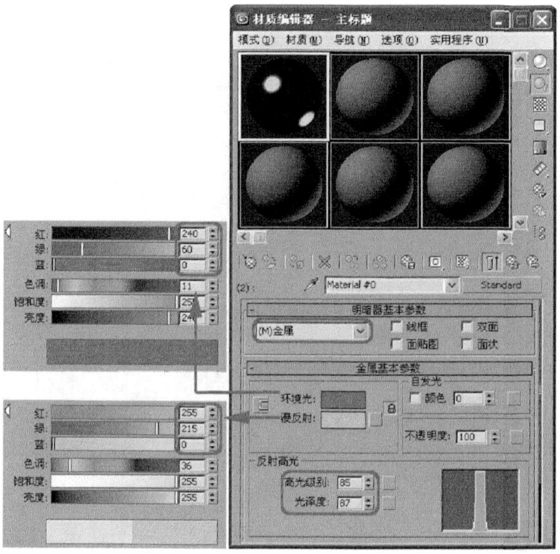

12 打开“扩展参数”卷展栏，在“高级透明”选项区中将“衰减”类型设置为“外”，将“过滤”色的RGB值设置为245、255、0，如下图所示。

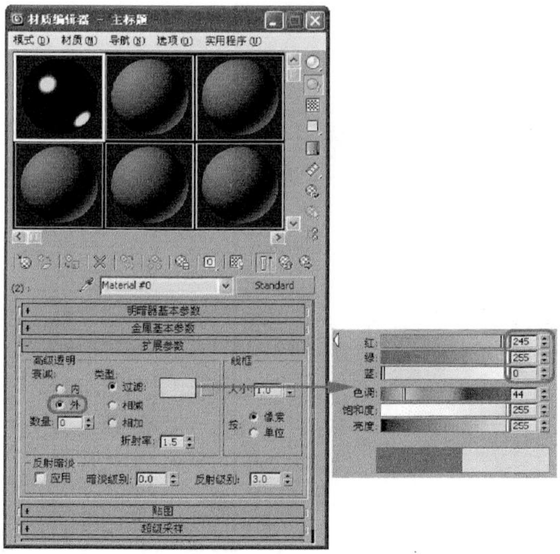

13 打开“贴图”卷展栏，单击“反射”通道右侧的“None”按钮，在打开的“材质/贴图浏览器”对话框中选择“位图”贴图，单击“确定”按钮，再在打开的对话框中选择随书附带光盘中的\Map\Golds.jpg文件，单击“打开”按钮，如下图所示。

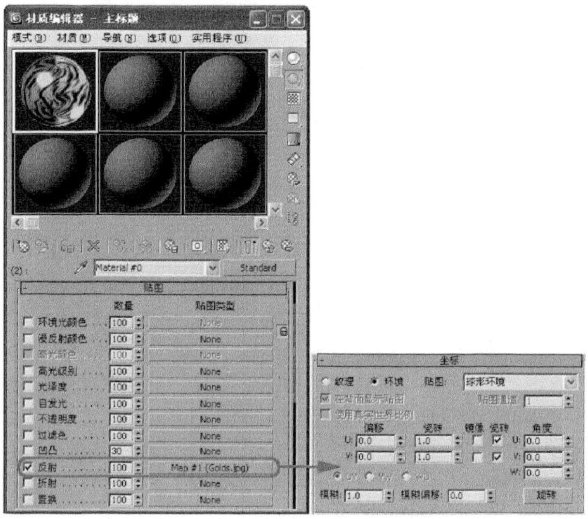

14 拖动时间滑块至第180帧，打开“自动关键点”，将“瓷砖”下的“U”、“V”值分别设置为2.8、2.8，如下图所示。关闭“自动关键点”，单击两次“转到父对象”按钮，然后单击“将材质指定给选定对象”按钮。

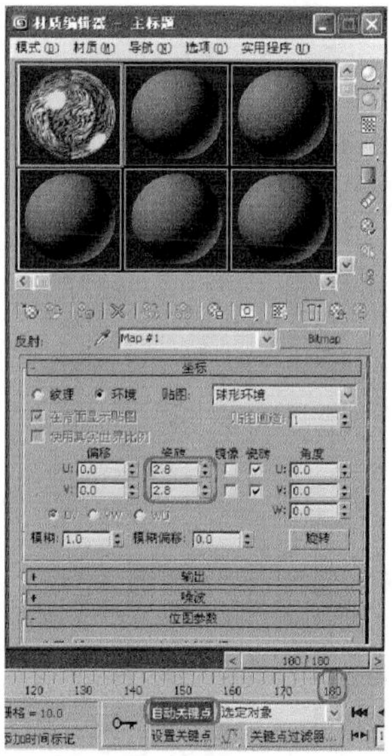

15 选择“创建”|“图形”|“样条线”|“文本”工具，在“参数”卷展栏中的字体列表中选择“华文新魏”，将“大小”和“字间距”设置为80.0、20.0，在文本框中输入“综艺频道”，在“前”视图中“齐鲁卫视”的下面单击创建文字，并将创建的文字

命名为“副标题”，如下图所示。

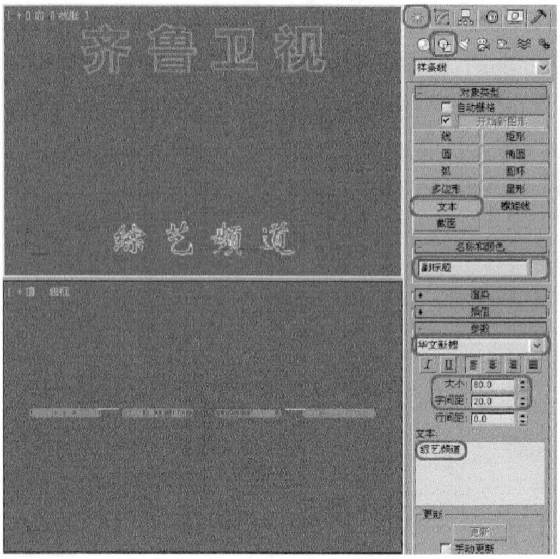

16 单击“修改”按钮，进入“修改”命令面板，在“修改器列表”中选择“倒角”修改器，在“倒角值”卷展栏中将“级别1”下的“高度”、“轮廓”设置为2.0、1.5；选中“级别2”复选框，将它下面的“高度”值设置为5.0；选中“级别3”复选框，将它下面的“高度”和“轮廓”设置为2.0、-1.5，如下图所示。

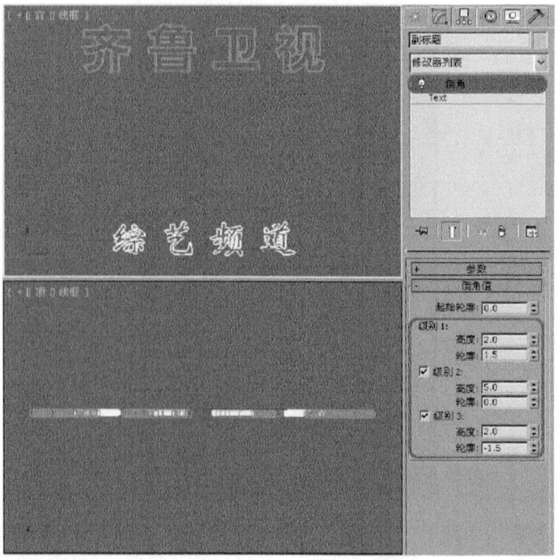

17 选择“副标题”对象。单击工具栏中的“材质编辑器”按钮，打开“材质编辑器”对话框，激活第2个材质样本球，并将其命名为“副标题”，在“明暗器基本参数”卷展栏中将明暗器类型定义为“金属”。在“金属基本参数”卷展栏中，将“环境光”的RGB值设置为242、57、0；将“漫反射”的RGB值设置为253、53、0，将“反射高光”选项区中的“高光级别”和“光泽度”设置为92、76，如下图所示。

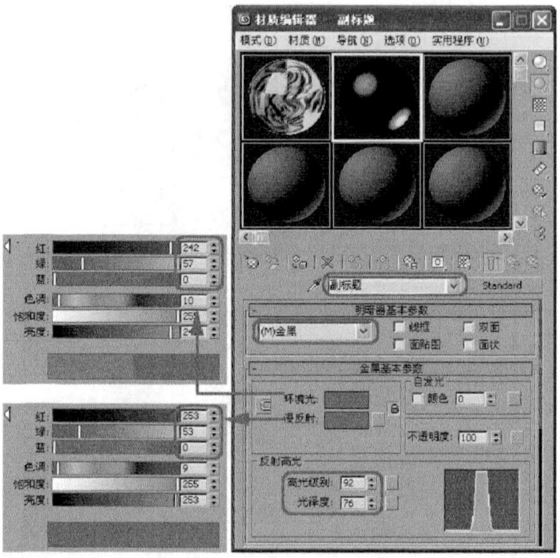

18 打开“扩展参数”卷展栏，在“高级透明”选项区中将“衰减”类型设置为“外”，将“过滤”色的RGB值设置为246、255、0，如下图所示。

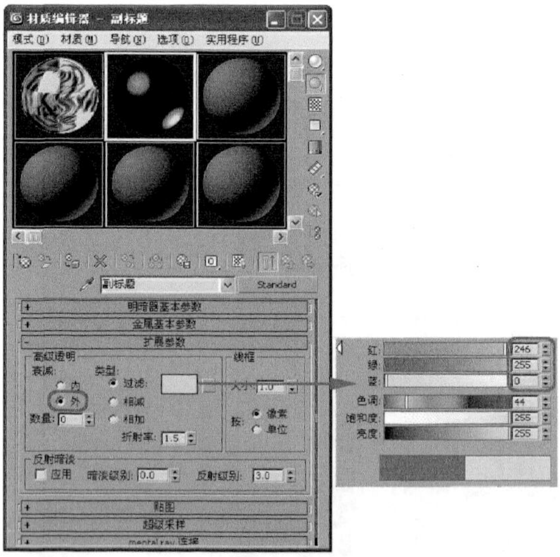

19 打开“贴图”卷展栏，单击“反射”通道右侧的“None”按钮，在打开的“材质/贴图浏览器”对话框中选择“位图”贴图，单击“确定”按钮，再在打开的对话框中选择随书附带光盘中的\Map\Golds.jpg文件，单击

“打开”按钮，如下图所示。

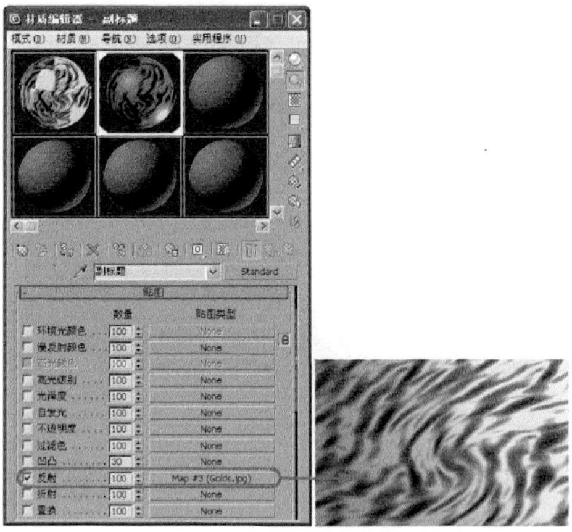

20 在“坐标”卷展栏中将“模糊偏移”值设置为0.016，如下图所示。单击“转到父对象” 按钮，然后单击“将材质指定给选定对象”按钮。

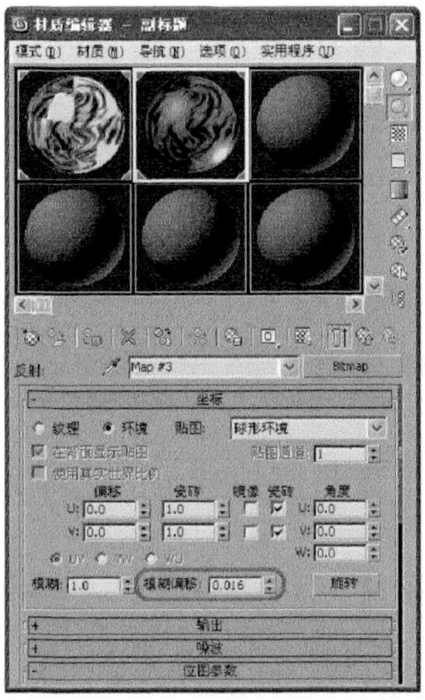

实战操作487 创建摄影机并设置摄影机动画

素材：无　　场景：无

难度：★★★★★　　视频：视频\Cha19\实战操作.avi

摄影机在动画中就好像人的眼睛，在三维动画中也起着很重要的作用，下面介绍摄影机的创建和摄影机动画的设置。其操作步骤如下。

1 选择“创建” |“摄影机” |“标准”|“目标”摄影机工具，在“顶”视图中创建一架目标摄影机，在“参数”卷展栏中将“镜头”值设置为30.0，单击鼠标右键激活“透视”图，按C键将该视图转换为“摄影机”视图，按“Shift+F”组合键显示安全框，然后在“前”视图以及“左”视图中调整摄影机的位置，如下图所示。

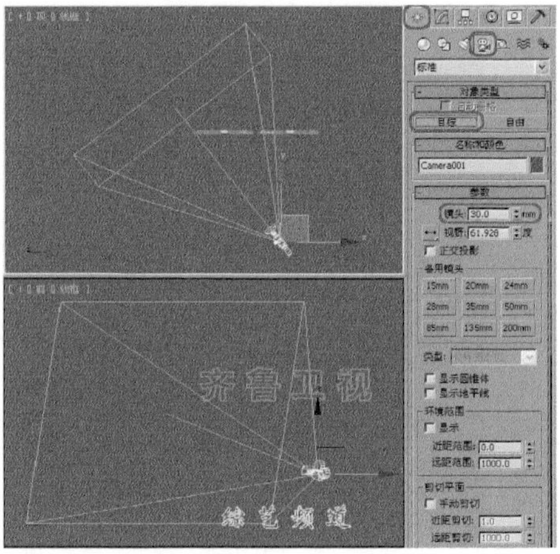

2 拖动时间滑块至第76帧，打开“自动关键点”，在工具栏中单击“选择并移动”按钮，在“顶”视图中沿X轴向左调整摄影机的位置，再沿X轴向右调整摄影机目标点的位置，在“左”视图中沿Y轴和X轴向上与向右移动摄影机的位置，如下图所示。然后关闭“自动关键点”。

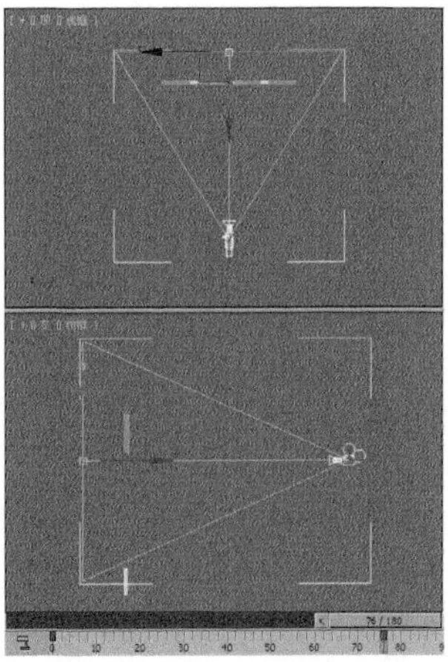

19.2 设置动画及渲染

摄影机动画设置完成后，再为文字设置动画，另外还要添加一些火焰燃烧、体积光和星光等漂亮的动画特效，在后面的操作中将逐一介绍它们的制作方法。

实战操作488 设置文字动画

素材：无　　场景：无

难度：★★★★★　　视频：视频\Cha19\实战操作488.avi

下面介绍文字动画的设置。其操作步骤如下。

1 拖动时间滑块至第0帧，选择“齐鲁卫视”对象，在“顶”视图中调整文字的位置，如下图所示。

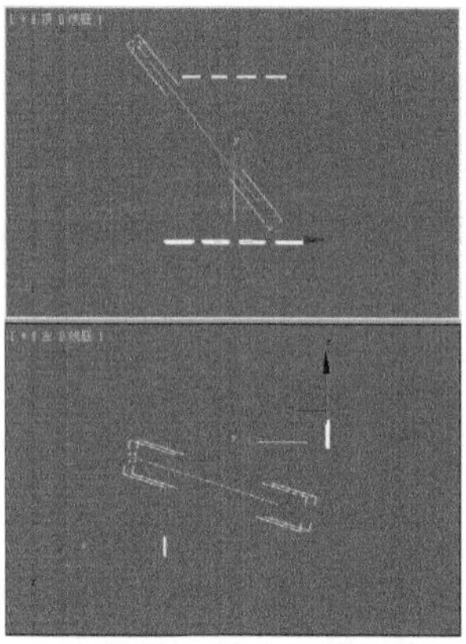

2 拖动时间滑块至第40帧，打开“自动关键点”，在“顶”视图中调整文字的位置，如下图所示。

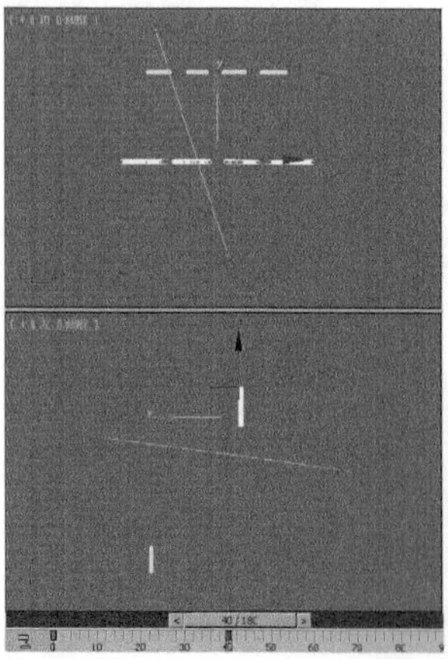

3 拖动时间滑块至第80帧，在“左”视图中调整文字的位置，如下图所示。

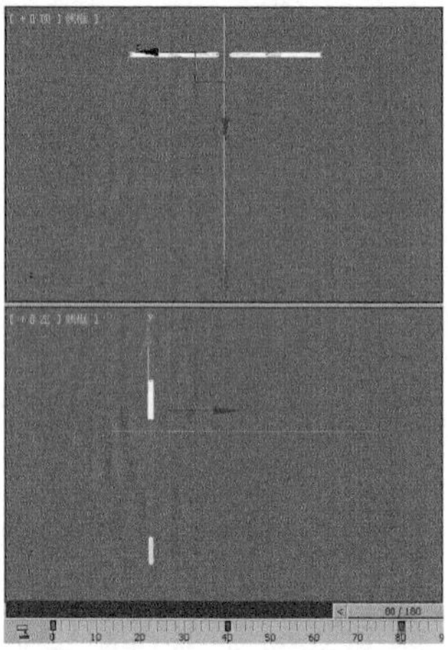

4 关闭“自动关键点”。在“前”视图中沿Y轴向上移动“综艺频道”文字对象的位置，如下图所示。

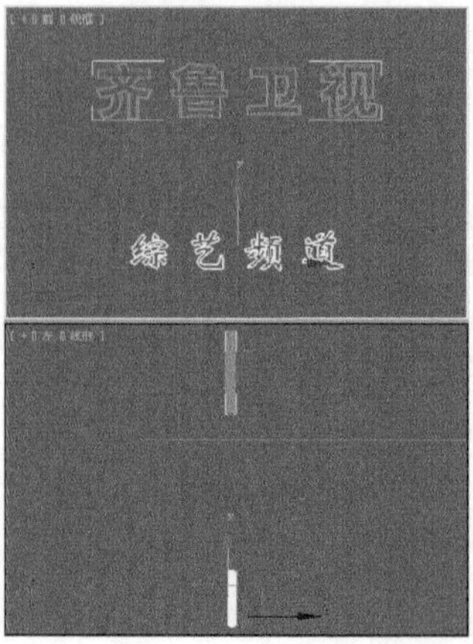

5 拖动时间滑块至第110帧，打开“自动关键点”，在“前”视图中沿Y轴将“综艺频道”文字对象向上调整，如下图所示。

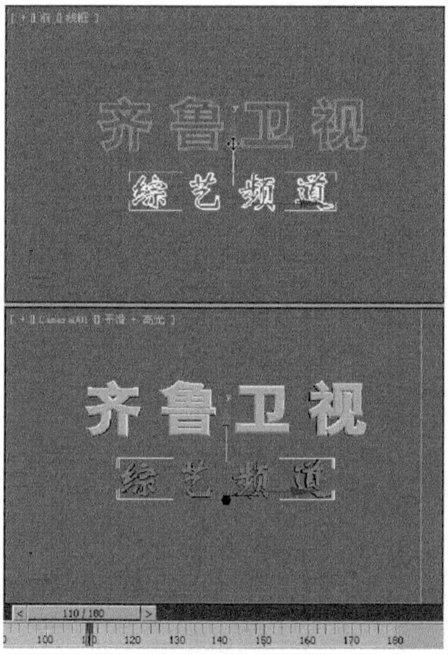

6 在轨迹条中将第0帧处的关键帧调整至第60帧，该文字则会从第60帧开始出现在镜头中，如下图所示。

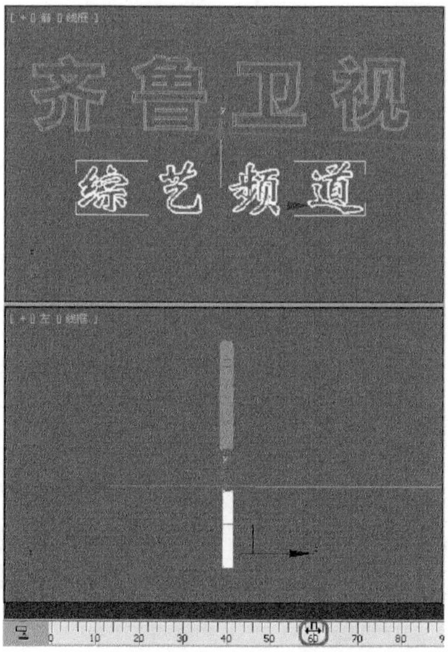

7 关闭“自动关键点”，拖动时间滑块至第0帧。选择“创建” | “空间扭曲” | “几何/可变形” | “涟漪”工具，在“顶”视图中创建一个涟漪空间扭曲物体，在“参数”卷展栏中将“振幅1”、“振幅2”和“波长”设置为10.0、15.0和270.0，如下图所示。

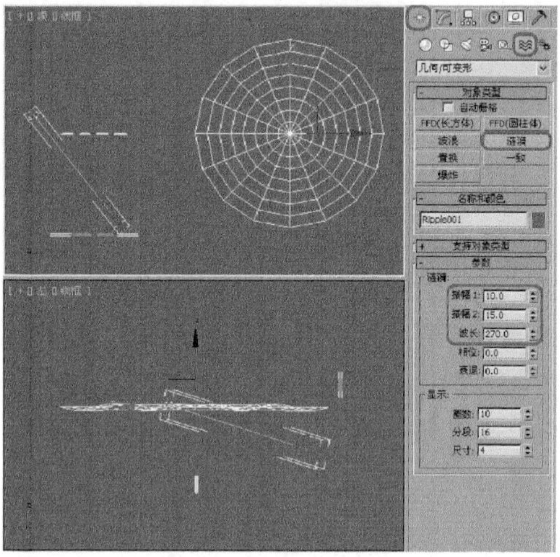

8 单击工具栏中的“绑定到空间扭曲”按钮，选择“综艺频道”文字，在该文字上按住鼠标左键向空间扭曲物体上拖动，将文字绑定到空间扭曲物体上，然后将时间滑块拖至180帧的位置，打开“自动关键点”，在“前”视图中将空间扭曲物体沿X轴向右移动，如下图所示。然后关闭“自动关键点”，这样被绑定的对象就会产生波浪扭曲的运动效果。

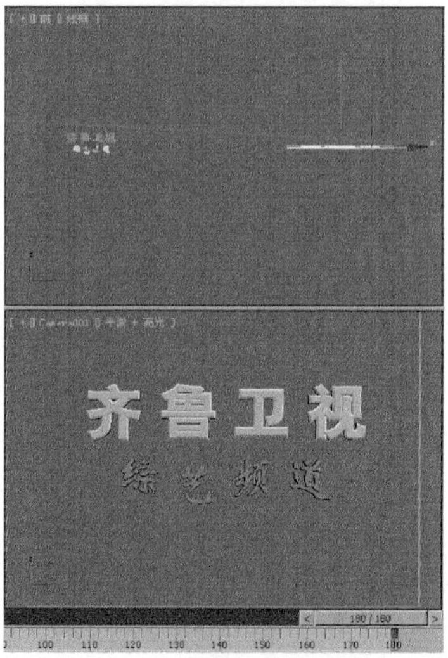

提示

当对象绑定到空间扭曲物体上以后，它会产生波浪扭曲变形但不会作波浪运动，只有在空间扭曲物体移动时被绑定的对象才会产生波浪扭曲运动。

实战操作489 制作火焰燃烧

素材：无　　场景：无

难度：★★★★★　　视频：视频\Cha19\实战操作489.avi

下面介绍火焰燃烧特效的制作。其操作步骤如下。

1 拖动时间滑块至第0帧。选择“创建”| “辅助对象” | “大气装置” | “球体Gizmo”工具，在“球体Gizmo 参数”卷展栏中选中“半球”复选框，在“顶”视图中创建一个半球线框，将“半径”值设置为107.0，如下图所示。

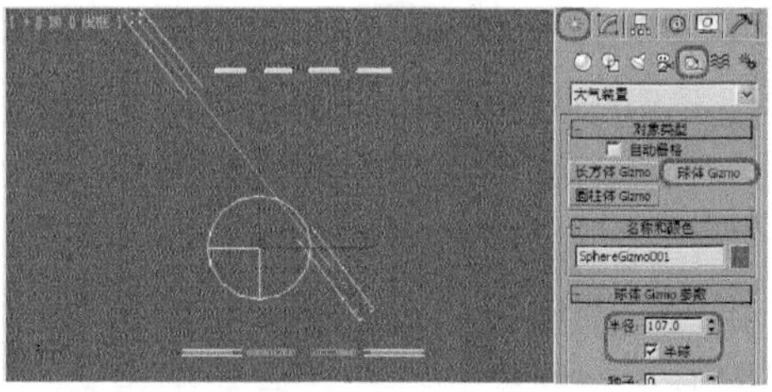

2 单击工具栏中的“选择并均匀缩放”按钮，对球体Gizmo对象进行非等比缩放，使其接近火舌的形状，如下图所示。

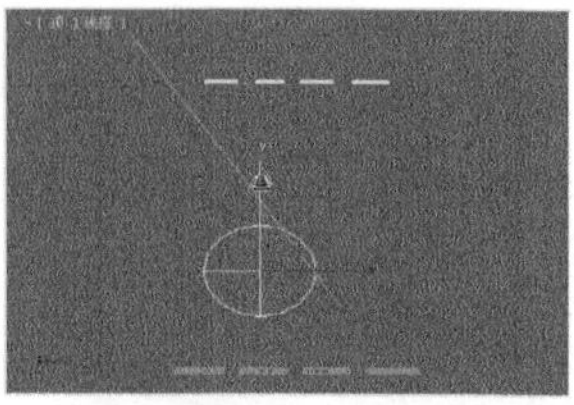

3 单击工具栏中的“选择并移动”按钮以及“选择并均匀缩放”按钮，并配合着Shift键对线框进行复制调整，复制5个即可，如下图所示。

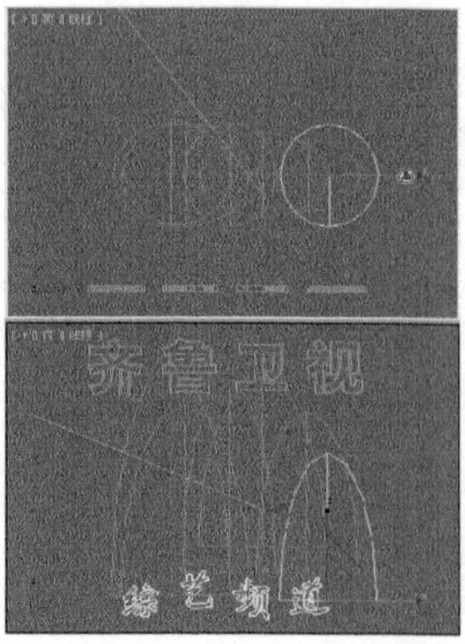

4 在菜单栏中选择“渲染”|“环境”命令，打开“环境和效果”对话框，在“大气”卷展栏中单击“添加”按钮，在打开的对话框中选择“火效果”，单击“确定”按钮，添加一个火焰效果，如下图所示。

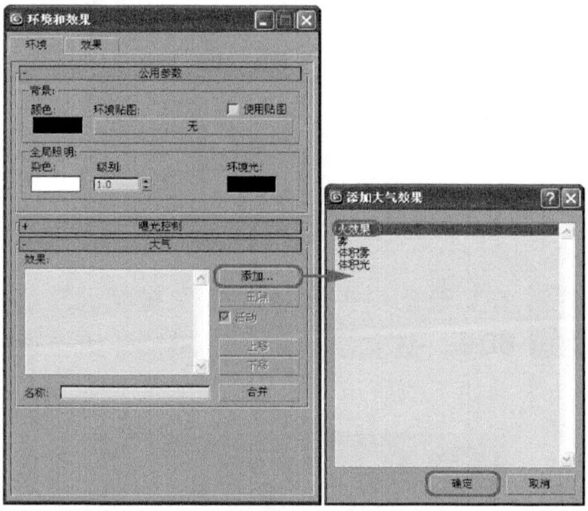

5 在“火效果参数”卷展栏中单击“拾取Gizmo”按钮，然后在视图中选择6个半球线框；在“颜色”选项区下将“内部颜色”的RGB值设置为255、60、0，将“外部颜色”的RGB值设置为255、50、0，如下图所示。

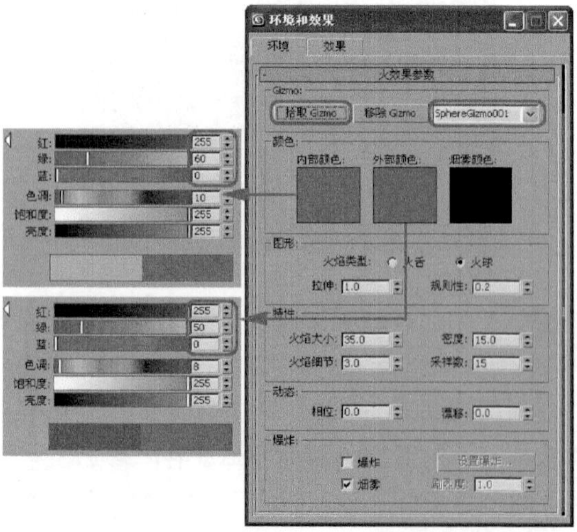

6 在“图形”选项区下将“火焰类型”设置为“火舌”，将“拉伸”值设置为1.0；在“特性”选项区下将“火焰大小”、“火焰细节”、“密度”、“采样数”分别设置为45.0、3.0、33.8、10.0，将时间滑块调至180帧的位置处，打开“自动关键点”，将“动态”选项区下的“相位”和“漂移”设置为268.0、90.0，如下图所示。然后关闭“自动关键点”。

提示 “相位”和“漂移”专门用来设置火焰的动画效果，通过调整这两个参数可以达到意想不到的效果。

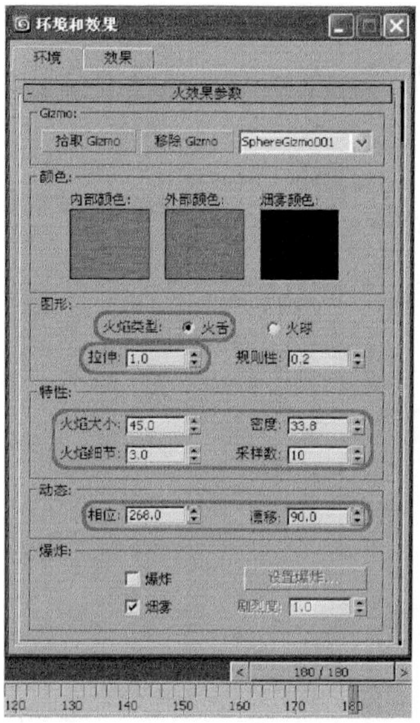

实战操作490　制作体积光动画

素材：无　　场景：无

难度：★★★★★　　视频：视频\Cha19\实战操作490.avi

下面介绍体积光动画的设置。其操作步骤如下。

1 拖动时间滑块至第0帧。选择“创建”|“灯光”|“标准”|“泛光灯”工具，在“顶”视图中创建一盏泛光灯，在“强度/颜色/衰减”卷展栏中将“倍增”值设置为1.3，将灯光颜色的RGB值设置为177、147、147，并在其他视图中调整其位置，如下图所示。

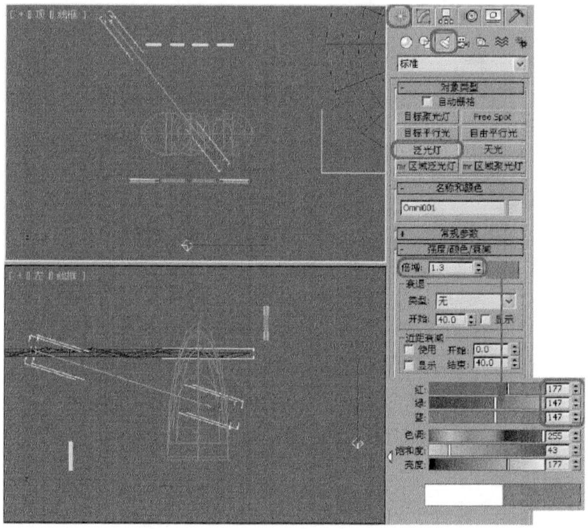

2 继续使用“泛光灯”工具在“顶”视图中创建一盏泛光灯，在“强度/颜色/衰减”卷展栏中将“倍增”值设置为0.8，将灯光颜色的RGB值设置为137、137、137；选中“远距衰减”选项区中的“使用”和“显示”复选框，将“开始”和“结束”分别设置为425.0、712.0，并在其他视图中调整其位置，如下图所示。

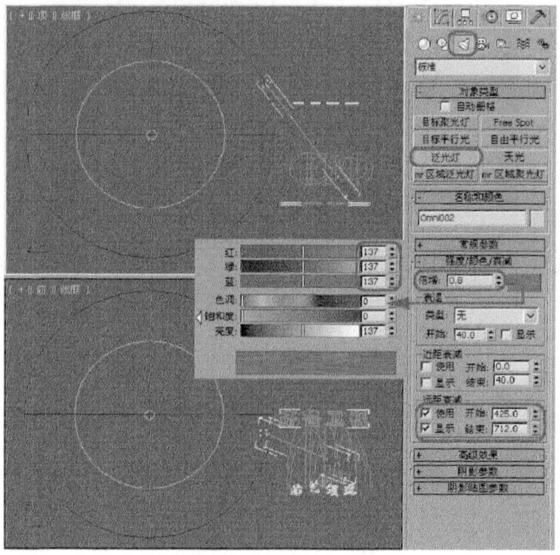

3 拖动时间滑块至第120帧，打开“自动关键点”，在“顶”视图中将泛光灯沿X轴向右移动，如下图所示。

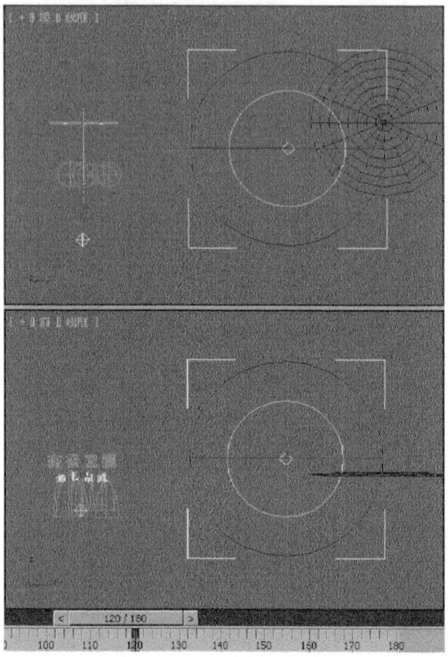

4 将第0帧处的关键点调至第60帧的位置处，这样灯光将在60帧处开始由左向右移动，如下图所示。

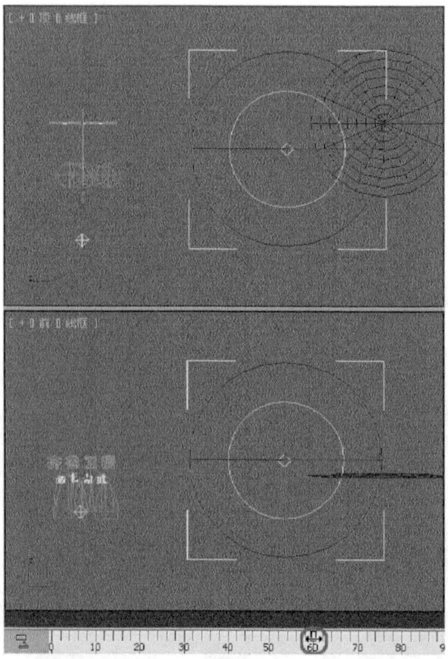

5 关闭“自动关键点”，拖动时间滑块至第0帧。选择“创建”|“灯光”|“标准”|“目标聚光灯”工具，在“顶”视图中创建一盏目标聚光灯，并在其他视图中调整其位置，如下图所示。

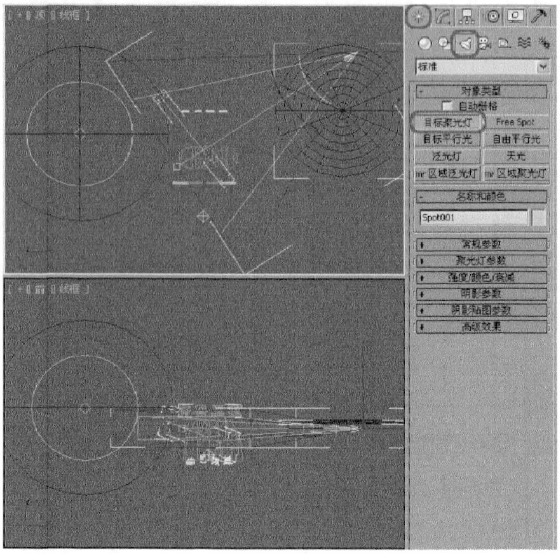

6 单击“修改”按钮，进入“修改”命令面板，在“常规参数”卷展栏中选中“阴影”选项区中的“启用”复选框，在“强度/颜色/衰减”卷展栏中将“倍增”值设置为2.87，将灯光颜色的RGB值设置为0、0、0，选中“远距衰减”选项区中的“使用”和“显示”复选框，将“开始”和“结束”分别设置为475.0、712.0，在“聚光灯参数”卷展栏中将“聚光区/光束”和“衰减区/区域”分别设置为16.5、25.5，选中“矩形”单选按钮，将“纵横比”设置为6.7，如下图所示。

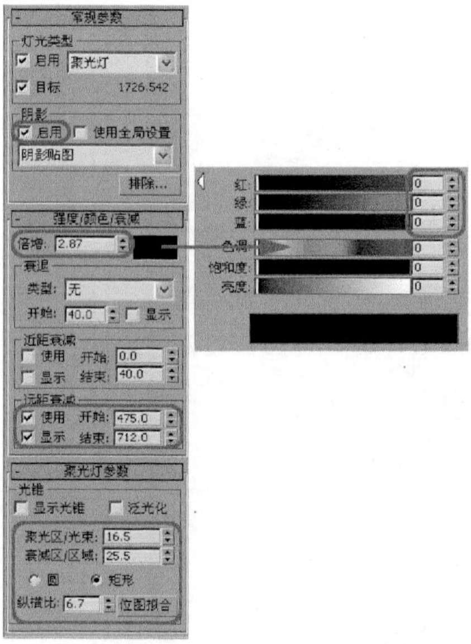

7 拖动时间滑块至第110帧，打开“自动关键点”，记录“目标聚光灯”灯光颜色的动画，在“强度/颜色/衰减”卷展栏中将灯光颜色的RGB值设置为180、180、180；将“远距衰减”选项区中的“开始”和“结束”分别设置为500.0、1 000.0；然后将第0帧处的关键帧移动至第100帧位置处，如下图所示。

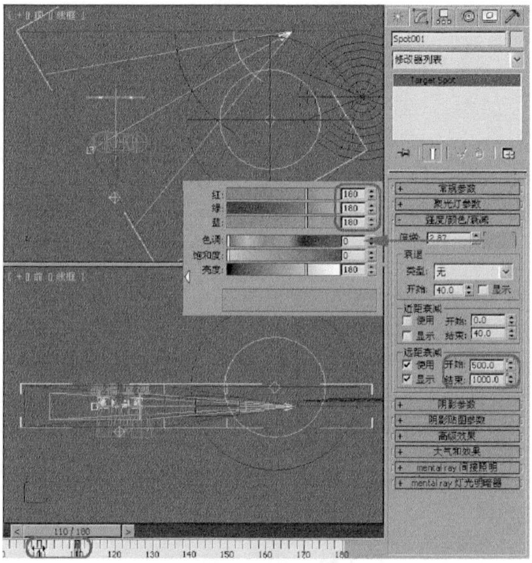

8 将关键点调至130帧的位置，将“远距衰减”选项区中的“开始”和“结束”分别设置为550.0、1 500.0，在“顶”视图中选择目标聚光灯将它沿X轴向左移动，再选择目标点将它沿X轴向右移动，如下图所示。

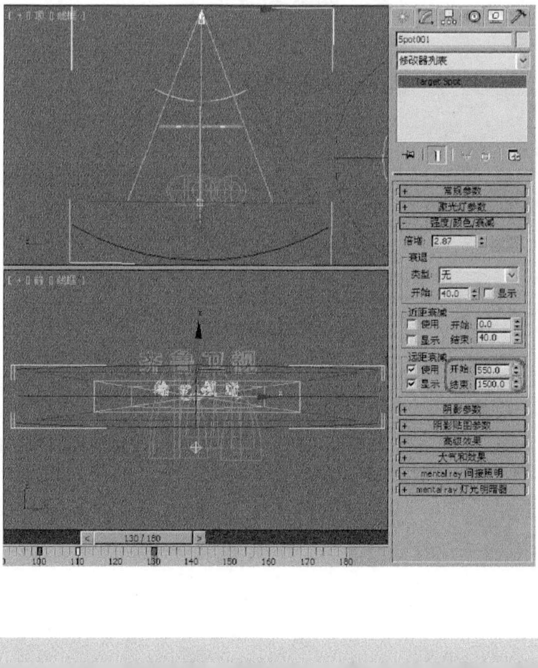

9 再将时间滑块调至第150帧的位置，将“远距衰减”选项区中的“开始”和“结束”值设置为500.0、1 000.0，在视图中选择目标聚光灯将它沿X轴向左移动，再选择目标点将它沿X轴向右移动，如下图所示。调整时间滑块至第160帧的位置，在“强度/颜色/衰减”卷展栏中将灯光颜色的RGB值设置为0、0、0。

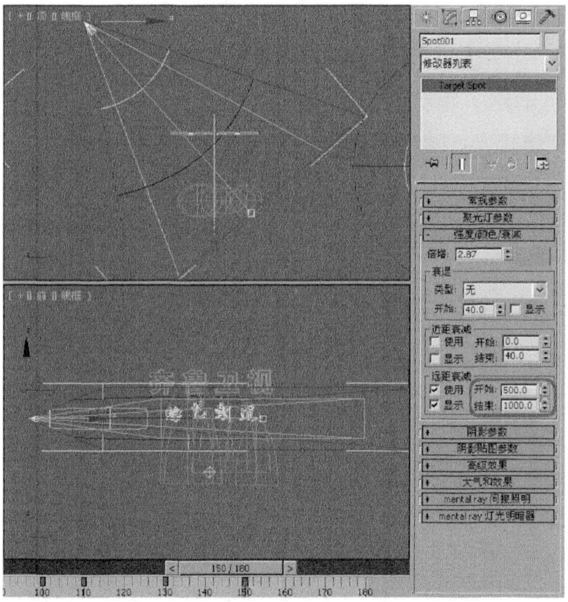

10 关闭“自动关键点”，拖动时间滑块至第0帧。在工具栏中单击“曲线编辑器（打开）”按钮 ，打开“轨迹视图—曲线编辑器”面板，在左侧的序列窗口中选择Spot001下的“变换”下“位置”的“X位置”、“Y位置”、“Z位置”3个选项，框选所有关键点，单击鼠标右键，在打开的对话框中单击“输入”和“输出”按钮，将曲线类型定义为和，如下图所示。

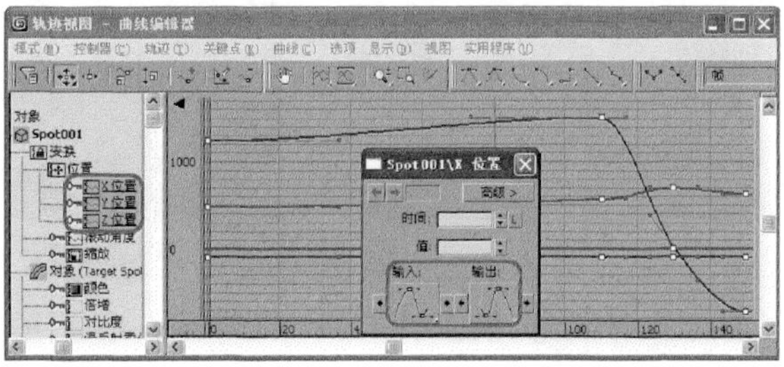

实战操作491 设置体积光效果

素材：无　　场景：无

难度：★★★★★　　视频：视频\Cha19\实战操作491.avi

在下面的操作中将介绍体积光效果的设置。

1 在场景中选择目标聚光灯，在“高级效果”卷展栏中单击“投影贴图”下的“None”按钮，在打开的“材质/贴图浏览器”对话框中选择“噪波”贴图，单击“确定”按钮，如下图所示。

2 按M键打开“材质编辑器”对话框，将“噪波”贴图拖曳至“材质编辑器”对话框中的一个新的材质样本球中，在打开的对话框中选中“实例”单选按钮，单击“确定”按钮，复制一个关联的材质，如下图所示。

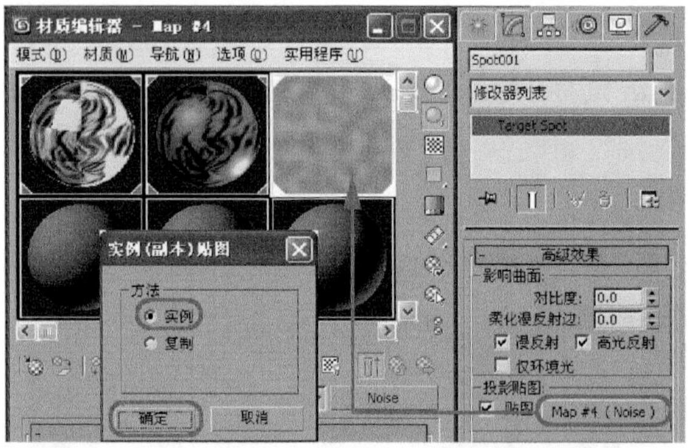

3 在“噪波参数”卷展栏中将“颜色1”的RGB值设置为238、67、0，将“颜色2”的RGB值设置为246、217、85，如下图所示。

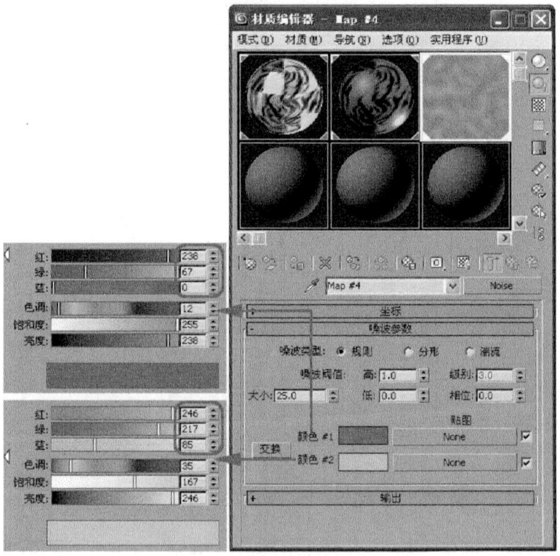

4 在菜单栏中选择“渲染”|“环境”命令，打开“环境和效果”对话框，在“大气”卷展栏中单击“添加”按钮，在打开的对话框中选择“体积光”效果，单击“确定”按钮，添加一个体积光效果，如下图所示。

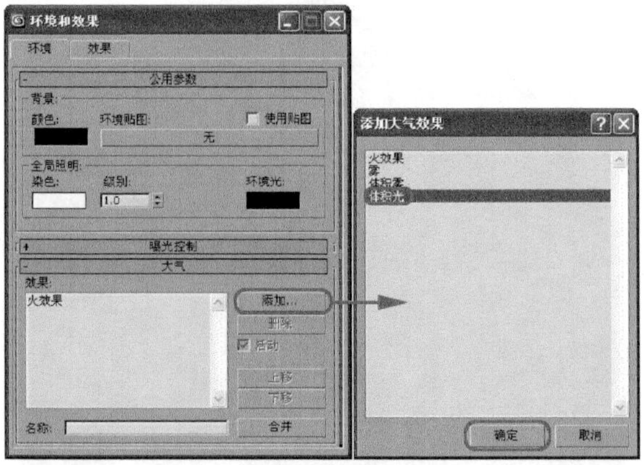

5 在“体积光参数”卷展栏中单击“拾取灯光”按钮，并在视图中选择聚光灯，

在“体积”选项区下将“雾颜色”的RGB值设置为248、248、228，将“衰减颜色”的RGB值设置为0、0、0，将“密度”值设置为1.0，如下图所示。

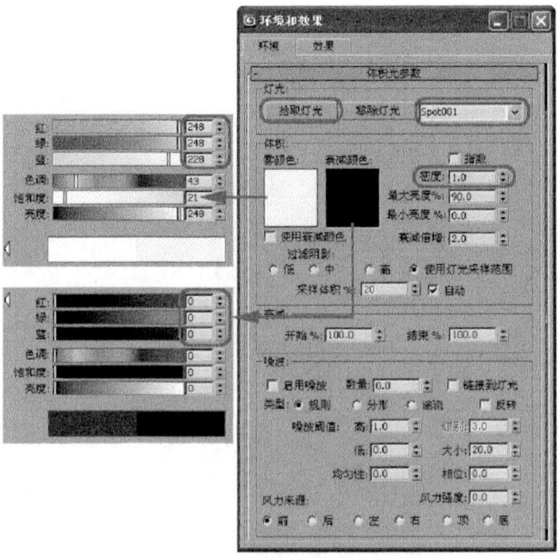

6 打开“大气”卷展栏，在“效果”列表中选择“体积光”效果，单击右侧的“上移”按钮，将它移动至“火效果”的上面，这样火焰就不会被体积光挡住，如下图所示。

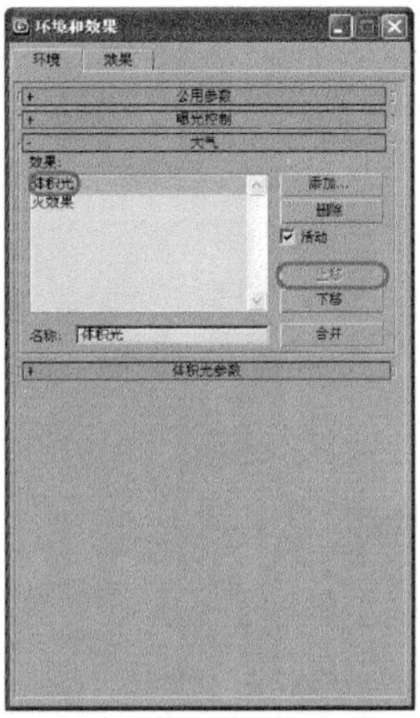

实战操作492　设置灿烂星光与文字光芒

素材：无　　场景：无

难度：★★★★★　　视频：视频\Cha19\实战操作492.avi

下面介绍灿烂星光和文字光芒的制作方法。其操作步骤如下。

1 选择“创建”| “几何体”| “粒子系统”|“雪”工具，在“顶”视图中创建一个雪粒子系统，在“参数”卷展栏中将“雪花大小”和“速度”值设置为4.0、60，选择“十字叉”粒子，将“计时”下的“开始”和“寿命”设置为-100、100，将“发射器”选项区中的“宽度”和“长度”都设置为2 000.0，如下图所示。

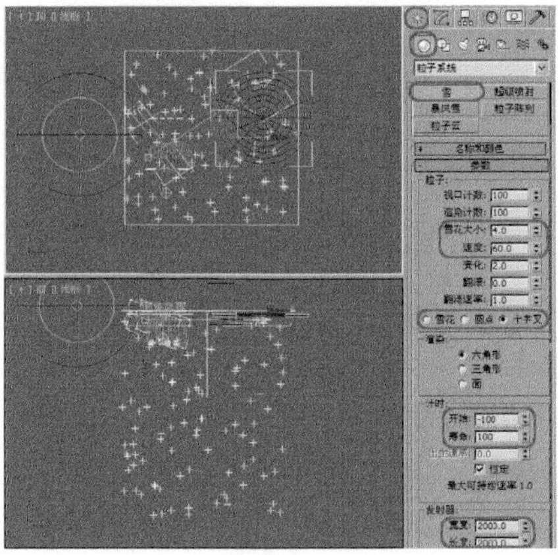

2 激活“前”视图，单击工具栏中的“镜像”按钮，在打开的对话框中选中“镜像轴”选项区中的“Y”，单击“确定”按钮即可，并在视图中调整雪粒子的位置，如下图所示。

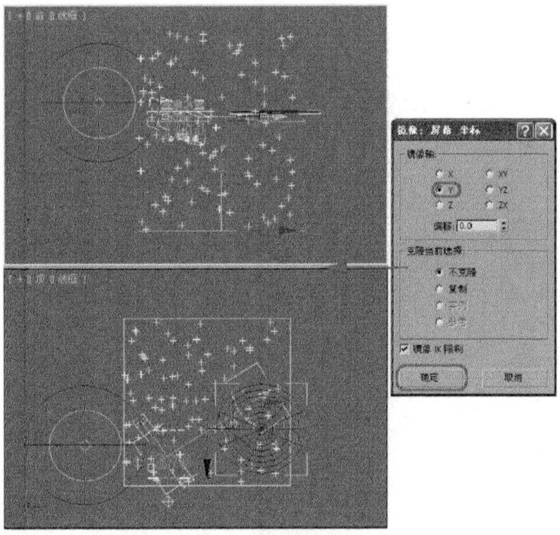

3 按M键打开“材质编辑器”对话框，激活一个新的材质样本球，在“明暗器基本

参数”卷展栏中将明暗器类型定义为“金属”。在“金属基本参数”卷展栏中将“环境光”的RGB值设置为0、0、0；将“漫反射”的RGB值设置为255、191、20，将“反射高光”选项区中的“高光级别”和“光泽度”设置为100和80，如下图所示。

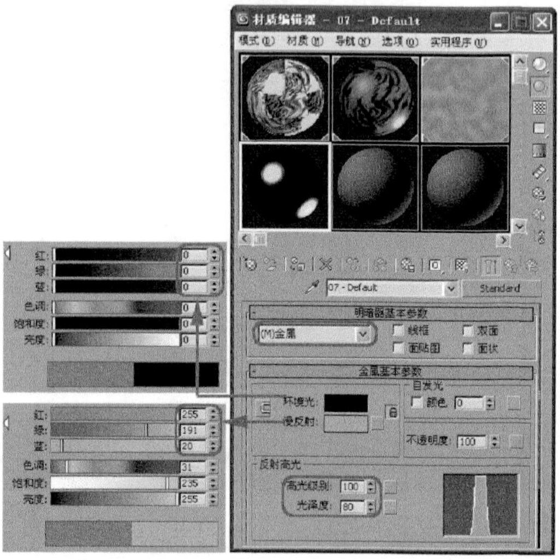

4 打开“贴图”卷展栏，单击“反射”通道右侧的“None”按钮，在打开的“材质/贴图浏览器”对话框中选择“位图”贴图，单击“确定”按钮，再在打开的对话框中选择随书附带光盘中的\Map\Gold04.jpg文件，单击“打开”按钮，在“坐标”卷展栏中将“模糊偏移”设置为0.06，如下图所示。单击“转到父对象”按钮和“将材质指定给选定对象”按钮。

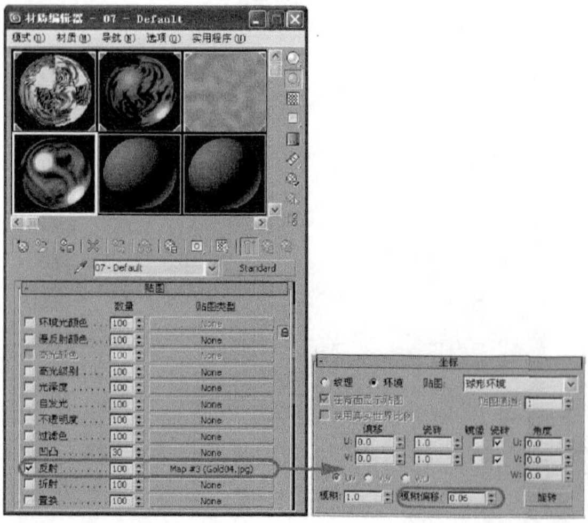

5 在视图中选择“齐鲁卫视”对象，单击鼠标右键，在弹出的快捷菜单中选择“对象属性”命令，在打开的对话框中将“G缓冲区”选项区下的“对象ID”值设置为1，单击“确定”按钮，如下图所示。

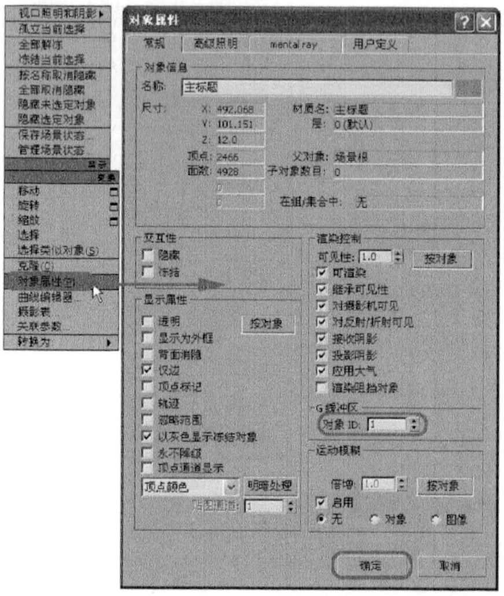

6 在场景中选择粒子系统，单击鼠标右键，在弹出的快捷菜单中选择“对象属性”命令，在打开的对话框中将“G缓冲区”选项区下的“对象ID”值设置为2，单击“确定”按钮，如下图所示。

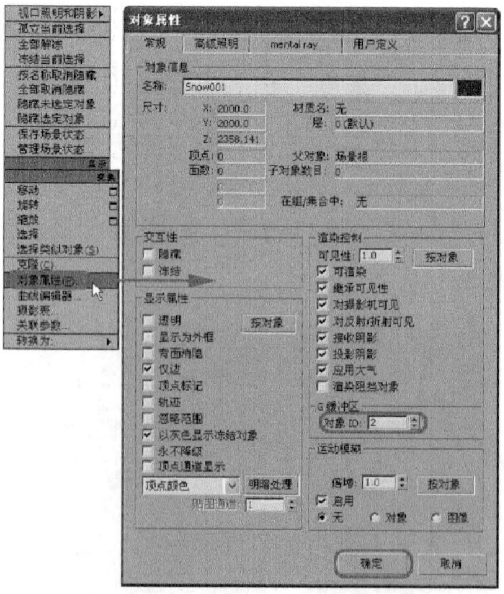

7 在菜单栏中选择“渲染”|“Video Post”命令，打开“Video Post”编辑器窗口，单击“添加场景事件”按钮，增加一个场景事件，在打开的对话框中系统会自己加

载“摄影机”视图，单击“确定”按钮即可，如下图所示。

8 单击“添加图像过滤事件”按钮，添加一个图像过滤事件，在打开的对话框中选择过滤器列表中的“镜头效果光晕”选项，单击“确定”按钮，添加一个发光过滤器，如下图所示。

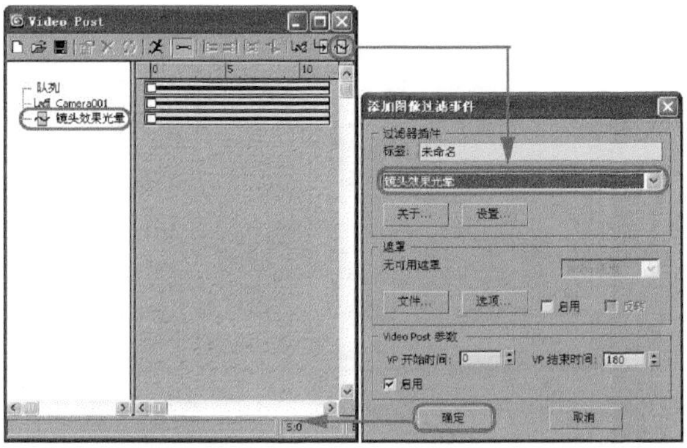

9 在过滤器项目列表中双击发光过滤器，在打开的对话框中单击“设置”按钮，进入“过滤器设置”面板。单击“预览”按钮和“VP 队列”按钮（为了便于观察，在这里将时间滑块调整到了第180帧的位置），单击“属性”选项卡，在“源”选项区中将“对象ID”设置为1，然后选中“过滤”选项区下的“周界Alpha”复选框，如右图所示。

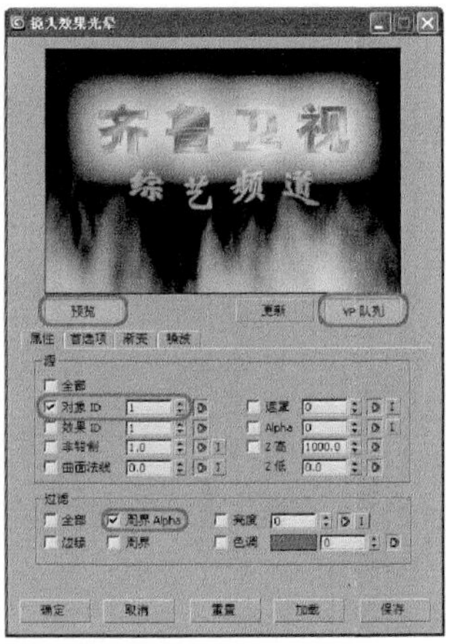

10 单击“首选项”选项卡，在“效果”选项区下将“大小”值设置为1.5，在“颜色”选项区下选中“用户”单选按钮，将颜色的RGB值设置为255、38、0，如下图所示。

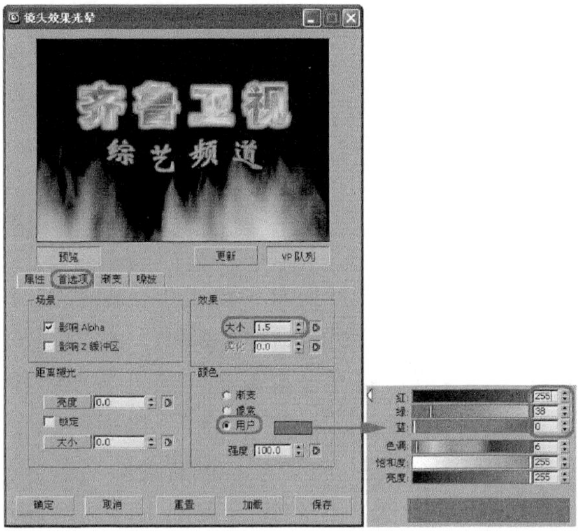

11 单击“噪波”选项卡，将“运动”、“方向”、“质量”值设置为40.0、30.0、2，将“参数”下的“大小”和“速度”设置为5.0、2.0，如下图所示。

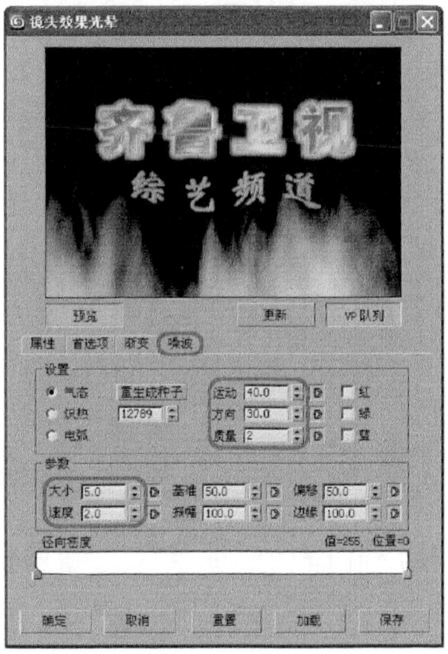

12 单击“确定”按钮，返回到“Video Post”编辑器窗口中，然后单击“添加图像过滤事件”按钮，添加一个图像过滤事件，在打开的对话框中选择过滤器列表中的“镜头效果高光”选项，单击“确定”按钮，

添加一个十字亮星过滤器，如下图所示。

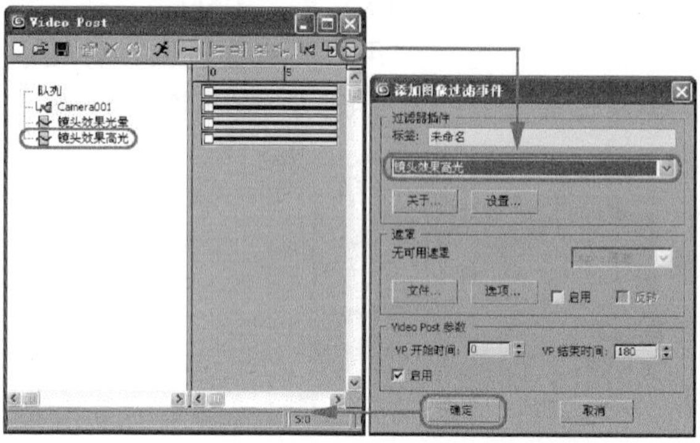

13 在过滤器项目列表中双击十字亮星过滤器，在打开的对话框中单击“设置”按钮进入过滤器设置面板，单击“预览”按钮和“VP 队列”按钮。单击“属性”选项卡，在“源”选项区中将“对象ID”设置为2，在“过滤”选项区下选中“亮度”复选框，将“亮度”值设置为2，如下图所示。

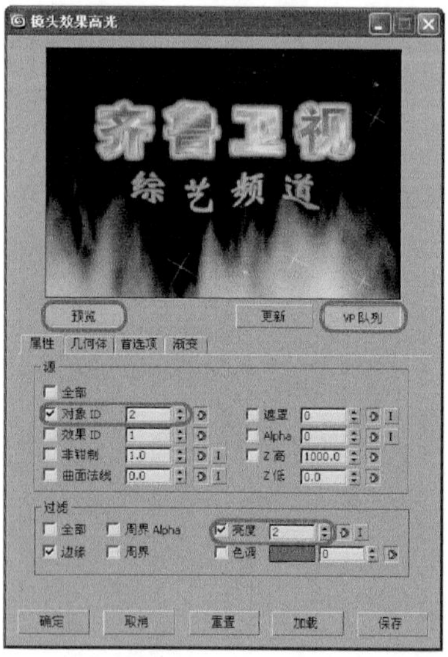

14 单击“几何体”选项卡，将“效果”选项区下的“角度”值设置为108.0。单击“首选项”选项卡，在“效果”选项区下将“大小”和“点数”设置为5.0、8，在“颜色”选项区下选中“像素”单选按钮，将“强度”值设置为95.0，如下图所示。

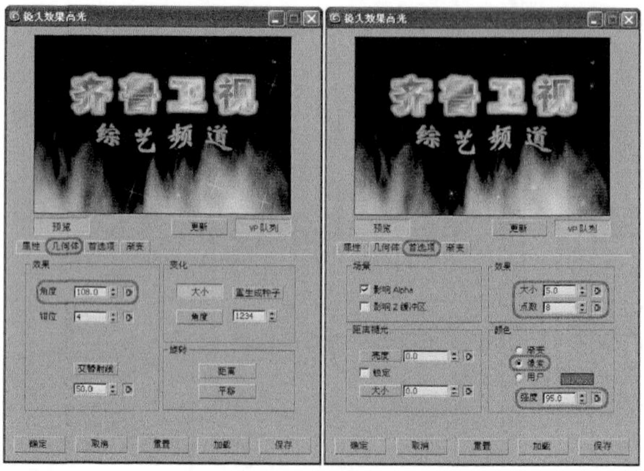

15 单击“确定”按钮，返回到“Video Post”编辑器窗口中，然后单击“添加图像输出事件”按钮，在打开的对话框中单击“文件”按钮，再在打开的对话框中设置文件输出的路径、名称，将保存类型设置为.AVI，单击“保存”按钮，如下图所示。

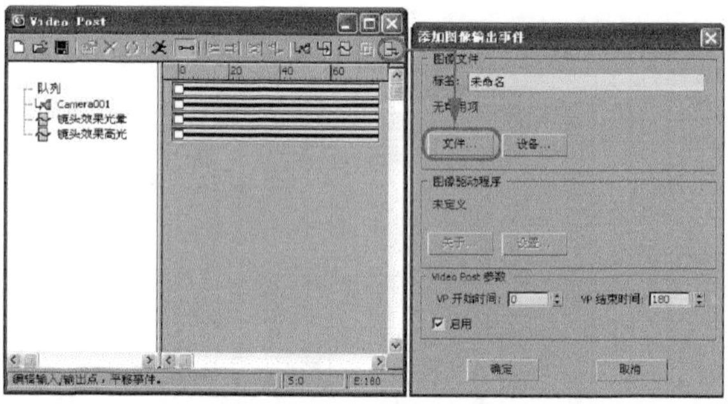

16 在打开的对话框中将“压缩器”定义为“Microsoft video 1”，设置压缩的质量为75，将“主帧比率”设置为15，如下图所示。单击“确定”按钮，返回到“添加图像输出事件”对话框，单击“确定”按钮，返回到“Video Post”编辑器窗口中，将其关闭即可。

实战操作493 设置背景

素材：无　　　　场景：无

难度：★★★★★　　　　视频：视频\Cha19\实战操作493.avi

下面介绍背景的设置。其操作步骤如下。

1 按键盘上的8键打开“环境和效果”对话框，在“公用参数”卷展栏中单击“环境贴图”下的“无”按钮，如下图所示。

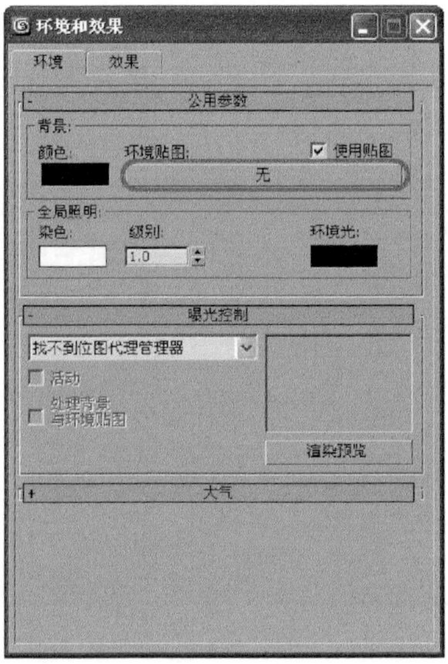

2 在打开的“材质/贴图浏览器”对话框中选择“渐变”贴图，单击“确定”按钮，如下图所示。

3 按M键打开“材质编辑器”对话框，将“环境和效果”对话框中的环境贴图按钮拖至“材质编辑器”对话框中的一个新的材质样本球上，在弹出的对话框中选中“实例”单选按钮，然后单击“确定”按钮，如下图所示。

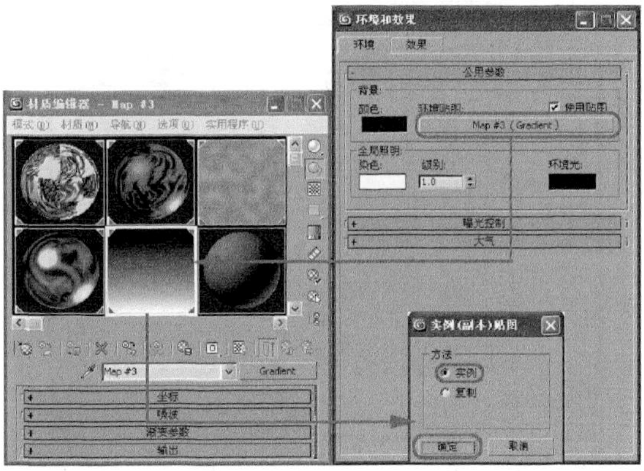

4 在“渐变参数”卷展栏中将“颜色#1”的RGB值设置为0、0、0；将“颜色#2”的RGB值设置为110、49、27；将“颜色#3”的RGB值设置为255、71、0，将“颜色2位置”值设置为0.25，如下图所示。

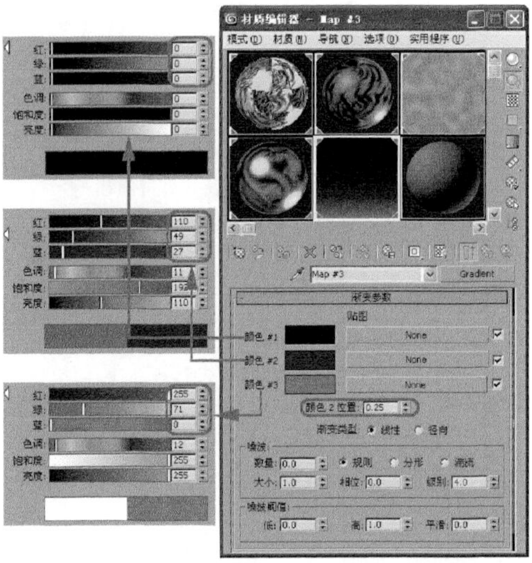

实战操作494 渲染动画

素材：无　　场景：Scene\Cha19\实战操作494.max

难度：★★★★★　　视频：视频\Cha19\实战操作494.avi

最后介绍渲染输出动画的设置。其操作步骤如下。

1 打开“Video Post”编辑器窗口，单击“执行序列”按钮，如下图所示。

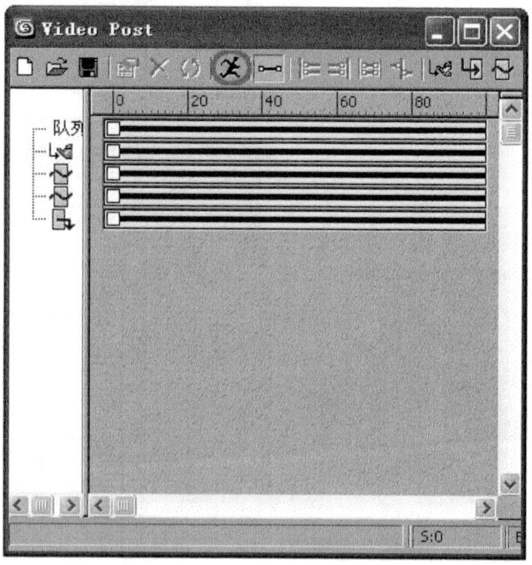

2 在打开的对话框中选中“时间输出”选项区下的“范围”单选按钮，其范围为0至 180，在“输出大小”选项区下设置其“宽度”和“高度”为800、600，单击“渲染”按钮开始渲染，如下图所示。渲染完成后，将场景文件保存。

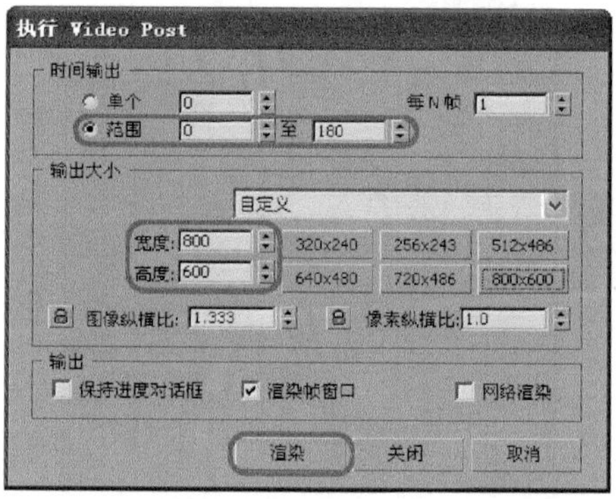